Scholz
Baustoffkenntnis
12. Auflage

Baustoffkenntnis

Begründet von Dipl.-Ing. Wilhelm Scholz

Neu herausgegeben von
Prof. Dr.-Ing. Harald Knoblauch

unter Mitarbeit von
Prof. Dipl.-Ing. Hans Dieter Fleischmann
Prof. Dipl.-Ing. Wolfram Hiese
Prof. Dipl.-Ing. Kurt Himmler
Prof. Dipl.-Ing. Benno Kuhle
Prof. Dipl.-Ing. Joachim Kutzner
Prof. Dipl.-Ing. Wilhelm Kutzner
Prof. Dipl.-Ing. Rüdiger Wormuth

12., neubearbeitete
und erweiterte Auflage 1991

Werner-Verlag

227 Abbildungen und 211 Tafeln

1. Auflage 1957
2. Auflage 1957
3. Auflage 1959
4. Auflage 1960
5. Auflage 1962
6. Auflage 1965
7. Auflage 1969
8. Auflage 1972
9. Auflage 1980
10. Auflage 1984
11. Auflage 1987
12. Auflage 1991

CIP-Titelaufnahme der Deutschen Bibliothek

Baustoffkenntnis / begr. von Wilhelm Scholz. Neu hrsg. von Harald Knoblauch. Unter Mitarb. von Hans Dieter Fleischmann... – 12., neubearb. und erw. Aufl. – Düsseldorf: Werner, 1991
ISBN 3-8041-3411-4
NE: Scholz, Wilhelm [Begr.]; Knoblauch, Harald [Hrsg.]; Fleischmann, Hans Dieter

ISB N 3-8041-3411-4

DK 66.017
© Werner-Verlag GmbH · Düsseldorf · 1991
Printed in Germany
Alle Rechte, auch das der Übersetzung, vorbehalten. Ohne ausdrückliche Genehmigung des Verlages ist es auch nicht gestattet, dieses Buch oder Teile daraus auf fotomechanischem Wege (Fotokopie, Mikrokopie) zu vervielfältigen.
Zahlenangaben ohne Gewähr.

Satz: Satz-Werkstatt Lehne, Kaarst
Offsetdruck und buchbinderische Verarbeitung: Bercker, Graphischer Betrieb GmbH, Kevelaer

Archiv-Nr.: 353/12 – 1.91
Bestell-Nr.: 03411

Vorwort zur 12. Auflage

Ebenso wie die vorherigen Auflagen ist auch die 11. Auflage mit sehr viel Zustimmung aufgenommen worden. Die kritischen Anmerkungen von Kollegen und von Fachleuten aus der Industrie, die uns erreicht haben, waren erneut eine große Hilfe. Allen Genannten möchten wir an dieser Stelle danken.

Die nunmehr vorliegende 12. Auflage führt die bewährte Konzeption des Buches fort. In den letzten beiden Jahren hat es bei praktisch allen Baustoffen besonders zahlreiche Änderungen gegeben. Diese wohl letzten Neuformulierungen einer Norm auf nationaler Ebene wurden selbstverständlich aufgenommen.

Daneben waren einige Abschnitte zu aktualisieren. So entfielen z. B. im Kapitel Stahl die Stahlfensterprofile, dafür werden die Drahtseile kurz gestreift. Das Kapitel Textile Beläge mußte um die technischen Textilien erweitert werden. Der chemische Holzschutz konnte, entsprechend der neuesten Normausgabe, gänzlich umformuliert werden. Im Kapitel 18 wurden schließlich die inzwischen erarbeiteten Erkenntnisse über eine mögliche Gesundheitsgefährdung durch elektromagnetische Strahlen aufgenommen. Dies sind nur einige Beispiele für die Weiterführung und Aktualisierung des Scholz.

Auch für diese 12. Auflage erhoffen wir uns wieder viele neue Freunde. Kritische Anmerkungen werden von uns stets dankbar aufgenommen.

Dem Werner-Verlag sei an dieser Stelle für die gute Zusammenarbeit und die Ausgestaltung des Buches gedankt.

Im Winter 1990   Die Verfasser

Vorwort zur 11. Auflage

Die 10. Auflage des Scholz hat allgemein viel Zustimmung gefunden. Dies zeigen unter anderem die kritischen Anmerkungen, die uns von Kollegen und Fachleuten aus der Industrie erreichten. Allen, die uns auf diese Weise geholfen haben, möchten wir an dieser Stelle danken.

Die nunmehr vorliegende 11. Auflage ist in der inzwischen bewährten Konzeption aufgebaut. In den letzten Jahren traten bei mehreren Baustoffen Änderungen ein, die eine Überarbeitung des Textes erforderlich machten. Erstmals wurde in einem zusätzlichen Kapitel auf Fragen der Baubiologie, d. h. auf die möglichen Umwelteinflüsse und -schäden durch Baustoffe, eingegangen. Auch für diese 11. Auflage erhoffen wir uns wieder viele neue Freunde. Kritische Anmerkungen werden von uns stets dankbar aufgenommen.

Dem Werner-Verlag sei an dieser Stelle für die gute Zusammenarbeit und die Ausgestaltung des Buches gedankt.

Im Sommer 1987   Die Verfasser

Inhaltsverzeichnis

1 Natursteine 1
(bearbeitet von Prof. Dipl.-Ing. J. Kutzner)
- 1.1 Die wichtigsten gesteinsbildenden Minerale 1
  - 1.1.1 Härte 2
  - 1.1.2 Kristallform 2
  - 1.1.3 Einteilung nach der chemischen Zusammensetzung 3
- 1.2 Die Gesteine 4
  - 1.2.1 Magmagesteine 5
  - 1.2.2 Sedimentgesteine 8
  - 1.2.3 Metamorphe Gesteine 11
- 1.3 Bautechnisch wichtige Minerale und Gesteine 14
  - 1.3.1 Minerale 14
  - 1.3.2 Gesteine 15
  - 1.3.3 Lehm als Baustoff 25
- 1.4 Bearbeitung der Natursteine 27
- 1.5 Versetzen der Natursteine, Reinigung und Schutz 28
- 1.6 Schäden durch Luftverschmutzung 29
- 1.7 Gesteinsprüfungen, Normen 31

2 Keramische und mineralisch gebundene Baustoffe 32
(bearbeitet von Prof. Dipl.-Ing. W. Kutzner)
- 2.1 Überblick über keramische Baustoffe und Lehmbaustoffe 32
  - 2.1.1 Die Rohstoffe 32
  - 2.1.2 Lehmbauweisen 33
  - 2.1.3 Die Herstellung der keramischen Baustoffe 34
  - 2.1.4 Die Einteilung der keramischen Baustoffe 34
- 2.2 Mauerziegel und Klinker 35
  - 2.2.1 Die Ziegelarten 35
  - 2.2.2 Maße und Eigenschaften 39
  - 2.2.3 Die Bezeichnung der Mauerziegel 43
  - 2.2.4 Die Verwendung im Mauerwerksbau 43
  - 2.2.5 Besondere Ziegel und Klinker 48
- 2.3 Ziegel für Decken und Wandtafeln 51
  - 2.3.1 Statisch mitwirkende Deckenziegel nach DIN 4159 52
  - 2.3.2 Statisch nicht mitwirkende Deckenziegel nach DIN 4160 . 54
  - 2.3.3 Ziegel für vorgefertigte Wandtafeln nach DIN 4159 54
  - 2.3.4 Tonhohlplatten und Hohlziegel nach DIN 278 55
- 2.4 Dachziegel 56
  - 2.4.1 Dachziegelarten 56
  - 2.4.2 Maße und Eigenschaften 57
  - 2.4.3 Formziegel 60
  - 2.4.4 Anwendungen 61
- 2.5 Steinzeugwaren 62
  - 2.5.1 Steinzeugrohre und -formstücke 62

	2.5.2	Steinzeugteile	65
2.6	Feuerfeste und säurebeständige Baustoffe		65
	2.6.1	Feuerfeste Steine	65
	2.6.2	Schamotterohre	66
2.7	Keramische Fliesen und Platten		66
	2.7.1	Klassifizierung und Gütemerkmale	67
	2.7.2	Trockengepreßte keramische Fliesen und Platten	67
	2.7.3	Keramische Spaltplatten	70
	2.7.4	Bodenklinkerplatten	71
	2.7.5	Glasuren	71
	2.7.6	Das Verlegen von Fliesen und Platten	72
	2.7.7	Die Anwendung von Fliesen und Platten	73
2.8	Sanitärkeramik		75
2.9	Kalksandsteine		76
	2.9.1	Die Steinarten nach DIN 106	76
	2.9.2	Maße und Eigenschaften	78
	2.9.3	Die Bezeichnung der KS-Steine	81
	2.9.4	Die Verwendung im Mauerwerksbau	81
2.10	Hüttensteine		83
2.11	Steine und Bauteile aus Gasbeton		83
	2.11.1	Der Baustoff Gasbeton	83
	2.11.2	Gasbeton-Blocksteine nach DIN 4165	83
	2.11.3	Gasbeton-Plansteine nach DIN 4165	85
	2.11.4	Gasbeton-Bauplatten nach DIN 4166	85
	2.11.5	Die Verwendung im Mauerwerksbau	86
	2.11.6	Bewehrte Gasbeton-Bauteile nach DIN 4223	87
2.12	Steine und Wandplatten aus Beton		89
	2.12.1	Vollsteine und Vollblöcke aus Leichtbeton nach DIN 18 152	90
	2.12.2	Hohlblocksteine aus Leichtbeton nach DIN 18 151	93
	2.12.3	Hohlblocksteine aus Beton nach DIN 18 153	93
	2.12.4	Hohlwandplatten aus Leichtbeton nach DIN 18 148	96
	2.12.5	Wandbauplatten aus Leichtbeton nach DIN 18 162	97
2.13	Bauteile aus Beton		97
	2.13.1	Formstücke und Mantelrohre für Hausschornsteine	98
	2.13.2	Zwischenbauteile für Stahlbetondecken nach DIN 4158	98
	2.13.3	Betondachsteine nach DIN 1115	98
	2.13.4	Betonwerksteine	100
	2.13.5	Rohre aus Beton	101
	2.13.6	Betonteile im Straßenbau	102
	2.13.7	Herstellung und Überwachung von Betonfertigteilen	104
2.14	Bauteile aus Faserzement und Asbestzement		104
	2.14.1	Der Baustoff Asbestzement	105
	2.14.2	Der Baustoff Faserzement	106
	2.14.3	Wellplatten	108
	2.14.4	Ebene Dachplatten	110

Inhalt IX

	2.14.5	Ebene Tafeln	110
	2.14.6	Rohre für Haustechnik	111
	2.14.7	Rohre für den Tiefbau	111
2.15	Bauplatten mit mineralischen Bindemitteln		112
	2.15.1	Holzwolle-Leichtbauplatten	112
	2.15.2	Zementgebundene Holzspanplatten	112
	2.15.3	Platten mit mineralischen Zuschlagstoffen	112
		a) Platten mit porösen Zuschlägen	112
		b) Platten mit Mineralfasern	113
	2.15.4	Gipsbaustoffe	113
2.16	Bauphysikalische Rechenwerte für Mauerwerk		113
	2.16.1	Tragfähigkeit	113
		a) DIN 1053 Teil 1 nach 7.2 (Vereinfachtes Verfahren)	114
		b) DIN 1053 Teil 1 nach 7.3 (Genaues Verfahren)	114
		c) DIN 1053 Teil 2 (Genaues Verfahren)	115
	2.16.2	Verformungskennwerte	115
	2.16.3	Wärmeleitfähigkeit	116
	2.16.4	Wasserdampfdiffusion	118
	2.16.5	Schallschutz	118
	2.16.6	Brandschutz	118

3 Bauglas ... 119
(bearbeitet von Prof. Dipl.-Ing. W. Kutzner)

3.1	Die Herstellung von Glas		119
	3.1.1	Zusammensetzung und Struktur	119
	3.1.2	Rohstoffe	120
	3.1.3	Herstellung	121
	3.1.4	Verfahren der Flachglasausformung	121
3.2	Eigenschaften und Arten von Flachglas (Basisglas)		124
	3.2.1	Allgemeine Eigenschaften	124
	3.2.2	Maschinengezogenes Flachglas	125
	3.2.3	Spiegelglas	126
	3.2.4	Gußglas	128
	3.2.5	Sondergläser	129
3.3	Sicherheitsgläser		131
	3.3.1	Drahtglas (Drahtspiegelglas, Drahtornamentglas)	131
	3.3.2	Einscheiben-Sicherheitsglas (ESG) Vorgespanntes Glas	132
	3.3.3	Verbund-Sicherheitsglas (VSG)	133
3.4	Isolierglas		135
	3.4.1	Herstellung und Einbau	135
	3.4.2	Wärmeschutz	137
	3.4.3	Sonnenschutz	138
	3.4.4	Schallschutz	142
	3.4.5	Weitere Ausführungen	144

3.5	Brandschutzgläser		144
	3.5.1	Anforderungen des Brandschutzes	144
	3.5.2	Brandschutzgläser der G-Klassen	144
	3.5.3	Brandschutzgläser der F-Klassen	145
3.6	Profilbauglas		146
3.7	Preßglas		147
	3.7.1	Glassteine nach DIN 18 175	148
	3.7.2	Betongläser nach DIN 4243	148
	3.7.3	Glasdachsteine	149
3.8	Glasfasern		149
3.9	Schaumglas		150

4 Anorganische Bindemittel ... 152
(bearbeitet von Prof. Dipl.-Ing. J. Kutzner)

4.1	Baugipse		152
	4.1.1	Gipse ohne Zusätze	152
	4.1.2	Gipse mit Zusätzen	152
	4.1.3	Sonstige Gipsprodukte	153
	4.1.4	Verarbeitung, Verwendung und Verhalten von Gips	154
	4.1.5	Prüfverfahren	157
	4.1.6	Gipsbaustoffe	159
		a) Gipskartonplatten	159
		b) Gipsfaserplatten	163
		c) Wandbauplatten aus Gips	163
		d) Sonstige Gipsbaustoffe	164
4.2	Anhydritbinder AB		164
4.3	Magnesiabinder		167
	4.3.1	Magnesiabinder für Holzwolle-Leichtbauplatten	168
	4.3.2	Anforderungen und Prüfung	168
4.4	Baukalk		168
	4.4.1	Luftkalke	169
	4.4.2	Hydraulisch erhärtende Kalke	170
	4.4.3	Die Handelsformen	172
	4.4.4	Die Güteanforderungen	175
	4.4.5	Das Löschen von Kalk	176
	4.4.6	Verwendung	176
4.5	Latent-hydraulische Stoffe und Puzzolane		177
	4.5.1	Latent-hydraulische Stoffe, Hochofenschlacke	177
	4.5.2	Natürliche Puzzolane	178
	4.5.3	Künstliche Puzzolane	179
4.6	Zemente		181
	4.6.1	Portlandzement PZ	182
	4.6.2	Eisenportlandzement EPZ und Hochofenzement HOZ	185
	4.6.3	Traßzement TrZ	186
	4.6.4	Portlandölschieferzement PÖZ	186

	4.6.5	Anforderungen, Bezeichnungen, Güteüberwachungen und Prüfungen	187
		a) Anforderungen	187
		b) Bezeichnung der Zemente	190
		c) Güteüberwachung	190
		d) Lieferung und Lagerung	190
		e) Prüfung	190
	4.6.6	Normzemente für spezielle Anwendungsgebiete	194
	4.6.7	Bauaufsichtlich zugelassene Zemente	195
	4.6.8	Sulfathüttenzement SHZ	196
	4.6.9	Tonerdezement, Tonerdeschmelzzement (TSZ)	197
	4.6.10	Sonstige Zemente und Spezialbindemittel	199
4.7	Mischbinder MB		201
4.8	Putz- und Mauerbinder (PM-Binder)		201
4.9	Hydraulische Tragschichtbinder HT		203
4.10	Mischen von Bindemitteln		204
4.11	Einwirkung der Bindemittel auf Baumetalle		205
	4.11.1	Gipsmörtel	205
	4.11.2	Frische Kalk- und Zementmörtel	205
	4.11.3	Steinholz, Magnesiamörtel	205
	4.11.4	Nachprüfung	205

5 Zuschläge für Mörtel und Beton 206
(bearbeitet von Prof. Dipl.-Ing. J. Kutzner)

5.1	Arten		206
	5.1.1	Natürliche Zuschläge	206
	5.1.2	Künstliche Zuschläge	207
	5.1.3	Zuschläge für Sonderzwecke	208
5.2	Anforderungen an Zuschläge		212
5.3	Ermittlung von Kornrohdichte und Schüttdichte		212
	5.3.1	Rohdichte	212
	5.3.2	Schüttdichte	213
5.4	Schädliche Bestandteile		213
	5.4.1	Abschlämmbare Bestandteile	213
	5.4.2	Organische, humusartige Verunreinigung	215
	5.4.3	Quellfähige Bestandteile	215
	5.4.4	Schädliche Salze	216
	5.4.5	Bei Kesselschlacke	216
	5.4.6	Bei Hochofenschlacke	216
	5.4.7	Bei Trümmersplitt	217
	5.4.8	Zuschläge und Alkalireaktionen	217
	5.4.9	Erhöhte und verminderte Anforderungen	219
5.5	Kornzusammensetzung		219
	5.5.1	Korngruppen und Bezeichnung des Zuschlages	219
	5.5.2	Prüfen der Kornzusammensetzung durch Sieben	224
	5.5.3	Die Kornbeschaffenheit	228
	5.5.4	Verarbeitung und Verwendungszweck	229

XII   Inhalt

		5.5.5	Kennwerte für Körnungen	229
		5.5.6	Zusammensetzung von Zuschlägen aus einzelnen Korngruppen	234
		5.5.7	Ausfallkörnung	238
		5.5.8	Mehlkorn und Feinstsand	238
		5.5.9	Werkgemischter Betonzuschlag	239
	5.6	Lieferkörnungen/Korngruppen für Beton		240
	5.7	Sonstige betontechnologische Prüfungen an Zuschlägen		240
		5.7.1	Frostwiderstand der Zuschläge	241
		5.7.2	Eigenfeuchte, Oberflächenfeuchte, Kernfeuchte	242

6   Beton ... 244
(bearbeitet von Prof. Dipl.-Ing. W. Hiese)

	6.1	Allgemeines		244
		6.1.1	Begriffe	244
		6.1.2	Betonfestigkeitsklassen und Betongruppen	245
	6.2	Eigenschaften des Frischbetons		246
		6.2.1	Konsistenz	246
		6.2.2	Frischbetonrohdichte und Luftporengehalt	247
	6.3	Betonzusammensetzung		248
		6.3.1	Allgemeines	248
		6.3.2	Zuschlag	248
		6.3.3	Zement	250
		6.3.4	Wasser	251
		6.3.5	Wasserzementwert	253
	6.4	Betonzusätze		255
		6.4.1	Arten und Zweck	255
		6.4.2	Betonverflüssiger (BV)	257
		6.4.3	Fließmittel (FM)	258
		6.4.4	Luftporenbildner (LP)	259
		6.4.5	Betondichtungsmittel (DM)	260
		6.4.6	Erstarrungsverzögerer (VZ)	261
		6.4.7	Erstarrungsbeschleuniger (BE)	263
		6.4.8	Einpreßhilfen (EH)	263
		6.4.9	Stabilisierer (ST)	263
		6.4.10	Betonzusatzstoffe	264
	6.5	Berechnung der Betonzusammensetzung		265
		6.5.1	Mischungsverhältnis	265
		6.5.2	Stoffraumrechnung	266
		6.5.3	Zementleimmethode	268
		6.5.4	Wasseranspruchsrechnung	270
	6.6	Eigenschaften des Festbetons		270
		6.6.1	Festigkeit	270
		6.6.2	Stahlbeton	271
		6.6.3	Spannungs-Dehnungs-Linie	273

	6.6.4	Kriechen und Relaxation	275
	6.6.5	Schwinden und Quellen	275
	6.6.6	Schrumpfen	276
	6.6.7	Wärmedehnung	277
	6.6.8	Risse und Fugen	278
6.7	Herstellen von Bauwerken und Bauteilen aus Beton		278
	6.7.1	Anforderungen an Baustellen und Werke	278
	6.7.2	Baustellenbeton	280
	6.7.3	Transportbeton	281
	6.7.4	Verarbeiten des Betons	282
	6.7.5	Nachbehandlung des Betons	284
	6.7.6	Ausschalfristen	286
	6.7.7	Einbau der Betonbewehrung und Betondeckung	286
6.8	Betonieren bei besonderen Witterungsbedingungen		288
	6.8.1	Reifegrad und wirksames Betonalter	288
	6.8.2	Betonieren bei kühler Witterung und bei Frost	289
	6.8.3	Betonieren bei heißer Witterung	291
	6.8.4	Wärmebehandlung	291
6.9	Betonieren nach besonderen Verfahren		292
	6.9.1	Unterwasserbeton	292
	6.9.2	Prepakt- und Colcretebeton (Ausgußbeton)	293
	6.9.3	Spritzbeton	294
	6.9.4	Vakuumbeton	295
6.10	Beton mit besonderen Eigenschaften		296
	6.10.1	Allgemeines	296
	6.10.2	Wasserundurchlässiger Beton	298
	6.10.3	Beton mit hohem Frost- bzw. Frost-Tausalz-Widerstand	299
	6.10.4	Beton mit hohem Widerstand gegen chemischen Angriff	299
	6.10.5	Beton mit hohem Verschleißwiderstand	301
	6.10.6	Beton für hohe Gebrauchstemperaturen bis 250 °C	301
6.11	Güteüberwachung		303
	6.11.1	Allgemeines	303
	6.11.2	Gütenachweis	304
	6.11.3	Eignungsprüfung	305
	6.11.4	Güteprüfung	305
	6.11.5	Erhärtungsprüfung	308
	6.11.6	Betonprüfstellen	309
	6.11.7	Statistische Qualitätskontrolle	309
6.12	Prüfverfahren für Frischbeton		312
	6.12.1	Konsistenz	312
	6.12.2	Luftporengehalt	317
	6.12.3	Frischbetonrohdichte	317
	6.12.4	Prüfen des Zementgehalts	318
	6.12.5	Prüfen des Wasserzementwerts	318
	6.12.6	Gesamte Mischungsanteile	318

6.13		Prüfverfahren für Festbeton	318
	6.13.1	Prüfen der Druckfestigkeit an gesondert hergestellten Probekörpern	318
	6.13.2	Prüfen der Druckfestigkeit am Bauwerk	319
	6.13.3	Biegezugfestigkeit	321
	6.13.4	Spaltzugfestigkeit und reine Zugfestigkeit	321
	6.13.5	Wasserundurchlässigkeit	322
	6.13.6	Verschleißwiderstand	322
	6.13.7	Mischungsverhältnis und Bindemittelgehalt	323
	6.13.8	Bestimmung der Karbonatisierungstiefe	323
6.14		Sichtbeton	323
6.15		Massenbeton	324
6.16		Farbiger Beton	326
6.17		Trockenbeton	327
6.18		Spannbeton	327
6.19		Straßenbeton	328
	6.19.1	Begriffe und Vorschriften	328
	6.19.2	Anforderungen	329
	6.19.3	Zusammensetzung	330
	6.19.4	Herstellen und Verarbeiten	332
	6.19.5	Nachbehandlung	333
	6.19.6	Prüfung	333
	6.19.7	Tragschichten mit hydraulischen Bindemitteln	334
	6.19.8	Erhalten von Betonstraßen	336
6.20		Schwerbeton (Strahlenschutzbeton)	338
6.21		Leichtbeton	340
	6.21.1	Porenbeton	340
	6.21.2	Haufwerkporiger Leichtbeton	341
	6.21.3	Styroporbeton	342
	6.21.4	Konstruktionsleichtbeton	344
6.22		Faserbeton	346
	6.22.1	Allgemeines	346
	6.22.2	Glasfaserbeton (GFB)	346
	6.22.3	Stahlfaserbeton	348
	6.22.4	Übrige Faserbetone	348
6.23		Beton und Kunststoffe	349
	6.23.1	Zusätze zu Beton	349
	6.23.2	Reaktionsharzbeton und -mörtel	350
	6.23.3	Kunststoffschäume als Bindemittel und Zuschlag	352
6.24		Schutz und Instandsetzung von Beton	352
	6.24.1	Vorschriften und Merkblätter	352
	6.24.2	Schutz von Beton bei sehr starkem chemischem Angriff nach DIN 4030	353
	6.24.3	Carbonatisierung des Betons und Korrosion der Bewehrung	354
	6.24.4	Reparatur von Oberflächenschäden auf Beton	356
	6.24.5	Beschichtungen	359
	6.24.6	Güteschutz	362

7 Mauer- und Putzmörtel, Estriche 364
(bearbeitet von Prof. Dipl.-Ing. J. Kutzner)
Allgemeines 364
- 7.1 Mauermörtel 367
  - 7.1.1 Anforderungen an Mauermörtel 369
  - 7.1.2 Mörtelgruppen (MG), Verarbeitung und Verwendung, Güteprüfungen 371
  - 7.1.3 Mauermörtel nach DIN 1053 T 2 (Juli 84) für Mauerwerk nach Eignungsprüfung (EM) 372
  - 7.1.4 Sonstige Mauermörtel 372
- 7.2 Putzmörtel 374
  - 7.2.1 Anforderungen 375
  - 7.2.2 Zusammensetzung des Putzmörtels 376
  - 7.2.3 Der Putzgrund 378
  - 7.2.4 Putzausführung 382
  - 7.2.5 Außenwandputz und -deckenputz 383
  - 7.2.6 Innenwandputz 386
  - 7.2.7 Innendeckenputz 386
  - 7.2.8 Putze für den Brandschutz 386
  - 7.2.9 Putze mit überwiegend organischem Zuschlag 389
  - 7.2.10 Wärmedämmputz 389
  - 7.2.11 Kunstharzputz 390
  - 7.2.12 Sonstige Putzmörtel 391
  - 7.2.13 Putzbewehrung 392
- 7.3 Maßnahmen zur Vermeidung von Putzschäden 392
- 7.4 Ausblühungen 393
  - 7.4.1 Art und Herkunft der Ausblühungen 394
  - 7.4.2 Beseitigung von Mauerausblühungen 397
- 7.5 Estriche 398
  - 7.5.1 Allgemeines 399
  - 7.5.2 Anhydritestrich AE 400
  - 7.5.3 Magnesiaestrich ME 401
  - 7.5.4 Zementestrich ZE 404
  - 7.5.5 Zementgebundene Hartstoffestriche 406
  - 7.5.6 Gußasphaltestrich GE 408
  - 7.5.7 Estriche bei schwimmender Verlegung 409
  - 7.5.8 Verbundestriche 410
  - 7.5.9 Estriche auf Trennschicht 413
  - 7.5.10 Prüfungen 414
  - 7.5.10.1 Festigkeitsprüfung 415
  - 7.5.10.2 Härte 416
  - 7.5.10.3 Oberflächenhärte 417
  - 7.5.10.4 Abnutzbarkeit, Schleifverschleiß 417
- 7.6 Hochbeanspruchbare Estriche, Industrieestriche 417
  - 7.6.1 Hochbeanspruchbarer Gußasphaltestrich 418
  - 7.6.2 Hochbeanspruchbarer Magnesiaestrich 418
- 7.7 Estriche mit Kunststoffen 419

8 Eisen und Stahl ... 420
(bearbeitet von Prof. Dr.-Ing. H. Knoblauch)

- 8.1 Gußeisen ... 420
  - 8.1.1 Graues Gußeisen ... 421
  - 8.1.2 Weißes Gußeisen ... 421
  - 8.1.3 Ni-Resist-Gußeisen ... 422
- 8.2 Stahl ... 422
  - 8.2.1 Herstellung ... 422
  - 8.2.2 Gefügeänderungen des Stahls ... 426
  - 8.2.3 Einteilung der Stähle ... 431
  - 8.2.4 Verformungsverhalten des Stahls ... 436
  - 8.2.5 Prüfung des Stahls ... 440
  - 8.2.6 Unlegierte Baustähle ... 441
    - a) Wichtigste Anforderungen ... 441
    - b) Eigenschaften einzelner Baustahlsorten ... 443
    - c) Die Weiterverarbeitung des Rohstahls ... 445
    - d) Blech ... 445
    - e) Stahlprofile ... 449
    - f) Stahlprofilbleche ... 453
    - g) Wabenträger ... 454
    - h) Stahlrohre ... 456
    - i) Drahtseile ... 457
  - 8.2.7 Bearbeitung und Verwendung ... 459
  - 8.2.8 Verbindungsmittel ... 459
  - 8.2.9 Betonstahl ... 463
    - a) Einteilung und allg. Eigenschaften der Betonstähle ... 464
    - b) Kennzeichnung ... 469
    - c) Betonrippenstähle mit aufgewalztem Gewinde ... 470
    - d) bi-Stahl ... 471
    - e) Verfügbare Betonstähle ... 472
    - f) Betonstahlmatten (BStM) ... 474
    - g) Betonstahl aus Trümmern ... 477
    - h) Lagerung der Bewehrungsstähle (Stabstahl) ... 477
    - i) Die Prüfungen ... 477
    - k) Schweißen von Betonstahl ... 478
  - 8.2.10 Spannstähle ... 479
  - 8.2.11 Brandschutz nach DIN 4102 ... 482
  - 8.2.12 Korrosion und Korrosionsschutz ... 483
    - a) Ursachen der Korrosion ... 483
    - b) Korrosionsschutz ... 484
    - c) Aktiver Korrosionsschutz ... 484
    - d) Passiver Korrosionsschutz ... 486

9 Nichteisenmetalle (NE-Metalle) ... 499
(bearbeitet von Prof. Dipl.-Ing. K. Himmler)
- 9.1 Blei ... 499
  - 9.1.1 Vorkommen, Gewinnung und Sorten ... 499
  - 9.1.2 Legierungen ... 499
  - 9.1.3 Eigenschaften ... 500
  - 9.1.4 Korrosionsverhalten ... 500
  - 9.1.5 Verwendung im Bauwesen ... 500
- 9.2 Zinn ... 501
  - 9.2.1 Vorkommen, Gewinnung und Eigenschaften ... 501
  - 9.2.2 Verwendung ... 501
- 9.3 Zink ... 502
  - 9.3.1 Vorkommen, Gewinnung und Sorten ... 502
  - 9.3.2 Legierungen ... 502
  - 9.3.3 Eigenschaften ... 503
  - 9.3.4 Korrosionsverhalten ... 503
  - 9.3.5 Verwendung im Bauwesen ... 503
- 9.4 Kupfer ... 504
  - 9.4.1 Vorkommen, Gewinnung und Sorten ... 505
  - 9.4.2 Eigenschaften ... 505
  - 9.4.3 Verwendung im Bauwesen ... 506
  - 9.4.4 Kupferlegierungen ... 506
  - 9.4.5 Korrosionsverhalten von Kupfer ... 507
- 9.5 Nickel ... 507
  - 9.5.1 Vorkommen, Gewinnung und Eigenschaften ... 507
  - 9.5.2 Sorten, Legierungen und Verwendung ... 508
- 9.6 Aluminium ... 508
  - 9.6.1 Vorkommen, Gewinnung und Sorten ... 509
  - 9.6.2 Eigenschaften ... 509
  - 9.6.3 Legierungen und Aluminiumwerkstoffe ... 509
  - 9.6.4 Korrosionsverhalten und Oberflächenbehandlung ... 511
  - 9.6.5 Verwendung im Bauwesen ... 512
- 9.7 Magnesium ... 512
  - 9.7.1 Vorkommen, Gewinnung, Eigenschaften und Sorten ... 512
  - 9.7.2 Verwendung im Bauwesen ... 513
- 9.8 Löten ... 513
  - 9.8.1 Die wichtigsten Lotlegierungen (Lote, Lotmetalle) ... 514
  - 9.8.2 Die Ausführung von Lötverbindungen ... 514

10 Bitumen, Asphalt, Teerpech (Bituminöse Baustoffe) ... 516
(bearbeitet von Prof. Dipl.-Ing. B. Kuhle)
- 10.1 Eingeführte und neue Begriffsfestlegungen ... 516
- 10.2 Bitumen und Zubereitungen aus Bitumen ... 518
  - 10.2.1 Übersicht der Begriffe ... 518
  - 10.2.2 Definition der Begriffe ... 519
  - 10.2.3 Herkunft und Produktion des Bitumens ... 521
  - 10.2.4 Zusammensetzung und Struktur von Bitumen ... 523

		10.2.5	Eigenschaften und Prüfung von Bitumen	523
		10.2.6	Handelsspezifikationen und Beschaffenheitsvorschriften	528
		10.2.7	Bitumenhaltige Bindemittel	532
		10.2.8	Polymermodifizierte Bitumen	539
		10.2.9	Asphalte	540
		10.2.10	Bitumenbahnen	549
	10.3	Steinkohlenteerpeche und Zubereitungen aus Steinkohlenteer-Spezialpechen		551
		10.3.1	Übersicht der Begriffe	551
		10.3.2	Definitionen der Begriffe	552
		10.3.3	Herstellung und Zusammensetzung von Straßenpech	553
		10.3.4	Eigenschaften und Prüfungen von Straßenpech	554
		10.3.5	Gemische aus Teer und Bitumen	555
		10.3.6	Sorten und Beschaffenheitsvorschriften	556
	10.4	Anwendung		558
		10.4.1	Befestigung von Verkehrsflächen (Straßen, Wege, Plätze)	559
		10.4.1.1	Wiederverwendung von Asphalt	574
		10.4.2	Wasserbau	577
		10.4.3	Abdichtungstechnik	579
		10.4.4	Asphalt-Bodenbeläge	587
		10.4.5	Bituminöse Fugenvergußmassen	589
		10.4.6	Sonstige Anwendungen	590

11 Beschichtungen, Anstriche 591
(bearbeitet von Prof. Dipl.-Ing. K. Himmler)

11.1	Begriffe		591
11.2	Farbmittel (Pigmente und Farbstoffe)		593
	11.2.1	Anorganische Pigmente	594
	11.2.2	Organische Pigmente und Farbstoffe	595
	11.2.3	Metallische Pigmente	595
	11.2.4	Leuchtpigmente	595
	11.2.5	Kalk- bzw. Zementechtheit	595
	11.2.6	Beständigkeit gegen Sulfide	596
	11.2.7	Lichtechtheit	596
	11.2.8	Farbkraft	596
11.3	Bindemittel		597
	11.3.1	Einteilung der Bindemittel	597
11.4	Anstriche (Beschichtungen)		598
	11.4.1	Begriffe und Anforderungen	598
	11.4.2	Kalkfarbanstrich	599
	11.4.3	Zementfarbanstrich	599
	11.4.4	Wasserglasfarbanstrich	599
	11.4.5	Leimfarbanstrich	602
	11.4.6	Kaseinleimanstrich	602
	11.4.7	Kunststoffdispersionsfarben	603

	11.4.8	Öl- und Lackfarbanstriche	606
11.5		Entfernung alter Anstriche	610
11.6		Anstrichschäden	610
11.7		Beizen	611
	11.7.1	Farbstoffbeizen	611
	11.7.2	Chemische Holzbeizen	612
11.8		Holzpolituren	612
	11.8.1	Schellack-Politur	612
	11.8.2	Nitrozellulose-Politur	612
	11.8.3	Spritzpolitur	612
11.9		Blattmetalle	613
11.10		Hilfsstoffe für Anstriche	613
	11.10.1	Abbeizmittel	613
	11.10.2	Verdünnungsmittel	613
	11.10.3	Anstrichfungizide	613
	11.10.4	Anstricharmierungen	614

12 Tapeten und tapetenähnliche Stoffe, Wand- und Deckenbeläge, Spannstoffe, Klebstoffe 615
(bearbeitet von Prof. Dipl.-Ing. Rüdiger Wormuth)

12.1		Übersicht über die üblichen Anwendungen von Unterlagsstoffen	615
	12.1.1	Tapeten und tapetenähnliche Stoffe	615
	12.1.1.1	Naturelltapeten	615
	12.1.1.2	Fondtapeten	615
	12.1.1.3	Fondtapeten als Tapetenwechselgrund	615
	12.1.1.4	Relieftapeten	615
	12.1.1.5	Prägetapeten	615
	12.1.1.6	Velourtapeten	618
	12.1.1.7	Textiltapeten	618
	12.1.1.8	Kunststofftapeten	618
	12.1.1.9	Metalltapeten	618
	12.1.1.10	Naturwerkstofftapeten	618
	12.1.1.11	Wandbildtapeten	618
	12.1.1.12	Rauhfaser	618
	12.1.1.13	Relieftapeten	618
	12.1.1.14	Prägetapeten	618
	12.1.1.15	Strukturpapier	618
	12.1.2	Beläge	618
	12.1.2.1	Glasseidengewebe	618
	12.1.2.2	Jutegewebe	618
	12.1.2.3	Rupfen	618
	12.1.2.4	Kunststoff-Folien mit Unterlagen	618
	12.1.2.5	Kunststoffbeschichtete Träger	619
	12.1.2.6	Kunststoff-Verbundfolien	619
	12.1.2.7	Kunststoff-Schaumbeläge	619
	12.1.2.8	Textile Wandbeläge	619
	12.1.2.9	Fotoleinen	619

12.1.3	Spannstoffe	619
12.1.3.1	Textile Spannstoffe	619
12.1.3.2	Spannstoffe aus Kunststoff	619
12.1.4	Leisten aus Holz, Kunststoff, Metall	619
12.1.5	Kordeln aus natürlichen oder synthetischen Fasern	619
12.1.6	Borten aus Papier, textilen und anderen Stoffen	619
12.1.7	Unterlags- und Grundanstrichstoffe	619
12.1.7.1	Flüssige Unterlagsstoffe	619
12.1.7.1.1	Tapetenunterlagsmasse (Feinmakulatur)	619
12.1.7.1.2	Tapetenwechselgrund	619
12.1.7.1.3	Wasserverdünnbare Grundanstrichstoffe	620
12.1.7.1.4	Lösungsmittelverdünnbare Grundanstrichstoffe	620
12.1.7.1.5	Spachtelmassen	620
12.1.7.2	Unterlagsstoffe in Bahnen	620
12.1.7.2.1	Makulaturpapier (Rohpapier/Rollenmakulatur)	620
12.1.7.2.2	Unterlagsstoffe mit Abzieheffekt (Tapetenwechselgrund)	620
12.1.7.2.3	Polystyrolhartschaum	620
12.1.7.2.4	Extrudierter Polystyrolhartschaum	620
12.1.7.2.5	Polystyrolhartschaum mit Filzpappenoberfläche	620
12.1.7.2.6	Polyurethanschaum	620
12.1.7.2.7	Wollfilzpappe, genoppt und ungenoppt	621
12.1.7.2.8	Gewebte oder vliesartige Unterlagsstoffe	621
12.1.7.2.9	Glasfaservlies	621
12.1.7.2.10	Metallfolien	621
12.1.7.2.11	Absperrfolien	621
12.1.7.2.12	Schaumstoff	621
12.1.8	Klebstoffe für Tapezierarbeiten	621
12.1.8.1	Zellulosekleister aus reiner Methylzellulose (MC)	621
12.1.8.2	Spezialkleister aus reiner Methylzellulose (MC) und einem redispergierbaren Kunstharzpulver	621
12.1.8.3	Dispersionsklebstoff	621
12.1.8.4	Dispersionsklebstoff mit geringer Quarzfüllung	621
12.1.8.5	Klebstoff zum Kleben von Hartschaum	621
12.1.8.6	Kontaktkleber	621
12.1.8.7	Holzleim auf Dispersionsbasis	621
12.2	Beurteilungskriterien und Anforderungen an Tapeten, tapetenähnliche Stoffe, Beläge, Spannstoffe und Klebstoffe	621
12.2.1	Tapeten, Allgemeine Anforderungen	621
12.2.1.1	Naturelltapeten	622
12.2.1.2	Fondtapeten, leichte Qualität	622
12.2.1.3	Fondtapeten, mittlere Qualität	622
12.2.1.4	Fondtapeten, schwere Qualität	622
12.2.1.5	Fondtapeten als Wechselgrund	622
12.2.1.6	Relieftapeten (bedruckt)	622
12.2.1.7	Prägetapeten	622
12.2.1.8	Velourtapeten	622

	12.2.1.9	Textiltapeten	622
	12.2.1.10	Kunststofftapeten	624
	12.2.1.11	Metalltapeten	624
	12.2.1.12	Naturwerkstofftapeten	624
	12.2.1.13	Wandbildtapeten	624
	12.2.1.14	Rauhfasertapeten	624
	12.2.1.15	Relieftapeten, unbedruckt (Reliefpapier)	624
	12.2.1.16	Prägetapeten, duplex standfest (dupliert), unbedruckt	624
	12.2.1.17	Strukturpapier	625
	12.2.1.18	Lieferformen	625
	12.2.2	Beläge	625
	12.2.3	Spannstoffe	625
	12.2.4	Leisten	625
	12.2.5	Kordeln	625
	12.2.6	Borten	625
	12.2.7	Unterlagsstoffe	626
	12.2.8	Klebstoffe	626

13 Bodenbeläge 627
(bearbeitet von Prof. Dipl.-Ing. Rüdiger Wormuth)

13.1	Bodenbeläge in Bahnen und Platten aus Linoleum, Kunststoff und Gummi (elastische Bodenbeläge)		627
	13.1.1	Flexplatten	627
	13.1.2	PVC-Beläge ohne Träger	628
	13.1.3	PVC-Beläge mit Träger	628
	13.1.4	Linoleum	628
	13.1.5	Synthese-Kautschuk-Belag	628
13.2	Textile Bodenbeläge		628
	13.2.1	Webteppiche	629
	13.2.2	Wirkteppiche und Strickteppiche	630
	13.2.3	Tuftingteppiche	630
	13.2.4	Nadelvlies-Bodenbeläge	630
	13.2.5	Klebpolteppiche	630
	13.2.6	Flockteppich	631
	13.2.7	Nähwirkteppiche	631
	13.2.8	Vlieswirkteppiche	631
13.3	Beurteilungskriterien		632
	13.3.1	Rutschsicherheit	632
	13.3.2	Blendsicherheit	632
	13.3.3	Brandverhalten	633
	13.3.4	Brennverhalten	633
	13.3.5	Wärmeableitung	634
	13.3.6	Wärmedurchlaßwiderstand	634
	13.3.7	Schallabsorption	634
	13.3.8	Trittschallverbesserungsmaß	634
	13.3.9	Elektrostatisches Verhalten	634

13.3.10	Verschleißverhalten	636
13.3.11	Feuchtraumeignung	641
13.3.12	Lichtechtheit	641
13.3.13	Reibechtheit	644
13.3.14	Wasserechtheit	644

14 Kunststoffe 645
(bearbeitet von Prof. Dipl.-Ing. K. Himmler)

- 14.1 Kurzzeichen für Kunststoffe 645
- 14.2 Begriffe und Einführung 646
- 14.3 Gemeinsame Merkmale der Kunststoffe 647
- 14.4 Einteilung der Kunststoffe 649
  - 14.4.1 Einteilung nach der Molekularstruktur 649
  - 14.4.2 Einteilung nach der Bildungsweise 649
  - 14.4.3 Einteilung nach ihrem mechanisch-thermischen Verhalten 649
    - a) Thermoplaste (Plastomere) 650
    - b) Duroplaste (Duromere) 654
    - c) Elastomere und Thermoelaste 655
- 14.5 Einzelne bautechnisch wichtige Plastomere 655
  - 14.5.1 Polyolefine und ähnliche Polymere 655
    - a) Polyethylen, PE 656
    - b) Polypropylen, PP 657
    - c) Polybuten-1, PB 658
    - d) Polyisobutylen, PIB 658
    - e) Polyoxymethylen, POM 659
  - 14.5.2 Polyvinyle und ähnliche Polymere 660
    - a) Polyvinylchlorid, PVC 660
    - b) PVC-Copolymerisate 662
    - c) Modifiziertes PVC 663
    - d) Polyvinylidenchlorid, PVDC 663
    - e) Polystyrol, PS 663
    - f) Styrol-Copolymerisate (Cop.) 664
    - g) Acrylharze 665
    - h) Polyvinylacetat, PVAC 667
    - i) Polyvinylpropionat, PVP 668
    - k) Polyvinylalkohol, PVAL 668
    - l) Polyvinylbutyral, PVB 668
    - m) Polyvinylether 669
  - 14.5.3 Polyfluorcarbone = Fluorpolymerisate 669
  - 14.5.4 Polyamide, PA 670
  - 14.5.5 Lineare Polyester 671
- 14.6 Einzelne bautechnisch wichtige, duroplastische, vollsynthetische Kunststoffe 672
  - 14.6.1 Formaldehydharze 673
  - 14.6.2 Vernetzte Polyester 675
  - 14.6.3 Epoxidharze, EP 676

14.6.4	Glasfaserverstärkte Kunststoffe, GFK	677
14.6.5	Vernetzte Polyurethane, PUR	678

14.7 Silikone, SI (auch Silicon-Polymere, Silicone oder Siloxane) 679
14.8 Abgewandelte Naturstoffe 680
    14.8.1 Zelluloseabkömmlinge 680
    14.8.2 Eiweißabkömmlinge, CSF 682
    14.8.3 Kautschukabkömmlinge 682
14.9 Elastomere (Elaste) 683
    14.9.1 Dien-Elastomere 683
    14.9.2 Polysulfidkautschuk, SR 684
14.10 Herstellungs- und Verarbeitungsverfahren der Kunststoffe 684
    14.10.1 Begriffe 684
    14.10.2 Formgebung der Thermoplaste 685
    14.10.3 Herstellung duroplastischer Teile 685
    14.10.4 Schweißen von Plastomeren 685
14.11 Verwendung von Kunststoffen im Bauwesen 686
    14.11.1 Folien, Dachbahnen, Abdichtungsbahnen, Dampfbrems- und Unterspannbahnen 687
    14.11.2 Fußbodenbelagstoffe 689
    14.11.3 Wandbeläge 689
    14.11.4 Wandfliesen 689
    14.11.5 Bau- und Möbelplatten 689
    14.11.6 Kunststoffbeschichtete Metalle 691
    14.11.7 Bauprofile 691
    14.11.8 Kunststoffrohre und Formstücke 692
    14.11.9 Dachrinnen 697
    14.11.10 Profilplatten, Tafeln und Flachstäbe 697
    14.11.11 Lichtkuppeln und Lichtschalen 698
    14.11.12 Fenster und Fenstertüren 699
    14.11.13 Fensterzubehör 699
    14.11.14 Tragwerke aus und mit Kunststoffen 699
    14.11.15 Weitere Verwendungsgebiete 700

15 Klebstoffe, Spachtelmassen, Kitte und Fugendichtungsmassen   701
(bearbeitet von Prof. Dipl.-Ing. K. Himmler)
15.1 Klebstoffe 701
    15.1.1 Begriff und Einführung 701
    15.1.2 Leim, Leimlösungen 701
    15.1.3 Dispersionsklebstoffe 701
    15.1.4 Lösemittelklebstoffe (Kleblacke) 702
    15.1.5 Kontaktklebstoffe 702
    15.1.6 Haftklebstoffe 702
    15.1.7 Reaktionsharzklebstoffe 703
    15.1.8 Feste Klebstoffe (Schmelzklebstoffe) 704
15.2 Spachtelmassen 704
    15.2.1 Begriff und Einführung 704
    15.2.2 Spachtelputz, Kunstharzputz 704

Inhalt

	15.2.3	Spachtelmakulatur	704
	15.2.4	Bezeichnung der Spachtelmassen	705
	15.2.5	Arten von Spachtelmassen	705
	15.2.6	Verwendung von Spachtelmassen	705
15.3	Kitte		706
	15.3.1	Begriffe und Einführung	706
	15.3.2	Leinölkitte	706
	15.3.3	Glycerinkitt	706
	15.3.4	Wasserglaskitt	707
	15.3.5	Eiweißkitt	707
	15.3.6	Leimkitt	707
	15.3.7	Sulfitablaugekitt	707
	15.3.8	Phenoplastkitt	707
	15.3.9	Kautschukkitt	707
	15.3.10	Bitumenkitt	708
	15.3.11	Rostkitt, Eisenkitt	708
15.4	Fugendichtungsmassen, Fugendichtstoffe		708
	15.4.1	Fugendichtungsmassen, Fugendichtstoffe: Einführung	708
	15.4.2	Silicon-Dichtungsmassen	709
	15.4.3	Polysulfid-Dichtungsmassen	710
	15.4.4	Acryl-Dichtungsmassen	711
	15.4.5	Polyurethan-Dichtungsmassen, PUR	711
	15.4.6	Butylkautschuk- und Polyisobutylen-Dichtungsmassen	712

16 Dämmstoffe 713
(bearbeitet von Prof. Dipl.-Ing. H. D. Fleischmann)

16.1	Dämmstoffarten	713
	16.1.1	Faserdämmstoffe	713
	16.1.2	Schaumkunststoffe	715
	16.1.3	Mineralische Schaumstoffe	717
	16.1.4	Leichtbauplatten	718
	16.1.5	Spanplatten als Schallschluckplatten	719
	16.1.6	Gips-Deckenplatten und Gipskarton-Verbundplatten	721
	16.1.7	Dämmstoffe aus Kork	722
16.2	Wärmeschutz	723
	16.2.1	Wärmeleitfähigkeit, Dampfdiffusionswiderstand	730
	16.2.2	Anforderungen an den winterlichen Wärmeschutz	730
	16.2.3	Einsatz von Dämmstoffen zum winterlichen Wärmeschutz	732
	16.2.4	Sommerlicher Wärmeschutz	735
16.3	Schallschutz	735
	16.3.1	Bewertung der Schalldämmung	736
	16.3.2	Luftschalldämmung	737
	16.3.3	Trittschalldämmung	742
	16.3.4	Schallschluckung	744

16.4	Brandschutz		746
	16.4.1	Brandverhalten von Baustoffen	747
	16.4.2	Beeinflussung des Feuerwiderstandes durch Dämmstoffe	750

17 Holz und Holzbaustoffe ... 753
(bearbeitet von Prof. Dr.-Ing. H. Knoblauch)

17.1	Holzwirtschaftliche Bedeutung des Waldes		753
	17.1.1	Chemischer Aufbau des Holzes	753
	17.1.2	Biologisch-physikalischer Aufbau	754
	17.1.3	Makroskopischer Bau des Holzes	754
	17.1.4	Mikroskopischer Bau des Holzes	756
	17.1.5	Fehler des Bauholzes	756
	17.1.6	Schlagreife	757
17.2	Bauholzarten		757
17.3	Feuchtetechnische Eigenschaften des Bauholzes		762
	17.3.1	Holzfeuchtegleichgewicht	762
	17.3.2	Holztrocknung	763
	17.3.3	Verhalten des Holzes gegenüber Feuchte	764
17.4	Bauphysikalische und chemische Eigenschaften		764
	17.4.1	Holzdichte	766
	17.4.2	Verhalten des Holzes gegenüber Wärme	766
	17.4.3	Wasserdampfdiffusion	767
	17.4.4	Akustische Eigenschaften	767
	17.4.5	Verhalten des Holzes gegenüber elektrischem Strom	767
	17.4.6	Korrosionseigenschaften des Holzes	767
	17.4.7	Resistenzklassen	768
	17.4.8	Folgerungen aus den physikalischen und chemischen Holzeigenschaften für Entwurf und Konstruktion	769
17.5	Elastomechanische Eigenschaften		769
	17.5.1	Festigkeiten	770
	17.5.2	Härte des Holzes	771
	17.5.3	Einfluß der Holzfehler	771
	17.5.4	Einfluß der Temperatur	772
	17.5.5	Festigkeitsprüfungen	772
17.6	Baurundholz		774
	17.6.1	Halbrundholz	774
	17.6.2	Gütebedingungen	774
17.7	Bauschnittholz		774
	17.7.1	Bezeichnung nach den Holzquerschnitten	778
	17.7.2	Anforderungen (Sortierkriterien) für Nadelschnittholz	778
	17.7.3	Kennzeichnung, Maßhaltigkeit/Toleranzen	779
	17.7.4	Bretter und Bohlen aus Nadelholz	779
	17.7.5	Oberflächenbeschaffenheit von Bauschnittholz	782
	17.7.6	Gesägte Spezialhölzer	782
		a) Parkett	783

		b) Holzpflaster	785
	17.7.7	Vergütetes Holz	786
17.8	Brettschichtholz		786
17.9	Holzwerkstoffe, Herstellung und Eigenschaften		788
	17.9.1	Sperrholz	789
		a) Herstellung	789
		b) Sperrholzarten	789
		c) Verleimungsart – Holzwerkstoffklassen	790
		d) Die Güteklassen der Sperrhölzer	791
		e) Güteanforderungen	791
		f) Maße	791
		g) Brandverhalten	791
		h) Verwendung	792
	17.9.2	Spanplatten	792
		a) Herstellung	792
		b) Verleimungsart – Holzwerkstoffklassen	793
		c) Güteanforderungen	793
		d) Maße und Nenndicken	793
		e) Flachpreßplatten für das Bauwesen	793
		f) Beplankte Strangpreßplatten für die Tafelbauart	793
		g) Mineralisch gebundene Spanplatten	794
	17.9.3	Holzfaserplatten	795
		a) Harte und mittelharte Holzfaserplatten	795
		b) Güteanforderungen	796
		c) Anforderungen, Kennzeichnung und Bezeichnung	796
17.10	Holzzerstörung und Holzschutz		796
	17.10.1	Holzzerstörung	797
		a) Pflanzliche Schädlinge	797
		a1) Bakterien und Pilze	797
		a2) Unterscheidung der Pilze nach der Myzelausbildung	798
		a3) Unterscheidung der Pilze nach der hervorgerufenen Zerfallserscheinung	798
		a4) Unterscheidung der Pilze nach dem Vorkommen	798
		a5) Die wichtigsten bauholzzerstörenden Pilze	799
		b) Holzzerstörende Tiere	801
		b1) Zerstörung des Holzes durch Tiere	801
		b2) Frischholzzerstörer	802
		b3) Trockenholzzerstörer	802
	17.10.2	Holzschutz	805
		a) Planung von Holzschutzmaßnahmen	805
		b) Vorbeugende bauliche Maßnahmen	806
		c) Anwendungsbereiche der Holzwerkstoffe	809
		d) Chemischer Holzschutz	810
		e) Vorbedingung für die Schutzbehandlung	815
		f) Einbringverfahren	819
		g) Erforderliche Einbringmengen	821

			h) Schutzbehandlung bei Rund- und Schnittholz	821
			i) Prüfung der Schutzbehandlung	822
			j) Schutz von nichttragendem, nicht maßhaltigem Holz ohne statische Funktion	822
			k) Schutz von nichttragendem maßhaltigem Holz (Fenster und Außentüren)	822
			l) Bekämpfende bauliche und chemische Schutzmaßnahmen	823
			1. Gegen Pilzbefall (Schwammschäden)	823
			2. Gegen Insektenbefall	825
			m) Brandverhalten von Holz und Holzwerkstoffen	825
			n) Chemische Feuerschutzmittel	826
			o) Holzkonservierende, dekorative Beschichtungen (Anstriche)	826
			p) Biologischer Holzschutz	827
	17.11	Holzverbindungsmittel		827
		17.11.1	Handwerkliche Holzverbindungsmittel	827
		17.11.2	Stabförmige Verbindungsmittel	828
		17.11.3	Nagelplatten und Blechformteile (Balkenschuhe)	828
		17.11.4	Klebstoffe (Holzleime)	828
18	**Vorkommen gesundheitsschädlicher Stoffe in Baustoffen**			**830**
	18.1	Vorwort		830
	18.2	Strahlenbelastung des menschlichen Organismus aus der Natur und aus Baustoffen		831
			a) Radioaktivität von Baustoffen	831
			b) Die Strahlung aus dem Weltraum – extraterrestrische Strahlung	832
			c) Beeinflussung des Organismus durch das elektrostatische Feld der Erde	832
			d) Beeinflussung des Organismus durch Zufuhr elektrischer Ladung aus der Luft in Ionenform	834
			e) Beeinflussung des Organismus durch elektrische Wechselfelder von Hausinstallationen	834
			f) Beeinflussung des menschlichen Organismus durch Hochfrequenzfelder	835
	18.3	Gesundheitsrisiken bei Fußbodenbelägen		835
	18.4	Ökologische und gesundheitliche Aspekte bei der Verwendung von Kunststoffen		838
		18.4.1	Gesundheitliche Gefahren von Kunststoffen, Anstrichstoffen und Klebern	839
	18.5	Emissionen von organischen Substanzen aus Spanplatten – hauptsächlich Formaldehydemissionen		840
		18.5.1	Ursachen und Umfang der Emissionen	840
			a) Lagerbedingungen (Temperatur und Feuchte)	841
			b) Lagerzeit	841
			c) Beschichtung	841

Inhalt

		d) Zur Zeit geltende Formaldehyd-Emissions- begrenzungen	842
		e) Gesundheitliche Risiken	843
18.6	Wirkstoffe von Holzschutzmitteln im häuslichen Bereich		844
	18.6.1	Art und Menge der in Wohnungen eingebrachten Holzschutzmittel	844
	18.6.2	Verteilung und Niederschlag der Wirkstoffe (Beispiel PCP) im gesamten Wohnbereich	845
	18.6.3	Holzschutzmittel in Eisenbahnschwellen	845
	18.6.4	Allgemeine Risikoeinschätzung der Holzschutzmittelverwendung	845

Literaturverzeichnis 847

**Verzeichnis der Fachverbände, Beratungsstellen und
Gütegemeinschaften der Baustoffe** 858

Informationen und Bauschäden 864

Normen, Prüfzeichen, Zulassungen, AGI-Blätter, Merkblätter 865

Stichwortverzeichnis 867

1 Natursteine

Natursteine bilden die feste Erdkruste. Sie sind primär durch Abkühlung des unter der äußersten Erdkruste befindlichen Magmas (Gesteinsschmelze) entstanden. Durch Vorgänge auf der Erdoberfläche (Verwitterung) und im Bereich der Erdkruste (Gebirgsbildungen) können die zunächst gebildeten Gesteine verändert und neue Gesteinsarten gebildet werden.

Natursteine sind wichtige Baustoffe. Sie werden verwendet als:

Zuschläge für Mörtel und Beton (siehe Abschnitt 5), als Naturwerkstein für Massiv- und Verblendmauerwerk, für Fassadenbekleidungen, Bodenbeläge, Treppen, Fensterbänke und für Dachbedeckungen; im Straßenbau als Frostschutzmaterial, als Schotter, Splitt und Brechsand oder als Mineralbeton (abgestuftes Korngemisch aus gebrochenem Gestein ohne Bindemittel); im Wasserbau für Schütt- und Uferbausteine; im Eisenbahnbau als Gleisbettungsstoff; daneben auch als Pflaster-, Bord-, Grenz-, Prell- und Nummernsteine.

Natursteine sind auch wichtiges Ausgangsmaterial für die Herstellung anderer Baustoffe, z. B.: Mergelkalk, Kalkstein, Gipsstein für die Produktion von Zement, Kalk, Gips; Ton für Ziegel und andere keramische Erzeugnisse.

Eigenschaften und Verwendbarkeit der Natursteine hängen im wesentlichen von ihrer geologischen Entstehung und ihrer Zusammensetzung – Mineralbestand – ab.

1.1 Die wichtigsten gesteinsbildenden Minerale

Beim Erstarren des Magmas scheiden sich die in ihm enthaltenen Stoffe als Mineralien aus. Durch Verwitterung und Vorgänge in tieferen Teilen der Erdkruste können Umbildungen und Neubildungen von Mineralien erfolgen. Mineralien sind chemisch und physikalisch einheitliche kleinste Teile der Gesteine, homogen (Einschlüsse unberücksichtigt), in der Regel kristallin, nur wenige sind amorph (z. B. Opal). – Organische Verbindungen wie z. B. Kohle gehören nicht zu den Mineralien.

Es gibt weit über 2000 bekannte Mineralien. Zu den gesteinsbildenden Mineralien zählen ungefähr 200, von denen lediglich etwa 40 häufig anzutreffen sind. Die wichtigsten gesteinsbildenden Mineralien sind (ungefähre prozentuale Anteile in Klammern):

Feldspat und Feldspatvertreter (55 bis 60 %), Amphibole (Hornblenden) und Augit (15 bis 16 %), Quarz (12 %), Glimmer (3 bis 4 %), ferner Olivin, Kalkspat und Aragonit (1,5 %), Dolomit, Gips, Anhydrit, Limonit, Glaukonit, Tonmineralien (1 bis 1,5 %), Steinsalz, Kalisalz, Graphit, Granate, Chlorite, Serpentin, Talk. Daneben sind auch andere Mineralien (die keine Gesteine bilden) von erheblicher Bedeutung, z. B. Magnetit Fe_3O_4 und Hämatit Fe_2O_3 (3 %) sowie andere Erze für die Hüttenindustrie.

Zur Bestimmung und Einteilung der Mineralien dienen:
Härte, Kristallform, chemische Zusammensetzung, Farbe, Strich (auf unglasierter Porzellantafel), Glanz, Lichtbrechung, Dichte, Spaltbarkeit und Aussehen von Bruchflächen (muschelig, körnig, faserig).

2 Natursteine

1.1.1 Härte

Als Härte bezeichnet man allgemein den Widerstand, den ein Stoff dem Eindringen eines anderen Stoffes entgegenstellt. In der Mineralogie dient als Maßstab für die Härte die von dem Wiener Professor *Mohs* (1773 bis 1839) aufgestellte Härteskala.

Sie umfaßt 10 Härtestufen, wobei 10 Minerale unterschiedlicher Härte so geordnet sind, daß ein Mineral das in der Reihenfolge vor ihm stehende ritzt und somit 1 Ritzhärtegrad härter ist. Selbst wird es wiederum von dem nachfolgenden Mineral geritzt.

In der nachfolgenden Tafel 1.1 ist die *Mohs*sche Härteskala zusammen mit Hilfsmitteln zur Härtebestimmung angegeben.

Zum Vergleich sind Härtewerte nach anderen Prüfmethoden aufgeführt.

Tafel 1.1 Härteskala nach *Mohs* mit Härtevergleichsangaben

*Mohs*sche Ritzhärte	Mineral	Finger-nagel	Kupfer-münze	(Fenster-) Glas	Messer (Stahl)	Vickers-Härte [N/mm²] (gerundet)	relative*) Schleifhärte nach *Rosival*
1	Talk	ritzt	ritzt	ritzt	ritzt leicht	20	0,03
2	Gips					300	1
3	Kalkspat			ritzt		1700	3,75
4	Flußspat				ritzt schwer	2430	4,17
5	Apatit	ritzt nicht				5980	5,42
6	Feldspat					9120	31
7	Quarz		ritzt nicht			10 980	100
8	Topas			ritzt nicht	ritzt nicht	12 260	146
9	Korund					20 590	833
10	Diamant					98 070	117 000

*) auf Quarz = 100 bezogen

Aus den Vergleichwerten ist ersichtlich, daß der Unterschied zwischen den Ritzhärten 9 und 10 größer ist als der zwischen 1 und 9.

1.1.2 Kristallform

Kristalle sind von gesetzmäßig angeordneten, ebenen Flächen begrenzt, die charakteristische Kristallformen ergeben.

Denkt man sich durch die Kristalle Achsen gelegt, so lassen sich aufgrund der Länge der Achsen (im Verhältnis zueinander) und der Winkel, unter denen sich die Achsen

1.1.2 Kristallform / 1.1.3 Einteilung nach der chemischen Zusammensetzung

schneiden, 6 Kristallsysteme unterscheiden. Werden auch die Symmetrieverhältnisse berücksichtigt, so gelangt man zu 32 Kristallklassen (siehe Tafel 1.2).

Häufig wird neben dem hexagonalen System die trigonale Form als gesondertes System angegeben (dann 7 Kristallsysteme), weil beide trotz gleicher Achsen unterschiedliche Symmetrien aufweisen [1.1], [1.2].

Zur Bestimmung der Minerale nach ihren äußeren Kennzeichen wird die Kristallform neben Härte und Farbe am meisten herangezogen.

Tafel 1.2 Kristallsysteme

Name	Kristallachsen		Name	Kristallachsen	
kubisch		3 aufeinander senkrechtstehende, gleich lange Achsen	rhombisch		3 aufeinander senkrechtstehende, verschieden lange Achsen
tetragonal		3 aufeinander senkrechtstehende Achsen. Die senkrecht stehende hat eine andere Länge als die beiden gleich langen anderen.	monoklin		3 verschieden lange Achsen; 2 davon bilden keinen rechten Winkel, die 3. steht auf der durch sie beschriebenen Ebene senkrecht
hexagonal		3 gleich lange Achsen in einer Ebene, Winkel untereinander 120° (bzw. 60°), eine 4. Achse senkrecht dazu	triklin		3 verschieden lange, in verschiedenen Winkeln aufeinanderstehende Achsen
trigonal					

1.1.3 Einteilung nach der chemischen Zusammensetzung

Die *Mineralien* lassen sich in folgende *Stoffgruppen* einteilen:

1. *Elemente*, z. B. Diamant (C), Gold, Schwefel
2. *Sulfide*, z. T. unterteilt in
    a) Kiese (metallisch glänzend, hell), z. B. Kupferkies $CuFeS_2$, Magnetkies FeS
    b) Glanze (metallisch glänzend, dunkel), z. B. Bleiglanz PbS
    c) Blenden (nicht- oder halbmetallischer Glanz), z. B. Zinkblende ZnS
3. *Halogenide* (Halide), z. B. Steinsalz NaCl, Sylvin KCl, Flußspat CaF_2
4. *Oxide und Hydroxide*, z. B. Quarz SiO_2, Korund Al_2O_3, Rutil TiO_2, Goethit (Brauneisen) FeOOH, Magnetit Fe_3O_4, Hämatit Fe_2O_3
5. *Carbonate (Nitrate, Borate)*, z. B. Kalkspat und Aragonit $CaCO_3$, Dolomit $CaCO_3 \cdot MgCO_3$, Magnesit $MgCO_3$

4   Natursteine

6. *Sulfate (und Chromate, Molybdate, Wolframate)*, z. B. Gips $CaSO_4 \cdot 2 H_2O$, Anhydrit $CaSO_4$, Schwerspat (Baryt) $BaSO_4$
7. *Phosphate (und Arsenate, Vanadate)*
   z. B. Apatit $Ca_5(PO_4)_3F$ [= $3 Ca_3(PO_4)_2 \cdot CaF_2$, statt F auch Cl oder OH]
8. *Silikate*, vorherrschende Gruppe, kann eingeteilt werden in:

   a) Feldspäte, z. B.:
Orthoklas	$K_2O \cdot Al_2O_3 \cdot 6 SiO_2$	Kalifeldspat
Albit	$Na_2O \cdot Al_2O_3 \cdot 6 SiO_2$	Natronfeldspat
Anorthit	$CaO \cdot Al_2O_3 \cdot 2 SiO_2$	Kalkfeldspat

   } Mischglieder = Plagioklase

   b) Feldspatvertreter (bilden sich statt der Feldspäte, wenn der SiO_2-Gehalt des Magmas zur Bildung der Feldspäte nicht ausreicht), z. B.:
   Leuzit $K_2O \cdot Al_2O_3 \cdot 4 SiO_2$
   Nephelin $Na_2O \cdot Al_2O_3 \cdot 2 SiO_2$

   c) Augite (Pyroxene), Amphibole (Hornblenden), z. B. Gemeiner Augit $CaO \cdot (Mg\ oder\ Fe)O \cdot 2 SiO_2$ (kann auch Al, Fe^{3+}, Na, Ti enthalten)
   Enstatit $MgO \cdot SiO_2$ (auch mit Fe)
   Gemeine Hornblende etwa:
   $2 CaO \cdot 4 (Mg\ oder\ Fe)O \cdot (Mg\ oder\ Fe)(OH)_2 \cdot 8 SiO_2$

   d) Glimmer, z. B. Biotit (schwarz), etwa:
   $K_2O \cdot 2 (Mg\ oder\ Fe) (OH)_2 \cdot 2 FeO \cdot 2 MgO \cdot Al_2O_3 \cdot 6 SiO_2$
   Muskovit (hell, farblos) $KAlO (OH\ oder\ F) \cdot Al_2O_3 \cdot 3 SiO_2$

   e) Olivingruppe, z. B.:
   Forsterit $2 MgO \cdot SiO_2$
   Fayalit $2 FeO \cdot SiO_2$
   } Mischglieder = Olivin

   f) Granatgruppe, z. B.:
   Topas $Al_2O_2(OH\ oder\ F)_2 \cdot 2 SiO_2$

   g) Serpentingruppe, z. B.:
   Serpentin $3 MgO \cdot 2 SiO_2 \cdot 2 H_2O$ (auch mit Fe für Mg)
   Talk $3 MgO \cdot 4 SiO_2 \cdot H_2O$

   h) Kaolinitgruppe (Tonmineralien), z. B.:
   Kaolinit $Al_2O_3 \cdot 2 SiO_2 \cdot 2 H_2O$
   Montmorillonit $Al_2O_3 \cdot 4 SiO_2 \cdot H_2O$

1.2 Die Gesteine

Die Gesteine stellen Gemenge verschiedenartiger Mineralien dar, teilweise bestehen sie auch nur aus einer Mineralart, z. B. Gips. Nach ihrer Entstehung teilt man die Gesteine in drei Hauptgruppen ein:

a) **Magmagesteine** (Erstarrungs-, Eruptivgesteine, Magmatite), die aus dem schmelzflüssigen Magma erstarren.
b) **Sedimentgesteine** (Schicht-, Absatzgesteine), die durch Ablagerung von verwittertem Gesteinsmaterial entstehen.
c) **Metamorphe Gesteine** (Umwandlungsgesteine), die durch Umwandlung anderer Gesteine infolge Druck- und Temperatureinwirkung in der Erdkruste entstehen.

In der uns bekannten Erdkruste (etwa bis 16 km Tiefe) sind fast 95 % Magmagesteine und metamorphe Gesteine, nur etwa 5 % sind Sedimentgesteine. Dagegen wird die Erdoberfläche zu annähernd 75 % von Sedimenten bedeckt und nur zu 25 % von Magmagesteinen und metamorphen Gesteinen.

Im Bauwesen sind bei den Gesteinen noch allgemein folgende Bezeichnungen üblich: *Naturstein* als natürlich entstandenes Gestein im Gegensatz zum künstlich hergestellten Stein (Ziegel, Kalksandstein, Beton). *Werkstein:* Handwerksgerecht (vom Steinmetz) zu bestimmter Form bearbeiteter Naturstein. *Fest- und Lockergestein* je nach Zusammenhalt der Gesteinsmasse. *Hart- und Weichgestein* je nach Druckfestigkeit. Als Grenze gilt im allgemeinen die Druckfestigkeit von 180 N/mm^2.

Weichgesteine sind vorwiegend Sand- und Kalksteine, Lavagesteine und Tuffe.

1.2.1 Magmagesteine

entstehen direkt aus dem Magma. Das Magma befindet sich in der untersten Zone der Erdkruste (in etwa 100 bis 120 km Tiefe, vereinzelte Herde auch in höheren Lagen) und ist eine mit Gasen und Dämpfen (H_2O) gesättigte Schmelze, die folgende Hauptbestandteile enthält: SiO_2, Al_2O_3, Fe_2O_3, FeO, MgO, CaO, Na_2O und K_2O. Die Temperatur des Magmas wird auf 1000 °C bis 1300 °C geschätzt. Die eingeschlossenen Gase und Dämpfe bewirken einen hohen Druck, der dem Druck der auf dem Magma lastenden Gesteinsmassen entgegenwirkt.

Durch Bewegungen in der Erdkruste (Gebirgsbildungen) und durch Wärmedifferenzen kann das Magma selbst in Bewegung geraten, unter Schwachstellen der Erdkruste emporsteigen, in Spalten eindringen oder auch die Erdrinde durchbrechen und sich als **Lava** auf die Erdoberfläche ergießen. Bei solchen Vorgängen kühlt sich das Magma ab, Gase und Dämpfe können ganz oder teilweise entweichen, und das Magma geht aus dem Schmelzfluß in den festen Zustand über: Es erstarrt zu Mineralien und Gesteinen. Bei diesen Vorgängen treten Entmischungen auf – einzelne Mineralien kristallisieren vorzeitig aus und sinken wegen ihrer höheren Dichte ab, gasförmige Stoffe spalten sich ab. Aus dem Magma, das ursprünglich eine etwa dem Gabbro entsprechende Zusammensetzung hat, entstehen so unterschiedlich zusammengesetzte Gesteine.

Die innerhalb der Erdkruste sich bildenden Gesteine nennt man **Tiefengesteine** (oder *Plutonite* – nach dem griechischen Gott der Unterwelt Pluto), die sich aus dem auf die Erdoberfläche ergießenden Magma entstehenden Gesteine **Ergußgesteine** (oder Vulkanite).

Dringt Magma in Gesteinsspalten (Abkühlspalten) ein und kühlt hier ab, so bilden sich **Ganggesteine**. Diese drei Gesteinsgruppen unterscheiden sich, selbst wenn sie die gleiche Zusammensetzung besitzen, durch ihr Gefüge und ihre Ausbildungsform.

a) **Tiefengesteine:** Durch langsame Abkühlung gute Kristallausbildung, vollkristallin (kein Glas), gleichmäßig *körnig* bis *grobkörnig,* richtungslos (keine Schichtung oder Schieferung). Durch Volumenverminderung bei der Erstarrung können sich feine Risse, Spalten oder Klüfte bilden, auch etwa waagerechte Fugen – Bankung – infolge Druckentlastung.

Natursteine

Die wichtigsten Tiefengesteine sind: Granit, Syenit, Diorit und Gabbro, wobei Granit das häufigste (90 bis 95 %) Tiefengestein ist.

b) **Ergußgesteine:** Durch schnelle Abkühlung nur wenig oder keine Zeit zur Kristallbildung, daher *feinkörnige* Struktur oder *glasige* Erstarrung. Viele Gesteine enthalten jedoch auch in der feinkörnigen oder glasigen Grundmasse größere Mineralkörner – Einsprenglinge –, die schon vor Erreichen der Erdoberfläche aus dem Magma auskristallisierten, dann: *porphyrische* Struktur. Bei manchen Ergußgesteinen ist die Fließrichtung noch erkennbar. Beim Abkühlen der Lava entstehen durch Schrumpfung Spalten, die oft zu typischen Absonderungsformen führen, z. B. fünf- oder sechsseitige Säulen bei Basalt. Je nach Art des Magmas und der Art des Durchbruchs durch die Erdrinde (flächenförmige, Spalten-, Punkt- oder Kratereruption) kann es zu einem Ausfließen von gasarmer oder gasreicher Lava oder aber bei explosionsartigen Eruptionen zum Auswurf von Lockerprodukten kommen. Gasarme Lava ist zähflüssig, bildet kuppenförmige Aufstauungen und erstarrt häufig in gewundenen und gedrehten Formen. Gasreiche Laven sind dünnflüssig, passen sich dem Gelände an und erstarren mit rauher Oberfläche, da gegen Ende der Kristallisation eine stürmische Entgasung erfolgt. – Auf dem Meeresboden ausfließende Laven bilden unter dem Druck der auflagernden Wassermassen meist etwa kopfgroße und kugelförmige Blöcke. – Lockerprodukte können Aschen, Bimssteine, Auswürflinge oder Tuffe sein.

Aschen sind staubfeine Lavatröpfchen, die sich lange (Tage, Wochen) in der Luft gehalten haben. **Bimssteine** sind durch Gase stark aufgeblähte, dann rasch abgekühlte und glasig erstarrte Magmafetzen. Sie sind sehr porös (leichter als Wasser). **Auswürflinge** sind durch Gasexplosionen herausgeschleudertes Material (abgerundet auch als Bomben bezeichnet). – Aus der Ablagerung von Aschen und Auswürflingen können sich **Tuffe** bilden, wenn das Material (unter dem Einfluß von Wasser) verkittet und verfestigt wird.

Ergußgesteine sind – wie alle an der Erdoberfläche befindlichen Gesteine – der Verwitterung ausgesetzt. Auch bei gleichem Mineralbestand können die Gesteinseigenschaften der Ergußsteine je nach Verwitterungsgrad sehr verschieden sein. Der Verwitterungsgrad ist weitgehend vom geologischen Alter beeinflußt, weshalb man „alte" (in Deutschland vorwiegend im Devon bis Perm entstandene) und „junge" (vorwiegend im Tertiär entstandene) Ergußgesteine unterscheidet.

Die wichtigsten Ergußgesteine sind: Diabas, Quarzporphyr (alt), Basalt, Basaltlava und Trachyt (jung).

c) **Ganggesteine:** Stehen zwischen Tiefen- und Ergußgesteinen. Ganggesteine bilden sich, wenn – meist dünnflüssiges – Magma in Gesteinsspalten eindringt und hier abkühlt. Dabei können je nach Breite (manchmal nur wenige mm) und Form der etwa senkrecht verlaufenden Gänge und je nach Abkühlungsbedingungen Ganggesteine entstehen, die

1. in Zusammensetzung und Gefüge völlig mit dem entsprechenden Tiefengestein übereinstimmen,

1.2.1 Magmagesteine

2. dieselbe Zusammensetzung wie das Tiefengestein haben, aber schneller abkühlten (schmale Gänge) und dabei feinkörnig, in Oberflächennähe auch porphyrisch (dichte, feinkörnige Grundmasse mit größeren Einsprenglingen), erstarrten,
3. aus abgespaltenem Restmagma entstanden und so andersartige (Spaltungs-) Gesteine oder Mineralien bilden (z. B. Erzgänge). Die Gesteine können dabei grobkörnig (z. B. Pegmatite) oder auch feinkörnig (z. B. Aplite) sein.

Wichtige Ganggesteine sind: Granitporphyr und Pegmatit, Syenitporphyr, Diorit- und Gabbroporphyrit.

In der Tafel 1.3 sind die wichtigsten Magmagesteine aufgeführt. Jeweils in einer Zeile angegebene Gesteine sind aus Magma etwa gleicher Zusammensetzung entstanden und haben daher auch weitgehend gleichen Mineralbestand. Die Zeilen selbst sind nach der chemischen Charakteristik der jeweiligen Magmen geordnet, wobei der SiO_2-Gehalt zur Einteilung dient. Gesteine mit relativ niedrigem SiO_2-Gehalt werden als basische, die mit hohem SiO_2-(Kieselsäure-)Gehalt als saure Gesteine bezeichnet. SiO_2-ärmere Gesteine enthalten mehr dunklere (Fe-, Mg-haltige) Mineralien (Augit, Hornblende, Olivin) und sind deshalb insgesamt dunkel, SiO_2-reichere Gesteine sind heller, da sie mehr helle Minerale (Quarz) enthalten.

Tafel 1.3 Die wichtigsten Magmagesteine

Chemische Charakteristik	Tiefengesteine	Ergußgesteine alt	Ergußgesteine jung	Ganggesteine	Mineralbestand
Saure Gesteine 65 bis 82 % SiO_2	Granit	Quarzporphyr	Liparit	Granitporphyr Pegmatit	Q Kf Pl Bi
(hell)	Syenit	Orthophyr	Trachyt*)	Syenitporphyr	Kf Pl Ho Aug Bi
Intermediäre Gesteine 52 bis 65 % SiO_2	Diorit	Porphyrit	Andesit	Dioritporphyrit	Pl Ho Bi Aug
Basische Gesteine 40 bis 52 % SiO_2	Gabbro Olivingabbro	Diabas Melaphyr	Basalt Olivinbasalt	Gabbroporphyrit	Pl Aug Ho Ol
(dunkel)	Peridotit Dunit	Pikrit	Pikritbasalt	Kimberlit	Aug Ol

*) Traß ist ein Trachyttuff.

Erläuterung zur Tabelle: Q = Quarz, Kf = Kalifeldspat, Pl = Plagioklas (Ca-Na-Feldspat), Bi = Biotit (dunkler Glimmer), Aug = Augit, Ho = Hornblende, Ol = Olivin.

Magmagesteine sind mit Ausnahme der porösen Lavagesteine dicht (Porenvolumen < 1 Vol.-%), fest (Druckfestigkeit zwischen 160 und 400 N/mm^2), relativ verschleißfest und wetterbeständig (ausgenommen Sonnenbrenner-Basalt siehe Abschnitt 1.3.2i).

Die (Rein-)Dichte der Magmagesteine liegt zwischen 2,58 und 3,15 g/cm^3. Weitere technische Daten siehe Abschnitt 5.2, Tafel 5.1.

1.2.2 Sedimentgesteine

Sie entstehen an der Erdoberfläche aus der Zerstörung anderer Gesteine. Sonne, Wasser, Frost, Wind und Organismen zerstören die Gesteine (Verwitterung). Die Zerstörbarkeit der Gesteine hängt von ihrem Gefüge und ihrem Mineralbestand ab. Manche Mineralien verwittern leicht, andere fast gar nicht. Für die wichtigsten gesteinsbildenden Mineralien ergibt sich vom leicht zerstörbaren Nephelin bis zum kaum zerstörbaren Quarz folgende Reihenfolge für ihren Widerstand gegen Verwitterung: Nephelin, Leuzit, Olivin, Na-haltige Kalkfeldspäte, Augit, Hornblende, Biotit, Ca-haltige Natronfeldspäte, Kalifeldspat, Muskovit, Quarz.

Die Art der Verwitterung hängt hauptsächlich vom Klima ab. Grundsätzlich kann man unterscheiden:

a) Gesteinszerfall durch physikalische (oder mechanische) Verwitterung
b) Gesteinszersetzung durch chemische Verwitterung

Vielfach werden auch bestimmte biologische Vorgänge als biologische Verwitterung bezeichnet, z. B. der Wachstumsdruck von Wurzeln in Gesteinsspalten oder die CO_2-Absonderung von Wurzeln, die gesteinzerstörende Wirkung haben. Diese Wirkung läßt sich aber auch als physikalische oder chemische Verwitterung einordnen.

Die *physikalische Verwitterung* führt zu einer reinen Zerkleinerung der Gesteine ohne Änderung der Zusammensetzung. Beispiele: Gefügeauflockerung bis zum Zerfall durch häufigen und schnellen Wechsel zwischen starker Erwärmung (Sonnenbestrahlung) und starker Abkühlung (Regen, Nacht) oder durch Gefrieren von Wasser, das in Poren, Risse oder Spalten eingedrungen ist. Zermürbung des Gesteins durch den Kristallisationsdruck auskristallisierender Salze, wenn das Wasser, das die Salze gelöst enthielt, verdunstet und die Salze in Poren und Rissen auskristallisieren (ähnlich: Abmehlungen bei Ziegeln durch auskristallisierendes Natriumsulfat). – Weitere Zerstörungen können durch fließendes Wasser und durch Abschleifen durch von Wind über die Gesteine geblasenen Sandstaub erfolgen.

Die *chemische Verwitterung* führt zu Umsetzungen zwischen Gestein und Wasser einschließlich der im Wasser gelösten Stoffe. So können wasserlösliche Mineralien gelöst, an andere Orte transportiert und beim Verdunsten des Wassers oder bei Überschreiten der Sättigungsgrenze wieder abgelagert werden. Wasserfreie Mineralien können auch in Hydrate umgewandelt werden, so wird aus Anhydrit ($CaSO_4$) durch Kristallwasseraufnahme Gips ($CaSO_4 \cdot 2\,H_2O$). – Durch Hydrolyse können Silikate gespalten werden (H-Ionen werden aufgenommen, dafür Alkalien und Erdalkalien abgegeben), so entstehen beispielsweise aus Feldspäten **Tone**, z. T. bildet sich auch kolloidale Kieselsäure. – Sauerstoff kann zur Oxidationsverwitterung führen, oft unter Mitwirkung von Wasser, beispielsweise bei der Verwitterung von Eisenspat $FeCO_3$ zu Brauneisenstein $FeO(OH)$ bzw. $Fe_2O_3 \cdot nH_2O$ (Fe^{++} wird hier zu Fe^{+++} oxidiert). – Auch Kohlensäure kann auf Gesteine zerstörend einwirken, so kann sie den nur sehr wenig durch Wasser löslichen Kalkstein $CaCO_3$ in das sehr viel besser lösliche $Ca(HCO_3)_2$ umwandeln. Schließlich wirken auch Rauch- und Abgase auf die Gesteine chemisch ein und können sie im Laufe der Zeit zerstören (siehe [2]).

1.2.2 Sedimentgesteine

Die Verwitterungsprodukte können durch Wasser, Wind, Eis (Gletscher) abtransportiert, dabei noch weiter zerkleinert und an anderer Stelle abgelagert werden. Die meisten Ablagerungen erfolgen im Meer entsprechend dem Gefälle beim Transport. Dabei können sich abgestorbene oder herbeigeschwemmte Tier- oder Pflanzenreste mit einlagern. Solche in den Sedimenten erhalten gebliebene Reste werden als **Fossilien** bezeichnet. Sie sind ein Erkennungsmerkmal der Sedimentgesteine. Ein anderes typisches Merkmal der Sedimente ist die ausgeprägte **Schichtung**. In den geologischen Zeiträumen ändern sich das Verwitterungsmaterial und die Korngröße je nach Verwitterungs- und Transportbedingungen, so daß bei der Ablagerung verschiedenartige Schichten entstehen.

Die Verwitterungsprodukte werden zunächst nur locker abgelagert: Gerölle, Kies, Sand, Ton. Durch Überdeckung mit weiteren Ablagerungen werden die unteren Schichten verändert: Der Druckanstieg, verbunden mit teilweiser Entwässerung, chemischen Umbildungen und Umkristallisationen, bewirkt eine Verfestigung. Solche Vorgänge, die zur Bildung fester Sedimentgesteine führen, werden als **Diagenese** bezeichnet. So sind z. B. Sandstein, Kalkstein, Schieferton entstanden. Mit Stoffaustausch (Metasomatose) verbunden ist die Bildung von Dolomit aus Kalkstein (Zufuhr von Mg, Abgabe von Ca).

Sedimentgesteine werden nach ihrer Entstehung eingeteilt in:

a) **Klastische Sedimente** (Trümmergesteine, Verwitterungsrestbildungen) bei vorherrschend physikalischer Zerstörung.

b) **Chemische Sedimente** (Verwitterungsneubildungen) bei vorherrschend chemischer Zersetzung und Umwandlung.

c) **Organische Sedimente,** wenn Organismen in erheblichem Maß beteiligt sind.

Klastische Sedimente. Man unterscheidet bei den Lockergesteinen entsprechend ihrer Korngröße: Blöcke, Gerölle, Schotter, Kies, Sand, Löß, Schluff, Lehm, Ton und Mergel. Die groben Sedimente sind weniger weit transportiert (am Fuß der Gebirge, Oberlauf der Flüsse), die feinen haben oft einen weiten Weg zurückgelegt (Mündungsgebiet der Flüsse).

Durch Verfestigung (Diagenese) entstehen aus groben, eckigen, wenig verfrachteten Lockergesteinen **Brekzien** (Breccien), aus durch den Transport abgerundeten groben Steinen **Konglomerate**.

Sandstein entsteht aus verfestigten Sanden, enthält vorwiegend Quarz, daneben Feldspat, Glimmer und andere Mineralien sowie ein toniges, kalkiges oder kieseliges Bindemittel. Glimmerreiche Sandsteine werden als Arkosen bezeichnet. **Quarzite** sind Sandsteine mit sehr viel kieseligem Bindemittel und vergleichsweise wenig Quarzkörnern. Im Erdaltertum gebildete graue Sandsteine nennt man **Grauwacke**.

Die tonhaltigen Sedimente – Ton, Mergel (kalkhaltiger Ton), Lehm (magerer Ton, enthält höheren Anteil an Quarz und Glimmer), Schlicke und Schlamm (Tone mit abgestorbenen Organismen) – gehen durch Diagenese in **Schieferton** oder den noch festeren **Tonschiefer** über.

Eine Sonderstellung nehmen die **Tuffgesteine** ein. Sie entstehen nicht aus Verwitterungsprodukten, sondern direkt aus Magma, das bei Vulkanausbrüchen emporgeschleudert und als Lockerprodukt abgelagert wurde (siehe Abschnitt 1.2.1). Die

10 Natursteine

Gesteinsbildung entspricht aber der der Sedimentgesteine: Ablagerung, z. T. von Wind und Wasser umgelagert, Verfestigung durch Diagenese. Sie stehen deshalb zwischen Magma- und Sedimentgesteinen. – Die Zusammensetzung der Tuffgesteine entspricht der des jeweiligen Magmas, aus dem die Lockerprodukte entstanden, so daß es Tuffe zu jedem Ergußgestein gibt.

Chemische und *organische* Sedimente

Chemische Sedimente sind häufig von organischen nicht scharf zu trennen.

Ausfällungsgesteine bilden sich, wenn mit Wasser zunächst gelöste Stoffe durch veränderte Bedingungen (Abkühlung, Überschreiten der Sättigung), Zufuhr fällender Reagenzien u. ä.) ausgefällt werden. So entsteht aus dem Kalkgehalt des Meerwassers (von Verwitterungslösungen des Festlandes zugeführt) **Kalkstein**. Ein Teil des im Meerwasser enthaltenen Kalkes wird aber auch von im Meer lebenden Organismen aufgenommen und zu Hartteilen (Muschelschalen) verarbeitet. Sterben die Organismen ab, sinken die Hartteile zu Boden und bilden ebenfalls Kalkstein, so daß Kalkstein häufig aus ausgefälltem und organischem Sediment gemischt gebildet wird. Vorwiegend aus organischen Bestandteilen sind Muschelkalk, Kreide (z. B. Insel Rügen) und Korallenkalk aufgebaut. Ausfällungskalke sind häufig mit Ton, kieseligen Ablagerungen und Dolomit vermischt. Kalkoolithe sind aus kugelförmigen, etwa erbsengroßen Kalkausscheidungen (um Kristallisationskeime, Sandkörner, Kleintierschalen) zusammengewachsene Kalksteine.

Kalkausscheidungen auf dem Festland werden als **Kalksinter** (Süßwasserkalke) bezeichnet. Lockere Absätze um Pflanzenteile ergeben **Kalktuff**, festere Ablagerungen **Travertin**. Auch die in Tropfsteinhöhlen hängenden Stalagtiten und die vom Boden entgegenwachsenden Stalagmiten sind Kalksinter. – Süßwasserkalke haben mengenmäßig nur geringe Bedeutung, die Masse der Kalke sind Meeresausscheidungen.

Dolomit scheidet sich im Meerwasser nicht direkt aus, es sei denn, Meerwasserbecken mit hohem Salzgehalt dampfen ein. – Dolomit kann aber im Meerwasser durch Austausch von Ca durch Mg entstehen, so daß Kalksteine „dolomitisieren".

Ähnlich wie Kalksteine können **Kieselgesteine** entstehen. Die durch chemische Verwitterung gelöste Kieselsäure (SiO_2) wird im Meer als Quarz, Chalzedon (mikrokristalliner Quarz) oder Opal ($SiO_2 \cdot nH_2O$) ausgeschieden, z. T. wird sie aber auch durch Organismen (Radiolaren, Diatomeen) aufgenommen und zum Aufbau von Schalen und ähnlichen Hartteilen genutzt. In Binnenseen entsteht dabei **Kieselgur** = Diatomeenerde.

Feuerstein oder **Flint** ist ein vorwiegend aus Chalzedon bestehendes Gestein, enthält daneben oft organisch gebildete Kieselsäureabscheidungen.

Salzgesteine sind rein chemische Sedimente, die beim Eindampfen von Meerwasserbuchten entstehen, z. B. Gips und Steinsalz.

Kohlengesteine, Bitumen, Harze sind keine Sedimentgesteine im engeren Sinne, da sie nicht aus der Verwitterung anderer Gesteine entstehen, sondern zur Hauptsache aus organischen Substanzen aufgebaut sind. Abgestorbene Pflanzenteile, die mit anderen Stoffen bedeckt werden, verwesen nicht, sondern vertorfen. Durch Diagenese entsteht aus Torf Braunkohle, durch weitere Umwandlungsprozesse Steinkohle und Anthrazit.

Bitumen bildet sich aus Fett- und Eiweißstoffen niedriger Organismen, die in sauerstofffreien Gewässern durch Fäulnisbakterien zu Faulschlamm umgebildet werden. Dabei können sich feste Kohlenwasserstoffe bilden, die im Gestein verbleiben: *Ölschiefer;* oder es entstehen flüssige Kohlenwasserstoffe: *Erdöl.*

Bernstein entsteht aus dem Harz von Nadelhölzern.

Eine Sonderstellung nimmt auch der **Boden** ein. Er bleibt nach Verwitterung des Ausgangsgesteins als Rückstand übrig, sammelt Wasser an und bildet sich unter Einfluß von Pflanzen und Tieren, so daß an seiner Bildung physikalische, chemische und biologische Vorgänge miteinander verflochten sind.

Erzlagerstätten können auch als Sedimente aus der Verwitterung magmatischer Erzlagerstätten entstehen. So können sich aus Erztrümmern im Brandungsbereich des Meeres Erzkonglomerate, aus eisenhaltigen Verwitterungslösungen Brauneisenstein (auch als Oolith = etwa erbsengroße, kugelförmige Ablagerungsform) bilden. Die Salzgitter- und die lothringischen Minette-Erze sind Sedimente.

Die wichtigsten Sedimentgesteine sind in der Tafel 1.4 zusammengestellt.

Die häufigsten verfestigten Sedimentgesteine sind Tonschiefer, Sandstein und Kalkstein.

Technische Daten vielverwendeter Sedimentgesteine siehe Abschnitt 5.2, Tafel 5.1.

1.2.3 Metamorphe Gesteine

Bewegungen innerhalb der Erdkruste, Gebirgsbildungen und ähnliche Vorgänge können dazu führen, daß sich der auf die Gesteine wirkende Druck und die Temperatur erhöhen. Die Gesteine können weiter mit herangeführten Schmelzen, Lösungen und Gasen zusammenkommen. Durch derartige Einwirkungen können die Gesteine umgewandelt werden: metamorphe Gesteine (umgewandelte Gesteine). Umgewandelte Magmagesteine werden als *Orthogesteine,* umgewandelte Sedimentgesteine als *Parageteine* bezeichnet. Die Umwandlungen bestehen in Veränderungen des Gefüges und/oder des Mineralbestandes. Je nach Art der Metamorphose unterscheidet man: Kristalline Schiefer, Kontaktgesteine, Mischgesteine.

Kristalline Schiefer. Druck- und Temperaturerhöhung führen zur Umkristallisation der Gemengeteile, Kornvergrößerungen, Mineralneubildungen sowie Gefügeausrichtung durch nicht allseitig gleichmäßig wirkenden Druck: **Schieferung.** Von den Mineralneubildungen haben die Minerale der Chlorit-Gruppe (von griech. chloros = grüngelb; Mg-Fe-Al-Silikate) und Serizit (Glimmerart) besondere Bedeutung. Bei nur mäßigem Druck- und Temperaturanstieg bilden sich *Phyllite* (von griech. phyllon = Blatt, Gefüge ähnelt aufeinandergeschichteten Blättern): Chloritschiefer, Serizitschiefer, Talkschiefer. Aus Kalkstein bildet sich **Marmor.** Bei etwas höheren Temperaturen (300 °C bis 500 °C) und mittleren Drücken bilden sich vornehmlich *Glimmerschiefer, Quarzit* (aus Sandsteinen) und Marmor, bei noch höheren Temperaturen und Drücken *Gneis,* ebenfalls Quarzit und Marmor sowie Eklogit. – Gneis ist das verbreitetste Gestein der kristallinen Schiefer.

Natursteine

Tafel 1.4 Die wichtigsten Sedimentgesteine

Klastische Sedimente	Chemische Sedimente		Organische Sedimente
Schutt Gerölle Schotter Kies Brekzien Konglomerate	Rückstands- gesteine	Böden	Kalksteine und Dolomite Muschelkalk Schreibkreide Korallenkalk

	Ausfällungs-
	gesteine
		Kalkstein
		  merglig
		  tonig
		  kieselig
		  dolomitisch	

Sand
Sandsteine
  quarzitisch
  tonig
  kalkig
Quarzit
Grauwacke
		Kalksinter
		Kalktuff
		Travertin
		Tropfstein
		Kalkoolith
			Kieselgesteine
			Kieselgur
			Diatomeenerde
			Kieselsinter
			Feuerstein z. T.

		Dolomit z. T.	
Tuff		Eisengestein Eisenoolith Brauneisenstein	Kohlengesteine Humus Torf Braunkohle Steinkohle Anthrazit

Tone
  Lehm
  Mergel
Schieferton
Tonschiefer
		Kieselgestein
		Quarzit
		Feuerstein z. T.
			Harz
			Bernstein $C_{10}H_{16}O$
			(Kiefernharz)
			Bitumen

	Ein- dampfungs- gesteine	Anhydrit Gips Steinsalz Kali-Magnesia-Salze Sylvin KCl Carnallit $KCl \cdot MgCl_2 \cdot 6\,H_2O$ Kieserit $MgSO_4 \cdot H_2O$	Bitumenschiefer Erdöl Asphalt (Bitumen im- prägniert in Mineralstoff, z. B. Kalkstein)

Kontaktgesteine. Dringt Magma zwischen festes Gestein, so wird letzteres erwärmt. Die Wärmeeinwirkung – ohne gleichzeitigen Druck – kann zu Gesteinsumbildungen führen. In geringer Entfernung vom Magma bilden sich vor allem *Hornfelse*. Dünne Bruchränder sind hornartig durchscheinend, sonst sehr feinkörnig und dicht (gesintert). In großer Entfernung vom Magma bilden sich Schiefer mit größeren Kristallen, die wegen ihres entsprechenden Aussehens als Flecken-, Knoten-, Frucht- oder Garbenschiefer bezeichnet werden. Aus Sandstein bildet sich hier Quarzit, aus Kalkstein Marmor.

Im direkten Kontaktbereich kann es auch zu Gesteinsumbildungen infolge Stoffzufuhr aus dem Magma kommen. Können leichtflüchtige Bestandteile des Magmas (F, B, Li, Be, P) nicht entweichen, werden die schon vorhandenen Minerale – vor allem Feldspäte – umgewandelt, wobei sich beispielsweise Topas, Turmalin (B-Al-

1.2.3 Metamorphe Gesteine

Silikat), Lithiumglimmer und Beryll (Be-Al-Silikat) bilden. Solche Gesteine werden als Greise (wegen meist grauem Aussehen) bezeichnet.

Mischgesteine: Bei sehr hohen Temperaturen (bis 900 °C) und hohem Druck kann schließlich ein Gestein teilweise oder völlig aufschmelzen. Die Schmelze ist ein neues Magma und kann wieder z. B. zu Granit erstarren. Ein solcher Granit ist von

Tafel 1.5 Metamorphe Gesteine

1. Kristalline Schiefer

Metamorphe Gesteine, die durch erhöhten Druck und erhöhte Temperatur – beim Absinken von Gesteinsmaterial durch geologische Vorgänge – aus anderem Gestein gebildet wurden.

a) Ausgangsgestein: Magmagestein (Orthogesteine)

Ausgangsgestein	Umwandlungsgestein Druck/Temperatur		Mineralbestand
	höher	niedriger	
Granit, Quarzporphyr	Granitgneis	Serizitschiefer	Quarz, Feldspat, Biotit
Syenit, Trachyt	Syenitgneis	Biotitschiefer	Biotit, Quarz, Feldspat
Diorit, Porphyrit	Dioritgneis	Hornblendeschiefer	Quarz, Feldspat, Biotit
Gabbro, Basalt	Eklogit	Epidotschiefer	Augit, Granat
	Amphibolit	Chloritschiefer	Feldspat, Hornblende, Quarz
Peridotit, Pikrit	Olivinfels	Serpentinfels	Olivin, Serpentin
		Talkschiefer	Talk

b) Ausgangsgestein: Sedimentgestein (Paragesteine)

Ausgangsgestein	Umwandlungsgestein		Mineralbestand
Konglomerate	Geröllgneise	Fleckengneis	versch. (Qu. Feldsp. u. a.)
Sandsteine	Quarzite	Quarzphyllite	Quarz, Muskovit, Chlorit
Tone, Schiefertone	Glimmerschiefer	Serizitschiefer	Qu., Bi, Muskov., Feldsp.
Kalkmergel	Granatamphibolit	Kalkglimmerschiefer	Kalkspat, Glimmer, Granat
Kalksteine	Marmor	Kalkschiefer	Kalkspat
Dolomit	Dolomitmarmor		Dolomit

2. Kontaktgesteine

Gestein, das durch Wärme (ohne Druck) neu- oder umgebildet wurde.
Gesteine: a) Hornfelse: (am Bruchrand durchscheinend)
  Kalksilikathornfelse, Knoten-, Fleck-, Fruchtschiefer.
  b) mit Stoffzufuhr (aus Restmagma, leichtflüchtige Stoffe, z. B. F, B): Greise.

3. Mischgestein

Zwischen Magma und metamorphem Gestein, entstanden aus Magma, das sich durch Wiederaufschmelzen von absinkendem Gestein bildet, Gesteinsneubildung wie Tiefengestein (Granit usw.); aus Teilschmelzen: Injektionsgneise.

Technische Daten im Bauwesen verwendeter Gesteine siehe Abschnitt 5.2, Tafel 5.1.

dem erstmals als Tiefengestein erstarrten Granit nicht zu unterscheiden. – Bei nur teilweiser Aufschmelzung dringt die Schmelze entweder in andere Gesteine ein und bildet sie zu Injektionsgneisen um, oder sie reichert sich aderförmig im nicht aufgeschmolzenen Gesteinsteil an.

Wichtige metamorphe Gesteine sind in der Tafel 1.5 angegeben.

Der Hauptteil der äußeren Erdkruste besteht aus metamorphen Gesteinen, vor allem aus kristallinen Schiefern.

1.3 Bautechnisch wichtige Minerale und Gesteine

1.3.1 Minerale

a) **Quarz:** (SiO_2) wasserhell bis weißlich glitzernd, fettglänzend, sehr hart (ritzt Glas, H 7, siehe Abschnitt 1.1.1), wetterbeständig, säurefest. Technisch wertvollstes Mineral. Kristallform: sechsseitige Pyramide auf Prisma (Bergkristall, Milchquarz, Rauchquarz, Amethyst).

Quarz = Abkürzung von „Gewarze" (Bergmannsausdruck für auf dem Gestein warzenartig gewachsene SiO_2-Kristalle).

b) **Feldspat:** Kalifeldspat (Orthoklas) hellgelb bis braunrot (fleischfarben), Kalknatronfeldspat (Plagioklas) weiß bis grünlich, mit rhombischen, ebenen Kristall- und Spaltflächen; mit Messer nicht mehr, jedoch mit Glas ritzbar (H 6), weniger wetterbeständig (Verwitterungsrückstände Ton [Kaolin]).

c) **Augit** und **Hornblende:** Dunkelgrüne bis schwarze, gedrungene oder stenglige Kristalle, zäh und wetterbeständig (H 5 bis 6). – Ähnlich Olivin, olivgrün bis braun, wenig wetterbeständig. – Ihre Verwitterungsprodukte ergeben Serpentin, Talk und **Asbest**.

Die Hauptfundorte von Asbest liegen in Kanada (Thetford und Coleraine in der Provinz Quebec), Rußland, Südrhodesien und Südafrika.

d) **Glimmer:** Kaliglimmer (Muskovit) silbrig, Magnesiaglimmer (Biotit) braun bis schwarzgrün glänzend, in feine Scheiben spaltbar, mit Messer zu schaben (H 2 bis 3), wenig wetterfest, gibt dem Gestein leicht schiefriges Gefüge, macht Granitpflaster durch Auswittern griffig.

e) **Kalkspat** oder **Calcit:** ($CaCO_3$) farblos bis weißlich, auch schwach gefärbt, oft kristallin (feldspatähnliche, rhombische Spaltflächen oder spitze dreiseitige Pyramiden oder sechsseitige Säulen bzw. Plättchen u. ä.); mit Messer ritzbar (H 3 bis 4), in reiner Luft ziemlich wetterfest, nicht dagegen in Industrieluft.

f) **Gipsspat:** ($CaSO_4 \cdot 2\,H_2O$) weißlich bis grau, auch rötlich bis braun, dicht und kristallin (Fasergips; Marienglas, glimmerartig), mit Fingernagel zu ritzen (H 2), nicht wetterfest, da schwach wasserlöslich.

g) **Schwefelkies,** Pyrit: (griechisch: pyr = Feuer; wurde zum Feuerschlagen benutzt, FeS_2) gold- und buntglänzend, verwittert leicht (in wenigen Wochen bis Monaten) unter Einfluß von Wasser und Luftsauerstoff zu Brauneisen (FeOOH) und Schwefelsäure, zum Teil auch zu Eisensulfat. Dabei entstehen häßliche Rostflecken (z. B. bei Waschbetonplatten aus Kiesen aus dem Gebiet von Köln, aus

1.3.1 Minerale/1.3.2 Gesteine

Leinekies, bei Schilfsandsteinplatten von Erder [Vlotho/Weser], Elbsandstein – Dresdner Zwinger –, Granit von Mauthausen), macht daher Gesteine i. allg. minderwertig.

h) Als **Schneid-** und **Schleifmittel:** *Diamant* (C), härtestes Mineral (H 10), farblos, z. T. durchsichtig, starke Lichtbrechung (hoher Glanz); Rohdiamanten für Glasschneider, Steinsägen, Bohrkronen, Diamantkörnungen gebunden in Schleif-, Trennscheiben und Bohrwerkzeugen.

Siliziumkarbid (SiC), synthetisch, Carborundum (H 9½), dunkelgrün, blau bis schwarz, gebunden in Schleif- und Trennscheiben, auch für Bohrkronen. *Korund* (Al_2O_3) grau, braun bis violett (rot: Rubin, blau: Saphir), H 9, für Schmirgel; siehe auch Hartstoffzuschlag Abschnitt 5.1.3a).

1.3.2 Gesteine

a) **Gipsstein** $CaSO_4 \cdot 2\,H_2O$ bzw. **Anhydrit** $CaSO_4$

Gipsstein kommt wegen seiner *geringen Härte* (mit Fingernagel ritzbar! H 2 bzw. Anhydrit H 2 bis 3) und wegen seiner *Wasserlöslichkeit* (in 100 cm³ Wasser gehen 0,24 g $CaSO_4$ in Lösung) als Werkstein nicht in Frage. Desgleichen nicht als Zuschlag für Beton! Vergleiche „Gipstreiben", Abschnitt 4.6.1. Dagegen findet er seiner oft marmorartigen Färbung sowie der guten Polierfähigkeit einiger Sorten (Alabaster) wegen Verwendung im Kunsthandwerk. Nachweis im Wasserauszug mit $BaCl_2$. Rohstoff für Baugipse.

b) **Kalkstein** $CaCO_3$, **Magnesit** $MgCO_3$ und **Dolomit** $MgCO_3 \cdot CaCO_3$ (nach dem französischen Geologen *Dolomieu,* 1789) reagieren wie Karbonate mit HCl (aufbrausen). Kalkstein gibt CO_2 leichter ab als Dolomit und Magnesit. Eine weitere Unterscheidung ist möglich durch Mg-Nachweis. – Dolomit ist härter als Kalkstein (H 3 bis 4), aber nicht wetterbeständiger; oft deutlich kristallin, zuckerkörnig oder sandsteinähnlich rauh (Dolomitkristalle sind scharfkantig!). – *Mergel* (tonhaltige Kalksteine riechen beim Anhauchen nach Ton) sind keine Bausteine, erdig mürbe. Rohstoff für Baukalke.

Benennung der Kalkstein-Ton-Gesteine:

Gesamt- karbonatgehalt	Magnesiumkarbonatgehalt in % des Gesamtkarbonatgehaltes		
	0 bis 5 %	über 5 bis 30 %	über 30 %
0 bis 10 %	Ton	Ton	Ton
> 10 bis 30 %	Mergelton	dolomitischer Mergelton	dolomitischer Mergelton
> 30 bis 50 %	Tonmergel	dolomitischer Tonmergel	dolomitischer Tonmergel
> 50 bis 70 %	Mergel	dolomitischer Mergel	dolomitischer Mergel
> 70 bis 85 %	Kalksteinmergel	dolomitischer Kalksteinmergel	Dolomitmergel
> 85 bis 90 %	Mergelkalkstein	dolomitischer Mergelkalkstein	Mergeldolomit
> 90 bis 100 %	Kalkstein	dolomitischer Kalkstein	Dolomit

Farbe von Kalkgesteinen:
rein .... weißlich-hell
durch Gehalt an Eisenoxid .... gelblich bis rotbraun
durch Gehalt an Eisenchlorid .... grau
durch Gehalt an Kohle .... grau bis schwarz

16 Natursteine

Da CO_2 durch Hitze ausgetrieben wird, *nicht feuerbeständig*. Nicht für Geschoßtreppen, mit Vorsicht für tragende Pfeiler! Auch *Meerwasser* greift kalkhaltige Steine an.

b₁) **Solnhofener Platten** (fälschlich Solnhofener „Schiefer"):
Werden aus einem leicht spaltbaren, sehr dichten Jurakalk gewonnen. Verwendung für Wand- und Bodenplatten, Treppenstufen, Fensterbänke, Abdeckplatten (bruchrauh, halbgeschliffen, feingeschliffen, halbgeschliffen und poliert, feingeschliffen und poliert). Wegen großer Dichte und Feinheit auch für Steindruck als „Lithographenstein". Ähnlich „Flinzplatten" aus der Eichstätter Gegend. Platten oft mit Dendriten = farnartige (Erz-)Lösungsabsonderungen, braun: Eisenerz, schwarz: Manganerz, keine versteinerten Pflanzen!

b₂) **Marmor** (griechisch: marmarein = glänzen)

Marmor ist eine Handelsbezeichnung für alle polierfähigen Kalksteine. Unter „echtem" oder „edlem" Marmor dagegen sind nur kantendurchscheinende kristalline und metamorph entstandene Kalksteine zu verstehen. Echter Marmor enthält deshalb auch keine Fossilien. – Marmore und Kalksteine liefern (gewürfelt, gekörnt und gequetscht) auch Mosaik-, Terrazzo- und Edelputzmaterial.

Reiner Marmor ist weiß (z. B. Carrara/Italien); durch Eisenoxid ist er rot, durch Eisenhydroxid gelb bis braun, durch Eisensulfid, Graphit oder Kohle bläulich bzw. grau bis schwarz, durch Chlorit, Olivin, Serpentin oder Glaukonit grün gefärbt. Über Farbe, Gefüge, Handelsnamen, Vorkommen und Bezug der verschiedenen Marmorsorten und Kalksteine erteilt Auskunft: Informationsstelle Naturwerkstein, Sanderstr. 4, 8700 Würzburg. In deren „Bautechnischen Informationen" sind bewährte Naturwerksteine auch anderer Gesteinsarten zusammengestellt und werden Anregungen und Anweisungen zur Verarbeitung (Verblendungen, Fenster- und Türgewände, Treppen usw.) gegeben.
In Deutschland bedeutsam: Juramarmor (Bayern, Altmühltal), ein dichter, feinkörniger, polierbarer Kalkstein, gelbbräunlich, auch graublau, oft lebhaft gemustert, mit Versteinerungen.

b₃) **Kalkstein für den Straßenbau**

entspricht den Anforderungen für Standardbauweisen, wie sie z. B. vom Bundesverkehrsministerium in Zusammenarbeit mit den Straßenbaubehörden der Bundesländer zur Ausführung empfohlen werden, wenn sie dem durch nebenstehendes Zeichen garantierten Gütesicherungsverfahren unterworfen sind.

Gebrochener Kalkstein wird in allen Körnungen und Korngemischen nach TL Min-StB 83, ZTVT-StB 86 und DIN 4226 geliefert. Er wird für Frostschutz- und Tragschichten mit und ohne Bindemittel, als Betonzuschlag und im bituminösen Straßenbau verwendet. – Gemahlener Kalkstein (Kalksteinmehl) wird als „Füller" verwendet.

TL Min-StB 83 Technische Lieferbedingungen für Mineralstoffe im Straßenbau
ZTVT-StB 86   Zusätzliche technische Vorschriften und Richtlinien für Tragschichten
               im Straßenbau
DIN 4226   Zuschlag für Beton

b₄) **Kalktuffe**
Gelblich, rötlich, sehr porös, weich, kommen als Leichtbaustoffe oder als wärmedämmende Ausfachung von Fachwerkwänden usw. in Frage. Von größerer Bedeutung: **Travertin,** polierfähig, hellgelb bis dunkelbraun, meist gebändert, im allgemeinen wetterbeständig, enthält oft Versteinerungen (Schneckenscha-

1.3.2 Gesteine

len, Blätterabdrücke), oft grobporig (feinporige sind frostempfindlicher), sehr gut bearbeitbar, manche Sorten im Handel als Marmor bezeichnet. Für Verkleidungen und als Bodenbelag.

Bezeichnung Travertin nach dem von den Römern verarbeiteten „lapis tibertinus" = Stein vom Tiberufer. In Deutschland Hauptvorkommen: Bad Cannstatt b. Stuttgart, Gauingen (Schwäbische Alb), Bad Langensalza, Weimar.

b_5) Richtzahlen für Kalksteine

	Rohdichte ϱ_R	(Rein-)Dichte ϱ_0	Wahre[1] Porosität [Vol-%]	Wasseraufnahme [M.-%]	Scheinbare[2] Porosität [Vol-%]	Druckfestigkeit trocken [N/mm^2]
Dichte Kalke und Dolomite (einschl. Marmore)	2,65 bis 2,85	2,70 bis 2,90	0,5 bis 2,0	0,2 bis 0,6	0,4 bis 1,8	80 bis 180
Sonstige Kalksteine	1,70 bis 2,60	2,70 bis 2,74	0,5 bis 30	0,2 bis 10	0,5 bis 25	20 bis 90
Travertin	2,40 bis 2,50	2,69 bis 2,72	5 bis 12	2 bis 5	4 bis 10	20 bis 60

[1] Die *wahre Porosität* P oder der Undichtheitsgrad u ist der Rauminhalt der Hohlräume in der Raumeinheit. Er wird hier ausgedrückt in Hundertteilen des Rauminhaltes V:

$$P = u = 1 - \frac{\varrho_R}{\varrho_0} \cdot 100 = (1 - d) \cdot 100$$

d Dichtheitsgrad

[2] Die *scheinbare Porosität* $W_{v,a}$ ist die Wasseraufnahme unter Atmosphärendruck in Vol-%

m_w wassersattes Gewicht

$$W_{v,a} = \frac{m_w - m_{tr}}{m_{tr}} \cdot \varrho_R \cdot 100$$

m_{tr} Trockengewicht

c) Sandstein

Je feiner und gleichmäßiger im Korn, um so besser!

Toniges Bindemittel erkennt man nach Anhauchen des Steines am Geruch. Es ergibt, wenn sich nicht gleichzeitig Kieselsäure ausgeschieden hat, nur geringe Festigkeit. Auch Tongallen oder Tonnester wittern leicht aus und müssen fehlen. Da Ton Wasser aufnimmt, sind tonige Steine *frostempfindlich*, wenn sie nicht durch gleichzeitig vorhandenes kieseliges Bindemittel die nötige Widerstandsfähigkeit besitzen.

Kalkiges bzw. dolomitisches oder mergeliges *Bindemittel* erkennt man durch Säureprobe (Aufbrausen). Solche Sandsteine sind *empfindlich* gegen chemische Angriffe (bayerische Dome: Wirkung der Rauchgase). Für sie gilt daher ebenfalls das über Kalksteine unter Abschnitt 1.3.2b Gesagte. Auch sind sie nicht feuerbeständig und für Seewasserbauten ungeeignet.

Kieseliges Bindemittel liegt vor, wenn weder rote bzw. rostbraune Färbung vorhanden noch Tongeruch oder CO_2 nachgewiesen wird. Dies sind die *besten* und festesten *Sandsteine*. Wenn Poren mit Bindemittel gefüllt, frostsicher.

Eisenschüssiger Sandstein mit Braun- bzw. Rosteisen ist erkenntlich an rostgelber bis rotbrauner Färbung. Wenn genügend Festigkeit vorhanden, ist eisenschüssiger Sandstein meist wetterbeständig.

Die *Farbe* wird durch Bindemittel und Mineralführung bedingt:

Kieselsäure, Kalk, Dolomit	weiß
Limonit (Brauneisen, $Fe_2O_3 \cdot nH_2O$)	rostgelb bis braun
Hämatit (Roteisen Fe_2O_3)	rot
Glaukonit und Chlorit	grün
Manganoxide	schwärzlich
Organische Bestandteile (Kohle)	grau bis schwarz

Kohlensandsteine bleichen beim Erhitzen durch Verbrennen der C-Beimengungen.

Die *Wasseraufnahme* soll nicht über 9 %, bei tonigen Sandsteinen nicht über 7 % des Trockengewichtes betragen. Die Härte eines guten Sandsteines darf in wassersattem Zustand nicht wesentlich nachlassen (Ritzen mit Taschenmesser).

Schädliche Beimengungen: Besonders hervortretende Ton-, Glimmer-, Brauneisen- und Schwefelkieseinschlüsse. Der leicht verwitternde Glimmer ist besonders nachteilig, wenn er sich schichtweise abgelagert hat. Durch seine Verwitterung werden dann die Schichten auseinandergetrieben. Vergleiche nachfolgenden Abschnitt e) Granit.

Fleinsstein (Fleins), fein- bis mittelkörniger, kieseliger Sandstein, sehr hart; dunkelgrau, ähnelt Grauwacke. Fundorte z. B. Murrhardt und Esslingen b. Stuttgart.

Kohlensandstein oder *Ruhrsandstein* aus der Steinkohlenformation, fein- bis mittelkörnig, kieselig-tonig, i. allg. sehr hart und wetterbeständig; blaugrau (kohlehaltig) bis gelblich. Hauptvorkommen: Westfalen. Das Münster in Essen ist aus Ruhrsandstein.

Dyassandstein aus der Dyas- oder Permformation (oberste Abteilung des Paläozoikums = Erdaltertums), Körner von Quarz, Hornstein (mikro- oder feinkristalliner Quarz), Kieselschiefer mit tonig-kieseligem Bindemittel; bei geringem Tongehalt hart, gut wetterbeständig; gelb bis rot, auch weißlich bis grünlichgrau.

Buntsandstein aus der Buntsandsteinformation (untere Trias), fein- bis mittelkörnig, kieselig-tonig, wenn kalkfrei, gut wetterbeständig; gelbbraun bis rot, aber auch weißlichgrau bis grünlich, oft streifig oder geflammt. Fundorte z. B. Schwarzwald, Odenwald, Spessart (roter Mainsandstein), Pfälzer Wald, Eifel, Hessisches Bergland, südlicher Harz, Solling. Der Wormser Dom ist aus Buntsandstein.

Schilfsandstein (aus dem mittleren Keuper), meist feinkörnig mit tonigem oder dolomitischem Bindemittel, häufig mit schilfähnlichen Pflanzenabdrücken (von Schachtelhalmen); braunrot, graugelb, graugrün. Hauptfundorte: Kitzingen, Heilbronn, Stuttgart. – Ähnlich der *Blättersandstein* bei Mainz. Die Kreuzkirche in Hildesheim ist aus Schilfsandstein.

Rätsandstein aus der Rätformation (oberste Abteilung des Keupers), fein- bis grobkörnig, sehr hart; meist gelblich. Fundorte z. B. Balingen und Pfrondorf/Amt Tübingen.

1.3.2 Gesteine

Liassandstein aus dem Lias (untere sog. schwarze Juraformation), fein- bis mittelkörnig, kieselig, sehr hart und wetterfest; hellfarbig. Fundorte z. B. Luxemburg, Helmstedt, Porta Westfalica (Portasandstein), Mittel- und Süddeutschland.

Angulatensandstein (unterstes Glied der Juraformation), fein- bis grobkörnig, meist mit kalkig-eisenschüssigem Bindemittel; grau bis gelbbraun; wenn leicht spaltbar „Buchstein", wenn besonders weich „Malbstein" genannt. Fundorte z. B. Esslingen, Vaihingen, Plochingen (südöstlich Stuttgart).

Doggersandstein aus der Doggerformation (mittlerer sog. brauner Jura), feinkörnig, eisenschüssig, glimmerhaltig, weich, i. allg. wenig wetterfest; gelbbraun bis dunkelrot. Hauptfundorte in Baden und Rheinpfalz.

Molassesandstein (Molasse = Ablagerung von Konglomeraten, Sandsteinen, Mergeln des Alpenvorlandes); jüngste Sandsteinbildung (aus dem Tertiär), kieselig und kalkmergelig; mit tonigem Bindemittel nicht als Baustein geeignet.

Bezeichnungen wie *Rotsandstein* (eisenschüssig), *Grünsandstein* (glaukonithaltig, Fundorte in Bayern und Westfalen) machen lediglich eine Aussage über die Farbe des Sandsteines. Die Alte Münchener Pinakothek ist aus Regensburger Grünsandstein.

Solling-Platten bestehen aus einem plattig spaltbaren, meist glimmerhaltigen Rotsandstein des Sollings bzw. Weserberglandes, auch ähnlich wie Dachschiefer zur Dachdeckung verwendet.

Obernkirchner Sandstein (bei Bückeburg), feinkörniger, gelblichgrauer Sandstein aus der Kreidezeit, sehr witterungsbeständig, zunehmend für die Denkmalrestaurierung verwendet. Das Opernhaus in Hannover ist aus Obernkirchner Sandstein.

c_1) **Grauwacke**
ist ein sehr alter, kieseliger Sandstein, oft mit Einschlüssen von Bruchstücken verschiedener Gesteine. Graubraun bis grauschwarz. Sehr hart, kaum zu bearbeiten. Starke Eisenschüssigkeit mindert die Wetterfestigkeit. Verwendung: Bruchsteine, Pflastersteine, Schotter, Splitt.
Hauptvorkommen von *Grauwacke:* Harz (Osterode), Edertal, Rheinland (Gummersbach).

c_2) **Konglomerate, Brekzien**
Konglomerate sind Verkittungen abgerollter Gesteinstrümmer: wie *Kiesbeton* (Nagelfluh).

Brekzien sind Verkittungen kantiger Gesteinstrümmer: wie *Splittbeton*. – Als Bausteine geeignet, Beurteilung wie grober Sandstein.

c_3) **Quarzit**
sandsteinähnlich, aber kristallin (umgewandelter Sand oder Sandstein), quarzgebunden, weiß bis hellgrau, sehr hart (H 7), sehr schwer zu bearbeiten, nicht mörtelbindend. Im Hochbau für Grundmauerwerk, Bodenbeläge, Treppen, Wandverkleidungen; gutes Schottermaterial für Eisenbahn- und Straßenbau. Quarzitstraßen blenden durch weißen Staub. Zuschlag für Hartbeton siehe Abschnitt 6.10.5.
Hauptvorkommen von *Quarzit:* Erzgebirge, Bayerische Oberpfalz (Pfahl), Taunus, Lübbecke/Westf.

Natursteine

c_4) Richtzahlen für Sandsteine

	Rohdichte ϱ_R	(Rein-) Dichte ϱ_0	Wahre[1]) Porosität [Vol.-%]	Wasser- aufnahme [M.-%]	Schein- bare[2]) Porosität [Vol.-%]	Druck- festigkeit trocken [N/mm^2]
Grauwacke Quarzit	2,6 bis 2,65	2,64 bis 2,68	0,4 bis 2,0	0,2 bis 0,5	0,4 bis 1,3	150 bis 300
Quarzitische Sandsteine	2,6 bis 2,65	2,64 bis 2,68	0,4 bis 2,0	0,2 bis 0,5	0,4 bis 1,3	120 bis 200
Sonstige Quarz- sandsteine	2,00 bis 2,65	2,64 bis 2,72	0,5 bis 25	0,2 bis 9	0,5 bis 24	30 bis 180

[1]) und [2]) Vgl. entsprechende Fußnoten der Tafel unter b_5, S. 17.

d) **Tone** siehe Abschnitt 2.1.1, **Lehm** siehe Abschnitt 1.3.3 und **Bentonit** siehe Abschnitt 6.4.10

e) **Granit**
(lateinisch: granum = Korn) besteht aus *Feldspat* (bis 60 %), *Quarz, Glimmer,* selten auch Hornblende und Augit. Farbe nach vorherrschendem Mineral: Kalifeldspat rötlich, andere Feldspäte milchig-weiß bis hellgrau-gelblich; Quarz weißlichgrau; Kaliglimmer (Muskovit) silbrig; Magnesiaglimmer (Biotit) grauschwarz (mit Quarz wie „Pfeffer und Salz"). – Der schwarze sog. „Belgische Granit" ist ein Kohlenkalkstein!

Wegen Farbe, Gefüge, Handelsnamen und Verwendung siehe auch [1.6] und Hinweis unter Abschnitt 1.3.2 b_2 (Marmor).

Granit in seinen Abarten soll möglichst feinkörnig und gleichmäßig im Korn sein. Je ungleichmäßiger die Körnung und je gröber besonders die meist gelblich-rötlichen Feldspatkristalle, um so weniger gut ist i. allg. der Granit. Dagegen steigt seine Güte mit wachsendem Quarzgehalt und abnehmendem Glimmeranteil. Glimmer darf vor allem nicht in größeren Plättchen vorhanden sein. Da er leicht verwittert, wird durch höheren Glimmergehalt die Wetterbeständigkeit des Granits vermindert (siehe Glimmer, Abschnitt 1.3.1d). – Das gleiche gilt für Schwefelkiesgehalt FeS_2.

Ist der Granit gegenüber frischen Bruchflächen (durch Oxidation von Eisenverbindungen) gelb bis braun verfärbt und haben die Feldspatkristalle ihren Glanz verloren oder liegen einzelne Kristalle lose im Gefüge, so ist der Granit angewittert. Mit schnell fortschreitender Verwitterung ist dann zu rechnen. – Lagert man einige Stücke in einer Wanne bis zur halben Höhe in Wasser und treten innerhalb von 28 Tagen braune bis rostrote Verfärbungen gegenüber trocken gelagerten Vergleichsstücken auf, so ist bei freier Bewitterung mit ähnlichen Veränderungen zu rechnen.

Hauptvorkommen von *Granit:* Riesengebirge, Lausitz, Erzgebirge, Bayerischer Wald, Oberpfälzer Wald, Fichtelgebirge, Harz, Odenwald, Schwarzwald, Vogesen.

1.3.2 Gesteine

f) Syenit
(nach Syene, antike Stadt in Oberägypten) besteht aus rotem Kalifeldspat (bis 70 %) und Hornblende (oft mit etwas Augit), kaum Quarz! Nicht so spröde wie Granit. Farbe graurot, dunkelgrün, dunkelgrau bis schwarz (von Hornblende bestimmt). Nachteilig wirken Gehalt an Biotit, Schwefelkies und Serpentin (schwarzgrün, mit Messer ritzbar). – Labradorsyenit enthält blaubunt schimmernden Labradorfeldspat. Der sog. „Schwedische (schwarze) Granit" ist Syenit. – „Odenwälder Syenit" ist ein Diorit, „Hessen-Nassauischer Syenit" ist Diabas.
Hauptvorkommen von Syenit: Lausitz, Oberpfälzer Wald, Fichtelgebirge.

g) Diorit
besteht aus weißlich-glasigem Kalknatronfeldspat und dunkler Hornblende, meist mit Biotit oder Augit, selten noch etwas Quarz. Nicht spröde, sehr zäh, Farbe dunkelgrün.
Hauptvorkommen: Oberpfälzer Wald, Thüringer Wald (Ruhla), Kyffhäuser, Odenwald, Schwarzwald, Vogesen.

h) Gabbro
besteht aus kalkreichem Plagioklas und dunklem (monoklinem) Augit, z. T. mit Olivin. Gabbro mit rhombischem Augit heißt Norit. Sehr zäh, in der Feuchtigkeit nicht immer beständig. Farbe: dunkelgrau bis schwarzgrün, oft weiß und grün gesprenkelt (Forellenstein). Fehler: schiefriges Gefüge, schädliche Beimengungen wie bei Syenit.
Hauptvorkommen: Harz (Bad Harzburg), Odenwald, südl. Schwarzwald.

Verwendung der Tiefengesteine e bis h: für Fundamente, Sockel, Pfeiler, Widerlager, Unterlagssteine, Stützmauern, Stufen; poliert für Denkmäler, Säulen, Umrahmungen. Im Straßenbau für Bordschwellen, Pflastersteine und Schotter.

i) Basalt
besteht hauptsächlich aus Feldspat und Augit, meist quarzfrei; dunkelgrau bis schwarz, sehr dicht, splittrig-muscheliger Bruch. Muß gleichmäßig glasfreies Gefüge haben. Nicht zu bearbeiten, sehr wetterfest. Einsprenglinge, namentlich von Olivin (kleine olivgrüne Kristalle), mindern die Wetterfestigkeit. Kleine helle, oft sternförmige Flecken und bisweilen davon ausgehende Haarrisse (herrührend von Anhäufungen feldspatreicher Gemengeteile, die durch Verwitterung in Ton übergehen, namentlich bei „Tagsteinen" der obersten Schicht) sowie bröckliges Gefüge lassen „Sonnenbrenner" vermuten, die bei Witterungseinfluß zerfallen. Probe: viertelstündiges Kochen in verdünnter HCl (dadurch Hervortreten der hellen Flecke); anschließend abspülen und mehrmals erhitzen. Bei Zerfall sind Sonnenbrenner zu erwarten.
Sonnenbrenner: durch Mineral Nephelin, siehe Abschnitt 1.1.3; 8b, wandelt sich in der Sonne in das Mineral Analcim ($Na_2O \cdot Al_2O_3 \cdot 4\ SiO_2 \cdot 2\ H_2O$) um, dabei Volumenvergrößerung. Hierdurch Rißbildung und Zerfall. – In völlig trockener Luft keine Umwandlung, Feuchtigkeit notwendig, da Analcim-Bildung mit Kristallwasseraufnahme verbunden.

Als **Dolerit** wird ein kristallinisch-feinkörniger Basalt bezeichnet.
Hauptvorkommen: Erzgebirge, Hessen, Rhön, Vogelsberg, Westerwald, mittleres Rheintal, Eifel (Basaltlava). Verwendung siehe Abschnitt j.

j) Diabas und Melaphyr

Dem Basalt entsprechende, aber ältere Ergußsteine.

Diabas besteht aus Plagioklas und Augit, manchmal mit Quarz oder Olivin. Augit ist oft in Chlorit umgewandelt, dann grünliches Aussehen (Grünstein), sonst dunkel bis schwarz. Sehr dicht, polierfähig. – Grünlicher Diabas wird fälschlich oft als grüner Porphyr bezeichnet.

Melaphyr besteht ebenfalls aus Plagioklas, Augit sowie Olivin. Farbe: grünschwarz bis schwarz.

Hauptvorkommen: *Melaphyr:* Sachsen (Zwickau), Thüringer Wald, Harz (Ilfeld), Saar-Nahe-Gebiet.
Diabas: Lausitz, Fichtelgebirge (*Proterobas* – hornblendereicher Diabas), Harz, Siegerland.

Verwendung von i und j: Basalt in säulenförmiger Absonderung zu Prellsteinen, in Säulenstücken zu Sockel- und Stützmauern (Polygonmauerwerk), Grundmauern, Küstenschutz (wegen hohen Gewichts brandungssicher); Pflastersteine (werden leicht glatt), Schotter und Splitt für Straßen- und Betonbau sowie als Gleisschotter. Diabas auch für Architektur und Bildhauerarbeiten. Desgleichen *Basaltlava,* besonders für Treppenstufen und Fußbodenplatten (bleibt stets rauh!). *Basalttuffe* sind oft nicht wetterbeständig, zerbröckeln.

k) Trachyt

(griechisch: trachys – rauh) Quarzfreies, jungvulkanisches Ergußgestein. Hellgrau bis bräunlich, nicht so fest wie die übrigen Ergußgesteine (60 bis 70 N/mm^2), infolge porigrauher Grundmasse gut mörtelanziehend, bleibt auch bei Abnutzung stets rauh (Treppenstufen), gut bearbeitbar, aber nicht polierbar. Nur wetterbeständig, wenn Gehalt an Sanidin (leicht verwitternde Feldspatart) gering. Das ist der Fall bei dunklen, hornblendereichen Sorten. Bei den hellen Sorten Vorsicht (Kölner Dom). Zu verwerfen ist ferner poriges Gefüge und ungleichmäßiges Korn mit groben Einsprengungen (Sanidinkristalle) sowie Glimmergehalt. – Aufgeschäumter Trachyt = **Bims**. – *Trachyttuffe* meist sehr weich (nur für Verkleidungen). – Dem Trachyt sehr ähnlich ist Andesit (nach den Anden in Südamerika benannt, dort vielverwendeter Rohbaustein).

Andesit besteht aus Plagioklas, Amphibol, Glimmer und Augit. Meist grünlich, sonst sehr unterschiedlich von hell bis schwarz. Fast immer porig, selten polierfähig.

Hauptvorkommen: *Trachyt:* Westerwald, Siebengebirge, Eifel (Trachyttuffe).
Andesit: Westerwald, Siebengebirge (Wolkenburg, Stenzelberg).

l) Porphyr

(griechisch: porphyra = Purpurschnecke) Grundmasse (aus Feldspat und Glimmer verschmolzen) gelb bis rötlich (purpurn), violettgrau, seltener weißlich bis grünlich, mit hellen Einsprenglingen von Feldspat und Quarz. Bei reichlichem Quarzgehalt = *Quarzporphyr*.

Keratophyr = quarzfreier Porphyr. *Porphyrite* sind ebenfalls Abarten des Porphyr, bei denen anstelle des im Porphyr vorherrschenden Kalifeldspates Natrium- und Kalziumfeldspäte treten. – Zäh, gut polierbar, wetterfest. Von mangelhafter Beschaffenheit, wenn Grundmasse mürbe (mit Messer ritzbar) oder Schwefelkiesgehalt und Tongeruch beim Anhauchen. – Verwendung wie Granit.

1.3.2 Gesteine

Hauptvorkommen: Löbejün b. Halle, Rochlitz/Sachsen (Porphyrtuff), Thüringer Wald, Odenwald, Schwarzwald (Varnhalt), Vogesen.

Als *Felsit* wird ein Porphyr bezeichnet, der wesentlich nur aus der dichten Grundmasse ohne größere Kristalleinlagerungen besteht.

m) **Serpentinit**
Ultrabasisches (dem Peridotit entsprechendes) metamorphes Gestein. Besteht vornehmlich aus dem Mineral Serpentin (meistens durch Verwitterung von Olivin entstanden).

Dunkelgrün, oft schwarz gefleckt (wie Schlangenhaut) oder marmoriert, sich fettig anfühlend, sehr weich (H 2 bis 3), aber polierfähig, nicht wetterbeständig. Dekorationsgestein im Gebäudeinnern (Wandverkleidungen, Säulen, Kunstgewerbe).

Hauptvorkommen: Böhmen, Erzgebirge (Zöblitz), Fichtelgebirge.

n) **Gneis**
Kristalliner Schiefer sehr unterschiedlicher Zusammensetzung, je nach Ausgangsgestein (siehe Abschnitt 1.2.3). Weit verbreitet, häufig in Innen- und Außenarchitektur – Treppenstufen, Boden- und Wandverkleidungen, als Bruchstein –, aber auch im Tiefbau – Widerlager, Stützmauern, Randsteine – viel verwendet. Oft polierfähig, meist aber roh verwendet.

Hauptvorkommen: Riesengebirge, Erzgebirge, Bayerischer Wald, Fichtelgebirge, Thüringen, Spessart, Odenwald, Schwarzwald, Vogesen.

o) **Richtzahlen für Magmagesteine und metamorphe Gesteine**

	Rohdichte ϱ_R	(Rein-) Dichte ϱ_0	Wahre Porosität [Vol.-%]	Wasseraufnahme [M.-%]	Scheinbare Porosität [Vol.-%]	Druckfestigkeit trocken [N/mm²]
Granit, Syenit	2,60 bis 2,80	2,62 bis 2,85	0,4 bis 1,5	0,2 bis 0,5	0,4 bis 1,4	160 bis 240
Diorit, Gabbro	2,80 bis 3,00	2,85 bis 3,05	0,5 bis 1,2	0,2 bis 0,4	0,5 bis 1,2	170 bis 300
Quarzporphyr Keratophyr Porphyrit Andesit	2,55 bis 2,80	2,58 bis 2,83	0,4 bis 1,8	0,2 bis 0,7	0,4 bis 1,8	180 bis 300
Basalt, Melaphyr	2,95 bis 3,00	3,00 bis 3,15	0,2 bis 0,9	0,1 bis 0,3	0,2 bis 0,8	250 bis 400
Basaltlava	2,20 bis 2,35	3,00 bis 3,15	20 bis 25	4 bis 10	9 bis 24	80 bis 150
Diabas	2,80 bis 2,90	2,85 bis 2,95	0,3 bis 1,1	0,1 bis 0,4	0,3 bis 1,0	180 bis 250
Gneis	2,65 bis 3,00	2,67 bis 3,05	0,4 bis 2,0	0,1 bis 0,6	0,3 bis 1,8	160 bis 280
Serpentin	2,60 bis 2,75	2,62 bis 2,78	0,3 bis 2,0	0,1 bis 0,7	0,3 bis 1,8	140 bis 250

Ungefähre *Beurteilung der Festigkeit* der meisten Natursteine ist möglich durch Abschlagen einer Kante mit einem Hammer: Kantenabschrägung bis 20° läßt auf festes, bis 45° auf mittelfestes, bis 70° auf mürbes Gestein schließen.

p) **Dachschiefer** (DIN 52 201, DIN 52 204, DIN 52 206, siehe Abschnitt 1.7)
Für die Verwendung als Dachschiefer muß der Tonschiefer im Laufe langer geologischer Zeiten völlig umgewandelt (durch Hitze entwässert, silikatisiert usw.) sein.

Die Oberfläche der Schieferplatten soll matten Seidenglanz (kein stumpfes, erdiges Aussehen) zeigen und nicht vollkommen eben, sondern schwach wellig sein (sonst zu geringer Zusammenhalt der einzelnen Schichten). „Tagsteine" (Steine aus den obersten Schichten) sind – weil meist angewittert – auszuschließen.

Für Dachschiefer gelten folgende **Richtwerte**

Rohdichte ϱ_R	(Rein-)Dichte ϱ_0	Wahre Porosität [Vol.-%]	Wasser- aufnahme [M.-%]	Scheinbare Porosität [Vol.-%]	Biegezug- festigkeit trocken [N/mm^2]
2,70 bis 2,80	2,82 bis 2,90	1,6 bis 2,5	0,5 bis 0,6	1,4 bis 1,8	50 bis 80

Zur Prüfung Versuchsstücke mit einer scharfen Bürste von lockeren Teilen befreien. Für die Prüfungen 7 bis 9 sind rissefreie Stücke zu verwenden. Forderungen:

1. *rissefrei:* Klangprobe durch Beklopfen.
2. *frei von Kalk* $CaCO_3$: pulvern, Säureprobe auf Karbonate.
3. *frei von Schwefeleisen* FeS_2 (Pyrit, Markasit). Schwefeleisen verwittert zu Brauneisen, Schwefelsäure und Eisensulfat – siehe Abschnitt 1.3.1g –, dadurch Gefügeauflockerung, Zermürbung, Absprengungen. Schwefelsäure zerstört Nägel und wandelt u. U. anwesenden Kalk in lösliches Kalziumsulfat um.
4. *frei von Ton:* kein Tongeruch beim Anhauchen.
5. *frei von Bitumen:* kein Bitumengeruch beim Erhitzen (bei starker Anreicherung Öl- oder Brandschiefer).
6. *frei von Kohle:* kein stumpfer, tiefschwarzer Bruch. – Kohlehaltige Dachschiefer bleichen meist aus, indem die organische Substanz zerstört wird („verbrennt"). Dadurch zermürben sie zugleich.
7. *gut lochbar:* Lochprobe mit Schieferdeckerhammer.
8. *wasserdicht:* Wasseraufnahme < 0,6 Masse-%. Prüfung an mindestens 5 Platten 20 cm × 20 cm von 5 bis 7 mm Dicke. Die Ergebnisse werden gemittelt. – Nach der Wasserlagerung darf kein Erweichen eintreten (Ritzprobe).
9. *wasserfest:* Probe, indem man in ein 25 cm hohes Glasgefäß, das 5 cm hoch mit 5 %iger schwefliger Säure H_2SO_3 gefüllt ist, je 5 trockene und wassersatte Versuchsstücke von 5 cm × 15 cm und 5 bis 7 mm Dicke mindestens 28 Tage bei 20 °C, auf einem Glasstab in 1 cm Abstand aufgereiht, so hineinhängt, daß sie nicht in die Säure tauchen, und dann das Gefäß dicht schließt. Nach 14 Tagen ist die Säure zu erneuern. Guter Schiefer hält dann bis zu Monaten stand, während schlechter nach Tagen matt und narbig wird, aufblättert oder zermürbt.
10. *frostbeständig:* Mindestens 10 wassergesättigte Proben werden 4 Std. in einem Kälteschrank bei −15 °C bis −20 °C gelagert, anschließend in Wasser von (20 ± 3) °C. Dies ist 25mal zu wiederholen. Vor jeder neuen Frostbehandlung die Proben wiegen und äußerlich untersuchen. (Prüfung nach DIN 52 104, Verfahren A oder G.) Als Kriterium kann auch die Änderung der Biegefestigkeit dienen.

1.3.2 Gesteine/1.3.3 Lehm als Baustoff

11. *temperaturwechselbeständig:* 5 lufttrockene Proben dürfen nach 25maligem Erhitzen (je innerhalb 15 Minuten) und einstündigem Halten auf 105 °C mit anschließendem Abschrecken in Wasser von (20 ± 1) °C keine äußerlich wahrnehmbaren Zerstörungen zeigen (DIN 52 204).
12. *biegefest:* Prüfung nach DIN 52 212 Verfahren A 1, 5 Proben von 200 mm × 100 mm werden bei einer Stützweite von 180 mm mittig belastet.

Schiefer wird auch verwendet für Fensterbänke, Wandverkleidungen usw.

Deutsche Vorkommen: Rheinischer Schiefer bei St. Goar, im Moselgebiet, im Hunsrück, im Westerwald; Sauerland (Nuttlar), Waldeck und im Devon des Harzes bei Goslar.

1.3.3 Lehm als Baustoff

Im „ökologischen" Bauen kommt Lehm als Baustoff in begrenztem Maße wieder zur Geltung.

Lehm ist ein aus der chemischen Gesteinsverwitterung hervorgegangenes Sediment, das aus Ton (Tonmineralien) und Quarzkörnern besteht, vermischt mit anderen Verwitterungsresten, vornehmlich Eisenverbindungen und Kalk. Lehm ist nicht so plastisch wie Ton; tonreiche Lehme werden als „fett", tonarme Lehme als „mager" bezeichnet. Zwischen Ton und Lehm gibt es keine scharfe Grenze. Allgemein enthält Ton Teilchen kleiner als 0,002 mm Korngröße, Lehm enthält sehr ungleiche Korngrößen, vom Schluff bis zum Kies (etwa bis 20 mm).

Je nach Entstehung unterscheidet man:

Auelehm, jüngste Ablagerung in den Flußauen, entsteht aus den Ablagerungen der von den Gewässern mitgeführten Schlammassen.

Geschiebelehm, durch Gletscher oft über weite Entfernungen transportierter Lehm mit gerundeten Körnern, z. T. kalkhaltig (Geschiebemergel). Kalkhaltiger Geschiebelehm wird als Mergel bezeichnet; als Baulehm nur bei geringem Kalkgehalt brauchbar.

Lößlehm, verwitterter, feinsandiger, karbonatfreier Löß. Löß ist ein mehlfeines, meist ungeschichtetes Sediment, wurde während der Eiszeiten aus den Moränen- und Flußablagerungen vor dem Inlandeis als Staub ausgeblasen und an anderer Stelle abgelagert.

Berg-, Gehängelehm, Lehm nahe der Gesteine, aus deren Verwitterung er entstanden ist, enthält kantige (nicht gerundete), häufig auch gröbere Gesteinskörner.

Alle Lehme quellen bei Wasserzutritt und schwinden beim Trocknen. Die Größe der Volumenänderung ist abhängig vom Tongehalt und von der Art der Tonmineralien (Kaolinit nimmt wenig Wasser auf, Montmorillonit quillt sehr stark; siehe auch Beutonit Abschnitt 6.4.10).

Im feuchten Zustand ist Lehm formbar, die Form bleibt beim Trocknen – abgesehen von der Schwindverkürzung – erhalten. Die Trockenschwindung beträgt bei der Herstellung von Lehmsteinen (statt Ziegeln) etwa 3 bis 5 %, bei gestampftem Lehm etwa 2 % (zum Vergleich: Beton schwindet etwa 0,04 – 0,05 %).

Baulehm kann so, wie er in der Natur vorkommt, als Baustoff verwendet oder kann mit Zuschlägen vermischt werden, je nach Verhältnis zwischen Tonanteil und nichttonigen Bestandteilen. Der Tonanteil wirkt als Bindemittel (bewirkt die Bindkraft,

Klebkraft), die nichttonigen Bestandteile wirken als Zuschlag. Bei fetten Lehmen – also solchen mit hoher Bindekraft – können Zuschlagstoffe zugesetzt werden. Zuschläge vermindern die Trockenschwindung, fasrige verbessern den Zusammenhalt. Verwendet werden anorganische, mineralische Zuschläge (Sand, Schlacke) und organische Zuschlagstoffe (Stroh, trockene Pflanzenfasern, Holzspäne, dünnes Gezweig, Heidekraut). – Im Lehm eingeschlossenes Holz oder Stroh verrottet oder verfault nicht.

Je nach Tonanteil werden je m^3 Baulehm etwa 5 bis 13 kg, bei fettem Baulehm und Stroh als Zusatz auch bis zu 30 kg organische Zuschlagstoffe zugesetzt.

Werden mineralische Zuschläge zugegeben, schwankt deren Volumenanteil etwa zwischen 16 und 40 % (auf 1 Teil Zuschlag 5 bis 1,5 Teile Lehm).

Die **Rohdichte** von Baulehm ist abhängig von Art und Menge der Zuschläge; sie schwankt bei Baulehm ohne oder mit anorganischen Zuschlägen zwischen 1,6 und 2,2 kg/dm^3, bei organischen Zuschlägen zwischen 0,6 und 1,4 kg/dm^3 (Leichtlehm).

Getrocknete Baulehme erreichen **Druckfestigkeiten** von etwa 2 bis 3 N/mm^2, Leichtlehme haben eine niedrigere Festigkeit, etwa 0,1 bis 1 N/mm^2.

Die Festigkeit ist vom Feuchtigkeitsgehalt abhängig. Im Lehm können die Tonmineralien durch Wasseraufnahme quellen – Aufweitung des Kristallgitters –, wodurch der Zusammenhalt und damit die Festigkeit verringert werden. Baulehm ist deshalb dauerhaft gegen eindringende Feuchtigkeit zu schützen. Lehmbauten werden deshalb im mitteleuropäischen Klima in der Regel nur in der Zeit von April/Mai bis September/Oktober hergestellt.

Alle Lehmbauteile müssen auch während der Bauzeit vor Regen und aufsteigender Bodenfeuchtigkeit geschützt werden, ebenso auf einer Baustelle lagernde Lehmsteine.

Lehmwände müssen deshalb auf einem mindestens 50 cm hohen Sockel über Erdreich stehen, der Dachüberstand sollte zum Regenschutz möglichst groß gewählt werden. Bei Räumen mit hoher Luftfeuchtigkeit ist für ausreichende Zu- und Abluft zu sorgen.

Trockener Baulehm ist **frostbeständig**.

Lehm hat einen **hohen Wärmedurchgangswiderstand** und eine relativ **hohe Schalldämmwirkung**.

Stampflehm oder Lehmziegel (Strohlehm) haben bei einer Wanddicke von

0,40 m einen Wärmedurchgangskoeffizienten von etwa 1,3 W/m^{2}K
0,50 m einen Wärmedurchgangskoeffizienten von etwa 1,1 W/m^{2}K
0,60 m einen Wärmedurchgangskoeffizienten von etwa 1,0 W/m^{2}K

Baulehm gilt als **nicht brennbar,** auch mit organischen Zuschlägen, wenn sie vollständig eingebettet sind. Ausgenommen sind nur Leichtlehme mit sehr hohem Faseranteil. Brandwände aus Lehm dürfen keine organischen Zuschläge enthalten.

Massivdecken dürfen auf Lehmwände nicht aufgelagert, und Schornsteine dürfen aus Stampflehm oder Lehmsteinen nicht hergestellt werden.

Als **Mauermörtel** für Lehmsteinwände kann bei eingeschossigen Bauten Lehmmörtel (relativ dünnflüssig) oder Kalkmörtel (MG I) verwendet werden, sonst ist mit Mörtelgruppe II (siehe Abschnitt 7.1.1) zu mauern.

Für **Putz** kommen Lehmmörtel und die Mörtelgruppe P I und P II (siehe Abschnitt 7.2) in Frage; sehr feste und spröde Putze sind für Lehmbauteile ungeeignet. Die Putze (und gegebenenfalls Anstriche darauf) müssen wasserdampfdurchlässig sein, auf Außenseiten sollen sie wasserabweisende Eigenschaften haben.

Für Außenputz an der Wetterseite ist nur Mörtelgruppe P II zu verwenden, an geschützten Seiten kann auch mit Mörtelgruppe P Ic geputzt werden. Innen kann außer Mörtelgruppe P I auch Kalkgipsmörtel (P IVd) verwendet werden.

Lehmmörtel wird nur innen und nur für untergeordnete Räume als dünne Glättschicht aufgetragen.

Mit dem Putzen darf erst begonnen werden, wenn Lehmwände so weit getrocknet sind, daß Setzerscheinungen und Schwindrisse nicht mehr zu erwarten sind. Bei trockenem Wetter ist das bei gestampften Lehmwänden frühestens nach 3 bis 4 Monaten, bei Lehmsteinwänden frühestens nach 2 bis 3 Monaten der Fall.

Um eine ausreichende Putzhaftung zu erzielen, sind Lehmwände in der Regel aufzurauhen. Der Putzgrund ist vor dem Putzen durch Besprizten anzunässen. Die Putzhaftung kann durch Putzträger (siehe Abschnitt 7.2.3) deutlich verbessert werden.

1.4 Bearbeitung der Natursteine

Pflaster- und *Schottermaterial* gewinnt man im Bruch durch Sprengen mit schwach treibendem Pulver (sonst sprenggrissig!). *Werksteine* dagegen besser mit Keilen und Brechwerkzeugen von der Bank abheben und mit Schrotkeilen von Größe abkeilen. Bearbeitung zweckmäßig noch in bruchfeuchtem Zustand, weil dann wesentlich leichter!

Rohe Formgebung mit mindestens 3 cm „Bruchzoll" mit dem Bossierhammer. Bei „Rustica"-Verblendung oder späterer bildhauerischer Bearbeitung bleibt der „Bossen" auf der Ansichtsfläche des Steines stehen ohne oder mit „Randschlag" (letzterer wird mit Zahneisen vorgehauen, mit Schlageisen nachscharriert). Die Fugenflächen sind mindestens 12 bis 15 cm tief eben zu bearbeiten. Für die Weiterbearbeitung der Sichtflächen unterscheidet DIN 18 332 (Okt. 79):

spaltrauh	gebeilt	gesägt
bossiert	gezahnt	abgerieben
gespitzt	geriffelt	gesandelt
gekrönelt	geschurt	beflammt
geflächt	scharriert	gefräst
gestockt	aufgeschlagen	geschliffen
	(mit Doppelschlag scharriert)	poliert

Mit Maschinen sind folgende Werksteinbearbeitungen möglich:
Zersägen, bei Weichgesteinen sogar in Gattern zu Platten. Sägeblätter entweder mit Diamanten besetzt (Diamantschnitt) oder glatte Stahlbänder; als Schneidemittel dient dann Sand mit Wasser (Sandschnitt).
Schneiden (mit Karborundumscheiben) bei kleineren Werkstücken und Platten
Drehen (mit diamantbesetztem Meißel), z. B. bei Säulen
Hobeln, nur bei Weichgesteinen möglich
Schleifen, Polieren, Bohren

28 Natursteine

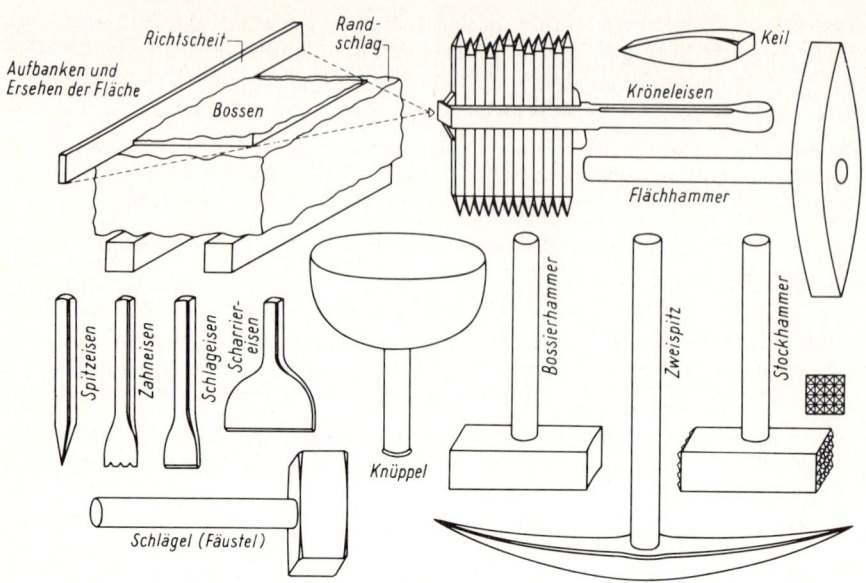

Abb. 1.1 Steinbearbeitungswerkzeuge

1.5 Versetzen der Natursteine, Reinigung und Schutz

Geschichtete Steine stets „lagerhaft" bearbeiten und auf ihr „Haupt" (= „auf Lager", d. h. parallel zur natürlichen Schichtung), nie auf „Spalt" versetzen (sonst abscheren). Ausnahme: nichttragende Verblender und Verblendplatten. – Anweisungen über das Ansetzen von Naturstein-Plattenbekleidungen enthält DIN 18 332, „Natursteinarbeiten".

Bei Bauteilen, die frei stehen (z. B. Fialen) oder vorspringen (Gesimse, Abdeckungen), und besonders bei Reliefs ist die Schichtung so auszunutzen, daß senkrechte oder aufgerichtete Schichtungsfugen nicht dem Wetter zugekehrt sind. Sonst schichtenweises Abfrieren! Zum guten Wasserablauf vorspringende Steine abschrägen, Stufen von Freitreppen nach vorn etwas abwässern und stets mit Gefälle vom Gebäude weg. Desgleichen Terrassen. – Werksteine nie auf Biegung beanspruchen (Stürze mit Entlastungsbogen; Sohlbänke, Stufen usw. hohl verlegen!).

Mauerwerke aus Natursteinen mit geringer Wasseraufnahme (Granit, Basalt usw.) mit Zement fugen! Saugfähige Natursteine (Kalkstein, die meisten Sandsteine) dagegen sollen nicht mit Zement (zu spröde, Verfärbungen, Ausblühungen, siehe Abschnitt 7.4.1a) gefugt werden, sondern mit hydraulischem Kalk bzw. Traßkalk. – Bei sehr exponiert stehenden Bauteilen werden die Fugen auch mit Blei verstemmt (z. B. Hermannsdenkmal bei Detmold, Rathauskuppel Hannover) oder mit dauerplastischem Fassadenkitt ausgepreßt.

Stark verschmutzte Werksteinfassaden kann man durch Abstrahlen mit dem Sandstrahlgebläse reinigen. Jedoch wird hierbei die Oberfläche unnütz aufgerauht und dadurch sehr schnell wieder schmutzempfindlich. Auch die chemische Kaltreinigung durch Absäuern ist nicht zu empfehlen (besonders, wenn neben dem

Fugenmaterial auch die Werksteine kalkhaltig sind), weil die Säure auch bei sorgfältiger Nachspülung mit Wasser nicht hundertprozentig entfernt werden kann (siehe „Chloride", Abschnitt 7.4.1c). So besteht die Gefahr, daß die Steine und der Fugenmörtel angegriffen werden und dadurch wieder Verfärbungen oder Ausblühungen auftreten. Gut bewährt dagegen hat sich das Abstrahlen mit einem Dampfstrahlgebläse unter 3 bis 8 bar, u. U. in Verbindung mit einem Reinigungsmittel.

Die Industrie hat auch spezielle chemische Reinigungsmittel für Natursteinfassaden auf Säurebasis (nicht für polierte und nicht für kalkhaltige oder andere säureempfindliche Natursteine – Vorversuch!) und auf Alkalibasis entwickelt. Die Mittel werden nach gründlichem Vornässen (um Absaugen durch den Untergrund zu verhindern) aufgetragen und müssen nach der Einwirkungszeit mit hohem Wasserüberschuß abgespült werden, um unerwünschte Nebenwirkungen (Lösen von Gesteins- oder Mörtelbestandteilen, Bildung von später ausblühenden Salzen u. a.) zu vermeiden. Bei Verwendung alkalisch wirkender Reinigungsmittel ist außerdem eine Neutralisation (durch sauer reagierende Mittel) erforderlich, um der Bildung schädlicher, zertreibender Salze (aus Base und Luftkohlensäure) entgegenzutreten.

Die meisten Natursteine haben eine so hohe Wetterbeständigkeit, daß sie keiner schützenden Behandlung bedürfen. Bei porösen, saugenden Natursteinen kann eine Imprägnierung mit wasserabweisenden Mitteln zweckmäßig sein, um die mit erhöhter Wasseraufnahme verbundenen möglichen Folgen – stärkere Verschmutzung, Lösen, Salzbildungen, Eisbildung mit Gefügezerstörung – zu vermeiden. Hierfür haben sich ausreichend tief eindringende Silikonharze und Siloxane gut bewährt. Näheres, auch über Konservierung angewitterter Natursteine, siehe [2] und Bautechnische Informationen der Informationsstelle Naturwerkstein.

1.6 Schäden durch Luftverschmutzung

Durch aggressive Luftverschmutzung entstehen an Bauten und Kunstdenkmälern hohe Schäden, die solche durch „normale" Witterung und Abnutzung deutlich übertreffen. Besonders gefährdet sind Natursteine mit porösem Gefüge und kalk- oder dolomithaltigen Bindemitteln. Schmutzig-weiße Ausblühungen, Krustenbildung, Absanden, schalenförmige oder trichterförmige Abplatzungen und Bröckelzerfall sind Zeichen äußerer Einwirkungen, die bis zur Zerstörung von Natursteinfassaden und Natursteindenkmälern und damit zur Vernichtung ihres kulturhistorischen Wertes führen.

Als atmosphärische Schadstoffe wirken vor allem SO_2 und CO_2, aber auch Ruß und Staub ein. Daneben können noch Chlorid-, Ammonium- und Fluorverbindungen eine Rolle spielen.

SO_2 reagiert mit Feuchtigkeit zu schwefliger Säure oder nach Aufoxidation zu Schwefelsäure H_2SO_4. Die Säurebildung kann dabei schon in der Atmosphäre (mit Regen) erfolgen, kann aber auch erst im Naturstein durch Reaktion des gasförmig eingedrungenen SO_2 mit im Bauwerk vorhandener Feuchtigkeit, mit Kondensat oder Tau vor sich gehen. Deshalb treten vom SO_2 ausgehende Schäden auch an schlagregengeschützten Seiten, hier oft sogar verstärkt, auf.

Durch Säure erfolgt bei kalk- oder dolomithaltigem Naturstein eine *Auflösung:*

$CaCO_3 + 2\ H^- \rightarrow Ca^{2+} + CO_2 + H_2O$

Durch H_2SO_4 erfolgt gleichzeitig die Bildung von wasserlöslichem Calciumsulfat. Dieses kann ausgewaschen, mit Wasser an die Steinoberfläche transportiert werden und dort bei Verdunsten des Wassers auskristallisieren. Es erscheint hier als weiße Ausblühung oder bei größerer Menge als Kruste an der Oberfläche. Durch das Lösen von Kalk oder Dolomit wird die Porosität des Natursteins erhöht, dadurch das Eindringen von Schadstoffen erleichtert, außerdem die Festigkeit erniedrigt und schließlich das Gefüge zerstört.

Kristallisiert das Calciumsulfat bereits im Innern des Natursteins aus, so kommt noch ein *treibender Effekt* hinzu.

$$CaCO_3 + H_2SO_4 + H_2O \rightarrow CaSO_4 \cdot 2\,H_2O + CO_2$$

Die Auskristallisation als Gips $CaSO_4 \cdot 2\,H_2O$ ist mit einer 100%igen Volumenvergrößerung verbunden. Der dabei entstehende Kristallisationsdruck kann das Gefüge des Natursteins zersprengen, zu Rissen und zu schalenförmigen oder auch punktuellen Abplatzungen führen.

Bei Dolomit oder magnesithaltigem Gestein kommt die Bildung von kristallwasserhaltigem Magnesiumsulfat (Bittersalz) hinzu:

$$MgCO_3 + H_2SO_4 + 7\,H_2O \rightarrow MgSO_4 \cdot 7\,H_2O + H_2O + CO_2$$

Die Auskristallisation dieses Sulfats ist mit einer etwa 430%igen Volumenvergrößerung und entsprechend hohem Kristallisationsdruck verbunden.

Als Schadstoff aus der Luftverschmutzung kann CO_2 nur insoweit angesehen werden, als der CO_2-Gehalt der Luft die natürliche Konzentration von 0,029 Vol.-% übersteigt. Hauptsächlich durch die Verbrennung fossiler Brennstoffe ist die Luft vielfach CO_2-reicher, in Industrieatmosphäre steigt die CO_2-Konzentration bis auf 0,1 Vol.-%.

Durch CO_2 werden vorwiegend poröse Kalksteine und Sandsteine mit kalkigem Bindemittel angegriffen, dolomithaltige Gesteine sind weniger betroffen.

Es entsteht folgende Schadensreaktion:

$$CaCO_3 + H_2O + CO_2 \rightarrow Ca(HCO_3)_2$$

Der schwer wasserlösliche Kalk $CaCO_3$ wird durch kohlensäurehaltiges Wasser in das leicht wasserlösliche Calciumhydrogencarbonat überführt. Es wird gelöst und kann mit dem Wasser abtransportiert werden. Die Folgen sind wie bei der SO_2-Einwirkung Ausblühungen, Erhöhung der Porosität und Gefügezerstörungen. – Das bei der SO_2-Einwirkung freiwerdende CO_2 (siehe oben) wirkt in gleicher Weise lösend auf den Kalk.

Insgesamt ist die Schädigung durch CO_2 aber von geringerer Bedeutung als die Wirkung des SO_2.

Staub und **Ruß** wirken nicht nur als Verschmutzung, sie setzen sich in den oberflächennahen Poren und der Oberfläche selbst fest, verdichten sie und behindern die Wasserdampfdiffusion. Durch Fugen und Risse eingedrungenes Wasser wird somit am Wiederaustritt gehindert. Das unterstützt die vorgenannten, an die Gegenwart von Wasser gebundenen Schadensreaktionen und mindert durch die eingeschlossene Feuchtigkeit die Frostbeständigkeit des Natursteins.

Maßnahmen zur *Erhaltung* sind einmal die Hydrophobierung (mit Siliconharzen, Silanen), um das Eindringen von Wasser zu verhindern, zum anderen die Steinverfestigung durch Zufuhr von Bindemitteln, z. B. durch Kieselsäureester, das Kieselgel ($SiO_2 \cdot aq$) als Bindemittel abscheidet. Die anzuwendenden Produkte müssen in ihrer Wirkung (Eindringtiefe, Veränderung der Wasserdampfdurchlässigkeit) auf das betreffende Naturgestein abgestimmt sein.

1.7 Gesteinsprüfungen, Normen

Normen

DIN EN 101	(Okt. 85)	Bestimmung der Ritzhärte der Oberfläche nach Mohs
DIN 18 196	(E Sept. 87)	Erd- und Grundbau; Bodenklassifikation für bautechnische Zwecke
DIN 52 098	(Jan. 90)	Prüfung von Gesteinskörnungen; Bestimmung der Korngrößenverteilung durch Siebanalyse
DIN 52 099	(Febr. 89)	Prüfung von Gesteinskörnungen; Prüfung auf Reinheit
DIN 52 100	(Juli 39)	Prüfung von Naturstein; Richtlinien zur Prüfung und Auswahl von Naturstein
DIN 52 100 T 2	(E Juli 89)	Naturstein und Gesteinskörnungen; Gesteinskundliche Untersuchungen; Allgemeines und Übersicht
DIN 52 101	(März 88)	Prüfung von Naturstein und Gesteinskörnungen; Probenahme
DIN 52 102	(Aug. 88)	Prüfung von Naturstein und Gesteinskörnungen; Bestimmung von Dichte, Trockenrohdichte, Dichtigkeitsgrad und Gesamtporosität
DIN 52 103	(Okt. 88)	Prüfung von Naturstein und Gesteinskörnungen; Bestimmungen von Wasseraufnahme und Sättigungswert
DIN 52 104 T 1	(Nov. 82)	Prüfung von Naturstein; Frost-Tau-Wechselversuch; Verfahren A bis Q
DIN 52 104 T 2	(Nov. 82)	Prüfung von Naturstein; Frost-Tau-Wechselversuch; Verfahren Z
DIN 52 105	(Aug. 88)	Prüfung von Naturstein; Druckversuch
DIN 52 106	(Nov. 72)	Prüfung von Naturstein; Beurteilungsgrundlagen für die Verwitterungsbeständigkeit
DIN 52 108	(Aug. 88)	Prüfung anorganischer nichtmetallischer Werkstoffe; Verschleißprüfung mit der Schleifscheibe nach Böhme; Schleifscheibenverfahren
DIN 52 110	(Aug. 85)	Prüfung von Naturstein; Bestimmung der Schüttdichte von Gesteinskörnungen
DIN 52 111	(März 90)	Prüfung von Naturstein und Gesteinskörnungen; Kristallisationsversuch mit Natriumsulfat
DIN 52 112	(Aug. 88)	Prüfung von Naturstein; Biegeversuch
DIN 52 114	(Aug. 88)	Prüfung von Gesteinskörnungen; Bestimmung der Kornform mit dem Kornform-Meßschieber
DIN 52 115 T 1	(Aug. 88)	Prüfung von Gesteinskörnungen; Schlagversuch; Schlagprüfgerät
DIN 52 115 T 2	(Aug. 88)	Prüfung von Gesteinskörnungen; Schlagversuch an Schotter
DIN 52 115 T 3	(Aug. 88)	Prüfung von Gesteinskörnungen; Schlagversuch an Splitt und Kies; Kornklasse 8/12,5 mm
DIN 52 116	(Aug. 88)	Prüfung von Gesteinskörnungen; Bestimmung der Bruchflächigkeit
DIN 52 201	(Mai 85)	Dachschiefer; Begriff, Prüfung
DIN 52 204	(Mai 85)	Prüfung von Dachschiefer; Temperaturwechselversuch
DIN 52 206	(März 75)	Prüfung von Dachschiefer; Säureversuch
DIN 482	(Sept. 88)	Straßenbordsteine aus Naturstein
DIN 18 502	(Dez. 65)	Pflastersteine; Naturstein

außerdem Güteüberwachung für Straßenbaugesteine nach RG Min-StB 83

Mineralogische, petrographische, mechanische und chemische Gesteinsprüfungen führen u. a. durch:
Amtliche Materialprüfanstalt für Steine und Erden Clausthal, Zehntnerstr. 2A, 3392 Clausthal-Zellerfeld.
Gesteinsprüfstelle der Deutschen Bundesbahn bei der Bundesbahndirektion 3500 Kassel.

Information
Auskunft und Beratung sowie Nachweis von Lieferanten durch:
Informationsstelle Naturwerkstein, Sanderstr. 4, 8700 Würzburg
Bundesverband Naturstein-Industrie e. V., Buschstr. 22, 5300 Bonn

2 Keramische und mineralisch gebundene Baustoffe

2.1 Überblick über keramische Baustoffe und Lehmbaustoffe

Ungebrannter Lehm ist ein natürlicher Baustoff, der in vielen Kulturen Verwendung gefunden hat und bis ins 19. Jahrhundert in Mitteleuropa noch weit verbreitet war. Gebrannter Ton ist der älteste künstlich hergestellte Werkstoff, aus dem bereits vor 10 000 Jahren Gefäße gefertigt wurden. Die ersten gebrannten Ziegel finden wir in ägyptischen Bauwerken (3500 v. Chr.), später sogar glasierte Ziegel in Mesopotamien. Keramische Baustoffe sind uns geläufig und haben sich vielfältig bewährt. Inzwischen erlangen neue keramische Stoffe in anderen Bereichen der Technik eine außerordentliche Bedeutung.

2.1.1 Die Rohstoffe

Der wesentliche Bestandteil aller keramischen Baustoffe ist **Ton,** der als Verwitterungsprodukt von festen Gesteinen entstanden ist und durch den Transport in vielen Mischungen mit anderen Lockergesteinen auftritt. Reiner Ton ist sehr feinkörnig mit Korngrößen von 0,1 bis 10 μm. Die Tonminerale bestehen überwiegend aus Aluminiumsilikaten, denen Hydratwasser angelagert ist. Sie haben eine feine Blattstruktur, die einerseits die Aufnahme von Wasser zwischen Kristallebenen ermöglicht, zum anderen auf der großen Kornoberfläche Haftkräfte entstehen läßt. Dadurch werden die plastische Verformbarkeit und die Standfestigkeit des Formlings ermöglicht, so daß eine Schalung nur kurzfristig oder gar nicht nötig wird [2], [2/2], [2/3], [2/4], [2/5]. Der Wasserverlust beim Trocknen und Brennen führt allerdings zum Schwinden mit teilweise beträchtlicher Volumenminderung. Die meisten natürlichen Tonvorkommen enthalten Beimengungen, die die Verwendbarkeit des Rohstoffes bestimmen. Lehm, eine Mischung von Ton und Sand, sowie Mergel, der Kalk enthält, sind als Grundstoffe für ungebrannte und gebrannte Ziegel, Grobkeramik und Lehmbauweisen einzusetzen. Für Feinkeramik sind einige Vorkommen mit feinem Sand geeignet. In den meisten Fällen muß man die Rohstoffe aus verschiedenen Komponenten mischen, um ein gleichmäßiges und hochwertiges Erzeugnis zu erhalten. Das Ausgangsmaterial von Porzellan ist Kaolin, ein besonders reiner, ungefärbter Ton, der an der Stelle der Gesteinsverwitterung verblieben ist und feste Minerale des ursprünglichen Gesteins wie Quarz enthält [2/3].

Man nennt Stoffe ohne plastische Verformbarkeit **Hartstoffe.** Bei steigendem Gehalt verkürzen sie den Trocknungsprozeß, vermindern das Schwinden und setzen als Flußmittel die Brenntemperatur herab. Sie werden daher oft fein gemahlen den natürlichen Tonen zugesetzt, die dadurch gemagert werden. Ein zu hoher Anteil vermindert allerdings die Festigkeit, da der Ton seine Bindekraft verliert.

Die **Farbe** des Brenngutes wird durch geringe Beimengungen von Metalloxiden bestimmt. Steingut- und Porzellanerden müssen frei von farbgebenden Stoffen sein, da der Scherben weiß ist. Für Ziegel ist die rote Farbe deshalb so charakteristisch, weil das braune Eisen(III)-Oxidhydrat $Fe_2O_3 \cdot H_2O$ in vielen Sedimenten zu finden ist. Es verliert beim Brennen das Wasser und wird in das rote Eisen(III)-Oxid Fe_2O_3 überführt. Im reduzierenden Feuer entsteht Eisen(II)-Oxid mit einer blaugrauen Farbe. Ist neben Eisen auch Kalk vorhanden, entsteht beim Brand eine gelbe Ziegelfarbe. Durch Zugabe von Mangan kann man eine braune Farbe und mit Graphit eine graue Tönung erzielen. In weit größerem Umfang finden die unterschiedlichsten Zusätze ihre Anwendung bei der Farbgebung der Fliesenglasur.

2.1.2 Lehmbauweisen

Mit Ende des 19. Jahrhunderts wurde in Mitteleuropa die Lehmbauweise endgültig durch Mauerwerksbau und Betonbau verdrängt. Die Anwendung dieser traditionellen Bauweise ist heute auf wenige Bauten beschränkt und wird mit neuen Techniken ausgeführt [2/4].

Die Anwendung erfolgt in den Bereichen
Lehmziegelbau und Lehmstampfbau
Ausfachung von Holzfachwerk
Füllungen in Holzbalkendecken und Dächern
Lehmputz

Bei den Baustoffen unterscheidet man **Massivlehm,** der mit einer Rohdichte von 1800 bis 2200 kg/m^3 zu Lehmziegeln verarbeitet oder in Schalungen gestampft wird und nur eine geringe Wärmedämmung hat (Wärmeleitzahl 0,9 bis 1,1 W/m · K).

In alten Kulturen, aber auch in den letzten Jahrhunderten hierzulande, wurde überwiegend der **Strohlehm** mit eingemischtem Häcksel oder Stroh hergestellt und zu Ziegeln verarbeitet und im Stampfbau oder als Füllung oder Ausfachung eingesetzt. Seine Rohdichte liegt zwischen 1200 und 1700 kg/m^3, seine Wärmeleitzahl um 0,65 W/m · K, also ungünstiger als bei Leichtziegeln.

In den letzten Jahrzehnten hat sich eine neue Technik entwickelt, die unter der Bezeichnung **Leichtlehmbau** an die traditionellen Bauweisen anschließt. Die Besonderheit liegt in der Vergrößerung des Anteiles an Stroh und ggf. anderen Leichtzuschlägen. Der Lehm wird nur als Bindemittel zugefügt und als Lehmschlämme aufgespritzt oder gegossen, bzw. das Stroh in die Schlämme getaucht. Dabei entstehen Rohdichten von 300 bis 1200 kg/m^3, die zu Wärmeleitzahlen von 0,1 bis 0,47 W/m · K führen und mit den Werten von Leichtbausteinen vergleichbar sind. Die Wärmespeicherung, Wärmedämmung und Dampfdiffusion des Leichtlehmes sind mit ähnlichen Werten anzusetzen wie bei bekannten Baustoffen gleicher Rohdichte. Leichtlehm mit seinem relativ hohen organischen Stoffanteil (Stroh) ist hygroskopisch. Doch wird dieser Nachteil durch die Kapillarität des Lehmes ausgeglichen, der organischen Stoffen Wasser entzieht und an die Oberfläche führt. Beim Schallschutz und Brandschutz sind Lehmbaustoffe ungenau oder gar nicht klassifiziert, so daß Prüfungen erforderlich werden.

Da Lehm nur durch Austrocknung erhärtet und bei größerer Feuchtigkeitsaufnahme wieder plastisch wird, benötigt er besondere Schutzmaßnahmen, die man auch an alten, bestehenden Lehmbauten erkennen kann. Gegen Bodenfeuchte ist eine Sperrschicht und gegen Spritzwasser, Erdanschüttung und Hochwasser ist ein entsprechender wasserbeständiger Sockel vorzusehen. Als Wetterschutz wird der Lehm verputzt, oder er erhält eine hinterlüftete Verkleidung an der Wetterseite. Auch der Dachüberstand wird größer gewählt. Der Außenputz soll dicht, aber dampfdurchlässig sein, ferner muß er gut verformbar sein. Dies erfüllt am besten ein Kalkputz, der auch mit Haaren gefüllt sein kann. Als Innenputze kann man alle gebräuchlichen Putze verwenden. In beiden Fällen ist auch Lehmputz auszuführen. Im einzelnen gibt es verschiedene Ausführungsmöglichkeiten, die zudem noch beeinflußt werden durch die Größe der Ausfachungsfelder und die Sonneneinstrahlung. Ausführliche Beschreibungen u. a. in [2/4].

2.1.3 Die Herstellung der keramischen Baustoffe

Um Eigenschaften und Farbe gleichmäßig zu erhalten, werden die Rohstoffe meist aus verschiedenen Vorkommen gemischt und mit den erwähnten Zusätzen versehen. Dazu dient die Aufbereitung, die sowohl unerwünschte Bestandteile ausscheiden als auch eine gleichmäßige, homogene Masse erzeugen soll, die den zur Formgebung gewünschten Feuchtigkeitsgrad hat. In der Trockenaufbereitung werden Tone mit Heißluft getrocknet, staubfein gemahlen und dann gemischt. Danach wird Wasser bis zur Plastifizierung zugegeben. Beim Naßverfahren werden die grubenfeuchten Tone in Kollergängen und Walzwerken durchgemischt. Kleine Steine und Kalkstücke können dabei zerkleinert und verteilt werden. Um die gleichmäßige Durchfeuchtung und die Verarbeitbarkeit zu verbessern, lagert man die fertige Masse in Mauktürmen oder Sumpfhäusern.

Die Formgebung geschieht heute weitgehend automatisch. Ziegel werden mit der Strangpresse hergestellt, die einen endlosen Strang aus einem Mundstück preßt, der durch einen Draht in Stücke geteilt wird. Ähnlich ist die Formgebung bei vertikalen Rohrpressen für Steinzeugrohre, die außerdem noch die Muffe ausformen müssen. Fliesen und Falzziegel entstehen unter Stempelpressen.

Das für die Formgebung notwendige Wasser wird beim Trocknen wieder entzogen. Dazu benötigte man früher einige Wochen im Freien. In Trockenkammern oder -kanälen kann man heute den gleichen Prozeß in wenigen Tagen bei Temperaturen bis 80 °C abwickeln. Soweit eine Glasur vor dem Brennen aufgebracht werden soll, erfolgt dies durch Auftragen oder Tauchen.

In Tunnelöfen von über 100 m Länge wird heute Grobkeramik gebrannt. In der Vorwärmzone, der Brennzone und in der Abkühlzone wird die Temperatur automatisch gesteuert. Der Ringofen, in dem die Brennzone kontinuierlich weiterwandert, hat seine Bedeutung verloren. Für die Feinkeramik gibt es verschiedene Ofenkonstruktionen wie Kammerofen, Haubenofen, Rollenofen. Die Brenndauer liegt zwischen Stunden und Tagen. Die Zusammensetzung der Masse und die gewünschte Scherbendichte bestimmen die Brenntemperatur. Sie liegt bei etwa

  900 bis 1100 °C für Ziegelwaren
1150 bis 1300 °C für Steinzeug, Klinker
1100 bis 1300 °C für Steingut
1300 bis 1450 °C für Porzellan
1300 bis 1800 °C für feuerfeste Steine

2.1.4 Die Einteilung der keramischen Baustoffe

Brenntemperatur und Stoffzusammensetzung bestimmen die Eigenschaften der keramischen Baustoffe wie Dichte, Porosität, Festigkeit und Wasseraufnahme.

Zur Erläuterung werden die Vorgänge in der Tonmasse bei Erhitzung beschrieben:
        bis 120 °C Austreiben des Wassers
  450 bis 600 °C Umwandlung der Tonminerale unter Abspaltung des Hydratwassers
        800 °C Verfestigung durch beginnende Grenzflächenreaktionen

2.1.4 Die Einteilung der keramischen Baustoffe / 2.2 Mauerziegel und Klinker

1000 bis 1500 °C Beginnendes Schmelzen einzelner Phasen mit Verdichtung der Masse (Sintern)
ab 1200 °C Schmelzen

Beläßt man die Brenntemperatur unterhalb der Sintergrenze, entsteht ein fester Scherben, der durch das ausgetriebene Wasser Poren enthält. Da die Kristallstruktur erhalten bleibt, ist die Schrumpfung der Masse gering. Die Poren ermöglichen eine hohe Wasseraufnahme. Geht man beim Brand bis zur Sintergrenze, verändert sich die Struktur, da einzelne Phasen schmelzen. Es entsteht eine glasartige Struktur, die nichtgeschmolzene Kristalle und Poren einschließt. Die Wasseraufnahme dieses Scherbens ist gering.

Nach der Struktur des Scherbens und der Reinheit und Mahlfeinheit der Rohstoffe teilt man keramische Baustoffe ein:

	Grobkeramik	**Feinkeramik**
Irdengut mit porösem Scherben	Mauerziegel Deckenziegel Dachziegel	Irdengutfliesen (farbig) Steingutfliesen und -geschirr (weiß) mit Glasur
Sinterzeug mit dichtem Scherben	Klinker Riemchen Spaltplatten Steinzeug	Steinzeugfliesen Porzellan mit und ohne Glasur (einschl. Sanitärporzellan)
Feuerfeste Steine	Steine Formstücke	

2.2 Mauerziegel und Klinker[1])

2.2.1 Die Ziegelarten

DIN 105	T 1 (Aug. 89)	Mauerziegel; Vollziegel und Hochlochziegel
	T 2 (Aug. 89)	– ; Leichthochlochziegel
	T 3 (Mai 84)	– ; Hochfeste Ziegel und hochfeste Klinker
	T 4 (Mai 84)	– ; Keramikklinker
	T 5 (Mai 84)	– ; Leichtlanglochziegel und Leichtlangloch-Ziegelplatten
DIN 1053	T 1 (Febr. 90)	Mauerwerk; Rezeptmauerwerk; Berechnung und Ausführung
	T 2 (Juli 84)	– ; nach Eignungsprüfung; Berechnung und Ausführung
	T 4 (Sept. 78)	– ; Bauten aus Ziegelfertigbauteilen
DIN 1057	T 1 (Juli 85)	Baustoffe für frei stehende Schornsteine; Radialziegel; Anforderungen, Prüfung, Überwachung
DIN 4051	(Aug. 76)	Kanalklinker
DIN 18 503	(Aug. 81)	Pflasterklinker

---

[1]) Weitere Informationen gibt:
Bundesverband der deutschen Ziegelindustrie,
Schaumburg-Lippe-Straße 4, 5300 Bonn,
dazu Bauberatung der Fachverbände in 2900 Oldenburg,
4300 Essen 13, 6730 Neustadt/Weinstraße, 8000 München 2.

In der DIN 105 sind alle Bestimmungen über Mauerziegel zusammengefaßt:
- Teil 1 **Vollziegel und Hochlochziegel,**
  einschl. Vormauerziegel, Klinker und Mauertafelziegel
- Teil 2 **Leichthochlochziegel**
- Teil 3 **Hochfeste Ziegel und hochfeste Klinker**
- Teil 4 **Keramikklinker**
- Teil 5 **Leichtlanglochziegel und Leichtlangloch-Ziegelplatten**

Mauerziegel (im engeren Sinne) sind für die Ausführung von verputztem und verblendetem Mauerwerk vorgesehen (Hintermauerziegel). Sie werden nicht auf Frostbeständigkeit geprüft und müssen daher diese Eigenschaft nicht nachweisen.

Vormauerziegel sind frostbeständig und können ohne Außenputz als Sichtmauerwerk verarbeitet werden.

Klinker sind bis zur Sinterung der Oberfläche gebrannte Ziegel der Festigkeitsklasse 28 und höher mit einer Scherbenrohdichte von mindestens 1,9 kg/dm^3. Sie sind frostbeständig und können als Sichtmauerwerk verarbeitet werden. Erhöhte Anforderungen an *Keramikklinker*.

Mauertafelziegel werden verwendet bei der Herstellung von Mauertafeln nach DIN 1053 Teil 4. Sie haben eine besondere Form, so daß sich durchlaufende senkrechte Kanäle ergeben.

Leichtlangloch-Ziegelplatten sind für nichttragende Wände bestimmt. Vorgesehen sind Plattendicken von 40 bis 115 mm und Längen bis 1,00 m.

Die Seitenflächen der Hintermauerziegel werden vielfach zur Putzhaftung mit Rillen versehen. Um einen optischen Effekt zu erzielen, erhalten Vormauerziegel und Klinker auch strukturierte Oberflächen. Mit geringen Abweichungen von der Prismaform dürfen Handformziegel hergestellt werden.

Für Verblendmauerwerk können abweichende Formate eingesetzt werden, wenn es nicht im Verband mit anderem Mauerwerk erstellt wird. Bekleidungen von Außen- und Innenwänden werden mit *Ziegel-* und *Klinkerriemchen* (auch Sparverblender genannt) mit Breiten von 30 bis 60 mm erstellt (Abb. 2.6).

Folgende Ziegelarten werden nach DIN 105 unterschieden:

Vollziegel	ohne Lochung oder mit Lochung bis 15 % der Lagerfläche (Abb. 2.1)
Hochlochziegel	mit Lochung A, B oder C bis zu 50 % der Lagerfläche (Abb. 2.2 und 2.3)
Hochlochziegel W[1])	als Leichtziegel mit zusätzlichen Anforderungen (Abb. 2.5)
Leichtlanglochziegel	mit Lochung gleichlaufend zur Lagerfläche (Abb. 2.4)

---

[1]) Für diese Ziegel gelten geringere Rechenwerte der Wärmeleitfähigkeit.

2.2.1 Die Ziegelarten

Bei Voll- und Hochlochziegeln sind die Löcher senkrecht zur Lagerfuge angeordnet und durchgehend (Ausnahme: Lochung C mit $\geq$ 5 mm Abdeckung). Die Lochform kann rund, rechteckig oder rhombisch sein. Weisen die Hochlochziegel nach Teil 2 eine festgelegte Lochreihenzahl auf oder überschreiten eine bestimmte Scherbenrohdichte nicht, werden sie mit dem Buchstaben W gekennzeichnet. Langlochziegel werden nicht auf ganze Breite der Lagerfuge vermörtelt und erhalten daher im Mörtelbereich an der Außenseite verstärkte Stege. Angaben über die Lochabmessungen in Tafel 2.1.

Bei größeren Steinformaten werden zur besseren Handhabung Grifflöcher ($\leq$ 50 cm^2) vorgesehen. Ziegelformate von 8 DF und darüber dürfen Mörteltaschen an den Stirnflächen erhalten, die beidseitig oder einseitig ausgeführt werden. Die Stoßfugen werden nach dem Versetzen in den Mörteltaschen vermörtelt. Grifflöcher und Mörteltaschen dürfen nicht mehr als 12,5 % der Lagerfläche einnehmen.

Tafel 2.1 Maße für Löcher und Stege von Mauerziegeln nach DIN 105

Ziegelart	Löcher Gesamtquerschnitt in % der Lagerfläche		Einzelfläche	Einzelmaß[2] mm		Wandungen und Stege Außenwandungen mm		Stege mm
	n. Teil 1 + 2	n. Teil 3 + 4				n. Teil 1 + 2	n. Teil 3 + 4	
Vollziegel	$\leq$ 15	$\leq$ 15	$\leq$ 6 cm^2	k d d'	$\leq$ 15 $\leq$ 20 $\leq$ 18			
Hochlochziegel Lochung A	$\geq$ 15 $\leq$ 50	$\geq$ 15 $\leq$ 35	$\leq$ 2,5 cm^2	beliebig		$\geq$ 10	$\geq$ 15	–
Hochlochziegel Lochung B			$\leq$ 6 cm^2	wie Vollziegel		$\geq$ 20[1]	$\geq$ 20[1]	
Hochlochziegel Lochung C	$\leq$ 50		$\leq$ 16 cm^2	k d d'	$\leq$ 25 $\leq$ 45 $\leq$ 35			
Leichtlangloch- ziegel vermörtelbare Zone übriger Bereich			$\leq$ 6 cm^2 –	k_v k h'	$\leq$ 15 $\leq$ 65 $\leq$ 100	$\geq$ 10 $\geq$ 15		$\geq$ 10 $\geq$ 10
Leichtlangloch- Ziegelplatten						$\geq$ 9		$\geq$ 7

[1] Für Außenwandungen an den Sichtseiten bei Vormauerziegeln und Klinkern

[2] k = kleinste Rechteckseite
k_v wie k, aber im Bereich der vermörtelbaren Zone
d = Kreisdurchmesser
d' = kleinster Ellipsendurchmesser/Rombusdiagonale
h' = größte Rechteckseite

Die Leichthochlochziegel werden vielfach unter Markennamen in den Handel gebracht, da für sie besondere Zulassungen ausgesprochen wurden. Neben einigen Auflagen ist vor allem ein günstigerer Rechenwert λ_R der Wärmeleitfähigkeit festgelegt.

Keramische und mineralisch gebundene Baustoffe

Für etliche Hochlochziegel ist Mauerwerk ohne Stoßfugenvermörtelung zugelassen. Die Stoßflächen der Ziegel erhalten eine Verzahnung und werden knirsch aneinandergesetzt zur Arbeitsvereinfachung. Einschränkung bei der statischen Berechnung.

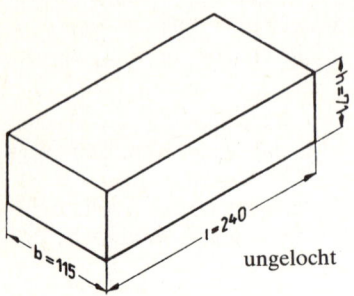 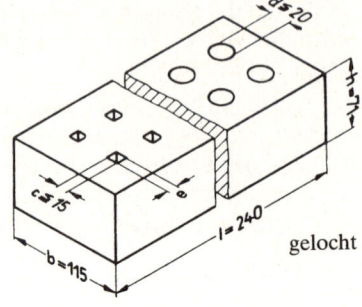

Abb. 2.1 Vollziegel

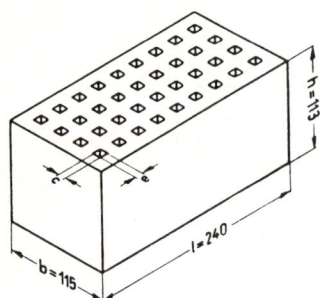 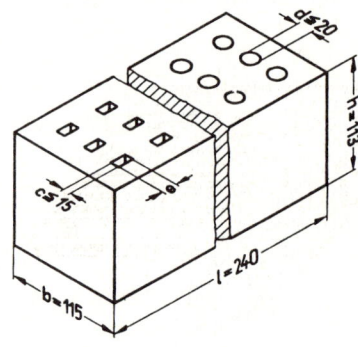

Abb. 2.2 Hochlochziegel, Lochung A und B

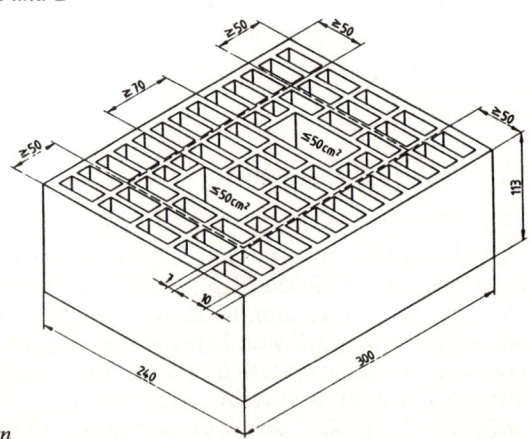

Abb. 2.3 Hochlochziegel, Lochung C, mit Grifflöchern

2.2.2 Maße und Eigenschaften

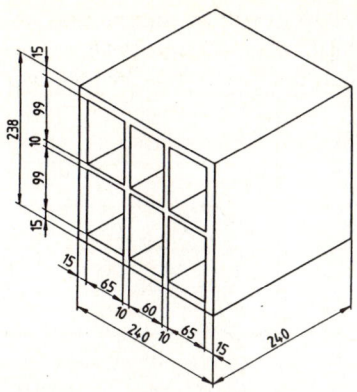

Leichtlanglochziegel 8 DF

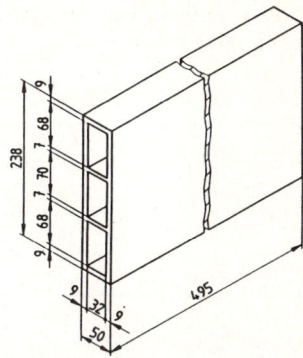

Leichtlanglochziegelplatte
495 × 238 × 50

Abb. 2.4   Leichtlanglochziegel und Leichtlangloch-Ziegelplatte

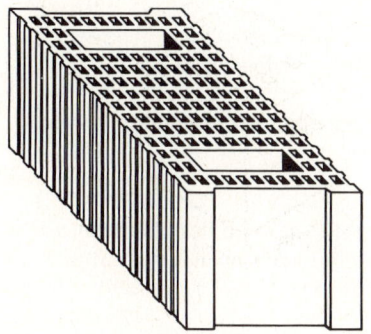

Abb. 2.5   Hochlochziegel W

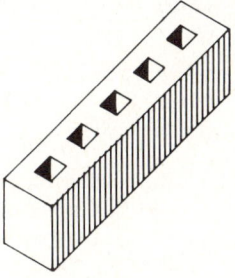

Abb. 2.6   Riemchen oder Sparverblender

2.2.2 Maße und Eigenschaften

Ziegelmaße

Die Ziegelmaße entsprechen den Nennmaßen der DIN 4172 „Maßordnung im Hochbau" und berücksichtigen eine Lagerfuge von 12,3 mm (bzw. 10,5 mm) und eine Setzfuge von 10 mm. In Tafel 2.2 sind die Nennmaße mit den Toleranzmaßen angegeben. Die möglichen Maßabweichungen sind auf die Bedingungen der keramischen Fertigung abgestellt und weisen höhere Werte auf als bei Steinen mit mineralischen Bindemitteln. Allerdings ist bei Lieferungen für *ein* Bauwerk die *Maßspanne* zwischen dem größten und dem kleinsten Ziegel eingeschränkt.

Keramische und mineralisch gebundene Baustoffe

Tafel 2.2 Ziegelmaße nach DIN 105
Nennmaße, Kleinstmaße, Größtmaße und Maßspanne
Abmaße nur für Ziegel nach Teil 1 und 2 angegeben.

	Länge und Breite [mm]							Höhe [mm]			
Nennmaß	115	145	175	240	300	365	490	52	71	113	238
Kleinstmaß	110	139	168	230	290	355	480	50	68	108	233
Größtmaß	120	148	178	245	308	373	498	54	74	118	243
Maßspanne	6	7	8	10	12	12	12	3	4	4	6

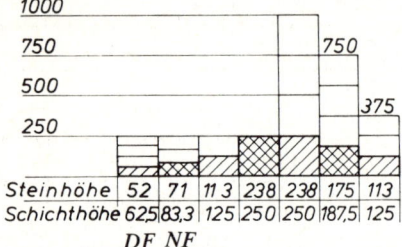

Abb. 2.7
Ziegel-, Steinhöhenmaße und Schichthöhen im Mauerwerk

Als Ergänzung sind die möglichen Maße der Ziegel für nichttragendes Verblendmauerwerk angegeben:
Länge 190 bis 290 mm, Breite 90 bis 115 mm, Höhe 40 bis 113 mm

Die Ziegelformate leiten sich vom Dünnformat (DF) und von dem Normalformat (NF) ab. Für weitere Formate werden Kurzbezeichnungen nach Tafel 2.3 angegeben; sie sind in der Höhe aufeinander abgestimmt, wie Abb. 2.7 darstellt.

Tafel 2.3 Ziegelformate (Auswahl)

	Vollziegel, Hochlochziegel			Hochlochziegel						
Formatkurzzeichen	DF	NF	2DF	3DF	5DF	6DF	10DF	12DF	16DF	20DF
Länge [mm]	240	240	240	240	300	365	300	365	490	490
Breite [mm]	115	115	115	175	240	240	240	240	240	300
Höhe [mm]	52	71	113	113	113	113	238	238	238	238

Rohdichte

Die *Ziegelrohdichte* wird aus dem Gewicht des getrockneten Ziegels und dem Raummaß einschließlich aller Hohlräume (Löcher, Grifflöcher, Mörteltaschen) bestimmt. Durch größeren Anteil der Lochflächen, aber auch durch einen größeren

2.2 Maße und Eigenschaften

Porenanteil im Ziegelscherben erreicht man geringere Rohdichte. Dem Rohton für Leichtziegel ist meist brennbares Material (Sägemehl, Polystyrol in Form einzelner Kügelchen) beigemischt, das beim Brand Gasporen bildet. Die Zugabe von Zusatzstoffen ist für alle Ziegelarten erlaubt.

Die Ziegel werden einer Rohdichteklasse zugeordnet, die den oberen Grenzwert angibt, der vom Mittelwert der Prüfung nicht überschritten werden darf. Einzelwerte dürfen um 0,1 kg/dm^3 höher liegen, bei Leichtziegeln um 0,05 kg/dm^3.

Die *Scherbenrohdichte* ist für einzelne Ziegelarten begrenzt. Klinker müssen einen Mindestwert von 1,9 kg/dm^3 einhalten. Für Leichthochlochziegel sind Obergrenzen angegeben.

Tafel 2.4 Rohdichteklassen für Ziegel nach DIN 105

Ziegelart	Rohdichteklasse [kg/dm^3]					
Leichthochlochziegel		0,6	0,7	0,8	0,9	1,0
Leichtlanglochziegel und -Ziegelplatten	0,5	0,6	0,7	0,8	0,9	1,0
Vollziegel und Lochziegel		1,2	1,4	1,6	1,8	2,0	2,2
Hochfeste Ziegel und Klinker		1,2	1,4	1,6	1,8	2,0	2,2
Keramikklinker			1,4	1,6	1,8	2,0	2,2

Druckfestigkeit

Die Benennung der Festigkeitsklasse erfolgt nach dem zugelassenen kleinsten Einzelwert einer Prüfserie. Daneben muß von der Serie auch der Mittelwert eingehalten werden (Tafel 2.5). Die gebräuchlichste Festigkeitsklasse bei Ziegeln ist Klasse

Tafel 2.5 Druckfestigkeitsklassen und Farbkennzeichnung von Ziegeln nach DIN 105

Festigkeitsklasse nach				Druckfestigkeit in N/mm^2		Farb-kennzeichnung
Teil 1	Teil 2	Teil 3	Teil 5	Mittelwert	kleinster Einzelwert	
–	2	–	2	2,5	2,0	grün
4	4	–	4	5,0	4,0	blau
6	6	–	6	7,5	6,0	rot
8	8	–	–	10,0	8,0	Stempel schwarz
12	12	–	12	15,0	12,0	–
20	20	–	–	25,0	20,0	gelb
28	28	–	–	35,0	28,0	braun
–	–	36	–	45,0	36,0	violett
–	–	48	–	60,0	48,0	2 schwarze Streifen
–	–	60	–	75,0	60,0	3 schwarze Streifen

Keramische und mineralisch gebundene Baustoffe

12. Klinker nach Teil 1 und 2 der DIN 105 müssen mindestens zur Festigkeitsklasse 28 gehören. Die hochfesten Ziegel und Klinker nach Teil 3 werden in die Klassen 36, 48 und 60 eingestuft, die Keramikklinker nach Teil 4 in die Klasse 60.

Eine Kennzeichnung der Ziegel und Klinker erfolgt durch Werkszeichen und Farbstreifen für die jeweilige Festigkeitsklasse (auf einem von 200 Ziegeln) oder durch Beschriftung auf der Verpackung.

Die Prüfung auf Druckfestigkeit wird an 3 bzw. 6 lufttrockenen Proben durchgeführt. Die Belastung erfolgt senkrecht zur Lagerfläche. Als Druckfläche gilt die ganze Lagerfläche einschließlich etwaiger Löcher. Vollziegel NF und DF sind zu halbieren und die Hälften gegenläufig aufeinanderzumauern. Bei Lochziegeln dieser Größe werden zwei Ziegel aufeinandergemauert, bei allen anderen Formaten erfolgt die Prüfung am ganzen Ziegel. Für die Fugen und zum Abgleichen der Druckflächen wird Zementmörtel 1 : 1 verwandt. Dieser Abgleich ist bei Ziegeln notwendig, da die Unebenheiten der Oberfläche das Ergebnis verfälschen würden.

Die gemessene Bruchfestigkeit der Probekörper muß teilweise korrigiert werden, da kleinformatige Körper günstigere Prüfergebnisse durch die behinderte Querdehnung an den Druckplatten der Prüfmaschine aufweisen. Für höhere Probekörper wird eine rechnerische Steinfestigkeit ermittelt durch die gemessene Bruchspannung und einen Formfaktor f. Er darf aber bei LLz (Teil 5) nicht verwendet werden, ebenso bei HLz nach Teil 2 für die Druckfestigkeitsklasse 2.

$\beta_{ST} = \beta_{PR} \cdot f$	Probekörperhöhe	175 mm	238 mm
	Formfaktor f	1,1	1,2

Frostbeständigkeit

Sie wird bei allen Klinkern und Vormauerziegeln gefordert. Das Prüfverfahren wird nach DIN 52 252, Prüfung der Frostwiderstandsfähigkeit von Vormauerziegeln und Klinkern, durchgeführt.

Schädliche Einschlüsse und Salze

Ziegel und Klinker sollen frei von treibenden Einschlüssen (Kalkknollen) sein, die durch Wasseraufnahme des gebrannten Kalkes ein Abblättern oder Absprengen verursachen. Bei Verdacht oder Schäden am Mauerwerk kann eine Prüfung nach DIN 105 Teil 1 Abs. 6.6.1 durch Lagerung im Wasserdampf erfolgen. Schädliche Salze können das Gefüge des Mauerwerks zerstören oder zu Ausblühungen führen (siehe Abschnitt 7.4). Es werden Untersuchungen auf Sulfate durchgeführt [2].

Rissefreiheit

Bei unverputztem Mauerwerk wird durch Risse das Eindringen von Wasser erleichtert. Verblender sollen an je einer Läufer- und Kopfseite frei von Rissen, Kantenbeschädigungen und Deformierungen sein. Kleine, kurze Haarrisse sind nicht nachteilig, Schwind- und Brandrisse sowie Treibrisse durch Steineinschlüsse sind Herstellungsfehler. Durch zu scharfen Brand können Deformierungen auftreten, die zu krummen und windschiefen Flächen führen.

Wassersaugfähigkeit

Der poröse Ziegel kann wesentlich mehr Wasser aufnehmen als der Klinker mit dichtem Scherben. Man legt die Grenze zwischen beiden bei etwa 15 g/dm^2 fest. Der trockene Ziegel wird 1 Minute mit der Lagerfläche im Wasserbad von 1 cm Höhe gelagert. Die Wasseraufnahme in g wird auf 1 dm^2 Lagerfläche bezogen.

2.2.3 Die Bezeichnung der Mauerziegel

Es werden für die verschiedenen Ziegelarten der DIN 105 folgende Kurzzeichen verwendet:

Teil 1 bis 3:
- Mz — Vollziegel
- HLz — Hochlochziegel
- HLzT — Mauertafelziegel
- KMz — Vollklinker
- KHLz — Hochlochklinker
- VMz — Vormauervollziegel
- VHlz — Vormauerhochlochziegel

Teil 4:
- KK — Keramikklinker
- KHK — Keramikhochlochklinker

Teil 5:
- LLz — Leichtlanglochziegel
- LLp — Leichtlangloch-Ziegelplatten

Hochlochziegel erhalten zusätzlich den Buchstaben A, B oder C der Lochungsart. Für Leichthochlochziegel kann der Buchstabe W als Zusatz benutzt werden, wenn die besonderen Anforderungen einer erhöhten Wärmedämmung erfüllt sind.

Die vollständige Bezeichnung eines Ziegels gibt nacheinander DIN-Nr., Kurzzeichen der Ziegelart, Festigkeitsklasse[1]), Rohdichteklasse und Format (ggf. mit Wandbreite) an.

Beispiele:

Teil 1 Ziegel DIN 105 – HLzA 12 – 1,2 – 2 DF
Ziegel DIN 105 – VMz 20 – 1,8 – NF
Teil 2 Ziegel DIN 105 – HLzW 6 – 0,7 – 10 DF (300)
Teil 3 Ziegel DIN 105 – KMz 36 – 2,0 – DF
Teil 4 Ziegel DIN 105 – KHK B 60 – 1,6 – DF
Teil 5 Ziegel DIN 105 – LLz 12 – 0,9 – 3 DF
Ziegel DIN 105 – LLp 0,6 – 80 s[2])

2.2.4 Die Verwendung im Mauerwerksbau

Wandaufbau

Mauerwerkswände sind im Verband zu mauern, so daß Stoß- und Längsfugen übereinanderliegender Schichten um das Überbindemaß $ü \geq 0{,}4\,h$ und $ü \geq 4{,}5$ cm versetzt sind. Stoßfugen sind in der Regel 10 mm dick und Lagerfugen 12 mm, Fugen von Dünnbettmörtel 1–3 mm. Stoß- und Lagerfugen sind vollflächig herzustellen. Ausnahmen sind nur möglich bei Steinformen für unterbrochene Stoßfugen. So werden Blöcke mit Mörteltaschen knirsch verlegt und die Mörteltaschen gefüllt, oder die Steinflanken werden vermörtelt. Bei Steinen mit Verzahnung oder Nut und Feder kann eine Vermörtelung der Stoßfugen entfallen, falls die Abmessungen der Steine dies zulassen (Längenmaß um 5 mm größer).

---

[1]) Nicht bei LLp.
[2]) Der Zusatz s zur Plattendicke erfolgt bei einer Ziegellänge von 330 mm und einer Ziegelhöhe von 238 mm; andernfalls ist die vollständige Abgabe von $l \times b \times s$ erforderlich.

Bei Außenwänden sind die konstruktiven Lösungen zum Schutz gegen Schlagregen und zum Wärmeschutz von besonderem Interesse. Die Anforderungen der Wärmeschutzverordnung (1982) lassen sich kaum mit Wanddicken von 24 cm und 30 cm allein erfüllen. In vielen Fällen ist eine zusätzliche Wärmedämmung erforderlich, die zwischen Außenputz und Wandschale, zwischen zwei Mauerwerksschalen oder unter einer Außenbekleidung angeordnet wird. Dazu sind die Anforderungen an den Schallschutz zu erfüllen [2/6], [2/7]. Im folgenden werden die Ausführungen mit ein- und zweischaligem Mauerwerk nach DIN 1053 Teil 1 behandelt.

Einschalige geputzte Wände (Abb. 2.8) können aus Hintermauerziegeln oder Steinen bestehen, die nicht frostbeständig sein müssen. Wirtschaftlich können hier Blockziegel oder -steine eingesetzt werden. Der Schutz gegen Schlagregen wird vom Außenputz (ggf. Wärmedämmputz) übernommen. Die Wanddicke beträgt bei Räumen für den dauernden Aufenthalt von Menschen mindestens 24 cm.

Einschaliges Verblendmauerwerk (Sichtmauerwerk) wird im Verband gemauert, die vordere Steinreihe aus Verblendmauersteinen in gleicher Höhe wie die hintere Reihe. Der gesamte Wandquerschnitt übernimmt die Aufgabe der Lastabtragung sowie Wärme- und Feuchteschutz. In jeder Mauerschicht wird die Innenlängsfuge in 2 cm Dicke besonders sorgfältig ausgeführt und mit weichem Vergußmörtel vergossen. Entsprechend dem Verband ist die Längsfuge versetzt. Diese dichte Fuge im Mauerwerk verhindert bei eindringendem Wasser ein Durchschlagen auf die hintere Schale. Eingedrungenes Wasser kann durch die Mauerziegel und die Mörtelfuge nach außen oder innen diffundieren. Empfohlen wird eine Wanddicke von 37,5 cm, die den Mindestwert nach DIN 1053 Teil 1 von 31 cm übersteigt. Vor- und Hintermauerwerk sollten gleiche Eigenschaften (Druckfestigkeit, Saugfähigkeit) aufweisen.

Zweischaliges Mauerwerk kann in verschiedenen Konstruktionsarten ausgeführt werden, die in DIN 1053 Teil 1 zugelassen sind:

- mit Putzschicht auf der Innenschale
- mit Luftschicht
- mit Luftschicht und Wärmedämmung
- mit Kerndämmung

Die Außenschale kann nicht zur Lastabtragung herangezogen werden. Als Verblendschale oder geputzte Vormauerschale muß sie mindestens 9 cm dick sein, sonst gilt sie als Bekleidung (DIN 18 515). Üblich ist eine Ausführung von 11,5 cm Dicke, die nur bei besonderen Verblenderformaten unterschritten wird. Das Format der Verblender (z. B. NF oder DF) kann vom Format der zweiten Schale abweichen (z. B. Großblockziegel). Für die Verblendschale sind nur die Mörtelgruppen II und IIa zugelassen. Eine Verbindung beider Schalen durch Bindersteine ist *nicht* erlaubt. Die beiden Schalen sind durch Drahtanker aus nichtrostendem Stahl (Werkstoff-Nr. 1.4401 oder 1.4571) zu verbinden. Die Drahtanker sind ausreichend im Mauerwerk zu verankern, z. B. durch Winkelhaken in der Lagerfuge. Eine

2.2.4 Die Verwendung im Mauerwerksbau

Kunststoffscheibe verhindert das Überleiten von Feuchtigkeit (Abb. 2.11). Andere Ausführungen benötigen eine allgemeine bauaufsichtliche Zulassung. Für die Drahtanker sind Anzahl und Durchmesser mit folgenden Mindestwerten festgelegt:

	Anzahl je m^2	Durchmesser
Abstand der Mauerwerksschalen über 12 cm bis 15 cm	7 oder 5	4 mm 5 mm
Abstand über 7 cm bis 12 cm oder Wand mehr als 12 m über Gelände	5	4 mm
Abstand unter 7 cm und Wand unter 12 m über Gelände	5	3 mm
An allen freien Rändern (Ecken, Dehnfugen, Öffnungen, oberer Rand)	je lfd. m 3	wie oben

Die Außenschale erhält **vertikale Dehnungsfugen,** deren Abstände sich nach Klima, Baustoff und Wandfarbe richten, ferner an den Gebäudeecken und in der Verlängerung der Fensterlaibungen:

Empfehlungen für helle KS-Steine [2/10]:	max. 8 m
für Ziegel [2/7] mit Schalenfugen:	10–16 m
mit Luftschicht:	10–12 m
mit Kerndämmung:	6– 8 m
für horizontale Dehnungsfugen:	6–12 m

Weitere Anweisungen über die zulässige Höhe über Gelände, die Höhenabstände der Abfangung, die Auflagerbreite und den Feuchtigkeitsschutz an den Auflagern findet man in DIN 1053 Teil 1, 8.4.3.

Zweischaliges Mauerwerk mit Putzschicht (Abb. 2.10) erhält gemäß der Ausgabe 1990 der DIN 1053 Teil 1 auf der Außenseite der Innenschale eine durchgehende dichte Putzschicht, vor der das Verblendmauerwerk so dicht wie möglich hochgemauert wird. Die Ausführung nach alter Norm erfolgte mit 2 cm dicker, ausgegossener **Schalenfuge,** zeigte aber oft Herstellungsmängel. Gegen die jetzt vorgeschriebene Ausführungsart werden Bedenken angemeldet [2/7], so daß besser einer Vormauerschale mit ausreichender Luftschicht der Vorzug zu geben ist. Es genügen Drahtanker von 3 mm Durchmesser. Lüftungsöffnungen sind vorzusehen.

Zweischaliges Mauerwerk mit Luftschicht (Abb. 2.11) muß mit einer Dicke der Luftschicht von 6 cm bis 15 cm ausgeführt werden (bei abgestrichenem Fugenmörtel 4 cm). Die Luftschicht darf nicht durch Mörtelbrücken unterbrochen werden und ist beim Hochmauern abzudecken. Lüftungsöffnungen am unteren und oberen Rand sollen jeweils 75 cm^2 auf 20 m^2 Wandfläche ausmachen und können z. B. als offene Stoßfugen ausgeführt werden.

Zweischaliges Mauerwerk mit Luftschicht und Wärmedämmung (Abb. 2.12) wird mit einer Dämmschicht auf der Außenseite der Innenschale ausgeführt. Der lichte Abstand der Mauerschalen darf 15 cm nicht überschreiten, die Luftschicht muß mindestens 4 cm betragen. Ferner gelten die im vorhergehenden Absatz beschriebenen Bestimmungen.

Zweischaliges Mauerwerk mit Kerndämmung (Abb. 2.13) ist in der neuen Ausgabe der Norm zugelassen. Die Luftschicht kann entfallen oder weniger als 4 cm betragen, wenn die Dämmstoffe den Bedingungen der Norm entsprechen oder allgemein bauaufsichtlich zugelassen sind. Besonders zu beachten ist, daß die Außenschale mindestens 11,5 cm dick auszuführen ist und vollfugig vermauert und ausgefugt wird. Da eine Hinterlüftung fehlt, ist die Verblendschale hohen Belastungen durch Feuchte und Temperatur ausgesetzt und soll nicht aus Ziegeln oder Steinen (bzw. mit Beschichtungen) mit hohem Wasserdampf-Diffusionswiderstand bestehen. Im Fußbereich sind Entwässerungsöffnungen von mindestens 50 cm^2 je 20 m^2 notwendig. Die Baustoffe der Kerndämmung müssen dauerhaft wasserabweisend (hydrophob) sein und können bestehen aus

Schüttungen aus Blähperlite, Mineralfasergranulat, expandiertem Polystyrolgranulat (Gitter an Entwässerungsöffnungen)
platten- oder mattenförmigen Mineralfaserdämmstoffen (dichter Stoß)
Platten aus Schaumkunststoffen (Stufenfalz, Nut und Feder oder zwei Lagen mit versetzten Stößen)
Platten aus Schaumglas
Ortschaum (PUR, UF); Anwendung auch durch nachträgliches Ausschäumen von Hohlräumen, die der Norm entsprechende Abmessungen haben

Zusammenstellung und ausführliche Beschreibung der Dämmstoffe in Kap. 16 und [2/6]. Weitere Vorschriften für Ausführung und Berechnung von Mauerwerk und bewehrtem Mauerwerk in DIN 1053.

Verblendmauerwerk (Sichtmauerwerk)

Durch eine Außenwand ohne Luftschicht soll der Wasserdampf möglichst ungehindert diffundieren können. Der Wasserdampf des warmen Innenraumes soll abgeleitet und das von der Außenseite eingedrungene Wasser soll wieder abgegeben werden. Hierzu ist ein möglichst geringer Wasserdampf-Diffusionswiderstand erwünscht, der durch Vormauerziegel oder -steine und Kalkzementmörtel am besten erreicht wird. Eine diffusionsdichte Beschichtung ist hier nicht angebracht. Dem entsprechen die Vorschriften für eine Vormauerschale bei Kerndämmung.

Wird das Mauerwerk mit einer Luftschicht ausgeführt, kann die Feuchtigkeit *hinter* der Außenschale abgeführt werden, so daß man Klinkermauerwerk mit einem hohen Diffusionswiderstand ausführen kann. Der Mauermörtel soll aber auch hier Kalkzementmörtel sein, der bei thermischer Belastung eine bessere Verformungsfähigkeit aufweist. Ein Ausfugen mit Zementmörtel ist möglich.

Der Mauer- und Fugenmörtel muß dicht und haftschlüssig ausgeführt werden, damit Schlagregen nicht durch Risse und Hohlräume hereingedrückt werden kann. Die Wasseraufnahme soll auf die Kapillarwirkung beschränkt bleiben. In Hohlräumen angesammeltes Wasser wird nur langsam nach außen geleitet und durchfeuchtet schließlich die gesamte Wand.

Der frische Mauermörtel kann mit einem Holzstab dichtgedrückt werden, wenn man sich das besondere Verfugen ersparen will. Meist wählt man einen anderen Fugenmörtel (farblich abgesetzt, Zementmörtel) und muß nach dem Mauern den frischen Mörtel mit einem Holzbrettchen sauber auskratzen, etwa 2 bis 3 cm tief.

2.2.4 Die Verwendung im Mauerwerksbau

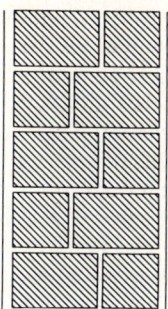

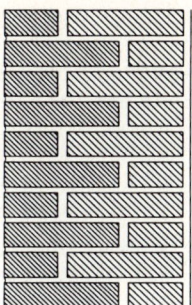

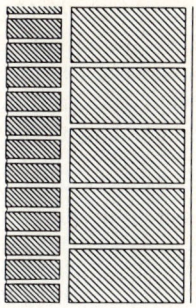

Abb. 2.8
Einschalige geputzte Wand

Abb. 2.9
Einschaliges Verblendmauerwerk mit vermörtelter Längsfuge

Abb. 2.10
Zweischaliges Mauerwerk mit Putzschicht und Verblendschale

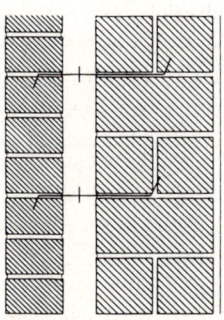

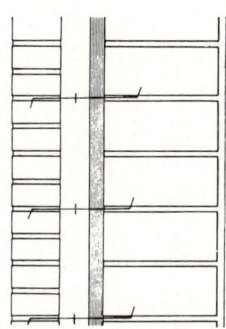

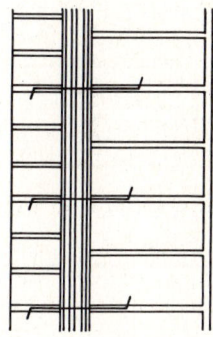

Abb. 2.11
Zweischaliges Mauerwerk mit Luftschicht

Abb. 2.12
Zweischaliges Mauerwerk mit Luftschicht und Wärmedämmung

Abb. 2.13
Zweischaliges Mauerwerk mit Kerndämmung

Um das Mauerwerk zu reinigen, vor allem um Mörtelreste zu entfernen, lassen sich glatte Ziegelflächen mit Spachtel und Wurzelbürste *trocken* bearbeiten. Vorteilhaft ist es, wenn man durch Folienabdeckung grobe Verschmutzungen vermieden hat. Genügt die Trockenreinigung nicht oder will man altes Sichtmauerwerk auffrischen, wird die Wand *abgesäuert* mit verdünnter Salzsäure (1:10 bis 1:20) oder milder wirkenden Reinigungsmitteln aus dem Handel. Um ein Eindringen der Säure in Stein und Mörtel zu vermeiden, wird die Wand ausgiebig vorgenäßt, bis ihre Oberfläche wassergesättigt ist. Die Säure wird nach dem Putzen mit Schrubber oder Bürste mit ausreichend Wasser abgespült. Engobierte und glasierte Ziegel sowie helle Ziegel sollen nicht abgesäuert werden. Die Reinigung ist schwierig bei strukturierter Oberfläche (handgestrichene oder besandete Ziegel).

Der Fugmörtel wird in zwei Arbeitsgängen fest in die Fuge gepreßt und glattgestrichen. Die Fuge soll mit der Mauerfläche bündig verlaufen und das Mauerwerk nicht unterschneiden, damit kein Wasser stehenbleiben kann. Durch Vornässen und Nachbehandeln soll man ein Austrocknen des Fugenmörtels verhindern [2/7].

2.2.5 Besondere Ziegel und Klinker

Schornsteinziegel
und Mauersteine für frei stehende Schornsteine nach DIN 1057. Die Norm gilt für Klinker, Ziegel und Kalksandsteine als Vollsteine mit und ohne Lochung. Radialsteine werden in 3 Größen hergestellt, die auf Schornsteinhalbmesser bezogen sind (Abb. 2.14). Die Kurzzeichen geben Steinlänge und Größe an:

Kurzzeichen	Größe	b [mm]	l [mm]	h [mm]	r [cm]	verwendbar für Halbmesser [cm]
2401	1	140	240	71	200	140–450
2402	2	120			100	80–140
2403	3	100			70	60– 80
1751	1	145	175	71	200	120–500
1752	2	125			85	70–130
1753	3	105			55	50– 70
1151	1	150	115	71	200	100–500
1152	2	140			100	80–210
1153	3	130			65	50– 80

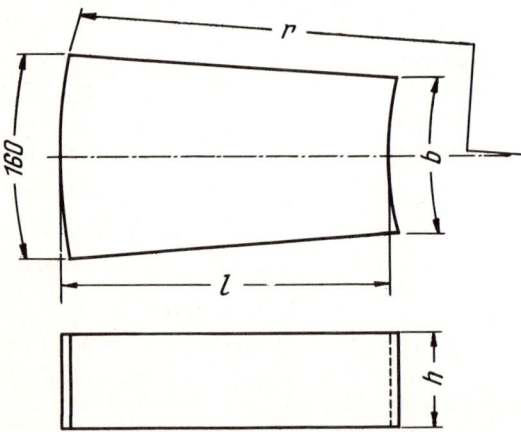

Abb. 2.14 *Radialstein für Schornsteinmauerwerk*

Durch konische Ausführung der Setzfuge lassen sich Schornsteinhalbmesser in gewissen Bereichen herstellen.

2.2.5 Besondere Ziegel und Klinker

Die Bezeichnung erfolgt nach Druckfestigkeitsklassen wie bei Klinkern und Mauerziegeln (siehe Abschnitt 2.2.2):

Radial-Vollziegel Rz 12   Radial-Vollsteine Rs 12
Radial-Vollziegel Rz 20   Radial-Vollsteine Rs 20
Radial-Klinker   R 28
Radial-Hartklinker R 36

Eine vollständige Steinbezeichnung lautet
Radial-Vollziegel 2402 × 71 DIN 1057 Rz 20

Kennzeichnung: Auf jedem Radialstein ist ein Herstellerzeichen. An der Längsseite erhalten Steine der Größe 1 eine Kerbe, der Größe 2 zwei Kerben und der Größe 3 drei Kerben.

Die Rohdichte der Festigkeitsklasse 12 muß mindestens 1,8 betragen, der anderen Klassen 1,9. Frostbeständigkeit ist für alle Radialsteine gefordert. Prüfungen erfolgen wie in DIN 105 und DIN 106.

Neben den Radialsteinen dürfen auch Klinker, Ziegel und Steine verwandt werden, die frostbeständigen Vollsteine NF sind mit einer Festigkeitsklasse von mindestens 12 N/mm^2 auszuführen. Die Ausführung von frei stehenden Schornsteinen ist in DIN 1056 festgelegt.

Kanalklinker

nach DIN 4051 in Normalformat und den Keilformaten A, B und C. Mit Keilklinkern (A und B) und Normalklinkern kann man auch Eiprofile mauern. Mit den keilförmigen Kanalschachtklinkern vermeidet man weit klaffende Fugen bei runden Einstiegschächten (Abb. 2.15 und 2.16).

Bezeichnung: Kanalklinker NF K DIN 4051
                   Kanalkeilklinker A (oder B) DIN 4051
                   Kanalschachtklinker C DIN 4051

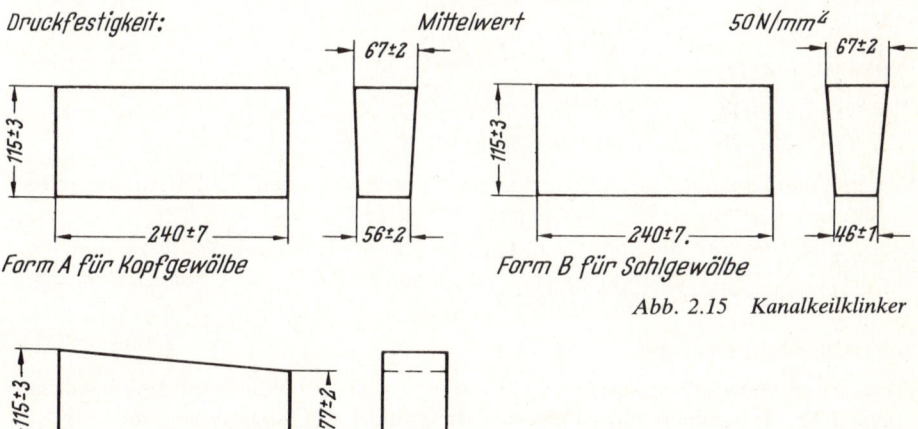

Abb. 2.15   Kanalkeilklinker

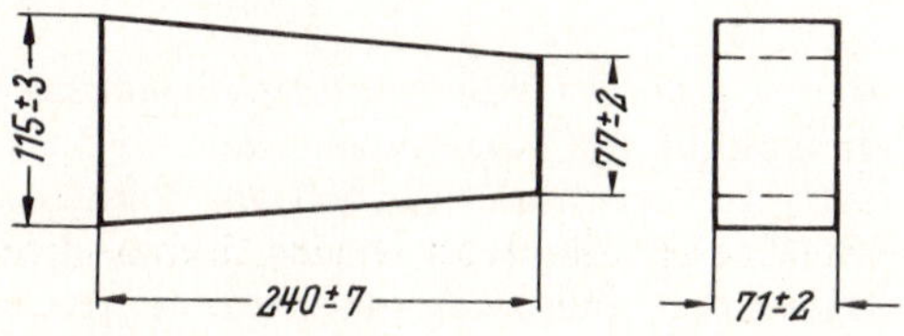

Abb. 2.16   Kanalschachtklinker C

Keramische und mineralisch gebundene Baustoffe

| Druckfestigkeit: | Mittelwert | 45 N/mm² |
| | Kleinstwert | 40 N/mm² |

Wasseraufnahme: unter 6 Masse-%

Säurebeständigkeit: durch Kochen des gekörnten Scherbens 1 Stunde in Schwefel- und Salpetersäure

Frostbeständigkeit: (siehe Abschnitt 2.2.2)

Schleifverschleiß: Abriebverlust mit der *Böhm*schen Schleifscheibe unter 15 cm³/50 cm²

Wasserbauklinker
mit ähnlichen Anforderungen.
Wasseraufnahme: unter 4 Masse-%

Tunnelklinker
nach Vorschrift der Bundesbahn (AIB) mit ähnlichen Anforderungen
Druckfestigkeit: Mittelwert 50 N/mm²

Straßenbauklinker
werden in verschiedenen Formaten hergestellt [Normal-, Dünn-, Reichs- und Oldenburger Format[1]), auch andere]. Sie finden Verwendung bei leichtem Straßenverkehr in Gebieten mit geringem Natursteinvorkommen, in denen sie früher weitgehend Pflastersteine ersetzten. Heute werden sie oft angewandt bei Gestaltung von Plätzen und Fußgängerbereichen, da sie in Farbe und Muster vielfältige Möglichkeiten bieten.

Anforderungen sind festgelegt in den „Richtlinien für die Verwendung von Klinkern im Straßenbau", herausgegeben von der Forschungsgesellschaft für das Straßen- und Verkehrswesen, Köln, und DIN 18 503 „Pflasterklinker".

| Druckfestigkeit: | Mittelwert | 80 N/mm² |
| | Kleinstwert | 70 N/mm² |

Biegezugfestigkeit: 10 N/mm²

Wasseraufnahme: unter 8 Masse-%

Frostbeständigkeit: (siehe Abschnitt 2.2.2)

Verschleißwiderstand: Abriebverlust mit der *Böhm*schen Schleifscheibe unter 20 cm³/50 cm²

Rattlerprobe: an 10 Klinkern in einer rotierenden Stahltrommel von 680 mm $\varnothing$. Gewichtsverlust durch schlagende Kugeln unter 30 %.

Schallschluckende Ziegel

Für besondere Anforderungen an Schalldämmung werden Wandsteine und Deckenelemente in verschiedenen Ausführungen hergestellt. Als Vorsatzschale werden Ziegel mit einem Lochanteil von rd. 50 % versetzt. Im Luftraum zwischen den Wänden werden Mineralfasermatten angeordnet. Stärker absorbierend wirken Steine, die aus einer 30 mm dicken gelochten Akustikplatte und einem Resonator-Raum beste-

2.3 Ziegel für Decken und Wandtafeln

hen, der rundum von Ziegeln umschlossen ist und eine Dämmatte trägt. Diese Steine werden z. B. in Dicken von 90 mm bis 130 mm hergestellt und ohne Zwischenraum vermauert. Soweit es statisch notwendig ist, kann auch Stahlbewehrung eingelegt werden (Abb. 2.17 als Beispiel).

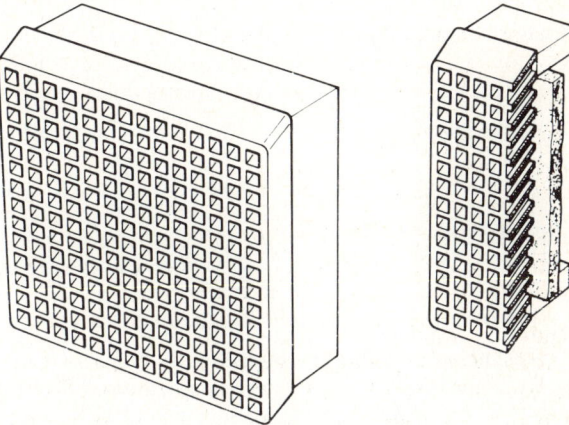

Abb. 2.17
Akustik-Ziegel (Beispiel).
Ansicht mit Mineralfasermatte
im Resonator-Raum

2.3 Ziegel für Decken und Wandtafeln

DIN 1045	(Juli 88)	Beton und Stahlbeton; Bemessung und Ausführung
DIN 1053 T 4	(Sept. 78)	Mauerwerk; Bauten aus Ziegelfertigbauteilen
DIN 4159	(April 78)	Ziegel für Decken und Wandtafeln; statisch mitwirkend
DIN 4160	(Aug. 78)	Ziegel für Decken; statisch nicht mitwirkend
DIN 278	(Sept. 78)	Tonhohlplatten und Hohlziegel

Die Deckenziegel werden in Stahlbetonrippendecken oder Stahlsteindecken eingebaut. Sie dienen der Gewichtsverminderung und werden als statisch mitwirkende Ziegel auch zur Spannungsaufnahme herangezogen. Ihre Anwendung erfolgt vor allem im Montagebau mit vorgefertigten Deckentafeln. Mit den Wandziegeln werden vorgefertigte Wandtafeln erstellt.

Stahlsteindecken sind nach DIN 1045, Abschnitt 20.2, auszuführen. Anwendung für vorwiegend ruhende Verkehrslasten, Werkstätten mit leichtem Betrieb und Pkw-Lasten mit bestimmten Bedingungen für die Querbewehrung.

Stahlbetonrippendecken sind nach DIN 1045, Abschnitt 21.2, auszuführen. Anwendung wie vor, jedoch beschränkt auf $p \leq 5{,}0$ kN/m². Für vorgefertigte Decken- oder Wandteile gilt Abschnitt 19.

Geschoßhohe Wandtafeln sind nach DIN 1053 Teil 4 „Bauten aus Ziegelfertigbauteilen" auszuführen und können zusammengebaut tragende, aussteifende und nichttragende Wände bilden. Man unterscheidet:

    Vergußtafeln mit Ziegeln nach DIN 4159
    Verbundtafeln mit Ziegeln nach DIN 278
    Mauertafeln mit Ziegeln nach DIN 105

---

[1]) Reichsformat (RF) $25{,}0 \times 12{,}0 \times 6{,}5$
    Oldenburger Format (OF) $22{,}5 \times 10{,}5 \times 5{,}2$.

2.3.1 Statisch mitwirkende Deckenziegel nach DIN 4159

Der Rohstoff ist Ton mit Magerungsmitteln oder porenbildenden Stoffen. Deckenziegel müssen rissefrei gebrannt sein. Die Stoßfugen werden vermörtelt (Zementmörtel). Dazu sind Aussparungen auf voller Höhe vorgesehen (vollvermörtelt), denen eine gelochte Zone im Ziegel entspricht. Befinden sich Fugenaussparung und Lochzone nur im oberen Bereich, spricht man von teilvermörtelter Stoßfuge. Werden Deckenziegel zur Druckübertragung im Bereich negativer Momente herangezogen, müssen sie eine vollvermörtelte Stoßfuge haben. Für Deckenziegel sind 4 Rohdichteklassen und zwei Druckfestigkeitsklassen vorgesehen:

Druckfestigkeitsklasse	Mittelwert in N/mm^2	Rohdichte in kg/dm^3
18	22,5	0,6 0,8 1,0 1,2
24	30	0,8 1,0 1,2
zusätzlich für *ZZT/ZZV*[1]):		
6	7,5	0,6 0,8

Nach Verwendungsstelle und Ziegelform unterscheidet man:

Deckenziegel für Stahlsteindecken (Abb. 2.18 und 2.19; Tafel 2.6)
  Kurzzeichen: ZST – für teilvermörtelbare Stoßfugen
  ZSV – für vollvermörtelbare Stoßfugen

Deckenziegel für Stahlbetonrippendecken (Abb. 2.20)
  Kurzzeichen: ZRT – für teilvermörtelbare Stoßfugen
  ZRV – für vollvermörtelbare Stoßfugen

Zwischenbauteile für Stahlbetonrippendecken mit Auflager auf vorgefertigten Rippen (Abb. 2.21, Tafel 2.7)
  Kurzzeichen: ZZT – für teilvermörtelbare Stoßfugen
  ZZV – für vollvermörtelbare Stoßfugen

Beispiel für eine Bezeichnung:
Ziegel DIN 4159 – ZRT 1,0 – 18 – 250 × 333 × 190
Deckenziegel-Rippendecken für teilvermörtelbare Stoßfugen mit Rohdichte 1,0 – Festigkeitsklasse 18 – Breite 250 mm – Länge 333 mm – Höhe 190 mm

Tafel 2.6 Deckenziegel für Stahlsteindecken, Maße

Breite b [mm]	250							
Länge l [mm]			166	250	333	500		
Dicke s_0 [mm]	90	115	140	165	190	215	265	290

---

[1]) Nach DIN 1053 Teil 4 (Sept. 78), Anhang A 1.

2.3.1 Statisch mitwirkende Deckenziegel nach DIN 4159

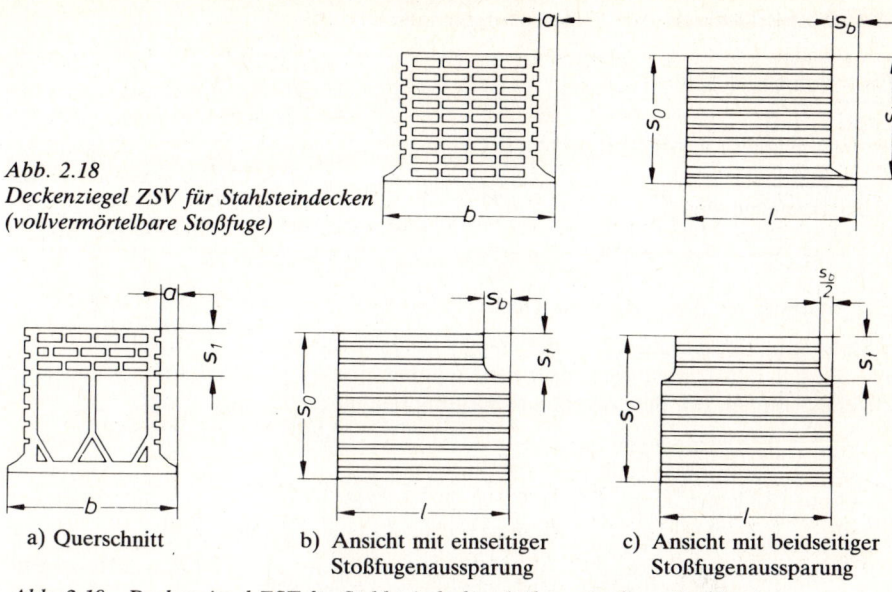

Abb. 2.18
Deckenziegel ZSV für Stahlsteindecken
(vollvermörtelbare Stoßfuge)

a) Querschnitt   b) Ansicht mit einseitiger Stoßfugenaussparung   c) Ansicht mit beidseitiger Stoßfugenaussparung

Abb. 2.19   Deckenziegel ZST für Stahlsteindecken (teilvermörtelbare Stoßfuge)

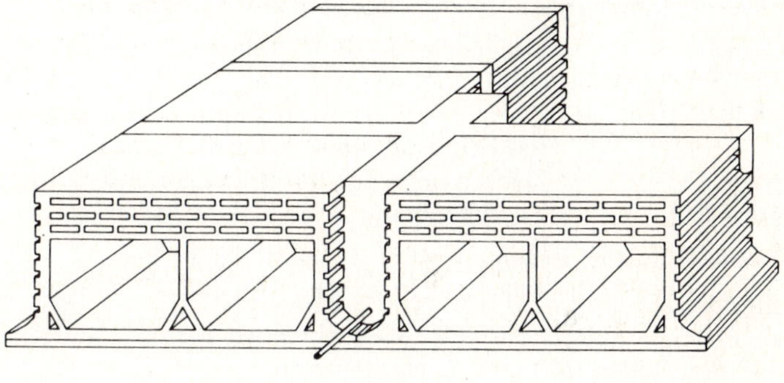

Abb. 2.20
Stahlbetonrippendecke
mit Ziegeln ZRT

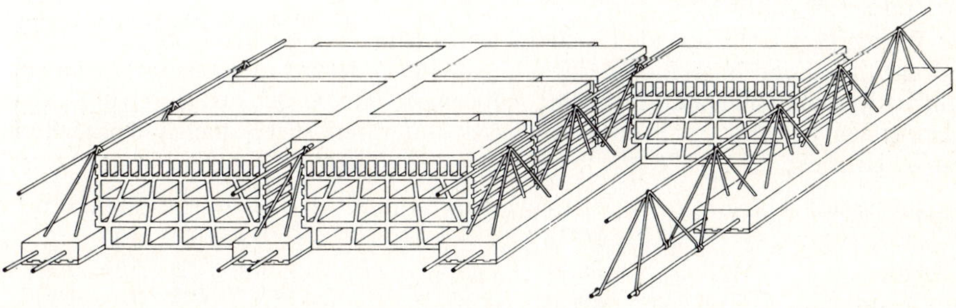

Abb. 2.21   Stahlbetonrippendecke mit vorgefertigten Rippen und tragenden Ziegeln ZZT

Tafel 2.7 Zwischenbauteile für Stahlbetonrippendecken, Maße

Rippenachsabstände [mm]				333	500	625	750			
Länge l [mm]				166	250	333				
Dicke s_0 [mm]	115	140	165	190	215	240	265	290	315	340
Auflagertiefe auf vorgefertigten Rippen [mm]				25						

2.3.2 Statisch nicht mitwirkende Deckenziegel nach DIN 4160

In Stahlbetonrippendecken werden Ziegel eingebaut, die nur als Schalkörper dienen. Wegen der Beanspruchung beim Schalen und Betonieren müssen sie eine Einzellast tragen, die den Ziegel auf Biegung beansprucht. Sie beträgt:

2 kN bei 166 mm Ziegellänge
3 kN bei 250 mm Ziegellänge
5 kN bei 333 mm Ziegellänge

Die Rohdichte ist festgelegt auf 0,6 und 0,8 kg/dm³, und die Ziegelbreiten sollen auf die Rippenachsmaße von 333 mm, 500 mm, 625 mm und 750 mm abgestimmt sein. Regellängen sind 250 mm und 333 mm. Alle Dickenmaße beginnen mit 115 mm und steigen um je 25 mm. Die Norm unterscheidet 4 verschiedene Formen, die einem bestimmten Einsatzbereich entsprechen.

Form A: Deckenziegel für Stahlbetonrippendecken mit Ortbetonrippen (Abb. 2.22)
Form B: Zwischenbauteile für Stahlbetonrippendecken mit vorgefertigten Rippen (Abb. 2.23)
Form C: Deckenziegel für Balkendecken mit Ortbetonrippen
Form D: Zwischenbauteile für Balkendecken mit vorgefertigten Rippen

Beispiel für eine Bezeichnung:
Ziegel DIN 4160 – Bs 0,8 – 440 × 250 × 190
Zwischenbauteil Form B – s = senkrechte Flanken – Rohdichte 0,8 – Breite 440 mm, Länge 250 mm, Dicke 190 mm

2.3.3 Ziegel für vorgefertigte Wandtafeln nach DIN 4159

Die Wandziegel unterscheiden sich in Form und Abmessungen nicht von den Deckenziegeln der Tafel 2.6. Lediglich Außenwandziegel dürfen einen statisch nicht wirksamen Querschnitt an der Außenseite haben, der aus durchlaufenden Lochkanälen besteht. An Festigkeitsklassen mit ihren zugeordneten Rohdichten sind vorgesehen:

Druckfestigkeitsklasse	Mittelwert in N/mm²	Rohdichte in kg/dm³			
12	16	0,6	0,8	1,0	
18	22,5	0,6	0,8	1,0	1,2
24	30		0,8	1,0	1,2
38	45			1,0	1,2

2.3.4 Tonhohlplatten und Hohlziegel nach DIN 278

Kurzzeichen für **Wandziegel:**
für teilvermörtelbare Stoßfugen – ZWT
für vollvermörtelbare Stoßfugen – ZWV

Beispiel einer Bezeichnung:
Ziegel DIN 4159 – ZWT 1,0 – 18 – 250 × 333 × 190
Wandziegel für teilvermörtelbare Stoßfugen – Rohdichte 1,0 – Festigkeitsklasse 18
– Breite 250 mm – Länge 333 mm – Höhe 190 mm.

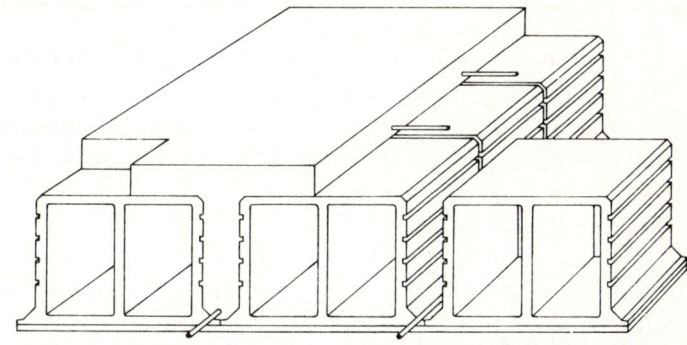

Abb. 2.22   Stahlbetonrippendecke mit nichttragenden Deckenziegeln (Form A)

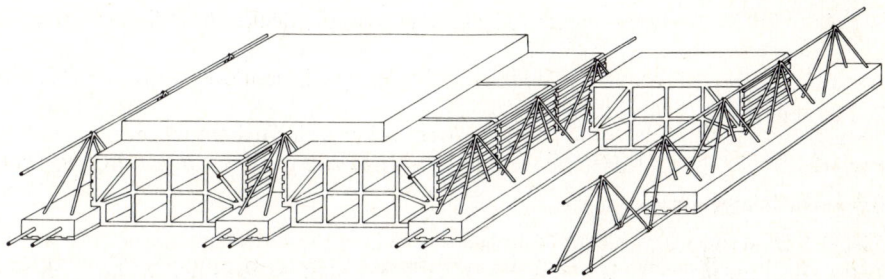

Abb. 2.23   Stahlbetonrippendecke mit vorgefertigten Rippen und nichttragenden Ziegeln (Form Bs)

2.3.4 Tonhohlplatten und Hohlziegel nach DIN 278

Tonhohlplatten (Hourdis) sind Zwischenbauteile von 50 cm bis 110 cm Länge, die zwischen Deckenträgern verschiedener Art eingebaut werden (Kurzzeichen: HD). Bei Breiten von 20 bis 25 cm werden sie in Dicken von 6 bis 12 cm hergestellt. Die Hohlplatten haben dünne Stege (7 mm) und Außenwände (9 mm), so daß sich Rohdichten von 0,8 bis 1,0 kg/dm^3 ergeben. Entsprechend ihrer statischen Aufgabe sind Mindestbruchlasten bei Biegebeanspruchung festgelegt (Abb. 2.24).

Langlochziegel für leichte Trennwände sind ähnliche Hohlplatten (Kurzzeichen: HT)

Hohlziegel für *vorgefertigte Wandtafeln* (HV) sind rechteckige Ziegel bis 33 cm Länge, die zur Verbundwirkung mit dem Beton Außenwandprofilierungen haben. Hierzu Rohdichten von 0,8 bis 1,0 und Druckfestigkeiten von 6 bis 38 N/mm^2. Sie werden als tragende Teile in vorgefertigte Montagewände eingebaut mit Transport- und Anschlußbewehrung (DIN 1053 Teil 4, Mauerwerk; Bauten aus Ziegelfertigbauteilen).

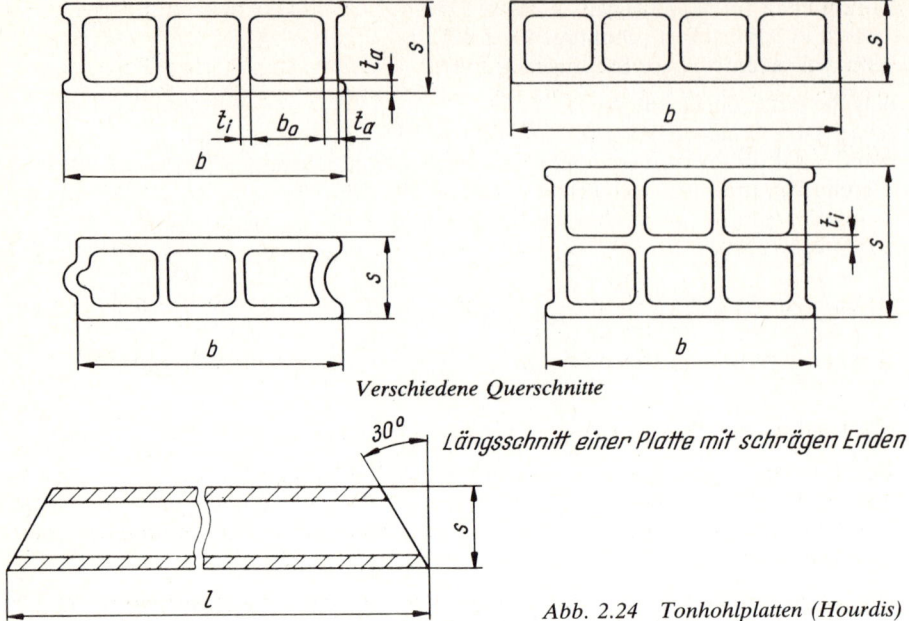

Abb. 2.24 Tonhohlplatten (Hourdis)

2.4 Dachziegel

DIN 456 (Aug. 76)   Dachziegel

2.4.1 Dachziegelarten

Man kann Dachziegel in der natürlichen Brennfarbe (gelbrot) herstellen. Sehr oft ist durch Tauchen oder Spritzen eine Engobe aufgetragen, die mitgebrannt wird. Sie soll eine gleichmäßige Oberfläche und Farbe bewirken und ist eine Tonschlämme mit färbenden Metalloxiden. Für Fleckton engobiert man nur Teile und erreicht eine lebhafte Oberfläche. Hat die Engobe durch Staub oder Schmutz wenig Haftung mit dem Ziegel, löst sie sich mit der Zeit ab. Aber auch unterschiedliche Eigenschaften (z. B. Temperaturdehnungskoeffizient) zwischen beiden führen zu Abplatzungen. Auch eine Glasur kann man auftragen (vgl. Abschnitt 2.7.5), die zu außergewöhnlichen Effekten führt. Gedämpfte Dachziegel erhalten eine graublaue Farbe, indem das rote Eisen(III)-Oxid durch eine reduzierende Flamme in FeO verwandelt wird.

Die Formgebung geschieht nach zwei Verfahren. Ziegel mit zwei Falzseiten oder konischen Formen werden unter Stempelpressen hergestellt: *Preßdachziegel*. Einfache Formen stellt man als *Strangdachziegel* in Strangpressen her.

Dachziegel ohne Falze

Biberschwanzziegel   flacher Ziegel mit verschiedenem Schnitt am Schwanzende (oft Segmentschnitt) (Abb. 2.25)

2.4.2 Maße und Eigenschaften

Hohlpfanne	wegen Wölbung auch S-Pfanne, Kurz- und Langschnittpfanne (Abb. 2.26)
Krempelziegel	einseitig übergreifende Krempe in konischer Form
Mönch und Nonne	zwei konisch geformte Dachziegel (Abb. 2.27)

Dachziegel mit Falzen

Muldenfalzziegel	mit zwei Mulden und Mittelrippe (Decken im Verband)
Doppelfalzziegel	(Reformfalzziegel) ohne Mittelrippe (Abb. 2.29)
Flachdachpfanne	sorgfältig ausgebildete Falze mit zur Seite gerichteter Deckfuge (Abb. 2.30)
Falzpfanne	Mulde wie Hohlpfanne, jedoch Falze mit zur Seite gerichteter Deckfuge
Strangfalzziegel	flache Ziegel mit einem einfachen Seitenfalz (Abb. 2.28)

2.4.2 Maße und Eigenschaften

Die DIN 456 legt keine Abmessungen fest (Empfehlung für Biberschwanzziegel 155 mm × 375 mm und 180 mm × 380 mm). Die kennzeichnenden Maße werden vom Hersteller angegeben (für verfalzte Dachziegel sind es die Deckmaße). Abweichungen sind um 2 % zulässig.

Neben dem Deckmaß des einzelnen Ziegels sind die Mittelwerte von 10 Ziegeln so zu messen, daß Länge oder Breite mit gezogener und gedrückter Ziegelreihe bestimmt wird. Der Mittelwert aus l_1 und l_2 wird mit dem Sollwert verglichen. Ähnliche Toleranzen sind für Verkrümmung und Flügeligkeit (Verwindung) festgelegt.

Die Oberfläche soll rissefrei sein, Glasur oder Engobe witterungsbeständig wie der ganze Ziegel. Die Wasserundurchlässigkeit wird geprüft, indem über dem waagerecht liegenden Ziegel in einem Rahmen 50 mm Wassersäule aufgebracht wird. Nach frühestens 3 Stunden darf der erste Tropfen fallen. Für die Beurteilung der Frostbeständigkeit ist das Verhalten der Ziegel auf dem Dach maßgebend (Prüfnorm ist in Vorbereitung). Die mechanische Festigkeit wird durch die Tragfähigkeit unter einer Einzellast geprüft:

	Bruchlast der Dachziegel	
	Mittelwert aus 6 Prüfungen	kleinster Einzelwert
Preßdachziegel und Hohlpfannen	1,5 kN	1,2 kN
Strangdachziegel (sonstige Formen)	0,5 kN	0,4 kN

Die Lieferung erfolgt nach Sorte I und Sorte II. Die Sorte II hat lediglich größere Toleranzen in den Maßen. Die Kennzeichnung mit Werkskennzeichen, Herstellungsdatum und DIN 456 ist an jedem 200. Dachziegel durchzuführen. Sorte II ist besonders zu kennzeichnen.

Keramische und mineralisch gebundene Baustoffe

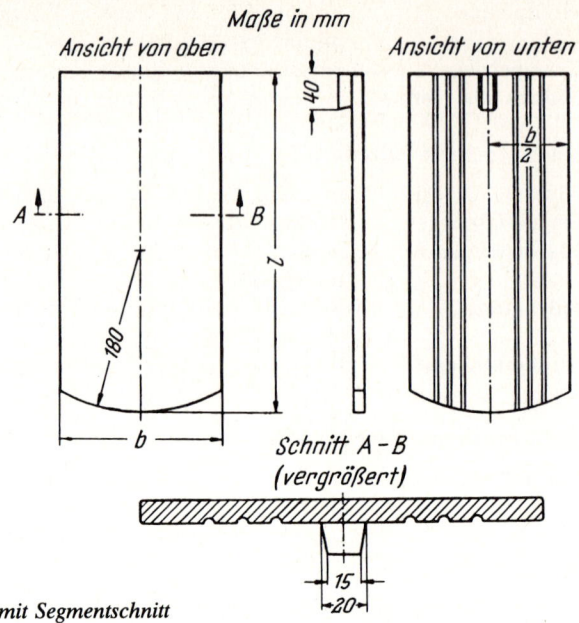

Abb. 2.25 Biberschwanzziegel mit Segmentschnitt

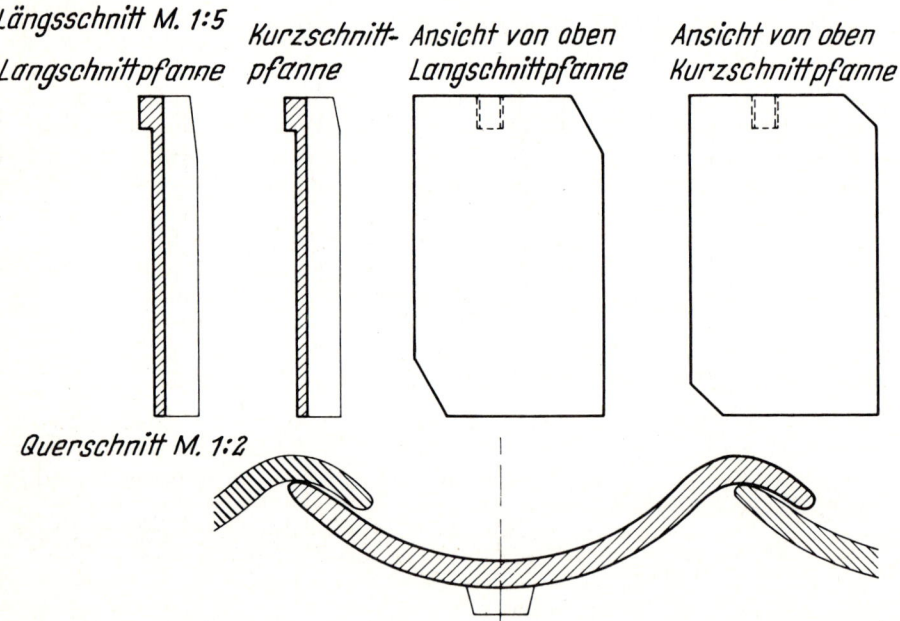

Abb. 2.26 Hohlpfannen

2.4.2 Maße und Eigenschaften 59

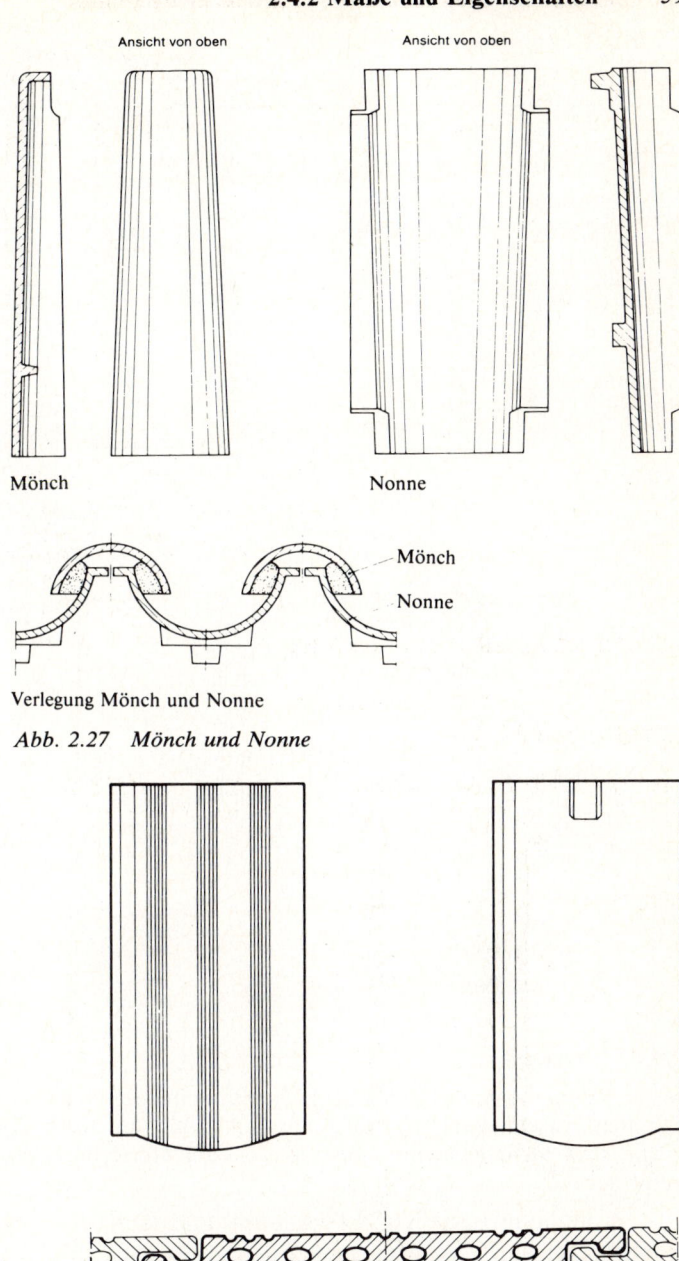

Abb. 2.27 Mönch und Nonne

Abb. 2.28 Strangfalzziegel

Keramische und mineralisch gebundene Baustoffe

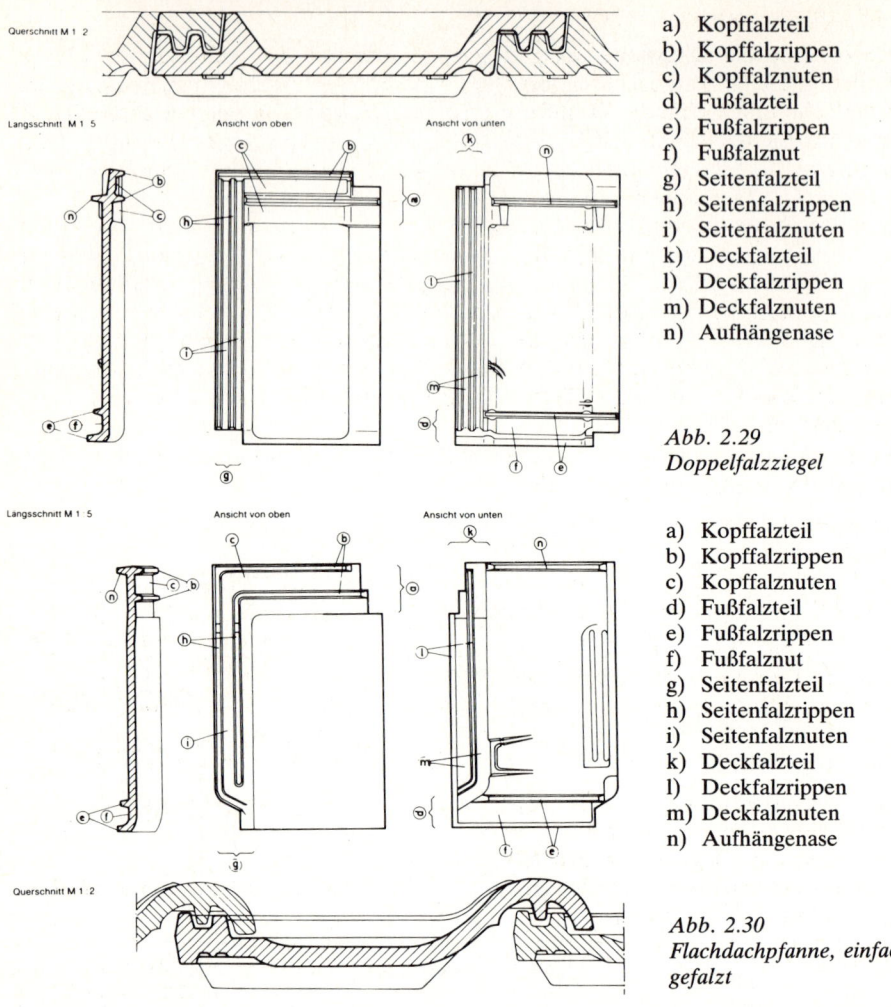

a) Kopffalzteil
b) Kopffalzrippen
c) Kopffalznuten
d) Fußfalzteil
e) Fußfalzrippen
f) Fußfalznut
g) Seitenfalzteil
h) Seitenfalzrippen
i) Seitenfalznuten
k) Deckfalzteil
l) Deckfalzrippen
m) Deckfalznuten
n) Aufhängenase

*Abb. 2.29
Doppelfalzziegel*

a) Kopffalzteil
b) Kopffalzrippen
c) Kopffalznuten
d) Fußfalzteil
e) Fußfalzrippen
f) Fußfalznut
g) Seitenfalzteil
h) Seitenfalzrippen
i) Seitenfalznuten
k) Deckfalzteil
l) Deckfalzrippen
m) Deckfalznuten
n) Aufhängenase

*Abb. 2.30
Flachdachpfanne, einfach gefalzt*

2.4.3 Formziegel

Sie ergänzen die genormten Dachziegel, um eine einwandfrei gedeckte Dachfläche mit allen Anschlüssen, Übergängen und Abschlüssen zu ermöglichen. Diese Formziegel sind nicht genormt und werden vom Hersteller nach eigener Wahl ausgeführt.

First- und Gratziegel mit Anfänger und Endstück
Kehlziegel
Windbordziegel, Ortgangziegel
First- und Wandanschlußziegel
Belüftungs- und Entlüftungsziegel
Durchlaß für Dunstrohr und Antenne

2.4.4 Anwendungen

Die Verwendung bestimmter Dachziegelarten ist an eine *Mindestdachneigung* gebunden. Dazu sind zu beachten: örtliches Klima (Niederschlagsmengen), Lage von Dachfläche und Gebäude, Dachform und -konstruktion. In einer neueren Schrift der Arbeitsgemeinschaft Ziegeldach, Bonn, sind Mindestneigungen der Sparren angegeben, die teilweise unter den früher üblichen Werten liegen. Diese Werte sind auch bei Aufschieblingen einzuhalten, z. B. bei Dachgauben.

Eine *Unterkonstruktion* erhöht die Sicherheit gegen Flugschnee, Staub und Sturm. Dies kann eine Spannbahn sein, die parallel zur Traufe über die Sparren gespannt wird. Wichtig ist eine ausreichende Belüftung des Zwischenraumes zwischen Dachhaut und Spannbahn und des darunterliegenden Raumes. Durch Konterlattung auf den Sparren wird ein ausreichender und durchgehender Querschnitt geschaffen. Zuluft durch Traufenspalt von 1,5 bis 2,5 cm; Abluft durch Lüftungsfirst oder Lüftungsziegel unterhalb des Firstes (maximal ein Stück je Meter mit 15 cm^2 Abluftquerschnitt).

Die *Lattung* ist nach Gewicht und Sparrenabstand zu bestimmen. Bei Falzziegeldeckung (55 kg/m^2) wird empfohlen:

Lattenquerschnitt	Sparrenabstand
24/48	bis 750 mm
30/50	bis 900 mm
40/60	bis 1000 mm

Der Lattenabstand wird bei Falzziegeln von der Decklänge der Ziegel bestimmt (siehe Abschnitt 2.4.2). Bei Hohlpfannen u. a. wird die Höhenüberdeckung mit 7 bis 9 cm festgelegt.

Die Ziegeldeckung kann trocken oder mit Vermörtelung erfolgen. Meist erhalten First- und Gratziegel einen Mörtelschlag, letztere sind besonders zu befestigen.

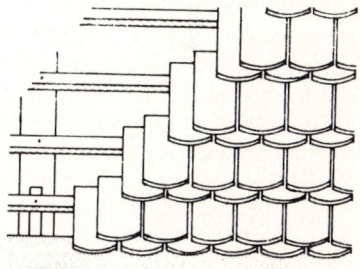

Abb. 2.31
Biberschwanzziegel in Kronendeckung

Tafel 2.8 Mindestdachneigungen

Dachziegelart	Ziegeldächer, einfach	Ziegeldächer mit Unterkonstruktion
Fachdachpfannen Flachkremper	15 − 18°	10 − 15°
Kronenkremper Reformpfannen Falzziegel Falzpfannen	25 − 30°	20 − 25°
Hohlpfannen	30 − 35°	20 − 25°

Biberschwanzziegel
  Doppeldeckung
  Kronendeckung
	
	30 − 35°
	30 − 35°
		
		25 − 30°
		30 − 35°

2.5 Steinzeugwaren[1]

DIN 1230 T 1 (Jan. 86)		Steinzeug für die Kanalisation; Rohre und Formstücke mit Muffe; Maße
	T 2 (Jan. 86)	–; –; Technische Lieferbedingungen
	T 3 (Sept. 79)	–; Sohlschalen, Profilschalen, Halbschalen und Platten
	T 6 (Aug. 83)	–; Rohre und Formstücke mit glatten Enden; Maße
	T 7 (Aug. 83)	–; –; Technische Lieferbedingungen
DIN 18 902 (Sept. 76)		Steinzeugteile für den Stallbau

2.5.1 Steinzeugrohre und -formstücke

Aus 4 bis 5 Tonsorten wird die Rohmasse gemischt und aufbereitet. Man setzt ihr etwa ein Drittel Schamotte (vgl. Abschnitt 2.6) zu, um bessere Bedingungen beim Pressen, Trocknen und Brennen zu erhalten und das Schwindmaß zu vermindern. Die Aufbereitung erfolgt im Trocken- oder Naßverfahren, der sich eine längere Lagerung im Maukturm oder Sumpfhaus anschließt. Rohre und Formstücke werden in hydraulischen Pressen geformt und verdichtet. In Trockenkammern werden sie etwa 3 Tage getrocknet und vor dem Brand im Tauchbad glasiert. Nun erfolgt in Tunnelöfen (Länge etwa 140 m) der Brand über 3 Tage hin mit maximaler Temperatur von 1150 °C bis zum Sintern. Es entsteht ein *dichter,* korrosionsbeständiger Steinzeugscherben mit einer Biegezugfestigkeit bis 40 N/mm^2.

Steinzeugrohre werden meist als Muffenrohre in der Kanalisation eingesetzt. Maße und technische Lieferbedingungen sind in DIN 1230 Teil 1 und 2 genormt. Die Teile werden in Regelausführung (N = Normalwanddicke) und verstärkter Ausführung (V) geliefert. Die Nennweiten liegen zwischen 100 mm und 1000 mm, werden aber auch darüber hinaus angefertigt. Abhängig von den Nennweiten (DN) staffeln sich die Baulängen von 1,00 m bis 2,00 m. Da von der Dichtung die Eigenschaften des erstellten Bauwerkes in erheblichem Maße abhängen, werden Dichtungen vom Rohrhersteller fest mit dem Rohr verbunden. Sie müssen neben der Dichtheit genügende Elastizität aufweisen, um eine flexible Verlegung und Verformungen im Gebrauch zu ermöglichen. Ferner ist eine Beständigkeit gegen Chemikalien, Temperatur und Alterung (Nutzdauer einer Leitung über 100 Jahre!) erforderlich. Für Rohre der Hausentwässerung (bis DN 200) wird die Steckmuffe L als Lippendichtring in die Muffe werksseitig eingebaut. Die Steckmuffe K besteht aus zwei Dichtelementen, die ab DN 200 aufwärts am Spitzende und an der Muffe eingebaut werden. Möglich sind noch Rollringdichtungen; ältere Vergußdichtungen sind zu arbeitsaufwendig. Entwickelt wurden lose Kunststoffkupplungen, die keine Rohrmuffe benötigen.

---

[1] Weitere Informationen gibt:
Fachverband Steinzeugindustrie e. V., Max-Planck-Straße 6, 5000 Köln 40 (Marsdorf).

2.5.1 Steinzeugrohre und -formstücke

Die wichtigsten Prüfungen erfolgen auf Maßhaltigkeit, Säurebeständigkeit und Scheiteldruckfestigkeit. Da die Scheiteldruckfestigkeit beim verstärkten Rohr bis zu 75 % höher liegt, ist auch die aufnehmbare Verkehrslast größer.

Steinzeugrohre und -formstücke werden in folgenden Maßen hergestellt:
Rohre und Formstücke mit Steckmuffe L bis DN 200 (Tafel 2.9; Abb. 2.32)
Rohre und Formstücke mit Steckmuffe K, Regelausführung (N) und *verstärkte Ausführung (V)* ab DN 200 bis DN 1000 und Sonderanfertigungen (Tafel 2.10; Abb. 2.34)

Abb. 2.32 Dichtung für Steinzeugrohre DN 100 bis DN 200 Steckmuffe L (Lippendichtung)

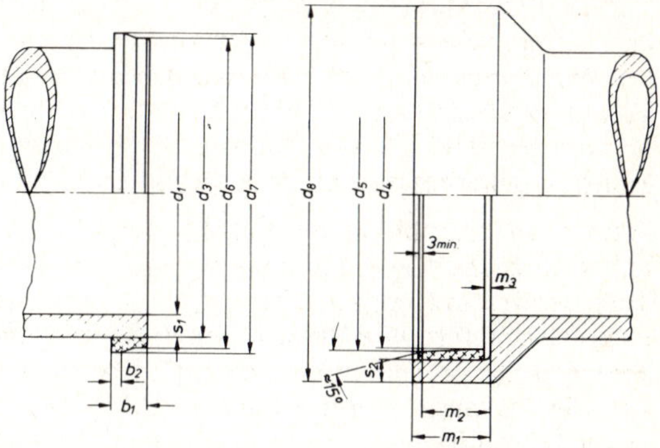

Abb. 2.33
Spitzende und Muffe eines Steinzeugrohres (Nennweite über DN 200 mit Steckmuffe K)

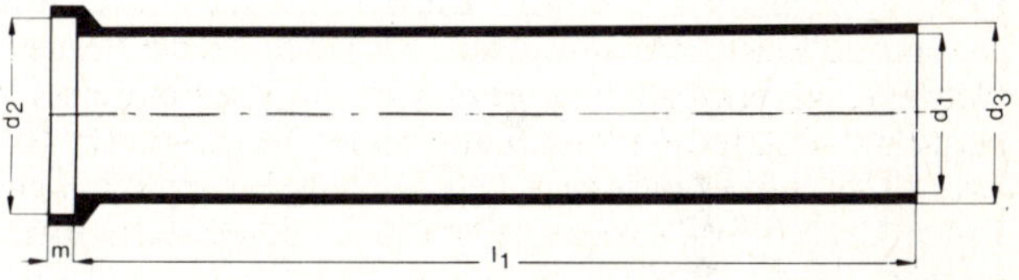

Abb. 2.34
Steinzeugrohr (N)

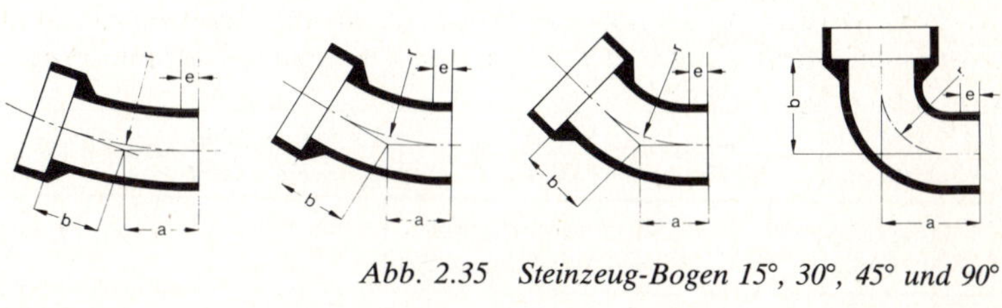

Abb. 2.35   Steinzeug-Bogen 15°, 30°, 45° und 90°

Formstücke sind *Bogen* mit 15°, 30°, 45°, 90°, ferner *Abzweige* mit 45° und 90°, deren Stutzen (DN 2) den gleichen oder einen kleineren Durchmesser haben kann (Abb. 2.35 und 2.36), *Anschlußstutzen, Sattelstücke, Übergangsstücke* und weitere Teile.

64 Keramische und mineralisch gebundene Baustoffe

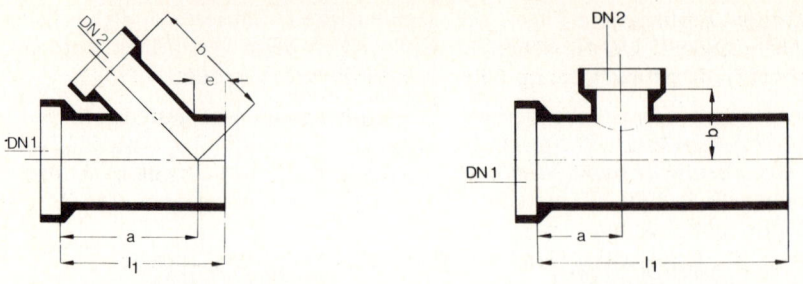

Abb. 2.36 Steinzeug-Abzweige für 45° und 90° (DN 2 = Nennweite des Abzweiges)

Tafel 2.9 Maße von Rohren und Formstücken mit fest mit der Muffe verbundenem Dichtelement, Regelausführung (N) in mm

DN	d_1	d_3	s_1	m_1	d_8
100	100	131	15	70	200
125	126	159	16	70	230
150	151	186	17	75	260
200	202	242	20	85	330

Tafel 2.10 Maße von Rohren und Formstücken mit Steckmuffe K in mm

DN	d_1	m_1	Regelausführung (N)		verstärkte Ausführung (V)	
			s_1	d_8	s_1	d_8
200	202	70	20	330	30	380
250	252	70	22	390	33	440
300	302	70	25	460	37	510
350	352	70	27	510	40	570
400	402	70	30	580	45	650
450	452	70	36	650	49	720
500	503	75	39	730	54	790
600	603	80	44	860	61	930
700	704	80	46	970	64	1060
800	805	80	48	1090	68	1190
900	906	90	51	1240	72	1340
1000	1007	90	55	1360	76	1450
1200; 1400; 1600; 1800; 2000;	Sonderanfertigung nach Vereinbarung				Maße nach Abb. 2.33.	

Beispiele für Bezeichnungen:
Rohr DIN 1230 – R 150 N × 1000
R = Rohr, N = Regelausführung, 150 = Nennweite in mm, 1000 = Baulänge in mm

Rohr DIN 1230 – R 400 V × 2000 K
400 = Nennweite in mm, V = verstärkte Ausführung, 2000 = Baulänge in mm,
K = Steckmuffe K
Bogen DIN 1230 – B 30 – 150 N
B = Bogen, 30 = 30°, 150 = Nennweite in mm, N = Regelausführung

Alle Teile erhalten ein Herstellerzeichen, Preßdatum und den Aufdruck DIN 1230. Durch die *Scheitelmarkierung* lassen sich Steinzeugrohre mit Sohlengleichheit verlegen. Daher gibt es rechts- und linkseinmündende Abzweige.

2.5.2 Steinzeugteile

Weiterhin werden nach DIN 1230 Teil 3 Steinzeugteile für die *Kanalisation* hergestellt: Sohlschalen, Profilschalen, Halbschalen und Platten.
Steinzeugteile für den *Stallbau* (DIN 18 902) sind Schalen, Platten und Tröge.

2.6 Feuerfeste und säurebeständige Baustoffe

DIN 51 060	(Dez. 75)	Feuerfeste keramische Rohstoffe und Werkstoffe; Begriffe feuerfest, hochfeuerfest
DIN 1081	(Jan. 88)	Feuerfeste Baustoffe; Feuerfeste Rechtecksteine, Maße
DIN 1082	(Aug. 70)	–; Feuerfeste Halbwölber und Ganzwölber, Maße (dazu Beiblatt)
DIN 1089 T 1	(Aug. 86)	–; Koksofensteine, kalkgebundene Silikasteine, Anforderungen und Prüfung
T 2	(Aug. 86)	–; Koksofensteine, Gütewerte von Quarzschamottesteinen

2.6.1 Feuerfeste Steine

Feuerfeste Steine (beständig bis 1500 °C) und hochfeuerfeste Steine (beständig bis 1800 °C) werden zum Auskleiden von Herden, Öfen, Hochöfen, Schornsteinen, zum Bau von industriellen Schmelzöfen, Glaswannen, Wärmetauschern u. a. verwendet. Diese Steine haben auch eine größere *chemische Beständigkeit*. Es sind vorwiegend Silicate und Oxide mit höherem Erweichungspunkt, bei denen die Flußmittel (Kalk, Feldspat, Eisenoxid) weitgehend fehlen. Die Herstellung erfolgt im Naß- oder Trockenpreßverfahren und durch schmelzflüssiges Gießen mit nachfolgendem Brand.

Schamottesteine
Feuerfester Ton wird mit Schamottemehl (gemahlener gebrannter Schamotteton) gemagert und bei Temperaturen über 1250 °C gebrannt. Meistverwendeter feuerfester Baustoff. Steine werden mit Schamottemörtel vermauert.

Magnesitsteine
aus Magnesit $MgCO_3$, bei über 1600 °C zu MgO gebrannt. Basischer Stein, verwendbar bis 1700 °C.

Dolomitsteine
aus Dolomit $(Ca, Mg)CO_3$, bei rd. 1600 °C zu $(Ca, Mg)O$ gebrannt. Basischer Stein, geringe Wetterbeständigkeit (d. h. Lagerfähigkeit), da CaO noch mit Luftfeuchtigkeit und Kohlensäure reagiert. Teerdolomitstein oder als Stampfmasse mit Teer vermischt (z. B. für Blasstahlkonverter).

Silikasteine
aus gemahlenem Quarzit SiO_2 (Dinassand) zu 95 Masse-% (Rest Al_2O_3, CaO u. a.), bei rd. 1500 °C gebrannt. Verwendbar bis 1650 °C (für Stahlwerks- und Koksöfen).

Weitere feuerfeste und hochfeuerfeste Baustoffe: Sillimanitsteine, Mullitsteine, Korundsteine (Al_2O_3), Chrommagnesitsteine, Kohlenstoffsteine, Siliciumcarbidsteine.

2.6.2 Schamotterohre

Für Rauch- und Abgasschornsteine werden Vierkantrohre von 10,5/14 cm bis 60/60 cm oder Rundrohre bis 60 cm Durchmesser hergestellt (Baulänge 50 cm). Dazu gehören Bogen, Anschluß- und Reinigungsstücke. Die Innenseite ist glatt oder in Abgasrohren auch glasiert. Diese Rohre werden in Säurekitt oder Mauermörtel Gruppe 2 versetzt. Die Schamotterohre dürfen nicht angestemmt werden; daher sind alle Anschlüsse und Öffnungen vorher zu planen und auszuführen. Bei Nichtbenutzung werden sie geschlossen.

Anstelle eines geschlossenen Rohres nimmt man auch als Innenfutter Einzelplatten mit Nut und Feder, aus denen man die Querschnitte zusammensetzt (Wanddicke: Rohre 30 bis 50 mm, Platten 50, 65 und 90 mm).

Rauchschornsteine werden mit Ziegeln oder Mauersteinen ummauert oder in dazugehörige Mantelrohre aus Leichtbeton (siehe Abschnitt 2.13.1) eingesetzt. Zwischen Innenrohr und Mantel wird eine Dämmschicht (z. B. Perlite) gefüllt.

2.7 Keramische Fliesen und Platten[1])

DIN EN 87	(Nov. 86)	Keramische Fliesen und Platten für Bodenbeläge und Wandbekleidungen; Grundlagen
DIN EN 159	(Nov. 86)	Trockengepreßte keramische Fliesen und Platten mit hoher Wasseraufnahme E 10 % – Gruppe B III
DIN EN 176	(Nov. 86)	Trockengepreßte keramische Fliesen und Platten mit niedriger Wasseraufnahme E = 3 % – Gruppe B I
DIN 18 156	T 1 (April 77)	Stoffe für keramische Bekleidungen im Dünnbettverfahren; Begriffe
	T 2 (März 78)	–; Hydraulisch erhärtende Dünnbettmörtel
	T 3 (Juli 80)	–; Dispersionsklebstoffe
	T 4 (Dez. 84)	–; Reaktionsharzklebstoffe
DIN 18 157	T 1 (Juli 79)	Ausführung keramischer Bekleidungen im Dünnbettverfahren
	T 2 (Okt. 82)	–; mit Dispersionsklebstoffen
	T 3 (April 86)	–; Epoxidharzklebstoffe
DIN 18 158	(Sept. 86)	Bodenklinkerplatten
DIN 18 166	(Okt. 86)	Keramische Spaltplatten und Spaltplatten-Formteile
DIN 18 352	(Sept. 88)	Fliesen- und Plattenarbeiten
DIN 18 515	(Dez. 73)	Fassadenbekleidungen aus Naturstein, Betonwerkstein und keramischen Baustoffen; Ausführung

---

[1]) Weitere Informationen gibt:
Fliesenberatungsstelle e. V. (Untersuchungsinstitut), Im Langen Feld 4, 3006 Burgwedel 1.

2.7.1 Klassifizierung und Gütemerkmale

Tafel 2.11 Übersicht über Bezeichnung, Klassifizierung und Werkstoffnormen für keramische Fliesen und Platten

Bezeichnung	Klassifizierung/Werkstoffnormen				
nach europäischer Norm EN 87:	Gruppe	I	II a	II b	III
	Wasseraufnahme E	≤ 3%	≤ 6% > 3%	≤ 10% > 6%	> 10%
Stranggepreßte Platten	Gruppe A	EN 121	EN 186	EN 187	EN 188
Trockengepreßte Fliesen und Platten	Gruppe B	**EN 176**	EN 177	EN 178	**EN 159**
Gegossene Fliesen und Platten	Gruppe C	–	–	–	–
nach deutscher Norm: Keramische Spaltplatten Bodenklinkerplatten	DIN 18 166 DIN 18 158				

2.7.1 Klassifizierung und Gütemerkmale

Die einheitliche europäische Normung keramischer Fliesen und Platten ist vorerst abgeschlossen. Lediglich Spaltplatten und Bodenklinkerplatten haben noch eigene deutsche Normen. Die DIN EN 87 erläutert als Grundlagennorm Begriffe, Klassifizierung, Gütemerkmale und Kennzeichnung. Die in Tafel 2.11 angegebenen Werkstoffnormen beschreiben die genauen Anforderungen, die jeweils an ein Material der ersten Sorte zu stellen sind.

Die *Einteilung* der keramischen Materialgruppen erfolgt nach den Herstellungsverfahren und der Wasseraufnahme des Scherbens. Damit werden auch die Materialzusammensetzung, die Porosität und der Sinterungsgrad beim Brand zugeordnet. Gruppe B I – Steinzeugfliesen, Gruppe B III – Steingutfliesen, Gruppe C ohne Marktbedeutung. Die *Gütemerkmale* der Fliesen und Platten nach Euronorm sind in Tafel 2.12 zusammengestellt und stellen eine Erweiterung und Vereinheitlichung der bisherigen Anforderungen dar, so daß Produkte verschiedener europäischer Länder miteinander verglichen werden können. Auch die Prüfmethoden sind in besonderen EN-Prüfnormen festgelegt, ebenso Bestimmungen über die Probentnahme und die Abnahme von Lieferungen (EN 163).

2.7.2 Trockengepreßte keramische Fliesen und Platten

Als Rohstoffe für feinkeramische Fliesen werden Ton und Kaolin mit gemahlenem Quarzsand und Kreide zu unterschiedlichen Anteilen in einer Aufschlämmung gemischt. In einem Sprühturm wird das Wasser durch einen heißen Luftstrom entzogen. Das feuchte Pulver wird in Flachpressen zu Rohlingen gepreßt, die eine ausreichende Festigkeit für die weitere Bearbeitung besitzen.

Tafel 2.12 Gütemerkmale und -anforderungen nach EN 87, EN 159 und EN 176

Gütemerkmal	Erläuterung	Anforderung
Maßabweichung für Länge, Breite und Dicke	formatabhängig	max %
Geradheit und Rechtwinkligkeit der Kanten	formatabhängig	max %
Ebenflächigkeit	formatabhängig	max %
Oberflächenfehler Risse, Entglasungen, matte Stellen, Flecken, abgestoßene Kanten	erkennbar aus 1 m	95% der Lieferung frei von Fehlern
Wasseraufnahme E	Kochversuch 2 h Nachlagerung 4 h	Grenzwerte einhalten für B III: über E = 20% mit Herstellernachweis
Biegefestigkeit	B I: 27 N/mm^2 B III: 12 und 15 N/mm^2	min
Ritzhärte nach MOHS	glasiert 3 u. 5 unglasiert 6	min
Widerstand gegen Tiefenverschleiß	unglasierte Bodenfliesen	Angabe der Verschleißklasse durch den Hersteller (vgl. 2.7.7)
Oberflächenverschleiß	glasierte Fliesen	
Wärmedehnzahl	$9 \cdot 10^{-6}$ 1/K	max
Widerstand gegen Glasurrisse	bei Rißneigung:	Hinweis des Herstellers
Frostbeständigkeit	50 Frost/-Tau-Wechsel	B I: bestanden B III: nicht gefordert
Beständigkeit gegen Fleckenbildner, Haushaltschemikalien, Badewasserzusätze	B I unglasiert: B I glasiert und B III:	nicht gefordert min Klasse 2/Klasse B
Beständigkeit gegen Laugen und Säuren	B I unglasiert: B I glasiert und B III:	gefordert Klasse nach besonderer Vereinbarung

Fliesen und Platten mit einer Wasseraufnahme E > 10 %
Steingutfliesen (STG) – weißer Scherben
Irdengutfliesen (IG) – farbiger Scherben

2.7.2 Trockengepreßte keramische Fliesen und Platten

Die Rohlinge werden bei rd. 1150 °C unterhalb der Sintergrenze gebrannt, so daß der Scherben ein Porenvolumen von 20 bis 30 % aufweist. Er läßt sich daher gut bearbeiten, ist aber nicht frostbeständig und kann nur in Innenräumen verwendet werden. Die äußeren Schwindmaße sind gering, und die Maße der Fliesen können daher mit geringen Toleranzen eingehalten werden.

Alle Fliesen aus Steingut oder Irdengut müssen eine dichte Glasur erhalten. Sie wird teilweise nach dem ersten Brand (Biskuitbrand) aufgebracht und die Fliese danach nochmals gebrannt, um die Glasur zum Sintern zu bringen (Glattbrand). Manchmal wird die Glasur bereits vor dem ersten Brand aufgebracht, so daß der zweite Brand gespart wird.

Die Abmessungen der Fliese sind durch das modulare Koordinierungsmaß M – oder das Nennmaß N – bestimmt, das um die Fugenbreite größer ist als das Werkmaß W. Die zulässigen Abweichungen beziehen sich auf das Werkmaß. In der Norm sind für das modulare Koordinierungsmaß Vorzugsmaße festgelegt (siehe Tafel 2.13), aber auch eine Reihe von gebräuchlichen Nennmaßen ist angegeben.

Die Kennzeichnung erfolgt nur für die erste Sorte durch:
Herstellerzeichen, Erzeugerland, Zeichen der ersten Sorte
Art der Fliese/Platte, Normzeichen und -nummer
Koordinierungsmaße (Nennmaße) und Werkmaße

Die Angaben der letzten beiden Zeilen dienen auch der Bezeichnung, wie z. B.:
Trockengepreßte Fliesen/Platten, EN 159, B III
M 15 cm × 15 cm (W 148 mm × 148 mm), GL
M = modulares Maß; W = Werkmaß; GL = glasiert

Fliesen und Platten mit einer Wasseraufnahme E $\leq$ 3 %

Steinzeug (STZ), glasiert (GL), unglasiert (UGL)

Die Rohstoffe der Steinzeugfliesen enthalten einen höheren Anteil an Feldspat, der bereits um 1000 °C schmilzt und einen Glasfluß bildet. Er schmilzt kleine Kristalle anderer Minerale, vor allem füllt er die Hohlräume im Korngerüst und zieht durch Oberflächenspannung den Scherben zusammen. Dadurch entsteht ein porenarmer Keramikwerkstoff mit hoher Festigkeit, Frostbeständigkeit und chemischer Widerstandsfähigkeit. Durch das Schwinden bedingt, sind höhere Toleranzen für die Plattenmaße notwendig. Modulare Vorzugsmaße sind in Tafel 2.13 genannt.

Unglasierte Steinzeugfliesen werden mit glatter, rauher oder profilierter Oberfläche hergestellt. Eine strukturbedingte Empfindlichkeit gegen Fleckenbildner (Tinte, Fruchtsäfte u. a.) kann man durch speziell entwickelte Werkstoffe sehr reduzieren. Oberflächenversiegelung oder Imprägnierung sind nur mit einigen organischen Mitteln möglich und bieten keine zufriedenstellende Lösung. Die Verschleißfestigkeit ist nicht nur durch die Härte des Materials gegeben, sondern auch durch den homogenen Werkstoffaufbau, so daß bei Abrieb keine Farbänderung auftritt.

Glasierte Steinzeugfliesen erhalten den Glasurauftrag vor dem Brand. Er dient vor allem dem Schmuck, so daß auch Siebdruck angewandt wird. Für den Verschleiß beurteilt man hierbei die sichtbaren Veränderungen an der Oberfläche.

70   Keramische und mineralisch gebundene Baustoffe

Tafel 2.13   Modulare Vorzugsmaße für trockengepreßte keramische Fliesen und Platten (Gruppen B III und B I)

Werkstoffgruppe	hohe Wasseraufnahme E > 10% Gruppe B III	niedrige Wasseraufnahme E ≤ 3% Gruppe B I
Koordinationsmaß (M) cm	M 30 × 30 M 30 × 15 M 25 × 25 M 20 × 20 M 20 × 15 M 20 × 10 M 15 × 7,5 M 10 × 10	M 30 × 30 M 20 × 20 M 20 × 15 M 20 × 10 M 15 × 15 M 10 × 10
Werkmaß (W) mm	mit Fugenbreite 1,5 bis 5 mm	mit Fugenbreite 2 bis 5 mm
	vom Hersteller zu wählen und anzugeben	
Dicke (d) mm	vom Hersteller anzugeben; üblich 5 bis 18 mm	

Die genormten Maße, die Tafel 2.13 ausweist, geben nur einen Teil der Formen und Formate an, die hergestellt werden. Man findet:
Mosaik (Fläche unter 90 cm^2) mit Seitenlängen von 1,24 cm, 2 cm, 4,2 cm und 5 cm
Rechtecke, Sechsecke, Achtecke
Großplatten 60 cm × 60 cm (maximal 160 cm × 125 cm)
Ornamentformen
Steinzeugriemchen (Fläche über 90 cm^2, Kanten mindestens 3:1)

Eine Ergänzung bilden besondere Formstücke für Sockel, Rinnen und Treppenauftritte. Zur leichteren Verlegung werden kleine Formate mit exaktem Fugenschnitt auf Vorder- und Rückseite mit Rundlochpapier oder Netzpapier zu Tafeln verklebt, die in Größen bis 30/60 cm oder 50/50 cm geliefert werden. Beim Verlegen sind dann nur noch die Fugen an den Tafelrändern einzupassen.

Die Kennzeichnung der ersten Sorte erfolgt wie bei Steingutfliesen.

2.7.3 Keramische Spaltplatten

Die Rohstoffe werden wie bei der Ziegelherstellung zu einer plastischen Masse aufbereitet und erhalten ihre Form in einer Strangpresse, indem die dem Format entsprechenden Stücke von einem endlosen Massestrang geschnitten werden. Zu 2 oder 4 Stück liegen die Spaltplatten mit den Rückseiten aneinander und werden zusammen im Ofen gebrannt. Die Einzelplatten werden an den Spalten durch einen Hammerschlag getrennt und weisen an der Rückseite schwalbenschwanzförmige Rippen auf, dadurch wird die Haftung im Mörtelbett verbessert. Der Scherben ist gesintert und frostbeständig, hat aber eine etwas höhere Porosität als Steinzeug. Spaltplatten werden glasiert und unglasiert hergestellt.

2.7.4 Bodenklinkerplatten/2.7.5 Glasuren

Die Abmessungen nach DIN 18 166 betragen für
Spaltplatten 240 mm × 115 mm und 194 mm × 94 mm
Spaltriemchen 240 mm × 52 mm und 240 mm × 73 (71) mm

Neben den normalen Rechteckplatten (Form A) gibt es für Abschlüsse die Formen B bis E mit gerundeten Kanten.

Eine Vielzahl von Formteilen ergänzt die Wand- und Bodenplatten (Schenkel, Hohlkehlen, Kehlsockel, Treppenplatten und Formstücke für Schwimmbecken).

Die Eigenschaften und Anforderungen unterscheiden sich wenig von denen für Steinzeugplatten. Je nach Scherbenart ist die Wasseraufnahme auf 3 bzw. 6 Masse-% begrenzt. Neben Frostbeständigkeit ist hier auch Säure- und Laugenbeständigkeit für den Scherben gefordert. Für den Säureschutzbau oder die Ausmauerung chemischer Behälter werden besondere Bedingungen gestellt. Anforderungen an die Glasur entsprechen denen für Steinzeugfliesen (siehe Abschnitt 2.7.5).

2.7.4 Bodenklinkerplatten

Die Platten im größeren Format bestehen aus Klinkermaterial. Sie werden in Flachpressen geformt. Die Maße beschränken sich gemäß DIN 18 158 auf die in Tafel 2.14 angegebenen Werte. Die Toleranzmaße sind größer als bei Fliesen. Dafür tritt neben die geforderte Biegefestigkeit eine Druckfestigkeit[1]) von mindestens 150 N/mm². Weitere Anforderungen an die unglasierten Platten entsprechen denen für Steinzeugfliesen.

Tafel 2.14 Vorzugsmaße für Bodenklinkerplatten nach DIN 18 158

Nennmaße [mm]	Werkmaße [mm] (Plattenmaße)		
	Breite	Länge	Dicke
300 × 300	290	290	
250 × 250	240	240	10, 15, 20,
125 × 250	115	240	25, 30, 35
200 × 200	194	194	oder 40
100 × 200	94	194	

2.7.5 Glasuren

Der keramische Scherben ist meist rauh und einfarbig. Um die Oberfläche zu glätten und farblich zu gestalten, bringt man einen glasartigen Überzug auf, eine Aufschlämmung von Kaolin, Feldspat, Quarz und Glasstaub. Dabei benutzt man Einrichtungen zum Gießen, Sprühen, Schleudern oder Tupfen, um besondere Effekte zu erzielen. Dekore erhält man durch Siebdruck oder mit Abziehbildern. Die im Glattbrand entstehende harte Glasurschicht kann eine hohe Widerstandsfähigkeit aufweisen (z. B. Labortischfliesen). Färbende Metalloxide wie Manganoxid, Eisenoxid, Kobaltoxid und anorganische Pigmente ermöglichen eine vielfältige

---

[1]) Prüfung nur nach Vereinbarung.

Keramische und mineralisch gebundene Baustoffe

Gestaltung der Oberfläche, können aber auch die chemische und physikalische Beständigkeit verändern. (Blei erhöht den Glanz, führt aber mit Sulfiden zu Verfärbungen. Daher sollen *Hüttenzement* und *Schlackensand* nicht bei Fliesenarbeiten verwendet werden.)

Die **Rissefreiheit** der Glasur wird in allen Normen gefordert. Ist es aus technischen Gründen nicht möglich, die Risse bei besonders schönen Glasuren zu verhindern, oder sind sie sogar beabsichtigt (Craquelé-Effekt), muß der Hersteller diese Fliesen besonders kennzeichnen.

Die *Mohs*sche Ritzhärte ist für Glasuren mit 3 und 5 gefordert, sie liegt jedoch meist bei 6 und 7. Beansprucht man die Glasur mit Stoffen geringerer Härte (z. B. Kalkstein 3, Bimsstein 4 bis 5, Stahlwolle 5), hat man keine Schäden zu befürchten. Quarz mit der Härte 7 kann jedoch als Bestandteil von Sand und Straßenstaub Kratzspuren hinterlassen.

Eine Prüfung auf **Verschleißbeständigkeit** erfolgt bei glasierten Fliesen, die als Bodenbelag dienen sollen. Sie besteht im wesentlichen darin, daß Korund-Schleifkorn und Stahlkugeln auf der Prüffläche schleifend-rollend bewegt werden. Man beurteilt das Verschleißbild nach Augenschein und ordnet die Glasur in eine von 4 Gruppen für sehr leichte bis starke Beanspruchung ein (siehe Abschnitt 2.7.7).

Die **chemische Beständigkeit** gegen Säuren und Laugen ist nur für Glasuren auf Spaltplatten zwingend gefordert. Sie kann vereinbart werden bei anderem Material. Dann wird die Glasur einer 3%igen Salzsäure und Kalilauge und einer 10%igen Zitronensäure ausgesetzt und 7 Tage lang geprüft.

Bei üblicher Beanspruchung erscheint es wichtiger, daß die Beständigkeit gegen Haushaltschemikalien (Badezusätze, Reinigungsmittel) zugesichert wird. Außerdem dürfen Fleckenbildner keine nennenswerten Spuren hinterlassen (Füllhaltertinte, Kaliumpermanganatlösung).

Alte Bezeichnungen:
Fayence = weiße, undurchsichtige Glasur auf porösem Scherben mit Scharffeuerbemalung – nach der italienischen Stadt Faenza
Majolika – deckende Glasur, weiß oder farbig auf porösem Scherben – nach der Insel Mallorca

2.7.6 Das Verlegen von Fliesen und Platten

Das Verlegen bezeichnet vor allem die Arbeiten an waagerechten Flächen, bei senkrechten Flächen spricht man von Ansetzen. Beide Arbeiten werden sowohl in dem althergebrachten Mörtelbettverfahren (Dickbett) als auch im neueren Klebeverfahren (Dünnbett) ausgeführt.

Die Dickbettmethode
wird in den wichtigsten Punkten in der DIN 18 352 (VOB Teil C) beschrieben, die auch die vertraglichen Bedingungen und die Abrechnung festlegt. Der Untergrund muß fest sein, da der Mörtel keine Verformungen ohne Bruch zuläßt (Mauerwerk, Beton). Bei stark saugendem Untergrund ist ein Spritzbewurf aus Zementmörtel 1:3 aufzubringen. Zum Ansetzen der **Wandbeläge** wird ein plastischer Zementmörtel 1:5 mit Sand von max. 3 mm Größtkorn gewählt, der je nach Unebenheit der Wand 10 bis 20 mm ausgeführt wird.

Wird ein Wand- oder Fassadenbelag als „schwimmender Belag" vor einer Dämmschicht oder Dichtungsschicht ausgeführt, ist es zunächst nötig einen tragender Zementputz mit Bewehrung herzustellen, der durch Anker punktweise mit dem Untergrund verbunden ist. Hier sind auch Dehnungsfugen notwendig, die in der DIN 18 515 „Fassadenbekleidungen aus Naturwerkstein, Betonwerkstein und keramischen Baustoffen" alle 3 bis 6 m sowie an den Gebäudeecken vorgeschrieben sind.

Bodenbeläge kann man im Verbund mit einem festen Untergrund (Beton) verlegen; dann muß man vor allem Verschmutzung und losen Staub entfernen. Der Spritzbewurf wird durch eine Zementschlämme ersetzt. Der Verlegemörtel besteht aus Zementmörtel 1:5 bis 1:6 mit einem Sand, dessen Größtkorn 8 mm betragen kann. Er wird erdfeucht aufgezogen, leicht verdichtet und mit trockenem Zement überpudert.

2.7.6 Das Verlegen von Fliesen und Platten

Die Dünnbettmethode
wurde in den 60er Jahren von den USA bei uns eingeführt und hat sich schnell verbreitet (DIN 18 156 und DIN 18 157). Da das Dünnbett nur 2 bis 4 mm dick ist, kann man nur einen ebenen Untergrund und ebenflächige Platten von gleichmäßiger Dicke verwenden. Nach der Art des Untergrundes richtet sich die Art des Klebers. Er wird mit der Kammkelle auf Boden oder Wand aufgestrichen (Floating) oder auf die Rückseite der Fliesen (Buttering) aufgetragen. Die Fliesen werden darauf angesetzt und durch Anpressen, Anklopfen oder Einschieben unter Druck möglichst satt mit dem Grund verbunden. Feinkeramische Fliesen kann man meist ohne Schwierigkeiten gut verwenden. Von den grobkeramischen Platten ist die speziell mit feiner Profilierung versehene Dünnbett-Spaltplatte nach dieser Methode zu verlegen.
Hydraulische Klebemörtel sind am weitesten verbreitet und werden auch als Dünnbettmörtel, Zementkleber, Pulverkleber bezeichnet. Der Mörtel enthält Zement als Bindemittel mit Sand (etwa 1:1), dazu einen Kunststoffzusatz von 1 bis 2 %, der den frischen Mörtel klebriger und geschmeidiger macht und vorzeitiges Austrocknen verhindert. Da nach dem Erhärten der Klebemörtel sich wie normaler Zementmörtel verhält, ist er für festen Untergrund wie Beton, Zement- und Kalkzementputz und Zementestrich gut geeignet, aber auch Gußasphalt. Rechnet man noch mit Verformungen des Grundes (Schwinden des Betons; Asbestzement), wählt man besser Dispersionskleber. Sie erhärten durch Austrocknen, sind nicht frostbeständig und nicht dauernd wasserbeständig. Im Außenbereich und bei starker Feuchte sind sie nicht anwendbar. Vorzugsweise setzt man sie ein, wenn Spanplatten (V 100), Gipskartonplatten (werksimprägniert), Gipsbauplatten oder glasierte Fliesen (alt) den Untergrund bilden.
Zuerst in der Säurefliesnerei, später auch an anderen Stellen wurden als optimale Lösung Reaktionsharzkleber eingesetzt, mit mineralischen Stoffen gefüllte Kunstharze. Die Komponenten werden erst vor dem Verarbeiten gemischt und erhärten durch chemische Reaktionen. Auf der Basis von Epoxidharzen sind sie frost- und wasserbeständig, aber relativ starr. Polyurethankleber bleiben elastisch, jedoch wird ihre Frost- und Wasserbeständigkeit nicht bei allen Fabrikaten zugesichert. Die Anwendung ist bei jedem Untergrund möglich, jedoch verwendet man aus Kostengründen den Kleber dort, wo der Untergrund vor aggressiven Flüssigkeiten geschützt werden muß (Thermal- und Solebäder, Getränkeindustrie).

Fugen
In der DIN 18 352 werden für Fliesen- und Plattenarbeiten folgende Fugenbreiten empfohlen:

Feinkeramische Fliesen	bis 10 cm Seitenlänge	1 bis 3 mm
	über 10 cm Seitenlänge	2 bis 8 mm
Keramische Spaltplatten	bis 30 cm Seitenlänge	4 bis 10 mm
	über 30 cm Seitenlänge	mind. 10 mm
Bodenklinkerplatten		8 bis 15 mm

Der Fugenraum ist sofort nach dem Verlegen sorgfältig auszukratzen und zu reinigen. Bis zum Verfugen sollte eine längere Zeitspanne liegen, damit die Belagschicht austrocknen kann. Oft wird allerdings am gleichen Tag gefugt. Dazu verwendet man reinen Portlandzement, der bei größeren Fugen mit Quarzmehl gemagert wird. Farbzusätze sind möglich und beliebt. Üblich sind fabrikseitig vorgefertigte Mischungen. Der Begriff Marmorzement ist irreführend, da er einen doppelt gebrannten alaunisierten Gips beschreibt, der nicht feuchtigkeitsbeständig ist. Sind besondere chemische Angriffe zu erwarten, so stellt die Fuge im allgemeinen den schwächsten Punkt dar, so daß säurefester Kunstharz- oder Bitumenkitt zu verwenden ist. Die Hersteller des Belages oder Kittmaterials beraten in solchen Sonderfällen.
Besondere Maßnahmen und Konstruktionen bei Fußbodenheizungen, Balkon- und Terrassenbelägen, hinterlüfteten Fassaden oder abgehängten Keramikdecken findet man in der Literatur für Baukonstruktionen und in Firmenveröffentlichungen.

2.7.7 Die Anwendung von Fliesen und Platten

Als **Wandbelag** können alle Fliesenarten eingesetzt werden. Meistens wählt man Steingutfliesen mit Glasuren und verlegt sie heutzutage oft im Dünnbettverfahren.

Beim **Bodenbelag** sind nach der Beanspruchung der Wohnbereich und der gewerbliche Bereich zu unterscheiden. Durch besonders widerstandsfähige Glasuren lassen sich einige Steingutfliesen in gering beanspruchten Wohnräumen verlegen, so daß man gleiche Fliesen an Wand und Boden verwenden kann. Bei stärkeren Beanspruchungen in Geschäftsräumen, Arbeitsräumen oder in öffentlichen Gebäuden kann man nur Steinzeugfliesen oder Spaltplatten wählen, die ohne Glasur oder mit einer abriebbeständigen Glasur verlegt werden. In gewerblichen Räumen ist meist eine besondere Trittsicherheit erforderlich, manchmal auch bei starker Verschmutzung. Aber auch im Barfußbereich mit Wasseranfall ist eine Belagoberfläche ohne Rutschgefahr erwünscht. Für diese Anwendungsbereiche findet man Fliesen mit Oberflächen in Waffelform, mit Nocken, Steg und Riffelung. Im Barfußbereich gibt man kleinen Formaten oder rauhen Oberflächen den Vorzug, um Verletzungen an einer starken Profilierung zu vermeiden.

Die **Trittsicherheit** eines Fliesen- oder Plattenbelages in Arbeitsräumen hängt von der Rauhigkeit der Oberfläche mit einem entsprechenden Haftreibwert und in Räumen mit Verschmutzung und Wasseranfall von dem Verdrängungsraum zwischen oberer Gehebene und Entwässerungsebene ab. Die Platten sind profiliert mit maximal 40 mm Abstand und haben Erhöhungen von mindestens 0,5 mm. Der Hauptverband der gewerblichen Berufsgenossenschaften, Zentralstelle für Unfallverhütung und Arbeitsmedizin, Bonn (Fachausschuß Bauliche Einrichtungen), hat im „Merkblatt für Fußböden in Arbeitsräumen und Arbeitsbereichen mit erhöhter Rutschgefahr" – ZH 1/571 (April 1981) – Beurteilungskriterien festgelegt. Die Bewertung für die Rutschsicherheit erfolgt nach labormäßig ermittelten Haftreibwinkeln, die in einem modifizierten Prüfverfahren nach DIN 51 098 auf der schiefen Ebene durch Begehung mit Sicherheitsschuhen gemessen werden (Gleitmedium Öl). Nach dem Winkelmaß erfolgt eine Einstufung in eine Bewertungsgruppe R 10 bis R 13. Eine zweite Bewertung bestimmt den Verdrängungsraum unterhalb der Gehebene und ordnet den Belag einer Gruppe V 04 bis V 10 zu.

Bewertungsgruppe		Neigungswinkel
R 10	normaler Haftreibwert	10–19°
R 11	erhöhter Haftreibwert	19–27°
R 12	großer Haftreibwert	27–35°
R 13	sehr großer Haftreibwert	über 35°

Bewertung Verdrängungsraum	Mindestvolumen
V 04	4 cm^3/dm^2
V 06	6 cm^3/dm^2
V 08	8 cm^3/dm^2
V 10	10 cm^3/dm^2

Die Zuordnung der Bewertungsgruppen zu einzelnen Arbeitsbereichen ist im Merkblatt festgelegt. Dafür einige Beispiele:

Fischverarbeitung	R 13 V 10	Schlachthaus	R 13 V 10
Waschhalle für Kfz	R 11 V 04	Großküchen	R 12 V 04
Frischmilchherstellung	R 12	Kühlräume	R 12
Verkaufsraum Fleisch	R 11	Wäscherei	R 11

Im **Barfußbereich** von Schwimmanlagen und Sportstätten sind ähnliche Einstufungen von den Unfallversicherern vorgenommen worden. Sie erfolgen nach dem Regelwerk der Bundesarbeitsgemeinschaft der Unfallversicherungsträger der öffentlichen Hand – BAGUV – (Abteilung Unfallverhütung), München, im „Merkblatt Bodenbeläge für naßbelastete Barfußbereiche" – GUV 26.17 (Febr. 1981). Die Belagoberflächen sind eben, feinrauh oder mäßig profiliert. Prüfverfahren nach DIN 51097: schiefe Ebene, Begehung barfuß, Gleitmedium Lauge.

Bewertungs-gruppe	Mindest-neigungs-winkel	Anwendungsbereiche (Beispiele)
A	12°	Barfußgänge, Umkleideräume
B	18°	Duschräume, Beckenumgänge, Beckenböden in Nichtschwimmerbereichen
C	24°	Treppen ins Wasser, geneigter Beckenrand

Die Beliebtheit der glasierten Fliesen und Platten wegen der Vielfalt der Formen und Farben und ihrer Pflegeleichtigkeit hat zu dem Bestreben geführt, auch **verschleißfeste Bodenbeläge** damit auszuführen. Eine Beanspruchung der glasartigen Oberfläche kann Verschleißerscheinungen zur Folge haben, die durch Glanzminderung und durch Aufrauhen in Erscheinung treten. Die Funktionsfähigkeit des Belages wird dadurch kaum beeinträchtigt. Es ist aber eine gründliche Information über zu erwartenden Verschleiß der Glasur und die zumutbare Beanspruchung erwünscht. Man kann eine Einstufung der glasierten Fliesen in 4 Gruppen aufgrund des Verschleißbildes vornehmen. Die Prüfung erfolgt nach DIN EN 154.

Gruppe I:	Sehr leichte Beanspruchung. Niedrige Begehungsfrequenz mit weichem und sauberem Schuhwerk. Schlaf- und Sanitärräume im Wohnbereich.
Gruppe II:	Leichte Beanspruchung. Mittlere Begehungsfrequenz mit normalem Schuhwerk. Wohnräume.
Gruppe III:	Mittlere Beanspruchung. Kratzende Verschmutzung bei mäßiger Verkehrsfrequenz. Treppen, Küchen, Flure, Hotelzimmer.
Gruppe IV:	Stärkere Beanspruchung. Kratzende Verschmutzung mit höherer Verkehrsfrequenz. Verkaufsräume, Hotels, Schulen, Büros.

Für eine hohe Verkehrsfrequenz mit starker Verschmutzung wird allerdings immer die unglasierte Fliese oder Platte empfohlen. Besser ist es, Schmutz und Sand vom Belag fernzuhalten, indem man Schmutzschleusen im Eingangsbereich anordnet.

2.8 Sanitärkeramik

Sanitärerzeugnisse wie Waschtische, Klosetts oder Spülbecken werden aus **Sanitärporzellan** und **Feuerton** hergestellt (früher aus Steingut und Steinzeug). Die Rohstoffe des Sanitärporzellans werden fein gemahlen zu einem wäßrigen Gießschlicker gemischt. Beim Feuerton wird gemahlene Schamotte zugemischt, die eine gute Standfestigkeit beim Brennen und geringe Schwindmaße bewirkt. Dadurch ist dieser Werkstoff für großformatige Teile geeignet. Die Formgebung basiert auf einem Grundmodell, von dem die negativen Arbeitsformen aus Gips abgenommen werden. Diese Formen werden mit dem Gießschlicker ausgegossen, der sich an der Gipsform mit seinen feinen Teilchen anlagert, da das Wasser vom Gips aufgesogen wird. Nach 1 bis 2 Stunden hat sich die gewünschte Wanddicke des Formlings gebildet, so daß der Restschlicker abgeführt werden kann und dadurch im Formling der Hohlraum entsteht. Die Gipsform wird nach weiteren 2 Stunden entfernt und kann wiederverwendet werden. Der Formling wird geglättet und verputzt. Nach dem Trocknen wird die Glasur (weiß oder farbig) aufgespritzt und anschließend das Brenngut im Tunnelofen gebrannt (Durchlaufzeit 15 bis 25 Stunden). Die Prüfung der Teile erstreckt sich auf Funktionsfähigkeit und einwandfreie Oberfläche. Bei wandhängenden Teilen ist die mechanische Festigkeit von besonderer Bedeutung. Ein Klosett muß z. B. eine Mindestbelastung von 4 kN aufnehmen.

Sanitärporzellan: Waschtische, Bidets, Klosetts und Urinale
Feuerton: Brausewannen, Spültische, Wasch- und Urinalanlagen, ferner großformatige Waschtische, Einbauspülen und spezielle Badewannen

2.9 Kalksandsteine[1])

DIN 106 T 1 (Sept. 80)   Kalksandsteine; Vollsteine, Lochsteine, Blocksteine, Hohlblocksteine
        T 2 (Nov. 80)   –; Vormauersteine, Verblender

Im Mischungsverhältnis von etwa 1:12 wird gemahlener Branntkalk (CaO) mit kieselsäurehaltigen Zuschlägen (Sand) unter geringem Wasserzusatz gemischt. Das Gemisch wird in Reaktionsbehältern zwischengelagert. Dort löscht der Kalk zu Kalkhydraten ab. Nach etwa 4 Stunden wird das Gemisch in einem Nachmischer auf Preßfeuchte gebracht und in automatischen Pressen mit Drücken bis 25 N/mm^2 zu Rohlingen geformt. Die Rohlinge werden auf Transportwagen gestapelt und in Druckkesseln von 2 m Durchmesser – den Autoklaven – unter Sattdampfdruck bei etwa 16 bar und Temperaturen von 160 bis 220 °C gehärtet (Dauer 4 bis 8 Stunden). Bei der Härtung findet eine Reaktion zwischen dem Kalk und dem durch heißen Wasserdampf aufgeschlossenen Siliciumoxid des Zuschlages statt (siehe [2]). Es treten an den Kornoberflächen Calciumhydrosilicate in Kristallform (C–S–H-Phasen) auf, die eine feste, dauerhafte Verkittung der Sandkörner bilden. Eine Karbonatisierung tritt bei der Herstellung nicht auf. Der Kalksandstein hat nach dem Verlassen des Härtekessels seine endgültige Festigkeit erreicht und kann nach Abkühlung auf der Baustelle verarbeitet werden.

2.9.1 Die Steinarten nach DIN 106

Nach Eigenschaften und Anwendungsbereichen werden in DIN 106 zusammengefaßt in Teil 1: **Vollsteine, Lochsteine, Blocksteine, Hohlblocksteine**
        Teil 2: **Vormauersteine und Verblender**

Mauersteine nach Teil 1 sind für die Ausführung von verputztem oder verblendetem Mauerwerk vorgesehen; sie sind nicht auf Frostbeständigkeit geprüft.

Vormauersteine sind frostbeständige Kalksandsteine für Sichtmauerwerk, die mindestens die Festigkeitsklasse 12 erfüllen, in den sonstigen Anforderungen den Steinen nach Teil 1 entsprechen.

---

1) Weitere Informationen gibt:
   Bundesverband Kalksandsteinindustrie e. V., Entenfangweg 15, 3000 Hannover 21 (Herrenhausen); dazu regionale Bauberatung.

2.9.1 Die Steinarten nach DIN 106

Verblender werden als frostbeständige Kalksandsteine mindestens der Festigkeitsklasse 20 hergestellt. An sie werden höhere Anforderungen an die Maßgenauigkeit gestellt. Sie haben mindestens *eine* kantensaubere Kopf- und Läuferseite. Für die Herstellung werden ausgewählte Rohstoffe verwendet, so daß Einschlüsse aus organischen Stoffen oder Ton vermieden werden, die durch Abblätterungen, Ausblühungen oder Verfärbungen das Aussehen des Sichtmauerwerkes beeinträchtigen.

Für besondere Effekte werden Verblender mit bruchrauher Ansichtsfläche oder durchgefärbt geliefert. Die Verblendung kann auch aus frostbeständigen KS-Sparverblendern (Riemchen) mit einer Breite über 50 mm und aus KS-Spaltplatten mit einer Breite über 20 mm hergestellt werden. Die Oberfläche ist bruchrauh, bei Riemchen auch glatt. Ausführung nach DIN 18 515 Fassadenbekleidungen.

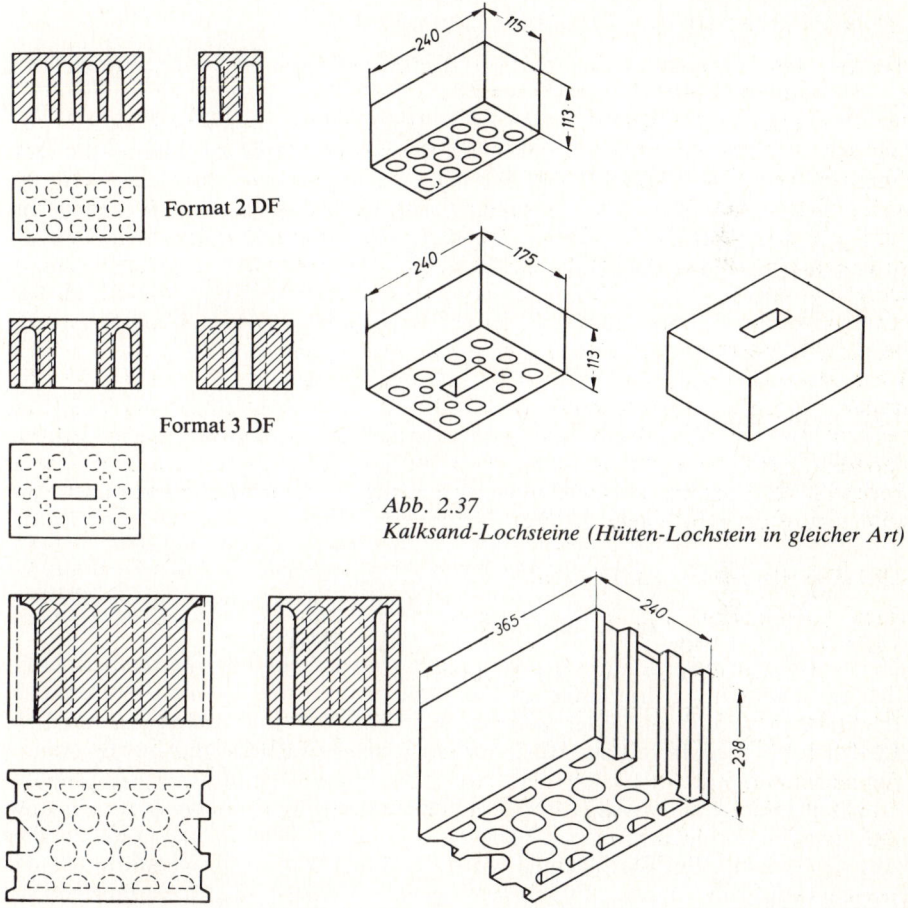

Format 2 DF

Format 3 DF

Abb. 2.37
Kalksand-Lochsteine (Hütten-Lochstein in gleicher Art)

Abb. 2.38 Kalksand-Hohlblockstein (Hütten-Hohlblockstein in gleicher Art)
Format 12 DF (240)

Keramische und mineralisch gebundene Baustoffe

Man unterscheidet folgende Steinarten:

Vollsteine	Steine bis 113 mm Höhe, ohne Lochung oder mit Lochung senkrecht zur Lagerfläche bis zu 15 % der Fläche
Lochsteine	Steine bis 113 mm Höhe, mit Lochung senkrecht zur Lagerfläche über 15 % der Fläche (siehe Abb. 2.37)
Blocksteine	Steine über 113 mm Höhe, mit Lochung senkrecht zur Lagerfläche bis zu 15 % der Fläche
Hohlblocksteine	Steine über 113 mm Höhe, mit Lochung senkrecht zur Lagerfläche über 15 % der Fläche (siehe Abb. 2.38)

Die Steine sind fünfseitig geschlossen, d. h., die Löcher durchstoßen nicht oder nur geringfügig die Oberseite des Steines. Zu der Lochfläche zählt auch die Grifföffnung, die beim Format bis 2 DF nicht gefordert wird, aber meist vorhanden ist. Bei Formaten über 5 DF sind 2 Grifföffnungen gefordert.

Mörteltaschen dürfen an allen Steinen angebracht werden. Sie sollen bei beidseitiger Anordnung 15 mm tief, bei einseitiger Anordnung 30 mm tief ausgeführt werden. Sie reichen mindestens über die halbe Breite des Steines und können Grifftaschen aufnehmen anstelle der Grifföffnungen. Die Stoßfugen werden nach dem Versetzen in den Mörteltaschen vermörtelt.

Die Löcher der Lochsteine und Hohlblocksteine sollen gegeneinander versetzt liegen, um den Wärmedurchgang durch die Stege möglichst gering zu halten. Die Zahl der Lochreihen beträgt bei einer

Steinbreite	175	240	300	365	490 mm
Lochreihen	3	4	5	6	7

2.9.2 Maße und Eigenschaften

Steinmaße
Die vorgeschriebenen Maße entsprechen der DIN 4172 „Maßordnung im Hochbau". Sie sind in Tafel 2.15 angegeben und lassen sich beliebig kombinieren. Für Verblender ist der Bereich eingeschränkt. Andererseits sind für nichttragende Verblenderschalen auch andere Steinmaße erlaubt (Länge 190 bis 290 mm, Breite 90 bis 115 mm, Höhe 40 bis 113 mm). Die gegenseitige Abhängigkeit der Steinhöhenmaße ist aus Abb. 2.7 (Seite 40) ersichtlich.

Die zulässigen Abweichungen der Steinmaße sind aufgrund der Fertigungsmethoden der KS-Steine niedrig festgelegt. Bei Mauersteinen und Vormauersteinen darf die Maßabweichung im Mittel ± 2 mm betragen. Weitere Angaben in Tafel 2.15. Lediglich bei Steinen mit strukturierter Oberfläche sind größere Abmaße erlaubt (−4 mm bzw. −5 mm).

Die Steinformate leiten sich von dem Dünnformat (DF) und dem Normalformat (NF) ab. Die Formatkurzzeichen beziehen sich auf das Dünnformat (Tafel 2.3 und Abb. 2.39, 2.40). Bei Blocksteinen wird die Mauerwerksdicke in mm hinter das Formatkurzzeichen gesetzt. Es sind auch andere Maßkombinationen möglich.

2.9.2 Maße und Eigenschaften

Tafel 2.15 KS-Steinmaße und zulässige Maßabweichungen nach DIN 106

Steinart		Steinmaße			zul. Maßabweichungen[1]	
		Länge [mm]	Breite [mm]	Höhe [mm]	Länge und Breite	Höhe
KS-Steine und KS-Vormauersteine	KS-Verblender	240 300	115 175 240	52 71 113	± 2 mm (Einzelwert ± 3 mm)	± 2 mm (± 3 mm)
		365 490	300 365 490	175 238		± 3 mm (± 4 mm)

[1] Für Verblender sind die Maßabweichungen auf ± 1 mm (± 2 mm) beschränkt

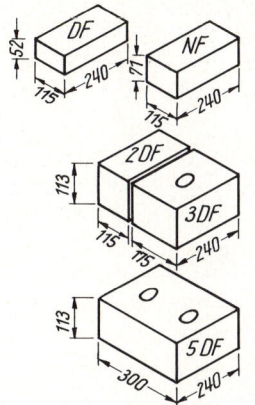

Abb. 2.39 Formate für KS-Vollsteine und -Lochsteine

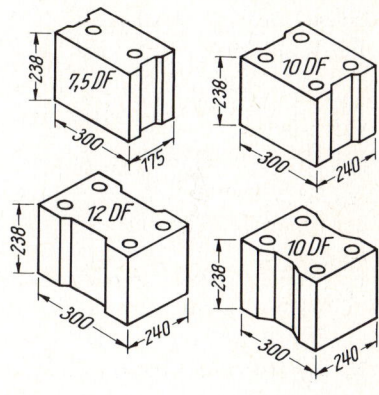

Abb. 2.40 Formate für KS-Blocksteine und -Hohlblocksteine

Dazu werden Sonderformen geliefert:

U-Schalen mit 175 und 240 mm Breite für Ringbalken, Stürze, Stützen und Schlitze,
Randschalungssteine für Betondecken auf KS-Mauerwerk

Rohdichte

Die Steinrohdichte wird aus dem Gewicht der lufttrockenen Steine und dem Raummaß einschließlich aller Hohlräume bestimmt. Werden die Werte der gewünschten Rohdichteklasse nicht erreicht, ist das Trockengewicht zu bestimmen.

Folgende **Rohdichteklassen** sind in DIN 106 festgelegt (für Vormauersteine und Verblender nur die Klassen 1,0 bis 2,2):

0,6 0,7 0,8 0,9 1,0 1,2 1,4 1,6 1,8 2,0 2,2

Einordnung: Der Mittelwert, z. B. für Klasse 1,8, muß zwischen 1,61 und 1,80 kg/dm³ liegen. Einzelwerte dürfen bis zu 0,1 kg/dm³ außerhalb der Grenzen liegen.

Vollsteine gehören meist den Klassen 1,6 bis 2,0 an, Lochsteine den Klassen 1,2 bis 1,4. Hohlblocksteine werden in der Regel in Klasse 1,0 bis 1,4 geliefert. Unter Verwendung von leichtem, vulkanischem Silikatgestein werden Steine mit der Rohdichte 0,7 und 0,8 hergestellt.

Eine Kennzeichnung der Steine nach ihrer Rohdichte ist durch Stempelaufdruck, Farbstreifen oder Beschriftung der Verpackung durchzuführen. Die Kennzeichnung auf jedem 200. Stein in Verbindung mit einem Werkskennzeichen ist entbehrlich bei Vollsteinen der Klassen 1,6 bis 2,0 und bei Loch- und Blocksteinen der Klasse 1,4 und 1,6.

Druckfestigkeit

Die Benennung der Festigkeitsklasse erfolgt nach dem zugelassenen kleinsten Einzelwert einer Prüfserie. Der geforderte Mittelwert liegt höher, wie aus Tafel 2.5 zu entnehmen ist. Eine Kennzeichnung ist durch Stempel, Farbstreifen oder Beschriftung der Verpackung erforderlich.

Festigkeitsklassen für
KS-Steine nach Teil 1:   4   6   8   12   20   28   36   48   60
KS-Vormauersteine und -Verblender nach Teil 2:   12   20   28   36   48   60

Die Prüfung auf Druckfestigkeit wird an 6 Probekörpern durchgeführt, die einen Feuchtigkeitsgehalt von weniger als 6 % haben müssen. Es werden bei großen Formaten ganze Steine geprüft. Bei Vollsteinen DF und NF werden zwei Steinhälften, bei Lochsteinen DF und NF zwei ganze Steine übereinandergelegt.

Die Ermittlung der rechnerischen Steinfestigkeit mit Hilfe eines Formfaktors erfolgt wie nach DIN 105 Teil 1 und ist in Abschnitt 2.2.2 unter Druckfestigkeit beschrieben.

Frostbeständigkeit

Diese Forderung wird nur an KS-Vormauersteine und KS-Verblender gestellt, die einer Frost-Tauwechsel-Prüfung unterzogen werden. Nach 48 Stunden Wasserlagerung werden die 6 Steine einem Temperaturwechsel von − 15 °C bis + 20 °C unterzogen, der bei Vormauersteinen 25mal, bei Verblendern 50mal erfolgt. Die Beurteilung erfolgt durch die Feststellung von Aufbauchungen der Flächen, größeren Kavernen und deutlicher Verminderung der Kantenfestigkeit oder ggf. einer Verminderung der Druckfestigkeit um mehr als 20 %.

Einschlüsse, Ausblühungen und Verfärbungen

Da organische Einschlüsse (Kohle, Pflanzen) und Ton zu Abblätterungen oder Kavernen führen oder das Steingefüge stören können, werden bei Verblendern an die Reinheit der Rohstoffe besondere Anforderungen gestellt.

2.9.3 Die Bezeichnung der KS-Steine

Die Steinarten werden in Verbindung mit den Buchstaben KS durch Kurzzeichen bezeichnet:

Vollsteine und Blocksteine	ohne Zeichen
Loch- und Hohlblocksteine	L
Vormauersteine	Vm
Verblender	Vb

Nach DIN-Nr. und Materialangabe folgen die Kurzzeichen für die Steinart, die Festigkeitsklasse und die Klasse der Steinrohdichte. Die abschließende Formatangabe erfolgt mit Kurzzeichen oder Steinmaßen.

Beispiele:
Kalksandstein DIN 106 – KS 12 – 1,8 – 2 DF
Kalksandstein DIN 106 – KS L 6 – 1,2 – 10 DF (240)
Kalksandstein DIN 106 – KS Vm L 12 – 1,4 – 2 DF
Kalksandstein DIN 106 – KS Vb 28 – 1,8 – NF

2.9.4 Die Verwendung im Mauerwerksbau

Die Ausführungen im Abschnitt 2.2.4 über Verarbeitung, Wandaufbau und Sichtmauerwerk gelten im Grundsätzlichen auch für Kalksandsteine. Einige Besonderheiten müssen noch erwähnt werden. Dazu gehört eine Ausnahme im konstruktiven Bereich: KS-Mauerwerk kann *ohne Verzahnung* im Stumpfstoß ausgeführt werden. Nach einer typengeprüften Bauweise kann unter gewissen Voraussetzungen auf die Verzahnung der Innenwände untereinander sowie mit den Außenwänden verzichtet werden. Dazu gehören besondere Nachweise und konstruktive Maßnahmen, doch wird die Ausführung erleichtert. Dies kommt beim Verarbeiten von KS-Blocksteinen besonders zum Tragen, da sich die Zweihandsteine für glatt durchgehende Wände rationell einsetzen lassen. Diese Bauweise muß sich noch bewähren [2/10].

Putz auf KS-Mauerwerk
Um den Putz auf der glatten Steinfläche haften zu lassen, soll das Mauerwerk vorgenäßt werden. Zu empfehlen ist ein Auskratzen der Fugen und ein Spritzbewurf aus Zementmörtel, der durch seine warzenförmige Verteilung auf der Steinoberfläche die Putzhaftung verbessert. Die weitere Herstellung des Putzes ist in Kapitel 7, Abschnitt 7.2.4b beschrieben. Die glatten und ebenen KS-Wände veranlassen manchen Bauherrn, in untergeordneten Räumen gänzlich auf Putz zu verzichten.

Sichtmauerwerk
Die Verwendung von frostbeständigen Vormauersteinen oder Verblendern ist für Außenwände selbstverständlich. Sie haben jeweils eine kantensaubere Kopf- und Läuferseite. Doch wird man bei besonderen Anforderungen noch Steine auf der Baustelle aussortieren. Für Abschlüsse von Verbänden werden Schnitte mit Steintrennsägen ausgeführt. Da die KS-Steine aus verschiedenen Lieferungen oder von verschiedenen Werken geringfügige Farbunterschiede aufweisen, wird man für den ganzen Bau oder Bauabschnitt eine geschlossene Lieferung vereinbaren. Die Steine

müssen sauber gelagert (Bodenabstand) und vor Verschmutzung geschützt werden, da sie empfindlich sind. Üblicherweise werden sie in Folien verpackt geliefert.

Die Sichtfugen können durch nachträgliches Verfugen oder durch Fugenglattstrich des Mauermörtels ausgeführt werden. Bei der letzteren Ausführung wird vollfugig gemauert und der ausquellende Mörtel angedrückt und glattgestrichen. Man benutzt dazu einen Holzstab, ein Stück Wasserschlauch oder ein Fugeisen mit übergezogenem Schlauch. Damit wird eine gute Haftung zwischen Stein und Mörtel erzielt, ohne daß eine Bindemittelanreicherung an der Fugenoberfläche eintritt, die die Rißneigung erhöht. Für schlagregenbeanspruchtes KS-Mauerwerk ist diese Ausführung zu empfehlen. Eine nachträgliche Verfugung ist bei farblichen Zusätzen zum Fugmörtel angebracht und auch dann, wenn der Beschauer von der Sichtfläche einen geringen Abstand hat. Ein trockener Fugmörtel läßt sich schneller und ohne starke Verschmutzung einbringen. Er bringt aber nicht den guten Mörtelschluß an den Stein und fördert damit Wassereintritt und Durchfeuchtung des Mauerwerks.

Oberflächenbehandlung

KS-Stein ist empfindlich gegen Säuren und mechanische Beschädigung. Daher sollte man besser vorbeugend die Sichtflächen gegen Mörtel, Zementleim oder Schmutz schützen, am besten durch eine Folienabdeckung während der Bauarbeiten. Das **Reinigen** und Entfernen eines Zementschleiers darf *niemals mit Säuren* geschehen (wie bei keramischen Baustoffen möglich). Kleine Stellen mit Mörtel oder Schmutz reibt man mit Glaspapier, Glasschaum oder einem KS-Stein ab. Mit einem Spachtel kann man harte Bitumenflecke lösen. Größere Flächen geht man mit klarem Wasser und Wurzelbürste an oder man benutzt besondere Steinreiniger, die nach Herstellervorschrift für KS-Steine anzuwenden sind. Dazu gehören auch algenbeseitigende Mittel. Schließlich kann man die gesamte Wandfläche dampfstrahlen (nicht sandstrahlen), was meist vor einer Neubeschichtung nötig sein wird.

Gegen Schlagregen und Verschmutzung (außen und innen) kann KS-Mauerwerk durch farblose **Imprägnierung** oder deckende **Anstriche** geschützt werden. Dadurch wird verhindert, daß Staub und Schmutzpartikel in die Poren eingespült werden und das Mauerwerk einen Schmutzfilm erhält, der nur schwer zu entfernen ist. Die Wirksamkeit der verschiedenen geeigneten Oberflächenschutzsysteme beruht weitgehend auf der hydrophobierenden (wasserabstoßenden) Wirkung. Bei geeigneten Anstrichsystemen wird dabei die Wasserdampfdiffusion kaum beeinträchtigt, so daß eindringende Feuchtigkeit schnell wieder austrocknen kann. Imprägnierungen und Anstriche müssen alkalibeständig sein und hohe Alterungs- und UV-Beständigkeit haben. Vergleiche dazu Abschnitt 6.23.4, 11.1 und 11.4 [2]. (Merkblatt 2 des Bundesausschusses „Farbe und Sachwertschutz" über Beschichtungen.)

Farblose Imprägnierungen:
　Siliconharzlösungen – Silanlösungen – Kieselsäureester
Deckende Anstriche:
　Silicatfarben – Siliconfarben – Polymerisatfarben – Dispersionsfarben (innen)

2.10 Hüttensteine

DIN 398 (Juni 76) Hüttensteine; Voll- und Lochsteine

Aus Hüttensand (granulierter Hochofenschlacke; siehe Abschnitt 5.1.2) als Zuschlag und Zement oder Kalk als Bindemittel wird ein Mörtel hergestellt. Die Steine werden in Stempelpressen gepreßt oder in Formen gerüttelt. Die Hüttensteine erhärten an der Luft im normalen Abbindevorgang des Bindemittels. Durch Zuführen von CO_2-haltigen Abgasen oder Dampf kann man den Vorgang beschleunigen.

Die Normvorschriften für Hüttensteine sind hinsichtlich Arten, Formen, Maßen und Eigenschaften weitgehend auf die DIN 106 „Kalksandsteine" abgestellt. Änderungen in Bezeichnungen und Einteilungen sind auch für die DIN 398 in neuer Ausgabe zu erwarten.

Die Kurzzeichen für die Steinart werden durch Rohdichte, Druckfestigkeit, Steinformat und DIN-Nr. ergänzt.

HSV – Hütten-Vollstein
HSL – Hütten-Lochstein
HHbl – Hütten-Hohlblockstein
Beispiel: HSL 1,6 – 12 – 2 DF DIN 398

2.11 Steine und Bauteile aus Gasbeton

DIN 4165 (Dez. 86) Gasbeton-Blocksteine und Gasbeton-Plansteine
DIN 4166 (Dez. 86) Gasbeton-Bauplatten und Gasbeton-Planbauplatten, unbewehrt
DIN 4223 (veraltet) Gasbeton; Bewehrte Bauteile

2.11.1 Der Baustoff Gasbeton

Die Herstellung erfolgt ausschließlich in Betonwerken. Reiner Quarzsand oder Natursand (über 80 % SiO_2) und in geringem Umfang auch Steinkohlen- und Braunkohlenfilterasche (Sulfatgehalt begrenzt!) sind Zuschläge. Sie werden feingemahlen oder feinkörnig mit Zement oder Kalk zu einem sämigen Mörtel gemischt und mit gasbildendem Treibmittel versetzt. Dies ist meist Aluminiumpulver, das mit Kalk Wasserstoff abspaltet (Reaktionsgleichung in Abschnitt 4.12.4), ferner auch Wasserstoffperoxid oder Calciumcarbid. In großen Gießformen treibt das entweichende Gas den Mörtel auf und läßt zahlreiche Kugelporen (max. 2 bis 3 mm ⌀) entstehen. Der verfestigte Beton wird maschinell (z. B. mit Stahldrähten) zu Blöcken, Platten oder großen Elementen geschnitten und anschließend im Autoklaven unter hochgespanntem Dampf bei etwa 180 °C gehärtet. Dadurch wird eine höhere Druckfestigkeit erreicht und das Restschwindmaß des Gasbetons unter 0,1 mm/m gedrückt gegenüber einer Lufthärtung [2/14].

2.11.2 Gasbeton-Blocksteine nach DIN 4165

Steinmaße

Durch die Herstellung auf Sägemaschinen ist die Oberfläche plan und gut maßhaltig, allerdings auch rauh durch die angeschnittenen Poren. Die Maße der Blocksteine für normal verfugtes Mauerwerk sind in Tafel 2.16 angegeben. Da Blocksteine auch mit Mörteltaschen oder Nut und Feder bei Knirschstößen ausgeführt werden dürfen, sind dafür die Längenmaße um 9 mm zu erhöhen. Zur Beschränkung des Steingewichtes auf etwa 26 kg sind einige Steingrößen nur für bestimmte Rohdichteklassen zugelassen.

Keramische und mineralisch gebundene Baustoffe

Tafel 2.16 Gasbeton-Blocksteine, Maße

Länge [mm] ± 3 mm	Breite [mm] ± 3 mm	Höhe [mm] ± 3 mm	Bemerkungen
240 300 365 490 615	115[1]) 175 240 300[2]) 365[2])	115 175 240	[1]) Aus produktionstechnischen Gründen auch 120 mm und 125 mm zulässig [2]) Steingewicht begrenzt

Rohdichte
Es werden sieben Rohdichteklassen von 0,4 bis 1,0 angegeben, die bestimmten Festigkeitsklassen zugeordnet werden. Die Prüfung erfolgt an drei Probekörpern (Prismen) im getrockneten Zustand. Die niedrigen Rohdichten sind mit einer geringen Wärmeleitfähigkeit verbunden. Rechenwerte der Wärmeleitfähigkeit sind oft durch besondere Zulassungen festgelegt.

Druckfestigkeit
Es sind vier Festigkeitsklassen festgelegt, von denen G 2 und G 4 häufige Verwendung finden. Die Gasbeton-Blocksteine sind einerseits leicht zu bearbeiten (sägen, bohren, fräsen), andererseits nicht sehr widerstandsfähig gegen Abrieb, Stoß und Schlag. Für Gasbeton sind besondere Dübelsysteme erforderlich.

Mindestens jeder 10. Stein ist mit Festigkeitsklasse und Rohdichteklasse sowie Herstellerwerk durch Stempel zu kennzeichnen. Bei Paketierung genügt ein Kennzeichen je Paket, meist auf der Verpackung.

Farbkennzeichnung:
Festigkeitsklasse 2: grün; 4: blau; 6: rot; 8: schwarzer Stempelaufdruck

Frostbeständigkeit
Eine Güteüberwachung auf Frostbeständigkeit erfolgt nicht. Nach Laborversuchen ist sie abhängig vom Feuchtigkeitsgehalt und läßt sich nachweisen bis etwa 40 Masse-% Feuchtigkeit. Auf der Baustelle ist bei außergewöhnlich hoher Durchfeuchtung ein Frostschaden möglich. Gasbetonmauerwerk ist durch Putz oder Anstrich gegen Eindringen von Feuchtigkeit zu schützen [2/14].

Wasseraufnahme
Im Gasbeton sind Kapillaren und Gasporen (0,15 bis 2 mm ⌀) enthalten. Die Gasporen können an der Steinoberfläche schnell Wasser aufnehmen und durch Kapillarwirkung weiterleiten. Die Wasserabgabe kann bei einem Feuchtigkeitsgehalt von weniger als 15 % nur durch Dampfdiffusion erfolgen, so daß nur eine langsame Austrocknung möglich ist. Die Gleichgewichtsfeuchte im trockenen Mauerwerk liegt sehr niedrig bei 3,5 Masse-%.

Bezeichnung der Gasbeton-Blocksteine
DIN-Nr., Festigkeitsklasse G, Rohdichteklasse, Länge × Breite × Höhe, N = Stein mit Nuten

2.11.3 Gasbeton-Plansteine nach DIN 4165

Beispiel: Gasbeton-Blockstein DIN 4165 – G 2 – 0,5 – 490 × 300 × 240 N

Tafel 2.17 Gasbeton-Blocksteine und -Plansteine, Festigkeitsklassen und Rohdichteklassen

Festigkeitsklasse G oder GP	Druckfestigkeit Mittelwert min. in N/mm²	Druckfestigkeit kleinster Einzelwert in N/mm²	Rohdichteklasse	mittlere Rohdichte in kg/dm³
2	2,5	2,0	0,4	0,31 bis 0,40
			0,5	0,41 bis 0,50
4	5,0	4,0	0,6	0,51 bis 0,60
			0,7	0,61 bis 0,70
			0,8	0,71 bis 0,80
6	7,5	6,0	0,7	0,61 bis 0,70
			0,8	0,71 bis 0,80
8	10,0	8,0	0,8	0,71 bis 0,80
			0,9	0,81 bis 0,90
			1,0	0,91 bis 1,00

2.11.3 Gasbeton-Plansteine nach DIN 4165

Plansteine werden in Dünnbettmörtel versetzt, der eine Fugendichte von nur 1 mm erfordert. Da die Baurichtmaße (Längen, Schichthöhe) die gleichen bleiben, sind die Steinmaße in Länge und Höhe um rd. 9 mm größer, die Maßtoleranzen jedoch auf ± 1,5 mm begrenzt. Übliche Abmessungen von Länge/Höhe sind 500/250 mm. Zur Verarbeitung wird ein besonderer Fertigmörtel der Mörtelgruppe III geliefert. Er ist mit einer Zahnkelle aufzutragen. Höhendifferenzen können nicht mehr mit dem Mörtelbett ausgeglichen werden. Der versetzte Stein wird durch ein Schleifbrett (Hobel) bearbeitet und abgeglichen.

Mauerwerk im Dünnbettmörtel spart an Mörtelmenge und führt zu wirtschaftlicheren Arbeitsverfahren. Der Wärmedurchgang durch das Mauerwerk wird vermindert, da der Fugenanteil nur noch 0,6 % der Fläche beträgt.
Bezeichnung: Gasbeton-Plansteine GP

2.11.4 Gasbeton-Bauplatten nach DIN 4166

Bauplatten (auch Zwischenwandplatten) sind für nichttragende, leichte Trennwände vorgesehen und daher nicht bei tragenden Wänden zu verwenden. Sie werden mit normaler Fugendicke oder im Dünnbett verarbeitet und haben danach verschiedene Abmessungen.

Plattenmaße

Bauplatten, im Mörtelbett verlegt, haben Längen von 490 mm und 615 mm sowie eine Höhe von 240 mm. Die Dicke liegt zwischen 50 mm und 200 mm. Die Norm-

maße für dünnfugig verlegte Bauplatten sind in Tafel 2.18 angegeben. Ausgeführt werden jedoch nur Dicken von 75 mm, 100 mm und 125 mm, Länge 750 mm und Höhe 500 mm.
Rohdichte mit den Klassen 0,5 – 0,6 – 0,7 – 0,8
Festigkeit, gefordert Biegefestigkeit von 0,4 N/mm^2
Bezeichnung (Beispiel)
Gasbeton-Bauplatte 0,5 – 490 × 100 × 240 DIN 4166
Gasbeton-Bauplatte 0,6 – 750 × 75 × 500 DIN 4166

Tafel 2.18   Maße von dünnfugig verlegten Gasbeton-Bauplatten nach DIN 4166

Länge ± 1,5	Dicke ± 1,5	Höhe ± 1,5
500 625 750 1000	50 75 100 125 150 175 200	250 500 625

2.11.5 Die Verwendung im Mauerwerksbau

Gasbeton-Mauerwerk hat eine geringe Rohdichte und dadurch eine hohe Wärmedämmung. Diese Werte werden allerdings von anderen Wandbaustoffen (Leichtziegel, siehe Abschnitte 2.2.1 und 2.16.3) fast erreicht. Durch die Verminderung des Fugenanteils erzielt man bei Planstein-Mauerwerk eine Verbesserung der Wärmedämmung. Man kann aber auch Mauerwerk aus Blocksteinen – wie auch aus anderen Steinen – mit Dämmörtel (Leichtmörtel; siehe Abschnitt 7.1.4) ausführen und damit die Wärmeleitzahlen verkleinern. So kann man mit einschaligem Gasbeton-Mauerwerk einen ausreichenden Wärmeschutz einhalten. Zweischaliges Mauerwerk erhält eine Verblendschale aus anderen frostbeständigen Baustoffen und kann mit vermörtelter Schalenfuge oder mit Luftschicht ausgeführt werden. Zu beachten ist das unterschiedliche Schwindmaß bei verschiedenen Baustoffen.

Gasbetonsteine können durch Hand- oder Bandsäge geschnitten werden. Die in Abschnitt 2.11.6 beschriebenen Gasbetonfensterstürze ermöglichen es, die Wand ohne Wechsel des Baustoffes herzustellen, wodurch Putzrisse und Wärmebrücken vermieden werden.

Der Wandputz muß der geringen Steinfestigkeit und seiner Wasseraufnahme Rechnung tragen. Bei normalem Putz nach DIN 18 550 ist ein Spritzbewurf aufzubringen, danach zwei Putzlagen (siehe Abschnitt 7.2.4c und Arbeitsanleitung der Hersteller). Für Außen- und Innenputze werden abgestimmte Fertigputze angeboten, die z. T. als Einlagenputz von 10 mm außen und 5 mm innen aufgebracht werden. Das Ansetzen von Spaltplatten und Riemchen auf Gasbeton-Mauerwerk ist problematisch und wird nicht empfohlen.

2.11.6 Bewehrte Gasbeton-Bauteile nach DIN 4223

Bis zur Neufassung der veralteten DIN 4223 gelten für die Bauteile noch einzelne Zulassungen.
Als Bewehrung werden punktgeschweißte Betonstahlmatten aus BSt 500 G oder Rundstahl St 37-2 R verwendet. Sie wird durch besondere Oberflächenbehandlung (Zementleim, Kunststoffe, Speziallacke oder bituminöse Anstriche) vor Rost geschützt, da der Gasbeton keinen Korrosionsschutz bietet. Für Bemessung und Konstruktion gelten besondere Vorschriften der Norm.

Festigkeits- und Rohdichteklassen

Die bisherige Norm und die Zulassung für Decken- und Wandbauteile beschränken sich auf zwei Festigkeitsklassen mit drei Rohdichten. Die Tafel 2.19 führt vier Festigkeitsklassen an entsprechend dem Normentwurf.

Tafel 2.19 Festigkeitsklassen und Rohdichten von Gasbeton-Bauteilen nach DIN 4223

Festigkeitsklasse [N/mm^2]	Serienfestigkeit [N/mm^2]	Höchstwert der Rohdichte [kg/dm^3]	Rechenwert
GB 2,2	2,5	0,5	0,62
GB 3,3	3,5	0,6	0,72
GB 4,4	5,0	0,7	0,84
GB 6,6	7,5	0,8	0,95

Dach- und Deckenplatten
Liefermaße: Länge bis 6,00 m (je nach Dicke)
Breite 62,5 cm (und 60 cm)
Dicke von 7,5 cm bis 25 cm

Als gebräuchliche Maße werden Standard-Dachplatten in GB 4,4 angeführt (Fa. Hebel):

Breite	Dicke	Länge				
62,5 cm	10 cm	249,	275,	298,	312,	325 cm
	12,5 cm	335,	350,	375,	400 cm	
	15 cm	425,	450,	475 cm		

Hinsichtlich der Nutzlasten auf Dach- und Deckenplatten gibt es bestimmte Beschränkungen, die im wesentlichen GB 3,3 nur für Dachplatten zulassen und bei Verkehrslasten über 3,5 kN/m^2 bis 5,0 kN/m^2 einen bewehrten Aufbeton von 4 cm Dicke vorschreiben.

Die Platten werden auf den Tragkonstruktionen zugfest verankert und erhalten zur gegenseitigen Verbindung an den Längsseiten eine durchgehende Nut, die mit Zementmörtel ausgegossen wird. Mit besonderen Fugenbewehrungen und Betondübeln kann man einen schubfesten Verbund zwischen den Einzelplatten herstellen, so daß wie beim Ortbeton eine tragende Dachscheibe bis maximal 35 m Stützweite entsteht (Ausführung nach Zulassung).

88 Keramische und mineralisch gebundene Baustoffe

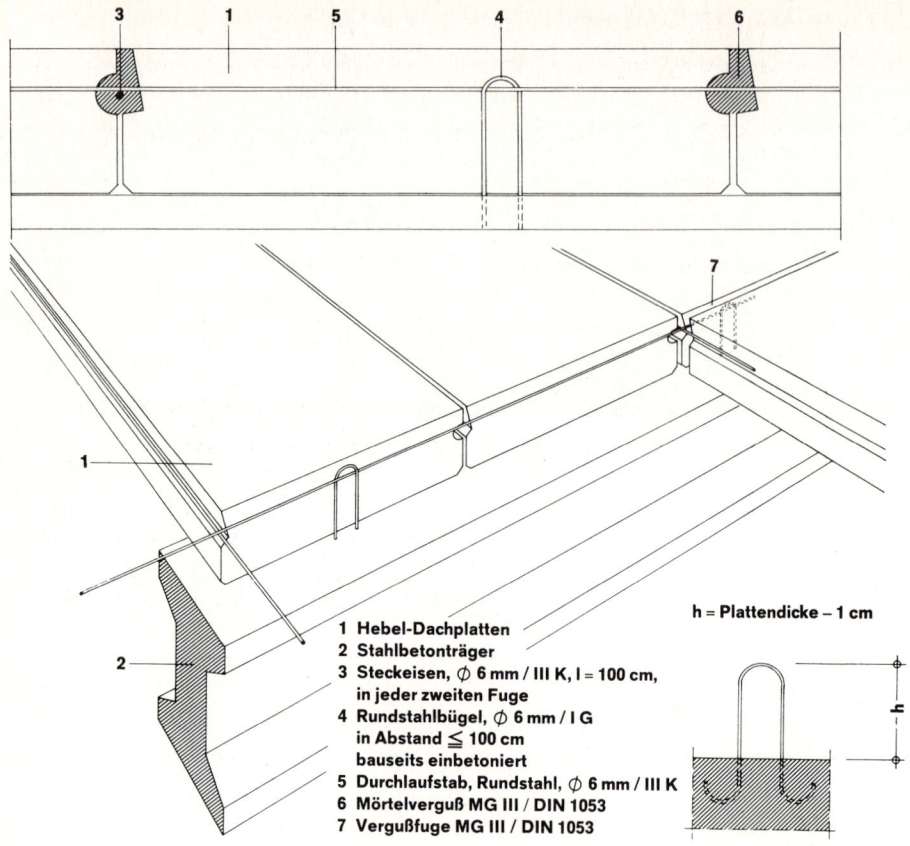

Abb. 2.41 *Verankerung von Dachplatten auf Stahlbetonträger (Rundstahlschlaufe) (Fa. Hebel)*

Wandtafeln
und wandgroße Elemente werden als tragende Wände in Gebäuden bis zu 3 Vollgeschossen eingesetzt, meist in Verbindung mit Gasbeton-Deckenplatten. Die Tafeln werden senkrecht aufgestellt und sind bis zu einer Geschoßhöhe von 3,50 m zugelassen.

Wandplatten
bilden bei Skelett-Tragwerken aus Beton oder Stahl, überwiegend im Industrie-, Verwaltungs- und Sportstättenbau, den Raumabschluß. Sie werden als „nichttragend" bezeichnet, da sie außer ihrer Eigenlast nur Windlasten übertragen. Diese Wandplatten haben die gleichen Abmessungen wie die oben genannten Deckenplatten und werden vertikal oder horizontal verlegt (außerdem Großwandplatten 3,50 m × 6,00 m). Verschiedene Möglichkeiten der Konstruktion und Verankerung (rostfreier Stahl) werden von Herstellerfirmen vorgeschlagen. Der Wetterschutz der Fassade wird überwiegend durch eine diffusionsfähige Beschichtung auf Kunststoffbasis hergestellt.

Fertigteilstürze
werden bei Gasbeton-Mauerwerk verwendet und können Öffnungen bis 1,60 m überbrücken.

2.12 Steine und Wandplatten aus Beton

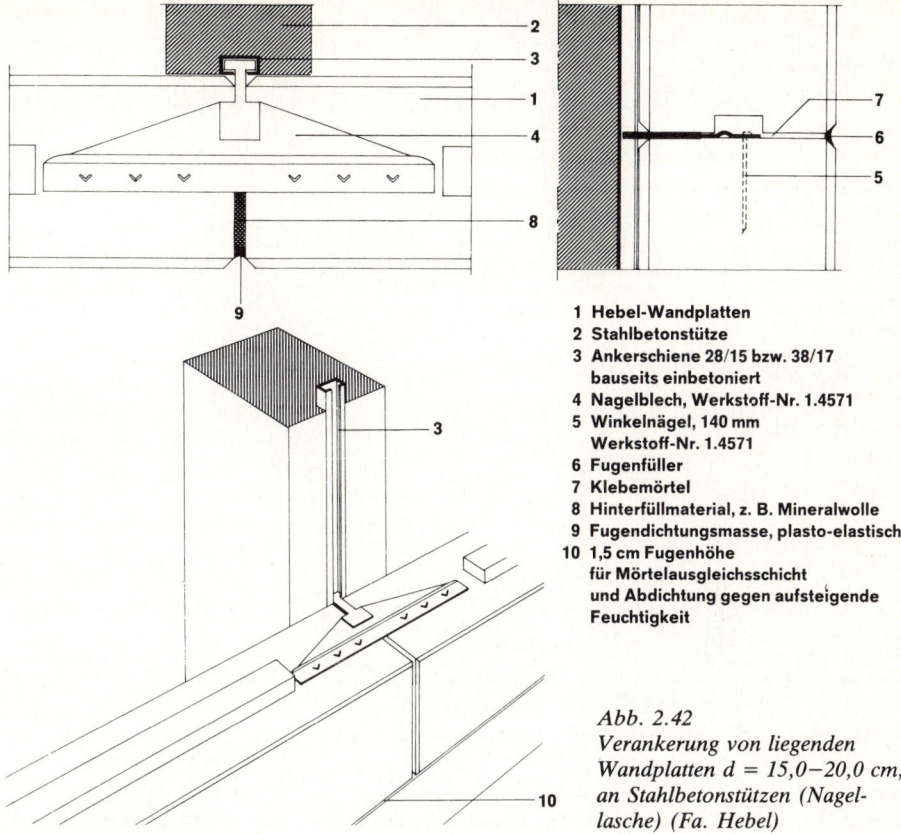

1 Hebel-Wandplatten
2 Stahlbetonstütze
3 Ankerschiene 28/15 bzw. 38/17
  bauseits einbetoniert
4 Nagelblech, Werkstoff-Nr. 1.4571
5 Winkelnägel, 140 mm
  Werkstoff-Nr. 1.4571
6 Fugenfüller
7 Klebemörtel
8 Hinterfüllmaterial, z. B. Mineralwolle
9 Fugendichtungsmasse, plasto-elastisch
10 1,5 cm Fugenhöhe
   für Mörtelausgleichsschicht
   und Abdichtung gegen aufsteigende
   Feuchtigkeit

*Abb. 2.42
Verankerung von liegenden
Wandplatten d = 15,0—20,0 cm,
an Stahlbetonstützen (Nagel-
lasche) (Fa. Hebel)*

2.12 Steine und Wandplatten aus Beton

DIN 18 148 (Okt. 75)   Hohlwandplatten aus Leichtbeton
DIN 18 151 (Sept. 87)   Hohlblocksteine aus Leichtbeton
DIN 18 152 (April 87)   Vollsteine und Vollblöcke aus Leichtbeton
DIN 18 153 (Sept. 89)   Hohlblocksteine aus Beton
DIN 18 162 (Aug. 76)   Wandbauplatten aus Leichtbeton (unbewehrt)

Aus *Beton* und – vor allem – *Leichtbeton* werden Steine und Platten hergestellt[1]). Die porigen Leichtzuschläge (DIN 4226 Teil 2) werden zu einem Beton mit

---

[1]) Weitere Informationen gibt:
   Bundesverband Deutsche Beton- und Fertigteilindustrie e.V., Schloßallee 10,
   5300 Bonn 2.
   Verband Rheinischer Bims- und Leichtbetonwerke, Sandkauler Weg 1, 5450 Neuwied 1.

Haufwerksporen verarbeitet. Loch- und Hohlblocksteine erhalten zusätzlich Hohlräume. Der Beton wird in Formen gepreßt und meist zur Erhärtung einer Wärmebehandlung unterzogen.
An Leichtzuschlägen werden vor allem Naturbims, Lavaschlacke, aber auch Blähton, Hüttenbims und Ziegelsplitt verarbeitet.

Tafel 2.20 Festigkeitsklassen und Kennzeichnung von Steinen und Blöcken aus Beton

Vollstein	Vollblock	Hohlblockstein Leichtbeton	Hohlblockstein Beton	Druckfestigkeit N/mm²		Kennzeichnung	
				Mittelwert	Einzelwert	Anzahl der Nuten	Farbzeichen
DIN 18 152		18 151	18 153				
V 2	Vbl 2	Hbl 2	–	2,5	2,0	–	grün
V 4	Vbl 4	Hbl 4	Hbn 4	5,0	4,0	1	blau
V 6	Vbl 6	Hbl 6	Hbn 6	7,5	6,0	2	rot
V 8	Vbl 8	Hbl 8	–	10,0	8,0	–	Stempel schwarz
V 12	Vbl 12	–	Hbn 12	15,0	12,0	3	schwarz

2.12.1 Vollsteine und Vollblöcke aus Leichtbeton nach DIN 18 152

Steinmaße
Die **Vollsteine** haben eine Steinhöhe bis 115 mm und Formate von 1 DF bis 10 DF (Tafel 2.21). Sie können Griffschlitze erhalten.
Vollblöcke haben eine Steinhöhe von 238 mm und Formate bis 24 DF. Sie dürfen Schlitze, höchstens 11 mm breit, von Lagerfläche zu Lagerfläche aufweisen. In der Regel sind an den Stirnseiten 20 mm tiefe Nuten zur Vermörtelung angeordnet, wenn die Steine knirsch gegeneinander vermauert werden (Steinlängen größer). Auch die Ausbildung von Nut und Feder ist an den Stirnseiten erlaubt.

Rohdichte
Klasseneinteilung   0,5   0,6   0,7   0,8   0,9   1,0   1,2   1,4   1,6   1,8   2,0
Lieferbare Bims-Vollsteine haben Rohdichten von 0,5 bis 1,2, Bims-Vollblöcke von 0,5 bis 0,8.

Druckfestigkeit
Fünf Festigkeitsklassen nach Tafel 2.20 mit einer Kennzeichnung, die mindestens bei jedem 50. Stein erfolgen muß. Die Nuten sind auf der Mitte der Längsseite, 5 mm tief und 40 mm lang, oder Farbstreifen an der Längs- oder Stirnseite. Dazu treten Werkskennzeichen und Angabe der Rohdichte.
Frostbeständigkeit wird nicht erwartet.

Bezeichnung
V = Vollstein   Vbl = Vollblock
Danach folgen Festigkeitsklasse und Rohdichte. Das Format wird durch Kurzzeichen mit DF oder Wandbreite beschrieben. Schlitze im Vollblock werden durch den Kennbuchstaben S angegeben. Der Buchstabe W kennzeichnet Vollblöcke mit be-

2.12.1 Vollsteine und Vollblöcke aus Leichtbeton nach DIN 18 152

stimmten Bedingungen und günstigerer Wärmeleitzahl. Ein Zusatz der Buchstaben NB für Naturbims oder BT für Blähton ist möglich, wenn diese Zuschläge ausschließlich verwendet wurden.
Die Formatangabe der Vollblöcke wird durch die Steinbreite in mm ergänzt.

Beispiele: Vollstein DIN 18 152 – V 6 – 1,2 – 2 DF
Vollblock DIN 18 152 – Vbl S-W 2 – 0,5 – 20 DF – 300 – NB

Tafel 2.21 Formate und Maße von Vollsteinen aus Leichtbeton in mm

Format-Kurzzeichen	Maße Länge l ± 3	Breite b ± 3	Höhe h ± 3
1 DF	240	115	52
NF			71
1,7 DF			95
2 DF			
3 DF		175	113
3,1 DF	300	145	
4 DF	240		
5 DF	300		115
6 DF	365	240	
6,8 DF			95
8 DF	490[1]		115
10 DF		300	

[1]) Auch 495 mm, wenn der Stein mit Stirnseitennuten ausgestattet ist.

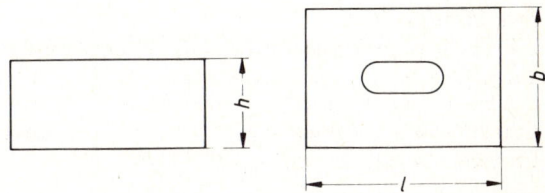

Abb. 2.43   Vollstein aus Leichtbeton mit Griffschlitz nach DIN 18 152

92 Keramische und mineralisch gebundene Baustoffe

Tafel 2.22 Formate und Maße von Vollblöcken aus Leichtbeton in mm

Format-Kurzzeichen	Länge[1]) ± 3	Maße Breite ± 3	Höhe ± 4
6 DF		175	
8 DF		240	
10 DF	245	300	
12 DF		365	
16 DF		490	
10 DF	305	240	
9 DF		175	
12 DF		240	238
15 DF	370	300	
18 DF		365	
24 DF		490	
8 DF		115	
12 DF		175	
16 DF		240	
20 DF	495	300	
24 DF		365	

[1]) Die angegebenen Längen gelten im Regelfall für Knirschvermauerung. Bei Steinen mit Nut- und Federausführung an den Stirnseiten betragen die Längen 247, 307, 372 bzw. 497 mm. Längen von 240 mm, 300 mm, 365 mm bzw. 490 mm sind zulässig, bei Vollblöcken mit ebenflächigen Stirnseiten verbindlich.

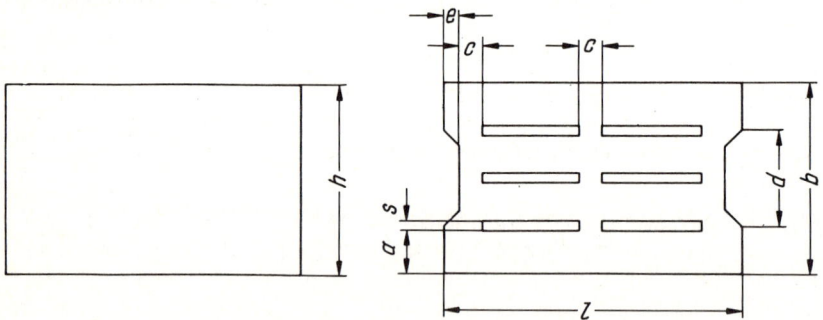

Abb. 2.44 Vollblock aus Leichtbeton mit Schlitzen und Stirnseitennut nach DIN 18152

2.12.2 Hohlblocksteine aus Leichtbeton nach DIN 18 151

Steinmaße
Die Maße sind in Tafel 2.23 zusammengestellt und gelten für die Steinlängen bei Knirschvermauerung. In der Regel sind an den Stirnseiten die erforderlichen Nuten und Griffhilfen angeordnet. Die Zahl der Kammern, die nebeneinanderliegen und durch die Steinbreite bestimmt werden, führt zu Bezeichnungen wie *Einkammerstein* (1 K; nur bei $b = 17{,}5$ cm) oder *Vierkammerstein* (4 K). Die kleinste Stegbreite ist 30 mm. Querstege steifen aus und sind zweckmäßig gegeneinander versetzt angeordnet, damit keine Wärmebrücken entstehen. Die obere Kammerabdeckung beträgt 15 mm. Formatkurzzeichen geben zunächst die Steinbreite (Wandbreite) an bei einer Steinlänge von 495 mm und einer Steinhöhe von 238 mm. Eine *kürzere Steinlänge* wird durch m (370 mm) und k (245 mm) und eine *kleinere Steinhöhe* durch x (175 mm) angegeben.

Rohdichte
Klasseneinteilung 0,5 0,6 0,7 0,8 0,9 1,0 1,2 1,4
Von der Güteschutzvereinigung der Rheinischen Bimsindustrie werden folgende Steinrohdichten als Höchstwerte angegeben:
  0,8 bei Hbl 2
  0,9 bei Hbl 4
  1,0 bei Hbl 6

Druckfestigkeit
Die Festigkeitsklassen nach Tafel 2.20 werden gekennzeichnet durch Nuten auf der Mitte der Längsseite oder Farbstreifen. Auf jedem 50. Stein oder jedem Paket ist die Kennzeichnung erforderlich, dazu Werkskennzeichen und Rohdichte.

Frostbeständigkeit wird nicht erwartet.

Bezeichnung: Hbl – Hohlblockstein aus Leichtbeton
Beispiel für einen Dreikammerstein mit der Rohdichte 0,9 und $b = 300$ mm, $l = 370$ mm (Kennbuchstabe m) und $h = 238$ mm:
Hohlblockstein DIN 18 151 – 3 K Hbl 4 – 0,9 – 30 m

2.12.3 Hohlblocksteine aus Beton nach DIN 18 153

Das Betongefüge dieser Steine kann sowohl geschlossen als auch haufwerkporig sein.

Steinmaße
Die Formate entsprechen weitgehend denen der Leichtbetonsteine, lediglich bei zu hohen Gewichten entfallen einige Größen (siehe Tafel 2.23). Abweichend sind die Längenmaße auf 10 mm Fuge abgestellt (d. h. 490 mm). Die Abb. 2.45 und 2.46 gelten auch für Betonsteine.

Ein T-Hohlstein, wie in Abb. 2.47 dargestellt, ist hier bereits genormt, wird aber auch in Leichtbeton hergestellt. Dadurch fallen durchgehende Stoßfugen im Mauerwerk weg.

Rohdichte
Klasseneinteilung   1,2 1,4 1,6 1,8

Keramische und mineralisch gebundene Baustoffe

Tafel 2.23 Formate und Maße von Hohlblocksteinen

Form	Format-kurz-zeichen	Maße [mm]		
		[1]) Länge l	Breite b	Höhe h
1 KHbl und 2 KHbl	17,5	495	175	238
	17,5 x			175
	17,5 m	370		238
	17,5 mx			175
2 KHbl und 3 KHbl und 4 KHbl	24	495	240	238
	24 x			175
	24 m	370		238
	24 mx			175
	24 k	245		238
	24 kx			175
	30	495	300	238
	30 x			175
	30 m	370		238
	30 mx			175
	30 k	245		238
	30 kx			175
3 KHbl und 4 KHbl	36,5	495	365	238
	36,5 x			175
	36,5 m	370		238
	36,5 mx			175
	36,5 k	245		238
	36,5 kx			175

[1]) Die angegebenen Längen gelten im Regelfall für Knirschvermauerung. Längen von 240 mm, 365 mm und 490 mm sind zulässig.

2.12.3 Hohlblocksteine aus Beton nach DIN 18 153

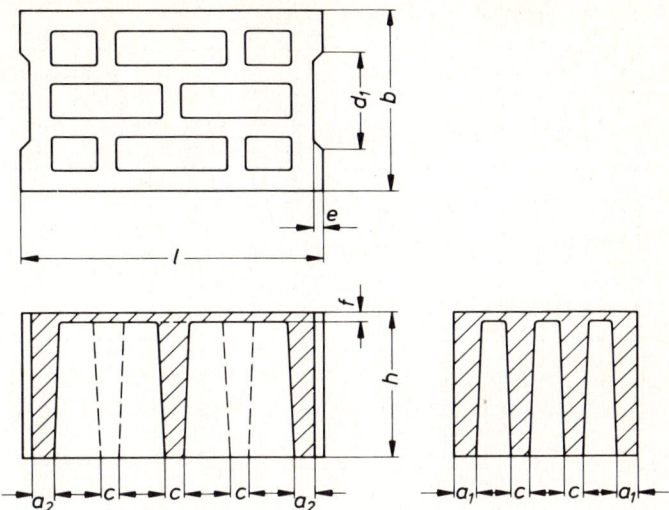

Abb. 2.45 Dreikammer-Hohlblockstein (Beispiel)

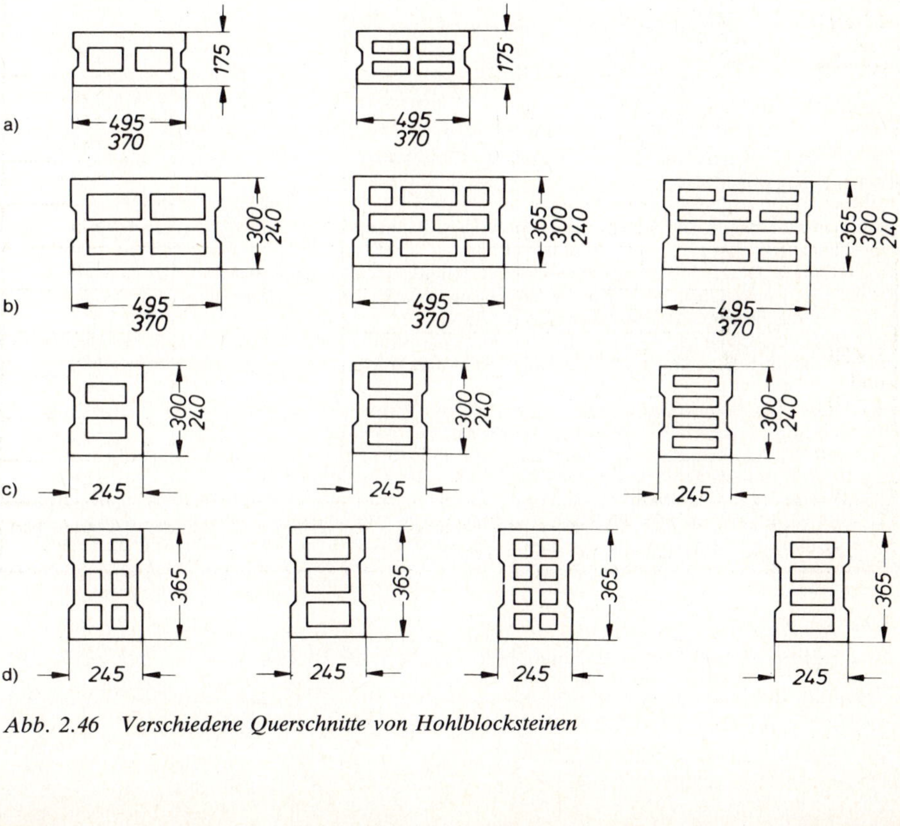

Abb. 2.46 Verschiedene Querschnitte von Hohlblocksteinen

Keramische und mineralisch gebundene Baustoffe

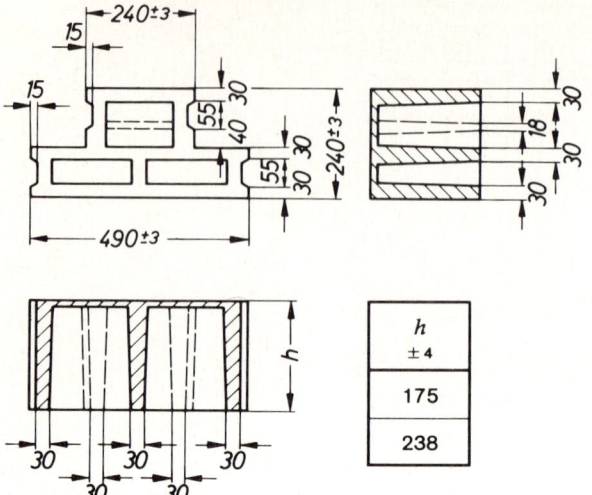

Abb. 2.47
T-Hohlstein nach DIN 18 153

Druckfestigkeit
Die Festigkeitsklassen werden gekennzeichnet durch Nuten oder Farbstreifen (vgl. Abschnitt 2.12.2) und sind in Tafel 2.20 angegeben.

Frostbeständigkeit wird nicht erwartet.

Bezeichnung: Hbn – Hohlblockstein aus Normalbeton
Beispiel für einen Vierkammerstein mit der Rohdichte 1,6 und b = 365 mm, l = 240 mm (Kennbuchstabe k) und h = 238 mm:
Hohlblockstein DIN 18 153 – 4 K Hbn 6 – 1,6 – 36,5 k

Betonsteine werden in vielen weiteren Arten auf dem Baumarkt angeboten. Für sie ist jeweils eine allgemeine bauaufsichtliche Zulassung ausgesprochen.
Ein Teil dieser Steine besteht aus anderen oder besonders ausgesuchten Baustoffen (z. B. Traß-, Kalk-, Bimssteine). Zum anderen können besondere Formen oder Formate zugelassen werden (z. B. T-Vollsteine oder H-Steine; besondere Abmessungen bei Blocksteinen).
Eine besondere Zulassung ist auch dann erforderlich, wenn zwar Abmessungen und Festigkeiten mit Normwerten übereinstimmen, aber für Rohdichten und Wärmeleitzahlen günstigere Werte beansprucht werden.
Eine Anzahl von Betonsteinarten haben eine integrierte Wärmedämmung, die aus EPS-Plattenstücken im Stein besteht (z. B. Gisotherm, Montageisolierblock-System Hinse).
Als besondere Wandbauarten sind Hohlsteine anzusprechen, deren Hohlräume mit Mörtel vergossen werden. Dabei übernehmen die Steine (auch Ziegel) noch die Tragfunktion.
Dem Beton- *und* Mauerwerksbau rechnet man Sonderbauarten zu, bei denen Schalungssteine aufgesetzt und die in mehreren Schichten mit Beton ausgefüllt werden. Die Schalungssteine bestehen aus Leichtbeton, Normalbeton oder Holzspanbeton. Die Verwendungsmöglichkeit für bestimmte Bauteile (z. B. Brandwand, Kellerwand) ist in den Zulassungen festgelegt. Der Einbau von Bewehrungen ist möglich. Ausführliche Darstellung in [2/6].

2.12.4 Hohlwandplatten aus Leichtbeton nach DIN 18 148

Geeignet für Wände, die überwiegend durch ihre Eigenlast beansprucht werden. Nachweis der Druckfestigkeit von 2,5 N/mm^2 (Einzelwert 2,0 N/mm^2).

2.12.5 Wandbauplatten aus Leichtbeton nach DIN 18 162

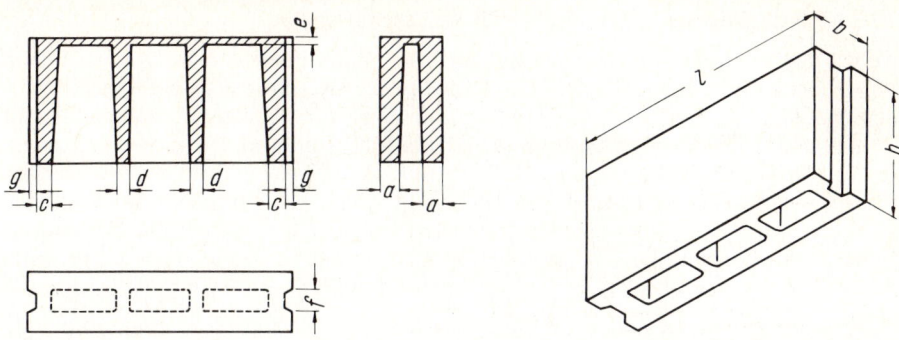

Abb. 2.48   Hohlwandplatte aus Leichtbeton (Beispiel mit Stirnseitennut)

Plattenmaße
Die Form der Platten entspricht einem Einkammerstein mit der Länge 490 mm und der Höhe 238 mm (bzw. 175 mm). Die Plattenbreite (Wandbreite) ist 100 mm oder 115 mm und gibt das Format 10 oder 11,5 an. Ausführungen ohne oder mit Stirnseitennut (Abb. 2.48).

Rohdichte
Klasseneinteilung   0,6   0,7   0,8   0,9   1,0   1,2   1,4

Bezeichnung
Beispiel für Rohdichte 0,8 und Format 11,5:
Hohlwandplatte aus Leichtbeton Hpl 0,8 – 11,5 DIN 18 148

2.12.5 Wandbauplatten aus Leichtbeton nach DIN 18 162
Geeignet für Wände, die überwiegend durch ihre Eigenlast beansprucht werden. Nachweis der Biegezugfestigkeit von 1,0 N/mm^2.

Plattenmaße
Es sind Vollplatten, die an Stoß- und Lagerfugen Nuten haben dürfen.

Format 5, 6 und 7	Format 10
mit 50, 60 und 70 mm Dicke	mit 100 mm Dicke
990/320 mm und 990/240 mm	490/240 mm

Rohdichte
Klasseneinteilung   0,8   0,9   1,0   1,2   1,4

Bezeichnung
Beispiel mit Rohdichte 1,2, Format 7 und 990 mm Länge:
Wandbauplatte Wpl 1,2 – 7 – 990 DIN 18 162

2.13 Bauteile aus Beton
Aus der großen Zahl von Betonfertigteilen wird nur eine begrenzte Auswahl näher beschrieben. Lieferbare Bauteile und Größen nach Verzeichnissen der Hersteller [2/1], [2/16].

2.13.1 Formstücke und Mantelrohre für Hausschornsteine

Neben den gemauerten Schornsteinen[1]) können auch *Formstücke* aus Leichtbeton mit Querschnitten bis 700 cm^2 (DIN 18 150) für Hausschornsteine eingesetzt werden. Baustoff ist ausschließlich Leichtbeton von max. 1,7 kg/dm^3 Rohdichte mit hitzebeständigen Leichtzuschlägen. An Druckfestigkeit sind 4 N/mm^2 nachzuweisen. Es werden eine glatte Innenfläche und Gasdichtheit gefordert. Die Wangen werden vollwandig oder mit Zellen hergestellt. Querschnittsmaße liegen zwischen 135 mm und 260 mm (rund oder quadratisch), die Züge werden einzeln oder in Gruppen angeordnet. Die 25 cm hohen Stücke werden in Mörtelgruppe 2 versetzt. Außenschornsteine frostbeständig und verputzt ausführen (Abb. 2.49).

Schamotterohre (siehe Abschnitt 2.6.2) werden ummauert oder in *Mantelformstücken* aus Leichtbeton versetzt (nach Zulassung). Die Zwischenräume sind mit Dämmstoff gefüllt. Oft sind neben den Rauchrohren noch Abluftschächte angeordnet, so daß die größten Formstücke Abmessungen von 72/91 cm haben. Beide Arten werden durch Formstücke für Anschluß- und Reinigungsöffnungen und Schleifstücke (für Neigung) ergänzt. Kragplatte und Abdeckplatte – sogar ganze Fertigteile – für Schornsteinköpfe gehören dazu (siehe Abb. 2.50).

Ähnliche Fertigteile – manchmal geschoßhoch – werden für mehrzügige Lüftungssysteme angeboten.

2.13.2 Zwischenbauteile für Stahlbetondecken nach DIN 4158

Sie werden als tragende oder statisch nicht mitwirkende Hohlkörper in Rippen- und Balkendecken eingebaut (vgl. die Erläuterungen zu Zwischenbauteilen aus Ziegeln unter Abschnitt 2.3).

Als Baustoffe sind sowohl Normalbeton (über 2,0 kg/dm^3) als auch Leichtbeton zulässig. Festigkeit (15 N/mm^2) bei statisch mitwirkenden Teilen und die Aufnahme einer Streifenlast auf dem Körper für Beanspruchungen im Bauzustand werden gefordert. Von den verschiedenen zulässigen Formen wird ein Beispiel in Abb. 2.51 dargestellt.

Bezeichnung nach Formmuster D und den Maßen Breite, Länge, Höhe für Leichtbeton (LB):
    Zwischenbauteil DIN 4158 – D 440/250/160 – LB

2.13.3 Betondachsteine nach DIN 1115

Dachsteine werden aus quarzhaltiger Mörtelmischung im Strangpreßverfahren auf Unterlagsplatten hergestellt und durch Preßwalzen verdichtet. Farbpigmente (Zementfarben) werden schon in die Mischung gegeben, insbesondere bei glatter Betonoberfläche. Der frische Beton wird mit einer Dispersionsfarbe beschichtet. Nach der Dampfhärtung wird eine weitere Farbschicht aufgetragen und getrocknet, die allerdings später abwittert. Eine rauhe Oberfläche erreicht man mit einem gesinterten Farbgranulat. Die Betonaushärtung erfolgt in 8 bis 12 Stunden in temperaturgesteuerten Härtekammern.

---

[1]) DIN 18 160 T 1 Hausschornsteine, Ausführung.

2.13.3 Betondachsteine nach DIN 1115

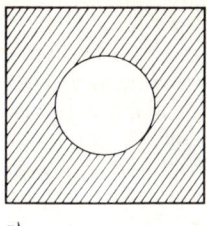

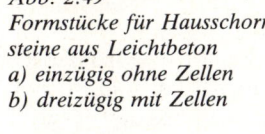

Abb. 2.49
Formstücke für Hausschornsteine aus Leichtbeton
a) einzügig ohne Zellen
b) dreizügig mit Zellen

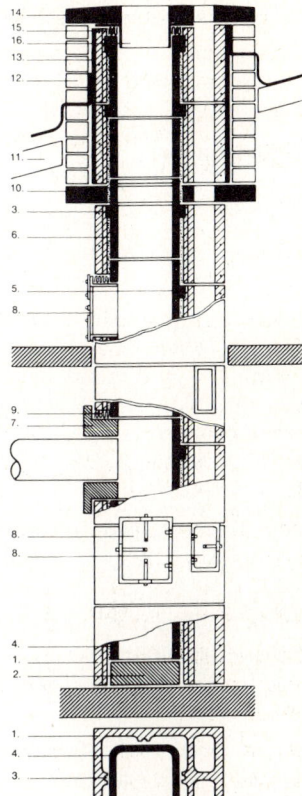

Abb. 2.50
Hausschornstein aus Innenrohr und Mantelrohr (nach Zulassung Simowerke)
1. Mantelrohr
2. Sockelstein
4. Innenrohr (Schamotte)
5. Abstandshalter
6. Dämmaterial
7. Anschlußstein
8. Reinigungsöffnung
10. Kragplatte
12. Ummauerung
14. Betonabdeckung

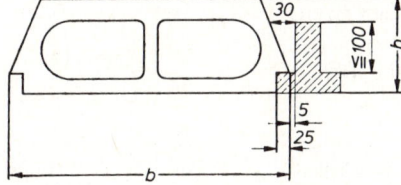

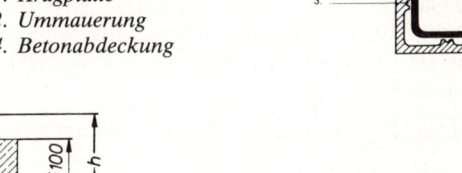

Abb. 2.51
Zwischenbauteil für Stahlbetondecken
Beispiel: Form D für vorgefertigte Rippen

Die Norm unterscheidet:
  großformatige Betondachsteine mit 300 bis 400 mm Deckbreite und 420 mm Länge
  kleinformatige Betondachsteine mit Deckbreiten von 200 mm und kleiner (400 mm Länge)
Anforderungen erstrecken sich auf Oberfläche und Farbe (gleichmäßig, dicht), Maßhaltigkeit, Tragfähigkeit und Wasserundurchlässigkeit.

Keramische und mineralisch gebundene Baustoffe

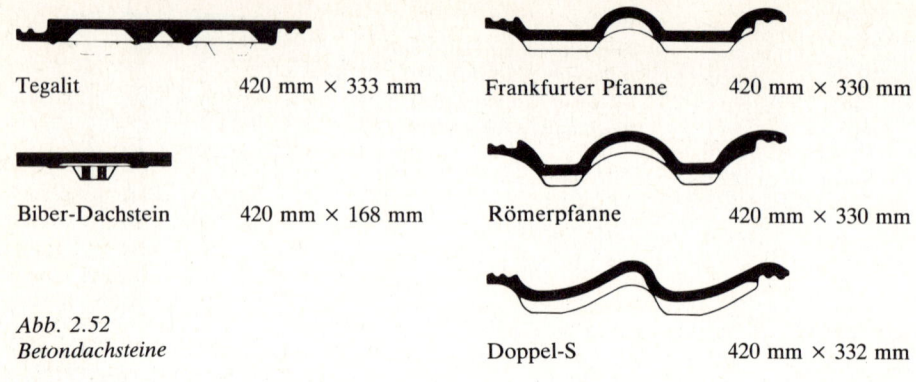

Tegalit	420 mm × 333 mm	Frankfurter Pfanne	420 mm × 330 mm
Biber-Dachstein	420 mm × 168 mm	Römerpfanne	420 mm × 330 mm
		Doppel-S	420 mm × 332 mm

Abb. 2.52
Betondachsteine

Beispiel für
Konturformen: Frankfurter Pfanne, Römerpfanne, Doppel-S; Heidelberger Dachstein
Ebene Formen: Tegalit, Biberschwanz

Stehendes Wasser in einer Wanne, deren Boden der Dachstein bildet, darf innerhalb von 24 Stunden nur so weit den Stein durchfeuchten, daß kein Tropfen abfällt.

Verarbeitungsregeln in DIN 18 338 (VOB Teil C), „Regeln der Dachdeckungen mit Betondachsteinen" vom Zentralverband des Dachdeckerhandwerkes und Hersteller-Verlegeanleitungen.

2.13.4 Betonwerksteine

Es sind unbewehrte oder bewehrte Betonteile, deren Ansichtsflächen besonders gestaltet oder bearbeitet sind. Man wendet sie an als Bodenbeläge (Platten), Treppenstufen, Fensterbänke, Fassadenbekleidungen und Mauerwerk aus Ornamentsteinen, Spaltsteinen oder Riemchen [2/1], [2/13]. Die Oberfläche wird *steinmetzmäßig* bearbeitet durch
Spalten (Platten teilen oder Rippen abschlagen)
Bossieren oder Spitzen
Stocken oder Scharrieren

Weitere Bearbeitungen der Betonoberfläche sind
Absäuern, Sandstrahlen und Flammstrahlen
Grobschleifen (Werkstück hat Poren und Schleifrillen)
Polieren oder Feinschleifen (mit Poren ausspachteln)

Die Sichtfläche kann auch durch eine besondere Schalungsstruktur oder ausgewählte Zuschlagstoffe bestimmt sein. Sollen diese Zuschläge zur Geltung kommen, wird eine dünne Schicht (über 8 mm, bei Stufen 15 mm) mit dem besonderen – und teuren – Zuschlag als *Vorsatzbeton* hergestellt und darunter frisch auf frisch der normale Kernbeton.

Bei **Waschbeton** ist das grobe Korn an der Oberfläche sichtbar und wird zu etwa 1/3 freigelegt, damit es noch im Mörtelgerüst fest eingebettet bleibt. Man kann farblich ausgewählten Kies oder Splitt als Grobkorn einer Ausfallkörnung (siehe Abschnitte

2.13.4 Betonwerksteine/2.13.5 Rohre aus Beton

5.5.7 und 6.14) verwenden, um einen besonderen Effekt bei Boden- oder Fassadenplatten zu erzielen. Das Auswaschen des Feinmörtels geschieht durch:
Bearbeiten des noch frischen Betons mit Bürste und Wasser
Verzögerung der Zementerhärtung an der Oberfläche durch eine Schalungspaste und nachfolgendes Abspülen des Feinmörtels
Setzen einzelner Körner in Sandbettung, wodurch der Zementmörtel sie nicht voll umschließen kann

Terrazzoplatten und -treppenstufen erhalten in der Vorsatzschale farblich und größenmäßig ausgesuchte Steine. Oft wird auch der Feinmörtel durch Steinmehl eingefärbt. Die ausreichend erhärtete Oberfläche wird geschliffen und dabei das Korn angeschnitten, so daß seine Färbung gut zur Geltung kommt. Meist wird dafür Kalkstein eingesetzt, der für Außenbereiche frostbeständig sein muß.

Oberflächenbehandlungen erfolgen zusätzlich zur Bearbeitung und bestehen aus den Arbeiten:
Fluatieren (erhöht die Härte und chemische Widerstandsfähigkeit)
Polieren (mit Wachs vertieft Farbe und Glanz)
Versiegeln (macht die Oberfläche durch Imprägnierung wasserabweisend)

Die Anforderungen sind in DIN 18 500 „Betonwerkstein" festgelegt und erstrecken sich auf zulässige Abmaße, Beschaffenheit, Festigkeit (B 25), Wasseraufnahme für Teile im Freien (unter 15 Masse-%) und Verschleiß bei Betonplatten. Für die Ausführung der Verlegearbeiten sind DIN 18 333 „Betonwerksteinarbeiten" (VOB Teil C) und DIN 18 515 „Fassadenbekleidung" maßgebend.

2.13.5 Rohre aus Beton

Nach Konstruktion und Herstellung trifft man folgende Einteilung der Rohre:
Betonrohre nach DIN 4032
Stahlbetonrohre nach DIN 4035
Spannbetonrohre in Anlehnung an DIN 4035

Druckrohre sind im Betrieb einem Innendruck ausgesetzt, der bei Spannbetonrohren bis 16 bar betragen kann.

Die wichtigsten Querschnittsformen und ihre Abmessungen sind in der DIN 4262 für den Wasserbau festgelegt:
Kreisquerschnitt mit DN 40 bis 4000 mm
Eiquerschnitt mit b/h = 500/700 bis 1400/2100 mm
Maulprofil mit b/h = 1600/1200 bis 4000/3000 mm

Betonrohre werden auch mit Füßen hergestellt, da es die Herstellungsverfahren zulassen. Die Anschlüsse werden als Glockenmuffe (Kennzeichen – M) oder als Falz (Kennzeichen – F) ausgebildet (Abb. 2.53 und 2.55). Als Dichtung werden meist Rollringe und Gleitringe, teilweise auch Lippendichtungen eingesetzt.

Herstellungsverfahren
Die Betonverdichtung erfolgt durch Stampfen, Pressen, Rütteln, Schleudern oder Walzen, sehr oft durch Kombination mehrerer Methoden.
Rüttelverfahren, Rüttelpreßverfahren und Vakuumverfahren benutzen Rüttler, die durch mechanische Pressen oder Unterdruck unterstützt werden. In stehenden Formen lassen sich damit beliebige Querschnitte herstellen. Die Rohrsymmetrie nutzt man bei Schleuderverfahren, bei denen die Verdichtung durch die

102 Keramische und mineralisch gebundene Baustoffe

Zentrifugalkraft oder zusätzlich durch Pressen oder Walzen erzielt wird (meist angewandt bei Stahlbetonrohren). Eine Sonderstellung nimmt das WEST-Verfahren ein, das das gesamte Bausystem aus Schalung und Beton in Schwingungen versetzt.
Die Rohrbewehrungen werden meist aus BSt IV auf besonderen Schweißmaschinen erstellt.

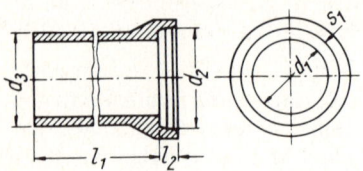

Abb. 2.53   Betonrohr mit Kreisquerschnitt ohne Fuß (Glockenmuffe)

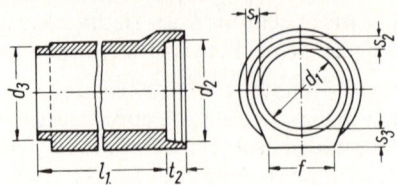

Abb. 2.54   Betonrohr mit Kreisquerschnitt mit Fuß (Glockenmuffe)

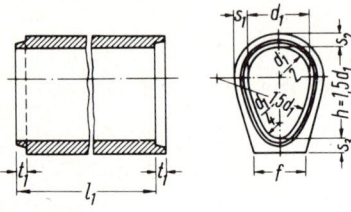

Abb. 2.55   Betonrohr mit Eiquerschnitt mit Fuß (Falz)

Anwendung
Freispiegelleitungen (Abwasser)
Druckleitungen (Wasserversorgung, Abwasser, Kühlwasser)
Düker, Heberleitungen
Stollen, Durchlässe, Schutzrohre unter Verkehrswegen
Einbau in offener Baugrube, Rohrdurchpressungen

2.13.6 Betonteile im Straßenbau[1])

Betonpflastersteine

Starke Verbreitung auf städtischen Straßen, Plätzen, Industrieflächen, Parkplätzen, Gehwegen und Fußgängerzonen. Maßhaltigkeit, Beständigkeit und Wiederverwendbarkeit bei Aufgrabungen ergeben wirtschaftliche Vorteile, die vielfältige Struktur, Farbgebung und Gestaltung durch den Pflasterverband erlauben besondere architektonische Wirkungen.

Die Oberfläche wird durch gebrochene und besonders harte Zuschläge rauh und griffig. Durch ausgewählte Zuschlagstoffe und Pigmente ist eine Farbgebung möglich (besonders anthrazit, rot, gelb, braun). Die Druckfestigkeit liegt meist bei 60 N/mm^2, entsprechend hohe Zugfestigkeit. Weitere Eigenschaften sind Dichtigkeit sowie Frost- und Tausalzwiderstand. Durch die hohe Druckfestigkeit ist im allgemeinen kein Frostschaden zu befürchten. Die Beachtung der Einbauvorschrif-

---

[1]) Informationen durch:
   Bundesverband Deutsche Beton- und Fertigteilindustrie e.V., Schloßallee 10,
   5300 Bonn 2.
   Forschungsgesellschaft für das Straßen- und Verkehrswesen, Alfred-Schütte-Allee 10,
   5000 Köln 21.

2.13.6 Betonteile im Straßenbau

ten (Merkblatt der Forschungsgesellschaft für das Straßen- und Verkehrswesen, Köln; VOB Teil C DIN 18 318), eine sorgfältige Planung und ein tragfähiger Unterbau sind für eine schadensfreie Ausführung wichtig.

Quadrat- und Rechtecksteine nach DIN 18 501 haben Steinhöhen von 6 cm bis 14 cm und Aufstandsflächen von 16/16 cm, 16/24 cm, 10/20 cm und 10/10 cm.

Sechsecksteine und **Verbundsteine** werden in einer Vielzahl von Formen angeboten, die manchmal nur regional erhältlich sind. In Abb. 2.56 wird ein Schema von 8 Gruppen angegeben, in die man die jeweiligen Steinformen einordnet. Steinhöhen von 6 cm, 8 cm und 10 cm sind üblich [2/11], [2/16].

Radwegplatten und **Spurwegplatten** haben oft ein größeres Format (60/30/10 cm) und eine Verbundverzahnung, die Verschiebungen in seitlicher und vertikaler Richtung verhindert.

Gehwegplatten nach DIN 485
sind mit den Maßen 30/30/4, 35/35/5, 40/40/5 und 50/50/6 cm genormt. Mit der geforderten Biegezugfestigkeit von 6 N/mm^2 halten sie allen Beanspruchungen unter Fußgängerverkehr stand. Bei Lkw-Ladeverkehr haben sich Platten im Format 30/15/10 und 35/35/10 cm bewährt (Merkblatt für Befestigungen mit Pflaster- und Plattenbelägen, Forschungsgesellschaft für das Straßen- und Verkehrswesen, Köln).

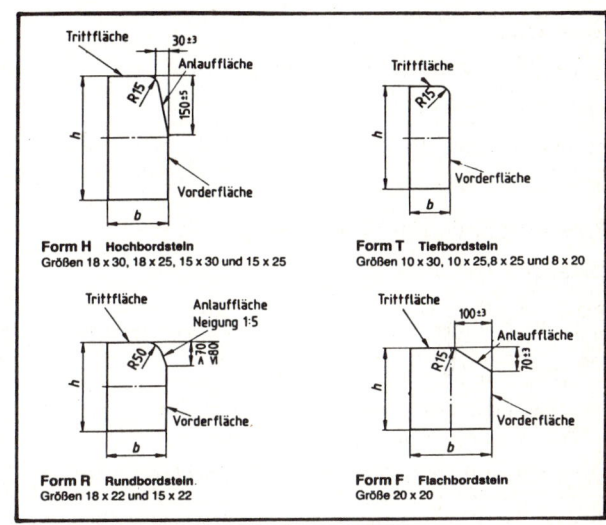

Abb. 2.57   Betonbordsteine nach DIN 483

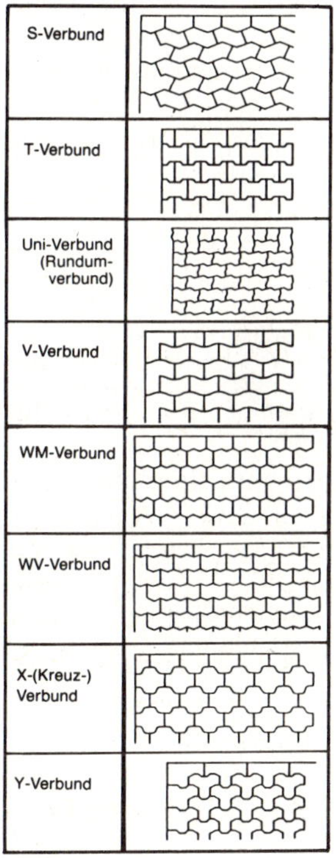

Abb. 2.56   Verbundpflastersteine aus Beton – Systemübersicht

104 Keramische und mineralisch gebundene Baustoffe

Rasensteine und **Baumscheiben** haben Durchbrüche für Pflanzenbewuchs und Bewässerung.

Bordsteine nach DIN 483
trennen die Verkehrsbereiche und dienen der Wasserführung. Sie werden auf einem Betonunterbau versetzt; Bordsteine mit entsprechend verringerter Höhe werden auf der Binderschicht der Straße aufgeklebt. Abmessungen (Abb. 2.57) und mittlere Biegezugfestigkeit (6 N/mm^2) sind genormt. Eine ausreichende Frost-/Tausalz-Widerstandsfähigkeit wird gefordert, jedoch nur nach Vereinbarung geprüft. Oberfläche, Farbe und Aufbau mit Vorsatzbeton sind wählbar. Kurvensteine lassen eine Ausführung von Radien ab 0,50 m bis 12,00 m zu.

Randsteine mit 0,20 m und 0,25 m Höhe, 0,50 m Länge werden niveaugleich als Abschluß eingebaut. Dafür auch **Einfassungssteine** (Kantensteine) mit nur 5 cm und 6 cm Breite.

Entwässerungsrinnen, Straßen- und Hofabläufe, Kabelkanal-Formsteine werden nach besonderen Normen hergestellt.

2.13.7 Herstellung und Überwachung von Betonfertigteilen

Tragende Betonfertigteile werden nach DIN 1045 und DIN 1084 Teil 2 „Güteüberwachung; Fertigteile" hergestellt und überwacht. Betonfertigteilwerke erfüllen die Bedingungen für die Herstellung von Beton B II. Eine Kontrolle erfolgt durch laufende *Eigenüberwachung* der Werke und eine *Fremdüberwachung*, die mindestens zweimal jährlich von amtlichen Prüfstellen oder Güteschutzgemeinschaften durchgeführt wird. Wenn diese Prüfungen bestanden sind, darf der Hersteller Bauteile oder Lieferscheine mit dem *Gütezeichen* der Güteschutzgemeinschaft kennzeichnen. Auf der Baustelle ist der Gütenachweis von Bauteilen dadurch erbracht, daß sie das Gütezeichen tragen. Nur in begründeten Ausnahmefällen ist eine Überprüfung zu veranlassen.

Für Betonbauteile werden folgende Gütezeichen verwendet:

Güteschutz Beton- und Stahlbetonfertigteile

Güteschutz Naturbims

2.14 Bauteile aus Faserzement und Asbestzement[1]

DIN	274 T 1 (April 72)	Asbestzement-Wellplatten; Maße, Anforderungen, Prüfungen
	T 2 (April 72)	–; Anwendung bei Dachdeckungen
	T 3 (Dez. 76)	Asbestzementplatten; Ebene Dachplatten, Maße, Anforderungen, Prüfungen

---

[1] Informationsdienst des Verbandes der Faserzement-Industrie e.V., Ernst-Reuter-Platz 8, 1000 Berlin 10

2.14 Bauteile aus Faserzement und Asbestzement

T 4 (Aug. 78)	–; Ebene Tafeln, Maße, Anforderungen, Prüfungen
DIN 19 800 T 1 (Jan. 73)	Asbestzementrohre und -formstücke für Druckrohrleitungen; Rohre, Maße
T 2 (Jan. 73)	–; Rohre, Rohrverbindungen und Formstücke, Technische Lieferbedingungen
T 3 (März 79)	–; Rohrverbindungen, Maße
DIN 19 850 T 1 (Aug. 81)	Asbestzementrohre und -formstücke für Abwasserkanäle, Rohre, Abzweige, Bogen, Maße, Technische Lieferbedingungen
T 2 (E Nov. 80)	–; Rohrverbindungen, Maße

Untersuchungen über die **Gesundheitsgefährdung durch Asbest** und drohende Rohstoffknappheit haben eine Entwicklung eingeleitet, Asbestfasern durch physiologisch unschädliche Fasern zu ersetzen. In dem freiwilligen Branchenabkommen von 1982 hat die deutsche Faserzement-Industrie den schrittweisen Ersatz von Asbestfasern in Hochbauprodukten durch **Kunststoffasern** bis zum Jahre 1990 vereinbart.

Auf dem Hochbaumarkt findet man nunmehr fast ausschließlich Faserzementprodukte, nachdem zu Beginn der Umstellung zunächst kleinformatige Platten, Wellplatten, Brandschutztafeln und Blumenkästen ohne Asbest hergestellt wurden.

Vorhandene Asbestzementbauteile verursachen durch Abwitterung nur geringfügige Emissionen. Anders verhalten sich dagegen **Spritzasbestputze** und Asbest-Leichtbauplatten. Hier ist der Asbest nur schwach gebunden und kann als Asbestfaserstaub in die Raumluft gelangen, wo er als eingeatmeter Feinstaub zu Gesundheitsschäden führt. Bei **Sanierungen, Abbruch und nachträglichem Bearbeiten** von asbesthaltigen Baustoffen ist die Anweisung „Spritzasbest und Asbestprodukte in Innenräumen erkennen – bewerten – sanieren" des Bundesministers für Raumordnung, Bauwesen und Städtebau, 5300 Bonn 2, zu beachten.

2.14.1 Der Baustoff Asbestzement

Für einige Bauteile mit Asbestfasern und Sanierungsarbeiten folgen Angaben über den Baustoff *Asbest:*

Asbest ist ein Magnesium-Hydrosilicat, das durch Umwandlung (Kontaktmetamorphose) aus silikatischen Gesteinen (Olivin, Hornblende, Serpentin u.a.) entstanden ist. Die wichtigsten Vorkommen liegen in Kanada, Südafrika und im Ural, wo das Gestein über Tage abgebaut wird (Asbestanteil 4 bis 10 %). Die wichtigste und am weitesten verbreitete Art ist Chrysotil oder Weißasbest, dessen Faser eine Zugfestigkeit von 560 bis 760 N/mm^2 aufweist (Reindichte 2,3 bis 2,5 kg/dm^3; Härte 3 bis 4; Schmelzpunkt etwa 1550 °C). Daneben verwendet man in geringerem Umfang Krokydolith oder Blauasbest (Reindichte 3,4 kg/dm^3; Härte 5 bis 6; Schmelzpunkt etwa 1150 °C; Zugfestigkeit bis zu 2250 N/mm^2).

Anwendungsbereiche: Bautafeln und -platten und Rohre aus Asbestzement, Hitzeschutzbekleidung, Dichtungen, Brems- und Kupplungsbeläge, elektrisches Isoliermaterial, Filter in der Getränkeindustrie u. a.

Zur Herstellung von Bauteilen (vgl. Abschnitt 2.14.2) aus **Asbestzement** werden die Rohfaserbündel in Kollergängen aufgeschlossen, so daß man Faserstränge mit 0,1 bis 0,3 μm Durchmesser und bis 12 mm Länge verarbeitet. Durch die große und rauhe Oberfläche vermag die Asbestfaser die Zementteile adhäsiv zu binden und in einer Mischung mit hohem Wasseranteil zu tragen. Die gleiche Faser bewirkt die hohe Zugfestigkeit und Verformbarkeit. Weitere besondere Eigenschaften des Asbestzementes sind die chemische und biologische Beständigkeit durch die mineralischen Bestandteile.

106 Keramische und mineralisch gebundene Baustoffe

Asbestzement ist beständig gegen:
Laugen, schwache Säuren, Chloride, Salpeter, organische Lösemittel, Mineralöle, Jauche (pH > 6)

Schädlich sind folgende Stoffe bei Dauerwirkung:
Anorganische und organische Säuren (Oxal-, Milch-, Essigsäure), Salzlösungen von Magnesiumsalzen, Sulfaten, Ammoniumsalzen, Eisenchlorid
warmes destilliertes Wasser, aggressive Wässer (pH < 6)
hohe Konzentrationen einiger Gase mit Feuchtigkeit
(Rauchgase, Schwefeldioxid u. a.)

Nichtbrennbarer Baustoff Klasse A 1:
hitzebeständig bis 300 °C (kurzzeitig 400 °C)
frostbeständig
verschleißfest

Gesundheitsschädlich sind Feinstaubfasern mit weniger als 3 μm Durchmesser und 5 bis 500 μm Länge, die beim Einatmen in die Lunge gelangen und Asbestose und Lungenkrebs erzeugen können. Die Gefährdung geht nicht vom Bauteil, sondern von dem Fasergehalt in der Luft aus, der früher in der Industrie bei 200 Fasern/cm^3 und höher lag. Ab 1982 ist als Technische Richtkonzentration (TRK) 1 Faser/cm^3 Luft festgelegt. Bei der Herstellung von Asbestzement sind ausreichende Schutzmaßnahmen zur Einhaltung der TRK getroffen.

Beim Verarbeiten von Asbestzement auf der Baustelle sind die Unfallverhütungsvorschriften „Schutz gegen gesundheitsgefährlichen mineralischen Staub (VBG 119)" zu beachten.

Beim Bearbeiten von Asbestzementbauteilen dürfen nur zugelassene Arbeitsgeräte verwendet werden, die keinen Feinstaub erzeugen. Keine Trennschleifer! Grobspanende Geräte oder Entstaubung (Kreissäge mit Entstauber, Bandsäge, Handstichsäge, Schere, Handreißer).

Eine Umweltbelastung durch abgewitterte Asbestfasern ist nicht festgestellt worden.

2.14.2 Der Baustoff Faserzement

Der Ersatz von Asbestfasern durch physiologisch unbedenkliche, aber technisch gleichwertige Fasern hat nach einer jahrelangen intensiven Forschungsarbeit zu dem Ergebnis geführt, daß die **Armierung** der Zementmatrix durch modifizierte Polyacrylnitril-Fasern (Dolanit) bzw. Polyvinylalkohol-Fasern (Kuralon) erfolgt. Sie erfüllen die Forderungen nach ausreichender Zugfestigkeit, E-Modul, Haftung an der Zementmatrix und chemischer Beständigkeit sowohl gegenüber der alkalischen Umgebung des Zementes als auch gegenüber den Witterungseinflüssen. Die größere Bruchdehnung der Fasern hat in dem Faserzementprodukt ein vorteilhaftes zäh-elastisches Verhalten mit größeren Verformungen vor dem Bruch zur Folge. Die letzte Entwicklung führte zu einem Fasertyp (Dolanit VF 11), der Faserdurchmesser von 13 bis 100 μm und Faserlängen von 2 bis 24 mm hat, je nach Anwendungsbereich. Diese Abmessungen liegen weit über den Grenzen von „lungengängigem" Feinstaub.

2.14.2 Der Baustoff Faserzement

Bei der Fabrikation wird ein wäßriger Brei aus Zement und Fasern gemischt. Dabei müssen die Zementteilchen von den Fasern im Wasser getragen werden. Im Gegensatz zu den Asbestfasern mit ihrer feinen und ausgefransten Struktur haben die Kunststofffasern eine glatte Oberfläche und können diese Aufgabe nicht ausreichend übernehmen. Dafür werden **Prozeßfasern** (Zellstoff) eingebracht.

Der erhärtete Faserzement besteht zu rd. 40 % aus Portlandzement, dem zur Optimierung der Eigenschaften rd. 11 % feine Zusatzstoffe (z. B. Kalksteinmehl und gemahlener Faserzement) zugegeben werden. Die Armierungsfasern haben bei geringerer Rohdichte nur einen Anteil von 2 %, die Prozeßfasern von 4 bis 6 %. Neben Wasser (bis 12 %) besteht der Baustoff aus Luft, die in feiner Verteilung in Mikroporen vorliegt. Er ist dadurch dampfdurchlässig, aber trotzdem wasserdicht. Die Poren bieten für gefrierendes Wasser Expansionsräume und verhindern die Zerstörung durch Frost. Eine **Oberflächenbehandlung** durch Beschichtung erfüllt nicht nur eine dekorative Funktion, sondern bietet auch einen Schutz gegen sauren Regen und Abwitterung und ist beständig gegen Temperatur, Witterung und UV-Strahlung.

Die Herstellung erfolgt nach dem bewährten Naßverfahren von *Hatschek* (patentiert 1900) in modifizierter Form, bei dem ein oder mehrere rotierende Siebzylinder aus den Stoffkästen mit einer wäßrigen Dispersion von Zement und Fasern eine dünne Vliesschicht von etwa 1 mm aufnehmen und auf ein Transportband leiten. Auf dem Transportband (Filzband) wird durch Saugdüsen die Schicht entwässert. Es entsteht eine endlose Matte, in der sich die Fasern teilweise in Mattenebene ausrichten.

Bei der Tafelherstellung wird die Vliesmatte auf Formatwalzen aufgewickelt, bis die geforderte Tafeldicke erreicht ist. Die Fasern verzahnen sich mit den Nachbarschichten, so daß sich eine fest zusammenhängende Matte bildet. Nach dem Aufschneiden der Mattenzylinder löst man sie von der Formatwalze und bearbeitet sie durch automatische Stanzen und Pressen zu kleinformatigen Platten, ebenen Tafeln und Wellplatten. Aus den noch weichen Rohplatten werden Lüftungsrohre und -formstücke von Hand geformt. Es entstehen ferner Dach- und Fassadenplatten mit Kantenlängen bis zu 160 cm, Wellplatten und ebene Tafeln, ungepreßt, gepreßt und normal erhärtet oder dampfgehärtet, die als großformatige Ausbauplatten oder Fassadenplatten mit Kantenlängen bis 360 cm Verwendung finden. Sie können eine dauerhafte Farbbeschichtung erhalten. Kleinformatige Platten können auch durchgefärbt hergestellt werden. Nach wenigen Stunden besitzen die Teile eine ausreichende Festigkeit und können von der Schalung genommen werden. Es folgt die Nacherhärtung im Lagerraum über 28 Tage oder eine Dampfhärtung. Auch großformatige Wellplatten werden ab 1990 in Deutschland nur noch asbestfrei hergestellt [2/16].

Bei der Rohrherstellung wird die Matte auf einen Kern aufgewickelt, der bis zum Erhärten unter Wasser im Rohr bleibt. Dann wird das Rohr abgelängt und an den Rohrenden für den Paßsitz der Verbindungen abgedreht. Formteile und Rechteckrohre werden von Hand geformt. Die Tiefbauprodukte, wie Rohre, Schächte und Brunnenstuben, können erst nach weiterer Forschung und Entwicklung in den kommenden Jahren als asbestfreie Erzeugnisse gefertigt werden.

2.14.3 Wellplatten

Maße nach DIN 274 Teil 1 und Teil 2 und Werksangaben (siehe Abb. 2.58 bis 2.60).

Profil	Dicke	Plattenbreite	Seitenüber-deckung	Plattenlänge
	mm	mm	mm	mm
(5) $\frac{177}{51}$	6,5	920	47	2500/2000/1600/1250
(8) $\frac{130}{30}$	6,0	1067 1000	47 90	830/625 2500/2000/1600/1250

Lange Platten werden über mehrere Pfetten gelegt. Nach Profil und Dachneigung max. Pfettenabstand 1150 bis 1450 mm. Um die Dachfläche dicht zu halten, müssen bei geringen Dachneigungen Dichtungsprofile in Längsüberdeckung und auch Seitenüberdeckung gelegt werden.

Dachneigung: Ausführung:
über 10°   ohne Dichtungsprofil
über 7°   mit Dichtungsprofil im Längsstoß
über 5°   mit Sonderprofil im Seitenstoß (Profil 5)
über 3°   mit Deckkappe und besonderer Kittschnur (Profil 5)

Sonderprofile in Trapezform für Dachdeckungen, Wände und Sichtblenden.

Tafel 2.24 Bauphysikalische Werte von Wellplatten und ebenen Tafeln aus Faserzement für den Hochbau (Fa. Eternit)

Baustoff		Wellplatte 177/51 für Dach	Eterplan N (n. Kl. 2) für Innenausbau
Brandschutz Baustoffklasse		A 2	A 2
Plattendicke	mm	6,5	6,0
Trockenrohdichte (mind.)	kg/m³	1700	1650
Feuchte lagertrocken max. Feuchte	 Masse-% Masse-%	 6–9 18	 6–8 8
Rechenwerte für Biegespannung E-Modul	 N/mm² N/mm²	längs: 6,0 15500	längs und quer: 6,0 15000
Biegefestigkeit	N/mm²	–	längs: 18,0 quer: 26,0
Wärmedehnzahl α_T	1/K	$10 \cdot 10^{-6}$	$10 \cdot 10^{-6}$
Dehnung bei Wasseraufnahme (max.)	mm/m	3,5	2,5

2.14.3 Wellplatten

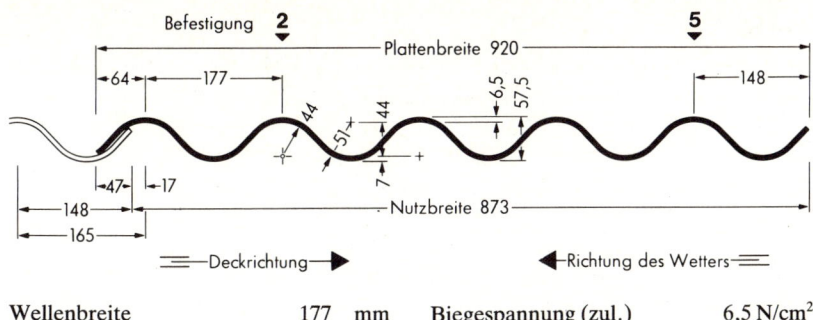

Wellenbreite	177	mm	Biegespannung (zul.)	6,5 N/cm²
Wellenhöhe	51	mm	Widerstandsmoment	85 cm³/m
Plattendicke	6,5 mm			

Abb. 2.58 Wellplatten, Querschnitt, Profil 5 (177/51)

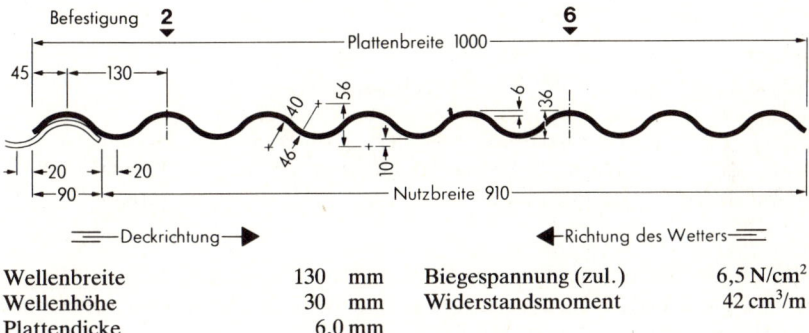

Wellenbreite	130	mm	Biegespannung (zul.)	6,5 N/cm²
Wellenhöhe	30	mm	Widerstandsmoment	42 cm³/m
Plattendicke	6,0 mm			

Abb. 2.59 Wellplatten, Querschnitt, Profil 8 (130/30)

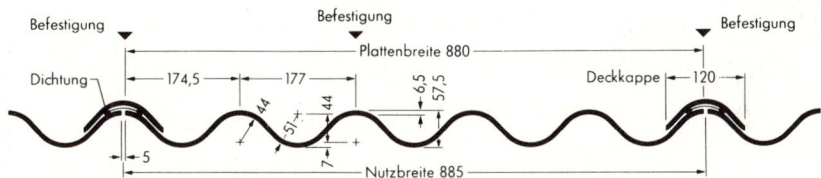

Abb. 2.60 Wellplatten; Deckung für flache Dächer mit Profil 5 (177/51)

Keramische und mineralisch gebundene Baustoffe

2.14.4 Ebene Dachplatten

Formate nach DIN 274 Teil 3
  Deutsche Deckung 40/40, 30/30 (und 20/20) mit Bogenschnitt (siehe Abb. 2.61a)
  Doppeldeckung (Biberdeckung) 30/60 bis 20/40 mit Eckenschnitt oder Segment (siehe Abb. 2.61b)
  Waagerechte Deckung 60/30 (siehe Abb. 2.61c)

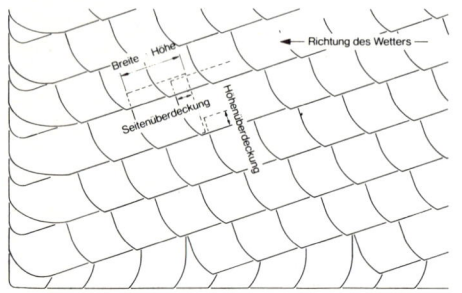
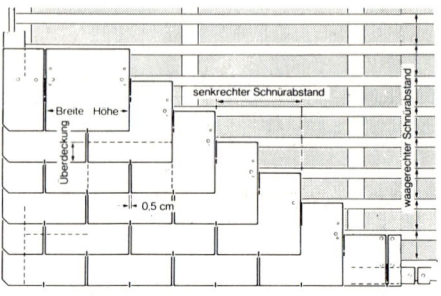

a) Deutsche Deckung
Mindestdachneigung 25°
Verlegung nur auf Schalung mit einer Lage Dachbahn

b) Doppeldeckung
Mindestdachneigung 25°
Verlegung auf Lattung oder Schalung und Dachbahn

Abb. 2.61 *Dachplatten; Plattenanordnung*

Farbgebung durch farbige, trockene Streuschicht aus Pigmenten auf die oberste Vliesschicht, dann einpressen. Die erhärtete, angewärmte Platte wird später mit einer Kunststoffdispersion beschichtet. Große Farbauswahl. Anwendung auch bei Fassaden, Mindestdachneigung 25°.

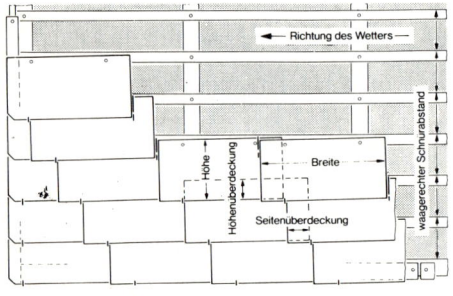

c) Waagerechte Deckung
Mindestdachneigung 30°
Verlegung auf Lattung oder Schalung und Dachbahn

Abb. 2.61 *Dachplatten; Plattenanordnung (Fortsetzung)*

2.14.5 Ebene Tafeln

Klasse 1, Innenbautafel, ungepreßt, hellgrau,
  Abmessungen bis 2500/1250 mm, Dicke 5 bis 10 mm

2.14.5 Ebene Tafeln/2.14.6 Rohre für Haustechnik

Klasse 2, gepreßt, normal erhärtet, beidseitig glatt
  a) hellgrau oder farbig, wetter- und frostbeständig, nicht brennbar A 1 (asbesthaltig), Abmessungen bis 3580/1250 mm, Dicke 4 bis 20 mm
  b) Innenbautafeln, Abmessungen 2500/1250 mm, 2 bis 5 mm
  c) Unterdachtafeln
  d) ebene Tafeln mit Drahtarmierung
Ohne Normklasse: wie a) ohne Asbest, nicht farbig, nicht brennbar A 2, Dicke 6 bis 20 mm

Klasse 3, gepreßt, dampfgehärtet
  a) farbig beschichtet für Fassaden, wetter- und frostbeständig, nicht brennbar A 1 (asbesthaltig), Abmessungen bis 3130/1280 mm, Dicke 4 bis 12,5 mm,
  b) hellgrau, sonst wie a)
  c) acrylbeschichtet, sonst wie a), Abmessungen bis 3580/1250 mm, Dicke 6 bis 20 mm
  d) mit Marmorsplitt bestreut, sonst wie a)

Brandschutzplatten
Faser-Calcium-Silicat-Platten
Baustoffklasse A 1 (nichtbrennbar), dauerhitzebeständig bis 400 °C
Abmessungen bis 3100/1250 mm, Dicke 8 bis 30 mm, Rohdichte 0,85
Wärmeleitfähigkeit 0,147 W/(m · K).

Durch Zusatz von porigen Zuschlägen wird die Wärmedämmung erhöht. Wasseraufnahme bis 70 % des Trockengewichtes. Auch als Akustikplatte mit Lochung.

Zementgebundene Holzfaserplatten (siehe Abschnitt 17.9.1g)
Teilweise Baustoffklasse A 2 (nichtbrennbar)

2.14.6 Rohre für Haustechnik

Abwasserrohre	Nennweiten DN 50 bis 300 mm
	Baulängen 1,50 bis 4,00 m
	Muffenverbindung, muffenlose Verbindung
Lüftungs- und Abgasleitungen (Bausysteme)	
	Rechteckige Querschnitte, 2- und 3zügig
	Runde Querschnitte, 2zügig
Müllabwurfschächte	Nennweiten 400 bis 600 mm

2.14.7 Rohre für den Tiefbau

Filter- und Aufsatzrohre für Brunnen		DN 150 bis 1600 mm
		Baulängen 1,25 bis 5,00 m
Kanalrohre	Klasse A	DN 400 bis 2500 mm
	Klasse B	DN 100 bis 2500 mm
		Baulängen 4,00 und 5,00 m
Drainrohre		DN 100 bis 800 mm
		Baulängen 2,00 bis 5,00 m

112   **Keramische und mineralisch gebundene Baustoffe**

Mantelrohre für Fernwärmeleitungen
Versorgungsleitungen   bis DN 2500 mm
Lüftungsleitungen
Druckrohre für Trinkwasser und Abwässer   Nennweite DN 80 bis 2000 mm
                                          Nenndruck PN 2,5 bis 16
                                          Baulängen 4,00 und 5,00 m
Dazu werkstoffgleiche Formstücke wie Bogen, Abzweige, Übergangskupplungen u. a. und Schächte.

2.15 Bauplatten mit mineralischen Bindemitteln

Die Bauplatten finden vor allem Anwendung bei Verkleidungen, leichten Trennwänden, Decken- und Wandbekleidungen, Ausfachungen u. a. An diese Bauteile werden Anforderungen an Wärme-, Schall- und in Sonderheit Brandschutz gestellt. Bei einzelnen Arten ist auch eine Beständigkeit gegen Feuchtigkeit und Witterung vorhanden. Die Eigenschaften werden teilweise durch Normen, bei Neuentwicklungen durch Zulassung und Prüfzeugnis, festgelegt. Zum Brandschutz Erläuterungen unter Abschnitt 16.4.

2.15.1 Holzwolle-Leichtbauplatten

beschrieben in Abschnitt 16.1.4

2.15.2 Zementgebundene Holzspanplatten

beschrieben in Abschnitt 17.9.2g

2.15.3 Platten mit mineralischen Zuschlagstoffen

Der **Brandschutz** ist der wichtigste Einsatzbereich dieser Platten. Durch Verbindung von mineralischen Zuschlägen und Bindemitteln erhält man Bauplatten der Baustoffklasse A 1. Organischer Anteil im Bindemittel und Oberflächenkaschierung aus Papier können eine Einstufung in die Baustoffklassen A 2 oder B 1 bewirken (siehe Abschnitt 16.4). Je nach Typ werden die Platten eingesetzt als Wand- und Deckenbekleidungen, Verkleidungen von Stützen und Trägern, Fassadenelemente oder als Trägerplatten für Furniere und Laminatbeschichtung.

a) Platten mit porösen Zuschlägen[1]

Fabrikat: Thermax-Brandschutzplatten
Zuschlagstoff: Vermiculite (siehe Abschnitt 16.1.4)

Typ	A	A 450	M	MO
Dicke in mm	12–22	20–50	20–40	
Ausführung[2]	s	s, u	k	s, u
Rohdichte in kg/m^3	0,65–0,95	0,45	0,35	
Biegefestigkeit in N/mm^2	4,0–6,0	1,0–4,0	1,0–4,0	
Wärmeleitfähigkeit in W/(m · K)	0,14	0,11	0,11	
Brandverhalten:				
Baustoffklasse	A 1	A 1	B 1	A 2

b) Platten mit Mineralfasern (Fibersilicat)[1])

Fabrikat: Promat-Feuerschutzbauplatten		
Typ	Promatek L	Promatek H
Dicke in mm	20–50	6–20
Ausführung[2])	s, u	u
Rohdichte in kg/m^3	0,43	0,90
Biegefestigkeit in N/mm^2	3,4	4,8–7,6
Wärmeleitfähigkeit in W/(m · K)	0,083	0,17
Brandverhalten: Baustoffklasse	A 1	A 1

2.15.4 Gipsbaustoffe
beschrieben in Abschnitt 4.1.4

2.16 Bauphysikalische Rechenwerte für Mauerwerk

DIN 1053 T 1 (Febr. 90)	Mauerwerk; Rezeptmauerwerk; Berechnung und Ausführung
T 2 (Juli 84)	–; Mauerwerk nach Eignungsprüfung; Berechnung und Ausführung
DIN 4102 T 1 bis 4	Brandverhalten von Baustoffen und Bauteilen (vgl. Kap. 16)
DIN 4108 T 1 bis 5	Wärmeschutz im Hochbau (vgl. Kap. 16)
DIN 4109 T 1 bis 6	Schallschutz im Hochbau (vgl. Kap. 16)

2.16.1 Tragfähigkeit

Tafel 2.25 Grundwerte der zul. Spannungen σ_0 (N/mm^2) von Rezeptmauerwerk nach DIN 1053 Teil 1 (Ausgabe Febr. 1990)

Steinfestig- keitsklasse	Normalmörtel Mörtelgruppe				Leichtmörtel		Dünnbett- mörtel
	II	IIa	III	IIIa	LM 21	LM 36	
2	0,5	0,5	–	–	0,5	0,5	0,6
4	0,7	0,8	0,9	–	0,7	0,8	1,0
6	0,9	1,0	1,2	–	0,7	0,9	1,4
8	1,0	1,2	1,4	–	0,8	1,0	1,8
12	1,2	1,6	1,8	1,9	0,9	1,1	2,0
20	1,6	1,9	2,4	3,0	0,9	1,1	2,9
28	1,8	2,3	3,0	3,5	0,9	1,1	3,4
36	–	–	3,5	4,0	–	–	–
48	–	–	4,0	4,5	–	–	–

---

[1]) Beispiele mit Herstellerangaben.
[2]) Oberfläche: geschliffen = s, ungeschliffen = u, kaschiert = k.
(Fußnoten für S. 112 u. 113)

114 Keramische und mineralisch gebundene Baustoffe

Tafel 2.26 Mauerwerksfestigkeitsklassen M nach Eignungsprüfung, Mittelwerte und Rechenwerte der Druckfestigkeit (N/mm²) nach DIN 1053 Teil 2

Festigkeitsklasse M	1,5	2,5	3,5	5	6	7	9	11	13	16	20	25
Mittelwert β_{MS}	1,8	2,9	4,1	5,9	7,0	8,2	10,6	12,9	15,3	18,8	23,5	29,4
Rechenwert β_R	1,3	2,1	3,0	4,3	5,1	6,0	7,7	9,0	10,5	12,5	15,0	17,5

Die Tragfähigkeit einer Mauerwerkswand wird von der Stein- und Mörtelfestigkeit und ihren Verformungen beeinflußt. Die Mörteldehnung der Lagerfuge wird in Querrichtung durch die Mauersteine behindert. Dadurch entsteht im Mörtel eine Querdruckspannung und im Stein eine Querzugspannung, so daß die Steinzugfestigkeit einen Einfluß auf die Wandfestigkeit hat. Beim Leichtmörtel (siehe Abschnitt 7.1.3) treten infolge der porösen Zuschläge größere Verformungen auf, die im Stein höhere Querzugspannungen hervorrufen. Die Steindruckfestigkeit hat dabei einen noch geringeren Einfluß auf die Wandfestigkeit.

Zur Ermittlung der Tragfähigkeit von Mauerwerk werden in der DIN 1053 zwei unterschiedliche Berechnungsverfahren benutzt. In Teil 1 (Ausgabe Anfang 1990) kann unter bestimmten Bedingungen ein vereinfachtes Verfahren mit zulässigen Spannungen im Gebrauchslastenzustand benutzt werden, das im wesentlichen der Methode der alten DIN 1053 entspricht. Beim genaueren Verfahren wird der Bruchzustand betrachtet. Dabei kann nach Teil 1 mit Rezeptmauerwerk und Teil 2 mit Mauerwerk mit Eignungsprüfung gerechnet werden. In allen Fällen wird Mauermörtel mit den Gruppen II, IIa, III und IIIa verwendet sowie ggf. auch Leichtmörtel LM 21, LM 36 und Dünnbettmörtel. Demnach sind für Mauerwerksberechnungen drei Arten zu unterscheiden:

a) DIN 1053 Teil 1 nach 7.2 (Vereinfachtes Verfahren)
Für Rezeptmauerwerk wird ein Grundwert der zulässigen Spannungen σ_0 in Tabellen (siehe Tafel 2.25) angegeben. Die maßgebende zulässige Spannung σ_D ergibt sich mit einem Abminderungsfaktor k, der abhängig ist
bei   von
Auflagern: Zwischenauflager oder Endauflager
Bauteilen: Wand oder Pfeiler (mit höherer Sicherheit)
Knickgefahr: Knickschlankheit $10 < h_k/d < 25$ und beim Endauflager von der Deckenstützweite, die maximal 6.00 m beträgt.

b) DIN 1053 Teil 1 nach 7.3 (Genaues Verfahren)
Nach den Berechnungsgrundsätzen von Teil 2 wird ein Rechenwert β_R der Mauerwerksdruckfestigkeit eingesetzt, der abweichend von der noch gültigen Ausgabe von Teil 2 aus den Grundwerten der zulässigen Spannung des Rezeptmauerwerkes bestimmt wird, ebenso der notwendige Rechenwert des E-Moduls:

$$\beta_R = 2{,}67 \cdot \sigma_0 \qquad E = 3000 \cdot \sigma_0$$

2.16.2 Verformungskennwerte

c) DIN 1053 Teil 2 (Genaues Verfahren)
Die Bestimmung einer Mauerwerksfestigkeitsklasse erfolgt durch eine Eignungsprüfung mit nachfolgender Einstufung. Die Prüfung umfaßt die Bestimmung der Steinfestigkeit und zusätzlicher Anforderungen und der Wandfestigkeit mit der vorgegebenen Mörtelgruppe. Aus der Einstufungsklasse folgt ein Rechenwert β_R der Druckfestigkeit (siehe Tafel 2.26).

Im genauen Verfahren nach b und c wird ein Sicherheitsbeiwert von 2,0 für Wände und 2,5 für Pfeiler eingesetzt, mit dem die Gebrauchslast zu multiplizieren ist. Zulässig ist eine klaffende Fuge bis zum Schwerpunkt des Querschnittes. Weitere Angaben über Knicken, Zugspannungen und Schubspannungen in DIN 1053.

2.16.2 Verformungskennwerte

Die Formänderungen des Mauerwerkes finden besondere Beachtung, seitdem die Ursachen von Mauerwerksrissen in dem unterschiedlichen Verformungsverhalten einzelner Wände festgestellt werden. Die Schadensgefahr wächst mit den Bauwerksabmessungen. Beschränkt man sich bei dem Versuch eines rechnerischen Kriteriums, die Dehnung von benachbarten Wänden zu vergleichen, kann man obere Grenzen angeben, die die Differenz von zwei Dehnungen nicht überschreiten sollen. Damit lassen sich Erfahrungen aus Schadensfällen verwerten [2/6], [2/14].

Im Mauerwerk treten folgende **Formänderungen** auf, die durch die Dehnungen $\varepsilon = \Delta h/h$ beschrieben werden:

Elastische Verformung unter Belastung	$\varepsilon_{el} = \sigma/E$
Kriechen unter langzeitiger Belastung	$\varepsilon_K = \varphi \cdot \varepsilon_{el}$
Schwinden und Quellen (Feuchtewirkung)	ε_s
Temperaturverformung	$\varepsilon_T = \alpha_T \cdot \Delta T$

Die Kennwerte haben bei verschiedenen Steinarten, Festigkeitsklassen und Mörtelgruppen durchaus unterschiedliche Größe. In DIN 1053 wird versucht, die Werte vereinfachend zusammenzufassen, zumal der Streubereich der Meßwerte bei ± 30 % liegt.

Die **elastischen Verformungen** sind durch den Elastizitätsmodul bestimmt, der in hohem Maße von der Steinfestigkeit abhängt. Doch ist ein Verformungsunterschied bei Wänden aus verschiedenen Steinarten um so weniger zu erwarten, je mehr die jeweiligen zulässigen Spannungen ausgenutzt werden.

Die **Kriechzahl** φ entspricht bei den bindemittelgebundenen Steinen den allgemeinen Werten für Betonbauteile und ist ebenso von dem Zeitpunkt der Erstbelastung abhängig. Ziegelwände haben nur einen Kriechanteil in der Mörtelfuge und somit kleine Kriechzahlen. Damit können zeitabhängige Verformungsunterschiede zwischen Ziegel- und Betonsteinwänden auftreten, die zu Rissen führen. Eine ausführliche Darstellung dieses Problems mit einer Abschätzung der Rissegefahr und genaueren Werkstoffwerten in [2/6], [2/14].

Bei der **Feuchtedehnung** sind das Schwinden (negative Werte) und das chemische Quellen berücksichtigt. Hier treten auch horizontale Längenveränderungen auf, die sich u. U. mit Temperaturverformungen überlagern.

Tafel 2.27 Rechenwerte der E-Moduln ($\cdot 10^3$ N/mm²) für Mauerwerk mit Eignungsprüfung nach DIN 1053 Teil 2, Sekantenmodul bei $\sigma = \beta_R/3$

Steinart	Mörtel-gruppe	\multicolumn{9}{c}{Steinfestigkeitsklasse}								
		2	4	6	8*)	12	20	28	36	48	60
Mauerziegel Kalksandsteine DIN 105 und 106	IIa	2	3	5	–	6	7	8	–	–	–
Mauerziegel DIN 105	III/IIIa	–	–	–	–	7	8	10	14	20	24
Kalksandsteine DIN 106	III/IIIa	–	–	–	–	7	8	10	10	11	12
Steine aus Leichtbeton DIN 18 151/152 und Gasbeton DIN 4165	IIa	2	3	5	–	6	7	8	–	–	–
	III/IIIa	–	–	–	–	7	8	10	–	–	–
Steine aus Beton mit geschlossenem Gefüge DIN 18 153	IIa	–	8	10	–	11	–	–	–	–	–
	III/IIIa	–	–	–	–	13	–	–	–	–	–

*) Angaben für die Festigkeitsklasse 8 fehlen noch.

Tafel 2.28 Verformungskennwerte für Kriechen, Schwinden und Temperaturänderung nach DIN 1053 Teil 2

Steinart	Endkriechzahl für Steinfestigkeitsklasse		Feuchtedehnung (Schwinden) mm/m	Wärme-dehnkoeffizient $\cdot 10^{-6}$/K
	2–6	12–60		
Mauerziegel	0,75	0,75	0	6
Kalksandsteine Gasbetonsteine	2,0	1,5	– 0,2	8
Beton- und Leichtbetonsteine	2,0	1,5	– 0,2 – 0,4*)	8 10**)

*) Bei Verwendung von Bims.   **) Bei Verwendung von Blähton.

2.16.3 Wärmeleitfähigkeit

Die Wärmeleitfähigkeit von Baustoffen ist im wesentlichen von ihrer Rohdichte und dem Feuchtigkeitsgehalt abhängig. Die Rechenwerte (Wärmeleitzahl) werden in DIN 4108 Teil 4 festgelegt. Änderungen und Ergänzungen bei Zulassungen werden im Bundesanzeiger veröffentlicht. In den bekanntgegebenen Werten ist der praktische Wassergehalt der Stoffe im Bau bei normaler Nutzung berücksichtigt. Für die wichtigsten Mauerwerksarten gibt [2/15] an:

Baustoff	KS-Stein	Bimsbeton	Gasbeton	Ziegel
praktischer Wassergehalt (Masse-%)	5	4	3,5	1,5

Einerseits hat die Entwicklung neuer Baustoffe in der Vergangenheit zu immer geringerer Wärmeleitfähigkeit geführt. Zum anderen geht bei Wandkonstruktionen,

2.16.3 Wärmeleitfähigkeit

Tafel 2.29 Rechenwerte der Wärmeleitfähigkeit λ_R [W/(m · K)] für Mauerwerk mit Normalmörtel (DIN 4108 Teil 4).
Für Leichtmörtel meist Minderung um 0,06 W/(m · K)

Rohdichte-klasse kg/dm³	Mauerziegel DIN 105 Teil 1	KS-Steine DIN 106	Hüttensteine DIN 398	Hohlblocksteine aus Normalbeton DIN 18 153
1,0	–	0,50	0,47	
1,2	0,50	0,56	0,52	
1,4	0,58	0,70	0,58	0,92[1])
1,6	0,68	0,79	0,64	oder
1,8	0,81	0,99	0,70	1,30[2])
2,0	0,96	1,10	0,76	
2,2	–	1,30	–	

Rohdichte-klasse kg/dm³	Leichtbetonsteine			
	Hohlblocksteine DIN 18151		Vollblöcke DIN 18 152	Vollsteine DIN 18 152
	3K[1])	2K[2])		
0,5	0,29	0,29	0,29	0,32
0,6	0,32	0,34	0,32	0,34
0,7	0,35	0,39	0,35	0,37
0,8	0,39	0,46	0,39	0,40
0,9	0,44	0,55	0,43	0,43
1,0	0,49	0,64	0,46	0,46
1,2	0,60	0,76	0,54	0,54
1,4	0,73	0,90	0,63	0,63
1,6	–	–	0,74	0,74
1,8	–	–	0,87	0,87
2,0	–	–	0,99	0,99

Rohdichte-klasse kg/dm³	Gasbeton-Blocksteine DIN 4165	Leichthochlochziegel DIN 105 Teil 2		Vollblöcke aus Lbn DIN 18 152	
		Typ A und B	Typ W	Vbl – SW aus Bims	Vbl – SW aus Blähton
0,4	–[3])	–	–	–	–
0,5	0,22	–	–	0,20	0,22
0,6	0,24	–	–	0,22	0,24
0,7	0,27	0,36	0,30	0,25	0,27
0,8	0,29	0,39	0,33	0,28	0,31
0,9	–	0,42	0,36	–	–
1,0	–	0,45	0,39	–	–

[1]) Gültig für **2-K**-Steine mit Breite, d. h. Wanddicke ≤ 24 cm
　　　　3-K-Steine mit Breite, d. h. Wanddicke ≤ 30 cm
　　　　4-K-Steine mit Breite, d. h. Wanddicke ≤ 36,5 cm
[2]) Gültig für **2-K**-Steine mit Breite, d. h. Wanddicke = 30 cm
　　　　3-K-Steine mit Breite, d. h. Wanddicke = 36,5 cm
[3]) Wert für 0,4 nach DIN 4165 noch nicht veröffentlicht.

die für die Wärmedämmung besondere Dämmstoffe benutzen, die Bedeutung des Wärmedurchlaßwiderstandes im Mauerwerk zurück. Die Wärmeleitfähigkeit kann durch die Ausführung des Mauerwerkes in Leichtmörtel nach besonderer Zulassung noch vermindert werden, im allgemeinen um 0,06 W/m · K (Tafel 2.29).

Erläuterungen und weitere Angaben zur Wärmeschutzberechnung und Wasserdampfdiffusion in [1], [2/15].

2.16.4 Wasserdampfdiffusion

Die Diffusion des Wasserdampfes durch Wand- und Deckenkonstruktionen und seine mögliche Kondensation im Bauteil ist bei Wärmeschutzberechnungen mit zu berücksichtigen, wie in Abschnitt 16.2 erläutert. Die Diffusionswiderstandszahl μ gibt den Vergrößerungsfaktor der Schichtdicke für eine gleich wirksame Luftschicht an und ist in DIN 4108 Teil 4 mit ihrem oberen und unteren Grenzwert angegeben. Der ungünstigere Wert ist zu wählen.

Baustoff	Zahl μ	Baustoff	Zahl μ
Klinker	50/100	Hüttensteine	70/100
Ziegel	5/10	Gasbeton	5/10
KS-Steine	5/10 (15/25)	Leichtbetonsteine	5/10 (10/15)

Werte in ( ) für Rohdichte $\geq$ 1,6.

2.16.5 Schallschutz

Der Schallschutz in Bauwerken erstreckt sich auf Luft- und Trittschalldämmung. Die Luftschalldämmung eines einschaligen Bauteils steigt im allgemeinen mit seinem Flächengewicht, d. h., bei Wänden bestimmen Rohdichte und Wanddicke das Schalldämmaß R'_w. Um eine ausreichende Trittschalldämmung von Decken zu erzielen, sind neben dem Bauteilgewicht noch dämmende Auflagen oder Unterdecken notwendig. Erläuterungen in Abschnitt 16.3, DIN 4109 und [1], [2/15].

2.16.6 Brandschutz

In DIN 4102 Teil 4 sind alle Steine und Bauplatten aus mineralischen oder keramischen Baustoffen als klassifizierte Baustoffe A1 eingestuft. Für Stoffe mit organischen Anteilen – in den Abschnitten 2.14 und 2.15 erwähnt – ist ein Prüfzeichen oder -zeugnis zu erteilen, mit dem die Baustoffklasse A2, B1 oder B2 festgelegt wird, sofern dies nicht in einer Baustoffnorm erfolgt ist.

Ferner sind Mindestwanddicken für die Feuerwiderstandsklassen F 30 bis F 180 in Abhängigkeit von der Baustoffart und der vorhandenen Beanspruchung festgelegt, desgleichen für ein- und zweischalige Brandwände und nichttragende Wände. Erläuterungen in Abschnitt 16.4 und DIN 4102.

3 Bauglas

DIN-Vorschriften

DIN 1249	T 1 (Aug. 81)	Flachglas im Bauwesen; Fensterglas; Begriffe, Maße
	T 3 (Febr. 80)	–; Spiegelglas; Begriffe, Maße
	T 4 (Aug. 81)	–; Gußglas; Begriffe, Maße
	T 5 (April 83)	–; Profilglas; Begriffe, Maße
	T 10 (Sept. 88)	–; Chemische und physikalische Eigenschaften
1259	T 1 (Juli 71)	Glas; Begriffe für Glasarten
	T 2 (Juli 71)	–; Begriffe für Glaserzeugnisse
1286	T 1/2	Mehrscheibenisolierglas (Zeitstandsverhalten und Gasvolumenanteile der Füllung)
4102	T 5 (Sept. 77)	Brandverhalten von Baustoffen und Bauteilen; ... gegen Feuer widerstandsfähige Verglasungen, Begriffe, Anforderungen und Prüfungen
4109		Schallschutz im Hochbau
4242	(Jan. 79)	Glasbausteinwände; Ausführung und Bemessung
4243	(März 78)	Betongläser; Anforderungen, Prüfung
11 525	(Aug. 78)	Gartenbau-Glas; Gartenblankglas
11 526	(Aug. 78)	Gartenbau-Glas; Gartenklarglas
18 056	(Juni 66)	Fensterwände; Bemessung und Ausführung
18 175	(Mai 81)	Glasbausteine; Anforderungen, Prüfung
18 361	(Okt. 79)	Verglasungsarbeiten (VOB, Teil C)
52 141	(Dez. 80)	Glasvlies als Einlage für Dach- und Dichtungsbahnen; Begriff, Bezeichnungen, Anforderungen
52 290	T 1 (Mai 81)	Angriffhemmende Verglasungen; Begriffe
	T 2 (Mai 81)	–; Prüfung auf durchschußhemmende Eigenschaften und Klasseneinteilung
	T 3 (Juni 84)	–; Prüfung auf durchbruchhemmende Eigenschaften und Klasseneinteilung
	T 4 (Juni 86)	–; Prüfung auf durchwurfhemmende Eigenschaften und Klasseneinteilung

Informationen:
Aktionsgemeinschaft Glas im Bau, Rubensstraße 2, 5000 Köln 1, und Herstellerfirmen,
Institut des Glashandwerks für Verglasungstechnik und Fensterbau, 6253 Hadamar.
Institut für Fenstertechnik e. V., 8200 Rosenheim

Nach älteren Funden in Ägypten und Assyrien zeigt sich ein technologischer Fortschritt, als man es vor 3500 bis 4000 Jahren fertigbrachte, Glasgefäße und -gegenstände herzustellen. Die Kunst der Glasherstellung war nicht nur im Nahen Osten, sondern auch in Indien, Japan und China bekannt. Um die Zeitenwende führt die Erfindung der Glasmacherpfeife (Rohr zum Glasblasen), aber auch die Verbreitung im römischen Reich zu einem technischen und künstlerischen Aufschwung. Eine neue Blütezeit des Glasmachens entwickelt sich mit dem Ausgang des Mittelalters (Venezianisches Glas). In Deutschland findet man zu dieser Zeit kleine Waldglashütten. Gefäße und Fensterglas sind selten und teuer.
Die Massenfertigung von Fensterglas und Glaswaren beginnt im 19. Jahrhundert durch billige Rohstoffe von der chemischen Industrie, neue Feuerungsverfahren (Siemens-Martin) und Maschinen zur Behälterglasherstellung. Anfang des 20. Jahrhunderts werden die ersten Zieh- und Walzmaschinen für Flachglas aufgestellt, mit denen für die Glasindustrie eine außergewöhnliche Entwicklung beginnt. Im Bereich der optischen Gläser hat Forschung und Verfahrenstechnik ebensolche Fortschritte gemacht. Neue Anwendungen wurden – auch im Bauwesen – durch die Herstellung von Glasfasern und Schaumglas in den letzten Jahrzehnten erschlossen.

3.1 Die Herstellung von Glas
3.1.1 Zusammensetzung und Struktur

Das gewöhnliche Glas (Alkali-Silicat-Glas) setzt sich aus Siliciumoxid (SiO_2), Alkalioxiden (Na_2O und K_2O) und Erdalkalioxiden (CaO und MgO) zusammen. Diese

Mischung erstarrt aus der Schmelze amorph (= gestaltlos [griech.]), d. h. ohne Kristallbildung. Glas hat keinen festen Schmelzpunkt. Bei hoher Temperatur ist es dünnflüssig und wird bei sinkender Temperatur um so zäher, bis es unterhalb des *Transformationspunktes* (400 bis 600 °C) nicht mehr plastisch verformbar ist. Die für die Verarbeitung gewünschte Viskosität kann man durch die Temperatur einstellen.

Die Glasstruktur ist ein unregelmäßiges, räumliches Netzwerk von Si- und O-Atomen, in dem O-Atome in den Ecken des Si-Polyeders die Verbindung zum benachbarten Polyeder herstellen (Glasbildner oder auch Netzwerkbildner). Ohne weitere Zusätze erhält man (bei rd. 1750 °C) hochschmelzendes Kiesel- oder Quarzglas, das bis nahe 1000 °C gebrauchsfähig bleibt, eine geringe Wärmedehnung besitzt und UV-durchlässig ist. Durch die Zugabe von Alkalioxiden (z. B. Na_2O oder K_2O) und Erdalkalioxiden (z. B. CaO und MgO) werden Kationen, sogen. Netzwerkwandler, an die Sauerstoffatome angeschlossen, und das Netzwerk wird unregelmäßig aufgelockert. Diese Fremdatome trennen und verzerren das Netzwerk. Durch den Zusatz von Alkalioxiden sinkt der Schmelzbereich stark ab, man erhält Wasserglas, das wasserlöslich ist (Na_2SiO_3). Durch die Zufügung von Kalk – oft auch Dolomitkalk – wird das Glas stabilisiert und chemisch beständig.

Bezeichnungen von Glasarten:

Wasserglas	Natrium-/Kaliumsilicat. Wasserlöslich. Flammschutzmittel für Holz und Gewebe, Klebstoff für Silicate, Zusatz zu Beschichtungsstoffen.
Natron-Kalk-Glas	Leicht schmelzbares „Normalglas" für Fenster, Behälter, Flaschen (farbig).
Kali-Kalk-Glas	Schwerer schmelzbar. „Kronglas" und „böhmisches Kristallglas". Andere optische Eigenschaften.
Blei-Silikat-Glas	Schwer schmelzbar. „Bleikristall" (mind. 20 % PbO-Gehalt), „Straß" als farbige Edelsteinimitation. Hohe optische Brechkraft.
Borat-Aluminat-Glas	Bor- und Aluminiumoxide ersetzen teilweise das Siliciumoxid. „Jenaer Glas", Apparateglas. Sehr beständig gegen Temperaturwechsel und chemische Wirkung.
Borosilikatgläser	Zugabe von Boroxid. Apparate- und Feuerschutzglas. Hohe Schmelztemperatur, niedrige Wärmeausdehnung.
Glaskeramik	Durch Zugabe von Kristallkeimen Mikrokristallisation. Hohe Schmelztemperatur, niedrige Wärmeausdehnung.
Email (Emaille)	Getrübtes/farbiges Glas, leicht schmelzbar. Korrosionsschutz auf Eisen, Schmuckemail auf Edelmetallen, Kupfer usw.

Geringe Mengen von Metallionen färben das Glas, allerdings ist die Farbe von der Glaszusammensetzung und der Temperatur abhängig [3/1].

Schwefel-Eisen	braun (UV-absorbierend)
Eisen-II	blau-grün
Eisen-III	braun und gelb
Kupfer	blau
Kobalt	stark blau und rosa; grün
Chrom	grün; gelb

Rotes Rubinglas erzeugen Cadmium, Kupfer und Gold in kolloidaler Verteilung. Für ungefärbtes Glas sind dies unerwünschte Verunreinigungen, die man nur bei Glas mit geringen Ansprüchen zulassen kann (Sammlung von Altglas). Der zulässige Gehalt an Fe_2O_3 beträgt für weißes Tafelglas noch 0,1 %, für optische Gläser weniger als 0,003 %.

3.1.2 Rohstoffe

Quarzsand besteht vorwiegend aus Siliciumoxid und bildet den größten Rohstoffanteil. Doch müssen die natürlichen Lagerstätten den erforderlichen Reinheitsgrad und die gewünschten Korngrößen (unter 1 mm) aufweisen, so daß nur wenige Sandvorkommen geeignet sind. Die Alkalianteile werden meist durch Soda (Na_2CO_3) oder Pottasche (K_2CO_3) zugegeben, die von der chemischen Industrie geliefert werden. Kalkstein ($CaCO_3$) und Dolomit ($CaCO_3 \cdot MgCO_3$) dürfen keine

3.1.3 Herstellung

unerwünschten Beimengungen haben und werden als natürliche Gesteine gebrochen und gemahlen. Oft werden auch bestimmte Feldspäte beigegeben, da sie neben SiO_2 und Na_2O Aluminiumoxid enthalten. Geringe Mengen an Zuschlägen verbessern das Schmelzen, beschleunigen die Läuterung oder vermindern die Entglasungsneigung. Zur Unterstützung des Schmelzvorganges werden manchmal Glasscherben zugesetzt.

Beispiel einer Glaszusammensetzung:

Quarzsand	57 %	Feldspat	6 %
Soda	19 %	Zuschläge	1 %
Kalkstein	17 %		

3.1.3 Herstellung

In der Abfolge der Produktion kann man folgende Vorgänge beschreiben:

a) **Aufbereitung der Rohstoffe**
Zusammenstellen, Zerkleinern und Mischen der Anteile.

b) **Schmelzen**
Im traditionellen Verfahren schmelzen die Rohstoffe im Glashafen (transportables Schmelzgefäß), der allein oder zu mehreren in Hafenöfen erwärmt wird. In modernen **Wannenschmelzöfen** wird das Glas bei 1450 bis 1600 °C kontinuierlich erschmolzen. Dauerbetrieb über 2 bis 4 Jahre.

c) **Läutern**
Die chemischen Reaktionen bis zur Glasbildung lassen Gasbläschen entstehen, die durch Läutermittel, Durchblasen von Luft oder Temperaturanstieg entfernt werden. Das Glas wird dabei durchmischt und homogenisiert. Dazu besondere Läuterungswannen oder Wannenteile.

d) **Ausformung des Glases** (siehe Abschnitt 3.1.4)
Für Hohlgläser wird das Blasverfahren – für Massenware mit automatischen Maschinen – benutzt. Tafelglas wird in verschiedenen Verfahren aus der Schmelze vertikal gezogen oder im Guß mit Walzen hergestellt. Beim leistungsfähigen modernen Float-Verfahren läuft das heiße Glas auf eine Zinnbadoberfläche.

e) **Kühlen**
Genaue Temperaturregelung ist notwendig, um Kristallisation oder thermische Spannungen zu verhindern. Heute meist Tunnelöfen.

3.1.4 Verfahren der Flachglasausformung

Geblasenes Glas
Jahrhundertelang wurde Flachglas hergestellt, indem man zylinderförmige Hohlkörper mit dem Munde ausblies, die Zylinder aufschnitt und sie verstreckte.

Gezogenes Glas – Maschinenglas
Das *Fourcault*-Verfahren wurde 1919 eingeführt. Durch eine aus Schamotte (Abschnitt 2.6.1) bestehende Schlitzdüse wird ein Glasband vertikal aus dem flüssigen Glas (1100 °C) gezogen. In einem etwa 6 m hohen Kühlschacht wird das Glasband nach oben transportiert und gekühlt, dann in Tafeln getrennt. An eine Wanne sind 9 *Fourcault*-Maschinen angebaut, die täglich 200 t Rohglas erzeugen. Besonders geeignet für Glas unter 2,0 mm bis herab zu 0,5 mm Dicke (Abb. 3.1 und 3.2).

122 Bauglas

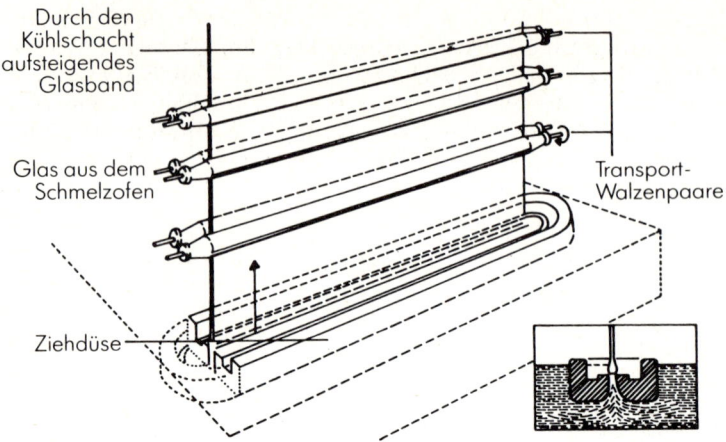

Abb. 3.1   Flachglasherstellung im Fourcault-Verfahren. Ziehen des Glasbandes aus dem Glasbad

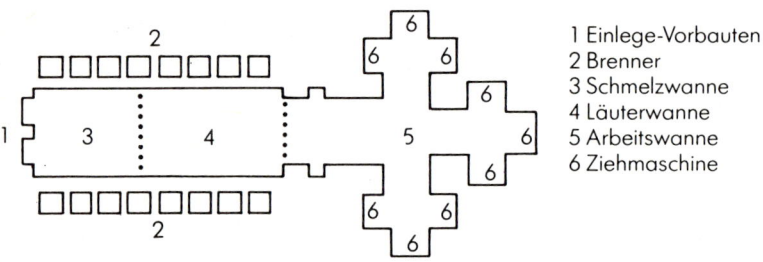

1 Einlege-Vorbauten
2 Brenner
3 Schmelzwanne
4 Läuterwanne
5 Arbeitswanne
6 Ziehmaschine

Abb. 3.2   Grundriß einer Fourcault-Anlage

Im **Libbey-Owens-Verfahren** zieht man das Glasband vertikal aus der freien Oberfläche, biegt es aber dicht über der Glasfläche über eine Walze in einen horizontalen Kühlofen. Meist zwei parallel stehende Maschinen, die Glasdicken bis 30 mm herstellen.
Im **Pittsburgh-Verfahren** verzichtet man auf die Ziehdüse, läßt das Glasband in vertikaler Richtung weiterlaufen.

Gußglas
Aus der Wanne wird die zähe Schmelze auf ein Walzenpaar gegossen, das ein fortlaufendes Glasband erzeugt. Durch Walzenprägung kann man die Glasoberfläche zur Lichtstreuung strukturieren und Ornamentglas fertigen. Dabei kann man ein Drahtnetz zwischen den Walzen einführen und **Drahtglas** erhalten.

Floatglas
In den Jahren 1950 bis 1960 wurde eine neue Technik entwickelt, die die ebene Oberfläche von geschmolzenem Zinn zur Formgebung benutzt. Mit etwa 1100 °C fließt das Glas aus der Läuterwanne auf das Zinnbad und bildet dort ein ebenes und planparalleles Glasblatt. Es verläßt die Floatwanne mit 600 °C und wird einem

3.1.4 Verfahren der Flachglasausformung 123

Rollenkühlkanal zur langsamen und spannungsfreien Abkühlung zugeführt. Die Zugkraft der Rollen bestimmt die Dicke des Glases. Das zähe Glasband auf dem Zinn wird mit schrägen Rollen nach außen gezogen, um ein Abreißen oder Einschnüren zu verhindern. Tagesleistung bis 600 t je Float-Anlage und eine Oberflächenqualität wie bei geschliffenem Spiegelglas begünstigen die Einführung dieses neuen Verfahrens (Abb. 3.3 und 3.4). Das Float-Verfahren hat sich in Westeuropa fast vollständig durchgesetzt.

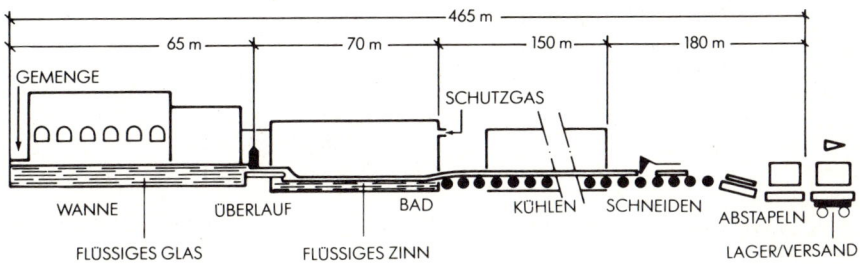

Abb. 3.3   Flachglasherstellung im Float-Verfahren. Längsschnitt durch die Anlage

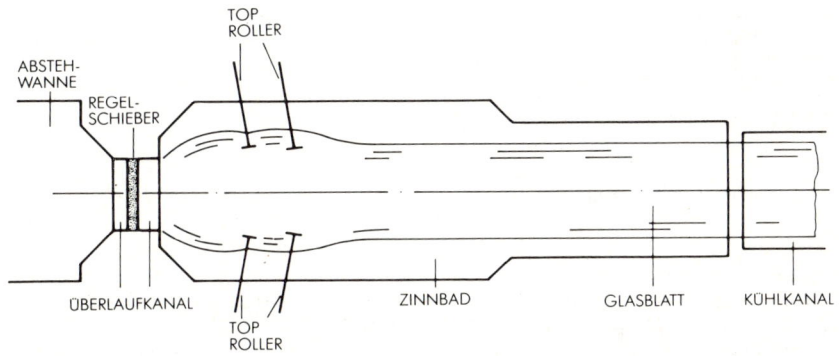

Abb. 3.4   Ausbreitung des Glasblattes im Float-Verfahren (Grundriß)

Begriffe der Glasherstellung und Glasfehler:

Feuerblanke Oberfläche	entsteht beim Ziehen aus der Schmelze (auch: feuerpoliert)
Inhomogenität (Schliere)	wird durch unterschiedliche Brechzahlen sichtbar und entsteht bei ungleichmäßiger Glaszusammensetzung
Entglasung	bezeichnet eine Kristallstruktur im Glas, die als unerwünschte Trübung sichtbar ist
Stein	ist ein undurchsichtiger Einschluß
Blase	bildet sich im Glasinnern durch Gaseinschluß

124 Bauglas

Knoten	ist ein Oberflächenfehler und entsteht aus Glas anderer Zusammensetzung, z. T. undurchsichtig
Ziehstreifen	sind langgezogene Oberflächenfehler wie Knoten
Bläue	des Glases ist eine Verfärbung durch Alkaliablagerungen an der Oberfläche
Erblinden	des Glases entsteht an der Oberfläche durch Feuchtigkeit, die das Glas angreift (z. B. Stalluft; ohne Zwischenraum gelagerte Scheiben)

3.2 Eigenschaften und Arten von Flachglas (Basisglas)

3.2.1 Allgemeine Eigenschaften

Rohdichte	2500 kg/m^3
*Mohs*sche Ritzhärte	5 – 7
Wärmedehnzahl	rd. $9 \cdot 10^{-6} K^{-1}$
Wärmeleitzahl	0,8 W/(m · K)
Temperaturwechsel ohne Bruchgefahr	± 40 K
Erweichungstemperatur ca.	600 °C
Festigkeit: Druck	800 – 1000 N/mm^2
Zug	30 – 90 N/mm^2
Biegung	mindestens 65 N/mm^2
Rechenwert für zulässige Biegespannung	30 N/mm^2
Elastizitätsmodul	75 000 N/mm^2
Querdehnzahl	0,25

Die Schwankung in den Zugfestigkeitswerten liegt in den mikroskopischen Rissen und Kerben begründet, die in allen normalen Gläsern zu finden sind. Normales Glas ist schlag- und kerbempfindlich. Seine Verformung ist spröd-elastisch, d. h. Linearität zwischen Spannung und Dehnung gilt bis zum Bruch. An der Trennstelle werden Glastafeln mit Diamant oder gehärtetem Stahl geritzt und dann gebrochen [3/4], [3/8].

Optische Eigenschaften

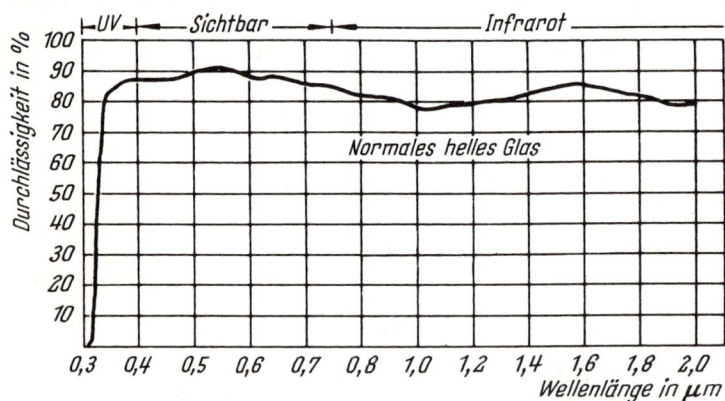

Abb. 3.5 Lichtdurchlässigkeit von 6-mm-Spiegelglas [3/4]

Die Lichtdurchlässigkeit ist eine Funktion der Wellenlänge der Strahlung.
Für normal helles Spiegelglas von 6 mm Dicke gilt (vgl. Abb. 3.5):
Durchlässigkeit für sichtbares Licht etwa 90 %, für infrarote Strahlen etwa 80 %.
Durchlässigkeit für ultraviolette Strahlen stark abnehmend bis auf Null (i. M. 50 %).

Chemische Beständigkeit
Glas ist gegenüber fast allen Chemikalien sehr beständig. Die Widerstandsfähigkeit kann durch die Zusammensetzung des Glases beeinflußt werden und steigt mit dem Siliciumgehalt. Eine Ausnahme bildet *Flußsäure* (HF), die SiO_2 leicht angreift und die Netzstruktur zerstört. Sie wird daher als *Ätzmittel* benutzt (z. B. für Mattglas). Ein vorbeugender Schutz des Glases ist notwendig beim Arbeiten mit fluorhaltigen Holz- und Fassadenschutzmitteln.

Länger wirkende *wässrige Lösungen* führen zu Verwitterungserscheinungen. Saure Lösungen tauschen die Alkali-Ionen an der Oberfläche aus, verlieren dann aber ihre Wirkung in der Tiefe. Basische Lösungen greifen das Si-O-Netzwerk an und verändern die Oberfläche durch Abtragung. Weil das Licht nicht einheitlich an der veränderten Oberfläche reflektiert wird, irisieren (schillern) die Glasscheiben und werden blind. Solche Schäden entstehen bei längerer Einwirkung von feucht-warmer Luft, stehendem Kondenswasser oder Industrieabgasen (Bäder, Wäschereien, Gewächshäuser; auch bei dicht gestapelten Tafeln). Manche Betonfassaden führen kalkhaltiges Niederschlagswasser auf Glasfenster, wo diese Wirkungen entstehen können. Angetrocknete, kalkhaltige Mörtelspritzer werden oft mit scharfen Gegenständen oder ätzenden Mitteln beseitigt, die dann Spuren hinterlassen. Sinnvoll ist eine vorbeugende Abdeckung oder die sofortige Entfernung mit Schwamm und Wasser.

Bei Untersuchung auf Wasserbeständigkeit (DIN 12 111) wird zertrümmertes Glas der Korngröße 0,3 bis 0,5 mm gekocht und die ausgelaugte Stoffmenge bestimmt. Danach erfolgt eine Einstufung in eine von 5 hydrolytischen Klassen. Eine ähnliche Einstufung in jeweils 3 Klassen bei Säure- und Laugenbeständigkeit.

Organische Stoffe greifen Glas nicht an. Nur *Silicon* hat die Eigenschaft, sich auf der Glasoberfläche mit den Silicaten des Glases zu verbinden. Die Siliconschicht läßt sich kaum vom Glas lösen. Daher Glas schützen beim Arbeiten mit Siliconen, z. B. beim Imprägnieren von Sichtmauerwerk (Hydrophobieren; vgl. Abschnitte 2.9.4 und 11.1, 11.4).

3.2.2 Maschinengezogenes Flachglas

Dünnglas (0,5 bis 2,0 mm)
Verwendung als Schutzglas für Feuermelder, Bilderglas u. a.

Nach [3/7]:	Glasdicke [mm]	max. Abweichung [mm]	max. Abmessungen [mm]
	0,5	± 0,05	500 × 1240
	0,7; 0,9; 1,1	± 0,1	600 × 1260
	1,3; 1,6	± 0,2	800 × 1590
	2,0	± 0,2	600 × 1590

Bauglas

Fensterglas (DIN 1249 Teil 1, Begriffe, Maße)
Durchsichtiges und ungefärbtes Glas in gleichmäßiger Dicke. Es hat beiderseitig nahezu ebene, feuerblanke Oberflächen. Bei Durchsicht und Reflexion sind Verzerrungen erkennbar. Heutzutage wird es kaum hergestellt und findet nur geringe Anwendung. Nenndicken mit Maßabweichungen nach Tafel 3.1. Keine genormten Scheibengrößen, Maße sind zu vereinbaren. Größtmaße nach DIN 1249: 3180 mm × 3620 mm.

Bezeichnung: Fensterglas DIN 1249 - F - 5 - 3180 × 3620
F = Fensterglas; Glasdicke; Breite × Länge in mm

Tafel 3.1 Maße und zulässige Maßabweichungen von Fensterglas und Spiegelglas (DIN 1249)

Nenn-dicke mm	Fensterglas Abweichung Dicke [mm]	Fensterglas Abweichung Scheibe[1] [mm]	Spiegelglas Abweichung Dicke [mm]	Spiegelglas Abweichung Scheibe[1] [mm]	Größte Scheibenmaße[2] Breite [mm]	Größte Scheibenmaße[2] Länge [mm]
3	± 0,2				3180	4500
4	± 0,3	± 2			3180	6000
5	± 0,3	(± 3)	± 0,2	± 2	3180	6000
6	± 0,3	(± 3)	± 0,2	(± 3)	3180	6000
8	± 0,4	± 3	± 0,3	± 3	3180	7500
10	± 0,5	(± 4)	± 0,3	± 3	3180	9000
12	± 0,6	(± 4)	± 0,3	(± 4)	3180	9000
15	± 1,0	± 5	± 0,5	± 5	3180	6000
19	± 1,0	(± 6)	± 1,0	(± 6)	2820	4500

[1]) Werte in Klammern für Scheibenmaße über 2000 mm.
[2]) Nach Herstellerangaben auch kleinere Maße und größere Maße.

Gartenblankglas (DIN 11 525)
Glas weist erkennbare Fehler auf (Schlieren, Streifen, Blasen), Verwendung bei Gewächshäusern u. dgl. Glasdicke 3 mm und 4 mm. Genormte Scheibenmaße bis 600 mm × 2000 mm [3/4].

3.2.3 Spiegelglas

Spiegelglas hat planparallele Oberflächen, die eine verzerrungsfreie Durchsicht und Reflexion bewirken. Diese Qualität liefert das Float-Verfahren ohne zusätzliche Nachbehandlung und dient daher heute vor allem zur Spiegelglasfabrikation ohne Drahteinlage.

Mit Drahteinlage wird das Glas im Guß-Walzen-Verfahren hergestellt und anschließend beidseitig geschliffen und poliert.

3.2.3 Spiegelglas

Durch eine geregelte, langsame Abkühlung ist Spiegelglas frei von größeren Eigenspannungen und daher ohne Probleme durch Bohren, Schleifen und Schneiden bearbeitbar. Es erhält dadurch auch eine Temperaturbeständigkeit, durch die kurzfristige Änderungen von ± 40 K nicht zu gefährlichen Spannungen im Glasquerschnitt führen. Allerdings sind dabei Bruchschäden durch punktuelle Kantenerwärmungen oder dgl. nicht auszuschließen.

Spiegelglas (DIN 1249 Teil 2, Begriffe, Maße)
Nenndicken und maximale Scheibenabmessungen nach Tafel 3.1. Größere Maße sind als Sonderanfertigungen möglich.
Bezeichnung: Spiegelglas DIN 1249 - S - 6 - 600 × 3180
S = Spiegelglas; Glasdicke; Breite × Länge in mm

Farbiges Spiegelglas
In leichter Farbtönung durchgehend eingefärbt, fällt auch unter DIN 1249 Teil 2. Glasdicken von 3 bis 12 mm.

Spiegelrohglas
Ungeschliffenes Rohglas. Dicke 6 bis 10 mm, Scheibengröße bis 4500 mm × 2520 mm [3/7].

Mattiertes Spiegelglas
Einseitig gesandstrahlt oder geätzt. Dicke 3 bis 8 mm.

Drahtspiegelglas (7 mm)
hat punktgeschweißtes Drahtnetz oder parallele Drahtlage (Chauvel-Glas) in der Mitte. Mit Drahtnetz feuerhemmend (Abschnitt 3.5.1). Tafelgröße 3300 mm × 1830 mm. Rechnerische Rohdichte 2600 kg/m^3.

Anmerkung:
Spiegelglas wird auch als „Kristallspiegelglas" gehandelt. Dieser Qualitätsbegriff soll nur zum Ausdruck bringen, daß das Glas den gleichen Glanz hat wie „Böhmisches Kristallglas" oder „Bleikristallglas", aus denen Gebrauchs- und Schmuckwaren – oft geschliffen – hergestellt werden.
Planparallele Oberflächen werden für verzerrungsfreie *Spiegel* benötigt und wurden erstmalig in der Barockzeit gefertigt. Mit Hilfe von Silbernitrat wird die Rückseite des Spiegels mit einer dünnen Silberschicht belegt und durch nachfolgende Verkupferung und Lackanstriche geschützt.

Anwendung von Spiegelglas bei Einfachverglasungen für Schaufenster, Aquarien, Möbelbau (Tischplatte), Kristallspiegel. Weitere Verarbeitung zu Isolierglas, Einscheiben- und Verbund-Sicherheitsglas.

Die **Glasdicke** wird nach statischem Nachweis festgelegt, ausführlich in [3/3] und [3/7] beschrieben. Für Windbelastung mit 0,6 kN/m^2 ist die Kurvenschar der Abb. 3.6 anzuwenden, die mit einer zul. Biegespannung von 30 N/mm^2 aufgestellt ist. Bei höheren Lasten (Wind nach DIN 1055 Teil 4) kann die erforderliche Glasdicke mit der folgenden Gleichung ermittelt werden:

$$d = d_0 \left(\frac{w}{w_0}\right)^{0,5}$$

d_0 = Glasdicke für Windlast w_0 = 0,6 kN/m^2 nach Abb. 3.6
d = erforderliche Glasdicke für die Windlast w

Bauglas

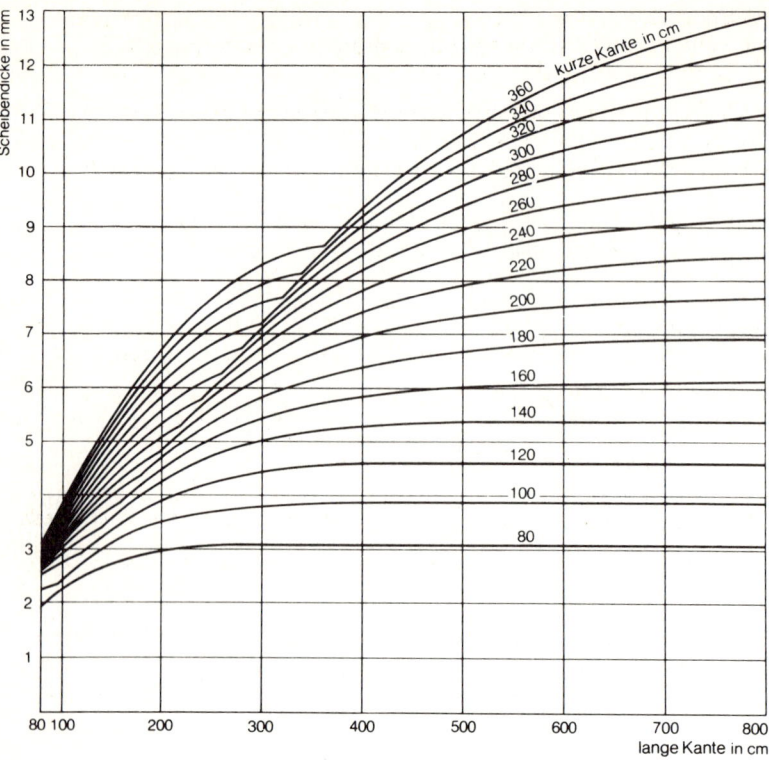

Abb. 3.6 Bestimmung der Glasdicke bei Windbelastung von $w_0 = 0,60\ kN/m^2$ und vierseitiger Lagerung nach Bachscher Plattenformel [3/4], [3/7]

3.2.4 Gußglas

Die Oberfläche des gegossenen Glases kann durch die Walzen eine Struktur erhalten, die zum schmückenden Ornament wird. Zum anderen erzielt man Lichtstreuung, die zu einer gleichmäßigeren Ausleuchtung des Raumes führt und entlegene Raumteile aufhellt. Die Durchsichtigkeit kann so stark vermindert werden, daß die Scheibe praktisch undurchsichtig wird, also kein Gegenstand zu erkennen ist.

Rohglas (4 bis 10 mm)
Oberfläche nicht ganz glatt, infolgedessen nicht klar durchsichtig. Die Rückseite kann gemustert sein: gehämmert, gerippt oder gerautet.

Gußglas (DIN 1249 Teil 4, Begriff, Maße):

Drahtglas (D)
Rohglas mit punktgeschweißtem Drahtnetz, früher auch Drahtgewebe oder Sechsecknetz. Feuerwiderstandsklasse G 60 bei entsprechendem Einbau.
Dicke 7 und 9 mm; Scheibengröße bis 2520 mm × 4500 mm

3.2.5 Sondergläser

Drahtornamentglas (DO)
Oberfläche mit schmückendem, geprägtem Ornament, sonst wie Drahtglas.

Ornamentglas (O)
Oberfläche mit einseitiger oder beidseitiger Ornamentprägung (siehe Abb. 3.7).
Bezeichnung nach Namen oder Nummern im Musterbuch [3/6].
Dicke 4, 6 und 8 mm, Scheibengröße bis 1500 mm × 2100 mm (4) und 2520 mm × 4500 mm (6; 8)
Bezeichnung: Gußglas DIN 1249 - DO - 7 - 2520 × 4500
DO = Drahtornamentglas; Glasdicke; Breite × Länge in mm

dazu zählt: **Kathedralglas**
besondere Form eines Ornamentglases, klein oder groß gehämmert.

Gußantikglas, Altdeutsch
nicht glatte Oberfläche mit eingeprägten Glasfehlern. Imitation von altem, mundgeblasenem Glas.

Gartenklarglas nach DIN 11 526
Rohglas mit einseitiger Nörpelung und guter Lichtverteilung. Dicke 3 bis 5 mm.

Welldrahtglas unterseitig gerippt, Profil wie Asbestzement-Wellplatten.

Profilbauglas (siehe Abschnitt 3.6)

Gefärbte Gläser: Viele Ornament- und Drahtornamentgläser sind auch farbig zu erhalten.

Lichtdurchlässigkeit
Als Beispiele für verschiedene Möglichkeiten werden einige Richtwerte angegeben [3.6]:

Glasart	Einbau zum Licht gewandt mit	Mittl. Lichtdurchlässigkeit für sichtbares Licht
Rohglas 7 mm	–	86 – 91 %
Kathedralglas (mattiert)	matter Seite	61,2 %
	blanker Seite	53 %
Drahtornamentglas	–	78 %
Drahtglas, glatt	–	83 %
Drahtglas, mattiert	matter Seite	62,6 %
	blanker Seite	58,8 %

Durchsichtminderung
Zur Orientierung werden Gläser in die Stufen I – IV eingestuft, wobei in Stufe IV kein Gegenstand mehr zu erkennen ist.

3.2.5 Sondergläser

Farbgläser
werden durchgefärbt und überfangen hergestellt.

Signalgläser für Verkehrssignale werden in genormten Maßen und Farben hergestellt.
Farbige Spiegelrohglasplatten haben unregelmäßige Flächen und Farben, handwerklich-künstlerischen Charakter (Dalles de Couleur). Anwendung im Innenausbau (Fußbodenflächen, Treppenstufen, Trennwände, Dekorgläser, Türgriffe) und bei Betonverglasungen.

130 Bauglas

Kathedralglas

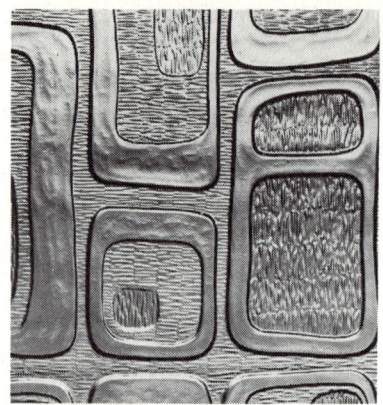

Ornamentglas Nucleo

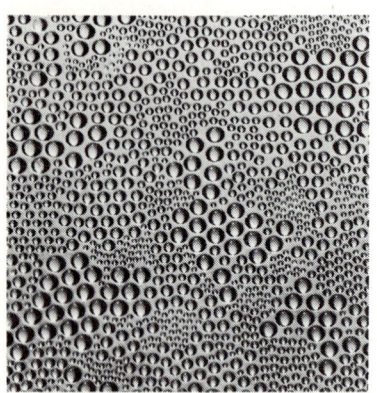

Ornamentglas Croco

Ornamentglas Circo

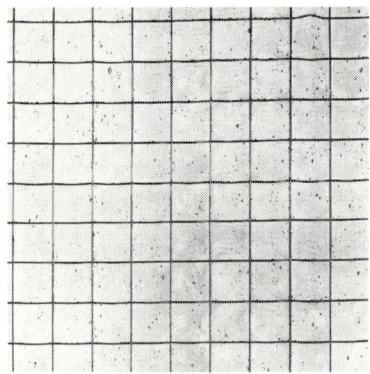

Drahtglas, beidseitig glatt

Drahtornamentglas Portal

Abb. 3.7 Gußgläser (Beispiele für Strukturen) [3/3], [3/4], [3/6]

Mundgeblasenes Antikglas erhält bewußt seinen altertümlichen Charakter durch Blasen, Oberflächenprägung und Schlieren. Eine große Zahl von Farbnuancen kann erschmolzen werden. Verglasung und Möbelbau sind wichtige Anwendungsbereiche (jedoch auch Gußantikglas).

Farbiges Überfangglas erhält eine Farbglasschicht von geringer Dicke über dem farblosen Grundglas.

Getrübtes Glas
Durch kristallbildende Zusätze zum Glasbad werden **Opalglas** und **Alabasterglas** hergestellt und bei Leuchten und Vasen verarbeitet. **Milchglas** wird durch Zinnoxid, und **Beinglas** durch Knochenasche als Zugabe hergestellt und besitzt durchgehende Trübung.

Milchüberfangglas
entsteht durch Überfangen mit dünner Milchglasschicht. Gutes Streuvermögen und nur geringe Lichtabsorption, die für alle Glasdicken und alle Formen gleich groß ist. Vorteile vor massivem Milchglas und mattiertem Glas.

Opakglas
ist ein durchscheinendes, farbig getrübtes Glas, das eine glatte Oberfläche (feuerpoliert oder geschliffen) oder feine Mattierung besitzt. Verwendung für **Glasfliesen** (bis 20 cm x 30 cm) oder **Glaswandplatten** (bis 150 cm breit) zur Wandverkleidung in Räumen mit hygienischen Anforderungen.
Die Glasfliesen werden mit der gerillten Rückseite in elastischem Traß-Kalkmörtel oder Kunststoffkleber versetzt. Platten werden mit Spezialkitt angesetzt. Da Glas als absolute Dampfsperre wirkt, ist eine Fassung im Metallrahmen mit Belüftung und Dehnmöglichkeit vorzuziehen. **Glasmosaik** in Plättchen von 2 und 4 cm Kantenlänge findet Anwendung wie keramisches Mosaik.

Bombiertes Glas
erhält eine Wölbung durch Erhitzung der Scheiben. Beim Einbau in Sprossenfenster ist die Durchsicht von außen behindert.

3.3 Sicherheitsgläser

Der Begriff „Sicherheitsglas"[1]) umfaßt Flachgläser, die nach unterschiedlichen Konstruktionsprinzipien hergestellt sind und auch verschiedenartige „Sicherheiten" bieten. Es ist damit zum einen ein Schutz vor Schäden gemeint, die das Glas an Menschen oder Sachen beim Bruch hervorruft – bekannt als Splitterschutz bei Kfz-Scheiben. Ferner soll das Glas eine aktive Sicherungsfunktion übernehmen, Menschen oder Sachen vor Gewaltanwendung schützen, wie
a) besonders tragfähiges Glas zur sicheren *Lastabtragung* bei Bauteilen, verbunden mit Splitterschutz (z. B. Brüstungen)
b) *durchbruchhemmendes* Glas (Einbruch und Ausbruch)
c) durchbruchhemmendes Glas mit *Alarmanlagen*
d) *beschußhemmendes* Glas (z. B. Panzerglas)
e) *Hitzeschutzglas*

3.3.1 Drahtglas (Drahtspiegelglas, Drahtornamentglas)

Handelsdicke 7 mm (mindestens 6,6 mm), Drahteinlage 0,6 mm, Maschenweite 12,5 mm. Das eingelegte Drahtnetz hält bei Bruch die Splitter und Glasstücke weitgehend zusammen, so daß Schäden verhütet werden. Dabei auch feuerhemmende Wirkung (Abschnitt 3.5). Rechnerische Rohdichte 2600 kg/m^3.

---

[1]) In DIN 18 361, Verglasungsarbeiten, als „Glas mit Sicherheitseigenschaften" bezeichnet.

132 Bauglas

3.3.2 Einscheiben-Sicherheitsglas (ESG)
Vorgespanntes Glas

Die fertig bearbeitete Glastafel wird bis zum Erweichungspunkt (um 600 °C) erwärmt und an beiden Oberflächen mit Kaltluft abgeschreckt. Durch die Wärmebehandlung wird in der ganzen Scheibe ein innerer Spannungszustand (Eigenspannungszustand, siehe Abb. 3.8) aufgebaut. Die Oberflächenschichten stehen unter Druckspannungen, der Kern der Scheibe unter Zugspannungen. Dieses vorgespannte Glas ist widerstandsfähiger gegen *Temperaturwechsel, Stoß, Schlag* und *Biegebeanspruchung* (bei Rechnungen ist die zulässige Biegespannung i. allg. mit 50 N/mm² anzusetzen). Wird das Glas zerstört, entsteht ein netzförmiges Bruchbild mit kleinen Glaskrümeln, die keine scharfen Kanten haben.

Anwendung finden Sicherheitsgläser bei
Ganzglasanlagen (Türen und Wände), Windfang (Ladengeschäfte, Hotels), Glastüren (Wohn- und Büroräume), Dusch- und Umkleidekabinen, Brüstungen und Treppengeländer (zur Absturzsicherung), Alarmgläser mit Leiterschleifen (siehe Abschnitt 3.3.3 und Abb. 3.10), Fassadengläser, Zuschauerschutzanlagen in Stadien, Lärmschutzwände, Schrägverglasungen, Ballwurfsichere Verglasungen (Sporthallen, Squash-Anlagen), Raumhohe Fenster mit Absturzsicherung.

Nach der Wärmebehandlung können Tafeln aus ESG nicht mehr bearbeitet werden. Genaue Maße, Ausschnitte, Bohrungen und Kantenbearbeitungen müssen vor der Herstellung festgelegt werden.

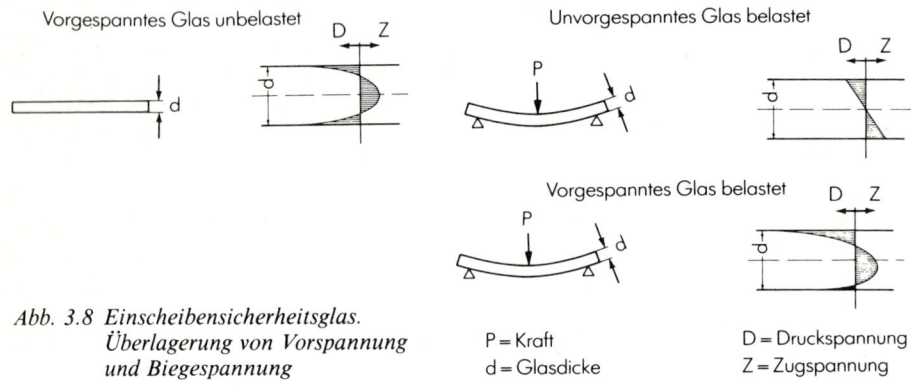

Abb. 3.8 Einscheibensicherheitsglas. Überlagerung von Vorspannung und Biegespannung

P = Kraft
d = Glasdicke

D = Druckspannung
Z = Zugspannung

Verarbeitet werden

Spiegelglas	farblos und gefärbt (Farbe von der Glasdicke abhängig).
Strukturiertes Glas	(kein Drahtglas) bei sichthemmenden und dekorativen Verglasungen
Isolierglas	in Kombination mit anderen Gläsern
Wärmeschutzglas	mit Beschichtung der Scheibe
Sonnenschutzglas	mit Beschichtung der Scheibe
Emailliertes Glas	mit einer eingebrannten, farbigen Emaille-Schicht

Hitzeschutzglas	mit einer auf der Außenseite aufgedampften Goldbeschichtung Beständig bis 100 °C (dauernd) Beständig bis 200 °C (5 min) Reflexion der Wärmestrahlen 90 %, daher kein Aufheizen der Scheibe Durchlässigkeit von Lichtstrahlen 30 %

3.3.3 Verbund-Sicherheitsglas (VSG)

Zwei oder mehr Glasscheiben sind mit hochelastischen Kunststoffschichten (Polyvinylbutyral) fest verbunden. Staubfrei werden die Folien eingelegt und bei erhöhter Temperatur die Scheiben zwischen Walzen zusammengepreßt. Im Autoklaven erfolgt die feste Verbindung unter Hitze und Druck. Man kann Scheiben verschiedener Glasarten kombinieren und die Zwischenschichten gefärbt, mattbleibend oder UV-absorbierend wählen. Zudem können Heizdrähte und Signaldrähte für Alarmanlagen in die Zwischenschichten eingebaut werden.

Angriffshemmende Verglasung (DIN 52 290)
Bei mechanischer Überlastung durch Stoß, Schlag oder Beschuß bricht das Glas zwar an, aber die Bruchstücke haften fest an der Zwischenschicht. Damit wird verhindert, daß lose, scharfkantige Glassplitter Verletzungen herbeiführen. Außerdem erschwert die elastische Folie das Durchdringen des Glases nach dem Bruch, so daß eine Beschußhemmung und Durchbruchshemmung erreichbar ist. Nach Anzahl und Dicke der Einzeltafeln ergeben sich unterschiedliche Eigenschaften, die durch Beschuß- und Schlagprüfungen ermittelt werden. Es erfolgt für die verschiedenen Scheibentypen eine Einstufung nach DIN 52 290 Teil 1.

A **Durchwurfhemmende Verglasung**
   Eine Verglasung ist durchwurfhemmend, wenn sie das Durchdringen von geworfenen oder geschleuderten Gegenständen behindert.
B **Durchbruchhemmende Verglasung**
   Eine Verglasung ist durchbruchhemmend, d. h. ein- und ausbruchhemmend, wenn sie das Herstellen einer Öffnung zeitlich verzögert.
C **Durchschußhemmende Verglasung**
   Eine Verglasung ist durchschußhemmend, wenn sie das Durchdringen von Geschossen behindert.
D **Sprengwirkungshemmende Verglasung**
   Eine Verglasung ist sprengwirkungshemmend, wenn sie einem bestimmten Stoßwellendruck Widerstand entgegensetzt.

Die **durchwurfhemmende Verglasung** wird nach Teil 4 der Norm in 3 Widerstandsklassen (A1 bis A3) eingestuft nach einer Prüfung mit einer geworfenen Kugel.

Die **durchbruchhemmende Verglasung** wird nach Teil 3 der Norm in 3 Widerstandsklassen (B1 bis B3) eingestuft nach der notwendigen Schlagzahl zum Herstellen einer nutzbaren Öffnung. Auch nach Anforderungen des Sachversicherers (VdS) kann eine Einstufung erfolgen (EH).

134 Bauglas

Die **durchschußhemmende Verglasung** wird gemäß Teil 2 der Norm in 5 Klassen eingestuft (C1 bis C5), entsprechend der Beschußmunition und -waffen. Dazu wird Splitterfreiheit (SF) gefordert oder Splitterabgang (SA) erlaubt.

Die **sprengwirkungshemmende Verglasung** wird nach Teil 5 der Norm in 3 Widerstandsklassen (D1 bis D3) eingestuft nach dem Maximaldruck der Druckwelle und der Dauer der positiven Druckphase. Immer gelten für die Verglasung auch die anderen Widerstandsklassen A3, B oder C mit.

Aus Verbund-Sicherheitsglas werden hergestellt:

Einschalige Scheiben, Scheibenzahl 2 bis 4, Dicke bis zu 77 mm.

Einschalige Scheiben mit Alarmdraht. – Einlage aus Silber- oder Kupferdraht von 0,1 mm $\varnothing$; beim Anbruch der Alarmglasscheibe reißt der Draht und löst den Alarm aus (Abb. 3.9).

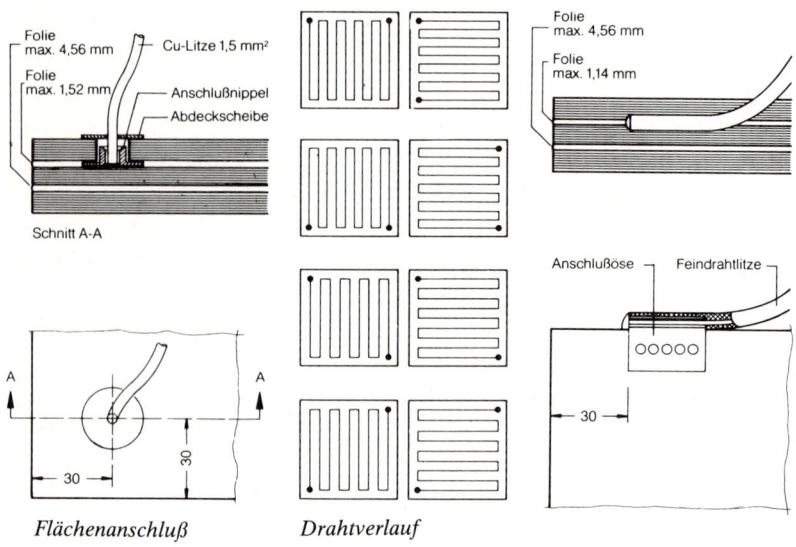

Abb. 3.9 Verbund-Sicherheitsglas mit Alarmdraht

Einschalige Scheiben mit einer ESG-Scheibe und einer Alarmschleife in einer Scheibenecke (Abb. 3.10). Durch Bruch der ESG-Scheibe wird die Alarmschleife zerstört und Alarm ausgelöst.

Isolierglas wird durch Kombination von VSG- und normalen Scheiben hergestellt.

Heizscheiben sind durch wellenförmige Heizdrähte in der Folienlage ausführbar.

Farbige Gläser werden durch Einfärbung oder gefärbte Folien hergestellt. Folien nur unter Einschränkung lichtecht. Schichten mit UV-Absorption möglich.

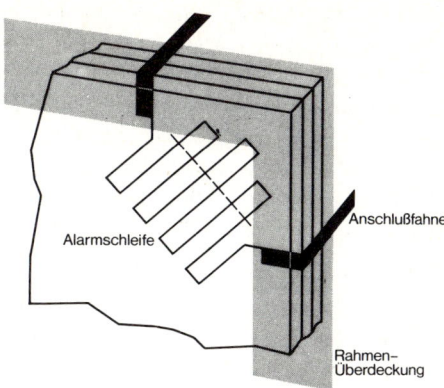

*Abb. 3.10
Alarmschleife in der oberen Ecke des ESG.
Einbau als Einfachscheibe, Isolierglas-Scheibe oder Außenscheibe eines Verbund-Sicherheitsglases*

3.4 Isolierglas

3.4.1 Herstellung und Einbau

Nach DIN 1259, Teil 2, definiert: **Mehrscheiben-Isolierglas** ist eine Verglasungseinheit, hergestellt aus zwei oder mehreren Glasscheiben (Flachglas, Gußglas, selten auch Fensterglas und Spiegelglas), jeweils durch einen abgeschlossenen Scheibenzwischenraum (SZR) getrennt. Die Isolierglaseinheit muß bei Lieferung eine Taupunkt-Temperatur des SZR unter -60 °C haben. Der gasdichte Innenraum ist mit entfeuchteter Luft oder anderen Gasen gefüllt, damit eine Kondenswasserbildung bei Gebrauchstemperaturen ausgeschlossen wird. Der Randverbund der Scheiben soll eine dampfdichte Sperre bilden, die auf viele Jahre eine Nachdiffusion von Wasserdampf verhindern muß. Er soll ferner Formänderungen aus Scher- und Zugbewegungen aufnehmen und über die Zeit beständig gegen die chemische Wirkung aus Kitt und Atmosphäre und gegen Licht, besonders UV-Strahlen, sein. Diese Eigenschaften müssen in einem weiten Temperaturbereich von etwa -40 °C bis 100 °C erhalten bleiben.

Heute wird fast ausschließlich das **Klebeverfahren** mit zweifacher Dichtung angewandt, bei dem ein Abstandshalter aus Aluminium oder verzinktem Stahl mit einer thermoplastischen Dichtung (Polyisobutylen) zwischen die Scheiben geklebt wird. Dieser Dichtstoff PIB hat eine sehr niedrige Wasserdampfdurchlässigkeit und verhindert weitgehend das Eindiffundieren von Wasserdampf. Die zweite, dauerelastische Dichtung aus Polysulfidpolymer (Thiokol) dient der mechanischen Festigkeit und der weiteren Wasserdampfsperre. Sie schließt das Profil in mind. 3 mm, bei Gasfüllung in mind. 4 mm Stärke nach außen ab. Für die zweite Dichtungsstufe wird auch Silicon eingesetzt, wenn die UV-Beständigkeit gewährleistet sein muß (Stufenglas für Überkopfverglasung, Glasfassaden), außerdem Polyurethan. Im Hohlraum des perforierten Abstandshalters wird Trockenstoff (Silica-Gel, Molekularsieb) eingefüllt, der die Restfeuchte im SZR absorbiert und auf längere Zeit die Kondensatfreiheit sichert. Von geringer Bedeutung sind Randverbunde mit einer

136 Bauglas

Dichtungsebene und kombinierte Systeme auf der Basis von thermoplastischen Klebern, bei denen Abstandshalter, Trockenstoff und Dichtung zusammengefaßt sind, die jedoch keine Kontrolle über den Feuchtehaushalt erlauben und durch die Absorption den Verbund hohen mechanischen Belastungen aussetzen.

Nicht mehr benutzt wird das Verfahren der Schmelzverbindung, das ohne fremden Werkstoff die Scheibenränder zusammenfügt, zumal es auch die Formgebung der Isolierglaselemente einschränkt (Gado). Die früher verbreitete Ausführung, mit einem Kupferstreifen einen Bleisteg einzulöten (Thermopane), wird nicht mehr hergestellt (Abb. 3.11).

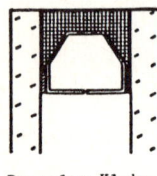
Doppelte Klebe-
verbindung

gelötete
Verbindung

Geschweißte
Verbindung

Abb. 3.11 Randverbund von Isolierglasscheiben

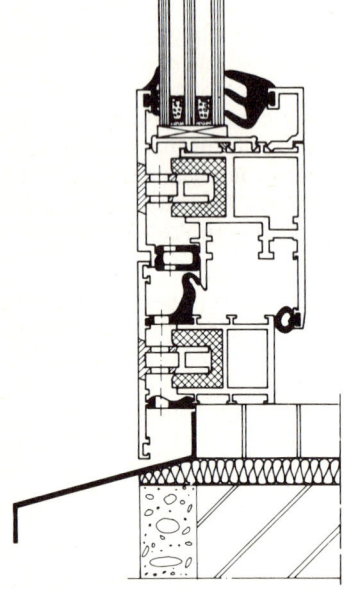

*Abb. 3.12
Verglasung eines Isolierglases mit
Dichtprofilen in einem Alu-Rahmen*

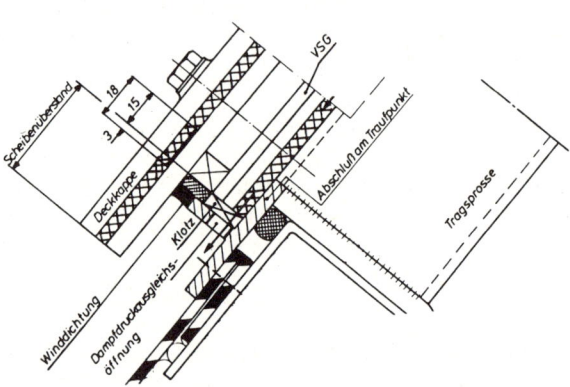

*Abb. 3.13 Stufenglas – Beispiel für Traufpunkt-
ausführung*

Die Scheibendicke wird nach statischen Erfordernissen bemessen (vgl. Abb. 3.6).
Der Scheibenzwischenraum ist meist 12 mm, kann aber auch 6 bis 20 mm betragen.
Bei der größten Scheibendicke von 12 mm sind Scheibengrößen bis 12 m² möglich.

Stufenisolierglas ist eine Sonderform für den geneigten Glaseinbau bei Dächern. Die Oberscheibe wird mit einem Überstand ausgeführt, u. U. aus statischen Gründen als ESG-Scheibe. Im Bereich des Randverbundes muß der Kleber vor direkter Sonnenbestrahlung geschützt werden. Falls dies nicht durch ein bauseits angeordnetes, hinterlüftetes Schattenblech geschieht, wird vom Werk ein Metallstreifen aufgeklebt oder durch Flammspritzen aufgebracht. Die Richtlinien für die Anordnung und die Verglasung dieser Scheiben sind sorgfältig zu beachten, wie z. B. in [3/4] angegeben (Abb. 3.13).

Modellscheiben mit schiefen Winkeln und Rundungen werden bei Klebeverbindungen geliefert. Bei Isolierglas mit Schmelzverbindung keine Modellscheiben, bevorzugt Standardmaße.

Für die Ausbildung der Rahmen und Fälze, sowie für die Verglasung sind folgende Normen und Regeln zu beachten:

DIN 18 361   Verglasungsarbeiten – VOB, Teil C
DIN 18 056   Fensterwände – Bemessung und Ausführung
DIN 18 545   Abdichten von Verglasungen mit Dichtstoffen; Anforderungen an Glasfälze

Tabellen zur Ermittlung der Beanspruchungsgruppen (BG) zur Verglasung von Fenstern, Institut für Fenstertechnik e. V., Rosenheim.
Technische Richtlinien des Instituts des Glaserhandwerks für Verglasungstechnik und Fensterbau, Hadamar (verschiedene Schriften).
Einbauvorschriften und Empfehlungen der Herstellerfirmen.

3.4.2 Wärmeschutz

Zur Einsparung von Heizenergie legt die Wärmeschutzverordnung obere Grenzwerte für den Wärmedurchgang durch die umschließenden Bauteile fest. Entsprechend dem Flächenanteil und der Dämmung der Wand ist der maximal mögliche k-Wert des Fensters zu bestimmen. Für ein Fenster oder eine Tür hängt der Rechenwert des Wärmedurchgangskoeffizienten k_F von der Verglasung (k_V-Wert) und der Rahmenart ab (vgl. Tafel 16.12).

Beim **Zweischeiben-Isolierglas** wird die Wärmedämmung (k_V-Wert) vor allem durch die Größe des SZR beeinflußt und nicht von der Dicke der einzelnen Scheiben. Üblich sind Abstände von 10 bis 16 mm. In den meisten Fällen lassen sich die Bedingungen der Wärmeschutzverordnung damit erfüllen, jedoch ist eine Erhöhung des Wärmeschutzes empfehlenswert und wirtschaftlich.

	Zweischeibenglas			Dreischeibenglas			
SZR =	6–8	8–10	10–16	6–8	8–10	10–16	mm
k =	3,4	3,2	3,0	2,4	2,2	2,1	W/(m²K)

Beim **Dreischeiben-Isolierglas** werden zwei Zwischenräume angeordnet, die meist 8,5 mm betragen. Der Verbesserung des Wärmeschutzes von um rd. 50 % steht eine größere Einbaudicke, eine beträchtliche Gewichterhöhung und ein eher ungünstigeres Verhalten bei Schalldämmung gegenüber. Mit einer Gasfüllung von geringerer Wärmeleitfähigkeit beeinflußt man den Wärmeschutz günstig.

138 Bauglas

Als **Wärmeschutzgläser** im engeren Sinn werden Isoliergläser mit einer aufgedampften Metallbeschichtung der inneren Scheibe bezeichnet. Sie reflektiert langwellige Wärmestrahlung sehr stark. Die Wärmedämmung wird dadurch etwa verdoppelt (Übersicht in Tafel 3.2). Dabei bleibt noch eine Lichtdurchlässigkeit von über 60 % erhalten (Tafel 3.2). Bei Wärmefunktionsgläsern wird eine vollständige Energiebilanz in der Wärmeberechnung durchgeführt. Man berücksichtigt dabei nicht nur den Wärmeverlust des Raumes, sondern auch die Energiezufuhr durch passive Nutzung der Sonnenstrahlung. Große Fensterflächen in Richtung Süden sind dabei von Vorteil. Bei diffusem Lichteinfall von Norden ist der Energiegewinn am geringsten.

3.4.3 Sonnenschutz

Die Erwärmung des Innenraumes durch Sonnenstrahlung ist oft unerwünscht (Leistung der Klimaanlage in Hochhäusern, Bürobauten und dgl.). Eine Reduzierung der die Scheibe durchdringenden Strahlungsenergie wird angestrebt. Die Sonnenenergie im Wellenbereich von 0,3 bis 2,5 μm (Globalstrahlung) verteilt sich zu 52 % auf das sichtbare Licht und zu 48 % auf die unsichtbare Strahlung. Im Bereich sichtbarer Strahlung kann allerdings nur die Blendung ausgeschaltet werden, also eine gewisse Verminderung der Strahlung erfolgen. Dabei soll die Farbwiedergabe möglichst unverfälscht sein. Diese Wirkung soll durch Sonnenschutzgläser erzielt werden, deren Eigenschaften durch die nachfolgenden physikalischen Begriffe beschrieben werden.

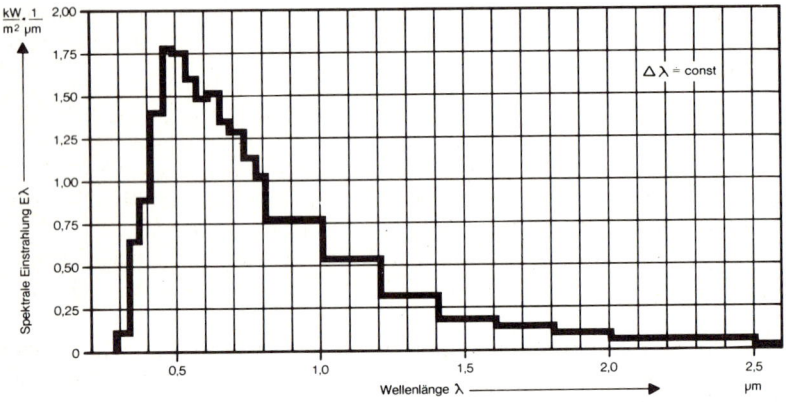

Abb. 3.14 Spektrale Verteilung der Globalstrahlung nach C.I.E. Nr. 20

Strahlungsphysikalische Begriffe

I. Sichtbare Strahlung (Wellenlänge 0,38 bis 0,78 μm)

Lichtdurchlässigkeit T_L (%) gibt den durchgelassenen Strahlungsanteil, bezogen auf die Hellempfindlichkeit des menschlichen Auges an. Messung mit Normallichtart D 65 in Beleuchtungsstärke.

Farbwiedergabe-Index $R_{a,D}$ beschreibt die Veränderung der Farbwiedergabe durch die spektrale Änderung der Transmissionsstrahlung (Index D für Durchsicht, Index R für Ansicht).

3.4.3 Sonnenschutz

II. Gesamtstrahlung
Sie bezieht sich auf die spektrale Verteilung der Sonnenenergie (Globalstrahlung, siehe Abb. 3.14).

Absorption ist der Strahlungsanteil, der vom Glas aufgenommen wird und als Wärmestrahlung beidseitig wieder abgestrahlt wird.

Reflexion ist der Strahlungsanteil, der an der Oberfläche zurückgeworfen wird.

Transmission ist der Strahlungsanteil, der das Glas durchdringt.

Gesamtenergiedurchlässigkeit g (%) wird nach der Verteilung der Globalstrahlung (C.I.E Nr. 20 in Abb. 3.14) bestimmt. Die durchgehende Energie besteht aus Primärstrahlung mit direktem Durchdringen des Glases, der Sekundärstrahlung (langwellige Wärmestrahlen) und der Konvektion aus der Erwärmung des Glases. Die beiden letzteren werden nur mit dem Anteil in Rechnung gesetzt, der an den Innenraum abgegeben wird (Abb. 3.17). Bei Absorptionsgläsern ist der Durchgang vom Einfallswinkel abhängig, den man bei klima-technischen Berechnungen meist mit 0° ansetzt.

Facteur solair gibt den Energiedurchlaß einer Verglasungseinheit in bezug auf die nicht verglaste Fensteröffnung an ($g/100$).

Mittlerer Durchlaßfaktor b (b-Faktor = shading coefficient) bezieht den Energiedurchlaß auf den Wert einer Einfachscheibe mit 3 mm Dicke ($b = g/87$).

Selektivitätskennzahl S gibt das Verhältnis von Lichtdurchlässigkeit zu Gesamtenergiedurchlässigkeit an ($S = T_L/g$). Wichtig für Klima- und Lüftungsanlagen. Eine hohe Kennzahl S ist erwünscht.

Wärmedurchgangskoeffizient (k-Wert in W/(m^{2}K)) gibt den Energieverlust einer Fläche von 1 m^2 bei 1 K Temperaturdifferenz an. Der Wert wird für die Verglasung (k_V) und für das Fenster mit Rahmen (k_F) angegeben. Für Berechnungen stehen die Werte in der DIN 4108, Teil 4, oder bei besonderen Zulassungen im Bundesanzeiger (vgl. Abschnitt 16.2.2 und Tafel 16.12).

Der **Äquivalente k-Wert** wird für Energiebilanzen bei klimatisierten Räumen und Solararchitektur benötigt und berücksichtigt den Energiegewinn im Raum aus der Einstrahlung.
$k_{eq} = k_F - S_F \cdot g$ mit dem Strahlungsgewinnfaktor S_F, der von der Himmelsrichtung abhängig ist. In Berechnungen wird meist der ungünstigste Wert der Nordrichtung mit diffuser Einstrahlung eingesetzt.

	für Nord	Süd	West	Ost
$S_F =$	1,2	2,4	1,8	1,8

Der Strahlungsdurchgang bei **Sonnenschutzgläsern** kann vermindert werden durch

Absorption der Strahlen im gefärbten Glas. Es wird dabei erwärmt und führt die Energie nach beiden Seiten ab (Abb. 3.15).
Reflexion der Strahlen an einer beschichteten Glasoberfläche.
Streuung der Strahlen (Sonderfall einer undurchsichtigen Verglasung).

Diese Wirkung kann bei Einfachscheiben, aber vor allem bei Isoliergläsern genutzt werden. Bei jedem Glastyp ergibt sich eine Kombination der Erscheinungen. Je nach Überwiegen eines Phänomens unterscheidet man:

Absorptionsgläser
Das äußere Glas ist durchgefärbt und in seiner Wirksamkeit auch von der Dicke abhängig. Es hat als Innenscheibe ein beschichtetes Glas, ist also kombiniert mit einem Reflexionsglas.

Reflexionsgläser
Ein weißes (oder farbiges) Glas ist mit Metalloxiden beschichtet, meist auf der Innenseite der Außenscheibe, manchmal auch beidseitig. Eine selektive Strahlungsdurchlässigkeit erreicht man durch Aufdampfen von Edelmetall, besonders Gold (Abb. 3.16 und 3.17).

Tafel 3.2 Isoliergläser – Übersicht über die strahlungsphysikalischen Werte (Beispiele von Ausführungen einer Firma [3/10])

	Aufbau /SZR/	Elementdicke	T_L	g-Wert	b-Faktor	Selektivität S	k-Wert k	k_{eq}
	mm	mm	%	%			W/(m²K)	
Normalausführung Zweischeibenglas	4/12/4	20	82	76	0,87	1,08	3,0	2,09
Dreischeibenglas ca. R_W = 30 dB	4/8/4/8/4	28	72	66	0,83	1,09	2,1 1,8	1,3¹) 1,0²)
Wärmeschutzglas Zweischeibenglas mit Beschichtung	4/14/4	22	70	62	0,71	1,13	1,7 1,3	0,96¹) 0,56²)
Schallschutzglas Zweischeibenglas Gießharzscheibe R_W = 46 dB	GH10/20/10	40	70	53	0,61	1,32	1,2	0,56³)
Sonnenschutzglas Zweischeibenglas mit Beschichtung	6/16/4	26	43	24	0,28	1,79	1,1	0,81²)

¹) luftgefüllt (Rechenwert nach Bundesanzeiger)
²) gefüllt mit Leichtgas
³) gefüllt mit Schwergas

Einfachscheiben werden in Räumen eingesetzt, die keine wärmedämmende Verglasung benötigen. Sie werden auch als vorgehängte Sonnenschutzgläser aus ESG vor die Isolierglas-Fenster gehängt oder als „2. Haut" vor der gesamten Fassade angebracht. Sie vermindern die Blendung und die Energiezufuhr und bewirken eine besondere farbliche Gestaltung der Fassade.

Isolierglas-Scheiben mit Sonnenschutz werden vor allem bei Gebäuden mit einer Lüftung oder Klimaanlage eingebaut, um den Aufwand für die Kühlung der Raum-

3.4.3 Sonnenschutz

luft zu verringern. Im Innenraum beeinflussen sie Blendung und Farbwiedergabe, die Außenansicht wird bestimmt durch Färbung und Reflexion der Gläser. Eine große Anzahl von angebotenen Gläsern erlaubt die Auswahl der geeigneten optischen und physikalischen Wirkung. Diese Sonnenschutzgläser können auch mit besonderen Schallschutz- und Sicherheitseigenschaften ausgeführt werden.

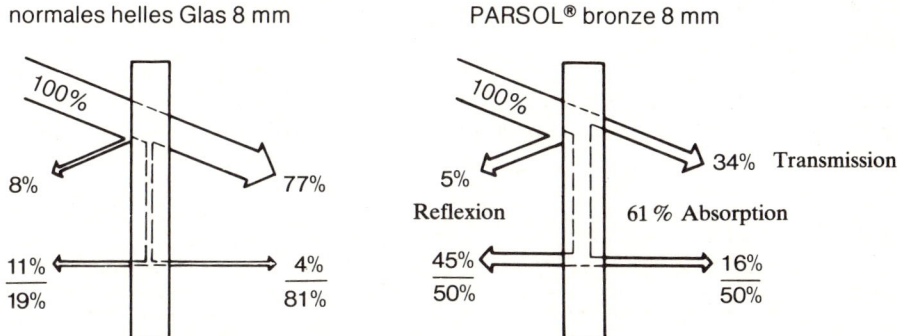

Abb. 3.15 Verteilung der Strahlungsenergie für Einfachscheiben aus normalem Glas und aus Absorptionsglas (Beispiel)

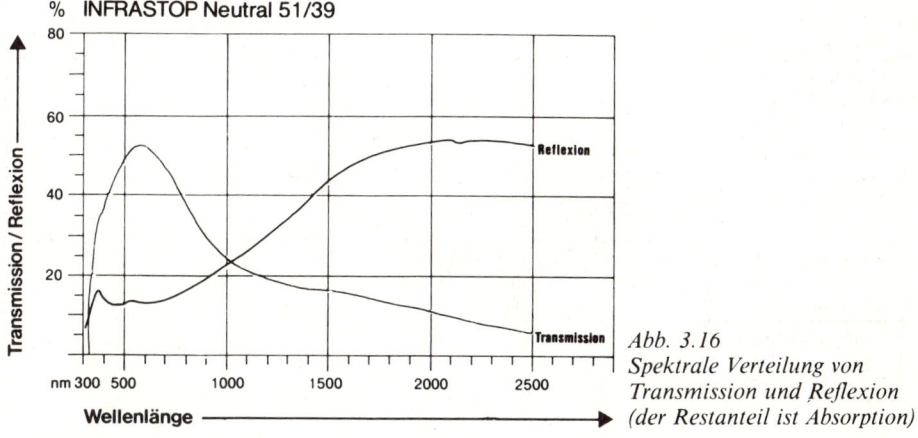

Abb. 3.16 Spektrale Verteilung von Transmission und Reflexion (der Restanteil ist Absorption)

Lichtstreuendes, undurchsichtiges Sonnenschutzglas kann bei Dachverglasungen, Oberlichten oder in Wirtschaftsräumen, Turnhallen und dgl. eingesetzt werden.

Thermolux hat ein Glasseidengespinst (1 mm) zwischen zwei verbundenen Scheiben angeordnet. Die Lichtdurchlässigkeit wird auf rd. 50 % reduziert, die Wärmedämmung durch einen Kapillarkern bis auf einen k-Wert von 1,25 W/(m^2 · K) verbessert (Abb. 3.19).

142 Bauglas

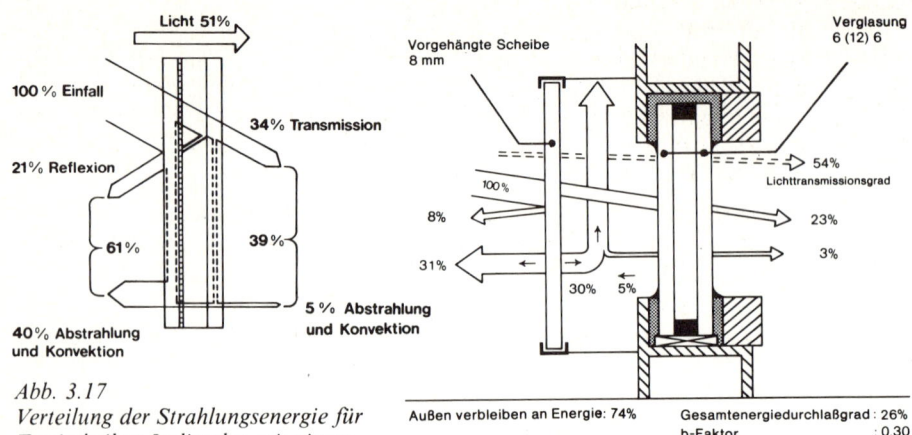

Abb. 3.17 Verteilung der Strahlungsenergie für Zweischeiben-Isolierglas mit einem Reflexionsglas außen (Sonnenschutzglas INFRASTOP Neutral 51/39)

Abb. 3.18 Vorgehängte Sonnenschutzscheibe aus farbigem ESG

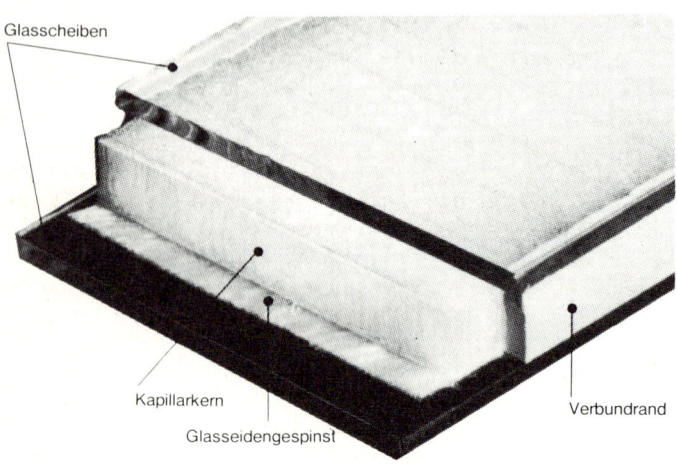

Abb. 3.19 Lichtstreuendes, durchscheinendes Sonnenschutzglas Thermolux k-Spezial

3.4.4 Schallschutz

Die Stärke des Schalldruckes wird in der logarithmischen Maßeinheit Dezibel (dB) angegeben. Das Schalldämmaß eines Bauteils berechnet man aus den Unterschieden der Schallpegel vor und hinter dem Bauteil. Da das subjektive Empfinden des menschlichen Ohres für tiefe Töne geringer ist als für hohe, wird für die verschiedenen Meßfrequenzen eine Bewertung (A-Bewertung) durchgeführt, die annähernd dem Gehörempfinden entspricht und eine allgemeine Aussage über die Dämmwirkung durch das bewertete Schalldämmaß R_W ermöglicht. Optimaler wird die Dämmwirkung, wenn man das Frequenzband der Lärmquelle kennt und eine entsprechende Verglasung auswählt.

3.4.4 Schallschutz

Die Schalldämmung symmetrischer **Isoliergläser** wird vor allem von der Scheibendicke bestimmt und unterscheidet sich wenig von der Dämmung einfacher Scheiben. Um die störende Doppelscheibenresonanz bei tiefen Frequenzen zu vermindern, wird die Scheibe *asymmetrisch* aufgebaut (außen bis 14 mm, innen bis 4 mm Dicke) und ein möglichst großer Scheibenzwischenraum angestrebt (12 bis 24 mm). Eine Kombination mit Wärmeschutz-, Sonnenschutz- und Sicherheitsgläsern ist möglich. Teilweise können auch Gußgläser eingebaut werden.

Ein weiterer Schritt zur Verbesserung des Schallschutzes ist die Füllung des SZR mit *Schwergas* (z. B. SF_6: Schwefelhexafluorid). Gegenüber einer Scheibe mit Edelgasfüllung erhöht sich der k-Wert um 0,3 bis 0,4 W/(m²K).

Eine Steigerung und Modifikation der Schalldämmung erreicht man, wenn eine Scheibe als *Verbundscheibe* mit einer Zwischenschicht aus Gießharz eingebaut wird.

Scheibenart	Schalldämmaß R_W
Isolierglas 4/12/4	30 – 31 dB
Schallschutzglas ohne Verbundscheibe	37 – 42 dB
Schallschutzglas mit Verbundscheibe	42 – 53 dB

Die im Prüfzeugnis angegebenen Meßwerte R_W sind im Prüfstand nur für die Scheibe bestimmt. Bezieht man die Fensterkonstruktion mit ein, erhält man einen Dämmwert R_{WF}, der bis zu 2 dB höher liegt (unter 40 dB) oder bis zu 4 dB tiefer liegt (über 45 dB). Die VDI-Richtlinie 2719 bewertet die **Fenster** nach dem Schalldämmaß im Bau $R'_{WF} = R_{WF} - 2$ dB. Mit steigender Schutzklasse werden die Anforderungen an die Fugendichtung der Fenster auch strenger (Verriegelung, Dichtungen).

Fenster der Schallschutzklasse	R'_{WF}	R_W	Falzdichtungen im Rahmen
1	25 – 29 dB	≥ 27 dB	–
2	30 – 34 dB	≥ 32 dB	eine
3	35 – 39 dB	≥ 37 dB	eine
4	40 – 44 dB	≥ 45 dB	zwei
5	45 – 49 dB	–	–
6	≥ 50 dB	–	–

Einschalige Scheiben werden in Tonstudios und als durchsichtige Schallschutzwände an Verkehrswegen verwendet. Durch die Ausführung als ESG ist eine ausreichende Schlag- und Biegefestigkeit gewährleistet. Elementdicke bis 50 mm bei einer Schalldämmung bis 46 dB.

144 Bauglas

3.4.5 Weitere Ausführungen

Fassadenplatten werden im Brüstungsbereich von durchgehenden Glasfassaden angeordnet. Sie sollen meist im gleichen Farbton wie die Sonnenschutzgläser erscheinen. Die Farbgebung geschieht meist durch eine Emaillierung der raumseitigen Glasseite, die bei 700 °C eingebrannt ist. Ebenso werden Metalloxidschichten eingesetzt. Einscheibiger Aufbau aus Sicherheitsglas oder Isolierglas mit ESG-Scheiben (Kaltfassade).
Fassadenelemente bestehen aus Fassadenplatte, Wärmedämmung und raumseitiger Dampfsperre (Warmfassade).

3.5 Brandschutzgläser

3.5.1 Anforderungen des Brandschutzes

Nach DIN 4102, Brandverhalten von Baustoffen und Bauteilen, ist Glas ein nicht brennbarer Baustoff der Klasse A 1. Seine Verwendung im Brandschutz ist aber ohne besondere Maßnahmen nicht möglich, da es bei Erhitzung zerspringt und keine Sperrwirkung hat.

Brandschutz ist möglich durch
F-Verglasungen (Feuerwiderstandsfähige Bauteile der F-Klassen)
G-Verglasungen (Feuerwiderstandsfähige Verglasungen)
Glassteine (siehe Abschnitt 3.7.1)

Prüfanforderungen werden in Teil 2 und 5 der Norm festgelegt. Die Zulassung wird jeweils für das ganze Verglasungssystem einschl. Rahmung ausgesprochen (im folgenden werden nur die Gläser beschrieben). Die Zeitdauer von 30, 60, 90, 120 und 180 min, in der ein Durchtritt des Feuers verhindert wird, bestimmt die Klassenbezeichnung, z. B. G 30, F 60 (siehe Abschnitt 16.4).

Für **F-Verglasungen** wird gefordert:
Thermische Isolation in der Zeitdauer, d. h. keine Temperatursteigerung auf der nicht beflammten Seite um mehr als 180 K (im Mittel 140 K) gegenüber der Anfangstemperatur. Die Einheitstemperaturkurve überschreitet nach 30 min 800 °C. Bestehen des *Pendelschlagversuches* mit 20 Nm Stoßarbeit nach der Brandprüfung.
Wattebauschtest zur Feststellung, ob brennbare Gase durchtreten.
Für **G-Verglasungen** werden diese Forderungen *nicht* erhoben. Es besteht dann kein Schutz vor Strahlung und heißen Gasen. Die Verwendungsmöglichkeiten der G-Verglasung sind beschränkt.
Die Zulassungen für F- und G-Verglasungen erlauben nur den Einbau in senkrechter Richtung, also nicht für Schräg- oder Decken-Verglasungen.

3.5.2 Brandschutzgläser der G-Klassen

Die Gruppe der G-Gläser verhindert den direkten Durchgang von Feuer und Rauch. Die Wärmestrahlung wird kaum zurückgehalten und kann in kurzer Zeit Möbel, Textilien und Holzverkleidungen (Brandlast) zur Entzündung bringen. (Möblierte Räume brannten nach 30 bis 60 min.) G-Verglasungen sind für die Abschirmung von Fluchtwegen meist nicht geeignet, jedoch als Trennwände von brandlastfreien Flurabschnitten möglich.

3.5.3 Brandschutzgläser der F-Klassen

Bei Außenverglasungen ist zu beachten, daß sie ausreichenden Abstand von anderen Brandabschnitten oder Räumen mit Brandlast haben, auch bei Eckverglasungen.

Drahtglas
Drahtspiegelglas und -gußglas mit punktgeschweißtem Drahtnetz 12,5 mm × 12,5 mm kann bei kleineren Größen die Forderungen der Klasse G 60 erfüllen.

Spezialgläser
von besonderer Zusammensetzung (Borosilikatglas; Pyran) haben eine niedrige Wärmeausdehnung und eine hohe Erweichungstemperatur. Sie deformieren sich nach etwa 1 Stunde und beginnen zu fließen. Scheibenfläche bis 2 m^2 ausführbar, Glasdicke 6 mm, G 90. Bei größerer Glasdicke bis G 120. Glas bleibt durchsichtig.

Glaskeramik
besitzt minimale Wärmeausdehnung und einen Erweichungspunkt bei 1100 °C. Scheiben bis 1 m^2 können in G 180 ausgeführt werden.

3.5.3 Brandschutzgläser der F-Klassen

F-Gläser bestehen aus zwei oder mehreren Glasscheiben (Sicherheitsglas) und haben in den Scheibenzwischenräumen zunächst durchsichtige Füllungen. Bei Hitzeeinwirkung entsteht eine undurchsichtige Isolierschicht, die die Wärmestrahlen abschirmt. Durch die Verdunstung des eingeschlossenen Wassers wird Wärmeenergie verbraucht und die Oberflächentemperatur eine Zeitlang niedrig gehalten. ESG hat eine höhere Temperaturbeständigkeit und Widerstandsfähigkeit gegen Stoß. Eine längere Feuerwiderstandsdauer als 30 min erreicht man oft durch Wiederholung der Konstruktion (Abb. 3.20).

Contraflam 30 – 15; 30 – 18; (60 – 28); 90 – 28/28 [3/4]
besteht aus zwei ESG-Scheiben (bzw. drei Scheiben bei F 90), die mit einem wasserhaltigem Gel gefüllt sind. Durch Hitze bildet sich im SZR eine wärmedämmende, undurchsichtige Isolierschicht. Elementdicke 26 bis 31, 41 und 72 mm. Feuerwiderstandsklasse F 30, F 60, F 90.

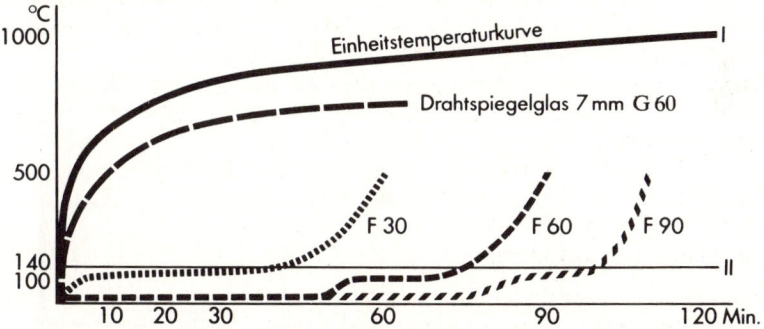

I: Temperatur im Prüfofen – DIN 4102 bzw. ISO R 834
II: Maximal zulässige mittlere Erwärmung der Prüfkörperaußenseite – DIN 4102

Abb. 3.20 Temperaturverlauf beim Brandversuch an der Prüfkörperaußenseite bei G-Glas und F-Glas

Pyrostop Typ 1/30; Typ 1/90 [3/7]
besteht aus mehreren Silikatglasscheiben mit anorganischen Brandschutzschichten zwischen den Scheiben. Bei Hitzeeinwirkung (120 °C) springt die dem Feuer zugewandte Scheibe und die Schutzschicht schäumt auf und wird undurchsichtig. Typ 1/30 ist eine einschalige Scheibe mit 15 mm Dicke und einer F-Klasse 30; Typ 1/90 ist ein Verbundelement mit 74 mm Dicke und einer F-Klasse 90.

3.6 Profilbauglas

Mit U-förmigem Querschnitt wird Profilbauglas aus Gußglas mit und ohne Drahteinlage hergestellt. Die Oberfläche ist schwach strukturiert, das Glas durchscheinend.

Abmessungen: Breite   230 – 500 mm
              Profilhöhe   41 mm (verstärkt 60 mm)
              Glasdicke   6 mm (verstärkt 7 mm)
              Einbaulänge   bis 6,00 m nach Tragfähigkeit

Es findet Verwendung als Außen- und Innenverglasung und als Dachverglasung (mit Drahtnetz) im Industrie- und Verwaltungsbau, bei Kirchen, Schulen und Wohngebäuden. In Turnhallen kann es als ballwurfsichere Verglasung eingebaut werden, allerdings nur verstärkte Typen mit PVC-Stoßkappen.

Der *Einbau* erfolgt vertikal einschalig oder zweischalig. Das Profilbauglas muß in umlaufende Aussparungen oder U-Profile aus Metall eingesetzt werden, ohne daß Zwängungen auftreten (elastische Einlage). Die Randfuge und die Zwischenfugen werden mit elastischen Dichtstoffen abgedichtet. Belastungen aus Brüstungen müssen besonders aufgenommen werden (Abb. 3.21).

Die Wärmedämmung und Schalldämmung ist bei zweischaligem Einbau mit Isolierglas vergleichbar. Im Zwischenraum ist allerdings Kondenswasserbildung möglich.

Profilbauglas	einschalig		zweischalig		
Flanschhöhe	41 mm	60 mm	41 mm	60 mm	
Wärmedurchgang $k =$	5,8	5,6	2,7	2,7	W/(m² · K)
Lichtdurchgang	89	89	81	85	%
Schalldämmaß $R_m =$	23	23	37	41	dB
Gewicht ca.	20	26	40	52	kg/m²

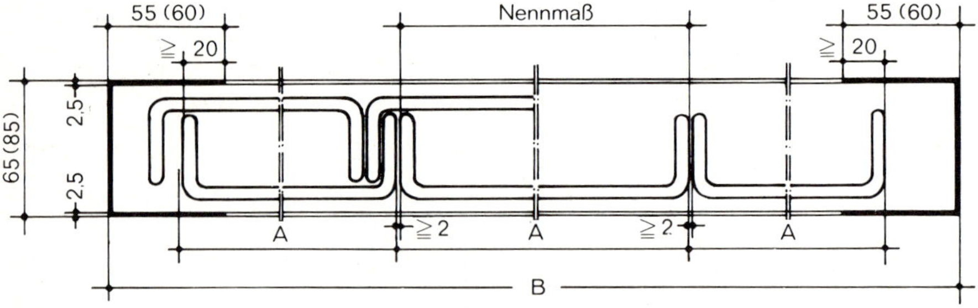

Abb. 3.21   Profilbauglas. Zweischalige Verglasung (links), einschalige Verglasung (rechts)

3.7 Preßglas

Die Glaskörper werden aus der viskosen Glasschmelze in Pressen geformt. Hohlkörper werden aus zwei Teilen zusammengeschweißt.

Tafel 3.3 Glassteine, Maße und physikalische Werte (ungefärbtes Glas)

Richtmaß [mm]	Steinmaß [mm]	Dicke [mm]	k-Wert[1]) [W/(m² · K)]	bewertetes Schalldämmmaß R_m [dB]	Lichtdurchlässigkeit [%]
200 × 200	190 × 190	80	3,5	40	
250 × 250	240 × 240	80	(mit	42	
250 × 125	240 × 115	80	Leichtmörtel	45	rd. 75 %
315 × 315	300 × 300	100	3,1)	42	
315 × 210	300 × 196	100			

[1]) Rechenwert gemäß DIN 4108 Teil 4

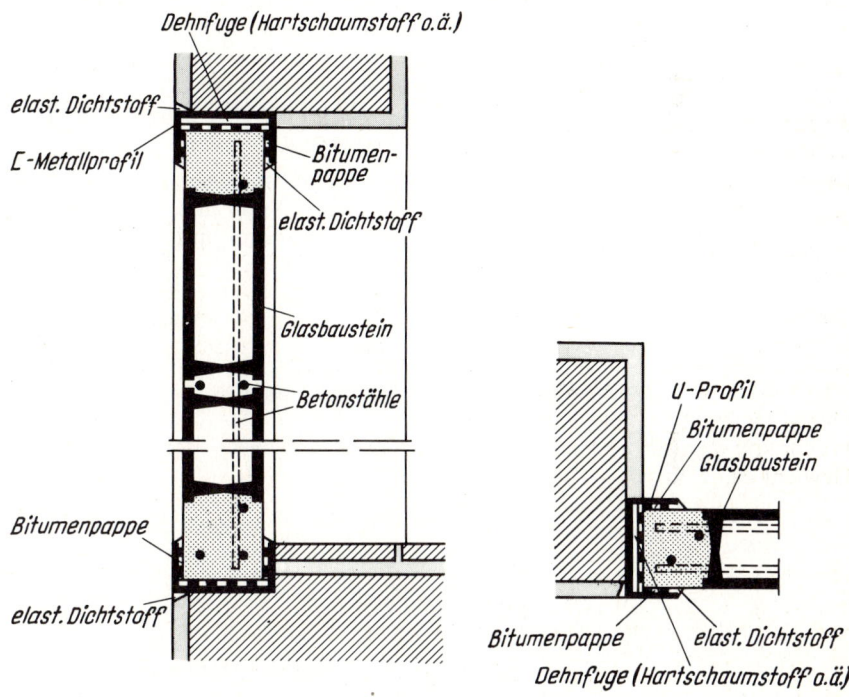

Abb. 3.22 Glassteine, eingebaut in umlaufendes U-Profil

Bauglas

3.7.1 Glassteine nach DIN 18 175

Hohlglassteine werden in quadratischen und rechteckigen Formen gefertigt, entsprechend den Maßen der Tafel 3.3. Ihre Sichtflächen tragen dekorative Strukturen, die eine Streuung des einfallenden Lichtes bewirken und sie durchscheinend machen.

Durch Einfärbung der Innenseiten oder der Glasmasse, durch Beschichtung von Innen- oder Außenseiten oder auch Schwärzung der Stegflächen wird eine dekorative Färbung und Strahlenschutzwirkung erreicht. Schall- und Wärmedämmung entsprechen etwa den Werten von Isolierglas; Fugen und Rahmen sind allerdings luftdicht geschlossen. Bei Ausführung mit Steinen 190/190/80 entsprechend der Zulassung kann die Feuerwiderstandsklasse G 60 und – mit 2 Glassteinwänden – G 120 erreicht werden [3/9].

Für die *Ausführung* ist DIN 4242, Glasbausteinwände, Ausführung und Bemessung, maßgebend. Es sind nichttragende Wände, die durch keine weiteren lotrechten Lasten beansprucht werden dürfen. Sie können unbewehrt und bewehrt hergestellt werden und erhalten in der Regel bewehrte Randstreifen (unter 10 cm). Für Wände über 1,50 m – Länge der kürzeren Seite – gelten bestimmte konstruktive und statische Forderungen. Der Anschluß an angrenzende Bauteile soll zwängungsfrei, also mit Dehnungsfuge sein, die zweckmäßig in einem Wandschlitz oder einem U-Profil liegt.

3.7.2 Betongläser nach DIN 4243

Tragwerke aus *Glasstahlbeton* bestehen aus Stahlbetonrippen, zwischen die quadratische und runde Betongläser eingesetzt sind. Durchscheinende Betongläser mit Prägung oder Riffelung der Innenflächen werden in

Form A als Vollgläser
mit $b = 160$ mm und $h = 30$ mm
oder $b = 200$ mm und $h = 22$ mm

Form B als allseitig geschlossene Hohlgläser
mit $b = 220$ mm und $h = 100$ mm
oder $b = 190$ mm und $h = 100$ mm

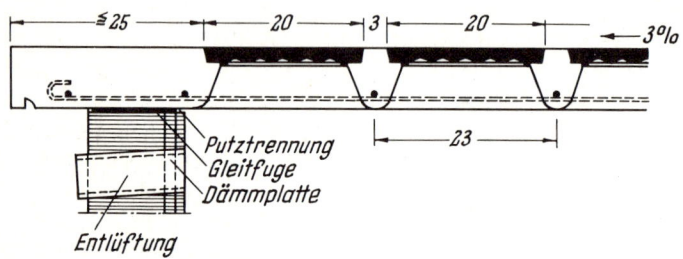

Abb. 3.23   Glasstahlbeton mit Betongläsern Form A

Form C als unten offene Hohlgläser
mit $b = 117$ mm und $h = 60$ mm

Form D als runde, unten offene Hohlgläser
mit $d = 117$ mm und $h = 60$ mm

hergestellt (b = Seitenlänge des Quadrates, d = Durchmesser). [3/9]

3.7.3 Glasdachsteine/3.8 Glasfasern

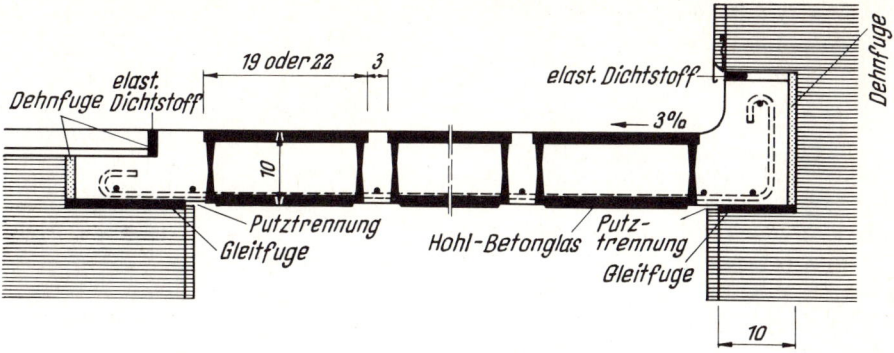

Abb. 3.24 *Glasstahlbeton mit Betongläsern Form B (Hohlbetonglas)*

Glasstahlbeton darf nur als Abschluß gegen die Außenluft (Oberlicht, Lichtschächte) mit einer Verkehrslast bis 5 kN/m² verwendet werden. Die Betongläser sind voll in Beton gebettet und tragen mit. Die Betonrippen mit der Bewehrung können einachsig oder zweiachsig tragen und müssen mindestens 3 cm breit sein. Weitere konstruktive Angaben sind in DIN 1045, Beton- und Stahlbetonbau, Abschnitt 20.3, zu finden. Befahrene Decken dürfen nicht in Glasstahlbeton ausgeführt werden. In Sonderfällen muß auf die Mitwirkung der Betongläser (nur Form C und D) verzichtet werden.

3.7.3 Glasdachsteine

Zur Belichtung von Dachräumen werden Glasdachsteine in einigen gängigen Formen der Dachziegel gepreßt. Sie werden einzeln oder in kleinen Gruppen zwischen den Dachziegeln verlegt.

3.8 Glasfasern

Herstellung

Im Düsenziehverfahren werden viele Einzelfäden durch die Öffnungen einer Platinwanne ausgezogen (bis 2 µm ⌀), dann zusammengefaßt und aufgespult. Verschiedene andere Verfahren benutzen den Gasstrom von Dampf oder Verbrennungsgasen, um die Glasfäden zu einem dünnen Querschnitt auszuziehen. Im TEL-Verfahren wird die Glasschmelze auf einen rotierenden Schleuderring gegossen und mit Zentrifugalkraft nach außen durch Lochreihen gedrückt. Im Strahl des Ringbrenners werden die Fäden nach unten gezogen. Das neuere TOR-Verfahren benutzt zwei Gasströme (Luft und Brennergas), deren Turbulenz die zugeführte Schmelze zersprüht und die Fasern lang zieht. Die Fasern haben Durchmesser von 5 bis 12 µm, bei anderen Verfahren bis 30 µm. Textilglasfasern werden zu Garnen weiterverarbeitet. Glaswolle wird als kurze Faser auf ein Förderband gesaugt. Ein aufgesprühter Kunstharzbinder verfestigt sich im anschließenden Ofendurchgang.

Textilglas
Textilglasroving   (Schnüre) werden als Einlagen in glasfaserverstärkte Kunststoffe (GKF) benutzt

150 Bauglas

Textilglasgewebe und -matten als Einlagen bei GFK, Dekorationsstoffe, Tapeten
Textilglasvlies als Einlagen von Dichtungsbahnen oder als Zwischenschicht

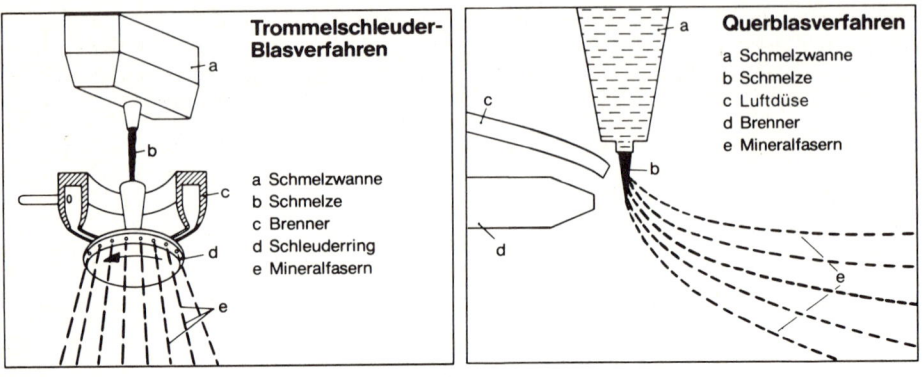

Abb. 3.25
Glasfaserherstellung (Schemaskizze) TEL-Verfahren (links); TOR-Verfahren (rechts)

Glaswolle
Verwendet werden Fasern aus Glas, aber auch Gesteinen (*Mineralwolle*). Dämmstoff für Schall und Wärme, dessen Wirkung auf möglichst hohem Luftanteil beruht (Abschnitt 16.1.1). Feine Fasern ohne Unregelmäßigkeiten, Glasperlen u. a. ergeben dabei das geringste Raumgewicht bei gleicher Dämmwirkung. Glaswolle selbst ist nicht brennbar, doch bewirken Kunstharzbinder oder Papierkaschierungen die Einordnung in Baustoffklassen A 2 oder B 1 (siehe Abschnitt 16.4).

Lose Glaswolle oder *Matten* daraus, versteppt auf Wellpappe, Drahtgeflecht (mit Drahtgarn nichtbrennbar Kl. A 1).

Glasfilzmatten auch mit Bitumenpapier oder Alu-Folie kaschiert (Dicke bis 100 mm). In Rollen von 1,0 bis 1,2 m Breite geliefert.

Glasfilzplatten mit Kunstharzbindung zu weichen bis steifen Platten verarbeitet.

Glasfaserschalen zur Ummantelung von Rohren, geschlitzt.

Glasfaserzöpfe zur Dämmung von Fugen und Umwicklung von gekrümmten Rohren.

Glasvliese für Einlagen von Dichtungsbahnen, Dachbahnen und Lochglasvlies-Dachbahnen.

3.9 Schaumglas

Herstellung
Aus Glas besonderer Zusammensetzung (Aluminium-Silicat) wird Glaspulver gemahlen und mit Kohlenstoff versetzt. Die Masse wird in Formen auf 1000 °C erhitzt. Dabei oxidiert der Kohlenstoff und bildet in der Schmelze kleine Gasbla-

3.9 Schaumglas

sen, die eine geschlossene Zellstruktur bilden ohne kapillare Verbindung. Schaumglas ist daher dampfundurchlässig. Die langsam abgekühlten Blöcke werden zu Platten geschnitten. Die schwarze Färbung von Schaumglas entsteht durch überschüssigen Kohlenstoff.

Eigenschaften
Chemikalienbeständiger Wärmedämmstoff, anwendbar von − 260 bis + 430 °C, unbrennbar (Baustoffklasse A 1), feuchtigkeitsbeständig, keine Wasserdampfdiffusion. Produkte: Foamglas, Coriglas

	Foamglas T2	Foamglas S3	
Raumgewicht	125	135	kg/m^3
Druckfestigkeit	0,5	0,7	N/mm^2
Biegefestigkeit	0,45	0,53	N/mm^2
E-Modul	1000	1200	N/mm^2
Wärmeausdehnung	$8,5 \cdot 10^{-6}$		K^{-1}
Wärmeleitfähigkeit (Rechenwert)	0,05		W/(m · K)

DIN 18 174 und Lieferformen siehe Abschnitt 16.1.3.

4 Anorganische Bindemittel

4.1 Baugipse

Normen
DIN 1168 T 1 (Jan. 86)   Baugipse; Begriff, Sorten und Verwendung, Lieferung und Kennzeichnung
DIN 1168 T 2 (Juli 75)   Baugipse; Anforderungen, Prüfung, Überwachung
DIN 18550 T 1 (Jan. 85) Putz; Begriffe und Anforderungen
DIN 18550 T 2 (Jan. 85) Putz; Putze aus Mörteln mit mineralischen Bindemitteln, Ausführung

Aus Gipsstein $CaSO_4 \cdot 2\,H_2O$ (Doppelhydrat) s. 1.3.2a) durch Brennen hergestellt und z. T. mit werksseitig zugegebenen Zusätzen zur Erzielung bestimmter Eigenschaften. Beim Brennen wird das gebundene Kristallwasser ganz oder teilweise ausgetrieben.

Mit steigender Brenntemperatur entstehen aus $CaSO_4 \cdot 2\,H_2O$ zunächst (β-) Halbhydrat $CaSO_4 \cdot 1/2\,H_2O$, danach verschiedene Modifikationen von Anhydrit (III, II, I) $CaSO_4$.

Beim Anmachen der Baugipse mit Wasser wird das ausgetriebene Wasser wieder aufgenommen, so daß das Erhärtungsprodukt wieder kristallisiertes Doppelhydrat $CaSO_4 \cdot 2\,H_2O$ ist. Anforderungen s. Tafel 4.2.

4.1.1 Gipse ohne Zusätze:

a) Stuckgips

bei 120 bis 190 °C gebrannt, besteht vorwiegend aus $CaSO_4 \cdot 1/2\,H_2O$, versteift rasch (Versteifungsbeginn zwischen 8 und 25 Minuten nach Anmachen mit Wasser). Verwendung: Zu Stuck-, Form-, Rabitzarbeiten, zu Innenputz (Gipsputz, mit Kalk zu Kalkgipsputz) und zum werkmäßigen Herstellen von Gipsbauplatten und -körpern.

b) Putzgips

höher gebrannt als Stuckgips, enthält neben Halbhydrat einen erheblichen Anteil langsam hydratisierenden Anhydrits.

Er beginnt zwar meist schon früher zu versteifen als Stuckgips (s. Tafel 4.2), kann aber deutlich länger bearbeitet werden (Abreiben von Putzflächen).

Verwendung: Innenputz (Gipsputz, Gipssandputz, Gipskalkputz), Rabitzarbeiten.

4.1.2 Gipse mit Zusätzen

bestehen überwiegend aus Stuckgips und/oder Putzgips, denen im Herstellerwerk Zusätze (Verzögerer, Beschleuniger, Plastifizierer, Haftmittel) zugegeben werden, um die Eigenschaften des Gipses für bestimmte Verwendungszwecke zu verändern. Außerdem können Füllstoffe (Zuschläge wie Sand, Perlite oder Vermiculite) zugemischt sein.

4.1.2 Gipse mit Zusätzen/4.1.3 Sonstige Gipsprodukte

a) Fertigputzgips

versteift langsam, ausreichende Bearbeitungszeit der Putzoberfläche (Ver- und Bearbeitungszeit ab Anmachen mit Wasser meist etwa 45 Min.).

Verwendung: Einlagige Innenputze, mind. 5 mm dick.

b) Haftputzgips

ähnlich wie bei Fertigputzgips, aber mit besonders die Haftung auf schwierigen Putzgründen (Betondecken) verbessernden Zusätzen und nur leichten Füllstoffen (Perlite, Vermiculite). Putz wird in der Regel aufgezogen. Verarbeitungszeit: etwa 20 Min., danach noch etwa weitere 30 Min. Oberfläche bearbeitbar.

Verwendung: Einlagige Innenputze, vorzugsweise Deckenputze, mind. 5 mm dick.

c) Maschinenputzgips

ähnlich wie Fertigputzgips, besondere Zusätze ermöglichen ein kontinuierliches maschinelles Verarbeiten. Arbeitspausen bis etwa 15 Min. möglich, ohne daß Gips in Maschine abbindet.

Verwendung: Innenputz bei Einsatz von Putzmaschinen.

d) Ansetzgips

enthält Verzögerer und Zusätze, die die Haftung an Karton verbessern und das Absaugen von Wasser durch Karton behindern.

Verwendung: Ansetzen von Gipskarton-Bauplatten.

e) Fugengips

enthält — ähnlich wie Ansetzgips — Verzögerer und Zusätze, die ein erhöhtes Wasserrückhaltevermögen bewirken.

Verwendung: Als „Mauermörtel" für Gipsbauplatten.

f) Spachtelgips

enthält — ähnlich wie Ansetzgips — Verzögerer und Zusätze für ein erhöhtes Wasserrückhaltevermögen.

Verwendung: Zum Verspachteln der Fugen von Gipsbauplatten und anderer ebenen Flächen.

4.1.3 Sonstige Gipsprodukte (nicht zu DIN 1168 gehörend)

Estrichgips, bei 800 bis 1000 °C gebrannt, besteht aus Anhydrit $CaSO_4$ und CaO. Das CaO bildet sich dabei aus dem Gips bei hohen Temperaturen durch thermische Zersetzung:

$$CaSO_4 \rightarrow CaO + SO_3 \text{ (} SO_3 \text{ entweicht gasförmig)}$$

CaO wirkt als Anreger auf den Anhydrit, der bei diesem Brennvorgang in einer extrem langsam erstarrenden Modifikation entsteht.

Estrichgips wird in Deutschland nicht mehr hergestellt.

Marmorgips (fälschlich auch Marmorzement genannt), hergestellt aus Stuckgips, der mit Alaunlösung getränkt und durch Erhitzen zu reaktionsfähigem Anhydrit umgewandelt wird. Relativ hart (Druckfestigkeit bis etwa 40 N/mm^2), schleif- und polierfähig, versteift langsamer (Verarbeitungszeit etwa 25 bis 40 Min., bearbeitbar noch länger, erst nach etwa 2 bis 6 Std. versteift).

154 Anorganische Bindemittel

Verwendung: Zum Ausfugen von Wandplatten in trockenen Räumen, zum Herstellen von Kunstmarmor: Weißer oder gefärbter (mit Leimwasser angemachter) Gipsmörtel, oft mehrfarbig durcheinandergemischt; Äderung durch Eintauchen einzelner Gipsklumpen vor dem Vermengen in Farbbrühen. Nach dem Erstarren geschliffen und poliert. Materiallüge! Politur aber beständiger als bei echtem Marmor, der infolge seiner Säureempfindlichkeit durch Angriff der Atmosphärilien leicht blind wird.

Marmorgips ist etwa 5mal teurer als Stuckgips, heute selten, durch weißen Portlandzement verdrängt.

Modellgipse, bestehen vorwiegend aus härterem ($\alpha-$) Halbhydrat $CaSO_4 \cdot 1/2\, H_2O$, z. T. mit Anhydrit und oft mit besonderen Zusätzen.

Verwendung: Für Modelle und Formen in der Industrie (bes. keramische), für Chirurgie und Zahntechnik, für Bildhauer.

Isoliergips: Langsam versteifend, zur Ummantelung von Wärme- und Kälteschutzisolierungen, etwa 60 Min. verarbeitbar, wird sehr hart (Härte etwa 45 N/mm^2, Druckfestigkeit etwa 30 N/mm^2, Wärmeleitzahl 0,4, Schüttgewicht 1 kg/dm^3).

Verschiedene *Verzögerer* sind im Handel; Leimwasser, Dextrin und Borax sowie Eibischwurzel wirken außerdem gleichzeitig härtend (Hartstuck).

Leichtgips (Porengips) wird durch Zusatz von Treibmitteln hergestellt, z. B. Wasserstoffsuperoxid H_2O_2 (Abspaltung von O; s. „Gasbeton", 2.11 und 6.21.1).

4.1.4 Verarbeitung, Verwendung und Verhalten von Gips

Gips erhärtet in relativ kurzer Zeit durch Wiederaufnahme des beim Brennen ausgetriebenen Kristallwassers. Zum ungestörten Ablauf der Erhärtung müssen alle Teilchen des feingemahlenen, pulverförmigen Gipses beim Anmachen mit Wasser in Berührung kommen, Klumpenbildung muß vermieden werden. Deshalb Gips in Wasser einstreuen, nicht umgekehrt. Dabei immer nur soviel einstreuen, wie eben durchfeuchtet wird. Gut durchmischen, am besten mit Motorquirl! Mit sauberen Gefäßen arbeiten, alte Gipsreste wirken als Kristallisationskeime und verkürzen die Verarbeitungszeit. Das Versteifen ist ein Kristallisationsvorgang, der unter dem Mikroskop zu beobachten ist.

Bringe auf den Objektträger einen Tropfen destilliertes Wasser und stäube mit einem Haarpinsel einige Stäubchen Stuckgips hinein. Diese gehen zunächst in Lösung. Nach 10 bis 15 Min. kann die Kristallbildung beobachtet werden.

Nach dem Versteifen braucht man Gips nicht länger feuchtzuhalten (wie Kalk oder Zement), sondern er kann sofort getrocknet werden. Wichtig bei Terminbauten.

Das in Gips gebundene Kristallwasser (21 M.-%) ist der Grund für die besonders

a) **hohe Feuerschutzwirkung** von Gipsverkleidungen. Im Brandfall wird es frei und bildet einen schützenden Wasserdampfschleier, der die Temperatur unter der Verkleidung für längere Zeit niedrighält.

Nach DIN 4102 gelten Bauteile, die mit mind. 15 mm dicken Gipsputz versehen sind, als *feuerhemmend*. Gipsputze sind daher auch besonders geeignet für Unterdecken und Ummantelungen in feuerbeständigen Konstruktionen. –

DIN 4102, siehe dazu *Klose,* Brandsicherheit baulicher Anlagen, Band 1: Neue Normen für die Beurteilung des Brandverhaltens von Baustoffen und Bauteilen, DIN 4102 Teile 1 bis 3 und 5 bis 7, Werner-Verlag, Düsseldorf, 1978; Band 2: Baustoffe und Bauteile mit nachgewiesenem Brandverhalten, DIN 4102 Teil 4, Werner-Verlag, Düsseldorf, 1982.

b) **Die Kristallwasseraufnahme beim Abbinden von Gips bedingt**

eine *Volumenvergrößerung* (etwa 1 Vol.-%), die gegebenenfalls konstruktiv zu berücksichtigen ist!

4.1.4 Verarbeitung, Verwendung und Verhalten von Gips 155

Der Kristallisationsdruck macht Gipsmörtel besonders geeignet zum Eindübeln und Ausgießen von Formen (preßt sich in feinste Unebenheiten).

c) **Die Löslichkeit des Doppelhydrates** ist zwar gering (etwa 2 g/l), doch sind Schäden bei stärkerer Feuchtigkeitsaufnahme (Regen, aufsteigende, durchschlagende oder hohe Kondenswasserfeuchtigkeit) unvermeidlich, da der Gips hierbei teilweise in Lösung geht und aus dieser beim Austrocknen unter erneuter Kristallwasseraufnahme immer wieder auskristallisiert.

Gips ist daher nur an trockenen und trocken bleibenden Bauteilen zu verarbeiten. Kurzzeitige Feuchtigkeitsaufnahme mit anschließender Austrocknung, etwa wie in Wohnhausküchen und -bädern (nicht: gewerbliche Küchen, Bäder, Wäschereien), führen nicht zu Schäden (nur vorübergehender Festigkeitsrückgang). – Wasserabweisend imprägnierte Gipskartonplatten werden auch ohne Bedenken in Räumen mit erhöhtem Kondenswasseranfall (z. B. in Baderäumen von Krankenhäusern) eingebaut. – Nicht zu verwenden ist Gips – auch nicht als Zusatz zu anderem Mörtel – für dem Regen ausgesetzten Außenputz, für Innenputz auf Wänden mit aufsteigender Grundfeuchtigkeit, oder auf Wänden, die vom Wetter leicht durchfeuchtet werden.

Die Wasserlöslichkeit aller Gipse verlangt Vorsicht bei *Verarbeitung auf Beton* oder zementgebundenem Untergrund, da die in den Zement eindringende Mörtelfeuchtigkeit ($CaSO_4$-Lösung) zur Bildung des „Zementbazillus" führen kann (s. „Sulfattreiben", 4.6.1 c). Desgleichen sollte man frischen Beton nie in direkte Verbindung bringen mit mittelalterlichem Mauerwerk, wenn dieses – wie häufig – gipshaltig ist, es sei denn, daß als Bindemittel sulfatbeständige Zemente (C_3A-arme bzw. -freie Zemente) verwendet werden. Vgl. 4.6.4.

Auch ist der Unsitte entgegenzutreten, beim Putzen nasser Kellerwände dem Zementputz Gips zuzusetzen, weil dadurch der Mörtel schneller anzieht. Wenn sich dann oft keine Treibschäden einstellen, so deshalb, weil die nur dünne Putzschicht Quellmöglichkeit nach oben hat und nach dem Erhärten meist keine Feuchtigkeitszufuhr erfolgt. Denn die Bildung des „Zementbazillus" ist abhängig von bestimmten Anreicherungs-Verhältnissen, die nur bei öfterer und längerer Durchfeuchtung (wegen Aufnahme der erforderlichen 32 H_2O, s. 4.6.1 c) erreicht werden. Grundsätzlich kann daher Verarbeitung von Gips auf zementgebundenem Grund ohne Bedenken erfolgen, wenn der Putzgrund völlig abgebunden und trocken ist – das ist im Sommer frühestens nach zwei Wochen, bei nasser, kalter Witterung nicht vor acht Wochen der Fall – und nach dem Erhärten des Gipses keine Nässe wieder auftritt. In der Regel aber sind Schäden zu erwarten, wenn Betongrund noch frisch, d. h. feuchtigkeitsabsondernd ist, oder wenn das Bauteil später wieder feucht wird.

d) **Deckenputz mit hohem Gipszusatz** fällt oft ab in Räumen mit feuchten Dünsten (Ställe, Waschküchen usw.; Gipszusatz nicht über 0 % des Kalkgewichtes!). (Vergleiche 7.3.2 e.) Auch auf frischem Mauerwerk wartet man mit Gipsputz zweckmäßig, bis der Mauermörtel abgebunden ist und keine Feuchtigkeit mehr absondert. – Die Treibfolgen der Gipslöslichkeit werden bisweilen als „Faulen" des Gipses bezeichnet. Das ist jedoch völlig abwegig, denn faulen können nur organische Stoffe.

156   Anorganische Bindemittel

Beim Verlegen von Gußasphalt-Estrich in Räumen mit Gipsputz oder Gipsbauplatten ist die Hitze rasch abzuführen (offene Fenster und Türen), sonst sind Schäden (beginnende Gipsumwandlungen) möglich.

Mauermörtel aus höher gebranntem (bei 800 bis 1000 °C) Gips hat heute nur noch historisches Interesse. Wenngleich dieser Gips schwerer wasserlöslich ist als Stuckgips und die Anlagerung des Kristallwassers bei ihm langsamer erfolgt, so daß ein Volumenzuwachs kaum bemerkbar wird, so ist doch bei öfterer Durchfeuchtung auf lange Sicht auch bei ihm mit Schäden zu rechnen. Der ständig sich wiederholende Kreislauf: In Lösung gehen – Auskristallisation führt zum langsamen Zerfall der mit Gips gemauerten Bauten (Beispiel: Klosterruine Walkenried/Harz) oder bedingt entsprechende Schutz- und Sanierungsmaßnahmen.

e) **Gips ist chemisch neutral**[1] und nicht wie Zementmörtel oder Beton stark basisch. Daher ist für Eisen und Stahl kein Rostschutz gegeben, bei Feuchtigkeit erfolgt *Korrosion*. Deshalb bei Verwendung von Gips Stahlteile vor Rost schützen (Schutzanstrich, Lack, Binden) oder verzinkte Stahlteile verwenden (bei Rabitzgewebe verzinkten Draht). – Blei wird nicht angegriffen, da sich eine Schutzschicht aus unlöslichem Bleisulfat $PbSO_4$ bildet. Schutzrohre für die Unterputzverlegung elektrischer Leitungen sind – soweit nicht aus Kunststoff – verbleit und können wie andere Bleirohre eingegipst werden.

f) **Die Festigkeitseigenschaften der Gipse** und Gipsbaustoffe werden von der Kristallausbildung (je nach Gipsart bzw. Brennbedingungen verschieden) und vom Wassergipsverhältnis beeinflußt. Ein Beispiel für den Einfluß des letzteren auf die Härte und Festigkeit eines Stuckgipses ist in Tafel 4.1 angegeben.

Tafel 4.1 Einfluß des Wassergipsverhältnisses auf die Festigkeiten von Gips

Wassergipsverhältnis	0,8	1,2	1,6	2,0
Härte [N/mm^2]	17	4	2	1,5
Druckfestigkeit [N/mm^2]	8,3	3,0	1,4	0,8
Biegezugfestigkeit [N/mm^2]	3,9	1,5	0,7	0,6
Rohdichte [g/cm^3] (trocken)	1,0	0,75	0,6	0,5

Die Rohdichte ändert sich entsprechend der Menge des verdunsteten Überschußwassers. – Bei Einhaltung des Normen-Wassergipswertes schwanken die Festigkeitseigenschaften bei den verschiedenen Gipssorten hauptsächlich im Bereich folgender Werte:

Härte   10 bis 35 N/mm^2
Druckfestigkeit   10 bis 30 N/mm^2
Biegezugfestigkeit 3 bis 7 N/mm^2

g) **Verpackung**

In Papiersäcken mit Aufdruck von Gipssorte, Lieferwerk, Sollgewicht, u. U. Markenbezeichnung und Verarbeitungsangaben. – Loser Gips darf nur in sauberen, trockenen Behältern befördert werden. Die sonst auf der Verpackung aufgedruckten Angaben müssen auf einem zugehörigen Lieferschein vermerkt sein, der außerdem den Tag der Anlieferung, die Empfängerangabe und das Kennzeichen des Transportfahrzeuges erhalten muß.

---

[1] pH-Wert einer Gipslösung etwas größer als 7.

4.1.5 Prüfverfahren

Gipserzeugnisse, die das nebenstehende Gütezeichen der „Güteschutz-Gemeinschaft für Gips- und Gipsbauelemente e. V.", Darmstadt, tragen, verbürgen die Anforderungen der Normen.
Neben den Baugipsen sind auch Gipsbauelemente genormt.
Auskunft und Beratung durch: Bundesverband der Gips- und Gipsplattenindustrie e. V. – Deutscher Gipsverein, Birkenweg 13, 6100 Darmstadt. –

Abb. 4.1 Gütezeichen für Gips- und Gipsbauelemente

4.1.5 Prüfverfahren

Nach DIN 1168 werden geprüft: Kornfeinheit, Wassergipswert, Versteifungsbeginn, Biegezugfestigkeit, Druckfestigkeit, Härte und Haftzugfestigkeit. – Erforderliche Probemenge: Mindestens 10 dm^3, aus mind. 3 etwa gleich großen Teilproben zusammengesetzt (aus mind. 3 Säcken oder verschiedenen Höhen eines Silos).

a) **Kornfeinheit**

Sieben von 500 g Gips auf dem Prüfsieb mit Drahtsiebboden 3,15 (mm Maschenweite) nach DIN 4188 T 1, Sieben von weiteren 100 g auf dem Prüfsieb 1,25 (mm Maschenweite) und Sieben von weiteren 50 g Gips auf dem Prüfsieb 0,2 (mm Maschenweite). Die Rückstände werden gewogen und in % der Einwaage angegeben. Zur Beurteilung sind jeweils 2 Siebungen mit den 3 Sieben – bei mehr als 10 % Abweichung der Ergebnisse 3 Siebungen – durchzuführen. Sollwerte s. Tafel 4.2.

b) **Wassergipswert** (Verhältnis Anmachwassermenge zu Gipsmenge)

Wird für Stuck- und Putzgips (Gipse ohne werkseitig zugegebene Zusätze) aus der Einstreumenge ermittelt.

Einstreumenge = Gipsmenge in g, die beim Einstreuen in 100 cm^3 Wasser durchfeuchtet wird (Mittel aus 3 Versuchen).

Fülle 100 cm^3 Wasser in ein gewogenes, 66 mm hohes Becherglas von $\varnothing$ 66 mm i. L., das 16 und 32 mm über der inneren Bodenfläche Marken trägt. Dann streue Gips mit den Fingern so ein, daß die Gipsbreioberfläche nach 1/2 Min. die 16-mm-, nach 1 Min. die 32-mm-Marke erreicht und nach 1 1/2 Min. etwa 2 mm unter dem Wasserspiegel steht. In der folgenden 1/2 Min. wird so viel Gips nachgestreut, bis der ganze Wasserspiegel auch an der Becherwand verschwunden ist. Dabei entstandene Gipsinseln sollen nach 3 bis 5 Sek. durchfeuchtet sein. Bei langsam sinkenden Gipsen sind obige Einstreuzeiten so zu verlängern, daß der Gips immer auf freie Wasserfläche, nicht auf Gips fällt. Die Einstreuzeit ist dann anzugeben.

Der Wassergipswert ergibt sich dann zu $w = \dfrac{100 \text{ [g] Wasser}}{\text{Einstreumenge [g] Gips}}$

Bei Gipsen mit werkseitig zugegebenen Zusätzen wird der Wassergipswert über das Ausbreitmaß ermittelt. *Das Ausbreitmaß* ist der Durchmesser eines Kuchens aus einem breiförmigen Gips-Wasser-Gemisch. Das Gips-Wasser-Gemisch mit etwa 2½ dm^3 Gips wird in einem Mörtelmischer (wie für die Zementprüfung nach DIN 1164) gemischt und in den Setztrichter eines Ausbreittisches (wie für die Kalkprüfung nach DIN 1060) gefüllt. Nach Abziehen des Setztrichters wird die Glasplatte des Ausbreittisches über eine Hubachse 15mal angehoben und anschließend um die Hubhöhe fallengelassen, wobei sich der Gips-Wasser-Brei zu einem Kuchen ausbreitet. Der Durchmesser des Kuchens wird in 2 senkrecht zueinander stehenden Richtungen gemessen. Er soll 165 ± 5 mm betragen. Ist der ermittelte Wert kleiner oder größer, so ist der Versuch zu wiederholen, bis der Sollwert erreicht wird.

Der Wassergipswert ergibt sich dann als Quotient aus der für das Ausbreitmaß erforderlichen Wassermenge und der zugehörigen Gipsmenge.

c) **Versteifungsbeginn** = Zeitpunkt nach Beginn des Einstreuens, in dem die Ränder eines durch den Gipsbrei geführten Messerschnittes nicht mehr zusammenfließen (Mittel aus mind. 2 Versuchen).

In ein etwa 500 cm^3 fassendes Anmachgefäß werden 100 g Wasser gefüllt, in das während 1 Min. eine Gipsmenge gleich der Einstreumenge (s. oben) mit einem Löffel eingestreut wird. Den Gipsbrei läßt man 15 Sek. durchweichen und rührt ihn dann 1 Min. mit dem Löffel ruhig durch. Etwaige Knollen sind mit dem Löffelrücken zu zerdrücken. Dann wird der Gipsbrei unter ständigem Rühren auf Glasplatten ausgegossen, so daß 3 etwa 5 mm dicke Kuchen von $\varnothing$ 10 bis 12 cm entstehen. – Die Annäherung an den

Anorganische Bindemittel

Versteifungsbeginn erkennt man durch Probeschnitte am ersten und dritten Kuchen. Die Prüfschnitte werden am zweiten Kuchen durchgeführt. – Das Messer ist nach jedem Schnitt zu reinigen.

Bei Gipsen mit werkseitig zugegebenen Zusätzen erfolgt statt des vorgenannten Versuches die Prüfung mit dem Vicatgerät (s. DIN 1164, Zement) mit Tauchkonus.

Hierzu werden 3 Proben aus einem Gips-Wasser-Brei (Gemisch mit Wassergipswert für das Soll-Ausbreitmaß) hergestellt. Jede Probe wird in einen Hartgummiring gefüllt, der sich jeweils auf einer Glasplatte befindet. Die Prüfung erfolgt mit einem in den Führungsstab des Vicatgerätes eingesetzten Tauchkonus und einer Auslösevorrichtung, die zur Messung der Eindringtiefe des Tauchkonus den Führungsstab freigibt. Der Versteifungsbeginn ist erreicht, wenn der Tauchkonus 18 ± 2 mm über der Glasplatte in der Probe steckenbleibt. Angabe der Zeit vom Anmachen der Probe bis zum Versteifungsbeginn in vollen Minuten.

d) **Biegezugfestigkeit, Druckfestigkeit, Härte**
Prüfung an Prismen 4 cm × 4 cm × 16 cm wie in DIN 1164 angegeben. Prismen werden aus Gips und Wasser mit dem zuvor ermittelten Wassergipswert (Stuck-, Putzgips) bzw. mit dem Wasser-Gips-Verhältnis hergestellt, das das Ausbreitmaß von 165 mm ergibt, hergestellt. Die Proben werden bis zum Alter von 7 Tagen bei Normalklima (20 °C, 65 % Feuchte) gelagert, anschließend im Trockenschrank bei 40 °C bis zur Gewichtskonstanz getrocknet, danach auf Raumklima abgekühlt.

Die *Härte* wird ermittelt an 3 von der Biegezugprüfung übriggebliebenen Prismenhälften, indem auf beiden Seitenflächen in den 3 Viertelspunkten der Längsachse eine Stahlkugel von Ø 10 mm mit einer Vorlast von 10 N und – innerhalb 2 Sek. ansteigend – mit einer Hauptlast von 200 N 15 Sek. lang belastet wird. Die Härte wird dann aus der mittleren Vertiefung der 18 Eindrücke (t, in 0,01 mm abgelesen) als

$$H = \frac{6{,}37}{t} \text{ N/mm}^2 \text{ errechnet.}$$

Tafel 4.2 Anforderungen an Baugipse nach DIN 1168

Baugipssorte	Kornfeinheit Rückstand auf Drahtsiebboden nach DIN 4188 Teil 1			Versteifungs-beginn	Biegezug-festigkeit	Druck-festigkeit	Härte
	3,15	1,25	0,2				
	M.-%			[Minuten]	[N/mm^2]	[N/mm^2]	[N/mm^2]
Stuckgips	0	0	≦ 12	8 bis 25[1]	≧ 2,5	–	≧ 10
Putzgips	0	–	–	≧ 3	≧ 2,5	–	≧ 10
Fertigputzgips	0	–	–	≧ 25	≧ 1,0	≧ 2,5	–
Haftputzgips	0	–	–	≧ 25	≧ 1,0	≧ 2,5	–
Maschinenputzgips	0	–	–	≧ 25	≧ 1,0	≧ 2,5	–
Ansetzgips	0	–	–	≧ 25	≧ 2,5	≧ 6,0	–
Fugengips	0	0	≦ 1	≧ 25	≧ 1,5	≧ 3,0	–
Spachtelgips	0	0	≦ 2	≧ 15	≧ 1,0	≧ 2,5	–

[1]) Bei werksmäßiger Verarbeitung, z. B. zu Gipsbauplatten, darf der Versteifungsbeginn früher eintreten.

e) **Haftzugfestigkeit** ist die Spannung, die erforderlich ist, um eine auf eine Unterlage aufgebrachte, erhärtete Gipsprobe senkrecht von dieser abzureißen. Für diese genormte, aber nicht verlangte, sondern nur empfohlene Prüfung wird zunächst Gipsbrei auf Unterlagsplatten (je nach zu prüfendem Gips Asbestzement, Gipskarton, Gips-Wandbauplatten) aufgebracht. Nach Erhärten und Trocknen des Gipses werden zu einem Abziehgerät (Zugprüfvorrichtung) gehörende Abziehplatten mit einem Kunststoffkleber aufgeklebt. Im Abziehgerät werden die Proben durch Zug beansprucht, bis ein Abriß (an der Haftfläche Unterlagsplatte – Gips, innerhalb des Gipses oder innerhalb der Unterlagsplatte) erfolgt.

4.1.6 Gipsbaustoffe

f) Den **Kristallisationsdruck** veranschaulicht nachstehender Versuch [22], nachdem bei Anziehen des eingefüllten Gipsbreies der Stecker des Messingblechrings gelöst ist: Zeigerspitzen gehen auseinander.

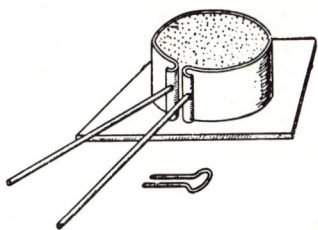

Abb. 4.2 Raumbeständigkeitsversuch

g) Der **Temperaturunterschied** zwischen Anfangs- und Höchsttemperatur des Mörtels wird gemessen mit einem Maximalthermometer, welches schon vor dem Einstreuen in das Anmachwasser zu setzen ist. Sie wird beim Stuckgips in 15 bis 20 Min. mit einem Anstieg von etwa 20 °C erreicht (daher Verarbeitung bei Frost möglich!). Höher gebrannter Gips zeigt geringere Temperaturerhöhung, da die Wärmeentwicklung sich über längere Zeit erstreckt (bei Verarbeitung frostempfindlich!).

4.1.6 Gipsbaustoffe

Normen

DIN 4103		Nichttragende innere Trennwände
	T 1 (Juli 84)	Anforderungen, Nachweise
	T 2 (Dez. 85)	Trennwände aus Gips-Wandbauplatten
	T 4 (Nov. 88)	Unterkonstruktion in Holzbauart
DIN 18 163 (Juni 78)		Wandbauplatten aus Gips; Eigenschaften, Anforderungen, Prüfung
DIN 18 168		Leichte Deckenbekleidungen und Unterdecken
	T 1 (Okt. 81)	Anforderungen für die Ausführung
	T 2 (Dez. 84)	Nachweis der Tragfähigkeit von Unterkonstruktionen und Abhängern aus Metall
DIN 18 169 (Dez. 62)		Deckenplatten aus Gips; Platten mit rückseitigem Randwulst (z. Z. in Überarbeitung)
DIN 18 180 (Sept. 89)		Gipskartonplatten; Arten, Anforderungen, Prüfung
DIN 18 181 (E Jan. 87)		Gipskartonplatten im Hochbau; Richtlinien für die Verarbeitung
DIN 18 182		Zubehör für die Verarbeitung von Gipskartonplatten
	T 1 (Jan. 87)	Profile aus Stahlblech
	T 2 (Jan. 87)	Schnellbauschrauben
	T 3 (Jan. 87)	Klammern
	T 4 (Jan. 87)	Nägel
DIN 18 183 (Nov. 88)		Montagewände aus Gipskartonplatten; Ausführung von Metallständerwänden
DIN 18 184 (Dez. 81 und E Dez. 87)		Gipskarton-Verbundplatten mit Polystyrol- oder Polyurethan-Hartschaum als Dämmstoff

a) **Gipskartonplatten** DIN 18 180, Verarbeitungsrichtlinien DIN 18 181

Platten aus modifiziertem Stuckgips, z. T. mit organischen oder anorganischen Zusätzen, der mit festhaftendem Karton ummantelt ist. Herstellung als 1,25 m breites Endlosband, das auf gewünschte Länge − und gegebenenfalls auch auf bestimmte Breite − geschnitten wird.

Festigkeit und Elastizität der Platten beruhen auf der Verbundwirkung von Gipskern und Kartonummantelung, wobei die Eigenschaften von der Faserrich-

Anorganische Bindemittel

tung des Kartons abhängig sind. Parallel zur Kartonfaser sind Festigkeit und Elastizität größer als quer zur Faser.

Gipskartonplatten sind leicht zu bearbeiten: Schrauben, Nageln, Sägen, Schneiden, Bohren und Fräsen sind problemlos möglich. Sofern die Gipskartonplatten werkmäßig weiter bearbeitet werden (gelocht, geschlitzt, kaschiert, beschichtet), werden sie als *werkmäßig bearbeitete Platten,* sonst als *bandgefertigte Gipskartonplatten* bezeichnet.

1. Bandgefertigte Gipskartonplatten

Gipskarton-Bauplatten B (Kurzzeichen: GKB), Verwendung: Zum Ansetzen als Wand-Trockenputz (Vorteil: Keine Putzmörtelfeuchtigkeit, keine Trockenzeiten, geringer Staub- und Schuttanfall, glatte Oberfläche), ab 12,5 mm Dicke für Wand- und Deckenbekleidungen auf Unterkonstruktionen (Lattung, Metallprofile), für die Beplankung von Montagewänden sowie zur Herstellung von Gipskarton-Verbundplatten (mit Dämmstoffen kaschiert, siehe Abschnitt 16.1.6) nach DIN 18 184.

Gipskarton-Bauplatten F (Feuerschutzplatten; Kurzzeichen: GKF) für Bauteile, an die Anforderungen an den Brandschutz gestellt werden. Gipskern darf keine brennbaren Zusätze enthalten; zugesetzte anorganische Fasern (Glas, Mineralfaser) verbessern den Gefügezusammenhalt im Brandfall. – Gehören zur Baustoffklasse A2 nach DIN 4102 (Brandverhalten von Baustoffen und Bauteilen, siehe Abschnitt 16.4.1). – Werden auch zur Beplankung aussteifender Wände verwendet.

Gipskarton-Bauplatten B – imprägniert (Kurzzeichen: GKBI) und
Gipskarton-Bauplatten F – imprägniert (Feuerschutzplatten I; Kurzzeichen: GKFI)
sind wasserabweisend imprägnierte Platten und haben dadurch eine verzögerte und im Vergleich zu den anderen Gipskartonplatten erheblich geringere Wasseraufnahme. Sie darf nach zweistündiger Lagerung unter Wasser höchstens 10 Masse-% betragen. In der Regel ist der Karton außerdem fungizid ausgerüstet, so daß eine größere Sicherheit gegen Pilzbefall besteht. Imprägnierte Platten sind äußerlich an der grünlichen Farbe des Kartons erkennbar. Sie werden in Dicken ab 12,5 mm hergestellt.

Alle vorgenannten Platten werden mit kartonummantelten Längskanten, voll, gefast (beide für sichtbare Fugen) oder abgeflacht (stets bei GKF) zur Aufnahme der Fugenverspachtelung (mit Fugenstreifeneinlage) und mit kartonfreien, maschinenrauhen oder scharfkantig geschnittenen Querkanten hergestellt (siehe Abb. 4.3).

GKF-Platten sind innerhalb vorstehender Gewichte etwas schwerer als GKB-Platten. – Auf Wunsch können die Platten auch in abweichenden Abmessungen geliefert werden. 25 mm dicke Platten werden vorwiegend für Montagewände in Riegelbauart verwendet, haben meist runde, abgeflachte kartonummantelte Längskanten (RAK, Kombination von a) und d) in Abb. 4.3).

Gipskarton-Putzträgerplatten (Kurzzeichen: GKP) werden vorwiegend als Putzträger auf Unterkonstruktionen verwenden, sie haben abgerundete

4.1.6 Gipsbaustoffe

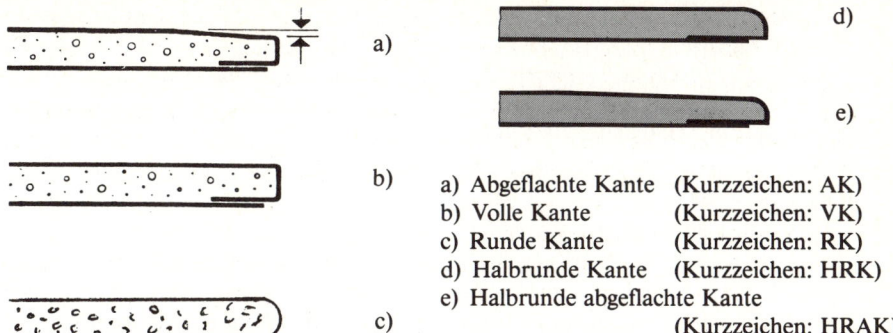

a) Abgeflachte Kante (Kurzzeichen: AK)
b) Volle Kante (Kurzzeichen: VK)
c) Runde Kante (Kurzzeichen: RK)
d) Halbrunde Kante (Kurzzeichen: HRK)
e) Halbrunde abgeflachte Kante
(Kurzzeichen: HRAK)

Abb. 4.3 Kantenausbildung von Gipskartonplatten

kanten (RK). Die Saugfähigkeit des verwendeten Kartons vermittelt eine gute Haftung des aufzubringenden Gipsputzes. Dicke der Platten 9,5 mm, Regelbreite 400 mm, Regellängen 1500 mm und 2000 mm, Flächengewicht 8 bis 9,5 kg/m².

Standardabmessungen und Gewichte sind in der nachfolgenden Tafel 4.3 angegeben:

Tafel 4.3 Maße und Gewichte von bandgefertigten Gipskartonplatten

Dicke	Abmessungen in mm		Gewicht je m² in kg
	Breite	Länge alle 250 mm zwischen	
9,5*)	1250	2000 und 4000	8 bis 10
12,5	1250	2000 und 4000	10 bis 13
15	1250	2000 und 3000	13 bis 16
18	1250	2000 und 2500	15 bis 19
25*)	600	2500 und 3500	20 bis 26
*) Nicht für imprägnierte Platten.			

2. Werkmäßig bearbeitete Gipskartonplatten

Gipskarton-Zuschnittplatten, Platten mit geschlossener Sichtfläche für Wand- und Deckenbekleidungen wie GKB, aber mit anderen Breiten und Längen. – Quadratische Zuschnittplatten werden als *Gipskarton-Kassetten* bezeichnet, Standardformat: 625 mm × 625 mm, Dicke 9,5 oder 12,5 mm.

Gipskarton-Lochplatten für dekorative und schallschluckende Wand- und Deckenbekleidungen, meist glasfaserarmiert. Sie haben durchgehende Löcher in verschiedener Form (rund mit gleichbleibenden oder verschiedenen Durchmessern, geschlitzt) und Musterung. Lochanteil bis etwa 20 % der Oberfläche.

Quadratische Lochplatten werden als *Gipskarton-Lochkassetten* bezeichnet, Standardformat 625 mm × 625 mm, Dicke 9,5 oder 12,5 mm. Die Lochplatten und Lochkassetten werden auch mit rückseitiger Faservlieskaschierung – meist rot, gelb, grün, blau oder schwarz – geliefert, sie werden dann als Gipskarton-Schallschluckplatten bezeichnet.

Sonstige, werkmäßig bearbeitete Gipskartonplatten. Zur Dekoration oder für bestimmte Verwendungszwecke können Gipskartonplatten mit anderen Materialien beschichtet oder kaschiert werden: Dekorplatten mit PVC-, Acrylat- oder Polyesterfolie; Platten mit Kunststoffbeschichtung; Platten mit Aluminiumfolie (für dampfsperrende oder reflektierende Zwecke, Foliendicke meist etwa 0,015 mm); Platten mit Bleifolie (zum Röntgen- bzw. γ-Strahlenschutz, Foliendicke je nach Strahlungsintensität zwischen 0,5 und 3 mm Dicke).

Platten können auch mit Glas- oder Mineralfasermatten verbunden sein. Verwendung vorzugsweise im Brandschutz, Standardabmessungen: 90 cm breit, 2 m oder 2,5 m lang, 30 mm, 40 mm und 50 mm dick (einschl. Glas- oder Mineralwolle). – Gipskartonplatten, die mit Polystyrol- oder Polyurethan-Hartschaum fest verbunden sind, werden als Gipskarton-Verbundplatten (s. Dämmstoffe 16.1.6) bezeichnet.

Gipskartonplatten mit geschlossener Oberfläche und mindestens 12,5 mm Dicke gehören zur *Baustoffklasse A2* nach DIN 4102, 9,5 mm dicke Platten nur, wenn sie mit anorganischen Bindemitteln auf mineralischem Untergrund angesetzt werden. Bei anderer Anwendung werden sie wie die Lochplatten oder die mit Kunststoff kaschierten Platten der *Baustoffklasse B1 (schwer entflammbar)* zugeordnet.

Bezeichnung der Gipskartonplatten in der Reihenfolge: DIN 18180, Plattenart, Dicke, Länge, Kantenausbildung, Baustoffklasse. Die Breite wird nur bei Abweichung von der Regelbreite angegeben. Beispiel für Gipskarton-Bauplatten der Dicke 12,5 mm, 2500 mm Länge und abgeflachter Längskante: DIN 18180 – GKB 12,5 – 2500 AK – A2.

Werksmäßig werden die Platten mit Firmen- oder Markennamen, DIN 18180, Kurzzeichen der Plattenart, Baustoffklasssse mit Prüfzeichen (für A2 und für B1 erforderlich) auf der Plattenrückseite durch blauen – bei GKF und GKFI-Platten durch roten – Stempelaufdruck gekennzeichnet, die Kennzeichnung verläuft dabei in Längsrichtung der Platten und der Kartonfasern.

Aus Gipskartonplatten werden auch *Trockenestrichelemente* hergestellt. Sie sind 2 m × 0,6 m groß, 25 mm dick und bestehen aus 3 wasserfest verklebten Gipskartonplatten mit Nut- und Feder-Verfalzung an den Kanten, die ein Verlegen im Verband ermöglicht. Ober- und Unterseiten sind mit einer wasserfesten Spezialkaschierung gegen Feuchtigkeit geschützt. – Daneben gibt es auch Elemente mit aufgeklebtem Polystyrolschaum in den Gesamtdicken 45 bis 55 mm. Trockenestrich ist sofort begeh- und belegbar. Baustoffklasse A2, F30 nach DIN 4102. – Elemente auch für Fußbodenheizungen.

Die Herstellerfirmen von Gipskartonplatten bieten z. T. auch Zubehörteile sowie detaillierte Planungsunterlagen mit Angaben über den Wärme-, Schall- und Brandschutz, über Befestigungsmöglichkeiten u. ä. für die Hauptanwendungsgebiete an: Wand-, Decken-, Stützenbekleidungen, leichte Trennwände, Montagewände, Unterdecken, Dachgeschoßausbau. – Anfragen z. B. an: Rigips-Baustoffwerke, Postfach 1229 in 3452 Bodenwerder, oder Westdeutsche Gipswerke Gebr. Knauf, 8715 Iphofen oder 3457 Stadtoldendorf.

4.1.6 Gipsbaustoffe

b) Gipsfaserplatten, Platten aus Gips und darin eingebetteten Zellulosefasern. Fasern sind im Querschnitt weitgehend gleichmäßig verteilt und bilden ähnlich wie bei Asbestzement eine Armierung. Dadurch bessere mechanische Eigenschaften als Pur-Gipsplatten. Die Platten werden vorzugsweise mit den in Tafel 4.4 angegebenen Abmessungen geliefert.

Tafel 4.4 Gipsfaserplatten, Vorzugsmaße

Länge [mm]	Breite [mm]	Dicke [mm]		
1500	1000	10		
2500	1245	10	12,5	15
2750	1245		12,5	15
3000	1245		12,5	15
Eigengewicht in kg/m²		11,5	15	18

Größere Längen auf Wunsch lieferbar. – Platten werden mit ca. 5 mm Fuge verlegt, Fuge wird voll ausgespachtelt, Bewehrungsstreifen nicht erforderlich. – Biegefestigkeit: 7 N/mm².

Meist Baustoffklasse A2 (nicht brennbar). – Auch als Trockenestrichelemente und als Verbundplatten mit Hartschaum verwendet. Verarbeitung und Anwendung im Innenausbau etwa wie Gipskartonplatten.

c) Wandbauplatten aus Gips DIN 18163 (Juni 78)

Leichte, glatte Bauplatten aus Stuckgips, mit oder ohne anorganischen Zuschlägen oder Füllstoffen. Bei Zugabe von porenbildenden Zusätzen entstehen Porengips-Wandbauplatten. Daneben werden auch Platten mit erhöhter Rohdichte zur Erzielung höherer Schalldämmwerte hergestellt. Diese enthalten meist röhrenförmige Kanäle, die mit Sand gefüllt sind. In Tafel 4.5 sind die nach der Rohdichte unterschiedenen Platten sowie die Plattenmaße angegeben.

Tafel 4.5 Wandbauplatten aus Gips, Arten und Maße

Plattenart	Kurzzeichen	Rohdichte in kg/dm³ (bei 40 °C getrocknet)
Porengips-Wandbauplatte	PW	0,6 bis 0,7
Gips-Wandbauplatte	GW	über 0,7 bis 0,9
Gips-Wandbauplatte	SW	über 0,9 bis 1,2
Dicke 60 80 100 120		[mm]
Platten-Länge einheitlich 666		[mm]
Höhe einheitlich 500		[mm]

3 Platten ergeben 1 m² Wandfläche. Stoß- und Lagerflächen der Platten sind wechselseitig mit Nut und Feder ausgebildet.

164   Anorganische Bindemittel

Verwendung: Für leichte, nicht tragende Innenwände. Wandgewichte meist zwischen 40 kg/dm^2 bei 60 mm dicken PW-Platten und 90 kg/m^2 bei 100 mm dicken GW-Platten. – Je nach Plattendicke sind Wandhöhen bis zu 5 m und Wandlängen bis zu 10 m ohne Aussteifung möglich. Die Platten werden im Verband mit Fugengips versetzt und sind leicht zu bearbeiten (Sägen, Fräsen, Bohren).

Die Fugen der Wände werden abschließend überspachtelt, gegebenenfalls wird die ganze Wand mit einem dünnen Gipsglättstrich ($\approx$ 2 mm) überzogen (nicht bei vorgesehener Verfliesung). Vor dem Tapezieren, Streichen oder Verfliesen (im Dünnbettverfahren) sind die Wände zu grundieren (Fluatieren unzulässig).

Wände mit 60 mm Dicke entsprechen F 30-A (feuerhemmend), ab 80 mm Dicke F 120-A (feuerbeständig) und ab 100 mm Dicke F 180-A (hochfeuerbeständig).

Metallteile, die in den Wänden eingebaut werden, sind ausreichend gegen Korrosion zu schützen.

Zu a bis c: Für die Ausführung leichter Trennwände gilt DIN 4103 T 1, T 2 und T 4.

d) Sonstige Gipsbaustoffe

Gipsdielen, 2 oder 2,5 m lange Platten, 25 bis 50 cm breit und 15 bis 100 mm dick, oft mit pflanzlichen (Sägespäne, Holzwolle, Kokosfasern, Schilf) oder mineralischen (Bims, Schlacke usw.) Leichtfüllstoffen. Für Verkleidungen und Zwischenwände, werden in der Regel verputzt.

Gipsbausteine, massiv oder mit Hohlräumen zum Mauern.

Leibungsplatten und Formstücke aus Gips zum Ummanteln oder Verkleiden von Stützen, Leitungen u.ä.

Deckenplatten aus Gips und Gipskarton-Verbundplatten siehe Abschnitt 16.1.6.

Gipsbaustoffe werden auch aus *Chemiegipsen* hergestellt. Chemiegips fällt z. B. an bei der Phosphorsäureherstellung aus Rohphosphat und Schwefelsäure:

$$Ca_5(PO_4)_3F + 5\,H_2SO_4 + 10\,H_2O = 3\,H_3PO_4 + HF + 5\,CaSO_4 \cdot 2\,H_2O$$
Rohphosphat   Schwefelsäure   Phosphorsäure   Flußsäure   Chemiegips

Nach Abscheidung von Verunreinigungen wird der Chemiegips durch Brennen oder Autoklavbehandlung in Halbhydratgips umgewandelt. – Auch bei *Rauchgasentschwefelung* mit Kalk fällt Gips an (Farbe grau).

4.2 Anhydritbinder AB

Normen
DIN 4208 (März 84)   Anhydritbinder
DIN 18 550 T 1 und T 2
       (Jan. 85)   Putz
DIN 18 560 T 1 (Aug. 81) Estriche im Bauwesen; Begriffe, Allgemeine Anforderungen, Prüfung
     T 2 – T 4   siehe Abschnitt 7.5

Nichthydraulisches Bindemittel aus natürlichem oder synthetischem Anhydrit und Anregern.

Natürlicher Anhydrit
(griech. aneu hydratos = ohne Wasser) ist ein in der Natur vorkommender wasserfreier Gips $CaSO_4$, der sein Kristallwasser durch geologische Vorgänge verloren hat.

Synthetischer Anhydrit fällt an bei der Flußsäureherstellung aus Flußspat:
$$CaF_2 + H_2SO_4 = CaSO_4 + 2\,HF$$
Flußspat   Schwefelsäure   Anhydrit   Flußsäure

4.2 Anhydritbinder AB

Er ist – gegenüber dem oft unkontrollierbar verunreinigten natürlichen – stets von gleichbleibender Qualität.

Durch *Anreger* kann Anhydrit zur mäßig schnellen Reaktion mit Wasser und damit zur Bildung von Doppelhydrat $CaSO_4 \cdot 2\,H_2O$ (Gips) gebracht werden. Ohne Anreger erfolgt die Reaktion mit Wasser so langsam, daß sie bautechnisch ohne Bedeutung ist. Bei Zusatz von so ähnlich wie Katalysatoren wirkenden Anregern wird Anhydrit ein dem Gips sehr ähnliches Bindemittel. Als Anreger kommen in Frage:

Kalkhydrat, Zement, Salze, meist K_2SO_4, Na_2SO_4. Zusatzmenge bei basischen Anregern höchstens 7 (meist 5) M.-%, bei salzartigen Anregern höchstens 3 (meist 2) M.-%, bei gemischten Anregern höchstens 5 M.-%, davon max. 3 M.-% salzartig. Die Anreger können mit dem Anhydrit Doppelsalze bilden, z. B. $K_2SO_4 \cdot CaSO_4 \cdot H_2O$.

Die Anreger werden werkmäßig dem Anhydrit beigemischt oder – bei hygroskopischen Salzen – getrennt in Beuteln geliefert. Zumischung erfolgt dann auf der Baustelle, Zugabe in das Anmachwasser.

Dabei ist eine Zugabe des (vom Werk mitzuliefernden) Anregers *auf der Baustelle* nur bei Herstellung von Estrichen zulässig. Der dafür verwendete, *nicht angeregte Anhydrit* muß als solcher einwandfrei an der Verpackung kenntlich sein und auf der Verpackung die Angabe tragen: Erfüllt nach der Verarbeitungsvorschrift mit ... M.-% ... (Anreger) die Anforderungen der Güteklasse AB ... DIN 4208.

a) Festigkeiten, Kennzeichnung

Anhydritbinder wird (nach 28-Tage-Druckfestigkeit) in 2 Festigkeitsklassen geliefert und auf den Säcken wie folgt gekennzeichnet (s. Abb. 4.4):

AB 5 mit 1 schwarzen Punktreihe
AB 20 mit 3 schwarzen Punktreihen
} Punkte ⌀ 40 mm in Abständen von 20 mm

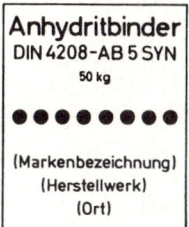
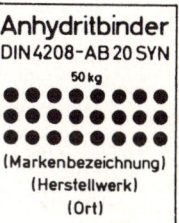

Abb. 4.4
Beispiele für die Sackbeschriftung bei synthetischem Anhydritbinder

Die Zahlen geben die Mindestdruckfestigkeiten von Anhydritmörtel (1 : 3 M.-Teile) bei der Normprüfung an Prismen 4 cm × 4 cm × 16 cm nach 28 Tagen in N/mm^2 an. Außerdem müssen auf der Verpackung angegeben sein: Überwachungskennzeichen, erforderliche Verarbeitungshinweise und Abfülldatum (auch verschlüsselt). NAT steht für Naturanhydrit, SYN für synthetischen Anhydrit. Nicht angeregter Anhydrit muß auf der Verpackung statt der vorstehenden Kennzeichnung folgende Angaben tragen: „ANHYDRIT NAT bzw. ANHYDRIT SYN. Erfüllt nach der Verarbeitungsvorschrift mit ... M.-% (Anreger) die Anforderungen der Festigkeitsklasse AB ... nach DIN 4208;" daneben Herstellwerk, Gewicht, Überwachungszeichen usw. Auf der Rückseite ist die Verarbeitungsvorschrift anzugeben. – Anhydrit kann auch lose in Transportbehältern mit entsprechenden Angaben auf dem Lieferschein geliefert werden.

Bei der Normprüfung müssen im einzelnen die in Tafel 4.6 angegebenen Werte erreicht werden.

166 Anorganische Bindemittel

Tafel 4.6 Anhydritbinder, Festigkeitsklassen und Festigkeitsanforderungen

Festig-keits-klasse	Mindestfestigkeiten in N/mm² im Alter von			
	3 Tagen		28 Tagen	
	Biegezug-festigkeit	Druck-festigkeit	Biegezug-festigkeit	Druck-festigkeit
AB 5	0,5	2,0	1,2	5,0
AB 20	1,6	8,0	4,0	20,0

b) Verwendung für 1. Estriche, 2. Innenputzmörtel nach DIN 18550 (s. 7.2), 3. Wandbauplatten und Wandbausteine für Innenwände, Deckenplatten.

AB trocken lagern! Nur für Bauteile, die dauernd trocken bleiben oder nur kurzfristig Feuchtigkeit ausgesetzt sind.

Zugabe von Farbpigmenten ist nur fabrikmäßig zulässig, da manche Farben sulfatempfindlich sind oder Treiben verursachen. Auch Mischung von Anhydritbindern verschiedener Fabrikate oder mit hydraulischen Bindemitteln ist wegen Treibgefahr nicht zulässig; siehe Verarbeitung 4.1.4.

Mit Luftkalk (verlängert die Erstarrungszeit, setzt Festigkeit herab) oder auch mit Gips (verkürzt Erstarrungszeit) kann Anhydrit gemischt werden.

Bautechnisch von Bedeutung ist vor allem der Anhydritbinder aus synthetischem Anhydrit.

1. Estriche aus Anhydrit haben eine sehr hohe Raumbeständigkeit (Quellen und Schwinden etwa 0,05 mm/m), ausreichend hohe Festigkeiten – zu Estrichen wird nur AB 20 verwendet – und trocknen schnell aus. Der Estrichmörtel wird in der Regel mit Sand 1 : 2,5 (RT) gemischt. Festigkeitsklassen und weitere Angaben s. 7.5.2.

2. Innenputz aus Anhydrit hat eine relativ hohe Stoß- und Abriebfestigkeit (Festigkeiten gleich oder höher als Mörtel der Mörtelgruppe II), deshalb besonders für Schulen, Treppenhäuser und sonstige stärker beanspruchte Innenputze geeignet (Mischungsverhältnisse siehe DIN 18550, siehe auch 7.2). Anhydritmörtel beginnt etwa 30 Minuten nach dem Anmachen mit Wasser zu erstarren und ist ausreichend lange bearbeitbar. Erstarrungsende etwa nach 3 bis 4 Std. Bei Anhydritkalkmörtel verlängern sich die Erstarrungszeiten. Anhydritmörtel trocknet schnell aus. Wegen der schnellen Erstarrung, der schnellen Austrocknung und der relativ hohen Festigkeit kann mit Anhydrit auch noch bei bevorstehender Frostgefahr geputzt werden.

Anhydritputz hat wie Gipsputz wegen seiner günstigen Porenstruktur eine sehr gute Atmungsfähigkeit. Sie bewirkt, daß Luftfeuchtigkeit schnell aufgenommen und leicht wieder abgegeben werden kann, die Putze haben also eine gewisse feuchtigkeitsregulierende Wirkung. In ausgesprochenen Naßräumen (z. B. Wäschereien) nicht zu verwenden, für Küchen und Badezimmer in Wohnhäusern – wie Gips – geeignet. – Anhydritmörtel kann – wie auch

Gips – für *feuerhemmende* Verkleidung angewandt werden, wenn geeignete Zuschläge (Perlite, Vermiculite) verwendet werden.

3. **Wandbauplatten,** Wandbausteine, Deckenplatten aus Anhydrit sind mit den entsprechenden Baustoffen aus Gips vergleichbar, siehe Abschnitt 4.1.6.

c) **Für die Prüfung** des Anhydrits auf Mahlfeinheit, Erstarren (Beginn frühestens 25 Minuten, Ende spätestens 12 Stunden nach dem Anmachen), Raumbeständigkeit (nach gemischter Lagerung der Probekörper: 48 Stunden im Feuchtkasten, 12 Tage an der Luft, 7 Tage unter Wasser, nochmals 7 Tage an der Luft) und Mörtelfestigkeiten gilt sinngemäß die Zementnorm DIN 1164. – Außerdem werden die chemische Zusammensetzung und der pH-Wert ($\geq$ 7,0) des Anhydrits bzw. des Anhydritbinders (einschl. Gehalt an Anregern) bestimmt. Durch die feine Mahlung (Rückstand auf dem Sieb mit der Maschenweite 0,09 mm < 20 Masse-%) wird die Oberfläche (d. h. die mit Wasser zu benetzende Fläche) des Mahlgutes vergrößert und dadurch die Reaktion mit dem Anmachwasser intensiviert. – Weiterhin werden Quellen und Schwinden durch Messung der Längenänderung von Prismen 4 cm x 4 cm x 16 cm geprüft, zulässig max. ± 0,2 mm/m.

4.3 Magnesiabinder

Normen

DIN 272	(Febr. 86)	Prüfung von Magnesiaestrich
DIN 273		Ausgangsstoffe für Magnesiaestriche
	T 1 (Mai 81)	kaustische Magnesia
	T 2 (Juli 83)	Magnesiumchlorid
DIN 18 560	T 1 (Aug. 81)	Estriche im Bauwesen; Begriffe, Allgemeine Anforderungen, Prüfung
	T 2 – T 7	siehe Abschnitt 7.5

Früher nach dem Erfinder *Sorelzement* (irreführend, weil nicht hydraulisch!) genannt. Daraus wurde das sog. **Steinholz** (Fama, Lithoxyl u.a.) hergestellt. Der Grundstoff ist kaustisch *gebrannte Magnesia MgO* nach DIN 273 T 1 (Mai 81).

Aus Magnesit (Fundorte u. a. Insel Euböa i. Griechenland, Balkanländer, Zillertal, Kärnten, Zobten i. Schlesien) gebrannt:

$MgCO_3$ = MgO + CO_2. *Kaustisch* = ätzend, d. h. wie eine Base wirkend. Außer der bei etwa 800 °C gebrannten kaustischen Magnesia, die mit Wasser reagiert, gibt es auch bei 1600 °C *sinter*gebranntes MgO, das mit Wasser nicht mehr reagiert und zur Herstellung *hochfeuerfester* Steine (Magnesitsteine) verwendet wird, siehe Abschnitt 2.6.1.

Kaustische Magnesia MgO hat die Fähigkeit, mit Salzlösungen zweiwertiger Metalle wie $MgCl_2$, $MgSO_4$, $CaCl_2$ und $ZnCl_2$ eine bildsame Masse zu ergeben, die steinartig erhärtet. Am gebräuchlichsten ist dabei Magnesiumchloridlösung $MgCl_2$ (nach DIN 273 T 2 – Juli 83) fälschlich Chlormagnesium-Lauge genannt. Dabei ist darauf zu achten, daß das schwach sauer reagierende $MgCl_2$ durch eine entsprechende Menge von basischem MgO neutralisiert wird. In diesem Falle wird die hygroskopische Eigenschaft des $MgCl_2$ nicht wirksam, da nach dem Erhärten der Feuchtigkeitsgehalt des Mörtels mit der normalen Luftfeuchtigkeit im Gleichgewicht steht. – Das Verhältnis $MgCl_2$ zu MgO soll bei etwa 1 : 2,5 bis 1 : 3,5 Gewichtsteilen liegen, keinesfalls $MgCl_2$-reicher als 1 : 2 sein.

Als Füllstoff (Zuschlag) können anorganische (Sand, Bims, Korund) oder organische Stoffe (Sägespäne, Weichholzfasern, Kork, Gummi, Textilfasern, Papier) verwendet werden. Außerdem werden in der Regel Farbpigmente zum Einfärben zugegeben.

Beim Erhärten des Magnesiamörtels bildet sich nach [4.4] zunächst eine gallertartige Masse, aus der sich mit fortschreitender Reaktion nadelförmige Kristalle aus-

168 **Anorganische Bindemittel**

scheiden. Als Endprodukte sind im erhärteten Magnesiamörtel neben MgO, Mg(OH)$_2$ und noch freiem MgCl$_2$ folgende Neubildungen festgestellt worden:

MgCl$_2$ · 5 Mg(OH)$_2$ · 8 H$_2$O   MgCl$_2$ · 3 Mg(OH)$_2$ · 8 H$_2$O und
MgCl$_2$ · 2 MgCO$_3$ · Mg(OH)$_2$

Die genannten Verbindungen liegen immer in Mischungen vor, möglicherweise bestehen daneben noch weitere, ähnlich zusammengesetzte Verbindungen. – Die Bildung von MgCO$_3$ erfolgt durch CO$_2$-Aufnahme des sich zunächst bildenden Mg(OH)$_2$ aus der Luft (analog zum Erhärten des Kalkes s. 4.4.1).

Freies MgCl$_2$ fördert stark die elektro-chemische *Korrosion*. Vor der Verarbeitung des Mörtels sind daher alle mit ihm in Berührung kommenden Metallteile (Rohre, Zargen usw., auch aus Zink oder verzinkten Stahlteilen) abzuisolieren (am besten mit Bitumen oder Korrosions-Schutzbinden).

MgCl$_2$-Lösung greift auch Emaille an; überschüssige Lösung nicht in Badewanne gießen! – Die Reaktionsprodukte des Magnesiabinders greifen wegen ihrer basischen Wirkung – Mg(OH)$_2$ ist eine relativ starke Base – auch amphotere Metalle wie Aluminium und Blei an. Der Angriff auf Blei kommt jedoch sehr rasch zum Stillstand, da sich auf der Metalloberfläche schwerlösliches Bleichlorid bildet.

Magnesiabinder werden zur Herstellung von **Magnesiaestrichen** (s. 7.5.3) und als Bindemittel für Holzwolleleichtbauplatten verwendet.

4.3.1 Magnesiabinder für Holzwolle-Leichtbauplatten (nach DIN 1101 und DIN 1102)

wird aufgrund seiner Eigenschaft, an Holzfasern zu haften, auch verwendet zur Herstellung von Holzwolle-Leichtbauplatten (s. 16.1.4). Da diese meist genagelt werden, wird hier anstelle der hygroskopischen und daher rostfördernden MgCl$_2$-Lösung eine nicht in gleicher Weise wirkende MgSO$_4$-Lösung verwendet (z. B. bei den magnesiagebundenen Heraklith-Leichtbauplatten). Stets verzinkte oder anderweitig rostgeschützte Nägel benutzen!

Bei Austausch der MgCl$_2$-Lösung durch MgSO$_4$-Lösung entstehen Verbindungen, die eine geringere Festigkeit des Magnesiamörtels ergeben. Austausch nur, wo die Mörtelfestigkeit von geringer Bedeutung.

4.3.2 Anforderungen und Prüfung

Bei Magnesiabindern werden die Ausgangsstoffe MgO und MgCl$_2$ auf ihre chemische Zusammensetzung geprüft. Für Magnesiaestriche gelten Anforderungen und Prüfvorschriften nach DIN 272 (Prüfung von Magnesiaestrich) und nach DIN 18560 (Estriche im Bauwesen). Chemische Prüfungen an Magnesiaestrich beziehen sich auf die Ermittlung des Mischungsverhältnisses von MgO zu Gesamtfüllstoff und von MgCl$_2$ zu MgO. Bei Magnesiaestrichen, die als Steinholz bezeichnet werden, wird außerdem die Rohdichte bestimmt. Weitere Anforderungen und Prüfungen siehe 7.5.3 und 7.5.7 bis 7.5.10.

4.4 Baukalk

Normen
DIN 1060   T 1 (Jan. 86)   Baukalk; Begriffe, Anforderungen, Lieferung, Überwachung
              T 2 (Nov. 82)   Baukalk; Chemische Analysenverfahren
              T 3 (Nov. 82)   Baukalk; Physikalische Prüfverfahren

DIN 51043 (Aug. 79)   Traß; Anforderungen, Prüfung

4.4.1 Luftkalke

Bindemittel, entweder aus Kalkstein $CaCO_3$, auch Dolomit $CaCO_3 \cdot MgCO_3$, oder aus Kalkmergel (tonhaltiger Kalk) durch Brennen bei Temperaturen zwischen 1000 °C und 1200 °C, d. h. unterhalb der Sintergrenze, hergestellt. Aus Kalkstein bzw. dolomitischem Gestein entstehen dabei **Luftkalke**, aus Kalkmergel **hydraulisch erhärtende Kalke**.

4.4.1 Luftkalke

Die durch Brennen erhaltenen Branntkalke werden mit Wasser (-Dampf) gelöscht und erhärten durch Aufnahme von Luftkohlensäure (Karbonatisieren, Rückbildung zum Karbonat). Wegen der zur Erhärtung nötigen Luft (-Kohlensäure) werden sie **Luftkalke** genannt.

Das Brennen, Löschen und Erhärten stellt sich chemisch wie folgt dar:

Brennen: $\quad CaCO_3 \quad = \quad CaO \quad + \quad CO_2$
Kalkstein wird gebrannt zu gebranntem Kalk, dabei entweicht Kohlendioxid

Löschen: $\quad CaO \quad + \quad H_2O \quad = \quad Ca(OH)_2$
Gebrannter Kalk wird mit Wasser gelöscht zu gelöschtem Kalk (Kalziumhydroxid, Kalkhydrat)

Durch die Wasseraufnahme beim Löschen „gedeiht" der Kalk, d. h., er vergrößert sein Volumen fast auf das Doppelte (Sprengwirkung beim Nachlöschen im Bau!).

Erhärten: $Ca(OH)_2 + H_2O + CO_2 = CaCO_3 + 2 H_2O$
gelöschter Kalk mit Mörtelwasser nimmt Kohlensäure aus der Luft auf Erhärteter Kalk (Kalkstein) Freiwerdende Baufeuchtigkeit verdunstet
$\underbrace{\qquad\qquad\qquad\qquad}_{H_2CO_3}$

Durch diesen sich länger hinziehenden Prozeß erklärt sich, weswegen die Beseitigung der erst allmählich freiwerdenden Baufeuchtigkeit nicht durch Heizen, sondern lediglich durch Beschleunigung des Erhärtens durch CO_2-Zufuhr erreicht werden kann.

Das Mörtelwasser muß dem Mörtel während des Erhärtens erhalten bleiben und darf ihm nicht durch Zugluft, Sonnenbestrahlung oder Heizung bzw. durch Vermauern trockener, saugfähiger Steine oder durch Putzen auf trockenem, absaugendem Untergrund entzogen werden. Ohne Wasser, nur mit CO_2 der Luft allein ist ein Erhärten nicht möglich, was u. a. die lange Lagerfähigkeit trocken gelöschter Kalke beweist.

Beim Mauern saugende Steine, beim Putzen trockenen Putzgrund (Ausnahme Holzwolle-Leichtbauplatten) gut vornässen.

Die sich aus dem Mörtelwasser und dem CO_2 der Luft erst bildende Luftkohlensäure H_2CO_3 kann bei Dauerfeuchtigkeit oder unter Wasser nicht eindringen, daher Kalkmörtel *nur bei Luftzutritt* möglich (Luftmörtel)! – Beim Abbruch von meterdickem mittelalterlichen Mauerwerk hat sich des öfteren gezeigt, daß der Kalkmörtel im Inneren der Mauer noch weich (nicht abgebunden) war, weil die Luft nicht bis in diese Mauertiefe vordringen konnte.

Früher wurde häufig versucht, die Erhärtung und Austrocknung durch Verbrennen von Koks in offenen Kokskörben zu beschleunigen. Problematisch, da bei zu rascher Austrocknung die Karbonatisierung unterbrochen wird, wegen der ungleichmäßigen Strahlung einzelne Putzflächen zu stark erhitzt werden können und giftiges Kohlenmonoxidgas entsteht. – Auch die CO_2-Ausatmung beschleunigt die Kalkerhärtung, daher werden die Wände in Neubauten nach dem Beziehen oft wieder feucht. – Heute vielfach nicht so akut, da Mörtelanteil durch Verwendung großformatiger Steine geringer geworden ist und Kalkputz oft durch Wandverkleidungen (Gipskarton, Holz u. ä.) oder Gipsputz verdrängt wird.

Zu den Luftkalken gehören:

a) **Weißkalk** aus fast reinem Kalkstein $CaCO_3$ gebrannt; sehr ergiebig (früher als Fettkalk oder Speckkalk bezeichnet).

Sehr feine Weißkalke sind: „Seemuschelkalk", aus Seemuscheln gebrannt, sowie aus Marmor erbrannter „Marmorkalk". Sie werden als Löschkalkpulver (Kalkhydrat) in Säcken geliefert.

Eine dem Weißkalk ähnliche gleichwertige Zusammensetzung hat der **Carbidkalk**. Dieser fällt als Carbidkalkteig oder Carbidkalkhydrat bei der Gewinnung von Azetylen aus Carbid an. –

Carbid entsteht aus Kalkstein + Koksstaub, elektrisch zusammengeschmolzen:

$$CaCO_3 \quad + \quad 4\,C \quad = \quad CaC_2 \quad + \quad 3\,CO$$
$$\text{Kalziumcarbid} \quad\quad \text{Kohlenmonoxid}$$

Kalziumcarbid + Wasser ergeben:

$$CaC_2 \quad + \quad 2H_2O \quad = \quad C_2H_2 \quad + \quad Ca(OH)_2$$
$$\text{Azetylengas (Ethin)} \quad\quad \text{gelöschter Kalk (Carbidkalk)}$$

Ergiebigkeit aber geringer, weil durch die Koksstaubbeimengung gemagert. Der ihm anhaftende Geruch verfliegt und ist bedenkenlos. Desgleichen die manchmal durch Sulfide (aus dem Koks) auftretende grünliche Färbung.
Carbidkalk ist zum Putzen wegen der Treibwirkung oft nicht umgesetzter Carbidrückstände mit Vorsicht zu verwenden. Diese wirken ähnlich wie nachlöschende Kalkteilchen (siehe Abschnitt 7.3.2 c und d). Dagegen ist Carbidkalk zum Tünchen und für Mauerzwecke unbedenklich, da etwaigem Treiben in der Fuge der Druck des Mauerwerks entgegenwirkt. Es ist darauf zu achten, daß der Carbidkalk nach seinem Anfall dicht abgeschlossen oder unter Wasser gesammelt und gelagert wird, um vorzeitigem Erhärten durch CO_2 aus der Luft vorzubeugen. An der Luft gelagerter Carbidkalk ist nicht mehr verwendbar!
Carbidschlamm soll vor der Verarbeitung mind. 4 Wochen eingesumpft sein. Darum ist nur Carbidkalk aus Azetylenanlagen zugelassen, wenn die Werke sich einer Überwachung unterziehen.

b) **Dolomitkalk** aus Dolomit $CaCO_3 \cdot MgCO_3$ gebrannt; früher bei geringem MgO-Gehalt auch Graukalk, bei höherem MgO-Gehalt Schwarzkalk genannt. Träger löschend, weniger ergiebig (früher als Magerkalk bezeichnet).

Beim Erhärten entsteht hier neben $CaCO_3$ (analog obigem Schema) auch $MgCO_3$. In Industrieluft daher für Außenputz Dolomitkalk vermeiden, da SO_3 der Rauchgase das $MgCO_3$ in leicht lösliches $MgSO_4$ (Bittersalz) überführt. Dann Ausblühungen!

4.4.2 Hydraulisch erhärtende Kalke

enthalten Bestandteile, die durch Reaktion mit Wasser zementähnlich erhärten. Dabei wird das Wasser chemisch gebunden (Hydratbildung, Hydratation), die gebildeten Hydrate sind in Wasser unlöslich (im Gegensatz zu Löschkalk) und damit gegen den Angriff des Wassers beständig. Das Wort „hydraulisch" hat hier eine Doppelbedeutung: „wasserbindend" und „wasserfest", hat also einen ganz anderen Sinn als in der Physik.

Hydraulische Bindemittel bestehen aus Verbindungen zwischen einer unhydraulischen Base – Kalk, seltener Magnesia – und sogenannten Hydraulefaktoren:

4.4.2 Hydraulisch erhärtende Kalke

Kieselsäure (SiO_2), Tonerde (Al_2O_3) und Eisenoxid (Fe_2O_3). Beim Brennen von tonhaltigen Kalken entstehen Verbindungen aus dem CaO des Kalkes und den Hydraulefaktoren des Tones — dieser besteht im wesentlichen aus Al_2O_3, SiO_2, Fe_2O_3 und chemisch gebundenem Wasser, das beim Brennen aber ausgetrieben wird. — Es bilden sich u. a.: Trikalziumaluminat $3CaO \cdot Al_2O_3$, Tetrakalziumaluminatferrit $4CaO \cdot Al_2O_3 \cdot FeO_3$, Dikalziumsilicat $2CaO \cdot SiO_2$. Diese Verbindungen reagieren mit Wasser und erhärten hydraulisch.

Außer solchen hydraulischen Verbindungen enthalten die hydraulisch erhärtenden Kalke aber noch mehr oder weniger freies CaO, das fabrikmäßig gelöscht wird und wie Luftkalk erhärtet. Je nach Anteil an hydraulisch erhärtenden Bestandteilen unterscheidet man:

a) **Wasserkalk,** schwach hydraulisch, mit relativ geringem Anteil an hydraulischen Verbindungen. Löscht noch lebhaft, aber träger als Luftkalk. Die Verfestigung beruht auf dem Zusammenwirken von Karbonaterhärtung und hydraulischer Erhärtung. Bei der Verarbeitung ist daher anfänglich Luftzutritt zur Aufnahme von Luftkohlensäure notwendig, danach — etwa nach 7 Tagen — kann die weitere Erhärtung auch unter Wasser erfolgen.

b) **Hydraulischer Kalk** enthält höheren Anteil an hydraulischen Verbindungen als Wasserkalk, wird nur gelöscht geliefert.

Für die Erhärtung anfänglich Luftzutritt erforderlich — etwa 5 Tage —, danach Erhärtung auch unter Wasser.

c) **Hochhydraulischer Kalk,** Anteil an hydraulischen Verbindungen höher als bei Wasserkalk und hydraulischem Kalk, entsprechend geringerer Anteil an freiem Kalk. Luftzutritt zur Karbonatbildung nur 1 bis 3 Tage notwendig, danach kann die Erhärtung auch unter Wasser erfolgen.

Hydraulisch erhärtende Kalke — vornehmlich Hochhydraulische Kalke — werden auch durch fabrikmäßiges *Mischen von Luft-* oder *Wasserkalk mit latent hydraulischen* (z. B. Hochofenschlacke), *hydraulischen* (Zement) oder *puzzolanischen Stoffen* (z. B. Traß, siehe Abschnitt 4.5) hergestellt. Beispiel:

Traßkalk, fabrikfertiges Gemisch von Traß mit gelöschtem Kalkpulver $Ca(OH)^2$ oder hydraulischem Kalk. Er entspricht den Forderungen der DIN 1060 für Hochhydraulischen Kalk.

Sein Abbinden beginnt etwa 6 bis 7 Std. nach dem Anmachen und endet nach 8 bis 9 Std. Traßkalk-Mörtel hat große Anfangsfestigkeit und erreicht durch Nacherhärten im Laufe der Jahre annähernd die Festigkeit von Zementmörtel, ist jedoch nicht so spröde wie dieser.

Empfohlene Mörtelmischungsverhältnisse mit *Traßkalk* für:

aufgehendes Mauerwerk und Mörtel-Gruppe I (DIN 1053)	1 Rt. Traßkalk : 4 bis 5 Rt. Sand
Grund- und Kellermauerwerk sowie Mörtel-Gruppe II	1 Rt. Traßkalk : 3 bis 4 Rt. Sand
normalen Außen- und Unterputz	1 Rt. Traßkalk : 3 bis 4 Rt. Sand
besonders dichten und wetterfesten Außenputz	1 Rt. Traßkalk : 2 bis 3 Rt. Sand
Innenputzmörtel	1 Rt. Traßkalk : 4 bis 5 Rt. Sand

Traßkalk-Mörtel ergeben sehr dichte und meist ausblühungsfreie Fugmörtel für Ziegel- und Natursteinverblendungen. — Traßkalk-Mörtel findet auch im Straßenbau zur Vermörtelung festgewalzter Schotterschüttungen und für vermörtelte Pflasterdecken Verwendung.

Anorganische Bindemittel

Die hydraulisch erhärtenden Kalke stellen den Übergang vom Luftkalk zum Zement dar. Dementsprechend nimmt die erzielbare Mörtelfestigkeit in der Reihenfolge: Luftkalk – Wasserkalk – Hydraulischer Kalk – Hochhydraulischer Kalk – Zement zu. – Die Druckfestigkeit reiner Luftkalkmörtel ist niedrig, sie liegt bei 1 N/mm². Die höhere Festigkeit der hydraulisch erhärtenden Kalke war auch der Grund zu früheren, irreführenden Bezeichnungen: Zementkalk für hydraulischen Kalk und Romanzement für einen besonderen hochhydraulischen Kalk, den Romankalk. Mit *Romankalk* (entsprechendes Bindemittel wurde von den Römern zu betonartigen Gußmauern verwendet) wurde früher aus tonhaltigem Kalk (Kalkmergel) gebrannter hochhydraulischer Kalk mit früher Erstarrung bezeichnet. Durch seinen hohen Gehalt an Kalziumaluminaten war er bereits nach 15 bis 30 Min. so weit erstarrt, daß eine weitere Bearbeitung nicht mehr möglich war. Romankalk wurde bis 1967 in DIN 1060 als gesonderte Baukalkart aufgeführt.

Alle Kalke können untereinander in jedem Verhältnis gemischt werden, Luftkalk auch beliebig mit Zement oder Gips und Anhydrit.

Hydraulisch erhärtende Kalke können wohl mit Zement, nicht aber mit Gips oder Anhydrit gemischt werden. Hierbei kann sonst Sulfattreiben auftreten (wie bei Zement, siehe Abschnitt 4.6.1 c).

4.4.3 Die Handelsformen

erläutert Tafel 4.7

Tafel 4.7 Handelsformen der Baukalke

Gruppen der Kalkarten	Ungelöscht (Vor der Verarbeitung nach den Vorschriften des Lieferwerkes zu löschen)		Gelöscht (Ohne Löschen nach den Vorschriften des Lieferwerkes zu verarbeiten)	
	ungemahlen stückig	pulverförmig	breiig, teigig	pulverförmig
Luftkalke	Weißstückkalk – –	Weißfeinkalk – Dolomitfeinkalk	Weißkalkteig Carbidkalkteig –	Weißkalkhydrat Carbidkalkhydrat Dolomitkalkhydrat
Hydraulisch erhärtende Kalke	– – –	Wasserfeinkalk – –	– – –	Wasserkalkhydrat Hydraulischer Kalk Hochhydraul. Kalk

Untergeordnete Bedeutung haben ungemahlener Branntkalk (Weißstückkalk) und mit Wasserüberschuß gelöschter teigiger Kalk (Weißkalkteig, Carbidkalkteig).

Im Straßenbau wird für hydraulisch gebundene Tragschichten auch hydrophobierter, hochhydraulischer Kalk verwendet. Eigenschaften ähnlich dem hydrophobierten Zement (s. Pectracete 4.6.5).

Stückkalk ist gebrannter Kalk (Branntkalk) in stückiger Form, ungemahlen;
Feinkalk ist gebrannter Kalk (Branntkalk), zu Pulver gemahlen;

4.4.3 Die Handelsformen

Kalkteig ist mit Wasserüberschuß gelöschter, eingesumpfter Kalk;
Kalkhydrat ist fabrikmäßig (in Löschtrommeln mit Wasserdampf) trocken zu Pulver gelöschter Kalk.

Einsumpfdauer = Zeit, die gebrannter Kalk nach dem Naßlöschen oder Anrühren mit Wasser eingesumpft werden muß, bevor er mit Sand zu sofort verarbeitbarem Mörtel angemacht werden darf.

Mörtelliegezeit = Zeit, die der nach trockener Mischung unter Wasserzugabe angemachte Mörtel vor seiner Verarbeitung liegenbleiben muß.

Stets den *Aufdruck auf der Verpackung* beachten! Dieser muß die Kalkart, das Gewicht, eine Verarbeitungsvorschrift und das Herstellerwerk aufweisen, außerdem auf der Schriftseite in mittlerer Höhe des Sackes zur Kennzeichnung der Kalkart für:

Wasserkalk 1
Hydraulischen Kalk 2   } waagerechte Streifen von 2 cm × 8 cm
Hochhydraulischen Kalk 3

Weiter ist das Überwachungszeichen des Fremdüberwachers anzugeben, siehe Abb. 4.5!

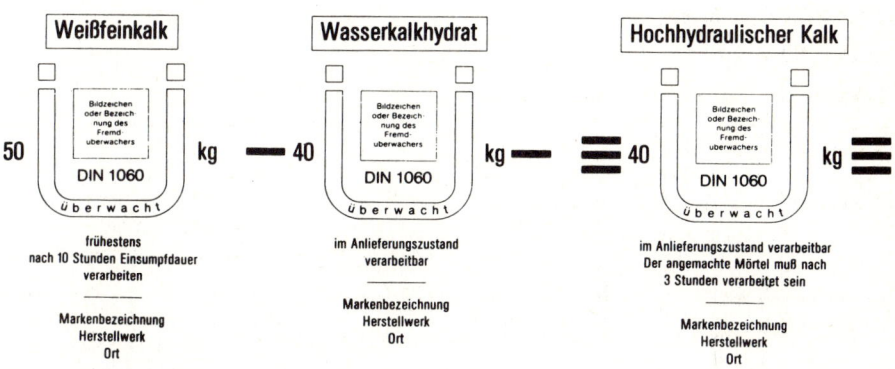

Abb. 4.5 Sackaufdrucke bei Baukalken

Werke, die der Gütegemeinschaft der Deutschen Kalkindustrie e. V., Köln, angehören, tragen ergänzend das Bildzeichen nach Abb. 4.6.

Abb. 4.6 Baukalk-Gütezeichen

Anorganische Bindemittel

Tafel 4.8 Anforderungen an Baukalke

1		2	3	4	5	6	7	8		9	10	11	12
	Handelsform der Baukalkart	Chemische Zusammensetzung[1] Massenanteil in %				Kornfeinheit[2] Rückstand Massenanteil in %	Ergiebigkeit je 10 kg Kalk dm³	Verarbeitbarkeit		Raumbeständigkeit[3] Prüfung		Druckfestigkeit nach	
		CaO + MgO	MgO	CO_2	SO_3				Eindringmaß mm	im Wärmeschrank	bei Wasserlagerung	7 Tagen N/mm²	28 Tagen N/mm²
1	Weißfeinkalk	≥ 80,0	≤ 10,0	≤ 7,0	≤ 2,0		≥ 26,0	–	–	×	–	–	–
2	Weißstückkalk	≥ 80,0	≤ 10,0	≤ 7,0	≤ 2,0		≥ 26,0	–	–	×	–	–	–
3	Weißkalkhydrat	≥ 80,0	≤ 10,0	≤ 7,0	≤ 2,0	(0[4]) auf Drahtsiebboden DIN 4188-0,63; ≤ 10[4])	–	–	–	×	–	–	–
4	Carbidkalkhydrat	≥ 80,0	≤ 10,0	≤ 7,0	≤ 2,0		–	–	–	×	–	–	–
5	Weißkalkteig	≥ 80,0	≤ 10,0	≤ 7,0	≤ 2,0		–	–	–	×	–	–	–
6	Carbidkalkteig	≥ 80,0	≤ 10,0	≤ 7,0	≤ 2,0		–	–	–	×	–	–	–
7	Dolomitfeinkalk	≥ 80,0	≥ 10,0	≤ 7,0	≤ 2,0		≥ 26,0	–	–	×	–	–	–
8	Dolomitkalkhydrat	≥ 80,0	≥ 10,0	≤ 7,0	≤ 2,0	auf Drahtsiebboden DIN 4188-0,1	–	–	–	×	–	–	–
9	Wasserfeinkalk	≥ 70,0	–	≤ 7,0	≤ 2,0		≥ 26,0	–	–	×	×	–	–
10	Wasserkalkhydrat	≥ 70,0	–	≤ 7,0	≤ 2,0		–	–	–	–	×	–	–
11	Hydraulischer Kalk	–	–	≤ 12,0	≤ 4,0[6])		–	≥ 12 ≤ 60		–	×	≥ 2,5	≥ 2
12	Hochhydraulischer Kalk	–	–	–	≤ 4,0[6])		–	≥ 12 ≤ 60		–	×	≥ 2,5	≥ 5 ≤ 15[5])

[1]) Bei Feinkalk und Stückkalk im Anlieferungszustand, bei Kalkhydraten und Kalkteig bezogen auf wasser- und hydratwasserfreie Substanz.
[2]) Bei Stückkalk entfällt der Nachweis der Kornfeinheit; bei Kalkteig bezieht sich die Angabe auf die Trockensubstanz. Der Anteil der Trockensubstanz ist anzugeben.
[3]) Welche Prüfung zum Nachweis der Raumbeständigkeit bestanden werden muß, ist durch das Symbol × gekennzeichnet.
[4]) Einzelne Körner > 0,63 mm sind nicht zu beanstanden, wenn die Raumbeständigkeitsprüfung bestanden wird. – Ist bei Feinkalken der Rückstand auf dem Sieb 0,1 größer 10 M.-%, so ist die Prüfung nach dem Löschen zu wiederholen, dieses Prüfungsergebnis ist dann maßgebend.
[5]) Für Hochhydraulische Kalke mit einer Schüttdichte ≤ 0,90 kg/dm³ gilt als oberer Grenzwert 20 N/mm².
[6]) Werte bis 7,0 % werden zugelassen, wenn die Prüfung der Raumbeständigkeit nach DIN 1060 Teil 3, Ausgabe Nov. 1982, Abschnitt 8.4, bestanden ist.

4.4.4 Die Güteanforderungen

Als Verarbeitungsvorschrift muß das Lieferwerk folgende Angaben machen:
a) bei Branntkalk (Fein- oder Stückkalk): Frühestens nach ... Stunden Einsumpfdauer oder Mörtelliegezeit zu verarbeiten;
b) bei gelöschtem Kalk (Kalkhydrat): Im Anlieferungszustand verarbeitbar;
c) bei Hydraulischem und Hochhydraulischem Kalk: Im Anlieferungszustand verarbeitbar. Der angemachte Mörtel muß spätestens nach ... Stunden verarbeitet sein.

Die Angaben sollen verhindern, daß bei a noch ungelöschte Teilchen verarbeitet werden (dann Gefahr des Kalktreibens); bei c mehr Mörtel mit Wasser angemacht wird, als vor der zementähnlichen Erhärtung verarbeitet werden kann.

Ungelöschte gemahlene Branntkalke nehmen bei längerer Lagerung Luftfeuchtigkeit auf, löschen darin ab und bringen durch Volumenvergrößerung die *Papiersäcke* zum *Platzen*.
Daher: trocken lagern, baldigst verarbeiten!

Die trocken *gelöschten* pulverförmigen Kalkhydrate erlauben längere Lagerung ohne Platzen der Säcke. Jedoch sind auch sie trocken zu lagern. Sonst Abbinden und *Klumpenbildung*!

Trocken gelöschte Weißkalkhydrate sind so voluminös, daß ein Sack nur 40 kg faßt.

Außer den amtlichen Prüfstellen ist für Kalk noch zuständig das Forschungslaboratorium des Bundesverbandes der Deutschen Kalkindustrie e. V., 5000 Köln. – Letzteres hat in einer Broschüre „Baukalk 1060, Gütezeichenträger" alle Werke mit ihren Erzeugnissen (Handelsformen) zusammengestellt, die der laufenden Güteüberwachung unterliegen. –

Lose gelieferte Baukalke entsprechen der DIN 1060, wenn das Lieferwerk dem Abholer einen Lieferschein aushändigt, auf dem die den vorstehenden Sackbeschriftungen entsprechenden Angaben enthalten und außerdem vermerkt sind:
Tag und Stunde der Lieferung, Kennzeichen des Lieferfahrzeuges, Auftraggeber, Auftragsnummer und Empfänger.

Beim Eintreffen der Lieferung auf der Baustelle oder im Mörtelwerk ist außer dem Lieferschein ein wetterfestes Blatt auszuhändigen und am Baukalksilo in einem Kasten mit Drahtgitter anzubringen, das Angaben über Kalkart, Lieferwerk, Fremdüberwacher sowie einen Datumstempel des Liefertages enthalten muß.

4.4.4 Die Güteanforderungen

der DIN 1060 sind in der Tafel 4.8 zusammengestellt.

Über die vorstehenden Güteanforderungen hinaus sollen die Kalke die in Tafel 4.9 angegebenen Richtwerte für die Schüttdichte nicht überschreiten.

Tafel 4.9 Richtwerte für die Schüttdichte der Baukalke

Baukalkart, Handelsform	Schüttdichte kg/dm^3
Weißkalkhydrat	≤ 0,5
Carbidkalkhydrat	≤ 0,7
Dolomitkalkhydrat	≤ 0,5
Wasserkalkhydrat	≤ 0,7
Hydraulischer Kalk	≤ 0,8
Hochhydraulischer Kalk	≤ 1,0

Für eine vollständige **Prüfung**
sind bei allen Kalkarten und Handelsformen 10 kg erforderlich.

Im Rahmen der Eigenüberwachung (werksintern) werden täglich Kornfeinheit (außer bei Stückkalk und Carbidkalkteig) und Raumbeständigkeit (außer bei Carbidkalkteig) geprüft, wöchentlich die Druckfestigkeit und die Verarbeitbarkeit von Hochhydraulischem Kalk, monatlich die chemische Zusammensetzung geprüft, soweit hierfür Güteanforderungen bestehen. Alle geforderten Eigenschaften werden von der werksunabhängigen Fremdüberwachung einmal in 6 Monaten, bei Hochhydraulischem Kalk einmal in 3 Monaten geprüft. Alle Baukalke sind vor Regen und Bodenfeuchtigkeit geschützt zu lagern!

4.4.5 Das Löschen von Kalk

auf der Baustelle wird heute nur noch selten zur Durchführung kommen.

Das *„Naßlöschen"* und Einsumpfen des *Stückkalkes* gehört dann (und gehörte früher regelmäßig) zu den ersten Arbeiten auf der Baustelle, damit der Kalk Zeit zum Gedeihen hat. Anweisung nach Kalk-Taschenbuch 1954:

Kalkstücke auf Kindskopfgröße zerkleinern, Löschkasten bis zu 1/4 seiner Höhe mit Wasser füllen. So viel Kalk einwerfen, daß dieser nicht ganz vom Wasser bedeckt ist. Vom Beginn der Löschreaktion an ununterbrochen umrühren. Weiteres Wasser zugeben, so daß Kalkstücke bedeckt werden, aber Sieden des Wassers möglichst lange andauert. Umrühren bis zum Zerfall aller Kalkstücke. Erst dann so viel Wasser zugeben, daß „Kalkmilch" entsteht. Diese mittels Schiebers durch Feinsieb in die Sumpfgrube ablaufen lassen.

Frisch gelöschter Kalk darf nie verarbeitet werden, weil er trotz des Siebes noch zu viel ungelöschte Teilchen enthält, die durch Nachlöschen sprengend wirken (siehe Abschnitt 7.3.2b bis d)! Eingesumpften Kalkteig erst verarbeiten, wenn sich an der Oberfläche 2 bis 3 cm breite Risse bilden.

Zum Mauern muß Kalkteig mind. 3 bis 4 Wochen, zum Putzen mind. 6 bis 8 Wochen eingesumpft sein.

Damit die schwer löschenden Teile noch vor dem Eindicken der Kalkmilch absinken und sich am Boden ablagern können, ist die Grube in einem Arbeitsgang vollzulöschen. Die unterste Kalkschicht darf dann nur zum Mauern verwendet werden. Etwaige Sprengwirkung nachlöschender Teile ist im Mauerwerk unbedenklich. Dagegen ist zum Putzen der Kalk der obersten Schicht zu reservieren, indem man ihn zunächst beiseite setzt und mit Sand abdeckt. Auch ist die Kalkgrube mit Sand abzudecken, damit der Kalk an der Oberfläche nicht durch die Luftkohlensäure erhärtet und für die Mörtelbereitung ausfällt.

Da gelöschter Kalk starke Ätzwirkung hat, ist zur Unfallverhütung die Kalkgrube mit Brettern abzudecken oder einzuzäunen.

Löschen von feingemahlenem Branntkalk. Anweisung nach Kalk-Taschenbuch 1954[1]): Den Feinkalk in die mit der 1½fachen Wassermenge gefüllte Löschpfanne einschütten, bis zum Beginn des Löschens durchrühren, dann das Restwasser – je nach Löschverhalten nochmals die 1- bis 2fache Menge – in eins nachgeben, den Teig kurz durchrühren und bis zur vom Lieferwerk vorgeschriebenen Einsumpfdauer (meist 12 Std.) stehenlassen.

Das sog. *„Trockenlöschen"* zum pulvrigen Zerfall wird i. d. R. beim fabrikmäßigen Löschen (mit Wasserdampf in Löschtrommeln) angewandt.

4.4.6 Verwendung

Baukalke werden als Bindemittel für Mauermörtel (siehe Abschnitt 7.1) und Putzmörtel (siehe Abschnitt 7.2) sowie zum Weißen und für Kalkfarbanstriche (siehe 11.4.2) verwendet, Feinkalk auch zur Herstellung von Kalksandsteinen.

Außerdem wird Kalk im Grund- und Straßenbau zur *Bodenverfestigung* und *-stabilisierung* eingesetzt [4/13].

Feinkalk und Kalkhydrat werden feinkörnigen Böden (Tone, Schluffe, bindige Sande) untergemischt. Erreicht werden dabei: Reduktion des Wassergehaltes im

---

[1]) Herausgeber: Bundesverband der Deutschen Kalkindustrie e. V., Annastr. 67-71, 5000 Köln.
Kostenlose *Beratung* durch seine bautechnischen Auskunftsstellen betr. Baukalkverarbeitung und -verwendung: Annastr. 67-71, 5000 Köln.
Forschungslaboratorium der Deutschen Kalkindustrie e. V., Annastr. 67-71, 5000 Köln-Bayenthal;
Betr. Einsatz von Kalkstein und Kalk im Straßenbau: Abteilung Straßenbau, Annastr. 67-71, 5000 Köln.

Boden, Verbesserung der Konsistenz (Erhöhung von Fließ-, Ausroll- und Schrumpfgrenze), Koagulation feinster Teilchen zu wasserbeständigeren Konglomeraten, bessere Verdichtbarkeit, Zunahme der Festigkeit und der Stabilität gegenüber Wasser und Frost. Die Stabilisierung erfolgt durch ein verändertes Verhalten der Tonmineralien (durch Ionenaustausch mit den zugeführten Ca-Ionen), durch nachfolgende Karbonaterhärtung und bei Vorhandensein bestimmter Tonminerale oder reaktionsfähiger Kieselsäure auch durch hydraulische Verfestigung (s. 4.5).

Hydraulische und Hochhydraulische Kalke eignen sich besonders für gemischtkörnige Böden und bewirken hier vorwiegend eine hydraulische Verfestigung.

Bei Tragschichten werden zwischen 3 und 7%, sonst zur Verbesserung des Untergrundes 1 bis 3%, jeweils bezogen auf das Gewicht des trockenen Bodens, lagenweise untergemischt.

4.5 Latent-hydraulische Stoffe und Puzzolane

sind Stoffe, die allein mit Wasser keine Bindemittel ergeben, die aber hydraulisch erhärten, wenn ihnen Kalizumhydroxid $Ca(OH)_2$ oder in ähnlicher Weise wirkende Stoffe zugesetzt werden. Dabei bestehen latent- (verborgen) hydraulische Stoffe aus an sich hydraulisch erhärtenden Bestandteilen, doch muß die Reaktion mit Wasser und die damit verbundene Erhärtung erst durch eine zweite Komponente ausgelöst werden. Als solche, die Hydratation anregenden Komponenten kommen vor allem Kalk oder auch Sulfate (Gips) in Betracht.

Puzzolane haben kein „schlummerndes" Erhärtungsvermögen. Statt dessen haben sie die Fähigkeit, mit Kalkhydrat in Reaktion zu treten und dabei hydraulische Erhärtungsprodukte zu bilden. Die Reaktionsfähigkeit der Puzzolane beruht wesentlich auf dem Vorhandensein von reaktionsfähiger Kieselsäure (SiO_2 in energiereichem, glasartigem Zustand). Diese reagiert mit dem vom Kalk oder Zement stammenden $Ca(OH)_2$ des Mörtels zu wasserunlöslichem Kalziumsilicathydrat (zementartige Verbindung).

Puzzolane hydratisieren langsamer als latent-hydraulische Stoffe.

Da latent-hydraulische Stoffe und Puzzolane keine selbständigen Bindemittel sind, gelten sie als *Zusatzstoffe*, die dem *Zuschlag* zuzurechnen sind. Auf einen vorgeschriebenen Bindemittelgehalt dürfen sie nur angerechnet werden, wenn dies durch eine allgemeine bauaufsichtliche Zulassung, Richtlinie oder ähnliche Bestimmung geregelt ist.

4.5.1 Latent-hydraulische Stoffe, Hochofenschlacke

Unter den latent-hydraulischen Stoffen hat nur Hochofenschlacke geeigneter Zusammensetzung (45 bis 55% CaO; 28 bis 40% SiO_2; 10 bis 23% Al_2O_3) Bedeutung. Hochofenschlacke ist ein latent-hydraulischer Stoff, wenn sie mit Wasser- oder Luftstrahl schnell gekühlt wird und dabei glasig erstarrt = **Hüttensand**. Feingemahlen ist dieser mit Wasser und Anreger reaktionsfähig. – Langsam gekühlte, kristallisierte Hochofenschlacke (Stückschlacke) ist nicht reaktionsfähig.

Während die hydraulische Wirkung der sauren (SiO_2-reichen) Hochofenschlacke lediglich auf der Anreicherung mit verbindungsfähigem SiO_2 beruht, ist die CaO-reichere, basische Hochofenschlacke reaktionsfreudiger. Wird geeignetem, feingemahlenem Hüttensand lediglich Wasser zugegeben, so erfolgt die Bildung hydraulischer Erhärtungsprodukte (Kalziumsilikathydrate) so langsam, daß sie bautechnisch nicht nutzbar ist. Durch Anreger kann die Reaktion aber so beschleunigt werden, daß der Hüttensand zementartig erhärtet. Als Anreger kommen in Betracht: Kalk bzw. $Ca(OH)_2$-abspaltender Portlandzement (basische Anregung) oder Gips (sulfatische Anregung). Die Anreger verhindern, daß die Reaktion des Hüttensandes mit Wasser durch Bildung wasserundurchlässiger Gelhäutchen um die Hüttensandteilchen zum Stillstand kommt. Gemische aus Hüttensand und Portlandzement ergeben Hochofen- und Eisenportlandzement (s. 4.6.2). Gemische aus Hüttensand, Traß und Portlandzement ergeben Traßhochofenzement, Gemische aus Hüttensand und Kalken ergeben hydraulischen oder hochhydraulischen Kalk.

Bis vor mehreren Jahren wurde feingemahlener Hüttensand (mit geringen Mengen Anreger) als Zusatzstoff für die Betonherstellung geliefert. Handelsnamen: Thurament, Lahyment. Thurament und Lahyment wurden im Gemisch mit Portlandzement (meist 50 : 50) vorwiegend für massige Bauteile verwendet (geringe Hydratationswärme).

4.5.2 Natürliche Puzzolane

Bestimmte vulkanische Tuffe und Gesteinsgläser enthalten reaktionsfähige Kieselsäure.

a) **Puzzolan- und Santorinerde,** schon im Altertum bekannte vulkanische Tuffe von Pozzuoli bei Neapel in Italien bzw. der griechischen Insel Santorin.

b) **Traß,** DIN 51043 (Aug. 79). Gemahlener vulkanischer Tuff, etwa dem Trachyt entsprechend. Fundorte mit Abbau in Deutschland: Eifel, besonders am Laacher See und im Neuwieder Becken = rheinischer Traß, daneben im Ries bei Nördlingen = Suevit-Traß (von Sueven = Schwaben) oder bayrischer Traß.

Zusammensetzung etwa: SiO_2 50 bis 67 M.-%, Al_2O_3 14 bis 20 M.-%, Fe_2O_3 2 bis 5 M.-%, CaO + MgO weniger als 10 M.-%, Na_2O + K_2O 3 bis 8 M.-%, chemisch und physikalisch gebundenes Wasser etwa 7 M.-% und CO_2 etwa 3 bis 6 M.-%. Die Bestandteile liegen teilweise in glasigem Zustand, teilweise in feinkristallinen Verbindungen vor.
Traß als hydraulischer Zusatzstoff muß bei der Normprüfung eine Mindestdruckfestigkeit nach 28 Tagen von 5 N/mm² erreichen. Die Prüfung erfolgt analog zur Zementprüfung an Prismen von 4 cm × 4 cm × 16 cm (siehe Abschnitt 4.6.4e$_4$), die aus 720 g Traß, 180 g Kalkhydrat [mind. 95 M.-% $Ca(OH)_2$], 1350 g Normensand und 405 g Wasser hergestellt werden. – Mit rheinischem Traß werden höhere Festigkeiten erreicht als mit bayrischem Traß. – Der Traß muß außerdem so fein gemahlen sein, daß seine spezifische Oberfläche nach *Blaine* (siehe Abschnitt 4.6.4e$_1$) mindestens 5000 cm²/g beträgt. Meist liegt sie zwischen 6000 und 10 000 cm²/g.

Die Dichte von rheinischem Traß beträgt etwa 2,50 g/cm³, die von Suevit-Traß 2,60 g/cm³.

Die Lieferung von Traß erfolgt in braunen Papiersäcken mit grünem Aufdruck oder lose. Bei loser Lieferung muß ein brauner Silozettel mit grüner Aufschrift mitgeliefert werden.

Traß wird Beton zugesetzt, um diesen dichter und widerstandsfähiger gegen chemische Angriffe zu machen (Bindung des Kalküberschusses, s. 6.4.9). Gleichzeitig gibt Traß dem Beton infolge Steigerung der Zugfestigkeit eine gewisse Elastizität, die namentlich bei großen Betonmassen Setzrissen entgegenwirkt. Traß *verlangsamt* aber das *Erhärten* des Betons (lange naß halten!). Daher nicht für früh zu belastende Bauteile und nicht bei Frost verarbeiten. Diese Verzögerung hat ferner Herabsetzung der Wärmeabgabe und damit *Minderung der Schwindrißneigung* im Gefolge. Auch

4.5.3 Künstliche Puzzolane

deswegen ist Traßbeton besonders geeignet für Massenbeton. – Betr. Traßzusatz bei aggressiven Wässern, siehe Abschnitt 6.10.4. – *Traßkalk*, siehe Abschnitt 4.4.2; *Traßzement*, siehe Abschnitt 4.6.3.

Folgende Mischungsverhältnisse haben sich bei der Verwendung von Traß bewährt:

	Gewichtsteile in %
Traß : Kalkhydratpulver	60 : 40
Traß : hochhydraulischer Kalk	40 : 60
Traß : Portlandzement	30 : 70
	oder 40 : 60
Traß : Kalkhydratpulver : Zement	55 : 10 : 35
	oder 45 : 10 : 45

4.5.3 Künstliche Puzzolane

a) **Steinkohlenflugasche,** Kurzzeichen **FA**, als Betonzusatzstoff häufig nur **Füller** genannt (andere Füller wie z. B. Kalksteinmehl sind nicht puzzolanartig). Steinkohlenflugaschen sind nichtbrennbare Bestandteile der Steinkohle (taubes Gestein, Hauptbestandteile SiO_2 – etwa 50 % – und Al_2O_3 – etwa 30 % –, daneben Fe_2O_3, CaO, MgO u. a.), die in den Feuerungen von Kraftwerken zunächst hocherhitzt werden und dann als schnell gekühlte, überwiegend glasig erstarrte Gesteinsschmelze am (Elektro-)Filter abgezogen werden. Die Puzzolan-Eigenschaften der Steinkohlenflugaschen sind von der Temperatur in den Kraftwerksfeuerungen abhängig, je höher die Temperatur, um so ausgeprägter sind die Puzzolaneigenschaften. Bei niedrigen Feuerungstemperaturen (1000 bis 1200 °C) wirken die Aschen nicht als Puzzolane. Die als puzzolanischer Betonzusatzstoff (Füller) verwendeten Flugaschen stammen aus Hochtemperaturfeuerungen ($\approx$ 1600 °C) und reagieren ähnlich wie Traß mit dem $Ca(OH)_2$, das vom Portlandzement bei der Hydratation abgespalten wird, zu Calciumsilicathydrat.

Die Anrechnung eines Flugaschenzusatzes auf den Zementgehalt ist durch bauaufsichtliche Zulassung geregelt.

Danach darf der Mindestzementgehalt bei *Außenbauteilen* aus Beton von 300 kg/m³ bis auf 270 kg/m³ verringert werden, wenn

a) Portlandzement, Eisenportlandzement oder Hochofenzement mit weniger als 70 % Hüttensand mindestens der Festigkeitsklasse Z 35 verwendet wird (s. 4.6),
b) der Steinkohlenflugaschegehalt mindestens das Doppelte der Zementverringerungsmenge ausmacht,
c) der Beton unter laufender Überwachung gemäß DIN 1045 hergestellt wird.

Dabei wird anstelle der Begrenzung des Wasserzementwertes w/z der Sollwert

$$\frac{w}{z + 0{,}3\,f}$$

auf = 0,60 begrenzt, wobei der Steinkohlenflugaschegehalt f höchstens mit $0{,}25 \cdot z$ eingesetzt werden darf.[1]

---

[1] Beispiel: $z = 270$ kg/m³ $w = 170$ l/m³
$f = 60$ kg/m³

$$\frac{170}{270 + 0{,}30 \cdot 60} = 0{,}59 < 0{,}60$$

Die Nachbehandlungszeit ist gegenüber der in der „Richtlinie für die Nachbehandlung von Beton" genannten Zeit um zwei Tage zu verlängern.

Bei Transportbeton ist in das Sortenverzeichnis eine entsprechende Angabe zu machen; in den Lieferschein ist ein Hinweis auf die verlängerte Nachbehandlungszeit aufzunehmen.

Bei Unterwasserbeton (Beton B II), der keiner Frosteinwirkung und keinem chemischen Angriff ausgesetzt ist, darf der vorgeschriebene Zementgehalt von mindestens 350 kg/m^3 zu maximal 20 M.-% gegen „Efa-Füller" (Steinkohlenflugasche) ausgetauscht werden und der Wasserzementwert abweichend von DIN 1045 höchstens 0,70 (statt sonst 0,60) betragen. Die Flugasche darf beim w/z-Wert nicht der Zementmenge zugerechnet werden (lt. Bescheid des Instituts für Bautechnik, Berlin, vom 12. 12. 1978).

Bei anderen *Betonen mit besonderen Eigenschaften* − mit Ausnahme von Beton mit hohem Widerstand gegen Frost-Tausalz-Beanspruchung − wird anstelle der in DIN 1045 festgelegten Begrenzung des Wasserzementwertes w/z der Wert

$$\frac{w}{z + 0{,}3\,f}$$

auf den gleichen Zahlenwert begrenzt. Der Flugaschegehalt f darf auch hier höchstens mit 25 % des Zementgehaltes ($= 0{,}25 \cdot z$) in Rechnung gestellt werden.

Allgemeine Eigenschaften und Wirkung bei Zugabe zu Beton: Farbe zementgrau, Reindichte etwa 2,4 kg/dm^3, Schüttdichte 1 t/m^3, Kornaufbau: etwa 50 % feiner als 10 μm (feiner als Zement), mischbar mit allen Normenzementen und Kalk, Lieferung in grauen 50-kg-Säcken mit blauer Schrift oder lose (Silo). Erstarrungsbeginn bei Beton wird meist geringfügig verzögert. Verarbeitbarkeit von Beton wird verbessert: Das Pumpen wird erleichtert, wirkt Entmischungen entgegen, ist gut zu verdichten und verringert etwas den Wasseranspruch; durch Kalkbindung und zusätzliche Gelbildung Ausblühungsneigung geringer, Wasserdichtheit verbessert und Schwinden etwas niedriger. Werden bei Beton Zementanteile durch Flugasche ersetzt, so erniedrigt sich die Hydratationswärme im Beton (Wärmeentwicklung durch Flugasche nur etwa 1/10 der Zement-Hydratationswärme), zugleich wird die Sulfatbeständigkeit verbessert (Flugasche enthält keine zum Sulfattreiben neigenden Bestandteile). Je nach Anteil des Füllers bei Austausch gegen Zement wird die Frühfestigkeit des Betons etwas herabgesetzt, die Langzeitfestigkeit etwas erhöht. − Übliche Zusatzmengen: meist 30 bis 80 kg/m^3 Beton, manchmal noch mehr.

Anforderungen für bauaufsichtliche Zulassung als Betonzusatzstoff: Glühverlust ≤ 5 M.-%; SO$_3$ ≤ 4 M.-%; Cl ≤ 0,1 M.-%; CaO und MgO möglichst niedrig (sonst Gefahr von Kalk- oder Magnesiatreiben), bei Gehalt von mehr als 4 M.-% CaO Raumbeständigkeitsnachweis erforderlich, Höchstgrenze 8 M.-% CaO; Anteil glasiger Bestandteile (90 ± 10) Vol.-%; spez. Oberfläche (4000 ± 500) cm^2/g; Kornanteil < 0,04 mm, (88 ± 10) M.-%; Erstarren und Raumbeständigkeit wie bei Zement (s. 4.6.4e); Festigkeit von Mörtelprismen bei Austausch von 20 % Zement durch Flugasche ≥ 70 % der Festigkeit flugaschefreier Zementmörtelprismen.

Flugasche ist nicht zugelassen für Spannbeton mit sofortigem Verbund, für Einpreßmörtel und für Beton, der mit Flugaschezement (s. 4.6.9) hergestellt wird.

4.6 Zemente

b) **Silicastaub,** Kurzzeichen SF (Silica-Fume), reaktionsfähige SiO_2-haltige Stäube, die bei der Herstellung von Aluminium, Silizium, Ferrosilizium und anderen Metallen oder Legierungsgrundstoffen bei hohen Temperaturen entstehen und in Staubfiltern abgeschieden werden.
Hierzu gehört die **Microsilica** (Fa. Elkem, Prüfzeichen als Betonzusatzstoff ist erteilt). Sie besteht zu 85–97 % aus amorphem SiO_2 – Rest Al_2O_3, Fe_2O_3, CaO, MgO, K_2O, Na_2O, SO_3, C –, mittlere Teilchengröße bei 0,10–0,15 μm, d. h. 50- bis 100mal feiner als Zement, Dichte 2,16 g/cm³, wird in Pulverform oder als Suspension mit 50 % Feststoffanteil geliefert. In Pulverform gleichmäßige Verteilung im Beton auf Baustelle schwierig, daher Zusatz meist als Suspension. Als Pulver für Trockenmörtel und Trockenbeton. – Zusatzmengen vorwiegend zwischen 6 und 15 % Feststoff-Microsilica, bezogen auf das Zementgewicht, Suspensionswasser ($\sim$ 50 % der Suspension) ist beim *w/z*-Wert zu berücksichtigen. Wirkung bei Zusatz zu Beton ähnlich wie von Traß und Steinkohlenflugasche, nur ausgeprägter, da Microsilica fast nur aus reaktionsfähiger Substanz besteht. Sehr teuer (in der Bundesrepublik Deutschland ein Mehrfaches des Zementpreises), daher Anwendung z. Z. nur in Sonderfällen, wo Vorteile besonders ausgeprägt sind, z. B. bei Spritzbeton. Hier weniger Rückprall, weniger Staub, bessere Haftung, dickerer Auftrag möglich, günstigere mechanische Eigenschaften.

c) **Getemperte Gesteinsmehle,** Kurzzeichen GG, gebrannte, silikatische Gesteinsmehle können puzzolanische Eigenschaften haben. Beispiele: getemperter Phonolith, siehe Phonolithzement Abschnitt 4.7c) und getempertes Lavamehl, siehe Vulkanzement Abschnitt 4.7d). – Auch **Ziegelmehl** kann hierzu gezählt werden. Wirkung beruht im feingemahlenen Zustand auf beim Brennen gebildetes, reaktionsfähiges SiO_2.

d) Ähnliche Wirkung wie freie Kieselsäure übt **Eiweiß**, z. B. Milcheiweiß (Kasein), aus, indem es Kalk zu wasserfestem Kalkeiweiß (Kalkalbuminat) bindet. Mit Magermilch bzw. Molke angemachter Kalkmörtel wird daher ebenfalls wasserbeständig. Für Putz auf feuchten Wänden, Kalkaußenputz auf Lehmwänden usw. Vergleiche auch Wasserfestigkeit von Kaseinfarben (Abschnitt 11.4.6) und Kaseinleim (Abschnitt 15.1.2, 15.3.5 und 17.11.4).
Im Mittelalter oft angewandt. Noch heute heißt z. B. die Bramburg bei Hann. Münden die „Käseburg", weil sie angeblich mit Käsequark gemauert sei; entsprechend der „Buttermilchturm" der Marienburg/Ostpr. – Auch Blut (Bluteiweiß) und Eier wurden zugesetzt (Eierschalen in mittelalterlichen Mörteln!). Blutzusatz verwendeten schon die Römer (z. B. beim Hadrianswall in England, vgl. [4.5]).

4.6 Zemente

Normen
DIN 1164		Portland-, Eisenportland-, Hochofen- und Traßzement;
	T 1 (Dez. 86)	Begriffe, Bestandteile, Anforderungen, Lieferung
	T 2 (Nov. 78)	Überwachung (Güteüberwachung)
	T 8 (Nov. 78)	Bestimmung der Hydratationswärme mit dem Lösungskalorimeter
	T 100 (März 90)	Zement; Portlandölschieferzement; Anforderungen, Prüfungen, Überwachung
EN 196		Prüfverfahren für Zement
	T 1	Bestimmung der Festigkeit
	T 2	Chemische Analyse von Zement
	T 3	Bestimmung der Erstarrungszeiten und der Raumbeständigkeit
	T 6	Bestimmung der Mahlfeinheit
	T 7	Verfahren für die Probenahme und Probenauswahl von Zement
	T 21	Bestimmung des Cl-, CO_2- und Alkaligehaltes
ENV 196	T 4	Quantitative Bestimmung der Hauptbestandteile
EN 196	T 5 (Entwurf)	Prüfung der Puzzolanität von Puzzolanzementen
in Bearbeitung: EN 197		Zement-Definitionen, Zusammensetzung, Anforderungen und Konformitätskriterien

Zemente erstarren und erhärten sowohl an der Luft als auch (ohne vorherige Luftlagerung!) unter Wasser. Sie sind daher durchweg „hydraulische Bindemittel". Zemente haben eine höhere Festigkeit als hydraulisch erhärtende Kalke (siehe Abschnitt 4.4.2) und den ebenfalls hydraulisch erhärtenden Putz- und Mauerbindern (siehe Abschnitt 4.7).
Die Zemente bestehen hauptsächlich aus Calciumsilicaten und Calciumaluminaten, die, feingemahlen, mit Wasser reagieren und dabei entsprechende Hydrate

Anorganische Bindemittel

bilden, die die hohe Festigkeit des erhärtenden Zements bewirken. Diese Erhärtungsprodukte sind wasserbeständig. Je nach Art des Zementes sind Rohstoffe, Herstellung, Zusammensetzung und Eigenschaften der Zemente verschieden. Die wichtigsten Zemente sind in DIN 1164 genormt: Portlandzement (seit 1878 genormt), Eisenportlandzement (seit 1909), Hochofenzement (seit 1917), Traßzement (seit 1941) und Portlandölschieferzement (seit 1989). Sie stehen unter ständiger Kontrolle, kenntlich bei Säcken an nachstehenden Aufdrucken:

Abb. 4.7 Überwachungszeichen für Normenzemente – Zeichen des Vereins Deutscher Zementwerke VDZ[1])

Weitere Zemente sind: Traßhochofenzement, Sulfathüttenzement, Tonerdeschmelzzement, Flugaschenzement, Quellzement und Tiefbohrzement.

Nach DIN 1045 – Beton und Stahlbeton – darf für tragende und aussteifende Bauteile aus bewehrtem oder unbewehrtem Beton nur Normenzement nach DIN 1164 verwendet werden, sofern die Verwendung eines anderen Zementes nicht durch allgemeine bauaufsichtliche Zulassung geregelt ist (wie sie z. B. für Flugasche- und Traßhochofenzement vorliegt) oder im Einzelfall durch Zustimmung der obersten Bauaufsichtsbehörde erlaubt wird.

4.6.1 Portlandzement PZ

entsteht aus Kalkmergel beziehungsweise einem Rohstoffgemisch aus Kalkstein und Ton (plus Sand) durch Erhitzen bis zum Sintern, wobei sich der sogenannte „Zementklinker" bildet, und anschließendem Feinmahlen unter Zusatz von etwas Gips. Daneben können dem Zement zur Verbesserung der physikalischen Eigenschaften bis zu 5 Masse-% anorganische mineralische Stoffe (z. B. Hüttensand, Traß, Kalksteinmehl) und andere Stoffe bis zu 1 Masse-% zugesetzt werden. Alle Zusätze dürfen die Korrosion der Bewehrung nicht fördern (keine Chloridzugabe).

Der Begriff „Portlandzement" geht auf den Engländer Aspdin zurück, der 1824 ein Patent auf die Herstellung von Zement aus Kalk und Ton erhielt. Der von Aspdin gebrannte Zement hatte im abgebundenen Zustand eine helle Farbe, die der des gelblichweißen Natursteines „Portlandstone" (Portland = südenglische Landschaft) sehr ähnlich war und der besonders in London ein sehr beliebter Baustein war. – In Deutschland Beginn der Zementherstellung um 1850.

Die Bezeichnung Klinker für den gebrannten, ungemahlenen Zement rührt von der früheren Herstellung her: Bis zur Entwicklung modernerer Brennöfen wurde Zement genauso wie Ziegelklinker im Ringofen gebrannt.

a) Zusammensetzung

Der Klinker ist etwa walnußgroß, im Aussehen kleinen Koksstücken ähnlich und längere Zeit (auch im Freien) lagerfähig. Erst durch Feinmahlen und damit

---

[1]) Erfolgt die Überwachung nicht durch den VDZ, so wird das VDZ-Zeichen durch ein Zeichen der hierfür zugelassenen Prüfstelle ersetzt.

4.6.1 Portlandzement PZ

Vergrößerung der reaktionsfähigen Oberfläche entsteht ein mit Wasser schnell erstarrendes Bindemittel.

Feingemahlener Klinker (Teilchengröße unter 0,06 mm) reagiert mit Wasser so schnell, daß bei einer Verwendung für Mörtel und Beton die Verarbeitungszeit bis zur merklichen Verfestigung zu kurz wäre. Die Reaktionsgeschwindigkeit wird deshalb verlangsamt. Dies geschieht durch werkseitiges Zumahlen von Gips. Die Zugabe von etwa 3 bis 5 Masse-% Gips oder Anhydrit beeinflußt die Erstarrungszeit des Zementes so, daß günstige Verarbeitungszeiten erzielt werden, er wirkt also verzögernd auf die Abbindereaktionen.

Der Zementklinker besteht im wesentlichen aus den in Tafel 4.10 angegebenen Bestandteilen.

Tafel 4.10 Zusammensetzung des Zementklinkers

Klinkermineral Name	Formel	Kurzzeichen	Anteile im Klinker in M.-%	
			im Mittel	Extremwerte
Tricalziumsilicat	$3\,CaO \cdot SiO_2$	C_3S	63	45–80
Dicalziumsilicat	$2\,CaO \cdot SiO_2$	C_2S	16	0–32
Tricalziumaluminat	$3\,CaO \cdot Al_2O_3$	C_3A	11	7–15
Calziumaluminatferrit	$4\,CaO \cdot Al_2O_3 \cdot Fe_2O_3$ oder: $2\,CaO \cdot (Al_2O_3, Fe_2O_3)$	C_4AF $C_2\,(A, F)$	8	4–14

Daneben liegen noch freies CaO, freies MgO und nicht kristallisierte Schmelze vor.
Bei den Kurzzeichen steht C für CaO, S für SiO_2, A für Al_2O_3, F für Fe_2O_3.

b) Die Reaktion mit Wasser*)

Das *Erstarren* und *Erhärten* des Zements beruht auf der Reaktion zwischen den Zementteilchen mit Wasser. Dabei entstehen Hydrate als feinste submikroskopische, kolloidale Reaktionsprodukte = Zementgel. Das Gel beansprucht etwa doppelt soviel Raum wie das Zementkorn, aus dem es entsteht. Dieses anfangs plastische Zementgel geht mit fortschreitender Zeit in den „Zementstein" hoher Festigkeit über.

Der Verlauf der Hydratation kann schematisch so dargestellt werden (siehe Abb. 4.8):

Die Hydratation beginnt sofort bei Wasserzugabe (a), die Gelbildung setzt an den Zementkorngrenzen ein (b) und endet mit der vollständigen Umwandlung des Korns (c), vorausgesetzt, es ist genügend Wasser zur Hydratation da.

Je nach Größe des Zementkorns ist die Zeit bis zur vollständigen Umwandlung in Hydrat sehr verschieden. Das bereits an den Außenflächen eines Zementkorns gebildete Gel behindert nämlich den Zutritt des Wassers zu dem noch nicht hydratisierten Kern des Zementkorns, so daß die Zeit bis zur restlosen Hydratation eines Zementteilchens sehr von der Korngröße (Feinmahlung) ab-

---

*) Siehe auch [2].

184 **Anorganische Bindemittel**

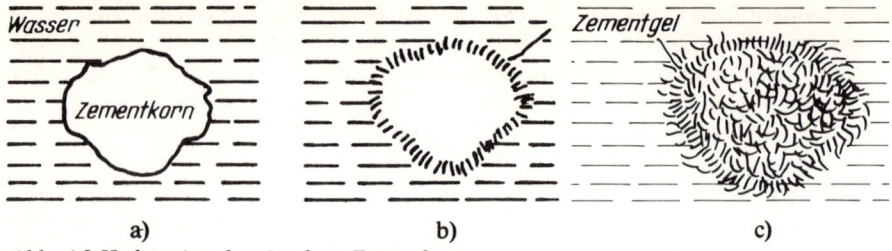

Abb. 4.8 Hydratation des einzelnen Zementkorns

hängt. Allerfeinste Teilchen können schon in Stunden umgewandelt sein, gröbere Teilchen erst nach Tagen, Wochen oder Jahren. Das bedeutet technisch: Stetiger Festigkeitsanstieg während dieser Zeit durch ständig weitere Gelbildung bis zum Endpunkt der Hydratation. Der Verlauf der Hydratation ist von der Temperatur abhängig. Wie bei chemischen Reaktionen allgemein verläuft die Hydratation in der Wärme schneller, in der Kälte langsamer. Tiefe Temperaturen können die Reaktion völlig unterbrechen.

Wasserentzug – Austrocknung – unterbricht die Hydratation ebenfalls. Bei späterem erneutem Wasserangebot setzt die Hydratation wieder ein.

Die Hydratation des Zementes führt zur Bildung von Calziumsilicathydraten, Calziumaluminathydraten und -ferrithydraten. Die Reaktionen sind nicht durch einfache Gleichungen zu beschreiben, da sich die Hydrate in wechselnder Zusammensetzung bilden können bzw. zuerst gebildete Hydrate zu neuen Hydraten umbilden.

Vereinfacht können die Reaktionen Zementklinkermineralien + Wasser wie folgt angegeben werden:

① $2\,(3\,CaO \cdot SiO_2) + 6\,H_2O \rightarrow 3\,CaO \cdot 2\,SiO_2 \cdot 3\,H_2O + 3\,Ca(OH)_2$

② $2\,(2\,CaO \cdot SiO_2) + 4\,H_2O \rightarrow 3\,CaO \cdot 2\,SiO_2 \cdot 3\,H_2O + Ca(OH)_2$

③a $3\,CaO \cdot Al_2O_3 + 6\,H_2O \rightarrow 3\,CaO \cdot Al_2O_3 \cdot 6\,H_2O$

oder

③b $3\,CaO \cdot Al_2O_3 + Ca(OH)_2 + 12\,H_2O \rightarrow 4\,CaO \cdot Al_2O_3 \cdot 13\,H_2O$

④ $4\,CaO \cdot Al_2O_3 \cdot Fe_3O_3 + 4\,Ca(OH)_2 + 22\,H_2O \rightarrow$
$\qquad 4\,CaO \cdot Al_2O_3 \cdot 13\,H_2O + 4\,CaO \cdot Fe_2O_3 \cdot 13\,H_2O$

c) **Reaktionen mit Gips und Sulfaten**

Durch die Zugabe von Gips oder Anhydrit ($CaSO_4$) bei der Zementherstellung zur Regelung der Erstarrungszeit unterbleibt zunächst die Reaktion ③a bzw. ③b, statt dessen reagiert das C_3A zuerst bei ausreichendem $CaSO_4$-Gehalt zu Ettringit:

⑤ $3\,CaO \cdot Al_2O_3 + 3\,CaSO_4 + 32\,H_2O \rightarrow$
$\qquad 3\,CaO \cdot Al_2O_3 \cdot 3\,CaSO_4 \cdot 32\,H_2O$ (Ettringit)

Da dem Zement nicht so viel Gips zugesetzt wird, daß alles C_3A in Ettringit überführt werden kann, geht der Ettringit durch Reaktion mit weiterem C_3A in eine sulfatärmere Verbindung ($3\,CaO \cdot Al_2O_3 \cdot CaSO_4 \cdot 12\,H_2O$) über. Darüber hinaus vorhandenes C_3A reagiert dann gemäß Gleichung ③a bzw. ③b. Werden später dem erhärteten Zementstein erneut SO_4-Ionen (z. B. aus Grundwasser oder Abwasser) angeboten, kommt es zur erneuten Bildung von Ettringit, wobei ein erheblicher Kristallisationsdruck entsteht, der den Zementstein *zertreiben* kann: Gipstreiben, Sulfattreiben, Ettringittreiben (Ettringit wegen seiner nadelförmigen, zerstörend wirkenden Kristalle auch = Zementbazillus).

d) **Rostschutz, Kalkausblühungen**

Das bei der Reaktion der Calciumsilicate (①, ②) freiwerdende $Ca(OH)_2$ ist für die Festigkeit belanglos, hat aber eine hohe Bedeutung für den Korrosionsschutz von Stahl: Es bewirkt, daß der Zementstein und damit der Stahlbeton stark basisch reagiert, pH-Wert etwa 12,6. – Die Basizität nimmt allerdings ab, wenn durch Luftzutritt (schlecht verdichteter, poröser Beton) das $Ca(OH)_2$ in $CaCO_3$ überführt wird (wie bei der Erhärtung von Luftkalk). Dann kann die Rostschutzwirkung verlorengehen (bei pH-Werten unter 9,5 kann Rostbildung einsetzen).

Da $Ca(OH)_2$ wasserlöslich ist, kann es aber auch, im Zementmörtel oder Beton gelöst, wie ein Ausblühsalz an die Oberfläche transportiert werden und nach Aufnahme von Luftkohlensäure einen fest haftenden, schwer entfernbaren weißen Belag aus $CaCO_3$ bilden (Kalkausblühungen, besonders auf schwarzem Fugenmörtel vielfach sichtbar, Kalkausscheidungen wie Stalaktiten bei Rissen im Beton usw.).

e) **Wasserbedarf**

Aus den Reaktionsgleichungen geht weiter hervor, daß der Zement etwa 25 Masse-% Wasser – bezogen auf das Zementgewicht – chemisch bindet. Außer diesem chemisch gebundenen Wasser bindet das Zementgel noch etwa 10 bis 15 Masse-% Wasser adsorptiv. Dieses „Gelwasser" reagiert nicht mit unhydratisierten Zementteilchen, sondern bleibt an das Gel gebunden. Es kann nur durch Erwärmung des Gels von diesem abgelöst werden (restlose Entfernung durch Trocknen bei 105 °C), dann entweicht es aber und kann auch nicht zur Hydratbildung beitragen. Zur vollständigen Hydratation des Zementes sind deshalb einschließlich des (physikalisch gebundenen) Gelwassers etwa 35 bis 40 Masse-% Wasser notwendig.

f) **Hydratationswärme**

Die Hydratation des Zementes verläuft exotherm, d. h., beim Erstarren und Erhärten wird entsprechend dem Reaktionsfortschritt Wärme, „Hydratationswärme", frei. Die kalkreichen Verbindungen C_3A und C_3S setzen dabei mehr und – entsprechend ihrer höheren Reaktionsfähigkeit – schneller Wärme frei als die kalkärmeren Verbindungen C_2S und C_4AF. Die Gesamtwärmemenge, die bei Portlandzement bei vollständiger Hydratation frei wird, beträgt – je nach Zusammensetzung – etwa 375 bis 525 J/g (bei HOZ 355–400 J/g, bei TrZ 315 bis 420 J/g).

4.6.2 Eisenportlandzement EPZ und Hochofenzement HOZ DIN 1164 (wie PZ)

Beide Zemente sind ein Gemisch aus Portlandzementklinker und granulierter, basischer Hochofenschlacke (Hüttensand, siehe Abschnitt 4.5.1), miteinander vermahlen unter Zusatz von wenigen Prozent Anhydrit oder Gips zur Regelung der Erstarrungszeiten. Andere Zusätze wie bei PZ siehe Abschnitt 4.6.1.

Eisenportlandzement enthält 6 bis 35 Masse-% Hüttensand, Hochofenzement 36 bis 80 Masse-%, Rest zu 100 % jeweils Portlandzementklinker.

Beide werden auch unter der Sammelbezeichnung „Hütten- oder Schlackenzemente" zusammengefaßt. – Hüttenzemente (besonders HOZ) erhärten träger als PZ und entwickeln entsprechend langsamer und weniger Wärme (siehe Abschnitt 6.7.6). Daher Vorsicht bei Temperaturen unter + 5 °C; andererseits sind sie besonders geeignet für Massenbeton, bei dem die Gefahr besteht, daß die Hydratationswärme den Beton im Inneren stark erwärmt, während sich die Außenschichten bereits wieder abkühlen, so daß Wärmespannungen und damit Risse entstehen, siehe Abschnitt 6.15. – Hüttenzemente enthalten Calciumsulfid aus dem Hüttensand. Da manche Farben sulfidempfindlich sind, ist bei Putz mit Hüttenzementen zuweilen Vorsicht geboten. Hüttensand besteht aus relativ CaO-armen Verbindungen (vorwiegend $2 CaO \cdot SiO_2$), er enthält kein C_3A. Hüttenzemente sind deshalb C_3A-ärmer als PZ. Gegenüber sulfathaltigen Wässern verhalten sie sich daher besser als PZ. Hüttensandreicher HOZ ist sulfatbeständig, wenn der Hüttensandanteil mindestens 65 Masse-% beträgt [4/14].

Falls für Spannbeton HOZ vorgesehen ist (meist wird PZ verwendet), darf der Anteil an Hüttensand im HOZ 50 Masse-% nicht überschreiten.

4.6.3 Traßzement TrZ DIN 1164

besteht aus 20 bis 40 Masse-% Traß und 80 bis 60 Masse-% Portlandzementklinker sowie etwas Gips oder Anhydrit (zur Regelung der Erstarrungszeit). Andere Zusätze wie bei PZ siehe Abschnitt 4.6.1.

Um den Traß weitestgehend aufzuschließen, wird TrZ extra fein gemahlen. TrZ-Beton ist besonders dicht infolge des Quellvermögens und der kolloidalen Erhärtung des Trasses mit Kalk, was Verstopfung der Zementporen bewirkt. Auch wird dadurch seine chemische Widerstandskraft etwas gesteigert und die Neigung zu Kalkausscheidungen (Ausblühungen) verringert. Traßzement *erhöht die Rißsicherheit, verzögert* aber das *Erhärten* des Betons (bei niedrigster Wärmetönung! Vgl. Abschnitt 6.7.6). Aus beiden Gründen besonders für Massenbeton: Lange naß halten. – Ergibt bei gleichem Mischungsverhältnis geringere Anfangsfestigkeit als PZ. Im übrigen siehe „Traß", Abschnitt 4.5.2.

Für Spannbeton nicht zugelassen.

4.6.4 Portlandölschieferzement PÖZ DIN 1164

Seit 1942 hergestellter Zement aus 65 bis 90 % PZ-Klinker (meist 70–73 %) und 10 bis 35 % gebranntem Ölschiefer (meist 27–30 %). Der Ölschiefer (etwa 11 % organische, bituminöse Substanz, 41 % Kalk, 27 % Ton, 12 % Quarz) wird durch Brennen bei etwa 800 °C in einen selbständig erhärtenden Stoff (mit Ca-Silicaten und Ca-Aluminaten, Ca-Sulfaten und reaktionsfähigem SiO_2) überführt. Bei der gemeinsamen Vermahlung mit PZ-Klinker wird kein Gips/Anhydrit zugegeben, da der Ölschiefer bereits ausreichend Sulfat enthält. Feingemahlener, gebrannter Ölschiefer erhärtet mit Wasser und erreicht (ohne PZ-Zusatz) bei Feuchtluftlagerung (≥ 90 %) Mörtelfestigkeiten nach 28 Tagen von etwa 30 bis 36 N/mm² (Normforderung mindestens 25 N/mm²). PÖZ wird in den Festigkeitsklassen 35 F, 45 F und

4.6.5 Anforderungen, Bezeichnungen, Güteüberwachungen u. Prüfungen

55 F hergestellt, dabei feiner als PZ (spezifische Oberfläche nach *Blaine* etwa 4000 cm^2/g – bei 35 F – bis etwa 6800 cm^2/g – bei 55 –). Eigenfarbe des PÖZ kann im Herstellungsprozeß gesteuert werden, bei reduzierender Atmosphäre von Ofenaustrag und Kühlung entsteht grauer PÖZ, bei oxidierender Atmosphäre ein rotbrauner PÖZ (Farbe vom Fe_2O_3), als Terrament bezeichnet, der besonders für Sichtbeton und Betonwaren mit „Buntsandsteincharakter" verwendet wird. – Vorkommen des Ölschiefers im NW der Schwäbischen Alb.

4.6.5 Anforderungen, Bezeichnungen, Güteüberwachungen und Prüfungen

a) Anforderungen

a_1) Mahlfeinheit

Rückstand auf Prüfsiebgewebe 0,2 (mm Maschenweite), höchstens 3 Masse-%, spezifische Oberfläche nach dem Luftdurchlässigkeitsverfahren nach *Blaine* mindestens 2200 cm^2/g, für Sonderfälle mindestens 2000 cm^2/g.

Je feiner ein Zement gemahlen ist, um so größer ist die Festigkeit in den ersten Tagen und Wochen (größere Oberfläche, an der die Reaktion mit Wasser erfolgen kann). Übliche Werte zwischen 2900 cm^2/g (PZ 35 F) und 5300 cm^2/g (PZ 55).

Hochofenzemente sind etwas feiner gemahlen als entsprechende Portlandzemente. – Grobgemahlene Zemente binden im Verarbeitungszustand nur wenig Wasser, neigen deshalb zum Wasserabsondern („Bluten"). Sehr fein gemahlene Zemente benötigen relativ viel Wasser zur Benetzung, bei geringen Anmachwasserzugaben (betontechnologisch günstig): hoher Verarbeitungsaufwand, bei höheren Wasserzugaben: erhöhtes Schwinden (mit Schwindrißgefahr).

a_2) Erstarrungszeiten

Mit Erstarren wird die anfängliche Verfestigung des Zementes nach Wasserzugabe mit Übergang vom plastischen in den festen Zustand bezeichnet. Die fortschreitende Verfestigung wird über die Eindringtiefe der Vicat-Nadel (siehe Abb. 4.10) gemessen. Erstarrungsbeginn soll dabei nicht vor 1 Stunde nach Wasserzugabe, Erstarrungsende spätestens nach 12 Stunden eintreten.

Üblicherweise liegen Erstarrungsbeginn und -ende bei PZ zwischen 2 und 4 Stunden, bei HOZ zwischen 3 und 6 Stunden. – Die Erstarrungszeiten sind nicht identisch mit der Verarbeitungszeit für Mörtel oder Beton (die Verarbeitung soll möglichst schnell erfolgen, um die sich bildenden Verkittungen Zement – Zuschlag nicht zu stören), sie geben nur einen Hinweis darauf, ob der Zement ausreichend lange verarbeitbar ist und sich auch ausreichend schnell verfestigt (Entschalen, Belastbarkeit).

Die Erstarrungszeiten gelten für normale Temperaturen von 15 bis 21 °C. – Da jeder chemische Prozeß durch Wärme beeinflußt wird, kann die Sommerhitze beschleunigend wirken, zumal wenn auch Zuschlagstoffe und Wasser warm sind. Dagegen wirken niedrige Temperaturen verzögernd; siehe Abschnitt 6.7.6.

Gelegentlich tritt *falsches Erstarren* auf: rasches Ansteifen, bei weiterer Bearbeitung jedoch Rückkehr zur normalen Konsistenz (Ursache: Bei Zementmahlung zu hohe Mühlentemperatur mit Umwandlung des Rohgipses in Stuckgips).

a_3) Raumbeständigkeit

Zement darf nicht treiben. Treiben kann auftreten, wenn bei fehlerhafter Klinkerherstellung freies CaO (nicht an SiO_2 oder Al_2O_3 gebunden) in merklicher Menge vorliegt. Kann durch Kochen eines Zementkuchens erkannt werden.

Hoher Gehalt an MgO (über 5 %) kann ebenfalls zum Treiben führen. Kontrolle durch Analyse der Rohstoffe. – Alle Zemente schwinden, eine Ermittlung des Schwindmaßes ist in DIN 1164 nicht vorgesehen, da es stark von der Verarbeitung (Wasser/Zement-Verhältnis) und den Erhärtungsbedingungen (Austrocknung) abhängt.

a_4) Druckfestigkeit

Die Druckfestigkeit der Zemente wird an Prismen 4 cm × 4 cm × 16 cm aus Zementmörtel mit 1 GT Zement, 3 GT Normsand und 0,5 GT Wasser ermittelt. Entsprechend der Mindestdruckfestigkeit nach 28 Tagen und der Anfangsfestigkeitsentwicklung (L für langsame, F für frühe Anfangsfestigkeitsentwicklung) ergeben sich die in Tafel 4.11 angegebenen Festigkeitsklassen.

Tafel 4.11 Festigkeitsklassen der Normzemente

Festigkeitsklasse		Druckfestigkeit [N/mm²] nach				Kennfarbe der Verpackung bzw. des Siloanheftblattes	Farbe des Aufdruckes
		2 Tagen min.	7 Tagen min.	28 Tagen min.	28 Tagen max.		
Z 25[1])		–	10	25	45	violett	schwarz
Z 35	L	–	18	35	55	hellbraun	schwarz
	F	10	–				rot
Z 45	L	10	–	45	65	grün	schwarz
	F	20	–				rot
Z 55		30	–	55	–	rot	schwarz

[1]) Nur für Zement mit niedriger Hydratationswärme (NW) und/oder hohem Sulfatwiderstand (HS). Zemente der Festigkeitsklassen 35 und 45 können diese Eigenschaften auch aufweisen.

Bei der Zementherstellung soll als Zielwert das Mittel aus Mindest- und Höchstwert der Druckfestigkeit nach 28 Tagen angestrebt werden. Toleranzen von maximal ± 10 N/mm² um den Mittelwert berücksichtigen unvermeidbare Schwankungen bei der Herstellung des Zementes und Prüfstreuungen. – Die Begrenzung der 28-Tage-Festigkeit, auch nach oben, hat den Sinn, die Zementfestigkeit möglichst konstant zu halten. Dies ist für die Betontechnologie sehr wichtig (Rechenwert bei der Betonmischungsberechnung, Einfluß auf die Betongüte).

Die tatsächliche Normfestigkeit der meisten Zemente liegt etwas über dem 28-Tage-Mittelwert, etwa bei 13 N/mm² über der Nennfestigkeit, bei Z 55 etwa bei 70 N/mm².

4.6.5 Anforderungen, Bezeichnungen, Güteüberwachungen u. Prüfungen

Faustregel: Die 7-Tage-Festigkeiten des Z 35 werden vom Z 45 schon nach 3 Tagen, vom Z 55 schon nach 1 Tag erreicht.
In der Euro-Norm (EN 197, noch in Bearbeitung) sind z. Z. folgende Festigkeitsklassen vorgesehen:

Festigkeitsklasse	Druckfestigkeit in N/mm² nach			
	2 Tagen min.	7 Tagen min.	28 Tagen min.	max.
32,5	–	16	32,5	52,5
32,5 R	10	–		
42,5	10	–	42,5	62,5
42,5 R	20	–		
R = Rapid (schnell, entsprechend F = frühfest)				

Anforderungen an *Normzemente mit besonderen Eigenschaften:*

1. **Zemente mit hohem Sulfatwiderstand**

   Zemente mit $\leq$ 3 Masse-% C_3A und $\leq$ 5 Masse-% Al_2O_3 oder mit mindestens 70 Masse-% Hüttensand (dieser ist C_3A-frei) gelten nach DIN 1164 als sulfatbeständig, da bei ihnen schädliches Ettringittreiben nicht auftritt. – Solche Zemente erhalten zusätzliche Kennbuchstaben: **HS**. Nach neueren Untersuchungen [4/14] ist HOZ bereits mit mindestens 65 Masse-% Hüttensand sulfatbeständig.

   Verwendung: Bei hohem Sulfatgehalt im Grundwasser oder Boden (ab 400 mg SO_4/l Wasser oder 3 g SO_4/kg Boden unbedingt erforderlich).

2. **Zemente mit niedriger Hydratationswärme**

   Zemente, die in den ersten 7 Tagen bei der Hydratation höchstens 270 J Wärme je g Zement entwickeln. Zusätzliche Kennbuchstaben: **NW**. – In der Regel sind NW-Zemente hüttensandreiche Hochofenzemente.

   Verwendung: Massige Bauteile, Vermeidung von Spannungen infolge Temperaturdifferenzen im Beton.

3. **Zemente mit niedrigem, wirksamem Alkaligehalt**

   (in DIN 1164 nicht gesondert erwähnt). Als solche gelten:
   PZ mit $\leq$ 0,60 Masse-% Na_2O
   HOZ mit mindestens 50 % Hüttensand und $\leq$ 1,1 Masse-% Na_2O
   HOZ mit mindestens 65 % Hüttensand und $\leq$ 2,0 Masse-% Na_2O

   Zusätzliche Kennbuchstaben: **NA**. – Die angegebenen Grenzwerte für Na_2O gelten für den Gesamtalkaligehalt, der Masseanteil anderer im Zement vorhandener Alkalien (Kalium) wird äquivalent auf Na_2O umgerechnet.

   Verwendung: Bei Verarbeitung alkaliempfindlicher Zuschläge (mit Opalsandstein, porösem Flint), wie sie im Ostseeküstenraum und in angrenzenden norddeutschen Gebieten vorkommen. Die reaktionsfähige Kieselsäure solcher Zuschläge reagiert in feuchter Umgebung mit Alkalien (Alkalireaktion, Treiben mit Absprengungen und Rißbildungen). Siehe auch Abschnitt 5.4.8.

Anorganische Bindemittel

b) Bezeichnung der Zemente

Die Zemente werden wie folgt bezeichnet:

DIN 1164, Zementart, Festigkeitsklasse, Anfangsfestigkeitsentwicklung (entfällt bei Klassen 25 und 55) und gegebenenfalls Kurzzeichen für besondere Eigenschaften,

z. B.:

Zement DIN 1164 – PZ 35 F	Zement DIN 1164 – HOZ 35 L – NW/HS
Zement DIN 1164 – EPZ 35 F	Zement DIN 1164 – TrZ 35 L
Zement DIN 1164 – PZ 55	Zement DIN 1164 – PÖZ 45 F

c) Güteüberwachung

Die Zementwerke sind verpflichtet, die Einhaltung der geforderten Eigenschaften zu überwachen. Dazu werden Erstarren und Raumbeständigkeit täglich, Mahlfeinheit, Druckfestigkeit, wichtige chemische Bestandteile (z. B. SO_3-Gehalt) mindestens zweimal wöchentlich, chemische Zusammensetzung und Hydratationswärme einmal monatlich geprüft. Die Eigenüberwachung wird durch eine Fremdüberwachung ergänzt und kontrolliert, die durch eine amtlich anerkannte Güteüberwachungsgemeinschaft (VDZ) oder ein entsprechendes Materialprüfungsinstitut durchgeführt wird.

d) Lieferung und Lagerung

Zement wird in Säcken abgepackt (50 kg) oder lose geliefert. Bei Abgabe von losem Zement hat das Lieferwerk dem Abholer einen Lieferschein (für Z 25 violett, Z 35 hellbraun, Z 45 grün, Z 55 rot) auszuhändigen, der die nach den Zementnormen für Papiersäcke geforderten Kennzeichen und folgende Angaben enthält: Tag, Stunde und Menge der Lieferung, polizeiliches Kennzeichen des Fahrzeuges, Auftraggeber, Auftragsnummer, Empfänger. Dem Lieferschein ist ein witterungsfester, farbiger Silozettel (siehe Tafel 4.11) mit Angabe von Zementart, Festigkeitsklasse, Lieferwerk und Liefertag beizugeben, der am Zementsilo in einem geeigneten Kasten gut sichtbar auszuhängen ist.

Loser Zement darf nur in saubere Transportbehälter gefüllt werden, sie müssen frei von Rückständen früherer Lieferungen sein. Der Zement darf auch während des Transports nicht verunreinigt werden.

Heute wird der Zement in steigendem Maße lose in Spezialwagen (Silokraftwagen mit pneumatischer Entleerung) angefahren und durch Gebläse staubfrei in (oft von den Zementwerken vorgehaltene) Silos gefördert.

Noch fabrikheiße Zemente dürfen erst nach Abkühlung verarbeitet werden (sonst vorzeitiges Erstarren).

Grundsätzlich sind Zemente vor Feuchtigkeit und stärkerer Erwärmung zu schützen. Die älteren Lieferungen stets zuerst verarbeiten! – Z 35, 45 und 55 sind ihrer großen Mahlfeinheit wegen empfindlicher gegen Feuchtigkeit. Z 25 sollte nicht länger als 12, Z 35 höchstens 8, Z 45 und 55 höchstens 4 Wochen gelagert werden. Als Festigkeitsverlust durch Ablagerung (in trockenem Schuppen) kann man bei gesackten Zementen nach 3 Monaten 8 bis 10 %, nach 6 Monaten 10 bis 20 %, nach 12 Monaten 20 bis 30 % annehmen. Die höheren Festigkeitsverluste gelten für feingemahlene Zemente. In Säcken aus bituminiertem Papier behält Zement bei trockener Lagerung auch über diese Zeit hinaus seine volle Bindekraft.

Höchstens 12 Schichten hoch stapeln, sonst platzen die unteren Papiersäcke, die normal 2- bis 3lagig sind. Exportsäcke sind 4- bis 6lagig, dann Stapelhöhe bis 20 Schichten.

e) Prüfung

Für die Prüfung von Zement ist nach den technischen Gewährleistungsbedingungen aus jeder angelieferten Ladung eine *Durchschnittsprobe* von etwa 10 kg zu entnehmen. Haben sich Klumpen gebildet, so sind diese vor dem Mischen zu zerdrücken.

Bestehen Zweifel an der Festigkeit, so sind von jeder Durchschnittsprobe 5 kg in einem luftdichten Behälter für evtl. spätere Kontrolluntersuchungen bis zum Ablauf der Verjährungsfrist aufzubewahren

4.6.5 Anforderungen, Bezeichnungen, Güteüberwachungen u. Prüfungen

(mit Vermerk von Verwendungsort, Zementart, Liefertag und -firma) bzw. einer Prüfstelle einzusenden.

Die Prüfungen sind in Räumen vorzunehmen, die frei von Zugluft sind und Temperaturen von 18 bis 22 °C haben. Auch Zement, Wasser und Geräte müssen diese Temperatur haben. Nicht in der Sonne oder der Nähe eines Heizkörpers arbeiten! Die relative Luftfeuchtigkeit des Prüfraumes soll mindestens 50 % betragen.

e_1) **Mahlfeinheit** (bisher: DIN 1164 Teil 4, neu EN 196 Teil 6)

a) Absieben auf dem Prüfsieb 0,2 mm DIN 4188
b) Berechnung der spezifischen Oberfläche in cm²/g

Zu b wird die Zeit gemessen, während der Luft zum Druckausgleich durch eine Zementprobe hindurchströmt. Die Zementprobe ist dabei an ein unter Unterdruck stehendes U-Rohr-Manometer angeschlossen. Bei grobem Zement strömt die Luft schnell, bei feinem Zement langsam durch die Probe. Die Zeit ergibt vom Prüfverfahren – *Blaine* – abhängig relative Werte für die spezifische Oberfläche (andere Meßmethoden, z. B. Gasadsorption nach BET, ergeben abweichende Werte). Abb. 4.9 zeigt ein *Blaine*-Gerät.

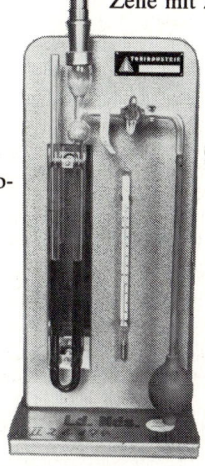

Abb.4.9 *Luftdurchlässigkeitsprüfer nach Blaine*   Abb. 4.10 *Vicatsches Nadelgerät*

e_2) **Erstarren** (bisher: DIN 1164 Teil 5, neu: EN 196 Teil 3)

Die Erstarrungszeiten werden mit dem *Vicat*schen Nadelgerät ermittelt (Abb. 4.10).

Ein aus 500 g Zement angemachter Zementbrei von Normensteife (Wasserzementwert 0,23 bis 0,30) wird in den Hartgummiring bündig eingefüllt. Sodann wird die Nadel wiederholt aufgesetzt. Der Beginn des Erstarrens ist erreicht, wenn die Nadel 3 bis 5 mm über der Glasplatte im Brei steckenbleibt; das Erstarrungsende, wenn sie höchstens noch 1 mm eindringt. Die Normensteife wird auch mit dem *Vicat*-Gerät ermittelt, nur wird hierzu die Nadel gegen einen Tauchstab (⌀ 10 mm) ausgewechselt. Ein Zementleim hat Normensteife, wenn er 5 Minuten nach dem Mischen mit Wasser so plastisch ist, daß der unter seiner Eigenlast eindringende Tauchstab nach 30 Sekunden 5 bis 7 mm über der Glasplatte stehenbleibt. Anderenfalls ist die Wasserzusatzmenge zu ändern.

Anorganische Bindemittel

e_3) **Raumbeständigkeit** (bisher: DIN 1164 Teil 6, neu: EN 196 Teil 3)

Für die Prüfung werden 200 g Zement mit etwa 46 bis 60 g = 23 bis 30 % Wasser (i. allg. 54 g = 27 %, bei hochwertigem Zement etwas mehr) 3 Minuten lang unter Kneten zu einem steifen Brei durchgearbeitet. Daraus wird ein Kuchen in der Weise hergestellt, daß die Hälfte des Breies auf die Mitte einer leicht geölten Glasplatte gebracht und so lange (durch Aufheben und Fallenlassen auf der Tischplatte) gerüttelt wird, bis ein Kuchen von etwa 10 cm ⌀ und 1 bis 1,5 cm Höhe entsteht. Der Wasserzusatz ist richtig, wenn sich der Brei erst bei mehrmaligem Rütteln ausbreitet. Anderenfalls mit berichtigtem Wasserzusatz wiederholen. – Der Kuchen wird sofort nach der Anfertigung in einen bedeckten Feuchtkasten (Lagerung bei mindestens 90 % relativer Luftfeuchte) gelegt. Nach 24 Stunden wird er herausgenommen und von der Glasplatte gelöst. Danach wird der Kuchen mit der ebenen Seite nach oben in einen Topf mit kaltem Wasser gelegt. Dieses wird in 15 Minuten zum Sieden gebracht und muß während des ganzen Versuchs den Kuchen bedecken. Nach 2stündigem Kochen muß der Kuchen noch scharfkantig und rissefrei sein und darf sich nicht verkrümmt haben.

Konvexe Verkrümmung stellt man fest, indem man den Kuchen mit der Unterseite auf eine Spiegelglasplatte legt. Bei Druck auf den Rand darf er dann nicht wippen.

Konkave Verkrümmung wird erkenntlich, wenn man ein Lineal hochkant über die Unterfläche des Kuchens legt. Die Wölbung der Unterfläche darf einen Stich von höchstens 2 mm haben.

Wird der Versuch nicht bestanden, so ist er mit Zement zu wiederholen, der drei Tage in einer 5 cm dicken Schicht offen ausgebreitet bei 18 bis 22 °C und mehr als 50 % relativer Luftfeuchtigkeit gelegen hat. Dies ist dann maßgebend. Grund: Kalktreiben verschwindet beim Ablagern allmählich durch Aufnahme von Luftfeuchtigkeit.

Treibrisse dürfen nicht mit Schrumpf- und Schwindrissen verwechselt werden. Schrumpfrisse entstehen schon während des Erstarrens, wenn der Kuchen nicht vor Austrocknung geschützt wird. Sie treten in der Mitte des Kuchens auf. Schwindrisse dagegen entstehen erst nach beendeter Erstarrung bei fortschreitender Erhärtung des Zementes; sie beginnen meist am Rande und verlängern sich allmählich nach der Mitte.

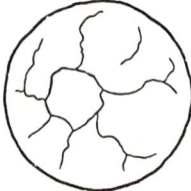

Abb. 4.11 Kuchen mit Schrumpfrissen

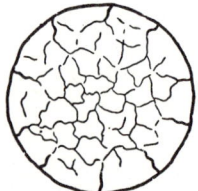

Abb. 4.12 Kuchen mit Treibrissen

Zemente, die den Vicat- und Kochversuch nicht bestanden haben, sind zurückzustellen. Die Geschäftsleitung ist sofort zu benachrichtigen, um die Mängelrüge (§ 377 HGB) auszusprechen. Vergleiche „Technische Gewährleistungsbedingungen für Normzemente".

e_4) **Festigkeit** (bisher: DIN 1164 Teil 7, neu: EN 196 Teil 1)

Die Festigkeit wird an Mörtelprismen 4 cm × 4 cm × 16 cm geprüft. Herstellung der Prismen: 450 g Zement und 225 g Wasser werden in einem elektrisch angetriebenen *Mischer* 30 Sekunden gemischt (Abb. 4.13), innerhalb weiterer 30 Sekunden werden 1350 g (1 Beutel) Normsand zugegeben, danach 60 Sekunden bei hoher Geschwindigkeit durchgemischt.

Normsand besteht aus 3 Korngruppen festgelegter Quarzsandvorkommen: 0,08 bis 0,5 mm, 0,5 bis 1,0 mm und 1,0 bis 2,0 mm, jeweils aus gleichen Massenteilen gemischt und in Beuteln zu 1350 g abgepackt. Zu beziehen durch: Normensand GmbH, Hans-Böckler-Weg 20, 4720 Beckum.

4.6.5 Anforderungen, Bezeichnungen, Güteüberwachungen u. Prüfungen

Der so gemischte Mörtel wird in eine Stahlform gefüllt, in der 3 Prismen nebeneinander hergestellt werden können. Die Form befindet sich schon beim Einfüllen des Mörtels auf einem Vibrationstisch, der lotrechte Schwingungen ausführt. Der 2lagig eingebrachte Mörtel wird nach der Verdichtung gegen Wasserverdunstung geschützt gelagert (bei [20 ± 1] °C und ≥ 90 % relativer Luftfeuchtigkeit). Nach 20 bis 24 Stunden werden die Mörtelprismen ausgeschalt und bis zur Prüfung in Wasser von (20 ± 1) °C gelagert.

Abb. 4.13 Mörtelmischer

Biegezugfestigkeit: Prüfung nach DIN 1164 nicht erforderlich. Wenn gewünscht, werden die Prismen im Biegezugprüfgerät (siehe Abb. 4.14) geprüft: Prisma wird mit einer Seitenfläche (bei Herstellung) auf abgerundete Auflager, Abstand 10 cm, gelegt und mittig durch eine Prüfkraft F bis zum Bruch belastet. Biegezugfestigkeit als Mittel von 3 Einzelwerten:

$$\beta_{BZ} = \frac{\max \cdot M}{W} = \frac{\frac{F \cdot l}{4}}{\frac{b \cdot h^2}{6}} = \frac{\frac{F \cdot 10}{4}}{\frac{4 \cdot 4^2}{6}} = 0{,}234\ F \text{ in N/cm}^2 = F \cdot 0{,}00234\ \text{N/mm}^2$$

(F in Newton eingesetzt)

Druckfestigkeit: Die Druckfestigkeit wird jeweils an 2 Prismenhälften geprüft, die zwischen 2 geschliffenen Druckplatten in einer Druckprüfmaschine – Kraftbereich 20 bis 200 kN – bis zum Bruch belastet werden.

Druckfläche 40 mm × 62,5 mm = 2500 mm^2

Druckfestigkeit $\beta_D = \dfrac{F}{2500}$ N/mm^2

Sonstige Prüfungen

Die Ermittlung der Hydratationswärme erfolgt im Lösungskalorimeter (DIN 1164 Teil 8).

Die chemische Zusammensetzung, der Hüttensand- und Traßgehalt werden durch chemische Analyse, gegebenenfalls auch durch mikroskopische Untersuchung, nach DIN 1164 Teil 3 bzw. neu nach EN 196 Teil 2 bestimmt. Der C_3A-Gehalt wird bei HS-Zementen aus der Analyse berechnet.

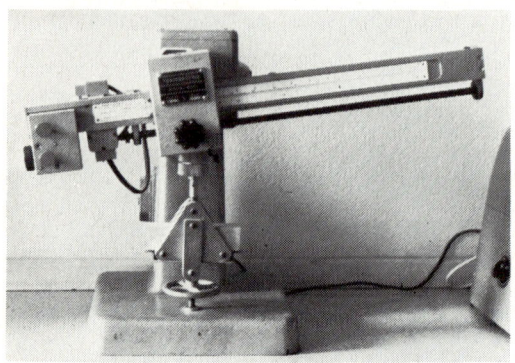

Abb. 4.14 Biegezugprüfgerät

4.6.6 Normzemente für spezielle Anwendungsgebiete

a) Weißer Zement

Portlandzement aus eisenfreien oder -armen Rohstoffen, er enthält daher kein C_4AF (siehe Abschnitt 4.6.1a) und unterscheidet sich sonst nur durch die weiße Farbe von gewöhnlichem PZ. In der Regel PZ 45 F („Dyckerhoff-Weiß"), weiße Säcke mit schwarzem Aufdruck.

Weißer Portlandzement hat die gleichen technologischen Eigenschaften wie grauer Portlandzement. Dies gilt nicht nur für die Festigkeiten, sondern genauso für das Schwinden und Kriechen (siehe Tafeln 4.12 und 4.13, entnommen aus [4.7]).

Tafel 4.12 Schwinden von „grauem" und „weißem" Beton in mm/m

Z = 300 kg/m³; w/z = 0,62; Zuschlag 0 bis 15 mm Rundkorn; Prüfkörper: Zylinder 15/60 cm. Ausgangsmessung im Betonalter von 1 Tag.

Beton mit:	Tage					Jahre		
	7	28	56	90	180	1	2	3
grauem PZ 45 F	0,08	0,14	0,24	0,32	0,39	0,45	0,49	0,53
weißem PZ 45 F	0,03	0,07	0,17	0,26	0,35	0,45	0,45	0,48

Verwendung: Für besonders hellen Beton im Stahlbeton- und Spannbetonbau aller Festigkeitsklassen, für Betonwerkstein, für Waschbeton, Ornamentbeton, hellen Fassadenbeton (besonders in südlichen Ländern), für weiße, wetterfeste

4.6.7 Bauaufsichtlich zugelassene Zemente

Schlämmanstriche, Putze und Fugen, weißen Terrazzo, für Fahrbahnmarkierungen, auch im städtischen Straßenbau.

Tafel 4.13 Bezogene Kriechverformung von „grauem" und „weißem" Beton
Betonzusammensetzung wie in Tafel 4.12. Belastung im Betonalter von 28 Tagen. Dauerspannung 1/3 der Betonwürfelfestigkeit nach 28 Tagen = 15 N/mm².

Beton mit:	Tage					Jahre		
	28	35	56	90	180	1	2	3
grauem PZ 45 F	0,00	2,18	3,53	4,91	6,41	7,67	8,16	8,33
weißem PZ 45 F	0,00	1,42	3,18	4,33	6,32	7,03	7,62	7,90

b) Pectacrete, hydrophobierter Zement

In der Regel PZ 35 F, dessen Zementteilchen durch Zumischung eines hydrophob wirkenden Stoffes wasserabweisend umhüllt sind. Wird zur Bodenverfestigung (Straßen- und Wegebau) verwendet. Kann praktisch bei jedem Wetter ungeschützt an der Baustelle lagern, keine Knollenbildung oder vorzeitige Hydratation. Hydrophobe Umhüllung wird bei Verarbeitung (Einfräsen in den Boden, Reibung mit Sand) zerstört, so daß dann volle Festigkeitsentwicklung einsetzt. Pectacrete läßt sich im Boden gut verteilen. Selbst schwieriger Boden (bindiger Boden, Einkornsand) läßt sich gut und dauerhaft verfestigen.

4.6.7 Bauaufsichtlich zugelassene Zemente

a) Traßhochofenzement TrHOZ

Nicht genormt, besteht aus Traß, Hüttensand und PZ-Klinker, Mischungsbereiche: 15 bis 25 % Traß, 35 bis 50 % Hüttensand, 25 bis 50 % PZ-Klinker mit Gips- oder Anhydritzusatz miteinander vermahlen. Verwendung: Massige Bauteile (niedrige Hydratationswärme), Wasserbau.

b) Flugaschezement FAZ

Nicht genormt, besteht aus PZ-Klinker und max. 30 Masse-% Steinkohlenflugasche.

Die Eigenschaften von Flugaschezement und von daraus hergestelltem Beton sind im wesentlichen: niedrige Anfangsfestigkeit – bei 30 % Flugascheanteil in den ersten 7 Tagen nur etwa 2/3 der Festigkeit des flugaschefreien Portlandzementes –, dafür spätere starke Nacherhärtung (nach 4 bis 5 Monaten etwa gleiche Festigkeit wie PZ), gute Verarbeitbarkeit und gute Pumpbarkeit (verringerter Pumpenverschleiß), niedrige Hydratationswärme (günstig bei Massenbeton), durch günstiges Wasserhaltevermögen größere Sicherheit gegen Oberflächenschwindrisse. Wie stark die genannten Eigenschaften ausgeprägt sind, hängt vom Flugascheanteil und den Eigenschaften der jeweils verwendeten Flugasche ab (siehe auch Abschnitt 4.5.3 c). – In der Bundesrepublik Deutschland sind die ersten Flugaschezemente seit 1983 bauaufsichtlich zugelassen, in Frankreich werden sie schon seit längerer Zeit hergestellt und in Österreich besonders im Wasserbau (Staustufen, Sperrmauern) und im Tunnelbau verwendet.

Die deutschen Flugaschezemente werden mit FAZ bezeichnet und entsprechen in der Regel einem Z 35 F. Sie enthalten meist (22,5 ± 7,5) Masse-% Steinkohlenflugasche. Bei Verwendung als Mörtel- oder Betonbindemittel dürfen Betonzusatzstoffe (siehe Abschnitt 6.4.10) nicht zugegeben werden, ausgenommen inerte Gesteinsmehle. Verwendung wie Traßzement, nicht für Spannbeton mit sofortigem Verbund und nicht für Einpreßmörtel.

Daneben ist auch *Flugasche-Hüttenzement* mit folgender Zusammensetzung zugelassen:
PZ-Klinker ≥ 65 Masse-%, Hüttensand (20 ± 5) Masse-%, Steinkohlenflugasche (15 ± 5) Masse-%, dazu Gips oder Anhydrit zur Regelung des Erstarrens.
Festigkeitsklasse 35 F, Bezeichnung: **FAHZ** 35 F. Einschränkung der Verwendung wie FAZ.

c) **Phonolithzement PUZ**

Nicht genormt, ein Puzzolanzement der Festigkeitsklasse 35 F, Bezeichnung: PUZ 35 F. Besteht aus (72,5 ± 7,5) Masse-% PZ-Klinker und (27,5 ± 7,5) Masse-% getempertem Phonolith (aus Bötzingen/Kaiserstuhl) und zugesetztem Gips oder Anhydrit. – Phonolith ist ein basaltähnliches, junges Ergußgestein. Der Phonolith erhält durch Tempern bei etwa 400 °C ähnliche Eigenschaften wie Traß. Für Spannbeton nicht zugelassen (wie TrZ). Bei Verwendung als Mörtel- oder Betonbindemittel dürfen als Betonzusatzstoffe nur inerte Gesteinsmehle zugesetzt werden.

d) **Vulkanzement VKZ**

Nicht genormt, aus (75 ± 7,5) Masse-% PZ-Klinker und (25 ± 7,5) Masse-% Lavamehl (aus Niederlützingen bei Andernach/Rhein) und zugesetztem Gips oder Anhydrit. Festigkeitsklasse 35 F, dem Traßzement ähnlich. Einschränkung der Verwendung wie PUZ.

Zu a bis d: Diese Zemente werden voraussichtlich in der Euro-Norm 197 den CE-II-Zementarten zugeordnet (siehe Tafel 4.15).

e) **Wittener Schnellzement** (siehe Abschnitt 4.6.9 d)

4.6.8 Sulfathüttenzement SHZ

war bis 1969 nach DIN 4210 genormt. Norm wurde dann zurückgezogen, da auch der letzte deutsche SHZ-Hersteller in Brebach (Saar) wegen Mangels an geeignetem Hüttensand die Produktion einstellte.

SHZ wird auch Gipsschlackenzement genannt und steht den Hüttenzementen nahe. Jedoch wird bei ihm die hydraulische Erhärtung der basischen Hochofenschlacke nicht durch Zementklinker, sondern durch Rohgips bzw. Anhydrit angeregt.

Für die SHZ-Herstellung sind nur (hoch-)basische, d. h. CaO-reiche Schlacken mit möglichst hohem Al_2O_3-Gehalt (> 14 %) brauchbar. Besonders geeignet sind die Schlacken der tonerdereichen Minette-Erze. Das erklärt die große Verbreitung des Gipsschlackenzementes in Frankreich und Belgien sowie die Einstellung der deutschen Produktion. Auch in anderen Ländern ist der SHZ verbreitet.

Eigenschaften: Erhärtet nicht so schnell wie PZ, Festigkeit etwa wie PZ.
Wärmeentwicklung: Langsam (nur mäßige Temperaturerhöhung).
Nachbehandlung: Unbedingt erforderlich, vor rascher Austrocknung schützen.
Chemische Beständigkeit: Gegenüber sulfathaltigen Lösungen, Meerwasser, Moorwasser beständig.
Wasserdichtigkeit: Besser als bei PZ durch stärkere, porenstopfende Gelbildung.
Verhalten gegenüber Stahleinlagen: Haftung und Rostsicherheit gegeben (wie bei HOZ).
Zusatzmittel: Verhalten sich meist anders als bei PZ, Eignungsversuche unbedingt erforderlich.
Schwinden: Geringer als bei PZ, gut raumbeständig.

Betonieren gegen PZ-Beton: Vorsicht! Wenn Nahtstelle durchfeuchtet wird oder feucht bleibt, Schädigung durch Ettringitbildung (Sulfattreiben). Auf einem gut erhärteten SHZ-Beton kann dagegen mit Hochofenzement oder HS-Zementen weiterbetoniert werden.

Mischen mit anderen Bindemitteln nicht zulässig, stört Erstarrungsverhältnisse, ergibt starke Festigkeitseinbußen.

Zuschlag muß sehr rein sein (gewaschen), sehr empfindlich gegen Verunreinigungen (z. B. abschlämmbare Bestandteile), Festigkeitsrückgang sehr viel stärker als bei anderen Zementen. Bei Mörtel oder Beton mit SHZ sandet Oberfläche leicht ab, da im Frühstadium der Erhärtung kalkarme Hydratationsprodukte durch Luftkohlensäure zersetzt werden können oder für die Erhärtung notwendiges, im SHZ enthaltenes $Ca(OH)_2$ zu schnell in Carbonat überführt wird. (Gegenmaßnahmen: Spätes Ausschalen, Oberflächen abdecken – filmbildende Mittel –, Kalkmilchanstrich.) Lagerbeständigkeit: etwa 3 Monate, dann läßt Erhärtungsvermögen durch Luftkohlensäureeinfluß nach.

4.6.9 Tonerdezement, Tonerdeschmelzzement (TSZ) – nicht genormt –

Aus sehr reinem Kalkstein und Bauxit bis zum Schmelzen (bei ~ 1500 °C Sinterung, bei ~ 1600 °C vollständig geschmolzen) erhitzt und sehr fein gemahlen. Herstellung erfolgt in metallurgischen Öfen (Reverberationsofen; in elektrischen Lichtbogen), in Deutschland im Hochofen bei der Gewinnung eines Sonderroheisens (Metallhüttenwerke Lübeck, Produktion 1982 eingestellt).

Hauptbestandteile: Calciumaluminate.
Erhärtung: durch Hydratation der Calciumaluminate.
Hydratationsprodukte können instabil sein und sich bei bestimmten Bedingungen (feuchte Wärme) im Laufe längerer Zeiträume weiter umwandeln, was Festigkeitsrückgang und zunehmende Porosität zur Folge hat (Umwandlungsprodukte haben höhere Dichte).
Erhärtungsverlauf: schnelle Festigkeitsentwicklung.

Bei Beton mit 300 bis 350 kg Tonerdeschmelzzement/m^3 z. B.:

6 Std. nach Anmachwasserzugabe etwa 20 N/mm^2
18 Std. nach Anmachwasserzugabe etwa 37 N/mm^2
24 Std. nach Anmachwasserzugabe etwa 42 N/mm^2
28 Tage nach Anmachwasserzugabe etwa 60 N/mm^2 und mehr

Weitere Eigenschaften: Sehr hohe Wärmeentwicklung (deshalb etwa 4 bis 5 Stunden nach Anmachwasserzugabe damit beginnen, den Beton etwa 15 Stunden lang feucht und kalt zu halten). Betonieren bei Frost (bis −15 °C) möglich.

Chemisches Verhalten: Widersteht Sulfaten, Moor-, Meerwasser, sehr reinem (weichem) Wasser. Andererseits greift Tonerdeschmelzzement Blei, Zink und Aluminium nicht an, da er keinen freien Kalk abspaltet. – Gegen Laugen schlecht beständig (PZ-beständig). Farbe: Grauschwarz.

Bei Mischung mit PZ: Schnellbinder mit verminderter Festigkeit. Mischen nur für Dichtungsarbeiten, etwa 1:1 oder PZ-reicher.

Einen *„Löffelbinder"* für Dichtungen bei Wasserandrang ergibt:

1 Teil TSZ + 1 Teil PZ plastisch angemacht. Dieser beginnt nach 2 Minuten zu erstarren und ist nach 4 bis 5 Minuten erhärtet.

Einen schnell erstarrenden Putz zum Ziehen von Gesimsen und dgl. kann man durch folgende Zusätze von Tonerdeschmelzzement herstellen:

bei wärmerer Witterung:
1 Teil TSZ : 3 Teilen PZ : 9 Teilen Sand

bei kälterer Witterung:
1 Teil TSZ : 1 Teil PZ : 3 Teilen Sand

Verwendung: Bis 1962 wurde TSZ für Beton, Stahlbeton und Spannbeton verwendet. Danach in Deutschland für tragende Bauteile, Stahl- und Spannbeton verboten.

Im Jahre 1962 stürzten einige Stalldecken in Niederbayern ein, die aus mit deutschem TSZ gebundenen Spannbeton-Fertigteilen hergestellt waren. Danach wurde ein entsprechendes Verwendungsverbot erlassen.

Neben dem Festigkeitsrückgang (siehe oben) und der Porositätszunahme wurde bei den Schadensfällen auch eine Wasserstoffversprödung der Spannstähle und damit deren Versagen durch Sprödbruch festgestellt. Wenn auch die Ursachen dafür noch nicht restlos geklärt sind, scheint jedoch nach den bisherigen Untersuchungsergebnissen festzustehen, daß hierbei vor allem Schwefelverbindungen im Zement maßgebend sind, bei deren Reduktion atomarer Wasserstoff frei wird, der in den gespannten Stahl eindiffundiert. – Rostbildung wurde nicht beobachtet.

Es gibt aber auch viele Bauteile aus TSZ-Beton, die günstigeren Verhältnissen ausgesetzt sind und ihre hohe Festigkeit (ohne Umwandlungen) bisher behalten haben. – Im Ausland wird TSZ im Betonbau verwendet, z. T. müssen dabei besondere Bestimmungen eingehalten werden.

Verwendung in der Bundesrepublik Deutschland heute: im Feuerungsbau, Schornsteinformstücke. Mit geeigneten Zuschlägen ergibt TSZ einen bis 1600 °C hitzebeständigen Beton. Zwar erleidet auch Beton aus TSZ beim Erhitzen durch Austreibung des chemisch gebundenen Wassers Festigkeitseinbußen, er zerfällt aber nicht wie Beton aus PZ, vielmehr tritt bei Temperatursteigerung eine keramische Bindung durch Sintervorgänge ein.

Vielfach bewährt hat sich die *Zementmörtelauskleidung* als Korrosionsschutz *von Guß- oder Stahlrohren* für die Wasserversorgung mit französischem TSZ, Fondu Lafarge. Besonders bei sehr reinem Wasser oder Quellwasser (mit pH-Werten ab 5) wird TSZ anderen Zementen (sonst meist HOZ oder HS-Zement) vorgezogen, z. B. Wasserleitung Hamburg – Lüneburger Heide.

Fondu Lafarge entspricht den Empfehlungen des Bundesgesundheitsamtes und den technischen Regeln W 342 des DVGW [4/15].

Weitere Verwendung: Verstreichen von Fugen und Ausfüllen von Durchlässen im Schnellbau mit Fertigteilen, Untergießen von bald zu belastenden Auflagerkörpern bei Behelfsauflagern u. ä.

4.6.10 Sonstige Zemente und Spezialbindemittel

a) Quellzement – nicht genormt –

Zement, der bei der Hydratation nicht wie alle übrigen Zemente schwindet, sondern sein Volumen etwas vergrößert.

Ursache: In der Regel gesteigertes Ettringittreiben, das aber so gesteuert wird, daß keine Treibrisse entstehen. Muß in der ersten Zeit (8 bis 14 Tage lang) gut feucht gehalten werden, damit das zur Ettringitbildung nötige Wasser vorhanden ist.

Quellzement entsteht meist durch Vermahlen oder Vermischen von Portlandzement mit den Treibkomponenten Tonerdeschmelzzement und Gips oder Calciumaluminatsulfat und freiem Kalk.

Wenig quellende Sorten sollen lediglich das Schwinden des Betons beim Erhärten ausgleichen („schwindfreie Zemente"). – Stark quellende Sorten (bis 17 mm/m) verdichten durch ihre Ausdehnung den Beton und pressen ihn in die Unebenheiten der Wandungen. Besonders zum Anbetonieren (Ausbesserungen, Tunnelbau, für Ortpfähle und zum Betonieren im gewachsenen Boden. – Die Erwartungen, durch den Quellvorgang Stahleinlagen im Beton unter Zug- und dadurch den Beton selbst unter Druckvorspannung (wie beim Spannbeton) zu setzen, haben sich wegen der Plastizität während der Quellzeit nicht erfüllt.

Nach dem Quellvorgang verhält sich mit Quellzement hergestellter Beton hinsichtlich des Schwindens und Kriechens wie jeder andere Beton.

Die Verwendung von Quellzement erscheint nur dann von merklichem Vorteil, wenn die Quellung behindert wird (durch Widerlager), es dadurch zu einer Druckspannung im Beton kommt, die bei Betonaustrocknung und damit verbundenem Schwinden nicht gänzlich abgebaut wird. – Etwa 1,5mal so teuer wie PZ; in der Bundesrepublik Deutschland nicht hergestellt, in den USA drei verschiedene Arten (Type „K", „S", „M").

Quellzement hat sich nicht durchsetzen können; die mit seiner Verwendung gewünschten Ziele können heute durch andere betontechnologische oder konstruktive Maßnahmen zielsicherer erreicht werden.

b) Tiefbohrzement, Bohrlochzement – nicht genormt –

Zur Auskleidung von Bohrlöchern (Erdöl, Erdgas), müssen aggressivbeständig, verpumpbar und bei einer Zementierung in großer Tiefe (bei erhöhter Temperatur – bis zu 150 °C – und unter starkem Druck – bis zu 1000 bar –) noch normal erstarren. Insbesondere müssen sie widerstandsfähig sein gegen die Einflüsse des durchfahrenen Gebirges (z. B. beim Durchteufen von Salz-, Anhydrit- oder Gipsschichten) sowie gegen die Bohrspülungen üblichen Spülungszusätze.

Enthalten in der Regel kein C_3A; werden mit stark verzögernd wirkenden Zusätzen hergestellt. Ein deutscher Tiefbohrzement ist z. B. Dyckerhoff-Halliburton-Tiefbohrzement. Er wird in verschiedenen Typen hergestellt, je nach Teufenbereich, in dem er verwendet werden soll.

c) Injektionszement – keine besondere Zementart –

Für Zementeinpressungen zum Verfestigen und/oder Abdichten von klüftigem Gestein, Lockergestein oder Gesteinsschüttungen müssen Zementsuspensionen gute Fließeigenschaften haben und sollen während des Verpressens möglichst nicht sedimentieren (entmischen). Von den Zementeigenschaften ist dabei im wesentlichen nur die Kornverteilung der Zementpartikel von Bedeutung. Grobe Zemente verhalten sich ungünstiger als feiner gemahlene. Am günstigsten verhalten sich Zemente mittlerer Feinheit mit engem Grobkornbereich, zum Ausfüllen enger Klüfte sind feingemahlene Zemente vorzuziehen. – Grundsätzlich können alle Normzemente und allgemein bauaufsichtlich zugelassene Zemente verwendet werden. Ist der eingepreßte Zement sulfathaltigen Wässern ausgesetzt, sind Zemente mit hohem Sulfatwiderstand (HS-Zement) vorzuziehen, ab 400 mg SO_4/l unbedingt erforderlich.

d) Schnellzement – nicht genormt –

Spezieller PZ, der sehr schnell erstarrt und erhärtet. Erreicht schon nach etwa 4 Stunden Norm-Druckfestigkeiten von über 10 N/mm², nach 2 Tagen Festigkeit etwa wie PZ 55 (etwa 40 N/mm²), danach geringer Festigkeitszuwachs (28-Tage-Werte etwa 50 N/mm²). Muß schnell verarbeitet werden, Erstarrungsbeginn spätestens nach 1/2 Stunde.

Schnellzemente sind kalkreiche PZ mit erhöhtem Aluminat- sowie einem erheblichen Fluorgehalt (wodurch neben C_3S als wesentlicher Bestandteil die Verbindung 11 CaO · 7 Al_2O_3 · CaF_2 auftritt).

Im Ausland (USA, Japan) als „Regulated Set-Cement" (Z mit reguliertem Erhärtungsverlauf) oder als „Jet-Cement" bezeichnet.

Verwendung u. a. zur schnellen Reparatur beschädigter Betonflächen, von Straßendecken und zum Betonieren unter Wasser.

Herstellung in der Bundesrepublik Deutschland:

Wittener Schnellzement Z 35 SF der Ardex Chemie, Witten. Verarbeitungszeit etwa 30 Minuten (kurze Erstarrungszeit), Gemisch aus Portlandzement, Tonerdeschmelzzement und Zusätzen. Darf nicht mit anderen Bindemitteln und nicht mit Betonzusatzstoffen (außer inertem Gesteinsmehl, wie z. B. Quarzmehl) gemischt und nicht über klimabedingte Temperaturen hinaus wärmebeansprucht werden. Druckfestigkeit nach 2 Stunden, bei Prüfung nach Zementnorm mindestens 4,0 N/mm². Verwendung hauptsächlich zum Ausbessern und Ersetzen von geschädigtem Beton, auch bei tragenden Konstruktionen, Befestigen von Dübeln und Ankern.

e) Dämmer

Spezialbindemittel zum Herstellen gut fließfähiger Suspensionen, mit denen sich unterirdische Hohlräume gut ausfüllen lassen. Besteht aus hydraulischem Bindemittel und tonhaltigem Steinmehl. Durch den Tonanteil werden eine gute Wasserbindung, eine gute Fließfähigkeit und leichte Pumpbarkeit erreicht.

Hersteller: Anneliese Zementwerke, Ennigerloh (Patentinhaber), und Dyckerhoff-Zementwerke.

Anwendung: Durch Vermischen mit Wasser (im Betonmischer) entstehen Dämmer-Suspensionen in gewünschter Konsistenz. Gut fließfähige Suspensionen erhält man bei Wasser-Dämmer-Werten (Massenverhältnis) von 0,6 bis 0,8; für wasserdichtende Schichten werden gut pumpfähige Suspensionen mit einem Wasser-Dämmer-Wert von etwa 0,45 verwendet. Richtwerte für das Erstarren und die Druckfestigkeit gibt die Tafel 4.14 an.

Tafel 4.14 Eigenschaften von Dämmer-Suspensionen, Richtwerte nach [4.11]

Wasser-Dämmer-Wert	Erstarren		Druckfestigkeit von 4 cm × 4 cm × 16 cm-Prismen nach 28 Tagen Luftlagerung N/mm²
	Beginn Std.	Ende Std.	
0,45	6	12	4
0,60	10	18	1,5
0,80	24	48	1

Dichte: 2,6 g/cm³; spezifische Oberfläche nach *Blaine:* etwa 6000 cm²/g. Dämmer-Suspensionen reagieren *stark alkalisch* (bei Wasser-Dämmer-Wert von 0,68 beträgt der pH-Wert 12,4), so daß eingebetteter Stahl ähnlich wie bei Beton vor Korrosion geschützt ist.

Lieferung erfolgt lose oder in 40-kg-Säcken (Säcke: obere Hälfte grün, untere hellbraun).

Verwendung: Ausfüllen von alten Rohrleitungen und Kanälen, von Klüften und Kavernen im Baugrundbereich, Verfüllen von Hohlräumen beim U-Bahn-Bau und des Hohlraumes zwischen Rohraußenwand und Erdreich bei schildvorgetriebenen Tunnels sowie als dichtende Sohle bei Wasserbaumaßnahmen.

f) Dyckerhoff-Dreibi

Bauaufsichtlich zugelassenes hydraulisches Bindemittel aus PZ-Klinker, Hüttensand, natürlichem Steinmehl, einem Farbzusatz sowie etwas Gips oder Anhydrit für Bausteine und Bauteile aus Leichtbeton (speziell für Bimsprodukte). Dreibi = Dreistoffbindemittel.

Dyckerhoff-Dreibi-Spezial enthält außer den vorgenannten Komponenten noch Steinkohlenflugasche. Festigkeitsverhalten wie ein Z 35 L.

g) Meurin-Spezialbindemittel „TM"

Bauaufsichtlich zugelassenes hydraulisches Bindemittel aus PZ-Klinker, Hüttensand, Traß und/oder natürlichen Steinmehlen und einem Farbzusatz sowie etwas Gips oder Anhydrit. Verwendung für Leichtbeton-Steine und -Bauteile. „TM" = Traßwerke Meurin.

Festigkeitsverhalten wie ein Z 25.

h) Weitere Zemente und Zementbezeichnungen

Puzzolanzement = allgemeine Bezeichnung für Mischzemente aus Portlandzement und Puzzolanen, z. B. Traßzement.

Erzzement, Ferrarizement, Ferrozement = frühere Bezeichnung für Zemente mit extrem niedrigem Al_2O_3- bzw. stark erhöhtem Fe_2O_3-Gehalt. **Ferrozement** = aus dem Englischen übernommene Bezeichnung für einen Verbundwerkstoff aus Zementmörtel mit hohem Bewehrungsgrad (Maschendraht und Zusatzstähle) für dünnwandige Flächentragwerke und für den Bootsbau. Zementgehalt des Mörtels meist 650 bis 800 kg/m³; *w/z*-Wert um 0,35; Druckfestigkeit nach 28 Tagen etwa 60 bis 90 N/mm².

Kolloidzement = Bezeichnung für sehr fein gemahlene Zemente, durchschnittliche Korngröße < 0,01 mm, Größtkorn 0,03 mm, für Zementsuspensionen zum Auspressen von feinen Spalten und Hohlräumen.

i) Zemente nach Europäischer Norm (DIN EN 197 z. Z. in Bearbeitung)
Vorgesehen sind die in Tafel 4.15 angegebenen Zementtypen.

Auskünfte und **Beratung** über Zement und seine Verwendung durch Bundesverband der Deutschen Zementindustrie e. V., Pferdmengesstr. 7, 5000 Köln 51, mit Bauberatungsstellen in Berlin, Hamburg, Hannover, Düsseldorf, Münster, Frankfurt, Stuttgart, Freiburg in Titisee-Neustadt, München und Nürnberg. Außerdem: Forschungsinstitut der Zementindustrie, Tannenstr. 2/4, 4000 Düsseldorf 30. Für Hüttensand und Hüttenzemente auch: Forschungsinstitut Eisenhüttenschlacken Rheinhausen, Bliersheimer Str. 62, 4100 Duisburg 14 (Rheinhausen).

4.7 Mischbinder MB

war bis 1983 nach DIN 4207 genormtes hydraulisches Bindemittel aus hydraulischen und/oder puzzolanischen Stoffen und Anregern mit einer 28-Tage-Festigkeit zwischen 15 und 35 N/mm². Wurde für unbewehrten Beton mit niedrigen Festigkeitsanforderungen (B 5) verwendet. Heute nicht mehr hergestellt.

4.8 Putz- und Mauerbinder (PM-Binder)

DIN 4211 (April 89) Putz- und Mauerbinder

Hydraulisches Bindemittel, besteht im allgemeinen aus Zement, Gesteinsmehl und

Anorganische Bindemittel

Tafel 4.15 Vorgesehene Zemente nach europäischer Normung (Norm z. Z. in Bearbeitung)

Zementart	Benennung	Massenanteil in %[1]					
		Hauptbestandteile					Neben-Bestandteile[2]
		Portland-zementklinker K	Hüttensand S	Natürliches Puzzolan Z	Flugasche C	Füller F	
CE I	Portlandzement	95 bis 100	–	–	–	–	0 bis 5
CE II[3]	Portlandkomposit-zement	65 bis 94	0 bis 27	0 bis 23	0 bis 23	0 bis 16	–
CE II-S[3]	Portlandhüttenzement	65 bis 94	6 bis 35				0 bis 5
CE II-Z[3]	Portlandpuzzolan-zement[4]	72 bis 94		6 bis 28			0 bis 5
CE II-C[3]	Portlandflugasche-zement	72 bis 94			6 bis 28		0 bis 5
CE II-F[3]	Portlandkalksteinzement	80 bis 94				6 bis 20	0 bis 5
CE III[5]	Hochofenzement	20 bis 64	36 bis 80				0 bis 5
CE IV[6]	Puzzolanzement	≥ 60	–	≤ 40		–	0 bis 5

[1] Die angegebenen Werte beziehen sich auf die aufgeführten Haupt- und Nebenbestandteile des Zements ohne Calciumsulfat und Zementzusatzmittel.
[2] Nebenbestandteile können Hüttensand, natürliches Puzzolan, Flugasche und Füller sein, soweit sie nicht Hauptbestandteile des Zements sind.
[3] Die Massenanteile der Bestandteile in allen Zementen der Zementart CE II müssen der Gleichung $1,0 S + 1,25 Z + 1,25 C + 1,75 F \leq 35$ entsprechen. Wenn ein Zement den weitergehenden Anforderungen der Zementarten CE II-S, CE II-Z, CE II-C oder CE II-F entspricht, muß er auch entsprechend bezeichnet werden.
[4] In der Benennung kann das Wort „Puzzolan" durch den Namen des ausschließlich verwendeten Puzzolanzusatzes ersetzt werden, z. B. Portlandtraßzement.
[5] Zemente mit einem Massenanteil an Hüttensand von mehr als 65 % müssen auf der Verpackung und/oder dem Lieferschein zusätzlich gekennzeichnet sein.
[6] Puzzolanzement muß den Anforderungen der Puzzolanitätsprüfung nach EN 196 Teil 5 genügen.

(chemischen) Zusatzmitteln (Luftporenbildner, Plastifizierer, Verzögerer), zuweilen auch mit Kalkhydratzusatz. Gesteinsmehl dient zur Regulierung (Erniedrigung) der vom Zement ausgehenden Festigkeit und zum Einbringen der für einen geschmeidigen Mörtel nötigen Feinstteile (Mehlkorn siehe Abschnitt 5.5.8), chemische Zusätze verbessern die Verarbeitungseigenschaften.

Anforderungen: Spezifische Oberfläche nach *Blaine* $\geq$ 3000 cm^2/g; Erstarrungsbeginn $\geq$ 1 Stunde, Erstarrungsende $\leq$ 12 Stunden; Raumbeständigkeit; SO_3-Gehalt $\leq$ 2,5 Masse-%; **Druckfestigkeit** von Normmörtel nach 28 Tagen **min. 5 N/mm^2, max. 15 N/mm^2.** Alle genannten Anforderungen werden nach DIN 1164 – Zement – geprüft (siehe Abschnitt 4.6.5 e). Außerdem wird die Verarbeitbarkeit mit einem besonderen Steifemeßgerät geprüft.

Verpackung: *gelbe Säcke* mit *blauem Aufdruck,* meist 40 kg, auch lose Lieferung (wetterfester, gelber Silozettel mit blauem Aufdruck).

Verwendung: für Putz- und Mauermörtel, Mörtelgruppen I und II (siehe Abschnitte 7.1.1 und 7.1.2), für Mörtelgruppe III nur als Zusatz zur Verbesserung der Geschmeidigkeit (anstelle von Kalk, Zusatzmenge begrenzt). Übliche Mischungsverhältnisse (Raumteile):

Außenputzmörtel 1 : 3–4   Mauermörtel 1 : 3   Innenputzmörtel 1 : 4–5

Für Umrechnung in Massenteile: Dichte des PM-Binders etwa 2,85 kg/dm^3. Mit Wasser angemachter Mörtel ist etwa 3 bis 4 Stunden verarbeitbar, im Sommer (Temperatur > 25 °C) etwa 2 Stunden. – Sehr ergiebig, gut verarbeitbar, gute Haftung, schnelle Erhärtung (besonders im Winter vorteilhaft), gute Sperrwirkung gegen Feuchtigkeit. – Zumischung zementechter Farben für farbige Putze möglich. Auch für Unterputz unter kunststoffgebundenem Oberputz und für Gipsoberputz geeignet, wenn er zuvor ausreichend erhärtet und austrocknet. – Mit Gips oder Anhydrit nicht mischbar (Ettringittreiben), mit allen Zementen – außer TSZ und SHZ – sowie Baukalken mischbar.

4.9 Hydraulische Tragschichtbinder HT
Norm
DIN 18 506 (Jan. 86) Hydraulische Bindemittel für Tragschichten,
    Bodenverfestigungen und Bodenverbesserungen;
    Hydraulische Tragschichtbinder

Hydraulisches Bindemittel zur Herstellung von Baustoffgemischen für hydraulisch gebundene Tragschichten, Bodenverfestigungen oder Bodenverbesserungen unter Verkehrsflächen.

Tragschichtbinder bestehen aus Portlandzement und/oder Luftkalk und/oder Hochhydraulischem Kalk sowie gegebenenfalls Hüttensand oder Traß oder Ölschiefer oder Flugasche. Daneben kann Gips/Anhydrit zur Regelung des Erstarrens zugegeben werden, außerdem bis zu 5 Masse-% aus der PZ-Klinkerproduktion stammende ungebrannte oder teilweise gebrannte anorganische Stoffe, andere Zusätze bis zu 1 Masse-%.

Hydraulische Tragschichtbinder werden in den beiden Festigkeitsklassen HT 15 und HT 35 hergestellt und erhärten nach Wasserzugabe sowohl an der Luft als auch unter Wasser und bleiben unter Wasser fest.

Anforderungen: Mahlfeinheit mindestens 2200 cm^2/g nach *Blaine;* Erstarrungsbeginn frühestens 2 Stunden, Erstarrungsende spätestens 12 Stunden nach dem Anmachen; Raumbeständigkeit; Druckfestigkeit entsprechend Tafel 4.16.

Weitere Anforderungen beziehen sich auf chemische Kennwerte (SO_3-, CO_2-Gehalt, Glühverlust, Salzsäureunlösliches). Alle Prüfungen werden entsprechend der Zementnorm DIN 1164 durchgeführt.

Tafel 4.16 Druckfestigkeit

Festigkeitsklassen	Druckfestigkeit in N/mm² nach		
	7 Tagen min.	28 Tagen min.	max.
HT 15	5,0	15	35
HT 35	18	35	55

4.10 Mischen von Bindemitteln

Ob verschiedene Bindemittel miteinander vermischt werden können, um entsprechend abgestufte Eigenschaften der damit hergestellten Mörtel oder Betone zu erreichen, hängt davon ab, ob sich die Bindemittel „vertragen" oder nicht.

Unverträglichkeit kann 2 Ursachen haben:

1. Es entstehen neben den normalen Erhärtungsreaktionen noch weitere Reaktionen, die zu Schäden führen (z. B. Ettringitbildung, Sulfattreiben).
2. Die Bedingungen für den Ablauf der normalen Erhärtungsreaktion werden durch die zugemischte Komponente so verändert (z. B. pH-Wert-Änderung), daß die Erhärtung zu schnell oder zu langsam verläuft oder die gewünschten Erhärtungsreaktionen ganz unterbleiben.

Aus solchen Gründen sind folgende Bindemittel stets allein zu verwenden: Magnesiabinder, Sulfathüttenzement, Tonerdeschmelzzement (bei letzterem Ausnahme für Schnellbinder siehe Abschnitt 4.6.9). Von den übrigen Bindemitteln können Zemente und alle anderen hydraulischen Bindemittel untereinander und mit Kalk in jedem Verhältnis, nicht aber mit Gips oder Anhydrit gemischt werden (Ettringit). – Luftkalke (gelöscht) können sowohl mit den hydraulischen Bindemitteln als auch mit Gips und Anhydrit in jedem Verhältnis gemischt werden.

Grundsätzlich ist bei Bindemittelgemischen damit zu rechnen, daß die Erstarrungszeiten (bzw. Verarbeitungszeit) und die Festigkeiten aus den Werten der Einzelbindemittel nicht genau vorhersehbar sind, sondern erforderlichenfalls durch Versuche ermittelt werden müssen.

Die Veränderung der Festigkeit eines Kalkzementmörtels, Bindemittel zu Sand = 1 : 4 Raumteile, in Abhängigkeit von Zement- (PZ) und Kalkgehalt (Weißkalkhydrat) ist nachstehend angegeben (siehe Tafel 4.17).

Tafel 4.17 Druckfestigkeit eines Kalkzementmörtels bei verschiedenen Verhältnissen von Kalk zu Zement

in Masse-% PZ / Kalk	Mischungsverhältnis PZ zu Kalk					
PZ	0	20	40	60	71	80	100
Kalk	100	80	60	40	29	20	0
in Raumteilen	0 : 1	1 : 9,6	1 : 3,6	1 : 1,6	1 : 1	1 : 0,6	1 : 0
Druckfestigkeit in N/mm²	1	2	4	9	14	18	27

Die Werte sind als Richtwerte zu betrachten. Sie werden von der Zementnormenfestigkeit und vom Sandaufbau beeinflußt.

4.11 Einwirkung der Bindemittel auf Baumetalle
4.11.1 Gipsmörtel

Frische, aber auch wieder durchfeuchtete, erhärtete Gipsmörtel enthalten gelöstes Sulfat, das Stahl zum Rosten bringt. Für Rabitzarbeiten daher nur verzinktes Drahtgewebe benutzen; siehe Abschnitt 4.1.4 e. – Zink wird zwar durch Sulfatlösungen auch angegriffen, schützt aber das darunterliegende Eisen so lange, bis der Gipsputz trocken ist. Dann besteht i. allg. keine Rostgefahr mehr. – Blei ist in Gipswasser unlöslich und wird durch Gips nicht angegriffen. Einzugipsende Schutzrohre, Abzweigdosen usw. für elektrische Unterputzverlegung sind – soweit nicht aus Kunststoff – deswegen verbleit. Auch Zinn, Aluminium und Kupfer sind unempfindlich gegen Gips.

4.11.2 Frische Kalk- und Zementmörtel

greifen infolge Gehaltes an gelöstem Kalkhydrat $Ca(OH)_2$ Zink, Blei und Aluminium stark, Kupfer und Zinn dagegen nicht an. Das gleiche gilt auch von erhärtetem, aber wieder durchfeuchtetem Beton, der aus dem Inneren oft noch $Ca(OH)_2$ auslaugt, da dieses nur in $CaCO_3$ übergehen kann, soweit Luft Zutritt hat. Beim Kupfer ist einzuschränken, daß manche Erstarrungsbeschleuniger, die dem Mörtel bzw. Beton zugesetzt werden, aggressiv werden können. Dann Bitumenanstrich vorsehen! – Stahl wird dagegen von Zement nicht angegriffen (deshalb Stahlbeton möglich!). Auch frischer Kalkmörtel verhindert Rostbildung, solange er noch nicht erhärtet ist. Diese nur kurzfristige Schutzwirkung des Kalkmörtels beruht darauf, daß er – im Gegensatz zum Zement – nach dem Erhärten kein $Ca(OH)_2$ mehr absondert und daß er außerdem infolge seiner größeren Porosität Luft und Feuchtigkeit durchläßt.

4.11.3 Steinholz, Magnesiamörtel

wirken infolge Gehaltes an $MgCl_2$ rostfördernd. Die sich beim Anmachen wie bei späterer Feuchtigkeitsaufnahme bildende Base $Mg(OH)_2$ greift außerdem Blei, Kupfer und Aluminium an. Magnesiamörtel muß daher gegen diese Metalle abgesperrt und vor späterer Durchfeuchtung geschützt werden. Wegen Holzwolle-Leichtbauplatten siehe Abschnitt 4.3.1. Vor schädlichen Einflüssen des Mörtels sind Metallteile (Rohre, Anschlußbleche, Abdeckungen usw.) durch Umwicklung mit Papier, Unterlegen von Pappe oder durch Sperranstriche zu schützen.

4.11.4 Nachprüfung

Das Verhalten von Stahl kann man nachprüfen, indem man blanke Nägel in verschiedene Mörtel einbettet und feucht lagert (u. U. Rostflecke).

Von der Einwirkung frischer Mörtel auf die übrigen Metalle überzeugt man sich, indem man blankgefeilte Metallstreifen (besser Feilspäne) im Reagenzglas mit Gips- bzw. Kalkwasser erwärmt und diese Flüssigkeiten auf in Lösung gegangenes Metall untersucht. Bei Behandlung von Aluminium mit Kalkwasser ist außerdem die Abspaltung von Wasserstoffgas zu beobachten, die beim Gasbeton (siehe Abschnitt 2.11) durch Zusatz von Aluminiumpulver als Treibmittel ausgewertet wird:

$$2\,Al + 3\,Ca(OH)_2 + 6\,H_2O \rightarrow 3\,CaO \cdot Al_2O_3 \cdot 6\,H_2O + 3\,H_2 \uparrow$$

Feuchter *Lehm* und *Ton* bringen Stahl und Gußeisen stark zum Rosten.

5 Zuschläge für Mörtel und Beton

Normen

DIN 1045 (Abschnitte 6 und 7) (Juli 88)	Beton und Stahlbeton
DIN 1053 T 1 (Abschnitt 5) (Febr. 90)	Mauerwerk; Rezeptmauerwerk; Berechnung und Ausführung
DIN 1100 (Okt. 89)	Hartstoffe für zementgebundene Hartstoffestriche
DIN 4226	Zuschlag für Beton
T 1 (April 83)	Zuschlag mit dichtem Gefüge; Begriffe, Bezeichnung und Anforderungen
T 2 (April 83)	Zuschlag mit porigem Gefüge (Leichtzuschlag); Begriffe, Bezeichnung und Anforderungen
T 3 (April 83)	Prüfung von Zuschlag mit dichtem oder porigem Gefüge
T 4 (April 83)	Überwachung (Güteüberwachung)
DIN 4301 (April 81)	Eisenhüttenschlacke und Metallhüttenschlacke im Bauwesen
DIN 18 550 T 2 (Jan. 85)	Putz; Putze aus Mörteln mit mineralischen Bindemitteln, Ausführung
DIN 52 100 bis 52 116	Prüfung von Naturstein siehe Abschnitt 1.7

Weitere Angaben über Anforderungen und Prüfung von Zuschlägen sind enthalten in:

Zusätzliche Techn. Vorschriften für Beton (ZTV-Beton) der Deutschen Bundesbahn; Technische Vorschriften (TV), Technische Lieferbedingungen (TL), Richtlinien und Merkblätter der Forschungsgesellschaft für das Straßen- und Verkehrswesen bzw. des Bundesministers für Verkehr (ZTV Beton 78 mit Ergänzung 80); TL Min-StB 83, ZTVT StB 86 Zusätzliche technische Vorschriften und Richtlinien für Tragschichten im Straßenbau. TP Min-StB Technische Prüfvorschriften für Mineralstoffe im Straßenbau.

Zuschlag, Zuschläge, Zuschlagstoffe sind ein Gemenge von Körnern – in Sonderfällen auch Fasern –, die mit Bindemittel und Wasser vermischt zur Herstellung von Mörtel und Beton verwendet werden. Zuschläge mit Korngrößen bis 4 mm $\varnothing$ ergeben Mörtel, gröbere Zuschläge ergeben Beton. Dabei wird die Volumenbeständigkeit von Mörtel und Beton günstig beeinflußt, da die meisten Zuschläge im Gegensatz zu den Bindemitteln weder nennenswert schwinden noch quellen.

Zuschläge sind vorwiegend Natursteine (ungebrochen oder zerkleinert), daneben auch künstlich hergestellte, vorwiegend mineralische Stoffe (Schlacken, geblähtes Gestein), seltener organische Stoffe (z. B. Styropor).

5.1 Arten
5.1.1 Natürliche Zuschläge

a) **Mit dichtem Gefüge**

Kies und Sand, sedimentäre Lockergesteine. Stofflich: Gesteinstrümmer verschiedenster Festgesteine, deren Mineralgehalt durch Verwitterung stark verändert wurde. Nahe dem Entstehungsort (Gebirge, Flußoberlauf) grob (kiesreich, sandarm), eckig, wenig abgeschliffen, z. T. mit noch verwitternden Bestandteilen. – Weiter transportierte Kiese und Sande (Küste, Flußunterlauf) sandreich, kiesarm, glatt, abgerundet, sehr hoher Quarzgehalt.

Aus Flüssen gewonnen: arm an Feinstanteilen (Mehlkorn); aus Gruben: oft lehmhaltig, weniger abgeschliffen (Ablagerung durch Gletscher).

Verbrauch an Kies und Sand etwa 500 Mio. t/Jahr. Hauptvorkommen: Alpenvorland, entlang des Rheins, Niederrheinische Bucht, entlang der Weser. In manchen Gebieten Deutschlands reichen zum Abbau freigegebene Vorkommen nur noch 10 bis 15 Jahre oder sind schon erschöpft; daher zunehmender Einsatz von gebrochenem Naturstein (Splittbeton).

Festgesteine: Granit, Gabbro, Basalt, Diabas, Quarzit, dichter (fester) Kalkstein, Grauwacke u.a. feste Naturgesteine, soweit sie nicht stark angewittert, schiefrig oder tonig sind, werden in Steinbrüchen abgesprengt und nachzerkleinert (gebrochener Zuschlag).

b) **Mit porigem Gefüge** (niedrige Rohdichte)
Bims, Schaumlava u. ä. vulkanische Lockergesteine (Tuffe) aus gasreichen Laven.
Bimsvorkommen: Neuwieder Becken. Auskunft und Beratung über Verwendung von Bims: Verband Rheinischer Bims- und Leichtbetonwerke e. V., Sandkaulerweg 1, 5450 Neuwied.

5.1.2 Künstliche Zuschläge

a) **Mit dichtem Gefüge**

Hochofenschlacke: Eigenschaften abhängig von chemischer Zusammensetzung und Abkühlungsgeschwindigkeit. Schnelle Abkühlung bewirkt glasige Erstarrung (hydraulische Eigenschaften), langsame Abkühlung kristalline Erstarrung wie bei magmatischen Tiefengesteinen. Als Zuschläge werden verwendet:

Langsam gekühlte Hochofenschlacke mit dichtem kristallinem Gefüge (= Hochofenstückschlacke), darf höchstens 5 Masse-% schaumige, großblasige sowie glasige Stücke enthalten und muß raum- und wetterbeständig sein. Farbe: grau bis schwarz. Schlacke enthält Bläschenporen (nicht Kapillarporen), kein Vollsaugen mit Wasser. Oberfläche rauh, griffig, gute Haftung von Bindemitteln, Verarbeitbarkeit von Frischbeton mit Schlacke erschwert. Gewünschte Korngruppen durch Brechen.

Für „Hochofen- und Metallhüttenschlacke für das Bauwesen" gilt DIN 4301 (April 81), außerdem „Merkblatt über Hochofenschlacke für Tragschichten, Unterbau und Untergrundverbesserung im Straßenbau" der Forschungsgesellschaft für das Straßen- und Verkehrswesen.

Hüttensand: Schnell gekühlte, granulierte Hochofenschlacke. Heller Hüttensand: Schaumig (bimsähnlich), niedrige Schüttdichte (etwa 0,5 bis 0,9 kg/dm^3); dunkler Hüttensand: Körnig, Schüttdichte etwa 0,9 bis 1,4 kg/dm^3. Verwendung: Mörtelzuschlag (statt Natursand, meist mit Natursand gemischt). Unterschied zu Natursand: Kornform eckig, kantig, daher Verarbeitbarkeit etwas schlechter. Hauptteil der Hüttensande zwischen 1 und 3 mm Korndurchmesser.

Sonstige Metallhüttenschlacken: Blei-, Chrom-, Kupferschlacken, nur örtlich oder für Sonderfälle von Bedeutung.

Kohlenschlacken: Zusammengebackene oder verschmolzene Aschen, entstehen bei Verbrennung von Koks, Stein- oder Braunkohle. Sachgemäß ausgewählte und aufbereitete Kohlenschlacken als Betonzuschlag verwendbar, Bezeichnungen meist nach Art der Feuerung: Kesselschlacke (Dampfkesselfeuerung), auch granuliert durch Abschrecken mit Wasser. Aus Kohlenstaubfeuerungen: Flugaschen. Ungeeignet: Bei hohem Schwefelgehalt oder mehr als 15 % brennbaren Bestandteilen.

Ziegelsplitt: Gebrochenes Ziegeltrümmergut oder Ziegeleibruch, Gefüge annähernd dicht (Klinkerbruch) oder porös (wassersaugend).

Zuschläge für Mörtel und Beton

b) Mit porigem Gefüge

Hüttenbims: Schnell gekühlte, geschäumte Hochofenschlacke, gebrochen. Beim Brechen hoher Anfall der Körnung 0 bis 3 mm (oft 1/4 bis 1/3). Farbe (für Verwendung ohne Bedeutung) schwankt von hellgrau bis grauschwarz. Heller Bims meist leichter; dunkler schwerer. Kornform eckig, kantig (Naturbims abgerundet), Poren rund, grob, zu 50 bis 75 % abgeschlossen (Naturbims: fein, etwa gleichmäßig verteilt, schlauchartig ausgebildet, offen, Kapillarkräfte stark wirksam). Hüttenbims saugt weniger Wasser und langsamer als Naturbims. Schüttdichte zwischen (0,2 bis) 0,4 und 0,75 kg/dm^3, Porenvolumen etwa 50 bis 85 Vol.-%. Druckfestigkeit 2 bis 8 N/mm^2 (Naturbims etwa 3 bis 5 N/mm^2).

Blähton, Blähschiefer: Aus blähfähigen Tonen oder Schiefertonen in Drehrohrofen oder Schachtofen bei etwa 1150 °C hergestellt. Aufblähen durch entstehende Gase, während Kornoberfläche verschmilzt. Gute Kornfestigkeit, gute Wärmedämmfähigkeit, Wasseraufnahme gering, frostbeständig. Schüttdichte 0,3 bis 1,6 kg/dm^3, Rohdichte 0,6 bis 1,8 kg/dm^3. Kleine Korngrößen (Sand) schwerer als Grobkorn, Blähschiefer fester als Blähton.
Fabrikatname: Leca, Liapor u. a.

5.1.3 Zuschläge für Sonderzwecke

a) Für verschleißfeste Schichten, Hartstoffe

Synthetischer Korund, Elektrokorund (Al$_2$O$_3$), Härte nach *Mohs:* 9, Farbe: glänzend dunkelbraun bis hellgrau je nach Reinheit.

Dichte: 3,9 bis 4,0 kg/dm^3.

Siliziumkarbid (SiC), Carborundum, Härte nach *Mohs:* 9 1/2, Farbe: schwarz, grün, blau. Dichte: 3,1 bis 3,2 kg/dm^3.

Daneben werden auch besonders feste Natursteine (z. B. Basalt), dichte Schlacken sowie Metalle (Späne) als Hartstoffe verwendet. – Nach DIN 1100 (Okt. 89) [5.1] und AGI [5.2] unterscheidet man folgende Hartstoffgruppen für Zuschläge, die dem Beton oder Estrich besonders große Verschleißfestigkeit verleihen:

A (allgemein)	Hartstoffzuschlag aus Naturstein und/oder dichter Schlacke (nach AGI wird diese Stoffgruppe mit U [universal] bezeichnet)
M (Metall)	Hartstoffzuschlag aus Metallen
KS (Korund/SiC)	Hartstoffzuschlag aus (Elektro-)Korund und/oder Siliziumkarbid

b) Extrem leichte Zuschläge, besonders zur **Wärmedämmung** oder zum **Feuerschutz**

Perlite: Wasserhaltiges, vulkanisches Glas etwa von granitischer Zusammensetzung. Durch rasches Erhitzen auf 800 bis 1200 °C Ausdehnung auf das 15- bis 20fache Volumen durch Wasserdampfentwicklung (aus gebundenem Wasser) bei gleichzeitiger Sinterung der Glasmasse. Schüttdichte etwa 0,06 bis 0,2 kg/dm^3. Wärmeleitzahl: 0,040 bis 0,060 W/(m · K).

5.1.3 Zuschläge für Sonderzwecke

Vermiculite: Durch Erhitzen (wie Perlite) aufgeblähtes glimmerartiges Mineral, typisch: Blättchenstruktur der Glimmerminerale. Schüttdichte etwa 0,07 bis 0,09 kg/dm^3, Wärmeleitzahl: 0,046 bis 0,058 W/(m · K).

Geschäumtes Polystrol (Styropor): Geschlossenzellige, nicht saugende Kunststoff-Schaumpartikelchen mit einer Schüttdichte von etwa 0,012 kg/dm^3, Erweichungspunkt etwa 80°, praktisch ohne Eigenfestigkeit.

Schaumglas, Foamglas, anorganisches, geschäumtes Glas, dampfdicht, relativ druckfest (Näheres siehe Abschnitt 3.9).

c) **Zuschläge für den Strahlenschutz** (Röntgen-, γ-Strahlung)
Festgesteine mit besonders hoher Rohdichte:
Schwerspat (Baryt), Rohdichte 4,10 bis 4,30 kg/dm^3
Magnetit, Hämatit, Ilmenit (Eisenerze), Rohdichte 4,4 bis 5,0 kg/dm^3, ferner Stahl (granuliert, vorwiegend $\varnothing$ 1 bis 7 mm oder als Sand mit 0,2 bis 3 mm $\varnothing$, Dichte um 7,6 kg/dm^3); Blei-, Chrom- und Kupferschlacken (Vorsicht, enthalten oft betonschädliche Bestandteile, die das Erstarren verzögern oder verhindern), Rohdichten bei 3,5 kg/dm^3. – Zur *Neutronenschwächung* werden kristallwasserhaltige Zuschläge verwendet (z. B. Brauneisenstein, Serpentin) oder borhaltige Stoffe.

d) **Zuschläge für feuerfesten Beton oder Mörtel**

Schamotte: gebrannter, feuerfester Ton (mit hohem Schmelzpunkt), in verschiedene Korngrößen zerkleinert. Auch bei hohen Temperaturen (> 1000 °C) weitgehend volumenbeständig.

Quarzsand und -kies sind ungeeignet, da bei Temperaturen oberhalb von 573 °C Kristallumwandlungen mit erheblichen Volumenvergrößerungen (bei etwa 870 °C um 14 %) mit entsprechendem Zertreiben auftreten.

e) **Zuschläge für Asbestzementwaren** (heute durch Faserzement ersetzt)

Asbest: natürlich vorkommendes feinstes Fasermaterial (Faser-$\varnothing$ liegt etwa bei 0,00002 mm, dabei röhrenförmig), Magnesium-Silikat-Hydrat, durch Verwitterungsvorgänge aus Serpentin oder Hornblende entstanden (Hauptlagerstätten: Kanada, UdSSR, Rhodesien, Südafrikanische Union). Serpentinasbest: Reindichte 2,3 bis 2,5 kg/dm^3, Härte 3 bis 4, Schmelzpunkt etwa 1550 °C; Hornblendeasbest: Reindichte 3,4 kg/dm^3, Härte 5 bis 6, Schmelzpunkt etwa 1150 °C. – Zugfestigkeit schwankt, bei Serpentinasbest vorwiegend 560 bis 750 N/mm^2, bei Hornblendeasbest Werte bis 2250 N/mm^2. Für Asbestzementwaren hauptsächlich Serpentinasbest, z. T. mit wenig Hornblendeasbest gemischt.

f) **Farbiger Zuschlag**

Für Waschbeton, Sichtbeton, Betonwerkstein, in der Regel mit weißem Zement als Bindemittel, aus farbigem Naturstein:
Rot: Quarzporphyr (Nahe, Schwarzwald), Porphyr (Schwarzwald, Spessart), Granit (Odenwald u. a.), manche Kalksteine (Tiroler Rot*).
Grün: Diabas (Bayern, Westerwald, Sauerland).

Tafel 5.1 Eigenschaften natürlicher Gesteine

			1	2	3
		Gesteinsgruppen	(Rein-)Dichte ϱ_0 DIN 1306 [g/cm³]	Rohdichte (Trockenrohdichte) ϱ DIN 1306 [g/cm³]	Wasseraufnahme DIN 52 103 [Masse-%]
1	Magmagestein	Granit, Granodiorit, Syenit	2,62...2,85	2,60...2,80	0,2...0,5
2		Diorit, Gabbro	2,85...3,05	2,80...3,00	0,2...0,4
3		Quarzporphyr, Porphyr, Porphyrit, Keratophyr, Phonolith, Liparit, Andesit, Trachyt	2,58...2,83	2,55...2,80	0,2...0,7
4		Basalt, Melaphyr	3,00...3,15	2,95...3,00	0,1...0,3
5		Basaltlava	3,00...3,15	2,20...2,35	4,0...10,0
6		Diabas	2,85...2,95	2,80...2,90	0,1...0,4
7	Sedimentgestein	Grauwacke, Quarzit[1]), Gangquarz[2])	2,64...2,68	2,60...2,65	0,2...0,5
8		Quarzitischer Sandstein	2,64...2,68	2,60...2,65	0,2...0,5
9		Sonstiger Quarzsandstein	2,64...2,72	2,00...2,65	0,2...9,0
10		Dichter Kalkstein, Dolomit, Kristalliner Marmor[1])	2,70...2,90	2,65...2,85	0,2...0,6
11	Sedimentgestein	Sonstiger Kalkstein, Kalkkonglomerat	2,70...2,74	1,70...2,60	0,2...10,0
12		Travertin, Kalktuff	2,69...2,72	2,40...2,50	2,0...5,0
13		Vulkanischer Tuffstein, Lavaschlacke	2,62...2,75	1,80...2,00	6,0...15,0
14		Bims[4])	2,25...2,40	0,35...1,55	
15		Kies[4])	2,65...2,69	2,55...2,65	0,2...0,5
16		Sand[4])	2,65...2,69	2,55...2,65	0,2...0,5
17	Metamorphes Gestein	Gneis, Granulit	2,67...3,05	2,65...3,00	0,1...0,6
18		Amphibolit	2,75...3,15	2,70...3,10	0,1...0,4
19		Serpentin	2,62...2,78	2,62...2,75	0,1...0,7
20		Tonschiefer (Dachschiefer)	2,82...2,90	2,70...2,80	0,5...0,6
21	Schwere Mineralien	Baryt		4,10...4,30	
22		Magnetit, Hämatit, Ilmenit		4,6	
23		Limonit, Goethit		3,6	

[1]) Metamorphes Gestein
[2]) Magmagestein
[3]) 1,25 mm/m °C für Quarzporphyr und Keratophyr; 0,53 mm/m °C für Porphyrit
[4]) Noch keine Zahlenwerte in DIN 52 100 festgelegt

5.1.3 Zuschläge für Sonderzwecke

4	5	6	7	8
Quellen und Schwinden	Wärmedehnung α_T	Schleifverschleiß Volumenverlust je 50 cm² Prüffläche	Druckfestigkeit des lufttrockenen Gesteins	Biegezugfestigkeit
		DIN 52 108	DIN 52 105	DIN 52 112
[mm/m]	[mm je m u. 100 °C]	[cm³/50 cm²]	[N/mm²]	[N/mm²]
0,06...0,18	0,80	5,0...8,0	160...240	10...20
0,12...0,13	0,88	5,0...8,0	170...300	10...22
0,08...0,10	³)	5,0...8,0	180...300	15...20
	1,00			
		5,0...8,5	250...400	15...25
		12,0...15,0	80...150	8...12
0,10	0,75	5,0...8,0	180...250	15...25
	1,20	7,0...8,0	150...300	13...25
0,30...0,70	1,20	7,0...8,0	120...200	12...20
	1,20	7,0...14,0	30...180	3...15
0,10	0,75	15,0...40,0	80...180	6...15
0,10...0,16	0,70		20...90	5...8
0,10...0,12	0,68		20...60	4...10
			20...30	2...6
		4,0...10,0	160...280	
		6,0...12,0	170...280	
0,10...0,13		8,0...18,0	140...250	50...80

Granodiorit ist eine Übergangsform zwischen Diorit und Granit, enthält neben Quarz und Feldspat auch Hornblende und Augit, dadurch dunkler.

Keratophyr ist ein altvulkanisches Ergußgestein der Syenit-Gruppe mit hohem Alkalifeldspatanteil, die dunklen Bestandteile (Hornblende und Biotit) sind meist besonders stark umgebildet, grünlichgrau.

Gelb: Quarz (Lahn, Eifel), Quarzit (Dorsten), Quarzporphyr (Odenwald), Granit (Odenwald), Kalkstein (Jura Gelb*).
Grau, graublau: Granit (Odenwald), Porphyrit (Nahe).
Weiß, beige: Marmor, Quarz.
Schwarz: Basalt (Hessen u. a.).
Nachweis von Lieferfirmen: siehe S. 31 unten

g) Sonstige

Zuschläge für bestimmte Baustoffe (z. B. Holzwolle für Leichtbauplatten, Holzspäne für Holzbeton) werden bei diesen Baustoffen behandelt.

Farbpigmente, Gesteinsmehle u. . Stoffe, die Mörtel oder Beton zusätzlich zugegeben werden, um bestimmte Eigenschaften (z. B. Farbe, Dichtheit) zu beeinflussen, werden als *Zusatzstoffe* bezeichnet. DIN 4226 gilt auch für natürliche Gesteinsmehle. Näheres siehe Betonzusätze, Abschnitt 6.4, und Betonzusatzstoffe, Abschnitt 6.4.10.

5.2 Anforderungen an Zuschläge

Zuschläge sollen genügend fest und witterungsbeständig sein, dürfen keine beton- oder mörtelschädlichen Bestandteile enthalten, sollen eine günstige Kornzusammensetzung und eine günstige Kornform haben. Die Druckfestigkeit soll bei Gestein mit dichtem Gefüge mindestens 100 N/mm² betragen. Natürliche Kiese und Sande haben in der Regel eine ausreichende Festigkeit; bei Felsgestein kann gegebenenfalls die Druckfestigkeit an Bohrkernen oder herausgesägten Würfeln (gem. DIN 52 105) ermittelt werden. Im Betonstraßenbau müssen die Zuschläge für den Oberbeton eine Druckfestigkeit von mindestens 150 N/mm², für den Unterbeton von mindestens 80 N/mm² haben.

Allgemein gilt: Mergelige, tonige, mürbe oder angewitterte Gesteine sind ungeeignet, desgl. Zuschläge mit schiefrigem, rissigem oder absandendem Korn, Kreide- und Flintgehalt. Die Körner sollen beim Benetzen das Wasser nicht rasch aufsaugen.

Durchschnittswerte für verschiedene Eigenschaften natürlicher, als Zuschläge verwendeter Gesteine sind in Tafel 5.1 angegeben (siehe auch DIN 52 100).

5.3 Ermittlung von Kornrohdichte und Schüttdichte (nach DIN 4226 Teil 3)

5.3.1 Rohdichte

a) für Zuschläge mit d i c h t e m Gefüge

Die Kornrohdichte wird benötigt für die Berechnung der Betonzusammensetzung

(siehe Stoffraumrechnung, Abschnitt 6.5.2). Bestimmung durch Wasserverdrängung. Für den Versuch entnimmt man einer größeren, bei (110 ± 5) °C getrockneten, dann abgekühlten Durchschnittsprobe etwa 1000 g (Gewicht G), auf 1 g genau gewogen. Probe mind. 30 Min. unter Wasser lagern. Oberfläche der Körner durch Abtrocknen mit saugendem Gewebe vom Wasserfilm befreien oder trocknen mit

Warmluftstrahl. Danach die Körner langsam in einen 1000-cm³-Meßzylinder, der zur Hälfte (500 cm³) mit Wasser gefüllt ist, einfüllen. Luftblasen durch Klopfen und Aufstoßen des Zylinders entfernen. Dann Gesamtvolumen V ablesen. Berechnung der Kornrohdichte:

$$\varrho = \frac{G}{V - 500} \quad [\text{g/cm}^3 \text{ bzw. kg/dm}^3]$$

b) für Zuschlag mit p o r i g e m Gefüge

Bestimmung wie vor, aber mit etwa
150 g bei Schüttdichten des Zuschlags bis 0,8 kg/dm³
300 g bei Schüttdichten von 0,8 bis 1,2 kg/dm³
500 g bei Schüttdichten über 1,2 kg/dm³

Damit der porige Zuschlag im Wasser des Meßzylinders kein Wasser aufnehmen kann, muß bei der genauen Prüfung im Laboratorium der Zuschlag nach dem Erkalten, vor dem Einfüllen in den Meßzylinder in einer Schale mit einer wasserabweisenden Flüssigkeit, z. B. Petroleum oder Cyclohexan, besprüht werden. Außerdem muß ein Aufschwimmen des Zuschlags durch Auflegen einer genügend schweren Siebscheibe mit bekanntem Volumen V_s verhindert werden. Berechnung der Kornrohdichte:

$$\varrho = \frac{G}{V - (V_s + 500)} \quad [\text{g/cm}^3 \text{ bzw. kg/dm}^3]$$

Bei der Eigenüberwachung kann auf das Benetzen mit wasserabweisender Flüssigkeit verzichtet werden. Das Gesamtvolumen V muß dann aber sofort nach dem Auflegen der Siebscheibe abgelesen werden. Maßgebend ist jeweils das Mittel aus 3 Bestimmungen. Die Rohdichte kann auch mit dem **Pyknometer** ermittelt werden, bei porigem Leichtzuschlag mit *Paraffinöl* als Prüfflüssigkeit.

5.3.2 Schüttdichte

Die Schüttdichte wird benötigt, wenn Zuschläge nach Raummaß bezogen oder zugeteilt werden sollen; ferner ist sie für die Beurteilung von Leichtzuschlägen (Zuschlägen mit porigem Gefüge) nach DIN 4226 Teil 2 wichtig.

Zur Prüfung benötigt man für die bei (110 ± 5) °C getrockneten Proben mit Korngruppen bis 4 mm Größtkorn ein mind. 1 Liter, bei Korngruppen mit über 4 mm Größtkorn ein mind. 10 Liter fassendes Meßgefäß.

Das Meßgefäß wird mit einer kleinen Schaufel rundum vom Gefäßrand aus lose gehäuft gefüllt, vorsichtig abgestrichen (Lineal), ohne den Inhalt zu verdichten, dann genau gewogen (Gefäßinhalt G, Gefäßvolumen V) und ergibt als

Schüttdichte = $\frac{G}{V}$ [kg/dm³]. Maßgebend ist das Mittel aus 3 Prüfungen.

5.4 Schädliche Bestandteile

Als schädliche Bestandteile des Zuschlages gelten Stoffe, die das Erstarren des Betons stören, die Festigkeit oder die Dichtheit des Betons herabsetzen, zu Absprengungen oder Verfärbungen führen oder den Korrosionsschutz der Bewehrung beeinträchtigen. Schädlich können je nach Menge und Verteilung u. a. wirken: abschlämmbare Bestandteile (Lehm, Ton, sehr feiner Gesteinsstaub), Stoffe organischen Ursprungs (z. B. humose Stoffe), nicht raumbeständige, erweichende, quellende, treibende Bestandteile (z. B. Braunkohle), bestimmte lösliche Salze, Schwefelverbindungen, alkalilösliche Kieselsäure, wasserlösliche Eisenverbindungen, Glimmer, schaumige und glasige Schlackenstücke, Zucker und zuckerhaltige Stoffe.

5.4.1 Abschlämmbare Bestandteile

Ton, Lehm und sehr feiner Gesteinsstaub binden nicht mit Zement bzw. unterbrechen den festen Verbund zwischen Bindemittel und Zuschlag. – Richtwerte für die

214 Zuschläge für Mörtel und Beton

Begrenzung des Gehaltes an abschlämmbaren Bestandteilen ($\varnothing < 0{,}063$ mm) enthält die nachfolgende Tafel 5.2 (nach DIN 4226).

Diese Richtwerte können überschritten werden, wenn die Brauchbarkeit des hieraus hergestellten Betons für die vorgesehene Aufgabe nachgewiesen wird (siehe Eignungsprüfung von Beton, Abschnitt 6.11.3).

Tafel 5.2 Richtwerte für die Begrenzung des Gehaltes abschlämmbarer Bestandteile

Zuschlagsart	Korngruppe/ Lieferkörnung[1] [mm]	Gehalt an abschlämmbaren Bestandteilen in M.-% höchstens
Zuschlag mit dichtem Gefüge	0/1, 0/2, 0/4, 0/5 0/8, 1/2, 1/4, 2/4, 2/5 0/16, 0/32, 2/8, 4/8, 5/8 0/63, 2/16, 4/16, 4/32, 8/11 8/16, 8/32, 16/32, 32/63	4,0 3,0 2,0 1,0 0,5[2]
Zuschlag mit porigem Gefüge (Leichtzuschlag)	0/2, 0/4 0/8, 2/4, 2/8 0/16, 0/25, 4/8, 4/16 8/16, 8/25, 16/25, 16/32	5,0 4,0 3,0 2,0

[1]) Für nicht genannte Korngruppen/Lieferkörnung der TL Min gelten die Werte der Tabelle 2 sinngemäß.
[2]) Bei Zuschlägen aus gebrochenem Material sind Gehalte bis 1,0 M.-% zulässig.

DIN 4226 Teil 1 gilt nach ZTV Beton 78 auch für den Bau von Fahrbahndecken aus Beton.

Für Putz- und Mauermörtel gelten höhere Grenzwerte (s. 7.2.2 und 7.1).

Nach DIN 4226 Teil 3 wird der Gehalt an Abschlämmbarem überschläglich mit Korngruppen bis 4 mm durch den *Absetzversuch* oder genauer durch den *Auswaschversuch* bestimmt.

a) Absetzversuch

500 g mäßig feuchten oder lufttrockenen Zuschlag (bis 4 mm), bei porigen Zuschlägen 250 g getrocknet, mit etwa 3/4 l Wasser in 1000-cm^3-Meßzylinder geben, verschlossen 3mal in 20 Minuten Abstand schütteln und nach 1 Stunde Absetzschicht ablesen in cm^3, wenn Flüssigkeit klar, sonst nach 24 Std. Je Versuch 2 Meßzylinder ansetzen. Nach 1 Std. Absetzzeit errechnet man das Abschlämmbare wie folgt:

$$\frac{\text{abgesetzte Teile in cm}^3 \cdot 0{,}6}{500} \cdot 100 = \ldots [\text{M.-\%}]$$

Bei 24stündiger Absetzzeit ist mit 0,9 statt 0,6 g/cm^3 zu rechnen (höhere Rohdichte durch dichtere Lagerung). Werden die oben angegebenen zulässigen Werte überschritten, ist der Auswaschversuch erforderlich.

b) Auswaschversuch

Dieser wird auch an Körnungen über 4 mm durchgeführt. Dabei wird der Zuschlag auf den Sieben 8 mm, 1 mm und 0,063 mm mit Wasserstrahl ausgewaschen, getrocknet und gewogen. Beschreibung des Versuchs siehe DIN 4226 Teil 3, Abschnitt 3.6.1.2, Prüfgutmenge je Versuch (mind. 2) doppelt so groß wie bei Siebversuch, siehe Tafel 5.10.

Tonig-lehmige Zuschläge führen auch zu Frostschäden und zum Rosten der Bewehrung, weil Ton aufgesogenes Wasser lange festhält. Außerdem schwinden sie stark beim Trocknen.

5.4.2 Organische, humusartige Verunreinigung

Um diese festzustellen, füllt man in einen Meßzylinder von 65 bis 70 mm Durchmesser und etwa 300 cm^3 mit Marken bei 130 und 200 cm^3, mit Gummi- oder Glasstopfen gut verschließbar, Zuschlag bis 8 mm Größtkorn im Einlieferungszustand bis zur Marke 130 cm^3, danach bis zu 200 cm^3 3 %ige Natronlauge NaOH. Nach Durchschütteln (Wiederholung, wenn bald nach dem Abstellen wolkige, dunkle Verfärbung auftritt) bleibt der Zylinder 24 Std. verschlossen stehen. 2 Versuche ansetzen!

Je dunkler die Färbung der überstehenden Flüssigkeit, desto größer der Anteil an Huminstoffen.

Beurteilungsmaßstab:
Bei farblos bis hellgelber Farbe — wahrscheinlich keine wesentlichen Mengen organischer Bestandteile vorhanden.

Bei tiefgelber, bräunlicher oder rötlicher Farbe — Vorsicht! Im Zweifelsfall dann Eignungsprüfung mit je drei Probewürfeln mit dem zu untersuchenden Zuschlag sowie gleich zusammengesetztem Beton mit einwandfreiem Zuschlag zum Vergleich der Würfeldruckfestigkeit durchführen. Im allgemeinen läßt sich dabei schon anhand der 7-Tage-Festigkeiten beurteilen, ob die Verunreinigung bedenklich ist.

Ein weiterer Anhalt ergibt sich, wenn man den Zuschlag einige Stunden in einer Sodalösung stehenläßt und danach filtriert. Scheiden sich dann in dem Filtrat bei Zugabe verdünnter Salzsäure braune Flecken aus, so ist der Humusgehalt nicht unbedenklich. Die Untersuchung kann auch durch Übergießen mit konz. Schwefelsäure erfolgen: Organische Stoffe fehlen, wenn die Säure hell bleibt, andernfalls wird sie dunkel.

Fein verteilte Humusstoffe sind schädlicher als einzelne Humusstücke. — Nie auf der Erde mischen, immer auf sauberer Unterlage (Blechtafel, Bretterboden)!

5.4.3 Quellfähige Bestandteile (Kohle, Holz)

wirken teilweise durch Aufsaugen des Zugabewassers treibend, teils durch schlammigen Zerfall und chemische Reaktion mit dem Zement festigkeitsmindernd. Dies gilt weniger für Steinkohle als für Braunkohle, deren chemische Umwandlung noch nicht beendet ist. Größere Einzelteile sind weniger gefährlich als Durchsetzung in feiner Verteilung.

Der Anteil an quellfähigen Stoffen kann ermittelt werden, indem man eine bei (110 ± 5) °C getrocknete Durchschnittsprobe in eine schwere Lösung, z. B. von Zinkchlorid $ZnCl_2$ ($\varrho \approx 2{,}0$), langsam unter Umrühren eingibt. Die schwebenden und schwimmenden Teile werden abgefischt, gewaschen und nach dem Trocknen gewogen. Sie dürfen bei Körnungen mit einem Größtkorn von 4 mm 0,5 M.-%, bei gröberen Körnungen 0,1 M.-% nicht überschreiten. — Meist können quellfähige Stoffe schon durch Auslesen erfaßt werden.

5.4.4 Als schädliche Salze können auftreten:

Chloride, z. B. $MgCl_2$ in Seesand aus dem Flutgebiet (auf der Düne meist durch Regen ausgewaschen). Sie fördern als Elektrolytbildner die elektrochemische Korrosion, gehören deshalb zu den stahlangreifenden Stoffen. Bei Zuschlag für Spannbeton, dessen Spannglieder nicht in Hüllrohren liegen, darf der Cl-Gehalt max. 0,02 Masse-% betragen, sonst sind wie für Stahlbeton max. 0,04 Masse-% zulässig. Prüfung auf Chloridgehalt im chemischen Labor durch Ausfällen mit Silbernitrat gem. DIN 1164 Teil 3 (Zement) oder potentiometrisch nach DIN 4226 T 3, Abschnitt 3.6.4.4.

Sulfate, z. B. Gips oder Anhydrit (siehe Abschnitt 4.6.1c). Etwaiger Sulfatgehalt darf 1 Masse-% (berechnet als SO_3) nicht übersteigen. Schwerspat (Bariumsulfat) als Zuschlag ist unschädlich (völlig unlöslich, daher nicht reagierend). – Bestimmung mit Bariumchlorid nach DIN 1164 T 3.

Sulfide, besonders Schwefelkies FeS_2. Bei Zutritt von Luft und Wasser gehen sie unter Abspaltung von Schwefelsäure in Sulfate über und schädigen dann doppelt. Das Kalziumsulfid CaS der Hochofenschlacke gilt i. allg. als unschädlich.

5.4.5 Bei Kesselschlacke (Verbrennungsschlacke)

Als Zuschlag für (Leicht-)Beton mit Vorsicht verwenden, da sie meist Schwefelverbindungen enthält, die Ausblühungen, Treiben, Abfallen des Putzes und Schäden an Anstrich und Tapeten bewirken. Die Untersuchung kann sich beschränken auf *Sulfide* (< 0,2 Masse-%) und *Sulfate* (< 1 Masse-%, bezogen auf SO_3). Häufig enthalten Schlacken auch Stückchen von *gebranntem Kalk*, der bei Aufnahme von Feuchtigkeit löscht und dann treibt.

Kohle, besonders Braunkohle, enthält 2% und mehr Schwefelkies FeS_2. Dieser wird bei der Verbrennung aufgespalten. Dabei entweicht der Schwefel als SO_2, und zwar um so mehr, je vollkommener die Verbrennung erfolgt. Schmelzschlacken enthalten daher in der Regel keine schädlichen Schwefelbestandteile mehr. (Soweit noch Schwefel vorhanden, ist er an den Schmelzmittelkalk gebunden und daher nicht mehr reaktionsfähig.)

Da die schädlichen Schwefelbestandteile sich bei Verbrennungsschlacken hauptsächlich im Feinen anfinden, ist dieses durch Aussieben aus der Rohschlacke abzuscheiden. Für die Betonbereitung ist nur die Grobschlacke durch Brechen und Sieben aufzubereiten.

Schädliche lösliche Stoffe sowie Kalktreiben können beseitigt werden, wenn die Schlacke gewaschen oder längere Zeit dem Regen ausgesetzt, von Zeit zu Zeit begossen und öfter gewendet wird. *Niemals frische Schlacke verwenden!*

Da Kesselschlacke infolge ihres Salz- bzw. Säuregehaltes Stahl angreift, nicht als Zuschlag für bewehrten Beton!

5.4.6 Bei Hochofenschlacke (Schmelzschlacke)

Sie ist frei von schädlichen Sulfiden, daher als Zuschlag für Stahlbeton gut geeignet, allerdings nur die sog. „saure" Schlacke, weil „basische" Schlacke an der Luft zerfallen kann.

DIN 4226 fordert von gebrochener Hochofenschlacke ein gleichbleibend dichtes, kristallines Gefüge (möglichst ohne schaumige oder glasige Stücke) sowie eine an der Kornklasse 16/32 ermittelte Schüttdichte von mind. 0,9 kg/dm^3. Außerdem muß die Raumbeständigkeit durch Prüfung auf Kalkzerfall und Eisenzerfall geprüft werden.

Der Kalkzerfall beruht auf der Kristallumwandlung des β-Dicalciumsilicates in die γ-Form. Erkennbar an frischen Bruchflächen im ultravioletten Licht durch hell leuchtende, bronze- und zimtfarbige Punkte oder Flecke auf violettem Untergrund.

Bei Schlackenstücken, die 2 Tage unter Wasser gelagert werden und dabei zerfallen oder rissig werden, liegt Eisenzerfall vor (Umwandlung von eisenhaltigen Verbindungen). – Zerfallschlacken sind heute selten.

5.4.7 Bei Trümmersplitt

Er darf aus Mörtelresten nicht mehr als 1 Masse-% Gips (einschl. etwaiger Schwefelverbindungen aus Schlackenauffüllungen usw.), bezogen auf SO_3, enthalten; siehe „Ziegelsplittbeton", Abschnitt 6.21.2).

5.4.8 Zuschläge und Alkalireaktionen

Anwendungsbereiche der Richtlinie Alkalireaktion im Beton

Alkalilösliche Kieselsäure kann unter ungünstigen Umständen im Beton mit dem Alkali des Zements reagieren und zu einer Volumendehnung (Alkalitreiben) und zu Rissen im Beton führen. Besonders alkaliempfindliche Bestandteile im Zuschlag sind Opalsandstein und poröser Flint, wie sie in bestimmten Gegenden Norddeutschlands (Schleswig-Holstein, Hamburg, nördliches Niedersachsen) vorkommen.

Schädliche Alkalireaktionen in Betonbauwerk sind voraussichtlich aber nur möglich, wenn mehrere Einflüsse zusammenkommen:

a) Zuschlag mit Opalsandstein- oder porösem Flintgehalt größer als 0,5 Masse-%,
b) Zement mit hohem wirksamem Alkaligehalt,
c) ständige oder häufige Durchfeuchtung des Betons, bzw. wenn einmal durchfeuchteter Beton nicht genügend austrocknen kann (z. B. massige Bauteile).

Zuschlag, dessen Anteil an Opalsandstein in *keiner* Korngruppe nennenswert größer als 1 Masse-% ist, kann noch als *bedingt* brauchbar angesehen werden. NA-Zemente verwenden! (Siehe Abschnitt 4.6.5a, 3.)

Nach der „Richtlinie Alkalireaktion im Beton" vom Deutschen Ausschuß für Stahlbeton wird die Alkaliempfindlichkeit von Betonzuschlag beurteilt wie in Tafel 5.3 angegeben:

Tafel 5.3 Beurteilung der Alkaliempfindlichkeit von Zuschlag

Bestandteile im Zuschlag[1])	Grenzwerte in Masse-% für die Alkaliempfindlichkeitsklassen		
	E I unbedenklich	E II bedingt brauchbar	E III bedenklich
Opalsandstein (über 1 mm)	$\leq$ 0,5	$\leq$ 2,0	> 2,0
reaktionsfähiger Flint (über 4 mm)	$\leq$ 3,0	$\leq$ 10,0	> 10,0
5mal Opalsandstein + reaktionsfähiger Flint	$\leq$ 4,0	$\leq$ 15,0	> 15,0

[1]) Ermittlung der Bestandteile gemäß o. g. Richtlinie:

Korngruppe 1 bis 4 mm: aus Gewichtsverlust bei Behandlung mit heißer 4 %iger Natronlauge

Korngruppen größer als 4 mm: durch petrographische Untersuchung, Rohdichtebestimmung bei Flint und aus Gewichtsverlust bei Opalsandstein und fraglichen Bestandteilen bei Behandlung mit heißer 10 %iger Natronlauge.

Die Körnung kleiner als 1 mm wird nicht geprüft.

Genaue Prüfanweisung siehe Teil 3 der o. g. Richtlinie.

Der reaktionsfähige Alkaligehalt darf bei Verwendung von Zuschlägen der Klassen E II und E III für Beton durch Betonzusatzstoffe und Betonzusatzmittel (siehe Abschnitt 6.4) nicht nennenswert vergrößert werden; gegebenenfalls sind entsprechende Angaben in den Prüfbescheiden dieser Betonzusätze zu beachten.

Um schädliche Wirkungen durch Alkalireaktion (Abplatzungen, Rißbildungen, Zertreiben) zu vermeiden, sind in Abhängigkeit von Feuchtigkeitseinflüssen die in Tafel 5.4 angegebenen Maßnahmen erforderlich.

5.4.9 Erhöhte und verminderte Anforderungen

Tafel 5.4 Vorbeugende Maßnahmen gegen schädigende Alkalireaktion im Beton

Alkaliempfindlichkeits-klasse des Zuschlags	Erforderliche Maßnahmen für die Feuchtigkeitsklassen		
	WO[1]) trocken	WF[2]) feucht	WA[3]) feucht + Alkali-zufuhr von außen
E I	keine	keine	keine
E II	keine	keine[4])	NA-Zement
E III	keine	NA-Zement	Austausch des Zuschlags

[1]) Zum Beispiel Innenbauteile, vor Feuchtigkeit geschützte Außenbauteile.
[2]) Zum Beispiel Außenbauteile, die Niederschlägen, Oberflächenwasser oder Bodenfeuchtigkeit ausgesetzt sind; Bauteile mit Kondens- oder Tauwasserbeaufschlagung.
[3]) Zum Beispiel Bauteile mit Meerwasser- oder Tausalzeinwirkung.
[4]) Bei Beton der Festigkeitsklasse oberhalb B 25: „NA-Zement".

NA-Zement siehe Abschnitt 4.6.5a, 3.

5.4.9 Erhöhte und verminderte Anforderungen

Abweichend von den hier unter den Abschnitten 5.2 und 5.4 sowie bei Abschnitt 5.7.1 genannten *Regelanforderungen* können für bestimmte Eigenschaften des Zuschlags *erhöhte Anforderungen* vereinbart werden, wenn dies für die Verwendung erforderlich ist. – Andererseits darf auch Zuschlag, der hinsichtlich bestimmter Eigenschaften die Regelanforderungen nicht erfüllt, verwendet werden, wenn durch Eignungsprüfung nachgewiesen wird, daß der Zuschlag auch mit *verminderten Anforderungen* dem Verwendungszweck genügt.

Eine Zusammenstellung von Anforderungen an den Zuschlag enthält Tafel 5.5.

5.5 Kornzusammensetzung

5.5.1 **Korngruppen und Bezeichnung** des Zuschlags

Als *Korngruppe* oder *Lieferkörnung* wird Zuschlag mit Korngrößen zwischen 2 Prüfsieben (einschl. Unter- und Überkorn) bezeichnet, als *Kornklasse* Zuschlag mit Korngrößen zwischen zwei benachbarten Prüfsieben. Über die üblicherweise auf Baustellen verwendeten Korngruppen siehe Abschnitt 5.6.

Ein Gemenge von Sand und Kies (bzw. Splitt) wird als Kiessand (bzw. Splitt-Sand-Gemisch) bezeichnet.

Bei Zuschlägen mit porigem Gefüge kann bis zu einem Größtkorn von 4 mm auch *Leichtzuschlagsand* mit dem Zusatz „gebrochen" oder „ungebrochen" gesagt werden.

Werkgemischter Betonzuschlag ist durch Größtkorn 32 mm (Prüfsieb 31,5 mm) begrenzt.

Die Siebung erfolgt bis 2 mm durch Maschensiebe (DIN 4188 Teil 1), ab 4 mm durch Quadratlochsiebe (DIN 4187 Teil 2) mit Prüfsieben nach ISO-Siebsatz-Reihe R10,

Tafel 5.5 Anforderungen an den Zuschlag

verminderte Anforderungen v	Regelanforderungen	erhöhte Anforderungen e
–	**Kornzusammensetzung** nach Tafel 5.8	–
vK flache oder längliche Körner mehr als 50 %	**Kornform K** flache oder längliche Körner weniger als 50 %	**eK** (gebrochenes Korn) flache oder längliche Körner weniger als 20 %
vD Naturstein $\beta_D < 100$ N/mm²	**Druckfestigkeit D** Naturstein $\beta_D \geq 100$ N/mm²	–
vF kein Frostwiderstand kein Nachweis	**F** Widerstand gegen Frost bei mäßiger Durchfeuchtung des Betons Absplitterungen $\leq 4{,}0$ Masse-% Prüfung siehe Abschnitt 5.7.1b Einfrieren an der Luft	**eF** bei starker Durchfeuchtung Einfrieren unter Wasser Absplitterungen $\leq 4{,}0$ Masse-% **eFT** bei starker Durchfeuchtung und besonderen Anwendungsgebieten (z. B. Tausalz-Einwirkung) Einfrieren unter Wasser Absplitterungen $\leq 2{,}0$ Masse-% Prüfung siehe Abschnitt 5.7.1 a
vA Werte > als in Tafel 5.2	**A** abschlämmbare Bestandteile nach Tafel 5.2	–
vO Natronlauge rötlich bis schwarz	**O** fein verteilte Stoffe organischen Ursprungs Natronlauge farblos bis gelb	–
–	**Q** quellfähige Bestandteile 0,5 Masse-% bis 4 mm Größtkorn 0,1 Masse-% über 4 mm Größtkorn	**eQ** Grenzwert vereinbaren
–	erhärtungsstörende Stoffe betontechnologische Vergleichsprüfung, Festigkeitsverlust ≤ 15 %	–
vS Beurteilung durch ein fachkundiges Institut	**S** Schwefelverbindungen Sulfatgehalt (SO$_3$) < 1 Masse-%	–
vCl Stahlbeton und Spannbeton mit nachträglichem Verbund: Korngemisch Cl $\leq 0{,}04$ Masse-%	**Cl** stahlangreifende Stoffe (Chloride) Stahlbeton und Spannbeton mit nachträglichem Verbund jede Korngruppe Cl $\leq 0{,}04$ Masse-%	**eCl** Spannbeton mit sofortigem Verbund und Einpreßmörtel: jede Korngruppe Cl $\leq 0{,}02$ Masse-%
–	alkalilösliche Kieselsäure (nach Alkali-Richtlinie)	–

5.5.1 Korngruppen und Bezeichnung

Tafel 5.6 Korngruppen und Bezeichnung des Zuschlags

Zuschlag mit		Zusätzliche Bezeichnung für	
Kleinstkorn [mm]	Größtkorn [mm]	ungebrochenen Zuschlag	gebrochenen Zuschlag
–	0,25	Feinst- ⎫	Feinst- ⎫
–	1	Fein- ⎬ Sand	Fein- ⎬ Brechsand
1	4	Grob- ⎭	Grob- ⎭
4	32	Kies	Splitt
32	63	Grobkies	Schotter

ständige Teilung ab 1000 oder Verdoppelung ab 0,125 : 0,125 – 0,25 – 0,5 – 1 – 2 – 4 – 8 – 16 – 32 – 63 (– 125 – 250 – 500 – 1000) mm, wobei für Größe 32 mm das Sieb 31,5 mm verwendet wird.

Für *Leichtzuschläge* nach DIN 4226 Teil 2 bildet ein zwischengeschaltetes Prüfsieb 25 mm die obere Begrenzung.

Für die Zusammensetzung der Korngruppen und Zugschlaggemische sowie den zulässigen Anteil an Unter- und Überkorn gelten Tafeln 5.8 und 5.9.

Für gebrochenes Korn können nach DIN 4226 auch Zuschläge mit den Korngruppen der TL Min-StB 83 der Forschungsgesellschaft für das Straßen- und Verkehrswesen verwendet werden, siehe Tafeln 5.7 und 5.10.

Die *Korngrößenzusammensetzung* beeinflußt in hohem Grad die Güte des Betons.

Um möglichst geringen Bindemittelverbrauch, möglichste Dichte (zugleich chemische Widerstandskraft) und Festigkeit eines Mörtels oder Betons zu erzielen, soll der Zuschlag wenig Hohlräume enthalten. Ein guter Zuschlag muß *gemischtkörnig* sein. Das Verhältnis der Korngrößen zueinander ist dann am günstigsten, wenn die kleineren Korngrößen in solcher Menge vorhanden sind, daß sie die Hohlräume zwischen den jeweils größeren Korngrößen gerade ausfüllen (wenig Hohlräume, viel Masse!).

Für *wärmedämmende* Betonteile, die nicht tragen, ist ein poröser Beton erwünscht. Dieser kann außer durch Treibmittel (Gasbeton usw.) oder poröse Zuschläge auch bis zu gewissem Grad als *„Einkornbeton"* erzielt werden; siehe Abschnitte 6.21.1 und 6.21.2.

Tafel 5.7 Zulässige Anteile an Unter- und Überkorn für Brechsand-Splitt-Gemische, Splitt und Schotter

Benennung und Bezeichnung der Lieferkörnungen		Prüfkorngrößen [mm]		Zulässige Höchstwerte für	
				Unterkorn[1] [Masse-%]	Überkorn[2] [Masse-%]
1		2		3	4
Brechsand-Splitt-Gemisch	0/5	–	5	–	20 bis 8 mm
Splitt	5/11	5	11,2	20	10 bis 22,4 mm
Splitt	11/22	11,2	22,4	20	10 bis 31,5 mm
Splitt	22/32	22,4	31,5	20	10 bis 45 mm
Schotter	32/45	31,5	45	20	10 bis 56 mm
Schotter	45/56	45	56	20	10 bis 63 mm

[1]) Davon höchstens 3 % < 0,25 mm.
[2]) mm-Angabe = zulässiger Überkorndurchmesser.

222 Zuschläge für Mörtel und Beton

Tafel 5.8 Zulässige Anteile an Unter- und Überkorn für Zuschlag mit dichtem Gefüge

		1	2	3	4	5	6	7	8	9	10	11
	Korn-gruppe/ Liefer-körnung [mm]	\multicolumn{11}{c}{Durchgang in Masse-% durch das Prüfsieb}										
		nach DIN 4188 Teil 1					nach DIN 4187 Teil 2					
		0,125	0,25	0,5	1	2	4	8	16	31,5	63	90
1	0/1	[1])	[1])	[1])	≥ 85	100						
2	0/2a	[1])	≤25[1])	≤60[1])		≥ 90	100					
3	0/2b	[1])	[1])	≤75[1])		≥ 90	100					
4	0/4a	[1])	[1])	≤60[1])	55 bis 85[2])		≥ 90	100				
5	0/4b	[1])	[1])	≤60[1])			≥ 90	100				
6	0/8	[1])					61 bis 85	≥ 90	100			
7	0/16	[1])					36 bis 74		≥ 90	100		
8	0/32	[1])					23 bis 65			≥ 90	100	
9	0/63	[1])					19 bis 59				≥ 90	100
10	1/2		≤ 5	≤15[4])	≥ 90	100						
11	1/4		≤ 5		≤15[4])		≥ 90	100				
12	2/4		≤ 3		≤15[4])	≥ 90	100					
13	2/8		≤ 3		≤15[4])	10 bis 65[3])	≥ 90	100				
14	2/16		≤ 3		≤15[4])		25 bis 65[3])	≥ 90	100			
15	4/8		≤ 3			≤15[4])	≥ 90	100				
16	4/16		≤ 3			≤15[4])	25 bis 65[3])	≥ 90	100			
17	4/32		≤ 3			≤15[4])	15 bis 55[3])		≥ 90	100		
18	8/16		≤ 3				≤15[4])	≥ 90	100			
19	8/32		≤ 3				≤15[4])	30 bis 60	≥ 90	100	–	
20	16/32		≤ 3					≤15[4])	≥ 90	100		
21	32/63		≤ 3						≤15[4])	≥ 90	100	

[1]) Auf Anfrage hat das Herstellwerk dem Verwender den vom Fremdüberwacher bestimmten bzw. bestätigten Durchgang durch das Sieb 0,125 mm sowie Mittelwert und Streubereich des Durchgangs durch die Siebe 0,25 mm und 0,5 mm bekanntzugeben.

[2]) Der Streubereich eines Herstellwerkes darf 20 Masse-% nicht überschreiten. Die Lage des Streubereiches eines Herstellwerks ist im Einvernehmen mit der fremdüberwachenden Stelle vom Herstellwerk möglichst für einen längeren Zeitraum festzulegen und ins Sortenverzeichnis aufzunehmen. Auf Anfrage hat der Hersteller dem Verbraucher diesen Wert mitzuteilen.

[3]) Der Streubereich eines Herstellwerkes darf 30 Masse-% nicht überschreiten. Die Lage des Streubereiches eines Herstellwerkes ist im Einvernehmen mit der fremdüberwachenden Stelle vom Herstellwerk möglichst für einen längeren Zeitraum festzulegen und ins Sortenverzeichnis aufzunehmen. Auf Anfrage hat der Hersteller dem Verbraucher diesen Wert mitzuteilen.

[4]) Für Brechsand, Splitt und Schotter darf der Anteil an Unterkorn höchstens 20 Masse-% betragen. Unterschiede im Anteil an Unterkorn bei Lieferung eines bestimmten Zuschlags aus einem Herstellwerk müssen jedoch innerhalb eines Streubereichs von 15 Masse-% liegen.

Unterkorn = Anteil im Korngemisch, der feiner ist als die kleinere Nennkorngröße (und deshalb durch das untere kennzeichnende Prüfsieb hindurchfällt).

Überkorn = Anteil im Korngemisch, der gröber ist als die gröbere Nennkorngröße einer Korngruppe (und auf dem oberen kennzeichnenden Prüfsieb liegenbleibt).

5.5.1 Korngruppen und Bezeichnung

Tafel 5.9 Zulässige Anteile an Unter- und Überkorn für Zuschläge mit porigem Gefüge (Leichtzuschlag)

1	2	3	4	5	6	7	8	9	10	11	12
Korngruppe/ Lieferkörnung	Durchgang in Masse-% durch das Prüfsieb										
	nach DIN 4188 Teil 1					nach DIN 4187 Teil 2					
						mm					
	0,125	0,25	0,5	1	2	4	8	16	25	31,5	63
1 0/2	[1]	[1]	[1]	[1]	≥ 90	100					
2 0/4	[1]	[1]	[1]	[1]		≥ 90	100				
3 0/8		[1]	[1]				≥ 90	100			
4 0/16		[1]						≥ 90	100		
5 0/25		[1]							≥ 90	100	
6 2/4		≤ 5			≤ 15[2]	≥ 90	100				
7 2/8		≤ 5			≤ 15[2]		≥ 90	100			
8 4/8		≤ 5				≤ 15[2]	≥ 90	100			
9 4/16		≤ 5				≤ 15[2]		≥ 90	100		
10 8/16		≤ 5					≤ 15[2]	≥ 90	100		
11 8/25		≤ 5					≤ 15[2]		≥ 90	100	
12 16/25		≤ 5						≤ 15[2]	≥ 90	100	
13 16/32		≤ 5						≤ 15[2]		≥ 90	100

[1]) Auf Anfrage hat das Herstellwerk dem Verwender den vom Fremdüberwacher bestimmten bzw. bestätigten Durchgang durch das Sieb 0,125 mm sowie Mittelwert und Streubereich des Durchgangs durch die Siebe 0,25, 05 und 1 mm bekanntzugeben.

[2]) Für Brechsand und Splitt darf der Anteil an Unterkorn höchstens 20 Gew.-% betragen. Unterschiede im Anteil an Unterkorn bei Lieferung eines bestimmten Zuschlags aus einem Herstellwerk müssen jedoch innerhalb eines Streubereiches von 15 Gew.-% liegen.

Tafel 5.10 Zulässige Anteile an Unter- und Überkorn für Füller, Edelbrechsand und Edelsplitt

Benennung und Bezeichnung der Lieferkörnungen	Prüfkorngrößen [mm]		zulässige Höchstwerte	
			Unterkorn [Masse-%]	Überkorn[1] [Masse-%]
1	2		3	4
Füller	0/0,09	–	0,09	–	20 bis 2 mm
Edelbrechsand	0/2	–	2	–	15 bis 5 mm
Edelsplitt	2/5	2	5	10	10 bis 8 mm
Edelsplitt	5/8	5	8	15, jedoch höchstens 5 % < 2 mm	10 bis 11,2 mm
Edelsplitt	8/11	8	11,2	15, jedoch höchstens 5 % < 5 mm	10 bis 16 mm
Edelsplitt	11/16	11,2	16	15, jedoch höchstens 5 % < 8 mm	10 bis 22,4 mm
Edelsplitt	16/22	16	22,4	15, jedoch höchstens 5 % < 11,2 mm	10 bis 31,5 mm

[1]) mm-Angabe = zulässiger Überkorndurchmesser

5.5.2 Prüfen der Kornzusammensetzung durch Sieben

Das Korngrößenverhältnis eines Zuschlaggemisches wird gewichtsmäßig durch Maschinen- oder Handsiebung ermittelt. In Zweifelsfällen ist die Handsiebung maßgebend.

Folgende Probemengen sind mindestens bereitzustellen:

Tafel 5.11 Mindestzuschlagmengen bei der Probenahme

Zuschlaggemische und Korngruppen mit einem Größtkorn bis [mm]	Probemenge bei Zuschlägen mit	
	dichtem Gefüge [kg]	porigem Gefüge [kg]
4	5	3
8	20	10
32	35	15
63	65	–

Da sich die Zuschläge beim Lagern entmischen (das Grobe rollt an den Böschungsfuß), muß darauf geachtet werden, für den Siebversuch eine Durchschnittsprobe zu erhalten. Die jeweilige Entnahme wird auf einer sauberen festen Unterlage gut vermischt und nach DIN 4226 zu einer kreirunden Fläche ausgebreitet. Diese wird durch zwei rechtwinkelig aufeinanderstehende Durchmesser in vier Kreisausschnitte zerlegt, von denen zwei gegenüberliegende sauber (einschl. des Staubfeinen!) zu entfernen sind. Der Rest wird dann abermals gut durchgemischt, wie vor geviertelt usf., bis folgende Mengen verbleiben:

Tafel 5.12 Mindestprüfgutmengen je Siebung

Zuschlaggemische und Korngruppen mit einem Größtkorn bis [mm]	Prüfgutmenge je Siebung bei Zuschlägen mit	
	dichtem Gefüge mind. [g]	porigem Gefüge mind. [g]
4	500	300
8	2 000	1000
16	3 500	2000
32	5 000	2500
63	10 000	–

Das Prüfgut ist vor dem Siebversuch bei etwa 105 °C zu trocknen. Bei anhaftenden abschlämmbaren Bestandteilen oder Klumpen ist die getrocknete Menge 24 Std. im Wasser zu lagern, dann eine Naßsiebung durchzuführen. Die Rückstände dann trocknen und auf die getrocknete Prüfgutmenge beziehen. Maßgebend ist das Mittel aus 2 Siebungen.

Die Siebe werden entsprechend der Reihenfolge ihrer Lochdurchmesser, von unten mit dem kleinsten Durchmesser beginnend, übereinander auf den Auffangkasten gesetzt. Das getrocknete Material füllt man dann in das oberste (gröbste) Sieb ein und beginnt das Sieben in stoßweise rüttelnder Bewegung. Fällt durch das gröbste Sieb nichts mehr hindurch, was durch Nachsieben über einem hellen Bogen Papier nachzuprüfen ist, so kann es abgenommen werden usf. bis zum letzten Sieb. Der Durchfall auf dem Papier ist jeweils auf das nächstfeinere Sieb zu geben.

Ist am Ende der Siebung vom gesamten Siebgut mehr als 1 % verlorengegangen, so ist die Siebung ungültig und muß wiederholt werden.

Die so gefundenen Rückstände über den einzelnen Sieben werden in einer Liste eingetragen, in Masse-% der gesiebten Ausgangsmenge ausgedrückt und daraus die Siebdurchgänge (als Ergänzungen zu 100) in Masse-% errechnet. Ein klares Bild der Kornzusammensetzung ergibt die graphische Darstellung der Siebdurchgänge: die

5.5.2 Prüfen der Kornzusammensetzung durch Sieben

Sieblinie. Die Darstellung erfolgt in einem Diagramm, bei dem auf der Abszisse in logarithmischem Maßstab die Sieböffnung, auf der Ordinate der Siebdurchgang (in unverzerrtem Maßstab) aufgetragen sind.

Die Sieblinie wird dann mit den Grenzsieblinien **A, B** und **C** nach DIN 1045 verglichen. Diese grenzen Bereiche für Kornzusammensetzungen ab, die für Beton günstig – zwischen **A** und **B** – oder brauchbar – zwischen **B** und **C** – sind. Der Bereich unterhalb **A** kennzeichnet Zuschläge, die einen zu grobkornreichen, schwer verarbeitbaren und schwer verdichtbaren Beton ergeben. Der Bereich oberhalb **C** kennzeichnet sehr feine, sandreiche Zuschläge, die zur Verarbeitung und zur Erzielung ausreichender Festigkeiten einen sehr hohen Wasser- und Zementzusatz bedingen und deshalb technologisch (und wirtschaftlich) ungünstig sind. – Die Grenzsieblinien für Korngemische mit Größtkorn 8, 16, 32 und 63 mm sind in den folgenden Bildern dargestellt. Das Größtkorn wird mit den Grenzsieblinien zusammen angegeben. Die jeweils mitdargestellte Grenzsieblinie **U** grenzt den Bereich für Ausfallkörnungen ab. Ausfallkörnungen sind Korngemische, bei denen eine bestimmte, mittlere Korngruppe fehlt – ausfällt –, siehe unten und 5.5.7.

Der Aufstellung von Grenzsieblinien liegen folgende Überlegungen zugrunde:
1. Der Zuschlag soll ein möglichst dichtes, hohlraumarmes Kornhaufwerk ergeben.
2. Die Oberfläche des Korngemisches soll möglichst klein sein.
3. Das Korngemisch soll einen gut verarbeitbaren und gut verdichtbaren Beton ergeben.

Bei günstigem Kornaufbau wird für einen Mörtel oder Beton ein Minimum an Zement und Wasser (Zementleim) zur Verarbeitung und Erzielung einer bestimmten Festigkeit gebraucht. Das hat technologische Vorteile: niedriges Schwinden und Kriechen, niedrige Wärmespannungen (aus der Hydratationswärme).

Für kugelförmigen Zuschlag ergibt sich eine ideale Sieblinie, die der von dem Amerikaner *Fuller* für das trockene Betongemisch (Zuschlag + Zement) aufgestellten Gleichung folgt:

$$A = 100 \sqrt{\frac{d}{D}} \text{ bzw.} = 100 \left(\frac{d}{D}\right)^{0,5}$$

Hierbei bedeuten:
- A Anteil einer Korngruppe von $0/d$ *mm*,
- d beliebiger Korndurchmesser zwischen 0 und D,
- D Durchmesser des Größtkorns.

Die Gleichung stellt eine Parabel dar, die etwa in der Mitte zwischen den Grenzsieblinien A und B verläuft.

Für nicht kugelförmigen Zuschlag verändert sich der Exponent 0,5, er wird kleiner. Für Kiessande aus natürlichen Vorkommen liegt er bei etwa 0,4, für gebrochenes Gestein bei etwa 0,3.

Zuschläge für Mörtel und Beton

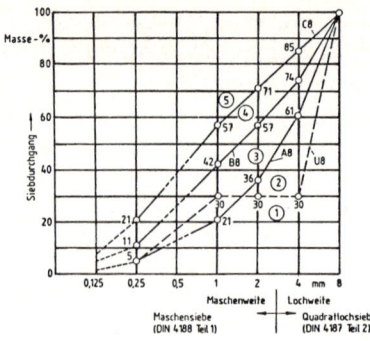

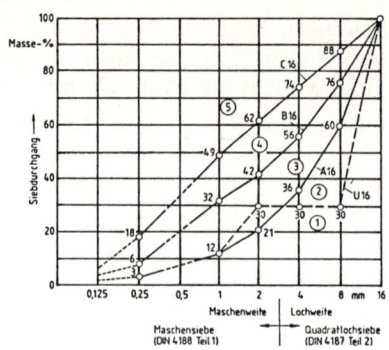

Sieblinien mit einem Größtkorn von 8 mm

Sieblinien mit einem Größtkorn von 16 mm

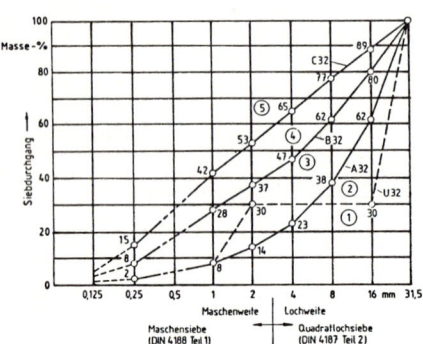

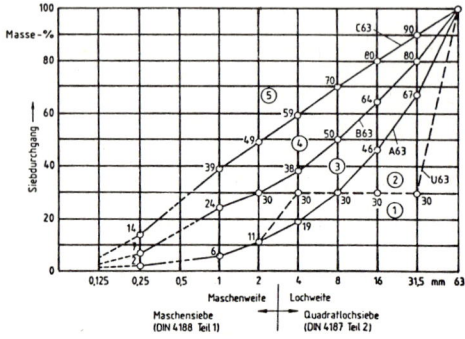

Sieblinien mit einem Größtkorn von 32 mm

Sieblinien mit einem Größtkorn von 63 mm

① zu grob (unterhalb A bzw. unterhalb U)
② günstig für Ausfallkörnung (zwischen U und B)
③ günstig (zwischen A und B)
④ brauchbar (zwischen B und C)
⑤ zu fein (oberhalb C)

Abb. 5.1 Die Sieblinien nach DIN 1045

Bei Zuschlag, der aus Korngruppen mit wesentlich verschiedener Gesteinsrohdichte zusammengesetzt wird, sind die Sieblinien nicht auf Massenanteile des Zuschlaggemisches, sondern auf Stoffraumteile zu beziehen. Diese sind dann die durch die Kornrohdichte geteilten Massenanteile, die an der Ordinatenachse der Sieblinienddarstellung als „Siebdurchgang in Stoffraum-%" statt „Siebdurchgang in Masse-%" anzuschreiben sind.

Sind alle Korngrößen in einem Zuschlaggemisch in bestimmten Mengen vorhanden, so daß fast keine Hohlräume entstehen, spricht man von *stetigem* Kornaufbau. Daneben gibt es den *unstetigen* Kornaufbau, bei dem das Mittelkorn fehlt. Dabei

5.5.2 Prüfen der Kornzusammensetzung durch Sieben

kann ein hohlraumärmeres Korngemisch entstehen, das bei gleichem Wasseranspruch verdichtungswilliger ist. Dabei muß das sog. Schlupfkorn (Füllkorn d) so zwischen das Grobkorn D passen, daß sich die Grobkörner berühren:

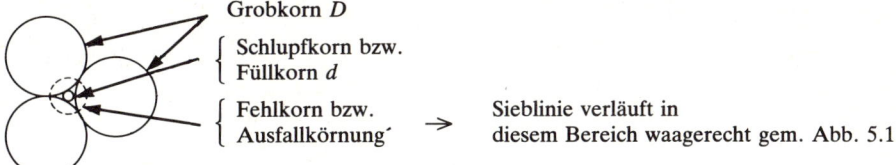

Abb. 5.2 *Schlupfkorn und Fehlkorn bei unstetigem Kornaufbau*

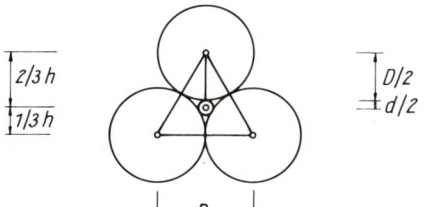

Abb. 5.3 *Durchmesser des Schlupfkorns*

Mittelpunkt des Schlupfkornes liegt in $\frac{2}{3}$ h des gleichseitigen Dreiecks (Seitenlänge D und $h = \frac{D}{2} \cdot \sqrt{3}$), das sich ergibt, wenn die Mittelpunkte der umliegenden Grobkörner miteinander verbunden werden.

Mittelpunkt Schlupfkorn: $\frac{2}{3} \cdot \frac{D}{2} \sqrt{3} = 0{,}57735\ D$

Radius Schlupfkorn: $\frac{d}{2} = 0{,}57735\ D - \frac{D}{2} = 0{,}07735\ D$

Durchmesser Schlupfkorn: $\underline{d = 0{,}1547\ D}$ oder kleiner und bei kugelförmigem Zuschlag.

In der Praxis muß *d* wegen der Abweichung der Zuschläge von der Kugelform und wegen der Umhüllung mit Zementleim stets etwas kleiner sein ($< 0{,}14\ D$).

Nach DIN 1045 können bei unstetigem Kornaufbau folgende Körnungen fehlen (Ausfallkörnungen):

bei U8:   1 bis 4 mm; bei U16:   2 bis 8 mm; bei U32:   2 bis 16 mm;
bei U63:   4 bis 32 mm.

Bei nur einer Körnung (Einkornhaufwerk) entsteht ein Hohlraumgehalt von 35 bis 50 %. Für *Leichtbeton* mit *Haufwerkporigkeit* gem. 6.21.2.

Wird als Betonzuschlag nur gebrochenes Natursteinmaterial verwendet (Splittbeton), ergibt sich für eine optimale Kornzusammensetzung im allgemeinen ein etwas anderer Kornaufbau als für Kiessandbetone. Günstig verhalten sich Zuschläge, die im Sandbereich nahe der Sieblinie B und im Splittbereich nahe der Sieblinie A liegen. Auch Ausfallkörnungen, bei denen die Körnung 2 bis 5 mm fehlt, verhalten sich günstig. Die Sieblinien des Zuschlags von zwei Splittbetonen mit Porphyrit-Splitt, deren Kornzusammensetzung gut verarbeitbare und seit langem bewährte Betone ergibt, sind in Abb. 5.4 dargestellt [nach 5/5].

Zuschläge für Mörtel und Beton

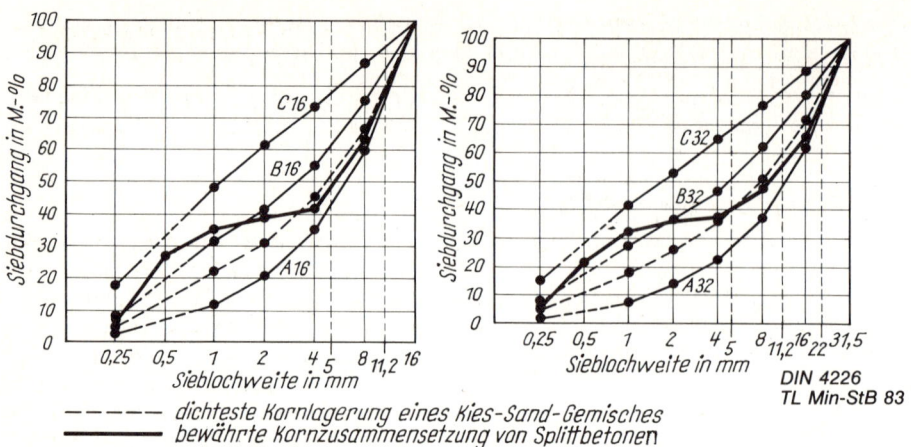

----- dichteste Kornlagerung eines Kies-Sand-Gemisches
——— bewährte Kornzusammensetzung von Splittbetonen

Abb. 5.4   Kornzusammensetzung für 2 Splittbetone

5.5.3 Die Kornbeschaffenheit

ist für Mörtel- und Betoneigenschaften von Bedeutung. Die *Form* der Zuschlagkörner soll möglichst gedrungen (kugelig, würfelig) sein, da solche Körner höhere Druck- und vor allem Zugfestigkeiten des Betons ergeben als flache oder längliche. Ein Korn gilt als ungünstig, wenn sein Verhältnis Länge zu Dicke (nicht Breite) größer als 3 : 1 ist.

Ergeben gebrochene Gesteine ein langsplittriges Brechgut, so ist durch zweimaliges Brechen eine geeignete, gedrungene Kornform zu schaffen (doppelt gebrochener Splitt).

Der Anteil ungünstig geformter Körner soll im Zuschlag über 8 mm (bei Splitt über 5 mm) $\leq$ 50 Masse-% betragen, bei Edelsplitt $\leq$ 20 Masse-%. Im Zweifelsfall ist der Anteil nach DIN 52114 – Bestimmung der Kornform bei Schüttgütern mit der Kornform-Schieblehre (s. Abb. 5.5) – oder durch andere geeignete Verfahren festzustellen. Dazu wird eine Probe so oft unterteilt, bis etwa 250 bis 300 Körner übrigbleiben. Von diesem Rest werden die Körner unter 8 mm – bei Splitt unter 5 mm – abgesiebt. Die verbleibenden Körner werden für die Messung verwendet.

Durch die nebenstehend dargestellte Bauart ist die Länge *l* für jede Einstellung gleich der 3fachen Dicke *d*.

Der schräge Meßschlitz stellt sich stets auf $d = \frac{1}{3}$ ein.

Geht das mit *l* gemessene Korn durch *d* hindurch, ist es „ungünstig geformt".

$\frac{d}{b} < 0,5$ wird als „flach" bezeichnet.

l Länge
b Breite
d Dicke

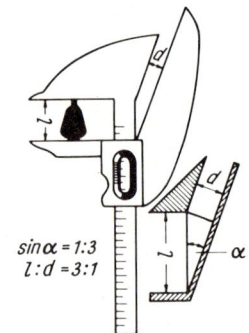

Abb. 5.5   Kornform-Schieblehre

Daneben spielt die *Oberflächenbeschaffenheit* eine Rolle, da eine mäßig rauhe Oberfläche im Zementstein besser haftet als eine glatte.

Die Kornfestigkeit beeinflußt die Betondruckfestigkeit praktisch nur bei Leichtbeton, bei (Normal-)Beton ist im wesentlichen die Zementsteinfestigkeit maßgebend.

5.5.4 Verarbeitung und Verwendungszweck

beeinflussen u. U. den Körnungsaufbau. – Pumpbeton z. B. erfordert eine ausreichende Menge Feinstsand unter 0,25 mm. Dieser soll zusammen mit dem Zement einen Schmierfilm an der Rohrwandung bilden und eine Wasserabsonderung des Betons verhindern. Rundes Korn läßt sich besser pumpen als plattiges oder gebrochenes Material. Ähnliche Anforderungen an den Kornaufbau gelten für wasserundurchlässigen Beton und Sichtbeton. Bei zementreichen Mischungen kann der Feinstkornanteil niedriger sein, da der Zement einen Teil des notwendigen Anteils an Feinem ersetzt. Für die genannten Verwendungszwecke ist ferner ein ausreichender Sandanteil erforderlich (Anteil der Korngruppe 0/2 am Gemisch 0/32 etwa 33 bis 35 %). Ein Korngemisch, dessen Sieblinie zwischen A und B, dabei aber nahe B liegt, ist für die genannten Betone günstig.

Das *Größtkorn* ist so zu wählen, wie Mischen, Fördern, Einbringen und Verarbeiten des Betons dies zulassen; seine *Nenngröße* darf 1/3 der kleinsten Bauteilabmessung nicht überschreiten. Bei engliegender Bewehrung oder geringer Betondeckung soll der überwiegende Teil des Zuschlags kleiner als diese Abstände sein.

5.5.5 Kennwerte für Körnungen

Kennwerte beschreiben eine Körnung durch eine Zahl, die eine technologische Beurteilung der Kornzusammensetzung zuläßt. Solche Kennwerte sind:
a) die Sieblinienkennwerte: 1 Durchgangs-%-Summe oder „*D*-Wert",
2 „*Körnungsziffer*" k*), k-Wert und
3 „*Feinheitsziffer*" oder der „*F*-Wert" nach *Hummel* bzw. Feinheitsmodul nach *Abrams*
b) die spezifische Oberfläche
c) die Wasseranspruchszahlen *) Siehe Anmerkung S. 230

Kornzusammensetzungen mit gleichen Kennwerten sind dann betontechnologisch gleichwertig, wenn die Abweichungen der einzelnen Siebdurchgänge höchstens ± 5 %, im Feinstsandbereich (≤ 0,25 mm) höchstens ± 3 % betragen.

a) Sieblinienkennwerte

1. *D*-Wert

Der *D*-Wert ist die **Summe der Durchgänge** in Masse-% durch die einzelnen Siebe des Siebsatzes, wobei das Sieb mit 0,125 mm Maschenweite weggelassen wird. Zum Beispiel *D*-Wert für die Sieblinie B 63 – Durchgangswerte s. Abb. 5.1 –:
$D_{B63} = 7 + 16 + 24 + 30 + 38 + 50 + 64 + 80 + 100 = 409$

Der *D*-Wert wird zuweilen auch *Q*-Wert (Quersummenzahl) genannt. Diese Bezeichnung ist unzweckmäßig, da auch der k-Wert eine Quersumme (der Rückstände) darstellt.

2. k-Wert*)

Der k-Wert ist die **Summe aller Rückstände** in Masse-% auf den einzelnen Sieben des Siebsatzes, wobei das Sieb mit 0,125 mm Maschenweite weggelassen wird, geteilt durch 100. Zum Beispiel k-Wert für die Sieblinie B 32:

$k = (92 + 82 + 72 + 63 + 53 + 38 + 20 + 0) : 100 = 4,20$

Da Rückstand + Durchgang für jedes einzelne Sieb = 100 % ergeben, besteht zwischen k- und D-Wert die Beziehung:

$$k\text{-Wert} = \frac{\text{Anzahl der Siebe} \cdot 100 - D}{100}$$

3. F-Wert

Der F-Wert kennzeichnet die Größe der Rückstandsfläche bei der Siebliniendarstellung.

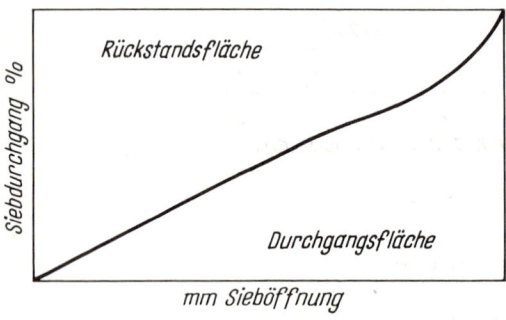

Abb. 5.6
Durchgangs- und Rückstandsfläche einer Sieblinie

Der F-Wert geht auf *Abrams* zurück. Er erkannte, daß bei halblogarithmischer Sieblinien-Darstellung (Abszisse mit Sieböffnung in log. Maßstab) Korngemische mit gleichen Rückstandsflächen im Beton gleiche Festigkeiten ergeben, wenn die Konsistenz gleichbleibt.

Der F-Wert kann halbgraphisch oder rechnerisch ermittelt werden

Halbgraphisch

Die Sieblinie wird in einem Koordinatensystem aufgetragen, auf deren x-Achse die Sieböffnungen d (mm) im logarithmischen Maßstab (log 0,1 bis 1,0 = 10 cm) aufgetragen sind. Der F-Wert ergibt sich dann als Summe der Mittellinien 1 cm breiter senkrechter Streifen der Fläche über der Sieblinie (siehe Darstellung mit Sieblinie B 32).

---

*) Es wird beabsichtigt, den k-Wert mit $\varkappa$ (Kappa) zu bezeichnen, doch liegt eine Entscheidung hierüber bei Drucklegung noch nicht vor. Deshalb wird hier und im folgenden noch die vertraute Schreibweise mit k beibehalten.

5.5.5 Kennwerte für Körnungen

Rechnerisch

Den F-Wert errechnet man nach der Formel

$F = 100 \cdot \log 10 \, d \qquad d$ Korndurchmesser

Für eine Korngruppe mit der oberen Prüfkorngröße d_o und der unteren Prüfkorngröße d_u gilt die Formel:

$$F = \frac{1}{2} \cdot 100 \, (\log 10 \, d_o + \log 10 \, d_u)$$

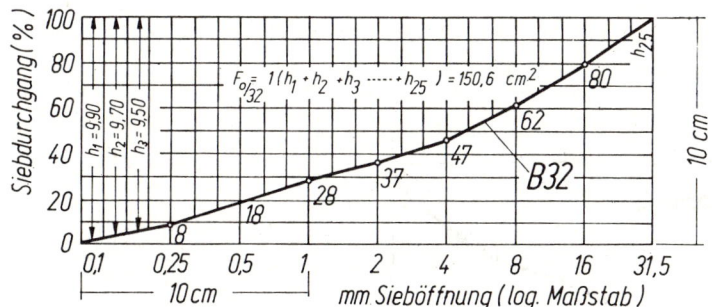

Abb. 5.7 *Halbgraphische Ermittlung des F-Wertes*

Zum Beispiel errechnet man den F-Wert der Korngruppe 1/2 zu:

$$F_{1/2} = \frac{1}{2} \cdot 100 \, (\log 10 \cdot 2 + \log 10 \cdot 1) = \frac{1}{2} \cdot 100 \, (1{,}3 + 1) = 115 \text{ cm}^2$$

Auf diese Weise ergeben sich für alle Korngruppen für den F-Wert Festwerte. Für ein Korngemisch kann der F-Wert aus den Anteilen der jeweiligen Korngruppen multipliziert mit den errechneten festen F-Werten der Korngruppen ermittelt werden. Für die Sieblinie B 32 ergibt sich z. B.:

Korngruppe [mm]	[Masse-%]	F-Wert der Korngruppe [cm²]	F-Wert-Anteil in cm²
31,5/63	–	265	
16/31,5	20	235	0,20 · 235 = 47,00
8/16	18	205	0,18 · 205 = 36,90
4/8	15	175	0,15 · 175 = 26,25
2/4	10	145	0,10 · 145 = 14,50
1/2	9	115	0,09 · 115 = 10,35
0,50/1	10	85	0,10 · 85 = 8,50
0,25/0,50	10	55	0,10 · 55 = 5,50
0,1/0,25	8	20	0,08 · 20 = 1,60
Summen:	100 %		F 0/32 = 150,60 cm²

Zuschläge für Mörtel und Beton

Rechnerisch aus den Rückstandswerten

Der F-Wert kann auch aus den Rückstandswerten und somit auch aus dem k-Wert berechnet werden. Der Zusammenhang ist ersichtlich, wenn man das halbgraphische Verfahren zur F-Wert-Ermittlung gemäß Abb. 5.7 mit der Darstellung in Abb. 5.8 vergleicht.

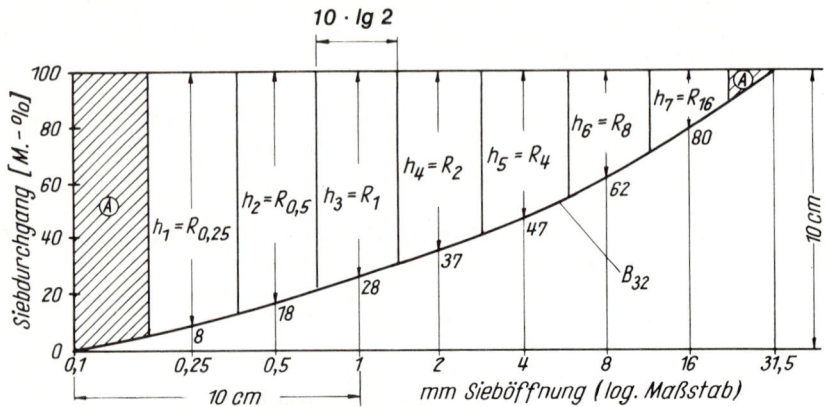

Abb. 5.8 Ermittlung des F-Wertes aus den Rückstandswerten

Gemäß Abb. 5.8 ergibt sich die Rückstandsfläche F (F-Wert) aus der Summe der Teilflächen

$\dfrac{R_n}{10} \cdot (10 \cdot \lg 2)$ zuzüglich eines Additionswertes A

Hierbei sind:

R_n Rückstand in Masse-% auf dem Sieb n
(mittlere Höhe einer Teilfläche)

$\dfrac{1}{10}$ Divisor ergibt sich aus Maßstab (100 % $\triangleq$ 10 cm)

$10 \cdot \lg 2$ Breite der Teilflächen bei Darstellung im Maßstab gemäß Abb. 5.7. Die Breite entspricht dem Abstand der Sieböffnungen auf der Abszisse: 3,0103 cm.

A Additionswert, der sich aus der von den Teilflächen
$\left(\dfrac{R_n}{10} \cdot 10 \cdot \lg 2\right)$ nicht erfaßten Restfläche (in Abb. 5.8 schraffiert) ergibt.

Der Wert A ändert sich mit der Lage der Sieblinie geringfügig und liegt bei den üblichen Sieblinien bei rund 24,3.
Da die Summe der Rückstandswerte geteilt durch 100 der k-Wert ist, kann der F-Wert auch über den k-Wert berechnet werden:

$\dfrac{\Sigma R_n}{100} = k$ bzw. $\dfrac{\Sigma R_n}{10} = 10 \cdot k$

$F = (10 \cdot k \cdot 10 \cdot \lg 2) + A = k \cdot 100 \cdot 0{,}30103 + A$

$F = 30{,}103\, k + A$ oder mit ausreichender Genauigkeit: $\boldsymbol{F = 30{,}1\, k + 24{,}3}$

5.5.5 Kennwerte für Körnungen

Der in der Betontechnologie gebräuchlichste Sieblinienwert ist der *k*-Wert.

b) Spezifische Oberfläche

Die spezifische Oberfläche ist die auf ein Volumen bezogene Oberfläche. Sie spielt technologisch eine erhebliche Rolle, da im Mörtel und Beton die Oberfläche einer bestimmten Zuschlagmenge von Bindemitteln umhüllt werden muß. Bei großer Oberfläche wird entsprechend viel Bindemittel verbraucht. Bei kugeliger Form der Zuschläge ist die spezifische Oberfläche:

$$\frac{O}{V} = \frac{\pi \cdot d^2}{\pi \cdot d^3/6} = \frac{6}{d}$$

Je größer der Korndurchmesser d, desto kleiner die spezifische Oberfläche.

Bei der mittleren Rohdichte eines Zuschlags von 2,60 kg/dm³ ergibt sich die spezifische Oberfläche je kg Zuschlag zu

$$O = \frac{2{,}308}{d} \text{ in m}^2, \text{ wenn } d \text{ in mm eingesetzt wird.}$$

1 kg Zuschlag von kugeliger Form hat bei

30	mm Durchmesser	0,077 m² Oberfläche
10	mm Durchmesser	0,231 m² Oberfläche
1	mm Durchmesser	2,308 m² Oberfläche
0,25	mm Durchmesser	9,232 m² Oberfläche
0,1	mm Durchmesser	23,08 m² Oberfläche
(Zement etwa		350 m² Oberfläche)

Für die spezifische Oberfläche von Zuschlägen ist also der Feinsandanteil von besonderer Bedeutung. Bei der Sieblinie B 32 bildet die Körnung 0/0,25 etwa 2/3, der ganze Rest 0,25/32 etwa nur 1/3 der Gesamtoberfläche!

Auch bei anderen Kornformen als der Kugelform bleiben diese Relationen, die Absolutwerte vergrößern sich allerdings bis auf das 2- bis 3fache.

c) Wasseranspruchszahlen

Wasseranspruchszahlen sind empirisch ermittelte Zahlen, die angeben, wieviel Wasser ein Beton benötigt, wenn er mit einem bestimmten Zuschlag eine festgelegte Konsistenz erreichen soll. Spezifische Oberfläche und auch die Kornform beeinflussen den Wasseranspruch. Analog zur spezifischen Oberfläche haben auch hier die feinsten Korngruppen den höchsten Wasseranspruch. Für Kornzusammensetzungen entsprechend den einzelnen Sieblinien sind die Wasseranspruchszahlen zusammen mit den übrigen Kennwerten in der Tafel 5.13 aufgeführt. Die Wasseranspruchszahlen gelten für einen plastischen Beton (KP), der Wasseranspruch des Zementes (0,80 bis 0,85 kg Wasser je 1 dm³ Zement) ist nicht berücksichtigt (1 dm³ Zement hohlraumfrei etwa 3,1 kg). Die Wasseranspruchszahlen sind wegen der *Stoffraum*rechnung bei der Ermittlung der Betonzusammensetzung in dm³ Wasser je 100 dm³ Zuschlag (hohlraumfrei) angegeben.

Tafel 5.13 Kennwerte der gebräuchlichen Sieblinien

Regel-sieblinie	Körnungs-ziffer k	D-Wert	F-Wert	Spezifische Oberfläche [m^2/kg]	Wasseranspruchszahlen [dm^3/100 dm^3]
A 8	3,64	536	134	2,24	10,96
B 8	2,89	611	111	3,94	14,46
C 8	2,27	673	92	5,93	18,60
U 8	3,87	513	141	2,36	11,05
A 16	4,61	439	163	1,38	8,90
B 16	3,66	534	134	2,97	12,28
C 16	2,75	625	107	5,14	16,89
U 16	4,88	412	171	1,37	8,72
A 32	5,48	352	189	0,95	7,54
B 32	4,20	480	151	2,73	11,53
C 32	3,30	570	123	4,38	15,13
U 32	5,65	335	194	1,05	7,53
A 63	6,15	285	209	0,80	7,09
B 63	4,91	409	172	2,35	10,53
C 63	3,72	528	136	4,07	14,37
U 63	6,57	243	222	0,81	7,04

5.5.6 Zusammensetzung von Zuschlägen aus einzelnen Korngruppen

Die natürlichen Kiessandvorkommen entsprechen fast nie der idealen Siebkurve. Die norddeutschen Geschiebe-Vorkommen sind durchweg zu sandreich, während in Süddeutschland i. allg. das Grobkorn vorherrscht. Darum werden Zuschläge in den Kiesgruben in einzelne Korngruppen getrennt und diese dann wieder zweckentsprechend zusammengesetzt. Nach DIN 1045 ist die Zusammensetzung des Zuschlags aus mindestens 2 oder 3 Korngruppen für B 15 und höhere Betongüten vorgeschrieben (bei Leichtbeton 2 bis 4 Korngruppen). In der Praxis werden Korngemische mit stetigem Kornaufbau und 16 mm Größtkorn meist aus 3 Korngruppen (0/2; 2/8; 8/16 oder 0/4; 4/8; 8/16), bei 32 mm Größtkorn meist aus 4 Korngruppen (wie vor, zusätzlich 16/32) zusammengesetzt.

Die Festlegung der Anteile der einzelnen Korngruppen zur Erzielung eines bestimmten Korngemisches kann durch Probieren oder durch einfache Berechnung erfolgen.

a) Zusammensetzung aus 2 Korngruppen

Die Berechnung der Einzelanteile kann über den D- oder k-Wert (auch F-Wert) erfolgen, nachfolgendes Beispiel zeigt den Rechengang.

Gegeben die Korngruppen KG 1 0/2 und KG 2 2/8 mit folgender Kornzusammensetzung (durch Siebanalyse ermittelt):

Korngruppe	Durchgang im M.-% durch die Siebe							Σ	k-Wert
	0,25	0,50	1	2	4	8			
KG 1 0/2	13	45	71	96	100	100		425	1,75
KG 2 2/8	0	0	0	3	39	98		140	4,60

Gewünscht: Zuschlag für einen Estrich mit einer Sieblinie nahe B 8.

5.5.6 Zusammensetzung von Zuschlägen aus einzelnen Korngruppen

B 8		11	27	42	57	74	100	311	2,89

$x\ \%$ = gesuchter Anteil der Korngruppe KG 1 am Gesamtgemisch
$y\ \%$ = gesuchter Anteil der Korngruppe KG 2 am Gesamtgemisch

$$\frac{k_{KG\ 1} \cdot x}{100} + \frac{k_{KG\ 2} \cdot y}{100} = k_{B\ 8} \qquad k_{KG\ 1}\ \text{und}\ k_{KG\ 2}\ \text{sind die}\ k\text{-Werte der Korngruppen}$$

$$x + y = 100$$

$$\frac{k_{KG\ 1} \cdot x}{100} + \frac{k_{KG\ 2} \cdot (100 - x)}{100} = k_{B\ 8}$$

$$x - (k_{KG\ 1} - k_{KG\ 2}) = 100\,(k_{B\ 8} - k_{KG\ 2})$$

Allgemein wird für $k_{B\ 8}$ der gewünschte k-Wert eingesetzt.

$$\boxed{x = \frac{k_{B\ 8} - k_{KG\ 2}}{k_{KG\ 1} - k_{KG\ 2}} \cdot 100}$$

hier: $x = \dfrac{2{,}89 - 4{,}60}{1{,}75 - 4{,}60} \cdot 100 = \dfrac{-1{,}71}{-2{,}85} \cdot 100 = 60{,}0\,\%$

y damit $= 40{,}0\,\%$

Es ergibt sich also folgendes Gemisch:

Korngruppe		[%]	Durchgang in M.-% durch die Siebe						Σ	k-Wert
			0,25	0,50	1	2	4	8		
KG 1	0/2	60	7,8	27	42,6	57,6	60	60	–	–
KG 2	2/8	40	–	–	–	1,2	15,6	39,2	–	–
	0/8	100	7,8	27	42,6	58,8	75,6	99,2	311	2,89

Die Berechnung mit dem D-Wert erfolgt analog: $\boxed{x = \dfrac{D_{B\ 8} - D_{KG\ 2}}{D_{KG\ 1} - D_{KG\ 2}} \cdot 100}$

Wird für die gewünschte Kornzusammensetzung nur der Anteil über und unter einer bestimmten Korngröße festgelegt (z. B. für den Sandanteil), so kann das einfache **Differenzverfahren** angewendet werden:

Zum Beispiel gegeben Korngruppen 0/2 und 2/8 wie im vorigen Beispiel.
Gesucht: Korngemisch 0/8 mit 60 % Durchgang ($=a$) bei 2 mm.
Ähnlich wie bei der Berechnung mit dem k-Wert ergibt sich:
Zu 100 kg Zuschlag der Korngruppe KG 1 mit einem Durchgang a_1 durch das Sieb 2 mm von 96 % sind von der Korngruppe KG 2 mit einem Durchgang a_2 durch das Sieb 2 mm von 3 % erforderlich:

$$\frac{a_1 - a}{a - a_2} \cdot 100 = \frac{96 - 60}{60 - 3} \cdot 100 = \frac{36}{57} \cdot 100 = 63{,}2\ \text{kg}$$

Zu Korngruppen KG 1 = 100,0 kg kommen von Korngruppen KG 2: 63,2 kg
zusammen: 163,2 kg = 100 %

KG 1 = 61,3 %   KG 2 = 38,7 %

Zusammensetzung des Korngemisches:

Korngruppe	[%]	Durchgang in M.-% durch die Siebe					
		0,25	0,50	1	2	4	8
KG 1	61,3	8	27,6	43,5	58,8	61,3	61,3
KG 2	38,7	–	–	–	1,2	15,1	37,9
0/8	100	8	27,6	43,5	60,0	76,4	99,2

b) Zusammensetzung aus 3 oder mehr Korngruppen

Es gibt verschiedene Verfahren, um die Anteile mehrerer Korngruppen zu einem gewünschten Korngemisch zusammenzusetzen. Verbreitet sind das Mischkreuzverfahren und das Unterkornverfahren. Das Mischkreuzverfahren arbeitet mit dem k-Wert. Es wird schrittweise jeweils der Anteil einer Korngruppe berechnet, die restlichen Korngruppen werden zu einer Hilfsgröße zusammengefaßt. Dadurch wird die Berechnung in mehrere Teilberechnungen mit jeweils 2 Unbekannten zerlegt. Sehr umständlich, besonders bei 4 (oder gar noch mehr) Korngruppen. Viel einfacher ist das Unterkornverfahren. Es erfordert ein Minimum an Rechenaufwand und ist damit für die Praxis günstiger. Beim Unterkornverfahren werden die einzelnen Korngruppenanteile nach der angestrebten Sieblinie festgelegt und diese Werte durch Berücksichtigung der Über- und Unterkornanteile der einzelnen Korngruppen korrigiert.

Die Berechnung zeigt folgendes Beispiel:

Berechnung der Korngruppenanteile
Unterkornverfahren – rechnerisch –

1. Vorhandene Korngruppen

Korngruppe	0,25	0,50	1	2	4	8	16	32	k-Wert
0/2	12	37	64	93	100	100	100	100	1,94
2/8	–	–	1	3	43	90	100	100	4,63
8/16	–	–	–	1	4	10	92	100	5,93
16/32	–	–	–	–	–	–	5	97	6,98

2. Angestrebte Sieblinie: günstiger Bereich A 32/B 32, etwa so:

0/32	4	11	20	30	40	50	72	100	4,73

daraus Korngruppenanteile

[mm]	–	–	–	0/2	–	2/8	8/16	16/32	Σ
auf % bezogen				30		20	22	28	100
auf 1 bezogen				0,30		0,20	0,22	0,28	1

5.5.6 Zusammensetzung von Zuschlägen aus einzelnen Korngruppen

3. Ausrechnung

Anteil

$$\boxed{0/2} = \frac{30 - (3 \cdot 0{,}20) - (1 \cdot 0{,}22)}{0{,}93} = \frac{29{,}18}{0{,}93} = 31{,}4\,\%$$

$$\boxed{2/8} = \frac{50 - 31{,}4 - (10 \cdot 0{,}22)}{0{,}90} = \frac{16{,}40}{0{,}90} = 18{,}2\,\%$$

$$\boxed{8/16} = \frac{72 - 31{,}4 - 18{,}2 - (5 \cdot 0{,}28)}{0{,}92} = \frac{21{,}0}{0{,}92} = 22{,}8\,\%$$

$$\boxed{16/32} = \text{Ergänzung zu } 100\,\% \qquad = 27{,}6\,\%$$
$$\overline{100{,}0\,\%}$$

4. Sieblinie nach Berechnung

Korngruppe	[%]*)	0,25	0,50	1	2	4	8	16	32	k-Wert
0/2	31,4	3,8	11,6	20,1	29,2	31,4	31,4	31,4	31,4	–
2/8	18,2	–	–	0,2	0,4	7,8	16,4	18,2	18,2	–
8/16	22,8	–	–	–	0,2	0,9	2,3	21,0	22,8	–
16/32	27,6	–	–	–	–	–	–	1,4	26,8	–
Sieblinie	100,0	3,8	11,6	20,3	29,8	40,1	50,1	72,0	99,2	4,73

*) In der Praxis stets auf ganze Zahlen auf- bzw. abrunden.

Erläuterung

Der angestrebten Sieblinie werden die darin enthaltenen Korngruppenanteile entnommen, die denselben Kornbereich haben wie die zur Verfügung stehenden Korngruppen, hier also 0/2, 2/8, 8/16 und 16/32. In der angestrebten Sieblinie sind sie mit 30 %, 20 %, 22 % bzw. 28 % im Gemisch enthalten. Mit diesen Anteilen könnte die Körnung zusammengesetzt werden, wenn die zur Verfügung stehenden Korngruppen kein Unterkorn und kein Überkorn enthalten würden. Die Korrektur der Anteile wird wie folgt ausgerechnet:

Für 0/2: Anteil laut Sieblinie 30 %, abzüglich Unterkorn der Korngruppe 2/8, das in die Korngruppe 0/2 fällt, nämlich 3 % mal dem voraussichtlichen (unkorrigierten) Anteil dieser Gruppe am Ganzen von 0,20 (bzw. 20 %), also – (3 · 0,20). Ebenso abzüglich Unterkorn < 2 mm aus der Korngruppe 8/16: 1 % mal voraussichtlicher Anteil dieser Korngruppe von 0,22 also – (1 · 0,22). Damit ergeben sich 29,18 %.

Die vorhandene Korngruppe 0/2 enthält jedoch nur 93 % der Körnung 0/2; 7 % sind Überkorn. Um den Anteil an 0/2 auf 100 % zu bringen, muß er durch 0,93 dividiert werden. Ergebnis: 31,4 %.

Für 2/8: Siebdurchgang bei 8 mm laut angestrebter Sieblinie 50 %. Darin enthalten Korngruppe 0/2 mit den berechneten 31,4 %. Bleiben für Korngruppe 2/8: 50 – 31,4 = 18,6 %, abzüglich Unterkorn aus Korngruppe 8/16, das in den Bereich < 8 fällt, nämlich 10 %, multipliziert mit dem voraussichtlichen Anteil der Korngruppe 8/16 von 0,22 (22 %). Damit 18,6 – (10 · 0,22) = 16,4 %. Die vorhandene Körnung 2/8 hat bei 8 mm aber nur 90 % Durchgang, 10 % sind Überkorn, deshalb muß der Anteil der Korngruppe 2/8 wie bei 0/2 entsprechend erhöht werden, also (16,4/0,90). Errechneter Anteil 2/8 somit 18,2 %.

Für 8/16: Siebdurchgang bei 16 mm angestrebt: 72 %. Darin enthalten 0/2 und 2/8, bleiben für 8/16: 72 – 31,4 – 18,2 = 22,4 %. Abzüglich Unterkorn aus Korngruppe 16/32 (5 %), mal voraussichtlicher Anteil von 16/32 (0,28), also 22,4 – (5 · 0,28) = 21,0. Da nur 92 % der Korngruppe in den Bereich < 16 fallen (8 % Überkorn), muß der Anteil von 8/16 entsprechend erhöht werden: $\frac{21{,}0}{0{,}92} = 22{,}8\,\%$.

Die letzte Korngruppe 16/32 ergibt sich als Ergänzung zu 100 %.

Die Ungenauigkeiten, die sich dadurch ergeben, daß das Unterkorn nicht mit dem genauen Anteil an Korngemisch berücksichtigt wird, sind in allen praktischen Fällen vernachlässigbar klein, zumal in der Praxis nur mit ganzen Prozentwerten gerechnet wird.

5.5.7 Ausfallkörnung

Ausfallkörnung liegt vor, wenn ineinem Zuschlaggemisch mindestens eine Korngruppe fehlt (Fehlkorn seihe Abschnitt 5.5.2). Anwendung seltener, wenn mittlere Korngruppen nur schwer beschafft werden können oder Sieblinien mit unstetigem Kornaufbau für den Verwendungszweck geeigneter sind als Sieblinien mit stetigem Kornaufbau. Dies muß bei der Eignungsprüfung beurteilt werden (siehe Abschnitt 6.11.3). Das Zuschlaggemisch verdient den Vorzug, das für die erforderliche Verarbeitbarkeit des Betons den geringsten Wasseranspruch (siehe Abschnitt 6.5.2) hat. Zuschlaggemische mit Ausfallkörnung müssen aus mind. 2 Korngruppen zusammengesetzt werden, von denen eine im Bereich bis 2 mm liegen und gemischtkörnig sein soll, z. B. 37% von 0/2 + 63% von 8/32 mm.

Betonmischungen mit Ausfallkörnungen zeigen beim Transport, Einbringen, Verdichten und betrieblich u. a. folgende *Vorteile*:

1. Die Luft, die vom Mischprozeß her zwischen den Körnern haftet, entweicht leichter, wenn 2/8 mm fehlen.
2. Die Rüttelschwingungen pflanzen sich auf einen größeren Umkreis fort, wenn weniger kleine Körner, dafür aber mehr gleichmäßig große Körner in der Mischung enthalten sind. Der Beton läßt sich mit dem Flaschen-Innenrüttler vorwärtsstreiben.
3. Die Mischung neigt wenig oder gar nicht zu Entmischungen beim Transport auf Rutschen oder Bändern durch Abrollen oder Absondern grober Körner.
4. Der Zementmörtel ist schon vor dem Rütteln gleichmäßiger über die groben Körner > 8 mm Korngröße verteilt.
5. Beim Rütteln tritt keine Zementschlempe an die Oberfläche.
6. Beton mit zweckmäßiger Ausfallkörnung ergibt unsichtbare dichte Arbeitsfugen.
7. Wenn nur mit insgesamt 2 Korngruppen, z. B. 0/2 und 8/16 mm, gearbeitet wird, vereinfachen und verbilligen sich Lagerplatz, Vorratshaltung und Zumessung.

Eignungsprüfungen sind allerdings in jedem Falle erforderlich!

5.5.8 Mehlkorn und Feinstsand

In der Betontechnologie werden alle Anteile zwischen 0 und 0,125 mm als Mehlkorn bezeichnet. Hierzu gehören die Anteile des Feinstsandes (0 bis 0,25 mm), die feiner als 0,125 sind, sowie der Zement und eventuelle Betonzusatzstoffe (z. B. Steinmehl, Traß, Flugasche, Farbpigmente). – Der Mehlkorngehalt ist für die Verarbeitbarkeit und Dichte des Betons und bei einer Förderung in Rohrleitungen von Bedeutung, die notwendige Menge hängt ab vom Größtkorn des Zuschlaggemisches, Kornaufbau (Hohlraumgehalt und Oberfläche) u. a. –

Der Mehlkorngehalt darf nicht zu groß sein, da mit ihm der Wasseranspruch steigt

5.5.8 Mehlkorn und Feinstsand

und der Frost- und Tausalzwiderstand sowie der Abnutzungswiderstand verringert werden können, auch nehmen Schwinden und Kriechen des Betons zu. Erwünscht ist ein ausreichend hoher Mehlkorngehalt für Pumpbeton, beim Unterwasserbeton, Sichtbeton und bei feingliedrigen, eng bewehrten Bauglieder. Bei Beton für Außenbauteile und für Beton mit besonderen Eigenschaften (siehe Abschnitt 6.10) sind nach DIN 1045 der Mehlkorn- und Feinstsandanteil gemäß Tafel 5.14 zu begrenzen.

Bei Zementgehalten zwischen 300 kg/m³ und 350 kg/m³ sind die zulässigen Mehlkorn- und Feinstsandanteile geradlinig zu interpolieren. Ist der Zementgehalt des Betons größer als 350 kg/m³, so dürfen die Mehlkorn- und Feinstsandanteile um den über 350 kg/m³ hinausgehenden Zementgehalt erhöht werden, höchstens jedoch um 50 kg/m³. − Wird ein puzzolanischer Zusatzstoff (Traß, Steinkohlenflugasche) verwendet, so darf der Mehlkorn- und Feinstsandgehalt um den Gehalt dieses Zusatzstoffes erhöht werden, höchstens aber um 50 kg/m³. − Ist das Größtkorn des

Tafel 5.14 Höchstzulässiger Mehlkorn- und Feinstsandgehalt für Beton mit einem Größtkorn des Zuschlaggemisches von 16 mm bis 63 mm

	1	2	3
	Zementgehalt in kg/m³	Höchstzulässiger Mehlkorn- und Feinstsandgehalt in kg/m³ bei einer Prüfkorngröße von	
		0,125 mm	0,250 mm
1	≤ 300	350	450
2	350	400	500

Zuschlaggemisches 8 mm, können die Werte der Spalten 2 und 3 der Tafel 5.14 um 50 kg/m³ erhöht werden.

Von den hier genannten 3 Möglichkeiten, den zulässigen Anteil an Mehlkorn und Feinstsand zu erhöhen, darf nur eine angewendet werden, auch wenn zwei oder alle drei Voraussetzungen zutreffen.

5.5.9 Werkgemischter Betonzuschlag (WBZ)

Die Siebanalyse der Zuschläge und der Aufbau des Zuschlaggemisches durch Zusammengeben getrennt gelieferter Korngruppen auf der Baustelle entfällt, wenn *werkgemischter Betonzuschlag* angeliefert wird. Dieser muß nach DIN 4226 Teil 1 hergestellt und überwacht werden. − Jeder Lieferung ist ein numerierter Lieferschein beizugeben, der folgende Angaben enthalten muß:

a) Herstellerwerk
b) Tag der Lieferung
c) Abnehmer und − soweit bekannt − Verarbeitungsstelle
d) Vollständige Lieferbezeichnung (Menge, Art, Zuschlaggemisch bzw. Korngruppe, gegebenenfalls Angabe besonderer Eigenschaften, Bezeichnung der Sieblinie)
e) Kennzeichnung der Überwachung mit folgendem Zeichen:

240 Zuschläge für Mörtel und Beton

oder Stempel oder Zeichen einer anderen, anerkannten fremdüberwachenden Stelle.

Abb. 5.9   Kennzeichen für fremdüberwachten Kies und Sand als Betonzuschlag gemäß DIN 4226

Die obigen Angaben von a bis e müssen von jedem Werk, das Zuschlag für Beton herstellt und liefert, gemacht werden!

Bei der Güteüberwachung wird den Prüfstellen empfohlen, die zum Entwerfen von Betonmischungen benötigte Kornrohdichte zu bestimmen und in dem Prüfzeugnis anzugeben. Nach DIN 4226 Teil 1 darf werksgemischter Betonzuschlag nur mit einem Größtkorn bis zu 32 mm hergestellt werden. Er ist für ein Gemisch bis 8 mm aus mindestens 2 und für ein Gemisch bis 16 und 32 mm Größtkorn aus mindestens 3 Korngruppen, von denen jeweils eine im Bereich bis 4 mm liegen muß, werkmäßig so zusammenzusetzen, daß die festgelegte Sieblinie des Gemisches erhalten wird. Die Sieblinie muß in den durch DIN 1045 festgelegten Grenzen verlaufen (siehe Abb. 5.1).

Zwischenlagerung ist wegen der Entmischungsgefahr unzulässig.

5.6 Lieferkörnungen/Korngruppen für Beton

Welche Korngruppen der Baustelle für die Zuteilung am Mischer geliefert werden müssen, richtet sich wesentlich nach der zu erzielenden *Betonfestigkeitsklasse*.

Nach DIN 1045 wird gefordert:

Bei B 5 und B 10:   keine Korntrennung erforderlich,
bei B 15 und B 25: 2 Korngruppen 0/4 + 4/16 oder 0/4 + 4/32*),
bei B 35 und höher: 3 Korngruppen 0/2 + 2/8 + 8/16 oder 0/2 + 2/8 + 8/32*),
  bei Ausfallkörnung 2 Korngruppen.

Da die Gruppen 4/32 oder 8/32 beim Befördern zum Entmischen neigen, werden diese in der Regel in 2 Korngruppen getrennt angeliefert.

Welche Sieblinienbereiche für die verschiedenen Festigkeitsklassen des Betons festgelegt wurden, ist ebenfalls der DIN 1045 zu entnehmen.

5.7 Sonstige betontechnologische Prüfungen an Zuschlägen

Die Verwendung der Zuschläge zur Betonherstellung kann weitere Prüfungen notwendig machen:

Ermittlung des Frostwiderstandes der Zuschläge, besonders bei Straßen- und Brückenbeton, Bestimmung der anhaftenden Feuchtigkeit zur Berücksichtigung bei der

---

*) Mindestzahl der Korngruppen, üblich ist eine Unterteilung in 0/2 + 2/8 + 8/16 + 16/32.

5.7.1 Frostwiderstand der Zuschläge

Anmachwasserzugabe. An Zuschlägen kann etwa 1/3 der Wassermenge haften, die zur Herstellung eines gut verarbeitbaren Betons erforderlich ist.

5.7.1 Frostwiderstand der Zuschläge

Der Frostwiderstand muß für den vorgesehenen Verwendungszweck ausreichend sein. Natürlich entstandener Sand und Kies (auch gebrochen) enthalten i. allg. nur wenige frostanfällige Körner. Gebrochenes Felsgestein hat im Beton meist einen ausreichenden Frostwiderstand, wenn die Wasseraufnahme des Gesteins 0,5 M.-% nicht überschreitet (s. DIN 52 100 und DIN 52 106) oder das Gestein im durchfeuchteten Zustand eine Druckfestigkeit von mindenstens 150 N/mm² aufweist. Im Zweifelsfall und bei künstlich hergestelltem Zuschlag sowie bei Leichtzuschlag ist die Frostbeständigkeit nach DIN 4226 Teil 3 zu prüfen.

Für die Prüfung muß Zuschlag mit Korn über 4 mm in der nachstehend angegebenen Menge bereitgestellt werden (siehe Tafel 5.15). Unter- und Überkorn werden durch Aussieben von Hand entfernt, wobei die Prüfgutmenge vorher bei (110 ± 5) °C bis zur Gewichtskonstanz getrocknet wurde.

Bei dichtem Zuschlag sind die Korngruppen 8/16, 16/32 oder 32/63 mm, bei Leichtzuschlag die Korngruppen 8/16 und 16/25 mm zu bevorzugen.

Tafel 5.15 Prüfgutmenge für die Frostprüfung

Korngruppe	Prüfgutmenge je Versuch bei Zuschlag nach	
	DIN 4226 T 1	DIN 4226 T 2 (Leichtzuschlag)
mm	g	g
4/8	2000	1000
8/16	2000	1000
16/25	–	2000
16/32	4000	–
32/63	6000	–

DIN 4226 Teil 3 sieht 2 Arten von Prüfungen vor:

a) Prüfung bei *starker* Frosteinwirkung (Gefrieren unter Wasser), bei der nach 24stündiger Wasserlagerung die mit Zuschlag und Wasser gefüllten Dosen in einer Frostkammer einem 10maligen Frost-Tau-Wechsel zwischen +20 °C und –17,5 °C in vorgeschriebener Zeitdauer ausgesetzt werden. Danach wird der Doseninhalt durch das nächst kleinere Prüfsieb, das auf die untere Prüfgröße folgt, geschüttet (z. B. Korngruppe 16/32 auf Sieb 8 mm) und am Ende der Durchgang in Masse-% errechnet. Dieser darf 4 Masse-% nicht überschreiten, wenn dieser Zuschlag für Beton häufigem Frost-Tau-Wechsel in stark durchfeuchtetem Zustand („starke Frosteinwirkung") ausgesetzt ist. Bei besonders starker Beanspruchung kann statt max. 4 Masse-% ein Durchgang von max. 2 Masse-% verlangt werden, z. B. bei Fahrbahndecken, im Wasserbau für Beton in der Wasserwechselzone.

b) Prüfung bei *mäßiger* Frosteinwirkung (Gefrieren an der Luft), bei der die trockene Probe 2 Stunden unter Wasser von 20 °C gelagert, danach über Sieb 1 Minute abgetropft, dann in anderem Behälter 20 Frost-Tau-Wechseln ausgesetzt wird (je mindestens 4 Stunden bei –15 °C bis –20 °C, aufgetaut im Wasserbad von 20 °C während 1 Stunde). Danach wird wie bei a) der Durchgang bestimmt. Der Zuschlag ist bei 4 Masse-% Durchgang brauchbar für Beton mit häufigen Frost-Tau-Wechseln bei mäßiger Durchfeuchtung (z. B. im Hochbau, Außenteile).

Maßgebend ist immer das Mittel aus 3 Proben. Die Durchgänge werden auf das Ausgangsgewicht bezogen.

Genaue Beschreibung der Prüfungen in DIN 52104 T 1 (Nov. 82) – Prüfung von Naturstein, Frost-Tau-Wechsel-Versuch.

Zuschläge für den Straßenbau können auch nach der Frost-Tau-Wechselprüfung in Beuteln (nach *Löffler*; s. Merkblatt für die Prüfung von Mineralstoffen im Straßenbau der Bundesanstalt für Straßenwesen) beurteilt werden. Bei dieser Prüfung werden die Proben wassergesättigt in PVC-Beutel eingeschweißt und abwechselnd in einem Kälte- (−20 °C) und einem Auftaubad (+25 °C) gelagert. Die Absplitterungen nach 20 Frost-Tau-Wechseln (bei Schotter nach 25) dienen als Maß für den Frostwiderstand.

5.7.2 Eigenfeuchte, Oberflächenfeuchte, Kernfeuchte

Die Ermittlung der **Eigenfeuchte** der Betonzuschläge dient zur Berücksichtigung der Oberflächenfeuchte bei der Zugabewassermenge des Betons (siehe Abschnitte 6.5.2 und 6.5.4). Die Eigenfeuchte setzt sich zusammen aus der **Oberflächenfeuchte** und der **Kernfeuchte** (Tafel 5.16).

Oberflächenfeuchte zusammen mit dem Zugabewasser bildet den Wassergehalt des Frischbetons. Die Kernfeuchte ist das in den Poren der Zuschlagkörner befindliche Wasser. Sie verdampft beim Trocknen und muß beim Errechnen der Oberflächenfeuchte berücksichtigt werden, d. h. von der ermittelten Eigenfeuchte abgezogen werden.

Tafel 5.16 Anhaltswerte für die Kernfeuchte von Zuschlag 0/32

Herkunft des Zuschlags bzw. Zuschlagsart	Bei der Bestimmung der Eigenfeuchte mitgemessene Kernfeuchte [Masse-%]
Basalt	0,5
Moräne-Kies	0,8
Rhein-Kies	0,8
Weser-Kies	1,5
Elbe-Kies	1,5
Main-Kies	2,2

Methoden zur Bestimmung der Eigenfeuchte sind:

a) *Trocknen* bei über 100 °C einer aus der Durchschnittsprobe abgewogenen Menge von mindestens 3000 g. Aus dem Gewichtsverlust errechnet man die Eigenfeuchte f nach der Formel:

$$\text{Eigenfeuchte } f = \frac{G_f - G_t}{G_t} \cdot 100 \text{ Masse-\% bezogen auf den trocknen Zuschlag}$$

dabei sind G_f Gewicht der Probe vor dem Trocknen und
G_t Gewicht der Probe nach dem Trocknen

b) Durch die *Calciumcarbid-Methode* (CM-Gerät), bei der man eine bestimmte Gewichtsmenge des Zuschlages zusammen mit einer Karbid-Ampulle und 2 Stahlkugeln in ein geeichtes Druckgefäß gibt. Die Ampulle wird nach dem Verschließen durch Schütteln zertrümmert, so daß ihr Inhalt mit der Zuschlagfeuchtigkeit reagiert und Azetylen-Gas entwickelt. Dessen Druck ist am Manometer des Verschlusses feststellbar und ermöglicht in einer zugehörigen Tabelle die Ablesung des prozentualen Feuchtigkeitsgehaltes.

5.7.2 Eigenfeuchte, Oberflächenfeuchte, Kernfeuchte

b) Das Gerät ermittelt in weniger als 5 Minuten die Eigenfeuchte von Sand, wobei die Oberflächenfeuchte und je nach Porosität und Durchlässigkeit des Gesteins der größte Teil der Kernfeuchte gemessen werden, so daß etwa 0,5 Masse-% abzuziehen sind, um die auf das Anmachwasser anzurechnende Oberflächenfeuchte zu erhalten. Die Oberflächenfeuchte von Kies läßt sich mit dem CM-Gerät praktisch nicht ermitteln, da die Einwaage max. 20 g beträgt.

c) Durch die *Abflamm-Methode* (AM-Gerät), bei der 500 g einer Durchschnittsprobe mit einer Abflammflüssigkeit übergossen und abgeflammt werden. Dabei verdampft die anhaftende Feuchtigkeit. Das abgekühlte Material wird dann zurückgewogen. Die besonders konstruierte Spezialwaage gestattet die direkte Ablesung des Feuchtigkeitsgehaltes von 0 bis 25 Masse-%. Hersteller für CM- sowie AM-Geräte: Riedel-de Haën AG, Seelze b. Hannover.

d) Die *elektrische Widerstandsmessung* kann bei stationären Betonaufbereitungsanlagen eingebaut werden. Dabei wirkt der Zuschlag als Widerstand zwischen 2 Elektroden. Bei trockenem Zuschlag ist der Widerstand groß, bei nassem klein. Gemessen werden die angelegte Spannung und die Stromstärke.

e) Auch mit einem *Luftpyknometer* kann man ausreichend und schnell (15 Minuten) die Oberflächenfeuchte bestimmen, wenn die Rohdichte des kernfeuchten Zuschlags bekannt ist. Daneben benötigt man dazu noch eine 5-kg-Waage mit wenigstens 1 g Anzeigegenauigkeit.

Das Luftpyknometer arbeitet nach demselben Prinzip wie der Luftgehaltsprüfer für Beton, im Grundbau wird er zur Bestimmung des Wassergehaltes von Bodenproben benutzt. – Die Oberflächenfeuchte f einer abgewogenen Zuschlagprobe G_f (etwa 1 bis 1,5 kg) wird über das Raumgewicht der feuchten Probe ϱ_f ermittelt, wozu das Volumen der Probe V_f im Luftpyknometer bestimmt wird. V_f ergibt sich aus dem Druckabfall in der unter Überdruck stehenden Luftkammer des Pyknometers, wenn diese mit dem Meßtopf verbunden wird. Der am Manometer abzulesende Druckabfall ist vom Luftvolumen des Meßtopfes = $V_{\text{Meßtopf}} - V_{\text{Probe}}$ abhängig (Gesetz von *Boyle/Mariotte*), woraus das Volumen des feuchten Zuschlags bestimmt wird.

Aus $\varrho_f = \dfrac{G_f}{V_f}$ und der Rohdichte ϱ des oberflächentrockenen Zuschlags ergibt sich

die Oberflächenfeuchte zu $f = \dfrac{\varrho - \varrho_f}{\varrho \cdot (\varrho_f - 1)} \cdot 100$ in Masse-%

f) Nach *Thaulow* durch Unterwasserwägung
Es werden bestimmt:
G'_t Gewicht des trockenen Zuschlags unter Wasser
G'_f Gewicht des feuchten Zuschlags unter Wasser
f Eigenfeuchte in Masse-%, bezogen auf die trockene Probe, ist dann:

$$f = 100 \left(1 - \frac{G'_f}{G'_t}\right)$$

Die Prüfung wird meist mit 4 oder 5 kg Zuschlag in einem etwa 8 l fassenden Meßgerät durchgeführt.

Die größten Schwankungen in der Eigenfeuchte treten beim Sand 0/2 mm mit bis zu 20 Masse-% (bei sehr feinsandreichen Sanden noch mehr) auf, während das Wasserhaltevermögen der Korngruppen 2/8 etwa 5 Masse-%, das der Korngruppe > 8 mm etwa 3 Masse-% nicht übersteigen kann.

Auskunft und **Beratung** durch: Bundesverband Kies-, Sand- und Mörtelindustrie e. V., Tonhallenstr. 19, 4100 Duisburg.

6 Beton

Normen:

DIN 1045 (Juli 88)	Beton und Stahlbeton
DIN 1048 Teil 1 bis Teil 4:	Prüfverfahren für Beton
Teil 1 (Dez. 78):	Frischbeton. Festbeton gesondert hergestellter Probekörper (enthält den ehemaligen Teil 3)
Teil 2 (Febr. 76):	Bestimmung der Druckfestigkeit von Festbeton in Bauwerken und Bauteilen – Allgemeines Verfahren
Teil 4 (Dez. 78; Vornorm)	Bestimmung der Druckfestigkeit von Festbeton in Bauwerken und Bauteilen – Anwendung von Bezugsgeraden und Auswertung mit besonderen Verfahren
DIN 1084 Teil 1 bis Teil 3:	Überwachung (Güteüberwachung) im Beton- und Stahlbetonbau
Teil 1 (Dez. 78):	Beton B II auf Baustellen
Teil 2 (Dez. 78):	Fertigteile
Teil 3 (Dez. 78):	Transportbeton

Für Kunstbauten im Straßen- und Eisenbahnbau (Brücken, Stützwände, Tunnel usw.) gilt *zusätzlich* ZTV-K 80: Zusätzliche Technische Vorschriften für Kunstbauten (Hrsg. Bundesminister für Verkehr).

Weitere Normen und Vorschriften sind in den folgenden Abschnitten aufgeführt.

Wichtige Informationen über Beton finden sich auch in:

Richtlinien des DAfStb (Deutscher Ausschuß für Stahlbeton; zu beziehen wie die Normen beim Beuth Verlag, Burggrafenstraße 6, 1000 Berlin 30),

Merkblätter des DBV (Deutscher Beton-Verein, Bahnhofstraße 61, Postfach 2126, 6200 Wiesbaden), z. B. [6/49],

Merkblätter des VDZ (Bundesverband der Deutschen Zementindustrie, Pferdmengesstraße 7, 5000 Köln 51), z. B. die Zement-Merkblätter und Zement-Mitteilungen, die Schriftenreihe der Bauberatung Zement sowie die Zement-Taschenbücher.

Tafel 6.1 Einteilung der Betone nach der Rohdichte nach DIN 1045; [6/1]

Betonart[1])	Trockenrohdichte in kg/dm^3 bzw. t/m^3	Zuschläge, z. B.
Leichtbeton	bis 2,0	Blähton, Blähschiefer Hüttenbims, Naturbims
(Normal-)Beton[2])	2,0 bis 2,8	Sand, Kies, Splitt Hochofenschlacke
Schwerbeton	mehr als 2,8	Schwerspat, Eisenerz Stahlgranulat

1) Ein Gemisch aus Zement, Wasser und Zuschlägen bis 4 mm Größtkorn heißt Zementmörtel.
2) Wenn keine Verwechslungen mit Schwer- oder Leichtbeton möglich sind, wird der Normalbeton als „Beton" bezeichnet.

6.1 Allgemeines

6.1.1 Begriffe

Beton ist ein künstlicher Stein, der aus einem Gemisch von Zement, Betonzuschlag und Wasser durch Erhärten des Zement-Wasser-Gemisches (Zementleim) entsteht.

6.1.1 Begriffe / 6.1.2 Betonfestigkeitsklassen und Betongruppen

Zur Erzeugung bestimmter Frischbeton- bzw. Festbetoneigenschaften können dem Beton Betonzusatzmittel, wie z. B. Verflüssiger oder Luftporenbildner, und Betonzusatzstoffe, wie z. B. Traß oder Flugasche, zugegeben werden (siehe hierzu Abschnitt 6.4).

Die Güte und Dauerhaftigkeit des Betons hängen von der zweckmäßigen Zusammensetzung (siehe Abschnitt 6.3), der einwandfreien Verarbeitung und Verdichtung (siehe Abschnitt 6.7.4) und einer sorgfältigen Nachbehandlung (siehe Abschnitt 6.7.5) ab. Im verdichteten und erhärteten Zustand muß der Beton über dem gesamten Querschnitt ein gleichmäßiges, dichtes und festes Gefüge besitzen sowie die Stahlbewehrung satt umhüllen und ausreichend überdecken. Nur so ist gewährleistet, daß der Beton auch in oberflächennahen Schichten einen ausreichenden Widerstand gegen äußere Einwirkungen aufweist und nicht durch Korrosion der Bewehrung reißt und abgedrückt wird. Bei Außenbauteilen aus Stahlbeton, die der Witterung unmittelbar ausgesetzt sind, ist dies besonders wichtig.

Frischbeton heißt der Beton, solange er verarbeitet werden kann. Festbeton heißt er, sobald er erhärtet ist. Beton unmittelbar nach dem Verdichten und noch vor dem Erstarren wird als grüner Beton bezeichnet. Die sogenannte Grünstandfestigkeit ist bei Betonwaren von Wichtigkeit. Beton nach dem Erstarren, der nicht mehr verarbeitbar ist, wird als junger Beton bezeichnet.

Ortbeton ist Beton, der als Frischbeton in Bauteile, die sich in ihrer endgültigen Lage befinden, eingebracht wird und dort auch erhärtet. Nach der Dichte unterscheidet man Leichtbeton, Normalbeton und Schwerbeton (siehe Tafel 6.1).

Fließbeton ist Beton des Konsistenzbereiches KF mit gutem Fließ- und Zusammenhaltevermögen, dessen Konsistenz durch Zumischen eines Fließmittels eingestellt wird. Beton mit Fließmittel ist Beton der Konsistenzbereiche KP oder KR, dessen Konsistenz durch Zumischen eines Fließmittels eingestellt wird (siehe hierzu Abschnitt 6.4.2).

6.1.2 Betonfestigkeitsklassen und Betongruppen

Nach der Druckfestigkeit wird der Beton in 7 Festigkeitsklassen eingeteilt (siehe Tafel 6.2).

Tafel 6.2 Festigkeitsklassen von Beton nach DIN 1045

Betongruppe	Betonfestigkeits-klasse	Nenn-festigkeit[1]) β_{WN} in N/mm^2	Serien-festigkeit[2]) β_{WS} in N/mm^2	Anwendung
Beton B I	B 5	5	8	Nur für unbewehrten Beton
	B 10	10	15	
Beton B II	B 15	15	20	Für unbewehrten und bewehrten Beton
	B 25[3])	25	30	
	B 35	35	40	
	B 45	45	50	
	B 55	55	60	

1) Mindestfestigkeit jedes Würfels bzw. 5 %-Quantil der Grundgesamtheit (siehe Tafel 6.28).
2) Mittlere Festigkeit jeder Würfelserie.
3) Die zusätzlichen Anforderungen an B 25 für Außenbauteile (siehe Abschnitte 6.3.3, und 6.3.5: w/z-Wert $\leq$ 0,60; Zementgehalt $\geq$ 300 bzw. 270 kg/m^3) bedingen i. d. R. eine Nennfestigkeit von $\beta_{WN} \geq$ 32 N/mm^2.

Geprüft wird die Betondruckfestigkeit β_{W28} an 28 Tage alten Würfeln von 20 cm Kantenlänge, die nach DIN 1048 Teil 1 hergestellt und gelagert sind (siehe Abschnitt 6.13.1). Die Nennfestigkeit β_{WN} ist die Mindestdruckfestigkeit, die jeder Würfel einer Serie von 3 zeitlich aufeinanderfolgenden Würfeln erreichen muß. Die Serienfestigkeit β_{WS} ist der Mindestwert für die mittlere Druckfestigkeit jeder Würfelserie. Hinsichtlich Anzahl der zu prüfenden Würfel und Anforderungen an die Prüfergebnisse siehe auch Abschnitt 6.11.

Außer in Festigkeitsklassen wird der Beton in die beiden Betongruppen B I und B II eingeteilt. Sie unterscheiden sich in den Festigkeitsklassen nach Tafel 6.2 und in den Bedingungen für die Zusammensetzung und die Herstellung, in den Anforderungen an das Personal und die Einrichtung der Baustelle und im Umfang der Güteüberprüfung (siehe Tafel 6.25 und Abschnitt 6.11.1).

Zu den beiden Betongruppen B I und B II siehe auch Zement-Merkblätter Nr. 7 und Nr. 8 (VDZ).

6.2 Eigenschaften des Frischbetons

Siehe auch Zement-Merkblatt Nr. 9 (VDZ).

6.2.1 Konsistenz

Wichtigste Frischbetoneigenschaft ist die Konsistenz. Sie ist ein Maß für die Verarbeitbarkeit des Frischbetons und wird beeinflußt durch den Wassergehalt, den Zementgehalt sowie Form, Oberfläche und Zusammensetzung der Zuschläge. Außerdem läßt sich die Konsistenz in starkem Maße durch die Zugabe von Zusatzmitteln verändern. Da Konsistenzmessungen somit eine gute Überwachung der Frischbetonzusammensetzung, insbesondere der richtigen Wasserzugabe, gestatten, schreibt die DIN 1045 für Beton grundsätzlich eine laufende Konsistenzüberprüfung vor.

Tafel 6.3 Konsistenzbereiche des Frischbetons nach DIN 1045

1	2	3	4
Konsistenzbereiche		Ausbreitmaß a cm	Verdichtungsmaß v
Bedeutung	Kurzzeichen		
1	steif	KS	–	$\geq 1{,}20$
2	plastisch	KP	35 bis 41	1,19 bis 1,08[1]
3	weich	KR	42 bis 48	1,07 bis 1,02[1]
4	fließfähig	KF	49 bis 60	–

[1] Das Verdichtungsmaß empfiehlt sich vor allem für Splittbeton, sehr mehlkornreichen Beton sowie Leicht- und Schwerbeton.

6.2.1 Konsistenz/6.2.2 Frischbetonrohdichte und Luftporengehalt

Nach der Konsistenz werden 4 Bereiche unterschieden (siehe Tafel 6.3). Beton mit der fließfähigen Konsistenz KF darf nur als Fließbeton entsprechend der „Richtlinie für Beton mit Fließmittel und für Fließbeton" unter Zugabe eines Fließmittels (FM) verwendet werden. Beton mit Fließmittel der Konsistenz KP und KR muß nur dann nach dieser Richtlinie hergestellt werden, wenn das Fließmittel *nachträglich* zugegeben wird. (Siehe Abschnitt 6.4.2.)

Im Übergangsbereich zwischen steifem und plastischem Beton (KS/KP) kann je nach Zusammenhaltevermögen des Frischbetons die Anwendung des Verdichtungs- oder des Ausbreitmaßes, in den Konsistenzbereichen KP und KR bei Splitt-, Leicht- oder Schwerbeton sowie bei sehr mehlkornreichem Beton die Verwendung des Verdichtungsmaßes zweckmäßiger sein. In diesen Fällen sind das anzuwendende Prüfverfahren und die einzuhaltenden Konsistenzmaße zu vereinbaren.

Die Konsistenz ist den Gegebenheiten der Baustelle und der Art des Bauteils anzupassen. Sie muß so beschaffen sein, daß nach dem Verdichten ein dichtes und gleichmäßiges Betongefüge vorliegt und die Bewehrungsstäbe satt mit Beton umhüllt sind. Nur so kann das Ziel, einen dauerhaften Beton herzustellen, erreicht werden. Aus diesem Grunde erfordern insbesondere Außenbauteile sowie feingliedrige Querschnitte und dichtbewehrte Bauteile i. d. R. einen weichen Beton mit einem Ausbreitmaß $a = 45 \pm 3$ cm (Regelkonsistenz KR). Diese Konsistenz sollte jedoch, wenn nicht Fließbeton gewählt wird, stets für Ortbeton der Gruppe B I zur Anwendung kommen. Auf diese Weise werden Verdichtungsmängel infolge zu steifen Betons weitgehend vermieden und andererseits einer unkontrollierten Wasserzugabe mit den damit verbundenen nachteiligen Folgen (Erhöhung des Wasserzementwertes, Verringerung der Dichtigkeit und Festigkeit des Betons) entgegengewirkt.

Die Konsistenz KS (steifer Beton) bleibt im wesentlichen auf die Herstellung unbewehrter Bauteile beschränkt.

6.2.2 Frischbetonrohdichte und Luftporengehalt

Unter der **Frischbetonrohdichte** ϱ_{bf} versteht man den Quotienten aus der Masse m_b und dem Volumen V_b des *verdichteten* Frischbetons (einschließlich der im Frischbeton nach dem Verdichten enthaltenen Luftporen): $\varrho_{bf} = m_b/V_b$ [kg/dm³]. ρ_{bf} kann beim Anfertigen von Probewürfeln, bei der Bestimmung des Luftporengehalts mit dem LP-Topf oder am genauesten mit dem *Thaulow*-Topf bestimmt werden (siehe Abschnitt 6.12.3).

Die Frischbetonrohdichte hängt von der Betonzusammensetzung, von den Dichten der Betonkomponenten und von der Güte der Verdichtung ab. Insofern kann die Frischbetonrohdichte ähnlich wie die Konsistenz zur Frischbetonüberwachung herangezogen werden. Bei Verwendung normaler Kiessandzuschläge ergeben sich Frischbetonrohdichten von 2,25 bis 2,45 kg/dm³.

Unter dem **Luftporengehalt** P versteht man das Volumen V_l der unmittelbar nach dem Verdichten im Frischbeton befindlichen Luftporen, bezogen auf das Volumen V_b des verdichteten Frischbetons: $P = (V_l/V_b) \cdot 100$ in Vol.-%.

248 Beton

Der Luftporengehalt wird üblicherweise mit dem Luftgehaltsprüfer (LP-Topf, siehe Abschnitt 6.12.2) gemessen. Er kann auch aus den Rohdichten des Frischbetons, ϱ_{bf} und ϱ_{bfo} (siehe unten), berechnet werden.

Der Luftporengehalt hängt von der Betonzusammensetzung, insbesondere von der Sieblinie des Zuschlags (sandreiche Mischungen haben einen größeren LP-Gehalt als grobkörnige), und von der Güte der Verdichtung ab. Für Normalbeton mit einem Größtkorn von 32 mm und einer Sieblinie im günstigen Bereich gilt:

$P < 1$ Vol.-% sehr gute Verdichtung
$= 1$ bis 2 Vol.-% gute Verdichtung
$= 2$ bis 3 Vol.-% mittlere Verdichtung

Luftporengehalte von mehr als 3 Vol.-% bei grobkörnigen und 6 Vol.-% bei feinkörnigen Zuschlaggemischen sind als unzureichend anzusehen, vorausgesetzt, daß keine luftporenbildenden Zusatzmittel (siehe Abschnitt 6.4.3) zwecks Erhöhung des Frost- und Tausalzwiderstandes zugegeben wurden. Mit zunehmendem Luftporengehalt im Frischbeton nimmt die Druckfestigkeit erheblich ab.

Die sog. vollkommene Frischbetonrohdichte ϱ_{bfo} ist der Quotient aus Masse m_b und Volumen V_o des Frischbetons *ohne* die im Frischbeton nach dem Verdichten enthaltenen Luftporen: $\varrho_{bfo} = m_b/V_o$. Sie wird z. B. mit dem *Thaulow*-Topf bestimmt, indem durch Mischen des Betons mit Wasser die Luft ausgetrieben wird (siehe Abschnitt 6.12.3b). Mit der Dichte ϱ_{bfo} können der Luftporengehalt P und der Wasserzementwert $\omega = w/z$ nach folgenden Formeln berechnet werden:

$$P = \left(\frac{\varrho_{bfo} - \varrho_{bf}}{\varrho_{bfo}}\right) \cdot 100 \text{ Vol.-\%} \qquad \omega = \frac{1 + k - (1/\varrho_z + k/\varrho_g) \cdot \varrho_{bfo}}{\varrho_{bfo} - 1}$$

k ist das Mischungsverhältnis (siehe Abschnitt 6.5.1), ϱ_z und ϱ_g die Rohdichten des Zementes und des Zuschlags. Beide Formeln sind fehlerempfindlich, da in den Zählern die Differenz etwa gleich großer Zahlen steht.

6.3 Betonzusammensetzung

6.3.1 Allgemeines

Die DIN 1045 enthält eine ganze Reihe von Bestimmungen über die Zusammensetzung des Betons (Zusammensetzung des Zuschlags, Zementgehalt, Wassergehalt, Wasserzementwert usw.), die in den folgenden Abschnitten dargelegt werden. Unabhängig von der Einhaltung dieser Bestimmungen bleibt jedoch in allen Fällen maßgebend, daß der erhärtete Beton die geforderten Eigenschaften aufweist. Aus diesem Grunde sind vor der Herstellung des Betons für die Baustelle i. d. R. Eignungsprüfungen im Labor durchzuführen (siehe Abschnitt 6.11.3) und der Beton auf der Baustelle ordnungsgemäß zu verarbeiten und nachzubehandeln. Eine Übersicht über die Zusammensetzung des Zuschlags und über die einzuhaltenden Zementgehalte und Wasserzementwerte geben die Tafeln 6.4 und 6.5.

6.3.2 Zuschlag

Es ist Betonzuschlag nach DIN 4226 Teil 1 zu verwenden. Zuschlag, der hinsichtlich bestimmter Eigenschaften nur verminderte Anforderungen (v; siehe Abschnitt 5.4.9) erfüllt, darf nur verwendet werden, wenn seine Anwendung durch eine Eignungsprüfung nachgewiesen worden ist.

6.3.2 Zuschlag

Tafel 6.4 Mindestzementgehalt für Beton B I bei Betonzuschlag mit einem Größtkorn von 32 mm und Zement der Festigkeitsklasse Z 35 nach DIN 1045

	Festigkeitsklasse des Betons	Sieblinienbereich des Betonzuschlags[1])	Mindestzementgehalt in kg je m³ verdichteten Betons für Konsistenzbereich		
			KS[2])	KP	KR
1	B 5[2])	③	140	160	–
2		④	160	180	–
3	B 10[2])	③	190	210	230
4		④	210	230	260
5	B 15	③	240	270	300
6		④	270	300	330
7	B 25 allgemein	③	280	310	340
8		④	310	340	380
9	B 25 für Außenbauteile	③	300	320	350
10		④	320	350	380

[1]) Siehe Abb. 5.1
[2]) Nur für unbewehrten Beton

Der Zementgehalt muß vergrößert werden um
– 15% bei Zement der Festigkeitsklasse Z 25;
– 10% bei einem Größtkorn des Betonzuschlags von 16 mm;
– 20% bei einem Größtkorn des Betonzuschlags von 8 mm.
Der Zementgehalt nach Zeile 1 bis 8 darf verringert werden um höchstens 10% bei Zement der Festigkeitsklasse Z 45 und höchstens 10% bei einem Größtkorn des Betonzuschlags von 63 mm.
Die Vergrößerungen des Zementgehalts müssen, die Verringerungen dürfen zusammengezählt werden; jedoch darf bei Stahlbeton der in Tafel 6.5 angegebene Zementgehalt nicht unterschritten werden.

a) Kornzusammensetzung

Die Sieblinien des Zuschlags können stetig oder unstetig sein. Bei Zuschlag aus überwiegend ungebrochenem Korn sollen sie in den Bereichen (3) und (4) der Abbildungen 5.1 liegen. Bei Beton B I ohne Eignungsprüfung müssen sie stetig sein, wenn die Zementgehalte der Tafel 6.4 angewendet werden. Für Beton mit Eignungsprüfung können auch andere Kornzusammensetzungen verwendet werden.

b) Korngruppen

Der Zuschlag ist für Beton B 15 und B 25 (Beton B I) der Mischung in mindestens zwei getrennten Korngruppen zuzugeben, wovon eine im Bereich 0 bis 4 mm liegen muß. Bis zu einem Größtkorn von 32 mm darf auch werkgemischter Zuschlag verwendet werden (siehe Abschnitt 5.5.9). Für Beton B II muß Betonzuschlag mit stetiger Sieblinie 0–32 in mindestens drei, sonst wie Beton B I in mindestens zwei Korngruppen zugegeben werden. Eine der Korngruppen muß im Bereich 0–2 mm liegen oder der Korngruppe 0/4a entsprechen. Ein Mehlkornzusatz gilt nicht als Korngruppe.

c) **Mehlkorn**
Beton muß eine bestimmte Mehlkornmenge enthalten, damit er gut verarbeitbar ist und ein geschlossenes Gefüge erhält. Dies gilt besonders für Pumpbeton, für dünnwandige, engbewehrte Bauteile, bei wasserundurchlässigem Beton. Der Mehlkorngehalt setzt sich zusammen aus dem Zement, dem im Zuschlag enthaltenen Anteil 0/0,125 und dem ggf. zugegebenen Betonzusatzstoff. Grenzwerte für den Mehlkorngehalt (siehe Tafel 5.11 i in Abschnitt 5.5.8).

d) **Verwendung von gebrochenem Zuschlag (Splittbeton)**
Günstige Sieblinien für gebrochenen Zuschlag haben einen S-förmigen Verlauf (siehe Abb. 5.4). Der damit hergestellte Splittbeton läßt sich ebensogut wie Kiesbeton verarbeiten. Für die Konsistenzprüfung ist der Verdichtungsversuch nach *Walz* (siehe Abschnitt 6.12.1a) vorzuziehen. Noch besser eignet sich das Prüfverfahren nach Werse (siehe *Hiese/Knoblauch*: Baustoffprüfungen und [6/18]), da hierbei neben dem Verdichtungsmaß auch das Fließverhalten des Frischbetons beurteilt werden kann. Die Biege- und Spaltzugfestigkeit von Splittbeton ist wegen der unregelmäßigen, kubisch bis splittrigen Kornform und der kantigen und rauhen Oberfläche des gebrochenen Zuschlags bei gleicher Druckfestigkeit um etwa 10 bis 20 % größer als bei Kiesbeton. Auch die Grünstandfestigkeit ist besser. Anwendung findet Splittbeton sowohl im Hoch- und Ingenieurbau als auch bei der Herstellung von Fertigteilen (siehe auch [6/68]).

6.3.3 Zement

Für unbewehrten Beton und für Stahlbeton muß Zement nach DIN 1164 Teil 1 verwendet werden. Der Beton muß so viel Zement enthalten, daß die geforderte

Tafel 6.5 Grenzwerte für den Zementgehalt und den w/z-Wert von Beton; nach [6/1]

	Festigkeitsklasse des Zements	Festigkeitsklasse des Betons	Zementgehalt in kg/m^3	w/z-Wert[1]
Unbewehrter Beton	–	–	$\geq$ 100	–
Stahlbeton allgemein	Z 25	–	$\geq$ 280	$\leq$ 0,65
	$\geq$ Z 35	$\geq$ B 15	$\geq$ 240	$\leq$ 0,75
Stahlbeton für Außenbauteile	$\leq$ Z 35	$\geq$ B 25	$\geq$ 300[2]	$\leq$ 0,60[3]
	$\geq$ Z 45		$\geq$ 270	

[1] Zur Berücksichtigung der Streuungen während der Bauausführung ist bei der Eignungsprüfung der w/z-Wert um 0,05 niedriger einzustellen.
[2] Ausnahmen siehe Abschnitt 6.3.3.
[3] Einzelwerte bis 0,65 nach DIN 1045, Abschnitt 7.4.3.3, zulässig. Durch Wahl eines entsprechenden Vorhaltemaßes (siehe [1])) sollten jedoch auch die Einzelwerte $\leq$ 0,60 bleiben.

6.3.4 Wasser   251

Druckfestigkeit erreicht wird und die Stahleinlagen ausreichend vor Korrosion (siehe auch Abschnitt 6.24.3) geschützt sind. Die nach DIN 1045 geforderten Zementgehalte sind in Tafel 6.5 zusammengestellt.

Für Außenbauteile kann auch bei Verwendung von Z 35 der niedrigere Zementgehalt von 270 kg/m^3 genommen werden, wenn die Betonherstellung nach DIN 1084 laufend überwacht wird. Dies gilt auch bei Zugabe von Flugasche (mit Prüfzeichen), wenn der Flugaschegehalt $\geq$ 60 kg/m^3 und die Nachbehandlungsdauer (siehe Tafel 6.15) um 2 Tage verlängert wird (siehe auch Abschnitt 4.5.3).

6.3.4 Wasser

Man unterscheidet *Zugabewasser* (Anmachwasser) und Eigenfeuchtigkeit des Zuschlags (*Oberflächenfeuchte*, siehe Abschnitt 5.7.2). Beide zusammen ergeben den Wassergehalt w. Das Wasser erfüllt im Beton zwei Aufgaben:

1. Es muß die Zuschlagkörner und Zementteilchen benetzen, um als *Gleitmittel* ihren Reibungswiderstand zu verringern und ein gutes Zusammenrutschen zu gewährleisten.
2. Es ist erforderlich zur *Hydratation* des Zementes als chemisch und physikalisch gebundenes Wasser.

Als Zugabewasser ist das in der Natur vorkommende Wasser geeignet, soweit es nicht Bestandteile enthält, die das Erhärten oder andere Eigenschaften des Betons sowie den Korrosionsschutz der Bewehrung ungünstig beeinflussen (z. B. bestimmte Industrieabwässer). Im Zweifelsfalle sind Eignungsuntersuchungen durchzuführen. In naher Zukunft ist zu erwarten, daß aus Gründen des Umweltschutzes als Zugabewasser nur noch Brauchwasser eingesetzt werden kann, wie es jetzt schon in manchen Transportbetonwerken und Fertigteilwerken üblich ist. Der DAfStb erarbeitet derzeit eine „Richtlinie für die Herstellung von Beton unter Verwendung von Restbeton, Restmörtel und Brauchwasser".

Maßgebend für die Höhe des erforderlichen Wassergehaltes ist die gewünschte Verarbeitbarkeit (Konsistenz) des Betons. Er hängt von Art, Größtkorn und Sieblinie des Zuschlags und vom Mehlkorngehalt ab. Für die Abschätzung des Wasserbedarfs von 1 m^3 verdichteten Frischbeton existiert eine Reihe von empirischen Tabellenwerten, Kurvenscharen und Formeln, in denen der Wasserbedarf w in kg/m^3 in Abhängigkeit von der gewünschten Konsistenz und der Kornzusammensetzung des Zuschlags (z. B. ausgedrückt durch die Körnungsziffer k) angegeben wird, z. B.

- die Kurven und Tabellen von *Walz* (siehe [6/5] und *Scholz* 10. Aufl.)
- die Wasseranspruchszahlen von *Kluge* (siehe Tafel 5.11 und [6/3])
- die Wasseranspruchszahlen von *Bonzel/Dahms* (siehe beton 1978, H. 9 bis 11)
- die in den „Betontechnischen Daten" der Readymix Transportbeton GmbH in 4030 Ratingen angegebenen Werte (siehe Tafel 6.6 und Abb. 6.1)
- die Formel für w von *Tietze*

252 Beton

$$w = \frac{1100}{k+3} + a; \quad \begin{aligned} a &= 0 \text{ bei Konsistenz KS} \\ &= 20 \text{ bei Konsistenz KP} \\ &= 40 \text{ bei Konsistenz KR} \end{aligned}$$

Die Werte gelten i. d. R. für Kiesbeton ohne Zusatzstoffe und Zusatzmittel. Sie sind zu erhöhen, wenn gebrochenes Korn verwendet wird und/oder Zusatzstoffe (z. B. Flugasche) zugegeben werden bzw. zu verringern bei Zugabe von BV- oder LP-Mitteln.

Von *Walz* (siehe oben) werden folgende Korrekturwerte angegeben:

1. Steigt der Mehlkorngehalt aus Zement + *gesondert* zugegebenen Zusatzstoffen über 350 kg/m³, dann erhöht sich der Wassergehalt um etwa 1 kg/m³ für je 10 kg/m³ Mehlkornanteil. Der Mehlkorngehalt des Zuschlags entsprechend den Sieblinien ist in den Wasserbedarfszahlen bereits berücksichtigt.
2. Verwendung von *Splitt* (gebrochenes Korn) ab 8 mm Korngröße erhöht den Wasseranspruch um wenigstens 5 %, ab bereits 4 mm Korngröße um 7 bis 10 %.
3. Bei der Verwendung eines *Verflüssigers* (BV) kann der abgelesene Wassergehalt um wenigstens 5 % vermindert werden. Bei Verwendung von *Luftporenbildern* (LP) können im Mittel für 1 Vol.-% *zusätzlicher* Luftporen etwa 5 kg/m³ Wasser abgezogen werden (siehe Abschnitt 6.4.3).

Beispiel 6.1: Ermittlung des Wasseranspruchs
Gegeben: Zuschlaggemisch 0/32, SL B/C 32, Körnungsziffer 3,80; Konsistenz KR (für Eignungsprüfung oberer Bereich)
Gesucht: Wasseranspruch

Ergebnis: nach Abb. 6.1: $w = 197$ kg/m³ (siehe Pfeilweg)
nach Tafel 6.6: Linear interpoliert zwischen $k = 3,30$ und $k = 4,20$
$w_1 = 204$ kg/m³ (hoch)
$w_2 = 191$ kg/m³ (niedrig)
Mittelwert aus w_1 und w_2:
$w_m = 198$ kg/m³

Vergleich mit der Formel von *Tietze:*

$$w = \frac{1100}{3,80 + 3} + 40 = 202 \text{ kg/m}^3$$

Der tatsächlich erforderliche Wassergehalt zur Erreichung einer bestimmten Konsistenz läßt sich *genau* erst durch eine Probemischung ermitteln (Eignungsprüfung).

Tafel 6.6 Abschätzung des Wasseranspruchs w [kg/m³] von Frischbeton für verschiedene Konsistenzbereiche; nach [6/2]

Konsistenz-bereich	Wasser-anspruch des Zuschlags	Sieblinie								
		A 8	B 8	C 8	A 16	B 16	C 16	A 32	B 32	C 32
KS	hoch	155	190	210	140	170	190	130	145	165
	niedrig	145	175	195	120	150	175	105	130	160
KP	hoch	180	205	230	160	185	210	155	180	200
	niedrig	170	195	220	140	170	200	135	165	190
KR	hoch	200	230	250	185	215	235	175	195	215
	niedrig	185	215	235	170	195	220	155	180	205
Körnungsziffer k		3,64	2,89	2,27	4,61	3,66	2,75	5,48	4,20	3,30

6.3.5 Wasserzementwert

Eine Kontrolle der richtigen Wasserzugabe *auf der Baustelle* ist durch die Konsistenzprüfung möglich. Außerdem kann der Wassergehalt durch Trocknen einer Frischbetonprobe überprüft werden (siehe Abschnitt 6.12.5).

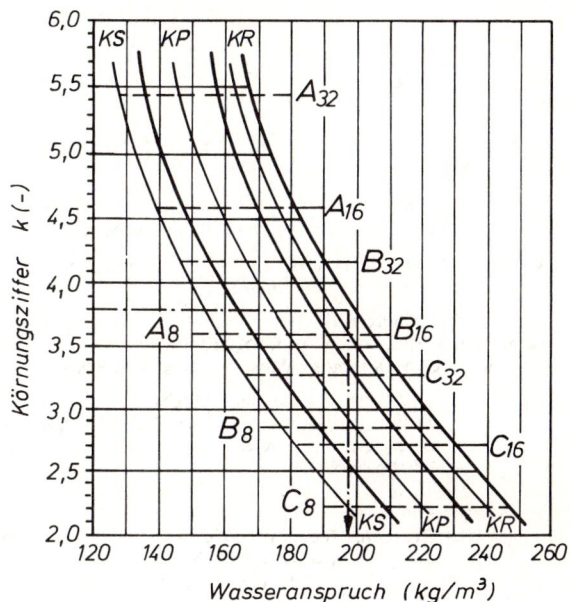

Abb. 6.1 *Abhängigkeit zwischen Körnungsziffer k des Zuschlaggemischs und Wasseranspruch w des Frischbetons; nach [6/2]*

6.3.5 Wasserzementwert

Das Masseverhältnis von Wassergehalt und Zementgehalt wird als Wasserzementwert (*w/z*-Wert) bezeichnet:

$$\text{Wasserzementwert } \omega = w/z = \frac{\text{Wassergehalt } w \text{ in kg oder kg/m}^3}{\text{Zementgehalt } z \text{ in kg oder kg/m}^3}$$

Die Größe des Wasserzementwertes ist von ausschlaggebender Bedeutung für den Porenraum im Zementstein (siehe auch Abschnitt 6.24.3a) und damit für die Dichtigkeit und Festigkeit des Betons.

Zement bindet chemisch und physikalisch nur etwa 40 % seiner Masse an Wasser (siehe Abschnitt 4.6.1 e). Das entspricht einem Wasserzementwert von 0,4. Das darüber hinausgehende Wasser (Überschußwasser) hinterläßt im Zementstein Kapillarporen. Je größer der *w/z*-Wert wird, um so geringer sind Dichtigkeit und Festigkeit des Betons. Günstig sind Wasserzementwerte zwischen 0,4 und 0,6.

254 Beton

Muß aus verarbeitungstechnischen Gründen die Konsistenz des Betons erhöht werden, darf das stets nur durch gleichzeitige Erhöhung der Wasser- und Zementmenge erfolgen, damit der w/z-Wert unverändert bleibt.

Zur Gewährleistung des *Korrosionsschutzes* der Bewehrung schreibt die DIN 1045 für Stahlbeton folgende w/z-Werte vor (siehe auch Tafel 6.5):

$\omega \leq 0{,}65$ bei Verwendung von Z 25
$\omega \leq 0{,}75$ bei Verwendung von Z 35 und höher

Bei Beton B I und B II, der für Außenbauteile verwendet wird, ist der Betonzusammensetzung ein Wasserzementwert von 0,60 zugrunde zu legen, wobei Einzelwerte den Wert 0,65 nicht überschreiten dürfen. Bei Verwendung von Flugasche darf anstelle $\omega = w/z$ der Wert $\omega = w/(z + 0{,}3 \cdot f) \leq 0{,}60$ (Mittelwert) bzw. $\leq 0{,}65$ (Einzelwert) gesetzt werden. Hierbei darf allerdings der Flugascheanteil f höchstens mit $0{,}25 \cdot z$ in Ansatz gebracht werden (siehe auch Abschnitt 4.5.3). Hohe Mengen flüssiger Zusatzmittel ($\geq 2{,}5$ l/m^3) müssen bei der Berechnung des w/z-Wertes ebenfalls berücksichtigt werden (siehe auch Abschnitt 6.4.1).

Den Zusammenhang zwischen Beton-Würfeldruckfestigkeit, Wasserzementwert und Normendruckfestigkeit des Zementes veranschaulicht das **Wasserzement-Gesetz von *Walz*** (siehe Abb. 6.2 bzw. 6.3).

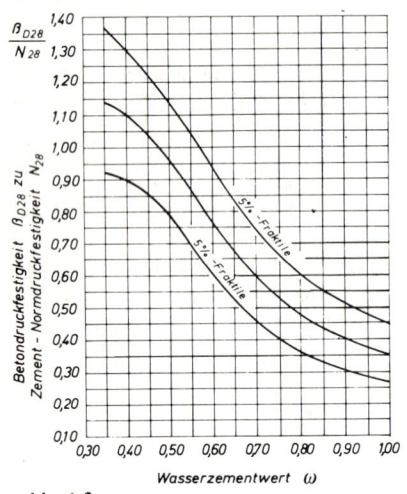
Abb. 6.2

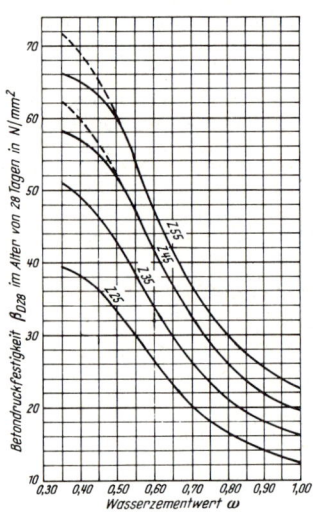
Abb. 6.3

Empirisch ermittelte Beziehung zwischen der Druckfestigkeit β_{D28} von Betonen üblicher Zusammensetzung, der Normendruckfestigkeit N_{28} bzw. der Festigkeitsklasse der verwendeten Zemente und dem Wasserzementwert $\omega = w/z$ (Wasserzementwert-Gesetz von Walz nach [6/5]). β_{D28} ist der Mittelwert aus der Prüfung dreier aus einer Mischung entnommenen 20-cm-Würfel. Dem Diagramm 6.3 liegen mittlere Zementfestigkeiten zugrunde, die um 10 N/mm^2 über der Nennfestigkeit, bei Z 55 um 8,5 N/mm^2 über der Nennfestigkeit liegen.

Für Betone höherer Festigkeitsklassen und besonders günstiger Zusammensetzung ergeben sich β_{D28}-Werte, die über der mittleren Kurve der Abb. 6.2 liegen. In Abb. 6.3 entsprechen diesen Betonen die gestrichelten Linien.

6.4 Betonzusätze

Die Abb. 6.2 gestattet es, bei bekannter Normdruckfestigkeit N_{28} des Zementes entweder den für eine bestimmte Betondruckfestigkeit β_{D28} erforderlichen Wasserzementwert ω oder die sich aus einem bestimmten w/z-Wert ergebende Betondruckfestigkeit β_{D28} abzuschätzen. In den Beispielen 6.2, 6.3 und 6.4 wird von folgenden Eckwerten ausgegangen: Zielfestigkeit des Betons β_{D28} = 43 N/mm^2 (B 35 mit einem Vorhaltemaß von 3 N/mm^2; siehe Tafel 6.24), mittlere Normdruckfestigkeit des Zements von N_{28} = 48 N/mm^2 (siehe Abschnitt 4.6.4a$_4$).

Beispiel 6.2: $\beta_{D28} : N_{28}$ = 43:48 = 0,90. Aus Abb. 6.2 folgt ein w/z-Wert von ω = 0,53.

Beispiel 6.3: Gemessener w/z-Wert = 0,53. Aus Abb. 6.2 folgt (umgekehrter Weg wie in Beispiel 6.2) $\beta_{D28} : N_{28}$ = 0,90, β_{D28} = 0,90 · 48 = 43 N/mm^2.

Werden z. B. durch Zusatzmittel höhere Luftporengehalte als 1,5 Vol.-% erreicht, so ist der über 15 l/m^3 hinausgehende Luftporengehalt ΔP dem Wassergehalt w in kg/m^3 hinzuzufügen und daraus ein **wirksamer w/z-Wert** $\omega' = (w + \Delta P) : z$ zu berechnen (siehe Beispiel 6.4).

Beispiel 6.4: Aus einer Betonberechnung ergibt sich mit den oben angegebenen Eckwerten für einen Beton der Konsistenz KR und eine Zuschlag-Sieblinie B 32 wie in Beispiel 6.2 ein w/z-Wert von 0,53, nach der Formel von *Tietze* (siehe Abschnitt 6.3.4) ein Wassergehalt w = 1100/(4,91 + 3) + 40 = 179 kg/m^3 und daraus ein Zementgehalt z = 179 : 0,53 = 338 kg/m^3.

Durch Zugabe von LP-Mittel sei ein LP-Gehalt von 4,0 Vol.-% angepeilt, d. h. 2,5 Vol.-% $\triangleq$ 25 l/m^3 zusätzlicher LP-Gehalt. Der wirksame w/z-Wert beträgt damit w' = (179 + 25) : 338 = 0,60. Aus Abb. 6.2 ergibt sich damit ein $\beta_{D28} : N_{28}$ = 0,76 und β_{D28} = 0,76 · 48 = 36,5 N/mm^2, d. h. ein Festigkeitsabfall von 6,5 N/mm^2 $\triangleq$ 15 %.

Nach Abschnitt 6.3.4 (Korrekturwerte von *Walz*) können je 1 Vol.-% zusätzlich eingeführter Luftporen 5 kg/m^3 Wasser eingespart werden (Gleitwirkung der durch LP-Mittel erzeugten Kugelporen), hier also 2,5 · 5 = 12,5 kg/m^3. Um unter diesen Umständen auf die gewünschte Zielfestigkeit von 43 N/mm^2 zu kommen, müßte zunächst der wirksame Wassergehalt w' = 179 + 25 – 12,5 = 191,5 kg/m^3 und daraus der erforderliche Zementgehalt zu z = 191,5 : 0,53 = 361 kg/m^3 berechnet werden. Der wirksame Wasserzementwert beträgt nun w' = (179 + 25 – 12,5) : 361 = 0,53, womit die gewünschte Zielfestigkeit von 43 N/mm^2 wie in Beispiel 6.2 erreicht wird. Der tatsächlich vorhandene Wassergehalt beträgt w = 179 – 12,5 = 166,5 kg/m^3.

Wird eine Voraussage der Betonfestigkeit zu einem früheren Zeitpunkt als 28 Tage gewünscht, so kann die Abb. 6.2 als Näherung verwendet werden, wenn man die Normfestigkeit des Zementes für das betreffende Alter einsetzt (siehe Beispiel 6.5).

Beispiel 6.5: Gemessener w/z-Wert = 0,53; aus Abb. 6.2 folgt $\beta_{D28} : N_{28}$ = 0,9; Normdruckfestigkeit des Zementes nach 7 Tagen N_7 = 18,5 N/mm^2; β_{D7} = 18,5 · 0,9 = 16,7 N/mm^2.

6.4 Betonzusätze

6.4.1 Arten und Zweck

Man unterscheidet zwischen Betonzusatz*mitteln* und Betonzusatz*stoffen.*

Zusatzmittel wirken chemisch und/oder physikalisch. Sie werden dem Beton, Mörtel oder Einpreßmörtel für Spannbetonkanäle zugegeben, um bestimmte Eigenschaften des Frischbetons und/oder Festbetons zu beeinflussen. Wegen der geringen Zusatzmengen ($\leq$ 50 g bzw. $\leq$ 50 cm^3 je kg Zement) kann ihr Stoffraum deshalb bei der Mischungsberechnung, abgesehen von ggf. entstehenden Luftporen und dem Wasseranteil flüssiger Zusatzmittel bei hoher Dosierung, unberücksichtigt bleiben im Gegensatz zu den **Zusatzstoffen** (z. B. Gesteinsmehle, latent-hydraulische Stoffe, Puzzolane, Farbpigmente u. ä.), die ebenfalls bestimmte Eigenschaften des Betons beeinflussen sollen.

Alle Betonzusätze dürfen weder die Güte des Betons beeinträchtigen noch die Stahlkorrosion fördern. Deshalb dürfen nur Betonzusatzmittel verwendet werden, denen vom Institut für Bautechnik ein Prüfzeichen zugeteilt wurde. Ähnliches gilt auch für die Betonzusatzstoffe, wenn sie nicht die Bedingungen der DIN 4226 bzw. 51 043 (Traß) erfüllen oder allgemein bauaufsichtlich zugelassen sind. Bei Verwendung von Betonzusätzen ist die Eignungsprüfung des Betons gemäß DIN 1045 stets erforderlich.

Betonzusatzmittel, denen ein Prüfzeichen nach den „Richtlinien für die Zuteilung von Prüfzeichen für Betonzusatzmittel" (Fassung Februar 84) zugeteilt wird, werden in die in Tafel 6.7 angegebenen Arten eingeteilt.

Tafel 6.7 Betonzusatzmittel

Wirkungsgruppe	Kurzzeichen	Farbkennzeichen
Betonverflüssiger	BV	gelb
Fließmittel	FM	grau
Luftporenbildner	LP	blau
Dichtungsmittel	DM	braun
Verzögerer	VZ	rot
Beschleuniger	BE	grün
Einpreßhilfen	EH	weiß
Stabilisierer	ST	violett

Die Farbkennzeichen der Gebinde (siehe Tafel 6.7) wurden eingeführt, um Verwechslungen zu vermeiden.

Die für die Zuteilung eines Prüfzeichens geforderten Prüfungen erstrecken sich auf chemische Analyse zur Bestimmung des Gehaltes an Halogenen außer Fluor (F), elektrochemische Prüfung zum Nachweis etwa vorhandener korrosionsfördernder Stoffe, Prüfung der Raumbeständigkeit und des Erstarrens von Zementen in Verbindung mit dem Zusatzmittel. – Der Gesamtgehalt an Halogen außer F darf wegen ihrer stark korrosionsfördernden Wirkung 0,2 Masse-% (bei Einpreßhilfen 0,1 Masse-%) – ausgedrückt als Chlor (Cl) – nicht übersteigen. Im Beton bzw. Mörtel darf der durch Zusatzmittel eingeführte Halogengehalt (außer F), ausgedrückt als Cl, nicht größer sein als 0,01 Masse-%, bei Spannbeton nicht größer als 0,002 Masse-%, bezogen auf das Zementgewicht. Weiter werden die Gleichmäßigkeit – Schüttdichte bei pulverförmigen, Dichte bei flüssigen Zusatzmitteln, Neigung zum Entmischen –, Änderung des Luftgehaltes im Frischmörtel durch das Zusatzmittel sowie die Wirksamkeit geprüft, gegebenenfalls auch der Alkaligehalt, wenn das Zusatzmittel für Beton mit alkaliempfindlichem Zuschlag verwendet werden soll.

Durch die Zuteilung eines Prüfzeichens und die damit verbundene Prüfung werden Eignungsprüfungen für den Betonhersteller nicht überflüssig! Dies muß beachtet werden, da die Wirkung von den Ausgangsstoffen und der Zusammensetzung des Betons oder Mörtels sowie von den übrigen Bedingungen bei der Betonherstellung abhängt und weil die Zusatzmittel gleichzeitig bestimmte Betoneigenschaften positiv, andere negativ beeinflussen können. Auch Bauausführungen, die vom Normalfall abweichen (wechselnde Temperaturen, andere Zuschläge oder Mischungsverhältnisse), können die Wirkung verändern. Werden mehrere Zusatzmittel einem Beton zugegeben, darf die insgesamt zugesetzte Menge 50 ml bzw. 50 g je kg Zement nicht überschreiten. Dabei dürfen nicht mehrere Zusatzmittel derselben Wirkungsgruppe angewendet werden, ausgenommen bei Fließmitteln. Für die Herstellung eines Betons mit mehreren Zusatzmitteln muß der Hersteller über eine Betonprüfstelle E verfügen.

Die Mindestzusatzmenge soll bei Anwendung von Betonzusatzmitteln 2 ml bzw. 2 g je kg Zement nicht unterschreiten. – Werden bei flüssigen Zusatzmitteln 2,5 l oder mehr je m^3 verdichteten Betons zugegeben, so ist die Zusatzmenge bei der Bestimmung des Wasserzementwertes dem Wassergehalt zuzurechnen.

Für *Spannbetonbauteile* dürfen Betonzusatzmittel nur verwendet werden, wenn dies im Prüfbescheid ausdrücklich gestattet ist. Dabei ist auch die Art des Spannbetons zu beachten, da in den Fällen, wo der Spannstahl nicht in Hüllrohren liegt, ähnlich wie bei Einpreßhilfen (EH) besondere Forderungen erfüllt sein müssen, wie z. B. die Beschränkung auf 0,1 Masse-% Halogengehalt. Ferner darf bei diesem Spannbeton ohne Hüllrohre die größte zulässige Zusatzmenge 20 g bzw. cm^3 je kg Zement nicht überschreiten.

Frostschutzmittel sollten die Bedingungen für Erstarrungsbeschleuniger (BE) erfüllen und das entsprechende Prüfzeichen nach den oben erwähnten Richtlinien tragen.

Die Betonzusatzmittel gibt es als Pulver oder/und in flüssiger Form. Das Pulver wird i. allg. dem Zement trocken zugesetzt und im Betonmischer gemischt oder schon mit dem Bindemittel Zement vorgemischt. Flüssige Zusatzmittel werden meist dem Anmachwasser beigegeben. Die Art der Zugabe und vor allem die Zugabemenge ist genau nach den Angaben des Prüfbescheides und den Vorschriften des Herstellers auszuführen. Deshalb ist darauf zu achten, daß der Prüfbescheid im Betonwerk oder auf der Baustelle vorliegt. Die Verantwortung für evtl. Schadensfälle liegt in erster Linie in den Händen des Verwenders!

Da ungleichmäßige Verteilung des Zusatzmittels örtliche Schäden im Beton verursachen kann, sollte der Beton mit Zusatzmittel grundsätzlich etwas länger gemischt werden als Beton ohne Zusatzmittel.

6.4.2 Betonverflüssiger (BV)

sollen die Verarbeitbarkeit des Frischbetons verbessern und den Wasseranspruch des Betons vermindern, wodurch eine Erhöhung der Festigkeit und Dichte des erhärteten Betons erreicht werden kann. Damit werden auch die Frostbeständigkeit, Wasserundurchlässigkeit und Widerstandsfähigkeit gegen chemische Angriffe erhöht. Wenn dabei der Wasserzementwert mit geringerem Zementgehalt erreicht wird, so verringert man bei Massenbeton die Schäden, die durch die große Erwärmung infolge Hydratation auftreten können.

Die Wassereinsparung ist abhängig vom Zusatzmittel und von der Betonzusammensetzung (Zementgehalt, Sieblinie, Zuschlagsart usw.). Sie ist bei steifem Beton geringer als bei weichem und liegt i. allg. zwischen 5 und 15 %.

Als Nebenerscheinung können je nach Grundstoffbasis der BV-Mittel Erstarrungsverzögerungen oder Luftporenbildungen und bei zu hoher Dosierung größeres Schwinden und Kriechen vorkommen.

Meist sind die BV-Mittel auf der Basis von ligninsulfosauren Salzen oder in Verbindung mit Polymeren (z. B. auf Melaminharzbasis, Naphthaleinsulfonate, Alkylphenolglykoläther) aufgebaut. Sie setzen die Oberflächenspannung des Wassers herab, wodurch eine bessere Benetzung der Feststoffanteile und eine vollkommenere Dispergierung (Feinverteilung) des Zements, eine Verminderung der inneren Reibung und damit eine bessere Ausnutzung des Zements sowie eine größere Beweglichkeit bzw. Verarbeitbarkeit des Frischbetons erfolgt. Damit kann auch der Klumpenbildung oder einer Entmischung beim Transport und Einbau begegnet werden. Da aber entspanntes Wasser aus den Betonkapillaren schneller als normales, nicht entspanntes Wasser verdunstet, muß dieser Beton besonders gut feucht gehalten werden.

6.4.3 Fließmittel (FM)

auch Superverflüssiger genannt, vermindern wie die Verflüssiger den Wasseranspruch und/oder verbessern die Verarbeitbarkeit des Betons, jedoch ist ihre Wirkung stärker als die der Verflüssiger.

Bei relativ niedrigem Wassergehalt (günstiger w/z-Wert) entsteht ein Beton mit sehr weicher bis flüssiger Konsistenz, der bei gutem Fließvermögen nicht zur Entmischung neigt, sondern seinen Zusammenhalt bewahrt.

Fließmittel müssen bei einer Zusatzmenge zwischen 4 ml je kg Zement und der zulässigen Zugabemenge das Ausbreitmaß des Betons um mind. 8 cm vergrößern gegenüber Vergleichsbeton mit gleichem Flüssigkeitsgehalt aus Anmachwasser und Fließmittel. Bleibt im Vergleichsbeton die Flüssigkeitsmenge des Fließmittels unberücksichtigt, muß der Beton mit Fließmittel ein um 12 cm größeres Ausbreitmaß haben als der Vergleichsbeton. Fließmittel (stets flüssig) werden zur Herstellung von Fließbeton, Konsistenz KF mit einem Ausbreitmaß zwischen 49 und 60 cm, eingesetzt, daneben auch für Beton mit Fließmitteln, dessen Konsistenz KR entspricht (Regelkonsistenz).

Für die Anwendung von Fließmitteln ist die „Richtlinie für Beton mit Fließmittel und für Fließbeton; Herstellung, Verarbeitung und Prüfung" (Januar 1986) zu beachten. Als Ausgangsbeton dient ein Beton der Konsistenzbereiche KS oder KP mit einem Ausbreitmaß zwischen 30 und 41 cm bzw. einem Verdichtungsmaß zwischen 1,40 und 1,10. Die Fließmittelzugabe zu Beton der Konsistenz KS darf 8 ml je kg Zement nicht unterschreiten.

Wird nachdosiert, kann die Zugabemenge auf 2 ml je kg Zement gesenkt werden, wenn die gleichmäßige Einmischbarkeit gewährleistet ist, wozu i. allg. der Beton die Konsistenz KR nicht unterschritten haben darf. Durch Nachdosieren darf weder die zulässige Zugabemenge noch der festgelegte Wasserzementwert überschritten werden. Zu beachten ist, daß die verflüssigende Wirkung bei Fließmitteln meist auf 30 bis 90 Minuten nach Zumischen begrenzt ist und die Wirkungsdauer auch durch die Temperatur beeinflußt wird. Bei höheren Temperaturen nimmt die Wirkung stärker mit der Zeit ab als bei niedrigen Frischbetontemperaturen. Die Zugabe des Fließmittels soll deshalb unmittelbar vor dem Einbau erfolgen. Bei Transportbeton wird das Fließmittel erst nach Ankunft auf der Baustelle zugegeben und im Fahrmischer mind. 5 Minuten gemischt. Bei Dosierung in stationären Mischern mit besonders guter Mischwirkung darf die Mischzeit 1 Minute nicht unterschreiten.

6.4.4 Luftporenbildner (LP)

Die 28-Tage-Festigkeit der Fließbetone ist in der Regel ebenso groß wie die Festigkeit des Ausgangsbetons; sie kann auch größer sein, sie kann aber auch geringfügig niedriger sein als die des Ausgangsbetons.

Technische Vorteile bietet der Fließbeton vor allem beim Betonieren schmaler und hoher oder dichtbewehrter Bauteile, bei Straßenbeton, Industrieböden und anderen horizontalen oder nur schwach geneigten Bauteilen (etwa bis 3 % Neigung). Er ist besonders wirtschaftlich, wenn er ohne Zwischenschaltung von Kran oder Betonpumpe unmittelbar über Rutschen oder durch Rohre an die Einbaustelle gelangt.

Für Fließbeton mit hohem Frost-Tausalz-Widerstand schreiben die Richtlinien einen Wasserzementwert $\leq$ 0,50 vor. Neben dem Fließmittel ist in diesem Fall auch eine Zugabe von Luftporenbildnern (LP-Mittel) erforderlich. Dabei ist nachzuweisen, daß die Wirksamkeit des LP-Mittels durch die Kombination mit dem Fließmittel im erforderlichen Maß erhalten bleibt.

Im Straßenbau zu beachten: Ergänzung zur ZTV-Beton 78 – „Fahrbahndecken aus Beton mit Fließmittel" (Ausgabe 1980).

6.4.4 Luftporenbildner (LP)

sollen vorwiegend zur Verbesserung der Frost- bzw. Frost-Tausalz-Beständigkeit dienen. Durch sie werden etwa kugelförmige Mikroluftporen (Durchmesser bis 0,3 mm) gleichmäßig verteilt und in geringem Abstand voneinander in den Beton eingeführt. Der Abstandsfaktor als ein statistisch errechneter Wert für den Abstand eines Punktes im Zementstein vom Rand der nächsten Luftpore soll kleiner als 0,2 mm sein. Die Luftporenbildung erfolgt in der Regel durch grenzflächenaktive, schaumbildende Stoffe auf physikalisch-mechanische Weise (nicht wie bei Gasbeton infolge chemischer Reaktionen). Die Luftporenbildner, z. B. auf Basis Vinsol-Resin (Naturharzseifen) oder Alkylarylsulfonate oder Polyglykoläther, erzeugen während des Mischens im Beton einen feinblasigen Schaum. Dieser muß möglichst stabil sein, damit sich die kleinen Luftbläschen nicht zu großen Blasen vereinigen und sie nicht beim Fördern, Einbauen und Rütteln des Betons entweichen, sondern bis zum Erhärten des Betons bestehenbleiben. Die Luftporen bewirken, daß der Beton geschmeidiger und besser verarbeitbar wird, gleichzeitig der Wasseranspruch des Betons sinkt und der notwendige Mehlkorngehalt vermindert werden kann. Durch 1 % zusätzlich eingeführte Luftporen können etwa 5 Liter Wasser je m^3 Beton eingespart und der Mehlkorngehalt um 10 bis 15 kg vermindert werden – bei gleichbleibender Verarbeitbarkeit des Betons.

Die Erhöhung der Frostbeständigkeit ist darauf zurückzuführen, daß die kugelförmigen Poren die röhrenförmigen Hohlräume (Kapillaren) und deren Saugwirkung unterbrechen und das vom Frost verdrängte Kapillarwasser aufnehmen, womit den sich bildenden Eiskristallen Platz gegeben ist, der Eisdruck sich dadurch vermindert. Das gleiche gilt für den Kristallisationsdruck der Tausalze.

Die Luftporen bilden sich leichter und zahlreicher in plastischem (Konsistenz KP) und weichem (KR) sowie feinstoffreichem Beton (Korngruppe 0,25/0,5 mm, nicht zu hoher Mehlkorngehalt). In erdfeucht hergestelltem Beton können Mikroluftporen durch LP-Mittel nur mit großem Aufwand erzeugt werden.

Der Einsatz von LP-Mitteln ist für Beton mit hohem Frostwiderstand empfehlenswert, für Beton, der dabei häufig mit Tausalzen in Berührung kommt, unerläßlich (Betonwaren und sehr steifer Beton ausgenommen) und für Straßenbeton nach ZTV-Beton 78 zwingend vorgeschrieben. Der notwendige Luftporengehalt für solche Betone ist in DIN 1045 aufgeführt und in Tafel 6.8 angegeben.

Tafel 6.8 Luftporengehalt im Frischbeton bei hohem Frostwiderstand und Tausalzbeanspruchung

Größtkorn des Zuschlaggemisches in mm	Mittlerer Luftgehalt (Volumenanteil in %)[1]
8	$\geq$ 5,5
16	$\geq$ 4,5
32	$\geq$ 4,0
63	$\geq$ 3,5
[1] Einzelwerte dürfen diese Anforderung um höchstens 0,5 % Volumenanteil unterschreiten.	

Hinweise für Straßenbeton auch im „Merkblatt für die Verwendung von Luftporenbildnern für Beton" (Ausgabe 1980) der Forschungsgesellschaft für das Straßen- und Verkehrswesen

Da ein Übermaß an Luftporen das Schwinden und die Druckfestigkeit nachteilig beeinflussen kann, ein gewisser Mindestgehalt von Luftporen aber z. T. vorgeschrieben ist, muß der Luftporengehalt im Frischbeton bestimmt werden (siehe Abschnitt 6.12.2).

Der Luftporengehalt im Frischbeton ist u. a. abhängig vom Betonaufbau, der Sieblinie der Zuschläge, der Mischzeit und der Mischtemperatur.

Bei Sichtbeton ist wegen erhöhter Bildung von Luftporen an der Oberfläche Vorsicht geboten.

LP-Mittel können die Pumpfähigkeit des Frischbetons beeinträchtigen.

Die bei LP-Mitteln aufgeführte Bezeichnung AEA kommt aus den USA und bedeutet „Air entraining agents".

Nicht zu den LP-Mitteln im vorstehenden Sinne gehören die **Schaumbildner,** die zur Herstellung von Porenleichtbeton oder Schaumbeton (siehe Abschnitt 6.21.1) und für sehr leichte Mörtel verwendet werden. Schaumbildner erzeugen entweder direkt im Mörtel oder Beton eine große Anzahl von kleinen, in sich geschlossenen Luftblasen – Zugabe beim Mischvorgang, verlängerte Mischzeit zur Schaumbildung nötig –, oder sie werden zunächst mit Wasser in einem Schaumgerät zur Erzeugung von Fertigschaum eingesetzt, der danach dem Beton oder Mörtel untergemischt wird. Stabilisierende Zusätze sorgen dafür, daß der hohe Luftporengehalt während der Verarbeitung erhalten bleibt.

6.4.5 Betondichtungsmittel (DM)

sollen die Wasseraufnahme bzw. das Eindringen von Wasser in den Beton vermindern. Sie werden deshalb vorwiegend im Grund-, Wasser- und Behälterbau verwendet.

Da die Erwartungen nicht immer und besonders die Dauerwirkung oft nicht erfüllt wurden und vor allem bei ungünstig zusammengesetztem oder schlecht verdichtetem Beton die gewünschte dichtende Wirkung auch durch DM-Mittel nicht erreicht

6.4.5 Betondichtungsmittel (DM)/6.4.6 Erstarrungsverzögerer (VZ)

werden kann, sind vor Anwendung der DM-Mittel in erster Linie allgemeine betontechnologische Voraussetzungen für dichten Beton zu beachten: niedriger Wasserzementwert (möglichst < 0,6), ausreichend hoher Zementgehalt (etwa 300 bis 360 kg je m^3 Beton) bzw. ausreichende Mehlkornmenge, günstiger Kornaufbau des Zuschlags (Sieblinie A/B), gute Verdichtung sowie entsprechende Nachbehandlung des jungen Betons (u. a. Vermeidung zu schneller Austrocknung mit Schwindrißbildung). Siehe auch: Wasserundurchlässiger Beton (Abschnitt 6.10.2), gegebenenfalls kann auch die Anwendung von Spannbeton (siehe Abschnitt 6.18) sinnvoll sein.

DM-Mittel wirken je nach Zusammensetzung verschieden: wasserabstoßend (hydrophobierend), porenverstopfend, porenvermindernd oder verflüssigend. Häufig sind die DM-Mittel so zusammengesetzt, daß kombinierte Wirkungen eintreten.

Hydrophobierende Wirkung haben DM-Mittel auf Oleat- oder Stearatbasis, sie machen die Kapillarporenwandungen wasserabstoßend und hindern nichtdrückendes Wasser, tiefer in die Poren einzudringen. Der wasserabweisende Effekt nimmt aber mit zunehmendem Druck ab. Erfahrungen darüber, ob die wasserabstoßende Wirkung auch über lange Zeit anhält, liegen noch nicht vor.

Porenverstopfend wirken Eiweißstoffe bzw. Eiweißabbauprodukte. Sie quellen durch Wasseraufnahme auf und verengen und verstopfen dadurch die Kapillarporen. Beim Austrocknen des Betons geht die Quellung und damit die dichtende Wirkung wieder zurück, bei erneutem Wasserangebot setzt sie wieder ein.

Porenvermindernd wirken silikatische Stoffe, wie Wassergläser, hydratisierte Kieselsäureverbindungen, Bentonit, Traß (s. auch 6.4.10), die z. T. mit den Hydratationsprodukten des Zements Hydrosilikate bilden und durch kolloidalen Zustand die Kapillarporosität vermindern. Auch hier geht die Wirkung beim Austrocknen des Betons zurück und setzt bei Feuchtigkeitsangebot wieder ein.

Verflüssigend wirkende oberflächenaktive Stoffe (siehe Abschnitt 6.4.2) vermindern den Wasseranspruch und lassen damit einen dichteren Zementstein entstehen, so daß dadurch die Porosität verringert und der Beton somit dichter wird.

Die Bezeichnung *Sperrbeton* wird in DIN 4117 (Abdichtung von Bauwerken gegen Bodenfeuchtigkeit) für Beton mit Zusatz von Dichtungsmitteln und entsprechender Zusammensetzung verwendet, ist aber umstritten.

6.4.6 Erstarrungverzögerer (VZ)

sollen das Erstarren des Betons deutlich verzögern. – Bei normalen Temperaturen beginnt mit Normzement hergestellter Beton i. allg. nach 2 bis 3 Stunden zu erstarren. Soll der Beton länger als gewöhnlich verarbeitbar bleiben, so können VZ-Mittel dies ermöglichen. VZ-Mittel werden meist verwendet, wenn größere Bauteile ohne Arbeitsfugen hergestellt oder wenn der Beton in Teilabschnitten nachverdichtet werden soll, wenn lange Transportwege zur Einbaustelle oder wenn im Hochsommer die Erstarrungsbeschleunigung durch hohe Temperaturen ausgeglichen werden soll. Die Hydratationswärmeentwicklung des Zementes verläuft entsprechend der Verzögerung langsamer (günstig bei Massenbeton).

Bei Zugabe von VZ ist eine Eignungsprüfung unter Baustellenbedingungen erforderlich. Die verzögernde Wirkung ist im Bereich hoher Temperaturen geringer als bei tiefen; niedrige *w/z*-Werte verkürzen die Verzögerung, höhere verlängern sie; in schlackenreichem HOZ ist die Wirkung größer als beim PZ; bei sehr fein gemahlenen Zementen (Z 45, Z 55) ist die Wirkung schwächer. – Verzögerungszeiten können Stunden, aber auch einige Tage erreichen.

Zu beachten ist, daß der Beton vor dem Austrocknen, vor Frost und niedrigen Temperaturen länger geschützt werden muß. Ausgiebiges Vornässen der Schalung ist erforderlich, um das Verdursten des Betons an den Schalflächen, was zum Absanden der Oberfläche führen kann, zu vermeiden. Die 28-Tage-Druckfestigkeit wird nicht beeinflußt, sie kann evtl. etwas höher liegen, die Erhärtung verläuft normal. Eine Bildung von Schrumpfrissen (Schwindrißbildung in jungem Beton) kann nachteilig begünstigt werden, ebenso können sich Kalkausblühungen verstärken und Farbunterschiede bei glattem Sichtbeton ausbilden.

Bei Überdosierung können die Verzögerer in Beschleuniger „umschlagen" und auch Festigkeitsminderung bewirken, bei sehr hoher Überdosierung kann die Erhärtung des Betons u. U. ganz ausbleiben.

VZ-Mittel bestehen vorwiegend aus Phosphaten und Oxycarbonsäuren und deren Salzen sowie aus organischen Stoffen, z. B. Sulfonaten, Glukonaten, und anorganischen Stoffen, z. B. Silikaten, Boraten, Kalilauge. Diese Stoffe behindern je nach Art vorübergehend das Inlösunggehen der reaktionsschnellen Zementkomponenten, z. B. der Aluminate, oder die Einwirkung des Wassers, so daß der Hydratationsbeginn verzögert wird.

Wird die Verarbeitbarkeitszeit von Beton um mindestens 3 Stunden verlängert, so ist die „Vorläufige Richtlinie für Beton mit verlängerter Verarbeitbarkeitszeit (Verzögerter Beton)" vom März 1983, erarbeitet vom Deutschen Ausschuß für Stahlbeton, zu beachten (siehe [4/6]). Sie enthält Angaben zur Durchführung der notwendigen Eignungsprüfung, zur Herstellung, Verarbeitung und Nachbehandlung des Betons.

Danach sind die in der folgenden Übersicht aufgeführten Prüfungen durchzuführen.

Tafel 6.9

	Verträglichkeitsprüfung				Erweiterte Eignungsprüfung	Prüfung unter Baustellenbedingungen
Zugabemenge VZ Frischbeton- und Lagerungstemperatur	0 20 °C	Höchstmenge[1])			1,3 Höchst 30 °C	gem. Mischungsentwurf 20 °C[2])	wie vorhanden
		10 °C	20 °C	30 °C			
Ansteifen	+	+	+	+	+	+	+
Verarbeitbarkeitszeit	+	+	+	+	+	+	+
Erhärtungsverlauf	+	+	+	+	+	+	

[1]) Im Produktionsbereich des Betonherstellers vorgesehene Höchstmenge.
[2]) Wenn am Bauwerk deutlich von 20 °C abweichende Temperaturen zu erwarten sind, so sind zusätzliche Prüfungen bei diesen Temperaturen durchzuführen.

Im Straßenbau ist die vorgenannte Richtlinie auch bei anderen Betonzusatzmitteln zu beachten, bei denen eine nennenswerte Verzögerung als Nebenwirkung auftritt. Außerdem dürfen Erstarrungsverzögerer, die Saccharose und Hydroxycarbonsäure enthalten, im Straßenbau nicht verwendet werden [6/69].

6.4.7 Erstarrungsbeschleuniger (BE)

sollen das Erstarren des Betons deutlich beschleunigen, auch bei niedrigen Temperaturen.

Sie werden ggf. bei tiefen Temperaturen als Gefrierschutz für jungen Beton, zur Erhöhung der Standfestigkeit von Betonwaren und schnellen Wiedergewinnung der Schalung in Beton- und Fertigteilwerken, bei Spritzbeton, zur Abdämmung von Wassereinbrüchen im Stollen- und Tunnelbau und beim Einsetzen von Ankern und Steinschrauben angewendet.

Die Wirkung der Beschleuniger ist stark von der Zementart – feingemahlener PZ reagiert am stärksten – und von der Betontemperatur abhängig, so daß baustellengemäße Vorversuche besonders wichtig sind.

Bei Überdosierung kann das Erstarren verzögert statt beschleunigt werden (Umschlagen).

Früher bestanden die Beschleuniger überwiegend aus Chloriden (z. B. Calciumchlorid). Heute ist der Chloridgehalt der Beschleuniger – wie bei allen Betonzusatzmitteln – auf 0,2 Masse-% begrenzt (Korrosionsschutz der Stahleinlagen im Beton). Die BE-Mittel enthalten vorwiegend Carbonate, Aluminate, Silicate (Wasserglas) oder organische Stoffe (auf Harnstoff- oder Formiat-Basis).

Die Frühfestigkeit des Betons wird i. allg. erhöht, die 28-Tage-Festigkeit vermindert.

Ferner vergrößern die BE-Mittel das Schwindmaß, die anfängliche Wärmeentwicklung und die Gefahr der Ausblühungen. Die Erstarrungsbeschleuniger werden auch aus den oben genannten Gründen als „Frostschutzmittel (BE)" in den Handel gebracht.

6.4.8 Einpreßhilfen (EH)

für Einpreßmörtel für die Spannkanäle im Spannbetonbau sollen den Wasseranspruch und das Absetzen (Sedimentation) des Zementleims oder -mörtels verhindern, das Fließen des Mörtels beim Einpressen verbessern und ein mäßiges Quellen des Mörtels bewirken. Einpreßhilfen besitzen deshalb einen Treibeffekt (meist durch Aluminiumpulver), der dem normalen Schwinden entgegenwirken soll (Schwundausgleich), durch Gasporenbildung, wirken verflüssigend und erhöhen die Frostbeständigkeit des Mörtels ähnlich wie die LP-Mittel, haben auch eine verzögernde Komponente zur Verlängerung der Verarbeitungszeit.

Die Zugabemenge der EH ist durch Eignungsprüfung zu bestimmen und während der Bauausführungen durch Güteprüfungen nach DIN 4227 Teil 5 „Einpressen von Zementmörtel in Spannkanäle" (Dez. 1979) zu überwachen. Bei Bauwerkstemperaturen unter + 5 °C ist das Einpressen zu unterlassen. Näheres über die Eignungs-, Güte- und Erhärtungsprüfungen des Einpreßmörtels, den zu verwendenden Zement und die Wasserzugabe kann der genannten DIN-Norm entnommen werden. – Verwendung auch für Dichtungsinjektionen bei Rissen und Spalten in Bauteilen und Gesteinen und zur Verfestigung von Baugrund.

6.4.9 Stabilisierer (ST)

sollen das Absondern von Anmachwasser, das sog. „Bluten" des Frischbetons, vermindern. Der innere Zusammenhalt der Betonbestandteile wird vergrößert, Entmischungen entgegengewirkt. Die Stabilisierung wird erreicht durch eine Erhöhung der Viskosität des Wassers, wobei seine Beweglichkeit verringert und seine Anlagerung an die Feststoffteilchen gefördert wird. Gleichzeitig erhöhen die Wirkstoffe das Wasserrückhaltevermögen.

Anwendung: bei Leichtbeton, um ein Aufschwimmen von Leichtzuschlägen zu verhindern; bei Pumpbeton, um schwer pumpbare Betonmischungen pumpfähiger zu machen; bei Sichtbeton, um einheitlichere Farbwirkungen zu erzielen (durch gleichmäßige Wasserverteilung); bei Spritzbeton, um den Rückprall zu verringern; bei Werkmörtel (Transportmörtel), um dem Wasserabsondern oder zu starkem Wasserabsaugen durch Mauersteine entgegenzuwirken.

Wegen **sonstiger** Zusatzmittel, die nicht unter die hier aufgeführten Wirkungsgruppen fallen (Kunststoffemulsionen bzw. -dispersionen wie Compakta, Murafan, Haftemulsion), siehe folgenden Abschnitt und „Beton und Kunststoffe", siehe Abschnitt 6.23.

6.4.10 Betonzusatzstoffe

sind nach DIN 1045 fein aufgeteilte Stoffe, die bestimmte Betoneigenschaften beeinflussen und als Volumenbestandteile zu berücksichtigen sind, da sie dem Beton in deutlich größeren Mengen zugegeben werden als die Betonzusatzmittel.

Sie beeinflussen den Mehlkorngehalt des Betons, die Konsistenz und Verarbeitbarkeit des Frischbetons und können dadurch auch die Festigkeit, die Dichtigkeit und Beständigkeit des erhärteten Betons verbessern.

Betonzusatzstoffe sind hauptsächlich **Gesteinsmehle** (z. B. Kalksteinmehl bzw. -füller), Puzzolane und Stoffe mit latent-hydraulischen Eigenschaften wie **Traß** (siehe Abschnitt 4.5.2), Steinkohlenflugasche (**Füller**, siehe Abschnitt 4.5.3), Hochofenschlackenmehl (siehe Abschnitt 4.5.1). Puzzolane und latent-hydraulische Stoffe können auf den Bindemittelgehalt angerechnet werden, so daß der Zementgehalt verringert werden kann (dadurch Senkung der Hydratationswärme), wenn dies in der allgemeinen bauaufsichtlichen Zulassung angegeben ist.

Seltener werden Kieselgur (siehe Abschnitt 1.2.2) und Bentonit als Zusatzstoffe verwendet. Beide wirken dem Entmischen und Wasserabstoßen entgegen. – **Bentonit** ist ein Ton, der neben wenig Quarz überwiegend das Tonmineral Montmorillonit (siehe Abschnitt 1.1.38h) enthält und aus der Verwitterung vulkanischer Aschen oder junger, heller, größtenteils glasig erstarrter Ergußgesteine entstanden ist.

Durch chemische Behandlung wird die Quellfähigkeit des Bentonits stark vergrößert (kann das Mehrfache seines Eigengewichtes an Wasser aufnehmen), erstarrt bei weiterem Wasserzusatz zu einem puddingartigen Gel, das sich thixotrop verhält, d. h., es verflüssigt sich beim Schütteln, Rütteln oder bei sonstiger Bewegung und erstarrt wieder nach Aufhören der Bewegung. Als Betonzusatzstoff erhöht Bentonit die Wasserdichtigkeit und die Fließfähigkeit (Pumpbeton) und wirkt dem Aufschwimmen von Leichtzuschlägen entgegen. – Bentonitsuspensionen werden auch im Tiefbau verwendet (Schlitzwandbauweise, Bohrspülungen, Bodenabdichtungen, z. B. bei Mülldeponien, für Dichtwände Bentonit – [30 bis 60 Teile] – Zement [100 bis 300 Teile] –, Suspensionen mit Zuschlägen [Steinmehl, Sand]). Bentonit-Abdichtungsplatten sind Wellpappen, deren Rillen mit Bentonit ausgefüllt sind. Bei Wasserzutritt quillt der Bentonit auf das 12- bis 15fache seines Volumens, bildet dabei eine abdichtende Haut; die Pappe verrottet mit der Zeit.

Auch die **Farbpigmente** zum Einfärben von Beton gehören zu den Betonzusatzstoffen. Verwendet werden hauptsächlich anorganische, synthetisch hergestellte Buntpigmente, die licht- und wetterfest sowie alkalibeständig sind: Eisen (III)-oxid-**rot** (Fe_2O_3), Eisenoxidhydroxid-**gelb** (FeOOH), Eisen (II, III)-oxid-**schwarz** (Fe_3O_4) sowie **braunes** Eisenoxid (Gemisch aus Eisenoxid-rot-, gelb und -schwarz); Chrom (III)-oxid-**grün** (Cr_2O_3), Chrom (III)-oxidhydrat-**grün** (CrOOH); Kobalt-Aluminium-Chromoxid-licht**blau** ($CoO/Al_2O_3/Cr_2O_3$), Titan-Nickel-Antimonoxid-licht**gelb** oder Titandioxid-**weiß** (TiO_2). Auch Ruß bzw. Kohlenstoffpigmente *(schwarz/anthrazit)* werden verwendet.

Die Farbwirkung kann nur am ausgetrockneten, erhärteten Beton beurteilt werden und hängt auch von der Zementsorte ab. Empfehlenswert ist, für farbigen Beton weißen Zement als Bindemittel zu verwenden, da dadurch vom Zement und Wasser-Zement-Verhältnis ausgehende Farbwirkungen, die u. U. wechseln können, weitgehend vermieden werden.

Die Teilchengröße der meisten Farbpigmente liegt bei 0,005 mm, die Pigmente sind also viel feiner als Zement, die Dichten der genannten anorganischen Pigmente schwanken zwischen 3,7 und 5,2 g/cm³. Zusatzmenge je nach Farbwirkung meist zwischen 2 und 8 %, bezogen auf das Zementgewicht.

Im Straßenbau ist das „Merkblatt über farbige Betonerzeugnisse für den Straßenbau", Ausgabe 1985, zu beachten.

Betonzusatzstoffe mit organischen Bestandteilen, wie z. B. Kunstharzzusätzen, Kunststoffemulsionen oder -dispersionen, bedürfen der allgemeinen bauaufsichtlichen Zulassung oder eines entsprechenden Prüfzeichens des Instituts für Bautechnik, Berlin. Ihr Hauptanwendungsgebiet liegt z. Z. bei Ausbesserungsarbeiten, sie dienen oft als Haft- und Kontaktmittel, um Mörtel oder Beton plastischer und klebefähiger zu machen (siehe auch Abschnitt 6.23 und 6.24).

6.5 Berechnung der Betonzusammensetzung

6.5.1 Mischungsverhältnis

Gemeinhin wird auf der Baustelle unter dem Mischungsverhältnis das Verhältnis von Zuschlag zu Zement verstanden. Ein Mischungsverhältnis 4 : 1 bedeutet dann, daß auf 4 Teile Zuschlag (i. d. R. lagerfeucht) 1 Teil Zement kommt, und zwar entweder in Raumteilen (RT) oder in Masseteilen (MT) bzw. Gewichtsteilen (GT), je nach der Art, wie die Bestandteile der Mischung zugemessen werden.

Im folgenden wird das Mischungsverhältnis bei Normalbeton stets in Masseteilen angegeben und von oberflächentrockenen Zuschlägen ausgegangen:

$$\text{Mischungsverhältnis } k = \frac{\text{Zuschlag, oberflächentrocken, in kg bzw. kg/m}^3}{\text{Zement in kg bzw. kg/m}^3}$$

Häufig wird in der Betontechnologie zum Mischungsverhältnis auch der Wasserzementwert hinzugerechnet entsprechend seiner großen Bedeutung für die Eigenschaften des Betons (siehe Abschnitt 6.3.5). Dann versteht man unter Mischungsverhältnis folgenden Ausdruck:

$$\text{Mischungsverhältnis MV} = 1 : k : \omega$$

Das Mischungsverhältnis MV gibt an, wieviel Masseanteile oberflächentrockener Zuschlag (k) und Wasser (ω) auf 1 Masseteil Zement kommen.

266 Beton

Das Mischungsverhältnis MV, d. h. also die Zusammensetzung des Betons, wird in vielen Fällen aufgrund von Erfahrungswerten bekannt sein oder kann Tabellen entnommen werden, siehe [6/7].[1]) Liegen keine Erfahrungswerte vor, ist für Beton B II stets, für Beton B I i. d. R. die Zusammensetzung durch Probemischungen (sog. Eignungsprüfungen, siehe Abschnitt 6.11.3) festzulegen. Die Zusammensetzung solcher Probemischungen kann unter Zugrundelegung der gewünschten Betoneigenschaften durch sog. **Mischungsberechnungen** ermittelt werden. Dazu sind die folgenden Verfahren üblich:

1. Stoffraumrechnung   2. Zementleimmethode   3. Wasseranspruchsrechnung

6.5.2 Stoffraumrechnung

Grundlage der Stoffraumrechnung ist die Überlegung, daß sich 1 m³ verdichteter Frischbeton aus dem Stoffraum V_g und V_z der beiden Bestandteile Zuschlag und Zement, aus dem Volumen des Wassers V_w und aus dem Luftporenvolumen V_l zusammensetzt (siehe Bild unten), ausgedrückt in der sog. **Stoffraumgleichung** des verdichteten Frischbetons:

$$1000 = V_z + V_g + V_w + V_l = \frac{z}{\varrho_z} + \frac{g}{\varrho_g} + \frac{w}{\varrho_w} + V_l \; [\text{dm}^3/\text{m}^3]$$

Hierin bedeuten:
- g Zuschlagmenge (oberflächentrocken) [kg/m³]
- z Zementmenge [kg/m³]
- w Wassergehalt (Zugabewasser und Oberflächenfeuchte des Zuschlags) [kg/m³]
- V_l Luftporenvolumen [dm³/m³]
- ϱ_g Kornrohdichte des Zuschlags [kg/dm³] (siehe Abschnitt 5.2)
- ϱ_z Dichte des Zementes (kg/dm³) (siehe Beispiel 6.6.e)
- ϱ_w Dichte des Wassers = 1 kg/dm³

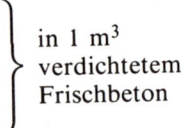
in 1 m³ verdichtetem Frischbeton

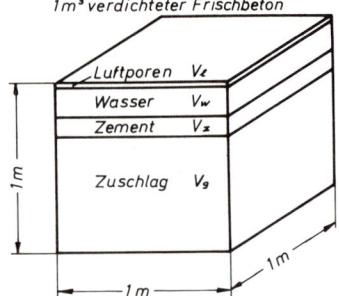

Beispiel 6.6 (Stoffraumrechnung)
Stahlbeton-Außenbauteil. Die Berechnung erfolgt tabellarisch auf Seite 267. Hierzu die folgenden Erläuterungen.

$\beta_{WM} = \beta_{WS}$ + Vorhaltemaß = 40 + 5 = 45 N/mm² (siehe Tafel 6.24)
Mindestzementgehalt: z = 270 kg/m³ für Außenbauteile aus Stahlbeton (siehe Tafel 6.5)
Für Beton mit hohem Frost- und Tausalzwiderstand gilt nach Abschnitt 6.10.3.b und Tafel 6.21:
max w/z = 0,50. Bei der Eignungsprüfung ist der w/z-Wert um 0,05 niedriger einzustellen, d. h. w/z = 0,45.

---

[1]) Siehe auch Zement-Merkblatt Nr. 7.

6.5.2 Stoffraumrechnung

MISCHUNGSBERECHNUNG NR. _____ [B 1]

Werk _____ Sorte Nr. _____

Betrifft: _____

Anforderungen

Festigkeitsklasse [K] **B 35**, Konsistenzbereich K **P**, angestrebte Festigkeit β_{wM} **45** N/mm²
Anforderungen an Beton mit besonderen Eigenschaften: **hoher Frost- und Tausalzwiderstand**
Mindestzementgehalt **270** kg/m³, max. W/Z **0,45**, Luftporen **4,5** Vol.%, Festbetonrohdichte ____ kg/dm³,
angestrebter Mehlkorngehalt ____ kg/m³, Größtkorn **32** mm, Sonstiges **Sieblinie A/B 32 (Mitte)**

Ausgangsstoffe

Zementart u. -Festigkeitsklasse **PZ 45 F**, Werk _____, N_{28} **58** N/mm², ϱ_Z **3,1** kg/dm³
Zuschlaggemisch 0/ **32** mm, Kennwert **4,84** nach Formblatt K 1 Nr. ____
Zusatzstoff **kein** _____ ϱ ____ kg/dm³, Zusatzmittelart **LP-Mittel** Zugabe ____ % d. Z. Gew.
Sonstiges **Sand 0/2; Kies 2/8, 8/16, 16/32; alle Körnungen eFT**

Berechnung

Wasserzementwert $\beta_{wM} : N_{28}$ **45** : **58** = **0,78** nach Diagramm 1 W/Z = **0,59**   maßgebend
Für Beton mit besonderen Eigenschaften erf. W/Z = **0,45**   W/Z = **0,45**
Wassergehalt nach **Tietze** errechnet ~~oder nach Diagramm 2~~ W = **160** kg/m³
aufgrund besonderer Bedingungen erf. W = **145** kg/m³   W = **145** kg/m³
Zementgehalt w' : W/Z = **175** : **0,45** Z = **389** kg/m³
für Beton mit besonderen Eigenschaften erf. Z = **270** kg/m³   Z = **389** kg/m³
endgültiger Wasserzementwert (wirksamer) w' : Z = **175** : **389**   W/Z = **0,45**

Stoffraum

Stoffraum		Mehlkorngehalt		Mörtelgehalt	
Zement Z : ϱ_Z	= **125** dm³	Zement	= **3,89** kg	Zement	= **125** dm³
Wasser W : 1,0	= **145** dm³	Zuschlag < 0,25 mm		Wasser	= **145** dm³
Luftporen	= **45** dm³	$\frac{685 \times 2,26}{100}$	= **3,6** kg	Luftporen	= **45** dm³
	= ____ dm³			Zuschlag < 2 mm	
	= ____ dm³	Zusatzstoff	= ____ kg	$\frac{685 \times 25,5}{100 \times}$	= **174** dm³
Summe	= **315** dm³		= ____ kg	Zusatzstoff	= ____ dm³
Zuschlag (1000 - Summe)	= **685** dm³	Summe	= **425** kg	Summe	= **489** dm³

Zusammensetzung

Für 1 m³ verdichteten Frischbeton   Für eine Mischung **5,33** dm³ / ____ dm³

Zuschlag Bez. mm	Korngruppen Stoffraum %	dm³	Kornrohdichte kg/dm³	bei trockenem Zuschlag kg	Eigenfeuchte %	kg	bei feuchtem Zuschlag kg	kg		kg
0/2	25,5	174	2,6	452	5,2	24	476	2537		
2/8	24,5	168	2,6	437	3,8	17	454	2420		
8/16	21,0	144	2,6	374	2,6	10	384	2047		
16/32	29,0	199	2,6	517	1,7	9	526	2803		
Summe	100		—	1780		60	1840	9807		
Zugabewasser			—			85	85	453		
Wassergehalt				145		145		*		*
Zementgehalt				389			389	2073		
Zusatzstoffgehalt										
Frischbetongewicht (Soll)				2314			2314	12333		
Zusatzmittelgehalt										

*nur bei trockenem Zuschlag ausfüllen

Datum _____ Prüfstellenleiter _____

Luftporen: Es sind LP-Mittel in einem Maße zuzugeben, daß der LP-Gehalt 4 Vol.-% beträgt (siehe Tafel 6.8; Größtkorn 32 mm). Bei der Eignungsprüfung ist der LP-Gehalt um 0,5 Vol.-% höher einzustellen, d. h. LP-Gehalt = 4,5 Vol.-%.
angestrebter Mehlkorngehalt: ist der Tafel 5.12 zu entnehmen

N_{28}: beträgt nach Abschnitt 4.6.4a$_4$ im Mittel 45 + 13 = 58 N/mm^2
Kennwert: Mittelwert der Körnungsziffern der Sieblinien A 32 und B 32 nach Tafel 5.11
Sonstiges: nach Abschnitt 6.10.3b sind Zuschläge mit erhöhter Frost- und Tausalzbeständigkeit zu verwenden (eFT)

Wasserzementwert
für die Festigkeit nach Diagramm 1 (Abb. 6.2) 0,52
für frost- und tausalzbeständigen Beton 0,45 (siehe oben)
maßgebend ist der kleinere Wert

Wassergehalt
nach der Formel von *Tietze* errechnet (siehe Abschnitt 6.3.4): w = 1100 : (4,84 + 3) + 20 = 160 kg/m^3
aufgrund der Zugabe von LP-Mitteln: w = 160 – 3 · 5 = 160 – 15 = 145 kg/m^3 (siehe Beispiel 6.4)
maßgebend ist der letztere (korrigierte) Wert

Zementgehalt
der wirksame Wassergehalt beträgt nach Beispiel 6.4 w' = 160 – 15 + 30 = 175 kg/m^3, also z = 175 : 0,45 = 389 kg/m^3
für Außenbauteile z = 270 kg/m^3 (siehe oben).
maßgebend ist der größere von beiden Werten

Zusammensetzung für 1 m^3 verdichteten Beton
Stoffraum %: Mitte zwischen den Sieblinien A 32 und B 32 (siehe Abb. 5.1)
Stoffraum dm^3: (Prozentzahlen · 685) : 100
Kornrohdichte: für alle Korngruppen 2,6 angenommen
bei trockenem Zuschlag: Kornrohdichte · Stoffraum dm^3
Eigenfeuchte %: angenommen; Eigenfeuchte kg: (Prozentzahlen · Zuschlag trocken) : 100
bei feuchtem Zuschlag: trockener Zuschlag + Eigenfeuchte kg

Für eine Mischung
Das Mischvolumen in m^3 verdichteten Beton kann
  entweder nach der Formel $V = (0,9 \cdot N) : v$ berechnet
  oder nach der Formel $V = 2/3 \cdot N$ geschätzt werden
  N = Nenninhalt des Mischers in m^3, v = Verdichtungsmaß
Für N = 8 m^3 ergibt sich 0,9 · 8 : 1,08 = 6,67 m^3 bzw. 2/3 · 8 = 5,33 m^3.

Mehlkorngehalt ($\leq$ 0,125 mm) und Mehlkorn- und Feinstsandgehalt ($\leq$ 0,25 mm)
Aus Abb. 1 ist für Sieblinie A/B 32 entnommen 2 % $\leq$ 0,125 mm und 5 % $\leq$ 0,25 mm.
Damit ergibt sich: Zuschlag $\leq$ 0,125 mm = 685 · 2 · 2,6 : 100 = 36 kg/m^3,
Zuschlag $\leq$ 0,25 mm = 685 · 5 · 2,6 : 100 = 89 kg/m^3

Nach Abschnitt 5.5.8 und Tafel 5.12 beträgt der höchstzulässige Gehalt $\leq$ 0,125 mm 400 + (389 – 350) = 439 kg/m^3 und der höchstzulässige Gehalt $\leq$ 0,25 mm 500 + (389 – 350) = 539 kg/m^3

6.5.3 Zementleimmethode

Bei der Zementleimmethode wird der erforderliche Wasserzementwert wie bei der Stoffraumrechnung mit Hilfe der Abb. 6.2 bestimmt. Mit diesem *w/z*-Wert wird im Labor eine ausreichende Menge Zementleim hergestellt. Einer bestimmten Menge des vorgesehenen Zuschlaggemisches (oberflächentrocken) wird nun unter ständigem Mischen so viel von dem Zementleim zugegeben, bis der entstehende Beton die gewünschte Konsistenz hat. Die Mischungsberechnung erfolgt nach Beispiel 6.7.

6.5.3 Zementleimmethode

Beispiel 6.7 (Zementleimmethode)
Die Ausgangswerte für den Versuch seien:
Wasserzementwert nach Abb. 6.2 $\omega = 0{,}47$; gewünschte Sieblinie A/B 32; gewünschte Konsistenz KP (Verdichtungsmaß $v = 1{,}15$); vorhandene Baustoffe: PZ 35 F; Kiessand 0/2 und 2/8; Kalksteinsplitt 8/16 und 16/32.
Die Berechnung und Durchführung der Zementleimmethode gehen dann wie folgt vor sich:

1. Herstellen des Zuschlaggemisches
40 kg oberflächentrockener Zuschlag werden entsprechend der Sieblinie A/B 32 aus den vorgesehenen 4 Körnungen 0/2 (Sand), 2/8 (Kiessand) sowie 8/16 und 16/32 (Kalksteinsplitt) im Labormischer gemischt.

2. Herstellen des Zementleims
Mit dem berechneten Wasserzementwert $\omega = 0{,}47$ wird aus 10 kg PZ 35 F Zementleim angerührt:

10,0 kg Zement PZ 35 F
4,7 kg Wasser
$$\omega = \frac{4{,}7}{10{,}0} = 0{,}47$$

14,7 kg Zementleim

3. Herstellen des Frischbetons und Bestimmung der Frischbetonrohdichte ϱ_{bf}
Zum fertiggemischten Zuschlag wird unter ständigem Mischen so lange Zementleim hinzugegeben, bis die gewünschte Konsistenz ($v = 1{,}15$) erreicht ist. Die Mischtrommel muß vorher naß ausgewischt werden, da sonst ein Teil des Zementleims an den Wandungen der Mischtrommel haften bleibt und der Mischung verlorengeht.

gesamte Zementleimmenge	14,7 kg
übrigbleibende Zementleimmenge	3,7 kg
verbrauchte Zementleimmenge	11,0 kg

Mit dem hergestellten Frischbeton wird die Frischbetonrohdichte ϱ_{bf} bestimmt (siehe Abschnitt 6.12.3): Frischbetonrohdichte $\varrho_{bf} = 2{,}45$ kg/dm³

4. Zusammensetzung der Labormischung und Mischungsverhältnis MV

Zementgehalt $\quad Z = \dfrac{\text{verbrauchte Zementleimmenge}}{1 + \omega} = \dfrac{11{,}0}{1{,}47} = 7{,}48$ kg

Wassergehalt $\quad W = $ verbrauchte Zementleimmenge $- Z = 11{,}0 - 7{,}48 = 3{,}52$ kg

Zuschlaggehalt $\quad G = = 40{,}0$ kg

insgesamt 51,0 kg

Mischungsverhältnis MV $= 7{,}48 : 40{,}0 : 3{,}52$
$= 1 : \dfrac{40{,}0}{7{,}48} : \dfrac{3{,}52}{7{,}48}$
$= 1 : 5{,}35 : 0{,}47 \qquad (1 : k : \omega)$

5. Zusammensetzung von 1 m³ verdichtetem Frischbeton (bei trockenem Zuschlag)

Zementgehalt $\quad Z = \dfrac{1000 \cdot \varrho_{bf} \cdot Z}{Z + G + W} = \dfrac{1000 \cdot 2{,}45 \cdot 7{,}48}{51{,}0} = 359$ kg/m³

Zuschlaggehalt $\quad G = k \cdot z = 5{,}35 \cdot 359 = 1920$ kg/m³

Wassergehalt $\quad W = \omega \cdot z = 0{,}47 \cdot 359 = 169$ kg/m³

insgesamt 2448 kg/m³

Die Zusammensetzung von 1 m³ verdichtetem Frischbeton bei feuchtem Zuschlag sowie die Zusammensetzung einer Mischerfüllung mit einem bestimmten Nenninhalt wird wie in Beispiel 6.6 berechnet.

270 Beton

6.5.4 Wasseranspruchsrechnung

Bei der Wasseranspruchsrechnung wird der Wasseranspruch des Zuschlags und der Wasseranspruch des zunächst geschätzten Zementgehaltes gesondert berechnet, und zwar mit empirisch ermittelten Wasseranspruchszahlen für die einzelnen Korngruppen 0/0,25, 0,25/0,5 usw. bis 16/32, und für den Zement, die jeweils den Wasseranspruch in dm^3 bezogen auf 1 dm^3 Stoffraum Zuschlag oder Zement bedeuten. Weicht der aus dem so errechneten Wassergehalt w und dem geschätzten Zementgehalt z berechnete Wasserzementwert ω von dem aus Abb. 6.2 oder 6.3 entnommenen erforderlichen w/z-Wert ab, muß der Zementgehalt neu geschätzt und die Berechnung von ω wiederholt werden. Die Bestimmung des w/z-Wertes und die weitere Berechnung (Zuschlaggehalt und Mischerfüllung) geschieht entweder wie bei der Stoffraumrechnung oder mit Hilfe einer Kurventafel (siehe [6/3]).

6.6 Eigenschaften des Festbetons
6.6.1 Festigkeit

Beton ist ein Werkstoff, dessen Druckfestigkeit etwa 10mal so groß ist wie seine Zugfestigkeit. Innere Zugkräfte müssen daher entweder durch „schlaffe" Stahlbewehrung aufgenommen werden (Stahlbeton, siehe Abschnitt 6.6.2) oder durch Vorspannung unterdrückt werden (Spannbeton, siehe Abschnitt 6.18).

Bei der Zugfestigkeit unterscheidet man Biegezugfestigkeit, Spaltzugfestigkeit und reine Zugfestigkeit (siehe Abschnitt 6.13.3 und 6.13.4). Der Zusammenhang zwischen der Druckfestigkeit des Betons und den verschiedenen Zugfestigkeiten kann den folgenden Angaben entnommen werden:

a) nach *Bonzel* [6/36]:
  je nach Betongüte   B 5 bis B 55

  die Druckfestigkeit   das 8- bis 14,5fache ⎫
  die Biegezugfestigkeit   das 2- bis 1,5fache   ⎬ der Spaltzugfestigkeit
  die reine Zugfestigkeit   im Mittel das 0,75fache ⎭

b) nach *Reinhardt* [6/15]: siehe Abb. 6.4.

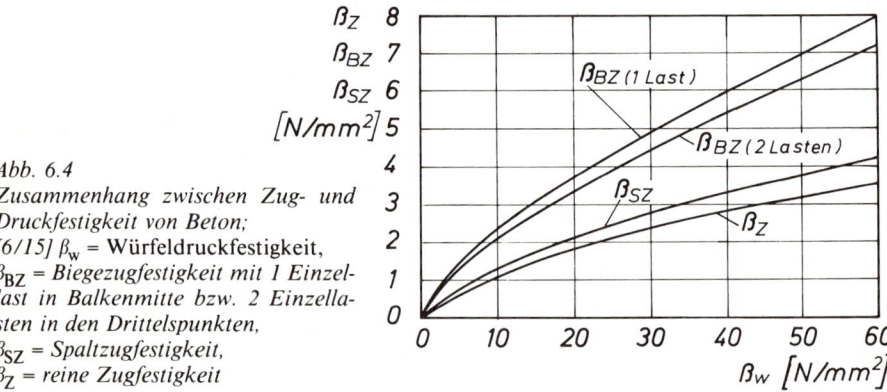

Abb. 6.4
Zusammenhang zwischen Zug- und Druckfestigkeit von Beton;
[6/15] β_w = Würfeldruckfestigkeit,
β_{BZ} = Biegezugfestigkeit mit 1 Einzellast in Balkenmitte bzw. 2 Einzellasten in den Drittelspunkten,
β_{SZ} = Spaltzugfestigkeit,
β_Z = reine Zugfestigkeit

6.6.1 Festigkeit/6.6.2 Stahlbeton

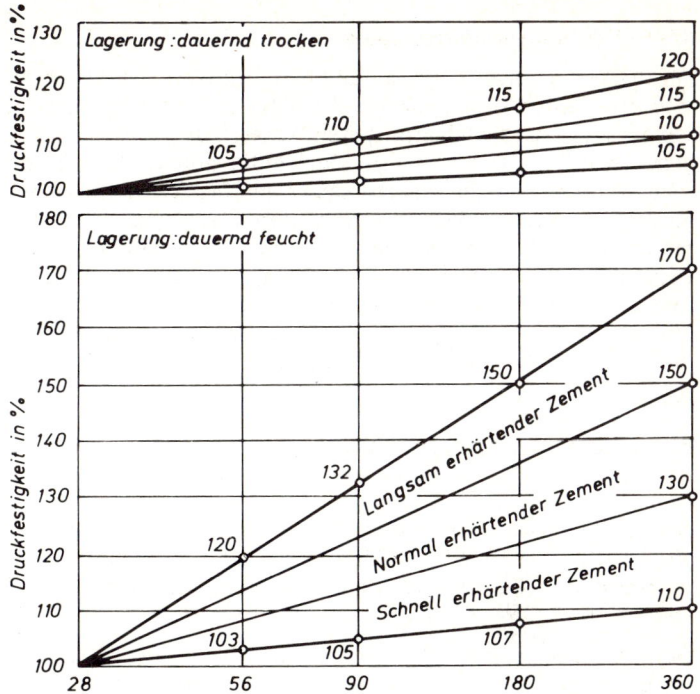

Abb. 6.5 Zunahme der Druckfestigkeit von Beton mit dem Alter (Nachhärtung); [6/13]

Die Betondruckfestigkeit hängt in erster Linie von dem Wasserzementwert und von der Zementfestigkeit ab (siehe Abbildung 6.2). Sie nimmt wie die Zementfestigkeit mit dem Alter zu (siehe Tafel 4.9) und hängt außerdem von den Lagerungsbedingungen ab (siehe Abbildung 6.5).

Man kann die Betondruckfestigkeit für ein bestimmtes Alter angenähert mit Hilfe des Wasserzementgesetzes von *Walz* (siehe Abbildung 6.2) berechnen, wenn man die Normendruckfestigkeit des Zementes in dem betrachteten Alter berücksichtigt (siehe auch Beispiel 6.5). Prüfung der Druckfestigkeit: siehe Abschnitt 6.13.1 und 6.13.2. Umrechnungsfaktoren für den Fall, daß die Druckfestigkeitsprüfung nicht nach 28 Tagen bzw. nicht an 200-mm-Würfeln durchgeführt wird, sind in Abschnitt 6.11.4 angegeben.

6.6.2 Stahlbeton

Beton ist ein Werkstoff, dessen Druckfestigkeit wesentlich höher ist als seine Zugfestigkeit (siehe Abschnitt 6.6.1). Ein einfacher Biegebalken aus reinem Beton (siehe z. B. Abb. 6.21) bricht, wenn die Zugspannungen auf der Balkenunterseite die geringe Zugfestigkeit überschreiten, lange bevor die Druckspannungen auf der Balkenoberseite die Druckfestigkeit erreicht haben. Damit bei Biegebeanspruchung die Druckfestigkeit des Betons in der Druckzone ausgenutzt werden kann, muß der Beton in der Zugzone „verbessert" werden. Das geschieht durch das Einbetonieren von Betonstabstahl in Form von Einzelstäben oder Betonstahlmatten. Die Oberfläche der Stahlstäbe kann glatt sein, ist heute aber i. d. R. gerippt oder profiliert, und die Zugkräfte in den Stahlstäben werden über Haftung, Reibung und Oberflächenverbund an den sie umhüllenden Beton abgegeben. Der umhüllende Beton leitet diese Kräfte durch seine Schubtragfähigkeit weiter. Dadurch wird der Balken befähigt, Biegedruck- und Biegezugkräfte aufzunehmen. Man erhält so den Verbundbaustoff Stahlbeton.

Die **Verbundfestigkeit** beruht bei den heute vielfach eingelegten Rippenstählen in erster Linie auf der Schubtragfähigkeit des Betons, die durch die Verzahnung der Rippen mit dem Beton wirksam wird. Wichtige Kenngröße ist hierbei die bezogene Rippenfläche $f_R = F_R/F_M$, die in guter Näherung gleich a/c gesetzt werden kann (siehe Abb. 6.5a). Bei den üblichen Rippenstählen liegt der Wert a/c etwa bei 0,06.

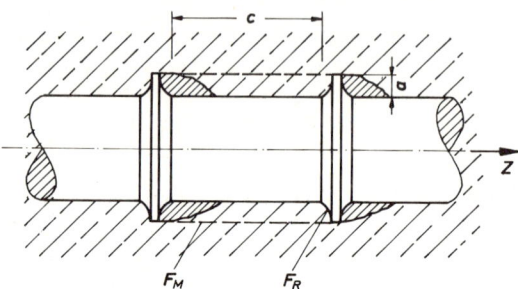

Abb. 6.5a
Gerippter Betonstahl (idealisiert) im Beton unter Zugbeanspruchung mit Ausbildung der Bruchflächen der Betonkonsolen zwischen den Rippen bei großem Rippenabstand,
$f_R = F_R/F_M < 0{,}1$. *[6/24]*

Bei der **Berechnung der Tragfähigkeit** eines Stahlbetonbiegebalkens werden zunächst die zum Versagen führenden Schnittlasten bestimmt. Diese werden dann durch den Sicherheitsbeiwert dividiert, wodurch man die zulässigen Schnittlasten erhält. Die Berechnung der zum Versagen führenden Schnittlasten geht dabei von folgenden Voraussetzungen aus:

1. In der Zugzone trägt allein der Stahl, für den bestimmte idealisierte Spannungs-Dehnungs-Diagramme angenommen werden (siehe Abb. 6.6). Die Zugfestigkeit des Betons wird dabei *nicht* in Rechnung gestellt. Vielmehr wird davon ausgegangen, daß sich auf der Zugseite des Balkens Risse bilden. Zur Sicherung der Gebrauchsfähigkeit und Dauerhaftigkeit der Stahlbetonbauteile ist die Rißbreite in Abhängigkeit von den Umweltbedingungen (siehe Tafel 6.17) durch geeignete Wahl von Bewehrungsgrad, Stahlspannung und Stabdurchmesser zu beschränken (0,1 bis 0,3 mm; siehe DIN 1045 Ziff. 17.6).

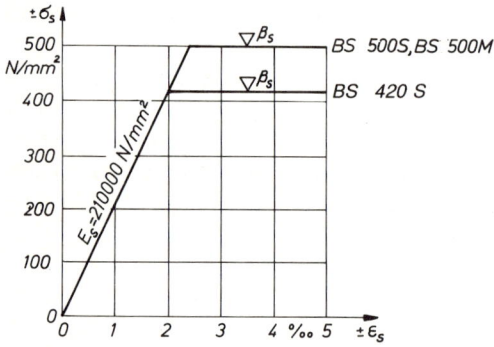

Abb. 6.6
Rechenwerte für die Spannungs-Dehnungs-Linien der Betonstähle nach DIN 1045 (S = Stabstahl, M = Mattenstahl)

6.6.3 Spannungs-Dehnungs-Linie

2. In der Druckzone trägt der Beton entsprechend einem ebenfalls idealisierten Spannungs-Dehnungs-Diagramm (siehe Abb. 6.8, ausgezogene Linie). Als Grenzwert für die maximal zulässige Betonstauchung wird 3,5‰ festgelegt.

3. Der Sicherheitsbeiwert v liegt zwischen 1,75 und 2,1. Der kleinere Wert ist zulässig, wenn sich der Bruch durch Risse im Beton deutlich anzeigt. Das ist dann der Fall, wenn der Stahl in der Zugzone stark gedehnt wird (+ 5 bis + 3‰). Für Stahldehnungen von + 3 bis 0 ‰ steigt v von 1,75 bis 2,1. Der größere Wert $v = 2,1$ muß angewendet werden, wenn der gesamte Querschnitt gestaucht wird (Stahldehnung = 0 bis – 2 ‰), da dann die Gefahr eines plötzlichen Bruches durch Überschreiten der Betondruckfestigkeit besteht (siehe auch [1]).

6.6.3 Spannungs-Dehnungs-Linie

a) Unter **Dehnung** versteht man hier ganz allgemein Längenänderung Δl, bezogen auf die Ausgangslänge l_0: $\varepsilon = \Delta l/l_0$ (dimensionslos) oder $\varepsilon = (\Delta l/l_0) \cdot 100$ in %. Positive Dehnungen ($\varepsilon > 0$) bedeuten Verlängerungen, negative Dehnungen ($\varepsilon < 0$) bedeuten Verkürzungen.

Tafel 6.10 Rechenwerte für β_R, Elastizitätsmodul E und Schubmodul G nach DIN 1045 bzw. DIN 4227 Teil 1

Betonfestigkeitsklasse	B 5	B 10	B 15	B 25	B 35	B 45	B 55
Nennfestigkeit β_{WN} in N/mm² (s. Tafel 6.2)	5,0	10	15	25	35	45	55
Rechenwert β_R in N/mm² (s. Abb. 6.9)	3,5	7,0	10,5	17,5	23	27	30
E-Modul in N/mm² [1]	–	22 000	26 000	30 000	34 000	37 000	39 000
Schubmodul G in N/mm²	–	–	–	13 000	14 000	15 000	16 000

[1] Die Werte gelten bei vorwiegend quarzitischem Kiessand. Bei stark wassersaugenden Sedimentgesteinen, z. B. Sandstein, sind bis zu 40 % niedrigere, bei dichten magmatischen Gesteinen, z. B. Basalt, bis zu 40 % höhere Werte anzunehmen.

Unmittelbar nach Aufbringen einer äußeren Last treten im Beton infolge innerer Spannung σ elastische (ε_{el}) und bleibende (ε_{bl}) Verformungen auf. Letztere werden auch plastische Verformungen genannt. Die elastischen Dehnungen gehen nach Entlastung wieder zurück, die plastischen Dehnungen bleiben auch nach Entlastung bestehen. Die Gesamtdehnung ε_{ges} unter Belastung setzt sich also aus zwei Anteilen zusammen: $\varepsilon_{ges} = \varepsilon_{bl} + \varepsilon_{el}$ (siehe Abb. 6.7).

b) Die **Spannungs-Dehnungs-Linie** (σ-ε-Linie) kennzeichnet den Zusammenhang zwischen Spannung und Gesamtdehnung im Beton. Für die Bemessung von Stahlbetonbauteilen gibt die DIN 1045 eine *idealisierte* Spannungs-Dehnungs-Linie an (siehe Abb. 6.8). Die maximale Spannung β_R in der Abb. 6.8 ist kleiner als die an 200-mm-Würfeln ermittelte Nennfestigkeit des Betons (siehe Tafel 6.10). Dadurch wird berücksichtigt, daß das Bauteil andere Abmessungen als der

274 Beton

200-mm-Würfel besitzt und im Gegensatz zum Würfeldruckversuch unter Dauerbeanspruchung steht (Gestalt- und Zeiteinfluß).

Beton wird als *viskoelastischer* Stoff bezeichnet. Kennzeichnend dafür ist seine von Anfang an gekrümmte σ-ε-Linie: Auch bei geringen äußeren Lasten federt der Beton nach Entlastung nicht mehr auf seine Ausgangslänge zurück, sondern weist bleibende Verformungen auf (siehe Abb. 6.8). Mit zunehmender Belastung wachsen diese bleibenden Verformungen immer stärker an.

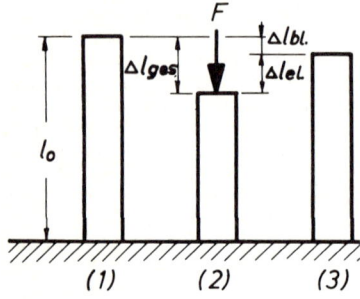

Abb. 6.7 *Längenänderungen Δl eines Stabes der Länge l_0 (1) unter einer Last F (2) und nach Entlastung (3)*

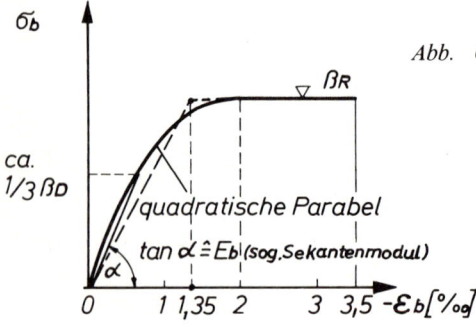

Abb. 6.8 *Idealisierte Spannungs-Dehnungs-Linien von Beton nach DIN 1045; Durchgezogene dicke Linie: Bemessung von Stahlbeton*
Gestrichelte dünnere Linie: Formänderungen unter kurzzeitigen Lasten oberhalb der Gebrauchslast (z. B. Knicksicherheit)
β_R siehe Tafel 6.13; β_D = *Druckfestigkeit des Prüfkörpers, i. d. R. Betonzylinder mit $h/d \geq 2$.*

c) Der **Elastizitätsmodul** E (kurz E-Modul) ist definiert als das Verhältnis von Spannung zu elastischer Dehnung: $E = \sigma/\varepsilon_{el}$. Er wird bei Beton als *Sekantenmodul* aufgefaßt (siehe Abb. 6.8) und nach 10maliger Be- und Entlastung zwischen einer geringen Vorlast (0,5 N/mm²) und 1/3 der Druckfestigkeit des Prüfkörpers (i. d. R. Betonzylinder mit $h/d \geq 2$; siehe DIN 1048 Teil 1) bestimmt. Der E-Modul von Beton hängt vom E-Modul des Zuschlags und des Zementsteins sowie vom Zementsteinvolumen des Betons ab.

Für das Berechnen der Formänderungen unter Gebrauchslast gibt die DIN 1045 in Ziff. 16 den E-Modul von Beton in Abhängigkeit von der Betonfestigkeitsklasse an (siehe Tafel 6.10). Zur Berechnung der Formänderungen unter kurzzeitigen, oberhalb der Gebrauchslast liegenden Belastungen (z. B. Knicksicherheit) darf die in Abb. 6.8 gestrichelt dargestellte Spannungs-Dehnungs-Linie verwendet werden.

d) Die **Querdehnzahl** μ ist definiert als das Verhältnis von Querdehnung ε_q zu Längsdehnung ε_l: $\mu = \varepsilon_q/\varepsilon_l$. Dabei wirkt die Belastung in Längsrichtung. Bei Normalbeton liegt μ je nach Zuschlagsart zwischen 0,1 und 0,35. Nach DIN 1045 darf mit einem mittleren Wert von $\mu = 0,2$ gerechnet werden.

6.6.4 Kriechen und Relaxation

Nach DIN 4227 (Spannbeton) Teil 1 wird mit Kriechen die *zeitabhängige* Zunahme der Verformungen unter andauernden Spannungen bezeichnet und mit Relaxation die zeitabhängige Abnahme der Spannungen unter einer aufgezwungenen konstanten Verformung (siehe Abb. 6.9).

Die Kriechverformung ε_k setzt sich aus 2 Anteilen zusammen: $\varepsilon_k = \varepsilon_f + \varepsilon_v$. Beim *Fließanteil* ε_f handelt es sich um irreversible (bleibende) Verformungen, die anfangs schnell zunehmen und dann allmählich einem Endwert zustreben, der sich u. U. erst nach etwa 5 Jahren einstellt. Unter ε_v versteht man *verzögerte* elastische Verformungen, die ihren Endwert nach etwa 3 Jahren erreichen und nach Entlastung ebenso langsam wieder zurückgehen. Die Kriechverformungen nehmen Werte etwa von 0,1 bis 1 mm/m an. Das Kriechen hängt mit dem Aufbau des Zementsteins zusammen: Bei Belastung wird (vereinfacht dargestellt) Wasser aus den feinen Gelporen herausgedrückt, wodurch es zu einer bleibenden Volumenverringerung des Zementsteins kommt [6/33]. Insofern hängen der zeitliche Verlauf und die Größe des Kriechens von der Größe der Last, vom Anteil des Zementsteins im Beton und seiner Festigkeit und von den Austrocknungsbedingungen des Betons ab: Je größer die Last, je höher der Volumenanteil des Zementsteins, und je kleiner seine Festigkeit (großer Wasserzementwert), je dünner das Bauteil und je trockner die umgebende Luft ist, um so größer wird die Kriechverformung sein. Umgekehrt wird der Beton um so weniger kriechen, je höher der Erhärtungsgrad bzw. Reifegrad (siehe Abschnitt 6.8.1) des Betons zum Zeitpunkt der Lastaufbringung ist und je später die Last aufgebracht wird.

Bei schlaff bewehrten Stahlbetonbauteilen werden die Kriechverformungen i. d. R. vernachlässigt. Beim Spannbeton führt das Kriechen jedoch zu einem Abfall der Vorspannung und muß daher rechnerisch erfaßt werden. Die Berechnung erfolgt nach DIN 4227 Teil 1 (Spannbeton; siehe auch [1]).

6.6.5 Schwinden und Quellen

Unter **Schwinden** wird nach DIN 4227 Teil 1 (Spannbeton) die Verkürzung des unbelasteten Betons während des allmählichen Austrocknens verstanden. Das Schwinden ist also wie das Kriechen ein *zeitlicher* Vorgang (siehe Abb. 6.9).

Die DIN 4227 gibt für das Schwinden des Betons beim erstmaligen Austrocknen während des Erhärtens als Gesamtwert ein sog. Endschwindmaß von $\varepsilon_{s\infty} \approx 0,1$ bis 0,5 mm/m an.

Czernin [6/33] gibt für übliche Betonzusammensetzungen Gesamtschwindmaße von 0,1 bis 0,8 mm/m an (siehe auch Abb. 6.10). Auch das Schwindmaß bis zu einem bestimmten Zeitpunkt oder das Nachschwinden (Restschwindmaß) von einem bestimmten Zeitpunkt an (wichtig z. B. für Fertigteile nach der Auslieferung), läßt sich nach DIN 4227 berechnen (siehe auch [1]). *Manns* [6/35] gibt für langsam austrocknenden Beton unter normalen Umweltbedingungen folgende Schwindmaße an: Zementstein 3 bis 4 mm/m, Mörtel 1 bis 2 mm/m, Beton 0,2 bis 0,5 mm/m.

Einflußfaktoren auf das Schwinden beim ersten Austrocknen sind wie beim Kriechen Wasserzementwert und Zementgehalt, also Aufbau und Volumenanteil des Zementleims bzw. Zementsteins, und die Austrocknungsbedingungen. Bei dünnen Bauteilen ist das Endschwindmaß nach 1 bis 2 Jahren erreicht, bei dickeren Bauteilen erst nach wesentlich längerer Zeit. Der Einfluß der Zementart auf das Schwinden ist gering. Feiner gemahlene Zemente schwinden etwas mehr als gröber gemahlene. Spannungen im Beton haben nach herrschender Meinung keinen Einfluß auf den Schwindvorgang.

Wird der Beton nach der Austrocknung wieder wassergelagert oder auf andere Art und Weise durchfeuchtet, vergrößert er sein Volumen wieder. Dieses **Quellen** beträgt nach der ersten Austrocknung etwa 40 bis 80 % der vorangegangenen Schwindverformung [6/35].

276 Beton

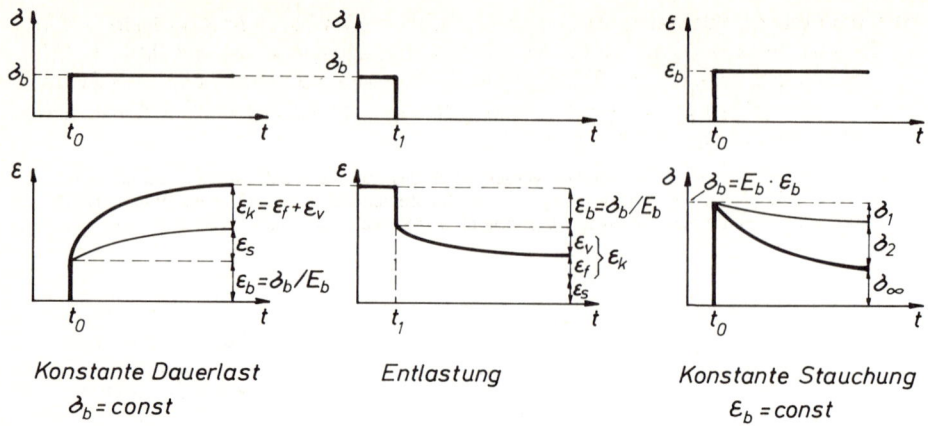

Abb. 6.9 Schwinden, Kriechen und Relaxation von Beton (schematisch) nach [6/6];
Es bedeuten: ε_k = Kriechen; ε_f = Fließanteil (irreversibel); ε_v = verzögerter elastischer Anteil (reversibel); ε_s = Schwinden; σ_1, σ_2 = Spannungsabfall infolge Schwinden (σ_1) und Kriechen (σ_s); σ_∞ = verbleibende Spannung

Schließlich zeigt der Beton wie jeder andere poröse Baustoff **Feuchtigkeitsdehnungen**: Bei Feuchtigkeitsaufnahme, z. B. durch Kondensation der Luftfeuchtigkeit in den Poren des Betons, besonders in den feinen Kapillar- und Gelporen des Zementsteins, wird der Beton länger, bei Feuchtigkeitsabgabe wird er kürzer. Diese Feuchtigkeitsdehnungen sind deutlich kleiner als das Schwinden beim ersten Austrocknen. Der größere Teil dieser ersten Schwindverformung ist nämlich irreversibel, was mit noch nicht eindeutig geklärten Strukturveränderungen des Zementgels beim Austrocknen in Zusammenhang gebracht wird. Ursache für die reversiblen Feuchtigkeitsdehnungen ist der in den Poren des Zementsteins auftretende Kapillardruck (siehe auch [6/32]).

Neuere Untersuchungen haben gezeigt, daß auch die Einwirkung von Luftkohlensäure auf den hydratisierten Zementstein und die damit verbundene Karbonatisierung eine irreversible Schwindung bewirkt, daß andererseits die reversiblen Feuchtigkeitsdehnungen durch diesen Vorgang deutlich herabgesetzt werden. Hier bieten sich u. U. Möglichkeiten, durch künstliche Karbonatisierung die Feuchtigkeitsdehnungen von Betonfertigteilen herabzusetzen [6/33].

6.6.6 Schrumpfen

a) **Frühschwinden** oder **plastisches Schwinden** des Betons entsteht im noch plastischen Zustand infolge scharfen Austrocknens. Es ist wesentlich größer als das Schwinden des erhärteten Betons (siehe Abschnitt 6.6.5). Es kann, insbesondere bei verzögertem Erhärtungsverlauf des Betons, bis zu 6 mm/m betragen. Die Größe entspricht der Wasserabgabe in cm^3. Durch gute Nachbehandlung des Betons (Feuchthalten) wird das plastische Schwinden so gering gehalten, daß sein Einfluß auf die Formänderungen des Betons vernachlässigt werden kann und daß keine nachteiligen Auswirkungen, insbesondere keine Schrumpfrisse, auftreten [6/35].

6.6.6 Schrumpfen / 6.6.7 Wärmedehnung

b) **Chemisches Schwinden,** oft einfach als Schrumpfen bezeichnet, entsteht infolge der chemischen Bindung des Wassers in den Hydratationsprodukten des Zements. Dabei verliert das Wasser etwa 25 % seines Volumens. Da 100 g Zement etwa 25 cm^3 Wasser chemisch binden, beträgt die Volumeneinbuße, auf 100 g Zement bezogen, etwa 6 cm^3 [6/33].

Die äußeren Abmessungen des Betons werden durch das chemische Schwinden kaum beeinflußt. Es bewirkt lediglich, daß bei Luftlagerung ein Teil der Zementsteinporen nicht mit Wasser gefüllt ist (Selbstaustrocknung) bzw. bei Wasserlagerung eine entsprechende Menge Wasser nachgesogen wird [6/35].

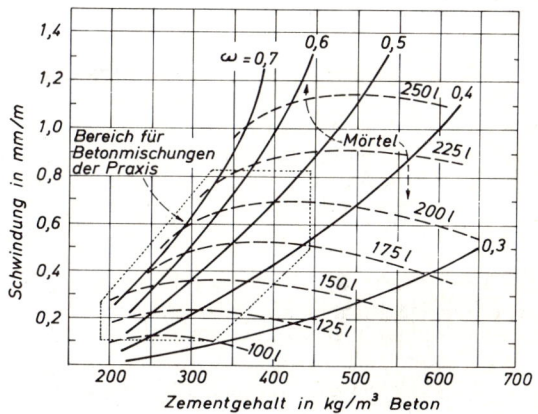

Abb. 6.10 Schwinden von Mörtel und Beton; [6/33]
(Die ausgezogenen Linien gelten für Wasserzementwerte von ω = 0,3 bis 0,7, die gestrichelten Linien für Wassergehalte von w = 100 bis 250 kg/m^3)

6.6.7 Wärmedehnung

Die Wärmedehnung eines Materials berechnet man nach der Formel $\varepsilon_T = \alpha_T \cdot \Delta T$; die lineare Wärmedehnzahl a_T schwankt bei Beton zwischen den Grenzen $5 \cdot 10^{-6}$ bis $14 \cdot 10^{-6}$ 1/K. Sie ist abhängig vom Zementstein ($\alpha_T \approx 8$ bis $23 \cdot 10^{-6}$) und dessen Feuchtigkeit sowie vom Zuschlag ($\alpha_T \approx 4$ bis $12 \cdot 10^{-6}$).

Die Wärmedehnung von Beton ist etwa gleich der von Stahl. Nach DIN 1045 darf für beide Baustoffe mit einem α_T-Wert von $10 \cdot 10^{-6} = 10^{-5}$ 1/K gerechnet werden. Bei einer Temperaturdifferenz von 15 K ergibt sich somit eine Wärmedehnung von $\varepsilon_T = 10^{-5} \cdot 15 = 0,15$ mm/m.

Da die Wärmeleitfähigkeit von Stahl [λ = 60 W/(m · K)] sehr viel größer ist als die von Beton [λ = 2,1 W/(m · K)], treten im Stahlbeton bei Temperaturänderungen, trotz der etwa gleich großen linearen Wärmedehnzahlen, Spannungen in der Haftfläche zwischen Beton und Stahl auf. Diese Spannungen werden jedoch infolge des guten Verbundes zwischen den Stahleinlagen und dem Beton ohne Schwierigkeiten aufgenommen (siehe auch Abschnitt 6.2 sowie [6/32]).

278　Beton

6.6.8 Risse und Fugen

Wenn sich ein Bauwerk oder Bauteil infolge Schwinden, Kriechen und/oder Temperaturänderungen nicht frei verformen kann, entstehen innere Spannungen, die zu Rissen führen können.

Schalenrisse (Oberflächenrisse) entstehen z. B., wenn in oberflächennahen Schichten die Zugfestigkeit des Betons überschritten wird, weil die Oberfläche durch Verdunsten des Wassers schwindet oder weil sie sich stärker abkühlt als das Innere des Betons. Schalenrisse reichen meist nur wenige Zentimeter in den Beton hinein und sind im allgemeinen nur wenige Zehntelmillimeter breit.

Spaltrisse gehen durch das ganze Bauteil hindurch. Auch sie sind im Normalfall nur wenige Zehntelmillimeter breit, können allerdings in ungünstigen Fällen (z. B. Versagen der Bewehrung) auch leicht auf einige Millimeter anwachsen. Spaltrisse können z. B. entstehen, wenn aufgehende Bauteile auf erhärteten Beton aufbetoniert werden. Dieser macht die Verformungen des frischen Betons (Schwinden, Abkühlen nach Aufheizen durch Hydratation des Zements) nicht mit, was zu Rissen im neuen Beton führt.

Eine Maßnahme zur Verhinderung von Spaltrissen ist die Anordnung von durchgehenden **Bewegungsfugen.** Wegen der schwer zu erfassenden Vielfalt der Einflußgrößen gibt es keine allgemeingültige Berechnungsmethode für Fugenabstand und Fugenbreite. Richtwerte für den Fugenabstand siehe Tafeln 6.11, 6.12 und 6.13. Die Fugenbreite soll je laufenden Meter Bauteil zwischen 0,5 bis 1,5 mm liegen, aus Herstellungs- und Abdichtungsgründen insgesamt jedoch nicht unter 5 mm und nicht über 30 mm betragen. Bei Außenwandfugen sollte die Fugenbreite etwa $(10 + 3 \cdot l)$ mm betragen, wobei l der Fugenabstand ist (nach DIN 18 540 Teil 1: Abdichtung von Außenwandfugen ...).

Über Fugen siehe auch Abschnitte 6.7.4 (Arbeitsfugen), 6.15 (Massenbeton), 6.19.4c (Fugen in Betonstraßendecken), 6.24.2d (Fugen bei sehr starkem chemischem Angriff).

6.7 Herstellen von Bauwerken und Bauteilen aus Beton

6.7.1 Anforderungen an Baustellen und Werken

Das Herstellen von Bauwerken und Bauteilen aus Beton geschieht auf Baustellen oder in Betonfertigteilwerken (Betonwerken). Bei Baustellen unterscheidet man Baustellen für Beton B I und Baustellen für Beton B II. Auf Beton-B I-Baustellen darf nur Baustellen- und Transportbeton bis zur Festigkeitsklasse B 25 hergestellt bzw. verwendet werden, auf Beton-B II-Baustellen und in Werken auch Beton höherer Festigkeitsklassen. Für Beton-B II-Baustellen und Werke gelten höhere Anforderungen an Personal, Geräteausstattung und Güteüberwachung. Sie müssen über eine eigene ständige Betonprüfstelle E verfügen oder mit einer solchen einen langfristigen Vertrag abgeschlossen haben. Betriebe, die Schweißarbeiten an Betonstählen durchführen, müssen über den dafür erforderlichen „Eignungsnachweis nach DIN 4099" verfügen.

6.7.1 Anforderungen an Baustellen und Werken

Tafel 6.11 Richtwerte für den Fugenabstand bei horizontalen Baugliedern; nach [6/35]

Bauglied	höchstzulässiger Fugenabstand m
Estriche im Freien	2 bis 4
Estriche in Räumen	4 bis 6
Fahrbahndecken	4 bis 7
Dachdecken (Warmdach)	4 bis 6
Dachdecken (Kaltdach)	10 bis 15
Geschoßdecken	20 bis 30
Bei unbewehrtem Beton sollte der Fugenabstand in der Regel 5 m nicht überschreiten.	

Tafel 6.12 Richtwerte für den Fugenabstand bei aufgehendem Beton in Abhängigkeit von der Temperaturdifferenz zum vorhandenen Beton nach *Wischers*; nach [6/35]

Temperaturdifferenz K	höchstzulässiger Fugenabstand m
< 20	20 bis 40
20 bis 30	10 bis 20
30 bis 40	6 bis 10
40 bis 50	4 bis 6
Bei unbewehrtem Beton sollte der Fugenabstand in der Regel 10 m nicht überschreiten.	

Tafel 6.13 Richtwerte für den Fugenabstand bei aufgehendem Beton in Abhängigkeit von der Bauteildicke nach *Wischers* und *Dahms*; nach [6/35]

Bauteildicke cm	höchstzulässiger Fugenabstand m
bis 30	10 bis 20
30 bis 60	8 bis 15
60 bis 100	6 bis 10
100 bis 150	5 bis 8
150 bis 200	4 bis 6
Bei unbewehrtem Beton sollte der Fugenabstand in der Regel 10 m nicht überschreiten.	

Für die ordnungsgemäße Durchführung der Arbeiten auf der Baustelle oder in einem Betonwerk ist der Unternehmer, der von ihm beauftragte Bauleiter bzw. technische Leiter oder dessen fachkundiger Vertreter verantwortlich. Während der Bauausführung sind fortlaufend Aufzeichnungen über alle für die Güte und Standsicherheit des Bauwerks wichtigen Gegebenheiten zu machen (Bautagebuch). Jeder Lieferung von Baustoffen, Bauteilen und Beton auf die Baustelle muß ein numerierter Lieferschein beigegeben sein und zu den Aufzeichnungen genommen werden.

Zur Herstellung eines Bauwerks oder eines Bauteils aus Beton gehören die folgenden Vorgänge: Mischen des Betons, Befördern des Betons zur Baustelle, Fördern des Betons auf der Baustelle zur Einbaustelle, Einbringen des Betons in die Schalung, Verdichten des Betons, ggf. Nachverdichten, Nachbehandeln des Betons. Ein wichtiger Bestandteil während der Herstellung von Betonbauwerken ist die Güteüberwachung (siehe Abschnitt 6.11). Beton wird entweder auf der Baustelle gemischt (Baustellenbeton) oder im Werk und von dort zur Baustelle transportiert (Transportbeton).

6.7.2 Baustellenbeton

Baustellenbeton ist Beton, dessen Bestandteile auf der Baustelle zugegeben und gemischt werden. Als Baustellenbeton gilt auch Beton, der von einer Baustelle eines Unternehmens an eine benachbarte Baustelle desselben Unternehmens geliefert wird, die nicht mehr als 5 km Luftlinie entfernt ist.

a) Lagern der Betonbestandteile
Die Betonbestandteile müssen so gelagert werden, daß sie in einwandfreiem Zustand verbleiben. Sackzement ist auf Holzrosten zu lagern und mit Folien abzudecken. Von jeder Zementlieferung sind etwa 5 kg schwere „Rückstellproben" zu entnehmen und für evtl. spätere Beanstandungen in luftdicht verschlossenen Behältern aufzubewahren. Der Zuschlag muß vor Verunreinigungen geschützt werden: saubere Transportfahrzeuge, befestigte und saubere Zufahrtswege und Lagerflächen, die zwecks Entwässerung ein ausreichendes Gefälle haben und vor einfallendem Laub geschützt werden müssen. Verschiedene Korngruppen müssen durch ausreichend hohe und lange, standfeste Wände voneinander getrennt werden. Flüssige Zusatzmittel müssen vor Frost, pulvrige vor Feuchtigkeit geschützt werden.

b) Abmessen der Betonbestandteile
Die Betonbestandteile müssen nach Masse (Gewicht) abgemessen werden, und zwar mit einer Genauigkeit von 3 Masse-%. Zuschläge dürfen auch nach Raumteilen abgemessen werden, und zwar auch für Beton B II, wenn die Massen leicht und zuverlässig nachgeprüft werden können. Die Zugabe von Zusatzmitteln ist in Abschnitt 6.4 beschrieben.

c) Mischen des Betons
Der Beton wird in Betonmischern gemischt und nur in Ausnahmefällen von Hand, z. B. bei geringen Betonmengen der Festigkeitsklassen B 5 und B 10. Als Mischer werden i. d. R. Zwangsmischer verwendet. Durchlaufmischer werden nur ausnahmsweise angewendet.

Die Größe der Mischer (DIN 459) wird durch den Nenninhalt gekennzeichnet. Dieser gibt die Menge von unverdichtetem weichem Frischbeton der Konsistenz KR an, die der Mischer in der Mischzeit gleichmäßig durchzumischen vermag.

6.7.2 Baustellenbeton/6.7.3 Transportbeton

Die Umrechnung vom Nenninhalt des Mischers auf die zugehörige Menge von verdichtetem Frischbeton beliebiger Konsistenz erfolgt nach Beispiel 6.5e letzter Absatz.

Die Zusammensetzung einer Mischerfüllung muß als schriftliche **Mischanweisung** dem Mischerführer vorliegen und die folgenden Angaben enthalten: Festigkeitsklasse des Betons; Art, Festigkeitsklasse und Menge des Zements in kg/m^3 verdichteten Betons; Art und Menge des Zuschlags, ggf. Menge der getrennt zuzugebenden Korngruppenanteile oder Angabe „werkgemischter Zuschlag"; Konsistenzmaß des Frischbetons; ggf. Art und Menge von Betonzusatzmitteln und -zusatzstoffen. Für Beton B II sowie bei Beton für Außenbauteile außerdem: Wasserzementwert *w/z;* Wassergehalt *w* (Zugabewasser, Oberflächenfeuchte des Zuschlags und Zusatzmittelmenge, wenn diese 2,5 l/m^3 verdichteten Betons oder mehr beträgt).

Die **Mischzeit,** die zur Herstellung eines gleichmäßigen Frischbetongemisches erforderlich ist, beträgt nach Zugabe aller Stoffe bei Mischern mit besonders guter Mischwirkung wenigstens 1/2 Minute, sonst wenigstens 1 Minute.

d) Befördern des Betons
Wird Beton der Konsistenz KP, KR oder KF von einer benachbarten Baustelle in Fahrzeugen ohne Rührwerk angeliefert, muß er spätestens 20 Minuten nach dem Mischen vollständig entladen sein, Beton der Konsistenz KS spätestens nach 45 Minuten.

e) Güteprüfung
Siehe Abschnitt 6.11.

6.7.3 Transportbeton
Siehe auch Zement-Merkblatt Nr. 18

Transportbeton ist Beton, dessen Bestandteile außerhalb der Baustelle zugemessen werden und der in Fahrzeugen an der Baustelle in einbaufertigem Zustand übergeben wird.

a) Mischen des Betons
Man unterscheidet werkgemischten und fahrzeuggemischten Transportbeton. **Werkgemischter Transportbeton** wird im Werk fertig gemischt. Betone der Konsistenz KP, KR und KF werden mit Mischfahrzeugen oder Muldenfahrzeugen mit Rührwerk zur Baustelle befördert und entweder während der Fahrt ständig bewegt (Rührgeschwindigkeit 2 bis 6 Umdrehungen je Minute) oder auf der Baustelle nochmals durchgemischt. Beton der Konsistenz KS darf auch in Fahrzeugen ohne Rührwerk befördert werden.

Fahrzeuggemischter Transportbeton wird in Mischfahrzeugen zur Baustelle befördert und in diesen auch gemischt, und zwar entweder während der Fahrt oder, meistens, nach Eintreffen auf der Baustelle. Unmittelbar vor Entleeren des Mischfahrzeugs ist der Beton nochmals durchzumischen. Die Mischdauer beträgt mindestens 50 Umdrehungen bei einer Mischgeschwindigkeit von 4 bis 12 Umdrehungen je Minute. Nach Abschluß des Mischvorgangs darf der Frischbeton nicht mehr verändert werden. Dies gilt nicht bei Zugabe und Nachdosierung eines Fließmittels (siehe Abschnitt 6.4.2). Die Entleerung des Betons aus Mischfahrzeugen und Fahrzeugen mit Rührwerk soll spätestens 90 Minuten, von Beton der Konsistenz KS aus Fahrzeugen ohne Rührwerk spätestens 45 Minuten nach Wasserzugabe abgeschlossen sein. Besondere Witterungsverhältnisse oder die Wirkung von Zusatzmitteln (Beschleuniger, Verzögerer) können diese Zeiten verändern.

b) Bestellung und Lieferung von Transportbeton

Die **Bestellung** von Transportbeton geschieht anhand eines Betonsortenverzeichnisses, in dem die Betonsorten, unterschieden nach Festigkeitsklasse, Konsistenzbereich und Zusammensetzung mit allen wichtigen betontechnologischen Daten aufgeführt sind. Bei der Bestellung von Transportbeton sind anzugeben: Tag und Uhrzeit des Betonierbeginns; Gesamtmenge und stündlicher Bedarf; Zufahrtverhältnisse zur Baustelle; Anschrift und Telefonnummer der Baustelle; ggf. Angabe von Besonderheiten, wie z. B. Sichtbeton, Pumpbeton, Vakuumbeton.

Bei **Anlieferung** von Transportbeton ist dem Verantwortlichen auf der Baustelle ein Betonsortenverzeichnis, ein Fahrzeugverzeichnis, das Art, Fassungsvermögen und polizeiliches Kennzeichen der Transportbetonfahrzeuge des Werks enthält, sowie ein numerierter Lieferschein auszuhändigen.

Der **Lieferschein** muß folgende Angaben enthalten: Herstellwerk, ggf. mit Angabe der fremdüberwachenden Stelle oder des Überwachungs- bzw. Gütezeichens; Tag und Empfänger der Lieferung; Menge, Festigkeitsklasse und Konsistenz sowie für Außenbauteile Festigkeitsentwicklung des Betons nach der „Richtlinie zur Nachbehandlung von Beton" (siehe Abschnitt 6.7.5); Eignung für unbewehrten oder bewehrten Beton; Nummer des Betons gemäß Betonsortenverzeichnis; ggf. besondere Eigenschaften des Betons gemäß Abschnitt 6.10; Uhrzeit des Be- und Entladens; Nummer des Fahrzeugs gemäß Fahrzeugverzeichnis; ggf. Hinweis auf eine fremdüberwachende statistische Qualitätskontrolle; ggf. Angabe über die Zugabe von Flugasche wegen der Nachbehandlungsdauer (siehe Abschnitt 6.3.3); Verarbeitbarkeitszeit bei Zugabe von VZ-Mitteln (siehe Abschnitt 6.4.6); Ort und Zeitpunkt der Zugabe von FM-Mitteln (siehe Abschnitt 6.4.3).

Die vereinbarte **Konsistenz** muß bei Übergabe des Betons auf der Baustelle vorhanden sein. Da Ausbreitmaß und Verdichtungsmaß zu unterschiedlichen Aussagen über die Konsistenz führen können, ist das anzuwendende Konsistenzmeßverfahren vorher zu vereinbaren.

c) Güteprüfung
Siehe Abschnitt 6.11.

6.7.4 Verarbeiten des Betons

Siehe auch Zement-Merkblatt Nr. 11 und [6/1]

Unter dem Begriff Verarbeiten werden i. allg. die Vorgänge Fördern des Betons auf der Baustelle zur Einbaustelle, Einbringen des Betons in die Schalung und Verdichten des Betons zusammengefaßt. Der Beton ist möglichst bald nach dem Mischen, Transportbeton möglichst sofort nach der Anlieferung zu verarbeiten, in beiden Fällen aber, ehe er versteift und seine Zusammensetzung ändert.

a) Fördern und Einbringen des Betons

Das **Fördern** des Betons zur Einbaustelle geschieht in Transportgefäßen (Kran- oder Aufzugkübel, Japaner), mit Bändern oder durch Pumpen. Die Art des Förderns und die Betonzusammensetzung sind so aufeinander abzustimmen, daß keine Entmischung des Betons eintritt. Beim **Einbringen** in Stützen- und Wandschalungen ist der Beton z. B. durch Fallrohre zusammenzuhalten, die erst

6.7.4 Verarbeiten des Betons

kurz über der Verarbeitungsstelle enden. Bänder müssen an der Abwurfstelle Abstreifer, Prallblech und Schütttrichter besitzen. Beim Einbringen des Betons ist darauf zu achten, daß Bewehrung, Einbauteile und Schalungsflächen eines späteren Betonierabschnitts nicht durch Beton verkrustet werden.

Schalungen aus Holz sind beidseitig vorzunässen und innen mit Trennmitteln[1]) zu behandeln. Bei Schalungen aus Hartfaser- oder Stahlplatten filmbildende Trennmittel auf Kunststoffbasis verwenden, um Verfleckungen auf dem Beton oder spätere Anstrichschäden zu vermeiden.

b) Pumpbeton
Siehe auch Zement-Merkblatt Nr. 22

Pumpbeton muß so beschaffen sein, daß er sich während des Pumpens nicht entmischt, da es durch Entmischung leicht zur Verstopfung der Rohrleitungen kommen kann. Wichtig ist hierbei ein ausreichender Mehlkorngehalt (siehe Tafel 5.12) und Feinmörtelanteil. Damit der Betonstrom innerhalb festgelegter Rohre nicht abreißt, dürfen diese nur waagerecht oder senkrecht verlegt werden, nie schräg. Sie müssen fest verankert werden. Leichtmetallrohre sind nicht zulässig.

Förderweiten und -höhen bis 400 m sind möglich. Fließmittel erleichtern das Pumpen von Beton (Verringerung des Betondrucks und Verschleißes, Erhöhung der Leistung).

c) Arbeitsfugen[2])
Bei Betonierpausen von mehr als 1 Stunde bilden sich zwischen dem erstarrten bzw. erhärteten und dem neuen Beton Arbeitsfugen, die Schwachstellen im Betongefüge darstellen können. Um einen kraftschlüssigen und dichten Verbund zwischen altem und neuem Beton zu erhalten, ist beim Weiterbetonieren besonders sorgfältig vorzugehen:

Anschlußfläche möglichst frühzeitig aufrauhen und von losen Bestandteilen und nicht einwandfreiem Beton befreien; älteren Beton mehrere Tage lang vorfeuchten, vor dem Betonieren aber mattfeucht abtrocknen lassen. Auf waagerechte Arbeitsfugen zunächst eine Feinbetonschicht (0/8 oder 0/4) von 3 bis 10 cm Dicke aufbringen (ggf. Zugabe von Haftmitteln). Senkrechte oder geneigte Arbeitsfugen einschalen (z. B. mit verlorener Streckmetallschalung), damit der Beton im Bereich der Fuge einwandfrei verdichtet werden kann und sich einwandfreie Anschlußflächen ausbilden. Um ein zu großes Temperaturgefälle zwischen altem und neuem Beton zu vermeiden, muß der alte Beton erwärmt oder der neue gekühlt werden. Wenn möglich, Arbeitsfugen durch Verwendung von VZ-Mitteln vermeiden, wenn unvermeidbar, an wenig beanspruchte Stellen legen. Falls erforderlich, Fugenbänder einlegen.

d) Verdichten des Betons
Ziel einer guten Verdichtung ist es, dem Beton die für die Festigkeit und Dauerhaftigkeit erforderliche Dichtigkeit zu geben, die Bewehrungsstäbe satt mit Beton zu umhüllen und dem Beton eine geschlossene Oberfläche zu geben. Besonders sorgfältig ist bei dichter Bewehrung, längs der Schalung und in den Ecken zu verdichten.

---

[1]) Siehe „Trennmittel für Betonschalungen und -formen; Richtlinien für die Lieferung, Anwendung und Prüfung – Teil 1 bis 4" (1977/1980). Außerdem [6/2] und [6/49] sowie Zement-Merkblatt Nr. 20.

[2]) Siehe auch Zement-Merkblatt Nr. 17 und [6/49].

Die Art des Verdichtens hängt von der Konsistenz ab. Häufige Verdichtungsart ist der **Innenrüttler**. Dieser soll beim Eintauchen in die untere, bereits verdichtete Schicht noch etwa 10 bis 15 cm eindringen („Vernähen"). Beim Herausziehen der Rüttelflasche muß sich die Oberfläche des Betons wieder schließen. Abstand der Tauchstellen etwa 10facher Durchmesser der Rüttelflasche.

Rütteltische werden zum Verdichten von Betonfertigteilen und -waren und beim Herstellen von Betonprüfkörpern (siehe Abschnitt 6.13.1) verwendet. Wird die Rüttelplatte durch eine Nockenwelle angehoben und wieder fallen gelassen, spricht man von Schockbeton. Bei der Herstellung von Rohren wird der Beton in schnell rotierenden Formen infolge der Zentrifugalkraft unter Wasserabsonderung nach innen verdichtet. Man spricht hier von Schleuderbeton.

Das **Nachverdichten** von bereits verdichtetem Beton ist vor allem bei Beton mit höherem Wassergehalt oder geringerem Wasserrückhaltevermögen nötig, außerdem bei hohen Steiggeschwindigkeiten des eingebrachten Betons und immer im oberen Bereich höherer Bauteile. Nachverdichten kann durch Innenrüttler, Oberflächenrüttler und Klopfen an der Schalung geschehen, bei waagerechten Betonflächen auch durch Glättmaschinen. Der Beton muß noch verformbar und darf noch nicht erstarrt sein.

Tafel 6.14 Wahl der Verdichtungsart in Abhängigkeit von der Konsistenz [6/1]

Verdichtungsart		steif KS	Konsistenz des Betons plastisch KP	weich KR	fließfähig KF
Stampfen		×			
Oberflächenrüttler	Platte	×			
	Bohle	×	×	×	×
Innenrüttler		×	×	×	×
Außenrüttler (Schalungsrüttler)			×	×	×
Stochern bzw. mehrmaliges Abziehen				×	×
Zusätzliches Klopfen an der Schalung			×	×	×

6.7.5 Nachbehandlung des Betons

Richtlinie zur Nachbehandlung von Beton (Fassung Februar 1984)
Hrsg. Deutscher Ausschuß für Stahlbeton (DAfStb). Siehe auch Zement-Merkblatt Nr. 12.

Der junge Beton muß während der ersten Zeit des Erhärtens vor allen schädigenden Einflüssen geschützt werden: Schwingungen und Erschütterungen, starker Regen und strömendes Wasser, chemischer Angriff, starke Abkühlung.

Die größte Gefahr jedoch für jungen Beton ist das *zu schnelle Austrocknen* der Oberfläche durch Sonneneinstrahlung und/oder Wind. Hierbei wird dem Beton wie auch bei zu starker Erwärmung ein Teil des zur Hydratation erforderlichen Wassers entzogen und damit der Erhärtungsverlauf verzögert. Zusätzlich schwindet der Beton an der Oberfläche, was zu Schwindspannungen und ggf. zu Schwindrissen führt. Um

6.7.5 Nachbehandlung des Betons

diese Schäden zu vermeiden, muß der Beton vor Verdunstung des in ihm befindlichen Wassers geschützt werden. Dies geschieht durch Besprühen mit Wasser oder mit Nachbehandlungsmitteln[1]) oder durch Abdecken mit feuchtem Sand, Strohmatten, Planen oder Folien. In der warmen Jahreszeit müssen auch die Abdeckungen feucht gehalten werden. Nachbehandlungsmittel dürfen nicht angewendet werden, wenn auf den Beton später Estrich, Putz oder Anstriche aufgebracht werden sollen.

Die Nachbehandlungsdauer hängt im wesentlichen von den Umgebungsbedingungen und der Festigkeitsentwicklung des Betons ab, außerdem von der Bauteildicke und der Betontemperatur. Werte für Außenbauteile siehe Tafel 6.15. Diese Werte sind zu verlängern,
- bei Temperaturen der Betonoberfläche unter 0 °C mindestens um die Frostdauer,
- bei verzögertem Beton (siehe Abschnitt 6.4.5) um die Verzögerungszeit,
- bei Beton mit auf den Zementgehalt und Wasserzementwert angerechneter Flugasche um 2 Tage (siehe auch Abschnitte 6.3.3 und 6.3.5)

Tafel 6.15 Mindestnachbehandlungsdauer in Tagen für Außenbauteile aus Beton bei Betontemperaturen (ersatzweise mittleren Lufttemperaturen) über + 10 °C; nach Richtlinie zur Nachbehandlung von Beton (Fassung Februar 1984)[2])

Umgebungsbedingungen (für die Einordnung ist jeweils der ungünstigste der drei genannten Einflüsse maßgebend)	Festigkeitsentwicklung des Betons		
	schnell	mittel	langsam
	$w/z < 0{,}50$ und Z 55 oder Z 45 F	$w/z < 0{,}50$ und Z 35 L oder $w/z = 0{,}50$ bis $0{,}60$ und Z 55, Z 45 oder Z 35 F	$w/z < 0{,}50$ und Z 35 L – NW/HS der Z 25 oder $w/z = 0{,}50$ bis $0{,}60$ und Z 35 L
I Vor unmittelbarer Sonneneinstrahlung und vor Windeinwirkung geschützt sowie rel. Luftfeuchte durchgehend nicht unter 80 %	1	2	2
II Mittlere Sonneneinstrahlung u./o. mittlere Windeinwirkung u./o. rel. Luftfeuchte nicht unter 50 % fallend	1	3	4
III Starke Sonneneinstrahlung u./o. starke Windeinwirkung u./o. rel. Luftfeuchte unter 50 %	2	4	5

[2]) Besonderheiten siehe Abschnitt 6.7.5.

---

[1]) Technische Lieferbedingungen für flüssige Beton-Nachbehandlungsmittel (Ausgabe 1978); Forschungsgesellschaft für das Straßen- und Verkehrswesen, Alfred-Schütte-Allee 10, 5000 Köln 21.

Für Innenbauteile reicht i. d. R. eine Nachbehandlungsdauer von einem Tag, bei Betontemperaturen unter +10 °C von zwei Tagen, aus. Für Betonoberflächen mit besonderen Anforderungen (z. B. Aufbringen eines Verbundestrichs) sind diese Zeiträume zu verdoppeln.

Mangelhafte oder ganz unterlassene Nachbehandlung ist vielfach die Ursache für Betonschäden (Risse, Absanden der Oberfläche, Festigkeitsminderung), obwohl der Beton richtig zusammengesetzt, hergestellt und verarbeitet worden ist. Daher ist die Art der Nachbehandlung vor Baubeginn zwischen Auftraggeber und Auftragnehmer zu vereinbaren und im Leistungsverzeichnis als gesonderte Position auszuweisen.

6.7.6 Ausschalfristen

Das Ausrüsten und Ausschalen des Betons wird vom Bauleiter angeordnet und darf erst dann stattfinden, wenn der Beton *ausreichend erhärtet* ist (Erhärtungsprüfung siehe Abschnitt 6.11.5). Für den Fall, daß die Betontemperatur nach dem Einbringen stets über +5 °C lag, gibt die DIN 1045 bestimmte Ausschalfristen an (siehe Tafel 6.16). Bei niedrigeren Temperaturen müssen diese Fristen u. U. verdoppelt werden, bei Frost sind die Fristen mindestens um die Dauer des Frostes zu verlängern. Kürzere Ausschalfristen gelten bei Gleit- und Kletterschalung.

Tafel 6.16   Ausschalfristen in Tagen für Betonhärtungstemperaturen $\geq +5\,°C$ (Anhaltswerte nach DIN 1045)

Bauteil	Zementfestigkeitsklasse			
	Z 25	Z 35 L	Z 35 F / Z 45 L	Z 45 F / Z 55
Seitliche Balkenschalung, Wand- und Stützenschalung	4	3	2	1
Deckenplattenschalung[1]	10	8	5	3
Rüstung (Stützung)[1] von Balken, Rahmen und weitgespannten Platten	28	20	10	6
[1] Nach dem Ausschalen sind Hilfsstützen anzuordnen.				

6.7.7 Einbau der Betonbewehrung und Betondeckung

Merkblatt Betondeckung (Fassung Oktober 1982); Hrsg. Deutscher Beton-Verein E. V. u. a.
Zement-Merkblatt Nr. 24

Der lichte Abstand zwischen der Schalungsinnenfläche und der Bewehrung (einschließlich Bügeln) muß so groß sein, daß der einwandfreie Verbund zwischen Bewehrung und Beton sichergestellt und die Bewehrung vor Korrosion geschützt ist (siehe Abschnitt 6.24.3).

Daher ist der Bewehrungsstahl von Bestandteilen, die den Verbund beeinträchtigen können, wie z. B. Schmutz, Fett, Eis und losem Rost, zu befreien. Zum Einführen der Innenrüttler Rüttelgassen frei lassen. Bei Decken die obere Bewehrung z. B. durch Unterstützungskörbe oder Stehbügel gegen Herunterdrücken schützen, die untere Bewehrung durch ausreichend feste und kippsichere Abstandshalter. In Fällen von erhöhter Korrosion (Umweltbedingungen Zeile 3 und 4 in Tafel 6.17) Abstandshalter aus mineralischen Baustoffen verwenden, ringförmige Abstandshalter nur für seitliche Stabilisierung der Bewehrung. Unmittelbar die Schalung berührende Teile von stählernen Abstandshaltern (z. B. Füße von Unterstützungskörben) gegen Korrosion schützen, z. B. durch Beschichtung mit Epoxidharz oder durch Kunststoffkappen). Richtwerte für Art, Anzahl und Abstand der Abstandshalter siehe o. a. Merkblatt.

6.7.7 Einbau der Betonbewehrung und Betondeckung

Tafel 6.17 Maße der Betondeckung in cm, bezogen auf die Umweltbedingungen (Korrosionsschutz) und die Sicherung des Verbundes

	1	2	3	4
	Umweltbedingungen	Stab-durch-messer d_s mm	Mindest-maße für $\geq$ B25 min c cm	Nenn-maße für $\geq$ B25 nom c cm
1	Bauteile in geschlossenen Räumen, z. B. in Wohnungen (einschließlich Küche, Bad und Waschküche), Büroräumen, Schulen, Krankenhäusern, Verkaufsstätten – soweit nicht im folgenden etwas anderes gesagt ist. Bauteile, die ständig trocken sind.	bis 12 14, 16 20 25 28	1,0 1,5 2,0 2,5 3,0	2,0 2,5 3,0 3,5 4,0
2	Bauteile, zu denen die Außenluft häufig oder ständig Zugang hat, z. B. offene Hallen und Garagen. Bauteile, die ständig unter Wasser oder im Boden verbleiben, soweit nicht Zeile 3 oder Zeile 4 oder andere Gründe maßgebend sind. Dächer mit einer wasserdichten Dachhaut für die Seite, auf der die Dachhaut liegt.	bis 20 25 28	2,0 2,5 3,0	3,0 3,5 4,0
3	Bauteile im Freien. Bauteile in geschlossenen Räumen mit oft auftretender, sehr hoher Luftfeuchte bei üblicher Raumtemperatur, z. B. in gewerblichen Küchen, Bädern, Wäschereien, in Feuchträumen von Hallenbädern und in Viehställen. Bauteile, die wechselnder Durchfeuchtung ausgesetzt sind, z. B. durch häufige starke Tauwasserbildung oder in der Wasserwechselzone. Bauteile, die „schwachem" chemischem Angriff nach DIN 4030 ausgesetzt sind.	bis 25 28	2,5 3,0	3,5 4,0
4	Bauteile, die besonders korrosionsfördernden Einflüssen auf Stahl oder Beton ausgesetzt sind, z. B. durch häufige Einwirkung angreifender Gase oder Tausalze (Sprühnebel- oder Spritzwasserbereich) oder durch „starken" chemischen Angriff nach DIN 4030 (siehe auch Abschnitt 13.3).	bis 28	4,0	5,0

Zulässige **Abminderungen** der Tafelwerte:
1. Werden bei der Verlegung der Bewehrung besondere Maßnahmen getroffen, wie z. B. Rüttelgassen, ausreichend viele Bindestellen, ausreichende Zahl von Abstandshaltern (siehe auch „Merkblatt Betondeckung"): nom c um 0,5 cm.
2. Bei Beton $\geq$ B 35: min c und nom c um 0,5 cm, allerdings darf min c nicht $< d_s$ und nicht $< 1,0$ cm werden, außerdem muß das Vorhaltemaß (nom c – min c) in Zeile 2, 3 und 4 stets mind. 0,5 cm betragen.
3. Bei Beton B 15, $d_s \leq 12$ mm und Umweltbedingungen nach Zeile 1: min $c = 1,5$ cm, nom $c = 2,5$ cm.

Erforderliche **Vergrößerungen** der Tafelwerte:
1. Größtkorn des Zuschlags > 32 mm: min c und nom c um 0,5 cm.
2. Ggf. Erhöhung aus Gründen des Brandschutzes nach DIN 4102 Teil 4.
3. Angemessene Erhöhung bei besonders dicken Bauteilen sowie bei Flächen, die z. B. gesandstrahlt, steinmetzmäßig bearbeitet oder durch Verschleiß stark abgenutzt werden.
4. Spanndrähte mit sofortigem Verbund: min c um 1,0 cm
   Hüllrohre für Spannglieder: min $c = 3,0$ cm.

Die Betondeckungsmaße sind der Tafel 6.17 zu entnehmen. Dort angegebene Nennmaße sind Verlegemaße. Sie sind auf den Bewehrungszeichnungen anzugeben und liegen der statischen Berechnung zugrunde. Die Mindestmaße müssen im erhärteten Beton vorhanden sein, wenn ausreichender Verbund und Korrosionsschutz im Gebrauchszustand gewährleistet sein sollen.

Bei Umweltbedingungen nach Zeile 3 und 4 der Tafel 6.17 können zusätzliche Schutzmaßnahmen in Betracht kommen, wie z. B. Schutzschichten nach Normen der Reihe 18 195 oder dauerhafte Bekleidungen mit dichten Schichten. Dabei sind als Betondeckungsmaße mindestens die Werte der Zeile 2 einzuhalten.

6.8 Betonieren bei besonderen Witterungsbedingungen
Siehe auch Zement-Merkblatt Nr. 13

6.8.1 Reifegrad und wirksames Betonalter

Einen großen Einfluß auf den Erhärtungsverlauf des Betons hat die Temperatur. Allgemein gilt: Höhere Lagerungstemperaturen beschleunigen die Festigkeitsentwicklung, niedrige Temperaturen verzögern sie. Die Endfestigkeit wird durch niedrige Erhärtungstemperaturen nicht verringert. Vielmehr hat sich gezeigt, daß ein zunächst bei niedriger Temperatur langsam hart werdender Beton am Schluß eine etwas höhere Endfestigkeit aufweist. Dies wird darauf zurückgeführt, daß sich ein höherer Anteil langfaseriger Hydratationsprodukte gebildet hat [2].

Die Verlangsamung der Betonerhärtung durch niedrige Temperaturen läßt sich mit Hilfe der *Saul*schen Regel abschätzen: Betone gleicher Zusammensetzung haben bei unterschiedlicher Lagerungstemperatur dann die gleiche Festigkeit, wenn der gleiche **Reifegrad R** erreicht ist.

Reifegrad $R = \Sigma \Delta t_i \cdot (T_i + 10)$ [°C · Tage]

Hierin bedeuten:

T_i Mittlere Tagestemperatur des Betons in °C
Δt_i Anzahl der Tage mit T_i

Mit Hilfe der Gleichung für den Reifegrad kann das sog. **wirksame Betonalter t_w** berechnet werden. Es ist dies dasjenige Alter, das einer *durchgehenden* Lagerungstemperatur von 20 °C entspricht:

$R_w = t_w \cdot (20 + 10) = t_w \cdot 30$

Setzt man $R = R_w$, ergibt sich das wirksame Betonalter zu

$t_w = \dfrac{\Sigma \Delta t_i \cdot (T_i + 10)}{30}$ [Tage]

Beispiel 6.8 („Wirksames" Betonalter):
Ein Beton ist 14 Tage lang anstatt bei 20 °C bei einer Lagerungstemperatur von nur 5 °C erhärtet. Damit hat er einen Reifegrad von $R = 14 \cdot (5 + 10) = 210$. Dieser Reifegrad entspricht einem wirksamen Betonalter von $t_w = 210 : 30 = 7$ Tagen.

Beispiel 6.9 (Verlängerung der Ausschalfrist):
Eine Betondecke hat unter normalen Verhältnissen (Temperatur + 20 °C) eine Ausschalfrist von 10 Tagen. Um wieviel Tage verlängert sich diese Frist, wenn 5 Tage lang eine Temperatur von + 5 °C geherrscht hat? Reife im Normalfall: $R = 10 \cdot (20 + 10) = 300$. Damit im zweiten Fall dieselbe Reife erreicht wird, muß die

Ausschalfrist um x Tage verlängert werden: $300 = 5 \cdot (20 + 10) + 5 \cdot (5 + 10) + x \cdot (20 + 10)$; aus dieser Gleichung ergibt sich eine Verlängerung der Ausschalfrist von $x = 2{,}5$ Tage.

6.8.2 Betonieren bei kühler Witterung und bei Frost

Nach DIN 1045, Abschnitt 11, muß der Frischbeton beim Einbau bestimmte Mindesttemperaturen besitzen (siehe Tafel 6.18). Die Frischbetontemperatur kann z. B. mit einem Betonthermometer (Abb. 6.11) gemessen werden.

Gefriert das Wasser im jungen Beton (siehe Abschnitt 6.1.1), kann das Betongefüge durch den entstehenden Eisdruck gelockert oder sogar gesprengt und die Festigkeit herabgesetzt werden. Einmaliges Durchfrieren übersteht der Beton i. d. R. ohne Schädigung, wenn er eine Druckfestigkeit von mindestens 5 N/mm^2 besitzt.

Tafel 6.18 Mindesttemperaturen von Frischbeton beim Einbringen nach DIN 1045

Lufttemperatur in °C	Mindesttemperatur des Frischbetons beim Einbringen[1]) in °C	
+ 5 bis – 3	+ 5	allgemein
	+ 10	bei Zementgehalt $< 240 \text{ kg/m}^3$ oder bei Verwendung von NW-Zementen
unter – 3	+ 10	anschließend mind. 3 Tage lang auf dieser Temperatur halten

[1]) Die Frischbetontemperatur darf + 30°C nicht überschreiten, sofern nicht durch geeignete Maßnahmen nachteilige Folgen mit Sicherheit vermieden werden.[2])

Tafel 6.19 Erforderliche Erhärtungszeit zum Erreichen der Gefrierbeständigkeit von Beton mit einem w/z-Wert = 0,6 [6/1]

Zementfestigkeits- klasse	Vorerhärtungszeit in Tagen		
	Betontemperatur		
	+ 5 °C	+ 12 °C	+ 20 °C
Z 55, Z 45 F	0,75	0,5	0,5
Z 45 L, Z 35 F	2	1,5	1
Z 35 L	5	3,5	2

Abb. 6.11 Betonthermometer

---

[2]) Siehe z. B. ACI-Standard „Recommended Practice of Hot Weather Concreting" (ACI 305–72) und „Richtlinie über Wärmebehandlung von Beton und Dampfmischen".

Diese sog. **Gefrierbeständigkeit** hat nach DIN 1045 ein Beton mit einem Zementgehalt von mind. 270 kg/m³ und einem Wasserzementwert von höchstens 0,6 erreicht, wenn ein rasch erhärtender Zement verwendet wird (Z 35 F, Z 45 L und F, Z 55) und wenn die Betontemperatur mindestens 3 Tage lang + 10 °C nicht unterschritten hat. Für andere Betontemperaturen gelten die Richtwerte der Tafel 6.19. Voraussetzung ist dabei, daß der Beton vor starkem Feuchtigkeitszutritt (z. B. Niederschlag) geschützt ist, damit der im Beton entstehende Kapillarporenraum sich nicht wieder mit Wasser vollsaugt.

Folgende **Maßnahmen** sind bei kühler Witterung und Frost zu empfehlen:
1. Verwendung von Zementen mit hoher Wärmeentwicklung, Erhöhung des Zementgehaltes, Verwendung frisch gemahlener, noch heißer Zemente. Zur Vermeidung von Temperaturrissen sind die Zemente Z 45 F und Z 55 nur bei dünnen Bauteilen (hohe Wärmeableitung) anzuwenden.
2. Verringerung des Wasserzementwertes, wodurch wie mit Maßnahme 1 und 3 eine höhere Frühfestigkeit erreicht wird.
3. Verwendung von Zusatzmitteln. Erstarrungsbeschleuniger BE beschleunigen die Erhärtung. Betonverflüssiger BV und Luftporenbildner LP setzen bei gleichbleibender Verarbeitbarkeit die Wasserzugabe und damit den Wasserzementwert herab (siehe Abschnitt 6.3.4).
4. Anwärmen der Betonbestandteile. Bei normalem Konstruktionsbeton nimmt die Frischbetontemperatur um 1 °C zu, wenn die Temperatur des Zements um 10 °C, die des Zugabewassers um 3,6 °C oder die des Zuschlags um 1,6 °C erhöht wird (siehe unten).

Die **Temperatur des Frischbetons** T_b ergibt sich aus den Temperaturen der Betonbestandteile abschätzungsweise nach folgender Gleichung:

$$T_b = \frac{z \cdot T_z \cdot c_z + g \cdot T_g \cdot c_g + w \cdot T_w \cdot c_w}{z \cdot c_z + g \cdot c_g + w \cdot c_w}$$

Hierin bedeuten:

z, g, w Zement-, Zuschlag- und Wassergehalt des Betons in kg/m³
c_z, c_g, c_w spezifische Wärme der Betonbestandteile in kJ/kg · K
T Temperatur in °C

Setzt man für $c_z \approx c_g \approx 0{,}84$ und $c_w = 4{,}2$ ein und kürzt mit 0,84, ergibt sich die Gleichung

$$T_b = \frac{z \cdot T_z + g \cdot T_g + 5 \cdot w \cdot T_w}{z + g + 5 \cdot w}$$

Um die Frischbetontemperatur um den Betrag ΔT_b anheben zu können, müssen die Temperaturen der Betonbestandteile wie folgt erhöht werden:

$$\Delta T_b = \frac{z \cdot \Delta T_z}{z + g + 5 \cdot w} \text{ oder } = \frac{g \cdot \Delta T_g}{z + g + 5 \cdot w} \text{ oder } = \frac{5 \cdot w \cdot \Delta T_w}{z + g + 5 \cdot w}$$

Am einfachsten und wirtschaftlichsten läßt sich das Anmachwasser erwärmen. Es darf nicht über 90 °C erwärmt werden. Ist es wärmer als 70 °C, muß es zunächst mit dem Zuschlag gemischt werden, bevor der Zement zugegeben wird, damit zu schnelles Erstarren vermieden wird. Aus demselben Grund darf die

Frischbetontemperatur 30 °C niemals überschreiten. Zuschläge können, wenn Dampf vorhanden ist, mit Heizschlangen, Dampflanzen oder Dampfschläuchen erwärmt werden.
5. Nachbehandlungsmaßnahmen des erhärteten Betons sind: bei mäßigem Frost wärmedämmende Ummantelung, z. B. Bretterschalung, trockene Stroh- oder Schilfmatten, Mineralwollematten, Leichtbau- oder poröse Kunststoffplatten. Alle Abdeckungen müssen vor Durchfeuchtung geschützt werden. Ihre Wirkung erhöht sich, wenn sich zwischen Beton und Ummantelung eine ruhende Luftschicht befindet. Bei strengem Frost und längeren Kälteperioden müssen das ganze Bauwerk und die Mischanlage mit Schalung oder Planen umschlossen und ggf. die umgebende Luft beheizt werden, sog. Winterbau.

Siehe auch Rilem-Richtlinien für das Betonieren im Winter in der Zeitschrift beton 14 (1964), Heft 10, S. 411 bis 427.

6. Ausschalen erst dann, wenn der Beton ausreichend erhärtet ist. Ausschalfristen siehe Abschnitt 6.7.6. Gegebenenfalls sind Erhärtungsprüfungen (siehe Abschnitt 6.11.5) an Probewürfeln durchzuführen, die unter Bauwerksbedingungen gelagert worden sind, oder es sind Rückprallprüfungen (siehe Abschnitt 67.13.2b) durchzuführen.
7. Niemals dürfen gefrorene Zuschläge verwendet werden. An gefrorene Bauteile darf nicht anbetoniert werden, und durch Frost beschädigter Beton ist vor dem Weiterbetonieren zu entfernen.

6.8.3 Betonieren bei heißer Witterung

Beim Betonieren bei heißer Witterung kann die Betontemperatur auf *über 25 °C* ansteigen und der Beton rascher ansteifen. Gegenmaßnahmen sind:

Lagerung der Zuschläge im Schatten und/oder Berieselung der Grobzuschläge mit Wasser; Verwendung von kühlem Zugabewasser aus abgedeckten oder tiefverlegten Leitungen. Als Zement ist möglichst ein Z 35 zu verwenden. Wird der Beton offen transportiert, ist er durch Planen oder Folien vor Sonneneinstrahlung und Wind zu schützen. Holzschalungen sind gut anzunässen. Die Oberfläche des verdichteten Betons ist so bald wie möglich gegen Austrocknung zu schützen. Zusätzlich zu den üblichen Nachbehandlungsmaßnahmen (siehe Abschnitt 6.7.5) Abdecken mit feuchten Matten oder feuchtem Sand.

6.8.4 Wärmebehandlung

„Richtlinie über Wärmebehandlung von Beton und Dampfmischen", außerdem: [6/13] und [6/21]

Die schnelle Erhärtung des Betons infolge erhöhter Temperatur wird bei der Herstellung von Fertigteilen und Betonwaren bewußt ausgenutzt, um so zeitig wie möglich ausschalen zu können.

Verfahren der Wärmebehandlung sind:
a) Dampfbehandlung: auf die verdichteten Betonbauteile, die in Kammern oder Tunneln oder nur unter Folien lagern, wird ungespannter (bis 100 °C) oder gespannter (bis 200 °C) Dampf geleitet (Kalksandsteine, Gasbeton).

292 Beton

b) **Warmluftbehandlung:** anstelle mit Dampf wird mit erwärmter Luft gearbeitet. Zur Erhöhung der Luftfeuchtigkeit werden ggf. Wasserbehälter aufgestellt.
c) **Aufheizen der Schalung durch Dampf, Öl oder Elektrowärme:** entweder kastenförmig ausgebildete Schalungen oder Heizschlangen. Das Verfahren ist wirtschaftlicher und technisch einfacher als a und b.
d) **Einbetonieren von etwa 2 mm dicken Heizdrähten:** Abstand der Drähte etwa 20 bis 40 cm; Heizspannung 40 V.

Andere Möglichkeiten, die Festigkeitsentwicklung des Betons zu beschleunigen, sind die in Abschnitt 6.8.2 genannten Maßnahmen und das Mischen von Beton mit Dampfzuführung.

6.9 Betonieren nach besonderen Verfahren

6.9.1 Unterwasserbeton (DIN 1045, Abschnitte 6.5.7.7 und 10.4)
Siehe auch [6/50] und [6/51]

Unterwasserbeton ist ein Beton, der unter Wasser geschüttet wird, wobei das Wasser keine Strömung besitzen darf.

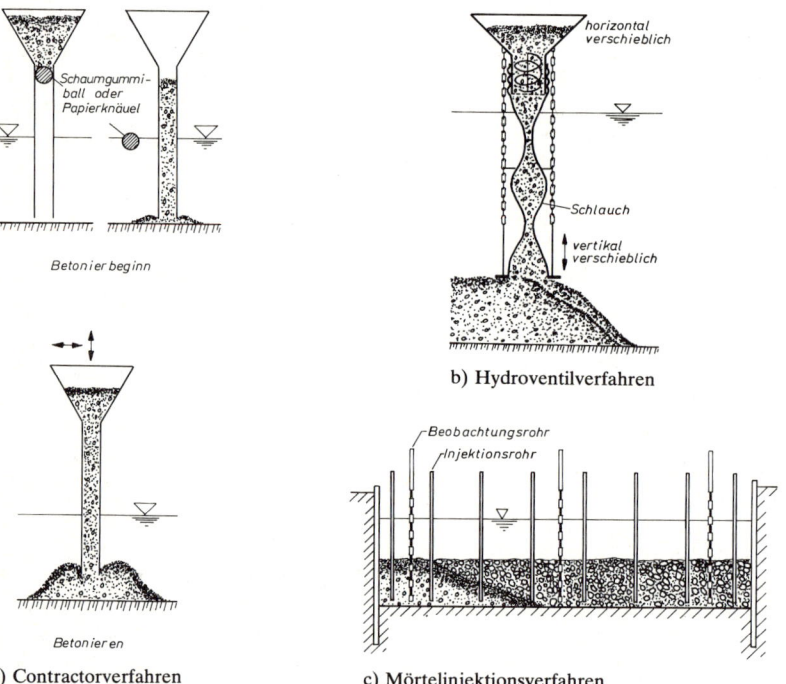

Abb. 6.12 Einbauverfahren von Unterwasserbeton (schematisch); nach [6/50]

6.9.1 Unterwasserbeton / 6.9.2 Prepakt- und Colcretebeton

Die Zusammensetzung des Betons muß so sein, daß er als zusammenhängende Masse fließt und ohne Verdichtung ein geschlossenes Gefüge aufweist: Ausbreitmaß 45 bis 50 cm; Wasserzementwert $\leq$ 0,60; Sieblinie des Zuschlages stetig im günstigen Bereich; Zementgehalt $\geq$ 350 kg/m^3 bei 32 mm Größtkorn; Mehlkorngehalt entsprechend Tafel 5.11.

Beim Einbringen darf der Beton niemals frei durch das Wasser fallen, damit der Zement nicht ausgewaschen wird. Unter dem Namen Hydrocrete gibt es ein Spezial-Einbauverfahren, das hiervon eine Ausnahme macht (siehe unten). Bei Wassertiefen über 1 m ist der Beton mit ortsfesten Trichtern oder geschlossenen Kästen einzubringen, die so tief in den bereits eingebrachten Beton eintauchen, daß der ausfließende Beton mit dem Wasser *nicht* in Berührung kommt. In Wassertiefen unter 1 m ist an der Stelle des Betonierbeginns zunächst so viel Beton einzubringen, daß der Beton über die Wasseroberfläche ragt. Der folgende Beton wird dann stets über Wasser auf den herausragenden Beton aufgeschüttet und dabei mit natürlicher Böschung vorsichtig vorangetrieben.

Einbringverfahren (siehe auch Abb. 6.12) sind das Contractor-, Kübel-, Hydroventil-, Pump- und Mörtelinjektionsverfahren. Beim Kübelverfahren wird ein geschlossener Spezialkübel mit Frischbeton an die Einbaustelle gebracht und dort geöffnet. Zum Mörtelinjektionsverfahren (Prepakt- und Colcretebeton) siehe Abschnitt 6.9.2.

Hydrocrete[1]) ist die Bezeichnung für ein Einbauverfahren von wasserundurchlässigem Unterwasserbeton mit Kübeln oder Pumpen. Der Beton ist dabei im frischen Zustand so erosionsfest, daß er ohne Entmischung unter Wasser mehrere Meter frei abstürzen kann und selbst 10 cm dicke Platten sicher unter Wasser betoniert werden können. Er braucht nicht verdichtet zu werden und nivelliert sich durch Fließen auf eine Oberflächenebenheit von ± 3 cm. Mit dem Verfahren wird unbewehrter und bewehrter Beton hergestellt.

6.9.2 Prepakt- und Colcretebeton (Ausgußbeton)

In eine druckfeste Schalung wird grober Zuschlag (Korndurchmesser $\geq$ 32 mm) in möglichst dichter Packung eingebracht und dann von unten her gleichmäßig ansteigend Zementleim oder Zementmörtel (Korndurchmesser $\leq$ 4 mm) mit geringem Druck so eingepreßt, daß er den gesamten Hohlraum zwischen den groben Körnern (etwa 35 bis 45 Vol.-%) ausfüllt (siehe auch Abb. 6.12c).

Beim Prepaktverfahren werden Zement, Sand (Größtkorn 1,5 bis 2 mm) und Wasser sowie ein verflüssigendes und ggf. treibendes Zusatzmittel (ähnlich EH) gemeinsam gemischt. Das Colcreteverfahren[2]) (Tectocrete) verzichtet meist auf Zusatzmittel. In einem hochtourigen Mischer werden zunächst Zement und Wasser gemischt und erst danach der Sand (Größtkorn 2 bis 4 mm) unter Mischen zugegeben. Eine Besonderheit sind die Colcretebetonplatten: Steppdeckenartige Kunststoffmatten werden unter Wasser verlegt und anschließend mit Colcrete-Mörtel ausgepreßt.

---

[1]) Firma gewatech, Mühleneschweg 8, 4500 Osnabrück.
[2]) Lizenzinhaber: Colcrete-Bau, Oldenburger Str. 295, 2902 Rastede.

Prepakt- und Colcretebeton sind besonders *schwindarm,* da sich in den Berührungspunkten der Körner keine dem Schwinden unterliegende Mörtelschicht befindet. Andererseits kann es im Mörtel selbst zu Schwindrissen kommen, weil sein Schwinden durch das starre Korngerüst behindert wird. Daher ggf. Zugabe von quellenden Zusatzmitteln.

Anwendung findet diese Art der Betonherstellung beim Betonieren an schwer zugänglichen Stellen, im Wasserbau (Befestigung von Böschungen), bei Strahlenschutzbeton (siehe Abschnitt 6.20) und bei Unterwasserbeton (siehe Abschnitt 6.9.1).

6.9.3 Spritzbeton

DIN 18 551 (Juli 1979): Spritzbeton – Herstellung und Prüfung
Richtlinien für die Ausbesserung und Verstärkung von Betonbauteilen mit Spritzbeton (Fassung Okt. 1983; DAfStb), siehe auch [6/52].

Spritzbeton nach DIN 18 551 dient zur Herstellung von tragenden Bauteilen aus bewehrtem und unbewehrtem Beton. Er wird in geschlossenen Schlauch- und/oder Rohrleitungen zur Einbaustelle gefördert, dort durch Spritzen an eine vorbereitete Fläche (Fels- oder Erdoberfläche, einseitige Schalung aus Holz oder Stahl, erhärteter Beton, Mauerwerk) aufgebracht und dabei durch den Aufprall verdichtet.

a) Anwendung

Ursprünglich wurde das Spritzverfahren durch die Fa. Torkret[1] *(Torkretbeton)* zur Bergsicherung und Auskleidung bei Untertagebauten sowie zur Ausbesserung von schadhaften Bauteilen (Brandschäden, Frostschäden, aggressive Einflüsse) entwickelt. Heute werden die Vorteile des Spritzbetons (einseitige Schalung, geringer Förder-, Einbau- und Verdichtungsaufwand, Möglichkeit des Überkopfbetonierens) auch auf anderen Gebieten des Bauwesens, wo es um die Herstellung *flächenhafter* und *dünner Bauteile* geht, genutzt: Behälterbau, Schwimmbecken, Kanalauskleidungen, Schiffe und Pontons (USA), Hallenbäder (Schalen, Faltwerke), Sicherung von Hängen und Böschungen. Spritzmörtel aus besonderen Zuschlägen, wie z. B. Perlite, Vermiculite, Fasern (Faserspritzbeton siehe Abschnitt 6.22.3) werden als akustische Auskleidungen, Antikondensputz gegen Schwitzwasser sowie als Ummantelung zur Verbesserung der Wärmedämmung und des Brandschutzes auf vorhandene Bauteile aufgebracht.

b) Herstellung

Beim Trockenspritzverfahren schwimmt das Trockengemisch aus Zement, Zuschlag und ggf. Zusatzstoffen in der Förderleitung in einem Druckluftstrom *(Dünnstromförderung)* bis zur Spritzdüse, in der das erforderliche Wasser und ggf. flüssige Zusatzmittel zugegeben werden. Beim Naßspritzverfahren wird der Ausgangsmischung das Wasser bereits im Mischer zugegeben und diese Naßmischung entweder wie beim Trockenspritzverfahren mit Druckluft im Dünnstrom oder mit Kolben-, Schnecken- oder Rotorpumpen im sog. Dichtstrom *(Dichtstromförderung)* zur Spritzdüse gefördert. Der Dichtstrom muß an der Spritz-

---

[1] Torkret GmbH, Langemarckstr. 39, 4300 Essen 1.

6.9.3 Spritzbeton/6.9.4 Vakuumbeton

düse durch Zuführung von Druckluft (Treibluft) noch auf die für das Aufbringen erforderliche Geschwindigkeit gebracht werden. Dabei können ihm ggf. flüssige Zusatzmittel zugegeben werden.

Auftragsfläche mit Druckluft oder -wasser oder Sandstrahlen säubern. Flammstrahlen (siehe Abschnitt 6.24.5c) ist nicht geeignet. Lose, verwitterte oder beschädigte Teile entfernen. Betonflächen vorher aufrauhen (Verbesserung der Haftung), Böden gut verdichten. Stahleinlagen (möglichst kleine Durchmesser, lichter Abstand $\geq$ 5 cm) gut befestigen. Betondeckung $\geq$ 2 cm. Spritzdüse rechtwinklig im Abstand von etwa 0,5 bis 1,5 m von der Auftragsfläche so führen, daß möglichst wenig Bestandteile des Betons zurückprallen. Dieser Rückprall ist bei der Zusammensetzung der Ausgangsmischung zu berücksichtigen (Eignungsprüfung mit Spritzversuchen!).

c) Zusammensetzung des Betons
Die Ausgangsmischung soll folgende Werte haben: Zementgehalt wie bei Normalbeton $\geq$ 240 bzw. 270 kg/m^3; Mehlkorngehalt entsprechend Tafel 5.12; Zuschlag natürliches Rundkorn zwischen Sieblinie A und C. Für Ausbesserungs- und Verstärkungsmaßnahmen eignet sich eine Sieblinie B 8. Beim Trockenspritzverfahren ist an der Spritzdüse so viel Wasser zuzugeben, daß der aufgespritzte Beton die Konsistenz KS (steif) hat. Beim Naßspritzverfahren ist die Konsistenz der Ausgangsmischung von der Förderart abhängig: KS bis KP bei Dünnstromförderung, KP bis KR bei Dichtstromförderung. Zusatzmittel werden zur Beschleunigung zugegeben (BE-Mittel) und zur Verringerung des Rückpralls und der Staubemission (z. B. Silipon SPR 6/ST von der Fa. Henkel).

d) Güteprüfung
Zur Güteprüfung werden Bohrkerne (Durchmesser 10 cm) entweder aus dem Bauwerk oder aus gesondert hergestellten Platten entnommen, nach DIN 1048 28 Tage lang gelagert und auf Rohdichte und Druckfestigkeit geprüft. Ist die Entnahme von Bohrkernen nicht möglich, kann die Festigkeit mit dem Rückprall- oder Kugelschlaghammer überprüft werden.

6.9.4 Vakuumbeton

Das Vakuumverfahren wurde 1967/68 von der schwedischen Firma Tremix AB entwickelt und wird in Deutschland von der Fa. Noggerath[1]) angewendet. Man findet es bei der Herstellung von Industriefußböden, Fahrbahntafeln, Parkdecks usw.

a) Herstellung:
Der normal, z. B. mit Innenrüttlern, verdichtete Beton wird mit Vibrationsbohlen abgezogen. Danach erfolgt die Vakuumbehandlung:
Auflegen von Filtermatten (Sperre für Mehlkorn), Auflegen des Vakuumteppichs, Absaugen eines Teils des Wassers aus dem Beton mit Vakuumaggregaten. Der Beton ist sofort begehbar und wird mit Rotorglättern bearbeitet. Während

---
[1]) Neuer Wall 75, 2000 Hamburg 36.

der Vakuumbehandlung liegt auf dem Beton eine Auflast von etwa 80 kN/m² (≙ 8 m Wassersäule). Die Sieblinie des Zuschlags soll im Bereich (3) nach Abb. 5.1 liegen. Ein hoher Feinstkornanteil des Betons verlängert die Saugzeit.

b) Eigenschaften:
Die Oberfläche des Vakuumbetons besitzt eine hohe Ebenflächigkeit und Verschleißfestigkeit, auf die ohne Estrichzwischenlage beliebige Beläge aufgebracht werden bzw. Hartstoffe eingearbeitet oder zusätzliche Verschleißschichten ohne Haftbrücke „frisch-auf-frisch" aufgezogen werden können. Durch die Vakuumbehandlung reduziert sich der w/z-Wert um 10 bis 20 % und erhöht sich die Festigkeit um 30 bis 50 %. Der Beton wird dichter, damit erhöhen sich Wasserundurchlässigkeit, Frostbeständigkeit und Widerstand gegen chemischen Angriff. Geringer wird auch das Schwinden und Schrumpfen.

6.10 Beton mit besonderen Eigenschaften

6.10.1 Allgemeines

Nach DIN 1045, Abschnitt 6.5.7, werden als Betone mit besonderen Eigenschaften bezeichnet:

1. Wasserundurchlässiger Beton (siehe Abschnitt 6.10.2)
2. Beton mit hohem Frost- bzw. Frost-Tausalz-Widerstand (siehe Abschnitt 6.10.3)
3. Beton mit hohem Widerstand gegen chemischen Angriff (siehe Abschnitt 6.10.4)
4. Beton mit hohem Verschleißwiderstand (siehe Abschnitt 6.10.5)
5. Beton für hohe Gebrauchstemperaturen bis 250 °C (siehe Abschnitt 6.10.6)
6. Beton für Unterwasserschüttung (Unterwasserbeton, siehe Abschnitt 6.9.1)

Diese Betone sind als Beton B II ab Festigkeitsklassen B 35, also stets mit Eignungsprüfung herzustellen. Wasserundurchlässiger Beton und Betone mit hohem Frostwiderstand und mit hohem Widerstand gegen schwachen chemischen Angriff dürfen auch als Beton B I ohne Eignungsprüfung hergestellt und verarbeitet werden, wenn die Sieblinie im Bereich (3) (siehe Abb. 5.1) liegt und wenn die Mindestzementgehalte der Tafel 6.21 eingehalten werden.

Tafel 6.20 Zusammensetzung von Beton für Kunstbauten nach ZTV-K 80

Festigkeitsklasse des Betons	Größtkorn in mm	Mehlkorngehalt in kg/m³	Zement in kg/m³	Wasserzementwert (ω)
B 25	16 32	≦ 470 ≦ 430	min 300 max 370	≦ 0,55
B 35	16 32	≦ 470 ≦ 430	min 300 max 370	≦ 0,5
B 45	16 32	≦ 470 ≦ 430	min 300 max 400	≦ 0,5

6.10.1 Allgemeines

Tafel 6.21 Anforderungen an Betone mit besonderen Eigenschaften nach DIN 1045 ([6/2])

Geforderte Betoneigenschaft	Herstellung und Verarbeitung	Sieblinienbereich	Zementgehalt in kg/m³	Wasserzementwert ω[1])	Zusätzliche Anforderungen
Wasserundurchlässigkeit	B I	AB 16 AB 32	$\geq$ 370 $\geq$ 350	–	Wassereindringtiefe $e_w \leq 5$ cm
	B II	[2])	[2])	$\leq 0{,}60$[3])[8])	
Hoher Frostwiderstand	B I	AB 16 AB 32	$\geq$ 370 $\geq$ 350	$\leq 0{,}60$	Frostbeständiger Zuschlag (eF), Wassereindringtiefe $e_w \leq 5$ cm
	B II	[2])	[2])	$\leq 0{,}60$[4])[8])	
Hoher Frost- und Tausalzwiderstand	B II	[2])	[2])	$\leq 0{,}50$	Frostbeständiger Zuschlag (eFT), Wassereindringtiefe $e_w \leq 5$ cm, LP-Gehalt nach Tafel 6.8, Normzemente[5]) $\geq$ Z 35[9])
Hoher Widerstand gegen chemischen Angriff — Angriffsgrad schwach	B I	AB 16 AB 32	$\geq$ 370 $\geq$ 350	$\leq 0{,}60$	Wassereindringtiefe $e_w \leq 5$ cm
	B II	[2])	[2])	$\leq 0{,}60$[8])	
Hoher Widerstand gegen chemischen Angriff — Angriffsgrad stark	B II	[2])	[2])	$\leq 0{,}50$[8])	Wassereindringtiefe $e_w \leq 3$ cm[10])
Hoher Widerstand gegen chemischen Angriff — Angriffsgrad sehr stark	B II	[2])	[2])	$\leq 0{,}50$[8])	Wassereindringtiefe $e_w \leq 3$ cm und Schutz des Betons durch Beschichtung o. ä.[10])
Hoher Verschleißwiderstand (mechanische Beanspruchung)	B II	nahe A oder B/U	$\leq$ 350 bei Zuschlag 0/32 mm		Beton $\geq$ B 35; Zuschlag bis 4 mm Quarz, über 4 mm mit hohem Verschleißwiderstand
Eignung für Unterwasserschüttung (Unterwasserbeton)	B II	AB 32	$\geq$ 350[6])	$\leq 0{,}60$[7])	zusammenhängend fließfähig, Ausbreitmaß $a \geq 45$ mm (Konsistenz KR oder KF), mehlkornreich

[1]) Bei Eignungsprüfung w/z-Wert um 0,05 niedriger einstellen.
[2]) Entsprechend der Eignungsprüfung.
[3]) Bei Bauteilen mit $d > 40$ cm ist $w/z \leq 0{,}70$ zulässig.
[4]) Bei LP-Gehalten nach Tafel 6.8 und $d > 40$ cm ist $w/z \leq 0{,}70$ zulässig.
[5]) Nur PZ, EPZ, HOZ und PÖZ.
[6]) Austausch von $\leq 20\,\%$ gegen Flugasche mit entsprechendem Prüfbescheid möglich.
[7]) Bei Flugascheeinsatz nach [6]) ist $w/z \leq 0{,}70$ zulässig.
[8]) Bei Einsatz von Flugasche mit entsprechendem Prüfbescheid $w/(z + 0{,}3 \cdot f)$.
[9]) Bei sehr starkem Frost-Tausalz-Angriff (wie z. B. Fahrbahnen, Kappen) nur PZ, EPZ und PÖZ $\geq$ Z 35 oder HOZ $\geq$ 45 L.
[10]) Bei Sulfatgehalt ≥ 600 mg SO_4 je Liter Wasser (ausgenommen Meerwasser) oder ≥ 3000 mg SO_4 je kg Boden: HS-Zement verwenden.

298 Beton

Tafel 6.21 enthält auch für die übrigen Betone mit besonderen Eigenschaften Grenzwerte für den Zementgehalt und den Wasserzementwert und Hinweise auf besondere Anforderungen.

Für Kunstbauten im Straßen- und Eisenbahnbau (Brücken, Stützwände, Tunnel usw.) gilt die ZTV-K 80 (siehe auch Tafel 6.20). Für Kappenbeton ist als Zement Z 35 L zu verwenden, außerdem: $z \leq 350$ kg/m³, $\omega \leq 0{,}50$, Konsistenz KS (vor Zugabe von Zusatzmitteln), Mehlkorngehalt ≤ 400 kg/m³, Luftporengehalt infolge Zugabe von LP-Mitteln im Durchschnitt $\geq 4{,}0$ Vol.-%, Einzelwerte $\geq 3{,}5$ Vol.-%.

6.10.2 Wasserundurchlässiger Beton

Siehe auch Zement-Merkblatt Nr. 14 sowie Tafel 6.21

Wasserundurchlässiger Beton wird da benötigt, wo Betonbauteile längere Zeit einseitig dem Wasser ausgesetzt sind, wie z. B. bei Stau- und Kaimauern, Schleusen, Kanalauskleidungen, Wasserbehältern, Klär- und Schwimmbecken, Grundwasserwannen und Rohrleitungen.

Wasserundurchlässiger Beton muß nach DIN 1045 eine Eindringtiefe ≤ 5 cm haben. Die Wasserundurchlässigkeit von Beton hängt von der Dichtigkeit des Zementsteins und von der Gefügedichtigkeit des Betons (Verdichtungsporen, Kiesnester, Wasserlinsen unter groben Zuschlagkörnern infolge Blutens des Zements) ab.

Die Dichtigkeit des Zementsteins hängt von der Größe des Kapillarporenraums ab. Das Zementgel ist praktisch wasserundurchlässig. Bis zu einem Kapillarporenraum von etwa 20 Vol.-% sind die Kapillarporen untereinander nicht verbunden, so daß die Wasserdurchlässigkeit praktisch gleich Null ist. Das ist bei vollständiger Hydratation bis zu einem Wasserzementwert von etwa 0,50 der Fall (siehe Abb. 6.13). Ab $\omega \geq 0{,}70$ bleibt Zementstein auch nach vollständiger Hydratation wasserdurchlässig.

Eine gute Gefügedichtigkeit des Betons wird durch folgende Maßnahmen begünstigt: Sieblinie des Zuschlags dicht unter B; das grobe Korn möglichst gedrungen, rund oder kantig.

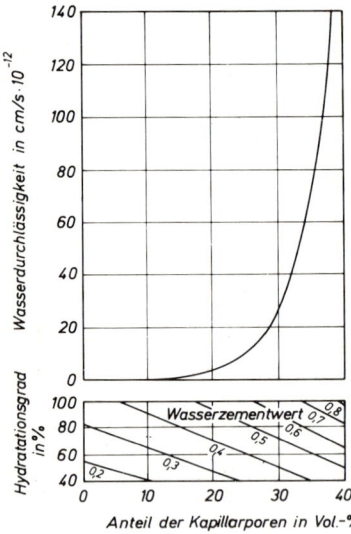

Abb. 6.13 Wasserdurchlässigkeit von Zementstein nach T. C. Powers; [6/53]

Wassergehalt so bemessen, daß der Feinmörtel schmierig-teigig und der Frischbeton schwachplastisch ist. Bei Verwendung von plattigem und/oder länglichem Grobkorn, unter dem sich leicht Wasserlinsen bilden können, empfiehlt sich Nachrütteln (siehe Abschnitt 6.7.4d). Arbeitsfugen möglichst vermeiden oder sehr sorgfältig herstellen (siehe Abschnitt 6.7.4c).

6.10.3 Beton mit hohem Frost- bzw. Frost-Tausalz-Widerstand

Siehe auch Zement-Merkblatt Nr. 15 sowie Tafel 6.21

a) **Beton mit hohem Frostwiderstand** muß dann hergestellt werden, wenn er im durchfeuchteten Zustand häufig schroffen Frost-Tau-Wechseln ausgesetzt wird. Dies ist z. B. bei vielen Wasserbauten wie Hafenmolen, Uferschutzbauwerken und Staumauern der Fall sowie bei allen voll der Witterung ausgesetzten Brücken- und Hochbauten aus Beton.

Beton besitzt erfahrungsgemäß ausreichend hohen Frostwiderstand, wenn er als *wasserundurchlässiger* Beton mit einer Wassereindringtiefe $\leq$ 5,0 cm und einem w/z-Wert $\leq$ 0,60 unter Verwendung von Zuschlägen mit erhöhten Anforderungen an den Frostwiderstand eF nach DIN 4226 Teil 1 hergestellt wird. Die Sieblinie des Zuschlags soll im günstigen Bereich liegen, der Mehlkorngehalt die Werte der Tafel 5.12 keinesfalls überschreiten. Zementschlämmeschichten auf der Oberfläche nach dem Rütteln sind später besonders frostempfindlich und ggf. durch Besenstrich zu entfernen.

b) **Beton mit hohem Frost-Tausalz-Widerstand** muß dann hergestellt werden, wenn im durchfeuchteten Zustand neben Frost auch Tausalze auf ihn wirken. Dies geschieht nicht nur durch direkte Einwirkung beim Streuen auf Verkehrsflächen, sondern auch indirekt durch Anspritzen oder Abtropfen von Tausalzlösungen bei anderen Bauteilen, wie z. B. Gehwegkappen von Brücken, Wänden und Pfeilern an Straßen, Parkdecks und in Kläranlagen.

Stets Zugabe von LP-Mitteln (siehe Tafel 6.8). Zuschlag erhöht frost-tausalzbeständig (eFT nach DIN 4226 Teil 1), Sieblinie im günstigen Bereich, Wasserzementwert $\omega \leq 0{,}50$. Mehlkorngehalt und Feinstsandgehalt nach Tafel 5.12. Bei Betonfahrbahnen (sehr starker FT-Angriff) mindestens PZ 35, EPS 35, PÖZ 35 oder HOZ 45 L.

6.10.4 Beton mit hohem Widerstand gegen chemischen Angriff

Siehe auch Zement-Merkblatt Nr. 16, [2] sowie Tafel 6.21

DIN 4030: Beurteilung betonangreifender Wässer, Böden und Gase, Ausgabe 11.69

Vorl. „Merkblatt über das Verhalten von Beton gegenüber Mineral- und Teerölen"; in: beton 16 (1960), Heft 11

a) **Arten und Vorkommen betonangreifender Stoffe**
Chemischer Angriff auf Beton erfolgt durch Wässer, Böden und Gase. Heute wirken in verstärktem Maße Industrieabgase zerstörend auf den Beton. Betonangreifende Stoffe wirken lösend und/oder treibend auf den Zementstein. Natrium- und Kaliumionen können alkaliempfindliche Zuschläge angreifen (siehe Abschnitt 5.4.8).

Lösende Stoffe sind anorganische und organische Säuren, austauschfähige Salze, weiche Wässer, Fette und Öle pflanzlichen und tierischen Ursprungs. Treibende Stoffe sind Schwefelsäure und Sulfate sowie Schwefeldioxid und Sulfide, die zur Bildung von Ettringit führen (siehe Abschnitt 4.6.1c). Zucker bereits in Spuren verhindert das Erhärten von frischem Beton. Ähnlich verhalten sich glycerinhaltige Abwässer. Chloride fördern die Korrosion des Bewehrungsstahls.

Beton

Betonangreifende Stoffe befinden sich im Grund- und Flußwasser, in Abwässern, in Böden und in Abgasen. Meerwasser enthält große Mengen gelöster Salze, besonders Chloride und Sulfate.

b) Beurteilung von Wässern und Böden
Angreifende Wässer sind äußerlich erkennbar an dunkler Färbung, Ausscheidung von Kristallen, saurer Reaktion (pH-Papier), fauligem Geruch, Aufsteigen von Blasen. Der Angriffsgrad kann aufgrund chemischer Untersuchungsmethoden nach Tafel 6.22 beurteilt werden. Maßgebend ist stets der höchste aus der Tafel entnommene Angriffsgrad. Liegen zwei oder mehrere Werte im oberen (beim pH-Wert unteren) Viertel eines Bereichs, so erhöht sich der Angriffsgrad um eine Stufe. Die Werte der Tafel 6.22 gelten für stehendes oder schwach fließendes Wasser. Der Angriffsgrad erhöht sich mit größeren Strömungsgeschwindigkeiten, durch höhere Temperaturen und Wasserdrücke und im Bereich wechselnder Wasserstände (Kristallisationsdruck von Salzen).

Tafel 6.22 Grenzwerte zur Beurteilung des Angriffsgrades von Wässern vorwiegend natürlicher Zusammensetzung nach DIN 4030

	Untersuchung	Angriffsgrade		
		schwach angreifend	stark angreifend	sehr stark angreifend
1	pH-Wert	6,5 bis 5,5	5,5 bis 4,5	unter 4,5
2	kalklösende Kohlensäure (CO_2) in mg/l bestimmt mit dem Marmorversuch nach *Heyer*, siehe [2]	15 bis 30	30 bis 60	über 60
3	Ammonium (NH_4^+) in mg/l	15 bis 30	30 bis 60	über 60
4	Magnesium (Mg^{2+}) in mg/l	100 bis 300	300 bis 1500	über 1500
5	Sulfat (SO_4^{2-}) in mg/l	200 bis 600	600 bis 3000	über 3000

Angreifende Böden sind äußerlich erkennbar an schwarzer bis grauer Farbe, ggf. mit rotbraunen Rostflecken. Lichtgrau bis weiß gebleichte Schichten unter dunkelbraunen bis schwarzen Humusböden weisen auf sauren Charakter des Baugrundes hin. Aufgrund chemischer Untersuchungen wird der Angriffsgrad von Böden nach Tafel 6.23 beurteilt. Bei wenig durchlässigen Böden, wie sandiger Ton, Lehm, Löß (Wasserdurchlässigkeit $\leq 10^{-5}$ m/s), kann der Angriffsgrad ggf. herabgesetzt, bei reinen Tonböden gleich Null gesetzt werden.

Tafel 6.23 Grenzwerte zur Beurteilung des Angriffsgrades von Böden nach DIN 4030

	Untersuchung	Angriffsgrade	
		schwach angreifend	stark angreifend
1	Säuregrad nach *Baumann/Gully*, siehe [2]	über 20	–
2	Sulfat (SO_4^{2-}) in mg je kg lufttrockenen Bodens	2000 bis 5000	über 5000

c) Betontechnologische und konstruktive Maßnahmen

Die Widerstandsfähigkeit des Betons gegen chemischen Angriff hängt weitgehend von seiner Dichtigkeit ab. Zementgehalt, Wasserzementwert und Wassereindringtiefe sowie Verwendung von HS-Zement siehe Tafel 6.21. Zuschlag aus gedrungenem Korn, nicht zu sandreich. Beton sorgfältig verarbeiten und nachbehandeln. Bei längerer Einwirkung von sehr starkem Angriff muß der Beton einen Schutzüberzug erhalten (siehe Abschnitt 6.24.2). Konstruktiv sind scharfe Kanten, Ecken, Auskragungen und Aussparungen sowie Arbeitsfugen zu vermeiden. Im letzteren Fall ggf. Fugenbänder einlegen.

Nach dem Ergebnis von chemischen Bodenuntersuchungen nach DIN 4030 wird der *Angriffsgrad* von Böden nach Tafel 6.23 in schwach und stark angreifende eingeteilt.

6.10.5 Beton mit hohem Verschleißwiderstand

Siehe auch [6/22] sowie Tafel 6.21

Beton muß mit hohem Abnutzwiderstand hergestellt werden, wenn er starker mechanischer Beanspruchung ausgesetzt wird, wie z. B. durch starken Straßenverkehr, rutschende Schüttgüter, häufige Stöße und Bewegungen schwerer Gegenstände und stark strömendes und Feststoffe führendes Wasser.

Die Zusammensetzung des Betons muß auf einen mörtelarmen Beton aus Zuschlägen mit hoher Verschleißfestigkeit abzielen, da die Verschleißfestigkeit des Zementsteins und des Feinmörtels kleiner ist als die verschleißfester Zuschläge. Bis 4 mm Korngröße soll der Zuschlag überwiegend aus Quarz oder anderem gleich hartem Material bestehen, über 4 mm Korngröße aus Gestein oder künstlichen Stoffen mit hohem Verschleißwiderstand, wie z. B. Granit, Quarzporphyr, Basalt, Quarzit, bzw. bei besonders hoher Beanspruchung aus Hartstoffen, wie z. B. dichte Schlacke, Korund Al_2O_3 (Härte 9) oder Siliciumcarbid SiC (Karborund, Härte 9,5). Die Körner sollen gedrungen sein und eine mäßig rauhe Oberfläche besitzen. Sieblinie des Zuschlags und Zementgehalt siehe Tafel 6.21. Beton, der beim Verarbeiten Wasser oder auf der Oberfläche Zementschlämme absondert, ist ungeeignet. Mehlkorngehalt und Feinstsandgehalt nach Tafel 5.12.

Die Prüfung des Verschleißwiderstandes von Beton kann mit der *Böhme*-Scheibe nach DIN 52 108 durchgeführt werden. Hierbei wird der Abrieb in cm^3 oder in mm infolge Schleifens des Betons mit künstlichem Korund bestimmt (siehe Abschnitt 6.13.6).

Hinsichtlich Beton für Straßendecken siehe Abschnitt 6.19.3. Für Hartbetonbeläge im Industriebau gilt AGI-Arbeitsblatt A 10, Blatt 1 bis 3 (Arbeitsgemeinschaft Industriebau e. V., Ebertplatz 1, 5000 Köln 1) sowie [6/22].
Bezüglich Rollschuh- und Kunsteisbahnen siehe [6/23].

6.10.6 Beton für hohe Gebrauchstemperaturen bis 250 °C

Obwohl Beton nach DIN 4102 zu den nicht brennbaren Stoffen (Baustoffklasse A) gehört, verändert er seine Eigenschaften bei höheren Temperaturen stark.

a) Die **Festigkeit** kann zwar zunächst leicht ansteigen, bedingt durch verstärkte Hydratation und Austrocknung. Ab 300 °C fällt sie jedoch mit steigender Temperatur, besonders zwischen 400 und 700 °C, bis auf 20 % ihres Ausgangswertes bei etwa 1000 °C ab. Grund: Der Zementstein gibt unter starkem Schwinden (etwa 2 %) sein Hydratwasser ab, der Zuschlag dehnt sich aus, wobei quarzhaltige Zuschläge bei 500 bis 600 °C zusätzlich sprunghaft ihre Wärmedehnzahl erhöhen. Das führt zu Gefügezerstörungen, die allerdings ab etwa 900 °C allmählich wieder ausheilen, weil an die Stelle der hydraulischen Bindung des weitgehend dehydratisierten Zementsteins durch Sinterungsvorgänge eine keramische Bindung tritt. Dadurch steigt die Festigkeit wieder an (feuerfester Beton, siehe unten). Wegen des Festigkeitsabfalls ab 300 °C darf Beton Gebrauchstemperaturen von mehr als 250 °C zwar kurzfristig, nicht aber über längere Zeit ausgesetzt werden.

b) **Betone für Temperaturen bis 250 °C** sollen eine geringe Wärmedehnung besitzen, um Zwängungsspannungen in den Bauteilen möglichst klein zu halten. Anstelle des üblichen quarzitischen Zuschlags ($\alpha_T \cong 10 \cdot 10^{-6}$ 1/K) wird daher Zuschlag mit geringerer Wärmedehnzahl α_T verwendet, häufig Kalkstein ($\alpha_T \cong 5 \cdot 10^{-6}$ 1/K), daneben Hochofenschlacke, Diabas, Basalt, Ziegelsplitt, Blähton.

Reiner Kalksteinbeton erleidet durch Temperaturbelastung einen größeren Festigkeitsabfall als Beton mit quarzitischem Zuschlag. Der Festigkeitsabfall ist jedoch geringer, wenn dem Kalksteinbeton z. B. 40 bis 50 % Elektrofilterasche (bezogen auf den Zementgehalt) zugegeben werden oder für die Körnung 0/4 quarzitischer Zuschlag verwendet wird (hydrothermale chemische Reaktionen mit dem Zement). Bei feuchtem Kalksteinbeton kann diese Maßnahme sogar zu einer Festigkeitssteigerung gegenüber einem thermisch nicht beanspruchten Vergleichsbeton führen.[1]

Die Rechenwerte für die Druckfestigkeit und den *E*-Modul müssen für Dauerbeanspruchungen über 80 °C experimentell bestimmt werden (Eignungsprüfungen). Bei kurzzeitiger Einwirkung über 80 bis 250 °C (bis 24 Stunden) dürfen ohne Nachweis die 0,7fachen Werte der Tafel 6.10 in Rechnung gestellt werden.

Bei der Herstellung muß der Beton doppelt so lange wie in Tafel 6.15 Zeile III gefordert nachbehandelt werden. Vor der ersten Erhitzung, die möglichst langsam erfolgen soll, muß dem Beton die Möglichkeit zum Austrocknen gegeben worden sein. Ist im Gebrauchszustand mit Feuchtigkeit im Beton zu rechnen, empfiehlt sich, wie oben angeführt, die Verwendung von Flugasche oder quarzitischem Zuschlag 0/4.

c) **Feuerfeste und hochfeuerfeste Betone** können Temperaturen weit über 250 °C bis 1200 °C bei Portlandzement bzw. 1700 °C bei Tonerdeschmelzzement längere Zeit ausgesetzt werden (sog. Feuerbeton). Sie finden im Feuerungs- und Hochofenbau Anwendung und besitzen den Vorteil, daß z. B. Ausmauerungen mit großformatigen Betonelementen bzw. monolithisch aus Ortbeton hergestellt werden können.

Charakteristisches Merkmal dieser Betone ist der Übergang von der hydraulischen zur keramischen Bindung beim ersten Erhitzen (siehe oben). Als Zemente kommen PZ, EPZ und HOZ sowie Tonerdeschmelzzement TSZ in Frage, wobei letzterer die höchste Feuerbeständigkeit besitzt. Bei höheren Tem-

---

[1] *Seeberger, J.*, u. a.: Festigkeitsverhalten und Strukturänderungen von Beton bei Temperaturbeanspruchung bis 250 °C, in Heft 360 des DAfStb, Berlin 1985, Verlag Ernst & Sohn.

peraturen geht das Ca(OH)$_2$ in CaO über, das später nach Abkühlung und bei Zutritt von Feuchtigkeit wieder Ca(OH)$_2$ bildet und zum Treiben führt. Dies läßt sich verhindern, wenn dem Beton als sog. Stabilisatoren mehlfeine Zusatzstoffe zugegeben werden, wie z. B. feuerfester Ton, Chromerz, Schamotte- und Ziegelmehl, die das freie CaO bei etwa 600 °C binden. Dies ist nicht erforderlich bei HOZ und TSZ, die wenig oder gar keinen Ca(OH)$_2$ bei der Erhärtung abspalten.

Als Zuschlag wird hauptsächlich Schamotte verwendet, außerdem Korund Al$_2$O$_3$, Chromerze, Siliciumcarbid SiC (Karborund).

Die **Zusammensetzung** entspricht der von Normalbeton: Zementgehalt 300 bis 400 kg/m^3; Sieblinie im günstigen Bereich, ggf. Zugabe von mehlfeinen Zusatzstoffen (siehe oben) bis zu 100 % des Zementgewichtes; Wasserzugabe so bemessen, daß knapp-weicher Beton entsteht; *w/z*-Wert $\leq$ 0,60. Wegen des hohen Mehlkorngehaltes ist eine intensive Vermischung erforderlich, daher Mischzeit $\geq$ 5 Minuten. Freie Flächen mindestens 7 Tage feucht halten und vor Austrocknung schützen. Die erste Erwärmung muß unter Beachtung besonderer Vorkehrungen erfolgen. Bis zu 600 °C soll der Temperaturanstieg etwa 10 bis 20 K je Stunde betragen, darüber hinaus bis etwa 1200 °C etwa 100 K je Stunde. Weitere Einzelheiten siehe [6/10] und [6/11].

6.11 Güteüberwachung

6.11.1 Allgemeines

Bei der Herstellung und Verarbeitung von Beton ist *stets* ein laufender **Güte*nachweis*** nach DIN 1045, Abschnitt 7 (siehe Abschnitt 6.11.2) zu führen. Er erstreckt sich auf die Ausgangsstoffe, den Frisch- und Festbeton und den Betonstahl. Die Baustelle muß mit entsprechenden Prüfgeräten und geschultem Personal ausgerüstet sein. Wenn vorhanden, wird die Betonprüfstelle E oder W (siehe Abschnitt 6.11.6) eingeschaltet. Verantwortlich für die ordnungsgemäße Durchführung des Gütenachweises ist der Bauleiter.

Eine **Güte*überwachung*** nach DIN 1045, Abschnitt 8 müssen diejenigen Unternehmen durchführen, die Beton B II herstellen sowie Fertigteil- und Transportbetonwerke. Sie besteht aus Eigen- und Fremdüberwachung. Die Durchführung ist in der DIN 1084 Teil 1 bis 3 geregelt.

Bei der **Eigenüberwachung** handelt es sich um einen Gütenachweis (siehe oben). Für die Durchführung muß das Unternehmen über eine Betonprüfstelle E verfügen. Die Betondruckfestigkeits- und Wasserundurchlässigkeitsprüfung dürfen an eine Betonprüfstelle W (siehe Abschnitt 6.11.6) abgegeben werden. Die Eigenüberwachung darf auch im Rahmen einer statistischen Qualitätskontrolle (siehe Abschnitt 6.11.7) durchgeführt werden.

Die **Fremdüberwachung** ist durch eine anerkannte Überwachungs- oder Güteschutzgemeinschaft[1]) oder aufgrund eines Überwachungsvertrages mit einer anerkannten Betonprüfstelle F durchzuführen.

Zu den Aufgaben der Fremdüberwachung gehören:

a) Überprüfung der Betonprüfstelle E und der Ergebnisse der Eigenüberwachung mindestens zweimal im Jahr;

---

[1]) Verzeichnisse der bauaufsichtlich zugelassenen Überwachungs- und Güteschutzgemeinschaften werden vom Institut für Bautechnik geführt.

b) Überprüfung der Baustelle mindestens einmal, bei länger andauernden Baustellen bzw. bei Werken in angemessenen Zeitabständen. Die Überprüfung erstreckt sich auf die maschinelle und personelle Ausrüstung, Aufzeichnungen (Bautagebuch, Eigenüberwachung) sowie ggf. auf Eigenschaften der Ausgangsstoffe und des Frisch- und Festbetons.

Nach wesentlichen Beanstandungen ist unverzüglich eine Wiederholungsprüfung durchzuführen. Führt auch diese zu wesentlichen Beanstandungen, muß die zuständige Bauaufsichtsbehörde benachrichtigt werden. Die Ergebnisse der Fremdüberwachung sind in einem Überwachungsbericht festzuhalten (Muster siehe z. B. DIN 1084 Teil 1), der sowohl auf der Baustelle als auch bei der fremdüberwachenden Stelle aufbewahrt werden muß.

6.11.2 Gütenachweis

DIN 1045 Abschnitt 7

Bei jeder Lieferung von Bindemitteln, Betonzusatzstoffen und Betonzusatzmitteln sowie Zuschlag ist zu prüfen, ob die Angaben und Kennzeichnung auf der Verpackung bzw. dem Lieferschein mit der Bestellung und den bautechnischen Unterlagen übereinstimmen und der Nachweis der Überwachung (z. B. Güteüberwachungszeichen; siehe Abb. 6.14) erbracht ist.

Der **Zuschlag** ist laufend nach Augenschein auf seine Kornzusammensetzung und andere wesentliche Eigenschaften, wie z. B. Frostbeständigkeit und schädliche Bestandteile, zu prüfen. Im Zweifelsfall sind Prüfungen nach DIN 4226 Teil 3 durchzuführen. Außerdem ist bei jeder Lieferung die Übereinstimmung der Lieferscheinangaben mit den bautechnischen Unterlagen und der Nachweis der Überwachung zu überprüfen.

Materialprüfungsanstalten

Güteüberwachung Beton B II- Baustellen e.V.

Güteschutz Beton- und Stahlbetonfertigteile e.V.

Bundesüberwachungsverband Transportbeton e.V.

Abb. 6.14 Güteüberwachungszeichen (Beispiele); [6/1]

Siebversuche sind bei der ersten Lieferung und bei jedem Wechsel des Herstellerwerks durchzuführen. Sie sind außerdem in angemessenen Zeitabständen zu wiederholen, es sei denn, es handelt sich um Zuschlag für Beton B I ohne Eignungsprüfung mit einer Sieblinie im Bereich (3) nach Abb. 5.1. Die Kornzusammensetzung gilt bei der Prüfung von werkgemischtem Betonzuschlag (WBZ) noch als eingehalten, wenn der Durchgang durch die einzelnen Prüfsiebe nicht mehr als 5 Masse-% von der festgelegten Sieblinie abweicht. Bei der Korngruppe 0/0,25 dürfen die Abweichungen nur 3 Masse-% betragen.

Man unterscheidet bei **Beton** zwischen Eignungs-, Güte- und Erhärtungsprüfung (siehe Abschnitte 6.11.3 bis 6.11.5).

Bei jeder Lieferung von **Betonstahl** ist zu prüfen, ob der Stahl das in DIN 488 Teil 1 geforderte Werkkennzeichen trägt. Ist das nicht der Fall, so darf der Stahl nicht verwendet werden. Die Prüfung des Schweißens von Betonstahl richtet sich nach DIN 4099.

6.11.3 Eignungsprüfung

Eignungsprüfungen werden im Labor rechtzeitig vor Verwendung des Betons auf der Baustelle durchgeführt. Durch sie wird festgestellt, ob der Beton mit den in Aussicht genommenen Ausgangsstoffen und der vorgesehenen Konsistenz unter den zu erwartenden Baustellenverhältnissen zuverlässig verarbeitet werden kann und ob er die geforderten Eigenschaften sicher erreicht.

Eignungsprüfungen sind *vorgeschrieben:*
a) stets bei Beton B II;
b) bei Beton mit besonderen Eigenschaften; Ausnahmen bei wasserundurchlässigem Beton und Beton mit hohem Widerstand gegen Frost oder schwachen chemischen Angriff, siehe Abschnitt 6.10.1 und Tafel 6.21.
c) Bei Beton B I:
   wenn der Beton nicht nach Tafel 6.4 zusammengesetzt ist oder wenn zu seiner Herstellung Betonzusätze verwendet werden.

Die Eignungsprüfung soll mit einer Frischbetontemperatur von +15 bis +22 °C durchgeführt werden. Die Konsistenz ist dabei 10 und 45 Minuten nach Wasserzugabe zu messen. Bei davon stark abweichenden Bedingungen während der Bauausführung (Temperatur, Förderdauer) sowie bei Wärmebehandlung (siehe Abschnitt 6.8.4) oder Zugabe von VZ-Mitteln (siehe Abschnitt 6.4.5) ist dies bei der Durchführung der Eignungsprüfung zu berücksichtigen. Auf eine Eignungsprüfung kann verzichtet werden, wenn Ergebnisse früherer Prüfungen vorliegen. Da auf der Baustelle nicht mit der gleichen Sorgfalt gearbeitet werden kann wie im Labor, muß bei der Eignungsprüfung mit einer weicheren Konsistenz gearbeitet werden und eine höhere Festigkeit erreicht werden (siehe Vorhaltemaße in Tafel 6.24). Für „verzögerten Beton" ist eine erweiterte Eignungsprüfung nach der „Vorläufigen Richtlinie für Beton mit verlängerter Verarbeitbarkeitszeit" durchzuführen (siehe Abschnitt 6.4.6).

6.11.4 Güteprüfung

Güteprüfungen von Beton dienen dem Nachweis, daß der eingebaute Beton die geforderten Eigenschaften erreicht. Die für Güteprüfungen erforderlichen Betonproben sind *zufällig* und etwa *gleichmäßig* über die Betonierzeit verteilt aus verschiedenen Mischerfüllungen zu entnehmen.

a) Der **Umfang** der Güteprüfung von Beton ist der Tafel 6.25 zu entnehmen.

Bei Lieferung von Transportbeton gelten folgende Regelungen: Zementgehalt und Wasserzementwert dürfen dem Lieferschein oder dem Betonsortenverzeichnis entnommen werden, der Wasserzementwert jedoch nicht, wenn Druckfestigkeitsprüfungen durch die doppelte Anzahl von *w/z*-Wert-Bestimmungen ersetzt werden sollen (siehe Tafel 6.25 Fußnote 1). Probewürfel, die der Eigenüberwachung des Transportbetonwerks dienen und auf der Baustelle entnommen werden, dürfen auf die Güteprüfung dieser Baustelle angerechnet werden. Werden

Tafel 6.24 Vorhaltemaße bei der Eignungsprüfung von Beton[1]) nach DIN 1045

Betongruppe	Festigkeits-klasse	Mindestserien-druckfestigkeit[2]) in N/mm²: β_{WS} + Vorhaltemaß	Konsistenz
B I	B 5 B 10 B 15 B 25	8 + 3 = 11 15 + 5 = 20 20 + 5 = 25 30 + 5 = 35	Die Konsistenz muß zum Zeitpunkt des voraussichtlichen Einbaus an der oberen Grenze des gewählten Konsistenz-bereichs liegen.
B II (B 35 bis B 55) und Beton mit besonderen Eigenschaften		Das Vorhaltemaß ist unter Berücksichtigung des Streubereichs der Baustelle so zu wählen, daß bei der *Güteprüfung* die Anforderungen an die Druckfestigkeit und die Konsistenz (Ausbreit-maß, Verdichtungsmaß) sicher erfüllt werden.	

[1]) Für Fertigteilwerke gelten stets die Forderungen für B II.
[2]) Mittlere Druckfestigkeit von 3 Würfeln aus der für die Bauausführung maßgebenden Probemischung.

auf eine Baustelle weniger als 100 m³ Beton geliefert, darf das Ergebnis einer Würfelserie einer *anderen* Baustelle derselben Woche und Betonzusammensetzung auf die Güteprüfung angerechnet werden, wenn das Lieferwerk unter fremdüberwachter statistischer Qualitätskontrolle steht.

b) Die **Anforderungen** in den bautechnischen Unterlagen müssen von den Prüfergebnissen erreicht werden. Insbesondere gilt, daß der bei der Eignungsprüfung festgelegte Wasserzementwert vom Mittelwert dreier aufeinanderfolgender w/z-Bestimmungen nicht, von Einzelmeßwerten um höchstens 10 % überschritten werden darf. Bei Beton für Außenbauteile darf nach DIN 1045, Abschnitt 7.4.3.3, kein Einzelwert ≤ 0,65 sein, doch sollte mit Rücksicht auf die angestrebte Dauerhaftigkeit des Betons der Wasserzementwert auch in seinen Einzelwerten den Wert 0,60 nicht überschreiten. Die vereinbarte Konsistenz muß bei Übergabe des Betons auf der Baustelle vorhanden sein.

Bei der Druckfestigkeit darf die mittlere Druckfestigkeit jeder Würfelserie nicht die Serienfestigkeit β_{WS}, jeder Einzelwert nicht die Nennfestigkeit β_{WN} unterschreiten (siehe Tafel 6.2). *Ausnahme:* Bei Beton gleicher Zusammensetzung und Herstellung darf jeweils einer von 9 aufeinanderfolgenden Würfeln die Nennfestigkeit β_{WN} um höchstens 20 % unterschreiten, sofern jeder Serienmittelwert von 3 aufeinanderfolgenden Würfeln die Serienfestigkeit β_{WS} erreicht. Bei statistischer Qualitätskontrolle (siehe Abschnitt 6.11.7) muß die 5 %-Fraktile der Grundgesamtheit der Meßergebnisse die Nennfestigkeit β_{WN} erreichen.

c) **Umrechnungsfaktoren** sind erforderlich, wenn die Festigkeitsprüfung nicht nach 28 Tagen und/oder nicht an 200-mm-Würfeln durchgeführt wird.

6.11.4 Güteprüfung

Tafel 6.25 Umfang der Güteprüfung für Beton nach DIN 1045; [6/1]

	Beton-gruppe		Häufigkeit		
Zement-gehalt	B I	je Betonsorte	beim ersten Einbringen, dann in angemessenen Zeitabständen		
Wasser-zement-wert	B I[3]) B II	je Betonsorte	beim ersten Einbringen, dann einmal je Betoniertag		
Konsistenz-maß[4])	B I B II	je Betonsorte	beim ersten Einbringen, beim Herstellen der Probekörper		
	B II		zusätzlich in angemessenen Zeitabständen		
Druck-festigkeit	B I	trag. Wände u. Stützen aus B 5, B 10	3 Würfel (= 1 Serie)	je 500 m³ Beton oder je Geschoß im Hochbau oder je 7 Betonier-tage[2])	
		B 15, B 25			
	B II	B 35, B 45 B 55	6 Würfel[1]) (= 2 Serien)		

[1]) Die Hälfte der geforderten Würfelprüfungen kann durch zusätzliche w/z-Wert-Bestimmungen ersetzt werden. Zwei w/z-Werte ersetzen einen Würfel.
[2]) Die Forderung, die den größte Anzahl von Würfeln ergibt, ist maßgeblich.
[3]) Nur bei Beton B I für Außenbauteile
[4]) Die Konsistenz ist während des Betonierens *außerdem* laufend *augenscheinlich* zu überprüfen.

Würfel mit 150 mm Kantenlänge: $\beta_{W,200} = 0{,}95 \cdot \beta_{W,150}$

Zylinder mit 150 mm Durchmesser
und 300 mm Höhe: bei B 15 und geringer $\beta_{W,200} = 1{,}25 \cdot \beta_C$
bei B 25 und höher $\beta_{W,200} = 1{,}18 \cdot \beta_C$

7-Tage-Festigkeit: siehe Tafel 6.26

Andere Umrechnungsfaktoren dürfen angewendet werden, wenn sie durch Eignungsprüfungen ermittelt worden sind. Anhaltswerte sind:
$\beta_{W,100} = 1{,}15 \cdot \beta_{W,200}$
$\beta_{W,300} = 0{,}90 \cdot \beta_{W,200}$

Die Faktoren 1,15 und 0,90 gelten für gesondert hergestellte Probekörper. Sie sind bei aus Bauteilen oder aus größeren Probekörpern herausgesägten Würfeln deutlich geringer (siehe auch Abschnitt 6.13.2a). Bei gleicher Druckfläche nimmt die Betondruckfestigkeit mit der Probekörperhöhe ab (siehe Tafel 6.27). Die Druckfestigkeit des üblich verwendeten Zylinders ($\varnothing = 150$ mm, $h = 300$ mm) beträgt 75 bis 92 % von $\beta_{W,200}$, im Mittel 85 %.

Tafel 6.26 Umrechnung der 7-Tage-Festigkeit in die 28-Tage-Festigkeit (nach DIN 1045)

Festigkeitsklasse des Zementes	28-Tage-Würfeldruckfestigkeit β_{W28}
Z 25	$1,4 \cdot \beta_{W7}$
Z 35 L	$1,3 \cdot \beta_{W7}$
Z 35 F und 45 L	$1,2 \cdot \beta_{W7}$
Z 45 F und 55	$1,1 \cdot \beta_{W7}$

Tafel 6.27 Betondruckfestigkeit von Probekörpern gleicher Druckfläche in Abhängigkeit von der Schlankheit; nach [6/54]

h/d	0,5	1,0	1,5	2,0	3,0	4,0
Druckfestigkeitsverhältniswert	1,40 bis 2,00	1,10 bis 1,20	1,03 bis 1,07	1,00	0,94 bis 0,98	0,89 bis 0,94

Im Bereich $h/d < 2,0$ gelten die größeren Werte für weniger feste Betone, die kleineren für Betone höherer Festigkeit. Die angegebenen Verhältniszahlen sind bezogen auf den Zylinder mit $h = 2\,d$ (z. B. $h = 300$ mm, $d = 150$ mm).

d) Nachweis der Betonfestigkeit am Bauwerk

In Sonderfällen, z. B. wenn keine Ergebnisse von Druckfestigkeitsprüfungen vorliegen oder die Ergebnisse *ungenügend* waren oder sonst erhebliche Zweifel an der Betonfestigkeit im Bauwerk bestehen, kann es nötig werden, die Betondruckfestigkeit durch Entnahme von Probekörpern aus dem Bauwerk oder am fertigen Bauteil durch zerstörungsfreie Prüfung nach DIN 1048 Teil 2 oder durch beides nach DIN 1048 Teil 4 zu bestimmen. Dabei sind Alter und Erhärtungsbedingungen (Temperatur, Feuchte) des Bauwerkbetons zu berücksichtigen (siehe auch Abschnitt 6.13.2).

6.11.5 Erhärtungsprüfung

Die Erhärtungsprüfung gibt einen Anhalt über die Festigkeit des Betons im Bauwerk zu einem bestimmten Zeitpunkt und damit auch für Ausschalfristen. Sie kann nach DIN 1048 Teil 1, Teil 2 und Teil 4 an Probekörpern und/oder zerstörungsfrei ermittelt werden.

Die Probekörper für diesen Nachweis sind aus dem Beton, der für die betreffenden Bauteile bestimmt ist, herzustellen, unmittelbar *neben* oder *auf* diesen Bauteilen zu lagern und wie diese nachzubehandeln (Einfluß der Temperatur und der Feuchte). Für die Erhärtungsprüfung sind mindestens drei Probekörper herzustellen; eine größere Anzahl von Probekörpern empfiehlt sich aber, damit die Festigkeitsprüfung bei ungenügendem Ausfall zu einem späteren Zeitpunkt wiederholt werden kann.

Bei der Beurteilung der aus den Probekörpern gewonnenen Ergebnisse ist zu beachten, daß Bauteile, deren Abmessungen von denen der Probekörper wesentlich abweichen, einen anderen Erhärtungsgrad aufweisen können als die Probekörper, z. B. infolge verschiedener Wärmeentwicklung im Beton.

6.11.6 Betonprüfstellen

Die DIN 1045 (Abschnitte 2.3, 5.2.2.6 und 5.2.2.7) unterscheidet nach ihren Aufgaben Betonprüfstellen E, F und W.

Ein Verzeichnis der bauaufsichtlich zugelassenen Betonprüfstellen F und W führt das Institut für Bautechnik in Berlin. Siehe auch Merkblätter für Betonprüfstellen E, F und W, Verlag Wilhelm Ernst & Sohn, Berlin.

a) **Betonprüfstellen E**
sind die ständigen Betonprüfstellen für die Eigenüberwachung von Beton B II auf Baustellen, von Beton- und Stahlbetonfertigteilen und von Transportbeton, über die das jeweilige Unternehmen verfügen muß. Die Prüfstelle muß so gelegen sein, daß eine *enge* Zusammenarbeit mit der Baustelle möglich ist. Besitzt ein Unternehmen keine eigene Betonprüfstelle E, so muß es mit einer fremden Prüfstelle E einen Vertrag von längerer Laufzeit abschließen, in dem die Prüfungs- und Überwachungsaufgaben festgelegt sind.

Bei Verwendung von Transportbeton darf die den Transportbeton-Hersteller überwachende Prüfstelle nicht gleichzeitig die Eigenüberwachung der Baustelle übernehmen.

Die **Aufgaben der Prüfstelle E** sind insbesondere:
Durchführung der Eignungsprüfung des Betons
Durchführung der Güte- und Erhärtungsprüfung, ggf. in Zusammenarbeit mit dem Baustellenpersonal oder mit einer Prüfstelle W
Überprüfung der Geräteausstattung der Baustelle
Überwachung der Herstellung, Verarbeitung und Nachbehandlung des Betons auf der Baustelle
Beurteilung und Auswertung der Prüfergebnisse aller Baustellen des Unternehmens
Schulung des betontechnischen Fachpersonals auf den Baustellen und in der Prüfstelle

Die Prüfstelle E muß von einem erfahrenen Fachmann geleitet werden, der durch eine Bescheinigung einer hierfür anerkannten Stelle die dafür notwendigen „erweiterten betontechnologischen Kenntnisse" nachweisen kann. Eine Durchführung der Druckfestigkeits- und Wasserundurchlässigkeitsprüfungen kann einer Betonprüfstelle W übertragen werden.

b) **Betonprüfstellen W**
sind anerkannte Prüfstellen, die mit Geräten für die Prüfung der Druckfestigkeit und der Wasserundurchlässigkeit an in Formen hergestellten Probekörpern ausgestattet sind und solche Prüfungen für jedermann durchführen.

c) **Betonprüfstellen F**
sind anerkannte Prüfstellen, die im Rahmen von Überwachungs- oder Güteschutzgemeinschaften die Aufgaben der Fremdüberwachung übernehmen. Anforderungen an Personal und Geräte sind im „Merkblatt für die bauaufsichtliche Anerkennung von Betonprüfstellen F" geregelt.

6.11.7 Statistische Qualitätskontrolle

DIN 1084 Teil 1 (Dez. 78), Abschnitte 2.2.6 und 2.2.7.

a) **Allgemeines**
Bei der Herstellung von Beton B II, in Betonfertigteilwerken und in Transportbetonwerken sollen die Prüfergebnisse aufgezeichnet und möglichst statistisch

ausgewertet werden. Wenn im Rahmen einer solchen statistischen Auswertung nachgewiesen wird, daß das 5 %-Quantil (genau: Prüfgröße z; siehe unten) der Grundgesamtheit der Druckfestigkeitsergebnisse von Beton annähernd gleicher Zusammensetzung und Herstellung die Nennfestigkeit β_{WN} nicht unterschreitet, dann gelten die Anforderungen an die Festigkeit als erfüllt.

Unter der Grundgesamtheit versteht man die Gesamtheit aller möglichen oder denkbaren Meßwerte. Tatsächlich kann jedoch nur eine Stichprobe untersucht werden, die allerdings nur dann mit genügender Sicherheit Aufschluß über die Grundgesamtheit gibt, wenn sie genügend groß ist (siehe unten). Entspricht die sich aus den Meßwerten ergebende Häufigkeitsverteilung der sog. *Gauß*schen Glockenkurve (Normalverteilung der Häufigkeit der Meßwerte), was bei ordnungsgemäßer Herstellung und Prüfung die Regel ist, können Mittelwerte, Standardabweichung, Variationskoeffizient und 5 %-Quantil (siehe Tafel 6.28) rechnerisch oder grafisch ermittelt werden.

Tafel 6.28 Statistische Maßzahlen und Häufigkeitsverteilung

β_i Zufallsgröße, hier Würfeldruckfestigkeit in N/mm².
n Stichprobenumfang = Anzahl der gemessenen Werte β_i der Zufallsstichprobe.

$\overline{\beta_n} = \dfrac{\Sigma \beta_i}{n} =$ arithmetischer Mittelwert der Zufallsstichprobe in N/mm². Für die Grundgesamtheit wird der auf gleiche Weise berechnete Mittelwert mit β bezeichnet.

$s = \sqrt{\dfrac{\Sigma(\beta_i - \overline{\beta_n})^2}{n-1}} =$ Standardabweichung der Zufallsstichprobe in N/mm². Für die Grundgesamtheit wird die auf gleiche Weise berechnete Standardabweichung mit σ bezeichnet.

$v = \dfrac{s}{\overline{\beta_n}} \cdot 100 =$ Variationskoeffizient oder Variationszahl in %.

$\beta_{5\%}$ = 5 %-Quantil = diejenige Festigkeit in N/mm², die von 5 % aller gemessenen Werte β_i unterschritten wird.

Die Formeln für $\overline{\beta_n}$ und s lassen sich mit einem geschätzten Mittelwert $\overline{\beta_n}'$ so umformen, daß eine einfache, fehlervermeidende tabellarische Auswertung mit einem handelsüblichen Taschenrechner möglich ist (siehe Tafel 6.30).

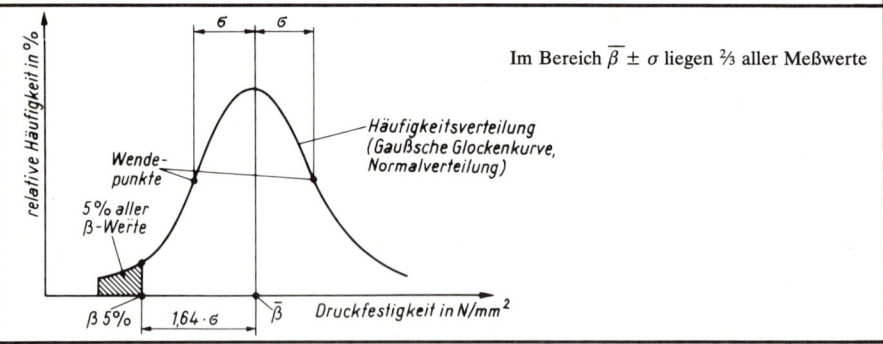

6.11.7 Statistische Qualitätskontrolle

b) Ermittlung der Prüfgröße z nach DIN 1084 Teil 1 Abschnitt 2.2.6[1]):
b1. Ist die Standardabweichung σ der Grundgesamtheit (siehe oben) nicht bekannt, so müssen mindestens 35 Festigkeitsergebnisse vorliegen. Dann muß sein:
$z = \bar{\beta}_{35} - 1{,}64 \cdot s \geq \beta_{WN}$

Hierin bedeuten:
$\bar{\beta}_{35}$ Mittelwert einer Zufallsstichprobe von 35 Messungen
s Standardabweichung dieser Zufallsstichprobe; s muß jetzt jedoch mindestens 3 N/mm² gesetzt werden
β_{WN} Nennfestigkeit nach Tafel 6.2

b2. Ist die Standardabweichung σ der Grundgesamtheit bekannt (z. B. durch eine hinreichend große Anzahl von früheren Meßergebnissen), so müssen mindestens 15 Festigkeitsergebnisse vorliegen. Dann muß sein:
$z = \bar{\beta}_{15} - 1{,}64 \cdot \sigma \geq \beta_{WN}$

Hierin bedeuten:
$\bar{\beta}_{15}$ Mittelwert einer Zufallsstichprobe von 15 Messungen
σ Standardabweichung der Grundgesamtheit, die aus mindestens 35 früheren Festigkeitsergebnissen bekannt ist. Ist dies nicht der Fall, kann $\sigma = 7$ N/mm² angenommen werden. Liegen keine Erfahrungen hinsichtlich σ vor, ist σ bis zu 9 N/mm² zu wählen.
β_{WN} Nennfestigkeit nach Tafel 6.2

c) **Beispiel 6.10:** Statistische Auswertung von Betonfestigkeitswerten; nach [6/12]

c1. Meßwerte
Die Meßwerte sind in Tafel 6.29 in der Urliste (chronologische Reihenfolge) festgehalten und gleichzeitig, in Festigkeitsklassen (Klassenbreite 2 N/mm²) eingeteilt, als „Fieberkurve" dargestellt. Wandert diese weder nach links (fallende Tendenz) noch nach rechts (steigende Tendenz), sind die Meßwerte annähernd normal verteilt (*Gauß*sche Normalverteilung; siehe Tafel 6.28)

c2. Auswertung mit einem handelsüblichen Taschenrechner mit Statistik-Programm.

c2a. Eingabe der Meßwerte auf Zehntel gerundet:
$\bar{\beta}_{35} = 39{,}9$ N/mm²; $s = 2{,}8$ N/mm² < 3 N/mm², daher für s Mindestwert
Prüfgröße $z = \bar{\beta}_{35} - 1{,}64 \cdot s = 39{,}9 - 1{,}64 \cdot 3 = 35{,}0$ N/mm², daraus folgt B 35

c2b. Eingabe der Meßwerte auf Einer gerundet:
$\bar{\beta}_{35} = 39{,}9$ N/mm²; $s = 2{,}7$ N/mm²; Prüfgröße $z = 35{,}0$ N/mm², daraus folgt B 35

---

[1]) Siehe auch *J. Bonzel* und *W. Manns:* Beurteilung der Betondruckfestigkeit mit Hilfe von Annahmekennlinien, in: beton 1969, Heft 7 und 8.

c3. Tabellarische Auswertung mit Formblatt B 8 (4.82) des Bundesüberwachungsverbandes Transportbeton e.V. (siehe Tafel 6.30, Meßwerte auf Einer gerundet)
$\bar{\beta}_{35} = 40{,}0$ N/mm²; $s = 2{,}8$ N/mm²
Prüfgröße $z = 40{,}0 - 1{,}64 \cdot 3 = 35{,}1$ N/mm², daraus folgt B 35

c4. Grafische Auswertung mit Formblatt B 8/1978 des Bundesüberwachungsverbandes Transportbeton e.V. (siehe Tafel 6.31, Meßwerte auf Zehntel gerundet)
$\bar{\beta}_{35} = 40$ N/mm²; $s = 3{,}3$ N/mm²; $\beta_{5\%} = 35$ N/mm²
Prüfgröße $z = 40 - 1{,}64 \cdot 3{,}3 = 34{,}6 \sim 35$ N/mm², daraus folgt B 35

d) **Berechnung des Vorhaltemaßes** (siehe auch Abschnitt 6.11.3 und Tafel 6.28)

Bei Eignungsprüfungen im Labor muß die dort erzielte mittlere Festigkeit $\bar{\beta}$ um ein bestimmtes Vorhaltemaß v über der geforderten Serienfestigkeit β_{WS} nach Tafel 6.2 (Seite 245) liegen:

$v = \bar{\beta} - \beta_{WS}$

Bei Beton B II darf das Vorhaltemaß nach Erfahrung festgelegt werden, z. B. aufgrund der Streuung der im Rahmen der Güteprüfung gemessenen Festigkeiten.

$\bar{\beta} = \beta_{5\%} + 1{,}64 \cdot s$ (siehe Tafel 6.28)
$v = (\beta_{5\%} + 1{,}64 \cdot s) - \beta_{WS}$

s ist die Standardabweichung der Baustelle. In dem Beispiel 6.10 (c4.) ist $\beta_{5\%} = 35$ N/mm² und $s = 3{,}3$ N/mm², somit ergibt sich v zu 0,4 N/mm².

6.12 Prüfverfahren für Frischbeton

Vergleiche DIN 1048 Teil 1 (Dez. 78), Abschnitt 2 und 3; siehe auch [7]

6.12.1 Konsistenz (DIN 1048 Teil 1, Abschnitt 3.1)

Für Eignungs- und Güteprüfungen ist nur der Verdichtungs- oder der Ausbreitversuch zugelassen (siehe Tafel 6.3), zur Überwachung der Gleichmäßigkeit der Konsistenz sind auch andere[1]) Konsistenzprüfverfahren zugelassen: z. B. Rohrversuch, Setztrichterversuch (slump test nach ASTM C 143-58), Verformungsversuch nach *Powers,* Setzzeitversuch (Vebe-Gerät), Trichtersteifeversuch nach *Pilny.*

a) **Verdichtungsversuch** für die Konsistenzbereiche KS, KP, KR mit einem 40 cm hohen, oben offenen Blechkasten (siehe Abb. 6.15 Seite 316; Grundfläche 20 cm × 20 cm) oder einer 20-cm-Würfelform mit Aufsatzrahmen:

<small>Behälter feucht auswischen oder leicht einölen, vom oberen Rand aus mit einer Kelle Frischbeton lose einfüllen, mit Stahllineal ohne Verdichtungswirkung abstreichen, durch Rütteln verdichten, bis der Beton nicht mehr zusammensackt. Sackmaß s in den 4 Ecken messen und mitteln. Verdichtungsmaß $v = 40 : (40 - s)$, siehe auch Abb. 6.16 Seite 316.</small>

b) **Ausbreitversuch** (für die Konsistenzbereiche KP, KR, KF) auf dem 70 cm × 70 cm großen Ausbreittisch (siehe Abb. 6.17).

---

[1]) Schriftenreihe des Deutschen Ausschusses für Stahlbeton, Heft 158 (1964) sowie [6/55].

Tafel 6.29 Urliste und „Fieberkurve" der gemessenen Festigkeitswerte; [6/12]

Lfd. Nr.	Probekörper-kennzeichen	Herstell-datum	β_{W28} [N/mm²]	30,1–32,0	32,1–34,0	34,1–36,0	36,1–38,0	38,1–40,0	40,1–42,0	42,1–44,0	44,1–46,0	46,1–48,0	48,1–50,0	Festigkeitsklassen [N/mm²]
1	D-101	17.2.72	33,1		X									
2	D-102	21.2.72	36,9				X							
3	D-103	15.3.72	43,1							X				
4	D-104	17.3.72	47,0									X		
5	D-105	20.3.72	38,5					X						
6	D-106	21.3.72	37,1				X							
7	D-107	23.3.72	39,9					X						
8	D-108	27.3.72	40,2						X					
9	D-109	28.3.72	40,9						X					
10	D-110	29.3.72	41,1						X					
11	D-111	30.3.72	39,3					X						
12	D-112	5.4.72	41,5						X					
13	D-113	7.4.72	38,9					X						
14	D-114	11.4.72	42,2							X				
15	D-115	14.4.72	37,8				X							
16	D-116	17.4.72	38,0				X							
17	D-117	19.4.72	44,2								X			
18	D-118	21.4.72	39,4					X						
19	D-119	25.4.72	41,0						X					
20	D-120	26.4.72	36,1				X							
21	D-121	28.4.72	41,9						X					
22	D-122	3.5.72	42,3							X				
23	D-123	5.5.72	37,8				X							
24	D-124	8.5.72	41,2						X					
25	D-125	12.5.72	35.1			X								
26	D-126	16.5.72	39,0					X						
27	D-127	18.5.72	40,0					X						
28	D-128	19.5.72	39,1					X						
29	D-129	30.5.72	45,0								X			
30	D-130	2.6.72	39,0					X						
31	D-131	6.6.72	42,1							X				
32	D-132	7.6.72	40,8						X					
33	D-133	9.6.72	37,9				X							
34	D-134	12.6.72	39,6					X						
35	D-135	14.6.72	41,1						X					

Tafel 6.30 Tabellarische Auswertung von Betonfestigkeitswerten*)
(Formblatt B 8/4.82[1]) des Bundesüberwachungsverbandes Transportbeton e. V.)

Klasse N/mm²	Häufigkeitsverteilung	fm	m	fm · m +	fm · m −	fm · m²
13 - 14						
15 - 16						
17 - 18						
19 - 20						
21 - 22						
23 - 24						
25 - 26						
27 - 28						
29 - 30						
31 - 32						
33 - 34	X (Gaußsche)	1	−3		−3	9
35 - 36	X X (Glockenkurve)	2	−2		−4	8
37 - 38	X X X X X X	6	−1		−6	6
39 - 40	X X X X X X X X X X X	11	0			0
41 - 42	X X X X X X X X X X X	11	+1	+11		11
43 - 44	X X	2	+2	+4		8
45 - 46	X	1	+3	+3		9
47 - 48	X	1	+4	+4		16
49 - 50						
51 - 52						
53 - 54						
55 - 56						
57 - 58						
59 - 60						
✕	5 10 15	n	✕	+22 Σfm·m = +9	−13	67 Σfm·m²

Berechnung   Klassenbreite c = 2 N/mm²   geschätzter Mittelwert $\bar{\beta}'$ = __39,5__ N/mm²

1. $\bar{\beta} = \bar{\beta}' + \frac{c}{n} \cdot (\Sigma fm \cdot m)$ = __39,5__ + $\frac{2}{35} \cdot$ (__9__) $\bar{\beta}$ = __40,0__ N/mm²

2. $s = \sqrt{\frac{c^2}{n-1}\left[\Sigma fm \cdot m^2 - \frac{(\Sigma fm \cdot m)^2}{n}\right]}$ = $\sqrt{\frac{4}{34} \cdot \left[67 - \frac{(81)}{35}\right]}$ s = __2,8__ N/mm²

3. $z = \bar{\beta}_{35} - (1{,}64 \cdot s)$ = __40,0__ − (1,64 · __3,0__)   z = __35,1__ N/mm²

* Beton annähernd gleicher Zusammensetzung DIN 1084 Teil 3 Abschnitt 2.2.
$\bar{\beta}'$ geschätzter Mittelwert, die Mitte einer Klasse
$\bar{\beta}$ errechneter Mittelwert
fm Häufigkeit der Proben in einer Klasse
m Klassennummer (m = 0 bei $\bar{\beta}'$; nach oben −, nach unten +, durchgehend numerieren, auch über Leerzeilen)
n Gesamtzahl der Proben
s Standardabweichung, mind. 3 N/mm²
z Prüfgröße nach DIN 1084 (5% Fraktile)

*) Meßwerte der Tafel 6.29 auf Einer gerundet.

---

[1]) Zu beziehen beim Brendow-Druck und -Verlag, 4130 Moers 1.

6.12.1 Konsistenz

Tafel 6.31 Grafische Auswertung von Betonfestigkeitswerten (Formblatt B 8/1978[1]) des Bundesüberwachungsverbandes Transportbeton e. V. [6/12])

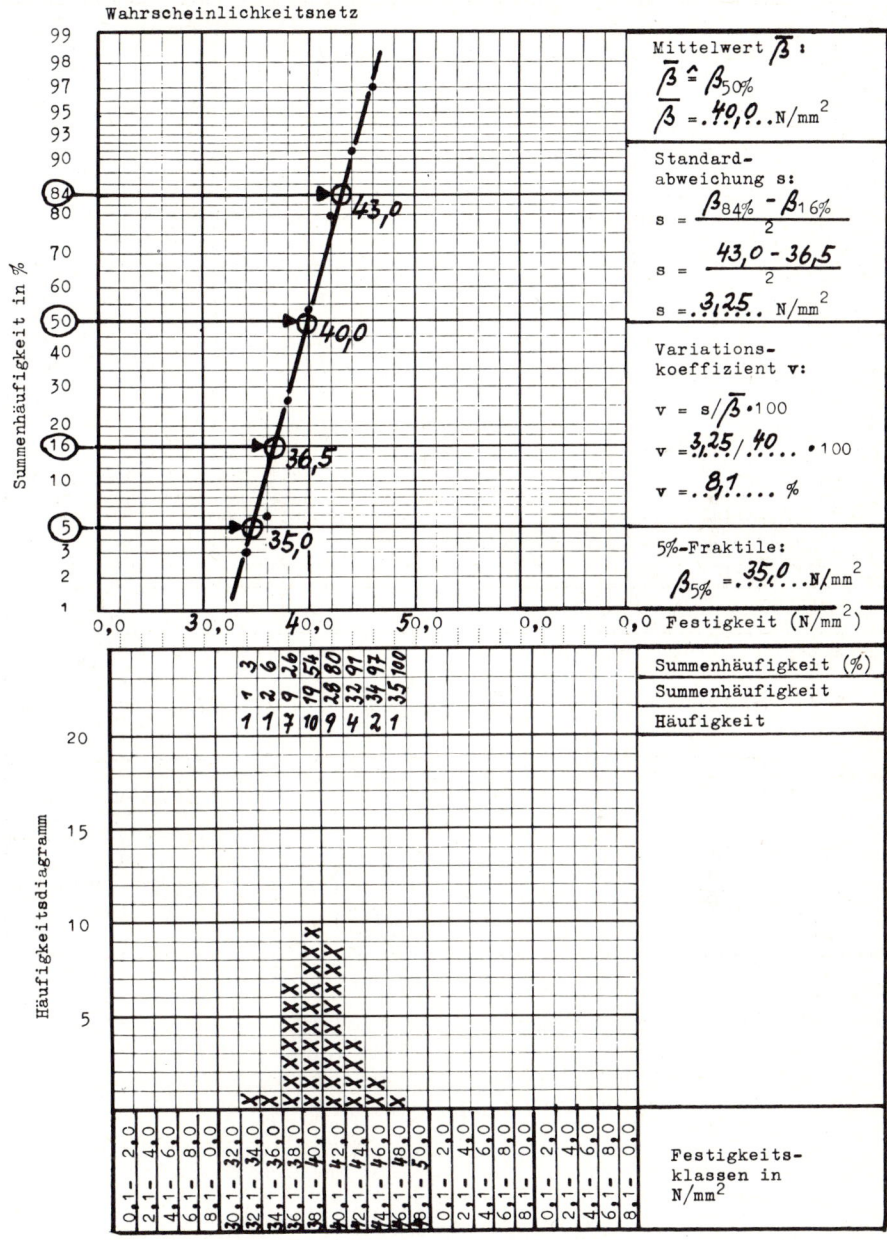

[1]) Zu beziehen beim Brendow-Druck und -Verlag, 4130 Moers 1.

316 Beton

Abb. 6.15 Blechkasten zur Bestimmung des Verdichtungsmaßes (Grundfläche 20 cm × 20 cm; Höhe 40 cm)

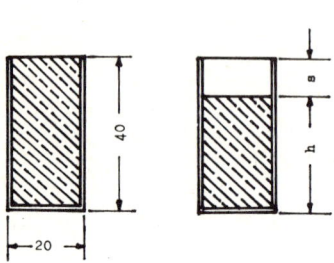

Abb. 6.16 Verdichtungsmaß $v = \dfrac{40}{h} = \dfrac{40}{40-s}$

*Abb. 6.17
Ausbreittisch mit Setztrichter zur Bestimmung des Ausbreitmaßes*

*Abb. 6.18
Luftgehaltsprüfer (LP-Topf) zur Bestimmung des Luftporengehaltes im Frischbeton (Volumen 8 Liter)*

Die Mitte der Tischplatte (Blech) muß durch ein Kreuz und einen Kreis von 20 cm Durchmesser bezeichnet, die Hubhöhe von 4 cm durch einen Anschlag begrenzt sein. Der kegelstumpfförmige, 20 cm hohe Setztrichter hat oben einen lichten Durchmesser von 13 cm, unten von 20 cm.

Beim Versuch muß der Arbeitstisch waagerecht gelagert, Tischplatte und Innenfläche des Trichters müssen mit einem feuchten Tuch abgerieben sein. Der Beton wird in zwei gleich hohen Schichten in den mittig aufgestellten Trichter gefüllt und jede Schicht mit einem Holzstampfer von 4 cm × 4 cm Querschnitt zehnmal leicht bearbeitet. Dabei auf die beiden Fußeisen des Setztrichters treten. Nach dem Füllen ist die Form oben eben abzuziehen und die freie Fläche der Tischplatte zu reinigen. Nach 1/2 Minute wird der Trichter langsam hochgezogen, wobei sich der Beton setzt. Hierauf hebt man den

Ausbreittisch am Handgriff in etwa 15 Sekunden 15mal bis an den Anschlag ohne anzuschlagen an und läßt ihn wieder fallen. Dabei auf die Fußleisten des Tisches treten. Dann werden zwei senkrecht aufeinander stehende Durchmesser des ausgebreiteten Betons gemessen. Das Ausbreitmaß ist das Mittel daraus: $a = (a_1 + a_2)/2$. Der Beton muß nach dem Ausbreiten geschlossen und gleichförmig sein. Fällt er bröckelig auseinander, so ist der Ausbreitversuch zur Bestimmung des Konsistenzmaßes nicht geeignet.

6.12.2 Luftporengehalt (DIN 1048 Teil 1, Abschnitt 3.5)

Der Luftporengehalt wird am einfachsten mit dem nach dem Druckausgleichsverfahren (Gesetz von *Boyle/Mariotte*) arbeitenden Luftgehaltsprüfer (LP-Topf) bestimmt. Er besteht aus einem 8-Liter-Drucktopf mit Deckel und Druckkammer, einer eingebauten Luftpumpe und Manometer (siehe Abb. 6.18). Der Luftporengehalt kann auch rechnerisch aus den Rohdichten mit und ohne Luftporen bestimmt werden (siehe Abschnitt 6.2.2).

Der Frischbeton wird in den Drucktopf eingefüllt und wie auf der Baustelle vorgesehen verdichtet. Bei LP-Mitteln keine Rüttelflasche verwenden! Danach Deckel aufsetzen und fest anziehen. Der Hohlraum zwischen Beton und Deckel wird mit Hilfe einer Gummiblase durch ein Ventil so lange mit Wasser gefüllt, bis dieses aus dem zweiten Ventil wieder austritt. Dann werden beide Ventile geschlossen. Mit der Luftpumpe wird so lange Luft in die Druckkammer gepumpt, bis der Zeiger des Manometers über einer roten Markierung steht. Etwa 2 Minuten warten, danach Ventil zwischen Druckkammer und Drucktopf so lange öffnen, bis der Zeiger zur Ruhe kommt. Der Luftporengehalt läßt sich dann in Vol.-% am Manometer ablesen.

6.12.3 Frischbetonrohdichte (DIN 1048 Teil 1, Abschnitt 3.2)

a) Mit Würfelformen oder LP-Topf

Form bzw. Topf (Volumen V) leer (m_1) und mit bis zum Rand gefüllten und verdichteten Beton (m_2) wiegen (siehe auch Abschnitt 6.13.1):

$$\varrho_{bf} = \frac{m_2 - m_1}{V} \quad \text{(in kg/dm}^3\text{)}$$

b) Mit dem Meßtopf (Pyknometerverfahren)

Als Meßtopf wird entweder ein besonderes Gefäß, z. B. der sog. *Thaulow*-Topf, oder der LP-Topf verwendet. Sein Volumen muß durch Auslitern bestimmt werden. Damit die Gewähr gegeben ist, daß der Topf vollständig mit Wasser gefüllt ist, muß stets eine Glasplatte oder durchsichtige Kunststoffplatte so über den ebenen, geschliffenen Rand des Topfes geschoben werden, daß sich darunter keine Blasen befinden.

Meßtopf (Volumen V) leer (m_1), etwa 3/4 mit verdichtetem Beton (m_2) und mit Wasser bis zum Rand aufgefüllt (m_3) wiegen, jeweils mit Glasplatte.

$$\varrho_{bf} = \frac{m_2 - m_1}{V - \dfrac{m_3 - m_2}{\varrho_w}} \quad \text{(in kg/dm}^3\text{)} \quad \text{(Pyknometerformel)}$$

Werden nach dem Einfüllen des Betons und eines Teils des Wassers die Luftporen durch Umrühren mit Wasser gefüllt, ergibt sich aus der Pyknometerformel die sog. vollkommene Frischbetonrohdichte ϱ_{bfo} (ohne Luftporen), siehe auch Abschnitt 6.2.2.

6.12.4 Prüfen des Zementgehalts (DIN 1048 Teil 1, Abschnitt 3.3.2)

$$z = \frac{1000 \cdot \varrho_{bf} \cdot Z}{Z + G + W + F}$$

Hierin bedeuten:
z Zementgehalt in 1 m³ verdichtetem Frischbeton (in kg/m³)
Z Zement (in kg)
G oberflächenfeuchter Zuschlag (in kg)
W Zugabewasser (in kg)   in einer Mischerfüllung
F Zusatzstoff (in kg)
ϱ_{bf} Frischbetonrohdichte (in kg/dm³)

6.12.5 Prüfen des Wasserzementwerts (DIN 1048 Teil 1, Abschnitt 3.4)

Eine Frischbetonprobe (etwa 5 kg) wird rasch und scharf getrocknet und nach dem Abkühlen gewogen. Dann läßt sich zunächst der Wassergehalt w in 1 m³ verdichtetem Beton und anschließend der w/z-Wert berechnen:

$$w = \frac{1000 \cdot \varrho_{bf} \cdot W}{B_f} \quad ; \quad \omega = w/z = \frac{1000 \cdot \varrho_{bf} \cdot B_w}{z \cdot B_f} = \frac{(Z + G + W + F) \cdot B_w}{B_f \cdot Z}$$

Hierin bedeuten:
B_f eingewogene Frischbetonmenge (in kg)
B_{tr} getrocknete Frischbetonprobe (in kg)
B_w $= B_f - B_{tr} =$ Wassergehalt der Frischbetonprobe (in kg)
ϱ_{bf} Frischbetonrohdichte mit Luftporen (in kg/dm³)
w, z Wassergehalt und Zementgehalt in 1 m³ verdichtetem Beton (in kg/m³)
z siehe Abschnitt 6.12.4

6.12.6 Gesamte Mischungsanteile

(DIN 1048 Teil 1, Abschnitt 3.3.1 und DIN 52 171, Juni 42)
Sind Zementgehalt, Dichten von Zement und Zuschlag und Mischungsverhältnis 1 : k nicht oder nicht sicher genug bekannt, muß der Frischbeton vollständig in seine Bestandteile zerlegt werden (**vollständige Frischbetonanalyse**). Näheres siehe [7].

6.13 Prüfverfahren für Festbeton

Vergleiche DIN 1048 Teil 1 (Dez. 78), Teil 2 (Febr. 76) und Teil 4 (Vornorm, Dez. 78), siehe auch [7].

6.13.1 Prüfen der Druckfestigkeit an gesondert hergestellten Probekörpern

Die Druckfestigkeit wird üblicherweise an 200-mm-Würfeln bestimmt, aber auch an Würfeln mit 100, 150 oder 300 mm Kantenlänge sowie an Zylindern mit entsprechendem Durchmesser und jeweils doppelter Höhe (Umrechnungsfaktoren siehe Abschnitt 6.11.4c). Die kleinste Abmessung der Probekörper muß mindestens viermal so groß wie das Größtkorn des Zuschlags sein. Das gilt auch für die übrigen

6.13.2 Druckfestigkeit am Bauwerk

Festbetonprüfungen. Die Probekörper werden bis zum Bruch belastet, und die Druckfestigkeit wird nach der Formel $\beta_D = F_{max}/A_0$ berechnet (F_{max} ist die maximale Kraft, A_0 die Querschnittsfläche in mittlerer Probenhöhe. β_D wird bei Werten ≥ 10 N/mm² auf ganze, sonst auf Zehntel-N/mm² gerundet.

Die Formen (Gußeisen, Stahl, Kunststoff) werden mit einem Aufsatzkasten versehen, innen leicht eingeölt, mit Beton gefüllt und i. d. R. auf dem Rütteltisch verdichtet. Der überstehende Beton wird abgezogen, die Oberfläche geglättet und gekennzeichnet (Datum, Nummer). Soll die Frischbetonrohdichte bestimmt werden, Formen leer (m_1) und nach dem Glätten (m_2) wiegen (siehe Abschnitt 6.12.3).

Die Probekörper werden witterungsgeschützt, mit feuchten Tüchern abgedeckt und erschütterungsfrei gelagert und i. d. R. nach 24 Stunden entschalt. Danach lagern sie bei der Eignungs- und Güteprüfung zunächst bis zum 7. Tage unter Wasser oder in einer Feuchtekammer (mindestens 90 % relative Luftfeuchte, z. B. Klimakiste) oder unter feuchtem Sand bzw. Sägemehl und danach bis zum Tag der Prüfung in einem Lagerraum bei 15 bis 22 °C. Dagegen sind bei der Erhärtungsprüfung die Probekörper in der Nähe des zu beurteilenden Bauteils zu lagern, und zwar den gleichen Witterungsbedingungen wie diese ausgesetzt.

In der Druckprüfmaschine wird die Belastung auf die Seitenflächen der Würfel aufgebracht. Diese müssen nur dann abgeschliffen oder mit Zementmörtel abgeglichen werden, wenn ihre Unebenheiten größer als 0,1 mm sind. Die Belastungszunahme darf nicht größer als 0,5 N/mm² · s sein, das sind bei 200-mm-Würfeln 20 kN/s.

6.13.2 Prüfen der Druckfestigkeit am Bauwerk (DIN 1048 Teil 2, Febr. 76, und Teil 4, Vornorm Dez. 78)

Die Druckfestigkeit am Bauwerk (siehe Abschnitt 6.11.4d) kann durch Entnahme von Probekörpern (zerstörende Prüfung) oder durch Schlagprüfungen (zerstörungsfreie Prüfung) oder durch beides gemeinsam bestimmt werden. Schlagprüfungen werden mit dem Rückprallhammer nach *Schmidt,*[1] Modell N, oder mit dem Kugelschlaghammer nach *Baumann/Steinrück*[2] durchgeführt.

a) Bei der **zerstörenden Prüfung** werden entweder *Bohrkerne* von 100 bzw. 150 mm Durchmesser naß herausgebohrt oder *Würfel* herausgearbeitet. Die Würfelstücke müssen so groß entnommen werden, daß sie nach Naßabsägen der ggf. bei der Entnahme gestörten Randzonen ($\geq$ 2facher Größtkorndurchmesser des Zuschlags) eine Kantenlänge von mindestens 100 mm haben. Die Festigkeiten von Bohrkernen mit 100 und 150 mm Durchmesser bzw. von herausgesägten Würfeln mit entsprechender Kantenlänge dürfen der Würfeldruckfestigkeit eines 200-mm-Würfels gleichgesetzt werden. Dabei sollen Höhe und Durchmesser bzw. Kantenlänge gleich sein ($\pm$ 10 % Abweichung). Bei Bohrkernen mit 50 mm Durchmesser gilt $0,9 \cdot \beta_{C50} = \beta_{W200}$.

b) Bei der **Rückprallprüfung** wird der vorne leicht gerundete Schlagbolzen des Hammers (siehe Abb. 6.19) langsam senkrecht gegen die Betonoberfläche gedrückt und dadurch im Innern des Hammers eine Feder gespannt. Ist eine bestimmte Spannung erreicht, wird die Feder mechanisch ausgelöst und dadurch ein Schlaggewicht beschleunigt. Das Schlaggewicht trifft über den Schlagbolzen mit einer bestimmten Energie auf die Betonoberfläche auf und prallt anschließend zurück. Die Rückprallstrecke R wird am Hammer in Skalenteilen abgelesen. Sie wird mit zunehmender Betondruckfestigkeit größer. Die Wirkung der Schwerkraft auf R muß bei nicht waagerechter Schlagrichtung berücksichtigt werden (Korrekturwerte siehe DIN 1048 Teil 2).

---

[1] Lieferfirma: Süddeutsche Spannbeton Gesellschaft m.b.H., Bergmühlenstr. 20, 8900 Augsburg.
[2] Lieferfirma: Firma Karl Frank GmbH, 6940 Weinheim-Birkenau (Bergstraße).

320 Beton

Abb. 6.19 Rückprallhammer nach Schmidt, Modell N

c) Die **Kugelschlagprüfung** wird ebenso wie die Rückprallprüfung durchgeführt. Gemessen wird hierbei jedoch der Durchmesser der *Kugeleindrücke,* die der vorn kugelig ausgebildete Schlagbolzen auf der Oberfläche des Betons hinterläßt, und zwar mit einer Meßlupe auf 0,1 mm genau in zwei zueinander senkrechten Richtungen.

d) Die **Auswertung** von Druckfestigkeitsprüfungen am Bauwerk geschieht i. d. R. nach DIN 1048 Teil 2. Der Beton muß dabei ein Alter von 28 bis 90 Tagen haben. Ergebnisse von Bohrkernprüfungen bzw. herausgesägten Würfeln müssen mindestens 85% der Nenn- und Serienfestigkeiten nach Tafel 6.2 erreichen. Die gemessenen Rückprallstrecken R bzw. Eindruckdurchmesser d müssen dagegen den Werten der Tafel 6.32 genügen.

Ergebnisse von Schlagprüfungen an einem Bauwerk oder Bauteil können auch mit Hilfe von **Bezugsgeraden** W bzw. B nach DIN 1048 Teil 4 ausgewertet werden, und zwar dann auch für jüngeren bzw. älteren als 28 bis 90 Tage alten Beton. Die Bezugsgerade W (siehe Abb. 6.20) wird aufgestellt, indem man Betonwürfel ähnlicher Zusammensetzung in der Prüfmaschine mit etwa 2,5 N/mm² vorbelastet, dann zunächst mit dem Schlaghammer prüft und anschließend bis zum Bruch belastet. Zur Aufstellung der Bezugsgeraden B (ähnlich Abb. 6.20) werden an besonders ausgesuchten Meßstellen des Bauwerks zunächst Schlagprüfungen durchgeführt und dann Bohrkerne entnommen und geprüft. Mit Hilfe der so gewonnenen Bezugsgeraden können dann weitere Schlagprüfungen ausgewertet werden.

e) **Weitere zerstörungsfreie Betonprüfverfahren** arbeiten mit *Ultraschall*[1]) oder mit *radioaktiven Stoffen.* Mit dem Ultraschallprüfgerät wird die Schallaufzeit t in einem Betonbauteil zwischen Sender und Empfänger (Meßlänge l) gemessen und daraus die Schallgeschwindigkeit im Beton $v_b = l : t$ errechnet (Verfahren schwierig, Geräte teuer).

Tafel 6.32 Mittlere Rückprallstrecken bzw. Eindruckdurchmesser und vergleichbare Betonfestigkeitsklassen nach DIN 1048 Teil 2

Vergleichbare Betonfestigkeitsklasse	Mindestwert für jede Meßstelle[1]) R_m Skalenteile	d_m (in mm)	Mindestwert für jeden Prüfbereich[2]) R_m Skalenteile	d_m (in mm)
B 10	26	6,0	30	5,5
B 15	30	5,5	33	5,2
B 25	35	5,0	38	4,8
B 35	40	4,7	43	4,5
B 45	44	4,4	47	4,3
B 55	48	4,2	51	4,1

[1]) R_m, d_m Mittelwert aus mind. 10 Meßwerten auf einer etwa 200 cm² großen Meßstelle. Es sind dreimal soviel Meßstellen zu prüfen, wie Würfel erforderlich wären.
[2]) $\overline{R}_m$, $\overline{d}_m$ Mittelwert aus R_m bzw. d_m.

---

[1]) Untersuchungen werden z. B. durchgeführt an der Bundesanstalt für Materialprüfung in Berlin *(G. Mellmann)* und am Institut für Baustoffe, Massivbau und Brandschutz der TU Braunschweig *(J. Neisecke, W. Hillger).*

6.13.3 Biegezugfestigkeit (DIN 1048 Teil 1, Abschnitt 4.3)

Die Prüfung der Biegezugfestigkeit (siehe Abb. 6.21) geschieht an Balken auf zwei Stützen, und zwar heute i. d. R. mit 2 Einzellasten in den Drittelpunkten. Wenn entsprechende Vorrichtungen für die Drittelpunktbelastung fehlen, darf der Balken auch mit einer Einzellast in der Mitte belastet werden.

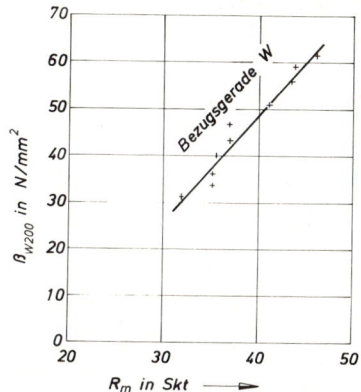

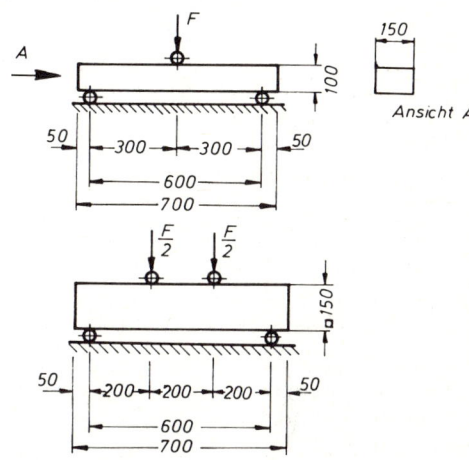

Abb. 6.20   Bezugsgerade W zur Auswertung von Rückprallprüfungen nach DIN 1048 Teil 4 (Beispiel)

Abb. 6.21   Biegezugfestigkeitsprüfung (Maße in mm)

zu Abb. 6.21:

oben:
1 Einzellast in der Mitte

$$\beta_{BZ} = \frac{3 \cdot F \cdot l}{2 \cdot b \cdot h^2} \text{ in N/mm}^2$$

unten:
2 Einzellasten in den Drittelspunkten

$$\beta_{BZ} = \frac{F \cdot l}{b \cdot h^2} \text{ in N/mm}^2$$

b Breite des Balkens im Bruchquerschnitt an der Zugseite in mm

h mittlere Höhe des Balkens im Bruchquerschnitt in mm
F Bruchlast in N
l Auflagerabstand in mm (i.d.R. 600 mm)

6.13.4 Spaltzugfestigkeit (DIN 1048 Teil 1, Abschnitt 4.4) und reine Zugfestigkeit

a) Die **Prüfung der Spaltzugfestigkeit** β_{SZ} geschieht an *Zylindern* (Abb. 6.22) mit den gleichen Abmessungen wie in Abschnitt 6.13.1 (Regelgröße: 150 mm Durchmesser, 300 mm Länge). Sie kann jedoch auch an Probekörpern mit rechteckigem Querschnitt, z. B. an den Reststücken der Biegezugfestigkeitsprüfung (Abb. 6.22), oder an Würfeln geprüft werden.

b) Die reine **Zugfestigkeit** β_Z wird an Zylindern von 15 cm Durchmesser und 30 cm Länge geprüft, auf deren Stirnflächen steife Stahlplatten mit Zugstangen aufgeklebt werden. Da der Versuchsaufwand relativ groß ist, wird anstelle der direkten Zugfestigkeit meist entweder die Biegezugfestigkeit oder die Spaltzugfestigkeit geprüft.

322 Beton

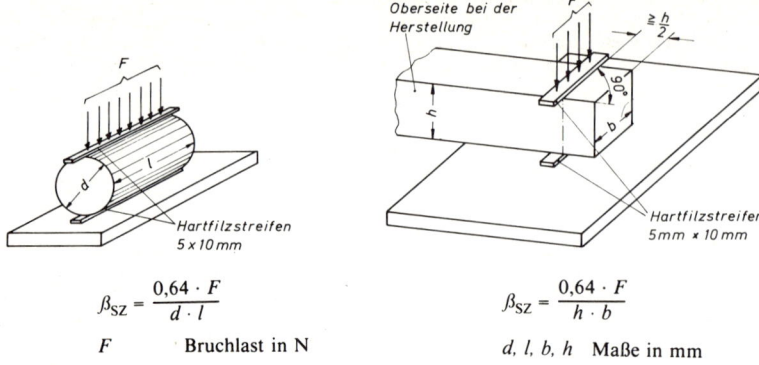

$$\beta_{SZ} = \frac{0{,}64 \cdot F}{d \cdot l}$$

$$\beta_{SZ} = \frac{0{,}64 \cdot F}{h \cdot b}$$

F   Bruchlast in N   d, l, b, h   Maße in mm

Abb. 6.22   Spaltzugfestigkeitsprüfung nach DIN 1048 Teil 1

6.13.5 Wasserundurchlässigkeit (DIN 1048 Teil 1, Abschnitt 4.7)

Die **Wasserundurchlässigkeit** wird in der Regel an 28 Tage alten, stehend betonierten Platten 12 cm × 20 cm × 20 cm geprüft (siehe Abb. 6.23). Sie werden nach dem Ausschalen auf der Oberseite auf einer Fläche von 10 cm Durchmesser aufgerauht, die umliegende Fläche mit Zementleim ($\omega = 0{,}4$) abgedichtet. Nach 28 Tagen Wasserlagerung wird auf der aufgerauhten Fläche Druckwasser aufgebracht, und zwar nacheinander zunächst 48 Stunden lang 0,1 N/mm² (1 bar), danach je 24 Stunden 0,3 und 0,7 N/mm². Die Platten, in der Regel 3 Stück je Prüfung, werden mittig wie bei der Spaltzugprüfung (siehe Abschnitt 6.13.4a) aufgespalten und anschließend die mittlere Eindringtiefe in cm bestimmt.

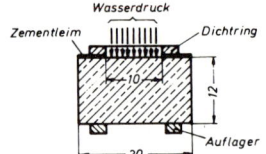

Abb. 6.23   Wasserundurchlässigkeitsprüfung an Platten 12 cm × 20 cm × 20 cm nach DIN 1048 Teil 1

Die **Wasseraufnahme** von Beton wird entsprechend der Prüfung von Naturstein entweder unter *normalem Luftdruck* (DIN 52 103) oder *bei 150 bar* (DIN 52 113) geprüft. Eine Wasseraufnahme bei 150 bar in Vol.-% entspricht etwa dem tatsächlichen offenen Porenvolumen des Betons.

Die **Wasseraufsaugefähigkeit** wird i. d. R. durch Einstellen von Betonprismen, die gegen Verdunsten abgedeckt werden müssen, in 2 bis 3 cm tiefes Wasser geprüft (Verfahren ist nicht genormt). Neben der äußerlichen Feststellung der Saughöhe wird die Gewichtszunahme, bezogen auf die Probekörpergrundfläche in g/cm², meist in Abhängigkeit von der Zeit gemessen.

6.13.6 Verschleißwiderstand (DIN 52 108, Aug. 88)

Probekörper sind Platten oder Würfel von quadratischer Grundfläche (7,1 cm × 7,1 cm = 50 cm² Prüffläche), die aus dem Beton, z. B. Betonwerksteinstufen oder Fußbodenplatten nach DIN 18 500, Bordsteine nach DIN 483, Gehwegplatten nach DIN 485 und Pflastersteine nach DIN 18 501 (siehe Abschnitt 2) bzw. Hartbetonestrich (siehe Abschnitte 6.10.5 und 7.5.5), herausgeschnitten werden.

6.14 Sichtbeton

Die Prüfung geschieht auf der Schleifscheibe nach *Böhme:* Die Proben werden mit einer Kraft von 300 N auf eine rotierende, mit künstlichem Korund bestreute gußeiserne Platte gedrückt. Insgesamt wird die Probe 16 · 22 = 352 Umdrehungen unterworfen, das entspricht einem Schleifweg von etwa 485 m. Nach jeweils 22 Umdrehungen wird der Gewichtsverlust gemessen und die Probe um 90° gedreht. Als Abnutzwiderstand bzw. Schleifverschleiß wird der gesamte Volumenverlust in $cm^3/50\,cm^2$ Prüffläche oder der Dickenverlust in mm angegeben. Geprüft werden jeweils 3 Proben.

6.13.7 Mischungsverhältnis und Bindemittelgehalt
Vergleiche DIN 52 170 Teil 1 bis Teil 4 (Febr. 80)

Die nachträgliche Bestimmung des Mischungsverhältnisses und des Bindemittelgehaltes von bereits erhärtetem Beton kann nur angenähert mit einer Genauigkeit von etwa ± 10 % erfolgen, indem der Zementstein mit Salzsäure aus dem Beton herausgelöst wird. Voraussetzung dafür ist, daß der Zement völlig salzsäurelöslich und daß der Zuschlag salzsäureunlöslich ist. Für die Normzemente nach DIN 1164 trifft dies außer auf Traßzement zu. Die Zuschläge enthalten häufig salzsäurelösliche Anteile, stehen jedoch für eine gesonderte Untersuchung meist nicht mehr zur Verfügung. Handelt es sich bei den salzsäurelöslichen Bestandteilen des Zuschlags in erster Linie um $CaCO_3$ und/oder $MgCO_3$, so kann ihr Anteil durch eine zusätzliche CO_2-Gehaltsbestimmung des Betons bestimmt werden.

6.13.8 Bestimmung der Karbonatisierungstiefe

Zur Messung der Karbonatisierungstiefe (siehe auch Abschnitt 6.24.3) benötigt man eine frische Bruchfläche im Beton. Aus ebenen Flächen wird mit Hammer und Meißel oder Schlagbohrer bzw. Bohrhammer ein Stück herausgebrochen. Kanten werden mit dem Hammer abgeschlagen. Die frische Fläche *sofort* zunächst mit Preßluft oder einem Blasebalg abblasen und anschließend mit Indikatorlösung besprühen (Blumenspritze). Als Indikatorlösung wird i.d.R. farblose 1 %ige Phenolphthaleinlösung verwendet (10 g Phenolphthalein auf 1000 ml Methanol). Dabei färbt sich der innenliegende, nicht karbonatisierte und ausreichend alkalische Beton rotviolett, während die äußere karbonatisierte Betonschicht mit pH-Werten unter 9,5 farblos bleibt.

Da die Karbonatisierungsfront i.d.R. unregelmäßig verläuft, muß die Meßstelle zur Abschätzung eines realistischen Mittelwertes ausreichend groß sein. Günstig sind mehrere Meßstellen. Sehr trockener Beton zeigt u. U. nur eine schwache Färbung. Dann mit Wasser vorsprühen oder 1 % destilliertes Wasser der Indikatorlösung zugeben. (Siehe auch *Landwehrs* [6/67] und *Grube, Horst/Krell, Jürgen:* Zur Bestimmung der Karbonatisierungstiefe von Mörtel und Beton. Betontechnische Berichte, in: beton 3/86, S. 104 bis 108).

6.14 Sichtbeton

DIN 18 217 (Dez. 1981): Betonflächen und Schalungshaut
Merkblatt für Ausschreibung, Herstellung und Abnahme von Beton mit gestalteten Ansichtsflächen (Fassung 1977); Hrsg. DBV und Bauberatung Zement, siehe [6/49]
siehe auch [6/34], [6/56], [6/57] sowie Abschnitte 6.7.4 und 6.16.

Sichtbeton ist ein Beton, dessen Ansichtsflächen gestalterische Funktionen erfüllen und ein vorausbestimmtes Aussehen haben. Möglichkeiten der **Oberflächengestaltung** sind: Schalungsabdruck; Durchfärbung des Betons; schwache Oberflächenbearbeitung des Frischbetons, z. B. durch Glätten, Besenstrich; frühzeitige Bearbeitung der Mörtelschicht, z. B. durch Auswaschen (Waschbeton siehe unten); nachträgliche werksteinmäßige Bearbeitung der erhärteten Mörtelschicht. Bei stark profilierter Oberfläche durch besondere Schalungselemente oder durch tiefe Oberflächenbearbeitung spricht man von Strukturbeton.

Stets die gleichen **Ausgangsstoffe** verwenden; Zemente nur aus dem gleichen Werk beziehen. Bewährt haben sich mittelfeine Zemente. Großen Einfluß haben auch die Farbe und der Mehlkornanteil des Sandes, wobei selbst der Sand aus ein und derselben Grube unterschiedlich sein kann. Stets gleiche Zusätze verwenden.

Die **Betonzusammensetzung** muß so genau wie möglich eingehalten werden. Das gilt besonders für den Wasserzementwert ($\leq$ 0,55) und den Mehlkorngehalt, der die Richtwerte der Tafel 5.12 nicht unterschreiten sollte. Zementgehalt $\geq$ 300 kg/m³, Betonfestigkeitsklasse $\geq$ B 25. Konsistenz KR oder KF günstig, Überprüfung durch das Ausbreitmaß. In Wand- und Stützenfüßen weichere und feinkörnigere (0/4 bis 0/8) Mischungen mit gleichem Wasserzementwert einbringen.

Die **Schalung** muß dicht und steif sein und aus gleichem und gleich vorbehandeltem Material bestehen. Trockene Schalbretter aus Holz gut vornässen bzw. neue Bretter mit Zementleim (w/z = 0,8 bis 1,0) oder Kalkmilch einstreichen und Anstrich nach dem Abtrocknen sofort wieder entfernen. Möglichst abtrocknende Trennmittel und nicht Schalöle verwenden. Sparsam und gleichmäßig dick auftragen. Innerhalb der Schalung möglichst wenig Behinderungen durch Anker, Haken und Bewehrung (ggf. nachträglich zulegen), für Schalungsanker stets Hüllrohre verwenden.

Konstruktive Maßnahmen sind ausreichende Betondeckung ($\geq$ 3 cm) und Einstreichen von herausragenden Bewehrungsstäben mit Zementleim, um Rostflecken oder -fahnen zu vermeiden. Die Auffälligkeit von Wasserfahnen kann gemindert werden durch vertikal strukturierte Oberfläche bzw. Anlegen von gewollten Schalungsfugen. Fensterbänke sollten weit vor die Fassade herausgezogen oder zwischen sichtbare Kanten gelegt werden.

Beim **Waschbeton** (meist werkmäßige Herstellung als Fertigteile oder Betonwaren) wird die äußere Zementmörtelschicht vor dem völligen Erhärten entfernt (ausgewaschen), so daß die gröberen Zuschlagkörner bis etwa zu einem Drittel ihrer Dicke sichtbar werden. Dabei werden i. d. R. liegende Schalungen mit chemischen Hilfsmitteln eingestrichen, die das Erstarren des Zements an der Oberfläche verzögern oder unterbinden. Bewährt haben sich Ausfallkörnungen: 25 % 0/2 und 75 % Grobkorn bis 8, 16 oder 32 mm. Das Aussehen der Oberfläche wird von der Auswahl des Grobkorns (rund, gebrochen, weiß, farbig) und ggf. von der Einfärbung des Bindemittels beeinflußt (siehe auch Abschnitt 6.16).

6.15 Massenbeton

Siehe auch Zement-Merkblatt Nr. 19 und [6/49]

Von Massenbeton wird i. allg. gesprochen, wenn die Dicken der zu betonierenden Bauteile $\geq$ 1 m sind, z. B. bei Staumauern, Schleusen, Gründungskörpern, Brückenpfeilern und Schutzräumen. Außer bei Schutzräumen spielt bei solchen Bauteilen die Druckfestigkeit eine untergeordnete Rolle. Viel bedeutsamer ist bei dicken Bauteilen die Tatsache, daß sie sich durch die entsprechende Hydratationswärme des Zementes aufheizen und daß dadurch Risse entstehen können (siehe auch Abschnitt 6.6.8).

Die **Temperaturerhöhung im Beton** infolge Hydratationswärme des Zementes läßt sich nach folgender Formel abschätzen:

$$\Delta T_n = \frac{z \cdot H_n}{\varrho_b \cdot c_b} \text{ (in K)}$$

6.15 Massenbeton

Hierin bedeuten:

ΔT_n Temperaturerhöhung in K nach n Tagen
z Zementgehalt in kg/m³
H_n Hydratationswärme des Zementes in kJ/kg nach n Tagen (siehe Tafel 6.33)
ϱ_b Betonrohdichte in kg/m³ (≈ 2500)
c_b Spezifische Wärme des Betons in kJ/kg · K ($\approx 0{,}96$ bis $1{,}2$)

Da das Produkt $\varrho_b \cdot c_b$ für übliche Betone etwa $2{,}5 \cdot 10^3$ kJ/(m³ · K) beträgt, ist die Temperaturerhöhung im wesentlichen vom Zementgehalt und von der Art des verwendeten Zements abhängig:

$$\Delta T_n \cong \frac{z \cdot H_n}{2500}$$

Tafel 6.33   Hydratationswärme von deutschen Zementen, bestimmt als Lösungswärme nach DIN 1164 Teil 8 (Nov. 78)

Zement-festigkeitsklasse	Hydratationswärme H_n in kJ/kg nach n Tagen			
	1	3	7	28
Z 25, Z 35 L	60 bis 175	125 bis 250	150 bis 300	200 bis 375
Z 35 F, Z 45 L	125 bis 200	200 bis 335	275 bis 375	300 bis 425
Z 45 F, Z 55	200 bis 275	300 bis 350	325 bis 375	375 bis 425

Maßnahmen gegen die Rißbildung sind zunächst die Anordnung von Fugen. Sie können als Dehnungsfugen (Raumfugen) oder Scheinfugen ausgebildet werden (siehe Abschnitt 6.19.4). Bei wasserundurchlässigem Beton oder Beton mit hohem Widerstand gegen starken chemischen Angriff müssen in Raumfugen Fugenbänder eingelegt werden. Der Abstand der Fugen hängt ab von der Frischbeton- und Außentemperatur, von den Eigenschaften (Festigkeit, E-Modul, Wärmedehnzahl, Kriechzahl) der Ausgangsstoffe und des Betons und von der Bauteildicke. Er wird allgemein nach Erfahrungen zwischen 3 bis 15 m festgelegt (siehe auch Abschnitt 6.6.8).

Betontechnologische Maßnahmen zielen auf eine möglichst geringe Erwärmung des Betons ab. Aus diesem Grunde werden NW-Zemente mit niedriger Hydratationswärme verwendet. Der Zementgehalt ist durch glatte und rundliche Zuschläge, Sieblinie nahe A oder Ausfallkörnung und möglichst großes Grobkorn bis 125 mm bzw. bei Spezialverfahren im Talsperrenbau sogar bis 400 mm so niedrig wie möglich zu halten. Für den Gütenachweis der Betonfestigkeit ist u. U. ein späterer Prüftermin als 28 Tage zu vereinbaren (siehe DIN 1045, Abschnitt 6.5.1). Wasser, Zuschlag und/oder Beton kühlen, z. B. durch Zugabe von Eisschnee oder feinkörnigem Splittereis, Kühlen des Betons im Fahrmischer mit flüssigem Stickstoff. Zur Verringerung des Schwindens ist eine besonders sorgfältige Nachbehandlung erforderlich (siehe Abschnitt 6.7.5).

Auch durch **bautechnische Maßnahmen** kann dem Aufheizen des Betons entgegengewirkt werden. Dazu gehören: Betonieren in kleinen Abschnitten oder in senkrechten Blöcken mit Zwischenräumen; Rohrinnenkühlung (teuer, kann aber u. U. wirtschaftlich sein); Anordnung einer 1,50 bis 3 m dicken Vorsatzbetonschale um einen zementärmeren Kern. Die Gefahr von Schalenrissen kann gemindert werden, indem die Abkühlung verlangsamt wird, z. B. durch *späteres Ausschalen*. Zusätzliche Bewehrung hat nur als starke Flächenbewehrung einen Sinn.

6.16 Farbiger Beton

Farbiger Beton[1]) wird z. B. bei der Herstellung von großformatigen Fassaden- und Brüstungselementen, Bodenplatten, Treppenbelägen und Betonpflastersteinen häufig als Vorsatzschicht (3 bis 8 cm dick) verwendet. Die Farbwirkung wird durch Pigmente und/oder farbige Zuschläge sowie durch eine besondere Oberflächenbehandlung hervorgerufen. Für farbigen Beton gelten im übrigen die für Sichtbeton festgelegten Regeln (siehe Abschnitt 6.14). Um die tatsächliche Farbwirkung beurteilen zu können, empfiehlt sich die Anfertigung größerer Probeelemente.

a) Ausgangsstoffe des Betons

Als **Zement** kann jeder Normzement verwendet werden. Besonders bewährt hat sich jedoch Weißzement PZ 45 F (Dyckerhoff-Weiß). Er ist allerdings etwa dreimal so teuer wie Grauzement, da er mit besonders ausgewählten Rohstoffen und nach einem speziellen Verfahren hergestellt wird. Zementgehalt: 330 bis 360 kg/m^3.

Als **Farbstoffe** kommen nur licht-, wetter- und alkalibeständige anorganische Baupigmente in Frage, meist Eisenoxidgelb, -rot, -braun und -schwarz, daneben auch Chromoxidgrün und gelegentlich Kobaltblau oder Manganblau sowie zur Aufhellung Titanoxidweiß (siehe auch Abschnitt 6.4.9). Der Anteil beträgt bei Grauzement bis 6 %, bei Weißzement 0,2 bis 1 % des Zementgewichtes.

Als **farbige Zuschläge** kommen i. d. R. Hartgesteine wie Quarz, Quarzit, Diabas, Granit, Porphyr, z. T. auch Kalkstein und Marmor zur Anwendung. Das Größtkorn ist meist nicht größer als 16 mm.

b) Oberflächenbehandlung

Das übliche Verfahren der nachträglichen Oberflächenbehandlung ist das **Feinwaschen**. Dabei wird mit einem Wasserstrahl und/oder Bürste eine etwa 1 bis 1,5 mm dicke Feinmörtelschicht von der Oberfläche des Betons abgetragen. In einem zweiten Arbeitsgang wird die Oberfläche u. U. mit Fluß- oder Ameisensäure 1:10 abgesäuert, um einen auf der Oberfläche verbleibenden Zementschleier zu entfernen. Damit sich die Feinmörtelschicht leicht löst, wird auf die mit der Betonoberfläche in Berührung kommende Schalungsfläche ein flüssiger Kontaktverzögerer aufgebracht, i. d. R. mit Schaumstoffwalzen oder durch Spritzen. Das Auswaschen muß dann möglichst bald nach dem Ausschalen geschehen, da durch Luftzutritt die Erhärtung des Zementleims an der Oberfläche eingeleitet wird. Es kann auch ohne Kontaktverzögerer gearbeitet werden. Nur muß das Auswaschen dann zu einem frühestmöglichen Zeitpunkt geschehen (im Sommer etwa 1,5 Stunden nach dem Mischen des Betons).

Weitere Verfahren der Oberflächenbehandlung sind die steinmetzmäßige Bearbeitung, das Sandstrahlen und das Flammstrahlen. Durch diese Verfahren wird allerdings die Farbwirkung farbiger Zuschläge beeinflußt (siehe auch Abschnitt 6.24.4c).

---

[1]) Siehe z. B. *Heufers* und *Schulze,* in: Betonwerk + Fertigteil-Technik, Heft 7/79, 9/80 und 1/84.

6.17 Trockenbeton

Neben der DIN 1045 gilt die „Richtlinie für die Herstellung und Verwendung von Trockenbeton" (Nov. 75).

Trockenbeton wird werkmäßig hergestellt und besteht aus Zement (Z 35 oder Z 45), getrockneten Zuschlägen (stetige Sieblinie im günstigen Bereich, Größtkorn 8, 16 oder 32 mm) und ggf. Zusatzstoffen. Zusatzmittel dürfen dem Trockenbeton im Werk nicht zugegeben werden. Er muß so verpackt sein, daß er bei sachgemäßer Lagerung 2 Jahre verwendbar bleibt. Mit dem auf der Verpackung angegebenen Höchstwassergehalt ergibt sich ein Beton, dessen Konsistenz im Bereich KR liegt (Verdichtungsmaß $\geq$ 1,04; Ausbreitmaß $\leq$ 50 cm) und dessen Zementgehalt je nach Größtkorn und Zementfestigkeitsklasse bestimmte Mindestwerte nicht unterschreitet: bei 32 mm Größtkorn z. B. $\geq$ 340 kg/m^3 (Z 35) bzw. $\geq$ 310 kg/m^3 (Z 45). Trockenbeton darf für tragende Bauteile aus Beton und Stahlbeton bis zur Festigkeitsklasse B 25, jedoch nicht für Spannbeton verwendet werden. Der Gütenachweis für den Beton ist auf der Baustelle entsprechend DIN 1045, Abschnitt 7.4.3 (siehe Abschnitt 6.11.4 und Tafel 6.25) durchzuführen.

Werke, die Trockenbeton herstellen, unterliegen sinngemäß den Anforderungen für Transportbetonwerke gemäß DIN 1045, Abschnitt 5.4, und müssen eine **Güteüberwachung** gemäß DIN 1084 Teil 3 (Eigen- und Fremdüberwachung) durchführen. Je 5000 Sack Trockenbeton oder mindestens einmal je 5 Arbeitstage müssen zufällig und gleichmäßig über die Herstellung verteilt sechs Säcke entnommen werden. Zu prüfen sind je Sack: Nettogewicht (Abweichung ± 3 %) sowie nach Zugabe der höchstzulässigen Wassermenge die Frischbetonkonsistenz, Rohdichte und Druckfestigkeit nach 28 Tagen an einem Würfel. Die Prüfergebnisse sind möglichst statistisch auszuwerten. Eine Fremdüberwachung ist durch eine anerkannte Güteschutzgemeinschaft oder durch eine Prüfstelle F durchzuführen.

6.18 Spannbeton

a) Neben der DIN 1045 gelten folgende **Vorschriften:**
   1. DIN 4227 Teil 1 (Juli 88): Bauteile aus Normalbeton mit beschränkter oder voller Vorspannung.
   2. DIN 4227 Teil 5 (Dez. 79): Einpressen von Zementmörtel in Spannkanäle.
   3. Als Norm bzw. Vornorm liegen die Teile 2, 3, 4 und 6 der DIN 4227 vor, die sich mit teilweiser Vorspannung, Segmentbauarten, Spannleichtbeton und Vorspannung ohne Verbund beschäftigen.

b) Der **Grundgedanke des Spannbetons** ist, die Zugzone eines Biegebalkens aus Beton durch Vorspannen eingelegter Spannstähle so unter Druck zu setzen, daß die im Balken infolge Eigenlast g und Verkehrslast p auftretenden Zugkräfte diese Druckspannungen erst abbauen müssen, bevor Zugspannungen im Beton auftreten können. Über den Grad und die Art der Vorspannung sowie die verschiedenen Arten von Spannstählen siehe Abschnitt 8.2.10. An den Enden des Balkens geschieht die Verankerung der Spannstähle mit Ankerkörpern. Die Ankerkörper sind meist Stahlplatten, gegen die die Spannstähle mit Muttern (Einzelstäbe mit Endgewinde) oder Keilen (Drahtbündel) festgelegt werden.

Über den Einsatz von Glasfaser-Harz-Verbundstäben für Spannbeton siehe Abschnitt 6.22.2.

c) **Beton** für vorgespannte Bauteile muß bei nachträglichem Verbund mindestens der Festigkeitsklasse B 25, bei sofortigem Verbund (Herstellung nur in Betonwerken nach DIN 1045, Abschnitt 5.3) mindestens B 35 entsprechen.

Die Betonzusammensetzung ist so zu wählen, daß Schwinden und Kriechen möglichst gering werden (geringer Abfall der Vorspannkraft) und der Beton möglichst dicht ist (Korrosionsschutz der Spannstähle). Das bedeutet Einschränkung des Zementgehaltes, niedriger Wasserzementwert (ggf. BV-Mittel, siehe Abschnitt 6.4.2), steif-plastische Konsistenz, gute Verdichtung durch kräftig wirkende Rüttler, sorgfältige Nachbehandlung (mindestens 8 Tage, besser aber länger, feucht abdecken, danach ggf. Anstrich mit Bitumenemulsion). Betonzusatzstoffe dürfen *nicht* verwendet werden.

d) Auf den **Korrosionsschutz der Spannstähle** ist besonderes Augenmerk zu legen, da bei diesen zusätzlich zu sonstigen Korrosionsschäden Spannungsrißkorrosion auftreten kann. Aufgrund der hohen Stahlspannungen kann es bereits durch kleine Korrosionsnarben auf den Spannstählen zu Kerbspannungsspitzen kommen, die zu plötzlichem transkristallinem Bruch ohne vorherige Ankündigung durch plastische Verformungen führen können.

Spannstahl darf beim Einbau nur leichten Flugrost (läßt sich mit einem trockenen Lappen entfernen) aufweisen, Narbenrost darf nicht tiefer als 20 bis 40 μm eingefressen sein. Spannglieder dürfen höchstens 12 Wochen unverpreßt in den Hüllrohren (DIN 18 553) liegen, davon höchstens 4 Wochen frei in der Schalung und 2 Wochen gespannt. Bei Überschreitung dieser Fristen: Spülen mit getrockneter, ggf. gereinigter Luft; Beschichten (Fett, Ölemulsion, Wachs; muß vor dem Verpressen wieder entfernt werden); Füllen der Hüllrohre mit Schutzgas bzw. mit Kalkmilch (Ausschluß von CO_2!). Zwecks Gewährleistung einer ausreichenden und lang andauernden Alkalität des umgebenden Betons nur Zemente Z 55, Z 45, PZ 35 F und EPZ 35 F sowie ausreichende Betonüberdeckung (Hüllrohre mindestens 3 cm; Spanndrähte mit sofortigem Verbund: Werte der Tafel 6.17 + 1 cm) wählen. Gehalt an Chloriden im Zuschlag ≤ 0,02 Masse-% wasserlösliches Chlorid, im Anmachwasser ≤ 600 mg Cl^{-1} je Liter. Meerwasser und andere salzhaltige Wässer nicht als Anmachwasser verwenden. Zusatzmittel müssen für Spannbeton zugelassen sein.

e) **Einpreßmörtel** wird nach dem Spannen der Spannglieder in die Hüllrohre gepreßt und hat die Aufgabe, einen Verbund zwischen Beton und Spannstahl herzustellen und den Spannstahl vor Korrosion zu schützen.

Der Einpreßmörtel besteht aus Portlandzement Z 35 F, Z 45 F oder Z 55, Wasser, Einpreßhilfen EH und ggf. Zusatzstoffen und Zuschlag. *w/z*-Wert ≤ 0,44, Chloridgehalt des Wassers ≤ 600 mg Cl^- je Liter. Der Einpreßmörtel muß folgende Eigenschaften besitzen: ausreichendes Fließvermögen während des gesamten Fließvorgangs; geringes Absetzmaß (≤ 2 % 24 Stunden nach dem Mischen); Zylinderdruckfestigkeit nach 28 Tagen i.M. ≥ 30 N/mm², Einzelwert ≥ 27 N/mm². Bei Bauwerkstemperaturen unter +5 °C darf nicht eingepreßt werden.

6.19 Straßenbeton

6.19.1 Begriffe und Vorschriften[1]

Nach der RStO 86 (Richtlinien für den Straßenbau; Standardausführungen) besteht

---

[1] Zu beziehen durch:
Bundesanstalt für Straßenwesen, Brüderstr. 53, 5060 Bergisch Gladbach 1; Forschungsgesellschaft für das Straßen- und Verkehrswesen, Alfred-Schütte-Allee 10, 5000 Köln 21.

6.19 Straßenbeton/6.19.1 Begriffe und Vorschriften

der Oberbau einer Straße bei den Bauklassen I–III (Schnell- und Hauptverkehrsstraßen) aus der Fahrbahndecke sowie der ersten und zweiten Tragschicht (siehe Abb. 6.24). Die direkt unter der Betondecke liegende zweite Tragschicht kann eine 15 cm dicke Tragschicht bzw. Bodenverfestigung mit hydraulischen Bindemitteln (siehe Abschnitt 6.19.7) oder eine 20 cm dicke bituminöse Tragschicht sein. Eine darunterliegende erste Tragschicht (30 bis 42 cm dick) ist i. d. R. eine nicht gebundene Frostschutzschicht. Die Gesamthöhe des Oberbaus beträgt dann je nach Bauklasse 60 bis 75 cm, die Dicke der Betondecke 20 bis 22 cm.

Beim voll hydraulisch gebundenen Oberbau gibt es nur *eine* Tragschicht bzw. Bodenverfestigung mit hydraulischen Bindemitteln von 20 bis 25 cm Dicke. Darüber liegt eine 22 cm dicke Betondecke. Die Gesamthöhe des Oberbaus beträgt hier nur 42 bis 47 cm.

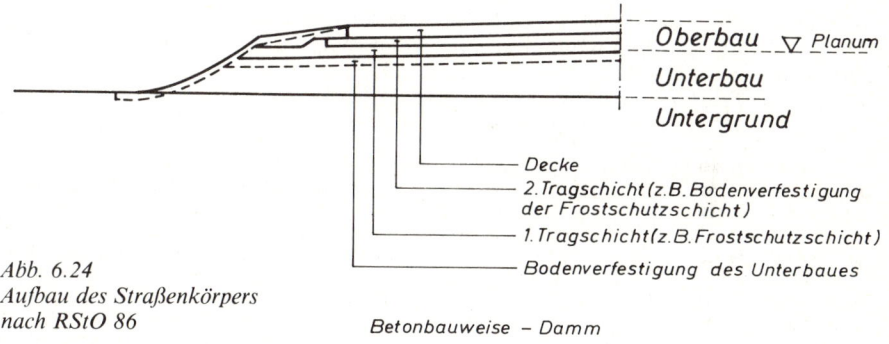

Abb. 6.24
Aufbau des Straßenkörpers nach RStO 86

Für Fahrbahndecken aus Beton gilt die **ZTV Beton 78** (Zusätzliche Vorschriften und Richtlinien für den Bau von Fahrbahndecken aus Beton; Fassung Sept. 1982) **mit Erg. 80** (Beton mit Fließmittel).

Für Tragschichten aus Leichtbeton gilt das „Merkblatt für die Ausführung von Fahrbahnbefestigungen mit wärmedämmenden Tragschichten – Teil 1: Schaumstoffpolystyrol – Beton (EPS-Beton); Ausgabe 1979" (siehe auch Abschnitt 6.21.3).

Weitere Vorschriften: **ZTVT-StB 86** (Tragschichten im Straßenbau; Ausgabe 1986) und **ZTVV-StB 81** (Bodenverfestigung und -verbesserung im Straßenbau) für die zweite Tragschicht, **ZTVE StB 76** (Erdarbeiten im Straßenbau) für die erste Tragschicht (Frostschutzschicht) mit **Erg. 1978** (Bau von Lärmschutzwällen).

6.19.2 Anforderungen

Die Beanspruchung der Fahrbahndecken ist außerordentlich hoch: rollender Verkehr (Druck- und Biegezugbeanspruchung, Verschleiß), Frost und Tausalze, unterschiedliche Temperaturen an der Ober- und Unterseite der Decke. Außerdem soll die Oberfläche eben und griffig bleiben. Anforderungen an den Beton siehe Tafel 6.34.

6.19.3 Zusammensetzung

Die Zusammensetzung des Betons ist *stets* aufgrund einer Eignungsprüfung festzulegen.

Als **Zement** ist PZ, EPZ oder HOZ zu verwenden, i. d. R. Festigkeitsklasse Z 35, bei kurzen Baufristen oder kühler Witterung ggf. Z 45, bei Hochofenzement Z 45 L.

Zusätzlich[1]) zur DIN 1164 gelten folgende Forderungen: Erstarrungsbeginn bei Prüftemperatur 20 °C frühestens nach 2 Stunden, bei 30 °C frühestens nach 1 Stunde (Berücksichtigung der teilweise längeren Transportwege und Verarbeitungszeiten); Mahlfeinheit $\leq$ 4000 cm^2/g spezifische Oberfläche nach *Blaine* (Herabsetzung des Mehlkorngehaltes und damit der Frost-Tausalz- sowie der Risse-Empfindlichkeit, Verbesserung der Verarbeitbarkeit).

Der Zementgehalt wird in der ZTV Beton nicht festgelegt, doch haben sich Zementgehalte von 300 bis 350 kg/m^3 bewährt.

Tafel 6.34 Anforderungen an Beton nach der ZTV Beton 78

Bauklasse	Mindestwerte des Betons im Alter von 28 Tagen		Mindestluftgehalt des Frischbetons***)		Mindestens erforderl. Korngruppen nach DIN 4226
	Druckfestigkeit*) am Würfel von 20 cm Kantenlänge [N/mm^2]	Biegezugfestigkeit**) [N/mm^2]	im Tagesmittel [Vol.-%]	Einzelwerte [Vol.-%]	[mm]
1	2	3	4	5	6	7
I	35	40	5,5	4,0	3,5	0/2 2/8 > 8
II	35	40	5,5	4,0	3,5	0/2 2/8 > 8
III	35	40	5,5	4,0	3,5	0/2 2/8 > 8
IV	30	35	4,5	4,0	3,5	0/4 > 4
V	25	30	4,0	4,0	3,5	0/4 > 4

*) Spalte 2: Druckfestigkeit β_{WN} (N/mm^2) jedes Probekörpers.
  Spalte 3: Mittlere Druckfestigkeit β_{WS} (N/mm^2) jeder Serie gemäß DIN 1045 bei der Eigenüberwachungsprüfung bzw. mittlere Druckfestigkeit der Bauteile gleicher Fertigungsbreite bei der Kontrollprüfung.
**) Nachweis nur bei Eignungsprüfung.
***) Bei Zuschlaggemischen von 16 mm und 32 mm Größtkorn. Bei einem Mehlkorngehalt von höchstens 400 kg/m^3 sind die Mindestluftgehalte des Frischbetons um 0,5 Vol.-% geringer.

---

[1]) Siehe Lieferbedingungen für Zement für Betonfahrbahnen auf Bundesstraßen vom 12. Januar 1971.

6.19.3 Zusammensetzung

Als **Zuschlag** kommt nur natürliches oder künstliches gesundes und beständiges Gestein mit dichtem Gefüge nach DIN 4226 Teil 1 sowie TL Min-StB 83[1]) in Frage. Druckfestigkeit im feuchten Zustand $\geq$ 150 N/mm² (Oberbeton) bzw. $\geq$ 80 N/mm² (Unterbeton). Für Oberbeton der Bauklassen I bis III ab 8 mm Korngröße gebrochenes Material aus Quarzit, Grauwacke, Quarzporphyr, Granit oder hartem Flußkies mit hoher Frostbeständigkeit (Gefrieren unter Wasser; Siebdurchgang durch das nächstkleinere untere Prüfsieb $\leq$ 2 bzw. 1 Masse-%). Hartsplitt 16/22 (etwa 10 kg/m²) kann zur Verbesserung der Griffigkeit in die frische Oberfläche eingewalzt werden.

Kornzusammensetzung nach DIN 1045 (siehe Abb. 5.1). Größtkorn mindestens 32 mm, möglichst hoher Grobkornanteil. Kornanteil über 8 mm im Oberbeton bei Bauklasse I bis III mindestens 50 % aus gebrochenem Gestein; Sandanteil unter 1 mm $\leq$ 27 Masse-%, unter 2 mm $\leq$ 30 Masse-%. Mehlkornanteil (Zement, Feinstsand und ggf. Zusatzstoffe) auf das Mindestmaß beschränken ($\leq$ 450 kg/m³).

Als **Konsistenz** ist der Bereich KS mit einem Verdichtungsmaß von 1,40 bis 1,35 anzustreben. Sie ist den eingesetzten Verdichtungsgeräten, den Witterungsverhältnissen sowie den Transport- und Verarbeitungszeiten anzupassen. Schwankungen der Konsistenz an der Einbaustelle sind nachteilig, da zu jeder Konsistenz eine bestimmte Höheneinstellung der Einbaugeräte gehört. Außerdem können Unebenheiten der Oberfläche und Änderungen im LP-Gehalt die Folge sein.

Wasserzementwert $\leq$ 0,5, günstig ist ω = 0,45 (hoher Frost-Tausalz-Widerstand!). Stets Zugabe von LP-Mitteln, LP-Gehalte nach Tafel 6.8, mittlere LP-Gehalte um 0,5 bis 1 Vol.-% höher einstellen, damit die Werte der Tafel 6.8 auch sicher eingehalten werden.

Straßenbeton kann durch Zugabe von Fließmitteln auch als **Fließbeton**[2]) hergestellt werden. Erfahrungswerte für die Zusammensetzung sind z = 300 bis 350 kg/m³; Mehlkorngehalt 360 bis 450 kg/m³; w/z-Wert = 0,45 bis 0,60; Sieblinie zwischen A/B und B; Fließmittelmenge 0,8 bis 1,5 % des Zementgewichtes. Der Verdichtungsaufwand ist dann sehr gering: Abziehen mit leichter Abziehbohle, ggf. mit aufgesetztem Kleinvibrator, sowie Stochern an den Schalungen sind i. d. R. ausreichend.

Tafel 6.35 Mindestanforderungen an die Festigkeit von Straßenbeton mit Fließmittel (nach der 1. Erg. 80 zur ZTV Beton 78)

Bauklasse	Druckfestigkeit[1]) nach 2 Tagen von frühhochfestem Beton in N/mm²		Druckfestigkeit[1]) nach 28 Tagen in N/mm²		Biegezugfestigkeit[2]) nach 28 Tagen in N/mm²
	β_{WN}[3])	β_{WS}[4])	β_{WN}[3])	β_{WS}[4])	β_{BZ}
I bis III	25	28	35	40	5,5
IV	21	25	30	35	4,5
V	18	21	25	30	4,0

1) Gemessen an 200-mm-Würfeln
2) Nachweis nur bei Eignungsprüfung
3) Mindestdruckfestigkeit jedes Würfels (Nennfestigkeit)
4) Mittlere Druckfestigkeit jeder Würfelserie (Serienfestigkeit); s. auch Abschn. 6.1.1

---

[1]) Technische Lieferbedingungen für Mineralstoffe im Straßenbau, Ausgabe 1983.
[2]) Für Fahrbahnflächen aus Beton mit Fließmitteln gilt die 1. Erg. der ZTV Beton 78 aus dem Jahre 1980.

332   Beton

Mit entsprechenden Fließmitteln kann auch ein **frühhochfester Fließbeton**[1])[2]) hergestellt werden, der bereits nach 1 bis 2 Tagen befahrbar ist. Zusammensetzung: PZ 45 F = 360 bis 400 kg/m³; Mehlkorngehalt 400 bis 500 kg/m³; w/z-Wert = 0,38 bis 0,45 (vorwiegend 0,40); möglichst sandarmer Zuschlag; Fließmittelmenge 2 bis 4 % des Zementgewichtes; Festigkeiten siehe Tafel 6.35.

6.19.4 Herstellen und Verarbeiten

a) Das **Mischen** geschieht in zentralen Mischanlagen oder im Transportbetonwerk und soll nach Zugabe aller Stoffe mindestens 30 Sekunden dauern. Die Mischanlage (meist Ein- oder Zweiwellen-Trogmischer mit 1500 bis 4500 Liter Nenninhalt) muß so groß sein, daß kontinuierlich eingebaut werden kann. Ein Stillstand des Fertigers kann zu Oberflächenunebenheiten führen. Zwischen Mischen und Einbau dürfen nicht mehr als 45 Minuten liegen. Transportfahrzeuge mit Rührwerk oder Mischeinrichtung sind für die Bauklasse I bis III z. Z. noch nicht zugelassen.

b) Der **Einbau** geschieht mit Hilfe von schienengeführten Betonfertigern (Abgleichelement, Rüttelbohle, Glättbohle), die auf stählernen Seitenschalungen oder auf Randstreifen aus Beton laufen oder mit Hilfe von Gleitschalungsfertigern. Diese fahren auf langen Raupen mit 0,8 bis 1,5 m/s direkt auf dem Untergrund und führen die etwa 8 m langen Seitenschalungen kontinuierlich mit.

Der Beton wird einschichtig (Splittbeton) oder zweischichtig (unten Kiesbeton, oben Splittbeton) eingebracht. Jede Schicht wiederum kann in einer Lage oder mehrlagig (Dicke jeder Lage mindestens 5 cm) eingebracht werden. Beim einlagigen Einbau einer 22 cm dicken Betondecke aus Splittbeton beträgt die Überhöhung vor dem Verdichten bis zu 7 cm.

Die **Verdichtung** des Betons geschieht bei den Bauklassen I bis III maschinell und gleichzeitig über die ganze Betonierbreite mit Rüttelbohlen oder Innenrüttlern. Bei letzteren muß zur Erzielung einer profilgerechten geschlossenen Oberfläche stets noch ein Deckenfertiger oder eine schwere Rüttelbohle folgen. Nach dem Glätten ist die Oberfläche mit einem mindestens 45 cm breiten Stahlbesen abzuziehen, damit eine ausreichende Griffigkeit entsteht.

c) **Fugen** werden heute nach der ZTV Beton 78 nicht mehr als durchgehende Raumfugen (nur im Anschluß an Brücken oder andere Einbauten) ausgebildet, sondern i. d. R. nur noch als **Scheinfugen** an der Oberseite der Decke (Tiefe mindestens 25 % und höchstens 45 % der Deckendicke) in einem Abstand von 5 m angeordnet. Nach dem *selbsttätigen* Aufreißen der Scheinfuge bis zur Unterseite der Decke entstehen so konstruktiv günstige, nahezu quadratische Deckenplatten, die keiner Bewehrung mehr bedürfen.

Scheinfugen werden durch Einrütteln von Fugeneinlagen in den frischen Beton oder durch Einschneiden des erhärteten Betons hergestellt. In die Fugen (Breite 8 bis 15 mm) wird ein Dichtungsband und anschließend das Vergußmaterial einge-

---

[1]) Siehe Merkblätter für Verkehrsflächen aus frühhochfestem Beton mit Fließmitteln.

[2]) Siehe auch: Merkblatt für die Verwendung von Luftporenbildnern für Beton, Ausgabe 1980.

bracht, entweder bituminöse Heißvergußmassen oder Kaltvergußmassen aus reaktiven Ein- oder Zweikomponenten-Systemen.[1])

Preßfugen entstehen, wenn benachbarte Fahrbahnfelder in zeitlichem Abstand betoniert werden (frischer Beton an erhärteten Beton). Sie erhalten im oberen Teil i. d. R. einen 10 mm breiten Fugenspalt, in den wie bei den Scheinfugen ein Fugenfüllstoff eingebracht wird.

An den Querfugen werden zur Lastübertragung und zur Höhensicherung **Dübel** aus Betonrundstahl (Durchmesser 25 mm, Länge 50 cm) in den frischen Beton eingerüttelt. Sie erhalten einen gut haftenden Kunststoffüberzug (Gleiten im Beton) und haben einen Abstand von $\leq$ 30 cm. In den Längsfugen zwischen den Fahrbahnstreifen werden in halber Plattenhöhe **Anker** aus Betonformstahl eingelegt: Durchmesser 14 bis 16 mm, Länge 60 bzw. 80 cm, Abstand 1,5 m. Sie sollen ein Auseinanderwandern der Platten verhindern. Sie erhalten *keinen* Gleitanstrich oder Kunststoffüberzug.

6.19.5 Nachbehandlung

Gegen Austrocknen, Auswaschen durch Regen und gegen Frost wird der Oberbeton im Schutze eines Zeltes eingebaut und nach dem Einbau durch niedrige, hellfarbige Schutzdächer auf etwa 150 m Länge abgedeckt. Nachbehandlungsmittel[2]) (wachs- oder paraffinhaltige Emulsionen, möglichst hell pigmentiert) werden als geschlossener Film auf den Beton aufgesprüht, wenn dieser den Wasserglanz verliert und anfängt, matt zu werden. Decken, die im Herbst hergestellt sind, sollten zum Schutz gegen die im folgenden Winter einwirkenden Tausalze imprägniert werden (siehe auch Abschnitt 6.19.8).

Bei hohen Außentemperaturen ist die Betonfläche zusätzlich naß zu halten, bei größeren Temperaturdifferenzen zwischen Beton und Luft mit wärmedämmenden Matten abzudecken. Wird nur die Naßbehandlung angewendet, muß die Betonoberfläche mindestens 3 Tage lang dauernd naß gehalten werden. Heizt sich der Beton infolge der Hydratation und hoher Außentemperaturen besonders stark auf, müssen möglichst noch am Abend nach dem Betonieren wärmedämmende Schichten aufgebracht werden und mindestens 1 Tag lang auf dem Beton verbleiben, um ein starkes Abkühlen in der Nacht und am darauffolgenden Morgen zu verhindern.

6.19.6 Prüfung

Art und Umfang der Prüfungen von Straßenbeton sind in der ZTV Beton festgelegt. Sie weichen z. T. von der DIN 1045 und DIN 1084 ab.

Bei Eignungsprüfungen ist z. B. auch die Biegezugfestigkeit zu prüfen (siehe Tafel 6.34).

Die vom Auftragnehmer während der Bauausführung vorzunehmende **Güteprüfung** (Eigenüberwachungsprüfung) umfaßt bei Frischbeton: Konsistenz, w/z-Wert, Zusammensetzung 1mal täglich; Rohdichte bei jeder Probekörperherstellung; LP-Gehalt und Lufttemperatur stündlich; Betontemperatur alle 2 Stunden bei Lufttemperaturen unter +5 °C und über +25 °C. Bei Festbeton: Rohdichte und Druckfestigkeit zu Anfang und alle 1000 m², jedoch nicht öfter als einmal am Tag; hinzu kommt die Messung der Dicke, Ebenheit und Planmäßigkeit.

---

[1]) Siehe „Technische Lieferbedingungen für bituminöse Fugenvergußmassen (TLbit Fug 82)" und „Merkblatt für die Fugenfüllung in Verkehrsflächen aus Beton" (Ausgabe 1982).

[2]) Siehe „Technische Lieferbedingungen für flüssige Beton-Nachbehandlungsmittel" (Ausgabe 1978).

334   Beton

Kontrollprüfungen werden vom Auftraggeber durchgeführt. Sie umfassen die stündliche Prüfung des Luftporengehaltes im Oberbeton und die Entnahme eines Bohrkernes alle 1000 m² zur Bestimmung der Druckfestigkeit, des Betongefüges und der Dicke. Die Ergebnisse der Kontrollprüfung werden der Abnahme und Abrechnung zugrunde gelegt.

Bohrkerne werden frühestens im Alter von 60 Tagen auf Druckfestigkeit geprüft. Bei einer Bohrkernhöhe von 15 cm (nach dem Abgleichen) wird die 60-Tage-Bohrkernfestigkeit der 28-Tage-Festigkeit eines 200-mm-Würfels gleichgesetzt. Für ältere Bohrkerne und andere Höhen gelten in der ZTV Beton angegebene Umrechnungsfaktoren.

Erhärtungsprüfungen (siehe Abschnitt 6.11.5) dienen der Entscheidung der Verkehrsfreigabe. Hierzu müssen die Festigkeitswerte 70 % der in Tafel 6.34 geforderten 28-Tage-Druckfestigkeit erreichen, bei Verwendung hydraulisch gebundener Tragschichten nur 60 %.

Schiedsuntersuchungen sind Wiederholungen von Kontrollprüfungen, an deren sachgerechter Durchführung begründete Zweifel bestehen. Sie werden von einer unabhängigen und anerkannten Prüfstelle durchgeführt, die nicht mit der Kontrollprüfung beauftragt war.

6.19.7 Tragschichten mit hydraulischen Bindemitteln

Zusätzliche Technische Vorschriften und Richtlinien für Tragschichten im Straßenbau ZTVT – StB 86 (Ausgabe 1986).
Siehe auch Schriftenreihe der Bauberatung Zement: Straßenbau heute – Tragschichten mit hydraulischen Bindemitteln, Beton-Verlag, Düsseldorf.

Zu den Tragschichten mit hydraulischen Bindemitteln gehören „Hydraulisch gebundene Tragschichten", „Betontragschichten" und die „Hydraulisch gebundenen wärmedämmenden Tragschichten" (EPS-Beton, siehe Abschnitte 6.19.1 und 6.21.3) und nach der ZTVV-StB 81 (siehe Abschnitt 6.19.1) die „Bodenverfestigungen mit hydraulischen Bindemitteln". Tragschichten mit hydraulischen Bindemitteln werden von der RStO 86 bei Fahrbahndecken aus Beton der Bauklassen I bis III empfohlen. Die Erfahrung hat nämlich gezeigt, daß dadurch eine gleichmäßige Öffnung der Scheinfugen erreicht wird, was sich günstig auf den Unterhaltungsaufwand auswirkt.

a) Hydraulisch gebundene Tragschichten

Hydraulisch gebundene Tragschichten (HGT) bestehen aus ungebrochenen oder gebrochenen Mineralstoffgemischen und hydraulischen Bindemitteln. Sie müssen in Querrichtung mit Kerben hergestellt werden (Abstand $\leq$ 5 m, Tiefe mindestens 35 % der Einbaudicke), wenn die Druckfestigkeit der Tragschicht > 12 N/mm² und die Einbaudicke > 20 cm beträgt, außerdem unter Asphaltschichten (dann Abstand $\leq$ 2,5 m). Eine Kerbe in Längsrichtung ist vorzusehen, wenn die Einbaubreite > 8 m im frischen Zustand beträgt.

Die **Mineralstoffe** müssen der TL Min-StB 83 oder der DIN 4226 Teil 1 entsprechen und güteüberwacht sein. Es kommen natürliche und künstliche Mineralstoffe zur Anwendung, ungebrochen als Kies und Natursand, gebrochen als Schotter, Splitt und Brechsand. Die Kornzusammensetzung ist gemäß Abb. 6.25 und 6.26 zu wählen. Vertragsrechtliche Bedeutung haben jedoch nur die dort eingetragenen Zahlenwerte. Im Zuge von Recyclingmaßnahmen werden heute als „Zuschlag" für HGT auch alte auf 0/45 Korngröße gebrochene Betondecken verwendet.

6.19.7 Tragschichten mit hydraulischen Bindemitteln

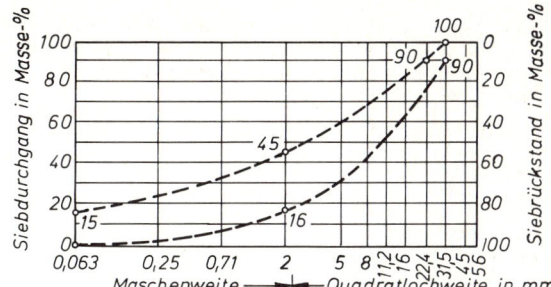

Abb. 6.25
Sieblinienbereich für hydraulisch gebundene Tragschichten 0/32

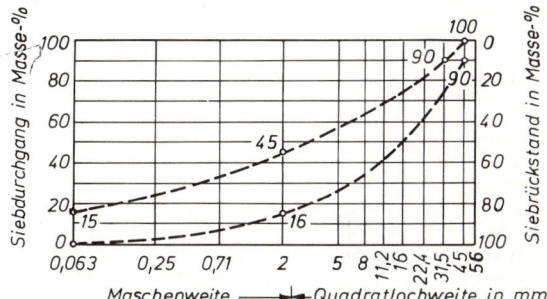

Abb. 6.26
Sieblinienbereich für hydraulisch gebundene Tragschichten 0/45

Als **Bindemittel** kommen Zemente nach DIN 1164, Hochhydraulischer Kalk nach DIN 1060 und hydraulischer Tragschichtbinder nach DIN 18 506 zur Anwendung. Schnell erstarrende Bindemittel sind zu vermeiden, damit eine einwandfreie Verdichtung gewährleistet ist. Hydrophobierte Bindemittel (wasserabstoßend gemacht; *siehe auch 2*) mit hoher Mahlfeinheit sind günstig. Sie sind bei der Lagerung witterungsbeständiger und verhindern in der Tragschicht eine Wassersättigung, was sich günstig auf den Frostwiderstand auswirkt. Außerdem hat sich gezeigt, daß bei Verwendung solcher Zemente Haarrisse wieder „zuwachsen".

Die zweckmäßige Zusammensetzung des **Baustoffgemisches** ist durch Eignungsprüfung zu ermitteln. Der Bindemittelgehalt soll > 3 Masse-% (bezogen auf das trockene Baustoffgemisch) und so bemessen sein, daß bei der Eignungsprüfung die mittlere 28-Tage-Druckfestigkeit von 3 *zusammengehörenden* 200-mm-Würfeln > 9 N/mm² und i. d. R. ≦ 12 N/mm² ist (Einzelwerte = Mittelwert ± 2 N/mm²). Der Wassergehalt ist so zu wählen, daß der vorgeschriebene Verdichtungsgrad der fertigen, noch nicht erstarrten Tragschicht nicht unterschritten wird, i. d. R. 98 % der einfachen Proctordichte[1]).

---

[1]) Trockenrohdichte einer im Proctorzylinder mit 75 Schlägen (Stampfermasse 2,5 kg, Fallhöhe 30 cm) im feuchten Zustand verdichteten Tragschichtprobe.

b) **Betontragschichten** werden i. d. R. nur bei starkem und sehr starkem Verkehr eingebaut. Der Beton muß der DIN 1045 entsprechen und eine Festigkeit entsprechend B 15 oder B 25 besitzen. Bei der Anwendung von Fließmitteln ist die ZTV Beton zu beachten. Als Bindemittel wird Z 35 verwendet. Wegen der im Verhältnis zu den hydraulisch gebundenen Tragschichten höheren Festigkeit müssen zur Vermeidung von klaffenden Rissen Scheinfugen in Abständen von $\leq$ 5 m eingerüttelt oder eingeschnitten werden.

Die Herstellung der Betontragschicht (Mischen, Einbringen, Verdichten) geschieht wie bei Betondecken (siehe Abschnitt 6.19.4). Anschließend muß der Beton 3 Tage lang gegen Austrocknen geschützt werden. Die mittlere Würfeldruckfestigkeit bei der Eignungsprüfung soll 5 N/mm^2 über der Serienfestigkeit nach DIN 1045 (siehe Tafel 6.2) liegen, also mindestens 25 N/mm^2 betragen.

c) **Bodenverfestigungen**[1]) nach der ZTVV-StB 81 (siehe Abschnitt 6.19.1) in der oberen Zone der Frostschutzschicht des Oberbaus (zweite Tragschicht) werden stets fugenlos hergestellt, und zwar entweder im Baumischverfahren *(mixed-in-place)* bis zu einer Tiefe von 15 cm oder im Zentralmischverfahren *(mixed-in-plant)* in einer Dicke von 12 cm. Beim ersten Verfahren bleibt der Boden an Ort und Stelle, beim zweiten wird er aufgenommen und zur zentralen Mischanlage transportiert.

Für die Bodenverfestigung kommen alle **Böden** nach DIN 18 196 (Bodenklassifikation für bautechnische Zwecke) in Frage, die sich einwandfrei verfestigen lassen. Nicht geeignet sind Böden mit hoher Fließgrenze[2]) bzw. mit hoher Plastizitätszahl[2]), die sich schwer zerkleinern oder durchmischen lassen, sowie felsige Böden, Torf und andere organische Böden. Vorteil der Bodenverfestigungen ist, daß Böden verwendet werden können, die ohne Verfestigung die geforderte Tragfähigkeit nicht besäßen und die nicht, wie in der ZTVT vorgeschrieben, abgestuft sein müssen, für die also auch keine Sieblinienbereiche vorgeschrieben sind.

Als **Bindemittel** wird Kalk nach DIN 1060 bzw. Zement nach DIN 1164 in dem Maße verwendet, daß das hergestellte Gemisch nach 7 Tagen eine *Druckfestigkeit* von 4 N/mm^2 und nach 28 Tagen von 6 N/mm^2 erreicht. Die Prüfung geschieht an Probekörpern, die nach dem Proctorversuch hergestellt worden sind. Bei stark huminhaltigen Böden (Natronlauge rötlich bis schwarz nach DIN 1048 Teil 3) ist die 28-Tage-Festigkeit maßgebend.

Die Oberfläche der fertig verdichteten Bodenverfestigung wird zur **Nachbehandlung** entweder mit anionischen Bitumenemulsionen besprüht oder ausreichend lange naß behandelt, um die Wasserverdunstung zu unterbinden.

6.19.8 Erhalten von Betonstraßen

Merkblatt für die Erhaltung von Betonstraßen MEB (Ausgabe 1985) mit
Anhang I: Imprägnieren (Ausgabe 1976)
Anhang II: Ausbessern von Oberflächen- und Kantenschäden mit Zementmörtel (Ausgabe 1976)
Anhang III: Ausbessern von Oberflächen- und Kantenschäden mit Reaktionsharzmörtel (Ausgabe 1978)
Hrsg.: Forschungsgesellschaft für das Straßen- und Verkehrswesen, Alfred-Schütte-Allee 10, 5000 Köln 21.

---

[1]) Siehe auch Merkblatt für Eignungsprüfungen bei Bodenverfestigungen mit Zement (Ausgabe 1975).

[2]) Fließgrenze w_L ist der Wassergehalt beim Übergang vom bildsamen zum flüssigen Zustand, Ausrollgrenze w_P der Wassergehalt beim Übergang vom halbfesten zum bildsamen Zustand, Plastizitätszahl $I_P = w_L - w_P$.

6.19.8 Erhalten von Betonstraßen

Die Reparatur von Rissen richtet sich nach der Breite der **Risse**. Haarrisse lassen sich u. U. bereits durch Imprägnierungen (lösemittelhaltiges Leinöl, Epoxidharz, Polyurethanharz, Alkyl-Alkoxy-Silan-Produkte) schließen. Imprägnierungen können auch zweckmäßig sein, wenn der Beton keinen ausreichenden Gehalt an künstlich erzeugten feinen Luftporen besitzt oder wenn er im Spätherbst eingebaut wird und bis zur ersten Tausalzbeanspruchung noch nicht seine volle Festigkeit erreicht hat. Breitere Risse über 1 mm Breite und durchgehende Risse werden durch Aufschneiden auf 10 bis 15 mm erweitert und anschließend mit Vergußmaterial (siehe Abschnitt 6.19.4c) verfüllt. Größere **Kantenabbrüche** an den Rißflanken oder an Fugen werden mit Zement- oder Reaktionsharzmörtel ausgebessert (siehe auch Abschnitte 6.23.2 und 6.24.4 bis 6.24.6).

Eine nachträgliche **Verdübelung** (siehe Abb. 6.27) von durchgehenden Querrissen kann erforderlich sein, um Stufenbildung zwischen den Plattenteilen zu vermeiden. Zum Einsetzen der Dübel werden in die Decke etwa 40 mm breite und 800 mm lange Schlitze eingeschnitten (Tiefe 1/2 Deckendicke). Ähnlich geschieht die nachträgliche Verankerung von Längspreßfugen oder durchgehenden Längsrissen. Um ein Auseinanderwandern der Plattenteile zu verhindern, werden hierbei die Anker an den Enden abgebogen und ragen in Bohrlöcher im Beton hinein.

Das Heben und Festlegen von ganzen Platten zum Ausgleich von **Stufen** an den Quer- oder Längsfugen geschieht durch Unterpressen mit Druck (bis max. 6 bar) mit einem hydraulischen Spezialmörtel. Zu diesem Zweck werden im Abstand von 0,5 bis 1 m von den Fugen Bohrlöcher von etwa 40 bis 50 mm Durchmesser bis etwa 2 cm unter die Plattenunterkante gebohrt.

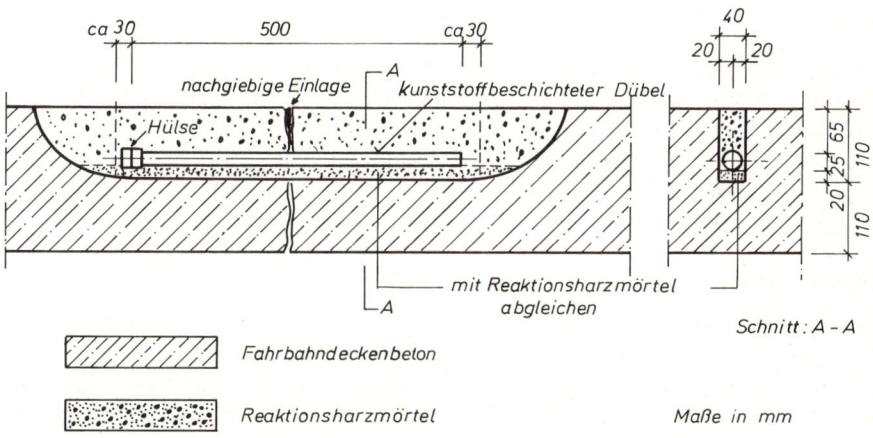

Abb. 6.27 Nachträgliche Verdübelung bei 22 cm dicker Betondecke, Querschnitt

Als **Oberflächenschichten** zur Verbesserung der Ebenheit, Griffigkeit und des Wasserabflusses oder zur Ausbesserung von Oberflächenschäden kommen Beschichtungen mit Zement- oder Reaktionsharzmörtel, bituminöse Oberflächenschichten (siehe auch Abschnitt 10.4.1d) nach ZTVbit-StB 84 und dem „Merkblatt für die

Erhaltung von Asphaltstraßen; Teil: Instandsetzung – Oberflächenbehandlungen" zur Anwendung. Bewährt hat sich auch Fließbeton und, wegen der kürzeren Sperrfristen, frühhochfester Fließbeton und kunststoffmodifizierter Beton.

Das **Erneuern** einzelner Platten oder von Plattenteilen geschieht i. d. R. in Betonbauweise, aber auch in bituminöser Bauweise. Beschädigte Plattenteile werden in einer Breite von mindestens 1 m herausgeschnitten, u. U. zwecks kraftschlüssiger Verbindung von neuem und bestehendem Plattenteil stufenförmig. Im allgemeinen werden die zu erneuernden Platten oder Plattenteile mit den bestehenden verdübelt bzw. verankert. Für den Einbau des neuen Betons bzw. des bituminösen Mischgutes gilt die ZTV Beton bzw. die ZTVbit-StB.

Das Erneuern von ganzen Betonfahrbahnen in Betonbauweise geschieht nach zwei verschiedenen Verfahren. Beim Tiefeinbau wird die bisherige Straßenbefestigung vollständig ausgebaut und erneuert, ggf. unter Wiederverwendung der entfernten Schichten nach Aufbereitung, z. B. als Tragschichtmaterial (siehe Abschnitt 6.19.7a). Beim Hocheinbau wird die vorhandene Straßenbefestigung nach entsprechender Vorbereitung (z. B. Zertrümmern der alten Betondecke) als Tragschicht für eine neue Betondecke belassen.

6.20 Schwerbeton (Strahlenschutzbeton)

Siehe Merkblatt für das Entwerfen und Prüfen von Betonen des bautechnischen Strahlenschutzes, siehe [6/49]

Beton, dessen Trockenrohdichte $\geq 2,8$ kg/dm^3 ist, wird als Schwerbeton bezeichnet. Er wird verwendet z. B. für besonders schwere Fundamente, als Gegengewicht für Bagger und Krane, als Schallschutzbeton und als Tresorbeton. Große Bedeutung hat der Schwerbeton als Strahlenschutzbeton im Reaktorbau, für Röntgenanlagen und im Schutzraumbau[1]) gewonnen. Zur Erreichung einer hohen Betonrohdichte (6 kg/dm^3 erreichbar) und zum Schutz gegen γ-Strahlen werden Schwerzuschläge, zum Schutz gegen Neutronenstrahlung (Neutronenbremse) werden **Zuschläge** mit hohem Kristallwassergehalt und borhaltige Zusatzstoffe verwendet (siehe Abschnitt 5.1.3). Vor der Verwendung teurer Schwerzuschläge ist allerdings stets zu prüfen, ob die erforderliche Abschirmwirkung nicht auch durch dickeren Normalbeton erreicht werden kann.

Wegen der besonderen Anforderungen ist Strahlenschutzbeton stets als Beton B II, und zwar mindestens als B 35, herzustellen und zu überwachen. Wegen der meist größeren Dicken sind die für Massenbeton geltenden Regeln zu beachten. Meist werden NW-Zemente der Festigkeitsklasse Z 35 verwendet. Der w/z-Wert sollte $\leq 0{,}60$ sein (Vermeidung von Wasserabsonderung, niedriger Kapillarporenraum). Da insbesondere bei der Verwendung künstlicher Schwerzuschläge Luftporengehalte über 3 Vol.-% auftreten können, ist der sog. wirksame Wasserzementwert (siehe Abschnitt 6.3.5, insbesondere Beispiel 6.4) anzunehmen. Dies ist auch bei der

---

[1]) Siehe auch *M. C. Turley*, Baulicher Strahlenschutz im Schutzraumbau, in: beton 1985, Heft 12

6.20 Schwerbeton (Strahlenschutzbeton)

Anwendung des Wasserzementwertgesetzes von *Walz* (siehe Abb. 6.2) zur Berechnung der Druckfestigkeit zu berücksichtigen. Der Wasserbedarf des Frischbetons entspricht in etwa Abb. 6.1 bzw. Tafel 6.6. Er ist so zu bemessen, daß ein steifer Rüttelbeton der Konsistenz KS/KP entsteht. Dadurch soll vermieden werden, daß die schweren Zuschläge im leichteren Mörtel aus normalem Sand absinken. Die Kornzusammensetzung der Zuschläge sollte der *Fuller*-Parabel entsprechen.

Zur **zielgerechten Herstellung** von Strahlenschutzbeton müssen die erforderliche Betontrockenrohdichte ϱ_{bt}, die chemische Zusammensetzung der Zuschläge (Atomgewicht und Ordnungszahl) und der erforderliche Wasser(stoff)gehalt (chemisch gebundenes Wasser = Kristallwassergehalt) bekannt sein. Der für die Neutronenschwächung *anrechenbare* Wassergehalt ergibt sich aus dem im Zementstein gebundenen Wasser (etwa 14 bis 25 % des Zementgehaltes, je nach Hydratationsgrad und Art des Zements) und dem Kristallwassergehalt des Zuschlags (z. B. etwa 10 bis 13 Masse-% bei Limonit und Serpentin). Dabei ist der Einfluß höherer Temperaturen auf den Kristallwassergehalt zu berücksichtigen.

Um eine bestimmte Festbetontrockenrohdichte zu erreichen, ist eine um 0,1 größere Frischbetonrohdichte anzustreben: $\varrho_{bf} = \varrho_{bt} + 0{,}1 \text{ kg/dm}^3$. Das Mengenverhältnis von Normal- und Schwerzuschlag kann dann nach folgendem Beispiel 6.11 berechnet werden:

Beispiel 6.11 (Schwerbetonberechnung)

$\varrho_N = 2{,}75 \text{ kg/dm}^3$ (Kalkstein); $\varrho_S = 5{,}2 \text{ kg/dm}^3$ (Magnetit)
gewünschte Betontrockenrohdichte $\varrho_{bt} = 3{,}6 \text{ kg/dm}^3$
Aus einer Mischungsberechnung nach Abschnitt 6.5.2 seien ermittelt worden:
Wassergehalt $w = 160 \text{ kg/m}^3$; Zementgehalt $z = 290 \text{ kg/m}^3$
Stoffraum des Zuschlags $V_g = 740 \text{ dm}^3/\text{m}^3$

Damit ergibt sich für das Gewicht des Zuschlags:

$g = 1000 \cdot (3{,}6 + 0{,}1) - 290 - 160 = 3250 \text{ kg/dm}^3$
$\varrho_{g.\text{ mittel}} = 3250/740 = 4{,}39 \text{ kg/dm}^3$
$1/\varrho_N = 0{,}334$; $1/\varrho_S = 0{,}192$; $1/\varrho_{g.\text{ mittel}} = 0{,}228$

Aus den letzten drei Zahlen lassen sich mit Hilfe eines Mischkreuzes die Anteile des Normal- und Schwerzuschlags berechnen:

```
                        0,036
Normalzuschlag   0,334       0,172  · 3250  = 680  kg/m³
                      0,228
Mittelwert
                 0,192       0,136  · 3250  = 2570 kg/m³
Schwerzuschlag   ─────       ─────                 ──────
                 0,172       0,172                 3250 kg/m³
```

Die Anteile sind damit $g_N = 680 \text{ kg/m}^3$ und $g_S = 2570 \text{ kg/m}^3$ für Normal- und Schwerzuschlag.

Bei der **Herstellung** ist gegenüber Normalbeton folgendes zu beachten: besonders gutes und i. d. R. längeres Mischen; Mischer bei zu schweren Zuschlägen wegen des höheren Gewichtes und Verschleißes nur 1/4 bis 1/2 füllen. Wegen Entmischungsgefahr kleine Fallhöhen beim Einbringen des Betons und kurze Rüttelzeiten sowie geringe Abstände und Eintauchtiefen der Rüttelflasche wählen.

Bei Schwerbeton hat sich das Prepaktverfahren (siehe Abschnitt 6.9.2) besonders bewährt, insbesondere bei Bauteilen mit unregelmäßigen Abmessungen, Rohrdurchführungen und Aussparungen. Weiterhin wird auch ein sog. Puddelverfahren angewendet, bei dem große Schwerzuschlagstücke (z. B. aus Stahl) in schichtweise eingebrachten Mörtel eingerüttelt werden.

Strahlenschutzbeton sollte mindestens 14 Tage lang feucht gehalten werden, damit vom Zement möglichst viel Kristallwasser chemisch gebunden wird (Neutronenbremse, siehe oben). Die Schalung muß bei Schwergewichtsbeton besonders stabil (größere Frischbetonrohdichte) und bei Strahlenschutzbeton außerdem besonders dicht sein (Vermeiden von Hohlräumen im Beton durch auslaufenden Zementleim). Hülsen für Ankerstäbe sind ungünstig, besser im Beton verbleibende Ankerstäbe verwenden. Arbeitsfugen vermeiden (VZ-Mittel verwenden!).

Wände, Decken und Böden aus Beton für Tresorräume, sog. **Tresorbeton,** sollen je nach Größe der Räume 50 bis 100 cm dick sein. Zementgehalt $\geq$ 300 kg/m^3, möglichst Z 35 L oder Z 35 L-NW (Massenbeton!). Zuschlagarten: Kiessand, doppelt gebrochenes Hartgestein (z. B. dichter Kalkstein, Basalt), Hochofenschlacke, Blähton, Blähschiefer. Wasserzementwert $\leq$ 0,45, Konsistenz KP (BV-, FM-Mittel!). Betondruckfestigkeit nach 180 Tagen $\geq$ 60 N/mm^2. Beton mindestens 7 Tage eingeschalt lassen und feucht halten. Ausschalen erst, wenn Temperaturdifferenz zwischen Kernbeton und Außenluft $\leq$ 20 K (Vermeidung von Rissen!).

6.21 Leichtbeton

Beton mit Trockenrohdichten $\leq$ 2,0 kg/dm^3 wird als Leichtbeton bezeichnet. Das geringe Gewicht wird durch porige Zuschläge nach DIN 4226 Teil 2 (siehe Abschnitt 5.1) und/oder durch die Porigkeit des Betongefüges erreicht (siehe Abb. 6.28 bis 6.31). Porenbetone und haufwerksporige Leichtbetone finden Anwendung als tragendes Mauerwerk mit guter Wärmedämmung, als Wandelemente und Deckenplatten. Gefügedichte Leichtbetone können Festigkeiten bis 60 N/mm^2 erreichen und finden als Stahl- und Spannleichtbeton im Hochbau und konstruktiven Ingenieurbau (Brücken, Schalen usw.) Verwendung (siehe auch [6/16], [6/17] und [6/41]).

Bei der Herstellung ist darauf zu achten, daß Leichtbeton sich beim Abbinden des Zements stärker erwärmt als Normalbeton, da er bei gleichem Zementgehalt eine geringere Wärmekapazität besitzt (geringeres Gewicht) und die Wärme langsamer abfließt (geringere Wärmeleitfähigkeit). Leichtbeton ist daher mit besonderer Sorgfalt nachzubehandeln: lange feucht halten, langsam abkühlen lassen. Ggf. sind NW-Zemente einzusetzen.

6.21.1 Porenbeton

Man unterscheidet nach dem Herstellungsverfahren zwischen Gasbeton[1]) (siehe Abschnitt 2.11) und Schaumbeton.

Bei der Herstellung von **Schaumbeton** (DIN 4164), auch als **Porenleichtbeton** bezeichnet, wird ein Feinmörtel in Spezialmischern mit einem gesondert vorgefertigten Schaum durchgearbeitet. Er erreicht im Gegensatz zu Gasbeton bereits im Mischer sein endgültiges Volumen und erhärtet wie Normalbeton an der Luft. Schaumbeton besitzt eine „schlagsahneartige" Konsistenz und läßt sich leicht verarbeiten. Er wird auch als Transportbeton[2]) geliefert. Materialeigenschaften siehe Tafel 6.36.

---

[1]) Zum Beispiel: Hebel GmbH Marketing, Postfach 10, 8080 Emmering (Fürstenfeldbruck); Ytong-AG, Hornstr. 3, 8000 München 40.

[2]) Zum Beispiel Readymix, 4030 Ratingen.

6.21.1 Porenbeton/6.21.2 Haufwerkporiger Leichtbeton

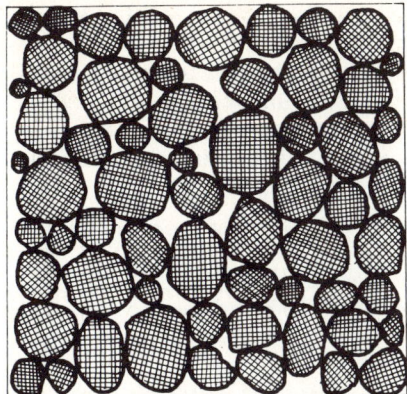

Abb. 6.28   Haufwerkporiger Leichtbeton mit porigen Zuschlägen; [6/17]

Abb. 6.29   Haufwerkporiger Leichtbeton mit dichten Zuschlägen; [6/17]

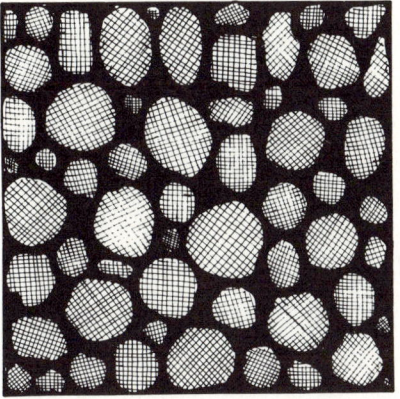

Abb. 6.30   Gefügedichter Leichtbeton mit porigen Zuschlägen; [6/17]

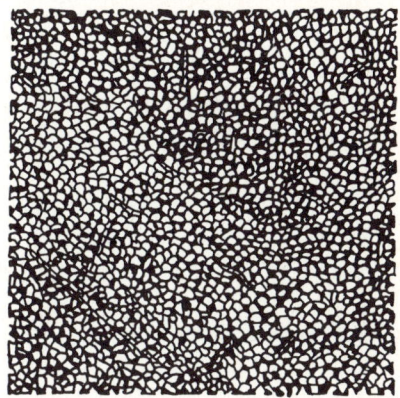

Abb. 6.31   Porenbeton (Gas- oder Schaumbeton); [6/17]

Anwendung von Schaumbeton: wärmedämmende und frostbeständige Ausgleichsschichten auf Decken und Flachdächern; Unterböden in Industrie- und Sporthallen sowie in Viehställen; Unterbeton und Tragschichten im Straßen- und Tiefbau.

6.21.2 Haufwerkporiger Leichtbeton

Beim haufwerkporigen Leichtbeton sind die Zuschlagkörner von Zementleim bzw. -mörtel (steifplastische Konsistenz) umhüllt und berühren sich in dichtester Lagerung punktförmig (siehe Abb. 6.28 und 6.29). Leim- bzw. Mörtelgehalt 200 bis 400 dm^3/m^3 Beton. Körnungen meist 4/8, 8/16 *oder* 16/25 (Einkornbeton!), ihr Anteil etwa (1,1 bis 1,2) × (Schüttgewicht in kg/m^3). Anwendung: werkmäßige Herstellung von Steinen und Platten (siehe Abschnitt 2.12).

Mit haufwerkporigem Gefüge werden auch nichtbewehrte **Wände aus Leichtbeton** (DIN 4232) in Ortbeton hergestellt. Festigkeitsklassen LB 2 bis LB 8 (siehe Tafel 6.38), Rohdichteklassen 1,0 bis 2,0 (siehe Tafel 6.39; Rohdichteklasse = Trockenrohdichte + Ausgleichsfeuchte von 0,05 kg/dm^3). Bewehrungsstäbe, z. B. von Ringankern oder durchgehenden Decken, müssen im Bereich des Leichtbetons mit dicksämigem Zementleim eingestrichen werden und auf der Gebäudeaußenseite oder in Naßräumen eine Überdeckung von mindestens 5 cm besitzen.

Ziegelsplittbeton (DIN 4163) verwendet gebrochenen Trümmerschutt als Zuschlag, wird heute aber nicht mehr hergestellt.

Hochwärmedämmende leichte Leichtbetone und -mörtel[1]) mit Rohdichten von 0,2 bis 0,8 kg/dm^3 und Wärmeleitzahlen von 0,15 bis 0,45 W/m · K finden Anwendung als Putze und Mauermörtel (Zuschlag Perlite und Vermiculite), leichte Mauersteine, Fußböden von Viehställen, frostsicherer Unterbau von Verkehrswegen. Sie sind haufwerkporig bis gefügedicht.

Als leichter Normalbeton[2]) wird Beton mit Rohdichten von 2,0 bis 2,1 kg/dm^3 bezeichnet.

Tafel 6.36 Anhaltswerte für die Materialeigenschaften von Porenleichtbeton [6/48]

Trocken- rohdichte kg/dm^3	Druck- festigkeit N/mm^2	Biegezug- festigkeit N/mm^2	Elastizitäts- modul N/mm^2	End- schwinden mm/m
0,4	1,2	–	–	–
0,6	1,7	0,3	500	3,5
0,8	2,2	0,6	1 500	2,7
1,0	3,0	0,9	3 000	2,0
1,2	5,0	1,2	5 000	1,3
1,4	9,0	1,6	7 500	1,1
1,6	15,0	2,1	13 000	0,9
1,8	> 20,0	> 2,5	> 17 500	0,8

6.21.3 Styroporbeton

Styroporbeton[3]) ist ein Porenbeton, bei dem die Poren aus Styroporpartikeln (Durchmesser 0,5 bis 5 mm) mit geschlossenzelliger Struktur (keine Wasseraufnahme während des Mischens und Förderns) und rauher Oberfläche (gute Haftung des Zementleims) bestehen. Sie werden aus farblosen Polystyrolperlen (Durchmesser 0,2 bis 1,25 mm) mit Dampf in einem speziellen Aufschäumgerät auf etwa das 50fache ihres Ausgangsvolumens aufgeschäumt und besitzen dann eine Schüttdichte von 12 bis 15 kg/m^3. Bindemittel überwiegend Zement, bei Leichtmörteln und Dämmputzen auch hydraulischer Kalk. Zuschlag neben dem Styropor: Sand 0/2 nach DIN 4226 Teil 1 und/oder Teil 2. Betonrohdichten zwischen 0,2 und 1,8 kg/dm^3 (siehe auch Tafel 6.37).

---

[1]) Siehe *Aurich, H.*, Leichte Leichtbetone, in: beton, 1973, Heft 5.

[2]) Siehe *Heufers, H.*, Leichter Normalbeton, in: Betonwerk + Fertigteil-Technik, 1976, Heft 11.

[3]) Siehe [6/39] und [6/40]; weitere Informationen: BASF, 6700 Ludwigshafen.

6.21.3 Styroporbeton

Tafel 6.37 Zusammensetzung und erreichbare Eigenschaften von Styroporbeton nach [6/40]

Trockenrohdichte in kg/m³	200	400	600	800	1000	1300	1600
Styropor VP 358 in dm³/m³	⌐	1200	1180	1140	1000	–	–
PZ 35 F in kg/m³	–	350	400	400	400	–	–
Sand 0/2 in kg/m³	–	10	130	360	570	–	–
Wasser in kg/m³	–	150	175	175	187	–	–
Druckfestigkeit in N/mm²	0,3	1,0	2,2	4,0	6,0	9,0	18,0
Biegezugfestigkeit in N/mm²	–	0,5	0,7	0,9	1,5	2,5	3,0
Statischer E-Modul in N/mm²	–	800	1000	1300	3000	–	–
Temperaturdehnzahl in 1/K	$12 \cdot 10^{-6}$						
Wärmeleitfähigkeit (Rechenwerte) in W/m · K	0,08	0,14	0,21	0,31	0,43	–	–
Baustoffklasse	B1			A2			
Feuerwiderstandsdauer	–	F60	$d =$ 8 cm : F 90 $d =$ 10 cm : F 120 $d =$ 15 cm : F 180				
Wasserdampfdiffusionswiderstandszahl	15	40	60	120	200		

Anwendung: Dämmputze und Isoliermörtel; Dachdämmung mit vorgefertigten Platten oder gepumptem Styroporbeton; wärmedämmende Unterböden im Hoch- und Industriebau; großformatige Außenwandelemente mit und ohne Vorsatzschichten; Hohlblock- und Schalungssteine; wärmedämmende Tragschichten im Straßen- und Eisenbahnbau (siehe auch Abschnitt 6.19.1).

Die Herstellung erfolgt in üblichen Zwangsmischern, die Förderung in Kübel- oder Pritschenwagen. Der Beton kann auch gepumpt werden. Verdichten durch Rütteln (keine Innenrüttler) oder Stampfen. Rüttelzeit nur 5 bis 10 Sekunden, um ein Aufschwimmen der Styroporpartikel zu vermeiden. Wegen der starken Erwärmung des Styroporbetons und wegen des fehlenden Wasserrückhaltevermögens der geschlossenzelligen Styroporpartikel ist eine sorgfältige Nachbehandlung erforderlich (Vermeidung von Schwindrissen): langes Feuchthalten, langsames Abkühlen (siehe auch Abschnitt 6.21).

6.21.4 Konstruktionsleichtbeton

DIN 4219 Teil 1 und Teil 2 (Dez. 79): Leichtbeton und Stahlleichtbeton mit geschlossenem Gefüge Merkblätter I, II und III für Leichtbeton und Stahlleichtbeton mit geschlossenem Gefüge (Fassung Juli 1974)

Konstruktionsleichtbeton ist ein *gefügedichter* Leichtbeton (siehe Abb. 6.30), der ganz oder teilweise mit porigem Zuschlag nach DIN 4226 Teil 2 (siehe Abschnitt 5.1) hergestellt wird. Die Betondeckung der Stahleinlagen ist i. d. R. um 0,5 cm größer als bei Normalbeton (siehe Tafel 6.17) und hängt zusätzlich vom Größtkorndurchmesser des Leichtzuschlags ab (siehe DIN 4219 Teil 2 Tabelle 1).

a) Eigenschaften

Konstruktionsleichtbeton wird wie Normalbeton in 7 Festigkeitsklassen und 2 Gruppen LB I und LB II sowie zusätzlich in 6 Rohdichteklassen eingeteilt (siehe Tafeln 6.38 bis 6.40). Die Festigkeitsklasse LB 55 bedarf z. Z. noch der bauaufsichtlichen Zulassung im Einzelfall.

Für die Festigkeit von Leichtbeton spielt die Kornfestigkeit des Leichtzuschlags eine entscheidende Rolle, weil sie anders als beim Normalbeton i. d. R. *kleiner* ist als die maximal erreichbare Festigkeit des Zementleims bzw. -mörtels (Matrixfestigkeit). Leichtbeton hat demgemäß eine geringere Nachhärtung als Normalbeton und erreicht u. U. seine Endfestigkeit bereits nach 7 Tagen. Das Wasserzementgesetz von *Walz* verläuft im Bereich niedriger Wasserzementwerte wesentlich fla-

Tafel 6.38 Festigkeitsklassen von Leichtbeton und ihre Anwendung nach DIN 4219 Teil 1

Betongruppe	Festigkeitsklasse des Leichtbetons	Nennfestigkeit β_{WN} [N/mm^2]	Serienfestigkeit β_{WS} [N/mm^2]	Anwendung	
Leichtbeton B I[1]	LB 8	8,0	11	Für unbewehrte Bauteile. Als Stahlleichtbeton nur für Wände nach DIN 1045 (Dez. 78), Abschnitt 25.5.1, und für Fassaden- und Brüstungselemente, die durch Eigenlasten und Wind belastet werden.	Nur bei vorwiegend ruhenden Lasten
	LB 10	10	13		
	LB 15	15	18	Unbewehrter Leichtbeton und Stahlleichtbeton	
Leichtbeton B II	LB 25[2]	25	29	Unbewehrter Leichtbeton, Stahlleichtbeton und Spannleichtbeton	Auch bei nicht vorwiegend ruhenden Lasten
	LB 35	35	39		
	LB 45	45	49		
	LB 55[3]	55	59		

[1] Stets mit Eignungsprüfung.
[2] LB 25 für Spannleichtbeton ist unter den Bedingungen für B II herzustellen und zu überwachen.
[3] Zustimmung im Einzelfall oder Zulassung entsprechend den bauaufsichtlichen Vorschriften erforderlich.

6.21.4 Konstruktionsleichtbeton

Tafel 6.39 Rohdichteklassen und Rechenwerte für den Elastizitäsmodul und die Wärmeleitzahlen von Leichtbeton nach „DIN 4219 Teil 1 und Merkblatt II für Leichtbeton"

Rohdichte-klasse	Trocken-rohdichte[1]) [kg/dm^3]	Elastizitäts-modul [N/mm^2]	Wärmeleitzahlen abgemindert[2]) [W/(m · K)]	allgemein [W/(m · K)]
1,0	0,80 bis 0,90 0,91 bis 1,00	5000	0,35 0,38	0,47
1,2	1,01 bis 1,10 1,01 bis 1,20	8000	0,44 0,50	0,59
1,4	1,21 bis 1,30 1,31 bis 1,40	11 000	0,56 0,61	0,72
1,6	1,41 bis 1,50 1,51 bis 1,60	15 000	0,67 0,73	0,87
1,8	1,61 bis 1,80	19 000	–	0,99
2,0	1,81 bis 2,00	23 000	–	1,16

[1]) Bei 105 °C bis zur Gewichtskonstanz getrocknet
[2]) Nach Merkblatt II für Leichtbeton; gültig nur für Leichtbeton aus Blähton und/oder Blähschiefer ohne Natursandzusatz, der unabhängig von der Festigkeitsklasse als Beton II hergestellt wird.

cher als bei Normalbeton. Schwinden und Kriechen ist etwa um 20 % höher als bei Normalbeton, die Querdehnzahl kann zu 0,2 angenommen werden, die Temperaturdehnzahl liegt zwischen 6 bis 10 · 10^{-6} · 1/K. Wasseraufnahme, Wasser- und Wasserdampfdurchlässigkeit sind etwa so groß wie bei Normalbeton, der Feuerwiderstand ist wegen der höheren Wärmedämmung der Leichtzuschläge höher.

b) Herstellung und Gütenachweis

Die porigen Zuschläge saugen einen Teil des Anmachwassers auf und entziehen es dem Zementleim. Dies ist bei der Berechnung des für die Festigkeit und den Korrosionsschutz der Bewehrung wirksamen Wasserzementwertes zu berücksichtigen. Bei Verwendung trockner Zuschläge kann er nach der Formel ω = (Zugabewasser – WA$_{30\,\text{Min.}}$)/Zement berechnet werden. WA$_{30\,\text{Min.}}$ ist diejenige Wassermenge, die trockner Zuschlag innerhalb 30 Minuten aufsaugt, bei Blähton z. B. 5 bis 24 Vol.-%.

Festigkeits-klasse	Rohdichteklasse mit Natursand	mit Leichtsand
LB 8	–	ab 1,0
LB 10	ab 1,4	ab 1,2
LB 15	ab 1,4 oder ab 1,6	ab 1,2 oder ab 1,4
LB 25	ab 1,6	ab 1,4
LB 35	ab 1,6 oder ab 1,8	ab 1,4 oder ab 1,6
LB 45	ab 1,8	ab 1,6
LB 55	ab 1,8	–

Tafel 6.40 Anhaltswert für die Zuordnung von Festigkeitsklassen und Rohdichteklassen von Konstruktionsleichtbeton nach DIN 4219 Teil 1

Die Druckfestigkeit muß stets, auch bei LB I, an Serien von 6 Würfeln geprüft werden. Diese werden bei der Güteprüfung in den ersten 7 Tagen nicht wie bei Normalbeton unter Wasser gelagert, sondern z. B. in Plastiksäcken luftdicht verpackt. Die Konsistenz wird zweckmäßig mit dem Verdichtungsversuch bestimmt. Der Luftporengehalt infolge Zugabe von LP-Mitteln muß aus der Differenz der Frischbetonrohdichten ohne und mit LP-Mitteln berechnet werden (siehe Abschnitt 6.2.2). Die Trockenrohdichte kann mit der Formel $\varrho = (1{,}2 \cdot z + g_t)/1000$ abgeschätzt werden (z = Zementgehalt und g_t = Trockengewicht der Zuschläge und ggf. Zusatzstoffe, wie Füller, in kg/m³).

6.22 Faserbeton [6/30]

6.22.1 Allgemeines [6/31]

Normaler Beton und Mörtel haben eine geringe Biegezug- und Zugfestigkeit, Bruchdehnung (Bruchenergie) und Schlagzähigkeit sowie eine große Reißneigung. Diese Eigenschaften können durch das Einmischen von Fasern verbessert werden. Seit Jahren bewährt hat sich die Verwendung von Asbestfasern (siehe Abschnitt 2.14). Neuere Verfahren, z. T. noch im Versuchsstadium, verwenden Glasfasern (siehe Abschnitt 6.22.2), Stahlfasern (siehe Abschnitt 6.22.3) und Kunststoff-, Kohlenstoff- und Zellulosefasern (siehe Abschnitt 6.22.4).

Durch Zugabe von Fasern wird erreicht, daß sich nach Überschreiten der Zugfestigkeit im Beton bzw. im Mörtel (sog. Matrix) anstelle weniger breiter Risse viele sehr feine Risse bilden, die von den Fasern überbrückt werden. Ein Weiteraufreißen dieser feinen Risse wird durch die Fasern allerdings nur dann verhindert, wenn sie genügend fest in der Matrix haften und wenn ihre Zugfestigkeit nicht überschritten wird. Damit die Zugfestigkeit β_Z der Fasern voll ausgeschöpft werden kann, bevor die Haftfestigkeit τ der Fasern in der Matrix überschritten wird und sie aus der Matrix herausgezogen werden, müssen Länge l und Durchmesser d der Fasern in einem bestimmten Verhältnis stehen: $l : d = \beta_Z : 2\tau$.

Bisher haben nur Asbestfasern einen so kleinen Durchmesser ($\leq 1\,\mu$m), daß sie bereits bei einigen mm Länge in der Zementmatrix haften bleiben, bis sie zerreißen. Fasern aus Stahl (d = 50 bis 100 μm), Glas (d = 5 bis 20 μm) und Kunststoff (10 bis 15 μm) müßten dafür so lang sein, daß eine einwandfreie Vermischung mit dem Mörtel nicht mehr möglich wäre. Trotzdem erhöhen solche Fasern die Bruchenergie und die Schlagzähigkeit, aber auch die Biegezug- und Zugfestigkeit von Beton, da für das Herausziehen der Fasern aus der Matrix eine beträchtliche Energie erforderlich ist.

6.22.2 Glasfaserbeton (GFB)

Die **Glasfasern** müssen wegen des Zements alkalibeständig sein. AR-Gläser (**alkali-resistent**): Borosilikat-Glas (E-Glas), besser Soda-Zirkon-Glas (Cem Fil; Pilkington-Konzern, England). Herstellverfahren der Fasern siehe Abschnitt 3.8.

Die **Herstellung** des Glasfaserbetons geschieht i. d. R. durch Einrieseln bzw. Einspritzen (Spray-up-Verfahren), durch Einlegen bzw. Eintauchen (Lay-up-Verfahren; Auflegeverfahren) oder im Wickelverfahren (Winding-Verfahren). Das Mischen im Mischer wird seltener angewendet, da die spröden Glasfasern beim Mischen leicht brechen.

Beim „*spray-up*"-*Verfahren* werden Endlosfasern oder -rovings mit einer Schnitzelpistole auf 10 bis 60 mm Länge geschnitten und gleichzeitig mit dem Zementleim oder -mörtel auf eine horizontale Schalung gespritzt, deren Unterseite als Filter ausgebildet ist (z. B. Papier auf Lochmetall, poröse Kunststoffolie), so daß das Überschußwasser abgesaugt werden kann (dadurch Verringern des Wasserzementwertes der Mischung von 0,35 bis 0,5 auf Werte von 0,2 bis 0,3. Das Überschußwasser wird auch durch Schleudern entfernt. Bauteildicke 10 bis 15 mm bei Fasergehalten von 4 bis 10 Vol.-%.

6.22.2 Glasfaserbeton (GFB)

Beim „*lay-up*"-*Verfahren* werden Endlosfasern (Faserbündel, Gewebe, Matten, Vliese) in Zementleim getränkt, in die Schalung eingelegt, u. U. Zementleim zugegeben, hochfrequent gerüttelt und das Überschußwasser abgesaugt bzw. herausgepreßt. Fasergehalt max. 15 Vol.-%. Beim *Wickelverfahren* werden Endlosfasern in Zementschlämme getränkt, auf Zylinder aufgewickelt, u. U. danach zusätzlich mit gehäckselten Fasern und Zementschlämmen besprüht, durch Anpreßrollen und ggf. Absaugen verdichtet. Fasergehalt max. 15 Vol.-%.

Eigenschaften des Glasfaserbetons sind (siehe Tafel 6.41): hohe Schlagzähigkeit sowie Biegezug- und Zugfestigkeit; große Bruchdehnung; geringe Reißneigung; witterungsbeständig und selbstreinigend; unempfindlich gegen thermische Beanspruchung. Nach der Rohdichte unterscheidet man Dämmstoffe (200 bis 300 kg/m^3), leichten GFB (700 bis 1300 kg/m^3) und schweren GFB (1300 bis 2300 kg/m^3).

Anwendungsgebiete des Glasfaserbetons sind hochwertige *dünnwandige Erzeugnisse* wie z. B. Fassadenelemente, Faltwerke, Rohre, Druckbehälter, Schalen; Naßzellen; Dämmstoffe für Wärme- und Brandschutz; Rammpfähle (hohe Schlagzähigkeit); faserverstärkter Putz, Glasfaserspritzbeton, Estriche.

Glasfaser-Harz-Verbundstäbe[1]) sind als Hochleistungsverbundwerkstoff (HLV) für eine zweifeldrige Straßenbrücke mit 21,3 m und 25,6 m Spannweite als Spannbewehrung im Beton zugelassen. Die Spannglieder bestehen aus Bündeln von je 19 Glasfaser-Harz-Verbundstäben. Der einzelne Stab enthält 60 000 streng gerichtete und sich nicht überschneidende Glasfasern, eingebettet in eine Kunstharzmatrix, Gesamtquerschnitt etwa 180 mm^2. Bei einer Zugfestigkeit von 1520 N/mm^2 (ähnlich Spannstahl) besitzen die HLV-Spannglieder nur einen *E*-Modul von 51 000 N/mm^2 und eine Bruchdehnung von 3,3 %. Vorteil: Der Spannkraftverlust aus Kriechen und Schwinden des Betons beträgt nur ein Viertel desjenigen von Spannstahl. Weitere Vorteile des HLV-Materials:
– Keine Plastizitätsgrenze (wie bei Stahl)
– Messungen von Veränderungen im Spannungszustand und deren Lokalisierung sind künftig möglich durch Integration von Lichtwellenleitern und Metalldrähten als Sensoren in den Faserverbundwerkstoff
– Gute Beständigkeit gegen Korrosion und andere chemische Einflüsse durch einen zusätzlich aufgebrachten Polyamidmantel
– Die Kerbempfindlichkeit ist beim Faserverbundwerkstoff wesentlich geringer als bei Stahl. Kerbschnitte mit Zerstörungen der jeweiligen Randfasern bewirken einen leicht überproportionalen Tragkraftverlust, jedoch örtlich begrenzt.

Eine ausreichende Endverankerung der Stäbe wird durch größere Verankerungslängen ermöglicht, wobei diese von der Schubfestigkeit des Kunstharzes abhängen [6/26].

Tafel 6.41 Mechanische Eigenschaften ausgewählter Glasfaserbetone im Alter von 28 Tagen [6/27]

	Herstellverfahren				
	Einmischen		Einrieseln		Einlegen
Rohdichte (kg/m^3)	1200	1700	1200	1900	2000
Glasfaseranteil (Vol.-%)	1,5	1,5	2,0	2,0	4,5
Druckfestigkeit (N/mm^2)	15	35	15	60	70
Biegezugfestigkeit (N/mm^2)	10	16	14	22	65
Biegeschlagzähigkeit (J/cm^2)	0,2	0,25	0,3	0,65	2,4
E-Modul (N/mm^2)	5000	12000	6000	20000	24000
Bruchdehnung (%)	5	6	8	9	13

---

[1]) Siehe Zeitschrift beton 7/86, S. 245 ff.

6.22.3 Stahlfaserbeton [6/28], [6/29], [6/46]

Die **Stahlfasern** werden aus 4 bis 6 mm dickem Ausgangsmaterial durch mehrere Kaltziehvorgänge und Warmbehandlungen auf die technisch verwendbaren Durchmesser von 0,3 bis 1 mm hergestellt. Die Längen betragen 12 bis 50 mm, das Verhältnis Länge/Durchmesser 30 bis 70. Längere Fasern führen beim Mischen zur Hohlraumbildung, bei $l/d \geq 100$ treten Zusammenballungen der Fasern auf („Igel"-Bildung). Verwendung finden neuerdings auch gefräste Stahlfasern mit teilweise rauher Oberfläche (HAREX-Stahlfaser).

Die **Herstellung** des Stahlfaserbetons geschieht wie beim Normalbeton in Mischern. Übliche Fasergehalte sind 3 bis 6 Masse-% bzw. 1 bis 2 Vol.-%, bezogen auf 1 m³ verdichteten Beton. Der Fasergehalt hängt vom Größtkorn des Betonzuschlags ab: 0,75 bis 1 Vol.-% bei max $d = 20$ mm; 1,1 bis 1,5 Vol.-% bei max $d = 10$ mm; 1,9 bis 2,5 Vol.-% bei max $d = 5$ mm. Kleines Größtkorn ist günstiger, da die Stahlfasern nur im Zementstein bzw. -mörtel wirksam werden. Der Zementgehalt ist gegenüber Normalbeton um etwa 20 % zu erhöhen.

Praktische Erfahrungen bestehen mit **Stahlfaser-Spritzbeton** [6/44]. Neben der DIN 18 551 gilt dafür das „Merkblatt Stahlfaserspritzbeton"[1]). Es kommen sowohl das Naßspritzverfahren als auch das Trockenspritzverfahren in Frage (siehe Abschnitt 6.9.3). Der Fasergehalt der Ausgangsmischung soll max. 2 Vol.-% betragen, die Faserlänge darf nicht größer als der Durchmesser der Förder- bzw. Spritzeinrichtungen sein. Wegen der Verletzungsgefahr sind stets Schutzbrillen zu tragen. Das Rosten der an der Oberfläche liegenden Stahlfasern führt erfahrungsgemäß nicht zu Abplatzungen. Trotzdem empfiehlt sich als Gegenmaßnahme, eine etwa 2 mm dicke Spritzbetondeckschicht ohne Stahlfasern aufzubringen.

Anwendung kann der Stahlfaserbeton da finden, wo es besonders auf *Rissesicherung* ankommt, und bei dreiaxial beanspruchten Bauteilen wie z. B. bei Spannbeton-Reaktordruckbehältern, dünnen Schalen und kurzen Balken. Als *Stahlfaserspritzbeton* findet er wie der normale Spritzbeton z. B. als Bergsicherung im Tunnel- und Stollenbau, bei der Hangsicherung, als Feuerschutzummantelung von Stahlstützen Anwendung.

Extrudierter Beton (Extru-Beton)[2]) mit Stahlfasern wird beim Tunnelbau in bergmännischer Bauweise angewendet. Hierbei wird hinter der sich vorwärts bewegenden Vortriebsmaschine rückwärts in den Hohlraum zwischen dem freigezogenen Boden und der Umsetzschalung Beton unter Druck (etwa 3 bar) gepreßt. Beispiel für die Betonzusammensetzung: 400 kg/m³ Z 54 F, Verzögerer und Fließmittel (Ausbreitmaß etwa 40 cm, mit FM mindestens 60 cm), w/z-Wert 0,46, 94 kg/m³ Stahlfasern (Länge 45 mm, Dicke 1 mm); Biegezugfestigkeit ≥ 8 N/mm², Druckfestigkeit bis 80 N/mm²; Dicke der Stahlfaserbetonschale 20 cm. Extru-Beton wird auch ohne Stahlfasern hergestellt.

6.22.4 Übrige Faserbetone

Faserbetone mit Kunststoff-, Kohlenstoff- und Zellulosefasern befinden sich noch weitgehend im Versuchsstadium.

Kunststoffasern werden hauptsächlich aus Polypropylen (PP) wegen seiner geringen Kosten und guten Alkalibeständigkeit hergestellt, und zwar entweder als Einzelfäden („filaments") nach dem üblichen Düsenziehverfahren oder aus extrudierten PP-Folien. Diese werden in 2-cm-Streifen geschnitten, im Warmluftstrahl auf das

---
[1]) Siehe Zeitschrift beton 1977, Heft 2 und [6/49].
[2]) Siehe z. B. Zeitschrift beton 1/82 und 1/86.

8fache der Ausgangslänge gereckt und anschließend um die Längsachse verdreht, wobei sie zerfasern („fibrillate"). Länge der Fasern etwa 40 mm, Fasergehalt bis etwa 1,5 Vol.-%, Verarbeitung vorwiegend in Mischern. Weitere Fasern: aus Nylon und aromatischen Polyamiden (Kevlar, Du Pont).

Kohlenstoffasern (Graphit) entstehen durch Verkohlen geeigneter organischer Fasern (z. B. Viskose). Sie werden seilartig aufgedreht, wodurch ein guter Reibungsverbund entsteht. Kohlenstoffasern besitzen hohen E-Modul (250 bis 450 kN/mm^2) und hohe Zugfestigkeit (1400 bis 3200 N/mm^2), sind allerdings sehr teuer. Mit Kohlenstoffasern verstärkte Kunstharzprofile sollen als Bewehrungsstäbe im Beton eingesetzt werden können.

Zellulosefasern bestehen entweder aus weitgehend unbehandelten Naturfasern (Baumwolle, Sisal, Hanf) oder chemisch aufbereiteten Fasern (Viskose, Reyon). Sie sind wenig alkalibeständig und nehmen bei der Verarbeitung viel Wasser auf.

Kunststoff- und Naturfasern werden heute verstärkt als Ersatz für Asbestfasern eingesetzt (Eternit).

6.23 Beton und Kunststoffe

6.23.1 Zusätze zu Beton

Kunststoffzusätze werden zu zementgebundenem Beton, Mörtel, Estrich zugegeben, um bestimmte Eigenschaften zu erzielen: bessere Verarbeitbarkeit durch Plastifizierung; Erhöhung der Haftung im frischen Zustand (sog. Grünhaftung); Erhöhung der Biegezugfestigkeit, Haftfestigkeit und Schlagfestigkeit sowie des Abnutzungswiderstandes.

Die zugegebenen Kunststoffe müssen wasserunempfindlich und beständig gegen alkalische Hydrolyse (Verseifung) sein. Zur Anwendung kommen hauptsächlich Plastomer-Dispersionen, wasserlösliche Celluloseäther und Melaminharzlösungen. Zweikomponentenharze (EP, UP) als Zusatz zu Zement sind möglich, werden aber vorwiegend als reines Reaktionsharzbindemittel für Kunstharzbeton verwendet.

Plastomerdispersionen (meist Co- oder Terpolymere aus Vinylchlorid, -acetat oder -propionat, Methacrylaten, Butadien/Styrol, Acrylnitril) werden dem Anmachwasser zugegeben. Das Dispersionswasser ist beim Wasserzementwert zu berücksichtigen. Übliche K/Z-Faktoren (Gewichtsverhältnis trockener Kunststoff zu Zement) sind: 0,01 bis 0,05 (Zusatzmittel zu Mörtel und Beton); 0,05 bis 0,1 (Haftbrücken, Dünnbett- und Fugenmörtel, Dichtschlämme für Haarrisse); $\geq$ 0,4 (Industrieestriche).

Wasserlösliche Celluloseäther erhöhen das Wasserrückhaltevermögen und die Untergrundhaftung von Putzmörteln. Niedrigviskose Melaminharze wirken verflüssigend, hochviskose erhöhen das Wasserrückhaltevermögen.

6.23.2 Reaktionsharzbeton und -mörtel

a) Reaktionsharzmassen

Bei Reaktionsharzbeton und -mörtel wird der Zementleim ganz durch Kunststoff ersetzt, und zwar durch meist flüssige Reaktionsharzmassen, die für sich oder nach der Zugabe von Reaktionsmitteln (Härter, Beschleuniger, Verzögerer, Katalysator) durch Polyaddition oder Polymerisation ohne Abspaltung flüchtiger Stoffe kalt aushärten. Im wesentlichen handelt es sich dabei um ungesättigte Polyester-(UP-), Epoxid-(EP-), Polyurethan-(PUR-) und Acryl-(PMMA-)Harze. Reaktionsharzbetone werden vorwiegend für die Herstellung von Fertigteilen in Werken verwendet, Reaktionsharzmörtel dagegen auch auf der Baustelle als Reparatur-, Estrich- und Beschichtungsmörtel sowie zum Kleben, Imprägnieren und Injizieren.

Die **Vorteile** der Reaktionsharzbetone und -mörtel sind hohe Früh- und Endfestigkeiten, hohe Haftfestigkeit, hohe Schlagzähigkeit und Abriebbeständigkeit, Witterungsbeständigkeit und chemische Widerstandsfähigkeit, keine Wasseraufnahme und kein Quellen, elektrische Isolation (keine vagabundierenden Ströme), dekorative Gestaltungsmöglichkeiten durch Pigmente und/oder Zuschläge. Eigenschaften siehe Tafel 6.42.

Als höchste **Gebrauchstemperaturen** (bei entsprechend verminderter Festigkeit) gelten für EP-, UP- und PMMA-Mörtel 120 °C, bei PUR-Mörtel 100 °C. Kurzzeitige Temperaturerhöhung auf 200 °C beeinträchtigt die Festigkeitseigenschaften nach Wiederabkühlung nicht.

Als **Zuschläge** werden getrocknete Quarzsande, Elektrokorund, Quarzmehl, Flugasche und Traß verwendet, in Sonderfällen auch Asbestfasern (Erhöhung der Schlagzähigkeit) und Glasseidengewebe oder -vlies (EP- und UP-Beschichtung von thermisch stark beanspruchten Untergründen). Pigmentstoffe werden i. d. R. in Form von Pigmentpasten zugegeben (100 Teile Harz auf 100 Teile Pigment). Die Sieblinie des Zuschlags soll möglichst dicht an der *Fuller*parabel (siehe Abschnitt 5.5.2) liegen. Der für ausreichenden Feinmörtelgehalt erforderliche Mehlkorngehalt (20 bis 25 %) muß allerdings wegen des fehlenden Zements voll durch den Zuschlag oder durch Zusatzstoffe gedeckt werden.

Wegen der **Feuergefährlichkeit** und der Emission leichtflüchtiger und leichtentzündbarer Bestandteile sind bei der Lagerung und Verarbeitung von Reaktionsharzen besondere Vorsichtsmaßnahmen[1]) zu beachten.

Der **Härtungsvorgang** von Reaktionsharzen (siehe Abb. 14.5) ist stark von der Temperatur abhängig. Unterhalb einer Arbeitstemperatur von 15 °C kann der Härtungsprozeß zum Stillstand kommen. Bei hohen Außentemperaturen muß das Reaktionsharz (Harz + Härter + Beschleuniger) so angesetzt werden, daß eine ausreichend lange Verarbeitungszeit (Topfzeit) zur Verfügung steht.

b) Reparaturmörtel
werden vorwiegend mit EP-, UP- und PMMA-Harzen hergestellt. Siehe auch Abschnitt 6.24.4 sowie Tafel 6.45 und 6.46.

---

[1]) Siehe auch Merkblatt für die Verarbeitung von Polyester- und Epoxidharzen der Berufsgenossenschaft der Chemischen Industrie, Verlag Chemie, Weinheim.

6.23.2 Reaktionsharzbeton und -mörtel

Tafel 6.42 Eigenschaften von Reaktionsharzbeton, -mörtel und -vergußmassen [6.19], [6.20], [6.25]

	Beton	Mörtel	Vergußmassen	
Größtkorn in mm	16 bis 32	8 bis 16	2 bis 4	0,1 bis 1
Harzgehalt in kg/m^3	100 bis 200	150 bis 300	250 bis 600	600 bis 950
Rohdichte in kg/dm^3	2,45 bis 2,2	2,4 bis 2,1	2,3 bis 1,7	1,7 bis 1,3
Biegezugfestigkeit in N/mm^2	10 bis 85			–
Druckfestigkeit in N/mm^2	120 bis 40			–
E-Modul in N/mm^2	38 000 bis 2000			bis 35 000
Wärmedehnzahl in 10^{-6} 1/K	10 bis 20		2 bis 40	50 bis 70
lineares Schrumpfmaß beim Erhärten in mm/m	2 bis 5		5 bis 12	12 bis 20

Weitere Rezepturen für Reparaturmörtel mit EP-Harz [6/25]:
Kantenausbesserungsmörtel bis 8 mm Dicke: 1 GT Harz-Härter-Gemisch auf 4 GT Quarzsand 0,1/3;
Estrichreparaturmörtel (Verlaufmörtel): 1 RT Harz-Härter-Gemisch auf 2 RT feuergetrockneten Quarzsand 0/1,2;
Unterstopfmörtel für enge Querschnitte (z. B. Unterfüllung von Brückenlagern, Kranschienen und Maschinenfundamenten): Hohlquerschnitt mit Quarzsand (5/7 oder 1/3) stopfen und anschließend dünnflüssige EP-Harz-Härter-Mischung mit Trichter bis zur Sättigung einfüllen.

c) **Estriche** (5 bis 10 mm) und Dickbeschichtungen (2 bis 5 mm) für hohe mechanische und chemische Belastungen.

Betonuntergrund vorher reinigen und grundieren. Günstiges Mischungsverhältnis des Mörtels: 1 RT Harzhärter auf 9 bis 15 RT Quarzsand, Mörtel mit Reibebrett, das eine Harz-PVC-Auflage besitzt, verdichten und abreiben, anschließend mit reinem Harz-Härter-Gemisch überrollen (wasserdichter Oberflächenschluß) und ggf. absanden und nochmals überrollen (Erhöhung der Rutschsicherheit). Bei feuchtem Untergrund EP-Harz mit Spezialhärter verwenden (modifizierter Polyaminoamidazolin-Härter).

d) **Klebemörtel** aus rasch aushärtenden Reaktionsharzen zur kraftschlüssigen, selbst dynamisch hochbeanspruchten Verbindung von Betonfertigteilen (z. B. Spannbetonsegmenten DIN 4227 Teil 3) untereinander sowie von Beton mit Stahl und Stahl mit Stahl. Dabei kommt die äußerst gute Klebwirkung der UP- und EP-Mörtel auf blankem Stahl zur Geltung.

352 **Beton**

Die Stahloberfläche muß jedoch frei von Oxid-, Öl- oder Wasserschichten und Staubfilmen sein, ebenso die Betonoberfläche frei von Trennmitteln (Schalöl). Mit Reaktionsharz-Klebemörteln wurden bis zu 50 t schwere Betonelemente, z. B. im Großbrückenbau oder bei Sportstadien, mit nur 1 bis 3 mm dicken Mörtelfugen miteinander verklebt. Durch die schnelle Aushärtung der Reaktionsharzmörtel ergibt sich eine enorme Verkürzung der Montagezeit. In der UdSSR werden solche Mörtel auch zum Verbinden von Betonstählen anstelle von Schweißen benutzt. Klebemörtel werden auch zum Aufkleben von Kran- und Straßenbahnschienen direkt auf Beton, zum Eingießen von Stahlankern in vorgebohrte Löcher und zum Aufkleben von sandgestrahlten und grundierten Stahlblechen (meist St 37) auf Betonflächen zwecks Erhöhung der Tragkraft („geklebte Armierung") verwendet. Betonoberflächen sandstrahlen und stocken, bis Korngefüge sichtbar wird.

e) **Injektionen**[1]) zur Rißverpressung meist mit EP-Harz-Mischungen, da diese auch bei feuchtem Untergrund verwendet werden können und die größte Eindringtiefe besitzen.

Drucklose Injektion: Aufstreichen des niedrigviskosen Harzes, das bei feinen Rissen bis 0,3 mm Breite durch Kapillarwirkung mehrere cm eingesaugt wird und nach Erhärten Luft- und Wassereintritt verhindert. Injektionsdruckverfahren: sicheres, vollständiges Verfüllen des Risses mit Hilfe von Pressen. Preßdruck 20 bar, bei feinen, verästelten Rissen bis 150 bar.

6.23.3 Kunststoffschäume als Bindemittel und Zuschlag

Beim **Hartschaum-Leichtbeton** werden Leichtzuschläge wie z. B. Blähton, Blähgas und Blähschiefer mit Kunststoffschaum aus UP-, PUR-, Polyisocyanurat-(PIR-) oder Phenol-(PF-)Harzen miteinander verbunden. Dabei füllt der Hartschaum den gesamten Hohlraum zwischen den Körnern aus, so daß der Beton ein geschlossenes Gefüge (siehe Abb. 6.30) besitzt, bei dem allerdings nicht nur die Zuschläge, sondern auch das Bindemittel porig ist. Rohdichte 200 bis 700 kg/m^3; Druckfestigkeit 1 bis 7,5 N/mm^2; Wärmeleitzahl 0,06 bis 0,08 W/m · K; Dampfdiffusionswiderstand 30 bis 300. Anwendung findet der Hartschaum-Leichtbeton für Fassadenelemente, Sanitärwände und -zellen, geschoßhohe Raumzellen, elementierte Fertighäuser.

Es gibt zwei **Herstellungsverfahren:** Entweder werden die Leichtzuschläge trocken in die Form eingebracht und das schaumfähige und mit Treibmittel versehene Harzgemisch eingegossen oder injiziert, oder die Zuschlagkörner werden in einem Mischer mit einem Reaktionsharzgemisch aus Harz, Härter und Treibmittel umhüllt und erst danach in die Form gefüllt. In beiden Fällen entstehen in den geschlossenen Formen Schäumdrücke von 0,5 bis 0,8 bar, die nur durch entsprechend schwer gebaute und dicht geschlossene Formen aufgenommen werden können. Durch den Schaum verdrängte Luft muß entweichen. Die entstehenden Bauteile werden teilweise mit Deckschichten versehen, z. B. aus Gipskarton oder Aluminium.

Styropor-(EPS-)Beton verwendet geschäumte Polystyrolkugeln als Zuschlag (siehe Abschnitt 6.21.3).

6.24 Schutz und Instandsetzung von Beton
6.24.1 Vorschriften und Merkblätter

Normen
DIN 1045 (siehe Abschnitt 6)
DIN 18 195 und AIB (siehe Abschnitt 10.4.3)
DIN 31 051 Instandhaltung; Begriffe und Maßnahmen (Jan. 1985)

---

[1]) DBV-Merkblatt „Anwendung von Reaktionsharzen im Betonbau, Teil 3.1: Füllen von Rissen" (Fassung August 1981)

6.24.2 Schutz von Beton bei sehr starkem chemischem Angriff

- Merkblatt für Schutzüberzüge auf Beton bei sehr starken Angriffen nach DIN 4030 (Fassung April 1973); Hrsg. Verein Deutscher Zementwerke (VDZ)
- AGI Arbeitsblatt K 10: Schutz von Beton – Oberflächenbehandlung; Imprägnierung, Versiegelung, Beschichtung (August 1983); Hrsg. Arbeitsgemeinschaft Industriebau e.V., Ebertplatz 1, 5000 Köln 1
- ZTV-SIB 87: Zusätzliche Technische Vorschriften und Richtlinien für Schutz und Instandsetzung von Betonbauteilen (Ausgabe 1987); Hrsg. Forschungsgesellschaft für das Straßen- und Verkehrswesen, Alfred-Schütte-Allee 10, 5000 Köln 21
- Merkblatt Instandsetzen (Fassung März 1982); Hrsg. Deutscher Betonverein (DBV), Bahnhofstr. 61, 6200 Wiesbaden, Postfach 2126, in [6/49]

Richtlinie „Schutz und Instandsetzung von Betonbauteilen". Hrsg.: DAfStb, Berlin (z. Z. noch in Bearbeitung)

- Merkblatt Anwendung von Reaktionsharzen im Betonbau; Hrsg. DBV (siehe oben)
  Teil 1.1: Prüfverfahren für Beschichtungswerkstoffe (Mai 1978)
  Teil 2: Untergrund (Mai 1977)
  Teil 3.1: Füllen von Rissen (August 1981)
  Teil 3.2: Verarbeiten von Reaktionsharz auf Beton (Juni 1984)
- VDI-Richtlinien 2531/33/36/39: Oberflächenschutz mit organischen Werkstoffen; Hrsg. Verein Deutscher Ingenieure
- DVS-Richtlinie 0302: Flammstrahlen von Beton (Juli 1985); Hrsg. Deutscher Verband für Schweißtechnik, 4000 Düsseldorf
- Vorläufiges Merkblatt für Anstriche auf Beton (Mai 1974); Hrsg. VDZ (siehe oben)
- Merkblatt Fugendichtungen im Hochbau – Anforderungen für die Anwendung von konstruktiven Fugendichtungen im Hochbau (Januar 1976); Hrsg. DBV (siehe oben)
- WTA Merkblatt Unterhaltung von Betonbauwerken – Maßnahmen zur Instandsetzung und zum vorbeugenden Schutz (Sept. 1983); Hrsg. Wissenschaftl.-Technischer Arbeitskreis für Denkmalpflege und Bauwerksanierung e.V.; 8000 München
- Zusätzliche Technische Vorschriften und Richtlinien für Schutz und Instandsetzung von Betonbauteilen (ZTV-SIB 87). Hrsg.: Der Bundesminister für Verkehr Bonn.

6.24.2 Schutz von Beton bei sehr starkem chemischem Angriff nach DIN 4030

Nach DIN 1045 Abschnitt 6.5.7.5 muß Beton, der längere Zeit „sehr starken chemischen Angriffen" ausgesetzt ist, wie ein Beton bei „starkem chemischem Angriff" aufgebaut sein (siehe Abschnitt 6.10.4), eine erhöhte Betondeckung aufweisen (siehe Tafel 6.17) und vor dem unmittelbaren Zutritt der angreifenden Stoffe geschützt werden. Dies kann durch zweckmäßige Gestaltung und Ausführung des Bauwerks und durch das Aufbringen von Schutzüberzügen geschehen.

a) Gestaltung und Ausführung der Bauwerke

Das Bauwerk ist so auszubilden, daß die den angreifenden Stoffen ausgesetzten Flächen möglichst klein sind. Kanten, Kehlen und Ecken sind auszurunden. Die Bauwerkflächen müssen eben sein und zwecks Wasserabführung ein Gefälle $\geq 1{,}5\,\%$ besitzen. Zur Beschränkung der Rissebildung: bei größeren Bauwerken Dehnungsfugen anordnen (siehe Abschnitt 6.6.8); u. U. Stahlbeton nach Zustand I bemessen; Bewehrung mit möglichst kleinem Durchmesser wählen. Korrosions- und alkalibeständige Abstandshalter verwenden. Beton möglichst ohne Unterbrechung einbringen; unvermeidbare Arbeitsfugen an statisch wenig beanspruchte Stellen legen. Möglichst keine Nachbehandlungsmittel verwenden, da sie die Haftung nachträglich aufzubringender Schutzüberzüge behindern können. Gegen ein späteres Abdrücken von Schutzüberzügen durch Wasser oder Wasserdampf u. U. Sperrschicht anordnen.

b) Oberflächenbeschaffenheit des Betons

Die Flächen müssen frei von Staub, Resten alter Überzüge, Schalöl und lockeren

Teilen sein, Reinigen mit Stahlbürste, Druckluft, durch Strahlen (Sand, Stahl- oder Schlackenkorn, Naßsand, Druckwasser), mit rotierenden Fugenbürsten, ggf. mit chemischen Mitteln (siehe auch Abschnitt 6.24.4c). Ungeschalte frische Betonflächen nur mit Latte abziehen, nicht glätten. Erhärtete glatte Betonflächen (z. B. bei stahl- oder kunststoffbeschichteten Schaltafeln) aufrauhen.

c) **Schutzüberzüge**
Als Schutzüberzüge kommen bitumenhaltige Stoffe und Stoffe auf Kunststoffbasis (Polyesterharz UP, Epoxidharz EP, Polyurethanharz PUR) zur Anwendung mit und ohne Verstärkungsmaterialien (z. B. Fasern) oder Füllstoffen. Die Verarbeitungshinweise der Hersteller der Überzugsstoffe sind genau zu beachten: Topfzeit, Wartezeiten zwischen dem Aufbringen der einzelnen Schichten, Trocknungs- bzw. Erhärtungszeiten bis zur ersten möglichen Beanspruchung.

Das Aufbringen geschieht durch Streichen, Rollen, Spritzen oder Spachteln. In der Regel ist bei stark saugendem Untergrund oder dickflüssigen Überzügen eine Grundierung erforderlich. Bei einmaligem Auftrag lassen sich auf vertikalen Flächen folgende Schichtdicken erreichen: Streichen bzw. Rollen bis 0,2 mm, Spritzen bis 1 mm, Spachteln bis 3 mm. Bei sehr starkem chemischem Angriff gelten folgende Richtwerte für die erforderliche Schichtdicke (nach Trocknen des Überzugs): ohne mechanische Beanspruchung mindestens 0,2 mm, leichte bis mittlere Beanspruchung 1 bis 3 mm, schwere Beanspruchung mindestens 3 mm.

d) **Fugen**
Müssen Fugen angeordnet werden, sind Abstand (siehe auch Abschnitt 6.6.8) und Breite der Fugen so zu wählen, daß die Dehnungen des Fugenmaterials und des überbrückenden Schutzüberzugs $\leq$ 10 %, bezogen auf die Ausgangsbreite der Fuge, bleiben und die Fuge vor Einbringen des Fugenmaterials einwandfrei gesäubert und das Fugenmaterial fehlerfrei eingebracht werden kann. Fugenmaterial (Fugenmassen, Dichtungsprofile und Fugenbänder) und Schutzüberzüge müssen die geforderte Dehnung von 10 % auch nach langer Einwirkungsdauer der angreifenden Stoffe ohne Schädigung überstehen. Stoffe und Arten von Fugenmaterial siehe Abschnitte 10.4.5 (bituminöse Fugenvergußmassen), 14.11.7a (Fugenbänder und -profile) und 15.4 (Fugendichtungsmassen). Ausführungsbeispiel siehe Abb. 6.32.

6.24.3 Carbonatisierung des Betons und Korrosion der Bewehrung

a) **Natürlicher Korrosionsschutz der Bewehrung**
Das Wasser in den Betonporen (Gelporen $\varnothing \leq 10^{-2}$ μm und Kapillarporen $\varnothing$ von 10^{-2} bis 10 μm im Zementstein; Luftporen $\varnothing \geq 10$ μm, überwiegend 0,1 bis 2 mm, im Zementmörtel) besitzt eine relativ hohe Alkalität mit einem pH-Wert von etwa 12,6. Sie ist bedingt durch die Bildung von $Ca(OH)_2$ bei der Hydratation des Portlandzementklinkers (siehe Abschnitt 4.6.1d). Das alkalische Milieu führt zur Bildung einer Passivierungsschicht auf der Stahloberfläche, die diese auch bei Zutritt von Wasser und Sauerstoff vor weiterer abtragender Korrosion schützt. Voraussetzung ist allerdings, daß der Stahl auf seiner ganzen Oberfläche lückenlos und fest haftend von Beton umschlossen ist.

b) **Carbonatisierung des Betons**
Infolge des Eindringens des in der Luft befindlichen CO_2 wird das Porenwasser von außen nach innen fortschreitend neutralisiert: Das CO_2 reagiert mit dem im

6.24.3 Carbonatisierung des Betons und Korrosion der Bewehrung

Porenwasser befindlichen $Ca(OH)_2$ zu $CaCO_3$ und Wasser (siehe Abschnitt 4.4.1), wodurch der pH-Wert unter 9 fällt. Diesen Prozeß nennt man Carbonatisierung des Betons.

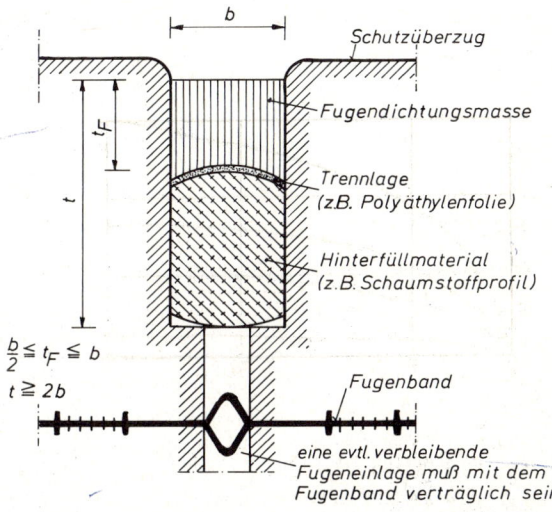

Abb. 6.32 Fuge mit Fugenband (Schutzüberzug unterbrochen); nach Merkblatt für Schutzüberzüge auf Beton bei sehr starken Angriffen nach DIN 4030

Der Einfluß von SO_2 und anderen in der Luft befindlichen Gasen, wie H_2S und NO_2, auf die Neutralisation des Porenwassers ist unbedeutend, da ihr Gehalt selbst in Industrieluft um etwa 3 Zehnerpotenzen niedriger ist als der CO_2-Gehalt. Dieser erreicht etwa die folgenden Werte: Landluft 0,03 Vol.-% ≙ 600 mg/m³, Stadtluft 0,05 Vol.-% ≙ 1000 mg/m³, Ballungsgebiete 0,08 Vol.-% ≙ 1400 mg/m³.

Bei pH-Werten unter 9,5 ist die Passivierung der Stahlbewehrung aufgehoben, der Stahl rostet weiter, d. h., es bildet sich FeOOH. Dies ist mit einer Volumenvergrößerung verbunden (Fe : FeOOH = 1 : 2,5), die zum Abplatzen der Betonüberdeckung führen kann, einem der am häufigsten sichtbaren Schäden an Betonoberflächen. Die Passivierung der Bewehrung wird auch durch Halogenide, insbesondere Chloridionen, aufgehoben.

Der Carbonatisierungsfortschritt im Beton wird von verschiedenen Faktoren beeinflußt. Am größten ist er bei relativen Luftfeuchten von 50 bis 70 %. Unter Wasser und bei relativen Luftfeuchten unter 30 % ist er praktisch gleich Null. Im „Freien unter Dach", also vor Regen geschützt, ist er 2- bis 3mal schneller als im „Freien ungeschützt", da mit Wasser gefüllte Betonporen dem Eindringen von CO_2 größeren Widerstand entgegensetzen als leere Poren. Erhöhte CO_2-Konzentrationen und erhöhte Temperaturen (Abgasfilter, Schornsteine, Industrie- und Stadtatmosphäre) beschleunigen die Carbonatisierung. Dem Carbonatisierungsfortschritt *entgegen* wirken niedriger Wasserzementwert (geringe Porosität des Zementsteins) und hoher Zementgehalt sowie Verwendung von Portlandzement [bei der Hydratation entsteht viel $CA(OH)_2$].

Der zeitliche Verlauf der Carbonatisierung (siehe Abb. 6.33) läßt sich durch die Funktion $s = c \cdot \sqrt{t}$ beschreiben. Die Carbonatisierungstiefe s wächst also am Anfang schnell und erreicht nach etwa 20 bis 30 Jahren ihren Endwert. Der Carbonatisierungskoeffizient c ist eine für einen bestimmten Beton und bestimmte Umweltbedingungen charakteristische Größe. Sie kann berechnet werden, wenn für ein bestimmtes Alter die Carbonatisierungstiefe experimentell bestimmt worden ist (siehe Abschnitt 6.13.8). Beispiel (B 35 in Abb. 6.33): $t = 20$ Jahre, $s = 10$ mm, daraus folgt $c = 10 : \sqrt{20} = 2,22$. Nach Tafel 6.17 Zeile 2 soll ein solcher Beton eine Betondeckung von nom $c = 30$ mm haben. Der Zeitraum, in dem die Carbonatisierungsfront in diesem Fall die Bewehrung erreicht haben würde, ergibt sich zu $t = s^2 : c$ 182 Jahre. Hieraus erkennt man die große Bedeutung der Betondeckung, da t mit ihrem Quad wächst. (Siehe auch *Engelfried* [6/61].)

Durch Risse im Beton, aber auch durch Wassersäcke unter großen Zuschlagkörnern, Verdichtungspo und Nester können in der Carbonatisierungsfront örtlich Spitzen auftreten. Als unbedenklich für Bewehrungskorrosion werden die folgenden Rißbreiten angesehen: bis 0,3 mm in trockenen Räum bis 0,2 mm bei Bauwerken im Freien und bis 0,1 mm bei stark korrosionsfördernden Umweltbeding gen. Hinsichtlich der Beschränkung der Rißbreite siehe Abschnitt 6.6.2.

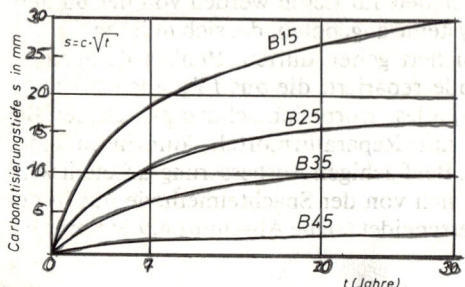

Abb. 6.33   *Carbonatisierungsverlauf von Zementbeton (im „Freien unter Dach"); nach [6/60] und Knöfel [6/61]*

c) Carbonatisierungsbremsen

Der Fortschritt der Carbonatisierung kann vollständig gestoppt werden durch das Aufbringen einer „Carbonatisierungsbremse" in Form einer Beschichtung. Sie ist zweckmäßig, wenn die Carbonatisierungsfront die Bewehrung noch nicht erreicht hat, und stets erforderlich als Abschluß einer Betonreparatur (Abschnitt 6.24.4b). Der Diffusionswiderstand s_{dCO_2} (diffusionsäquivalente Luftschichtdikke) einer Beschichtung errechnet sich nach der Formel $s_{dCO_2} = \mu_{CO_2} \cdot s$. Hierin bedeutet μ_{CO_2} die dimensionslose Diffusionswiderstandszahl der Beschichtung für CO_2 (sie sagt aus, wievielmal undurchlässiger die Beschichtung ist als Luft unter gleichen Bedingungen) und s die Dicke der Beschichtung. Eine Beschichtung wirkt als Carbonatisierungsbremse, wenn $s_{dCO_2} \geq 50$ m ist. Eine 10 mm dicke Betonschicht ($\mu_{CO_2} \cong 200$) hat einen Diffusionswiderstand von $s_{dCO_2} \cong 2$ m. Hochsperrende Kunststoffbeschichtungen erreichen für CO_2 s_d-Werte von einigen hundert Metern (siehe Tafel 6.47).

Von der Bautenschutzmittel-Industrie werden seit längerem Beschichtungssysteme angeboten, die auf der frischen Betonoberfläche als verdunstungshemmende Nachbehandlungsmittel wirken, gleichzeitig aber nach dem Erhärten des Betons auf seiner Oberfläche einen fest haftenden Film mit langjähriger dauerhafter Schutzwirkung gegen das Eindringen von Schadstoffen bilden: [6/64] und *Depke* in [6/61]).

6.24.4 Reparatur von Oberflächenschäden auf Beton

a) Feststellung des Schädigungsgrades von Betonoberflächen

Oberflächenschäden von Beton kündigen sich meist durch leicht erkennbare Merkmale an: Häufung von Netzrissen, besonders gut zu erkennen in der Abtrocknungsphase nach Niederschlägen; starke Durchfeuchtung (Dunkelwerden) der Oberfläche nach Niederschlägen infolge hoher Porosität des Betons;

6.24.4 Reparatur von Oberflächenschäden auf Beton

Rostfahnen; Abzeichnen der Bewehrung in Form von Rissen oder Aufwölbungen.

Für die Beurteilung des Schädigungsgrades einer Betonoberfläche und die Entscheidung über die zu treffenden Instandsetzungs- und/oder Schutzmaßnahmen steht eine Reihe von Oberflächenprüfungen zur Verfügung, die in Tafel 6.43 zusammengefaßt sind (siehe auch AGI-Arbeitsblatt K 10).

b) Reparaturverfahren

Für die Reparatur von Oberflächenschäden auf Beton werden von der Bautenschutzmittelindustrie verschiedene Systeme angeboten, die sich in ihren Grundzügen ähneln und als fachlich abgesichert gelten dürfen. Punktuelle Schäden werden nach der sog. Spachtelmethode repariert, die aus folgenden Schritten besteht: Vorbehandlung des Untergrundes, Korrosionsschutzanstrich der Bewehrung, Auffüttern der Fehlstelle mit Reparaturmörtel, Aufbringen einer Schutzbeschichtung (siehe Tafel 6.44). Bei flächigen Ausbesserungsarbeiten wird das Spritzverfahren angewendet, das sich von der Spachtelmethode nur in der Art der Aufbringung des Mörtels unterscheidet (siehe Abschnitt 6.9.3: Spritzbeton).

c) Vorbehandlung des Untergrundes

Ziel der Untergrundvorbehandlung ist es, die Voraussetzung für eine dauerhafte feste Verbindung zwischen Beton und Reparaturmörtel und/oder Schutzschicht zu schaffen. Zu diesem Zweck muß der Beton sauber und auch in tieferen Schichten frei von Fremdstoffen, z. B. Chloriden, sein. Der freigelegte Beton muß eine ausreichende Haftungszugfestigkeit besitzen (siehe Tafel 6.43), insbesondere bei dickeren Reparatur- bzw. Schutzschichten. Neben dem Reinigen von Hand mit hartem Besen oder Drahtbürste und dem Abstemmen von schadhaftem Beton werden die folgenden Verfahren zur Untergrundvorbehandlung angewendet: Sandstrahlen, Flammstrahlen, chemische Behandlung.

Tafel 6.43 Untersuchungsmethoden am Bauwerk zur Beurteilung des Schädigungsgrades von Betonoberflächen; nach [6/60]

Beurteilungsgröße	Prüfmethode	Bewertung
Druckfestigkeit	Rückprallhammer	Vergleich mit den Vorgaben der statischen Berechnung
Abreißfestigkeit (Haftzugfestigkeit)	*Herion*-Gerät, *Schenck-Trebel*-Gerät	Mindestwert 1,5 N/mm^2, falls Beton als Untergrund für ein Betonersatzsystem dienen soll
Rißbreite	Meßlupe, Rißbreitenmaßstab	Rißbreite $\leq$ 0,2 mm: im allgemeinen unbedenklich
Wasseraufnahme	Prüfröhrchen nach *Karsten*	Unterschied zur Wasseraufnahme einer Vergleichsfläche
Carbonatisierungstiefe	Besprühen frischer Bruchflächen mit Phenolphthalein-Lösung	Abstand der Carbonatisierungsfront von der Bewehrung (unverfärbt = carbonatisiert)
Betondeckung der Bewehrung	Elektromagnetisches Meßgerät	Nach DIN 1045, Tabelle 10 bzw. DIN 4102, Teil 4
Abrostungsgrad der Bewehrung	Schieblehre (Durchmesser)	Soll-Ist-Vergleich mit den Bemessungsquerschnitten

Durch Sandstrahlen, auch mit Stahl- oder Schlackenkorn anstelle von Sand, werden Zementschlämme, Sinterschichten (Kalkfahnen), lose und absandende Betonteilchen, alte Beschichtungen, Trennmittel und oberflächliche Verunreinigungen gründlich entfernt. Das Sandstrahlen eignet sich auch bestens zur Entrostung freigelegter Bewehrungsstäbe (erforderlicher Entrostungsgrad i. d. R. Sa 2 1/2 nach DIN 55 928, siehe Abschnitt 8.2.12d.1). Zum Abtragen von dickeren Betonschichten eignet sich das Sandstrahlen *nicht*. Hierfür müssen Fräsen oder es muß das Flammstrahlen (siehe unten) eingesetzt werden.

Tafel 6.44 Reparatur von Betonoberflächenschäden nach der Spachtelmethode; nach [6/60] und [6/59]

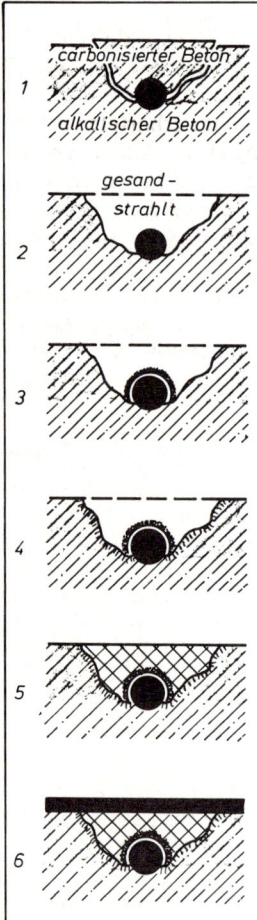

1. Lose Teile entfernen, karbonatisierten Beton am Stahl beseitigen, Ränder der Reparaturstellen so weit ausstemmen, daß sich ein deutlicher Absatz bildet (kein Auslaufen nach Null)

2. Entrosten der freigelegten Bewehrungsstäbe und Reinigen der vorgesehenen Reparaturflächen, i. d. R. durch Sandstrahlen; erforderlicher Entrostungsgrad: Sa 2 1/2 nach DIN 55 928

3. Zweifacher Korrosionsanstrich der Bewehrung (lösemittelarme oder -freie Epoxidharze, ggf. mit Bleimennige oder PZ-Klinkermehl);
   1. Anstrich: sofort (!) nach Entrosten
   2. Anstrich: mit feuergetrocknetem Quarzsand 0,5/1 mm absanden

4. Aufbringen einer Haftbrücke auf den Altbeton aus:
   a) Zementmörtelschlämme (Zement: Sand 0/2 = 1:1 + Wasser + ggf. Kunststoffdispersion) für hydraulisch abbindenden Reparaturmörtel
   b) Epoxidharzmörtel (lösemittelfrei, ungefüllt) für EP-Reparaturmörtel

5. Auffüttern (Vermörteln) der Schadensstelle mit Reparaturmörtel „frisch in frisch" auf die Haftbrücke. Droht diese abzutrocknen, feuergetrockneten Quarzsand einstreuen

6.1 Im Bedarfsfall Strukturangleichung durch Feinspachtel oder Schlämme

6.2 Beschichtung, u. U. mehrfach (Karbonatisierungsschutz, Farbangleichung)

Durch die thermische Beanspruchung beim **Flammstrahlen** platzen und/oder schmelzen geschädigte Oberflächenschichten von Beton bis zu einer Tiefe von maximal 4 mm ab. Die Oberfläche muß anschließend z. B. mit rotierenden Stahldrahtbürsten oder Nadelpistolen von lockeren Teilen und u. U. von Rußspuren befreit werden.

Chemische Behandlungen sind wegen möglicher schädigender Nebenwirkungen auf den Beton nur in Ausnahmefällen anzuwenden. Als Reinigungsstoffe kommen in Frage: Säuren zum Aufrauhen; Laugen zum Abbeizen; Lösemittel zum Entfetten und Entölen; Reinigungsmittel für spezielle Verunreinigungen. Vor der Behandlung ist der Untergrund gut vorzunässen, um ein Eindringen der Reinigungsstoffe in tiefere Schichten des Betons zu behindern. Nach der Behandlung ist die Oberfläche gründlich nachzuspülen. Günstig kann die Kombination Dampfstrahlen mit chemischen Reinigungsmitteln sein.

d) **Reparaturmörtel**

Reparaturmörtel müssen so zusammengesetzt („formuliert") sein, daß ihre Eigenschaften mit denen des auszubessernden Altbetons verträglich sind. So soll der Reparaturmörtel möglichst schwindarm sein und einen niedrigen E-Modul besitzen, damit beim Abbinden des frischen Mörtels auf dem erhärteten Altbeton, dessen Schwinden i. d. R. weitgehend abgeklungen ist, keine großen Schwindspannungen im Reparaturmörtel auftreten. Günstig dafür ist auch ein großes Kriechvermögen des Reparaturmörtels, wodurch entstehende Schwindspannungen leichter abgebaut werden. Bei kunstharzmodifizierten Zementmörteln spielt in diesem Zusammenhang auch eine sorgfältige Nachbehandlung (langes Feuchthalten) eine große Rolle. Die Wärmedehnzahl des Reparaturmörtels soll möglichst gleich der des Betons sein, damit Temperaturänderungen zu keinen zu großen Spannungen in der Grenzfläche zwischen Beton und Reparaturmörtel führen und damit u. U. zum Ablösen des Mörtels vom Untergrund führen.

Als Reparaturmörtel kommen heute vorwiegend durch Kunstharzdispersionen (meist auf Acrylat- oder Styrol-Butadien-Basis) vergütete Zementmörtel oder reine Reaktionsharzmörtel (meist auf Epoxidharzbasis) zur Anwendung, daneben auch mineralische Mörtel mit wasseremulgierten Epoxidharzzusätzen. Den vergüteten Zementmörteln werden die Kunstharzdispersionen entweder im Anmachwasser emulgiert zugegeben, oder sie sind pulverförmig dem Bindemittel zugemischt. Die Zumischung von alkalibeständigen Glasfasern verbessert das Schwindrißverhalten (Sealcrete; [6/63]).

Epoxidharze haben sich als Bindemittel für Reparaturmörtel wegen ihrer guten Wasser- und Alkalibeständigkeit sowie wegen ihres geringen Schwindmaßes gut bewährt. Beispiele für Reparaturmörtel siehe Tafel 6.45 und 6.46. Bindemittelgehalt und Kornzusammensetzung des Sandes haben einen deutlichen Einfluß auf die Mörteleigenschaften.

6.24.5 Beschichtungen

a) **Anforderungen**

Beschichtungen haben die Aufgabe, Betonoberflächen vorbeugend gegen Verwitterung und Schäden zu schützen. Sie werden außerdem stets eingesetzt als abschließende Oberflächenbehandlung nach der Reparatur von geschädigten Betonoberflächen (siehe Abschnitt 6.24.4b). Sie müssen auf dem Untergrund gut haften und witterungs-, licht-, UV- und alkalibeständig sein. Sie sollen das Eindringen von Wasser und CO_2 verhindern, gleichzeitig aber wasserdampfdurch-

Beton

lässig sein. Weitere Anforderungen sind: Überstreichbarkeit mit dem gleichen Anstrich, Wasch- und Scheuerbeständigkeit, kein Quellen und Klebrigwerden nach dem Erhärten.

Wichtige Kennwerte für die Beurteilung von Anstrichsystemen sind der Wasseraufnahmekoeffizient w in kg/(m² · $\sqrt{h}$) und der Diffusionswiderstand $s_d = \mu \cdot s$ (siehe Abschnitt 6.24.3c) für CO_2 und Wasserdampf. Der Wasseraufnahmekoeffizient w beschreibt die Fähigkeit einer Beschichtung, Wasser als Transportmittel für Schadstoffe aufzunehmen bzw. abzuhalten. Von *Gösele/Schüle* [6/65] werden folgende Grenzwerte angegeben: $w \leq 2,0$ (wasserhemmend), $w \leq 0,5$ (wasserabweisend) und $w \leq 0,001$ (wasserdicht).

Tafel 6.45: Materialkennwerte von Ausbesserungsmörteln im Vergleich zu Beton; nach [6/60]

	Beton B 35	Hydraulisch erhärtender Dispersionsmörtel*)	Epoxidharzmörtel (1:3)
Druckfestigkeit β_D [N/mm²]	35–55	35–40	90–120
Biegezugfestigkeit β_{BZ} [N/mm²]	5–6	12,5–16	40–50
Elastizitätsmodul E [N/mm²]	34 000–39 000	9 000–11 000	10 000–12 000
Linearer Temperaturausdehnungskoeffizient α_T [10^{-6}/K]	10–12	12–15	25–35
Produkt $E \cdot \alpha_T$ [N/mm² · K]	~0,4	~0,15	~0,3
Schwindmaß ε_s [mm/m]	0,5–1,2**	1,2–2,0	0,6–0,8

*) Wasserzementwert ca. 0,44; Kunststoffzementwert 0,06–0,15; LP etwa 3,5 %
**) ε_S = 0,2 bis 0,5 mm/m nach [6/35]

Tafel 6.46: Einfluß des Füllgrades auf die Materialkennwerte eines Epoxidharzmörtels; nach [6/60]

Füllgrad (Gewichtsteile) Bindemittelgehalt (%)	rein. Harz 100	1:3 25	1:9 10	1:15 6,25
Druckfestigkeit (N/mm²)	69	72	101	97
Biegezugfestigkeit (N/mm²)	29	33	43	29
Elastizitätsmodul E (N/mm²)	2 900	9 700	25 000	33 500
Temp.-Dehnungszahl α_T (10^{-6}/K)	69	29	19	15
$E \cdot \alpha_T$ (N/mm² · K)	0,21	0,28	0,48	0,50

6.24.5 Beschichtungen

b) Arten und Eigenschaften

Als Schutzanstriche auf Betonflächen kommen verschiedene Stoffe und Beschichtungsverfahren in Frage. Imprägnierungen bilden einen nicht geschlossenen hauchdünnen Film, z. B. Hydrophobierung und/oder Oberflächenverfestigung. Versiegelungen bilden einen dünnen geschlossenen Film bis 0,3 mm

Tafel 6.47: Eigenschaften von Fassadenbeschichtungen für mineralische Baustoffe; nach [6/60]

Maßnahme	Schichtdicke s [μm]	s_{dCO_2}[1] [m]	s_{dH_2O}[1] bei relativer Luftfeuchte 50–100 % [m]	w[2] [kg/(m² · $\sqrt{h}$)]
Imprägnierung mit Silan, Siloxan, Silikon	~ 0	~ 0	0 – 0,1	0,005 – 0,1
gelöstem Polymerisatharz	~ 0	< 5,0	< 0,5	0,5 – 0,1
Lasur mit Silikatfarbe	~ 50	~ 0	< 0,1	0,15 – 3,0
gelöstem Polymerisatharz	~ 50	0,1 – 20	0,3 – 0,6	~ 0,05
Deckender Anstrich mit Kunstharzdispersion	~ 150	0,5 – 100	0,1 – 0,3	0,05 – 0,1
Silikatfarbe	100 – 150	0,5 – 1,0	< 0,1	0,15 – 3,0
gelöstem Polymerisatharz	~ 100	10 – 300	0,5 – 1,5	~ 0,05
Polyurethan	100 – 150	50 – 500	1,0 – 5,0	0,005 – 0,02

[1] Diffusionsäquivalente Luftschichtdicke, siehe auch Abschnitt 6.24.3c
[2] Wasseraufnahmekoeffizient, siehe auch Abschnitt 6.24.5a

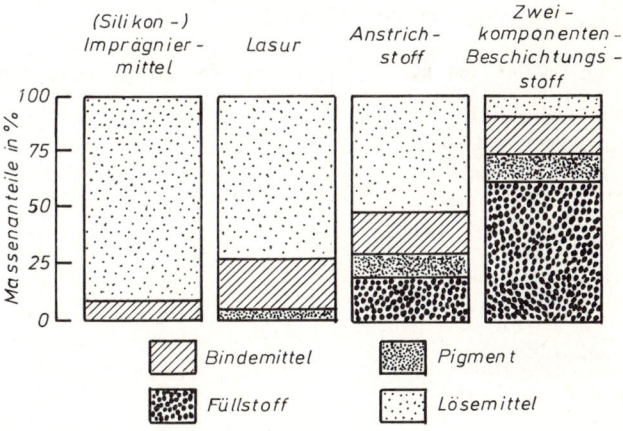

Abb. 6.34 Typische Mischungsverhältnisse von Oberflächenbehandlungen; nach [6/62]

Dicke, wodurch eine weitgehende Absperrung des Untergrundes gegen Flüssigkeiten und Gase erreicht wird. Beschichtungen benötigen eine Grundierung und bilden geschlossene Schichten von gleichmäßiger Oberflächenbeschaffenheit. Dünnbeschichtungen (Dicke 0,3 bis 1 mm) gleichen Unebenheiten nicht aus, während dies bei Dickbeschichtungen (Dicke 1 bis 5 mm) und Mörtelbeschichtungen (Dicke $\geq$ 5 mm) der Fall ist. Letztere sind mechanisch und chemisch hoch belastbar. Ihre Oberfläche ist entweder glatt oder durch Abstreuen mit Splitt griffig gemacht.

Hydrophobierende (wasserabstoßende) Imprägnierungen mit Silanen, Siloxanen und Siliconen bilden keinen zusammenhängenden Film und wirken daher nicht als Gasbremse. Polymerisatharzfarben (besonders Methacrylate PMMA) sind sehr widerstandsfähig gegenüber atmosphärischen Beanspruchungen. Kunstharzdispersionen neigen u. U. zum Quellen und sind daher feuchtigkeits- und frostempfindlich. Epoxidharze sind sehr widerstandsfähig gegen mechanische und chemische Angriffe, neigen jedoch zum Vergilben. Silikatfarben wirken verfestigend auf die Betonoberfläche, bieten aber keinen Korrosionsschutz, da sie die Oberfläche feinporig und gasdurchlässig belassen. Siloxanfarben (sie bestehen überwiegend aus gelösten Acrylharzen) besitzen eine sehr unterschiedliche Schutzwirkung gegen das Eindringen von CO_2, was bei ihrer Anwendung beachtet werden muß.

Ausführliche Angaben über Art und Anwendungsgebiete von Beschichtungen finden sich im AGI-Arbeitsblatt K 10 und im vorläufigen Merkblatt für Anstriche auf Beton (siehe Abschnitt 6.24.1) sowie in [6/61] und [6/62]. Siehe auch Tafel 6.47 und Abb. 6.34.

Rißüberbrückende Beschichtungen sind in der Lage, über Rissen mit zeitlich veränderlicher Rißbreite eine geschlossene, flüssigkeitsdichte und weitgehend gasdichte Schutzschicht zu bilden. Die überbrückbaren Rißbreiten liegen je nach Anstrichsystem zwischen 0,1 und mehreren mm. Einzelheiten siehe [6/66]. Rißverfüllung mit Kunstharzen siehe Abschnitt 6.23.2e.

6.24.6 Güteschutz

Seit 1985 existieren Güteschutzorganisationen für die Betoninstandsetzung in den einzelnen Bundesländern (siehe [6/60]) sowie zentral in Wiesbaden die „Gütegemeinschaft Erhaltung von Bauwerken e.V."[1]) (Gütezeichen siehe Abb. 6.35). Diese haben allgemeine Grundsätze einer Eigen- und Fremdüberwachung, die zugehörigen Güte- und Prüfbestimmungen sowie einheitliche Schulungsgrundsätze für das Fachpersonal festgelegt. Ein vom Bundesverkehrsministerium und vom Institut für Bautechnik getragener „Ausbildungsbeirat Verarbeiten von Kunststoffen im Beton-

Abb. 6.35 Vereinszeichen der Gütegemeinschaft Erhaltung von Bauwerken e.V.

---

[1]) Bahnhofstr. 61, 6200 Wiesbaden 1, Tel. 0 61 21/1 40 30.

6.24.6 Güteschutz

bau" hat ebenfalls 1985 einen Stoffplan für die Schulung von Baustellenfachpersonal aufgestellt. Nach diesem Stoffplan finden Lehrgänge „Schützen, Instandsetzen, Verbinden, Verstärken" (SIVV) an z. Z. neun Ausbildungszentren der Deutschen Bauindustrie statt. Der dabei erworbene SIVV-Schein gilt heute als wichtigster Qualifikationsnachweis auf dem Gebiet der Instandhaltung von Bauwerken.

Auch vom Institut für Baustoffe, Massivbau und Brandschutz der TU Braunschweig werden für Verarbeiter Lehrgänge auf dem Gebiet „Schutz und Instandsetzung von Betonoberflächen" angeboten und freiwillige Kenntnisprüfungen abgenommen. Von diesem Institut ist auch ein umfassendes Untersuchungsprogramm entwickelt worden, nach dem die Eignung von Betonoberflächenschutz- und -instandsetzungssystemen geprüft werden kann (siehe auch [6/67]).

7 Mauer- und Putzmörtel, Estriche

Normen

DIN 272	(Febr. 86):	Prüfung von Magnesiaestrich
DIN 1053 T 1	(Febr. 90):	Mauerwerk; Rezeptmauerwerk; Berechnung und Ausführung
DIN 1053 T 2	(Juli 84)	Mauerwerk nach Eignungsprüfung; Berechnung und Ausführung
DIN 1053 T 3	(Febr. 90):	Mauerwerk; Bewehrtes Mauerwerk; Berechnung und Ausführung
DIN 1060 T 1	(Jan. 86):	Baukalk; Begriffe, Anforderungen, Lieferung, Überwachung
DIN 1164 T 1	(März 90):	Portland-, Eisenportland-, Hochofen- und Traßzement; Begriffe, Bestandteile, Anforderungen, Lieferung
DIN 1168 T 1	(Jan. 86):	Baugipse; Begriffe; Sorten und Verwendung, Lieferung und Kennzeichnung
DIN 4208	(März 84):	Anhydritbinder
DIN 4211	(April 89):	Putz- und Mauerbinder
DIN 18 550 T 1	(Jan. 85):	Putz; Begriffe und Anforderungen
DIN 18 550 T 2	(Jan. 85):	Putz; Putze aus Mörteln mit mineralischen Bindemitteln, Ausführung
DIN 18 550 T 3 E	(Juni 88):	Putze; Wärmedämmputzsysteme aus Mörteln mit mineralischen Bindemitteln und expandiertem Polystyrol (EPS) als Zuschlag; Begriff, Anforderungen, Prüfung, Ausführung, Überwachung
DIN 18 555		Prüfung von Mörteln mit mineralischen Bindemitteln
T 1	(Sept. 82):	Allgemeines, Probenahme, Prüfmörtel
T 2	(Sept. 82):	Frischmörtel mit dichten Zuschlägen, Bestimmung der Konsistenz, der Rohdichte und des Luftgehalts
T 3	(Sept. 82):	Festmörtel; Bestimmung der Biegezugfestigkeit, Druckfestigkeit und Rohdichte
T 4	(März 86):	Festmörtel; Bestimmung der Längs- und Querdehnung sowie von Verformungskenngrößen von Mauermörteln im statischen Druckversuch
T 5	(März 86):	Festmörtel; Bestimmung der Haftscherfestigkeit von Mauermörteln
T 6	(Nov. 87):	Festmörtel; Bestimmung der Haftzugfestigkeit
T 7	(Nov. 87):	Frischmörtel; Bestimmung des Wasserrückhaltevermögens nach der Filterplattenmethode
T 8	(Nov. 87):	Frischmörtel; Bestimmung der Verarbeitbarkeitszeit und der Korrigierbarkeitszeit von Dünnbettmörteln für Mauerwerk
DIN 18 556 (Jan. 85):		Prüfung von Beschichtungsstoffen für Kunstharzputze und von Kunstharzputzen
DIN 18 557 (Mai 82):		Werkmörtel; Herstellung, Überwachung und Lieferung
DIN 18 558 (Jan. 85):		Kunstharzputze; Begriffe, Anforderungen, Ausführung
DIN 18 560 T 1 (Aug. 81):		Estriche im Bauwesen; Begriffe, Allgemeine Anforderungen, Prüfung
T 2 – T 7		siehe Abschnitt 7.5
DIN 50 014 (Juli 85):		Klimate und ihre technische Anwendung, Normalklimate

Allgemeines

Mörtel sind Gemische aus Bindemittel und Zuschlag bis 4 mm Größtkorn. Im Gegensatz zum Beton werden Mörtel auf der Baustelle meist nach Raumteilen zusammengesetzt; Wasser wird nicht abgemessen, sondern so lange zugesetzt, bis die gewünschte Verarbeitungskonsistenz erreicht ist.

Zusatzstoffe und Zusatzmittel können dem Mörtel ähnlich wie beim Beton zugesetzt werden.

Das Verhältnis Bindemittel : Sand ist für die Festigkeit und die Raumbeständigkeit eines Mörtels von Bedeutung. Bindemittelarme (magere) Mörtel sind wenig fest, sie sanden leicht ab, bindemittelreiche (fette) Mörtel schwinden stark und können Schwindrisse bilden – außer bei Gips oder anhydrithaltigen Mörteln. Diese quellen etwas bzw. sind raumbeständig. Bewährte Mischungsverhältnisse für Mauermörtel sind in DIN 1053 und für Putz in DIN 18 550 enthalten. Angaben über Estriche sind in DIN 18 560 zu finden (siehe Abschnitt 7.5).

7 Mauer- und Putzmörtel, Estriche 365

Im übrigen gelten allgemein die für Zuschläge und Beton schon beschriebenen technologischen Zusammenhänge.
Zunehmend wird heute **Werkmörtel** verwendet. Werkmörtel ist in einem Werk genau dosiert zusammengesetzter Mörtel. Er wird geliefert als:

a) *Werk-Trockenmörtel,* dem auf der Baustelle nur Wasser zugegeben wird (Zugabe anderer Stoffe unzulässig),

b) *Werk-Vormörtel,* der als Luftkalk- oder Wasserkalkmörtel zur Baustelle kommt, wo ihm Wasser und gegebenenfalls zusätzliche Bindemittel – z. B. Zement, um Kalkzementmörtel zu erhalten – zugegeben werden,

c) *Werk-Frischmörtel,* der wie Transportbeton in verarbeitbarer Konsistenz ohne Zugabe von Wasser oder anderen Stoffen gebrauchsfertig ist.

Für Werkmörtel gilt DIN 18 557 (Mai 82). Danach gelten für die Herstellung (personelle Voraussetzungen, maschinelle Ausstattung, Eignungsprüfung, Mischanweisung), Überwachung (Eigen- und Fremdüberwachung) und Lieferung ähnliche Vorschriften wie für Beton bzw. Transportbeton.

Fertigputzgips, Haftputzgips und Maschinenputzgips sowie andere Gipse mit Zusätzen (siehe Abschnitt 4.1.2) gelten nicht als Werkmörtel nach DIN 18 557, ebenso nicht Kunstharzputze.

Werk-Trockenmörtel wird vorwiegend in Säcken geliefert und muß bei trockener Lagerung mind. 4 Wochen verwendungsfähig sein. Auf der Verpackung, bei loser Lieferung auf dem Lieferschein, sind Verarbeitungshinweise, z. B. Menge des Zugabewassers und Lagerungsbedingungen, anzugeben. – Werk-Vormörtel und Werk-Frischmörtel werden in Fahrzeugen geliefert, wobei eine gleichmäßige Zusammensetzung des Mörtels bei Übergabe auf der Baustelle gewährleistet sein muß. Auf

Tafel 7.1 Mindestmengen für Probematerial zur Prüfung von Mörtel und Estrich

Probematerial		Mindestmenge (Richtwert)
Bindemittel		2 000 g
Zuschlag	dichter Zuschlag	10 000 g
	poriger Zuschlag	5 000 g
Werk-Trockenmörtel		5 000 g
Werk-Vormörtel		5 000 g
Frischmörtel		5 000 g
Festmörtel[1]		3 Probekörper je Prüfung oder 2 000 g

[1] Soll die Biegezugfestigkeit von Estrichmörtel aus einem vom tragenden Untergrund durch Dämmschicht oder Zwischenlage getrennten Estrich ermittelt werden, sind mindestens 2 Platten von etwa 40 cm × 40 cm aus dem Estrich herauszuschneiden.

Mauer- und Putzmörtel, Estriche

dem Lieferschein, einem Begleitzettel oder mitzulieferndem technischem Merkblatt müssen die notwendigen Verarbeitungshinweise, bei Werk-Vormörtel auch Art und Menge der Bindemittelzugabe enthalten sein, um aus dem Vormörtel (MG I) Mörtel höherer Festigkeit zu machen.

Die Prüfung der Mörtel erfolgt nach DIN 18 555. Danach werden zur Prüfung die in Tafel 7.1 angegebenen Probemengen benötigt.

Geprüft werden Konsistenz, Rohdichte und Luftgehalt von Frischmörteln sowie Biegezug- und Druckfestigkeit und Rohdichte, teilweise auch Längsdehnung, Querdehnung und E-Modul von Festmörteln, die Haftscherfestigkeit zwischen Stein und Mörtel und die Haftzugfestigkeit zur Ermittlung der Verbundfestigkeit zwischen Mörtel und Untergrund bei Zugbeanspruchung. Bei Dünnbettmörteln für Mauerwerk werden noch Wasserrückhaltevermögen, Verarbeitbarkeitszeit und Korrigierbarkeitszeit geprüft. Weitere Prüfungen bei Estrich siehe Abschnitt 7.5.

Die Konsistenz von Frischmörtel wird in Abhängigkeit vom Ausbreitmaß gemäß Tafel 7.2 in 3 Bereiche eingeteilt.

Tafel 7.2 Konsistenzbereiche von Frischmörtel

Konsistenzbereich	Ausbreitmaß [cm]
K_M 1 steif	< 14
K_M 2 plastisch	14 bis 20
K_M 3 weich	> 20

Tafel 7.3 Lagerungsbedingungen für Mörtel-Probekörper

Mörtelart	Lagerungsdauer in Tagen im Klima		
	20/95[1])		Normalklima
	in der Form	entschalt	DIN 50 014 − 20/65
Baukalkmörtel Zementmörtel Andere Mörtel mit hydraulischen Bindemitteln	2[2])	5	21
gipshaltige Mörtel anhydrithaltige Mörtel	2	−	26
Magnesiamörtel	−	−	28[3])

[1]) Lagerungstemperatur: (20 ± 1) °C und relative Luftfeuchte von mindestens 95 %.
[2]) Bei Mörteln mit Verzögerern darf die angegebene Lagerungsdauer in der Form angemessen überschritten werden, die gesamte Lagerungsdauer beträgt stets 28 Tage.
[3]) Die Probekörper werden nach 24 Stunden entschalt.

7 Mauer- und Putzmörtel, Estriche 367

Die Konsistenz wird mit dem Ausbreittisch nach DIN 1060 (Baukalk) bestimmt. Dabei wird Mörtel in einen Setztrichter (unterer ⌀ 10 cm, Höhe 6 cm) auf die Glasplatte des Ausbreittisches gefüllt, nach Ziehen des Setztrichters die Glasplatte 15mal durch Drehen der Hubachse angehoben und um 1 cm fallengelassen, wobei sich der Mörtel entsprechend ausbreitet (vergleichbar mit dem Ausbreitmaß bei Beton). Bei der Prüfung von Werk-Trockenmörtel oder Werk-Vormörtel ist zur Herstellung von Probekörpern die Konsistenz für Mauer- und Putzmörtel auf ein Ausbreitmaß von 17 cm, für Estrich auf ein solches von 13 cm einzustellen, wenn die Mischvorschriften oder sonstigen Angaben des Herstellers die Wasserzugabemenge nicht vorschreiben. Die Konsistenz kann auch durch das Verdichtungsmaß bestimmt werden. Die Prüfung wird wie bei Beton durchgeführt (siehe Abschnitt 6.12.1), nur wird ein Blechkasten von 10 cm × 10 cm Grundfläche und 20 cm Höhe verwendet. – Daneben kann die Konsistenz auch mit dem Eindringgerät nach DIN 272 geprüft werden. Hierbei ergibt sich die Konsistenz aus der Eindringtiefe eines 385 g schweren Fallkegels, der aus 15 cm Höhe in ein mit Mörtel gefülltes Gefäß (⌀ 7,3 cm, h = 7 cm) fallengelassen wird. Die Eindringtiefe in mm ist ein Maß für die Konsistenz.

Zur Ermittlung der Rohdichte wird Mörtel in ein 1 dm^3 fassendes Meßgefäß gefüllt und anwendungsgerecht verdichtet. Die Rohdichte ergibt sich dann aus dem Quotienten Mörtelmasse (Gewicht) durch Volumen des Meßgefäßes.

Der Luftgehalt wird wie bei Beton nach dem Druckausgleichsverfahren (siehe Abschnitt 6.12.2) gemessen, nur wird für Mörtel ein LP-Topf mit lediglich 1 dm^3 Fassungsvermögen verwendet.

Die Festigkeitsprüfung von Mörteln erfolgt an Prismen von 4 cm × 4 cm × 16 cm wie bei der Zementprüfung (siehe Abschnitt 4.6.4e). Bei der Herstellung der Prismen wird der Mörtel je nach Art und Verwendungszweck verdichtet: durch 10maliges Heben der Form um etwa 3 cm und anschließendes Fallenlassen; durch Schwingungen auf dem Vibrationstisch oder durch Stampfen. Fließmörtel wird nicht verdichtet. Die Probekörper lagern bis zur Prüfung unter den in Tafel 7.3 angegebenen Bedingungen. E-Modul, Längs- und Querdehnung werden an Prismen 10 cm × 10 cm × 20 cm oder 9,5 cm × 9,5 cm × 20 cm ermittelt.

Zur Ermittlung der Haftzugfestigkeit werden mit einem Kunstharzkleber Prüfstempel (⌀ 50 mm) auf den erhärteten Mörtel aufgeklebt und mit einem Zuggerät senkrecht zum Untergrund abgezogen. Die Prüffläche wird zuvor durch eine bis mind. 5 mm tief in den Untergrund reichende Bohrung seitlich abgetrennt.

Das Wasserrückhaltevermögen wird aus dem Wasserverlust ermittelt, den ein Dünnbettmörtel festgelegten Volumens erleidet, wenn ihm Wasser durch eine Filterplatte mit aufgelegtem Faservlies 5 Minuten lang entzogen wird.

Die Verarbeitbarkeitszeit von Dünnbettmörteln wird über das Ausbreitmaß ermittelt. Verringert sich dieses um 30 mm gegenüber dem Ausbreitmaß zur Zeit des Anmachens des Mörtels, bedeutet das Ende seiner Verwendbarkeit.

Die Korrigierbarkeitszeit wird über die Haftung von Dünnbettmörtel an aufgelegten Würfeln mit 50 mm Kantenlänge (aus Plansteinen herausgesägt) bestimmt.

7.1 Mauermörtel

Normen
DIN 1053 T 1 – T 3:	Mauerwerk, siehe Abschnitt 7 (Seite 364)
DIN 4108 T 4 (Dez. 85):	Wärmeschutz im Hochbau, Wärme- und feuchteschutztechnische Kennwerte
DIN 4226 T 1 (April 83):	Zuschlag für Beton, Zuschlag mit dichtem Gefüge; Begriffe, Bezeichnung und Anforderungen
DIN 4226 T 2 (April 83):	Zuschlag für Beton, Zuschlag mit porigem Gefüge (Leichtzuschlag); Begriffe, Bezeichnung und Anforderungen
DIN 18 557 (Mai 82):	Werkmörtel; Herstellung, Überwachung und Lieferung
DIN 53 237 (Febr. 77):	Prüfung von Pigmenten; Pigmente zum Einfärben von zement- und kalkgebundenen Baustoffen

Als *Bindemittel* kommen Baukalke (DIN 1060), Zemente (DIN 1164) und PM-Binder (DIN 4211) in Betracht.

Sand muß mineralischen Ursprungs und gemischtkörnig sein und darf schädliche Bestandteile (siehe Abschnitt 5.4) höchstens in unwesentlichen Mengen enthalten. Anteile an abschlämmbaren Bestandteilen max. 8 % (siehe Abschnitt 5.4.1), sonst Eignungsprüfung erforderlich, ebenfalls, wenn sich Natronlauge durch organische Stoffe bei der Prüfung tiefgelb, bräunlich oder rötlich verfärbt (siehe Abschnitt 5.4.2).

Als Zusatzstoffe (siehe Abschnitt 6.4.10) können Traß (DIN 51 043), Gesteinsmehle, Flugaschen und gegebenenfalls auch Farbpigmente (DIN 53 237) zugegeben werden.

Zusatzmittel werden ähnlich wie bei Beton (siehe Abschnitte 6.4.2 bis 6.4.9) angewendet: Luftporenbildner, Erstarrungsverzögerer, Dichtungsmittel, Verflüssiger, Erstarrungsbeschleuniger, Haftungsmittel, Stabilisierer. – Luftporenbildner dürfen bei Normal- und Leichtmörtel nur in solcher Menge zugesetzt werden, daß die Trockenrohdichte um nicht mehr als 0,3 kg/dm^3 gegenüber Mörtel ohne Luftporenbildner erniedrigt wird. Bei Verwendung von Zusatzmitteln ist stets eine Mörtel-Eignungsprüfung erforderlich und nachzuweisen, daß die Zusatzmittel bei bewehrtem Mauerwerk oder stählernen Verankerungen die Korrosion nicht fördern – Prüfzeichen eines Zusatzmittels (siehe Abschnitt 6.4.1) gilt als Nachweis.

Bei Mauermörtel wird außer der Unterscheidung zwischen *Baustellenmörtel* – auf der Baustelle hergestellter Mörtel – und *Werkmörtel* (siehe Abschnitt 7) auch noch zwischen **Normalmörtel, Leichtmörtel** und **Dünnbettmörtel** unterschieden.

Normalmörtel sind Mörtel mit Zuschlag mit dichtem Gefüge (nach DIN 4226 T 1) und einer Trockenrohdichte $\geq$ 1,5 kg/dm^3. Mörtel, die entsprechend Tafel 7.4 zusammengesetzt sind, haben eine Rohdichte $\geq$ 1,5 kg/dm^3. Bei Mörtel mit anderer Zusammensetzung (nach Eignungsprüfung) ist die Rohdichte zu bestimmen. Ist sie kleiner als 1,5 kg/dm^3, gilt er als Leichtmörtel. – Normalmörtel werden je nach Festigkeit in die Mörtelgruppen I, II, IIa, III und IIIa eingeteilt.

Leichtmörtel sind Mörtel, die in der Regel mit Zuschlägen mit porigem Gefüge nach DIN 4226 T 2 oder mit Perlite hergestellt werden, es können aber auch Zuschläge mit dichtem Gefüge (nach DIN 4226 T 1) verwendet werden. Sie müssen eine Trockenrohdichte von < 1,5 kg/dm^3 haben. Mörtel mit einer Rohdichte $\leq$ 1,0 kg/dm^3 werden wegen ihrer Bedeutung für den Wärmeschutz (siehe DIN 4108 T 4) auch als *Wärmedämm-Mörtel* bezeichnet.
Leichtmörtel dürfen nur als Werk-Trockenmörtel oder als Werk-Frischmörtel hergestellt werden. Die Leichtmörtel werden nach ihrer Wärmeleitfähigkeit in die Gruppen **LM 21** und **LM 36** eingeteilt.

Dünnbettmörtel sind Zementmörtel mit Sand bis 1 mm Korngröße sowie Zusätzen (Zusatzmittel und Zusatzstoffe), wobei der Anteil organischer Stoffe auf 2 Masse-% begrenzt ist. Die Zusätze haben u. a. die Aufgabe, dafür zu sorgen, daß dem Zement das zur Hydratation notwendige Wasser nicht vorzeitig aus dem Mörtel entzogen wird. Aufgrund der hohen Druckfestigkeit dieser Mörtel gehören sie zur Mörtelgruppe III. Sie werden als Werk-Trockenmörtel geliefert.

7.1 Mauermörtel

Tafel 7.4 Normalmörtel, Mischungsverhältnisse in Raumteilen

Mörtelgruppe	Luftkalk Kalkteig	Wasserkalk Kalkhydrat	Hydraulischer Kalk	Hochhydraulischer Kalk, Putz- und Mauerbinder	Zement	Sand[1]) aus natürlichem Gestein
I	1	–	–	–	–	4
	–	1	–	–	–	3
	–	–	1	–	–	3
	–	–	–	1	–	4,5
II	1,5	–	–	–	1	8
	–	2	–	–	1	8
	–	–	2	–	1	8
	–	–	–	1	–	3
IIa	–	1	–	–	1	6
	–	–	–	2	1	8
III	–	–	–	–	1	4
IIIa[2])	–	–	–	–	1	4

[1]) Die Werte des Sandanteils beziehen sich auf den lagerfeuchten Zustand.

[2]) Mörtelgruppe IIIa hat eine höhere Festigkeit als Mörtelgruppe III, was vor allem durch besonders günstig zusammengesetzten Sand erreicht wird.

Die Zusammensetzung von Leicht- und Dünnbettmörteln wird aufgrund von Eignungsprüfungen festgelegt.

7.1.1 Anforderungen an Mauermörtel

Tafel 7.5 Anforderungen an Normalmörtel

Mörtelgruppe	Mindestdruckfestigkeit[1]) im Alter von 28 Tagen Mittelwert bei Eignungsprüfung[2])[3]) N/mm²	Mindestdruckfestigkeit[1]) im Alter von 28 Tagen Mittelwert bei Güteprüfung N/mm²	Mindesthaftscherfestigkeit im Alter von 28 Tagen[4]) Mittelwert bei Eignungsprüfung N/mm²
I	–	–	–
II	3,5	2,5	0,10
IIa	7	5	0,20
III	14	10	0,25
IIIa	25	20	0,30

[1]) Mittelwert der Druckfestigkeit von sechs Proben (aus drei Prismen). Die Einzelwerte dürfen nicht mehr als 10 % vom arithmetischen Mittel abweichen.

[2]) Zusätzlich ist die Druckfestigkeit des Mörtels in der Fuge zu prüfen. Diese Prüfung wird z. Z. nach der „Vorläufigen Richtlinie zur Ergänzung der Eignungsprüfung von Mauermörtel; Druckfestigkeit in der Lagerfuge; Anforderungen, Prüfung" durchgeführt. Die dort festgelegten Anforderungen sind zu erfüllen.

[3]) Richtwert bei Werkmörtel.

[4]) Hierzu werden Prüfkörper aus dem Mörtel und ganz bestimmten Referenzsteinen (Kalksandsteine DIN 106 – KS 12 – 2,0 – NF) hergestellt und geprüft.

Mauer- und Putzmörtel, Estriche

Mauermörtel müssen gut verarbeitbar sein, eine ausreichende Festigkeit erreichen, ein günstiges Verformungsverhalten haben und dabei einen genügend festen Verbund zwischen den Mauerwerkssteinen vermitteln, gegebenenfalls auch eine niedrige Wärmeleitfähigkeit haben. Die sich daraus ergebenden Anforderungen sind in den Tafeln 7.5 bis 7.7 angegeben.

Tafel 7.6 Anforderungen an Leichtmörtel

		Anforderungen bei Eignungsprüfung		Güteprüfung		Prüfung nach
		LM 21	LM 36	LM 21	LM 36	
1	Druckfestigkeit[1]) im Alter von 28 Tagen in N/mm²	$\geq 7^{2})$	$\geq 7^{2})$	≥ 5	≥ 5	DIN 18 555 Teil 3
2	Querdehnungsmodul E_q im Alter von 28 Tagen in N/mm²	$> 7{,}5 \cdot 10^3, \leq 15 \cdot 10^3$	$> 15 \cdot 10^3$	[3])	[3])	DIN 18 555 Teil 4
3	Längsdehnungsmodul E_l im Alter von 28 Tagen in N/mm²	$> 2 \cdot 10^3, \leq 3 \cdot 10^3$	$> 3 \cdot 10^3$	–	–	DIN 18 555 Teil 4
4	Haftscherfestigkeit[4]) im Alter von 28 Tagen in N/mm²	$\geq 0{,}20$	$\geq 0{,}20$	–	–	DIN 18 555 Teil 5
5	Trockenrohdichte[6]) im Alter von 28 Tagen in kg/dm³	$\leq 0{,}7$	$\leq 1{,}0$	[5])	[5])	DIN 18 555 Teil 3
6	Wärmeleitfähigkeit[6]) λ_{10tr} in W/(m·K)	$\leq 0{,}18$	$\leq 0{,}27$	–	–	DIN 52 612 Teil 1

[1]) Siehe Fußnote [2]) in Tafel 7.5.

[2]) Richtwert.

[3]) Trockenrohdichte als Ersatzprüfung, bestimmt nach DIN 18 555 Teil 3.

[4]) Siehe Fußnote [4]) in Tafel 7.5.

[5]) Abweichung höchstens ± 10 % von dem bei der Eignungsprüfung ermittelten Wert.

[6]) Bei Einhaltung der Trockenrohdichte nach Zeile 5 gelten die Anforderungen an die Wärmeleitfähigkeit ohne Nachweis als erfüllt. Bei einer Trockenrohdichte größer als 0,7 kg/dm³ für LM 21 sowie größer als 1,0 kg/dm³ für LM 36 oder bei Verwendung von Quarzsandzuschlag sind die Anforderungen nachzuweisen.

Da die organischen Bestandteile von Dünnbettmörteln die Festigkeit bei Feuchtigkeitseinwirkung erniedrigen können, wird die Druckfestigkeit auch bei Feuchtlagerung geprüft.

Die Korrigierbarkeitszeit gibt an, bis wann mit Dünnbettmörtel vermauerte Steine in ihrer Lage noch verändert (ausgerichtet) werden können, ohne daß die Mörtelhaftung und damit der Mauerwerksverbund merklich gestört werden.

7.1.2 Mörtelgruppen (MG), Verarbeitung und Verwendung, Güteprüfungen

Tafel 7.7 Anforderungen an Dünnbettmörtel

		Anforderungen bei Eignungsprüfung	Güteprüfung	Prüfung nach
1	Druckfestigkeit[1]) im Alter von 28 Tagen in N/mm²	≥ 14	≥ 10	DIN 18 555 Teil 3
2	Druckfestigkeit[1]) im Alter von 28 Tagen bei Feuchtlagerung in N/mm²	≥ 70 % vom Istwert der Zeile 1		DIN 18 555 Teil 3, jedoch Feuchtlagerung[2])
3	Haftscherfestigkeit[3]) im Alter von 28 Tagen in N/mm²	≥ 0,5	–	DIN 18 555 Teil 5
4	Verarbeitbarkeitszeit in h	≥ 4	–	DIN 18 555 Teil 8
5	Korrigierbarkeitszeit in min	≥ 7	–	DIN 18 555 Teil 8

[1]) Siehe Fußnote [1]) in Tafel 7.5.
[2]) Bis zum Alter von 7 Tagen im Klima 20/95 nach DIN 18 555 Teil 3, danach 7 Tage im Normalklima DIN 50 014-20/65-2 und 14 Tage unter Wasser bei + 20 °C.
[3]) Siehe Fußnote [4]) in Tafel 7.5.

7.1.2 Mörtelgruppen (MG), Verarbeitung und Verwendung, Güteprüfungen

Für die Herstellung von Mauerwerk sind in DIN 1053 Berechnungsgrundlagen in Abhängigkeit von Beanspruchung und Eigenschaften von Mauersteinen und Mauermörtel angegeben. Für die Mauermörtel gilt:

Mörtelgruppe I (MG I)

Zulässig bis max. 2 Vollgeschosse bei Wanddicken ≥ 24 cm (bei zweischaligem Mauerwerk gilt als Wanddicke die Dicke der Innenschale).
Nicht zulässig für Kellermauerwerk, bewehrtes Mauerwerk, Gewölbe, Außenschale bei zweischaligen Außenwänden.
Bei ungünstigen Witterungsbedingungen (Nässe, niedrige Temperaturen) möglichst nicht verwenden (sondern MG II). – Mittlere Druckfestigkeit der Mörtel nach 28 Tagen etwa 0,5 bis 1 N/mm².

Mörtelgruppe II und II a (MG II, MG II a)

Mörtel muß vor Erstarrungsbeginn verarbeitet sein.
Beide Mörtelgruppen dürfen nicht gleichzeitig auf einer Baustelle verwendet werden (Verwechslungsgefahr).
Nicht zulässig für bewehrtes Mauerwerk und Gewölbe.

Mörtelgruppe III und III a (MG III, MG III a)

Muß wie MG II und II a vor Erstarrungsbeginn verarbeitet sein. Für die Anwendung keine Beschränkung, ausgenommen Mauerwerk für frei stehende Schornsteine (Mörtelfestigkeit zwischen 2,5 und 8 N/mm²) und zweischaliges Mauerwerk (Außenschale und Schalenfuge in MG II oder II a).

Leichtmörtel ist nicht zulässig für bewehrtes Mauerwerk, Gewölbe und der Witterung ausgesetztem Sichtmauerwerk.

Dünnbettmörtel ist nicht zulässig für Gewölbe und für Mauersteine mit Maßabweichungen in der Höhe von mehr als 1,0 mm (wegen dünner Fuge Plansteine mit geringen Maßtoleranzen erforderlich). – Für bewehrtes Mauerwerk kommt Dünnbettmörtel wegen der geringen Fugendicke nicht in Frage.

Bei der Verarbeitung des Mörtels ist darauf zu achten, daß dem Mörtel durch stark saugende Steine nicht zuviel Wasser entzogen wird, sonst wird die Erhärtung des Mörtels gestört oder auch teilweise unterbunden. Gegebenenfalls Steine vornässen oder Mörtel mit verbessertem Wasserrückhaltevermögen verwenden oder Mauerwerk feucht halten.

Bei Verwendung von Dünnbettmörtel soll die Fugendicke für Stoß- und Lagerfugen 1 bis 3 mm betragen.

Für Natursteinmauerwerk ist als Mauermörtel Normalmörtel zu verwenden.

Frischer Mauermörtel ist vor Frost zu schützen, die Verwendung von Frostschutzmitteln ist nicht zulässig. Auf gefrorenem Mauerwerk darf nicht gemauert werden, der Einsatz von Auftausalzen ist nicht erlaubt.

Die gleichzeitige Verwendung von Normalmörtel der MG II und von Leichtmauermörtel MG IIa oder umgekehrt auf einer Baustelle ist zulässig, da beide Mörtel so gut optisch zu unterscheiden sind, daß Verwechslungsgefahr nicht besteht.

Zur Kontrolle der Mörtelgüte werden Druckfestigkeitsprüfungen an 3 Prismen $4 \times 4 \times 16$ cm verlangt. Häufigkeit der Prüfungen siehe Tafel 7.8, Anforderungen siehe Tafel 7.5.

7.1.3 Mauermörtel nach DIN 1053 T 2 (Juli 84) für Mauerwerk nach Eignungsprüfung (EM)

Nach DIN 1053 T 2 kommen für Mauerwerk nach Eignungsprüfung (für ingenieurmäßig bemessene Bauten) nur die Mörtelgruppen II a, III und III a in Betracht.

Wann und wie oft Eignungs- und Güteprüfungen durchzuführen sind, ist in Tafel 7.8 angegeben. Festigkeitsanforderungen siehe Tafel 7.5.

Rezeptmauerwerk (RM) ist Mauerwerk, bei dem eine bestimmte Kombination von Steinfestigkeitsklasse und Mörtelgruppe eine festgelegte rechnerische Mauerwerksfestigkeit ergibt.

Werk-Vormörtel, dem auf der Baustelle Zement zugegeben werden soll, und Trockenmörtel müssen auf der Baustelle in einem Mischer gemischt werden.

7.1.4 Sonstige Mauermörtel

Für **schlagregenbeanspruchtes Verblendmauerwerk** hat sich traßhaltiger Mörtel besonders bewährt. Die Traßanteile wirken dabei durch vermehrte Gelbildung dichtend (Poren verstopfend). Außerdem wirkt Traß Kalkausblühungen entgegen, da er einen Teil des Kalkes [$Ca(OH)_2$] bindet, der bei der Hydratation des Zementes frei wird (siehe Abschnitt 4.6.1c).

7.1.4 Sonstige Mauermörtel

Tafel 7.8 Eignungs- und Güteprüfungen für Mauermörtel nach DIN 1053

Eignungsprüfung	Güteprüfung	
Mauerwerk nach Eignungsprüfung und für Rezeptmauerwerk	Mauerwerk nach Eignungsprüfung	Rezeptmauerwerk
immer bei Mörtelgruppe III a immer, wenn die Brauchbarkeit des Zuschlags, von Zusatzmitteln, der Mörtelzusammensetzung nachzuweisen ist wenn Bauwerke mit mehr als sechs gemauerten Vollgeschossen hergestellt werden	auf der Baustelle an jeweils 3 Prismen aus 3 verschiedenen Mischungen, jeweils für 10 m³ Mörtel, mindestens aber je Geschoß	auf der Baustelle bei Mörtelgruppe III a an jeweils 3 Prismen aus 3 verschiedenen Mischungen, jeweils für 10 m³ Mörtel, mindestens aber je Geschoß bei Gebäuden mit mehr als 6 gemauerten Vollgeschossen geschoßweise Prüfung, mindestens aber je 20 m³ Mörtel, auch bei Mörtelgruppe II a und III, bei den obersten 3 Geschossen darf darauf verzichtet werden
Bei Baustellenmörtel ist die Eignungsprüfung durch den Bauunternehmer, bei Werkmörtel durch den Hersteller zu veranlassen. Bei Werkmörtel ist bei der Güteprüfung außerdem der Lieferschein zu überprüfen.		

Folgende Mischungsverhältnisse werden bei traßhaltigen Mörteln empfohlen:

1 RT hochhydraulischer Traßkalk[1]) + 3 RT Sand (MG II)
1 RT Portland-Z. + 2 RT hochhydr. Traßkalk + 8 RT Sand (MG II a)
1 RT Portland-Z. + 1 RT Traßpulver + 1 RT Kalkhydrat + 7 bis 8 RT Sand (MG II a)
1 RT Portland-Z. + 1 RT Traßpulver + 4 bis 6 RT Sand (MG III)
2 RT Portland-Z. + 1 RT Traßpulver + 1 RT Kalkhydrat + 6 RT Sand (MG III)

Der Sand soll dabei immer gemischtkörnig sein mit ausreichendem Feinstkornanteil (0/0,25 etwa 15 bis 25 Masse-%), fehlendes Feinstkorn kann durch Gesteinsmehl oder Traß ersetzt werden.

Die genannten Mörtel sind auch als Fugenmörtel gut geeignet, falls nachträglich verfugt wird und die Verfugung nicht durch Glattstrich des Mauermörtels erfolgt (zu bevorzugen). Bei Fugenmörtel soll die Korngröße des Sandes 2 mm nicht übersteigen.

Mauermörtel *für Schornsteinformsteine* (aus Schamotte) müssen hinreichend beständig sein gegenüber den Rauch- und Abgasen. Sie bestehen meist aus Hochofenzement, Quarzsand (bis 1 mm) und zugesetztem feinem Ton oder sind Schamottemörtel.

---

[1]) Auch hochhydraulischer Traßkalk LP, dem zur Unterbrechung des kapillaren Wassersaugens Luftporenbildner zugesetzt sind.

374 Mauer- und Putzmörtel, Estriche

Kolloidalmörtel sind Zementmörtel, die in einem hochtourigen Spezialmischer besonders intensiv aufbereitet werden. Dadurch ist die Gelbildung des Zementes stärker, der Mörtel bekommt kolloidale Eigenschaften, setzt sich nicht ab, entmischt sich auch unter Wasser kaum, ist gut pumpfähig. Verwendung besonders zum nachträglichen Vergießen oder Verfugen von Trockenmauerwerk oder Vermörtelung von Uferschutzwerken.

Klebemörtel sind in der Regel kunststoffmodifizierte Portlandzementmörtel mit feinem Quarzsand. Die Kunststoffkomponenten sind auf den jeweiligen Anwendungsbereich abgestimmt, Verwendung z. B.: Verbinden von Betonfertigteilen, Verbinden von Altbeton mit frischem Mörtel.

Als Mauermörtel *für Wandbauplatten aus Gips* wird Fugengips (siehe Abschnitt 4.1.2e) verwendet.

7.2 Putzmörtel

Normen

DIN 1060 T 1 (Jan. 86):	Baukalk; Begriffe, Anforderungen, Lieferung, Überwachung
DIN 1164 T 1 (März 90):	Portland-, Eisenportland-, Hochofen- und Traßzement; Begriffe, Bestandteile, Anforderungen, Lieferung
DIN 1168 T 1 (Jan. 86):	Baugipse; Begriff, Sorten und Verwendung, Lieferung und Kennzeichnung
DIN 1168 T 2 (Juli 75):	Baugipse; Anforderungen, Prüfung, Überwachung
DIN 4102 T 4 (März 81):	Brandverhalten von Baustoffen und Bauteilen; Zusammenstellung und Anwendung klassifizierter Baustoffe, Bauteile und Sonderbauteile
DIN 4103 T 1 (Juli 84):	Nichttragende innere Trennwände; Anforderungen, Nachweise
DIN 4103 T 4 (Nov. 88):	Nichttragende innere Trennwände; Unterkonstruktion in Holzbauart
DIN 4108 T 3 (Aug. 81):	Wärmeschutz im Hochbau; Klimabedingter Feuchteschutz
DIN 4121 (Juli 78):	Hängende Drahtputzdecken; Putzdecken mit Metallputzträgern, Rabitzdecken, Anforderungen für die Ausführung
DIN 4208 (März 84):	Anhydritbinder
DIN 4211 (April 89):	Putz- und Mauerbinder
DIN 18 201 (Dez. 84):	Maßtoleranzen im Bauwesen; Begriffe, Grundsätze, Anwendungen, Prüfung
DIN 18 202 (Mai 86):	Maßtoleranzen im Hochbau; Bauwerke
DIN 18 350 (Sept. 88):	VOB Verdingungsordnung für Bauleistungen, Teil C, Allgemeine Technische Vorschriften für Bauleistungen; Putz- und Stuckarbeiten
DIN 18 550 T 1 (Jan. 85):	Putz; Begriffe und Anforderungen
DIN 18 550 T 2 (Jan. 85):	Putz; Putze aus Mörteln mit mineralischen Bindemitteln, Ausführung
DIN 18 550 T 3 E (Juni 88):	Putze; Wärmedämmputzsysteme aus Mörteln mit mineralischen Bindemitteln und expandiertem Polystyrol (EPS) als Zuschlag; Begriff, Anforderungen, Prüfung, Ausführung, Überwachung
DIN 18 556 (Jan. 85):	Prüfung von Beschichtungsstoffen für Kunstharzputze und von Kunstharzputzen
DIN 18 557 (Mai 82):	Werkmörtel; Herstellung, Überwachung und Lieferung
DIN 18 558 (Jan. 85):	Kunstharzputze; Begriffe, Anforderungen, Ausführung
DIN 53 237 (Febr. 77):	Prüfung von Pigmenten; Pigmente zum Einfärben von zement- und kalkgebundenen Baustoffen

Putzmörtel dienen zur Herstellung von Putz auf Wänden und Decken. Für die Herstellung von Putz gilt DIN 18 550. Für Drahtputzarbeiten auf Rabitzwänden gilt DIN 4103, auf Decken DIN 4121 – Hängende Drahtputzdecken –, (siehe auch Abschnitt 7.2.3, Ende). – Neben Baustellenmörtel wird zunehmend auch Werkmörtel (siehe Abschnitt 7 Allgemeines) verwendet.

Einfache Oberflächenbehandlungen wie Wischputz, Schlämmputz, Bestich, Rapputz o. ä. sind keine Putze im Sinne obiger Norm, sondern nur an Wand- und Deckenflächen ein- oder mehrlagig in bestimmter Dicke angetragene Mörtelbeläge mit mineralischen Bindemitteln.

Kunstharzputze sind Beschichtungen mit putzartigem Aussehen. Sie können anstelle eines Putzes mit mineralischen Bindemitteln als Oberputz verwendet werden, siehe Abschnitt 7.2.11.

Die Putze werden nach Art, Anwendung, Grund, Lagen, Mörtel und Weise bezeichnet, z. B.:

Wasserabweisender Außenwandputz auf Mauerwerk aus Mz 12, zweilagig, Mörtelgruppe II, als Kratzputz.

Nach *Putzlagen* ergibt sich folgende Einteilung:
Einlagiger Putz und *zweilagiger Putz* aus Unter- und Oberputz sowie mehrlagige Putze.

Der *Unterputz* ist die tragende Schicht des Putzes. Der *Oberputz* bestimmt die ästhetische Wirkung des Putzes. Bei Außenputz muß er witterungsbeständig sein.

Zur Erhöhung der Putzhaftung oder um ein schwaches, zu starkes oder unterschiedliches Saugvermögen des Putzgrundes auszugleichen, empfiehlt sich eine Vorbehandlung des Putzgrundes mit einem *Spritzbewurf*, vgl. Abschnitt 7.2.3. Der Spritzbewurf gilt nicht als Putzlage!

a) Die Benennung der *Putzmörtel* erfolgt nach den Bindemitteln: *Luftkalkmörtel* und *hydraulischer Kalkmörtel, Kalkzement-, Kalkgips-, Gips-, Zementmörtel* usw.

b) Die Oberflächengestaltung wird bedingt durch die *Putzweisen:* bei Außenputz: *Rapp-, Kellen-, Rauh-, Spritz-, Kratzputz, gewaschener Putz* usw., vgl. 7.2.5, Schluß. Bei Innenputz: *gescheibter, gefilzter, geglätteter Putz* usw.

Kellenputz wird mit der Kelle angeworfen und mit der Kelle auseinandergestrichen, so daß die einzelnen Kellenstriche erkennbar bleiben.

Rauhputz aus mittel- bis grobkörnigem Material wird mit dem Handbrett von unten nach oben, waagerecht oder kreisförmig gezogen. Dabei werden die groben Körner mitgezogen, rollen über den Unterputz und hinterlassen entsprechend der Ziehrichtung markante Rillen.

Beim *Spritzputz* wird feinkörniges nasses Mörtelmaterial mit einem Reiserbesen („Besenputz") oder mit der Spritzmaschine auf den Unterputz aufgespritzt.

7.2.1 Anforderungen

Allgemein: Gleichmäßig gute Haftung am Putzgrund und gute Haftung der einzelnen Lagen aneinander; gleichmäßiges Gefüge innerhalb der einzelnen Lagen. Festigkeit und Oberflächenbeschaffenheit müssen dem Verwendungszweck entsprechen. Die Mörtelfestigkeit soll vom Putzgrund nach außen zu abnehmen. Keinesfalls darf der Oberputz eine höhere Festigkeit haben als der Unterputz (sonst Gefahr, daß sich der Oberputz ablöst, siehe Abschnitt 7.3). Die Festigkeit wird nach DIN 18 555 – Prüfung von Mörteln mit mineralischen Bindemitteln – Teil 3 an Prismen 4 cm × 4 cm × 16 cm ermittelt. Dabei müssen die einzelnen Putzmörtel die in Tafel 7.9 angegebenen Druckfestigkeiten erreichen.

Tafel 7.9 Festigkeitsanforderungen an Putzmörtel

Putzmörtel-gruppe[+])	P Ia, b	P Ic	P II	P III	P IV a, b, c	P IVd	P V
Mindestdruck-festigkeit in N/mm²	keine Anforderungen	1,0	2,5	10	2,0	keine Anforderungen	2,0

[+]) Siehe Tafel 7.10.

Werden Baustellenmörtel entsprechend Tafel 7.10 zusammengesetzt, so gelten die Festigkeitsanforderungen als erfüllt. Dabei ist vorausgesetzt, daß ein gemischtkörniger Sand mit dichtem Gefüge verwendet wird, der eine möglichst geringe Haufwerksporigkeit besitzt.

Innen- und Außenputz müssen wasserdampfdurchlässig sein. Die Wasserdampfdurchlässigkeit muß auf den Wandaufbau abgestimmt sein, damit keine unzulässige Feuchtigkeitserhöhung in der Wand durch Kondensation (siehe DIN 4108 Teil 3) auftritt. Die diffusionsäquivalente Luftschichtdicke darf bei Außenputzen bei keiner Putzlage den Wert von 2,0 m überschreiten. Putze, die entsprechend den Angaben in Tafel 7.10 zusammengesetzt sind, und Kunstharzputze nach DIN 18 558 erfüllen diese Anforderung.

Zusätzliche Anforderungen an *Außenputz*: Witterungsbeständigkeit, Widerstandskraft gegen durch Sonnenbestrahlung auftretende thermische Spannungen (in dunklen Putzen und auf Wänden mit hoher Wärmedämmung besonders stark), u. U. wasserhemmende oder wasserabweisende Eigenschaften. – *Sockelputze* sowie Außenputze *unter Erdoberfläche*: Wasseraufnahme möglichst niedrig, frostbeständig, mittlere Druckfestigkeit mind. 10 N/mm² bzw. Eignung als Untergrund für wassersperrende Anstriche. Bei Außensockelputz auf Mauerwerk mit Steinen der Festigkeitsklasse 6 und niedriger genügt eine Druckfestigkeit von mind. 5 N/mm².

Bei *Innenputz*: Ebene Oberfläche, Eignung als Untergrund für Anstriche einfacher Art (Leim- oder Kalkfarben) und leichte Tapeten (s. 12.1.1), i. allg. gute Wasserdampfdurchlässigkeit und kapillares Saugvermögen. – In Sonderfällen: Eignung als Untergrund für dichte Anstriche, schwere Tapeten, Kunststoffbeschichtungen, Schallschluckplatten, hierfür Putze mit mind. 2,5 N/mm² Druckfestigkeit. – Für Treppenhäuser, Flure in Schulen sowie andere Wandflächen, die mechanischer Beanspruchung ausgesetzt sind, ist Putz mit erhöhter Abriebfestigkeit, mittlere Druckfestigkeit ebenfalls mind. 2,5 N/mm², vorzusehen.

7.2.2 Zusammensetzung des Putzmörtels

Einteilung in Mörtelgruppen und bewährte Mischungsverhältnisse sind der Tafel 7.10 zu entnehmen.

Für die Mörtelgruppen P I, P II und P IV c gelten die niedrigen Werte des Sandanteils beim Mischen von Hand, die höheren beim Mischen mit der Maschine (Zwangsmischer). Für den Sandanteil sind Abweichungen bis 20 % nach oben und bis zu 10 % nach unten zulässig.

7.2.2 Zusammensetzung des Putzmörtels

Tafel 7.10 Mischungsverhältnisse in Raumteilen von Putzmörtel

Zeile	Mörtel-gruppe		Mörtelart	Baukalk DIN 1060 Teil 1				Putz- und Mauer-binder DIN 4211	Zement DIN 1164 Teil 1	Baugipse ohne werk-seitig beigegebene Zusätze DIN 1168 Teil 1		Anhy-drit-binder DIN 4208	Sand[1]
				Luftkalk		Hydrau-lischer Kalk	Hoch-hydrau-lischer Kalk			Stuckgips	Putzgips		
				Wasserkalk									
				Kalk-teig Roh-dichte 1,25[3]	Kalk-hydrat								
								Schüttdichte der Ausgangsstoffe[2] in kg/dm³					
				1,25[3]	0,5	0,8	1,0	1,0	1,2	0,9	0,9	1,0	1,3[3]
1	P I	a	Luftkalkmörtel	1,0[6]									3,5 bis 4,5
2					1,0[6]								3,0 bis 4,0
3		b	Wasserkalkmörtel	1,0									3,5 bis 4,5
4					1,0								3,0 bis 4,0
5		c	Mörtel mit hydraulischem Kalk			1,0							3,0 bis 4,0
6	P II	a	Hochhydraulischer Kalkmörtel; Mörtel mit Putz- und Mauerbinder				1,0	1,0 oder 1,0					3,0 bis 4,0
7		b	Kalkzementmörtel	1,5 oder 2,0					1,0				9,0 bis 11,0
8	P III	a	Zementmörtel mit Zusatz von Luftkalk		≤ 0,5				2,0				6,0 bis 8,0
9		b	Zementmörtel						1,0				3,0 bis 4,0
10	P IV	a	Gipsmörtel							1,0[5]			–
11		b	Gipssandmörtel							1,0[5] oder 1,0[5]			1,0 bis 3,0
12		c	Gipskalkmörtel	1,0 oder 1,0						0,5 bis 1,0 oder 1,0 bis 2,0			3,0 bis 4,0
13		d	Kalkgipsmörtel	1,0 oder 1,0						0,1 bis 0,2 oder 0,2 bis 0,5			3,0 bis 4,0
14	P V	a	Anhydritmörtel									1,0	≤ 2,5
15		b	Anhydritkalkmörtel	1,0 oder 1,5								3,0	12,0

[1]) Die Werte dieser Tafel gelten nur für mineralische Zuschläge mit dichtem Gefüge.
[2]) Schüttdichte in kg/dm³, die bei der Umrechnung von Raumteilen in Gewichtsteile zugrunde zu legen sind, wenn die Schüttdichten nicht bekannt sind.
[3]) Für die nachträgliche Bestimmung des Mischungsverhältnisses ist bei Kalkteig mit einem Feuchtigkeitsgehalt von 65 Masse-%, bezogen auf das Teiggewicht, bei Branntkalk mit einer Ergiebigkeit von 28 Liter/10 kg zu rechnen, falls die Kennwerte des verarbeiteten Kalkes nicht bekannt sind.
[4]) Bei etwa 2 bis 5 Masse-% Feuchtigkeit, bezogen auf den trockenen Sand.
[5]) Um die Geschmeidigkeit zu verbessern, kann Weißkalk in geringen Mengen, zur Regelung der Versteifungszeiten können Verzögerer zugesetzt werden.
[6]) Ein begrenzter Zementzusatz ist zulässig.

Mörtelgruppen P Org 1 und P Org 2 siehe Abschnitt 7.2.11.

Zur Verbesserung der Wärmedämmung des Putzes können vor allem die gröberen Kornanteile durch geeignete Leichtzuschlagstoffe ersetzt, als zusätzlicher Schutz gegen Rissebildung organische oder anorganische Faserstoffe zugegeben werden.

Die *Reinheit* des Sandes ist gewährleistet, wenn an abschlämmbaren Bestandteilen toniger oder lehmiger Natur i. allg. nicht mehr als 5 Masse-% vorhanden sind (siehe Absetzversuch, Abschnitt 5.4.1).

Stark wasseraufnehmende und dabei quellende Körner, wie z. B. Körner aus Braunkohle, Ortstein (Raseneisenerz) und weichem Mergel, Ton- oder Kreideknollen, dürfen nicht enthalten sein, weil sie im Putz zum Treiben, zu Absprengungen oder Verfärbungen führen können.

Der Gehalt an schädlichen organischen Bestandteilen ist als ungefährlich anzusehen, wenn beim Versuch mit Natronlauge (siehe Abschnitt 5.4.2) die Flüssigkeit nach 24 Stunden farblos bis gelb bleibt.

Die Kornzusammensetzung soll gemischtkörnig sein, der Feinstanteil < 0,25 mm soll möglichst zwischen 10 und 30 Masse-% betragen.

Größtkorn je nach Verwendungszweck. Im allgemeinen soll sein Durchmesser mind. 1/3 der Putzlagendicke entsprechen. Das heißt, der Unterputz darf nicht feinkörnig sein. Auch für den Spritzbewurf ist nur ein grobkörniger Sand geeignet. In der Regel wird für Spritzbewurf und Unterputz Sand der Korngruppe 0 bis 4 mm verwendet. Die Sandkörnung für den Oberputz wird durch die gewünschte Putzweise bestimmt.

Kornform gedrungen! Plattige oder splittrige Körner ergeben wenig dichten Putz. Sie verlangen (infolge ihrer großen Hohlräumigkeit) hohen Bindemitteleinsatz und neigen daher zu Schwindrissen.

Bei Verwendung von Zusatzmitteln: Eignung mit den vorgesehenen Bindemitteln und Zuschlägen prüfen, gegebenenfalls auch Verträglichkeit mit geplantem Anstrich oder Belag.

Für gefärbte Putze nur lichtechte, kalk- bzw. zementechte Farbmittel (siehe Abschnitt 11.2) verwenden, die andererseits auch das Bindemittel nicht angreifen und die Putzeigenschaft nicht schädigen. Im allgemeinen Farbstoffzusatz < 5 Masse-% des Bindemittelanteils.

7.2.3 Der Putzgrund

soll so maßgerecht sein, daß der Putz in gleichmäßiger Dicke aufgetragen werden kann, andernfalls muß abgeglichen werden. Toleranzen siehe DIN 18 201 und 18 202. Ferner muß der Putzgrund sauber, staubfrei (abfegen!) und rauh sein. Sonst aufrauhen oder Spritzbewurf. Letzteren gut erhärten lassen (darf sich nicht mit der Hand abwischen lassen; auch bei Spritzbewurf aus Mörtelgruppe III mind. 12 Stunden warten!).

Beton als Putzgrund muß oberflächlich trocken und saugfähig sein. Haften Reste von Schalungstrennmitteln (Öle, Wachse) am Beton, müssen sie entfernt werden, sonst wird keine feste Putzhaftung erreicht.

Auch schwach oder *nicht saugender Grund* ist aufzurauhen und anzuspritzen. Die Putzhaftung wird auf nur schwach saugfähigem Putzgrund durch einen *nicht deckend* aufgebrachten Spritzbewurf verbessert.

7.2.3 Der Putzgrund

Zement-Spritzbewurf darf nicht zu feinsandig und nicht zu wasserreich sein, damit sich auf seiner Oberfläche nicht durch Sedimentation ein bindemittelreicher Film bildet, der infolge seiner glasartigen Beschaffenheit nicht mehr saugt und den Putzmörtel nicht mehr anzieht. Solche sinterartigen Filme können sich auf dem Spritzbewurf auch bilden, wenn der Untergrund (etwa durch Schalöl verschmutzte oder zu glatte und dichte Betonflächen) das Überschußwasser aus dem Spritzbewurf nicht aufnimmt. Sie machen das Haften des Putzmörtels unmöglich und schaden mehr als sie nützen. – Ein volldeckender Zement-Spritzbewurf schwindet stark netzrissig und muß daher völlig abgebunden sein, bevor der Unterputz aufgebracht wird, sonst übertragen sich seine Schwindrisse auch auf den Unter- bzw. Deckputz.

Der Putzgrund muß *einheitlich* sein. Bei Mischmauerwerk und Mauerwerk mit stark unterschiedlichem Saugen von Steinen und Mörtel ist ein volldeckender Spritzbewurf aufzubringen, wenn nicht sogar Putzträger oder Putzhaftbrücken notwendig sind. Jeder Materialwechsel im Putzgrund birgt wegen ungleicher Wärme- und Schwindspannungen die Gefahr von Putzrissen über dem Zusammenstoß der ungleichen Materialien. – Zur Verbindung von Mörteln mit unterschiedlichen Materialien sei darauf hingewiesen, daß die Wärmedehnungszahl von Kalk nahezu die gleiche ist wie die von Ziegeln und Holz, während die von Zement derjenigen von Eisen entspricht. Zu überputzende Betonstürze z. B. sind daher nicht nur aus wärmetechnischen Gründen mit einer Dämmplatte zu verkleiden, sondern auch zur Vermeidung von Spannungsrissen. Stets die Fuge zwischen Dämmplatte und angrenzendem Putzgrund mit Drahtgewebe überspannen, sonst Rißbildung über der Fuge.

Mauerziegel können sehr unterschiedliche Saugfähigkeit haben, meist sind sie vorzunässen, Spritzbewurf in der Regel nicht erforderlich.

Kalksandsteine saugen stark und haben glatte Oberflächen. Spritzbewurf – oder eventuell Grundierung zur Verringerung des Saugvermögens – meist erforderlich.

Leichtbetonsteine saugen meist wenig, gute Putzhaftung durch rauhe Oberfläche, Vorbehandlung nicht notwendig.

Gasbetonsteine saugen stark, Oberfläche rauh. Spritzbewurf (oder Grundierung) außer bei dickerem Kalkgips-Maschinenputz erforderlich. – Gasbeton „wächst" bei Durchfeuchtung. Wird er in diesem Zustand verputzt, entstehen beim Austrocknen durch das dann starke Schwinden des Gasbetons Spannungen im Putz, da dieser nicht entsprechend mitschwindet. Mögliche Folge: Ausbauchen und Ablösen der Putzschale.

Außenputz auf Gasbeton oder Putzgrund mit ähnlich hoher Wärmedämmung wird bei Sonnenbestrahlung stark aufgeheizt, daher möglichst elastischen Putz wählen.

Holzwolle-Leichtbauplatten erfordern stets einen Spritzbewurf aus einem Mörtel der Gruppe P II (siehe Tafel 7.10). Die Platten dürfen vorher *nicht angenäßt werden* (Quellen und späteres Schwinden führt zu Rissen).

Ausgenommen: gipsgebundene Platten (Gips saugt stark und entzieht dem Mörtel sonst zuviel Wasser).

Gipsgebundene Platten nicht für Außenseiten von Außenwänden.

Bei magnesia- oder zementgebundenen Platten soll der Spritzbewurf hauptsächlich vor eindringender Feuchtigkeit schützen. Auch bei Innenputzen sollte auf den Spritzbewurf nicht verzichtet werden. – Werden Holzwolle-Leichtbauplatten an Konstruktionen unter nicht wärmegedämmtem Dachraum oder unmittelbar unter der Dachhaut angebracht und unterseitig verputzt, so ist die Plattenrückseite ebenfalls vorher mit einem Porenverschluß zu versehen. Dadurch wird die Wärmedämmung erhöht und die Gefahr einseitiger Spannung beseitigt. Plattenfugen sind ebenso wie Fugen zu angrenzenden anderen Baustoffen mit mind. 80 mm breiten, korrosionsgeschützten Drahtnetzstreifen zu bewehren, desgl. ein- und ausspringende Ecken.

Auf gefrorenem Putzgrund darf nicht geputzt werden!

Putzträger über ungeeignetem Putzgrund müssen beständig sein und so eng geheftet werden, daß sie *nicht durchhängen*. Werden nur einzelne Bauteile überspannt, so muß der Putzträger allseitig mind. 10 cm *übergreifen* und auf dem umgebenden Putzgrund, nicht auf dem überspannten Bauteil befestigt werden (möglichst nicht auf Holz, bewirkt durch Arbeiten Risse).

Als *Putzträger* werden beispielsweise verwendet:

1. *Rohrgewebe* aus Schilfrohr mit verzinktem Draht einfach, halbdicht oder dicht gebunden in aufgerollten Matten von 10 m^2 oder 20 m^2, 0,80 bis 3,00 m breit. – Rabitz[1])-Rohrmatten auf $\emptyset$ 1,2 mm verzinkten Laufdrähten (Laufdrahtentfernung 10 cm) können mittragend bis 80 cm Balkenabstand verwendet werden.

2. *Staußziegelgewebe* (Drahtziegelgewebe, Ziegelrabitz[1]), Sterndelrabitz[1]). Quadratisches Drahtgeflecht von 2 cm Maschenweite mit auf den Kreuzungsstellen aufgepreßten gebrannten Tonkreuzchen. In Rollen 1 m breit, 5 m lang sowie in Streifen 12, 14, 16, 18, 20, 22, 24, 30, 34 und 50 cm breit, 5 m lang. Für Unterdecken, feuerbeständige Ummantelung von Holz und Stahl. – *Stauß-Matten* 1,00 m × 2,50 m mit punktverschweißten Rundstählen $\emptyset$ 4,6 mm (Rundstahlabstand längs 20 cm, quer 30 cm). Für ein- und zweischalige Zwischenwände, Schwebedecken usw.

3. *Drahtgewebe* und -geflecht (Rabitzgewebe[1]), roh oder verzinkt, mit quadratischen, dreieckigen oder sechseckigen Maschen von 15 bis 25 mm Weite, in 1 m breiten Rollen, 25 und 50 m lang; als Rabitzstreifengewebe 12, 16, 20, 24, 30, 40 und 50 cm breit. – Beim Stahlnetz-Rabitz ist das Gewebe punktverschweißt. – Beim Rillenputzgeflecht „Dona" sind in Abständen von 25 cm in das Geflecht Rillen eingepreßt, die auf dem Putzgrund aufliegen, so daß der Putzträger selbst in der Mitte der Putzschicht liegt.

    Bei *Baustahl-Rabitzmatten*[1]) 1,00 bis 5,00 m ist das Rabitzgewebe auf Beton-Bewehrungsmatten (siehe Abschnitt 8.2.9f) aufgeschweißt (Längsstäbe im Abstand von 75 mm, Querstäbe von 200 mm). Für Verkleidungen, Hängedecken und Trennwände.

4. Gefalztes *Rippenlochmetall* aus gelochten und (zur Beseitigung von Materialspannungen als Voraussetzung für rissefreien Putz) geglühten Stahlbändern, durch Längsfalze miteinander verbunden, unlackiert und lackiert, in Tafeln 0,50 m × 2,00 m. Sehr stabil, daher als Deckenputzträger zugleich Schalung für Auffüllung (Rippen nach oben mit Spezialschlaufen nageln).

5. *Streckmetall* und *Rippenstreckmetall*
    Nr. 1: Lagermaß 2500 mm × 2000 mm
    Nr. 1a: Lagermaß 1500/1600 mm × 2000 mm

    Rippenstreckmetall
    Herstellung aus kaltgewalztem Bandstahl in den Sorten VOLLRIP (mit vollwandigen Rippen), LOCHRIP (mit durchbrochenen Rippen: dadurch Angleichung der Schwindverhältnisse im Mörtel und weitergehende Rissesicherheit), COMBIRIP mit hinterlegten Papierstreifen, besonders für maschinellen Putzauftrag. SUPERIP aus Edelstahl rostfrei. Alle Sorten auch sickenversteift in den Grätenfeldern: dadurch verminderte Durchbiegung und Rückfederung beim Mörtelauftrag, schnellere Arbeit, weniger Mörtel.

    Abmessungen: Tafeln von 0,60 m Breite und 2,50 m Länge = 1,5 m^2.

    Ausführungsarten: blank, galvanisch-verzinkt am Band; vollackiert, galvanisch verzinkt mit zusätzlicher Vollackierung, Edelstahl rostfrei.

    Verpackung: in Paketen zu 20 Tafeln = 30 m^2 gebündelt.

---

[1]) Nach dem Berliner Baumeister Rabitz, der 1878 die erste Drahtputzwand erstellte.

7.2.3 Der Putzgrund

Tafel 7.11 Streckmetall

Nr.	Maschen-Weite [mm]	Länge [mm]	Steg-Breite [mm]	Dicke [mm]	Ungefähres Gewicht je m² [kg]	Größte lieferbare Abmessungen Länge [m]	Breite [m]
			als Putzblech				
1	11	42	2,5	0,5	1,6	2,4	2,4/2,5
1a	6	28	2,5	0,5	1,9	1,5	2,4/2,5

Tafel 7.12 Rippenstreckmetall

Dicke [mm]	Gewicht [kg/m²]	Freitragend als	
		Putzträger	mit 4 bis 5 cm Betonauflage
FLACHRIP			
etwa 0,2	0,90	bis 0,35 m	–
		bis 0,60 m	
0,3	1,25	bis 0,75 m	bis 0,50 m
0,4	1,65	bis 0,90 m	bis 0,65 m
0,5	2,10	bis 1,00 m	bis 0,85 m
SUPERIP			
etwa 0,3	1,25	bis 0,75 m	bis 0,50 m

Anwendungsgebiete: Rabitzdecken, Rabitzgewölbe, Vielecke oder Bogenkonstruktionen; Rabitzwände; Rabitzverkleidungen, Äußere und innere Verkleidung von Holzfachwerken; Ummantelungen von Stahl- und Holzkonstruktionen, Konstruktionselement für schalungslose landwirtschaftliche Silos. Als verlorene Schalung bei Stahlbetonbauten und zur Herstellung von Arbeitsfugen im Massenbeton.

FLACHRIP, mit nur 4 mm hoher Rippe, für geringe Mörtelstärken und kurze Spannweiten: Zum Ummanteln von Fachwerk, zum Überspannen von Schlitzen, Leichtbauplatten, als Haftgrund für Wandverkleidungen, zum Armieren von Fliesenelementen.

Rippenstreckmetall „VOLLRIP", „LOCHRIP", „FLACHRIP", „COMBIRIP", „SUPERIP" sind eingetragene Warenzeichen der Rippenstreckmetall-Gesellschaft mbH., Hilchenbach.

Die Sorten VOLLRIP F, LOCHRIP F und FLACHRIP F sind galvanisch verzinkt und zusätzlich vollackiert. Sie sind für Außenputz und Feuchträume oder bei korrosionsfördernder Umgebung vorzusehen (F für Feuchtigkeit).

6. *Holzwolle-Leichtbauplatten und Mehrschicht-Leichtbauplatten* (siehe Abschnitt 16.1.4).

7. *Gipskarton-Putzträgerplatte* (Abschnitt 4.1.6)

Alle *stählernen Putzträger* müssen in kondenswassergefährdeten Räumen und bei Verarbeitung mit Gipsmörtel verzinkt oder mit Rostschutzanstrich versehen sein.

Putzecken, die Stoßbeanspruchung ausgesetzt sind, durch *Putzeckleisten* schützen. – *Putzstöße* trennen. – *Bewegungsfugen* durch bewegliche Spezialprofile überbrücken (z. B. Protektor-Dehnungsfugenleisten). – *Einputzschienen* für Vorhänge und Gardinen aus Aluminium oder Kunststoff (siehe Abschnitt 14.11.7).

Hängende Drahtputzdecken sind mit Mörtelgruppe P II oder P IV herzustellen, die fertige Putzdecke soll mind. 25 mm, aber nicht mehr als 50 mm dick sein, der Putzträger soll auf der Sichtseite mind. 15 mm vom Putz überdeckt sein.

7.2.4 Putzausführung

Erst damit beginnen, wenn kein Setzen mehr zu befürchten! Am besten, den Rohbau erst einige Monate stehenlassen, bevor mit dem Putzen begonnen wird. Sonst entstehen Setzrisse im Putz. Sehr stark saugenden Putzgrund gegebenenfalls vor dem Putzen grundieren. Ist nicht ausreichende Putzhaftung – auch eines Spritzbewurfes – zu erwarten, z. B. bei veröltem Putzgrund, sind zunächst *Haftbrücken* (Haftmittel-Schlämmen, meist auf Basis organischer Stoffe) aufzubringen.

a) Berücksichtigung der Witterungsverhältnisse:

Saugenden Grund gut *vornässen* (siehe Abschnitt 4.4.1), Ausnahme Holzwolle-Leichtbauplatten (siehe Abschnitt 7.2.3). Abgesehen von der Gefahr des Quellens, saugen diese wegen ihrer Großporigkeit nicht (große Poren laufen aus!). Das gleiche gilt i. allg. auch von Bimsbaustoffen. Diese sollten daher nur bei unvermeidlicher Sonnen- und trockener Windeinwirkung ausnahmsweise vorgenäßt werden. Im übrigen *nicht bei Prallsonne* (sonst Sonnenblenden!) oder trockenem *Windanfall* (Ostwind) putzen! Desgleichen *nicht* auf gefrorenem Grund (siehe oben), *bei Frost* oder zu erwartendem Nachtfrost, es sei denn, daß die Arbeitsstelle vollständig gegen die Außentemperatur abgeschlossen und der so entstandene Arbeitsraum bis zur ausreichenden Erhärtung des Putzes beheizt wird. – Mit den Innenputzarbeiten in Gebäuden soll bei Außentemperaturen unter + 5 °C erst begonnen werden, wenn entweder die verglasten Fenster eingesetzt oder die Fensteröffnungen behelfsmäßig verschlossen und die Räume durch die endgültige oder eine behelfsmäßige Heizanlage genügend erwärmt sind. – Nicht zu kräftig heizen, um einen zu schnellen Wasserentzug aus dem frischen Putz und damit eine ungenügende Erhärtung zu verhindern. – Vergleiche auch DIN 18 350, Allgemeine Technische Vorschriften für Putz- und Stuckarbeiten.

b) Zubereitung des Mörtels:

Maschinenmischung besser als Handmischung! Nie mehr Mörtel anmachen, als innerhalb der Verarbeitungszeit verarbeitbar.

Kalkmörtel: Kalkteig mit Wasser verflüssigen, darauf mit Sand kellengerecht mischen. – Gelöschte Pulverkalke: bei Verarbeitung trockenen Sandes zunächst Sand und Kalk trocken mischen, anschließend Wasser zugeben; bei Verarbeitung nassen Sandes dagegen erst Kalk mit Wasser anrühren, dann Sand zugeben. – Bei ungelöschten Pulverkalken sind die werkseitig vorgeschriebenen Mörtelliegezeiten zu beachten (siehe Abschnitt 4.4.5, Schluß).

Kalkzementmörtel: Der mit Wasser angerührte Zementanteil wird dem fertig gemischten Kalkmörtel kurz vor der Verarbeitung zugegeben.

Zementmörtel: Sand + Zement zunächst trocken, dann unter Wasserzusatz bis zur kellengerechten Steife mischen.

Reiner Gipsmörtel: Gips langsam *in Wasser einstreuen,* bis sich auf der Oberfläche trockene Inseln bilden. Verzögerungsmittel sind vorher in Wasser zu lösen. Wärme wirkt beschleunigend.

Gipssandmörtel: Gips zunächst in Wasser streuen wie vor; nach kurzem Aufsaugen durchrühren und Sand zusetzen. Bei langsam bindenden Gipsen Vorschrift des Lieferwerkes beachten!

Gipskalk- und *Kalkgipsmörtel:* Zunächst Kalkmörtel anmachen (siehe oben). Dann getrennt Gips in Wasser streuen (siehe oben), durchrühren und in breiigem Zustand dem Kalkmörtel kurz vor der Verarbeitung zumischen.

Anhydritmörtel wird wie reiner Gipsmörtel (siehe oben) zubereitet.

7.2.4 Putzausführung / 7.2.5 Außenwandputz und -deckenputz

Wegen Treibgefahr dürfen Baugipse oder Anhydritbinder nicht in einer Mischung mit hydraulischen Bindemitteln (z. B. hydraulischen Kalken, Zementen) verarbeitet werden; siehe Abschnitt 4.1.4.

c) **Verarbeitung des Putzmörtels:**

Erhärtende Mörtel nie durch erneute Wasserzugabe wieder verarbeitbar machen!

Aufbringen des Putzes: Entweder mit Putzmaschinen anspritzen (ähnlich Spritzbeton) oder mit der Hand anwerfen. Mörtel aus Haftputzgips (siehe Abschnitt 4.1.2b) können aufgezogen werden, andere Putze sollen kräftig angeworfen werden!

Bei mehrlagigem Putz wird die Dicke jeder Lage durch das Größtkorn des Sandes bestimmt (Unterputz höchstens = 3facher Korndurchmesser). Unterputz ist aufzurauhen. Die folgende Lage erst aufbringen, wenn vorhergehende so weit erhärtet, daß sie die neue Lage tragen kann. – Putzlehren müssen aus dem gleichen Material bestehen wie der Putz, desgleichen Anschlüsse an Fenstern, Türen usw. sowie Ausbesserungen.

Der *Aufbau des Putzes* richtet sich nach dem Zweck sowie der Beschaffenheit des Putzgrundes. Grundsätzlich soll der *Unterputz mindestens so fest* sein wie der *Oberputz!* Vgl. „Zweilagiger Putz", Abschnitt 7.3.

d) **Nachbehandlung:** Kalk- und Zementputz vor zu schneller Austrocknung durch Sonne, Strahlwärme und Zugluft schützen (siehe Abschnitt 4.4.1), u. U. durch Wasserzerstäubung *feuchthalten.* – Reiner *Gipsputz* dagegen *kann* nach dem Erstarren *sofort getrocknet* werden.

7.2.5 Außenwandputz und -deckenputz

Aufbau siehe Tafel 7.14. Die in dieser Tafel angegebenen Möglichkeiten für den Putzaufbau sind bewährt, sach- und fachgerechte Ausführung vorausgesetzt. Die Festigkeit des Oberputzes ist dabei geringer als die des Unterputzes, oder beide Putzlagen sind gleich fest, damit die in den Berührungsflächen der einzelnen Putzlagen auftretenden Spannungen, z. B. durch Schwinden oder Temperaturdehnungen, aufgenommen werden können. Außenputz kann als wasserhemmender oder wasserabweisender Putz ausgeführt werden. Nach DIN 18 550 T 1 gelten die in Tafel 7.13 angegebenen Mörtelgruppen bzw. Mörtelkombinationen als wasserhemmende bzw. wasserabweisende Putze.

Bei anderem Putzaufbau ist die Eignung des Putzes als wasserhemmender oder wasserabweisender Putz durch Eignungsprüfung nachzuweisen.

Wird dem *Unterputz* ein Dichtungsmittel zugesetzt, so muß der Oberputz unverzüglich auf den Unterputz aufgebracht werden, weil ein abgebundener Unterputz mit Dichtungszusatz kaum noch Mörtelwasser anzieht. Der Oberputz hat dann nur eine geringe Haftung und löst sich oft schon unter den Wärmespannungen bei wechselnden Temperaturen ab.

Tafel 7.13 Wasserhemmender und wasserabweisender Putz

Zeile	Anforderung bzw. Putzanwendung	Mörtelgruppe bzw. Beschichtungsstofftyp für		Zusatzmittel[2])
		Unterputz	Oberputz[1])	
1	wasserhemmend	P I	P I	erforderlich
2		–	P I c	erforderlich
3		–	P II	
4		P II	P I	
5		P II	P II	
6		P II	P Org 1	
7		–	P Org 1 [3])	
8		–	P III [3])	
9	wasserabweisend[5])	P I c	P I	erforderlich
10		P II	P I	erforderlich
11		–	P I c [4])	erforderlich[2])
12		–	P II [4])	
13		P II	P II	erforderlich
14		P II	P Org 1	
15		–	P Org 1 [3])	
16		–	P III [3])	

[1]) Oberputze können mit abschließender Oberflächengestaltung oder ohne diese ausgeführt werden (z. B. bei zu beschichtenden Flächen).
[2]) Eignungsnachweis erforderlich (siehe DIN 18550 Teil 2, Ausgabe Januar 1985, Abschnitt 3.4).
[3]) Nur bei Beton mit geschlossenem Gefüge als Putzgrund.
[4]) Nur mit Eignungsnachweis am Putzsystem zulässig.
[5]) Oberputze mit geriebener Struktur können besondere Maßnahmen erforderlich machen.

Die Zugabe von Dichtungsmitteln zum Oberputz ist wenig wirksam, weil der Oberputz verhältnismäßig dünn und der Witterung stärker ausgesetzt ist als der Unterputz. Außerdem können Dichtungsmittel im Oberputz zu Flecken und Absätzen führen. Es besteht auch die Gefahr, daß durch Fehlstellen eingedrungenes Regenwasser hinter die gedichtete Schicht gelangt, sich hier ausbreitet und dann zu Feuchtigkeits- und Frostschäden führt, weil der gedichtete Oberputz diese Feuchtigkeit nicht oder nur schwer wieder nach außen zurückläßt. – Grundsätzlich sollte man daher Dichtungsmittelzusätze nicht zu reichlich dosieren. Sie sollen zwar das Eindringen des Regenwassers hemmen, *müssen* andererseits aber auch etwa *durchgetretener Feuchtigkeit* die *Rückwanderung* sowie etwaiger Dampfdiffusion von innen Durchtritt *gestatten*.

Das Aufsprühen oder Aufstreichen von wasserabweisenden Hydrophobierungsmitteln auf den Oberputz hat keine Dauerwirkung; es kann sich an exponierten Wetterseiten bei starkem Windanfall (ähnlich wie Dichtungsmittelzusatz zum Oberputz) sogar negativ auswirken; vgl. Silicone-Anstrich (Abschnitt 14.7).

Auch filmbildende, sog. „atmungsaktive" (d. h. Wasserdampf oder Druckwasser durchlassende) Kunstharz-Dispersionsbinderanstriche können, wenn sie an ungeschützt stehenden Wettergiebeln dem Schlagregen und starkem Winddruck ausgesetzt sind oder wenn infolge Beschädigung bzw. Rissigwerden des Putzes Kapillarfeuchtigkeit unter den Anstrichfilm gelangt, zu Abplatzungen und Frostschäden führen, da sie die eingedrungene Feuchtigkeit nicht wieder zurücklassen. Im ersteren

7.2.5 Außenwandputz und -deckenputz

Falle sitzen meist unter dem abplatzenden Anstrichfilm Sandkörner aus der Putzoberfläche, weil diese infolge von Bikarbonatbildung durch die Kohlensäure des eingedrungenen und unter dem Anstrichfilm lange Zeit festgehaltenen Regenwassers aufgelockert wurde; vgl. Abschnitt 11.6

Außen-*Putzdicke* 20 mm. *Oberflächengestaltung* nicht zu rauh, sonst mangelhafte Regenableitung und rasche Verschmutzung durch Staubablagerung (besonders in Industriegegenden). Glattreiben der Putzfläche kann zur Bildung eines unerwünschten Bindemittelfilmes führen, der zu Schwindrissen neigt und bei Kalkmörteln die Erhärtung der tiefer liegenden Schichten hemmt.

Tafel 7.14 Außenwandputze und Außendeckenputze

Zeile	Putzanwendung	Putzgrund[2]	Mörtelgruppen[1] für		
			Spritzbewurf	Unterputz	Oberputz
1	Außenwandputz für aufgehende Wände	Mauerwerk aus saugfähigen oder rauhflächigen Steinen	–	P I	P I
2				P II	P I, P II P Org 1
3		Mauerwerk aus wenig saugenden und glatten Steinen, Holzwolle-Leichtbauplatten	P II, P III	P I	P I
4				P II	P I, P II P Org 1
5		Beton mit geschlossenem Gefüge	wie Zeile 3 und 4 außerdem		
			P III	P III	P III [5]
6	Außenwandputz für Sockel und Wände unter Erdoberfläche	alle Wandbauarten	P III	P III	P III [5]
7	Außendeckenputz	Massivdecken	wie Zeile 3 und 4		
8[4]			P IVa P IVb[3]	P IV	P IV
9[4]			P V	P V	P V
10			–	–	P Org 1

[1]) Die angegebenen Mörtel sind nur zeilenweise zu verwenden. Mörtelgruppen siehe Tafel 7.10.
[2]) Außenputz auf Rabitzkonstruktionen siehe DIN 4121 und Abschnitt 7.2.3 Ende.
[3]) Nur bindemittelreiche Mischungsverhältnisse.
[4]) Zeilen 8 und 9 nur bei feuchtigkeitsgeschützten Flächen.
[5]) Auch einlagig mit P III oder P Org 1, letztere nur über Erdoberfläche.

Als „*Edelputze*" sind verarbeitungsfertig gemischte Kalk- oder Kalkzementtrockenmörtel (in Säcken) für Außenputz im Handel; mit kalk- und zementechten Farben (siehe Abschnitt 6.4.9) oder schönfarbigen Gesteinsmehlen durchgefärbt, oft (besonders für *Kratzputze*) mit glitzernden Mineralkörnungen (kristallinem Kalkspat o. ä.) durchsetzt. Beim Kratzputz wird die frisch abgebundene Putzfläche mit einer Ziehklinge oder einem Kratzbrett abgezogen. Durch dieses Aufreißen der Oberfläche wird der Luftkohlensäure der Zutritt erleichtert, so daß der Putz bis in die Tiefe gut durchkarbonisiert und dadurch besonders fest wird.

Bei sog. *Steinputzen* sind dem abgetönten Bindemittelgemisch farbige, gebrochene Natursteinkörnungen zugegeben. Steinputze werden nach dem Erhärten steinmetzmäßig bearbeitet (gespitzt, gestockt und scharriert).

Bei *Waschputzen* sind anstatt der Natursteinkörnungen abgerollte, farbige Natursteinkiesel mit dem Bindemittel gemischt. Diese Putzflächen werden 2 bis 3 Tage nach Fertigstellung mit verdünnter Salzsäure (1 : 1) abgesäuert und anschließend mit klarem Wasser gründlich nachgewaschen, so daß die farbigen Kiesel in der Mörtelgrundmasse sichtbar werden. Das Bindemittel im Oberflächenbereich kann auch durch Kontaktverzögerer so lange am Erhärten gehindert werden, bis der Untergrund fest genug ist, um die oberflächliche Bindemittelschlämme abwaschen zu können und damit die Sandkörner sauber sichtbar werden. – Der Nüner-Wasch-Fassadenputz enthält anstatt der farbigen Kiesel verschiedene Sorten gebrochener Seemuscheln. Kontrastwirkung kann erzielt werden durch Einfärben des Mörtels mit alkalibeständigen Pigmenten (Eisen- und Chromoxiden, Titanoxid; vgl. „Zementfarben", Abschnitt 6.4.9). Als Unterputz für Steinputze und Waschputze ist Mörtelgruppe P III zu verwenden.

Sogenannten „wasserdichten" Edelputzen sind wasserabweisende Kunstharze oder andere hydrophobe Stoffe zugesetzt, die die Atmungsfähigkeit nicht beeinträchtigen. Sie sind daher nur wasserabweisend, nicht dagegen wasserdicht bei Dauerfeuchtigkeit oder gegen Druckwasser.

7.2.6 Innenwandputz

Aufbau vgl. Tafel 7.15 Seite 387. – Soll dem Oberputz Gips zugesetzt werden, so ist *auch im Unterputz Gips* zu verwenden! – *Putzdicke* i. M. 15 mm. Bei einlagigen Putzen aus Mörteln der Gruppe P IVa sowie aus Fertigputzgips darf sie 5 mm nicht unterschreiten.

7.2.7 Innendeckenputz

Aufbau siehe Tafel 7.16. – *Putzdicke* mind. 15 mm (sonst nicht als feuerhemmend anerkannt!), aber nicht über 20 mm. Bei einlagigen Putzen aus Mörteln der Gruppe P IVa sowie aus Fertig- und Haftputzgips darf sie 5 mm nicht unterschreiten. Die Putzdicke wird ausschließlich des Putzträgers gemessen. – Sollen *Schallschluckplatten* auf Deckenputz aufgeklebt werden, muß dieser aus einem Mörtel der Gruppe P II, P IVa, P IVb oder P V bestehen.

Da bei hölzernen Dachstühlen außer Setzungen auch mit Bewegungen durch Arbeiten des Holzes sowie durch Durchbiegungen der Sparren bei Windeinfall zu rechnen ist, sind beim Putzen *ausgebauter Dachgeschosse* alle Putzflächen, die von Teilen des Dachstuhles getragen werden (Dachschrägen, Kehlbalkendecken), vom Wandputz durch einen *Kellenschnitt* zu trennen. Anderenfalls ist Rissebildung unvermeidlich, weil der Wandputz die Bewegungen des Dachstuhles nicht mitmacht! – Der Kellenschnitt ist durch eine Tapetenleiste oder Kordel zu decken. – Ähnlich ist auch zu verfahren *unter Massivdecken*, wenn diese auf Gleitfolien im Mauerwerk aufgelegt sind.

7.2.8 Putze für den Brandschutz

Putze werden auch als brandschutztechnisch wirksame Bekleidung von Bauteilen zur Erhöhung des Feuerwiderstandes verwendet. Hierfür kommen Putze der Mörtelgruppe P II oder P IV nach DIN 18 550 oder Perlite- oder Vermiculiteputze in Frage (siehe auch DIN 4102 Teil 4 und Abschnitt 16.4.2).

7.2.8 Putze für den Brandschutz

Tafel 7.15 Innenwandputze

Zeile	Putzanwendung	Putzgrund[2])	Mörtelgruppen[1]) für Spritzbewurf	Unterputz[7])	Oberputz[7])[8])
1	Innenwandputz in Räumen üblicher Luftfeuchte (einschließlich häuslicher Küchen und Bäder)[5])	Mauerwerk aus saugfähigen oder rauhflächigen Steinen	–	P I	P I
2				P II	P I, P II, P IV[4])
3			P IVa / P IVb[3])	P IV	P IV
4			P V	P V	P IV, P V
5		Mauerwerk aus wenig saugenden und glatten Steinen, Holzwolle-Leichtbauplatten	P II, P III	P I	P I
6				P II	P I, P II, P IV[4])
7			P IVa / P IVb[3])	P IV	P IV
8			P V	P V	P IV, P V
9		Beton	wie Zeilen 5 bis 8 außerdem P III	P III	P III
10		Gipsbaustoffe[6])	P IVa / P IVb[3])	P IV	P IV
11	Innenwandputz in Feuchträumen	alle Wandbauarten	wie in Räumen üblicher Luftfeuchte mit Ausnahme der Mörtelgruppen P IV und P V		

[1]) und [3]) siehe Tafel 7.14, Fußnoten.
[2]) Innenwandputze auf Rabitzkonstruktionen siehe DIN 4121.
[4]) Gipshaltiger Oberputz auf P II erst nach ausreichendem Erhärten des Unterputzes auftragen!
[5]) Für Unterputze fugenloser Wandbeläge gilt nur die Mörtelgruppe nach Zeile 9.
[6]) Auf Gipskartonplatten nur Mörtelgruppe P IVa und P IVb.
[7]) Wird nur einlagig geputzt – bei Innenputzen vorzuziehen –, entfällt die Spalte Unterputz.
[8]) Als Oberputz auch Kunstharzputze P Org 1 oder P Org 2, auch als einzige Putzlage, aber nicht, wenn zweilagig mit P I als Unterputz geputzt wird. In Feuchträumen nicht P Org 2.

Mauer- und Putzmörtel, Estriche

Tafel 7.16 Innendeckenputze

Zeile	Putzanwendung	Putzgrund[9]	Mörtelgruppen[1] für		
			Spritz-bewurf	Unter-putz[7]	Ober-putz[7][8]
1	Innendeckenputze in Räumen üblicher Luftfeuchte (einschließlich häuslicher Küchen und Bäder)	Massivdecken, Holzwolle-Leichtbauplatten	P II, P III	P II	P I, P II, P IV[4]
2			P IVa P IVb[3]	P IV	P I, P IV
3			P V	P V	P I, P IV, P V
4		Decken mit Putzträger	wie Massivdecken, aber ohne Spritzbewurf; Unterputz ggf. unter Zusatz von Faserstoffen		
5		Gipsbaustoffe[6]	P IVa P IVb[3]	P IV	P IV
6	Innendeckenputze in Feuchträumen		Mörtelgruppen wie für Decken bei üblicher Luftfeuchte mit Ausnahme der Gruppen P IV und P V		
7			P III	P III	P III, P II

[1]) und [3]) siehe Tafel 7.14, Fußnoten.
[4]), [6]), [7]) und [8]) siehe Tafel 7.15, Fußnoten.
[9]) Innendeckenputze auf Rabitzkonstruktionen siehe DIN 4121 und Abschnitt 7.2.3 Ende.

a) Putze ohne Putzträger

Für die brandschutztechnische Wirkung des Putzes ist eine gute Haftung am Putzgrund unerläßlich, deshalb ist vor dem Putzen auf Mauerwerk oder Beton grundsätzlich ein mindestens 5 mm dicker Spritzbewurf aufzubringen. Lediglich bei maschinellem Putzauftrag mit Maschinenputzgips nach DIN 1168 (siehe Abschnitt 4.1.2c) und bei fugenreichem Mauerwerk (Ziegel- oder Steinaußenflächen $\leq$ 240 m × 115 mm), bei dem eine gute Verzahnung des Putzes in den Fugen gewährleistet wird, ist ein Spritzbewurf nicht notwendig. Bei sehr glattem Putzgrund – Stahlbauteile, Trapezbleche, Beton, der auf glatter Stahlschalung oder glatten, kunststoffbeschichteten Schalttafeln hergestellt wurde – sind Putzträger zu verwenden, andernfalls ist eine ausreichende Putzhaftung gesondert nachzuweisen.

b) Putze mit Putzträgern

Putzträger (Ziegeldrahtgewebe, Drahtgewebe, Streckmetall, Rippenstreckmetall, siehe Abschnitt 7.2.3) müssen ausreichend verankert werden, Stöße sollen sich etwa 100 mm überlappen, die einzelnen Putzträgerbahnen sind dabei durch Verrödelung mit Draht zu verbinden. – Putz kann auch auf Holzwolleleichtbauplatten (siehe Abschnitt 16.1.4) aufgebracht werden.

c) Perliteputz, Vermiculiteputz

Sie werden für zweilagige Putze wie folgt verwendet:

Unterputz, mind. 10 mm dick, Mischungsverhältnisse:

1 RT Zement : 4 bis 5 RT Perlite, Körnung etwa 0/3 mm, bzw. geblähte Vermiculite, Körnung etwa 3/6 mm oder

1 RT Baugips: etwa 1,5 RT Perlite oder Vermiculite, Körnung wie vor

Oberputz, etwa 5 mm dick, Mischungsverhältnisse wie vor, Anteil der Körnung 0/1 mm im Perlite oder Vermiculite höchstens 30 %. Zur besseren Verarbeitung dürfen bei zementhaltigen Putzen bis zu 20 % des Zementes durch Kalkhydrat ersetzt werden. − Die Rohdichte von Perlite und Vermiculite darf bei loser Einfüllung in ein Meßgerät höchstens 0,13 kg/dm³ betragen. − Die Putzoberfläche ist zu glätten oder zu filzen.

d) Putzdicke

Die brandschutztechnisch notwendige Putzdicke ist von der geforderten Feuerwiderstandsklasse und sonstigen Gegebenheiten, wie Art des zu schützenden Bauteils, bei Stahlstützen Verhältnis der einem Feuer ausgesetzten Oberfläche zum Stahlquerschnitt, abhängig. − Bei Stahlstützen mit einer Bekleidung aus Putz auf nichtbrennbarem Putzträger schwankt z. B. die Mindestputzdicke zwischen 15 mm (Feuerwiderstandsklasse F 30-A) und 65 mm (F 180-A) bei Putz aus Mörtelgruppe P II oder P IVc. Bei Putz aus Mörtelgruppe P IVa oder P IVb oder den sich noch etwas günstiger verhaltenden Perlite- oder Vermiculiteputzen kann die Putzdicke i. allg. 5 oder 10 mm geringer sein.

7.2.9 Putze mit überwiegend organischem Zuschlag

Nach DIN 18 550 können auch organische Stoffe als Zuschlag für Putz verwendet werden. Zur Verwendung kommen Kunststoffgranulate als Zuschlag mit dichtem Gefüge und geschäumte Kunststoffe als Zuschlag mit porigem Gefüge. Der Zuschlag muß alterungsbeständig sein, die physikalischen Eigenschaften des Putzes dürfen sich im Laufe der Zeit nicht wesentlich ändern. − Mit organischem Zuschlag hergestellte Putze haben meist spezifische Eigenschaften, z. B. hohe Wärmedämmung, die Putzdicke richtet sich nach dem angestrebten Effekt. Der Putz wird in der Regel als Werk-Trockenmörtel geliefert, die Anweisungen des Mörtelherstellers hinsichtlich Anwendung, Putzlagen, Art des Oberputzes oder einer Beschichtung sind zu befolgen.

7.2.10 Wärmedämmputz

Als Wärmedämmputz werden solche Putze bezeichnet, deren Wärmeleitzahl $\lambda \leq 0,2$ W/(m · K) beträgt (als Rechenwert). Dies ist der Fall, wenn die Trockenrohdichte des erhärteten Mörtels $\varrho \leq 0,6$ kg/dm³ ist.

Als Zuschlag werden vorwiegend expandiertes Polystyrol (EPS) sowie Perlite und Vermiculite verwendet. Es können auch organische und mineralische Zuschläge kombiniert werden.

Je nach Art des Zuschlags lassen sich Wärmedämmputze folgender Rohdichtegruppen erzielen:

> $0{,}15 \leq 0{,}25$ kg/dm³   > $0{,}35 \leq 0{,}45$ kg/dm³
> $0{,}25 \leq 0{,}35$ kg/dm³   > $0{,}45 \leq 0{,}60$ kg/dm³

Dabei kann sich der Rechenwert für die Wärmeleitzahl bis auf 0,08 W/(m · K) erniedrigen.

Die Druckfestigkeit der Wärmedämmputze muß mind. 0,5 N/mm² betragen (Prüfung nach DIN 18 555).

Die Putze müssen mindestens der Brandschutz-Baustoffklasse B1 entsprechen.

Die Wärmedämmputze sind aus Werkmörteln herzustellen. Die Oberputze sollen auf die Wärmedämmputze abgestimmt, mit den Eigenschaften eines Putzes der Mörtelgruppen P I oder P II vergleichbar sein und ebenfalls aus Werkmörteln hergestellt werden. Die Druckfestigkeit des Oberputzes soll zwischen 0,8 und 5 N/mm² liegen. Durch entsprechendes wasserabweisendes Verhalten des gesamten Putzes muß sichergestellt sein, daß auch bei Regeneinfluß die Wärmedämmwirkung erhalten bleibt und die tatsächliche Wärmeleitzahl nicht ungünstiger wird als der Rechenwert.

Wärmedämmputze können in mehreren Lagen bis zu 8 cm dick aufgetragen werden. Je nach Putzdicke kann der k-Wert gegenüber normalem Putz auf Mauerwerk deutlich (um 10 bis 20 % und mehr) verbessert werden. − Die Wärmedämmung von 2 cm Wärmedämmputz niedriger Rohdichte entspricht etwa der Wärmedämmung von 115 mm Ziegelmauerwerk.

Die Lieferung von Wärmedämmputzen erfolgt in Papiersäcken von meist 30, 50 oder 75 Liter Inhalt, entsprechend einem Gewicht zwischen 10 und 20 kg je Sack.

7.2.11 Kunstharzputze DIN 18 558 (Jan. 85)

sind Putze als Beschichtungen mit organischen Bindemitteln. Sie bestehen aus Polymerisatharzen als Kunststoffdispersion oder Lösung, mineralischem oder organischem Zuschlag − auch als Füllstoff bezeichnet −, Kornanteil überwiegend > 0,25 mm, und ggf. Zusatzstoffen, z. B. Weiß- und Buntpigmenten, Zusatzmitteln wie filmbildende Hilfsstoffe, Entschäumer, Verdickungsmittel sowie Wasser oder Lösungsmittel zur Einstellung der Verarbeitungskonsistenz. Das Bindemittel kann vorliegen als Kunststoffdispersion mit oder ohne Weichmacheranteil, z. B. Polymere aus Acrylsäureestern, Methacrylsäureestern, Vinylacetat, Vinylpropionat, Styrol, Butadien und Styrol-Acrylat oder als Lösung mit oder ohne Weichmacheranteil, z. B. Polymere aus Acrylsäureestern, Methacrylsäureestern, Vinylaromaten. Der Bindemittelgehalt des Beschichtungsstoffes für Kunstharzputze muß als Innenputz mind. 4,5 Masse-%, für andere Kunstharzputze mind. 7 Masse-% Polymerisatharz-Festgehalt, bezogen auf den Festkörper, enthalten. Ist das Größtkorn im Beschichtungsstoff ≤ 1 mm, muß der Bindemittelgehalt um 1 % höher sein, also 5,5 Masse-% bzw. 8,0 Masse-% betragen.

Kunstharzputze werden auf Unterputz aus Mörteln mit mineralischen Bindemitteln oder auf Beton aufgebracht. Zuvor ist ein Grundanstrich erforderlich.

Kunstharzputze werden verarbeitungsfertig vom Herstellerwerk geliefert. Außer geringer Zugaben von Wasser oder Lösemitteln zur Regulierung der Konsistenz sind Veränderungen der Zusammensetzung unzulässig.

Kunstharzputze werden in 2 Typen unterteilt:
P Org 1   für Außen- und Innenputz
P Org 2   für Innenputz

Der Beschichtungsstoff für Kunstharzputz muß rißfrei auftrocknen. Die Verfestigung erfolgt durch Verdunsten des Wassers oder des Lösemittels. Die Schichtdicke des Kunstharzputzes richtet sich nach der Korngröße des Größtkorns (= Mindestschichtdicke) oder der gewünschten Oberflächenstruktur.

Bei der Herstellung sollen Untergrund und umgebende Luft eine Temperatur von mind. 5 °C haben, bei starker Sonnenbestrahlung oder starker Windeinwirkung sollte Kunstharzputz nicht aufgebracht werden.

Als Unterputz kommt P I allgemein nicht in Frage, alle anderen Mörtelgruppen sind als Unterputz für Kunstharzputze geeignet, Mörtelgruppen P IV und P V nur bei Innenputzen.

Kunstharzputze werden seit etwa 1960 in nennenswertem Umfang verwendet. Ein breites Anwendungsgebiet haben sie als Deckschicht außenliegender Wärmedämmsysteme, z. B. der „Thermohaut" auf Außenwänden: Auf die mit Spezialkleber (kunststoff-gefüllte Zementmörtel) auf die Wand geklebten Hartschaumplatten aus Polystyrol oder Polyurethan werden Glasgittergewebe in Kunststoffmörtel eingebettet und darauf der Kunstharzputz aufgebracht. – Auch zur Beschichtung von Fertigteilen (Großtafelbau, Fertiggaragen) oder von Holzspanplatten (Fertighausbau) sind Kunstharzputze geeignet. Die Prüfung von Kunstharzputzen erfolgt nach DIN 18556 – Prüfung von Beschichtungsstoffen für Kunstharzputze und von Kunstharzputzen – (Jan. 85). Geprüft werden u. a.: Bindemittelart, Bindemittelgehalt, untere Verarbeitungstemperatur, Rißfreiheit, Wasserdampfdurchlässigkeit, kapillare Wasseraufnahme, Frost-, Alkali- und Verseifungsbeständigkeit.

7.2.12 Sonstige Putzmörtel

Als *Sanierputze* werden werksgemischte Trockenmörtel bezeichnet, die auf feuchtem, auch salzhaltigem Mauerwerk fest haften, eine hohe Wasserdampfdurchlässigkeit haben und wasserabweisend sind, meist mit hohem Luftporenvolumen. Sie sollen die Feuchtigkeitsabgabe des Mauerwerks nicht behindern, die Feuchtigkeit soll aber innerhalb des Putzes verdunsten und nicht kapillar bis zur Oberfläche geleitet werden, um sichtbare Salzablagerungen und Ausblühungen zu verhindern, so daß die Putzoberfläche ansehnlich und ohne Schäden bleibt. Zugleich sollen Sanierputze das Eindringen von Feuchtigkeit in das Mauerwerk verhindern. Sanierputze sind keine Sperrputze. Die Druckfestigkeit nach 28 Tagen ist in der Regel kleiner als 6 N/mm^2, der Luftporengehalt des Frischmörtels größer als 25 Vol.-%, die Wasserdampfdiffusionswiderstandszahl kleiner als 12.

Schlitzmörtel sind Werk-Trockenmörtel zum Zuputzen von Wandschlitzen und Installationsschächten. Meist Zementmörtel mit kugelig expandiertem Polystyrol als Zuschlag und chemischen Zusätzen. Haften gut, können in einem Arbeitsgang bis 6 cm dick aufgebracht werden, sind geschmeidig und umhüllen Rohrleitungen weitgehend hohlraumfrei, gute Wärmedämmung.

Als *Trockenputz* werden Gipskartonplatten oder Gipsfaserplatten (siehe Abschnitt 4.1.6) bezeichnet, die anstelle von Putzmörtel zur Bekleidung von Wänden und Decken dienen.

7.2.13 Putzbewehrung

ist eine Einlage im Putz aus *Metall, mineralischen Fasern* (Glas) oder *Kunststoff-Fasern, die zur Verminderung der Rißbildung* dient. Sie verbessert auf bestimmtem, schwierigem Putzgrund die Zugfestigkeit des Putzes (Einlage in der zugbelasteten Zone). Die Verbindung der Putzbewehrung mit dem Putzgrund soll auf das notwendige Haften beschränkt werden, um möglichst wenig Spannungen des Putzgrundes auf die Bewehrung zu übertragen. Stöße von Bewehrungsgeweben sind in der Regel 10 cm zu überlappen. Die Art der Bewehrung ist auf Putzgrund, Putzart und Zusammensetzung des Putzmörtels abzustimmen. Häufig ist eine Bewehrung nicht ganzflächig notwendig, oft genügt eine Fugenbewehrung oder auch eine Faser- bzw. Haarbeimischung in den Mörtel. – Faser- oder Haarbeimischungen gelten als Mörtelzusatzstoffe, nicht als Putzbewehrung.

Viel verwendet wird Glasgitter-Armierungsgewebe, besonders für Putze auf Wärmedämmschichten (siehe Thermohaut, Abschnitt 7.2.11). Die Glasfasern sind dabei versiegelt, um sie vor einem Alkaliangriff durch den Putz zu schützen.

Ebenfalls vielfach verwendet werden punktgeschweißte, verzinkte Drahtgitter, Drahtdicke etwa 1 mm, Maschenweite 10 bis 15 mm, besonders zur ganzflächigen Bewehrung von Holzwolleleichtbauplatten.

7.3 Maßnahmen zur Vermeidung von Putzschäden

Zweckmäßige Mörtelzusammensetzung wählen sowie möglichst sauberen, gemischtkörnigen Sand mit geringem Hohlraumgehalt verwenden, siehe Angaben bei Abschnitt 7.2.2.

Zementputz ist starr, wird *leicht rissig* wegen ungleicher Ausdehnung von Putz und Ziegelgrund (Ausdehnungszahl von Zementputz mehr als doppelt so groß wie von Ziegeln!). Bei Außenputz saugen dann Haarrisse kapillar Wasser an (Wanddurchfeuchtung, Frostschäden). Zementputz außen nur auf Beton sowie als Sockelputz und unter der Erde; im Innern ausnahmsweise für mechanisch beanspruchten Sockelputz. Hat geringe Dampfdurchlässigkeit und Wasseraufnahme, *schwitzt leicht!* – Zementputz mit Zementglättschicht nur bei Putzflächen, die ständig feucht bleiben, etwa als Behälterputz oder auf Bauteilen im Grundwasser.

Zweilagiger Putz: Obere Schicht nicht härter (i. allg. magerer!) *als die darunterliegende,* weil sie dann nachgiebiger ist und die Schwindung des fetten Unterputzes sowie die Temperaturspannungen des Untergrundes ausgleicht!

Die jeweiligen für den Unterputz und Oberputz zu wählenden Mörtel geben die Tafeln 7.14 bis 7.16 (siehe Abschnitte 7.2.5 und 7.2.6) an. Soweit danach für den Oberputz Zement ausgeschlossen ist, ist auch Zusatz von „Dykerhoff-Weiß" nicht möglich. – Der Oberputz ist aufzubringen, sobald der Unterputz so weit angezogen hat, daß er den Oberputz tragen kann („frisch auf frisch"). Nur bei empfindlichem, farbigem Edelputz (nicht „Steinputz", Abschnitt 7.2.5) läßt man den angerauhten Unterputz erst trocknen, weil sonst ungleichmäßiges Trocknen des Unterputzes infolge ungleichmäßigen Putzgrundes zur Fleckenbildung führen kann. Dann gründlich vornässen. Bei Steinputzen aus naturfarbigem, grobem Korn ist diese Fleckenbildung nicht zu befürchten.

Untergrund muß sauber (*abfegen!*), fest und rauh sein (Fugen auskratzen, u. U. mit Zementmörtel 1 : 3 vorspritzen (s. o. 7.2.3, 3. Absatz!). Entsprechend Witterung und Saugfähigkeit *vornässen* (Ausnahme siehe Abschnitt 7.2.4a)! Mörtel stets mit der Kelle kräftig *anwerfen,* so daß er gut verdichtet und die Luft darunter verdrängt wird; nicht mit dem Brett aufziehen! Nicht bei Sonne oder trockenem Ostwind, aber auch nicht bei Frost oder zu erwartendem Frost putzen. Im Sommer Putz lange feuchthalten und gegen Sonne schützen.

Sottflecke (braun) von durchschlagendem Glanzruß verfärben Anstrich und Tapete.

Ruß ist reiner Kohlenstoff, der sich bei Verfeuerung gasreicher Brennstoffe aus den Verbrennungsgasen ausscheidet, wenn die Verbrennung infolge ungenügender Sauerstoffzufuhr oder infolge zu starker Abkühlung der brennbaren Gase an kalten Flächen unvollständig erfolgt.

Glanzruß bildet sich auf den Schornsteininnenwandungen als schwarzglänzende Schicht aus Ruß in Mischung mit Flugasche und teerigen Bestandteilen unter Einwirkung von Feuchtigkeit. – Diese kann z. B. von außen durch frostgeschädigte oder sonst undichte Schornsteinköpfe eindringen. Meist kondensiert sie im Inneren auf kühlen Schornsteinflächen bei Verfeuerung von Heizöl oder wasserdampfabgebenden Brennstoffen (frisches Holz, feuchter Torf, feuchte Braunkohle o. ä.). Glanzruß versottet die Schornsteinwandungen und schlägt durch („Sottflecke"). Bei Entzündung führt er zu Schornsteinbränden.

Sottflecke werden heute meist durch lösungsmittelhaltige Farben (z. B. pliolite-Farben) so abgedeckt, daß die die Flecke bildenden Partikelchen nicht mehr an die Oberfläche wandern können und den nachfolgenden Anstrich farblich nicht mehr beeinflussen können.

7.4 Ausblühungen

DIN 51 100 (April 57) Prüfung keramischer Roh- und Werkstoffe; Bestimmungen der löslichen Salze

Sie sind Stoffe, die sich sichtbar auf der Oberfläche von Mauerwerk oder Putz ablagern. Sie treten auf, wenn wasserlösliche Stoffe im Bauteil gelöst, durch Poren zur Oberfläche transportiert und beim Verdunsten des Wassers abgelagert werden. Sichtbare Ausblühungen sind besonders dann zu beobachten, wenn ein Bauteil länger durchfeuchtet wird, lösliche Stoffe vorhanden sind und die Verdunstungsgeschwindigkeit gering ist. Bei schneller Verdunstung erfolgt der Übergang: Flüssiges Wasser – Dampf schon innerhalb des Bauteils, wobei sich die gelösten Stoffe schon in den Poren unterhalb der Oberfläche und damit unsichtbar ausscheiden. Ausblühungen sind vorwiegend weiß, seltener grün, auch gelblich (Vanadium-, gelegentlich auch Chrom- oder Molybdän-Verbindungen).

Häufig werden Ausblühungen ganz allgemein als „Salpeter" oder „Mauersalpeter" bezeichnet. Diese Bezeichnung trifft nur für die heute relativ seltenen Nitratausblühungen zu, siehe Abschnitt 7.4.1d. Die meisten Ausblühungen sind Karbonate oder Sulfate, auch Chloride.

Die ausblühenden Stoffe können aus dem Mörtel, aus den Ziegeln oder aus anderen Baustoffen herausgelöst sein. Um festzustellen, ob Baustoffe ausblühfähige Stoffe enthalten, müssen *unverarbeitete Rückstellproben* untersucht werden. Verarbeitete Baustoffe können durch die kapillare Saugfähigkeit aus dem Mörtel oder anderen Baustoffen ausblühfähige Stoffe aufnehmen, die sie ursprünglich nicht enthielten. Prüfung: Auslaugung mit destilliertem (entionisiertem) Wasser (Perkolatorverfahren DIN 51 100) und anschließender Analyse des Wasserauszugs (Perkolats).

Als Perkolator wird eine sich nach unten kegelig verjüngende, etwa 45 cm lange Glasröhre bezeichnet, die am unteren Kegelende durch einen Glashahn verschlossen werden kann. Wird in das untere Ende des Perkolators ein Filter (z. B. Watte) und darauf pulverisiertes Probematerial eingeführt, so kann die Probe durch destilliertes Wasser ausgelaugt werden, wobei der Wasserdurchtritt durch eine entsprechende Einstellung des Glashahns geregelt wird. Das langsam austropfende Wasser (Perkolat) wird aufgefangen und analysiert (Bestimmung von SO_4^{--}, Ca^{++}, Mg^{++}, Na^+ und K^+).

7.4.1 Art und Herkunft der Ausblühungen

a) Karbonate

1. **Kalk- wie Zementmörtel** enthalten im Mörtelwasser bis 1,7 g/l gelöstes $Ca(OH)_2$. Darüber hinaus können weitere Mengen an $Ca(OH)_2$ als Festteilchen im Mörtelwasser (Suspension) enthalten sein. Dieses $Ca(OH)_2$ zieht beim Vermauern trockener, nicht vorgenäßter poröser Ziegel in die Steine, setzt sich beim Verdunsten des Wassers an ihrer Oberfläche ab und verwandelt sich dann durch Aufnahme von CO_2 aus der Luft zu $CaCO_3$ (siehe Abschnitt 4.4.1).

2. Auf gleiche Weise erklären sich im Ziegelrohbau vielfach auch *Schmutzränder* um die Ziegel nach dem Fugen, weil das $Ca(OH)_2$-haltige Mörtelwasser des Fugenmörtels angesogen wurde.

   Sehr kräftige, von Fugen ausgehende Karbonat-Ausblühungen entstehen auf Ziegel- und Klinkerflächen, wenn unmittelbar nach dem Fugen die frisch verfugte Mauerfläche von Schlagregen getroffen wird. Dieser wäscht aus den Fugen das im Mörtel enthaltene $Ca(OH)_2$, welches größtenteils beim Ablaufen an der Oberfläche der Steine kapillar festgehalten wird und dann dort karbonatisiert.

3. Soda (Na_2CO_3) führt meist zu Ausblühungen, falls es dem Mörtelwasser als Frostschutzmittel oder Erstarrungsbeschleuniger zugesetzt wird.

4. An altem Mauerwerk können Karbonatausblühungen entstehen, wenn es durch *Regenwasser* durchnäßt wird. Dieses verwandelt infolge seines Kohlensäuregehaltes den in den Fugen erhärteten Kalk $CaCO_3$ in wasserlösliches Kalziumhydrogenkarbonat (Kalziumbikarbonat) $Ca(HCO_3)_2$. Dieses zerfällt beim Verdunsten unter Ausscheidung von Kalk:
$Ca(HCO_3)_2 = CaCO_3 + H_2O + CO_2$.

Gegenmaßnahmen zu 1 bis 4: *Annässen* der Steine vor dem Vermauern bzw. der Mauer vor dem Fugen, um sie so weit zu sättigen, daß sie kein $Ca(OH)_2$-haltiges Mörtelwasser mehr aufsaugen. – Vermeidung von Frostschutzmitteln oder anderen Zusätzen, die zu Ausblühungen führen können. – Fertiges Mauerwerk möglichst gegen Regenwasserdurchfeuchtung *absperren*.

Bei Verarbeitung von Kalkmörtel (Luftmörtel) ist das Annässen saugender Steine außerdem erforderlich, um durch Absaugen des Mörtelwassers den Erhärtungsvorgang in der Fuge nicht zu stören. Denn dazu ist nicht nur Luft, sondern auch Wasser nötig, da CO_2 der Luft sich nicht ohne weiteres mit $Ca(OH)_2$ verbinden kann; erst muß es durch Zutritt von H_2O zu H_2CO_3 umgebildet werden:

$$Ca(OH)_2 + \underbrace{CO_2 + H_2O}_{H_2CO_3} = CaCO_3 + 2\,H_2O$$

So ist es auch erklärlich, daß trocken gelöschte Kalke in trockener Luft beliebig lange aufbewahrt werden können, ohne abzubinden.

7.4.1 Art und Herkunft der Ausblühungen

5. *Feuchte Wandflecke* in wiederhergestellten, ausgebrannten Häusern können auf hygroskopische *Aschensalze* zurückzuführen sein (Pottasche K_2CO_3 von verbrannten Holzteilen), wenn am Mauerwerk liegender Brandschutt der Durchfeuchtung ausgesetzt war.

Karbonatausblühungen sind harmlos (nur Schönheitsfehler), soweit es sich um das unlösliche $CaCO_3$ handelt; das hygroskopische Kaliumkarbonat dagegen führt zu Mauerdurchfeuchtungen und -zermürbungen. Vergleiche „hgygroskopisch", Abschnitt 7.4.1c.

b) Sulfate:

1. *Zementmörtel,* der lösliches $CaSO_4$ und Alkalien enthält (dem Zement wird Gips zur Regelung der Erstarrungszeit zugemahlen), kann im Ziegelrohbau zu Sulfatausblühungen führen, wenn er mit aufsaugfähigen Steinen verarbeitet wird. Grund wie unter a) 1 und a) 2. Besonders leicht blüht Na_2SO_4 aus. Diese Ausblühungen wiederholen sich nach jedesmaliger Durchfeuchtung u. U. jahrelang (bis alles Sulfat ausgelöst ist), *besonders an Schlagwetterseiten,* da Regenwasser ein sehr großes Lösungsvermögen hat (es ist CO_2-haltig und frei von gelösten Salzen).

2. Sulfatausblühungen können auch zurückzuführen sein auf Sulfatgehalt der *Ziegel* oder des *Mörtelwassers* (z. B. Meerwasser), auf sulfathaltiges (z. B. durch Beton durchgesickertes) Sickerwasser oder sulfathaltige *Grundfeuchtigkeit* (stets bei gipshaltigen Böden und in der Nähe von Koks- und Schlackenhalden)!

Bei Ziegeln kann nach *Lipinski* mit Vorbehalt gesagt werden, daß das Auftreten von Ausblühungen bei einem Gehalt an Magnesium- und Natriumsulfat von zusammen unter 0,04 Masse-% unwahrscheinlich, bei einem Gesamtgehalt von über 0,08 Masse-% als wahrscheinlich anzunehmen ist. Natrium- und Magnesiumsulfat kristallisieren im Gegensatz zu Kaliumsulfat mit Kristallwasseraufnahme aus und können u. U. durch den Kristallisationsdruck zu Abmehlung, Gefügezerstörungen und Abdrücken von Putz führen, siehe auch Angaben über Ausblühsalze in Ziegeln in DIN 105 – Mauerziegel –.

3. Zuweilen rühren Sulfatausblühungen vom *Gipszusatz* zum inneren Wandputz auf zu dünnen Außenwänden her. Wenn diese im Winter infolge Abkühlung der Raumluft an der Innenseite schwitzen oder durch sie, besonders an Wetterseiten, der Regen durchschlägt, geht der im Putz befindliche Gips in Lösung und wird beim Verdunsten dieser sowohl nach innen wie nach außen ziehenden Lösung abgesetzt. Bei öfterer Wiederholung Zermürbung des Putzes.

4. Wegen Sulfatausblühungen auf Außenputz in Industriegegenden vgl. Abschnitt 4.4.1 unter „Dolomitkalk".

Gegenmaßnahmen: Bei Mauerwerk aus saugfähigen Steinen mit *Zement sparen,* auf keinen Fall mit Zementmörtel fugen (Zementfugen nur für wasserundurchlässige Klinkerverblendung!). Zementhaltiges Mauerwerk ab*sperren* gegen Durchfeuchtung durch aufsteigende, seitlich eindringende oder Sickerfeuchtigkeit! Auf nicht genügend wetter- und wärmedichten (innen schwitzenden) Außenwänden keinen Innenputz mit Gipszusatz!

Bei langdauernder Wirkung können Sulfate zur völligen Zermürbung der Ziegel führen, besonders wenn diese nur schwach gebrannt sind.

c) Chloride

1. Chloridausblühungen auf Ziegelrohbauflächen sind meist zurückzuführen auf *unsachgemäßes Absäuern,* das vor dem Fugen mit verdünnter Salzsäure (siehe Abschnitt 7.4.2b) vorgenommen wird, um bereits zu $CaCO_3$ abgebundene, wasserunlösliche Mörtelspritzer zu entfernen. Die Salzsäure verwandelt dabei den Kalk in lösliches, abwaschbares Kalziumchlorid:

$$CaCO_3 + 2\ HCl = CaCl_2 + H_2O + CO_2.$$

Wird vor dem Absäuern das Mauerwerk nicht gründlich genäßt, so zieht HCl in die Fugen und Steine und löst dort gleichfalls Kalk (und Zement). Auch nach dem Absäuern muß gut nachgespült werden, sonst bilden in den Fugen zurückgebliebene Säureteilchen das im Fugenmörtel enthaltene $Ca(OH)_2$ ebenfalls zu löslichem $CaCl_2$ um, welches sich dann beim Verdunsten absetzt:

$$Ca(OH)_2 + 2\ HCl = CaCl_2 + 2\ H_2O.$$

Durch den Säureangriff wird auch die Haftung des Fugenmörtels an die Steine verhindert. Es entstehen dann Risse zwischen Stein und Fugenmörtel, die zu Mauerdurchfeuchtungen führen (besonders gefährlich bei Hartbrandstein- und Klinkerverblendung! Vergleiche „Klinker", 2).

Gegenmaßnahmen: Mauerwerk vor dem *Absäuern* gründlich *nässen*, nach dem Absäuern möglichst schnell und reichlich *nachspülen*.

Man braucht nicht zu fürchten, daß durch das Annässen die Austrocknung des Baues verzögert wird, da das aufgesogene Wasser in wenigen Tagen verdunstet.

2. Chloridausblühungen können auch von chlorhaltigen *Frostschutzmitteln* herrühren.

Chloride sind meist *hygroskopisch,* d. h., sie nehmen – wenn sie nicht durch Schlagregen abgespült werden – bei feuchtem Wetter aus der Luft so viel Wasser auf, daß sie in Lösung gehen (*feuchte Flecke* an der Wand). Bei trockenem Wetter kristallisieren sie infolge Verdunstung des Wassers wieder aus usw. Durch den sich auf diese Weise ständig wiederholenden Kristallisationsdruck zermürben sie allmählich Mörtel und Steine.

d) Nitrate

Nitrate sind oft *hygroskopisch*. Nitratausblühungen können entstehen durch *nitrathaltige Steine*, wobei die Nitrate nachträglich in die Steine eingewandert sind.

Echter Mauersalpeter (Mauerfraß) $Ca(NO_3)_2$ entsteht durch stete Zufuhr von Stickstoffverbindungen (*Jauche*, undichte Klosettrohre, nitrathaltiges Grundwasser, faulende Stoffe, *Kunstdünger*). Diese wandeln sich mit dem Kalk im Mörtel um in Kalziumnitrat $Ca(NO_3)_2$, welches sich mit der Zeit so stark anhäufen kann, daß das ganze Bauwerk zerstört wird: einerseits durch Lockerung des Mörtels infolge der Umbildung und Herauslösung des Kalkes, andererseits – wegen der hygroskopischen Eigenschaft des Nitrates – durch Zermürbung von Mörtel und

Stein infolge des im Wechsel von trockener und feuchter Witterung ständig abwechselnden Lösungs- und Kristallisationsvorganges des Salzes; vgl. Abschnitt 7.4.1c Schluß. – Zeigen sich bei feuchtem Wetter nur vereinzelte nasse Flecke, die bei trockener Witterung als „Salpeterflecke" ausblühen, so ist anzunehmen, daß die Ziegel nicht von vornherein Nitrate enthielten. Vielmehr sind nur vereinzelte Ziegel nachträglich verunreinigt dadurch, daß sie im Stapel *auf Humusboden gestanden* haben oder daß gegen sie *uriniert* wurde.

Gegenmaßnahmen: Unterbindung des Zuflusses von stickstoffhaltigen Stoffen durch gute Dichtung der Rohre, *Absperren* gegen eindringende Jauche oder nitrathaltige Abwässer (waagerechte Sperrpappe in den Mauern muß beiderseits auch durch den Putz hindurchgehen!) sowie *Sicherung gegen Berührung* mit Kunstdünger, Mist, Pflanzen- oder Humusresten. Bei Neubauten Steinstapel nicht ohne Unterlage auf humushaltigen Boden aufsetzen!

e) **Sonstige Ausblühungen**

Durch wasserlösliche Chemikalien, Industrieabwässer und Abdämpfe der chemischen Industrie, z. B. nitrose Dämpfe, Essigdämpfe usw. Letztere bilden essigsauren Kalk (schon in wenigen Tagen darstellbar, indem man eine Mörtelprobe in einem abgedeckten Glasgefäß, dessen Boden mit Essig bedeckt ist, den Essigdämpfen aussetzt).

7.4.2 Beseitigung von Mauerausblühungen

a) *Unterbindung* der ursächlichen *Mauerdurchfeuchtung*, besonders durch Regenwasser und Bodenfeuchtigkeit.

b) Entfernung der Ausblühungen durch *trockenes Abbürsten*. Bei Naßbehandlung würden die ausgeblühten Salze nach Lösung größtenteils wieder vom Mauerwerk aufgesogen! Nur bei Karbonaten – wenn erforderlich – danach noch Absäuern mit 5- bis 6%iger Essigsäure oder handelsüblicher (etwa 36%iger) Salzsäure, in Wasser verdünnt auf 1 : 10 für Mauerflächen; 1 : 50 für Putzflächen. Dabei ist wesentlich gutes Vornässen und gutes Nachspülen! Vgl. Abschnitt 7.4.1.

Eine bisweilen empfohlene Behandlung mit Bariumchloridlösung $BaCl_2$ zur Vorbeugung gegen Sulfatausblühungen ist unbefriedigend. Zwar werden dadurch die Sulfate in unlöslichen Schwerspat $BaSO_4$ überführt, gleichzeitig entstehen aber lösliche Chloride, die statt dessen ausblühen, z. B.:

$$CaSO_4 + BaCl_2 = \underbrace{BaSO_4}_{\text{unlöslich}} + \underbrace{CaCl_2}_{\text{löslich}} \text{ (Kalziumchlorid)}$$

c) *Hat das Mauerwerk schon gelitten*, so wird man es herausstemmen und ersetzen. Andernfalls ist der Putz abzuschlagen, der erweichte Mörtel aus den Fugen zu kratzen – wenn möglich –, das kranke Mauerstück wiederholt mit reinem Wasser abzuspülen und dies auch auf der anderen Mauerseite vorzunehmen. Nach dem Abtrocknen läßt man die Fugen wieder verstreichen und trocknen. Dann bringt man einen dickflüssigen Bitumenanstrich auf, bewirft diesen mit grobem Sand oder Zementspritzbewurf und verputzt nach dem Erhärten von neuem.

Wesentlich ist, daß der *Sperranstrich sachgemäß* durchgeführt wird: Ein dickflüssiger Anstrich muß heiß aufgetragen werden. Da aber, besonders im Winter, heißflüssige Anstriche bei Berührung mit dem Untergrund schnell erstarren, besteht die Gefahr, daß sie nicht in die Poren einziehen und keine mechanische Haftung erreicht wird. Es empfiehlt sich daher in jedem Falle ein *dünnflüssiger Voranstrich*. Auch dieser jedoch erfüllt nur seinen Zweck, wenn er auf einem trockenen, mindestens oberflächlich durch Absengen mit einer nicht rußenden Lötlampe getrockneten Untergrund aufgebracht wird. Denn ein Eindringen in die Poren des Streichgrundes ist nur möglich, wenn diese nicht mit Wasser gefüllt sind.

Für diesen Voranstrich kommen kaltflüssige *Bitumenlösungen* (Lösemittel: Benzin, Benzol, Schwefelkohlenstoff, Tetrachlorkohlenstoff) in Frage. *Bitumenemulsionen* dagegen, d. h. wäßrige Aufschlämmungen, in denen das Bitumen mittels des Emulgators (Seife, Wachs, Harze usw.) in feinster Verteilung im Wasser schwebend gehalten wird, sollten *nur* ausnahmsweise verwendet werden, *wenn* der *Untergrund nicht ganz trocken* ist. Man kann dann mit einer Vermischung der wäßrigen Emulsion mit der Porenfeuchtigkeit und damit mit einem Einbau des Bitumens in die Poren rechnen, während dies bei Verwendung einer Lösung wegen des Unvermögens der Lösemittel, sich mit Wasser zu mischen, ausgeschlossen ist. Bitumenlösungen auf feuchtem Untergrund sind daher unmöglich!

Bitumenlösungen wie -emulsionen hinterlassen beim Auftrocknen infolge Verdunstung des Lösemittels bzw. Wassers (50 v. H. und mehr) eine *poröse* Bitumenhaut. Sie ergeben daher keinen Film! Will man sie trotzdem nicht als Vor-, sondern (wegen bequemerer Verarbeitbarkeit) als Sperranstrich verwenden, so ist dies nur in einfachen Fällen und nur bei *mind. dreimaligem Aufstrich* zu verantworten. Jedem Aufstrich muß vor Aufbringung des nächsten eine Trockenzeit von mind. 24 Stunden, besser 3 bis 4 Tagen, belassen werden. Emulsionen erfordern bei feuchter Luft noch längere Trockenzeiten. In dauernd feuchten Räumen oder auf durchnäßtem Grund können sie überhaupt nicht trocknen und daher nicht verwendet werden! – Obige Trockenzeiten sind auch vor Aufbringen des ersten Heißanstriches auf den Voranstrich einzuhalten, während der zweite Heißanstrich dem vorhergehenden unmittelbar nach dessen Erkalten folgen kann. – Heißanstriche ohne Voranstrich sind unnütz, nicht nur wegen des Abschreckens auf dem kalten Grund, sondern auch, weil dieser i. d. R. etwas Feuchtigkeit enthält, die durch den Heißanstrich verdampft. Das entstehende Dampfpolster führt dann zur Blasenbildung und zum Ablösen. Aus dem gleichen Grunde sind ferner Heißanstriche auf einem Emulsionsgrund oft fraglich, denn auch nicht genügend durchgetrocknete Emulsionen enthalten noch Spuren von Wasser.

Da Bitumenemulsionen (fälschlich Kaltasphalte) wie auch Bitumenlösungen (bisweilen Bitumenlacke genannt) als Kaltbitumen (nicht zu verwechseln mit Kaltteeren, siehe Abschnitte 10.2.1 und 10.2.2) unter Phantasienamen im Handel sind, ist stets, je nach Verwendungszweck, die Feststellung wichtig, ob es sich bei dem Erzeugnis um eine Lösung oder eine Emulsion handelt.

Unterscheidung wie folgt: *Bitumenlösungen* sind beim Durchrühren *schwarzglänzend* und riechen nach dem Lösemittel (Benzin, Benzol, Schwefelkohlenstoff oder Tetrachlorkohlenstoff). *Bitumenemulsionen* dagegen sehen hell- bis *dunkelbraun* aus und riechen rein nach Bitumen. Der flüssige Anteil ist ja Wasser und hat keinen Geruch. Vor Unterscheidung aufgrund der Brennbarkeit des Lösungsmittels wird gewarnt. Erstens ist dies nicht eindeutig, da z. B. Tetrachlorkohlenstoff nicht brennt. Außerdem ist es bei der Explosionsneigung, besonders des Schwefelkohlenstoffes, nicht ungefährlich. Zumindest diesen Versuch nur mit geringen Mengen in einer flachen Schale durchführen.

Besonders wirksam auf trockenen Flächen ist der Voranstrich aus 6 Teilen Trinidad-Epuré-Pulver (siehe Abschnitt 10.2.9) in 4 Teilen Schwefelkohlenstoff. Vorsicht: feuergefährlich (nicht rauchen!), giftige Dämpfe (nicht in geschlossenen Räumen!).

Bei dem auf den Voranstrich aufzutragenden Heißanstrich aus Bitumen oder Asphaltmastix (siehe Abschnitt 10.2.9) ist darauf zu achten, daß die Masse nicht über 180 °C erwärmt wird, weil sie dann (ab 200 °C) durch Verkokung versprödet.

7.5 Estriche

Normen
DIN 272 (Febr. 86): Prüfung von Magnesiaestrich
DIN 273 Teil 1 (Mai 81): Ausgangsstoffe für Magnesiaestriche; Kaustische Magnesia
DIN 273 Teil 2 (Juli 83): Ausgangsstoffe für Magnesiaestriche; Magnesiumchlorid
DIN 1045 (Juli 88): Beton- und Stahlbeton, Bemessung und Ausführung

7.5 Estriche/7.5.1 Allgemeines

DIN 1100 (Okt. 89):	Hartstoffe für zementgebundene Hartstoffestriche
DIN 1995 T 1 bis T 5 (Okt. 89):	Bitumen und Steinkohlenteerpech; Anforderungen an die Bindemittel
DIN 1996 T 4 (Nov. 84):	Prüfung von Asphalt; Herstellung von Probekörpern aus Mischgut
DIN 1996 T 13 (Juli 84):	Prüfungen bituminöser Massen für den Straßenbau und verwandte Gebiete; Eindruckversuch mit ebenem Stempel
DIN 4109 (Nov. 89):	Schallschutz im Hochbau; Anforderungen und Nachweise
Beiblatt 1 zu DIN 4109 (Nov. 89):	–; Ausführungsbeispiele und Rechenverfahren
Beiblatt 2 zu DIN 4109 (Nov. 89):	–; Hinweise für Planung und Ausführung; Vorschläge für einen erhöhten Schallschutz, Empfehlungen für den Schallschutz im eigenen Wohn- oder Arbeitsbereich
DIN 18 202 (Mai 86):	Toleranzen im Hochbau; Bauwerke
DIN 18 560 T 1 (Aug. 81) und E (Jan. 89):	Estriche im Bauwesen; Begriffe, Allgemeine Anforderungen, Prüfung
DIN 18 560 T 2 (Aug. 81):	Estriche im Bauwesen; Estriche auf Dämmschichten (schwimmende Estriche)
DIN 18 560 T 2 E (Jan. 89):	Estriche und Heizestriche auf Dämmschichten (schwimmende Estriche)
DIN 18 560 T 3 (Jan. 85) und E (Jan. 89):	Estriche im Bauwesen; Verbundestriche
DIN 18 560 T 4 (Apr. 85) und E (Jan. 89):	Estriche im Bauwesen; Estriche auf Trennschicht
DIN 18 560 T 5 (Aug. 81):	Estriche im Bauwesen; Zementgebundene Hartstoffestriche
DIN 18 560 T 7 E (Jan. 89):	Estriche im Bauwesen; Hochbeanspruchbare Estriche (Industrieestriche)
DIN 52 108 (Aug. 88):	Prüfung anorganischer nichtmetallischer Werkstoffe; Verschleißprüfung mit der Schleifscheibe nach *Böhme*, Schleifscheiben-Verfahren
AGI-Arbeitsblätter der Arbeitsgemeinschaft Industriebau e. V., Köln	
AGI-Arbeitsblatt A 12 T 1 (Okt. 86):	Industrieböden; Industrieestriche; Ergänzungen zu DIN 18 560; Zementestrich, zementgebundener Hartstoffestrich
A 12 T 2 (März 88):	–; Anhydritestrich
A 50 (Jan. 68):	Magnesiumgebundene Beläge; Estriche
A 61 (Febr. 71):	Industrieböden; Gußasphalt als Nutzboden
A 80 (Jan. 81):	Industrieböden aus Kunstharz; Imprägnierung, Versiegelung, Beschichtung, Estrich

Siehe auch Normen unter Abschnitte 7 und 7.1.

Estriche sind vorwiegend waagerechte Mörtelschichten, die entweder selbst Nutzflächen sind (Kellerfußboden, Industrieböden) oder mit einem Belag versehen werden, der dann die Nutzfläche darstellt.

7.5.1 Allgemeines

Je nach Verbindung zum tragenden Untergrund unterscheidet man:

a) *Verbundestriche,* die direkt mit dem tragenden Untergrund verbunden sind; der Verbund kann gegebenenfalls durch eine Haftbrücke (Anstrich oder dünne Schicht) verbessert werden.

b) *Estriche auf Trennschicht,* die durch eine dünne Zwischenlage (Folien, Ölpapier, Pappen) vom tragenden Untergrund getrennt sind.

c) *Schwimmende Estriche,* die als lastverteilende Platten auf einer Dämmschicht aufgebracht werden, auf der Unterlage beweglich sind und keine direkte Verbindung mit angrenzenden Bauteilen haben.

Estriche werden meist *einschichtig* hergestellt. *Mehrschichtige* Estriche (mit Unter- oder Übergangsschichten und Ober- oder Nutzschicht) werden angewendet, wenn an die Oberfläche besondere Anforderungen gestellt werden (z. B. farbiges Aussehen, hohe Abriebfestigkeit) und die entsprechenden Eigenschaften nicht für den gesamten Estrichquerschnitt gefordert werden. Übergangsschichten können auch bei größeren Festigkeitsunterschieden zwischen dem tragenden Untergrund und der Estrichoberschicht erforderlich sein (z. B. bei Hartstoffestrichen, siehe Abschnitt 7.5.5). Ein Ausgleichsestrich soll größere Unebenheiten des Untergrundes (zulässige Toleranzen siehe DIN 18 202) ausgleichen. Der eigentliche Estrich wird dann darauf aufgebracht.

Estriche können auch als *Fertigteilestriche* aus vorgefertigten, kraftschlüssig miteinander verbundenen Platten bestehen (siehe Abschnitt 4.1.6). Je nach Größe der Estrichfläche und Art des Estrichs erhalten Estriche durchgehende *Bewegungsfugen* oder bis zur Hälfte der Estrichdicke *eingeschnittene Scheinfugen* oder auch *Randfugen,* die den Estrich von seitlich angrenzenden Bauteilen trennen.

Estriche müssen eine bestimmte Festigkeit oder Härte haben und ausreichend dick sein. Gegebenenfalls müssen sie außerdem noch Anforderungen an die Rohdichte, den Schleifverschleiß (Abrieb) und die Oberflächenhärte erfüllen, wobei diese Anforderungen auf die Festigkeitsklasse des Estrichs abgestimmt sein müssen. Die geforderten Eigenschaften sollen möglichst gleichmäßig eingehalten werden, bei mehrschichtigen Estrichen in jeder Schicht.

Estriche werden nach dem verwendeten Bindemittel als Anhydritestrich, Magnesiaestrich, Zementestrich oder Gußasphaltestrich bezeichnet.

7.5.2 Anhydritestrich AE

wird aus AB 20 (siehe Abschnitt 4.2) und Sand, Mischungsverhältnis 1 : max 2,5 Raumteile bzw. mind. 450 kg Anhydritbinder je m^3 fertigen Estrichs, hergestellt, gegebenenfalls unter Zugabe von Zusatzmitteln (z. B. Fließmittel).

Der Estrich ist eben abzuziehen und zu verdichten (bei der stark zunehmenden Ausführung als Fließestrich kaum erforderlich), die Oberfläche gegebenenfalls abzureiben und zu glätten, die Oberfläche darf dabei nicht gepudert oder genäßt werden.

Die Estrichtemperatur darf bei der Herstellung und während der ersten beiden Tage 5 °C nicht unterschreiten. Während der ersten zwei Tage soll die Erhärtung nicht durch Schlagregen, starke Erwärmung, Zugluft (zu schneller Wasserentzug) o. ä. schädliche Einwirkungen gestört werden.

Anhydritestrich wird entsprechend den bei der Güteprüfung zu erzielenden Druckfestigkeiten in 4 Festigkeitsklassen eingeteilt, siehe Tafel 7.17.

Die Festigkeiten werden an Prismen 4 cm × 4 cm × 16 cm geprüft. Wegen Güte- und Eignungsprüfung siehe Abschnitt 7.5.10.

Anhydritestrich darf – wie alle Gips- und Anhydritbaustoffe – ständiger Feuchtigkeitseinwirkung nicht ausgesetzt werden. Muß mit Feuchtigkeit durch Dampfdiffusion gerechnet werden, ist (vom Architekten) eine *Dampfsperre* anzuordnen.

7.5.2 Anhydritestrich AE/7.5.3 Magnesiaestrich ME

Fugen sind auch bei großen Flächen (1000 m²) wegen der guten Raumbeständigkeit nicht erforderlich, nur Bewegungsfugen der Unterkonstruktion müssen durchgehen. In Kombination mit einer *Fußbodenheizung* sind allerdings Dehnungsfugen vorzusehen, wenn die Seitenlängen der Estrichfläche 6 bis 7 m übersteigen.

Nachbehandlung ist nicht erforderlich, der Estrich kann nach 1 bis 2 Tagen begangen werden (Baustellenverkehr nach 3 bis 5 Tagen). Im allgemeinen ist Anhydritestrich nach 10 Tagen so weit erhärtet und ausgetrocknet (Restfeuchtigkeitsgehalt ≤ 1 Masse-%), daß bereits ein Belag aufgebracht werden kann. Bei dampfundurchlässigen Belägen sollte die Restfeuchtigkeit nicht über 0,6 Masse-% liegen. Für den Belag ist ein Abspachteln der Oberfläche meist nicht nötig, da Anhydritestrich wegen des hohen Bindemittelanteils mit einwandfrei glatter Oberfläche hergestellt werden kann. – Lösemittelhaltige Kleber für den Oberbelag sind wasserhaltigen vorzuziehen. Die Wärmeleitfähigkeit von Anhydritestrich ist relativ niedrig, sie liegt bei 0,7 W/(m · K) [bei Zementestrich mit 1,4 bis 2,03 W/(m · K) ungünstig hoch].

Anforderungen an Dicke und Festigkeit bei Verlegung als schwimmender Estrich siehe Tafel 7.26; Nennwerte für den Schleifverschleiß bei besonderer Oberflächenbeanspruchung siehe Tafel 7.22.

Tafel 7.17 Anhydritestrich, Festigkeitsklassen und Festigkeitsanforderungen

Festigkeitsklasse	Güteprüfung			Eignungsprüfung
	Druckfestigkeit		Biegezugfestigkeit	Druckfestigkeit
Kurzzeichen	Kleinster Einzelwert (Nennfestigkeit) [N/mm²]	Mittelwert jeder Serie (Serienfestigkeit) [N/mm²]	Mittelwert jeder Serie (Serienfestigkeit) [N/mm²]	Richtwert [N/mm²]
AE 12	≥ 12	≥ 15	≥ 3	18
AE 20	≥ 20	≥ 25	≥ 4	30
AE 30[1])	≥ 30	≥ 35	≥ 6	40
AE 40[1])	≥ 40	≥ 45	≥ 7	50

[1]) Eignungsprüfung ist stets erforderlich

7.5.3 Magnesiaestrich ME

wird aus kaustischer Magnesia MgO und einer wäßrigen Lösung aus Magnesiumchlorid $MgCl_2$ – oder auch einer gleichartig wirkenden Salzlösung anderer zweiwertiger Metalle – sowie anorganischen oder organischen Füllstoffen als Zuschlag und gegebenenfalls weiteren Zusätzen (Farbstoffe) hergestellt (siehe Abschnitt 4.3). Dabei sollen auf 1 Masseteil wasserfreies $MgCl_2$ für Unterschichten 2 bis 3,5 und für Nutzschichten 2,5 bis 3,5 Masseteile MgO kommen. – Zunächst MgO mit Zuschlagstoffen trocken mischen, erst dann $MgCl_2$-Lösung zusetzen. Zuwenig bzw. zu schwache $MgCl_2$-Lösung läßt Magnesiamörtel nicht richtig erhärten und staubig werden. Zuviel bzw. zu starke $MgCl_2$-Lösung dagegen führt zu hygroskopischer Feuchtigkeitsaufnahme und damit zum Quellen. Die $MgCl_2$-Lösung soll eine Reindichte für Unterschichten von 1,13 bis 1,15, für Nutzschichten von 1,16 bis 1,19 haben; das entspricht nach *Baumé* einer Konzentration von 17 bis 19 °Bé bzw. 20 bis 23 °Bé (Kontrolle durch Tauchspindel eines Aräometers).

Magnesiaestriche werden nach der bei der Güteprüfung geforderten Druckfestigkeit in die in Tafel 7.18 angegebenen Festigkeitsklassen eingeteilt.

Magnesiaestrich kann bei $MgCl_2$-Überschuß bei feuchtem Wetter „schwitzen" und aufbeulen. Außerdem kann die $MgCl_2$-Lösung dann in die Wände ziehen und auch dort zu nassen Flecken führen (Vorbeugung: Bitumenanstrich oder andere Isolierung der anschließenden Wandteile). Dies kommt aber auch vor, wenn beim Verlegen mit der $MgCl_2$-Lösung unvorsichtig umgegangen wurde oder wenn dem Estrich Feuchtigkeit (etwa aufsteigende) zugeführt wird. Darin geht dann das $MgCl_2$ (z. T. auch andere Bestandteile) in Lösung, bereits gebildete Abbindeprodukte können wieder zerfallen, so daß der Magnesiaestrich nicht ausreichend fest oder sogar wieder weich wird. Aus diesem Grunde Vorsicht in nicht unterkellerten Räumen! Dauernder Feuchtigkeitsbeanspruchung darf Magnesiaestrich nicht ausgesetzt werden. Ist mit Feuchtigkeit durch Dampfdiffusion zu rechnen, ist eine *Dampfsperre* anzuordnen. – Gegen Feuchtigkeit von oben schützt man Magnesiaestrich durch Ölen mit säurefreien Mineralölen oder durch regelmäßiges Bohnern.

Tafel 7.18 Magnesiaestriche, Festigkeitsklassen und Festigkeitsanforderungen

Festigkeitsklasse	Güteprüfung			Eignungsprüfung
	Druckfestigkeit		Biegezugfestigkeit	Druckfestigkeit
Kurzzeichen	Kleinster Einzelwert (Nennfestigkeit) [N/mm^2]	Mittelwert jeder Serie (Serienfestigkeit) [N/mm^2]	Mittelwert jeder Serie (Serienfestigkeit) [N/mm^2]	Richtwert [N/mm^2]
ME 5	≥ 5	≥ 8	≥ 3	12
ME 7	≥ 7	≥ 10	≥ 4	15
ME 10	≥ 10	≥ 15	≥ 5	20
ME 20	≥ 20	≥ 25	≥ 7	30
ME 30	≥ 30	≥ 35	≥ 8	40
ME 40[1]	≥ 40	≥ 45	≥ 10	50
ME 60[1] (50)[2]	≥ 60 (≥ 50)	≥ 65 (≥ 55)	≥ 12 (≥ 11)	70 (60)

[1] Eignungsprüfung ist stets erforderlich.
[2] In DIN 18 560 T 1 E (Jan. 89) tritt anstelle ME 60 als höchste Festigkeitsklasse ME 50 mit den Werten in ( ).

Im allgemeinen jedoch schwindet Magnesiaestrich beim Erhärten, weil infolge der mit dem Erhärten verbundenen Austrocknung die Füllstoffe (Sägespäne usw.), die beim Anmachen durch Aufsaugen der Anmachlösung gequollen waren, wieder zusammentrocknen. Will man daher *Rissebildung* vermeiden, so muß man dem Estrich die Möglichkeit zur Schwindbewegung geben, was durch „lose" Verlegung erreicht wird. Man streut zu diesem Zwecke auf den Unterboden erst als Gleitschicht etwas angefeuchtetes Sägemehl. Da solche Estriche allerdings nur eine geringe Haftung auf dem Unterboden haben, besteht bei großflächigen Estrichen die Gefahr, daß sie sich an den Raumwänden etwas hochwölben. – *Schwindgefahr* ist besonders groß über dauernd warmen Räumen (Heizkellern, Backstuben). Auch dort ist daher Magnesiaestrich ungeeignet.

7.5.3 Magnesiaestrich ME

Bei Flächen mit größeren Seitenlängen als 8 m sind unbedingt Fugen vorzusehen.

Auf Stahlbetondecken durch dichtes Betongefüge bzw. durch Absperren dafür sorgen, daß Mörtelfeuchtigkeit nicht bis an die Stahleinlagen eindringen kann. Über Decken mit Spannbeton sind Magnesiaestriche wegen der Korrosionsgefahr unzulässig. – Auf Trägerdecken müssen die oberen Trägerflansche mit Rostschutz versehen und mind. 3 cm vom Überbeton bedeckt werden. Nach dem Erhärten greift der Mörtel Metalle nicht mehr an. Er wird aber erneut aggressiv, wenn er wieder feucht wird. Auch deswegen Magnesiaestrich *nur in trockenen Räumen!* – Eindringende $MgCl_2$-Lösung kann auch Schäden durch Magnesiatreiben des Zementes verursachen (siehe Abschnitt 4.6.4a$_3$). Aus diesem Grunde Magnesiaestrich auf Betondecken frühestens nach 3 bis 4 Wochen aufbringen, nachdem der Beton ausreichende Festigkeit erreicht hat. – Bei Auswechslung eines Magnesiaestrichfußbodens gegen Zementestrich ist der Unterboden zuvor von allen Magnesiaestrichpartikeln zu reinigen und mit einem Schutzanstrich zu versehen. Sonst kann die Estrichfeuchtigkeit Chlormagnesiumreste in Lösung bringen, dadurch ebenfalls Magnesiatreiben hervorrufen und somit das Abheben des Estrichs bewirken.

Magnesiaestrich ist ausnahmsweise auch auf Dielung möglich (wegen Schwammgefahr nur in ausgetrockneten Häusern!), nachdem die Dielen zur Lösung der inneren Spannung gespalten und mit breitköpfigen (wegen Rostwirkung des $MgCl_2$), verzinkten Nägeln benagelt sind. Sonst Abheben!

Als Unterböden ungeeignet sind: Schlacken-, Bims- und Leichtbetone ohne Überbeton, weil sie meist nicht die erforderliche Druckfestigkeit (12 N/mm^2) aufweisen. Außerdem saugen sie viel $MgCl_2$-Lösung ab, die dann zu chemischen Schäden führen kann. Zementglattstrich, Terrazzo und Fußbodenfliesen beeinträchtigen wegen ihrer Glätte, Asphalt und Teer sowie durch Öle und Fette verunreinigter Untergrund wegen ihrer wasserabweisenden Wirkung die Haftung des Magnesiaestrichs.

Magnesiaestrich mit einer Rohdichte bis 1,6 kg/dm^3 wird auch als *Steinholz* oder *Steinholzestrich* bezeichnet. Anforderungen an die Rohdichte werden aber nur gestellt, wenn dies wegen der Wärmeleitfähigkeit und/oder der Eigenlast erforderlich ist. Dabei gelten die in Tafel 7.19 angegebenen Rohdichteklassen für die Trockenrohdichte.

Tafel 7.19 Magnesiaestriche, Rohdichteklassen

Rohdichteklasse	Mittelwert jeder Serie [kg/dm^3]	Größter Einzelwert [kg/dm^3]
0,4 (Steinholz)	≤ 0,40	0,50
0,8 (Steinholz)	≤ 0,80	0,90
1,2 (Steinholz)	≤ 1,20	1,30
1,4 (Steinholz)	≤ 1,40	1,50
1,6 (Steinholz)	≤ 1,60	1,70
1,8	≤ 1,80	1,90
2,0	≤ 2,00	2,10
2,2	≤ 2,20	2,30

Steinholz wurde früher in bewohnten Räumen viel benutzt als Unterboden für Linoleum o. ä. In Wohnräumen heute selten, da höhere Ansprüche gestellt werden.

Sonst in Wohnräumen meist zweischichtig (je 10 mm dick), in Fabriken usw. einschichtig (Industrie- oder Fabrikboden 15 bis 25 mm dick). Unterböden und zweischichtige Böden werden möglichst trocken aufgestrichen, einschichtige Fabrikböden dagegen erdfeucht gestampft (abnutzungsfester). Für die Unterböden verarbeitet man grobes Sägemehl in magerer Mischung (MgO : Füllstoff = 1 : 4 in Raumteilen) mit schwacher $MgCl_2$-Lösung, für die Nutzschichten dagegen feineres Holzmehl und anorganische Füllstoffe unter Farbpigmentzusatz in fetter Mischung (MgO : Füllstoff = 1 : 2) mit stärkerer $MgCl_2$-Lösung. Nutzschichten auf die Unterschicht nicht vor 24, jedoch nicht nach 48 Stunden aufbringen. Der Unterboden muß feucht sein. – Schnelle Austrocknung durch Sonne, Zug oder Heizung vermeiden.

Die Estrichtemperatur soll beim Verlegen von Magnesiaestrich und während der ersten 2 Tage mind. +5 °C betragen. Der Estrich ist nach 2 Tagen begehbar, höhere Belastung erst nach 5 Tagen.

Zur Pflege nach der Austrocknung (frühestens nach 5 Wochen) mit säurefreiem Mineralöl tränken oder bohnern. Im Winter in der Nähe von Öfen und Heizrohren hin und wieder feucht (ohne Soda und Seife) aufnehmen. Sonst Schwindrißgefahr! Darum Heizkörper nie unmittelbar auf Magnesiaestrich stellen! Im übrigen häufiges Aufwischen vermeiden! Verschmutzte Böden mit Stahlspänen abziehen.

Werden an Magnesiaestrich besondere Anforderungen an die Oberflächenhärte und den Verschleißwiderstand gestellt, so können hierfür bestimmte, durch entsprechende Prüfungen nachzuweisende Werte vereinbart werden. Nennwerte für die Oberflächenhärte sind in Tafel 7.20 angegeben, solche für den Schleifverschleiß in Tafel 7.22 (siehe Abschnitt 7.5.4). Prüfungen siehe Abschnitte 7.5.10.3 und 7.5.10.4.

Tafel 7.20 Magnesiaestriche, Nennwerte für die Oberflächenhärte

Nennwert	Güteprüfung		Eignungsprüfung
[N/mm^2]	Kleinster Einzelwert [N/mm^2]	Mittelwert jeder Serie [N/mm^2]	Richtwert [N/mm^2]
30	≥ 25	≥ 30	35
40	≥ 35	≥ 40	50
50	≥ 45	≥ 50	60
70[1]	≥ 60	≥ 70	80
100[1]	≥ 80	≥ 100	120
150[1]	≥ 130	≥ 150	180
200[1]	≥ 170	≥ 200	220

[1]) In DIN 18 560 T 1 E zusätzlich vorgesehene Nennwertklassen.

7.5.4 Zementestrich ZE

aus Zement, Zuschlag und gegebenenfalls Zusatzstoffen oder/und Zusatzmitteln. Für die Herstellung gelten die gleichen Grundsätze wie für die Herstellung von Beton: Möglichst niedriger Wasserzementwert, günstige Kornzusammensetzung des Zuschlags, ausreichender, aber nicht zu hoher Zementgehalt. Der Zuschlag soll gemischtkörnig sein. Bei Estrichdicken bis 4 cm sollte das Größtkorn 8 mm, bei größeren Dicken (max.) 16 mm betragen. Günstig sind Gemische aus 50 % Sand 0/2 und 50 % Kiessand 2/8 bzw. aus 35 % Sand 0/2, 35 % Kiessand 2/8 und 30 % Kies

7.5.4 Zementestrich ZE

8/16 (Sieblinien im günstigen Bereich, obere Hälfte zwischen A und B nach DIN 1045, siehe Abschnitt 5.5.2). – Eine Zugabe von Flugasche (siehe Abschnitt 4.5.3c) erleichtert die Verarbeitung des Estrichs, bei Fließestrichen (mit Fließmittel, siehe Abschnitt 6.4.2) ist die Zugabe von Flugasche besonders empfehlenswert. Estriche *im Freien* sollten unter Zusatz von *Luftporenbildnern* (siehe Abschnitt 6.4.4) hergestellt werden, um ausreichenden Frost-Tausalz-Widerstand zu erreichen. Der Zementgehalt richtet sich nach der verlangten Festigkeitsklasse und dem Größtkorn des Zuschlags, er liegt meist zwischen 340 und 480 kg je m^3 fertigen Estrichs, bei schwimmend verlegten Estrichen soll er 400 kg/m^3, bei Verbundestrichen und Estrichen auf Trennschicht 450 kg/m^3 nicht überschreiten (Schwinden!).

Die Estrichtemperatur soll beim Verlegen und während der ersten 3 Tage +5 °C nicht unterschreiten. Der Estrich ist nach dem Einbringen gut zu verdichten (entfällt weitgehend bei Fließestrich), die Oberfläche gegebenenfalls abzureiben und zu glätten. Die Oberfläche darf dabei nicht mit Zement gepudert, sie darf hierbei auch nicht genäßt werden. Auch das Aufbringen von Feinmörtel zum Glätten ist unzulässig.

Fugen sind etwa alle 5 bis 6 m vorzusehen, ebenso an vor- oder zurückspringenden Ecken, hier gegebenenfalls nur eingeschnittene Scheinfugen. Fugenabstand auch von der Temperaturbeanspruchung (Heizestrich) abhängig.

Zementestriche werden in die in Tafel 7.21 angegebenen Festigkeitsklassen eingeteilt.

Tafel 7.21 Zementestrich, Festigkeitsklassen und Festigkeitsanforderungen

Festigkeitsklasse	Güteprüfung			Eignungsprüfung
	Druckfestigkeit		Biegezugfestigkeit	Druckfestigkeit
Kurzzeichen	Kleinster Einzelwert (Nennfestigkeit) [N/mm^2]	Mittelwert jeder Serie (Serienfestigkeit) [N/mm^2]	Mittelwert jeder Serie (Serienfestigkeit) [N/mm^2]	Richtwert [N/mm^2]
ZE 12	≥ 12	≥ 15	≥ 3	18
ZE 20	≥ 20	≥ 25	≥ 4	30
ZE 30	≥ 30	≥ 35	≥ 5	40
ZE 40[1]	≥ 40	≥ 45	≥ 6	50
ZE 50[1]	≥ 50	≥ 55	≥ 7	60
ZE 55 M[1][2]	≥ 55	≥ 70	≥ 11	80
ZE 65 A[1][2] ZE 65 KS[1][2]	≥ 65	≥ 75	≥ 9	80

[1] Eignungsprüfung stets erforderlich.
[2] Hartstoffgruppe nach DIN 1100 (siehe Abschnitt 5.1.3)

Der Estrich ist mindestens 3 Tage, besser 7 Tage, bei niedrigen Temperaturen oder langsam erhärtenden Zementen entsprechend länger feucht zu halten bzw. vor dem Austrocknen zu schützen. Je länger der Estrich feucht gehalten wird, um so günstiger ist sein Schwindverhalten. – Schwimmend verlegte Estriche sollen im allgemeinen nicht vor 3 Tagen begangen und nicht vor 7 Tagen höher belastet werden, Verbundestriche und solche auf Trennschichten können schon etwas früher belastet werden.

Zementestriche der beiden höchsten Festigkeitsklassen ZE 55 und ZE 65 werden in der Regel als besonders *verschleißfeste Hartstoffestriche* (siehe Abschnitt 7.5.5) hergestellt.

Werden an Zementestrich bei direkter schleifender, rollender oder stoßender Belastung (Fahrverkehr, Industrie- und Werkstättenbetrieb) besondere Anforderungen an den Verschleißwiderstand gestellt, so können hierfür bestimmte, durch entsprechende Prüfungen nachzuweisende Werte vereinbart werden. Nennwerte für den Schleifverschleiß, die auch für Anhydrit- und Magnesiaestriche*) gelten, sind in Tafel 7.22 angegeben. Prüfung siehe Abschnitt 7.5.10.4.

Bei Industriefußböden kann auch *vakuumbehandelter* Beton anstelle eines Estrichs die Nutzfläche bilden, siehe Abschnitt 6.9.4.

Tafel 7.22 Nennwerte für den Schleifverschleiß für Anhydrit-, Magnesia-*) und Zementestriche

Nennwert	Güteprüfung		Eignungsprüfung
[cm^3/50 cm^2]	Größter Einzelwert [cm^3/50 cm^2]	Mittelwert jeder Serie [cm^3/50 cm^2]	Richtwert [cm^3/50 cm^2]
22	≤ 25	≤ 22	20
15	≤ 17	≤ 15	13
12	≤ 13	≤ 12	11
9	≤ 10	≤ 9	8
6[1]	≤ 7	≤ 6	6[2]
3[1]	≤ 4	≤ 3	3[2]
1,5[1]	≤ 2	≤ 1,5	1,5[2]

[1] Nur für Estriche mit Hartstoffen nach DIN 1100.
[2] Nach DIN 18 560 E ist die Größe des Richtwertes dem Hersteller überlassen.

7.5.5 Zementgebundene Hartstoffestriche

sind Estriche aus Zement und *Hartstoffen* nach DIN 1100 (siehe Abschnitt 5.1.3a), die einen besonders hohen Widerstand gegen Verschleiß und eine besonders hohe Festigkeit haben.

---

*) Nach DIN 18 560 T 1 E (Jan. 89) für Magnesiaestrich nicht mehr vorgesehen, statt dessen Beurteilung nach Oberflächenhärte (siehe Tafel 7.20) und Festigkeit (siehe Tafel 7.18).

7.5.5 Zementgebundene Hartstoffestriche

Als Hartstoffestriche kommen die Estriche ZE 55 M, ZE 65 A und ZE 65 KS in Frage (siehe Abschnitt 7.5.4). M, A und KS geben dabei die Art des Hartstoffzuschlags an: M = Metalle, A (Allgemein) = feste Natursteine, dichte Schlacke oder Gemische mit M und KS, K = Elektrokorund, S = Siliziumkarbid.

Hartstoffestriche werden auf einen ausreichend festen Tragebeton, Festigkeitsklasse mind. B 25, einschichtig oder zweischichtig aufgebracht. Zweischichtige Hartstoffestriche bestehen aus der Übergangsschicht und der Hartstoffschicht. Die Übergangsschicht muß bei Verbundestrichen mind. 25 mm dick sein und der Festigkeitsklasse ZE 30 (siehe Tafel 7.21) entsprechen. Bei Estrichen auf Dämmschichten muß die Übergangsschicht mind. 80 mm, bei Estrichen auf Trennschichten mind. 30 mm dick sein. Bei entsprechender Belastung können eine größere Schichtdicke und Bewehrung nach statischer Berechnung erforderlich sein. Für die Übergangs- und die Hartstoffschicht ist Zement gleicher Art und Festigkeitsklasse zu verwenden. Die Hartstoffschicht ist „frisch auf frisch" auf die noch nicht erstarrte Übergangsschicht aufzubringen. – Die Hartstoffschicht kann auch durch Aufbringen und Einarbeiten einer trockenen Mischung aus Hartstoff und Zement auf die noch frische Übergangsschicht hergestellt werden, wobei aber die in Tafel 7.23 angegebene Mindestdicke der Hartstoffschicht erreicht werden muß. Auf erstarrten Tragebeton oder die erstarrte Übergangsschicht kann die Hartstoffschicht nur unter Verwendung einer Haftbrücke aufgebracht werden.

Hierbei ist in den Beanspruchungsgruppen die mechanische Beanspruchung durch rollend-schleifende Reibung, Stoß, Druck und Schlag oder durch vorwiegend schleifende Reibung festgelegt, und zwar bei

Gruppe I: **Schwer**   z. B. durch Fahrverkehr mit harter oder weicher Bereifung bei hohen Achslasten und großer Häufigkeit; durch Gütertransport mit Absetzen und Kollern schwerer Güter (Betriebe der Metallerzeugung und -verarbeitung, Kfz-Hallen für schwere Fahrzeuge);

Gruppe II: **Mittel**   wie vor, jedoch geringere Achslasten und Häufigkeit (Betriebe des Maschinenbaus, Montagehallen, Lkw-Einstellhallen);

Gruppe III: **Leicht**   z. B. durch Fahrverkehr mit weicher Bereifung bis 2 t Achslast und bis 200 Fahrzeuge/Tag; durch Gütertransport mit Absetzen und Kollern leichter Güter (Werkstätten, Pkw-Garagen).

Tafel 7.23 Hartstoffestriche, mittlere Mindestdicken bei Verbundestrichen in mm

Beanspruchungsgruppe	Verwendete Hartstoffgruppe nach DIN 1100		
	A	M	KS
I schwer	≥ 15 (10)	≥ 8 (5)	≥ 6 (4)
II mittel	≥ 10 (6)	≥ 6 (4)	≥ 5 (3)
III leicht	≥ 8 (5)	≥ 6 (4)	≥ 4 (3)
Eingeklammerte Werte sind zulässige kleinste Einzelwerte.			

Um der vorgesehenen Beanspruchung zu widerstehen, müssen Hartstoffestriche ausreichend dick sein (siehe Tafel 7.23), die Druckfestigkeitsanforderungen nach Tafel 7.21 und die Anforderungen an den Schleifverschleiß (Abrieb) sowie an die Biegezugfestigkeit nach Tafel 7.24 erfüllen.

Tafel 7.24 Hartstoffestriche, Anforderungen an die Biegefestigkeit und den Widerstand gegen Schleifverschleiß der Hartstoffschicht

Festigkeitsklasse nach DIN 18 560 Teil 1	Schleifverschleiß Mittelwert [cm^3/50 cm^2]	Biegezugfestigkeit	
		kleinster Einzelwert [N/mm^2]	Mittelwert [N/mm^2]
ZE 65 A	≤ 6,0 (≤ 7)	≥ 8	≥ 9
ZE 55 M	≤ 3,0 (≤ 4)	≥ 10	≥ 11
ZE 65 KS	≤ 1,5 (≤ 2)	≥ 8	≥ 9
Eingeklammerte Werte sind in DIN 18 560 T 7 E vorgesehen.			

Die in der Tafel angegebenen Werte gelten für die Bestätigungsprüfung (siehe Abschnitt 7.5.10).

Bezeichnung der Hartstoffestriche in der Reihenfolge DIN 18 560 – Estrichfestigkeitsklasse mit Hartstoffgruppenzeichen – Dicke der Hartstoffschicht – Dicke der Übergangsschicht; bei einschichtigen Estrichen nur Gesamtestrichdicke, Dicken in mm, z. B.:
Hartstoffestrich DIN 18 560 – ZE 65 KS – 5 – 25
   (Estrichfestigkeitsklasse ZE 65 KS mit Korund oder Siliziumkarbid, Hartstoffschicht 5 mm, Übergangsschicht 25 mm) oder
Hartstoffestrich DIN 18 560 ZE 55 M – 8
   (einschichtiger Estrich 8 mm dick)

7.5.6 Gußasphaltestrich GE

aus Bitumen nach DIN 1995 oder Hartbitumen oder einem Gemisch aus beiden und Zuschlag (einschl. Füller). Nähere Angaben zur Zusammensetzung siehe Abschnitt 10.4.4.

Gußasphaltestrich wird auf Grund seiner Stempeleindringtiefe (ermittelt nach DIN 1996 T 13) in 4 Härteklassen eingeteilt, siehe Tafel 7.25.

Tafel 7.25 Gußasphaltestriche, Härteklassen

Härteklasse Kurzzeichen	Eindringtiefe nach DIN 1996 Teil 13	
	bei 22 °C [mm]	bei 40 °C [mm]
GE 10	≤ 1,0	≤ 4,0 (≤ 2,0)[1]
GE 15	≤ 1,5	≤ 6,0
GE 40	> 1,5 bis 4,0[2]	–
GE 100	> 4,0 bis 10,0[2]	–

[1] Klammerwert gilt für Heizestrich.
[2] siehe Abschnitt 7.5.10.2, letzter Absatz.

Gußasphalt wird meist mit einer Temperatur zwischen 210 °C und 250 °C eingebaut. Die Oberfläche des Estrichs wird vor dem Erkalten mit feinem Sand abgerieben. Gußasphaltestrich wird mind. 2 cm, meist aber 3 cm dick eingebaut. Bei

Dicken über 4 cm ist Gußasphalt zweilagig einzubringen. Er ist nach dem Abkühlen – etwa nach 2 Stunden – begehbar, kann gegebenenfalls auch schon nach etwa 4 Stunden belegt werden. Gußasphaltestrich erfordert keine Fugen. Er kann praktisch bei jedem Wetter und jeder Jahreszeit verlegt werden. Er ist unempfindlich gegenüber Wasser und aufsteigender Feuchtigkeit und ist wasserundurchlässig.

| Gußasphaltestrich ist *thermoplastisch* und verformt sich bei Erwärmung. Kurzfristig können erhöhte Temperaturen, z. B. kochendes Wasser, einwirken.

7.5.7 Estriche bei schwimmender Verlegung

Schwimmende Estriche werden auf Dämmschichten aus Dämmstoffen nach DIN 18 164 T 1 oder T 2 oder nach DIN 18 165 T 1 oder T 2 (siehe Abschnitte 16.1.1 u. 16.1.2) verlegt, um Anforderungen an den Wärme- und/oder Schallschutz zu erfüllen. Vor Einbringen des Estrichs ist sicherzustellen, daß der tragende Untergrund keine punktförmigen Erhebungen, Rohrleitungen o. ä. aufweist, die zu Schallbrücken und/oder Schwankungen in der Estrichdicke führen. Vorhandene Rohrleitungen müssen festgelegt sein und in eine Ausgleichsschicht eingebettet werden (ungebundene Schüttung aus Natursand nicht zulässig). – Dämmstoffe sind mit dichten Stößen, die Dämmplatten dabei im Verband zu verlegen. Bei mehrlagigen Dämmschichten sind die Stöße gegeneinander zu versetzen. Die Dämmschichten müssen vollflächig aufliegen und sind durch Dampfsperren oder andere Maßnahmen vor Feuchtigkeitseinwirkung zu schützen, bei Gußasphaltestrichen auch vor der Verlegetemperatur.

Vor dem Aufbringen des Estrichs ist die Dämmschicht abzudecken (nackte Bitumenbahn mit Papiereinlage, Polyethylenfolie mind. 0,1 mm – bei Heizestrichen mind. 0,2 mm – dick o. ä.), Stöße müssen sich mind. 8 cm überdecken. Bei *Fließestrichen* muß die Abdeckung *wasserundurchlässig* sein (Verkleben oder Verschweißen der Abdeckung). – Schalldämmende Randstreifen müssen den Estrich von aufgehenden Bauteilen (Wände, Rohre) trennen. – Bei *Heizestrichen* müssen die Randstreifen eine Längendehnung von mind. 5 mm ermöglichen. Die Oberflächentemperatur soll bei beheizten Anhydritestrichen 50 °C, bei Gußasphaltestrichen 45 °C auf Dauer nicht überschreiten. – Magnesiaestriche werden als Heizestriche nicht verwendet.

Fugen im tragenden Untergrund müssen geradlinig verlaufen und dürfen von Heizelementen nicht gekreuzt werden.

Die erforderliche Dicke des Estrichs ist abhängig von der Zusammendrückbarkeit der Dämmschicht und der Belastung. Für gleichmäßig verteilte Verkehrslasten im Wohnungsbau bis 1,5 kN/m^2 gibt die Tafel 7.26 die notwendige Estrichdicke und -festigkeit für Estriche an.

Wird Estrich anderer Festigkeitsklassen eingebaut, sind abweichende Dicken möglich. Gegebenenfalls sind Werte für die Biegezugprüfung zu vereinbaren, wenn eine Bestätigungsprüfung durchgeführt werden soll. – Größere Dicken können auch bei Heizestrichen notwendig sein (Einfluß der Heizelemente auf statische Höhe bzw.

Widerstandsmoment), und zwar je nach Lage der Heizelemente 45 oder 50 mm zuzüglich Dicke der Heizelemente (Außendurchmesser). Gußasphalt als Heizestrich muß mind. 35 mm dick sein.

Unter Stein- und keramischen Belägen muß der Estrich mind. 45 mm dick sein. Zementestriche sollten hierfür mit Betonstahlgitter oder Betonstahlmatten bewehrt werden, bei beheizten Zementestrichen Bewehrung hier unbedingt notwendig.

Tafel 7.26 Schwimmende Estriche, Mindestdicken und -festigkeiten bzw. Härte bei Verkehrslasten bis 1,5 kN/m² [1])

Estrichart		Estrich-Nenndicke[2]) bei einer Zusammen-drückbarkeit[3]) der Dämmschicht		Werte für die Bestätigungsprüfung			
				Biegezugfestigkeit β_{BZ}		Härte (Eindringtiefe)	
		bis 5 mm	über 5 mm[4]) bis 10 mm	kleinster Einzelwert [N/mm²]	Mittelwert [N/mm²]	bei 22 °C [mm]	bei 40 °C [mm]
Anhydritestrich Magnesiaestrich Zementestrich	AE 20 ME 7[5]) ZE 20	≥ 35	≥ 40	≥ 2,0	≥ 2,5	–	–
Gußasphaltestrich	GE 10	≥ 20	–	–	–	≤ 1,0	≤ 4,0

[1]) Bei höheren Verkehrslasten sind größere Dicken erforderlich.
[2]) Bei Dicken der Dämmstoffe unter Belastung von mehr als 30 mm ist die Estrichdicke um 5 mm zu erhöhen.
[3]) Die Zusammendrückbarkeit der Dämmschicht ergibt sich aus der Differenz zwischen der Lieferdicke d_L und der Dicke unter Belastung d_B des Dämmstoffs. Sie ist aus der Kennzeichnung der Dämmstoffe ersichtlich, z. B. 20/15: $d_L = 20$ mm, $d_B = 15$ mm. Bei mehreren Lagen ist die Zusammendrückbarkeit der einzelnen Lagen zu addieren.
[4]) Für Heizestriche nicht geeignet.
[5]) Die Oberflächenhärte bei Magnesiaestrichen muß mindestens 30 N/mm² betragen.

Bezeichnung der schwimmenden Estriche:
DIN – Kurzzeichen für Estrichart und Festigkeits- bzw. Härteklasse –, Nenndicke in mm mit vorgesetztem S für schwimmend; z. B.:
Estrich DIN 18 560 – ZE 20 – S 40
(schwimmender Zementestrich der Festigkeitsklasse 20, 40 mm dick)

7.5.8 Verbundestriche

Verbundestriche sind mit dem tragenden Untergrund verbunden und dienen als unmittelbare Nutzfläche oder werden mit einem Belag versehen.

Der tragende Untergrund muß für die Aufnahme der vorgesehenen Estrichart geeignet sein. In Tafel 7.27 ist angegeben, welche Estricharten als Verbundestriche auf verschiedene Untergründe aufgebracht werden können.

Zum kraftübertragenden Verbund muß die Oberfläche des Untergrundes ausreichend fest, griffig und sauber und möglichst frei von Rissen sein und darf nicht durch Öl, Mörtelreste, Anstrichmittel oder ähnliches verschmutzt sein. Bei Beton dürfen Nachbehandlungsmittel (z. B. aufgesprühte filmbildende Mittel) oder Anrei-

7.5.8 Verbundestriche

cherungen von Feinstteilen den Verbund nicht stören. Rohrleitungen und Kabel müssen, falls sie auf dem tragenden Untergrund verlegt sind, in einen Ausgleichsestrich eingebettet werden. Ein Ausgleichsestrich ist auch notwendig, wenn der tragende Untergrund zu uneben ist. Der Ausgleichsestrich muß sich mit dem Untergrund fest verbinden und selbst als tragender Untergrund für den Verbundestrich geeignet sein. Zur Vorbereitung des tragenden Untergrundes kann gegebenenfalls auch das Vornässen der Tragschicht (bei Beton) oder das Aufbringen einer Haftbrücke notwendig sein. Wenn bei Zementestrich nicht naß in naß gearbeitet wird, ist das Aufbringen einer Haftbrücke die Regel; Haftbrücke aus Kunststoffdispersion oder -emulsion oder auch Zementleim mit $w/z = 0,5$ mit oder ohne Kunststoffzusatz.

Tafel 7.27 Eignung tragender Untergründe für Verbundestriche

Estrichart	Eignung bei tragendem Untergrund aus					
	Beton Stahlbeton Zementestrich	Stahl[1])	Holz[1])	bitumengebundene Trag-, Binder-, Deckschichten, Gußasphaltestrich	vorhandener Anhydritestrich	Magnesiaestrich
Anhydritestrich	+	o	−	−	+	−
Gußasphaltestrich	o	o	−	+	−	−
Magnesiaestrich[2])	+	o	+	o	o	+
Zementestrich	+	o	−	−	o	−
Zeichenerklärung: + geeignet o geeignet mit besonderen Maßnahmen − nicht geeignet						
[1]) Bei ausreichender Biegesteifigkeit. [2]) Bei Stahlbetondecken ist eine Sperrschicht vorzusehen.						

Da sich Verbundestriche bei festem Haftverbund mit dem Untergrund praktisch nicht verformen können, können Schwinden, Austrocknen, Abkühlen und ähnliche mit dem Erhärten verbundene Vorgänge im Estrich – je nach Estrichart – Zugspannungen und in der Haftfläche Scherspannungen hervorrufen. Einer Rißbildung oder einem Ablösen vom Untergrund kann man dadurch entgegenwirken, daß durch entsprechende Nachbehandlung oder Zusammensetzung für einen raschen Anstieg der Biegezugfestigkeit des Estrichs gesorgt wird und der E-Modul des Estrichs möglichst kleiner ist als der des Untergrundes (bei Zementestrich auf Beton z. B. durch Kunststoffzusätze zum Estrich, siehe auch Abschnitt 7.6).

Auf stark biegebeanspruchten Bauteilen treten bei Verbundestrichen im Bereich der Stützmomente sehr leicht Risse auf, da dann die Zugspannungen im Estrich zu groß werden können. Hier verhalten sich Estriche auf Trennschicht (siehe Abschnitt 7.5.9) mit entsprechender Fugenanordnung günstiger.

Im Verbundestrich sind über Bauwerksfugen Bewegungsfugen auszubilden, sonstige Fugen nur über Fugen im tragenden Untergrund. Werden im Estrich über Schein- oder Preßfugen des Untergrundes keine Fugen vorgesehen, können in diesem Bereich im Estrich Risse entstehen, die jedoch die Gebrauchsfähigkeit des

Mauer- und Putzmörtel, Estriche

Estrichs in der Regel nicht beeinträchtigen. – Die Estrichfugen sind mit Fugenfüllmassen oder Fugenfüllprofilen auszufüllen.

Einbauteile aus Metall müssen, falls erforderlich, mit einem Korrosionsschutz versehen sein. Metallprofile als Kantenschutz sind im tragenden Untergrund zu verankern.

Als Verbundestriche kommen die in Tafel 7.28 angegebenen Estriche in Betracht.

Tafel 7.28 Festigkeits- bzw. Härteklassen bei Verbundestrichen

Estrichart	Festigkeitsklasse bzw. Härteklasse nach DIN 18 560 Teil 1 bei Nutzung	
	mit Belag	ohne Belag
Anhydritestrich	≥ AE 12	≥ AE 20
Magnesiaestrich	≥ ME 5	≥ ME 20
Zementestrich	≥ ZE 12	≥ ZE 20
Gußasphaltestrich – für beheizte Räume – für unbeheizte Räume – für Räume mit besonders niedrigen Temperaturen	GE 15 GE 40 GE 100	

Im Freien sind nur Gußasphaltestriche – in der Regel der Härteklasse GE 40 – und Zementestriche geeignet. Bei der Herstellung des Zementestrichs sind dabei dieselben Grundsätze zu beachten, die für die Herstellung von Beton mit hohem Frost- oder hohem Frost- und Tausalzwiderstand zu berücksichtigen sind (Zugabe von Luftporenbildnern, w/z-Wert ≤ 0,6 bzw. ≤ 0,5, frostbeständiger Zuschlag, siehe DIN 1045).

Die Dicke des Verbundestrichs soll bei einschichtiger Ausführung
  40 mm bei Gußasphalt und
  50 mm bei Anhydrit-, Magnesia- und Zementestrich
nicht überschreiten. Aus Herstellungsgründen soll sie das Dreifache des Durchmessers des Zuschlaggrößtkorns nicht unterschreiten. Für die Beanspruchung des Estrichs ist die Dicke nicht maßgebend, da statische und dynamische Kräfte durch den festen Verbund auf den tragenden Untergrund übertragen werden.

Herstellung der Estriche siehe Abschnitte 7.5.2 bis 7.5.6; Prüfungen siehe Abschnitt 7.5.10. – Wird eine Bestätigungsprüfung gefordert, so müssen bei Anhydrit-, Magnesia- und Zementestrichen bis 40 mm Nenndicke im Mittel 80 % – Einzelwerte mind. 70 % – der Biegezugfestigkeit erreicht werden, die bei der Güteprüfung der entsprechenden Festigkeitsklasse gefordert wird, siehe Tafeln 7.17, 7.18 und 7.21.

Bei größerer Dicke des Estrichs wird statt der Biegezugfestigkeit die Druckfestigkeit geprüft. Dabei müssen mindestens 70 % der in den vorgenannten Tafeln für die Güteprüfung angegebenen Festigkeitswerte erreicht werden.

Bei der Prüfung des Schleifverschleißes müssen die in Tafel 7.22 angegebenen Werte, bei dem Nachweis der Oberflächenhärte von Magnesiaestrichen die in Tafel

7.20 jeweils für die Güteprüfung angegebenen Werte erreicht werden. — Gußasphaltestrich muß den in Tafel 7.25 aufgeführten Eindringtiefen entsprechen.

Bezeichnung der Verbundestriche:
DIN — Kurzzeichen für Estrichart und Festigkeits- bzw. Härteklasse — Nenndicke in mm mit vorgesetztem V für Verbund, z. B.:
    Estrich DIN 18 560 — ZE 30 — V 25
    (Zementestrich der Festigkeitsklasse 30 als Verbundestrich, 25 mm dick)

7.5.9 Estriche auf Trennschicht

Als Estriche auf Trennschicht gelten Estriche, die nur durch eine dünne Trennschicht vom tragenden Untergrund getrennt sind, ohne zwischenliegende Dämmschicht wie bei den schwimmenden Estrichen. Sie können direkt genutzt oder mit einem Belag versehen werden.

Der tragende Untergrund muß ausreichend fest und eben sein. Rohrleitungen und Kabel — sie müssen auf dem Untergrund befestigt sein — sind in eine Ausgleichsschicht einzubetten.

Die *Trennschicht* wird in der Regel zweilagig (Gleitschicht), bei Gußasphalt einlagig ausgeführt. Verwendet werden Polyethylenfolie von mind. 0,1 mm Dicke (besser mind. 0,3 mm Dicke), nackte Bitumenbahnen mit Schrenzpapiereinlage (mind. 100 g Einlage/m^2), Rohglasvlies mit einem Flächengewicht von mind. 50 g/m^2 oder andere vergleichbare Trennlagen. Dampfsperren und (bituminöse) Abdichtungen können als eine Lage der Trennschicht gelten. — Trennschichten sollen möglichst glatt verlegt sein und keine Falten schlagen. Stöße sind weit genug zu überdecken oder zu verkleben.

Über Bauwerksfugen sind im Estrich Bewegungsfugen anzuordnen. Von aufgehenden Bauteilen ist der Estrich mit weichen Randstreifen zu trennen. Die Abstände darüber hinaus notwendiger Fugen sind von der Estrichart, gegebenenfalls vom vorgesehenen Belag sowie der Beanspruchung, z. B. durch Temperatur und Verkehr, abhängig. Durch die Fugen sollen möglichst gedrungene (nahezu quadratische) Felder entstehen. — Bei Zementestrichen werden je nach Belastung und Estrichdicke Fugenabstände im allgemeinen von 5 bis 8 m, bei sehr dicken Estrichen auch Fugenabstände von 6 bis 10 m gewählt. Bei Einspannung des Estrichs durch die Nutzung, z. B. durch Belastung mit schweren Maschinen oder Regalen, ist es zweckmäßig, die Fugenabstände um 25 bis 50 % zu verringern. Dasselbe gilt für Estriche im Freien oder für Estriche, die hoher Wärmeeinstrahlung ausgesetzt sind.

Die Estrichdicke soll so groß sein, daß neben einer ausreichenden Tragfähigkeit auch die durch Schwinden, Temperatureinwirkung und ähnliche Vorgänge auftretenden Spannungen innerhalb der durch die Fugen begrenzten Felder ohne Rißbildung aufgenommen werden können. Daher soll die Estrichnenndicke

    20 mm bei Gußasphaltestrich
    30 mm bei Anhydrit- und Magnesiaestrich sowie
    35 mm bei Zementestrich (besser 40 mm)

nicht unterschreiten.
Einschichtige Gußasphaltestriche sollen nicht dicker als 40 mm hergestellt werden.

Einbauteile aus Metall müssen, falls erforderlich, mit einem Korrosionsschutz versehen sein. Metallprofile als Kantenschutz sind in der Regel im tragenden Untergrund zu verankern.

Als Estriche auf Trennschicht kommen die in Tafel 7.29 angegebenen Estriche in Betracht.

Tafel 7.29 Festigkeits- bzw. Härteklassen für Estriche auf Trennschicht

Estrichart	Festigkeitsklasse bzw. Härteklasse nach DIN 18 560 Teil 1 bei Nutzung	
	mit Belag	ohne Belag
Anhydritestrich	≥ AE 20	≥ AE 20
Magnesiaestrich	≥ ME 7	≥ ME 20
Zementestrich	≥ ZE 20	≥ ZE 20
Gußasphaltestrich – für beheizte Räume – für unbeheizte Räume – für Räume mit besonders niedrigen Temperaturen	GE 15 GE 40 GE 100	

Für Estriche im Freien – geeignet sind nur Zement- oder Gußasphaltestriche – gilt dasselbe wie für Verbundestriche im Freien, siehe Abschnitt 7.5.8.

Herstellung der Estriche siehe Abschnitte 7.5.2 bis 7.5.6; Prüfungen siehe Abschnitt 7.5.10. – Wird eine Bestätigungsprüfung gefordert, so muß die Biegezugfestigkeit von Anhydrit-, Magnesia- und Zementestrich im Mittel mind. 70 % (kleinster Einzelwert mind. 60 %) der bei der Güteprüfung geforderten Biegezugfestigkeit erreichen, siehe Tafeln 7.17, 7.18 und 7.21.

Bei der Prüfung des Schleifverschleißes müssen die in Tafel 7.22 angegebenen Werte, bei dem Nachweis der Oberflächenhärte von Magnesiaestrichen die in Tafel 7.20 jeweils für die Güteprüfung angegebenen Werte erreicht werden. – Gußasphaltestrich muß den in Tafel 7.25 aufgeführten Eindringtiefen entsprechen.

Außerdem wird bei der Bestätigungsprüfung die Estrichdicke gemessen.

Bezeichnung der Estriche auf Trennschicht:
DIN – Kurzzeichen für Estrichart und Festigkeits- bzw. Härteklasse – Nenndicke in mm mit vorgesetztem T für Trennschicht, z. B.:
    Estrich DIN 18 560 – GE 15 – T 25
    (Gußasphaltestrich der Härteklasse 15 auf Trennschicht, 25 mm dick)

7.5.10 Prüfungen

Bei Estrichen gibt es: Eignungsprüfungen   Bestätigungsprüfungen
                             Güteprüfungen   Erhärtungsprüfungen (selten).

Durch die *Eignungsprüfung* soll festgestellt werden, ob mit einer vorgesehenen Estrichzusammensetzung die geforderten Eigenschaften erreicht werden. Für Estriche hoher Festigkeitsklassen ist sie stets erforderlich (siehe Tafeln 7.17, 7.18 und

7.5.10 Prüfungen/7.5.10.1 Festigkeitsprüfung

7.21), sonst nur, wenn keine ausreichenden Erfahrungen mit der geplanten Zusammensetzung oder mit den Ausgangsstoffen vorliegen. Bei der Eignungsprüfung müssen günstigere Werte erreicht werden als bei der Güteprüfung, ein eingerechnetes Vorhaltemaß berücksichtigt 'die günstigeren Verhältnisse im Labor im Vergleich zum Baustellenbetrieb. Geforderte Werte siehe oben genannte Tafeln.

Durch die *Güteprüfung* soll nachgewiesen werden, daß der zum Einbau gelangende Estrich die geforderten Eigenschaften besitzt. Sie wird an Proben durchgeführt, die während der Herstellung des Estrichs entnommen werden. Die Prüfung wird nur auf Vereinbarung durchgeführt.

Die *Bestätigungsprüfung* wird am fertigen Estrich vorgenommen und dient zum Nachweis, daß der Estrich ausreichend dick ist und die geforderten Eigenschaften besitzt. Die Bestätigungsprüfung wird in der Regel nur durchgeführt, wenn Zweifel an der **Güte des eingebauten Estrichs** bestehen.

Die *Erhärtungsprüfung* soll Aufschluß über die Eigenschaften bei Anhydrit-, Magnesia- oder Zementestrich geben, die zu einem bestimmten Zeitpunkt unter den Erhärtungsbedingungen der Baustelle erreicht sind. Hierzu werden Proben aus dem zum Einbau gelangenden Estrich auf der Baustelle – auf oder neben dem Estrich – gelagert und dann wie bei der Güteprüfung geprüft. – Diese Prüfung wird nur ausnahmsweise durchgeführt, nämlich wenn es für die Gebrauchsfähigkeit des Estrichs zu einem bestimmten Zeitpunkt nötig ist.

Die für die Eignungs- und Güteprüfungen hergestellten Probekörper lagern bis zur Prüfung unter den in Tafel 7.3 (Seite 366) angegebenen Bedingungen.

7.5.10.1 Festigkeitsprüfung

Die Prüfung der Festigkeiten erfolgt bei Anhydrit-, Magnesia- und Zementestrich nach DIN 18 555 – Prüfung von Mörteln mit mineralischen Bindemitteln. Danach werden für die Festigkeitsprüfung Prismen von 4 cm × 4 cm × 16 cm hergestellt. Lagerung der Prismen bis zur Prüfung siehe Tafel 7.3.

Im Probenalter von 28 Tagen wird die Druck- und Biegezugfestigkeit wie bei der Zementprüfung ermittelt, siehe Abschnitt $4.6.4e_4$.

Für die *Bestätigungsprüfung* bei schwimmenden Estrichen sind mind. 2 *Platten von etwa 40 cm × 40 cm* Größe mit einer Trennscheibe trocken aus dem Estrich herauszuschneiden. Aus jeder Platte sind 3 bis 5 Probekörper von 6 cm Breite herauszuschneiden, bei Anhydrit- und Magnesiaestrichen ebenfalls trocken. Diese Probekörper werden auf Biegezugfestigkeit geprüft. Zuvor sind die Auflager- und Kraftangriffsflächen abzugleichen und die Proben bei Normalklima (20/65) bis zum Erreichen des lufttrockenen Zustandes zu lagern. Die Prüfkraft soll als Streifenkraft in der Mitte der Stützweite angreifen, die Stützweite soll etwa der fünffachen Estrichdicke entsprechen, die Probenunterseite soll in der Zugzone liegen. Die Prüfkraft ist bis zum Bruch so zu steigern, daß die Biegezugspannung in der Probe um 0,12 N/mm^2 in der Sekunde zunimmt.

Die Biegezugfestigkeit β_{BZ} ist dann: $\beta_{BZ} = \dfrac{1{,}5 \cdot F \cdot l}{b \cdot d^2}$ $[N/mm^2]$.

Darin sind:

F   Bruchkraft in N
l   Stützweite in mm
b   Breite des Probekörpers im Bruchquerschnitt an der Zugseite in mm
d   mittlere Dicke des Probekörpers im Bruchquerschnitt in mm

b und d sind auf 1 mm genau zu messen, und die errechnete Biegezugfestigkeit ist auf 0,1 N/mm² gerundet anzugeben.

Bei der Bestätigungsprüfung für Estriche auf Trennschicht erfolgt die Prüfung der Biegezugfestigkeit wie bei schwimmenden Estrichen an 6 cm breiten Probekörpern, die aus etwa 40 cm × 40 cm großen Platten herausgeschnitten werden. Probeentnahme und -bearbeitung können hier bei Zementestrich auch naß erfolgen.

Bei der Bestätigungsprüfung für Verbundestriche sind für die Biegezugprüfung mind. 3 Proben zu entnehmen, aus denen mind. je 2 Probekörper mit folgenden Abmessungen herausgeschnitten werden können:

Dicke = Estrichdicke (d)
Länge ≥ 4 d
Breite   etwa 40 mm

Probeentnahme und -bearbeitung sollen bei Anhydrit- und Magnesiaestrich trocken erfolgen. Abgleichen der Probekörper, Lagerung, Prüfung und Berechnung der Biegezugfestigkeit erfolgen wie bei der Prüfung der schwimmenden Estriche, nur muß bei der Biegezugfestigkeitsprüfung die Probenoberseite in der Zugzone liegen.

Für die Druckfestigkeitsprüfung (nur bei Estrichdicken von 40 mm und mehr) werden mindestens 3 Bohrkerne von 50 mm Durchmesser oder 3 Proben entnommen, aus denen sich je 1 Würfel mit einer der Estrichdicke entsprechenden Kantenlänge herausschneiden läßt. Bei Anhydrit- und Magnesiaestrich sollen Entnahme und Bearbeitung der Proben trocken erfolgen. Die Druckflächen der Probekörper sind planparallel zu schleifen oder abzugleichen, bei Bohrkernen müssen sie rechtwinklig zur Bohrkernachse liegen. Die Probekörperhöhe soll dem Bohrkerndurchmesser bzw. der Kantenlänge der Probekörper entsprechen, Abweichungen von ± 10 % sind zulässig. Die Probekörper sind bis zum Erreichen des lufttrockenen Zustandes im Normalklima zu lagern und dann zu prüfen. Bei der Prüfung ist die Kraft so zu steigern, daß die Druckspannung im Probekörper um etwa 0,5 N/mm² in der Sekunde zunimmt. Aus dem Verhältnis: erreichte Höchstkraft (Bruchkraft) in N zu Druckfläche in mm², ergibt sich die Druckfestigkeit in N/mm².

Für die Bestätigungsprüfung bei *Hartstoffestrichen* werden 3 Proben für die Biegezugprüfung aus dem Estrich herausgeschnitten. Die Abmessungen der Proben sind von der Dicke d der Hartstoffschicht wie folgt abhängig:

Höhe bei zweischichtigem
Estrich: $h = 2d$, aber mind. 20 mm
Höhe bei einschichtigem
Estrich: $h = d$, aber mind. 10 mm
Länge: $l \geq 6 \cdot h$
Breite: $b \geq 40$ mm
Stützweite: $s = 5 \cdot h$

Bei der Prüfung muß die Hartstoffschicht in der Zugzone liegen.

7.5.10.2 Härte

Die Härte von *Gußasphalt* wird gemäß DIN 1996 T 13 aus der Stempeleindringtiefe ermittelt. Hierzu werden Würfel mit 7,07 cm Kantenlänge hergestellt. Für die Prüfung werden die Würfel auf 22 °C bzw. 40 °C erwärmt (Wasserbad) und durch einen Stempel mit einer Stempelfläche von 1 cm² während 5 Stunden belastet. Die Eindringtiefe gilt als Maß für die Härte.

Für die Bestätigungsprüfung bei schwimmenden Estrichen, Verbundestrichen und Estrichen auf Trennschicht aus *Gußasphalt* sind mind. 2 Proben von etwa 30 cm × 30 cm auszubauen, die Probekörper nach DIN 1996 T 4 wie vor beschrieben herzustellen und nach DIN 1996 T 13 zu untersuchen.

7.5.10.3 Oberflächenhärte/7.5.10.4 Abnutzbarkeit, Schleifverschleiß

Nach DIN 18 560 T 1 E ist vorgesehen, die Eindringtiefe für GE 10 und GE 15 bei 40 °C nach einer Prüfdauer von 2 Stunden zu bestimmen. Außerdem soll die Prüfung für GE 40 und GE 100 nicht bei 22 °C, sondern bei 40 °C, dafür mit einem Stempelquerschnitt von 500 mm² und einer Prüfdauer von 0,5 Stunden erfolgen. Geforderte Werte für GE 40 > 1,5 bis 4,0 mm und für GE 100 > 4,0 bis 10,0 mm (wie in Tafel 7.25 unter 22 °C angegeben).

7.5.10.3 Oberflächenhärte

Die Oberflächenhärte wird bei *Magnesiaestrich* an Prismen 4 cm × 4 cm × 16 cm (wie für die Festigkeitsprüfung) ermittelt. Die Prismen werden vor der Prüfung wie in Tafel 7.3 angegeben gelagert. Die Oberflächenhärte wird aus der Eindringtiefe einer polierten Stahlkugel mit 10 mm ⌀ bestimmt. Die Stahlkugel wird mit einer Vorlast von 10 ± 0,1 N auf die Oberfläche der Probe bzw. des Estrichs aufgesetzt und damit die Ausgangsablesung vorgenommen. Danach wird die Hauptlast von $P = 500$ N aufgebracht, nach 3 Minuten Belastungsdauer bis auf Vorlast entlastet und nach einer weiteren Minute die bleibende Eindringtiefe t mit einer Genauigkeit von 0,01 mm gemessen. Als Oberflächenhärte H gilt dabei:

$$H = \frac{P}{10 \cdot \pi \cdot t} \; [\text{N/mm}^2]$$

Bei jedem Prisma ist die Prüfung an 3 Stellen der bei der Herstellung oberen, geglätteten Fläche vorzunehmen. Anzugeben sind der Mittelwert für jedes einzelne Prisma sowie der Mittelwert der 3 Prismen.

Bei der Bestätigungsprüfung ist die Prüfung vorzugsweise mit einem tragbaren Oberflächenhärte-Prüfgerät am verlegten Estrich durchzuführen. Die Oberflächenhärte ist als Mittelwert von 10 an verschiedenen Stellen erfolgten Einzelmessungen anzugeben. – Die bei der Prüfung im Raum herrschende Temperatur und relative Luftfeuchte sind festzustellen und ebenfalls anzugeben.

Bei einer Prüfung im Labor müssen aus dem Estrich mindestens 3 Proben entnommen werden, an denen jeweils 3 Messungen vorzunehmen sind.

7.5.10.4 Abnutzbarkeit, Schleifverschleiß

Die Prüfung der Abnutzbarkeit durch Schleifen – Schleifverschleiß, Abrieb – erfolgt nach DIN 52 108 – Verschleißprüfung mit der Schleifscheibe nach *Böhme*.

Die Prüfung wird bei der Eignungs- und Güteprüfung an gesondert hergestellten, 4 cm dicken quadratischen Platten mit 7,1 cm Kantenlänge (50 cm² Fläche) vorgenommen. Bei der Bestätigungsprüfung werden 3 entsprechend große Platten, aber mit Estrichdicke, vom fertigen Estrich herausgesägt. Zur Prüfung im lufttrockenen Zustand werden Magnesia- und Anhydritestrichproben bei 40 °C ± 2 °C getrocknet. Die Prüfung selbst erfolgt durch schleifende Beanspruchung auf einer Scheibe mit feingeschlichteter (feingerillter), gußeiserner Schleifbahn, auf die Prüfschmirgel (Korund) gebracht wird. Bei den Umdrehungen der Scheibe wird an der Probe, die auf die Scheibe gedrückt wird, Abrieb erzeugt. Nach 22 Umdrehungen werden Probe und Schleifscheibe vom Abrieb gesäubert, neuer Schmirgel aufgebracht und die Beanspruchung wiederholt. Nach 16 solcher Perioden ist die Prüfung beendet.

Der Gewichtsverlust der Probe nach 16 × 22 Scheibenumdrehungen wird über die zuvor ermittelte Rohdichte der Probe in Volumenverlust umgerechnet. Der Abrieb bzw. der Schleifverschleiß wird dann in cm³/50 cm² Prüffläche angegeben. – Zusätzlich kann auch die Dicke der abgenutzten Schicht gemessen werden.

An Gußasphalt kann diese Prüfung wegen seiner thermoplastischen Eigenschaften nicht erfolgen.

7.6 Hochbeanspruchbare Estriche, Industrieestriche

Außer den *zementgebundenen Hartstoffestrichen* (Abschnitt 7.5.5) werden als hochbeanspruchbare Estriche auch *magnesiagebundene* und *Gußasphaltestriche* eingesetzt. Neben hohem Widerstand gegen mechanische Beanspruchung – bei Flurförderzeugen mit Stahlrollen bis zu einer Pressung von 40 N/mm² – müssen sie gegebenenfalls noch anderen Anforderungen genügen, z. B. an die chemische Beständigkeit, an die elektrische Leitfähigkeit oder gegenüber besonderen klimatischen Einwirkungen. Allgemein muß der Untergrund ausreichend fest, bei mehrschichtigen Estrichen auch das Verformungsverhalten der einzelnen Schichten aufeinander abgestimmt sein.

7.6.1 Hochbeanspruchbarer Gußasphaltestrich

In Abhängigkeit von der Beanspruchungsgruppe (siehe Abschnitt 7.5.5) werden die in Tafel 7.30 angegebenen Estriche eingesetzt. In der Regel werden sie einschichtig auf Trennschicht aus Rohglasvlies hergestellt, bei Nenndicken über 40 mm zweischichtig.

Tafel 7.30 Gußasphaltestrich; Nenndicken, Körnungen und Härteklassen

Beanspruchungsgruppe	Nenndicke	Größtkorn des Zuschlags	Einsatzbereich			
			beheizte Räume	nicht beheizte Räume und im Freien	Kühlräume
			Brechpunkt des Bindemittels nach *Fraaß*[1]		
			unter +25 °C	unter 0 °C	unter −10 °C
	mm	mm	Härteklasse		
I (schwer)	≥ 35	16	GE 10 bis GE 15	GE 15 bis GE 40	GE 40 bis GE 100
	≥ 30	11			
II (mittel)	≥ 30	11			
	≥ 25	8			
III (leicht)	≥ 25	8			
	≥ 25	5			

[1]) Prüfung nach DIN 52 012.

Bei bitumengebundenem Untergrund wird der Estrich als Verbundestrich hergestellt. Als Zuschlag wird gebrochenes Material nach TL Min-StB (Technische Lieferbedingungen für Mineralstoffe im Straßenbau) mit folgender Korngrößenverteilung verwendet:

Füller 0 bis 0,9 mm: 20 bis 30 %
Sand 0,9 bis 2 mm: 15 bis 40 %
Splitt über 2 mm: 40 bis 55 %

Bei der Eignungsprüfung muß der Estrich eine Biegezugfestigkeit von mindestens 8 N/mm² erreichen und eine Wasseraufnahme (Prüfung nach DIN 1996 T 8) von höchstens 0,7 % haben. Diese Forderungen gelten für alle Härteklassen.

7.6.2 Hochbeanspruchbarer Magnesiaestrich

In Tafel 7.31 sind die Festigkeitsklassen und geforderten Eigenschaften in Abhängigkeit von der Beanspruchungsgruppe (siehe Abschnitt 7.5.5) angegeben. Bei zweischichtiger Ausführung gelten die Werte für die Nutzschicht.

7.6.2 Estriche mit Kunststoffen

Tafel 7.31 Hochbeanspruchbarer Magnesiaestrich

Beanspruchungs-gruppe	Festigkeits-klasse	Oberflächenhärte in N/mm² bei		Biegezugfestigkeit in N/mm²	
		Güteprüfung Nennwert	Bestätigungs-prüfung Mittelwert	kleinster Einzelwert	Mittelwert
I (schwer)	ME 50	200	≥ 180	≥ 10	≥ 11
II (mittel)	ME 40	150	≥ 130	≥ 9	≥ 10
III (leicht)	ME 30	100	≥ 80	≥ 7	≥ 8

In der Regel wird der Estrich als Verbundestrich nach Auftrag einer Haftbrücke auf den Tragbeton hergestellt. Wird er in Sonderfällen auf Trenn- oder Dämmschicht aufgebracht, ist er zweischichtig auszuführen, wobei die Unterschicht mindestens der Festigkeitsklasse ME 10 entsprechen muß. Einschichtiger Estrich muß eine mittlere Rohdichte von mindestens 1,4 kg/dm³ haben und soll nicht dicker als 25 mm sein.

Bei zweischichtiger Ausführung gilt für die Dicke:

Oberschicht (Nutzschicht):	mind. 8 mm
Unterschicht bei Verbundestrich:	mind. 15 mm
Unterschicht über Trennschicht:	mind. 30 mm
Unterschicht über Dämmschicht:	mind. 80 mm

7.7 Estriche mit Kunststoffen

Wegen *Kunststoffestrichen,* die in der Regel nur als dünne, mehrere Millimeter dicke Schicht aus Epoxid-, Polyester-, Polymethacryl- oder Polyurethanharz auf Beton, Estriche oder andere Beläge aufgebracht werden, siehe Abschnitt 14.11.

Kunstharz-Zusatzstoffe werden häufig zementgebundenen Estrichen zugesetzt. Sie werden als wäßrige Dispersionen zugegeben, um die Haftung am Untergrund zu verbessern, die Biegezugfestigkeit zu erhöhen, die Verarbeitbarkeit zu verbessern oder den Elastizitätsmodul zu verringern und die Gefahr der Rißbildung herabzusetzen. Die Dispersionen enthalten Kunstharze auf Basis Polyvinylacetat, Polyvinylpropionat, Butadien-Styrol oder Acrylsäureester, bei 50 % Feststoffgehalt Zusatzmenge meist 10 bis 20 % des Zementgewichtes.

8 Eisen und Stahl

sind die wichtigsten Gebrauchsmetalle. Die Welterzeugung beträgt gegenwärtig etwa 800 Millionen Tonnen im Jahr. Außer in Meteoreisen kommt Eisen in der Natur nur in Form von Verbindungen vor. In den *Eisenerzen* sind meist *oxidische Verbindungen* stark angereichert.

Daraus wird im *Hochofen* bei hoher Temperatur durch *Reduktion* das *flüssige Roheisen* gewonnen (siehe [2]). Hauptsächliches Reduktionsmittel ist Koks, zum Teil ersetzt durch Heizöl und Erdgas. *Nebenprodukt* der Roheisengewinnung ist die *Hochofenschlacke*. Sie wird heißflüssig weiterverarbeitet zu

Stückschlacke und Schlackenpflastersteinen (DIN 4301),
Hüttenwolle (Schlackenwolle) (siehe Abschnitt 3.8),
Hüttensteinen (siehe Abschnitt 2.10),
Hüttenbims (siehe Abschnitt 5.1.2), Hüttenbimsvoll- und Hohlblocksteinen (siehe Abschnitt 2.12),
Hüttensand (siehe Abschnitt 4.5) und Hüttenzement (siehe Abschnitt 4.6.2).

Flüssiges Roheisen enthält eine *relativ hohe Kohlenstoffmenge* (3 bis 4 Masse-% C) und zusätzlich Begleitstoffe aus dem Erz und dem Koks.

Dadurch wird erstarrtes Roheisen *spröde* und läßt sich als Werkstoff und Baustoff kaum verwenden. Es wird deshalb *metallurgisch aufgearbeitet zu Gußeisen*, hauptsächlich jedoch zu *Stahl*. Für Gußeisen: Roheisen erstarrt zu Masseln (Barren) im Sandbett oder in der Masselgießmaschine,

Für Stahl: Transport des flüssigen Roheisens in Pfannenwagen zum Stahlwerk.

8.1 Gußeisen

Normen:

DIN 1691 (Mai 85)   Gußeisen mit Lamellengraphit (GG)
DIN 1692 (Jan. 82)   Temperguß (GT)
DIN 1693 Teil 1 (Okt. 73) Gußeisen mit Kugelgraphit (GGG), Werkstoffsorten
         Teil 2 (Okt. 77) Gußeisen mit Kugelgraphit (GGG), Eigenschaften
DIN 1694 (Sept. 81)   Austenitisches Gußeisen

Wird meist im *Kupolofen* (kleinerer Schachtofen) *aus Roheisenmasseln* erschmolzen, man spricht von *Gußeisen zweiter Schmelzung*, im Gegensatz zu Gußeisen erster Schmelzung, das aus dem Hochofen stammt. Der C-Gehalt beträgt $\geq$ 2,5 Masse-%.

Entscheidend für die *Eigenschaften des Gußeisens*, wie auch für seine Art und Benennung, ist die *Form des Kohlenstoffs im erstarrten Guß*.

Man unterscheidet graues und weißes Gußeisen.
Im *grauen Gußeisen* liegt der Kohlenstoff ungebunden als Graphit (C) vor.
Dagegen wird im *weißen Gußeisen* der Kohlenstoff gebunden als Zementit (Fe_3C).
Deshalb wird weißes Gußeisen vorwiegend für Temperguß bzw. zur Stahlerzeugung verwendet.

Die Entstehung beider Gußeisensorten wird beeinflußt von

1. der *Abkühlungsgeschwindigkeit* und damit von der Wanddicke des Gußteils und
2. *dem Siliziumgehalt*.
   Die *schnelle Abkühlung* in der Masselgießmaschine ergibt *weißes Gußeisen*, dagegen bedingt die *langsame Abkühlung* in den Sandformen *graues Gußeisen*. Ein erhöhter Siliziumgehalt fördert ebenfalls die Ausbildung des grauen Gußeisens.
   Gußeisen ist durch den hohen Kohlenstoffgehalt und die damit verbundene Sprödigkeit *weder warm- noch kaltformbar*,
   in Grenzfällen jedoch *spanabhebend bearbeitbar*.

8.1.1 Graues Gußeisen
Zum grauen Gußeisen zu zählen ist:

a) Gußeisen mit Lamellengraphit (GG); DIN 1691

Sein *C-Gehalt* liegt zwischen *2,7 und 4,2 Masse-%*.
Die *Bruchflächen* sind *hellgrau bis dunkelgrau*.

Die große *Sprödigkeit* (mit entsprechend geringer Zugfestigkeit) liegt an der *lamellenförmigen Ausbildung des Graphits*. Damit wird der Zusammenhang der Grundmasse vielfach unterbrochen. Die Kerbwirkung der Lamellen ruft Spannungsspitzen mit entsprechend *geringen mechanischen Werten* hervor.

Graues Gußeisen besitzt keine Bruchdehnung, es ist mit Feile und Meißel bearbeitbar. Es schwindet beim Erstarren wenig und besitzt eine geringere Korrosionsneigung als Stahl, bedingt durch den höheren Si-Gehalt.

DIN 1691 unterteilt graues Gußeisen in GG 10 bis GG 40 (Mindestzugfestigkeiten in kp/mm², entsprechend 100 bis 400 N/mm²).

Im Hausbereich wird vorzugsweise GG 15 und GG 20 verwendet, und zwar zu Heizkörpern, Kanalrosten, Sinkkästen und Rohren.

DIN 28 500 (Aug. 77): Gußeiserne Druckrohre, Technische Lieferbedingungen.

b) Gußeisen mit Kugelgraphit (GGG) DIN 1693 Teil 1 und Teil 2
enthält *etwa 3,7 Masse-% C,* der aber durch Zugabe weniger Hundertstel Prozent *Magnesium* und Cer sich beim *Erstarren in Kugelform* ausscheidet. Die **Folge** ist ein einheitlicheres Gußgefüge, eine geringere Kerbwirkung der Graphitkugeln und *wesentlich verbesserte* **Eigenschaften**: hoher Verschleißwiderstand, gute Bearbeitbarkeit, deutlich höhere Zugfestigkeit, zäher (stahlähnlich), günstiges Korrosionsverhalten, hohe Warmfestigkeit der legierten Sorten, Schweißen bei thermischer Vor- und Nachbehandlung möglich.

Charakteristisch für GGG sind seine *silberweißen Bruchflächen*. GGG wird nach DIN 1693 in fünf Festigkeitsklassen zwischen GGG 40 und GGG 80 geliefert (Angabe der Mindestzugfestigkeit in kp/mm², entsprechend 400 bis 800 N/mm²).

Anwendung: Gußteile für schwere Baumaschinen, Tübbings = Schachtsegmente für U-Bahn- und Schachtbau, Rohre:

DIN 28 500 (Aug. 77)
DIN 28 610 Teil 1 und 2, beide Jan. 83   } Druckrohre in duktilem Gußeisen für Gas- und Wasserleitungen
DIN 28 614 Ausgabedatum Ende 89 od. Anf. 90

8.1.2 Weißes Gußeisen

a) Temperguß (GT) DIN 1692
ist *graphitfrei* und besteht aus *Ledeburit* (siehe Abb. 8.5), er ist *hart, spröde* und *nicht bearbeitbar*.

Eine nachträgliche mehrtägige Glühbehandlung (Tempern) läßt den Ledeburit zerfallen in *Perlit* (siehe 8.2.2) und Kohlenstoff, der sich flockenförmig als *„Temperkohle"* = Graphit im Gefüge abscheidet (Abb. 8.1).

Die Zähigkeit und Bearbeitbarkeit des Gußeisens werden damit deutlich verbessert, es wird stahlähnlich und ist je nach C-Gehalt härt- und vergütbar.

Bei entkohlender Glühbehandlung durch Einbetten der Gußteile in Eisenoxid (Fe_2O_3) entsteht

422 Eisen und Stahl

a₁) Weißer Temperguß (GTW):
Es tritt eine Randentkohlung auf mit etwa 1 bis 4 mm tiefer perlit- und temperkohlehaltiger Randzone.

Bei nichtentkohlender Glühbehandlung (in Sand) entsteht:

a₂) Schwarzer Temperguß (GTS):
Er besitzt fast nur perlitisches Grundgefüge mit Temperkohle. Die Sorteneinteilung erfolgt nach der Zugfestigkeit in kp/mm²:
35 bis 70 (350 bis 700 N/mm²).

Soweit noch nicht durch das wirtschaftlichere Gußeisen mit Kugelgraphit verdrängt, wird schwarzer Temperguß für kleine Gußteile verwendet:
Schlüssel, Schloßteile, Beschläge, Fittings (Rohrverbindungen).

8.1.3 Ni-Resist-Gußeisen

Es sind austenitische Gußeisensorten, deren Gefüge durch hohe Legierungszusätze austenitisch sind. Der Kohlenstoff ist als Graphit ausgebildet und liegt im Gefüge entweder als Lamellengraphit oder als Kugelgraphit vor (DIN 1694).

Durch die Legierung wird das Gußeisen unmagnetisch, korrosionsbeständig, verschleiß- und warmfester. Bei austenitischem Gußeisen mit Kugelgraphit sind Bruchdehnungen bis 25 % möglich, die Zugfestigkeit liegt zwischen 370 und 440 N/mm².

Gußeisen mit Lamellengraphit   Temperguß   Gußeisen mit Kugelgraphit   Stahlguß

Abb. 8.1 Durch Graphitausscheidung „gestörter" Spannungsverlauf im Gußeisen [8/11].

8.2 Stahl

DIN EN 10 020 (Sept. 89)   Begriffsbestimmungen für die Einteilung der Stähle

Stahl ist ein Eisenwerkstoff (sein Eisengehalt liegt höher als der jedes anderen Elementes) mit einem Kohlenstoffgehalt < 2 Masse-% C. Eine Ausnahme bilden chromreiche Sorten. Der Gehalt von 2 Masse-% C ist allg. der Grenzwert für die Unterscheidung von Stahl und Gußeisen.

8.2.1 Herstellung

Roheisen enthält zuviel Kohlenstoff und eine Reihe von unerwünschten Begleitelementen. Deren Gehalte werden bei der Stahlherstellung durch Oxidation = Frischen vermindert (siehe [8/2]).

Folgende Verfahren werden dabei unterschieden:

Blasstahlverfahren*)
bodenblasende Verfahren
(Windfrischen)
Thomas-, Bessemerverfahren

Herdschmelzfrischverfahren*)
Siemens-Martin-Verfahren
Elektrolichtbogenofen-Verfahren

---

*) Bei allen Blasstahlverfahren, mit Ausnahme des KS-Verfahrens, wird die notwendige Energie durch die Verbrennung geliefert, bei den Herdschmelzfrischverfahren muß sie von außen zugeführt werden.

8.2.1 Herstellung

Oxidationsmittel: Luft
Verfahren mit Sauerstofflanze:
LD-, LDAC-, Kaldoverfahren
Oxidationsmittel: Sauerstoff;
wird mit wassergekühlter Lanze
eingeblasen

Induktionsofen-Verfahren

(siehe Abb. 8.2)

KS-Verfahren = Klöckner-Stahlerzeugungsverfahren. Es ist ein modifiziertes bodenblasendes Verfahren (siehe Abb. 8.3).

a) Blasstahlverfahren

a_1) Bodenblasende Verfahren (T, B)

Das flüssige Roheisen wird in ein birnenförmiges Gefäß, den Konverter, gefüllt. Zur intensiven Durchmischung mit Sauerstoff wird bei dem bodenblasenden Verfahren meist Luft durch einen Düsenboden in die Schmelze eingepreßt. Phosphorreiches Roheisen wird im Thomaskonverter gefrischt, dessen basische Ausmauerung das beim Frischen entstehende P_2O_5 bindet.

Die anderen oxidierten Eisenbegleiter werden entweder ebenfalls in der Schlacke oder der Ausmauerung gebunden oder gehen mit dem Abgas ins Freie. *Thomas-* und *Bessemer*-Verfahren sind veraltet und unwirtschaftlich. Sie sind praktisch vollständig ersetzt durch die unter a_2), a_3) und b_2) beschriebenen Verfahren.

a_2) Verfahren mit Sauerstofflanze (Y)

Reiner Sauerstoff wird mit einer wassergekühlten Lanze durch die Schlacke von oben in die Schmelze unter Druck eingeblasen (LD-Verfahren, da in Linz und Donawitz entwickelt). Die innige Durchmischung ergibt eine vergleichsweise hohe Reaktionsgeschwindigkeit.

Beim LDAC-Verfahren wird zur Abbindung des entstehenden P_2O_5 feingemahlenes CaO durch die Blaslanze mit dem Sauerstoff aufgeblasen.

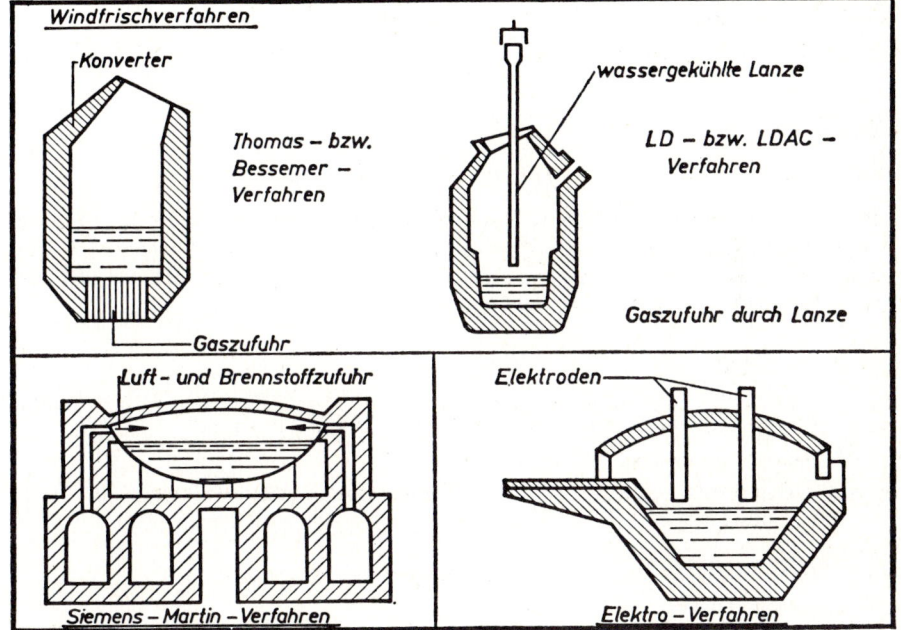

Abb. 8.2 Verfahren zur Stahlgewinnung [8/15]

Eisen und Stahl

Beim ähnlich dem LD-Verfahren arbeitenden *Kaldo*-Verfahren rotiert der geneigt liegende Konverter während des Blasvorgangs um seine Längsachse.

Vorteile der Sauerstoffblasstähle: niedrige N- und P-Gehalte, in der Qualität dem M-Stahl (Siemens-Martin-Stahl) gleichwertig. Diese sehr wirtschaftlichen Verfahren haben die älteren bodenblasenden Verfahren und das *Siemens-Martin*-Verfahren praktisch vollständig verdrängt.

a_3) *Klöckner*-Stahlerzeugungsverfahren (KS-Verfahren)

Die Stahlerzeugung nach dem KS-Verfahren erfolgt in einem kippbaren Reaktionsgefäß, das neben den hohen Leistungen die metallurgische Verfahrenstechnik der Sauerstoffblasverfahren zuläßt. Während jedoch bei den herkömmlichen Sauerstoffblasverfahren das flüssige Roheisen der „Hauptenergieträger" ist, wird beim KS-Verfahren die notwendige Schmelz- und Überhitzungsenergie vornehmlich in Form von feinkörnigen heimischen Kohle- und Kokssorten zugeführt, die mit Sauerstoff teilverbrannt werden. Die Zufuhr der hierfür erforderlichen Medien erfolgt über Ringspaltdüsen, die im Gefäßboden und/oder in der Gefäßwand angeordnet sind.

Die Stahlerzeugung nach dem KS-Verfahren läßt sich in nachstehende fünf Verfahrensschritte aufgliedern, Abb. 8.3:

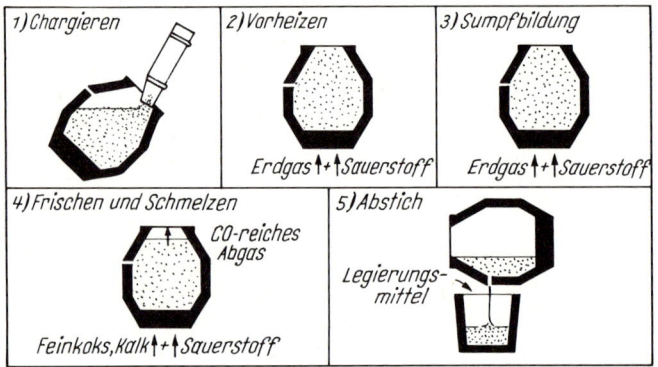

Abb. 8.3 Verfahrensschritte der KS-Stahlerzeugung [8/17]

1. *Chargieren.* Einfüllen von Schrott oder anderen Eisenträgern, wie festes Roheisen, Eisenschwamm usw.
2. *Vorheizen.* Vorwärmen der Einsatzstoffe auf fast 1000 °C durch Verbrennen von Erdgas oder Öl mit Sauerstoff.
3. *Sumpfbildung.* Bildung erster Schmelzphasen am Ende des Vorwärmens aufgrund der hohen Flammentemperaturen bei der Verbrennung mit Sauerstoff.
4. *Frischen und Schmelzen.* Einblasen von feinkörnigem Koks oder feinkörniger Feinkohle; Teilverbrennung mit zugeführtem Sauerstoff zur Erzeugung der notwendigen Schmelz- und Überhitzungswärme. Zufuhr von Kalk zur Schlackenbildung und Entfernung unerwünschter Elemente wie Phosphor und Schwefel. Fertigfrischen nach Art bekannter Sauerstoffblasverfahren. Reinigen und Auffangen der Abgase und Einsatz in Walzwerksöfen.
5. *Abstechen.* Legieren beim Abstich durch Zugaben in die Pfanne mit Nachbehandlung unter Vakuum.

Das entstehende Prozeßabgas wird als Ersatz von Erdgas in den Walzwerksöfen zum Erhitzen der Blöcke und des Vormaterials eingesetzt. Hierdurch ist der Nettoenergieverbrauch des KS-Stahlerzeugungs-Verfahrens sehr gering. Er beträgt nur rd. 60 Prozent der herkömmlichen Schrottverarbeitungsverfahren.

b) Herdschmelzfrischverfahren

Bei diesen Verfahren stammt der zum Frischen notwendige Sauerstoff vorwiegend oder ausschließlich aus dem zugesetzten Erz bzw. Schrott.

8.2.1 Herstellung

b_1) Das *Siemens-Martin*-Verfahren (M)

Wannenofen mit großer Reaktionsoberfläche. Ofentemperatur bis 1700 K. Durch Einsatz von Roheisen/Schrott bzw. Roheisen/Erz können bei der hohen Temperatur und großen Reaktionsoberfläche die Oxidationsvorgänge recht gut gesteuert werden. Die Legierungszusammensetzung ist genau einzuhalten. Das *Siemens-Martin*-Verfahren ist veraltet und unwirtschaftlich. Es ist weitgehend ersetzt durch die unter a_2) und a_3) beschriebenen Verfahren.

b_2) Elektroverfahren (E)

arbeiten entweder als Lichtbogen- oder als Induktionsofen (Schmelztiegel mit Induktionsspule, Energieübertragung durch magnetisches Wechselfeld). Die Ofentemperaturen erreichen 3500 K. Hochwertige Stähle mit hohem Reinheitsgrad und genauer Legierungszusammensetzung lassen sich nach diesem Verfahren herstellen. Die wirtschaftliche Anwendung der Elektroverfahren ist bei niedrigen Strompreisen möglich.

c) Vakuumbehandlung

wird in zunehmendem Maß eingeführt. Sie bedeutet eine weitere Qualitätsverbesserung nach dem Erschmelzen. Flüssiger Stahl durchströmt eine Vakuumkammer. In ihr wird der Sauerstoff- und Wasserstoffgehalt des Stahls erniedrigt. Spezielle Stähle, bei denen es auf besondere Genauigkeiten der Legierungsanteile ankommt, erhalten damit eine verringerte Rißanfälligkeit und einen verbesserten Reinheitsgrad. Für Spezialgüten mit niedrigsten Kohlenstoffgehalten.

d) Desoxidationsarten (früher Vergießungsarten)

Der Kokillenguß ist zunehmend vom Strangguß verdrängt worden, der heute rund 4/5 der Rohstahlerzeugung ausmacht. Die Vorgänge beim Gießen und Erstarren werden sehr wesentlich von der Art und Menge der zugegebenen sauerstoffbindenden Elemente, der „Desoxidationsmittel" bestimmt. Deshalb werden folgende Desoxidationsarten unterschieden:

Alte Bezeichnung (DIN 17 100)
unberuhigter Stahl (U)
beruhigter Stahl (R)
besonders beruhigter Stahl (RR)

Neue Bezeichnung (DIN EN 10 025)
unberuhigter Stahl (FU)
beruhigter Stahl nicht zulässig (FN)
vollberuhigter Stahl (FF)*)

d_1) Unberuhigt vergossener Stahl (U bzw. FU)

Wird mit wenig oder keinem Zusatz von Desoxidationsmitteln hergestellt. Mit fallender Temperatur in der Stahlschmelze (in der Kokille) sinkt deren Lösungsfähigkeit für Sauerstoff.

Als Folge davon reagiert der Sauerstoff mit dem Restkohlenstoff im Stahl zu CO, das sich in Form von Gasblasen abscheidet. Der Stahl erstarrt unruhig, er „kocht". Vor allem im Blockkopf und im Blockkern kommt es zu Seigerungen, d. h. Anreicherungen, der Stahlbegleiter.

d_2) Beruhigt vergossener Stahl (R bzw. FN)

Wird unter Zusatz von Desoxidationsmitteln: Silizium, Mangan und Aluminium hergestellt. Sie bilden allesamt thermodynamisch stabilere Oxide als Kohlenstoff. Eine erhöhte Zugabe dieser Desoxidationsmittel führt zu einer blasenfreien Erstarrung des Blockes, die Seigerungen werden weitgehend unterdrückt und der Sauerstoffgehalt entsprechend gesenkt. Die damit bedingte größere Schrumpfung beim Erstarren ergibt einen großen Lunker im Blockkopf. Die Lunkeroberfläche steht mit der Außenluft in Verbindung und ist mit Oxidationsprodukten bedeckt. Beim Walzen wird der Lunker nicht wieder verschweißt, es muß deshalb vor der Weiterverarbeitung ein wesentlich größerer Blockkopf abgetrennt werden. Das Ausbringen beträgt nur noch 80 bis 85 %.

Halbberuhigter Stahl

Die Menge an Desoxidationsmitteln wird so bemessen, daß fast der ganze Block ohne Gasentwicklung, d. h. beruhigt, erstarrt. Nur die zuletzt erstarrende Schmelze läßt eine Gasabscheidung zu. Sie wirkt der Lunkerbildung entgegen.

---

*) FF: Vollberuhigter Stahl mit einem ausreichenden Gehalt an stickstoffabbindenden Elementen (z. B. mindestens 0,020 % Al). Wenn andere Elemente verwendet werden, ist dies in den Bescheinigungen über Materialprüfungen anzugeben.

Vorteile korrekt halbberuhigter Stähle: erhöhtes Ausbringen (rund 90 %) wie bei unberuhigtem Stahl. Blockseigerungen und Oxidausscheidungen sind dagegen deutlich geringer und in der Größenordnung beruhigter Stähle. Zählt deshalb zu den beruhigten Stählen.

d_3) Besonders beruhigt vergossener Stahl (RR bzw. FF)

Der Stahlschmelze wird neben Silizium noch Aluminium, unter Umständen auch noch Niob, Tantal, Vanadin und Zirkon zugesetzt. Sauerstoff wird von diesen Elementen noch stärker als von Silizium gebunden, gleichzeitig wirken sie aber auch noch als Nitridbildner. Nitride wirken als Kristallkeime, so daß sich ein feinkörniges austenitisches Gefüge bildet. Stickstoff bewirkt eine Alterung des Stahls. Wenn jedoch Stickstoff als Nitrid abgebunden ist, unterbleibt diese. Besonders beruhigt vergossene Stähle sind alterungsbeständig.

Wichtig für den Stahlverbraucher:

1. Alle Blasen, sofern ihre Oberfläche nicht durch Luftzutritt oxidiert wird, verschweißen bei der anschließenden Warmformgebung miteinander.

2. Bei unberuhigtem Stahl treten besonders starke Seigerungen, d. h. Anreicherungen von C, Mn, S und P, im Blockkern und besonders im Blockkopf auf.

   Formstähle und Bleche werden häufig aus unberuhigtem Stahl hergestellt. Ihre Querschnittsmitten haben Seigerungszonen mit ungünstigen Eigenschaften, z. B. mit Sprödbruchempfindlichkeit und erhöhter Alterungsneigung. Wenn dies beim Schweißen berücksichtigt wird und keine Anforderungen an die Sprödbruchsicherheit des Bauteils gestellt werden, läßt sich unberuhigter Stahl ohne Bedenken verwenden.[1])

d_4) Strangguß

Die wassergekühlte Kokille läßt einen weiterwandernden Endlosstrang entstehen.

Die Vorteile dieses Verfahrens sind: Der Strangquerschnitt läßt sich der zu walzenden Form anpassen. Einsparung von Walzarbeiten und -zeit.

Kein Verlust durch Block- oder Schopfenden wie beim Blockguß.

8.2.2 Gefügeänderungen des Stahls (siehe [2])

Die *mechanischen Eigenschaften* des Stahls sind eng *verknüpft* mit dessen *kristallinem Aufbau*, wie er im Mikroskop beobachtet werden kann. Je nach Zumischung = Legierung anderer Elemente (Kohlenstoff usw.) verändern sich die Stahleigenschaften. Für deren Verständnis ist ein Blick auf das *Kristallgitter des Eisens* notwendig.

Alle kristallinen Stoffe bestehen aus wohlgeordneten Kristallgittern, in denen die Gitterbausteine in jeweils unterschiedlicher geometrischer Form zusammengefügt sind. Der bei kristallinen Haufwerken zu beobachtende äußere unregelmäßige Bau beruht auf der gegenseitigen Behinderung des Kristallwachstums aus der sich abkühlenden Schmelze.

Das Eisen weist zusammen mit den Metallen Kobalt, Titan, Mangan und Zinn eine Besonderheit auf, die andere technisch wichtige Metalle, wie Aluminium, Kupfer, Nickel, Blei, Zink und Magnesium, nicht besitzen. Die zuerst genannten Metalle erfahren nach ihrer Erstarrung bei weiterer Abkühlung zusätzliche Gitterumwandlungen. Es entstehen dabei neue Kristalle mit einem anderen Raumgitter, ohne daß dabei der Metallkörper seinen Zusammenhalt verliert.

---

1) Fluß- und Puddelstähle in Altbauten zeigen große Unterschiede im Schweißverhalten und in der Alterungsbeständigkeit. Diese beruhen auf den unterschiedlich starken Seigerungen dieser Stähle, bedingt durch die fehlende Qualitätskontrolle bei der Stahlerschmelzung in früherer Zeit.

8.2.2 Gefügeänderungen des Stahls

Diese Umwandlungen der Kristallgitter verändern auch die Energie der Atome, etwa wenn das neue Raumgitter nur noch kleinere Schwingungen ermöglicht. Energie geht bekanntlich nicht verloren, deshalb muß sie – in diesem Falle – vom Körper abgegeben (oder bei Erwärmung aufgenommen) werden. Damit verzögert sich der zeitliche Verlauf der Abkühlung (bzw. Erwärmung), es entstehen unterhalb des Schmelzpunktes zusätzliche Haltepunkte (siehe Abb. 8.4).

(Aus den Meßdaten vieler derartiger Abkühlungs-Zeit-Kurven ist das Eisen-Kohlenstoff-Diagramm aufgestellt worden [2].)

Reines Eisen hat eine *kubische*, d. h. würfelförmige *Raumgitterstruktur*. Je nach Temperaturhöhe treten zwei verschiedene Gitterstrukturen auf (siehe Abb. 8.5).

Unterhalb 910 °C ist das *kubisch-raumzentrierte α-Eisen = Ferrit*, beständig: Neben den 8 Eckpunkten des Würfels ist in Würfelmitte, dem Schnittpunkt der Raumdiagonalen, noch ein 9. Eisenatom angeordnet.

Bei 910 °C klappt das α-Eisen in das γ-Eisen = Austenit um: Es entsteht ein *kubisch-flächenzentriertes Gitter*, bei dem neben den 8 Eckpunkten des Würfels noch jeweils 1 Eisenatom in den 6 Schnittpunkten der Flächendiagonalen liegt. Dieses Gitter besitzt also 14 Eisenatome.

Das bei etwa 1400 °C entstehende kubisch-raumzentrierte δ-Eisen ist für die Vorgänge bei der Stahlherstellung ohne Bedeutung.

Ein steigender Kohlenstoffgehalt im Stahl führt neben Ferrit zur Ausbildung von *Zementit Fe_3C,* Eisenkarbid. Während Ferrit kaum Kohlenstoff in sein Gitter aufzunehmen vermag, geschieht dies bei Austenit bis zu etwa 2 Masse-% C. Bei Abkühlung wandelt sich dieser Austenit (mit 0,8 Masse-% C) spätestens bei 723 °C in Perlit um.

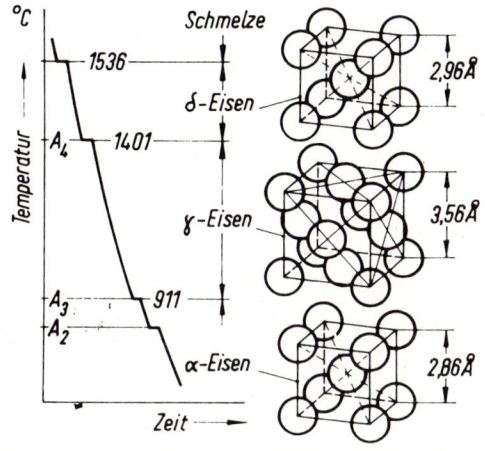

Abb. 8.4 Die Abkühlungskurve von Reineisen und seine Kristallisation [8/15]

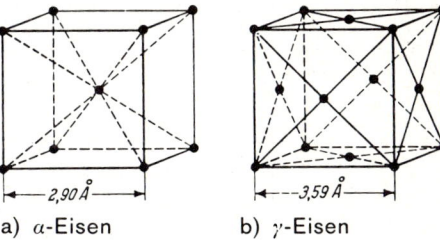

Abb. 8.5
Die Raumgitterformen des Eisens [8/2]   a) α-Eisen   b) γ-Eisen

Tafel 8.1 Übersicht über die wichtigsten Arten der Wärmebehandlung von Stahl nach [8/5]

Verfahrensarten: Glühen, Härten, Vergüten

Glühen[1])	Härten[2])	Vergüten („Anlassen")
Wesentliches Merkmal	**Wesentliches Merkmal**	**Wesentliches Merkmal**
Stahl auf bestimmte Temperatur erhitzen, dort halten, anschließend langsam und geregelt auf Raumtemperatur abkühlen.	Stahl zunächst „austenitisieren", d. h. erhitzen bis oberhalb der Umwandlungstemperaturlinie G–S–K, und Temperatur so lange halten, bis der Perlit vollständig in Austenit umgewandelt ist. Noch längeres Erhitzen ungünstig, da grobkörniger Austenit entsteht. Gefüge wird dadurch grobnadelig. Anschließend: Sehr schnelle Abkühlung von einer Temperatur 40 bis 60 °C oberhalb der Linie G–S–K mit Luft, Wasser, Öl- oder Salzbad.	Nach erfolgter Härtung den Stahl auf eine Temperatur zwischen 150 bis 650 °C erwärmen, je nach Stahlsorte und Verwendungszweck.
Glühbehandlungen		
Normalglühen Spannungsfreiglühen	**Gewünschtes Gefüge:**	**Gewünschtes Gefüge:**
Weichglühen	Verzerrtes Ferritgefüge tetragonal als „Martensit" mit höherem C-Gehalt. Entstanden durch Umklappen des γ-Gitters ohne Platzwechsel der C-Atome, da Platzwechsel wesentlich langsamer (siehe Perlitbildung).	Abbau eines zu starken Martensitgefüges, C-Atome teilweise aus der Zwangslage im Gitter befreien.
Gewünschtes Gefüge		
Körniger Zementit, d. h. Zementitkörner in ferritischer Grundmasse.	Feines gleichmäßiges Gefüge, Ausgleich unregelmäßigen Gefüges und Kristallvergröberungen.	Keine Gefügeänderungen.

8.2.2 Gefügeänderungen des Stahls

Gewünschtes Werkstoffverhalten	Gewünschte Werkstoffeigenschaft:	Gewünschte Werkstoffeigenschaft:
Beste spanlose und spanabhebende Verformung.	Abbau der Eigenspannung, Vermeidung von Verziehen oder Rißbildung. (Nach Kalt- oder Warmverformung, nach ungleichmäßiger Abkühlung beim Gießen oder Schweißen.)	Ausschaltung von Sprödigkeit und Reißneigung.	Eine hohe Gitterspannung bedingt hohe Festigkeiten. Das Raumgitter besitzt keine durchgehenden Gleitebenen, es ist deshalb nicht mehr verformbar. Der dadurch entstehende hohe Verformungswiderstand bedingt die große Härte des Materials. Bei zu großer Krafteinwirkung kommt es deshalb zum Trennungsbruch ohne Verformung.	Abbau der zu hohen Gefügespannungen und der damit verbundenen glasartig spröden Eigenschaften zugunsten eines zäh-harten Stahles.[3]

Verfahrensdurchführung:	Verfahrensdurchführung:	Verfahrensdurchführung:
Am besten pendelnd um Perlitlinie bei jeweils langsamer Abkühlung glühen. Noch nicht aufgelöste Zementitreste wirken bei Abkühlung als Keime für Zementitkristallisation.	Stahl 20 bis 40 °C oberhalb der Linie G-S glühen mit nachfolgender Abkühlung.	Langsam erwärmen auf 550 bis 650 °C, also unterhalb der Perlitlinie. Temperatur etwa 4 Stunden halten, anschließend langsam abkühlen! Vermeidung großer Temperaturunterschiede im Querschnitt.	Nach ausreichend langer Härtetemperatur sehr schnelle Abkühlung unter 300 °C. Beim Umklappen des γ- in α-Eisen sollen Fe- und langsamer diffundierendes C-Atom zusammen im raumzentrierten Gitter sitzen.	Sofort nach dem Abschrecken etwa zwei Stunden auf Anlaßtemperatur halten mit heißen Platten oder Sandbädern. Das Material wird bis zum Abschrecken etwa zwei Stunden auf Anlaßtemperatur gehalten bis zur vollständigen Diffusionsvorgang ist abhängig von Zeit und Temperatur, anschließend langsam auf Raumtemperatur abkühlen, um nicht neue Wärmespannungen entstehen zu lassen.

[1] Patentieren ist eine dem Glühen unterzuordnende Wärmebehandlung von Seildrähten und Spannlitzen (allgemein von Draht und Band). Damit erhält der Stahl ein für das nachfolgende Kaltziehen günstiges Gefüge.

[2] Je nach Vorbehandlung unterscheidet man: Direkt- oder Einsatzhärten: Unmittelbar nach dem Aufkohlen (Einsetzen) eines Werkstückes wird dieses abgeschreckt. Falls notwendig, wird dazu der Stahl auf die für das aufgekohlte Schicht geeignete Temperatur vorher abgekühlt. Härten aus der Warmumformhitze: Im Anschluß an eine Warmumformung (Schmieden oder Walzen) erfolgt das Härten. Der Stahl wird zwischen beiden Arbeitsgängen nicht wieder abgekühlt.

[3] Die Elastizität ist je nach „Anlaßfarbe" (durch Lichtbrechung der Oxidschichten bedingt) einzustufen:
Hellgelb 220 bis 230 K (Federmesser, Schneidestähle); Dunkelgelb 240 K; Braun 255 bis 265 K (Scheren, Meißel, Äxte, Hobel); Violett-Purpur 270 bis 280 K (Tischmesser); Dunkelblau 290 K, elastisch (Säbelklingen, Uhrfedern); Kornblumenblau 300 bis 310 K (Sägen, Bohrer)

Perlit besteht aus übereinanderliegenden Platten von Ferrit und Zementit. Höhere Kohlenstoffgehalte führen zur vorherigen Abscheidung von reinem Zementit, niedrige C-Gehalte dagegen zur Ausscheidung von Ferrit.

Zementit ist sehr hart, aber spröde, entsprechend bedingen steigende Zementitgehalte härtere Stähle. Die Vorgänge beim Gießen, Erstarren und bei der Wärmebehandlung unlegierter und z. T. noch niedrig legierter Baustähle lassen sich mit den Zustandsänderungen im Eisen-Kohlenstoff-Diagramm erklären, daher „Zustandsschaubild" genannt.

a) Eisen-Kohlenstoff-Diagramm

In Abb. 8.6 ist lediglich das *metastabile* – sinngemäß: **nu**r zeitweilig stabile – *System Fe-Fe$_3$C* dargestellt, das *für die Stahlumwandlung* von Bedeutung i**st**. Auf der Abszisse ist die chemische Zusammensetzung, auf der Ordinate die Temperatur aufgetragen.

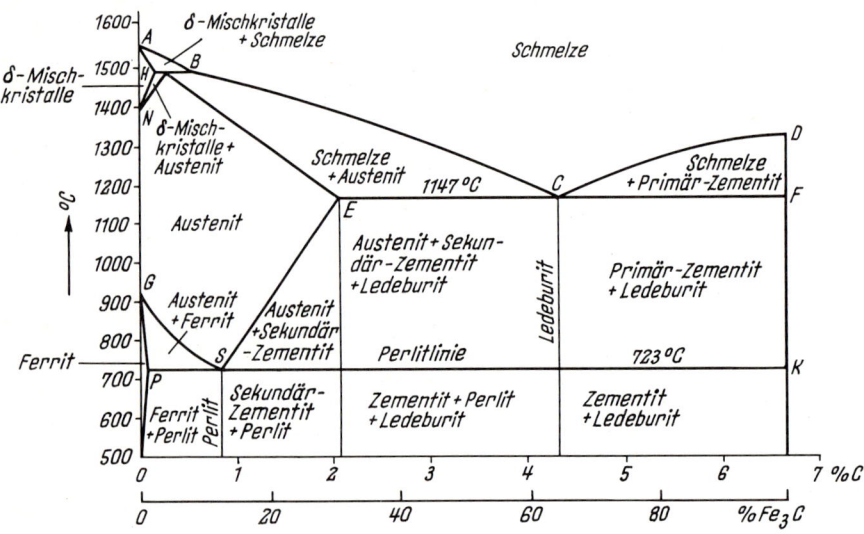

Abb. 8.6 Das Zustandsschaubild Fe-Fe$_3$C (metastabiles System) [8/2]

Die wichtigsten Kurvenzüge darin bedeuten:

Linie A – B – C – D: Liquiduslinie (von liquidus = flüssig). Oberhalb dieser Linie liegt nur Schmelze vor.

Linie A – H – J – E – C – F: Soliduslinie (von solidus = fest). Unterhalb dieser Linie liegen nur feste Kristalle vor. In den Bereichen zwischen beiden Linien stehen Schmelze und Kristalle miteinander im Gleichgewicht. *Punkt C:* Niedrigster Schmelzpunkt, bei dem die Restschmelze als *Eutektikum* erstarrt, daher „eutektischer Punkt" genannt.

Linie G – S – E: Grenzt das Zustandsgebiet des reinen Austenits ab gegen Perlit bzw. gegen das Zustandsgebiet Austenit + Zementit.

Linie P – S – K: Bei 723 °C *Perlit-Austenit-Umwandlung.*

b) Wärmebehandlung des Stahls

Unter diesem Begriff versteht man einen Vorgang, bei dem ein Werkstück einer gesteuerten Aufheiz- oder Abkühlungsgeschwindigkeit ausgesetzt wird, um damit bestimmte Stahleigenschaften zu erzielen, die auf anderem Wege nicht erreichbar sind.

Bei der Wärmebehandlung des Stahls werden durch höhere Abkühlungsgeschwindigkeiten Gleichgewichtseinstellungen zwischen Schmelze und Kristall oder die für das Gleichgewicht zwischen Kristallphasen erforderliche Diffusion unterbunden. Damit erhält man ein „eingefrorenes" Metallgefüge bei Raumtemperatur, das sonst nur bei höheren Temperaturen stabil ist.

Die im Bauwesen normalerweise verwendeten „unlegierten" Stähle, d. h. solche mit einem geringen Gehalt an weiteren Legierungszusätzen, ermöglichen eine Temperatursteuerung, die sich des **Eisen-Kohlenstoff-Diagramms** näherungsweise bedient.

Im Rahmen dieses Buches soll die Wärmebehandlung des Stahles nur in einer gedrängten Übersicht am Beispiel einiger Wärmebehandlungsverfahren zusammengefaßt dargestellt werden (siehe Tafel 8.1).

Inzwischen lassen sich beim Walzen die Temperaturen des Werkstückes so steuern, daß das für die nacheinander ablaufenden Glüh- und Anlaßvorgänge erwünschte Stahlgefüge bereits beim Walzen entsteht. Die dabei erzielte Gefügehomogenität ist auch durch nachträgliches Glühen und Vergüten nicht erreichbar. Diese Werkstoffbehandlung wird, je nach dem erwünschten Zustand, als Normalisierendes Umformen (bzw. Normalisierendes Walzen) (N) oder als Thermomechanisches Umformen (TM) bezeichnet.

c) Weitere wichtige Begriffe der Metallverarbeitung

Legierungen:
Sind Vermischungen zweier oder mehrerer Metalle im festen Zustand. Es bilden sich dabei Mischkristalle. Je nach der Atomgröße der an der Legierung beteiligten Elemente werden Gitterplätze des Eisens besetzt oder Hohlräume zwischen den Eisenatomen ausgefüllt.
Folge: Bei Abkühlung wird Umklappen des Raumgitters behindert, dadurch bessere Aushärtung, Abschrecken zum Teil nicht erforderlich.

Kaltverfestigung:
Sie beruht auf einer Verformung der Kristalle beim Kaltumformen. Bei diesem Vorgang werden stets das Gefüge und die Festigkeitseigenschaften des Werkstoffes beeinflußt.

Eisenwerkstoffe:
Sind Metallegierungen, bei denen die Masseanteile des Eisens höher als die jedes anderen Elements sind.

8.2.3 Einteilung der Stähle (Euronorm 20)

Nach der Zusammensetzung unterscheidet man:

unlegierte Stähle

legierte Stähle
- niedrig legiert: Wetterfeste Baustähle und andere legierte Qualitäts- und Edelstähle
- nichtrostende Stähle ($\leq 1{,}20\,\%$ C, $\geq 10{,}5\,\%$ Cr)
  Je nach Nickelgehalt Unterteilung in zwei Untergruppen
  a) Ni $< 2{,}5\,\%$
  b) Ni $\geq 2{,}5\,\%$

432 Eisen und Stahl

Nach den Verwendungseigenschaften kennt man:

Grundstähle   Qualitätsstähle   Edelstähle

a) **Einteilung der Stähle nach der Zusammensetzung**

Die Stahlsorten werden in folgende Gruppen eingeordnet:

Tafel 8.2: Grenzgehalte für die Einteilung in unlegierte und legierte Stähle

Vorgeschriebene Elemente		Grenzgehalt Masseanteil in %
Al	Aluminium	0,10
B	Bor	0,0008
Bi	Bismuth	0,10
Co	Kobalt	0,10
Cr	Chrom[1])	0,30
Cu	Kupfer[1])	0,40
La	Lanthanide (einzeln gewertet)	0,05
Mn	Mangan	1,65[3])
Mo	Molybdän[1])	0,08
Nb	Niob[2])	0,06
Ni	Nickel[1])	0,30
Pb	Blei	0,40
Se	Selen	0,10
Si	Silizium	0,50
Te	Tellur	0,10
Ti	Titan[2])	0,05
V	Vanadium[2])	0,10
W	Wolfram	0,10
Zr	Zirkon[2])	0,05
Sonstige (mit Ausnahme von Kohlenstoff, Phosphor, Schwefel, Stickstoff) jeweils		0,05

Falls für die Elemente nur ein Höchstwert für den Gehalt der Schmelze vorgeschrieben ist, sind mit Ausnahme bei Mangan 70 % dieses Höchstwertes für die Einteilung des Stahles maßgebend. Für Mangan gilt in einem derartigen Fall Fußnote 3.

[1]) Wenn für den Stahl zwei, drei oder vier der durch diese Fußnote gekennzeichneten Elemente vorgeschrieben und deren maßgebliche Gehalte kleiner als die in der Tafel angegebenen Grenzgehalte sind, so ist für die Einteilung zusätzlich ein Grenzgehalt in Betracht zu ziehen, der 70 % der Summe der Grenzgehalte der zwei, drei oder vier Elemente beträgt.

[2]) Die in Fußnote 1 angegebene Regel gilt entsprechend auch für die mit Fußnote 2 gekennzeichneten Elemente.

[3]) Falls für den Mangangehalt nur ein Höchstwert angegeben ist, gilt als Grenzgehalt 1,80 Gewichtsprozent.

8.2.3 Einteilung der Stähle

Unlegierte Stähle
sind Stähle, deren Gehalt jedes Legierungselementes unter den in Tafel 8.2 angegebenen Gehalten liegt

Legierte Stähle
sind Stähle, deren Gehalt an einem oder mehreren Legierungselementen den in Tafel 8.2 und deren Fußnoten angegebenen Gehalten entsprechen oder höher liegen.

Das Element Kohlenstoff wird hierbei nicht berücksichtigt.

b) **Unterteilung der Stahlgruppen nach Verwendungseigenschaften**

Über die Zuordnung unlegierter und legierter Stähle zu Grundstählen, Qualitätsstählen und Edelstählen siehe Tafel 8.3

Wesentliche Merkmale dieser Untergruppen sind:

Edelstähle sprechen gleichmäßig auf Wärmebehandlungen an. Außerdem besitzen sie durch besondere Maßnahmen bei der Erschmelzung im allgemeinen eine höhere Reinheit (besonders geringere nichtmetallische Einschlüsse!) als Qualitätsstähle.

Qualitätsstähle reagieren im allgemeinen auf Wärmebehandlungen unterschiedlich, sie besitzen jedoch eine erhöhte Oberflächengüte des Gefüges oder sind unempfindlicher gegen Sprödbruch.

Grundstähle sind Stahlsorten, deren Gebrauchseigenschaften nicht besonders festgelegt sind.

c) **Benennung der Stähle**

Die Bildung von Kurznamen (DIN 17 006)
erfolgt im wesentlichen nach zwei Grundsätzen:
- nach einer wichtigen Gebrauchseigenschaft, z. B. der Zugfestigkeit durch eine Zahlenangabe oder nach dem Verwendungszweck
- nach der chemischen Zusammensetzung, dafür werden chemische Symbole und Zahlen angegeben.

Benennung nach der Gebrauchseigenschaft
Die Werkstoffart wird durch vorangesetzte Buchstabenkennzeichen festgelegt, z. B. Fe (alte Bezeichnung: St) = Stahl, Fe G (alte Bezeichnung: GS) = Stahlguß.
Anschließend erfolgt die Angabe der Gebrauchseigenschaft, z. B. Fe 430 (St 44); unlegierter Baustahl mit einer Mindestzugfestigkeit von 430 N/mm^2 bzw. 44 kN/mm^2

Weitere vorgesetzte Buchstaben
- Wetterfeste Stahlsorten: WT, z. B. WT St 37-2

Angehängte Buchstaben
- nach der Gütegruppe (wichtig für Schweißeignung und Kerbschlagarbeit) z. B.
    Fe 510 C = Qualitätsstahl mit einer Zugfestigkeit von 510 N/mm^2

Tafel 8.3: Klasseneinteilung der Stähle nach EN 10 020

Hauptmerkmale	B Grundstähle	Q Qualitätsstähle	S Edelstähle
Unlegierte Stähle			
$R_{e.max}$[1]), $R_{m.max}$ oder HB_{max} (weiche unlegierte Stähle)	Stähle für Flacherzeugnisse, zum Kaltbiegen geeignet	Stähle für Flacherzeugnisse zum Ziehen (Zieh- und Tiefziehgüten)	
$R_{e.min}$ oder $R_{m.min}$	alle außer den in Q und S genannten	Stähle für den Stahlbau einschließlich Druckbehälterstähle Stähle mit P_{max} und $S_{max} < 0{,}045\%$, sofern keine Edelstähle Stähle mit besonderen Anforderungen an die Kaltverformbarkeit Stähle mit vorgeschriebenem Mindestgehalt an Kupfer Betonstähle, Schienenstähle	Stähle mit gewährleisteter Kerbschlagzähigkeit bei $-50\,°C$ bestimmte Stähle für Kernreaktoren Spannbetonstähle
Kohlenstoffgehalt	keine	Automatenstähle Stähle mit verbesserter Zieh- und Kaltstauchgüte Federstähle	Stähle mit hoher Zieh- und Kaltstauchgüte Federstähle höherer Güte Werkzeugstähle
Anforderungen an die magnetischen oder elektrischen Eigenschaften	keine	Stähle mit begrenzten Ummagnetisierungsverlusten bzw. gewährleisteter magnetischer Induktion Stähle mit guter elektrischer Leitfähigkeit	Stähle mit verbesserter elektrischer Leitfähigkeit
Verwendung	keine	Stähle für Verpackungszwecke (Feinstblech, Weißblech u. a.) Stähle für Schweißzusätze mit P_{max} und $S_{max} > 0{,}020\%$	Stähle für Schweißzusätze mit P_{max} und $S_{max} \leq 0{,}020\%$
Legierte Stähle			
	keine	Schweißbare Feinkornbaustähle mit niedrigen Legierungsgehalten (siehe Tafel 8.4) Stähle für Bleche und Bänder für magnetische Kreise, die nur Si und/oder Al als Legierungselemente enthalten Legierte Stähle für Schienen, Spundwanderzeugnisse und Grubenausbauprofile Nur mit Kupfer legierte Stähle Stähle für Flacherzeugnisse für schwierigere Kaltumformarbeiten	Nichtrostende Stähle (einschließlich hitzebeständiger und warmfester Stähle) Werkzeugstähle, Wälzlagerstähle Schweißbare Feinkornbaustähle mit höheren Legierungsgehalten (siehe Tafel 8.4) Wetterfeste Baustähle Amagnetische Stähle, Stähle mit besonderen magnetischen Eigenschaften Stähle mit besonderen Wärmeausdehnungskoeffizienten

[1]) R_e = Streckgrenze, R_m = Zugfestigkeit, HB = Brinellhärte

8.2.3 Einteilung der Stähle   435

Tafel 8.4 Grenzgehalte für die Unterteilung der legierten schweißgeeigneten Feinkornbaustähle in Qualitäts- und Edelstähle

Vorgeschriebene Elemente		Grenzgehalt Massenanteil in %
Cr	Chrom[1])	0,50
Cu	Kupfer[1])	0,50
La	Lanthanide (einzeln gewertet)	0,06
Mn	Mangan	1,80
Mo	Molybdän[1])	0,10
Nb	Niob[2])	0,08
Ni	Nickel[1])	0,50
Ti	Titan[2])	0,12
V	Vanadium[2])	0,12
Zr	Zirkon[2])	0,12
Sonstige nicht erwähnte Elemente, einzeln gewertet		(siehe Tafel 8.2)

[1]) Wenn für den Stahl zwei, drei oder vier der durch diese Fußnote gekennzeichneten Elemente vorgeschrieben und deren maßgebliche Gehalte (siehe Fußnote Tafel 8.2) kleiner als die in der Tafel angegebenen Grenzgehalte sind, so ist für die Einteilung zusätzlich ein Grenzgehalt in Betracht zu ziehen, der 70 % der Summe der Grenzgehalte der zwei, drei oder vier Elemente beträgt.

[2]) Die in Fußnote [1]) angegebene Regel gilt entsprechend auch für die mit Fußnote [2]) gekennzeichneten Elemente.

- nach der Desoxidationsart
  FU Unberuhigter Stahl
  FN Beruhigter Stahl (Unberuhigter Stahl nicht zulässig)
  FF Besonders beruhigter Stahl (Voll beruhigter Stahl)
- nach der Eignung für besondere Verwendungszwecke
- nach dem Lieferzustand

Benennung nach der chemischen Zusammensetzung

Hier wird unterschieden zwischen legierten und unlegierten Stählen.

Unlegierte Stähle: Die Bezeichnung beginnt mit C = Kohlenstoff.
Die anschließende Zahl gibt den mittleren C-Gehalt in hundertstel Masse-% an:
C 45 = unlegierter Stahl mit 0,45 % C.

Bei legierten Stählen

erfolgt zuerst die Angabe des C-Gehaltes wie zuvor. Danach werden die chemischen Symbole der wesentlichen Legierungselemente in der Reihenfolge der mittleren Legierungsgehalte angegeben. Diese mittleren Legierungsgehalte werden multipliziert mit folgenden Faktoren:

```
   4     Cr, Co, Mn, Ni, Si, W
  10     Al, Be, Cu, Mo, Nb, Pb, Ta, Ti, V, Zr
 100     P, S, N
1000     B
```

Beispiel: 13 Cr Mo 44 bedeutet: legierter Stahl mit 0,13 Masse-% C, 1 Masse-% Cr u. 0,4 Masse-% Mo.

Tafel 8.5 Systematik der Werkstoffnummern für Stahl und Stahlguß nach DIN 17 007 Teil 2 [8/8]

1. Allgemeines

Für den Aufbau der Werkstoffnummern gilt DIN 17 007 Teil 1 Werkstoffnummern, Rahmenplan. Nach ihm werden gekennzeichnet in der:

```
                                                        X.    XXXX.    XX
1. Stelle die Werkstoff-Hauptgruppe ─────────────────────┘      │       │
2. bis 5. Stelle, den Sortennummern, die
chemische Zusammensetzung ──────────────────────────────────────┘       │
6. und 7. Stelle, den Anhängezahlen,
Stahlgewinnungsverfahren und
Behandlungszustand ─────────────────────────────────────────────────────┘
```

Beispiele für die Bedeutung einer Werkstoffnummer

```
In der Werkstoffnummer . . . . . . . . . . . . . . . . . . . . . . . 1.    00   33
bedeutet                                                             │     │    │
Hauptgruppe 1 = Stahl ───────────────────────────────────────────────┘     │    │
Sortenklasse 00 = Handels- und Grundgüte ──────────────────────────────────┘    │
nach Abschn. 3.3 festgelegt für St 33 nach DIN 17 100 ──────────────────────────┘
```

Anhängezahlen für Stahlgewinnungsverfahren und Behandlungszustand sind in diesem Fall unnötig.

```
In der Werkstoffnummer                                              1.    01   12.  61
bedeutet                                                            │     │    │    │
Hauptgruppe 1 = Stahl ──────────────────────────────────────────────┘     │    │    │
Sortenklasse 01 = Allgemeine Baustähle,
unlegiert nach DIN 17 100 ────────────────────────────────────────────────┘    │    │
nach Abschnitt 3.3 festgelegt für St 37-2
nach DIN 17 100 ──────────────────────────────────────────────────────────────┘    │
beruhigter Siemens-Martin-Stahl ──────────────────────────────────────────────     │
normalgeglüht ────────────────────────────────────────────────────────────────────┘
```

Bei höher legierten Stählen, und zwar bei über 5 Masse-% eines Legierungselementes, gibt man die Menge der Legierungsbestandteile ohne vorherige Multiplikatoren direkt an. Zur Kennzeichnung steht aber ein X vor dem Kohlenstoffgehalt.

Beispiel X 40 Cr 13: Legierter Stahl mit 0,4 Masse-% C und 13 Masse-% Cr.

Werkstoffnummern DIN 17 007

Neben den Kurznamen für Stähle sind auch Werkstoffnummern eingeführt worden. Zur Kennzeichnung erhält jede Stahlsorte eine vierstellige Zahl, bestehend aus einer zweistelligen Gruppennummer + zwei Zählnummern (vom VDEh festgelegt), siehe Tafel 8.5.

8.2.4 Verformungsverhalten des Stahls

Spannungs-Dehnungs-Diagramm (Abb. 8.7 und 8.8):

Stahl wird hauptsächlich auf seine *Zugfestigkeit* geprüft. Bei diesem Versuch läßt sich ein *Spannungs-Dehnungs-Diagramm,* heute zumeist über automatisch regi-

8.2.4 Verformungsverhalten des Stahls

strierende Schreibeinrichtungen, aufnehmen*). Die bei diesem Versuch erhaltene Kennlinie ist wichtig für die Abschätzung der zulässigen Stahlspannungen. Außerdem: Baustähle müssen eine Mindestbruchdehnung von 5 % besitzen. Sprödere Stähle sind nicht einsetzbar.

Dabei ergeben warmverformte, naturharte Stähle eine unstetige Kurve (siehe Abb. 8.7), während kaltverformte Stähle eine stetige Kurve ergeben (siehe Abb. 8.8).

In einem Spannungs-Dehnungs-Diagramm ist auf der Ordinate die Zugspannung σ in [N/mm^2] aufgetragen, auf der Abszisse die Dehnung, bezogen auf die Ausgangsmeßlänge in Prozent

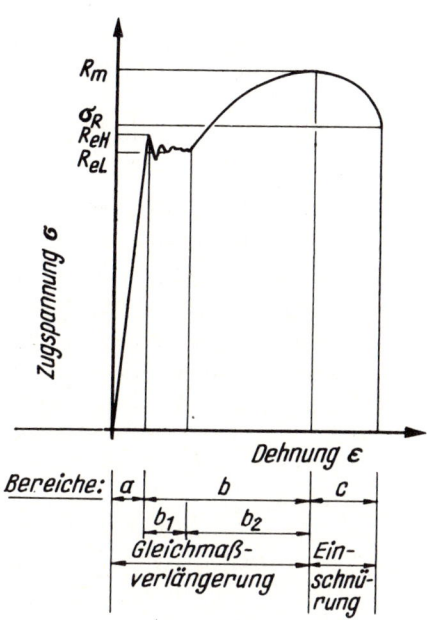

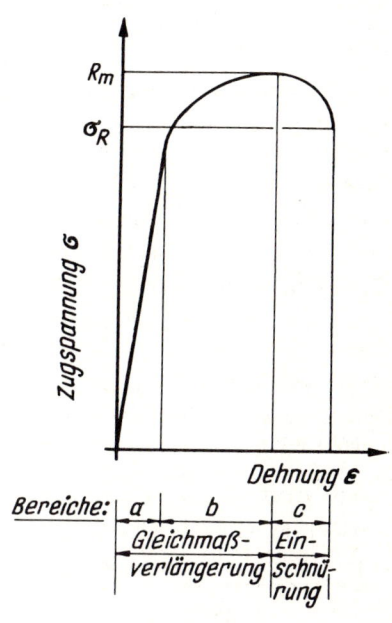

Abb. 8.7
Spannungs-Dehnungs-Diagramm mit unstetigem Übergang vom elastischen in den plastischen Bereich (die Verlängerung im elastischen Bereich ist übertrieben dargestellt)
Es bedeuten:
Bereich *a*: Elastischer Bereich
Bereich *b*: Plastischer Bereich
   b_1: Fließbereich
   b_2: Verfestigungsbereich
Bereich *c*: Einschnürbereich

8.8
Spannungs-Dehnungs-Diagramm mit stetigem Übergang vom elastischen in den plastischen Bereich (die Verlängerung im elastischen Bereich ist übertrieben dargestellt)
Es bedeuten:
Bereich *a*: Elastischer Bereich
Bereich *b*: Plastischer Bereich = Verfestigungsbereich
Bereich *c*: Einschnürbereich

---

*) Dabei erhält man zunächst ein Kraft-Verlängerungs-Diagramm, aus dem sich relativ einfach ein Spannungs-Dehnungs-Diagramm ableiten läßt (siehe Werner, Baustoff-Prüfungen).

$\varepsilon = \frac{\Delta L}{L_0} \cdot 100\ [\%].$

Beide Kurven lassen sich in die drei Bereiche:
elastischer Bereich,
plastischer Bereich und
Einschnürbereich unterteilen.

Im **elastischen Bereich** ist die Dehnung der aufgebrachten Spannung proportional, die Kurve verläuft als Gerade. Bei Entlastung geht die Verformung vollständig in die Ausgangslänge zurück, der Stahl gehorcht dem *Hooke*schen Gesetz. Deshalb wird dieser Kurvenabschnitt auch als *Hookesche Gerade* bezeichnet.

Da der Übergang vom elastischen in den plastischen Bereich nur schwer meßbar ist, wird
die **technische Elastizitätsgrenze** ($R_{p\,0,01}$) auf 0,01 % Dehnung festgelegt (0,01-Grenze). Bis zu diesem Punkt ist eine bleibende Dehnung noch nicht meßbar.

Den Übergang vom elastischen zum plastischen Bereich bildet etwa die *0,2 %-Dehngrenze* ($R_{p\,0,2}$), auch 0,2-Grenze genannt. Sie wird vorzugsweise bei kaltverformten Stählen bestimmt (siehe Abb. 8.9).

Bis zu diesem Punkt läßt sich der Stahl nur unter weiterer Spannungsaufnahme, d. h. entgegen deutlich meßbarem Widerstand dehnen.

Der **plastische Bereich** wird mit Sicherheit erreicht bei Überschreitung der oberen Streckgrenze R_{eH} (bei warmverformten Stählen). Wegen der sich nunmehr vollziehenden Gleitverformungen im Stahlgefüge während des „Fließens" kann die Streckgrenze nur näherungsweise angegeben werden. Man unterscheidet deshalb

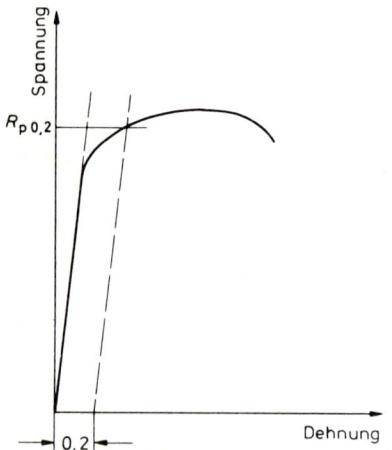

Abb. 8.9 Bestimmen der 0,2 % Dehngrenze $R_{p0,2}$ durch Parallelverschiebung der Hookeschen Geraden um 0,2 % im Dehnungsmaßstab

8.2.4 Verformungsverhalten des Stahls

eine obere und eine untere Streckgrenze R_{eL}. Die untere Streckgrenze ist die kleinste Spannung im Fließbereich.

Der plastische Bereich beginnt bei den warmverformten Stählen mit dem Fließbereich, in dem der Stahl ohne erkennbaren weiteren Widerstand unter praktisch gleichbleibender Zugspannung sich verformt.

Er „fließt", vergleichbar einer auseinanderlaufenden Flüssigkeit. Durch die im Fließbereich ablaufenden Gleitvorgänge wird das Stahlgefüge bis zu einem gewissen Grade verspannt. Werden jedoch die Gleitebenen zunehmend blockiert, so geht der Stahl über in den **Verfestigungsbereich,** wo jede weitere Stahlverformung eine erhöhte Zugkraftaufnahme bewirkt. Der Stahl wird kaltverfestigt.

Bei kaltverformten Stählen beginnt der plastische Bereich mit dem Verfestigungsbereich.

Mit dem Erreichen der Höchstzugkraft R_m ist die plastische Verformung beendet. Bei weiterer Zugbeanspruchung beginnt der **Einschnürbereich.** Der Stahl verformt sich jetzt nur noch an einer Stelle, er schnürt dort stark ein. Durch diese Querschnittsminderung vermag der Stahl immer weniger Zugkraft aufzunehmen, die Kurve fällt deshalb ab, bis die Probe bricht.

Mit der Zugprüfung werden wichtige Festigkeits- und Verformungskenngrößen bestimmt. Die wichtigsten sind:

Die *Zugfestigkeit* R_m wird definiert als die Höchstzugkraft F_m, bezogen auf den Ausgangsquerschnitt S_0 : $R_m = \dfrac{F_m}{S_0}$

Die *Bruchdehnung A* ist die bleibende Längenänderung ΔL_r nach dem Bruch, bezogen auf die Ausgangsmeßlänge L_0 (z. B. des kurzen Proportionalstabes)

$$A = \frac{\Delta L_r}{L_0} \, 100 \, [\%]$$

Innerhalb der Meßlänge muß die *Brucheinschnürung Z* liegen. Sie ist die größte bleibende Querschnittsänderung ΔS nach dem Bruch, ebenfalls auf den Ausgangsquerschnitt S_0 bezogen: $Z = \dfrac{\Delta S}{S_0} \cdot 100 \, [\%]$

Als Rechenwerte für den Elastizitätsmodul E_s können angenommen werden:
Baustähle, Betonstähle E_s = 210 000 N/mm²
vergütete Spannstähle E_s = 205 000 N/mm²
kalt gezogene Spannstähle E_s = 200 000 N/mm²

Dauerfestigkeiten

Für die Dauerfestigkeiten der Stähle sind folgende Kenngrößen wichtig:

Die Kriechgrenze β_k. Auch Stähle neigen unter Dauerlast zum Kriechen, jedoch bleiben die Kriechdehnungen unterhalb der Kriechgrenze vernachlässigbar klein.

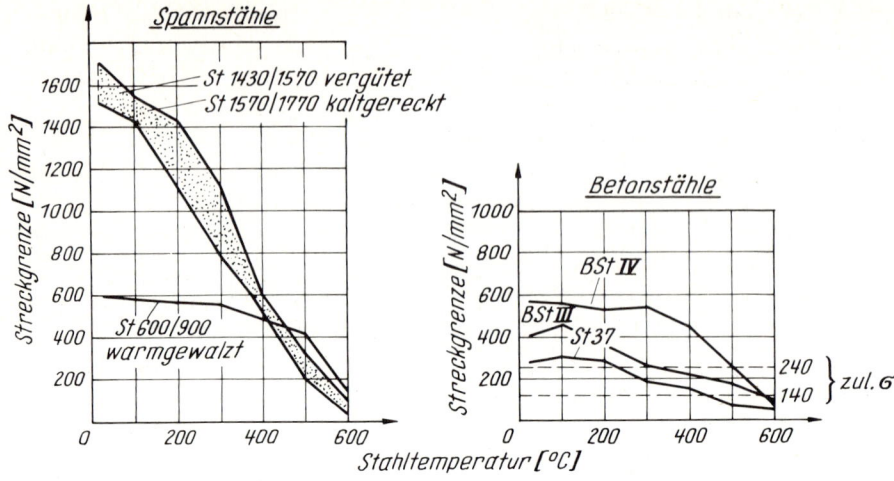

Abb. 8.10 Abhängigkeit der Streckgrenze von der Stahltemperatur [8/15]

β_k ist etwa der Elastizitätsgrenze $R_{p\,0,01}$ gleichzusetzen und liegt damit außerhalb des Gebrauchsspannungsbereiches.

Die Schwingfestigkeit σ_A. Die Stahlfestigkeit nimmt bei dauernden Lastwechseln ab, der Stahl „ermüdet". Dieser Erscheinung kann durch Herabsetzen der Belastung begegnet werden. Die Schwingfestigkeit σ_A ist diejenige Spannung, die in „unendlich vielen" Lastwechseln ohne Bruch ertragen wird. Im Versuch reichen $2 \cdot 10^6$ Lastwechsel zur Bestimmung von σ_A aus.

Steigende Temperaturen beeinträchtigen die Stahlfestigkeit: Bei Temperaturen von 300 °C beginnt die Streckgrenze des Stahles erheblich abzusinken, bei hochwertigen Stählen (Spannstahl) schon bei 100 °C (siehe Abb. 8.10).

8.2.5 Prüfung des Stahls

ist **Sache des Lieferwerkes,** das Probestücke, Maschinen usw. vorhalten muß. Sie bezieht sich auf:

chemische Zusammensetzung, Faltversuch, Abkantbarkeit (bei Blechen), Zugfestigkeit, Streck- oder Fließgrenze, Bruchdehnung, Sprödigkeit (Kerbschlagprobe, Brinellhärte), Biegefestigkeit, Schweißeignung, Stauchfähigkeit (bei Nietstahl) und Korrosionswiderstand.

Bei Betonstählen werden zusätzlich Querschnitt und Oberflächengestalt überprüft. Die Prüfung erfolgt hier im Rahmen einer Eigen- und Fremdüberwachung. Die **Baustellen- bzw. Werkstattprüfung** kann sich nur auf äußerlich sichtbare Fehler beziehen bei
Profilstahl und Blechen: Risse zwischen Steg und Flansch, gewellter Steg, Einhaltung der Querschnittstoleranzen, Blasen, Schlackeneinschlüsse („zeilenartige" Struktur des Gefüges in Walzrichtung), Rostschäden.

Bei Gußstücken ist zu achten auf: unebene Oberfläche, Gußnähte, Risse, verschweißte Fehlstellen.

8.2.6 Unlegierte Baustähle

Auskunft erteilt: Beratungsstelle für Stahlverwendung, Kasernenstr. 36, 4000 Düsseldorf 1
Wichtige Werkstoffnormen und Vorschriften für den Stahlbau:

DIN 1681 (Juni 85)	Stahlguß für allgemeine Verwendungszwecke; Gütevorschriften
DIN 17 111 (Sept. 80)	Kohlenstoffarme unlegierte Stähle für Schrauben, Muttern und Niete; Gütevorschriften
DIN 17 200 (März 87)	Vergütungstähle; Gütevorschriften
DIN 50 049 (Aug. 86)	Bescheinigungen über Werkstoffprüfungen
DASt.-Ri. 007 (Nov. 79)	Richtlinien für die Lieferung, Verarbeitung und Anwendung wetterfester Baustähle
DASt-Ri. 009 (April 73)	Empfehlungen zur Wahl der Stahlgütegruppen für geschweißte Stahlbauten
DASt-Ri. 011 (Febr. 79)	Anwendung der hochfesten schweißgeeigneten Feinkornbaustähle St E 460 und St E 690 für Stahlbauten mit vorwiegend ruhender Belastung.
DIN EN 10 020 (Sept. 89)	Begriffsbestimmungen für die Einteilung der Stähle
DIN EN 10 025 (Herbst 90)	Warmgewalzte Erzeugnisse aus unlegierten Baustählen; Technische Lieferbedingungen
Euronorm 27 (1974)	Kurzbenennung von Stählen
Euronorm 52 (1983)	Begriffe der Wärmebehandlung von Eisenwerkstoffen

Unlegierte Baustähle (DIN EN 10 025)

Die Norm umfaßt die warmgewalzten unlegierten Grund- und Qualitätsstähle. Sie sind geeignet zur Verwendung bei klimabedingten Temperaturen.

Die **Anforderungen der Norm** gelten für
  Flacherzeugnisse: Blech, Bandstahl, Warmbreitband, Breitflachstahl sowie
  Langerzeugnisse: Flachstahl, Profile, Stabstahl, Walzdraht, Schienen

Von der Norm sind ausgenommen:

Halbzeug zum Schmieden, schweißbare Feinkornbaustähle, Blech- und Breitflachstahl aus vergüteten schweißbaren Feinkornbaustählen, Wetterfeste Baustähle, Flacherzeugnisse aus Stählen mit hoher Streckgrenze für die Kaltumformung, Schiffbaustähle und Hohlprofile.

Die Norm gibt an:

Kurzbezeichnung für die Stahlsorte, die Desoxidationsart, den Lieferzustand*) sowie die Eignung für spezielle Verarbeitungsverfahren: Sprödbruchunempfindlichkeit (Kerbschlagarbeit) und damit Schweißbarkeit. Nach diesen beiden Eigenschaften werden die unlegierten Baustähle unterteilt in sechs Gütegruppen: O, B, C, D, DD und 2.

Die Gütegruppen D und DD sind nochmals unterteilt nach D 1, D 2 bzw. DD 1 und DD 2.

In den Gütegruppen O, 2 und B sind die Grundstähle (sofern keine Eignung zur Kaltumformung vorgeschrieben ist) zusammengefaßt. Die Gütegruppen C, D 1, D 2, DD 1 und DD 2 beinhalten Qualitätsstähle.

a) **Wichtigste Anforderungen sind**

   1. **Festigkeitseigenschaften**
      Mindestzugfestigkeiten: 310 ... 690 N/mm^2
      Mindeststreckgrenzen: 175 ... 360 N/mm^2
      Kerbschlagarbeit: 23 ... 40 J

---
*) Bedeutung des Lieferzustandes N siehe Seite 442

Gütegruppen	0	2	B	C	D D1	D D2	DD DD1	DD DD2
	Grundstähle (sofern keine Eignung zur Kaltumformung vorgeschrieben)			Qualitätsstähle				
Erschmelzungsverfahren	vom Hersteller festgelegt		kann mit dem Besteller vereinbart werden, muß dem Besteller dann bekanntgegeben werden					
Desoxidationsart	freigestellt	beruhigt	unberuhigt bzw. beruhigt Für **Fe 360 B**: Desoxidationsart kann bei Bestellung vorgeschrieben werden	beruhigt	besonders beruhigt		besonders beruhigt	
Lieferzustand: **Flacherzeugnisse** **Langerzeugnisse**	freigestellt*) freigestellt*)	freigestellt*) freigestellt*)	freigestellt*) freigestellt*)	freigestellt*) freigestellt*)	N**) freigestellt*)	freigestellt freigestellt	N**) freigestellt*)	freigestellt freigestellt
Chemische Zusammensetzung			Gehalte an C und an störenden Bestandteilen (N, P, S) festgelegt Für **Fe 510**: Gehalte an Mn und Si festgelegt, zusätzliche Anforderungen können bei Bestellung vereinbart werden.					
Mechanische Eigenschaften			Streckgrenze und Zugfestigkeit festgelegt					
			Ausnahme: **Fe 360 B** mit freigestellter Desoxidationsart					
Schweißeignung	Keine Angaben über Schweißeignung		(Bei **Fe 360 B**: Beruhigter Stahl ist vorzuziehen)	im allgemeinen zum Schweißen nach allen Verfahren geeignet Schweißeignung verbessert sich fortlaufend				
Warmumformbarkeit	nur bei Erzeugnissen im Zustand N**) gegeben							
Eignung zur Kaltumformung				für alle Qualitätsstähle vorhanden				
Kerbschlagarbeit	nicht festgelegt			Kerbschlagarbeit (und damit Sprödbruchunempfindlichkeit) steigend				

*) Ein anderer Lieferzustand kann vereinbart werden. Wurde der Zustand N vereinbart, sind in der Bescheinigung Angaben über Materialprüfungen zu machen.
**) N = normalgeglüht oder normalisierend gewalzt.

8.2.6 Unlegierte Baustähle

2. **Verformbarkeit**
Der Stahl darf weder kalt- noch rotbrüchig sein.
Die Stähle besitzen eine unterschiedliche Eignung zum Stabziehen, Gesenkschmieden, Abkanten, Kaltprofilieren und zur Herstellung geschweißter Rohre je nach Stahlsorte und Gütegruppe. Deshalb ist für den Konstrukteur zusätzlich zu beachten die Einteilung nach

3. **Gütegruppen:**
Die gleiche Stahlsorte besitzt in verschiedenen Gütegruppen eine unterschiedliche chemische Zusammensetzung und Verarbeitbarkeit.

Die Einteilung erfolgt etwa nach dem Schema auf Seite 442.

Die Bezeichnung einer Stahlsorte wird in folgender Reihenfolge gebildet:
- Nummer dieser europäischen Norm

- Kennbuchstabe Fe

- Kennzahl für den festgelegten Mindestwert der Zugfestigkeit (für Dicken < 3 mm) in N/mm^2

- Kennzeichen für die Gütegruppe im Hinblick auf Schweißeignung und Kerbschlagarbeit: 0, 2, B, C, D 1, D 2, DD 1, DD 2

- ggf. (bei der Stahlsorte Fe 360 B)
Kennbuchstaben für die Desoxidationsart
FU unberuhigter Stahl
FN unberuhigter Stahl nicht zulässig = beruhigter Stahl
FF*) Vollberuhigter Stahl = besonders beruhigter Stahl

- ggf. Kennbuchstaben für die Eignung für besondere Verwendungszwecke
KQ Abkanten
KP Walzprofilieren
KZ Kaltziehen

- ggf. Kennzeichnung des Lieferzustandes (nicht erforderlich bei Flacherzeugnissen der Gütegruppen D 1 und DD 1)
N normalgeglüht bzw. normalisierend gewalzt

Beispiel: Stahl EN 10 025 – Fe 510 C KQ

Zusätzlich bedeuten: BS Grundstahl
QS Qualitätsstahl

Die nachstehenden Tafeln 8.6 bis 8.8 fassen die wichtigsten Kennwerte der unlegierten Baustähle zusammen.

b) Eigenschaften einzelner Baustahlsorten

St 37-2 DIN 17 100
Der Stahl erfüllt mittlere Anforderungen und läßt sich somit für alle Konstruktionsteile im Hoch- und Brückenbau verwenden, sofern seine Festigkeit dazu ausreichend ist.

RSt 37-2, da beruhigt vergossen, ist für Schweißkonstruktionen vorzuziehen. Beim USt 37-2 sind die

---

*) siehe Fußnote auf Seite 425

444 Eisen und Stahl

Seigerungszonen stärker ausgeprägt und werden deshalb von den Schweißzonen leicht erfaßt. Aus diesem Grund verwendet man den USt 37-2 eher für Niet- und Schraubenkonstruktionen.

St 52-3 DIN 17 100
ist ein Feinkornstahl, der mit Mangan und Silizium legiert ist. Aufgrund seines niedrigen Kohlenstoffgehaltes von etwa 0,20 % C besitzt er eine gute Schweißeignung.

Allgemeine Eigenschaften: hohe Zugfestigkeit bei hoher Streckgrenze (355 N/mm^2), bedingt durch den höheren Mangangehalt. Hochfester Feinkornbaustahl, sprödbruchunempfindlich, erträgt auch in der Kälte höhere Beanspruchungen. Verwendung im Hoch- und Brückenbau für große Spannweiten.

Kennzeichnung: Kurzname, Zeichen des Lieferwerkes, Schmelzen- oder Probenummer

Wetterfeste Baustähle nach DASt-Ri. 007 (siehe auch [2])

Es handelt sich um niedrig legierte Stähle. Sie enthalten folgende Legierungsbestandteile (Obergrenzen): 0,5 % Cu, 0,8 % Cr, 0,5 % Si, 1,30 % Mn und 0,05 % P

Wetterfeste Baustähle bilden eine Eisenoxid-Deckschicht, die sich mit der Bewitterung stetig erneuert, jedoch deutlich langsamer als beim üblichen Rostungsvorgang. Ohne zusätzlichen Korrosionsschutz anwendbar, jedoch nicht in stark aggressiver Atmosphäre (Industrie- und Meeresatmosphäre), bei Dauerfeuchtigkeit und Tausalzeinwirkung.

Handelsbezeichnungen: COR-TEN, Patinax
Bezeichnung: WT St 37-2, 37-3 und 52-3

Auch geschweißte Hohlprofile (Rohre) nach DIN 1626 und DIN 1629 sind aus wetterfesten Stählen herstellbar.

St 36 nach DIN 17 111
ist ein kohlenstoffarmer unlegierter Stahl für Schrauben, Muttern und Niete (gewöhnlicher Nietstahl) β_z = 340 bis 440 N/mm^2

Anforderungen: Auf der Zugseite muß die Probe ohne Rißbildung kalt zusammenschlagbar sein, bis die Schenkel flach aufeinanderliegen. Das Prüfstück, dessen Länge gleich der doppelten Probendicke ist, soll sich verwendungswarm auf 1/3 seiner Länge stauchen lassen.

St 38 nach DIN 17 111
Schraubenstahl mit einer Zugfestigkeit von β_z = 380 bis 470 N/mm^2

Anforderungen: Geprüft wird im Faltversuch mit einem Dorndurchmesser, der gleich der Probendicke ist. Faltwinkel α = 180°.

St 44 nach DIN 17 111
nach Bundesbahnvorschrift, hochwertiger Nietstahl, β_z 440 bis 540 N/mm^2

Anforderungen: Faltversuch längs mit Dorndurchmesser, der gleich der doppelten Probendicke ist, Faltwinkel α = 180°.
Sonstige Eigenschaften wie St 52, zur Verwendung mit St 52 geeignet.
Kennzeichnung: Setzkopf abgeflacht mit erhabener 44 oder Setzkopf mit Al-Bronzefleck sowie Prüfstempel 44 am Schaft.

Armcostahl
enthält 99,7 % Fe, ist sehr weich, korrosionssicher, Verwendung für Behälter, Ausdehnungsgefäße, verzinkte Bauteile usw.

Querschnittsformen	Bezeichnung
I und C 80 mm Höhe u. mehr; ⌐, Breitflanschträger	Formstahl
I und C unter 80 mm Höhe, L L L ⌀ ▨ ⌀ ⌒ ⌒ usw.	Stabstahl
▨ 12 bis 150 mm Breite, 5 mm Dicke und mehr	Bandstahl
▨ über 150 mm Breite, 3 mm Dicke u. mehr	Breitflachstahl

Abb. 8.11 Querschnittsformen der Stahlerzeugnisse [6]

8.2.6 Unlegierte Baustähle

Hochfeste (Feinkorn) Baustähle St E 47, St E 70 nach DASt-Ri. 011 chemische Zusammensetzung und mechanische Eigenschaften dort.
Zur Zeit nur für vorwiegend ruhende Belastung zugelassen.
Verbindungsmittel: HV-Schrauben und Schweißnähte.

Vergütungsstähle nach DIN 17 200
sind Qualitäts- und Edelstähle (*„Schmiedestähle"*), die sich nach der chemischen Zusammensetzung zum Härten ohne Versprödung eignen.
Verwendung: Lager- und Gelenkteile sowie Spannstahl.

Stahlguß nach DIN 1691
wird in Fertigformen vergossen, ohne nachträgliche Verformung: Verwendung für Lager und ähnliches im Hoch- und Brückenbau.

Bezeichnungsbeispiele: GS 52.3, β_z = 520 N/mm². Sorten mit höherer Festigkeit ($\geq$ GS 52) sind nur bedingt schweißbar.

c) **Die Weiterverarbeitung des Rohstahls**
geschieht im Walzwerk. Blöcke und Brammen (längliche Blöcke mit geringem Querschnitt) bzw. Stränge werden in Tief- oder Stoßöfen aufgeheizt auf Walzentemperatur, anschließend ausgewalzt, entweder zu Flacherzeugnissen: Vorbrammen, Vorblöcke, Bleche oder zu

Profilerzeugnissen: Form- und Stabstahl (siehe Abb. 8.11 und Übersicht Abschnitt e_1), wichtigen Erzeugnissen für das Bauwesen.

Warm gewalzte Produkte lassen sich zusätzlich durch Kaltumformung, d. h. Walzen oder Ziehen, weiter verarbeiten.

Wichtig für das Bauwesen: Kaltprofile und profilierte Flächenelemente.

Flacherzeugnisse: bilden im Querschnitt stets ein Rechteck. Die Breite beträgt ein Vielfaches der Dicke.

d) **Blech** ist eine ebene Tafel, deren Kanten beim Walzen frei gebreitet werden. Man unterscheidet: Tafel und Band, Kanten roh oder beschnitten.

Nach der Blechdicke werden unterschieden:

Feinstblech Dicke	< 0,5 mm (kaltgewalzt)
Feinblech	0,5 bis 3,0 mm
Mittelblech	> 3,0 bis 4,75 mm
Grobblech	> 4,75 mm

Grobblecherzeugnisse sind weiter verformte oder bearbeitete (geschweißte) Grobbleche, z. B. geschweißte Mantelschüsse (aus Kesselblech).

Eine weitere Unterteilung der Bleche läßt sich nach der Anwendung vornehmen: Neben dem Schwarzblech werden Qualitätsbleche wie Ziehblech, Bekleidungsblech, Karosserieblech usw. unterschieden.

Bei *Mittel- und Grobblechen* unterscheidet man neben Baublechen: Behälter-, Kessel-, Röhren-, Tonnenbleche; ferner quadratische und rautenförmige Riffelbleche, Raupen- und Warzenbleche (für rutschfeste Treppenstufen, Abdeckungen usw.).

Emaillierte Stahlbleche in verschiedenen Glanzstufen und Farben für Verkleidungen, Brüstungselemente usw.

Bandstahl (Breite $\leq$ 150 mm) und *Breitflachstahl* (Breite > 150 mm) sind nur

Tafel 8.6 Sorteneinteilung und Zusammensetzung der Stähle nach DIN EN 10 025 für Flacherzeugnisse und Langerzeugnisse

Stahlsorte Kurzname		Frühere nationale Bezeichnung	Desoxidationsart	Stahlart[4)]	Schmelzanalyse Massenanteile in %, max.								Stückanalyse Massenanteile in %, max.							
Neu nach EN 10 027-1[1)]	nach EU 25-72				C für Erzeugnis-Nenndicken in mm			Mn	Si	P	S	N[2),3)]	C für Erzeugnis-Nenndicken in mm			Mn	Si	P	S	N[2),3)]
					≤16	>16 ≤40	>40[5)]						≤16	>16 ≤40	>40[5)]					
Fe 310-0[6)]	EU 25-72	St 33	freigestellt	BS	-	-	-	-	-	-	-	-	-	-	-	-	-	-	-	0,011
Fe 360 B[6)]		St 37-2	freigestellt	BS	0,17	0,20	-	-	-	0,045	0,045	0,009	0,21	0,25	-	-	-	0,055	0,055	0,011
Fe 360 B[6)]			FU	BS	0,17	0,20	-	-	-	0,045	0,045	0,007	0,21	0,25	-	-	-	0,055	0,055	0,009
Fe 360 B			FN	BS	0,17	0,17	0,20	-	-	0,045	0,045	0,009	0,19	0,19	0,23	-	-	0,055	0,055	0,011
Fe 360 C		St 37-3U	FN	QS	0,17	0,17	0,17	-	-	0,040	0,040	0,009	0,19	0,19	0,19	-	-	0,050	0,050	0,011
Fe 360 D1		St 37-3N	FF	QS	0,17	0,17	0,17	-	-	0,035	0,035	-	0,19	0,19	0,19	-	-	0,045	0,045	-
Fe 360 D2		St 37-3N	FF	QS	0,17	0,17	0,17	-	-	0,035	0,035	-	0,19	0,19	0,19	-	-	0,045	0,045	-
Fe 430 B		St 44-2	FN	BS	0,21	0,21	0,22	-	-	0,045	0,045	0,009	0,24	0,24	0,25	-	-	0,055	0,055	0,011
Fe 430 C		St 44-3U	FN	QS	0,18	0,18	0,18[7)]	-	-	0,040	0,040	0,009	0,21	0,21	0,21[7)]	-	-	0,050	0,050	0,011
Fe 430 D1		St 44-3N	FF	QS	0,18	0,18	0,18[7)]	-	-	0,035	0,035	-	0,21	0,21	0,21[7)]	-	-	0,045	0,045	-
Fe 430 D2		St 44-3N	FF	QS	0,18	0,18	0,18[7)]	-	-	0,035	0,035	-	0,21	0,21	0,21[7)]	-	-	0,045	0,045	-
Fe 510 B		-	FN	BS	0,24	0,24	0,24	1,60	0,55	0,045	0,045	0,009	0,27	0,27	0,27	1,70	0,60	0,055	0,055	0,011
Fe 510 C[8)]		St 52-3U	FN	QS	0,20	0,20[9)]	0,22	1,60	0,55	0,040	0,040	0,009	0,23	0,23[9)]	0,24	1,70	0,60	0,050	0,050	0,011
Fe 510 D1[8)]		St 52-3N	FF	QS	0,20	0,20[9)]	0,22	1,60	0,55	0,035	0,035	-	0,23	0,23[9)]	0,24	1,70	0,60	0,045	0,045	-
Fe 510 D2[8)]		St 52-3N	FF	QS	0,20	0,20[9)]	0,22	1,60	0,55	0,035	0,035	-	0,23	0,23[9)]	0,24	1,70	0,60	0,045	0,045	-
Fe 510 DD1[8)]		-	FF	QS	0,20	0,20[9)]	0,22	1,60	0,55	0,035	0,035	-	0,23	0,23[9)]	0,24	1,70	0,60	0,045	0,045	-
Fe 510 DD2[8)]		-	FF	QS	0,20	0,20[9)]	0,22	1,60	0,55	0,035	0,035	-	0,23	0,23[9)]	0,24	1,70	0,60	0,045	0,045	-
Fe 490-2		St 50-2	FN	BS	-	-	-	-	-	0,045	0,045	0,009	-	-	-	-	-	0,055	0,055	0,011
Fe 590-2		St 60-2	FN	BS	-	-	-	-	-	0,045	0,045	0,009	-	-	-	-	-	0,055	0,055	0,011
Fe 690-2		St 70-2	FN	BS	-	-	-	-	-	0,045	0,045	0,009	-	-	-	-	-	0,055	0,055	0,011

[1)] Bei der Veröffentlichung der vorliegenden Europäischen Norm war die Umwandlung der EURONORM 27 (1974) in eine Europäische Norm (EN 10 027-1) noch nicht vollzogen bzw. mit Änderungen ist zu rechnen.
[2)] Die angegebenen Werte dürfen überschritten werden, wenn je 0,001 % N der Höchstwert für den Phosphorgehalt um 0,005 % unterschritten wird; der Stickstoffgehalt darf jedoch einen Wert von 0,012 % in der Schmelzenanalyse nicht übersteigen.
[3)] Der Höchstwert für den Stickstoffgehalt gilt nicht, wenn der Stahl einen Gesamtgehalt an Aluminium von mindestens 0,020 % oder genügend andere stickstoffabbindende Elemente enthält. Die stickstoffabbindenden Elemente sind in der Bescheinigung über Materialprüfungen anzugeben.
[4)] BS Grundstahl; QS Qualitätsstahl.
[5)] Bei Profilen mit einer Nenndicke > 100 mm ist der Kohlenstoffgehalt zu vereinbaren.
[6)] Nur in Nenndicken ≤ 25 mm lieferbar.
[7)] Max. 0,20 % C bei Nenndicken > 150 mm.
[8)] Bei Bestellung dieser Stahlsorten können zusätzlich vereinbart werden: Angaben über weitere Legierungsbestandteile sowie über eine Begrenzung des Kohlenstoffgehaltes.
[9)] Max. 0,22 % C bei Nenndicken > 30 mm und bei den KP-Sorten.

8.2.6 Unlegierte Baustähle

Tafel 8.7 Mechanische Eigenschaften der Flach- und Langerzeugnisse nach DIN EN 10 025

Stahlsorte Kurzname nach EN 10 027-1[2]	Frühere nationale Bezeichnung	Desoxidationsart	Stahlart [4]	Streckgrenze R_{eH}, N/mm², min.[1] für Nenndicken in mm								Zugfestigkeit R_m, N/mm²[1] für Nenndicken in mm			
				≤ 16	> 16 ≤ 40	> 40 ≤ 63	> 63 ≤ 80	> 80 ≤ 100	> 100 ≤ 150	> 150 ≤ 200	> 200 ≤ 250	< 3	3 ≤ IV ≤ 100	> 100 ≤ 150	> 150 ≤ 250
Fe 310-0[3]	St 33	freigestellt	BS	185	175	–	–	–	–	–	–	310 bis 540	290 bis 510	–	–
Fe 360 B[3]	St 37-2	freigestellt	BS	235	225	–	–	–	–	–	–	360 bis 510	340 bis 470	–	–
Fe 360 B[3]		FU	BS	235	225	–	–	–	–	–	–				
Fe 360 B		FN	BS	235	225	215	215	215	195	185	175			340 bis 470	320 bis 470
Fe 360 C	St 37-3 U	FN	QS	235	225	215	215	215	195	185	175				
Fe 360 D1	St 37-3 N	FF	QS	235	225	215	215	215	195	185	175				
Fe 360 D2	St 37-3 N	FF	QS	235	225	215	215	215	195	185	175				
Fe 430 B	St 44-2	FN	BS	275	265	255	245	235	225	215	205	430 bis 580	410 bis 560	400 bis 540	380 bis 540
Fe 430 C	St 44-3 U	FN	QS	275	265	255	245	235	225	215	205				
Fe 430 D1	St 44-3 N	FF	QS	275	265	255	245	235	225	215	205				
Fe 430 D2	St 44-3 N	FF	QS	275	265	255	245	235	225	215	205				
Fe 510 B	St 52-3 U	FN	BS	355	345	335	325	315	295	285	275	510 bis 680	490 bis 630	470 bis 630	450 bis 630
Fe 510 C	St 52-3 N	FN	QS	355	345	335	325	315	295	285	275				
Fe 510 D1	St 52-3 N	FF	QS	355	345	335	325	315	295	285	275				
Fe 510 D2	–	FF	QS	355	345	335	325	315	295	285	275				
Fe 510 DD1	–	FF	QS	355	345	335	325	315	295	285	275				
Fe 510 DD2	–	FF	QS	355	345	335	325	315	295	285	275				
Fe 490-2[5]	St 50-2	FN	BS	295	285	275	265	255	245	235	225	490 bis 660	470 bis 610	450 bis 610	440 bis 610
Fe 590-2[5]	St 60-2	FN	BS	335	325	315	305	295	275	265	255	590 bis 770	570 bis 710	550 bis 710	540 bis 710
Fe 690-2[5]	St 70-2	FN	BS	360	355	345	335	325	305	295	285	690 bis 900	670 bis 830	650 bis 830	640 bis 830

[1]) Die Werte für den Zugversuch in der Tabelle gelten für Längsproben (l), bei Band, Blech und Breitflachstahl in Breiten ≥ 600 mm für Querproben (q).
[2]) Bei der Veröffentlichung der vorliegenden Europäischen Norm war die Umwandlung der EURONORM 27 (1974) in eine Europäische Norm (EN 10 027-1) noch nicht vollzogen bzw. mit Änderungen ist zu rechnen.
[3]) Nur in Nenndicken ≤ 25 mm lieferbar.
[4]) BS Grundstahl; QS Qualitätsstahl.
[5]) Diese Stahlsorten kommen üblicherweise nicht für Profilerzeugnisse (I, U, Winkel) in Betracht.

Tafel 8.8: Kerbschlagarbeitswerte für Flach- und Langerzeugnisse sowie weitere technologische Eigenschaften für Flacherzeugnisse (nach DIN EN 10 025)

Stahlsorte Kurzname Neu nach EN 10 027-1[2]	nach EU 25-72	Frühere nationale Bezeichnung	Desoxidationsart	Stahlart [3]	Kerbschlagarbeit, J, min. für Nenndicken in mm Temperatur °C	> 10 ≤ 150 [4]	> 150 ≤ 250 [4]	Eignung zum Abkanten KQ [7]	Walzprofilieren KP [7]	Kaltziehen KZ [7]
	Fe 310-0[5]	St 33	freigestellt	BS	–	–	–			
	Fe 360 B[5][6]	St 37-2	freigestellt	BS	20	27	–	x	x	x
	Fe 360 B[5][6]		FU	BS	20	27	–	x	x	x
	Fe 360 B[6]		FN	BS	20	27	23	x	x	x
	Fe 360 C	St 37-3 U	FN	QS	0	27	23	x	x	x
	Fe 360 D1	St 37-3 N	FF	QS	–20	27	23	x	x	x
	Fe 360 D2	St 37-3 N	FF	QS	–20	27	23	x	x	x
	Fe 430 B[6]	St 44-2	FN	BS	20	27	23	x	x	x
	Fe 430 C	St 44-3 U	FN	QS	0	27	23	x	x	x
	Fe 430 D1	St 44-3 N	FF	QS	–20	27	23	x	x	x
	Fe 430 D2	St 44-3 N	FF	QS	–20	27	23	x	x	x
	Fe 510 B[6]	–	FN	BS	20	27	23	–	–	x
	Fe 510 C	St 52-3 U	FN	QS	0	27	23	x	x	x
	Fe 510 D1	St 52-3 N	FF	QS	–20	27	23	x	x	x
	Fe 510 D2	St 52-3 N	FF	QS	–20	27	23	x	x	x
	Fe 510 DD1	–	FF	QS	–20	40	33	x	x	x
	Fe 510 DD2	–	FF	QS	–20	40	33	x	x	x
	Fe 490-2	St 50-2	FN	BS	–	–	–	–	–	x
	Fe 590-2	St 60-2	FN	BS	–	–	–	–	–	x
	Fe 690-2	St 70-2	FN	BS	–	–	–	–	–	x

[1]) Für Proben mit geringerer Breite gelten entsprechend verringerte Werte
[2]) Bei der Veröffentlichung der vorliegenden Europäischen Norm war die Umwandlung der EURONORM 27 (1974) in eine Europäische Norm (EN 10 027-1) noch nicht vollzogen bzw. mit Änderungen ist zu rechnen.
[3]) BS Grundstahl; QS Qualitätsstahl.
[4]) Bei Profilen mit einer Nenndicke > 100 mm sind die Werte zu vereinbaren.
[5]) Nur in Nenndicken ≦ 25 mm lieferbar.
[6]) Die Kerbschlagarbeit von Erzeugnissen aus Stählen der Gütegruppe B wird nur auf Vereinbarung bei der Bestellung geprüft.
[7]) Die angegebenen Kennbuchstaben sind in der Bezeichnung anzugeben.

8.2.6 Unlegierte Baustähle

in einer Richtung (längs) ausgewalzt, Bleche dagegen (in Tafeln) werden in zwei Richtungen (längs und quer) gewalzt.

Breitflachstahl ist eine ebene Tafel, die im allgemeinen auf allen vier Seitenflächen gewalzt wurde (Universalwalzwerk oder geschlossene Kaliber).
Breite > 150 mm, Dicke $\geq$ 4,76 mm.

Band ist ein Blech, das nach dem Walzen aufgerollt wird zu Rollen, deren Seitenflächen etwa in einer Ebene liegen. Die Kanten sind roh oder beschnitten.

Bandabschnitte bei > 600 mm Bandbreite gelten als Blech
$\leq$ 600 mm Bandbreite gelten als Stab

e) Stahlprofile

Profilstahlnormen:

DIN 1022 (Okt. 63)	Scharfkantiger L- und T-Stahl
DIN 1024 (März 82)	Warmgewalzter rundkantiger Stahl
DIN 1025 (Okt. 63)	Teil 1 I-Träger
(Okt. 63)	Teil 2 bis 4 IPB-Träger
(März 65)	Teil 5 IPE-Träger
DIN 1026 (Okt. 63)	U-Stahl
DIN 1027 (Okt. 63*)	Z-Stahl
DIN 1028 (Okt. 76)	Gleichschenkliger L-Stahl
DIN 1029 (Juli 78)	Ungleichschenkliger L-Stahl
DIN 59 410 (Mai 74)	Hohlprofile (warmgefertigt)
DIN 59 411 (Juli 78)	Hohlprofile (kaltgefertigt, geschweißt)

Euronormen:

19-57 (April 57)	IPE-Träger mit parallelen Flanschflächen
20-74 (Sept. 74)	Einteilung und Benennung von Stahlsorten
21-78 (Nov. 78)	Allgemeine Technische Lieferbedingungen für Stahlerzeugnisse
24-62 (Mai 62)	Schmale I-Träger, U-Stahl, zulässige Abweichungen
25-72 (Nov. 72)	Formstahl, Stabstahl, Blech und Breitband von 3 mm Dicke an sowie Breitflachstahl aus allgemeinen Baustählen – Gütevorschriften –
27-74 (Sept. 74)	Kurzbenennung von Stählen
34-62 (Mai 62)	Warmgewalzte breite I-Träger (I-Breitflanschträger) mit parallelen Flanschflächen, zulässige Abweichungen
35-62 (Mai 62)	Warmgewalzter Stabstahl für allgemeine Verwendung, zulässige Abweichungen
44-63 (Sept. 63)	Warmgewalzte mittelbreite I-Träger, IPE-Reihe, zulässige Abweichungen
53-62 (Juli 62)	Warmgewalzte breite I-Träger (I-Breitflanschträger) mit parallelen Flanschflächen
54-63 (Sept. 63)	Warmgewalzter kleiner U-Stahl
55-80 (Mai 80)	Warmgewalzter gleichschenkliger, rundkantiger I-Stahl
56-77 (April 77)	Warmgewalzter gleichschenkliger, rundkantiger Winkelstahl
57-77 (April 77)	Warmgewalzter ungleichschenkliger, rundkantiger Winkelstahl
58-78 (Feb. 78)	Warmgewalzter Flachstahl für allgemeine Verwendung
59-78 (Feb. 78)	Warmgewalzter Vierkantstahl für allgemeine Verwendung
60-77 (April 77)	Warmgewalzter Rundstahl für allgemeine Verwendung

Wichtigste Maßnormen für Formstahl aus Stählen nach DIN 17 100 sind DIN 1025 und DIN 1026 (alle Erzeugnisse warmgewalzt).

Tafeln für genormte und nicht genormte Profilstähle siehe Tabellenwerke,
z. B. Schneider, Bautabellen [1];
Beton-Kalender; Stahlbau-Taschenkalender u. v. a.

Eisen und Stahl

Verwendete Kurzzeichen für Stahlprofile (siehe Abschnitt 8.2.6,e_1). Abb. siehe folgende Seiten.

Normallängen für:

I-Träger: bei Profilhöhen < 300 mm   8 bis 16 m
                          $\geq$ 300 mm   8 bis 16 m

⊏-Stahl: wie I-Träger
(Ausnahme: ⊏ 30 × 15 bis 65 mm (6 bis 12 m)

Gleichschenkliger L-Stahl: ⎫
ungleichschenkliger L-Stahl: ⎬ 6 bis 12 m
⊐-Stahl: ⎭

T-Stahl:

Rund- und Vierkantstahl: 3 bis 12 m, gestaffelt je nach Durchmesser bzw. Kantenlänge a

Flachstahl für d < 31 mm   6 bis 12 m
sonstige Abmessungen   3 bis 12 m

e_1) Übersicht über wichtige Baustahlprofile
(bis Rechteckhohlprofile warmgefertigt)

Hohlprofile sind statisch und konstruktiv verwendete Hohlformen. Dagegen werden Rohre zum Transport von Medien (Gas, Wasser usw.) eingesetzt (siehe Abschnitt 8.2.6h).

Querschnittsbeschreibung	Kurzzeichen und Abmessungen [mm]	Norm	Euronorm	Kurzzeichen	Profilquerschnitt
Schmale I-Träger mit geneigten inneren Flanschflächen	I 80 bis 600	1025 Teil 1 (Okt. 63)			
mittelbreite I-Träger mit parallelen Flanschflächen, sog. Europaträger	IPE 80 bis 600 IPEo (o = optimal) 180 bis 600[2]) IPEv (v = verstärkt) 400 bis 600[2])	1025 Teil 5 (März 65) nicht genormt	19 − 57		
Breitflanschträger mit parallelen Flanschflächen, in leichter Ausführung	IPBl 100 bis 1000[2])	1025 Teil 3 (Okt. 63)	53 − 62	HE-A	

8.2.6 Unlegierte Baustähle

Fortsetzung der Übersicht e_1

Querschnittsbeschreibung	Kurzzeichen und Abmessungen [mm]	Norm	Euronorm	Kurzzeichen	Profilquerschnitt
Breitflanschträger mit parallelen Flanschflächen, in normaler Ausführung	IPB 100 bis 1000[2])	1025 Teil 2 (Okt. 63)	53 – 62	HE-B	
Breitflanschträger mit parallelen Flanschflächen in verstärkter Ausführung	IPBv 100 bis 1000[2])	1025 Teil 4 (Okt. 63)	53 – 62	HE-M	
rundkantiger $\sqsubset$-Stahl, innere Flanschflächen geneigt	$\sqsubset$ 30 × 15 bis 400	1026 (Okt. 63)			
Quadrat-Hohlprofile[1])	$a =$ 40 bis 400	59 410 (Mai 74)			
Rechteckhohlprofile[1])	$a \times b$ 50 × 30 bis 400 × 260	59 410 (Mai 74)			
Rund-Hohlprofile nahtlos	D 21,3 bis	2458 (Febr. 81)			
geschweißt	1016	2448 (Febr. 81)			
Rundstahlprofile, Gewinderohre, nahtlos oder geschweißt mittelschwere	D 10,2 bis 165,1	2440 (Juni 78)			
schwere		2441 (Juni 78)			

[1]) Veraltete Bezeichnung: MSH-Profile (Mannesmann-Stahlbau-Hohlprofile).
[2]) Höhe h entspricht nur annähernd der Nenngröße.

452 Eisen und Stahl

Verwendete Kurzzeichen für Stahlprofile

Kurzbezeichnung		Bedeutung
zeichnerisch*)	schreibbar	
T 80 × 2600 DIN 1024-St 37	T 80 × 2600 DIN 1024-St 37	Rundkantiger hochstegiger T-Stahl von 80 mm Höhe und 2600 mm Länge nach DIN 1024 aus St 37 nach DIN 17100
I 160 × 6000 DIN 1025	I 160 × 6000 DIN 1025	Schmaler Doppel-T-Träger von 160 mm Höhe und 6000 mm Länge nach DIN 1025
I PE 240 × 4600 DIN 1025	IPE 240 × 4600 DIN 1025	Mittelbreiter Doppel-T-Träger von 240 mm Höhe und 4600 mm Länge nach DIN 1025
I PB 400 × 2000 DIN 1025	IPB 400 × 2000 DIN 1025	Breiter Doppel-T-Träger von 400 mm Höhe und 2000 mm Länge nach DIN 1025
[200 × 800 DIN 1026	U 200 × 800 DIN 1026	U-Stahl von 200 mm Höhe und 800 mm Länge nach DIN 1026
L 80 × 10 × 60 Lg DIN 1028	L 80 × 10 × 60 Lg DIN 1028	Gleichschenkliger Winkelstahl von 80 mm Schenkelbreite, 10 mm Dicke und 60 mm Länge nach DIN 1028
L S 40 × 4 × 500 DIN 1022	LS 40 × 4 × 500 DIN 1022	Scharfkantiger gleichschenkliger Winkelstahl von 40 mm Schenkelbreite, 4 mm Dicke und 500 mm Länge nach DIN 1022
L 120 × 80 × 12 × 800 DIN 1029	L 120 × 80 × 12 × 800 DIN 1029	Ungleichschenkliger Winkelstahl von 120 mm und 80 mm Schenkelbreite, 12 mm Dicke und 800 mm Länge nach DIN 1029
☐ 80 × 10 × 400 DIN 1017-St 52-3	Fl 80 × 10 × 400 DIN 1017-St 52-3	Flachstahl von 80 mm Breite, 10 mm Dicke und 400 mm Länge nach DIN 1017 aus St 52-3 nach DIN 17100
☐ 350 × 30 × 6800 DIN 59200	BrFl 350 × 30 × 6800 DIN 59200	Breitflachstahl von 350 mm Breite, 30 mm Dicke und 6800 mm Länge nach DIN 59200
Rohr 76 × 3 × 500 DIN 2448	Rohr 76 × 3 × 500 DIN 2448	Nahtloses Stahlrohr von 76 mm Außendurchmesser, 3 mm Wanddicke und 500 mm Länge nach DIN 2448
Bl 8 × 1000 × 2000 DIN 1543	Bl 8 × 1000 × 2000 DIN 1543	Stahlblech von 8 mm Dicke, 1000 mm Breite und 2000 mm Länge nach DIN 1543

*) In zeichnerischen Darstellungen kann die DIN-Nummer wegbleiben, wenn keine Zweifel möglich sind.

e_2) Kaltgeformte Bandstahl-Leichtprofile

von $h = 80$ bis 200 m:

Bei allen Profilen ist $a = 15$ mm; $b = 40$ mm. (siehe Abb. 8.12)
Lieferbar in Längen bis 15 m, auch ohne Umkantung a.
Proportionalitätsgrenze 320 bis 340 N/mm²
Streckgrenze 350 bis 380 N/mm²
Bruchfestigkeit 420 bis 450 N/mm²
Elastizitätsmodul 202 000 N/mm²

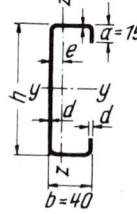
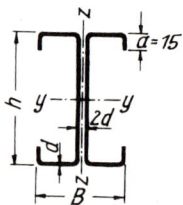

Abb. 8.12 Kaltgeformte Bandstahl-Leichtprofile [6]

8.2.6 Unlegierte Baustähle

e₃) Ankerschienen zum Einbau in Stahlbetonbauteile

Werden in Deckenplatten, Balken, Stützen oder Wänden einbetoniert. Sie dienen zur wirtschaftlichen und einfachen Befestigung von Rohrleitungen, Kabeln, Maschinenteilen, Hängebahnen, Luftkanälen, Fahrstuhlgestängen und anderen Fabrikeinrichtungen. Die Befestigung erfolgt durch Bolzen, die an beliebiger Stelle in die Schienenschlitze eingeführt werden. Die Vorteile dieser Befestigungsarten sind: Spätere Veränderungen, Umstellungen oder Ergänzungen der Betriebseinrichtung können ohne Betriebsunterbrechung vorgenommen werden. Um ein Eindringen von Beton in den Hohlraum der Schiene während des Betonierens zu verhindern, wird die Schiene vorher werkseitig mit Schaumstoff ausgefüllt und der Schlitz mit Tesakrepp zugeklebt.

Die Verankerung der Schienen geschieht durch Verankerungsbügel aus Bandeisen oder angeschweißte Anker. Zusätzlich bauaufsichtlich zugelassen sind Einzelanker für Schwerlasten und Maueranschlußschienen.
Dargestellt sind in Abb. 8.13 Halfen-Profile mit Schlaufenlochung und Verankerungsbügeln der Halfeneisen GmbH & Co, Harffstr. 47/49, 4000 Düsseldorf-Wersten. Die Tragfähigkeit auf Zug in Beton $\geq$ B 25 reicht von 3 kN/m (Profil 24/14) bis 120 kN/m (Profil 84/65).

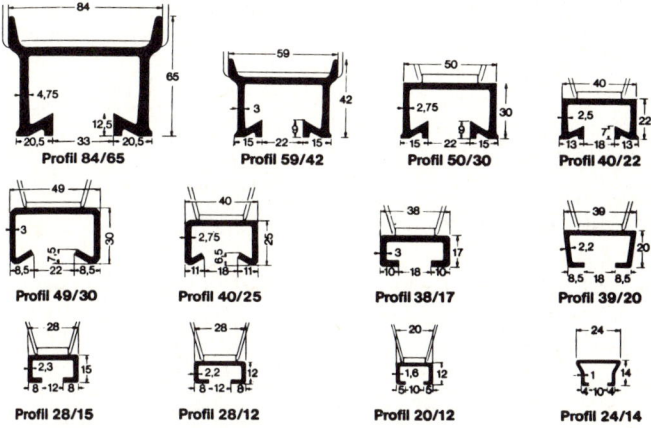

Abb. 8.13 Beispiele für Ankerschienen [8/12]

Weitere Markenerzeugnisse:
Jordahl-Ankerschienen der Deutschen Kahneisen-Ges. West GmbH, Lengeder Str. 38, 1000 Berlin 51
Neuwa-Ankerschienen der Fa. Neuwalzwerk Bettermann OHG, Postfach 400, 5750 Menden
Niedax-Ankerschienen der Niedax-GmbH, 5460 Linz/Rhein
KSV-Ankerschienen der Fa. Puk-Werk KG, 1000 Berlin 44
Trimborn-Ankerschienen der Fa. Trimborn GmbH & Co., KG, Hochstr. 2, 5653 Leichlingen/Rhld. 1, u. a.

f) Stahlprofilbleche (Trapezbleche)

Stahltrapezbleche sind nach dem Sendzimirverfahren verzinkt. Vorteil: die Übergangsschicht zwischen Stahl und Zink (Hartzinkschicht) bleibt im Gegensatz zur Feuerverzinkung dünn, damit wird eine nachträgliche Verformung mit kleineren Radien möglich.

Die verzinkten Trapezbleche werden ein- und zweiseitig kunststoffbeschichtet verwendet.

Eisen und Stahl

Ihre Herstellung geschieht kontinuierlich auf einer Profilierlinie: Rollformer, d. h. eine große Anzahl hintereinander angeordneter Walzenpaare, profilieren das vom Coil abgewickelte Blech mit großer Maßgenauigkeit (Abb. 8.14).

Für Fassaden sind neben der Statik vor allem gestalterische Elemente maßgebend.

Für Dächer sind nur statische Gesichtspunkte maßgebend. Verwendungsmöglichkeiten sind:
- Stahltrapezblech für Stahlleichtdächer, flaches Warmdach (< 7° Dachneigung) mit trittfester Wärmedämmung
- Sandwichplatten
- Stahltrapezbleche für Stahltrapezdecken im Geschoßbau. Verlorene Schalung und tragendes Element für den Aufbeton*) (siehe Abb. 8.15)

Weitere Anwendungsgebiete

Abgehängte Unterdecken, Akustikdecken, versetzte Trennwände – Monoblock- und Ständerbauweise – Sanitärkabinen.

Hersteller:

Conti-Systembau GmbH, 4000 Düsseldorf	(CBS)
J. Fischer KG, 5902 Netphen Kreis Diefenbach	(FI)
Hoesch Siegerlandwerke AG, 5900 Siegen 1	(HOE)
Siegener AG, 5900 Siegen 21	(SAG)
Thyssen Bausysteme GmbH, 4220 Dinslaken	(TBS)

Auskunft erteilt:

Institut zur Förderung des Bauens mit Bauelementen aus Stahlblech e. V. (IFBS) und Gütegemeinschaft Bauelemente aus Stahlblech e. V., Kasernenstr. 13, 4000 Düsseldorf 1

g) Wabenträger

Wabenträger sind in den Stegen zahnstangenartig getrennte Walzträger, deren Hälften um eine halbe Schnitteinheit gegeneinander versetzt und miteinander verschweißt worden sind. Diese Träger haben gegenüber den als Grundprofilen verwendeten Walzträgern eine größere Bauhöhe, wodurch bei gleichem Gewicht die Tragfähigkeit und Steifigkeit bei gutem Durchlässigkeitsgrad für Installationen erhöht werden konnte.

Auch Sonderkonstruktionen, wie z. B. Bogenträger, Pultdachträger oder sattelförmig geknickte Träger, sind als Wabenträger lieferbar.

Für den zahnstangenartigen Schnitt gibt es vorzugsweise folgende zwei Schnittführungen (siehe Abb. 8.16):

---

*) Diese Deckenelemente mit schwalbenschwanzförmigen parallelen Rippen werden durch Kaltumformung aus beidseitig verzinktem Stahlblech hergestellt. Die hinterschnittene Profilform dient dem Verbund mit dem Beton; außerdem führt sie zu günstigem Brandverhalten. Die Hohlrippen können als Ankerschienen dienen, in denen mit Hilfe von Keilkopfschrauben oder Keilkopfmuttern Installationsleitungen und Unterdecken abgehängt werden.

8.2.6 Unlegierte Baustähle

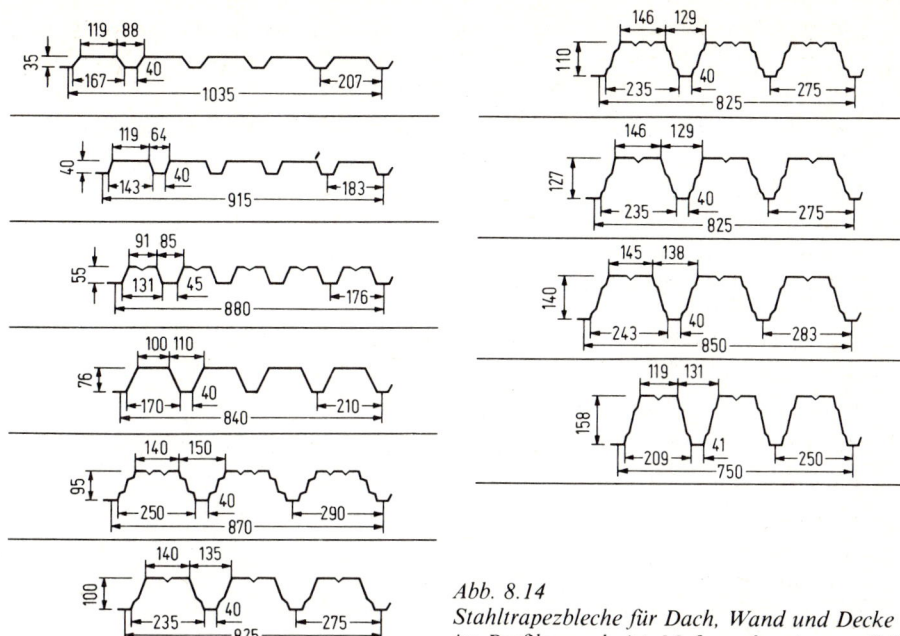

Abb. 8.14
Stahltrapezbleche für Dach, Wand und Decke im Profilquerschnitt, Maßangaben in mm [8/10]

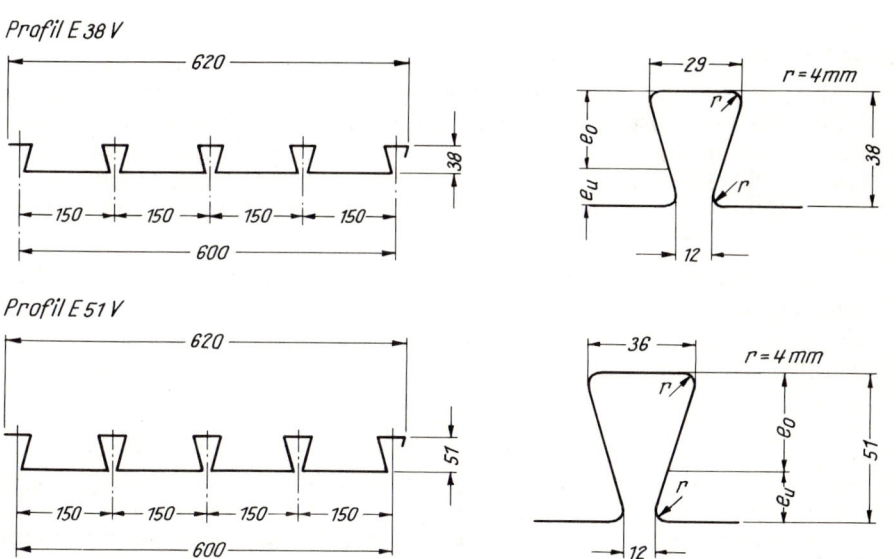

Abb. 8.15 Stahltrapezprofile für Unterkonstruktionen [8/10]

Eisen und Stahl

Schnittführung 1

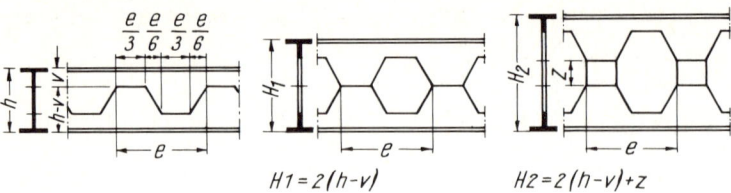

Schnittführung 2

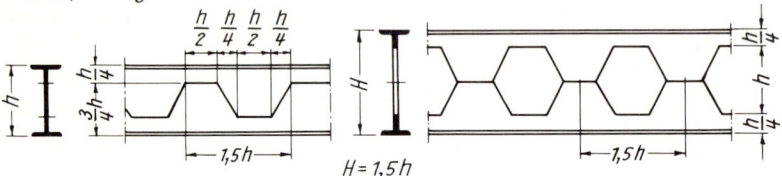

Abb. 8.16 Wabenträger [8/10]

Durch Einfügen von Zwischenblechen kann die Bauhöhe zusätzlich vergrößert werden (siehe Schnittführung 1, rechts).
Durch Schließen von Waben im Auflagerbereich können Wabenträger großen Querkräften angepaßt werden.

h) Stahlrohre (geschweißt, nahtlos, Stahl-Abflußrohre)

DIN 1626 (Okt. 84)	Geschweißte kreisförmige Rohre aus unlegierten Stählen für besondere Anforderungen
DIN 1629 (Okt. 84)	Nahtlose kreisförmige Rohre aus unlegierten Stählen für besondere Anforderungen
DIN 2391 Teil 1 (Juli 81)	Nahtlose Präzisionsstahlrohre, Maße
DIN 2391 Teil 2 (Juli 81)	
DIN 2393 Teil 1 (Juli 81)	Geschweißte Präzisionsstahlrohre mit besonderer Maßgenauigkeit; technische Lieferbedingungen
DIN 2394 Teil 1 + 2 (beide Aug. 81)	Geschweißte Präzisionsstahlrohre mit besonderer Maßgenauigkeit, einmal kaltgezogen oder kaltgewalzt
DIN 2440 (Juni 78)	Stahlrohre, mittelschwere Gewinderohre
DIN 2441 (Juni 78)	Stahlrohre, schwere Gewinderohre
DIN 2444 (Jan. 84)	Zinküberzüge auf Stahlrohren; technische Lieferbedingungen
DIN 2448 (Feb. 81)	Nahtlose Stahlrohre; Maße und Gewichte
DIN 2449 (April 64)	Nahtlose Stahlrohre St 00.29 ⎫ Maße und
DIN 2450 (April 64)	Nahtlose Stahlrohre St 35.29 ⎬ Anwendungs-
DIN 2451 (April 64*)	Nahtlose Stahlrohre St 45.29 ⎬ bereiche
DIN 2456 (April 64)	Nahtlose Stahlrohre St 55.29 ⎭
DIN 2458 (Feb. 81)	Geschweißte Stahlrohre
DIN 2999 Teil 1 (Juli 83) Teil 2 (Aug. 73)	Whitworth-Rohrgewinde für Gewinderohre und Fittings, zylindrisches Innengewinde und kegeliges Außengewinde
DIN 17 172 (Mai 78)	Stahlrohre für Fernleitungen für brennbare Flüssigkeiten und Gase
DIN 19 530 Teil 1 (Feb. 83) Teil 2 (Feb. 83)	Stahl-Abflußrohre und -Formstücke mit Steckmuffenverbindung

8.2.6 Unlegierte Baustähle

Verwendung: Für Gas- und Wasserinstallationen, Heizungs- und Klimatechnik.

Nahtlose und geschweißte Gewinderohre DIN 2440, DIN 2441 aus St 00 bzw. St 33 einsetzbar bis Nenndruck 25 und bis 120 °C für Flüssigkeiten.
Nenndruck 10 bis 120 °C für Druckluft und ungefährliche Gase.
Nenndruck 10 für Sattdampf bis 180 °C Dampftemperatur.

Für darüber hinausgehende Drücke stehen die Stahlrohre nach DIN 1626 und DIN 1629 zur Verfügung aus St 35 bzw. St 37-2.

Alle genannten Rohrstähle sind gut schweißbar.

Im *Heizungsbau* werden die Rohre meist durch eine Rundschweißnaht verbunden; für die Wasser-, Gas- und Klimainstallation werden Gewinderohrverbindungen benutzt, die ein konisches Außengewinde besitzen (siehe DIN 2999).

Für die Kalt- und Warmwasserinstallation (nicht Heizung) werden verzinkte Gewinderohre nach DIN 2444 verwendet.

Dagegen werden für die Anschlußleitungen Straße/Haus für Wasser (und Gas) verwendet: kunststoffumhüllte schwere Gewinderohre nach DIN 2441, wegen des zusätzlich notwendigen Korrosionsschutzes.

Weiterhin stehen nahtlose und geschweißte Präzisionsstahlrohre aus St 35 NBK (normal geglüht) und aus St 35 GBK (geglüht) für die Gasinstallation zur Verfügung. Im Heizungsbau lassen sich besonders weichgeglühte Rohre mit Kunststoffisolierung, durch Lötverbindungen oder Preßfittings verbunden, anwenden.

Leitungsrohre für Gas- und Wasserleitungen, geschweißt oder nahtlos, sind für das Bauwesen von Bedeutung, ebenso wie Stahlabflußrohre DN 40 bis DN 100 in den Wanddicken von 1,5 bis 3,2 mm, die besonders für Hochhausinstallationen geeignet sind, da die Rohrverbindungen mittels Dichtmanschetten die Ausbreitung des Körperschalls verhindern.

i) Drahtseile

Im Bauwesen werden Drahtseile zunehmend als konstruktives Element eingesetzt, z. B. im Brückenbau als Haupttragelemente oder bei Bauwerken zur Überdachung großer Flächen mittels Seilnetztragwerken (Sporthallen, Stadien, Flughafengebäude usw.) Der folgende Abschnitt nennt nur die wichtigsten Eigenschaften der Drahtseile.

Die **chemische Zusammensetzung des Drahtwerkstoffes** (in Masse-%) beträgt etwa C: 0,45 ... 0,90; Mn: 0,30 ... 0,70; Si: 0,10 ... 0,30; P < 0,04; S < 0,04.

Außerdem gibt es Drahtseile aus hoch legiertem Chrom-Nickel-Stahl für längere Lebensdauern. Lebensdauer und Belastbarkeit eines Seiles werden durch die Bestandteile Phosphor und Schwefel besonders negativ beeinflußt. Neben *Siemens-Martin*-Stahl ist Sauerstoffblasstahl zur Drahtherstellung besonders geeignet. Seigerungen und Lunker im Stahlblock sind ebenfalls nicht erwünscht. Zur Drahtherstellung wird im allg. nur der mittlere Teil des Stahlblockes verwendet. Die Drähte werden nach dem Warmziehen patentiert, anschließend nochmals kalt gezogen.

Der notwendige **Korrosionsschutz** wird erreicht durch metallische Überzüge. Hauptsächlich angewandt wird die Feuerverzinkung, teilweise werden die Drähte auch elektrolytisch verzinkt.

Die **wichtigsten Seildrahteigenschaften** werden von den folgenden Kennwerten erfaßt:
Zugfestigkeit (zwischen 1300 ... 2200 N/mm²),
Biegefähigkeit (sie ist ein Maß für die Zähigkeit). Gemessen wird die Anzahl der Hin- und Herbiegungen bis zum Bruch.
Verwindefähigkeit (sie beschreibt die Fähigkeit zur plastischen Verformung). Gemessen wird die Anzahl der Verwindungen bis zum Bruch.

Die beiden letztgenannten Meßgrößen steigen mit kleiner werdendem Querschnitt. Sehr wichtig ist außerdem die **Dauerschwingfestigkeit,** die von der Güte der Drahtoberfläche (und damit von der beginnenden Korrosion) stark beeinflußt wird.

Neben der Qualität der Seildrähte sind die **Drahtseileinlagen** nach ihrer Art und Güte entscheidend für die Lebensdauer eines Drahtseiles. Diese Einlagen haben vor allem die Aufgabe, als Auflager und Stütze

458 Eisen und Stahl

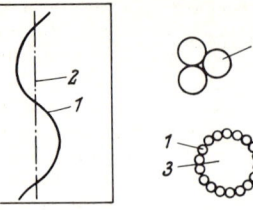 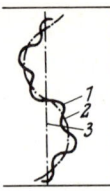 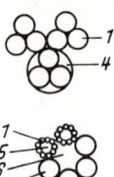

a_1) Längsbild (links) und Querschnittsbilder (rechts) zum einfach verseilten Draht

1 Außendraht; 2 Verseilachse;
3 Kern bezüglich der Außendrähte

a_2) Längsbild (links) und Querschnittsbilder (rechts) zum zweifach verseilten Draht

1 Außendraht; 2 erste Verseilachse;
3 zweite Verseilachse; 4 Litze;
5 Kern bezüglich der Außendrähte;
6 Kern bezüglich der Litzen

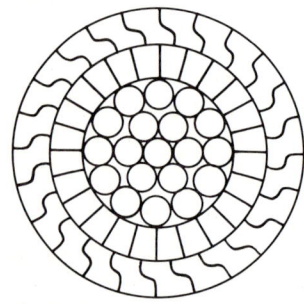 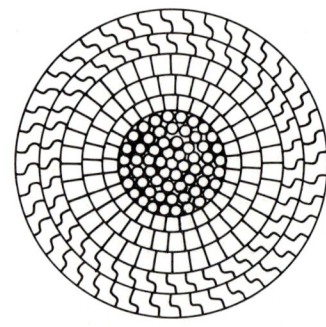

b_1) Vollverschlossenes Seil
Kern 1 + 6 + 12 Runddrähte,
24 Keildrähte, 24 Z-Drähte

b_2) Vollverschlossenes Seil mit mehreren Keil- und Z-Drahtlagen

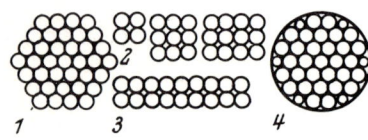

b_3) Querschnitte parallelgebündelter Seile

1 Seil der ursprünglichen Brücke in Köln-Mülheim
2 Seile der Severinsbrücke in Köln
3 Seil der Brücke über den Rhein bei Maxau
4 Seilentwurf der Bethlehem Steel Co.

Abb. 8.17: Drahtseile: Unterschiedliche Verseilungsarten (a) und Querschnitte von Drahtseilen als Haupttragelemente (b); nach [8/20].

für die um sie herum verteilten Litzen bzw. Drähte zu wirken. (Die Drähte sollen sich nicht berühren, um sich bei starker Verkrümmung nicht gegenseitig anzukerben). Als Seileinlagen dienen vor allem Naturfasern (langfaseriger Hanf) und Kunststoff-Fasern (Polypropylen, Polyamid). Außerdem wirken die Drahtseileinlagen als Schmierstoffreservoir.

Der **Verseilungsprozeß** erfolgt auf Maschinen. Durch die **einfache Verseilung** entstehen **Litzen:** eine oder mehrere konzentrische Lagen von Drähten sind (um einen Kern oder ohne Kern) in gleicher Schlagrichtung schraubenlinienförmig verdreht. Bei der **zweifachen Verseilung** werden die Litzen zum Drahtseil geschlagen. Bei der **dreifachen Verseilung** werden die in der zweifachen Verseilung hergestellten Drahtseile – „Schenkel" genannt – in einem dritten Verseilgang zum sogenannten Kabelschlagseil geschlagen.

Als Trag- oder Spannseile werden **vollverschlossene Spiralseile** verwendet. Sie besitzen im Innern einen Kern aus Runddrähten, auf dem eine oder mehrere Formdrahtlagen (als Keil- und Z-Drähte) miteinander verseilt sind. Die außen liegenden Z-Drähte sind so gestaltet, daß durch Ineinandergreifen der Querschnitte eine lückenlose Oberfläche entsteht. Die einzelnen Drahtlagen sind abwechselnd rechts und links geschlagen, dadurch wird das Seil drehungsarm bis nahezu drehungsfrei (gemeint ist, daß sich bei Lösen der Drahtseilabbindung das Seil nicht wieder von selbst aufdreht, die Drähte sind weitgehend spannungsfrei).

Neben einer hohen Bruchkraft besitzen voll verschlossene Seile vor allem eine glatte Oberfläche, sowie einen hohen Verschleiß- und Korrosionswiderstand. Für Seilbrücken und andere Tragseilkonstruktionen werden mehrere Seile parallel zu einem Bündel zusammengefaßt. Diese **Parallelseilbündel** können unterschiedliche Querschnitte haben. Abb. 8.17 gibt einige Beispiele für Verseilungsarten sowie für Drahtseilquerschnitte bei Verwendung als Haupttragelement.

8.2.7 Bearbeitung und Verwendung

Allgemeines

In der Werkstatt und auf der Baustelle:
sind **Stähle nach Sorten getrennt zu lagern,**
darf Baustahl nur in kaltem oder rotwarmem Zustand bearbeitet werden. Auch Abbiegen oder Kröpfen ist Bearbeitung!
Jede Formänderung in der Blauwärme (Gebiet kurz unter 300 °C, in dem der Stahl blau anläuft) **ist verboten,** weil dies zur Versprödung, sog. „Blaubrüchigkeit", führt. Erhitzung des Stahles auf Blauwärme allein zeigt noch keine nachteilige Wirkung! – **Nicht Abschrecken** (Versprödern durch Aufhärtung). – **Einspringende Ecken** sind mit möglichst großem Halbmesser **auszurunden** (abzubohren), um Einreißen zu vermeiden.
– **Schrauben- und Nietlöcher** in tragenden Bauteilen sind zu **bohren.** Nur bei Belag- und dünnen Behälterblechen dürfen sie gestanzt werden.
– **Niete** sind in hellrotwarmem Zustand nach Befreiung von anhaftendem Glühspan einzuschlagen. Verbrannte (durch längere Berührung mit Luftsauerstoff oxidierte) Niete dürfen nicht mehr geschlagen werden.
– Während des **Schweißens und beim Erkalten der Schweißnaht** (Blauwärmezone s. o.) dürfen die zu schweißenden Teile **nicht erschüttert** werden. Schweißungen dürfen nicht rasch abgekühlt werden! Dickere Teile daher vorwärmen. In Sonderfällen nach der Schweißung spannungsfrei glühen, um zugleich auch Aufhärtungserscheinungen zu mildern. **Schweißnähte** dürfen vor der Abnahme **keine oder nur durchsichtige Beschichtungen erhalten.**

8.2.8 Verbindungsmittel

im Stahlbau sind: Niete, Schrauben (einschl. Schließringbolzen), Schweißelektroden und Kleber.

a) Niete

haben nur noch geringe Bedeutung im Stahlbau. Man unterscheidet *warm geschlagene* und *kalt geschlagene Niete,* letztere nur bei sehr kleinen Abmessungen (Verkleidungsbleche). Normen siehe Abschnitt 8.2.8c.

Eisen und Stahl

b) Schrauben

Hinsichtlich *Genauigkeit und Oberflächenbeschaffenheit* unterscheidet man drei Ausführungen:

m (mittel) – alle Oberflächen sauber und genau
mg (mittelgrob) – nur Funktionsoberflächen: Gewinde, Kopfauflagerfläche und Schaftoberfläche sauber und genau
g (grob) – nur Gewinde bearbeitet

Hinsichtlich der *Beanspruchung* unterscheidet man:
rohe Schrauben: nur für gering beanspruchte Verbindungen und Heftverbindungen
Paßschrauben: mit gedrehten Schäften, werden wie Niete auf Lochleibung und Abscheren beansprucht. Die Löcher in den zu verbindenden Teilen sind gemeinsam zu bohren, damit ein geringes Lochspiel entsteht.
Hochfeste Schrauben: Kennzeichen: HV auf Kopf und Mutter, benötigen eine größere Schlüsselweite als normale Schrauben. Sie werden sowohl als rohe Schrauben (Lochspiel $\leq$ 1,0 mm) wie als Paßschrauben (Lochspiel $\leq$ 0,3 mm) verwendet, und zwar vornehmlich *in gleitfesten Verbindungen (früher:* hochfeste vorgespannte = HV-Verbindungen). Durch die Vorspannung der Schrauben werden die Kontaktflächen so zusammengepreßt, daß eine *Kraftübertragung durch Reibung* erfolgt. Die Vorspannung wird aufgebracht und überprüft durch Drehmomentenschlüssel, Schlagschrauber und ähnliche Geräte.

Bei gleitfesten Verbindungen darf ein Zusammenwirken mit Schweißverbindungen angenommen werden.

c) Schließringbolzen:

sind in der Wirkungsweise den HV-Schrauben vergleichbar. Sie bestehen aus zwei Teilen, dem Bolzen und dem Schließring. Meist werden sie hydraulisch „gesetzt". Der sehr lange Bolzen erfordert zum Einsetzen beidseitige Zugänglichkeit. Für die kraftschlüssige Verbindung ist dagegen nur einseitige Zugänglichkeit notwendig. Der überlange Bolzen wird anschließend an der Sollbruchstelle abgerissen. Eine Wiederverwendung ist nicht möglich. Berechnungsgrundlage siehe DASt-Ri. 001.

Blechschrauben
übernehmen im Fassadenbau z. T. tragende Funktion.

Normen für Niete und Schrauben:

DIN 101 (Juli 77)	Niete; technische Lieferbedingungen
DIN 124 (Juli 77)	Halbrundniete
DIN 302 (Juli 77)	Senkniete
DIN 555 (Dez. 83)	Sechskantmuttern; metrisches Gewinde
DIN 601 (Juni 84)	Sechskantschrauben; metrisches Gewinde
DIN 6914 (März 79) bis DIN 6918 (März 79)	HV-Schrauben und Zubehör
DIN 7968 (Jan. 71)	Sechskant-Paßschrauben
DIN 7969 (Dez. 70)	Senkschrauben mit Schlitz
DIN 7989 (Juli 74)	Scheiben
DIN 7990 (Jan. 71)	Sechskantschrauben und -muttern

8.2.8 Verbindungsmittel

d) Kleber

sind als Verbindungsmittel im Stahlbau in Erprobung, bisher werden sie für Hartmetallschneidkörper, Flansche, Kupplungs- und Bremsbeläge usw. verwendet.

Für die Klebbarkeit sind entscheidend die E-Moduln und Grenzflächenenergien der beteiligten Stoffe.

Günstig ist der kleinere E-Modul des Klebers gegenüber Stahl und die geringe Grenzflächenenergie Klebstoff–Metall. Da Schraub- und Nietlöcher fehlen bzw. unebene Schweißoberflächen, ergibt die Klebverbindung die günstigste Spannungsverteilung im Werkstoff.

Vorteilhaft für jede Klebverbindung ist die Beanspruchung durch Druck- oder Schub-, nicht jedoch durch Zugkräfte.

Die mechanischen Eigenschaften der Kleber entsprechen denen der Kunststoffe. Deren Zugfestigkeiten liegen zwischen 80 N/mm^2 (UP) und 800 N/mm^2 (GFK).

Klebstoffe passen sich als Flüssigkeiten den atomaren Unebenheiten der Stahloberfläche an (siehe Abschnitt 15.1.1).

e) Schweißen:

Normen:
DIN 4101 (Juli 74)	Geschweißte stählerne Straßenbrücken
DIN 8560 (Mai 82)	Prüfung von Stahlschweißern
DIN 8563 Teil 1 u. 2 (Okt. 78),	
Teil 3 (Jan. 79), Teil 4 (E Okt. 76)	Sicherung der Güte von Schweißarbeiten
DIN 1910 Teil 1 (Juli 83)	Schweißen, Begriffe, Einteilung der Schweißverfahren
Teil 2 (Aug. 77)	Schweißen von Metallen
Teil 4 (Aug. 79)	Schutzgasschweißen
Teil 5 (Dez. 86)	Widerstandsschweißen
und andere (insgesamt 12 Teile)	

Man unterscheidet:

Preßschweißen	**und**	**Schmelzschweißen**
Zwei Metalloberflächen werden nach Erwärmung durch Diffusionsprozesse verbunden.		Es wird flüssiges Metall gleicher oder ähnlicher Zusammensetzung wie das Werkstück eingesetzt.

Nach dem Erstarren entsteht eine Verbindung beider Teile, die mit der Schmelze in Berührung waren und in ihrer Oberfläche selbst angeschmolzen sind.

In der Schweißung sind *drei Bereiche* unterscheidbar (Abb. 8.18):
1. die erstarrte Schmelze
2. der Bereich mit Gefügeänderungen im festen Zustand, bedingt durch Erwärmung
3. der unbeeinflußte Bereich, in ihm sind innere Spannungen möglich

Anzustreben ist, dem Gefüge der Schweißung bessere chemische und mechanische Eigenschaften zu geben als dem Grundmaterial. Das erwärmte Grundmaterial sollte seine Eigenschaften nicht nachteilig ändern:
Deshalb ist eine Prüfung der Schweißnähte auf Zug-, Biege- und Schlagbiegefestigkeit erforderlich.

Schweißfehler: Unebene Oberflächen bewirken eine Kerbwirkung, Poren entstehen durch Volumenkontraktion, Schlackeneinschlüsse und Risse verursachen innere Spannungen.

Eisen und Stahl

Allgemeine Regeln für die Schweißbarkeit

a) **gut schweißbar** sind reine Metalle mit nicht zu hoher Wärmeleitfähigkeit und viele Mischkristallegierungen.

b) **nicht schweißbar** sind Werkstoffe, deren Eigenschaften thermisch stark verändert werden (durch Ausscheidungen, martensitische Umwandlungen, Kaltverformungen).

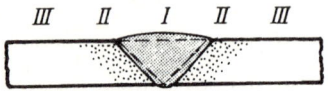

I   Erstarrter Werkstoff
II Struktur- und Gefügeänderungen durch Reaktion im festen Zustand (Überalterung, Rekristallisation)
III Thermisch unbeeinflußtes Gefüge, evtl. mit inneren Spannungen

Abb. 8.18 Gefügezonen einer Schmelzschweißung [8/9]

Die Schweißbarkeit von Stählen ergibt folgende Einteilung:

1. gut schweißbar: St 33, 34, 42, C 15, C 22
2. bedingt schweißbar: St 45, St 52, C 35
3. gut schweißbar: niedriglegierte Stähle mit 0,2 Masse-% C und Legierungselementen wie Cr, Mo, Ni, Mn
4. gut schweißbar: austenitische Stähle mit niedrigem C-Gehalt, stabilisiert mit Nb und Ta (austenitische Elektrode)
5. nicht schweißbar: martensitische Stähle
   hochlegierte ferritische Stähle (z. B. 2 %Cr)
6. bedingt schweißbar: Sphäroguß
   (Gasschweißen, Vorwärmen auf 200 °C, Nach-Wärmebehandlung)

Schweißverfahren

Zu den beiden Verfahrensgruppen

Schmelzschweißverfahren   **Preßschweißverfahren**

zählen folgende Verfahren:

Gasschweißen
E-Schweißen (Lichtbogen)   Widerstandsschweißung
Aluminothermisches Verfahren   (Punktschweißung)

Beim aluminothermischen Verfahren wird ein Al-Pulver-Eisenoxidgemisch gezündet. Die Reaktionswärme läßt Eisen aufschmelzen:

$$2\,Al + Fe_2O_3 \rightarrow Al_2O_3 + Fe$$

Anwendung vor allem bei Schienen.

8.2.8 Verbindungsmittel

Lichtbogenschweißen
Werkstück meist + -Pol, Elektrode – -Pol, es wird mit einem niedrig gespannten Gleich- oder Wechselstrom gearbeitet. Dazu wird eine Elektrode mit keramischem Überzug verwendet. Er soll den Lichtbogen stabilisieren, das Metall mit einer schützenden Gashülle umgeben und das geschmolzene Metall mit einer schützenden Deckschicht aus Schlacke überziehen.

Beim Schutzgasschweißen
sind Gasaufnahme durch das Metall und Oxidation zu vermeiden. Deshalb erfolgt das Lichtbogenschweißen in Edelgasatmosphäre (He oder Ar).

Zwei Verfahren sind wichtig:
a) Wolfram-Inertgas-Schweißen (WIG)
  Der Lichtbogen entsteht zwischen Wolfram-Elektrode und Werkstück. Dazwischen wird der abzuschmelzende Werkstoff eingeschoben.
b) Metall-Inertgas-Schweißen (MIG)
  erfolgt mit abzuschmelzender Metallelektrode (besonders bei Al-Legierungen)

Allgemeine Arbeitsregeln für das Schweißen

Die Schweißflächen müssen frei von Schmutz, Rost oder Farbe sein. Die Schweißeignung der Stähle wächst mit der Gütegruppe (1 bis 3), vgl. Abschnitt 8.2.6 a.

Möglichst in waagerechter Lage schweißen, Überkopf- und Senkrechtschweißnähte erfordern besonders geübte Schweißer, deshalb diese Arbeitsstellung vermeiden! Laut Einführungserlassen zu DIN 4100 dürfen geschweißte Stahlbauteile nur dann eingebaut oder Schweißarbeiten auf der Baustelle durchgeführt werden, wenn der Stahlbaubetrieb eine – jeweils 3 Jahre gültige – Bescheinigung über den „Befähigungsnachweis" besitzt.

1. Großer Befähigungsnachweis: nach DIN 4100 Beiblatt 1: Betriebe, die einen Ausweis über den Großen Befähigungsnachweis nach DIN 8563 besitzen, dürfen geschweißte Stahlbauten mit vorwiegend ruhender Belastung ausführen. Der Betrieb muß über Prüfgeräte (z. B. zum Durchstrahlen) und über die für die Schweißaufsicht und Ausführung der Schweißarbeiten notwendigen Fachkräfte (Schweißfachingenieur, geprüfte Schweißer) verfügen.

2. Kleiner Befähigungsnachweis nach DIN 4100 Beiblatt 2: Der Kleine Nachweis nach DIN 8563 berechtigt zur Herstellung von einfachen geschweißten Bauteilen aus St 37: Vollwandige Stützen und frei aufliegende vollwandige Träger bis 15 m Stützweite mit jeweils höchstens 5 kN/m^2 Verkehrslast, frei aufliegende Dachbinder bis 16 m Stützweite, Gewächshäuser, Geländer an Stahlkonstruktionen, Treppen über 5 m Länge mit höchstens 3,5 kN/m^2 Verkehrslast, Maste bis 16 m Länge u. ä. Konstruktionen, Bauteile aus St 52: nicht eingespannte, ungestoßene, nicht zusammengesetzte Stützen mit Kopf- und Fußplatten. – Der Betrieb muß für die Schweißaufsicht über einen betriebseigenen *anerkannten* Schweißfachmann verfügen.

Für Stahlbauten wird im allgemeinen die Schmelzschweißung angewandt, wobei die zu verbindenden Stahlteile häufig vorbereitet werden.

8.2.9 Betonstahl (Bewehrungsstahl)

DIN 488 Teil 1 (Sept. 84) Betonstahl, Begriffe, Eigenschaften, Werkkennzeichen
  Teil 2 (Juni 86) Betonstabstahl, Maße und Gewichte
  Teil 3 (Juni 86) Betonstabstahl, Prüfungen
  Teil 4 (Juni 86) Betonstahlmatten und Bewehrungsdraht; Aufbau, Maße und Gewichte
  Teil 5 (Juni 86) Betonstahlmatten und Bewehrungsdraht, Prüfungen
  Teil 6 (Juni 86) Betonstahl, Überwachung (Güteüberwachung)
  Teil 7 (Juni 86) Nachweis der Schweißeignung, Durchführung und Bewertung der Prüfungen
DIN 4099 (Nov. 85) Schweißen von Betonstahl

Eisen und Stahl

Betonstahl: Stahl mit nahezu kreisförmigem Querschnitt, verwendet zur Bewehrung von Beton.

a) Einteilung und allgemeine Eigenschaften der Betonstähle
(siehe auch DIN 1045 [Dez. 78] Beton und Stahlbeton, Abschnitt 6.6)

Die Steigerung der Betonstahlgüte ist nicht so sehr abhängig von der Erhöhung der Zugfestigkeit als vielmehr von der Streckgrenze. Die Zugfestigkeit des Stahles kann nur soweit ausgenutzt werden, wie durch seine Dehnung die Rißbreiten des wenig nachgiebigen Betons die in DIN 1045 Abschnitt 17.6 angegebenen Werte nicht überschreiten. Aus diesem Grunde ist für Betonstahl die maßgebende Bezugsgröße die Streckgrenze.

Die in DIN 488 genannten Betonstähle werden in der nachfolgenden Übersicht und in Tafel 8.9 mit ihren Eigenschaften zusammengefaßt.

Die Betonrippenstähle besitzen nur noch sichelförmige Schrägrippen, die nicht in die Längsrippen einbinden dürfen. Sie haben dadurch eine höhere Rißsicherheit. Infolge der guten Verbundwirkung können die Endhaken im allgemeinen fehlen.

Übersicht über die Betonstahlarten (nach DIN 488 Teil 1) in bezug auf Ausführung, Oberflächenausbildung und Herstellverfahren

Betonstahlart	Betonstabstahl		Betonstahlmatte	Bewehrungsdraht[1]	
Ausführung	technisch gerade Stäbe für die Einzelstabbewehrung, in Regellängen von 12 bis 15 m lieferbar. (Inzwischen ist Betonstabstahl auch in Ringen bauaufsichtlich zugelassen.)		werkmäßig vorgefertigt aus sich kreuzenden Stäben. Sie sind an den Kreuzungsstellen durch Widerstandspunktschweißung scherfest miteinander verbunden.	als Ring hergestellt und vom Ring werkmäßig zu Bewehrungen weiterverarbeitet	
Oberflächenausbildung	Stäbe gerippt; zwei Reihen von Schrägrippen [3]	[4]	Stäbe gerippt; drei Reihen von Schrägrippen [5]	Drähte	
				glatt	profiliert[6]
Sorte[2]	BSt 420 S	BSt 500 S	BSt 500 M	BSt 500 G	BSt 500 P
Kurzzeichen[2]	III S	IV S	IV M	IV G	IV P
Werkstoff-Nr.[2]	1.0428	1.0438	1.0466	1.0464	1.0465
Herstellverfahren	• Warmwalzen (mit und ohne anschließende Nachbehandlung aus der Walzhitze)[7] • Kaltverformung (Verwinden oder Recken)[8]		Kaltverformung (Ziehen und/oder Kaltwalzen)	Kaltverformung	

8.2.9 Betonstahl (Bewehrungsstahl)

[1]) Bewehrungsdraht darf nur durch Herstellerwerke von geschweißten Betonstahlmatten ausgeliefert werden. Er ist unmittelbar vom Hersteller an den Verarbeiter zu liefern. Die Verarbeitung von Bewehrungsdraht ist auf werkmäßig hergestellte Bewehrungen zu beschränken, deren Fertigung, Überwachung und Verwendung in technischen Baubestimmungen (z. B. DIN 4035 oder DIN 4223) geregelt ist.

[2]) Siehe auch Tafel 8.9.

[3]) BSt 420 S mit 2 Reihen zueinander parallelen Rippen. Außer bei den durch Kaltverwinden hergestellten Stäben haben die Schrägrippen auf beiden Umfanghälften unterschiedliche Abstände (siehe Abb. 8.19).

[4]) BSt 500 S mit 2 Rippenreihen, wovon eine zueinander parallele Rippen, die andere alternierend geneigte Schrägrippen besitzt (siehe Abb. 8.21 und 8.22).

[5]) Drei Reihen mit jeweils parallelen Rippen; eine Rippenreihe muß gegenläufig sein. Umfangsanteil jeder Reihe . Rippenenden laufen stetig in die Oberfläche aus. Die einzelnen Rippenreihen dürfen gegeneinander versetzt sein (siehe Abb. 8.25).

[6]) Drei möglichst gleichmäßig über den Umfang in die Länge verteilte Profilreihen (siehe Abb. 8.26).

[7]) Die Vergütung aus der Walzhitze ist derzeit das am häufigsten angewandte Nachbehandlungsverfahren für Betonstabstahl.

[8]) Nicht verwundener Betonstabstahl kann mit und ohne Längsrippen hergestellt werden. Kalt verwundener Betonstabstahl hat eine Ganghöhe von etwa 10 bis 12 d_s und muß Längsrippen aufweisen. Die sichelförmigen Schrägrippen dürfen nicht in vorhandene Längsrippen einbinden (siehe Abb. 8.20 und 8.22).

Rippenstähle dürfen nur über drehbare Rollen und Gegenhalter gebogen werden.

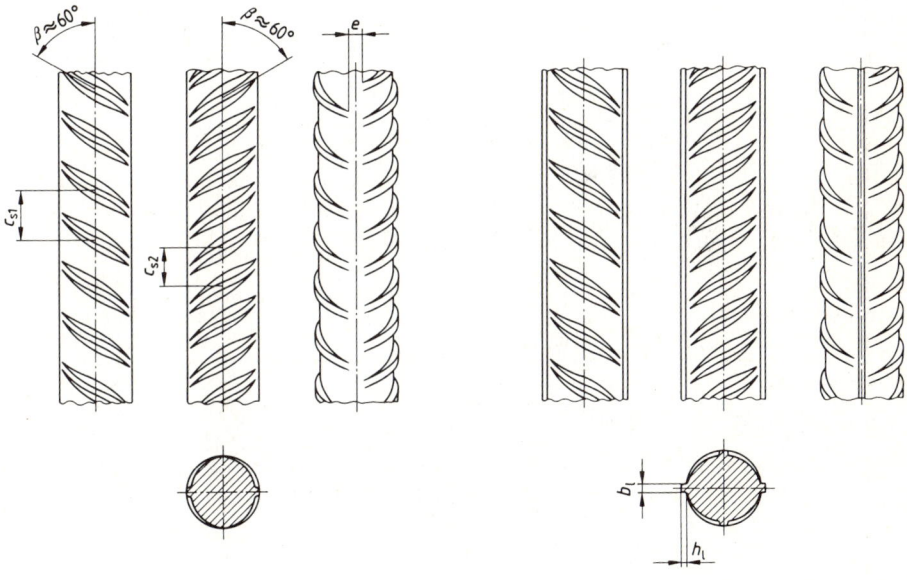

a) ohne Längsrippen   b) mit Längsrippen

Abb. 8.19 Nicht verwundener Betonstabstahl BSt 420 S mit und ohne Längsrippen

466　Eisen und Stahl

$$c_s{}^1) = \frac{\text{Abstand der Rippen-Mitten über eine Ganghöhe}}{\text{Anzahl der Rippen-Abstände über eine Ganghöhe}}$$

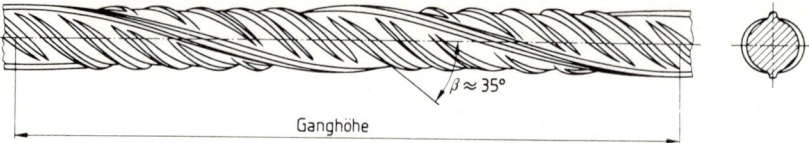

Abb. 8.20 *Kaltverwundender Betonstabstahl BSt 420 S*

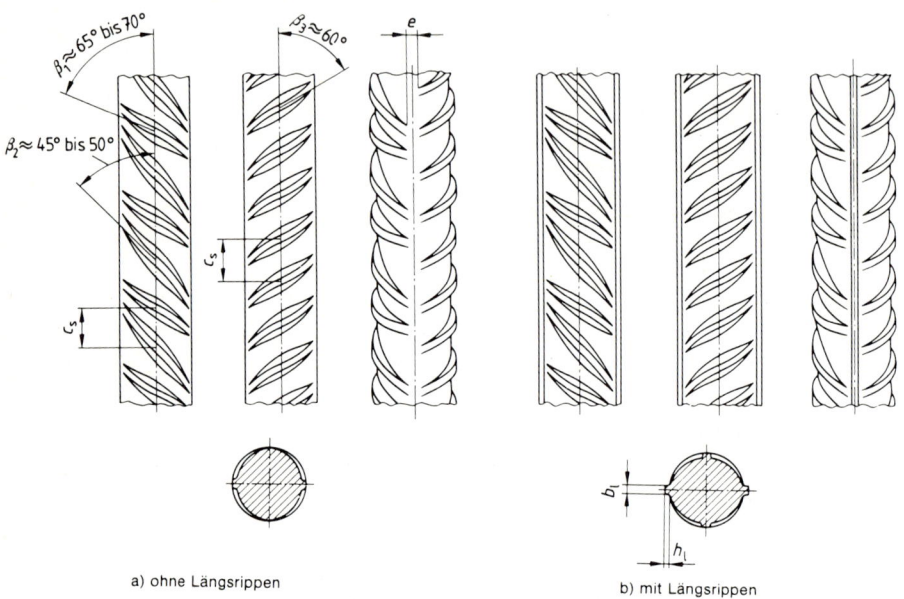

Abb. 8.21 *Nicht verwundener Betonstabstahl BSt 500 S mit und ohne Längsrippen*

$$c_s{}^1) = \frac{\text{Abstand der Rippen-Mitten über eine Ganghöhe}}{\text{Anzahl der Rippen-Abstände über eine Ganghöhe}}$$

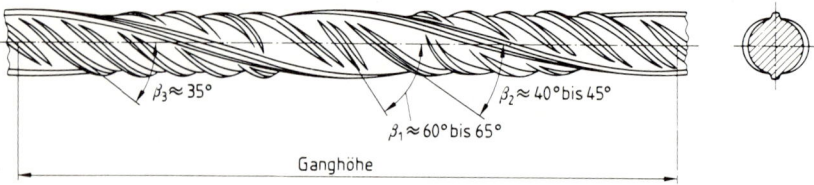

Abb. 8.22 *Kaltverwundener Betonstabstahl BSt 500 S*

---
[1]) Kein meßbares Einzelmaß

8.2.9 Betonstahl (Bewehrungsstahl)

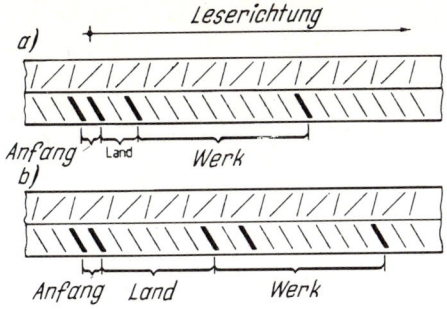

Abb. 8.23 Kennzeichnung von Betonstabstahl BSt 420 S

Den kaltverformten gerippten und profilierten Stählen werden Rippen bzw. Profil nach der Kaltverformung kalt aufgewalzt, so daß dabei die Verfestigung nicht wieder verlorengeht.

Alle Betonstähle dürfen nur nach besonderen Regeln geschweißt oder nachbehandelt werden (siehe Abschnitt 8.2.9 k), sonst kann sich deren Verfestigung durch Gefügeänderungen verringern.

Betonstahl in Ringen
Betonstähle vom Ring sind *nicht genormt,* sondern werden im Rahmen von allgemeinen bauaufsichtlichen *Zulassungen* geregelt. Es gibt die Sorten

BSt 500 WR (IV WR)
BSt 500 KR (IV KR)

Der BSt 500 KR ist aufgrund seiner Zulassung nur für vorwiegend ruhende Beanspruchung geeignet.

Damit ergibt sich folgendes Schema:

Art des Betonstahls	Sorten	Grund für einschränkende Regelung
Vollwertige Betonstähle	IV S, III S IV M	–
	IV WR (warmgewalzter Ring)	
Betonstähle mit *eingeschränkter* Anwendung	IV P IV G	gegenüber geripptem Betonstahl geringere Verbundgüte
	IV KR (kaltverfestigtes Material)	mangelnde dynamische Beanspruchungsfähigkeit

Bezeichnung der Sorten

warmgewalzter Ring   BSt 500 WR (IV WR)
kaltverformter Ring   BSt 500 KR (IV KR)

468   Eisen und Stahl

Betonstahl vom Ring wird ausschließlich als BSt 500 S (also Stahl IV) hergestellt.

Abmessungen
6,0, 8,0, 10,0, 12,0 mm (keine Zwischenabmessungen)

Kennzeichnung
Kennzeichnung des Betonstahls

BSt 500 WR: Rippenform wie IV S; als Ring dadurch zu erkennen, daß auf derjenigen Rippenreihe, in der das Kennzeichen nicht angebracht ist, eine verdickte Rippe im Abstand von etwa 1 m angeordnet ist.

BSt 500 KR: Rippenform wie IV M (d. h. 3 Reihen von Schrägrippen); als Ring nur über das Werkkennzeichen erkennbar, wobei die Kennzeichnung durch „verfüllte" Rippenzwischenräume erfolgt.

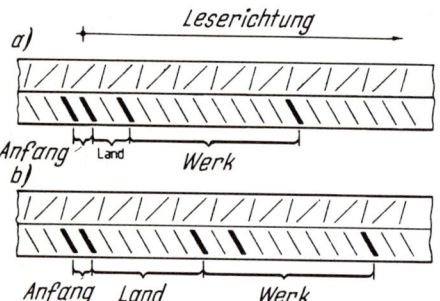

Abb. 8.24: Kennzeichnung von Betonstabstahl BSt 500 S

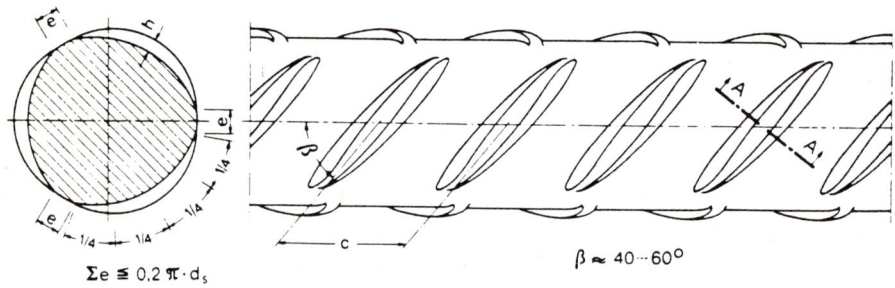

Abb. 8.25: *Oberflächengestalt der gerippten Stäbe von Betonstahlmatten (BSt 500 M)*

8.2.9 Betonstahl (Bewehrungsstahl)

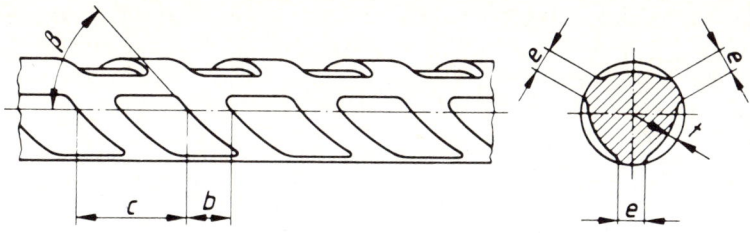

Abb. 8.26: Profilierter Bewehrungsdraht (BSt 500 P)

Für die *Verarbeitung* von Ringmaterial gilt:
Betonstähle, die aus der Verarbeitung von Ringmaterial hervorgegangen sind, müssen den Anforderungen von DIN 488, Teil 1, Tabelle 1 für BSt 500 S entsprechen.
Daraus ergeben sich folgende *Abweichungen:*
A) Wegen der Änderung der Eigenschaften beim Richten/Bügelbiegen muß das *Ringmaterial* höheren Anforderungen, als in DIN 488 gefordert, entsprechen. Diese „Vorhaltewerte" sind von den Herstellern zu berücksichtigen.
B) Betonstahl vom Ring der Sorte BSt 500 KR (IV KR, *kaltverformter Ring*) ist nur für den Einbau bei vorwiegend ruhender Belastung zulässig.

b) Kennzeichnung

b_1) Kennzeichnung des Herstellerwerkes

Die Kennzeichnung der Betonstabstähle erfolgt nach der Euronorm 80–69 durch Walzzeichen im Abstand von etwa 1 m.

Das Werkkennzeichen beginnt stets mit zwei verbreiterten Rippen. Die dann folgenden Normalrippen kennzeichnen das Land, und nach einer weiteren verbreiterten Rippe folgt die Werknummer. Bei Zahlen größer als 12 werden Zehner- und Einerstellen unterschieden. Den Abschluß des Kennzeichens bildet wieder eine verbreiterte Rippe.

Die Werkkennzeichen der gerippten Stähle für Betonstahlmatten sowie der profilierten Bewehrungsdrähte sind ähnlich aufgebaut, nur entfällt die Ländernummer.

Zusätzlich werden
Betonstahlmatten mit einem witterungsbeständigen Anhänger versehen, aus dem die Nummer des Herstellerwerkes und die Mattenbezeichnung erkennbar sind.

Bewehrungsdrähte am einzelnen Ring oder Bund mit einem witterungsbeständigen Anhänger versehen, aus dem die Nummer des Herstellerwerkes und der Nenndurchmesser des Erzeugnisses erkennbar sind.

b₂) Bezeichnung der Betonstabstähle

Die Normbezeichnung von Erzeugnissen nach DIN 488 ist in der angegebenen Reihenfolge wie folgt zu bilden:
- Benennung (Betonstabstahl, Betonstahlmatte, Bewehrungsdraht)
- DIN-Hauptnummer der Norm (DIN 488)
- Kurzname oder Werkstoffnummer für die Betonstahlsorte (siehe Tafel 8.9)
- Nenndurchmesser bei Betonstabstahl und Bewehrungsdraht bzw. kennzeichnende Nennmaße bei Betonstahlmatten

Bezeichnungsbeispiele
(siehe auch DIN 488 Teil 2 und DIN 488 Teil 4):
a) Bezeichnung von gerippten Betonstabstahl der Sorte BSt 500 S mit einem Nenndurchmesser von d_s = 20 mm:

   Betonstabstahl DIN 488 – BSt 500 S – 20
   oder
   Betonstabstahl DIN 488 – 1.0438 – 20

b) Bezeichnung von glattem Bewehrungsdraht der Sorte BSt 500 G mit einem Nenndurchmesser von d_s = 6 mm:

   Bewehrungsdraht DIN 488 – BSt 500 G – 6
   oder
   Bewehrungsdraht DIN 488 – 1.0464 – 6

c) Beispiele für die Bezeichnung von Betonstahlmatten siehe Abschnitt 8.2.9 f.

Lieferschein
Jeder Lieferung von Betonstahl nach DIN 488 ist ein Lieferschein beizufügen, der folgende Angaben enthalten muß:
a) Hersteller und Werk
b) Werkkennzeichen bzw. Werknummer
c) Überwachungszeichen
d) vollständige Bezeichnung des Betonstahls
e) Liefermenge
f) Tag der Lieferung
g) Empfänger

Bei Lieferung von Betonstahl ab Händlerlager oder ab Biegebetrieb ist vom Lieferer auf dem Lieferschein zu bestätigen, daß er Betonstahl nur aus Herstellerwerken bezieht, die einer Überwachung nach DIN 488 Teil 6 unterliegen.

c) Betonrippenstähle mit aufgewalztem Gewinde

– z. B. GEWI®-Stahl – BSt 500 S (Nenndurchmesser 20, 25, 28, 40 und 50 mm) mit Linksgewinde (zum Unterschied gegenüber dem DYWIDAG-Gewindespannstab mit Rechtsgewinde siehe Abschnitt 8.2.10).

Mit dazugehörigen Gewindemuffen können Zug- und Druckstöße und Verankerungen hergestellt werden, auch für Bauteile mit nicht vorwiegend ruhender Belastung. Die zulässige Beanspruchung für alle Muffenverbindungen beträgt 100 % des ungestoßenen Stabes.

8.2.9 Betonstahl (Bewehrungsstahl)

Einfache und raumsparende Montage. Einsatzmöglichkeiten besonders beim Koppeln, Verankern, Verstärken, Sanieren, im Gleit- und Kletterbau.

GEWI-Stahl und GEWI-Muffenstoß sind bauaufsichtlich vom Institut für Bautechnik, Berlin, zugelassen.

(Weitere Informationen durch Fa. Allspann, Siemensring 88, 4156 Willich 1.)

Abb. 8.29 zeigt als Ausführungsbeispiel die Erzeugnisse der Fa. Allspann.

d) bi-Stahl (derzeit in Deutschland nicht gebräuchlich) gilt als Betonformstahl BSt 650/720 K und besteht aus zwei glatten parallellaufenden kaltgezogenen Stahldrähten mit eingeschweißten Stegen. Zulässige Stahlspannung bei auf Biegung mit und ohne Längskraft beanspruchten Bauteilen $\sigma_s^* = 360$ N/mm², in Aufbiegungen und Bügeln $\sigma_s^* = 240$ N/mm².

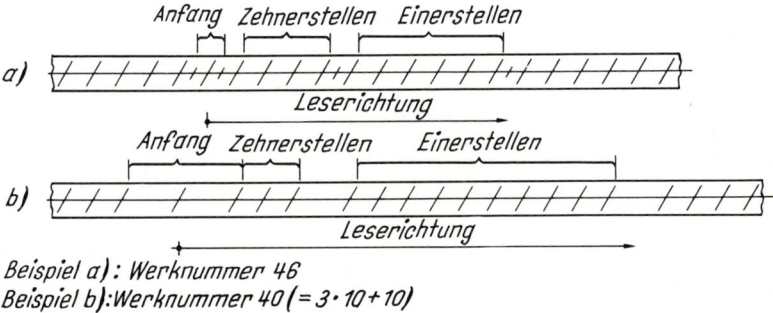

Beispiel a): Werknummer 46
Beispiel b): Werknummer 40 (= 3·10+10)

Abb. 8.27 *Werkkennzeichen für Betonstahlmatten*

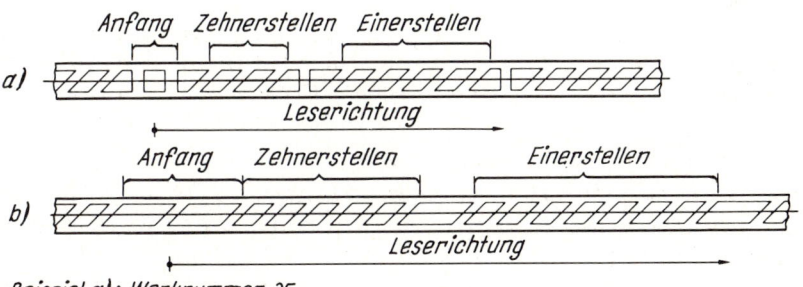

Beispiel a): Werknummer 35
Beispiel b): Werknummer 68

Abb. 8.28: *Werkkennzeichen von profiliertem Bewehrungsdraht*

472 Eisen und Stahl

GEWI-Muffenstoß als Zug- bzw. Druckstoß (gekontert) für vorwiegend ruhende Belastung sowie für nicht vorwiegend ruhende Belastung mit vergrößerter Länge der Gewindemuffe

GEWI-Muffenstoß als Druckstoß (Kontaktstoß)

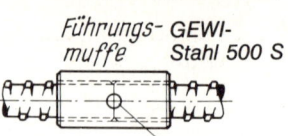

GEWI-Endverankerung (gekontert) für vorwiegend ruhende Belastung sowie für nicht vorwiegend ruhende Belastung mit vergrößerter Länge der Ankermutter

GEWI-Muffe (schweißbar)

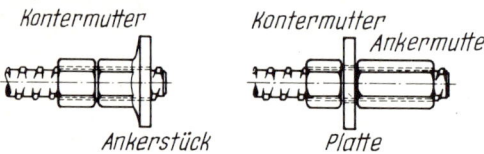
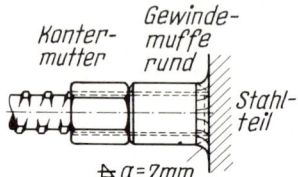

Abb. 8.29: Betonrippenstähle mit aufgewalztem Gewinde [8/18] (GEWI®-Stahl)

e) **Verfügbare Betonstähle**

sind die genormten Stähle nach DIN 488 (siehe Tafel 8.9). Die Gütegruppe II wird in Deutschland nicht mehr hergestellt.

Für die Beurteilung von Bauschäden kann die Kenntnis der nachfolgend zusammengestellten ausgelaufenen Betonstähle von Bedeutung sein.

Gruppe IIa: Sogenannte „*Hochwertige* Betonstähle". Kennzeichen: je m ein 50 mm langer aufgewalzter Strich mit zusätzlichen, morsezeichenähnlichen Werkzeichen.

Gruppe IIb: *Istegstahl* aus zwei seilförmig verwundenen Rundstählen war ein erster Versuch des Kaltstreckens. Seine Fabrikation wurde sehr bald eingestellt, weil er keine Druckspannungen aufnehmen konnte.

Gruppe IIIA: *Nockenstähle* ⌀ 21 bis 26 mm waren Rundstähle mit 10 mm langen, parallel zur Längsachse liegenden kamelhöckerartigen Doppelnocken in 33 cm Abstand. Die ursprünglich quer zur Längsachse verlaufende Form der Doppelnocken wurde wegen auftretender Kerbwirkung aufgegeben.

Drillwulststähle (auch „*Kreuzstähle*" genannt, weil mit kreuzförmigem Querschnitt) ⌀ 7 bis 36 mm wurden zwar kalt verformt, aber danach geglüht. Deswegen fielen sie aus der Gruppe IIIb in die Gruppe IIIa zurück.

Gruppe IIIb: *Torstahl* war ein verwundener Rundstahl (bis ⌀ 32 mm) mit zwei schraubenförmigen Längsrippen, ohne Schrägrippen. Seine Herstellung lief bei den deutschen Hüttenwerken 1960 aus. Seitdem wird nur noch Rippen-Torstahl hergestellt.

Gruppe IVa: *Nockenstahl* ⌀ 8 bis 20 mm. Vgl. oben unter Gruppe IIIa.

Nori-Stahl IVa (⌀ 8 bis 20 mm) soll nicht mehr zugelassen werden, es sei denn (bis ⌀ 12 mm) in Form von Matten.

Betonrippenstähle mit *voll einbindenden Quer- oder Schrägrippen* der Gruppen II, III und IV werden *nicht mehr hergestellt.* Ihr Kennzeichen war ein Längssteg über 2, 3 bzw. 4 Querrippenfelder mit nachfolgenden Punktmarken als Werkkennzeichen.

„bi-Stahl" war ein kaltgezogener Sonderbetonstahl St 70/90 (garantierte Streckgrenze/garantierte Festigkeit in kp/mm²) aus 2 gleichlaufenden Langstäben ⌀ 3,1 bis 9,8 mm, die im Abstand von 75 mm

8.2.9 Betonstahl (Bewehrungsstahl)

Tafel 8.9 Sorteneinteilung und Eigenschaften der Betonstähle nach DIN 488 Teil 1

	1	2	3	4	5
	Kurzname	BSt 420 S	BSt 500 S	BSt 500 M[2])	Wert p %[3])
	Kurzzeichen[1])	III S	IV S	IV M	
	Werkstoffnummer	1.0428	1.0438	1.0466	
	Erzeugnisform	Betonstabstahl	Betonstabstahl	Betonstahlmatte[2])	
1	Nenndurchmesser d_s mm	6 bis 28	6 bis 28	4 bis 12[4])	–
2	Streckgrenze R_e (β_s)[5]) bzw. 0,2 %-Dehngrenze $R_{p0,2}$ $(\beta_{0,2})$[5]) N/mm²	420	500	500	5,0
3	Zugfestigkeit R_m (β_Z)[5]) N/mm²	500[6])	550[6])	550[6])	5,0
4	Bruchdehnung A_{10} (δ_{10})[5]) %	10	10	8	5,0
5	Dauerschwingfestigkeit N/mm² gerade Stäbe[7]) $\frac{\text{Schwingbreite}}{2\sigma_A\ (2\cdot 10^6)}$	215	215	–	10,0
6	gebogene Stäbe $2\sigma_A\ (2\cdot 10^6)$	170	170	–	10,0
7	gerade freie Stäbe von Matten mit Schweißstelle $2\sigma_A\ (2\cdot 10^6)$	–	–	100	10,0
8	$2\sigma_A\ (2\cdot 10^5)$	–	–	200	10,0
9	Rückbiegeversuch mit Biegerollendurchmesser für Nenndurchmesser d_s mm: 6 bis 12	$5\,d_s$	$5\,d_s$	–	1,0
10	14 und 16	$6\,d_s$	$6\,d_s$	–	1,0
11	20 bis 28	$8\,d_s$	$8\,d_s$	–	1,0
12	Biegedorndurchmesser beim Faltversuch an der Schweißstelle	–	–	$6\,d_s$	5,0
13	Knotenscherkraft S N	–	–	$0{,}3 \cdot A_s \cdot R_e$	5,0
14	Unterschreitung des Nennquerschnittes A_s[8]) %	4	4	4	5,0
15	Bezogene Rippenfläche f_R	Siehe DIN 488 Teil 2	Siehe DIN 488 Teil 2	Siehe DIN 488 Teil 4	0
16	Chemische Zusammensetzung bei der Schmelzen- und Stückanalyse[9]) Massengehalt in %, max. C	0,22 (0,24)	0,22 (0,24)	0,15 (0,17)	–
17	P	0,050 (0,055)	0,050 (0,055)	0,050 (0,055)	–
18	S	0,050 (0,055)	0,050 (0,055)	0,050 (0,055)	–
19	N[10])	0,012 (0,013)	0,012 (0,013)	0,012 (0,013)	–
20	Schweißeignung für Verfahren[11])	E, MAG, GP, RA, RP	E, MAG, GP, RA, RP	E[12]), MAG[12]), RP	–

[1]) Für Zeichnungen und statische Berechnungen.
[2]) Die in dieser Spalte festgelegten Anforderungen gelten mit Ausnahme der Zeilen 7, 8, 12, 13 und 15 auch für Bewehrungsdraht.
[3]) p-Wert für eine statistische Wahrscheinlichkeit $W = 1 - a = 90$ (einseitig) (bezogen auf die Produktion eines Werkes).
[4]) Für Betonstahlmatten mit Nenndurchmessern von 4,0 und 4,5 mm gelten die in Anwendungsnormen festgelegten einschränkenden Bestimmungen; die Dauerschwingfestigkeit braucht nicht nachgewiesen zu werden. Bewehrungsdraht wird ebenfalls mit Nenndurchmessern von 4 bis 12 mm hergestellt.
[5]) Früher verwendete Zeichen.
[6]) Für die Istwerte des Zugversuchs gilt, daß R_m min. $1,05 \cdot R_e$ (bzw. $R_{p0,2}$), beim Betonstahl BSt 500 M mit Streckgrenzenwerten über 550 N/mm² min. $1,03 \cdot R_e$ (bzw. $R_{p0,2}$) betragen muß.
[7]) Die geforderte Dauerschwingfestigkeit an geraden Stäben gilt als erbracht, wenn die Werte nach Zeile 6 eingehalten werden.
[8]) Die Produktion ist so einzustellen, daß der Querschnitt im Mittel mindestens dem Nennquerschnitt entspricht.
[9]) Die Werte in Klammern gelten für die Stückanalyse.
[10]) Die Werte gelten für den Gesamtgehalt an Stickstoff. Höhere Werte sind nur dann zulässig, wenn ausreichende Gehalte an stickstoffabbindenden Elementen vorliegen.
[11]) Die Kennbuchstaben bedeuten: E = Metall-Lichtbogenhandschweißen, MAG = Metall-Aktivgasschweißen, GP = Gaspreßschweißen, RA = Abbrennstumpfschweißen, RP = Widerstandspunktschweißen.
[12]) Der Nenndurchmesser der Mattenstäbe muß mindestens 6 mm beim Verfahren MAG und mindestens 8 mm beim Verfahren E betragen, wenn Stäbe von Matten untereinander oder mit Stabstählen ≤ 14 mm Nenndurchmesser verschweißt werden.

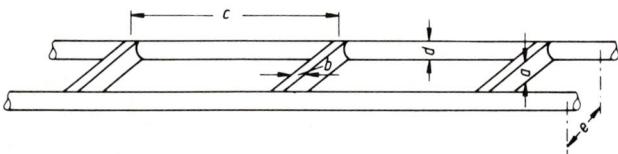

a = 4 bis 11,5 mm, b = 3,0 bis 5,5 mm, c = 75 mm
d = 4 bis 11,3 mm, e = 30 bis 23 mm
A_s = 0,25 bis 2,0 cm², E = 200 000 N/mm²

Abb. 8.30: bi-Stahl [8/12]

durch zwischengeschweißte Sprossen verbunden waren. Für schlaffe Bewehrung: Zulässige Stahlspannung bis 400 N/mm². Heute neu zugelassen. Siehe Abschnitt 8.2.9 d.

Neptun-Stahl: Schraubenförmig verdrehter Rechteckstahl ohne und mit Rippen aus St 80/120 (Streckgrenze/Festigkeit) für schlaffe Bewehrung. Wird nur noch als Neptun-Spannstahl hergestellt. Siehe Abschnitt 8.2.10.

f) Betonstahlmatten (BStM)

1. Geschweißte Betonstahlmatten. Sie sind mit einem verwitterungsbeständigen Anhänger zu versehen, der die Mattenbezeichnung und das Herstellerwerk (Nr.) erkennen läßt.

Für Betonstahlmatten werden nur kaltverformte gerippte Stäbe der Betonstahlsorte IV M verwendet. Werkkennzeichen siehe Abb. 8.27.

Die Bewehrungsstäbe werden durch maschinelle Widerstandspunktschweißung an den Kreuzungsstellen miteinander verbunden. Die angeschweißten Querstäbe dienen nach DIN 1045, Abschnitt 18.5 zur Verankerung der Längsstäbe. Gerippte Betonstahlmatten können auch nach den Vorschriften für Rippenstahl verankert werden. Bei nicht vorwiegend ruhender Belastung ist bei geschweißten

8.2.9 Betonstahl (Bewehrungsstahl)

Betonstahlmatten die Schwingbreite der Stahlspannungen unter Gebrauchslasten beschränkt (80 N/mm²).

2. **Verbundstahlmatten** sind nicht punktgeschweißt, sondern durch angespritzte Kunststoffmuffen (auch mit Abstandhalternasen) verbundene Betonstahlmatten aus Betonstahl BSt 500/550 KR. Verankerungen und Schwingbreite wie Rippenstahl. Die Verbindung ist nicht scherfest, sondern nur unverschieblich. Verbundstahlmatten werden in Deutschland seit einigen Jahren nicht mehr hergestellt. Sie fallen künftig weg.

3. Lieferprogramm

Es wird das Programm des Marktführers, der Baustahlgewebe GmbH, als Beispiel herangezogen. Unterschieden werden:*)

Lagermatten, die vom Baustoffhändler am Lager vorgehalten werden, mit Abmessungen 5,00 m × 2,15 m bzw. 6,00 m × 2,15 m.

Listenmatten, Feldsparmatten und Zeichnungsmatten, die auf Bestellung im Werk nach Baumaß gefertigt werden, Längen bis zu 12,0 m, Breiten bis 2,45 m (Straßentransport) bzw. 2,65 m (Bahntransport), Stabdurchmesser 4,0 bis 12,0 mm, Stababstände längs 50 bis 300 mm in 50-mm-Schritten, quer 50 bis 350 mm in 25-mm-Schritten, Längsstäbe können als Doppelstäbe angeordnet werden. Dabei sind Stababstände, Stabdurchmesser – getrennt für Innen- und Außenstäbe –, Anzahl der Randstäbe, Länge, Breite und Überstände anzugeben. Bei Feldsparmatten wird die Längsbewehrung gestaffelt. Die getrennte Angabe der Stabdurchmesser ermöglicht Einsparungen bis zu 50 % im Rand-(Überdeckungs-)Bereich der Matten, nach diesem Prinzip wird bei allen Lagermatten ab 2,2 cm²/m an den Längsrändern verfahren.

Zeichnungsmatten mit beliebigem Aufbau nach DIN 488 Teil 4 können die oben genannten Abmessungen noch überschreiten (Sondertransporte).

Abgestufte Matte: Q 221
Doppelstabmatte: Q 377
Abgestufte Matte: R 221
Doppelstabmatte: R 317

Abb. 8.31: Beispiele für Betonstahlmatten [6]

Lagermatten in Listenmattenschreibweise:
Q 221 =   150 × 6,5/5,0 – 4/4   (längs)
          150 × 6,5   (quer)
R 317 =   150 × 5,5d/5,5 – 2/2   (längs)
          250 × 4,5

Lagermatten werden aufgeteilt in
N-Matten nicht statische Matten für Schwindbewehrungen von Schutzbetonen, Estrichen u. ä., Stäbe kleiner als ⌀ 4 mm, Stababstände 50 bis 150 mm,

---

*) DIN 488 Teil 4 kennt noch Zeichnungsmatten, die nach Zeichnung gefertigt werden und von Listen- und Lagermatten abweichende Abmessungen haben.

Q-Matten mit gleichem Querschnitt in Längs- und Querrichtung, Stababstände i. allg. 150 mm,
R-Matten für einachsige Bewehrung, Nennquerschnitt in Längsrichtung, Querstäbe = Querbewehrung nach DIN 1045, Abstand der Längsstäbe 150 mm, der Querstäbe 250 mm,
K-Matten Verwendung und Aufbau wie vor, nur Längsabstand 100 mm.

Darüber hinaus sind Sondermatten als Abstandhalter und Unterstützung im Handel, zur Vermeidung von Roststellen an der Plattenunterseite auch mit Kunststoff-Standfüßen.

Zum Biegen und Schneiden von Betonstahlmatten wurden Biege- und Schneidegeräte entwickelt, da Baustahlmatten nicht nur für Platten- und Wandbewehrung, sondern in starkem Maße auch als Bügelkörbe bei Balken, Stützen und Fertigteilen eingesetzt werden.

Bezeichnung und Bestellung von Betonstahlmatten

Bei der Bezeichnung der kennzeichnenden Maße der Betonstahlmatten ist zwischen der allgemeinen Bezeichnungsart zur Beschreibung des Mattenaufbaus bei Listenmatten und der Kurzbezeichnung (bei Lagermatten) zu unterscheiden.

Allgemeine Bezeichnung zur Beschreibung des Mattenaufbaus

Die Angaben erfolgen getrennt nach Längs- und Querrichtung in zwei Zeilen nach folgendem Schema:
Längsrichtung: $a_L \cdot d_{s1}/d_{s2} - n_{links}/n_{rechts} - L - ü_1/ü_2$
Querrichtung: $a_Q \cdot d_{s3}/d_{s4} - m_{Anf}/m_{Ende} - B - ü_3/ü_4$
Dabei bedeuten:

a_L	Abstand der Längsstäbe in mm
a_Q	Abstand der Querstäbe in mm
d_{s1}	Durchmesser der Längsstäbe im Innenbereich in mm
d_{s2}	Durchmesser der Längsstäbe im Randbereich in mm
d_{s3}	Durchmesser der Querstäbe im Innenbereich in mm
d_{s4}	Durchmesser der Querstäbe im Randbereich in mm (Doppelstäbe sind zusätzlich mit dem Buchstaben d hinter der Durchmesserangabe zu bezeichnen)
n_{links}/n_{rechts}	Anzahl der Längs-Randstäbe d_{s2} links/rechts
m_{Anf}/m_{Ende}	Anzahl der Quer-Randstäbe d_{s4} am Anfang/Ende der Matte in Fertigungsrichtung
L	Mattenlänge in m
B	Mattenbreite in m
$ü_1/ü_2$	Längsstabüberstände Mattenanfang/Mattenende in mm
$ü_3/ü_4$	Querstabüberstände links/rechts in mm

Bei unsymmetrischer Ausbildung der Mattenränder und/oder der Mattenüberstände ist für die Bezeichnung zu beachten, daß bei der Fertigung die Längsstäbe unten und die Querstäbe oben liegen.

8.2.9 Betonstahl (Bewehrungsstahl)

Kurzbezeichnung

Die Kurzbezeichnung gibt für die Längsrichtung und gegebenenfalls auch für die Querrichtung den Stahlquerschnitt in mm^2/m an. Zur Bezeichnung spezieller Mattenarten können zusätzliche Buchstaben vor der Angabe des Stahlquerschnitts hinzugefügt werden.

Aus den Programmtabellen der Hersteller muß der gesamte Mattenaufbau, wie oben angegeben, ersichtlich sein.

Beispiele

Für Listenmatten:

Betonstahlmatte DIN 488 – BSt 500 M –
150 × 6,0 *d*/6,0 – 4/3 – 5,50 – 150/100*)
250 × 7,0/5,0 – 5/4 – 2,45 – 25/175

Für Lagermatten:

Bezeichnung durch Kennbuchstaben und Angaben des Stahlquerschnitts der Längsstäbe in mm^2/m:

Betonstahlmatte DIN 488 – BSt 500 M – R 443

Die Einzelheiten des Mattenaufbaus gehen aus der zugehörigen Lagermattentabelle hervor; im angeführten Beispiel (R 443) betragen die Maße

150 × 6,5 *d*/6,5 – 2/2 – 5,00 – 125/125*)
250 × 5,5 – 2,15 – 25/25

(In Längsrichtung: Doppelstabbewehrung, mit 2 äußeren Randstäben als Einfachstäben, sog. Randsparmatte)

Für Zeichnungsmatten:

Zeichnungsmatten werden nach der Nummer der für die Bestellung erforderlichen Zeichnung bezeichnet.

g) Betonstahl aus Trümmern

(auch kalt gerichteter) kann für Bauten mit vorwiegend ruhenden Lasten wieder verwendet werden, wenn er rissefrei und ohne stärkere Querschnittsverminderungen ist. Jedoch dürfen vergütete und kaltverfestigte Stähle nur wie Stähle der Gruppe I beansprucht werden.

h) Lagerung der Bewehrungsstähle (Stabstahl)

auf der Baustelle hat nach Stahlgruppen und Durchmessern getrennt und durch Tafeln markiert so zu erfolgen, daß Verwechslungen ausgeschlossen sind.

i) Die Prüfungen

der Betonstabstähle regelt DIN 488 Teil 3, die der Betonstahlmatten und Bewehrungsdrähte DIN 488 Teil 5. Es werden bei allen Betonstahlsorten überprüft:

---

*) Der Buchstabe „d" steht für Doppelstab, d. h., 2 Stäbe von 6,0 mm bzw. 6,5 mm sind unmittelbar nebeneinander geschweißt.

Durchmesser, Querschnitt (zul. Abweichung: – 4 %) und bei geripptem und profiliertem Stahl die **Oberflächengestalt**.

im Zugversuch: Zugfestigkeit, Streckgrenze bzw. **0,2 % Dehngrenze** und **Bruchdehnung**; dabei beträgt die freie Einspannlänge des Stabes zwischen den Spannbacken $20 \cdot d_s$ (abweichend von DIN 50 144 und DIN 50 145). Für kaltverformte Stähle ist die Prüfung in gealtertem Zustand maßgebend.

Betonstabstahl wird außerdem geprüft im **Rückbiegeversuch**. Dabei wird der Betonrippenstahl nach Biegen um etwa 90° auf etwa 250 °C erwärmt und nach halbstündigem Halten auf dieser Temperatur auf Raumtemperatur abgekühlt (Altern des Stahles). Darauf wird der Stab um mindestens 20° zurückgebogen. Dabei dürfen weder Anrisse noch ein Bruch auftreten.

Die **Schweißeignung** ist für Betonstabstahl nach den Festlegungen der DIN 488 Teil 7 nachzuweisen.

Bei **Betonstahlmatten** sind zusätzlich folgende Prüfungen erforderlich:

Scherversuch: Es wird die Knotenscherkraft S ermittelt.

Dauerschwingversuch an nicht einbetonierten Stäben

Prüfung der Widerstandspunktschweißung als Faltversuch um einen Borndurchmesser von $6\,d_s$. Dabei muß die Schweißstelle in der Zugzone liegen. Der Biegewinkel beträgt 60°. Kleine Anrisse in der Schweißstelle sind unbedenklich.

k) Schweißen von Betonstahl

regeln DIN 1045 (Juli 88), DIN 488 Teil (Sept. 84) und DIN 4099 Teil 1 (Nov. 85). Betonstahl darf mit anderen Stahlteilen sowohl tragend als auch nichttragend (zur Lagesicherung) verschweißt werden. Für das Schweißen tragender Verbindungen (Zug- und Druckstöße) kommen folgende Schweißarten (siehe Tafel 8.9) in Frage:

Widerstands-Abbrennstumpfschweißen	= *RA*
Widerstands-Punktschweißen	= *RP*
Lichtbogen-Handschweißen	= *E*
Metall-Aktivgasschweißen	= *MAG*
Gaspreßschweißen	= *GP*

Dabei darf *RP* für die Herstellung der Betonstahlmatten und Einzelpunktschweißung nur in überwachten Werken und nicht auf der Baustelle durchgeführt werden. Für Heftverbindungen (nichttragende Verbindungen) lauten die Kurzbezeichnungen *RP.H* bzw. *E.H.* Gasschmelzschweißen ist unzulässig.

Geschweißte Bewehrungsstäbe müssen von Abbiegestellen genügend weit entfernt sein. Werden geschweißte Betonstahlmatten gebogen, so soll nach DIN 1045, Abschnitt 18, der Abstand des Krümmungsbeginns vom Ende der Schweißstelle mindestens $4\,d_s$ betragen (sonst Gefahr der Versprödung, sog. Blaubrüchigkeit!).

Bewehrungszeichnungen müssen Anordnung und Ausbildung von Schweißstellen mit Angabe von Schweißzusatzstoffen, Nahtausführung und -abmessung enthalten.

Anforderungen an Betriebe: Fachkräfte und Ausrüstung für eine sach- und fachgerechte Ausführung sowie ein Schweißfachmann für Aufsicht müssen vorhanden sein. Eignungs- und Überwachungsprüfungen sind durchzuführen (siehe DIN 4099 Teil 1).

8.2.10 Spannstähle

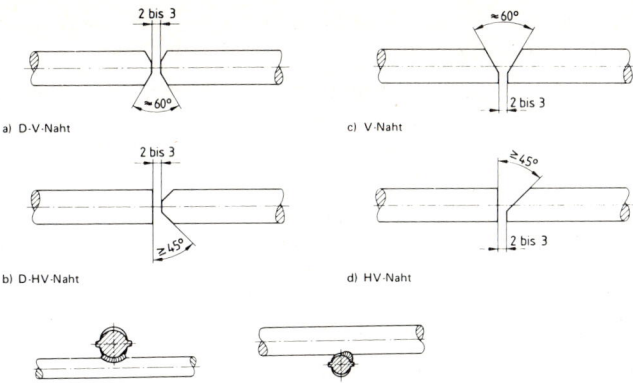

Abb. 8.32: *Stoßausführungen nach DIN 4099*

8.2.10 Spannstähle

werden vornehmlich für den *Spannbetonbau* (siehe Abschnitt 6.18) verwendet. Vorgespannte „Spannglieder" leiten *vor* oder gleichzeitig mit dem Aufbringen der äußeren Lasten Druckkräfte in das Bauteil, so daß der Betonquerschnitt unter Gebrauchslasten nicht oder nur begrenzt auf Zug beansprucht wird. Biegezugspannungen aus Eigengewicht und Nutzlast werden durch die Vorspannung aufgehoben bzw. überdrückt.

Bei der Vorspannung mit Spanngliedern unterscheidet man:

a) nach dem Vorspanngrad

volle Vorspannung: im Gebrauchszustand treten im Beton im allgemeinen keine Zugspannungen auf.

beschränkte Vorspannung: im Gebrauchszustand werden Betonzugspannungen im Rahmen der Biegezugfestigkeit zugelassen. Zur Rissesicherung sind zusätzliche (schlaffe) Stahleinlagen erforderlich.

teilweise Vorspannung: Vorspannung nur für bestimmte Lastfallkombinationen, z. B. Dauerlasten, zur Zeit in der Bundesrepublik Deutschland noch nicht zugelassen.

b) nach dem Zeitpunkt des Vorspannens

vor Erhärten des Betons: Spannbettvorspannung. Die Spannglieder werden zwischen festen Widerlagern gespannt, anschließend einbetoniert. Nach dem Erhärten des Betons wird die Verbindung mit den Widerlagern gelöst, die Vorspannkräfte werden somit auf das Bauteil übertragen.

nach Erhärten des Betons: bereits erhärtete Betonbauteile lassen sich als Widerlager benutzen. Die Vorspannkräfte werden über Ankerkörper sofort auf den Beton übertragen.

c) nach Art der Verbundwirkung

Vorspannung mit sofortigem Verbund: Spannbettvorspannung, s. o., Verbundwirkung entsteht gleichzeitig mit dem Erhärten des Betons. Unter anderem genutzt bei werkmäßig hergestellten Spannbeton-Hohldielen.

Vorspannung ohne Verbund: Die Spannglieder liegen außerhalb oder innerhalb (in Gleitkanälen) des vorzuspannenden Bauteils. Wegen erhöhter Korrosionsgefahr nur in Sonderfällen, z. B. für demontierbare Bauwerke, Erdanker für Baugrubensicherungen, angewandt. Vorteil dieses Verfahrens: Spannglieder jederzeit auswechselbar. Deshalb werden heute versuchsweise Spannglieder mit zusätzlichem Korrosionsschutz eingebaut: Sie besitzen entweder eine Schmierfettumhüllung oder einen Zinküberzug mit zusätzlicher Kunststoffbeschichtung.

Eisen und Stahl

Vorspannung mit nachträglichem Verbund (wird überwiegend angewandt): Die Spannglieder werden vor dem Betonieren fertig in Gleitkanälen (Hüllrohren) verlegt oder nachträglich in einbetonierte Hüllrohre eingefädelt. Nach dem Erhärten des Betons werden die Spannglieder vorgespannt und die Gleitkanäle sofort mit Einpreßmörtel verpreßt. Dadurch wird ein wirksamer Korrosionsschutz und nach Erhärten des Mörtels Verbundwirkung erzielt.

Geforderte Eigenschaften der Spannstähle
(Fremdüberwachung vornehmlich durch die Deutsche Bundesbahn)

Hohe Zugfestigkeit und Streckgrenze (0,2 % Dehngrenze), daraus folgt eine hohe zulässige Gebrauchsspannung, um Spannkraftverluste infolge Schwindens und Kriechens gering zu halten,

hohe Dauerschwingfestigkeit (Ermüdungsfestigkeit), große Zähigkeit (Bruchdehnung, Faltversuch, Kerbzugversuch) als Sicherheit gegen Sprödbruch,

hohe Kriechgrenze, d. h. geringes Stahlkriechen unter Gebrauchsspannungen, um Relaxationsverluste zu vermeiden,

guter Haftverbund,

ausreichender Korrosionswiderstand,

ferner erhöhte Anforderungen an die Fertigungsgenauigkeit (Einhaltung des rechnerischen Querschnitts).

Über den Mindestwert für Streckgrenze und Zugfestigkeit sowie die Art der Querschnittsausbildung siehe Tafel 8.10. Die Bruchdehnung beträgt 6 bis 8 %.

Neben den Eigenschaften, die bei Betonstahl gefordert werden, wird bei Spannstählen auch das Kriechverhalten ermittelt. Außerdem sind folgende Meßdaten wichtig: die Gleichmaßdehnung, das Streckgrenzenverhältnis β_s/β_z*), die Dauerschwingfestigkeit (aus den Zulassungen ersichtlich), der *E*-Modul und die Elastizitätsgrenze. Aus Abb. 8.33 lassen sich die Spannungs-Dehnungs-Linien verschiedener Beton- und Spannbetonstähle ersehen.

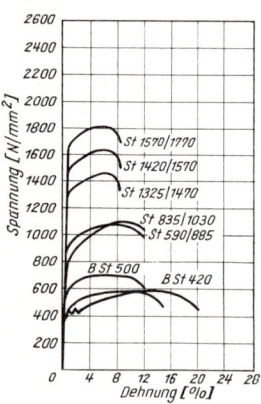

Abb. 8.33: *Spannungs-Dehnungs-Linien verschiedener Beton- und Spannbetonstähle*

---

*) Das Verhältnis von Streckgrenze β_s zur Zugfestigkeit β_z soll möglichst groß, d. h. die Streckgrenze möglichst hoch sein.

8.2.10 Spannstähle

Für Spannstähle werden folgende Stahlarten verwendet:

unlegierter Stahl mit 0,6 bis 0,9 Masse-% C, 0,10 bis 0,30 Masse-% Si und 0,50 bis 0,80 Masse-% Mn

oder niedrig legierter Stahl mit 0,4 bis 0,7 Masse-% C, 0,7 bis 1,6 Masse-% Si und/oder 0,7 bis 1,2 Masse-% Mn sowie ≈ 0,5 Masse-% Cr (Zusammensetzung ähnlich Federstahl).

Tafel 8.10 Gebräuchliche Spannstähle mit allgemeiner bauaufsichtlicher Zulassung

Gruppe	Stahlsorte	Herstellungsart	Form	Oberfläche	Nenndurchmesser [mm]	Anlieferung	Verankerung (überwiegend)
I Stabstähle	St 590/885*) St 835/1030 St 1080/1330	naturhart naturhart, gereckt und angelassen	rund	glatt oder glatt mit Gewinderippen	16 bis 36	in geraden Stäben	Gewinde und Mutter
II Drähte	St 1325/1470 St 1420/1570	gewalzt vergütet	rund oder oval oder rechteckig	glatt oder gerippt oder profiliert	8 bis 12,2	in Ringen**) ⌀ 1,8 m	Klemm-, Reibungs-, Haftverankerung
III Drähte (Litzen)	St 1470/1670 St 1570/1770	kalt gezogen und vergütet	rund	glatt	3 bis 12,2	in Ringen**) ⌀ 1,8 m	aufgestauchte Köpfchen, Bündel

*) Die Benennung erfolgt nach der Mindeststreckgrenze und der Mindestzugfestigkeit in N/mm². Die zulässige Stahlzugspannung beträgt höchstens 75 % der Streckgrenze bzw. 55 % der Zugfestigkeit. Maßgebend ist der geringere Wert von beiden.
**) Verformung beim Aufwickeln elastisch. Legen sich beim Abwickeln wieder vollständig gerade.

Die Spannstähle werden nach dem *Siemens-Martin-* oder Sauerstoffblasstahl- oder Elektroverfahren hergestellt. Die Weiterverarbeitung erfolgt je nach Erfordernis (siehe Tafel 8.10).

Warmgewalzte *Stabstähle* der Gruppe I sind meist niedrig legiert, die Verankerung wird erreicht durch aufgerollte oder aufgewalzte Gewinde (siehe Abb. 8.34) in Verbindung mit Ankerplatten und Schraubenmuttern, Stabstöße und Spanngliedkoppelungen mit Gewindemuffen sind ebenfalls möglich (Allspann – Dywidag).

Die Anwendung der hochfesten, vergüteten (Gruppe II) und kaltgezogenen (Gruppe III) *Drähte* ermöglicht geringere Stahlquerschnitte, jedoch ist ein erhöhter Aufwand für Verankerungen und Koppelungen notwendig. Es kommen Reibungs-(Keil-)verankerungen (Freyssinet – Vorspanntechnik, Leoba – Seibert-Stinnes, Hochtief u. a.), Klemmverankerungen (Interspann – Holzmann) oder aufgestauchte Nietköpfchen in Verbindung mit Ankerkörpern (BBRV – Suspa) zum Einsatz.

Geringste Stahlquerschnitte ergeben sich bei Verwendung von *Spannstahllitzen*. Litzen entstehen durch Verseilen von bis zu 7 kaltgezogenen Einzeldrähten (siehe Abb. 8.34), sie werden einzeln mittels Klemmuffen an Platten verankert. Diese Ankerplatten fassen mehrere Litzen zu einem Bündel zusammen, das gemeinsam vorgespannt wird (VSL – Losinger, Allspann).

Die Spannstähle wie auch ihre Verankerungen bedürfen einer Zulassung durch die obersten Baubehörden (Zulassungsliste führt das Institut für Bautechnik, Berlin).

Eisen und Stahl

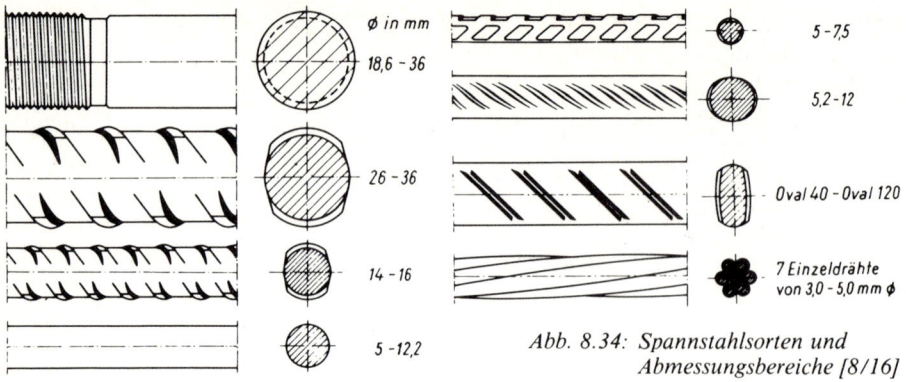

Abb. 8.34: *Spannstahlsorten und Abmessungsbereiche* [8/16]

Die Güteüberwachung obliegt dem Hersteller bzw. Lizenzinhaber in Form von Eigen- und Fremdüberwachung (anerkannte MPA). Spannstahl ist besonders sorgfältig vor Korrosion, auch vor dem Einbau, zu schützen (Lagerung unter Dach, bei Folienabdeckung Vorsicht: Schwitzwasserbildung!). Der Auftragnehmer muß gewährleisten, daß eingebaute Spannstähle frei von Rost und sichtbaren Mängeln sind. Schweißarbeiten ohne Schutzmaßnahmen sind in unmittelbarer Nähe von Spannstahl bzw. Spanngliedern verboten.

Über den Einsatz von Glasfaser-Harz-Verbundstäben für Spannbeton siehe Abschnitt 6.22.2.

Normen und Vorschriften:

DIN 4227 Teil 1 (Juli 88) Spannbeton; Bauteile aus Normalbeton mit beschränkter oder voller Vorspannung
DIN 4227 Teil 5 (Dez. 79) Spannbeton; Einpressen von Zementmörtel in Spannkanäle

8.2.11 Brandschutz nach DIN 4102

Eisen wie Stahl dehnen sich bei Erhitzen stark aus und führen zu *Verformungen:* Herausdrücken von Decken und Wänden.

Gußeisen verliert seine Druckfestigkeit zwar erst bei etwa 700 °C (Zugfestigkeit früher!), zerspringt aber bei plötzlicher Abkühlung durch Löschwasser.

Stahl nimmt an Festigkeit bis 200 °C zunächst zu, darüber aber sehr schnell ab. Bei 500 °C wird er rotglühend: Unterzüge usw. *biegen sich durch,* Stützen *knicken aus!*

Gußeisen geht bei Erhitzung auf etwa 1100 °C *plötzlich* vom festen in den schmelzflüssigen Zustand über, während *Stahl allmählich* über den weichen und zähflüssigen Zustand (bei etwa 1500 °C) schmelzflüssig wird.

Daher sind Stahlbauteile *zu ummanteln* entsprechend der verlangten Feuerwiderstandsklasse. Vorher ist für einen ausreichenden Korrosionsschutz zu sorgen, besonders bei Verwendung von Gips oder $MgCl_2$-gebundenen Baustoffen, da diese rostfördernd wirken.

DIN 4102 Teil 4 (siehe Abschnitt 16.4) unterscheidet bei Stahlteilen für den baulichen Brandschutz:
Ummauern,
Verputzen (auf Putzträger) und
Verkleiden mit Gipskartonplatten.
Zusätzlich bieten sich noch Beschichtungen mit schaumschichtbildenden Mitteln an (siehe Abschnitt 17.10.2i).

8.2.12 Korrosion und Korrosionsschutz

Normen und Vorschriften:

VOB, DIN 18 364 (Sept. 88)	Korrosionsschutzarbeiten an Stahl- und Aluminiumbauten
DIN 50 900, Teil 1 (April 82)	Korrosion der Metalle, Begriffe (die Norm umfaßt 3 Teile)
DIN 50 902 (Juli 75)	Korrosionsschutz; Behandlung von Metalloberflächen, Begriffe
DIN 50 976 (März 80)	Durch Feuerverzinken auf Einzelteile aufgebrachte Überzüge
DIN 53 210 (Febr. 78)	Bezeichnung des Rostgrades von Anstrichen und ähnlichen Beschichtungen
DIN 55 928 Teil 1 (Nov. 76)	Korrosionsschutz von Stahlbauten durch Beschichtungen und Überzüge (die Norm umfaßt 9 Teile)
DASt-Ri. 006 (Jan. 80)	Vorläufige Richtlinien für die Auswahl von Fertigungsanstrichen (FA) bei der Walzstahlkonservierung im Stahlbau

a) Ursachen der Korrosion (siehe [2])

Unter Korrosion versteht man die Zerstörung von Werkstoffen durch chemische oder elektrochemische Reaktionen mit Bestandteilen der Umgebung. Dies gilt für alle Werkstoffe, auch für nichtmetallische.

Korrosion wird bewirkt durch Luft – bei Stahl etwa ab 70 % relativer Luftfeuchte – und durch Luftverunreinigung, besonders durch SO_2 und Cl, durch Wasser und durch Berührung mit Stoffen, die feucht sind und/oder korrodierende Stoffe enthalten: Holz, Holzschutzmittel, Säuren (außer Phosphorsäure), Salze, Erdreich, Moorwässer, Moorböden, Rauchgase, Flugasche, Ruß, Schlacke, Gips, Meerwasser usw. Beim Einbau mit NE-Metallen ist Kontaktkorrosion möglich.

Jede Metallkorrosion läßt sich *zunächst* als ein *chemischer Vorgang* auffassen – d. h. als eine unmittelbare Bildung chemischer Verbindungen. Da aber praktisch stets Kondenswasser, Tau usw. auf der Metalloberfläche vorhanden sind und die Metalloberfläche wenigstens durch Rost usw. heterogen (uneinheitlich) ist, entsteht ein *galvanisches Element*. Nunmehr ist auch ein *Elektrolyt* (elektrisch leitende Flüssigkeit) vorhanden:

Es beginnt eine *elektrochemische Reaktion,* d. h., bei jeder *Metallkorrosion* entsteht in kurzer Zeit ein *elektrochemischer Vorgang*.

Stets wird dabei das *unedle Metall* zur *Anode* und dabei aufgelöst (*oxidiert*). Die Korrosionsgeschwindigkeit ist abhängig von der Potentialdifferenz (Spannungsunterschied) Anode – Kathode; von dem Flächenverhältnis Anode : Kathode und anderen Faktoren.

Nach dem *Korrosionsmechanismus* unterscheidet man zwischen dem

Wasserstofftyp bei genügend saurem Elektrolyten (pH $\leq$ 4,5) und dem
Sauerstofftyp bei pH $>$ 4,5 und Sauerstoffzutritt zum Elektrolyten (siehe auch [2]).

Eisen und Stahl

Nach dem *äußeren Erscheinungsbild* unterteilt man in *ebenmäßigen Angriff, Lochkorrosion, interkristalline und transkristalline Korrosion.*

Besonders gefährlich ist ein Zusammenwirken von Korrosion und mechanischer Beanspruchung:

Schwingungsriß- bzw. Spannungsrißkorrosion.

Die Korrosionsprodukte des Eisens sind $Fe_2O_3 \cdot nH_2O$, das durch Entwässerung in FeO(OH) übergeht. Neben der genannten Querschnittsminderung wirkt Rost zusätzlich treibend, da er ein größeres Volumen als Eisen beansprucht: Beschichtungen (Farbanstriche) und mangelhafte Betonüberdeckungen platzen auf.

b) Korrosionsschutz

Darunter versteht man die Verhütung der Korrosion und die Verlängerung der Lebensdauer von Werkstoffen, die der Witterung ausgesetzt sind.

Alle Eisenwerkstoffe, die keine schützenden Deckschichten ausbilden (s. wetterfeste Baustähle und nichtrostende Stähle), müssen gegen Korrosion geschützt werden.

Man unterscheidet zwischen

aktivem Korrosionsschutz	und	passivem Korrosionsschutz
sachgemäße, konstruktive Gestaltung Auswahl widerstandsfähiger Werkstoffe Beeinflussung des Korrosionsmittels kathodischer Korrosionsschutz		organische Beschichtungen Überzüge aus metallischen oder nicht metallisch-anorganischen Verbindungen

c) Aktiver Korrosionsschutz

c_1) Konstruktive Gestaltung

Vermeiden von Formgebungen, die die Rostbildung fördern: Schmutz und Wasser sollen sich nicht ansammeln können, deshalb sind U-Eisen und Winkel mit der Öffnung nach unten zu verwenden, eventuell Löcher für den Wasserabfluß schaffen, alle Flächen glatt und geneigt, möglichst kleine Oberflächen (Hohlquerschnitte), Verbindungsstellen geschweißt, zur Verringerung der Instandhaltungskosten. Dazu gehören auch leichte Zugänglichkeit, gute elektrische Isolierung gegeneinander bei Verwendung verschiedener Metalle, Vermeidung der Kondenswasserbildung, ausreichende Belüftung von Spalten und nach Erfordernis Vorrichtungen für Kontrollen und Beschichtungserneuerungen.

c_2) Auswahl widerstandsfähiger Stähle

Wetterfeste Baustähle (WT) (siehe Abschnitt 8.2.6b)

Diese niedrig legierten Stähle enthalten Cu, Cr, Si, Mn und P.

8.2.12 Korrosion und Korrosionsschutz

Deshalb bilden sie an der Atmosphäre eine Deckschicht mit deutlich verlangsamtem Rostungsvorgang.

Voraussetzungen für die Anwendung wetterfester Baustähle

1. Die Atmosphäre muß frei sein von aggressiven Stoffen, die die Deckschichtenbildung behindern. Nicht geeignet in Seeatmosphäre (Chloride, hohe Luftfeuchtigkeit), (bis etwa 1 km von der Küste entfernt) sowie in Industrieatmosphäre (SO_2-Gehalt) und bei Gefahr von Dauerfeuchtigkeit.
2. Die Werkstoffoberflächen müssen dem natürlichen Witterungswechsel ausgesetzt sein: ungehinderter Abfluß des Regenwassers; Flächen, die nicht der freien Bewitterung ausgesetzt sind, müssen mit einem Schutzanstrich versehen werden. Bei Beschichtungen ist die Unterrostung wesentlich gehemmt.
3. Verbindungselemente (Schrauben usw.) müssen so ausgewählt sein, daß sich keine elektrochemischen Lokalelemente bilden können. Verbindungselemente deshalb aus wetterfestem Stahl. Bei Schraubenverbindungen besteht die Gefahr der Dauerfeuchtigkeit und damit der Korrosion. Die Berührungsflächen sind deshalb durch Beschichtung zu schützen.

Der Gesamtdickenverlust während der Deckschichtenbildung wird mit 0,8 bis 1,5 mm in 60 Jahren angenommen (bei leichter bzw. schwerer Korrosionsbeanspruchung, d. h. in Landatmosphäre bzw. Industrie- oder Seeatmosphäre). Die dabei mit entstehenden lockeren Oxide können auf anderen Bauteiloberflächen in der Bewitterungszeit Rostfahnen bilden. Durch geeignete Werkstoffauswahl bzw. richtige Konstruktion ist dies vermeidbar.

Geeignete Werkstoffe in Kombinationen mit wetterfesten Baustählen

Emailüberzüge glänzend und halbglänzend, Einbrennlacke, abwaschbare Beschichtungen, Aluminium, rostfreie Stähle, stranggepreßtes Neoprene, Keramikfliesen, glasierte Steine, helles Glas (anfänglich gelegentliche Reinigung erforderlich).

Bedingt geeignet: Granit, Marmor, gefärbtes Isolier- und Spezialglas.

Ungeeignet: Beton, Putz, verzinkter Stahl, Natursteine, mattes Email.

Fabri-	COR-TEN	(St 52-3)
kate:	Patinax	(St 37-2)
	Resista	(St 52, St 37)

Nichtrostende Stähle (siehe Abschnitt 8.2.3a)
besitzen eine blanke Stahloberfläche, bedingt durch eine dünne Schicht passivierender Metalloxide. Sie sind hochlegierte Stähle nach DIN 17 440 (Dez. 72). Für die Anforderungen der DIN 1045, Abschnitt 19.8.7 (metallische Verankerungs- und Verbindungsmittel bei mehrschichtigen Wandtafeln), sind die Stahlsorten 1.4401 (X5 CrNiMo 18 10), 1.4571 (X10 CrNiMoTi 18 10) und 1.4580 (X10 CrNiMoNb 18 10) geeignet. Gefordert werden Kaltformbarkeit und Schweißbarkeit; sehr wichtig: richtige Elektrode wählen! Um Verwechslungen zu vermeiden, sollten bei Bestellungen usw. die Werkstoffbezeichnungen der DIN 17 440 verwendet werden.

Werden bei besonders hoher Beanspruchung eingesetzt sowie für korrosionsfeste, dekorative Zwecke, z. B. Verankerung von Gebäudeverkleidungen, Fassadenelemente, Bauprofile, Bedachungen, Beschläge, Türbekleidungen, Fenster (etwa dreifache Kosten gegenüber normalem Baustahl).
Fabrikate: Nirosta, V2A, Remanit.

Eisen und Stahl

c₃) Beeinflussung des Korrosionsmittels

Sie ist praktisch möglich bei Trinkwasser und in geschlossenen Wasserkreisläufen. In jedem Falle soll die Korrosion verhindert, zumindest aber vermindert werden.

Überschüssiger Sauerstoff läßt sich entfernen durch Hydrazinsulfat, Natriumsulfit oder Dithionit $Na_2S_2O_4$. Überschußchlor läßt sich beseitigen mit Dechloritfilter oder Hydraffinfilter.

Schutzdeckschichten in Wasserleitungen und Warmwasserheizungsanlagen werden gebildet durch Impfen mit Polyphosphaten bzw. Silikaten (Siliphos bzw. Ferrosil).

c₄) Kathodischer Korrosionsschutz

Wird angewandt, wenn ein starker Korrosionsangriff zu erwarten und der übrige aktive sowie der passive Korrosionsschutz nicht anwendbar bzw. nicht zu erneuern ist, bei Kesseln, Behältern, Spundwänden, Rohrleitungen, unterirdischen Stahltragwerken; inzwischen auch bei Stahlbetonbauten mit einbetonierter Titananode.

Stets wird ein kathodischer Schutzstrom erzeugt, der dem Korrosionsstrom entgegengerichtet ist und mindestens die gleiche Spannung wie dieser besitzt. Dies geschieht auf zweierlei Weise:

Beim *aktiven kathodischen Korrosionsschutz* wird ein unedles Metall (Mg oder Zn) als Opferanode mit dem zu schützenden Bauteil elektrisch leitend verbunden. Dimensionierung im allgemeinen für mindestens 10 Jahre.

Beim *passiven kathodischen Korrosionsschutz* wird eine Gleichstromquelle zwischen Schutzobjekt (wird Kathode [−]) und eine Hilfsanode (+) (Graphit oder Edelmetall) geschaltet. Die Anode löst sich dabei nicht auf. Dimensionierung für 80 bis 100 km Leitungslänge.

d) Passiver Korrosionsschutz

Hierunter ist das Fernhalten aggressiver Stoffe von der Stahloberfläche durch nichtmetallische Beschichtungen oder metallische Überzüge zu verstehen.

Der passive Korrosionsschutz ist für viele Anwendungen des Stahlbaues die wichtigste Art der Korrosionsverhinderung. Deshalb ist er bereits bei Entwurf, Konstruktion und Montage zu berücksichtigen (Bauüberwachung durch Korrosionsingenieure).

Sehr wichtig:

d₁) Vorbereitung der Metalloberflächen

Sie ist eine wichtige Voraussetzung für einen langfristig wirksamen Oberflächenschutz. Da Rost chemisch beständiger als Eisen ist, gilt die Regel: „Rost erzeugt neuen Rost." Die Reinigung der Metalloberflächen von Rost, Zunder, Schmutz, Ruß sowie von Teilen des alten Anstriches erfolgt entweder mechanisch oder chemisch.

8.2.12 Korrosion und Korrosionsschutz

Für den **Reinheitsgrad der Stahloberfläche sind folgende Gesichtspunkte zu beachten:**
- die zu erwartenden Korrosionsbelastungen,
- das gewählte Korrosionsschutzsystem,
- der Ausgangszustand der vorzubereitenden Oberfläche,
- mögliche Entrostungsverfahren,
- Wirtschaftlichkeit.

Der Ausgangszustand der vorzubereitenden Oberflächen
soll bekannt sein. Wichtig sind dazu folgende Angaben (nach DIN 55 928 Teil 4):

bei unbeschichteten Oberflächen

1a) Stahlsorte

Von Bedeutung für die Vorbereitung ist z. B. ein Kaltwalz- oder Tiefziehverfahren, da jede Kaltverformung das Stahlgefüge durch die damit hervorgerufenen zusätzlichen inneren Spannungen anfälliger gegen Korrosion macht.

1b) Rostgrad

A Stahloberfläche mit festhaftendem Zunder bedeckt und in der Hauptsache frei von Rost.
B Stahloberfläche mit beginnender Zunderabblätterung und beginnendem Rostangriff.
C Stahloberfläche, von der der Zunder weggerostet ist oder sich abschaben läßt, die aber nur wenige, für das Auge sichtbare Rostnarben aufweist.
D Stahloberfläche, von der der Zunder weggerostet ist und die zahlreiche, für das Auge sichtbare Rostnarben aufweist.

bei beschichteten Oberflächen

2a) Art der Beschichtung
(z. B. Bindemittel- und Pigmentart, Metallüberzug) ungefähre Schichtdicke und Zeitpunkt der Ausführung.

2b) Rostgrad (nach DIN 53 210) gegebenenfalls ergänzende Hinweise über Unterrostung.

2c) Blasengrad (nach DIN 53 209).

2d) Ergänzende Hinweise
z. B. über Haftung, Rißbildung, chemische und andere Verunreinigungen sowie über wesentliche Erscheinungen.

Reinheit der vorbereiteten Oberflächen

Schmutz und Öl sind in jedem Fall vorher zu entfernen, vorher vorhandene Beschichtungen sind bis zum vereinbarten Reinheitsgrad zu beseitigen. Anlauffarben (dünnste Oxidschichten, nicht zu verwechseln mit Zunderschichten) brauchen, sofern nicht vereinbart, nicht entfernt zu werden (siehe Tafel 8.11). Es gelten die Norm-Reinheitsgrade nach Tafel 8.12. Für die im Stahlbau üblichen Beschichtungssysteme reicht in der Regel der Norm-Reinheitsgrad Sa 2 1/2 aus, im Innern geschlossener Gebäude vielfach schon Sa 2.

Eisen und Stahl

Die in Tafel 8.12 verwendeten Abkürzungen gelten für folgende Verfahren:
Sa   Strahlen
St   Hand- oder maschinelle Oberflächenvorbereitung
Ma   maschinelles Schleifen
Fl   Flammstrahlen
Be   Beizen

Mechanische Oberflächenvorbereitung

Sie erfolgt entweder
von Hand durch Kratzwerkzeuge oder Pickhammer. Keinen Meißel verwenden, bei Aluminium bzw. aluminierten Oberflächen keine Stahldrahtbürsten, da absplitternde Stahlteilchen zur Kontaktkorrosion führen. Mit den Handverfahren wird nur lose anhaftender Zunder entfernt.
Oder **maschinell** mit folgenden Verfahren:
maschinelles Schleifen (mit folgenden Geräten möglich: rotierende und vibrierende Scheiben, Druckluftbürsten bzw. -klopfer, Schleifmop, Schleifscheiben, Bandschleifmaschinen; Schleifmittel sind SiC oder Al_2O_3).
Strahlen (mit Stahlsand als Strahlmittel, Quarzsand wegen Silikosegefahr verboten*). Nur mit Strahlen sind die Norm-Reinheitsgrade Sa 2 bzw. Sa 2 1/2**) erreichbar.
Flammstrahlen (mit Sauerstoff-Acetylenbrenner). Nur Norm-Reinheitsgrad F1 damit erreichbar.

Sofort nach dem Sauberbürsten ist die erste Grundbeschichtung erforderlich.

Die Flammstrahlentrostung ist nicht so intensiv wie das Strahlen. Bei jeder Entrostung: Die erste Beschichtung ist noch am gleichen Tage auf die vorbereitete Oberfläche aufzubringen.

Chemische Oberflächenvorbereitung

Beizen: Entrosten von Kleineisenteilen mit Salz- oder Schwefelsäure, anschließend ist eine sofortige Neutralisierung erforderlich. Tafel 8.13 gibt einen Vergleich der Norm-Reinheitsgrade nach DIN 55 928 Teil 4 mit anderen Entrostungsgraden oder Güteklassen.

Beim sich möglicherweise anschließenden *Phosphatieren* verwendet man Lösungen von freier Phosphorsäure mit Zink- und Manganphosphatlösungen. Sie lassen auf der Eisenoberfläche entsprechende Phosphatschichten entstehen. Unter Umständen angewandt: *Wash-Primer* als erster Schutzüberzug. Vermindert die Korrosionsanfälligkeit stärker bei gleichzeitig verbesserter Haftung.

Wash-Primer ersetzen weder die Grundbeschichtung noch reinigen sie das Metall. Erste Grundbeschichtung nach spätestens 5 bis 6 Tagen erforderlich. Rostumwandler usw. dürfen im Stahlbau nicht angewendet werden.

d_2) Beschichtungen

Man unterscheidet:

Grundbeschichtung (GB)

Sie soll die Stahloberfläche gegen Korrosion schützen.

Kantenschutz (KS)

Zusätzlicher Arbeitsgang zwischen Grund- und Deckbeschichtung. Soll Minderdicken an den Kanten ausgleichen. Ausführung: beidseits etwa 25 mm breit über die zu schützende Kante hinaus.

---

*) Jedoch nicht bei Beton.
**) Der Norm-Reinheitsgrad P Sa 2 1/2 (nur bei beschichteten Oberflächen) wird gelesen: „partiell Sa 2 1/2".

8.2.12 Korrosion und Korrosionsschutz

Tafel 8.11 Entfernen von artfremden Verunreinigungen/Schichten (nach DIN 55 928 Teil 4)

Verfahren	Entfernt werden (Beispiele)	Bemerkungen
Mechanisch		
Abfegen, Abbürsten	Staub, lose Ablagerungen	
Abblasen	Staub, lose Ablagerungen	Mit trockener ölfreier Druckluft; Umgebung kann verschmutzt werden.
Absaugen	Staub, lose Ablagerungen, Flüssigkeiten	Mit Industriestaubsauger
Maschinelles Bürsten	Lose Beschichtungsteile und lose Verunreinigungen (mit speziellen hartgezopften Drahtbürsten u. U. auch festsitzende)	Gefahr, Oberfläche zu verschmieren oder zu polieren, d. h. schlechte Haftfläche zu erzeugen
Schleifen	Festsitzende Ablagerungen und Beschichtungen	Schleifpapier, Stahlwolle, Bandschleifer, Schleifscheiben
Strahlen	Festsitzende Ablagerungen und Beschichtungen	
Druckwasserstrahlen, gegebenenfalls mit Strahlmittel und/oder Reinigerzusatz	Ölige, fettige und aus löslichen Chemikalien bestehende Verunreinigungen, je nach Druck und Temperatur auch Beschichtungen (ohne Reinigerzusatz jedoch kein restloses Entfernen von Öl und Fett, außer in Verbindungen mit Abbeizmitteln)	Nachspülen und Nachtrocknen erforderlich*), dies gilt insbesondere bei Anwendung eines Naßstrahlverfahrens
Thermisch		
Abbrennen	Beschichtungen, fettige oder ölige Verunreinigungen	Gründliches mechanisches Nachreinigen zum Entfernen der Verbrennungsprodukte ist erforderlich. Nicht anwendbar, wenn Beschichtungen ganz oder teilweise erhalten bleiben sollen
Erwärmen	Feuchtigkeit	Auch zum Erweichen von Beschichtungen, um das mechanische Entfernen zu erleichtern
Chemisch-physikalisch Abwaschen mit		
– Wasser, gegebenenfalls mit Netzmittel-Zusatz	Wasserlösliche Ablagerungen und Verunreinigungen	Abspülen von Netzmitteln und Nachtrocknen erforderlich*);
– Ammoniakwasser (Salmiakgeist) 5 %-ig, mit Netzmittelzusatz. Nach Einwirkung Scheuern mit Kunststoffvlies mit Schleifmitteleinbettung. Anschließend gründlich spülen.	Zink-Korrosionsprodukte und Verunreinigungen von verzinkten Oberflächen	Nachspülen und Nachtrocknen erforderlich*);
– Wasser mit Zusatz von alkalischen oder sauren Industriereinigern	Lösliche Chemikalien und fettige Verunreinigungen	Aluminium und Zink können angegriffen werden
– Lösemitteln, z. B. Alkohol und Testbenzin (feuergefährlich), Per- und Trichloräthylen (physiologisch nicht unbedenklich), chlorkohlenwasserstofffreie Lösemittel	Öl- und Fettschichten, lösliche Verunreinigungen sowie lösliche Beschichtungen (wenn Strahlen oder Schleifen ausscheidet)	Auf Beschichtungen, die erhalten bleiben, nur Lösemittel verwenden, die diese nicht schädigen. Lösemittel und Lappen oft erneuern, da sonst die Öl- und Fettverunreinigungen nicht entfernt werden, sondern nach Verdunsten des Lösemittels nur verschmiert zurückbleiben

Tafel 8.11 (Fortsetzung)

Verfahren	Entfernt werden (Beispiele)	Bemerkungen
Abbeizen mit – lösemittelhaltigen Pasten	Lösliche Beschichtungen (wenn Strahlen oder Schleifen ausscheidet)	Rückstände mit Lösemitteln entfernen
– alkalischen Pasten	Verseifbare Beschichtungen (wenn Strahlen oder Schleifen ausscheidet)	Gründliches Nachspülen und Nachtrocknen erforderlich*); Aluminium und Zink können angegriffen werden
Dampf- und Heißwasserstrahlen, gegebenenfalls mit Reinigerzusatz	Ölige, fettige und aus löslichen Chemikalien bestehende Verunreinigungen, je nach Druck und Temperatur auch Beschichtungen	Beschichtungen können angegriffen oder zerstört werden. Reinigerreste durch Nachspülen entfernen; Nachtrocknen*)
Druckwasserstrahlen	Siehe unter mechanischen Verfahren	Siehe unter mechanischen Verfahren
*) Beim Spülen und Nachtrocknen sind Spalte und Nietkonstruktionen besonders gründlich zu behandeln.		

Deckbeschichtung (DB)

Sie soll die Einwirkung aggressiver Stoffe auf die Grundbeschichtung einschränken und deren vorzeitigen Abbau verhindern.

Zur Kennzeichnung der Beschichtung, insbesondere der Grundbeschichtung, sind Bindemittel und Pigmente anzugeben.

Pigmente für Grundbeschichtungen

Die nachstehend genannten Korrosionsschutzpigmente werden üblicherweise für Grundbeschichtungen verwendet. Sie wirken auf unterschiedliche Weise **korrosionsverhindernd:**
Sie **passivieren** die Stahloberfläche, **neutralisieren** eingedrungene saure Stoffe oder **bilden einen kathodischen Korrosionsschutz:**
Bleimennige (Pb_3O_4)
Zinkchromat[1]) ($ZnCrO_4$)
Zinkphosphat [$Zn_3(PO_4)_2$]
Basisches Bleisilicichromat
Zinkstaub[2]) (Zn)
Bleistaub (Pb)

Pigmente für Deckbeschichtungen

Sie werden nach der Beanspruchung und dem Farbton gewählt. Geeignet sind insbesondere schuppige Pigmente, die die **Beständigkeit der Deckbeschichtung gegenüber UV-Strahlung und Feuchtigkeit** verbessern:
Aluminiumpulver (Al)
Bleiweiß [$2PbCO_3 \cdot Pb(OH)_2$]

---

[1]) Beim Umgang mit zinkchromathaltigen Beschichtungsstoffen zu beachten: Verordnung über gefährliche Arbeitsstoffe v. 11. 2. 1982; BGBl. I, S. 145.
[2]) Zinkstaub bewirkt zeitweise einen kathodischen Korrosionsschutz. Bei einer Verletzung der Grundbeschichtung lassen die voluminösen Oxidationsprodukte des Zinks kleine Beschädigungen der Beschichtung von selbst „ausheilen".

8.2.12 Korrosion und Korrosionsschutz

Tafel 8.12 Norm-Reinheitsgrade vorbereiteter Stahloberflächen (nach DIN 55 928 Teil 4)

Norm-Rein-heitsgrad	Entrostungs-verfahren	Ausgangszu-stand der un-beschichteten Stahloberflä-che[1]	Photographi-sches Ver-gleichsmuster [1])[2])	Wesentliche Merkmale der vorbereiteten Stahloberfläche Für alle Reinheitsgrade: Vorreinigung; Nachreinigung von Hand oder mit maschinellen Verfahren stets einge-schlossen	Anwendungsbereich
Sa 1	Strahlen	B C D	B Sa 1[3]) C Sa 1 D Sa 1	Lediglich loser Zunder, loser Rost und lose Beschichtungen sind ent-fernt.	Diese Norm-Rein-heitsgrade gelten für die Oberflächenvorbe-reitung a) unbeschichteter Stahloberflächen b) beschichteter Stahloberflächen, wenn die Beschich-tungen und Über-züge bis zu dem be-treffenden Rein-heitsgrad mit ent-fernt werden. Die Norm-Reinheits-grade werden visuell geprüft.
Sa 2		B C D	B Sa 2[3]) C Sa 2 D Sa 2	Nahezu aller Zunder, nahezu aller Rost und nahezu alle Beschichtungen sind entfernt, d. h. auf der Oberfläche dürfen nur so viele fest haftende Reste von Zunder, Rost und Beschichtungen verbleiben (keine zusam-menhängende Schicht), daß der Gesamteindruck den photographischen Vergleichsmustern entspricht (siehe Erläuterungen).	
Sa 2½		A B C D	A Sa 2½ B Sa 2½ C Sa 2½ D Sa 2½	Zunder, Rost und Beschichtungen sind so weit entfernt, daß Reste auf der Stahloberfläche lediglich als leichte Schattierungen infolge Tönung von Poren sichtbar bleiben.	
Sa 3		A B C D	A Sa 3 B Sa 3 C Sa 3 D Sa 3	Zunder, Rost und Beschichtungen sind vollständig entfernt (ohne Ver-größerung betrachtet).	
St 2	Hand- oder maschinelle Entrostung	B C D	B St 2[3]) C St 2 D St 2	Lose Beschichtungen und loser Zunder sind entfernt; Rost ist so weit entfernt, daß die Stahloberfläche nach der Nachreinigung einen schwa-chen, vom Metall herrührenden Glanz aufweist.	
St 3		B C D	B St 3[3]) C St 3 D St 3	Lose Beschichtungen und loser Zunder sind entfernt; Rost ist so weit entfernt, daß die Stahloberfläche nach der Nachreinigung einen deutli-chen, vom Metall herrührenden Glanz aufweist. (Erfordert in der Regel maschinelle Bearbeitung.) Das Entfernen festhaftender Beschichtungen, z. B. durch Schleifen, Schaben oder mit Hilfe von Abbeizmitteln, ist in besonderen Fällen möglich. Es ist gegebenenfalls zusätzlich zu vereinba-ren.	
Fl	Flammstrah-len	A B C D	A Fl B Fl C Fl D Fl	Beschichtungen, Zunder und Rost sind so weit entfernt, daß Reste auf der Stahloberfläche lediglich als Schattierungen in verschiedenen Farb-tönen verbleiben. Gründliches maschinelles Nachbürsten ist stets erforderlich.	

Tafel 8.12 (Fortsetzung)

Norm-Rein-heitsgrad	Entrostungs-verfahren	Ausgangszu-stand der unbeschichteten Stahloberflä-che[1]	Photographi-sches Ver-gleichsmuster	Wesentliche Merkmale der vorbereiteten Stahloberfläche Für alle Reinheitsgrade: Vorreinigung; Nachreinigung von Hand oder mit maschinellen Verfahren stets eingeschlossen	Anwendungsbereich
			[1)[2)]		
Be	Beizen	A B C D	–	Beschichtungsreste, Zunder und Rost sind vollständig entfernt. Beschichtungen müssen vor dem Beizen in geeigneter Weise entfernt worden sein.	
PSa 2[4)]	Strahlen bei partiell verbleibenden Beschichtungen		Für Teilflä-chen[5)] ohne Beschichtung gilt B Sa 2 C Sa 2 D Sa 2	Beschichtungen, die fest haften, verbleiben. Sie sind gereinigt von sichtbaren Verunreinigungen wie Schmutz, Öl, Fett und anderen Fremdstoffen und, falls zur Verbesserung der Haftung der neuen Beschichtung erforderlich, durch leichtes Sweep-Strahlen oder Überschleifen angerauht. Auf den übrigen Flächenbereichen sind nahezu aller Zunder, nahezu aller Rost und nahezu alle Beschichtungen entfernt, d. h. auf der Oberfläche dürfen nur so viele fest haftende Reste von Zunder, Rost und Beschichtungen verbleiben (keine zusammenhängende Schicht), daß der Gesamteindruck den photographischen Vergleichsmustern entspricht (siehe Erläuterungen).	Diese Norm-Rein-heitsgrade gelten für die Oberflächenvor-bereitung beschichteter Stahloberflächen mit teilweise verbleiben-den Beschichtungen.
PSa 2½[4)]			Für Teilflä-chen[5)] ohne Beschichtung gilt B Sa 2½ C Sa 2½ D Sa 2½	Beschichtungen, die fest haften, verbleiben. Sie sind gereinigt von sichtbaren Verunreinigungen wie Schmutz, Öl, Fett und anderen Fremdstoffen und, falls zur Verbesserung der Haftung der neuen Beschichtung erforderlich, durch leichtes Sweep-Strahlen oder Überschleifen angerauht. Auf den übrigen Flächenbereichen sind Zunder und Rost so weit entfernt, daß Reste auf der Stahloberfläche entsprechend Sa 2½ lediglich als leichte Schattierungen infolge Tönung von Poren sichtbar bleiben. Zwischen beiden Bereichen ist ein Übergang hergestellt. Die Haftung verbleibender Beschichtungen in der Übergangszone ist, auch nach dem Aufbringen der ersten Grundbeschichtung, zu prüfen.	
PMa[4)]	Maschinelles Schleifen auf Teilbereichen bei partiell verbleibenden Beschichtungen			Beschichtungen, die fest haften, verbleiben. Sie sind gereinigt von sichtbaren Verunreinigungen wie Schmutz, Öl, Fett und anderen Fremdstoffen und, falls erforderlich, durch leichtes Überschleifen angerauht. Auf den übrigen Flächenbereichen sind Zunder, Rost und lose Beschichtungen so weit entfernt, daß fest haftende Reste lediglich als leichte Schattierungen infolge Tönung von Poren sichtbar bleiben. Zwischen beiden Bereichen ist ein Übergang hergestellt. Die Haftung verbleibender Beschichtungen in der Übergangszone ist, auch nach dem Aufbringen der ersten Grundbeschichtung, zu prüfen.	

8.2.12 Korrosion und Korrosionsschutz

Tafel 8.12 (Fortsetzung)

Norm-Reinheitsgrad	Entrostungs-verfahren	Ausgangszu-stand der un-beschichteten Stahloberflä-che[1]	Photographi-sches Ver-gleichsmuster [1][2]	Wesentliche Merkmale der vorbereiteten Stahloberfläche	Anwendungsbereich
				Für alle Reinheitsgrade: Vorreinigung; Nachreinigung von Hand oder mit maschinellen Verfahren stets eingeschlossen	
PSt 2[4]	Hand- oder maschinelle Oberflächen-vorbereitung bei partiell verbleiben-den Beschich-tungen		B St 2 C St 2 D St 2	Beschichtungen, die fest haften, verbleiben. Sie sind gereinigt von sicht-baren Verunreinigungen wie Schmutz, Öl, Fett und anderen Fremdstof-fen und, falls erforderlich, durch leichtes Überschleifen angerauht. Auf den übrigen Flächenbereichen sind lose Beschichtungen und loser Zunder entfernt; Rost ist so weit entfernt, daß die Stahloberfläche nach der Nachreinigung einen schwachen, vom Metall herrührenden Glanz aufweist.	
PSt 3[4]			B St 3 C St 3 D St 3	Beschichtungen, die fest haften, verbleiben. Sie sind gereinigt von sicht-baren Verunreinigungen wie Schmutz, Öl, Fett und anderen Fremdstof-fen und, falls erforderlich, durch leichtes Überschleifen angerauht. Auf den übrigen Flächenbereichen sind lose Beschichtungen und loser Zunder entfernt; Rost ist so weit entfernt, daß die Stahloberfläche nach der Nachreinigung einen deutlichen, vom Metall herrührenden Glanz aufweist. (Erfordert in der Regel maschinelle Bearbeitung.)	

[1]) Siehe Text.
[2]) Bei der Beurteilung sind mehrere Einflußfaktoren, wie Strahlmittel, Rauheit usw. zu beachten.
[3]) Die photographischen Vergleichsmuster gelten nur für vorher unbeschichtete Oberflächen oder Oberflächenteile.
[4]) Der Norm-Reinheitsgrad Sa 2½ mit dem Zusatz „P" gilt bei beschichteten Oberflächen. Dieser Norm-Reinheitsgrad ist dann anzuwenden, wenn zugelassen werden soll, daß auf Teilbereichen die festhaftenden Beschichtungen erhalten bleiben. Für jeden der vorbereiteten Teilbereiche, den mit festhaftender und den ohne verbleibende Beschichtung, sind die wesentlichen Merkmale in der betreffenden Spalte getrennt angegeben. Die P-Grade sprechen also stets die Gesamtfläche an und nicht nur die Teilbereiche ohne Beschichtung.
[5]) Für den Norm-Reinheitsgrad P Sa 2½ gibt es keine bestimmten photographischen Vergleichsmuster, weil das Aussehen der so gestrahlten Gesamtfläche wesentlich von Art und Erhaltungszustand der vorhandenen Beschichtung beeinflußt wird. Für Teilflächen ohne Beschichtung können die Vergleichsmuster B Sa 2½, C Sa 2½ oder D Sa 2½ sinngemäß verwendet werden. Zur Erläuterung des Norm-Reinheitsgrades P Sa 2½ sollen in das vorgesehene Beiblatt zu DIN 55 928 Teil 4 einige photographische Aufnahmen solcher Oberflächen vor und nach dem Strahlen als Beispiele aufgenommen werden.

Tafel 8.13 Vergleich der Norm-Reinheitsgrade nach DIN 55 928 Teil 4 mit anderen Reinheitsgraden oder Güteklassen

Norm-Reinheitsgrad nach DIN 55 928 Teil 4	Oberflächenvorbereitung nach DIN 55 928 Teil 4	ISO 8501-1	SIS 05 59 00 [1]	SSPC SP 1 to SP 10 and Vis 1 [2]	BS 4232 (nur für Strahlen) [3]	TGL 18 730/02 [4]	SPSS 1975 [5]
Sa 1	Strahlen	Sa 1	Sa 1	Brush of SP 7	–	–	Sd 1 / Sh 2
Sa 2		Sa 2	Sa 2	Commercial SP 6 [6]	Third quality	SG 2	Sd 2 / Sh 2
Sa 2½		Sa 2½	Sa 2½	Near white SP 10	Second quality	SG 2,5	Sd 3 / Sh 3
Sa 3		Sa 3	Sa 3	White metal SP 5	First quality	SG 3	Sd 3 / Sh 3
–		–	–	–	–	–	–
St 2	Hand- oder maschinelle Oberflächenvorbereitung	St 2	St 2	Hand Tool Cleaning SP 2	–	–	Ss
St 3		St 3	St 3	Power Tool Cleaning SP 3	–	SG 1	Pt 2
Fl	Flammstrahlen	Fl	–	Flame Cleaning SP 4	–	–	Pt 3
Be	Beizen	–	–	Pickling SP 8	[7]	–	–

[1] SIS 05 59 00-1967 „Rostgrade von Stahloberflächen und Güteklassen für die Vorbereitung von Stahloberflächen für Rostschutzanstriche". Herausgegeben von: Sveriges Standardiseringskommission, Box 3295, Stockholm 3, Sweden, in Zusammenarbeit mit: American Society for Testing and Materials (ASTM) 1916 Race Street, Philadelphia, Pa. 19 103, USA (anerkannt durch ASTM Designation D 2200-67) und Steel Structures Painting Council (SSPC), 4400 Fifth Avenue, Pittsburgh 13, Pa., USA (anerkannt durch SSPC Visual Stanadrd SSPC-Vis 1) übernommen von: Danish Standards Association, Standards Association of Australia, Jugoslovenski Zavod za Standardizaciju and European Committee of Paint and Printing Ink Manufacturers Associations.

[2] „SSPC Surface Preparation Specifications SP 1 to SP 10 and Vis 1" enthalten im „Steel structures painting manual". Herausgegeben von: Steel Structures Painting Council, 4400 Fifth Avenue, Pittsburgh, Pa. 15213, USA.

[3] BS 4232-1967 „Specification for surface finish of blast-cleaned steel for painting". Herausgegeben von British Standards Institution, 2 Park Street, London W1A 2BS.

[4] TGL 18 730/02-1977 DDR-Standard „Korrosionsschutz – Oberflächenvorbehandlung – Ausgangszustände – Säuberungsgrade – Beurteilung" Herausgegeben von: VEB Metalleichtbaukombinat, Forschungsinstitut, Arno-Nitzsche-Straße 45, DDR-703 Leipzig

[5] SPSS-1975 „JSRA – Standard for the Preparation of Steel Surface prior to Painting" Herausgegeben von: Shipbuilding Research Association of Japan

[6] „Commercial SP 6" SSPC erkennt das Vergleichsmusterphoto B Sa 2 nicht mehr an. Werden Oberflächen mit Ausgangszustand B nach SP 6 gestrahlt, so soll nach SSPC das Aussehen dem Photo C Sa 2 entsprechen.

[7] CP 3012: 1972 Code of Practice for cleaning and preparation of metal surfaces Herausgegeben von: British Standards Institution, 2 Park Street, London W1A 2BS.

Eisenglimmer (Fe_2O_3)
Eisenoxid (Fe_2O_3)
Titandioxid (TiO_2)
Zinkoxid (ZnO)
Eisenglimmer schützen zudem gut **gegen mechanische Einflüsse.**

Bindemittel
Einkomponenten-Beschichtungsstoffe

Leinölfirnis
Beste Benetzung des Untergrundes, aber langsame Trocknung.

Öl- und Alkydharze und epoxidierte Alkydharzbeschichtungsstoffe
Sie besitzen eine nicht so gute Benetzung und eine rasche Trocknung wie Leinölfirnis und sind unempfindlich gegen Feuchtigkeit, Meeresklima und Industrieatmosphäre.

Chlorkautschuk bzw. Chlorkautschuk-Alkydharzkombination
Beständig gegen Einwirkung dampfförmiger Chemikalien, erhöhte Beständigkeit, vor allem gegenüber anorganischen Chemikalien, ausgezeichnete Wetterbeständigkeit. Vorzugsweise verwendet in chemischen Fabriken, Kokereien, Kläranlagen, Salzbergwerken oder ähnlichen Betrieben.

Zweikomponenten-Beschichtungsstoffe

Polyurethan (PUR)
Die Beschichtungen eignen sich besonders bei Beanspruchung im sauren Bereich und bei Lösemitteleinwirkung.

Bituminöse Bindemittel
Werden i. allg. verwandt bei Einwirkung von Feuchtigkeit, Wässern, schwachen Säuren, Laugen und Salzlösungen.

Bitumen (B)
Geeignet für Trinkwasserleitungen und -behälter (ungiftig). Nicht geeignet bei Ölen, Fetten und Lösemitteln. Bituminöse Beschichtungen neigen bei Sonnenbestrahlung zum Kreiden. Bei großen Temperaturunterschieden: Bitumen mit großer Plastizitätsspanne verwenden.

Teer- und Teerpech (T)
Bakterien- und bedingt mineralölbeständig. Wird i. allg. gefüllt angewendet. Bezüglich der Wirkung der Sonnenstrahlen und der Verwendung bei großen Temperaturunterschieden gilt für Teer und Teerpech das gleiche wie für Bitumen.

Sonstige Bindemittel

Silikonharz (SI)
Beschichtungen sind beständig gegen hohe Temperatur und gegen Witterungseinfluß, wobei für den Außeneinsatz eine Zinkstaubbeschichtung erforderlich ist. Dauertemperaturbeständigkeit etwa 400 K.

Acrylharz (AY)
Diese Harze ergeben licht-, alterungs- und wetterbeständige Beschichtungen, die nicht vergilben.

Alkalisilicat, Ethylsilicat
Mit Zinkstaub sehr beständige Verbindungen, mechanisch gut beanspruchbar. Zum Schutz der Reibflächen von gleitfesten Verbindungen (GV- und GVP-Verbindungen, Ethylsilicat ist dafür in Deutschland nicht zugelassen). Hoher Korrosionsschutz bei hoher Temperaturbeständigkeit.

Beschichtungsaufbau (Stahlhochbau und Brückenbau)

Die Beschichtung soll die Oberfläche vor dem Angriff von Luft und Wasser schützen. Deshalb sind erforderlich:
– einwandfreier Zustand der Oberfläche
– sachgemäße Verarbeitung und
– richtige Beschichtungsstoffe

Die Vernachlässigung eines Faktors führt zu vorzeitigen Schäden. Die „Lebensdauer", d. h. die Schutzwirkung, einer einwandfreien Beschichtung beträgt 15 bis 20 Jahre. Gewährleistung: 5 Jahre. Außer bei wasserhaltigen Beschichtungsstoffen, z. B. Bitumenemulsionen, ist außerdem eine völlig trockene Oberfläche erforderlich. Nebel, Tau, Kondenswasser, im allgemeinen ab 80 % relativer Luftfeuchte zu befürchten, verbieten jede Beschichtungsarbeit.

Um eine einwandfreie und ausreichend lange Trocknung zu gewährleisten, kann unter + 5 °C ebenfalls nicht beschichtet werden, Risse und Runzeln sind sonst die Folge. Bei Oberflächentemperaturen über + 50 °C sowie im prallen Sonnenschein soll ebenfalls nicht gestrichen werden (zu rasche Trocknung, einwandfreie Verschlichtung des Beschichtungsstoffes nicht mehr möglich).

Beim Streichen von Hand muß der Beschichtungsstoff mit dem Pinsel gut in den Untergrund eingerieben und verschlichtet, d. h. gleichmäßig verteilt werden. Der Anstrich darf weder zu dünn noch zu dick erfolgen. Bei Kanten, Nieten und Ecken ist ein zusätzlicher Kantenschutz durch einen dicker eingestellten, nicht ablaufenden Grundbeschichtungsstoff erforderlich.

Die Haltbarkeit der Beschichtung ist abhängig von der Einzelschichtdicke und der Gesamtschichtdicke. Eine wetterfeste Korrosionsschutzbeschichtung benötigt z. B. zwei rostverhütende Grundbeschichtungen und zwei Deckbeschichtungen, die die Grundbeschichtungen vor Sonne, Regen, Luft und aggressiven Stoffen schützen sollen. Die Deckbeschichtung muß deshalb porenfrei und quellfest sein.

Zur besseren Unterscheidung verwendet man jeweils verschiedene Farbtönungen aller vier Schichten. Die *Mindestschichtdicke* aller vier Beschichtungen soll 125 μm betragen, die des einzelnen Auftrags 20 bis 60 μm (Pinsel), 5 bis 15 μm (Spitzen). Aufrauhungsprofil bei Strahlen liegt bei 25 bis 75 μm, deshalb Mindestschichtdicke bei 150 bis 200 μm. **Wichtig:** Die *Spitzen des Aufrauhungsprofils* sollen *in die Grundbeschichtung gut eingebettet sein,* sonst beginnt von dort erneute Unterrostung.

Beschichtungserneuerung

Beschichtungsüberholung alle 5 bis 10 Jahre.
Der *Erneuerungsgrad* wird beurteilt nach dem Anteil der mit Rost bedeckten Fläche in 5 *Rostgraden Ri 1 bis Ri 5* (DIN 53 210, Febr. 78: „Bezeichnung des Rostgrades von Anstrichen und ähnlichen Beschichtungen").
Bei geringerer Rostbildung = 5 % der Fläche erfolgt „Ausfleckung", bei 5 bis 20 % der Fläche ebenfalls, jedoch mit geschlossenem Deckanstrich, bei mehr als 20 % der Fläche muß die alte Beschichtung vollständig entfernt werden und Neubeschichtung erfolgen.

Kunststoffbeschichtete Verbundwerkstoffe

Hierbei wird die organische Schutzbeschichtung werkseitig aufgebracht.

Ausgangsmaterial sind zumeist im Sendzimir-Verfahren (Feuerverzinkung im kontinuierlichen Durchlauf) verzinkte Stahlbleche, die ein- oder beidseitig mit Kunststoffen überzogen werden. Die Beschichtung erfolgt durch Spritzen oder beidseitiges, meist jedoch nur einseitiges Aufwalzen von Folien.

Als *Beschichtungsmaterialien* werden verwendet:
Polyvinylchlorid hart und weich,*)
Polyvinylfluorid*), Polyvinylacetat, Polyvinylidenfluorid, modifiziertes Acrylharz und in geringem Umfang Polyolefine, chlorierte Polyether sowie Celluloseacetobutyrat.

Neben diesen Plastomeren werden an Duromeren verwendet:
Ölfreie Polyester, Polyurethanharz und Epoxidharz.

Anwendungsgebiete:
Bleche für Fassadenverkleidungen und Dacheindeckungen – Stahlhochbau.

---

*) Nur als Folie verwendet.

Rohre mit ein- oder beidseitiger Beschichtung. Die Anschlußstöße werden mit selbstklebenden Kunststoffbinden ummantelt.

d₃) Metallische Überzüge auf Stahl

Nach der Art der Schutzschicht lassen sich zwei Verfahrensgruppen unterscheiden:

1. Herstellung einer Metallüberzugschicht

Elektrolytische Schutzüberzüge

Nach Reinigen der Metalloberflächen durch Beizen (in Säurebädern) wird Metall als Kathode (–) geschaltet: galvanisches Verzinken, Vernickeln usw. in entsprechenden Metallsalzlösungen. Wegen der geringen Schichtdicken vor allem zum Verzinken von Schrauben, Muttern usw. verwendet; **Gesamtdicke der galvanischen Verzinkung:** im Einzelbad 5 bis 25 μm, im Durchlaufverfahren 2,5 bis 7,5 μm. Chrom ist gegen mechanische Beanspruchungen sehr widerstandsfähig, jedoch nicht völlig porenfrei. Der Untergrund muß deshalb zuvor vernickelt oder verkupfert werden.

Spritzmetallüberzüge

Bei großflächigen und nicht tauchbaren Konstruktionen wird im Flammspritz- oder Lichtbogenverfahren ein NE-Metalldraht geschmolzen. Die geschmolzenen Metalltröpfchen werden mittels Druckluft auf die Oberfläche des Grundwerkstoffes geschleudert. (Untergrund durch Strahlen aufgerauht und metallisch blank.) Dabei werden beide Metalle nur physikalisch verklammert.

Zumeist wird Zink verwendet, teils auch Blei, seltener Aluminium. In jedem Falle muß der poröse Überzug durch nachträgliche Beschichtungen gedichtet werden. Das Verfahren wird besonders bei erschwerter Beobachtung und Unterhaltung von Konstruktionen angewendet. **Gesamtdicke der Zinkspritzschicht** 80 bis 150 μm.

Schmelztauchüberzüge

Dieses Verfahren liefert praktisch porenfreie und wesentlich stärkere Überzugsschichten als die beiden beschriebenen Verfahren.

Hauptsächlich angewandt zum Verzinken (Feuerverzinken).

Der zuvor durch Beizen gereinigte Stahl wird entweder stückweise, d. h. diskontinuierlich, für Maste, Konstruktions- und Verbindungsglieder (Stückverzinken), oder kontinuierlich bei Blechbändern (Bandverzinken bzw. bei Drähten Drahtverzinken: Sendzimir-Verfahren*)), in flüssige Zinkbäder getaucht. Die Bandverzinkung liefert nur dünne Übergangsschichten Eisen – Zink (Hartzinkschicht). Deshalb ist nachträglich eine beliebige Kaltverformung möglich.

---

*) Beim Sendzimir-Verfahren (feuerverzinktes Feinblech) entfällt das vorherige Beizen durch eine Glühbehandlung in reduzierender Atmosphäre.

Gesamtdicke der Feuerverzinkung: Stückverzinken 50 bis 150 μm, beim Bandverzinken (Sendzimir-Verfahren) 15 bis 30 μm.

Ein feuerverzinkter Untergrund verhindert das bei rissigen Beschichtungen mögliche Unterrosten. Die Summe der Einzelschutzdauern beider Schutzarten wird dadurch um das 1,5- bis 2,5fache verlängert.

Plattieren

Zumeist auf Stahlblech werden NE-Metallfolien warm aufgewalzt. Beide Metalle ergeben einen festen Verbund.

2. Diffusionsverfahren

Die äußere Metallschicht wird durch eindiffundierende Fremdatome vergütet. Dazu werden im Autoklaven Metallteil und Chromsalze gemeinsam erhitzt. Aus der Gasphase diffundieren Chromatome in die Metalloberfläche ein und bilden eine unlösbare Chromaußenzone, deren Cr-Gehalt von außen nach innen abnimmt: in 0,1 mm Tiefe soll er noch mindestens 12 Masse-% Cr betragen.

Die damit erreichbare Korrosionsbeständigkeit entspricht derjenigen von Chromstählen bei etwa halbierten Gesamtherstellungskosten.

d_4) Deckschichten

Bei Aluminium läßt sich eine Deckschicht aus Al_2O_3 auch elektrolytisch bilden. Dazu wird das Metall als Anode (+) geschaltet: Eloxalverfahren.

d_5) Nichtmetallisch-anorganische Beschichtungen

Emaillierte Metalloberflächen erhält man, indem die gut gereinigte Metallfläche durch Tauchen oder Spritzen mit einer Suspension eines Alkali-Borsäure-Silikatglases überzogen wird, die nach sorgfältiger Trocknung im Tunnelofen zur festen und dicht schließenden Glasur zusammenschmilzt. Emailschichten sind schlag- und stoßempfindlich. Lebensdauer von Emailschichten wesentlich höher als die von Beschichtungen, dafür doppelt so hohe Herstellungskosten.

Wasserrohre, sofern nicht durch bituminöse Beschichtungen geschützt, werden im *Schleuderverfahren* mit einem *dünnflüssigen Zementmörtel* ausgekleidet. Die dichten Schutzschichten sind gegen schwach betonschädliche Wässer widerstandsfähig. Bei etwa 5 mm Schichtdicke und der beim Schleudervorgang auftretenden geringen Entmischung karbonatisieren diese Schichten bei Luftzutritt sehr rasch.

d_6) Korrosionsschutz der Stahlbewehrung im Beton

Siehe Abschnitt 6.7.7 und [8/2].

9 Nichteisenmetalle (NE-Metalle)

Normen:

DIN 1700 (Juli 54):   Nichteisenmetalle; Systematik der Kurzzeichen

Nichteisenmetalle ist ein Sammelbegriff für alle Metalle [9.1], [9.2], [9.3] mit Ausnahme des Eisens. Man unterscheidet:
Schwere NE-Metalle, wie Blei, Kupfer, Nickel, Zink, Zinn
Leichte NE-Metalle (Leichtmetalle), wie Aluminium, Magnesium
Buntmetalle: Kupfer und seine Legierungen

9.1 Blei Pb (2- und 4wertig)

9.1.1 Vorkommen, Gewinnung und Sorten

Normen:

DIN 1262 (März 77):	Druckrohre aus Blei für Nichttrinkwasserleitungen
DIN 1263 (Sept. 66):	Abflußrohre und -bogen aus Blei für Entwässerungsanlagen
DIN 1707 (Febr. 81):	Weichlote; Zusammensetzung, Verwendung, Technische Lieferbedingungen
DIN 1719 (Jan. 86):	Blei
DIN 1741 (Mai 74):	Blei-Druckgußlegierungen; Druckgußstücke
DIN 17640 T 1 (Jan. 86):	Bleilegierungen; Legierungen für allgemeine Verwendung
T 2 (Jan. 86):	Bleilegierungen; Legierungen für Kabelmäntel
T 3 (Jan. 86):	Bleilegierungen; Legierungen für Akkumulatoren
DIN 59610 (Jan. 67):	Bleche aus Blei; Maße

Das wichtigste Bleierz ist Bleiglanz PbS, meist gemeinsam vorkommend mit Zinkblende ZnS und anderen Mineralien. Bleigehalt der abbauwürdigen Lagerstätten 5 bis 10 %.

Aufbereitung durch Schwimmverfahren (Flotation) auf 40 bis 80 %. Durch Rösten (Schwefelentzug) erfolgt Umwandlung in Oxid ($2\,PbS + 3\,O_2 \rightarrow 2\,PbO + 2\,SO_2$), und durch Reduktion ($2\,PbO + C \rightarrow 2\,Pb + CO_2$) entsteht

Werkblei mit 95 bis 98 % Pb. Nach Raffination, meistens selektive Oxidation oder Fällreaktion, werden die in DIN 1719 genormten Bleisorten erhalten.

Bezeichnung nach dem Reinheitsgrad:

Feinblei Pb 99,99 und Pb 99,985 für die Herstellung von Akkumulatorenplatten, Bleimennige, Bleiweiß, Bleiglätte, Bleiblechen

Hüttenblei Pb 99,94 und Pb 99,9 für Trinkwasserleitungen und die Herstellung von Legierungen nach DIN 1719

Umschmelzblei Pb 99,75 und Pb 98,5 für Bleiwaren und die Herstellung von Legierungen

9.1.2 Legierungen

Blei-Antimon-Legierungen (DIN 17 640)
Durch Zusatz von Antimon (Sb) werden die Härte und Festigkeit verbessert. (Sb hat eine Schmelztemperatur von 630 °C und eine Dichte von 6,7 kg/dm^3.)

Hartblei mit 5 bis 13 % Sb für Auflagerplatten und höhere Druckbelastung

Rohrblei mit 0,2 bis 1,25 % Sb für Trinkwasserdruckrohrleitungen oder Abflußrohre

Bleilegierungen für Kabelmäntel (DIN 17 640 T 2):

Kabel-Antimon-Blei mit 0,5 bis 1 % Sb
Kabel-Zinn-Blei mit mindestens 2,5 % Sn

Weichlote für Schwermetalle (DIN 1707) hauptsächlich mit Zinn in vielen Abstufungen (bis zu 90 % Sn), auch mit Antimon-, Kupfer- oder Silberzusatz.

Kabelblei Kb-Pb nach DIN 17 640 mit 0,03 bis 0,05 % Cu. Durch den Kupferzusatz erfolgt eine erhebliche Kornverfeinerung und eine Erhöhung der Festigkeiten (auch der Zeitstandfestigkeit) und des Korrosionswiderstandes.

Lagermetalle (DIN 17 640 T 1) mit Zinn und anderen Legierungsmetallen für Achs- und Gleitlager.

Bleidruckgußlegierungen (DIN 17 640 T 1) mit Antimon und eventuell Zinn und/oder Kupfer.

9.1.3 Eigenschaften

Blei besitzt eine hohe Dichte von 11,3 kg/dm³ und eine niedrige Schmelztemperatur von 327 °C. Seine Wärmedehnzahl beträgt $\alpha_T = 29,1 \cdot 10^{-6}$/K. Blei ist weich und in kaltem Zustand verformbar. Es läßt sich ziehen, walzen, gießen und löten. Es färbt ab und ist giftig. (Bleimerkblatt beim Umgang mit Blei beachten.) Blei absorbiert Schallwellen durch seine große Dichte, Röntgen- und radioaktive Strahlen. Die Kurzzeitzugfestigkeit von 10 bis 20 N/mm² und das ausgeprägte Kriechverhalten sind beim Kupferblei und beim Hartblei günstiger; dennoch ist die Anwendung von Blei und Bleilegierungen bei mechanischer Beanspruchung durch die begrenzte Zeitstandfestigkeit eingeschränkt. Das Kriechen der Bleiabdeckungen von geneigten Dächern kann durch einen geeigneten Unterbau und durch den Gebrauch nichtrostender Befestigungsmittel vermieden werden.

Weitere Hinweise gibt die Schriftenreihe der Bleiberatung e. V., Hrsg. Bleiberatung e. V., Tersteegenstr. 28, 4000 Düsseldorf.

9.1.4 Korrosionsverhalten

Blei ist durch die Bildung einer Schutzschicht aus Bleikarbonat an der Luft beständig. Bei SO_2-Einwirkung, z. B. von Ölheizungen, bildet sich ein schützendes, weil schwerlösliches Bleisulfat, auch bei Kontakt mit Gips. Gegen Löschkalk ist Blei empfindlich [9.1]. Weiches Wasser unter 8 °dH kann in Trinkwasserleitungen aus Blei gesundheitsschädliches $Pb(OH)_2$ lösen. Bei hartem Wasser bildet sich jedoch eine Schutzschicht aus Blei-Kalzium-Karbonat.

9.1.5 Verwendung im Bauwesen

Bleibleche (früher *Walzblei*), gütegesichert nach DIN 59 610, heute aus Kupferblei Kb-Pb nach DIN 17 640. Übliche Dicken reichen von 0,5 bis 10 mm, Breiten bis 1,25 m; die Lieferung erfolgt vorzugsweise in Rollen von 50 oder 100 kg. Die Dicke soll für Flachdächer nicht unter 2,0 mm, für Rinnenauskleidungen nicht unter 2,5 mm und für Maueranschlüsse nicht unter 1,75 mm betragen. Für Feuchtigkeitsisolierungen werden zwischen Bitumendachbahnen 1 mm dicke Bleibleche oder 0,1 bis 0,3 mm dicke eingeklebte *Bleifolien* verwendet („Siebelpappe"), auch als Dampfsperre. Walzblei dient ferner für Absperrungen im Säureschutzbau, für

Schallschutz und Strahlenschutz (Reaktorbau, Röntgenräume). Es wird als Zwischenlage zum Ausgleich von Unebenheiten im Fertigteilbau und als Zwischenlage in Form von Dichtungsringen bei Flanschenrohren verwendet.

Bleiwolle und Riffelblei sind Dichtungsmaterialien zum kalten Verstemmen des Hanfstricks von Muffenrohren anstelle von Gießblei.

Bleidraht. Es gibt Bleidraht weich und hart, Durchmesser 0,5 bis 15 mm, in Ringen von 25 bis 50 kg, bei Dicken unter 4 mm auch auf Spulen.

Sprossenblei wird für Bleiverglasungen verwendet. (Man nimmt heute jedoch auch Aluminiumsprossen.)

Bleirohre sind leicht verarbeitbar, biegsam, dämpfen Wasserfließgeräusche („Wasserschläge"), vertragen wiederholtes Zufrieren und sind nachgiebig bei Erdbewegungen.

Druckrohre aus Blei (DIN 1262) gibt es für den Nenndruck von 10 bar, und zwar aus Weichblei oder Hartblei mit Innendurchmesser 10 bis 40 mm (14 bis 60 mm Außendurchmesser). Beim Hartblei kann Materialersparnis durch geringere Wanddicken erzielt werden.

Mantelrohre werden mit innerer 0,5 bis 1 mm dicker Verzinnung für weiche und kohlensäurehaltige Wässer verwendet.

Abflußrohre und -bogen aus Blei für Entwässerungsanlagen (DIN 1263). Sie bestehen aus Rohrblei und haben Innendurchmesser 30 bis 125 mm (34 bis 130 mm Außendurchmesser).

Sonstige Verwendung von Blei:

Bleiummantelung von Kabeln (siehe Abschnitt 9.1.2)

Bleiplatten in Akkumulatoren

Ferner: *Weichlote* (siehe Abschnitte 9.1.2 und 9.8.1), *Lagermetall, Bleispritzgußartikel, Bleiband* zum Beschweren von Vorhängen.

9.2 Zinn Sn (Stannum, 2- und 4wertig)

Normen:

DIN 1704 (Juni 73):   Zinn

9.2.1 Vorkommen, Gewinnung und Eigenschaften

Zinn wird aus Zinnstein SnO_2 durch Reduktion gewonnen.

Seine Dichte beträgt 7,3 kg/dm^3. Der Schmelzpunkt liegt bei 232 °C. Es ist fast so weich wie Blei, sehr dehnbar und knirscht beim Biegen infolge Reibung der Kristalle („Zinngeschrei"). Es läßt sich löten. Zinn ist an der Luft sowie gegen schwache Säuren und Laugen beständig. Bei unlegiertem Zinn kann unterhalb + 13 °C Zerfall zu Pulver eintreten („Zinnpest").

9.2.2 Verwendung

Rostschutzüberzug (siehe Abschnitt 8.2.12), z. B. Weißblech (feuerverzinntes Stahlblech) für Konservendosen

Überzug von in der Erde liegenden kupfernen Blitzableitern (bleiben blank!)

Zinnrohre, z. B. für Mineralwasser- oder Bierleitungen

Mantelrohre: zinnausgekleidete Bleirohre zum Schutz gegen bleiangreifende Wässer (siehe Abschnitt 9.1)

Legierungsmetall für Bronze (siehe Abschnitt 9.4.4) und für Lötzinn bzw. Weichlot (siehe Abschnitte 9.1.2 und 9.8.1)

9.3 Zink Zn (2wertig)
Normen:

DIN 1706 (März 74):	Zink
DIN 1743 T 1 (Sept. 78):	Feinzinkgußlegierungen; Blockmetalle
T 2 (April 78):	-dito-; Druckstücke aus Druck-, Sand- und Kokillenguß
DIN 17 770 T 1 (Juli 79):	Bänder und Bleche aus Zink für das Bauwesen; Technische Lieferbedingungen
T 2 (Juli 79):	-dito-; Maße
DIN 18 339 (Sept. 88):	Klempnerarbeiten (VOB Teil C)
DIN 18 460 (Mai 89):	Regenfallrohre außerhalb von Gebäuden und Dachrinnen; Begriffe, Bemessungsgrundlagen
DIN 18 461 (Mai 89):	Hängedachrinnen, Regenfallrohre außerhalb von Gebäuden und Zubehörteile aus Metall; Maße, Werkstoffe

9.3.1 Vorkommen, Gewinnung und Sorten

Die Gewinnung erfolgt aus Zinkkarbonat $ZnCO_3$ (Zinkspat, Galmei) und Zinkblende ZnS nach Umwandlung durch Rösten in ZnO und
Reduktion mit Koks ($ZnO + C \rightarrow Zn + CO$) bei etwa 1250 °C.
Das verdampfte Zink (Siedepunkt 907 °C) wird kondensiert zu

Hüttenzink mit 97,5 bis 99,5 % Zn, das hauptsächlich für Zinkbleche und Verzinkungen (Feuerverzinkung, siehe Seite 498, 504) verwendet wird. Durch Umdestillieren oder Elektrolyse gewinnt man

Feinzink mit 99,95 bis 99,995 % Zn für Anoden, elektrolytische Überzüge (siehe Abschnitt 8.2.12 d_3) Halbzeug und Legierungen.

Umschmelzzink mit mindestens 96 % Zn wird aus Zinkabfällen gewonnen und für Verzinkungen und Zinkfarben (Zinkpigmente) verwendet.

9.3.2 Legierungen

Titanzink nach DIN 17 770, Kurzzeichen D-Zn bd, aus elektrolytisch gewonnenem Feinzink mit 99,995 % Zn und geringen metallischen Zusätzen (z. B. 0,1 bis 0,2 % Titan). Es weist eine verbesserte Dauerstandfestigkeit und geringere Wärmedehnung ($\alpha_T = 20 \cdot 10^{-6}$/K) als Zink auf. Seine Zugfestigkeit beträgt mindestens 170 N/mm², die 0,2 %-Dehngrenze mindestens 100 N/mm², die Bruchdehnung mindestens 35 %, die Zeitdehngrenze 1 %/Jahr mindestens 50 N/mm².

Kurzzeichen: D = Dauerstandfestigkeit
bd= bandgewalzt

Feinzink-Gußlegierungen nach DIN 1743 mit Al, Mg und ggf. Cu u.a. für Beschläge.

Kupfer-Zink-Legierungen (Messing) siehe Kupfer (siehe Abschnitt 9.4)

Zink-Aluminium-Legierungen: Zamak mit 4 % Al, 0,04 % Magnesium und bis zu 0,3 % Kupfer

9.3.3 Eigenschaften

Zink hat eine Dichte von 7,2 kg/dm³. Sein Schmelzpunkt liegt bei 419 °C. Die Wärmedehnzahl ist mit $\alpha_T = 29 \cdot 10^{-6}$/K die größte aller Baumetalle; daher sind Ausdehnungsmöglichkeiten konstruktiv zu beachten (Falzverbindungen, Schiebenähte usw.). Seine Farbe ist bläulichsilbrig. Bei Normaltemperatur ist Zink spröde, bei 100 °C leicht zu walzen und zu ziehen. Es ist hämmer- und treibbar, läßt sich gießen und löten. Die Zugfestigkeit beträgt (gewalzt) 120 bis 140 N/mm² bei Bruchdehnungen von 52 bis 60 %. Der E-Modul liegt bei etwa 10^5 N/mm². Der elektrische Widerstand beträgt 0,059 $\Omega \cdot$ mm²/m.

9.3.4 Korrosionsverhalten

Zink überzieht sich an der Luft mit einer matten, graublauen Patina, einem wasserunlöslichen basischen Zinkcarbonat (2 $ZnO + H_2O + CO_2 \rightarrow ZnCO_3 \cdot Zn(OH)_2$. Zink ist empfindlich gegen Säuren und Basen [2]. Bei Berührung mit Kupfer entsteht elektrolytische Korrosion. Schutzanstriche (Beschichtungen) auf neuem Zinkblech haften schlecht und erfordern eine entsprechende Vorbehandlung (siehe Abschnitte 11.4.8 und 11.6.1). Bei SO_2-Gehalt der Luft erhöhen Anstriche die Lebensdauer. Durch die natürliche Bewitterung wird die Oberfläche haftfähig für Anstriche.

9.3.5 Verwendung im Bauwesen

Zinkblech nach DIN 17 770 wird im Bauwesen heute in Form von Titanzink verwendet. Handelsformate:

Bänder in Coils (Rollen) maximaler Breite b = 1 m oder *Tafeln* b = 1 m und Längen von 2 oder 3 m, Dicke 0,60, 0,65, 0,70, 0,80 mm. Verwendet wird es für Dachrinnen, Regenfallrohre (DIN 18 460/61), Traufbleche, Mauer-, Gesimsabdeckungen, Randeinfassungen, Verkleidungen, Anschlüsse u. a. m.

Zinkblech läßt sich einfach verarbeiten und unabhängig von der Walzrichtung allen Bauformen anpassen. Bei allen Abdeckungen oder Randeinfassungen ist die Ausbildung eines Gefälles immer von Vorteil, weil Niederschläge besser abgeführt und Ablagerungen fortgespült werden können. Tropfkanten sollen ein einwandfreies Abtropfen des Regenwassers ermöglichen. Die Befestigung auf der Unterkonstruktion erfolgt durch Schrauben und beweglich durch Haften. Das sind indirekte Befestigungselemente aus Titanzink oder verzinktem Stahlblech in verschiedenen Ausführungsformen: Normalhaft zum Einhängen von Randblechen, Gesimsabdeckungen usw., Plattenhaft zum Niederhalten von kleineren Einfassungen, T-Haft, Zahnhaft oder durchgehende Haftleisten.

Dacheindeckungen aus Titanzink werden nach 2 Konstruktionsprinzipien als Doppelstehfalzdeckung oder Leistendeckung ausgeführt. Für Doppelstehfalzdächer verwendet man durchgehende Scharen (Metallbahnen) mit Längen bis zu 10 m und meistens 600 mm Breite, die durch stehende Doppelfalze von i. d. R. 25 mm Höhe an den Längsseiten und durch Haften mit der Unterkonstruktion verbunden werden. Bei der Leistendeckung werden die Scharen an den Längsseiten durch konische Holzleisten und Abdeckkappen aus (Titan-)Zinkblech auf der Unterkonstruktion gehalten.

Zinkblech wird auch maschinell zu fertigen Elementen verarbeitet.

Bauelemente: Dachrinnen, Fallrohre, Bauklempnerprofile u. a., Längen 3 bis 6 m.

Dachrinnen sind in DIN 18 460 und DIN 18 461 genormt, und zwar halbrund für Nennmaße (Zuschnittbreiten) von 200 bis 500 mm oder kastenförmig bis 667 mm. Regenfallrohre werden in den gleichen Normblättern nach der Querschnittsform in runde und rechteckige eingeteilt. Die Nahtverbindung kann gelötet, geschweißt oder doppelt gefalzt sein. Die Durchmesser (Nennmaße nach DIN 18 460) betragen 60, 80, 100, 120 und 150 mm.

Verzinkung als Korrosionsschutz, meist Feuerverzinkung, insbesondere von Stahl im Durchlaufverfahren (Sendzimirverzinkung) oder von Stahlbauteilen im Tauchbad (siehe Abschnitt 8.2.12).

Verwendung von Zinklegierungen:

Kupfer-Zink-Legierungen (Messing, siehe Kupfer, Abschnitt 9.4).

Feinzink-Gußlegierungen (Zink-Druckguß) für Beschläge, auch mit Überzügen mit anderen Metallen oder Lacken.

Titanzink (siehe weiter oben).

Weitere Informationen gibt: Titanzink im Bauwesen, Hrsg. Zinkberatung e. V., Friedrich-Ebert-Str. 37–39, 4000 Düsseldorf.

Zinkfarben für Anstriche, insbesondere Zinkweiß (siehe Abschnitt 11.2.1).

9.4 Kupfer Cu (Cuprum, benannt nach der Insel Zypern, 2- und 1wertig)

Normen:

DIN 1705 (Nov. 81):	Kupfer-Zinn- und Kupfer-Zinn-Zink-Blei-Gußlegierungen (Guß-Zinnbronze und Rotguß); Gußstücke
DIN 1708 (Jan. 73):	Kupfer; Kathoden und Gußformate
DIN 1709 (Nov. 81):	Kupfer-Zink-Gußlegierungen (Guß-Messing und Guß-Sondermessing); Gußstücke
DIN 1714 (Nov. 81):	Kupfer-Aluminium-Gußlegierungen (Guß-Aluminiumbronze); Gußstücke
DIN 1716 (Nov. 81):	Kupfer-Blei-Zinn-Gußlegierungen (Guß-Zinn-Blei-Bronze); Gußstücke
DIN 1718 (Nov. 59):	Kupferlegierungen; Begriffe
DIN 1751 (Juni 73):	Bleche und Blechstreifen aus Kupfer und Kupferknetlegierungen, kaltgewalzt; Maße
DIN 1754 T 1 (Aug. 69):	Rohre aus Kupfer, nahtlosgezogen; Maßbereiche und Toleranzzuordnungen
T 2 (Aug. 69):	– dito –; Vorzugsmaße für allgemeine Verwendung
T 3 (April 74):	– dito –; Vorzugsmaße für Rohrleitungen
DIN 1786 (Mai 80):	Installationsrohre aus Kupfer, nahtlosgezogen
DIN 1787 (Jan. 73):	Kupfer; Halbzeug
DIN 1791 (Juni 73):	Bänder und Bandstreifen aus Kupfer und Kupferknetlegierungen, kaltgewalzt; Maße
DIN 17 655 (Nov. 81):	Kupfer-Gußwerkstoffe unlegiert und niedriglegiert; Gußstücke
DIN 17 660 (Dez. 83):	Kupfer-Knetlegierungen; Kupfer-Zink-Legierungen (Messing), (Sondermessing), Zusammensetzung
DIN 17 662 (Dez. 83):	Kupfer-Knetlegierungen; Kupfer-Zinn-Legierungen (Zinnbronze), Zusammensetzung
DIN 17 663 (Dez. 83):	Kupfer-Knetlegierungen; Kupfer-Nickel-Zink-Legierungen (Neusilber), Zusammensetzung
DIN 17 664 (Dez. 83):	Kupfer-Knetlegierungen; Kupfer-Nickel-Legierungen, Zusammensetzung
DIN 17 665 (Dez. 83):	Kupfer-Knetlegierungen; Kupfer-Aluminium-Legierungen (Aluminiumbronze), Zusammensetzung

9.4 Kupfer / 9.4.1 Vorkommen, Gewinnung und Sorten

DIN 17 666 (Dez. 83): Niedriglegierte Kupfer-Knetlegierungen, Zusammensetzung
DIN 17 670 T 1 (Dez. 83): Bleche und Bänder aus Kupfer und Kupfer-Knetlegierungen; Festigkeitseigenschaften
T 2 (Juni 69): – dito –; Technische Lieferbedingungen
DIN 17 671 T 1 (Dez. 83): Rohre aus Kupfer und Kupfer-Knetlegierungen; Eigenschaften
T 2 (Juni 69): – dito –; Technische Lieferbedingungen
DIN 17 672 T 1 (Dez. 83): Stangen aus Kupfer und Kupfer-Knetlegierungen; Eigenschaften
DIN 17 672 T 2 (Juni 74) – dito –; Technische Lieferbedingungen
DIN 18 339 (Sept. 88): Klempnerarbeiten (VOB Teil C)

9.4.1 Vorkommen, Gewinnung und Sorten

Wichtige Kupfererze sind Kupferkies $CuFeS_2$ und Kupferglanz Cu_2S mit 0,5 bis 0,8 % Cu. Die Aufbereitung erfolgt durch Schwimmverfahren (Flotation) auf 20 bis 30 % Cu. Eine weitere Anreicherung geschieht durch Rösten in Flammöfen zu *Rohstein („Kupferstein")* mit 30 bis 50 % Cu. Die Reduktion erfolgt meistens durch Einblasen von Luft im Konverter zu **Rohkupfer** *(Schwarzkupfer* bzw. durch SO_2-Gas-Ausscheidung *Blasenkupfer)* mit 97 bis 99 % Cu. Durch Raffination in Flammöfen (Oxidation von Beimengungen) und weitere Reduktion („Zähpolen") entsteht

Hüttenkupfer *(Raffinadekupfer)* mit 99,5 bis 99,9 % Cu. Durch elektrolytische Raffination gewinnt man **Elektrolytkupfer** mit mindestens 99,9 % Cu für elektrotechnische Anwendungen. Daneben gibt es naß- und elektrometallurgische Aufbereitungs- bzw. Reduktionsverfahren.

Ein Nebenerzeugnis sind (Mansfelder) *Kupferschlacken-Pflastersteine.*

Genormte **Kupfersorten** sind: Gußformate, wie Barren, Walzplatten, Kathoden (DIN 1708) und Halbzeugkupfersorten (DIN 1787).

Sauerstoffhaltige Sorten:

E-CU 58 und E-CU 57 mit hoher elektrischer Leitfähigkeit von 58 bzw. 57 m/$\Omega \cdot$ mm^2.

Sauerstofffreie Sorten (mit vorangestelltem S):

SE-Cu mit über 57 m/$\Omega \cdot$ mm^2, SW-Cu und SF-Cu für Apparatebau und Einsatz im Bauwesen mit besserer Schweiß- und Hartlötbarkeit, da der Sauerstoffgehalt in Verbindung mit H_2 zu Blasen und Rißbildung („Wasserstoffkrankheit") führt.

Gußkupfersorten (DIN 17 655), z. B. G-Cu mit guter Korrosionsbeständigkeit, auch gegen Meerwasser.

9.4.2 Eigenschaften

Kupfer glänzt rot (Buntmetall). Es ist ziemlich weich, dehnbar, läßt sich walzen, ziehen, schmieden, löten und schweißen, jedoch nur schwer gießen, weil es im Gegensatz zu Kupfergußlegierungen (siehe Abschnitt 9.4.4) leicht blasig erstarrt. Es hat eine Dichte von 8,9 kg/dm^3. Sein Schmelzpunkt liegt bei 1083 °C. Die Wärmeleitfähigkeit beträgt etwa 385 W/(m · K) [bei reinem Kupfer, sonst mindestens 305 W/(m · K)]. Die Wärmedehnzahl liegt bei $\alpha_T = 17 \cdot 10^{-6}$/K. Sein elektrischer Widerstand ist 0,0167 $\Omega \cdot$ mm^2/m (nächst Silber mit 0,0159 $\Omega \cdot$ mm^2/m ist Cu der beste Leiter, jedoch nur bei hoher Reinheit). Die Zugfestigkeiten R_m liegen bei Blechen und Bändern (nach DIN 17 670 T 1) in der Größe von 200 bis über 360 N/mm^2 bei abnehmenden Bruchdehnungen A_5 von etwa 40 bis 2 %. Bei der Sorte F 22 (weich) ist R_m = 220–250 N/mm^2 und $A_5 \geqq$ 45 %, bei der Sorte F 25 (halbhart) ist R_m

= 240–300 N/mm² und $A_5 \geq$ 15 %. Der E-Modul beträgt etwa 100 000 N/mm² bis 130 000 N/mm².

9.4.3 Verwendung im Bauwesen

Im Bauwesen ist ausschließlich die Kupferqualität SF-Cu nach DIN 1787 (Werkstoff-Nr. 2.0090) einzusetzen. Es handelt sich um ein sauerstofffreies, phosphorarmes Kupfer mit einem Reinheitsgrad von mindestens 99,90 % Kupfer. Kupferblech findet Verwendung für Dachdeckungen, Klempnerarbeit (Rinnen, Fallrohre), Gesims- und Wandverkleidungen und für dekorativen Innenausbau in Dicken von 0,10 bis 2,00 mm sowie für Bedachungen vorzugsweise zwischen 0,6 und 0,7 mm dick.

Bleche (DIN 1751, DIN 17 670 T 1 und T 2) werden in Tafeln von 1,00 m × 2,00 m oder als Bänder (DIN 1791), 0,60 m breit, in Rollen geliefert, auch aus Kupferknetlegierungen. Die Verlegung erfolgt wegen der großen Wärmedehnung in Falztechnik und die Befestigung verschieblich mit sogenannten Haften. Man kann Kupferblech auch mit Heißbitumen verkleben. Für Abdichtungen verwendet man Kupfer als *Kupferriffelband*, Dicke 0,1 bis 0,2 mm, Breite bis 1,00 m, und zwar in Verbindung mit Heißbitumenverklebung oder als Einlage in Dichtungsbahnen (siehe Abschnitt 10.2.10).

Kupferrohre (DIN 1754, DIN 1786, DIN 17 671)

Kupferrohre werden nahtlos gezogen aus SF-Kupfer oder Kupferknetlegierungen.

Lieferformen: blanke und wärmeisolierte (Wicu-)Rohre, hart in 5 m langen Stangen von 6 bis 54 mm Außendurchmesser, weich in 50 m langen Ringen von 6 bis 22 mm Außendurchmesser. Sie werden verwendet für Kalt- und Warmwasserinstallationen, Heizungen, Öl- und Gasleitungen. Ihre Verbindung erfolgt durch Weich- oder Hartlötungen (Kapillarlötungen) oder Verschweißen. Auch Verschraubungen, Flansch- oder Fittingverbindungen sind üblich.

Kupfer wird ferner für *Elektroinstallationen, Blitzableiter* u. a. m. verwendet.

9.4.4 Kupferlegierungen (DIN 1718)

Legierungsmetalle für Kupfer sind hauptsächlich Zn, Sn, Ni, Al, zum Teil mit geringen Zusätzen von Pb, Mn u. a. (DIN 17 660, 17 662 bis 17 666).

Kupfer-Knetlegierungen kalt und/oder warm verformbar („knetbar"). Sie werden für Halbzeuge wie Bleche, Rohre (siehe Abschnitt 9.4.3) u. a. m. verwendet.

Kupfer-Gußlegierungen (DIN 1705/1709/1714/1716, DIN 17 655) sind für Gußteile bestimmt, die nicht weiter verformt werden müssen; sie können z. B. nicht gezogen oder abgekantet, jedoch spanend bearbeitet werden. Man unterscheidet zwischen Sand-, Kokillen- oder Druckguß (G, GK, GD).

Kupfer-Zink-Legierungen wurden früher u. a. *Messing* genannt und enthalten 5 bis 45 % Zn. Sortenbezeichnung z. B. CuZn15 (früher Ms 85) mit 15 % Zn und 85 % Cu. Die Farbe ist im allgemeinen gelb (auch rötlich).

Kupfer-Zink-Legierungen mit Zusätzen
(Sondermessing) sind z. B. CuZn20Al (früher SoMs 76). Die Kupfer-Zink-Legierun-

gen werden im Bauwesen für Armaturen, Fassadenprofile und Verkleidungen, Zierbleche, Beschläge, Fittings u. a. m. verwendet.

Kupfer-Zinn-Legierungen *(Zinnbronzen)* manchmal mit Zink *(Rotguß)* besitzen einen Zinngehalt von 2 bis 20 % Sn. Zinnbronzen werden im Bauwesen für Ventile, Armaturen, Pumpen, Fittings, Türschilder verwendet. Sie dienen auch für den Guß von Glocken und Statuen.

Kupfer-Zinn-Zink-Legierungen wurden früher *Rotguß* genannt und werden für Armaturen verwendet.

Kupfer-Nickel-Legierungen mit 10 bis 44 % Ni werden im Bauwesen für Rohre und Armaturen, z. B. bei Hafen- und Meerwasserentsalzungsanlagen, eingesetzt. Die sonstige Verwendung erfolgt insbesondere für Münzen,
zum Beispiel 1- und 2-DM-Stücke.

Kupfer-Aluminium-Legierungen
(Aluminiumbronzen) enthalten bis 14 % Al. Im Bauwesen begegnet man ihnen als funkensicheres Werkzeug, im Fassadenbau und als Gitter, Roste, Tore, Türen, Beschläge, Armaturen u. a. m.

Kupfer-Nickel-Zink-Legierungen *(Neusilber)*, z. B. CuNi 12 Zn 24 mit silberähnlicher Farbe, werden im Bauwesen im Innenausbau für Wand- und Türverkleidungen, Geländer, Beschläge, Armaturen für Gas und Wasser, Handtuchhalter, Kleiderablagen und ähnliches eingesetzt.

9.4.5 Korrosionsverhalten von Kupfer

Kupfer zeichnet sich durch eine gute Korrosionsbeständigkeit aus. Kupfer ist unempfindlich gegen Zement, Kalk und Gips. Es überzieht sich in der Atmosphäre mit einer grünen Patina aus basischen Kupfersalzen. Gegen Trink- und Brauchwasser ist Cu gut beständig. Bei Verarbeitung mit unedleren Metallen (Fe, Al, Zn) können diese elektrolytisch angegriffen werden. Daher ist bei Rohrinstallationen Kupfer nach Stahl in Fließrichtung anzuordnen. Bei Verkleidungen oder Bedachungen muß durch Isolierung Kontakt mit unedleren Metallen vermieden werden.

Weitere Informationen durch die DKI-Informationsdrucke des Deutschen Kupferinstitutes, Knesebeckstraße 96, 1000 Berlin 12.

9.5 Nickel Ni (2- und 4wertig)

Normen:

DIN 1701 (Mai 80):	Hüttennickel
DIN 1702 (Jan. 67):	Nickelanoden
DIN 17 740 (Febr. 83):	Nickel in Halbzeug; Zusammensetzung
DIN 17 751 (Febr. 83):	Rohre aus Nickel und Nickel-Knetlegierungen; Eigenschaften

9.5.1 Vorkommen, Gewinnung und Eigenschaften

Nickelerze werden hauptsächlich in Kanada in Form von Ni-Magnetkiesen (FeNi)S mit $CuFeS_2$ ausgebeutet. Ein weiteres Nickelerz ist Garnierit $(Ni, Mg)_6 \cdot (OH)_8 \cdot [Si_4O_{10}]$. Die Reduktion erfolgt in Flammöfen.

Nickel hat eine Dichte von 8,9 kg/dm^3. Sein Schmelzpunkt liegt bei 1453 °C. Es ist von silberweißer Farbe und ziemlich hart, hämmerbar und schweißbar. Es kann durch Walzen, Pressen, Schmieden warm geformt werden. Nickel ist gegen Basen sowie in der Atmosphäre gut korrosionsbeständig und wird von schwachen Säuren wenig angegriffen.

508　Nichteisenmetalle (NE-Metalle)

9.5.2 Sorten, Legierungen und Verwendung

Hüttennickel (DIN 1701) mit mindestens 98,5 % Ni und *Nickelanoden* (DIN 1702) sowie Halbzeug (DIN 17 740) und Rohre (DIN 17 751) sind genormt.

„Reinnickel" wird im engeren Bauwesen kaum verwendet (Laboratoriumsgeräte), jedoch dient Nickel dem Korrosionsschutz (siehe Abschnitt 8.2.12) in Form von Schutzschichten oder als Legierungsbestandteil für nichtrostende Nickel- und Chromnickelstähle (siehe Abschnitte 8.2.3 und 8.2.12) oder für Legierungen mit Kupfer (siehe Abschnitt 9.4.4).

Monelmetall enthält etwa 67 % Nickel, ist sehr fest, wetterbeständig und wird für Glasdachrahmen und für Dachdeckungen in den Tropen verwendet.

Weitere Informationen durch: Nickel, Metall der tausend Möglichkeiten, Hrsg. Nickel-Informationsbüro GmbH, Steinstr. 26, 4000 Düsseldorf.

9.6 Aluminium Al (3wertig)

Normen:

DIN 1712 T 1 (Dez. 76):	Aluminium; Masseln
T 3 (Dez. 76):	Aluminium; Halbzeug
DIN 1725 T 1 (Febr. 83):	Aluminiumlegierungen; Knetlegierungen
T 1 Bbl. 1 (Mai 77):	– dito –; Knetlegierungen, Beispiele für die Anwendung
DIN 1725 T 2 (Febr. 86):	Aluminium-Legierungen; Gußlegierungen, Sandguß, Kokillenguß, Druckguß, Feinguß
T 5 (Febr. 86):	Aluminiumlegierungen, Gußlegierungen; Blockmetall (Masseln), Flüssigmetall; Zusammensetzung
DIN 1745 T 1 (Febr. 83):	Bänder und Bleche aus Aluminium und Aluminium-Knetlegierungen, mit Dicken über 0,35 mm; Festigkeitseigenschaften
T 2 (Febr. 83):	Bänder und Bleche aus Aluminium und Aluminium-Knetlegierungen mit Dicken über 0,35 mm; Technische Lieferbedingungen
DIN 1746 T 1 (Jan. 87):	Rohre aus Aluminium und Aluminium-Knetlegierungen; Festigkeitseigenschaften
T 2 (Febr. 83):	– dito –; Technische Lieferbedingungen
DIN 1747 T 1 (Febr. 83):	Stangen aus Aluminium und Aluminium-Knetlegierungen; Festigkeitseigenschaften
T 2 (Mai 77):	– dito –; Technische Lieferbedingungen
DIN 1748 T 1 (Febr. 83):	Strangpreßprofile aus Aluminium und Aluminium-Knetlegierungen; Eigenschaften
T 2 (Febr. 83):	– dito –; Technische Lieferbedingungen
T 3 (Dez. 68):	– dito –; Gestaltung
T 4 (Nov. 81):	– dito –; Zulässige Abweichungen
DIN 1771 (Sept. 81):	Winkel-Profile aus Aluminium und Magnesium, gepreßt; Maße, Statische Werte
DIN 4113 (Febr. 58 x):	Aluminium im Hochbau; Richtlinien für Berechnung und Ausführung von Aluminiumbauteilen
DIN 4113 T 1 (Mai 80):	Aluminium-Konstruktionen unter vorwiegend ruhender Belastung; Berechnung und bauliche Durchbildung
DIN 9712 (Aug. 69):	Doppel-T-Profile aus Aluminium und Magnesium, gepreßt; Maße, Statische Werte
DIN 9713 (Sept. 81):	U-Profile aus Aluminium und Magnesium, gepreßt; Maße, Statische Werte
DIN 17 611 (Juni 85):	Anodisch oxidiertes Halbzeug aus Aluminium und Aluminium-Knetlegierungen mit Schichtdicken von mindestens 10 μm; Technische Lieferbedingungen
DIN 18 339 (Sept. 88):	Klempnerarbeiten (VOB Teil C)

9.6.1 Vorkommen, Gewinnung und Sorten

Aluminium ist das am Aufbau der Erdrinde am stärksten beteiligte Metall. Die Gewinnung geht fast ausschließlich vom *Bauxit* (nach der südfranzösischen Stadt Les Baux) aus: Das ist ein Gemenge von $Al_2O_3 \cdot 2\,H_2O$ (etwa 60 %) mit Fe_2O_3, SiO_2 und TiO_2 u. a. Durch verschiedene Aufschlußverfahren, z. B. mit Natronlauge, wird zunächst reines Al_2O_3 hergestellt. Die Reduktion ist trotz hohen Strombedarfs wirtschaftlich nur möglich durch elektrolytische Abscheidung des Aluminiums aus heißflüssiger Tonerde, die mit Kryolith Na_3AlF_6 als Schmelzmittel (Senkung des Schmelzpunktes von 2050 °C auf etwa 950 °C) verflüssigt wird (Schmelzflußelektrolyse). Die Reinheit des Metalls kann durch elektrometallurgische Raffination (Dreischichtenelektrolyse) bis auf 99,99 % gesteigert werden.

Die Sortenbezeichnungen berücksichtigen die Zusammensetzung, Herkunft, Verarbeitung und Verwendung (DIN 1712 T 1 und T 3): *Hüttenaluminium* mit 99 bis 99,9 % Al ist das im Hüttenwerk gewonnene Aluminium in Form von Masseln, Barren, Granalien oder Grieß. *Reinaluminium* mit 98 bis 99,9 % Al ist nichtlegiertes Aluminium, z. B. in Form von Halbzeug. *Reinstaluminium* mit 99,99 % Al wird durch elektrolytische Raffination erzeugt.

Wegen seiner geringen Festigkeiten wird Aluminium zum größeren Teil in Form von *Legierungen* verwendet.

9.6.2 Eigenschaften

Die Dichte von Aluminium ist mit 2,7 kg/dm³ sehr niedrig (Legierungen gibt es bis 2,85 kg/dm³). Seine Schmelztemperatur beträgt 660 °C, und die Wärmeleitfähigkeit liegt bei 204 W/(m · K), die Wärmedehnzahl bei $\alpha_T = 24{,}6 \cdot 10^{-6}$/K, der elektrische Widerstand bei 0,0266 $\Omega \cdot mm^2/m$ (nach Kupfer 0,0167 $\Omega \cdot mm^2/m$ drittbester Leiter). Die Farbe von Aluminium ist silbrigweiß. Es ist ziemlich weich und dehnbar. Aluminium läßt sich walzen, ziehen, treiben, schmieden, hämmern (Blattaluminium); im Strangpreßverfahren (DIN 1748 T 1 bis 4) werden zahlreiche Profile, auch Hohlprofile, warm geformt. Gußteile erhält man durch Sand-, Kokillen- oder Druckguß. Aluminium läßt sich schweißen, wobei vorwiegend das Schutzgasschweißen (Lichtbogenschweißen unter Edelgasschutz) und das elektrische Schweißen mit Spezialelektroden (auf Al-Legierungen abgestimmt) angewandt werden. Bei Aluminium werden auch Kleb-, Klemm- und Falzverbindungen mit Dehnmöglichkeiten, ähnlich wie bei Kupfer oder Zink, verwendet. Die Zugfestigkeit schwankt in weiten Grenzen, beim Reinstaluminium zwischen 40 und 100 N/mm², bei Reinaluminium bis 200 N/mm² und bei Legierungen bis etwa 500 N/mm². Die Bruchdehnungen reichen von etwa 4 bis 50 %. Der *E*-Modul beträgt mit $E = 70\,000$ N/mm² nur ein Drittel des *E*-Moduls von Stahl.

9.6.3 Legierungen und Aluminiumwerkstoffe

(DIN 1725 T 1 bis T 2)

Die für tragende Bauteile aus Aluminium zugelassenen Aluminiumlegierungen sind in DIN 4113 T 1 (Mai 80) festgelegt: „Aluminiumkonstruktionen unter vorwiegend ruhender Belastung; Berechnung und bauliche Durchbildung."

Die Zugfestigkeit des weichen Reinaluminiums kann durch „Recken" gesteigert werden. Höhere Werte und die für technische Verwendung wichtigen Eigenschaften erreicht man durch Legieren. Legierungselemente sind hauptsächlich Mn, Mg, Si, Zn und Cu in sehr vielfältigen Zusammensetzungen, die jedoch nicht alle von bautechnischem Interesse sind. Man unterscheidet bei Aluminium zwischen Gußlegierungen, die durch ein vorgesetztes G gekennzeichnet werden, und Knetlegierungen, die warm oder kalt formbar („knetbar") sind (z. B. durch Walzen oder Strangpressen). Die Bezeichnung *„Aluminium"* wird heute als Oberbegriff für alle Werkstoffe auf Aluminiumbasis verwendet.

a) Nichtaushärtbare (naturharte) Knetwerkstoffe und Knetlegierungen (DIN 1725)

1. Reinaluminium DIN 1712

Die Sorten Al 99,8, Al 99,7, Al 99,5, Al 99 zeigen gute Verformbarkeit und Korrosionsbeständigkeit. Sie werden mit verschiedenen Härten und Festigkeiten hergestellt: z. B. Al 99,5 W7 (weich, mit 65 N/mm^2 Zugfestigkeit), Al 99,5 F9 (halbhart, mit 90 N/mm^2 Zugfestigkeit), AL 99,5 F13 (hart). Man verwendet sie z. B. für Dachdeckungen, Wandverkleidungen und als Folie für Absperrungen.

Die Zahl hinter dem Legierungselement gibt den prozentualen Legierungsanteil an. Die F-Zahlen geben i. allg. die Mindestzugfestigkeit R_m in daN/mm^2 (Dekanewton je mm^2) an. Für den weichen Zustand sind entsprechende W-Zahlen und für den rückgeglühten Zustand entsprechende G-Zahlen eingeführt worden.

2. Nichtaushärtbare (naturharte) Legierungen (Knetlegierungen)

Legierungszusätze von 0,5 bis 5 % Mg und/oder bis 1,2 % Mn erhöhen die Festigkeit.

Aluminium mit Mangan (AlMn) mit den Sorten W9 bis F21 besitzt eine gute Verformbarkeit und Korrosionsbeständigkeit, ist jedoch nicht eloxierbar. Die Legierung wird eingesetzt für Dachdeckungen und Wandverkleidungen, auch für wenig beanspruchte Bauteile.

Aluminium mit Magnesium (AlMg) Die Aluminium-Magnesium-Legierungen sind korrosionsbeständig, auch gegen Industrie- und Seeluft, und leicht eloxierbar. Sie werden in *Eloxalqualität* mit dekorativem Oberflächenglanz aufgrund besonderer Vorbehandlung der eloxierten Oberfläche (warm verformbar) für dekorative Bauteile verwendet, z. B. für Schaufenster, aber auch für Fenster, Treppengeländer, Gitter, Verkleidungen, Zierleisten u. a. m.

Sorten für Bleche (DIN 1745 T 1): AlMg1 W10 bis F21
AlMg1,5 W13 bis F25
AlMg2,5 W17 bis F27
AlMg3 W19 bis G29

Aluminium mit Magnesium und Mangan (AlMgMn) Diese Legierung ist ähnlich beständig und schweißbar wie AlMg3, jedoch nicht eloxierbar.

Sortenbeispiele: AlMg2Mn 0,8 F20
AlMg4,5MnF27

Diese Legierungen werden als Bleche und Profile, die sich leicht biegen und falzen lassen, verwendet; daher sind sie für Falzverbindungen gut geeignet.

3. Aushärtbare Legierungen: Sie sind kalt oder warm aushärtbar.

Aluminium mit Magnesium und Silicium (AlMgSi) Diese Legierungen haben einen Zusatz von 0,3 bis 1 % Mg und Si sowie teilweise Mn. Sie sind witterungsbeständig ohne besonderen Oberflächenschutz, gut eloxierbar und kalt verformbar.

9.6.4 Korrosionsverhalten und Oberflächenbehandlung

Sorten: AlMgSi0,5 warmausgehärtet – F13, F22 und F25
AlMgSi0,8 warmausgehärtet – F28
AlMgSi1 warmausgehärtet – F21, F28 und F32

Anwendung für Walz- und Strangpreßerzeugnisse, wie Fenster- und Türprofile, Bauprofile des Ingenieurbaus.

Aluminium mit Zink und Magnesium (AlZn4,5Mg1 – F35) Diese Legierung hat einen Zusatz von 4,5 % Zn und 1,3 % Mg. Sie ist witterungsbeständig und gut schweißbar; Verwendung für Ingenieurbauten. Die Legierung zeichnet sich durch Selbstaushärtung nach dem Schweißen aus, d. h., die Festigkeitseinbuße in der Schweißzone wird nach kurzer Zeit ohne vorheriges Glühen und Abschrecken (siehe Abschnitt 8.2.8) fast völlig wieder aufgehoben.

Aluminium mit Kupfer und Magnesium (AlCuMg2 – F44) („Duralumin"), Schweißbarkeit, Verformbarkeit und Korrosionsverhalten sind ungünstig; bei Verwendung im Bauwesen ist stets ein Schutzanstrich erforderlich.

b) **Gußlegierungen** (DIN 1725 T 2) für fertige Gußteile. Sie können nicht kalt oder warm verformt werden (z. B. durch Walzen oder Ziehen); jedoch ist spanende Bearbeitung möglich. Herstellung durch Sand- und Kokillenguß (G und GK), teils auch durch Druckguß (GD).

Aluminium mit Silicium (AlSi12): gut schweißbar, gute chemische Beständigkeit; nicht eloxierbar; F16 bis 21 verwendet für dünnwandige, auch komplizierte Gußstücke, z. B. Beschläge.

Aluminium mit Magnesium (AlMg)
AlMg (F14 bis 19)
AlMg3 (F16 bis 22)
AlMg5 (F16 bis 20)
sind witterungsbeständige Sorten mit guter Eloxierbarkeit für dekorative und blanke Beschlagteile.

9.6.4 Korrosionsverhalten und Oberflächenbehandlung [2]

Aluminium und seine Legierungen überziehen sich in kürzester Zeit, auch bei Verletzung der Oberfläche, mit einer sehr dünnen (0,01 bis 0,1 μm), jedoch fest haftenden, dichten, wasserunlöslichen Oxidhaut von Al_2O_3. Diese graue Schicht ergibt nur einen schwachen Korrosionsschutz und befriedigt ästhetische Ansprüche kaum. Aluminium ist gegen Säuren und Basen empfindlich. Über die elektrolytische Korrosion siehe Abschnitt 8.2.12 und [2]. Im Bauwesen wird von den möglichen Oberflächenbehandlungen (Emaille-Kunststoff-, Farb- oder metallische Überzüge, chemische Oxidation usw.) überwiegend die anodische Oxidation („*Eloxieren*", „Eloxalverfahren" = elektrolytische Oxidation des Aluminiums) angewendet (DIN 17 611). Man erhält dabei bis zu 30 μm dicke, fest haftende Schichten verschiedener Farbtöne mit metallischem Glanz infolge Transparenz. Die Beeinträchtigung der Eloxalschicht durch Säuren oder Alkalien, wie z. B. frischen Putzmörtel, kann für die Zeit des Einbaues durch einen farblosen Schutzlack verhindert werden, der im Laufe der Zeit verwittert oder sich als Abziehlack leicht entfernen läßt. Die Reinigung darf nicht mit ätzenden oder reibenden Putzmitteln erfolgen; vorteilhaft ist warmes Wasser unter Zusatz eines Spülmittels. Der pH-Wert zulässiger Putzmittel soll zwischen pH 5 bis 8 liegen.

Nichteisenmetalle (NE-Metalle)

9.6.5 Verwendung im Bauwesen

Halbzeug: Bleche, profilierte Bleche und Bänder ab 0,35 mm Dicke (DIN 1745 T 1) für Dachdeckung und Wandverkleidungen. Dünne Bänder von 0,021 bis 0,350 mm Dicke für Abdichtungszwecke oder Dampfsperren in bituminierten Dichtungsbahnen (siehe Abschnitt 10.2.10). Stangen und Drähte (DIN 1747 T 1), Strangpreßprofile (DIN 1748 T 1 bis 4) für Fenster, Türen und tragende Konstruktionen des Leichtbaus. Auch Winkelprofile (DIN 1771) und Doppel-T-, U- und T-Profile sind erhältlich (DIN 9712/13).

Gußteile: Platten mit reliefartiger oder strukturierter Oberfläche für Wandverkleidungen; Beschläge für Fenster und Türen; Gerüstkupplungen u. a. m.

Fertigerzeugnisse: Aluminiumfenster; zur Verhinderung von Kondensatbildung an den Profilen auch mit Hartschaumfüllung und unterbrochener Wärmebrücke. Holz-Aluminium-Fenster als integrierte Verbundkonstruktion, Türen und Tore, Schaufensteranlagen, Ladeneinrichtungen, Trennwände, Sonnenschutzanlagen (Jalousien, Rolläden, Lamellenvordächer), Heizkörper, Gitter, Roste, Geländer, Dachdeckungsprofile, Gesims- und Dachrandprofile, Dachdeckungszubehör, Wandelemente, Rohrgerüste, Leitern, Maste u. a. m.

Verschiedenes: Schilder, Zierleisten, Vorhangschienen, Lampenkörper u. a. m.

Aluminiumpulver zum Auftreiben von Gasbeton (siehe Abschnitt 6.21.1) und für Rostschutzanstriche (siehe Abschnitt 11.4) sowie für Thermit-Schweißungen (siehe Abschnitt 8.2.8).

9.7 Magnesium Mg (2wertig)

Normen:

DIN 1729 T 1 (Aug. 82): Magnesiumlegierungen; Knetlegierungen
T 2 (Juli 73): Magnesiumlegierungen; Gußlegierungen, Sandguß, Kokillenguß, Druckguß
DIN 9711 T 1 (Febr. 63): Strangpreßprofile aus Magnesium; Technische Lieferbedingungen
T 2 (Febr. 63): – dito –; Gestaltung
T 3 (Febr. 63): – dito –; Zulässige Abweichungen
DIN 17 800 (Juli 61 ×): Hüttenmagnesium

9.7.1 Vorkommen, Gewinnung, Eigenschaften und Sorten

Magnesium wird aus Magnesit $MgCO_3$, Dolomit $CaMg(CO_3)_2$ oder Karnallit $KCl \cdot MgCl_2 \cdot 6 H_2O$ hauptsächlich durch Schmelzflußelektrolyse gewonnen.

Magnesium ist das leichteste Metall der Technik mit einer Dichte von 1,74 kg/dm³. Es glänzt silberweiß. Sein Schmelzpunkt liegt bei 650 °C. Es läßt sich walzen und ziehen. Sein chemisches Verhalten ähnelt dem des Aluminiums.

In Form von Legierungen ist Magnesium wichtiger als das reine Metall. Außerdem ist Magnesium Legierungsmetall für Aluminiumwerkstoffe (siehe Abschnitt 9.6.3).

Im Bauwesen werden Knetlegierungen (DIN 1729 T 1) und Gußlegierungen (DIN 1729 T 2) verwendet. Die Bezeichnung der Sorten erfolgt ähnlich wie bei Al-Legierungen (siehe Abschnitt 9.6.3), z. B. GMgAl8Zn1; dabei handelt es sich um eine Gußlegierung nach DIN 1729 mit 7,5 bis 9 % Al und 0,3 bis 1 % Zn und geringen

Anteilen von Mn, Si und Cu. Für Bauzwecke wird fast ausschließlich *Magnewin* und *Elektron* verwendet. Das sind Handelsnamen für Magnesiumlegierungen mit etwa 90 % Mg, 8 % Al, 0,3 bis 0,5 % Mn und geringen Mengen Zn und Si.

Die Eigenschaften sind ähnlich wie bei Al-Legierungen, jedoch ist die Härte geringer. Mit Mn-Erhöhung steigt die Korrosionsbeständigkeit. Das Material ist spanabhebend leicht bearbeitbar, schmied- und schweißbar. Späne und Schleifstaub brennen leicht, weil Mg mit dem Sauerstoff reagiert. Die Korrosionsbeständigkeit ist etwas geringer als bei Al-Legierungen, besonders gegen Chloride (Seewasser). In der Atmosphäre entsteht eine matte Oxidschicht von nur geringer Schutzwirkung. Es gibt zahlreiche Oberflächenbehandlungen, wie Beizverfahren, bevorzugt mit Chromatlösungen, und Anodisierverfahren, die jedoch anders als das Eloxieren von Aluminium nicht die gleiche Schutzwirkung besitzen, weil die Oxidschicht auf Mg poröser ist. Zusätzliche Lacküberzüge nach Entfettung der Oberflächen ergeben einen verbesserten Korrosionsschutz. Mg ist elektrolytisch wegen seiner Stellung in der Spannungsreihe (siehe [2]) sehr empfindlich. Daher muß die Berührung z. B. mit Stahl oder Kupfer vermieden werden; ggf. sind Sperrschichten anzuordnen. Beim Befestigen von Beschlägen wird empfohlen, die Schrauben vorher in Kunstharz zu tauchen.

9.7.2 Verwendung im Bauwesen

Halbzeug in Form von Blechen und Profilen für den Leichtbau, für Geländer, Handläufe, Fertigerzeugnisse wie Bau- und Möbelbeschläge, Heizkörperverkleidungen, Kleiderablagen, Gardinenstangen, Schalteraufbauten, Zubehör für Elektroinstallationen.

9.8 Löten (DIN 8505)

Normen:

DIN 1707 (Febr. 81):	Weichlote, Zusammensetzung, Verwendung, Technische Lieferbedingungen
DIN 1732 T 1 (Juni 88):	Schweißzusätze für Aluminium; Zusammensetzung, Verwendung und Technische Lieferbedingungen
T 2 (Dez. 77):	Schweißzusatzwerkstoffe für Aluminium; Prüfung an Schweißverbindungen
DIN 1733 T 1 (Juni 88):	Schweißzusätze für Kupfer und Kupferlegierungen, Zusammensetzung, Verwendung und Technische Lieferbedingungen
DIN 8501 (Jan. 72):	Lötkolben
DIN 8505 T 1 (Mai 79):	Löten; Allgemeines; Begriffe
T 2 (Mai 79):	Löten; Einteilung der Verfahren, Begriffe
DIN 8511 T 1 (Juli 85):	Flußmittel zum Löten metallischer Werkstoffe; Flußmittel zum Hartlöten von Schwermetallen
T 2 (Mai 88):	– dito –; Flußmittel zum Weichlöten von Schwermetallen
DIN 8513 T 1 (Okt. 79):	Hartlote, Kupferbasislote, Zusammensetzung, Verwendung, Technische Lieferbedingungen
DIN 8513 T 2 (Okt. 79):	– dito –; Silberhaltige Lote mit weniger als 20 Gew.-% Silber, Zusammensetzung, Verwendung, Technische Lieferbedingungen
T 3 (Juli 86):	– dito –; Silberhaltige Lote mit mindestens 20 Gew.-% Silber, Zusammensetzung, Verwendung, Technische Lieferbedingungen
DIN 8514 T 1 (Juli 78):	Lötbarkeit; Begriffe
DIN 8516 (Aug. 67):	Weichlote mit Flußmittelseelen auf Harzbasis; Zusammensetzung, Technische Lieferbedingungen, Prüfung
DIN 8527 T 1 (Juni 70):	Flußmittel zum Weichlöten von Schwermetallen; Prüfung
T 2 (April 74):	– dito –; Anforderungen

514 Nichteisenmetalle (NE-Metalle)

Im Gegensatz zum Schweißen (siehe Abschnitt 8.2.8) stellt das Löten eine Verbindung von Metallteilen mit einer fremden Lötlegierung dar, deren Schmelzpunkt etwas tiefer liegt als der Schmelzpunkt des zu verbindenden Grundwerkstoffs.

9.8.1 Die wichtigsten Lotlegierungen (Lote, Lotmetalle)

Lötzinn (Schnellot, Weichlot, DIN 1707) sind hauptsächlich Pb-Sn-Legierungen (siehe Abschnitt 9.1). Die Bezeichnung erfolgt nach DIN 1707:

z. B. Sn L 30 mit 30 % Sn für Groblötungen
Sn L 60 mit 60 % Sn für Feinlötungen in der Elektronik

Die Anteile der beiden Legierungsmetalle bestimmen den Schmelzpunkt. Weichlote werden meistens in Form von Stangen mit eingeprägter Bezeichnung oder als Lötdraht, auch mit Flußmittelkern, gehandelt. Lötzinn wird für Lötverbindungen mit Zink, Blei, Kupfer, Zinkblech u. a. verwendet.

Andere Weichlote sind Zinklot (98 % Zn), Bleilot (98,5 % Pb) und Silberbleilot (97 % Pb + Ag, Cu, Cd) für wenig beanspruchte Lötverbindungen.

Hartlote, Kupferlote oder Schlaglote (DIN 8513 T 1) sind CuZn-Legierungen mit 42 bis 54 % Cu (Messing) für das Löten von Messing, Kupferlegierungen und Stahl (Bandsägen). Durch Zulegieren von Nickel kann der Schmelzpunkt variiert werden. Auch erreicht man dadurch höhere Festigkeiten.

Silberlote (DIN 8513 T 2 und T 3) sind Cu-Zn-Ag-Legierungen (30 bis 50 % Cu, 4 bis 45 % Ag) zum Löten von Kupfer, Bronze und Messing mit mehr als 58 % Kupfergehalt.

Aluminiumlote (DIN 1732 T 1) sind Al-Legierungen, die jeweils der Zusammensetzung der zu lötenden Aluminiumteile entsprechen müssen. Es gibt *Al-Weichlote,* die Schwermetalle enthalten und daher leicht elektrolytisch korrodieren, so daß sie nur im Trockenen verwendet werden, und

Al-Hartlote ohne Schwermetalle, meist Al-Si- oder Al-Mg-Si-Legierungen (siehe Abschnitt 9.6.3), die zwar korrosionsbeständiger sind, aber trotzdem durch Anstriche vor Feuchtigkeit geschützt werden müssen. Beständiger sind daher Al-Schweißverbindungen.

9.8.2 Die Ausführung von Lötverbindungen

Da sich die Lote nur mit sauberem Metall verbinden, muß die Lötstelle blank sein. Sie darf durch die Hitze während des Lötens nicht oxidieren.

Beim **Weichlöten** genügt eine Vorbehandlung mit Harz *(Kolophonium)* oder *Lötfett* als *Flußmittel* (DIN 8511 T 1, T 2 und T 3, DIN 8527 T 1 und 2), die beim Löten schmelzen und dadurch Luftsauerstoff absperren. Günstig ist die Verwendung von Lötzinn in Röhrenform mit Kolophoniumfüllung im Innern (DIN 8516). Zur Lösung von Metalloxiden wird auch *Lötwasser* verwendet ($ZnCl_2$ = Zink in Salzsäure gelöst, oft mit Zusatz von Salmiakgeist NH_4Cl). Beim Löten von Zinkblech genügt Salzsäure, die mit dem Zink sofort $ZnCl_2$ bildet.

Beim **Hartlöten** sind Harze oder Lötwasser unwirksam, weil beide durch die stärkere Erhitzung verdampfen, bevor das Lot schmilzt. Hier verwendet man *Flußmittel* (DIN 8511 T 1 und T 3) wie *Borax* ($Na_2B_4O_7 \cdot 10\,H_2O$) in Form von *Schweißpul-*

9.8.2 Die Ausführung von Lötverbindungen

ver, das nicht nur schmelzflüssig den Luftzutritt verhindert, sondern auch Metalloxide löst.

Das Schmelzen des Lotes und eine Temperaturerhöhung der Lötstelle erfolgen mit einer *Lötlampe* (Stichflamme aus Benzindampf-Luft-Gemisch) oder mit einem *Lötkolben* (DIN 8501) aus Kupfer, der entweder elektrisch oder durch einen anmontierten Benzinbrenner erhitzt wird. Der Lötkolben überzieht sich leicht mit einer Oxidschicht, an der das Lötzinn nicht haftet und die die Wärme schlecht leitet. Er wird deswegen vor der Lötung auf einem *Lötstein* aus Salmiak (NH_4Cl) abgestrichen, wodurch das Kupferoxid gelöst wird.

10 Bitumen, Asphalt, Teerpech (Bituminöse Baustoffe)
10.1 Eingeführte und neue Begriffsfestlegungen

DIN 55 946 (Sept. 57):   Bituminöse Stoffe, Begriffe
DIN 55 946 T 1 (Dez. 83):   Bitumen und Steinkohlenteerpech, Begriffe für Bitumen und Zubereitungen aus Bitumen
DIN 55 946 T 2 (Dez. 83):   Bitumen und Steinkohlenteerpech, Begriffe für Steinkohlenteerpech und Zubereitungen aus Steinkohlenteer-Spezialpech
DIN 1995 (Dez. 80):   Bituminöse Bindemittel für den Straßenbau, Anforderungen

Die auf dem Wissensstand des Jahres 1957 basierende DIN 55 946 wurde in der Fassung vom Dez. 1983 grundlegend überarbeitet und gibt den Stand unserer heutigen Erkenntnis wieder.

Zahlreiche Begriffe wurden geändert. Diese Änderungen wurden notwendig durch die aus heutiger Sicht bedeutenden Unterschiede zwischen beiden Stoffgruppen, den Bitumen einerseits und den Teeren und Pechen andererseits.

Einige wichtige Unterschiede sollen nachstehend genannt werden:

Bitumen werden aus Erdölen hergestellt, Teere und Peche aus Steinkohlen. Bitumen werden im wesentlichen durch eine Abtrennung der höchst- und nichtsiedenden Anteile aus Erdölen gewonnen, bei der chemische Reaktionen in nennenswertem Umfang nicht ablaufen. Teere und Peche werden durch Verkoken von Kohlen gewonnen. Bei der Verkokung werden die als Ausgangsstoff eingesetzten Kohlen durch chemische Reaktionen stark verändert. Die Teere und Peche sind also Gemische von Reaktionsprodukten.

Der Oberbegriff „bituminös" für beide Stoffgruppen ist deshalb unzweckmäßig.

Zwar sprechen für diesen in der Vergangenheit geprägten Begriff die weitgehend gemeinsamen Anwendungsgebiete im Bauwesen (Straßenbau, Abdichtungstechnik und Bautenschutz) sowie einige gemeinsame Eigenschaften beider Stoffgruppen: das nahezu gleiche schwarze bis schwarzbraune Aussehen, die ähnliche Konsistenz sowie ein ähnliches thermoplastisches[1]) Verhalten.

Dagegen ist die chemische Zusammensetzung unterschiedlich: Teere bestehen weitgehend aus aromatischen Kohlenwasserstoffen, Bitumen enthalten diese Verbindungen jedoch nur in Spuren. Eine Unterscheidung ist auch deshalb geboten, weil Teer bzw. Teerpech bisheriger Zusammensetzung krebserzeugende Stoffe enthält, die bei intensiver Exposition zur Erkrankung führen können [10/17].

Aus diesem Grunde werden z. B. mit Steinkohlenteerölen vermischte Bitumen, als „Verschnittbitumen" bekannt, nicht mehr hergestellt.

DIN 55 946 ist unter Beachtung dieser Gesichtspunkte in 2 Teilen neu entworfen worden:

Teil 1 für Bitumen und deren Zubereitungen,
Teil 2 für Steinkohlenteerpech und Zubereitungen daraus.

10.1 Eingeführte und neue Begriffsfestlegungen

Als Oberbegriff wurde gewählt:
„Bitumen und Steinkohlenteerpech"

Wie umfangreich die Änderungen gegenüber der alten Norm sind, erkennt man an der folgenden Aufzählung:

Außer der Streichung von „Verschnittbitumen" als „bitumenhaltiges Bindemittel" und des gemeinsamen Oberbegriffes „bituminös" für alle Stoffe, die Bitumen, Teer oder Pech enthalten, wurden gegenüber der „alten" DIN 55 946 aus dem Jahre 1957 im Bereich der Stoffgruppe Bitumen (Teil 1) *zwei* weitere *Benennungen geändert*: „Destillationsbitumen" für „destillierte Bitumen" und „Oxidationsbitumen" für „geblasene Bitumen". Die Benennung „Bitumenhaltiges Bindemittel" wurde *eingeführt* und *11 Benennungen und Definitionen aufgenommen*:

„Hochvakuumbitumen", „Hartbitumen", „Fällungsbitumen", „Straßenbaubitumen", „Industriebitumen", „Fluxbitumen", „Bitumenanstrichmittel", „Bitumen-Haftkleber", „Polymermodifiziertes Bitumen", „Technischer Asphalt" und „Bitumen-Bahn".

Im Bereich der Stoffgruppen Teere bzw. Peche wurden aus der alten DIN 55 946 im Teil 2 der neuen Norm die *Definition für „Steinkohlenteer"* und *15 Begriffe gestrichen sowie 5 Benennungen geändert*.

Dazu wurden 10 Benennungen und Definitionen *neu* aufgenommen:

„Straßenpeche" (bisher „Straßenteere"), „Alterungsbeständige Straßenpeche" (bisher „Alterungsbeständige Straßenteere"), „Pechbitumen" (bisher „Teerbitumen"), „Bitumenpeche" (bisher „Straßenteer mit Bitumen" bzw. „Straßenteer mit erhöhtem Bitumengehalt"), „Steinkohlenteer-Bindepeche", „Steinkohlenteer-Imprägnierpeche", „Hochviskoses Straßenpech" (bisher „Hochviskoser Straßenteer"), „Polymermodifiziertes Steinkohlenteer-Spezialpech", „Pechsuspension" (bisher „Pechemulsion") und „Steinkohlenteer-Spezialpech mit Mineralstoffen" als Gegenstück zum Begriff *Asphalt* in Teil 1.

Die in Klammern mit „bisher" angeführten Begriffe sind außer „Pechemulsion" nicht in der alten DIN 55 946 enthalten, sondern unter „Anforderungen" in der DIN 1995 (Dez. 80) und den „Technischen Lieferbedingungen für Bindemittel auf Bitumen- und Teerbasis, Ausgabe 1980", der FGSV[1].

Die vorstehende umfangreiche Aufzählung der Streichungen, Änderungen und Aufnahmen von Benennungen und Definitionen in der neuen Begriffsnorm DIN 55 946 für Stoffe, die bisher zu „Bituminösen Stoffen" zusammengefaßt sind, ist ganz bewußt so ausführlich vorgenommen worden, um besonders den in der Praxis stehenden Lesern, die beruflich mit den Stoffgruppen Bitumen, Asphalte, Teere und Peche befaßt sind, den ganzen Umfang der Änderungen der Begriffe deutlich zu machen, mit denen sie ggf. schon ein längeres Berufsleben gewohnt sind umzugehen.

Die „alten" Begriffe einschließlich des Oberbegriffs „bituminös" sind jedoch im gesamten technischen Regelwerk des Straßenbaues und anderer Anwendungsgebiete so fest verankert, daß es lange dauern wird, bis die neuen Begriffe übernommen sind.

---

[1] Forschungsgesellschaft für das Straßen- und Verkehrswesen, Alfred-Schütte-Allee 10, 5000 Köln 21 (FGSV).

Das soll und kann nur nach und nach jeweils bei den fälligen Überarbeitungen der technischen Normen und Vorschriften geschehen. Deshalb werden die alten Begriffe vorerst in der technischen Umgangssprache weiterverwendet werden.

10.2 Bitumen und Zubereitungen aus Bitumen

Bitumen[1]) sind nach der *neuen* DIN 55 946 Teil 1 (Dez. 83): „…bei der Aufarbeitung geeigneter Erdöle gewonnene schwerflüchtige dunkelfarbige Gemische verschiedener organischer Substanzen, deren elasto-viskoses Verhalten sich mit der Temperatur ändert. Die für Bitumen typischen Eigenschaften beruhen auf dem kolloidalen System, in dem eine disperse Phase (Asphaltene) in einer zusammenhängenden (kohärenten) Phase aus hochsiedenden Ölen (Maltene) in stabiler Verteilung vorliegt. Die Asphaltene sind keine einheitliche Stoffgruppe; sie sind die höhermolekularen Anteile im Bitumen und lassen sich durch geeignete Lösemittel ausfällen."

Zu den Bitumen im weitesten Sinne sind auch die in geologischen Zeiträumen aus Erdölen gebildeten Bitumenanteile von Naturasphalt zu rechnen (siehe Abschnitt 10.2.9).

Bitumen wurde zu Beginn dieses Jahrhunderts bei der fraktionierten Destillation des Erdöles, d. h. stufenweiser Trennung durch Sieden in die verschieden hoch siedenden Anteile wie Benzin, Petroleum, Schmieröle usw., zunächst als Abfallprodukt behandelt. Heute ist Bitumen durch seine vielseitigen Anwendungen in der Industrie, besonders jedoch im Straßenbau sowie auch im Wasserbau und für Bauwerksabdichtungen und den Bautenschutz ein hochwertiger und nicht mehr wegzudenkender Baustoff geworden.

10.2.1 Übersicht der Begriffe

Entsprechend der neuen Begriffsnorm, Teil 1, werden folgende Arten bei Bitumen und den Zubereitungen aus Bitumen in **vier Hauptgruppen** mit *Untergruppen* unterschieden:

a) **Bitumen**
Unterscheidung nach
Herstellungsverfahren:
Destillationsbitumen
   Hochvakuumbitumen
Oxidationsbitumen
   Hartbitumen
Fällungsbitumen

Unterscheidung nach
Anwendungsgebieten:
Straßenbaubitumen
Industriebitumen

b) **Bitumenhaltige Bindemittel**
Bitumenlösungen
   Fluxbitumen
   Kaltbitumen
   Bitumenanstrichmittel
Bitumenemulsionen
   Bitumen-Haftkleber
Polymermodifizierte Bitumen

---

[1]) Aus dem Lateinischen: pix tumens = ausschwitzendes Pech.
   Plural „Bitumen" (nicht „Bitumina"), engl. „bitumen", USA „asphalt cement" oder „asphalt".

c) **Asphalte**
   Naturasphalte
   Asphaltite
   Asphaltgesteine
   Technischer Asphalt

d) **Bitumen-Bahnen**

10.2.2 Definition der Begriffe

a) **Bitumen** (Definition siehe unter Abschnitt 10.2)

a_1) **Destillationsbitumen** (bisher: destillierte Bitumen)

Bei der Destillation von Erdölen, vorzugsweise unter Anwendung eines Vakuums, verbleibendes *weiches* bis *mittelhartes* Erzeugnis.

— **Hochvakuumbitumen**

Unter Anwendung eines erhöhten Vakuums hergestelltes *hartes* bis *sprödes* Destillationsbitumen

a_2) **Oxidationsbitumen** (bisher: geblasene Bitumen)

Durch Einblasen von Luft in heißflüssige weiche Destillationsbitumen, ggf. deren Gemische mit anderen Erdölfraktionen, hergestelltes Bitumen.

Oxidationsbitumen unterscheidet sich vom Destillationsbitumen dadurch, daß es bei gleicher Nadelpenetration einen höheren Erweichungspunkt Ring und Kugel (EP RuK) hat. Unter Abschnitt 10.2.5 „Eigenschaften und Prüfung der Bindemittel" sind die Nadelpenetration und EP RuK erläutert.

— **Hartbitumen**

Oxidationsbitumen mit der Konsistenz von Hochvakuumbitumen.

a_3) **Fällungsbitumen**

Durch selektive Fällung mit Löse- und/oder Fällungsmitteln, z. B. Propan oder *n*-Pentan, aus Destillationsrückständen oder hochsiedenden Destillaten von Erdöl gewonnenes Bitumen.

In Abhängigkeit von Art und Menge der Lösemittel, Druck und Temperatur sowie vom Einsatzstoff sind die Bitumen unterschiedlich in Konsistenz und Eigenschaften.

a_4) **Straßenbaubitumen**

Vorzugsweise im Asphaltstraßenbau verwendetes Bitumen, hergestellt durch Destillation und ggf. Oxidation.

Die Anforderungen für Straßenbaubitumen sind in DIN 1995 (Dez. 80) festgelegt.

a_5) **Industriebitumen**

Vorzugsweise Oxidationsbitumen, die in definierten Sortengrenzen in der Industrie außerhalb des Straßenbaus eingesetzt werden.

Hochvakuumbitumen werden gleichfalls vorzugsweise außerhalb des Straßenbaus eingesetzt und daher meist den Industriebitumen zugeordnet.

520 Bitumen, Asphalt, Teerpech (Bituminöse Baustoffe)

b) **Bitumenhaltige Bindemittel**

Bitumen, das mit weiteren Komponenten versetzt ist.

b_1) **Bitumenlösung**

Lösung von Bitumen in *Lösemitteln*.

- **Fluxbitumen**

  Straßenbaubitumen, dessen Viskosität durch Zusatz von *schwerflüchtigen* Fluxölen auf Mineralbasis herabgesetzt ist.

- **Kaltbitumen**

  Bitumenlösung, die aus *weichem bis mittelharten Straßenbaubitumen* besteht, dessen Viskosität durch Zusatz von *leichtflüchtigen* Lösemitteln auf Mineralölbasis herabgesetzt ist.

  Kaltbitumen werden vorwiegend für Straßenbauzwecke eingesetzt.

- **Bitumenanstrichmittel**

  Gelegentlich auch **Bitumenlack** genannt.

  Bitumenlösung, die aus *hartem Straßenbaubitumen*, Hochvakuumbitumen oder Oxidationsbitumen besteht, dessen Viskosität durch Zusatz von *leichtflüchtigen* Lösemitteln herabgesetzt ist.

  Bitumenanstrichmittel werden vorwiegend im Hoch- und Ingenieurbau eingesetzt.

b_2) **Bitumenemulsion**

Feine Verteilung von Bitumen in Wasser, die mit Hilfe von *Emulgatoren* und ggf. Stabilisatoren hergestellt wird.

Man unterscheidet je nach Ladungscharakter der Bitumenteilchen *kationische* Emulsionen, *anionische* Emulsionen und *nichtionische* Emulsionen.

Als Stabilisatoren dienen z. B. feinkörnige Tonmineralien wie Bentonit.

- **Bitumen-Haftkleber**

  Lösemittelhaltige Bitumenemulsion. Bitumen-Haftkleber dienen zum Verkleben von Asphaltschichten.

b_3) **Polymermodifiziertes Bitumen**

Physikalisches Gemisch von Bitumen und *Polymer-Systemen* oder Reaktionsprodukt zwischen Bitumen und Polymeren. Die Polymerzusätze verändern das elastoviskose Verhalten von Bitumen.

c) **Asphalt**

Natürlich vorkommendes oder technisch hergestelltes *Gemisch* aus *Bitumen* oder bitumenhaltigen Bindemitteln und *Mineralstoffen* sowie ggf. weiteren Zuschlägen und/oder Zusätzen.

c_1) **Naturasphalt**

Natürlich vorkommendes Gemisch aus Bitumen und Mineralstoffen.

- **Asphaltit**

Naturasphalt mit *geringen* Mineralstoffanteilen.

- **Asphaltgestein**

Naturasphalt mit *hohen* Mineralstoffanteilen.

c_2) **Technischer Asphalt**

Technisch hergestelltes Gemisch aus Bitumen oder bitumenhaltigen Bindemitteln (vorzugsweise Straßenbaubitumen) und verschiedenen *Mineralstoffkörnungen* sowie ggf. weiteren Zuschlägen und/oder Zusätzen.

Wortzusammensetzungen wie z. B. Walzasphalt, Asphaltbeton im Heißeinbau oder Warmeinbau oder Asphalttragschicht sind üblich je nach der Einbautechnik, nach der Kornabstufung, nach der Funktion, nach der Verarbeitungstemperatur usw.

d) **Bitumenbahn**

Bahn mit Trägereinlage, z. B. Rohfilz, Glasvlies, Glasgewebe, Jutegewebe, Chemiefaservliese oder -gewebe, die entweder nur mit Bitumentränkmasse getränkt oder zusätzlich auf beiden Seiten mit Deckschichten aus Bitumendeckmassen versehen und mit mineralischen Stoffen bestreut sein kann.

Als Bitumentränkmasse wird Bitumen verwendet, das auch plastizitätsverbessernde Stoffe enthalten darf.
Als *Bitumendeckmasse* wird Bitumen verwendet, das auch plastizitätsverbessernde und/oder stabilisierende Stoffe enthalten darf.

10.2.3 Herkunft und Produktion des Bitumens

Rohstoff für die Herstellung von Bitumen ist Erdöl, auch Rohöl oder Mineralöl genannt, dessen Gewinnungsstätten über die ganze Erde verstreut sind. Näheres über die Entstehung von Erdöl wie auch Bitumen, Kohlegesteine, Harze und Ölschiefer siehe auch unter Abschnitt 1.2.2 „Chemische und organische Sedimente" des Kapitels 1.

Natursteine. Durch Bohrungen werden die Lagerstätten erschlossen, durch Pumpen erfolgt die Förderung des Erdöls, es sei denn, in der Tiefe herrscht ein hoher Gasdruck, der das Öl ohne maschinelle Hilfe an die Erdoberfläche treibt. Die tiefste Bohrung reicht heute mehr als 9000 m unter die Erdoberfläche. Von den Ölfeldern gelangt das Rohöl durch Rohrleitungen („pipelines") zur Bahnstation, zum Verschiffungshafen (in Tanker) oder direkt in die Verarbeitungsanlagen (Raffinerien).

Die Erdöle haben von Natur aus sehr verschiedene Zusammensetzung. Man unterscheidet sogenannte *leichte Rohöle*, die viel Benzin und leichtes Heizöl enthalten, und *schwere Rohöle* mit einem geringeren Anteil an leichten Ölen (Destillaten) und entsprechend höherem Anteil an schweren Destillaten (Schmieröle, Maschinenöle) sowie Bitumen. Um die Bitumenausbeute bei Importrohölen zu erhöhen, werden sie ggf. vor der Verschiffung „getoppt", d. h., man entzieht ihnen die leichteren Anteile.

Die Erdölindustrie hat seit ihrem Entstehen Ende des letzten Jahrhunderts einen explosionsartigen Aufschwung genommen. Die Weltrohölförderung betrug z. B. 1960 etwa 1 Milliarde Tonnen, 1980 rund 3 Milliarden Tonnen. Erdöl ist damit einer der wichtigsten Rohstoffe der Welt. In der Bundesrepublik Deutschland selbst ist die Erdölförderung zwar lange Jahre gestiegen – sie betrug 1960 6,2 Millionen Tonnen –, ging dann aber wegen Erschöpfung der älteren Felder auf etwa 5 Millionen Tonnen im Jahre 1980 zurück. Rohöl wird bzw. wurde im norddeutschen Raum, z. B. im Gebiet Hannover-Braunschweig, im Emsland und

Bitumen, Asphalt, Teerpech (Bituminöse Baustoffe)

in Schleswig-Holstein gefördert. Insgesamt macht damit die in der Bundesrepublik Deutschland geförderte Menge jedoch nur etwa 0,2 % des Gesamtweltaufkommens aus und reicht zur Deckung des Rohstoff-Bedarfs für Mineralölerzeugnisse in der Bundesrepublik Deutschland nicht im entferntesten aus. Einfuhren sind notwendig, die überwiegend in Form von Rohölen erfolgen, das in den deutschen Raffinerien verarbeitet wird.

Die Verarbeitung von Rohöl auf Bitumen ist im Prinzip einfach. Durch Destillation — also Verdampfung durch Erwärmung und anschließende Kondensation — werden nacheinander die leichten Destillate (Benzine, Petroleum, Düsentreibstoff), die mittleren Destillate (Diesel- bzw. Heizöl), dann die schweren Destillate (Maschinen- und Schmieröle) und schließlich das Bitumen gewonnen (franktionierte Destillation).

Die Erdöldestillation erfolgt in modernen Raffinerien zweistufig mit Hilfe von Röhrenöfen und Destillationstürmen. Abb. 10.1 zeigt das Prinzipschema einer solchen zweistufigen Destillationsanlage. In der ersten Stufe wird das Erdöl unter atmosphärischem Druck destilliert, dabei verdampfen bei Temperaturen zwischen 350 und 400 °C Benzin, Petroleum, Diesel- und Heizöl. Der Destillationsrückstand wird dann bei einem Vakuum zwischen 4 und 7 kPa[1]), am Kopf der Destillationskolonne weiter destilliert. Der bei atmosphärischem Druck erhaltene Rückstand wird mit einer Temperatur zwischen 350 und 380 °C, in besonderen Fällen von maximal 400 °C, in die Vakuumanlage eingespeist. Das Sumpfprodukt dieser Vakuumdestillation ist das Bitumen, aus dem die relativ leichtesten Anteile bis zur erwünschten Konsistenz bzw. Härte abdestilliert werden, oder das durch eine anschließende Behandlung, z. B. weitere Destillation in einem besonders hohen Vakuum oder durch Einblasen von Luft in die heißflüssigen Bitumen, auf die gewünschte Qualität gebracht wird.

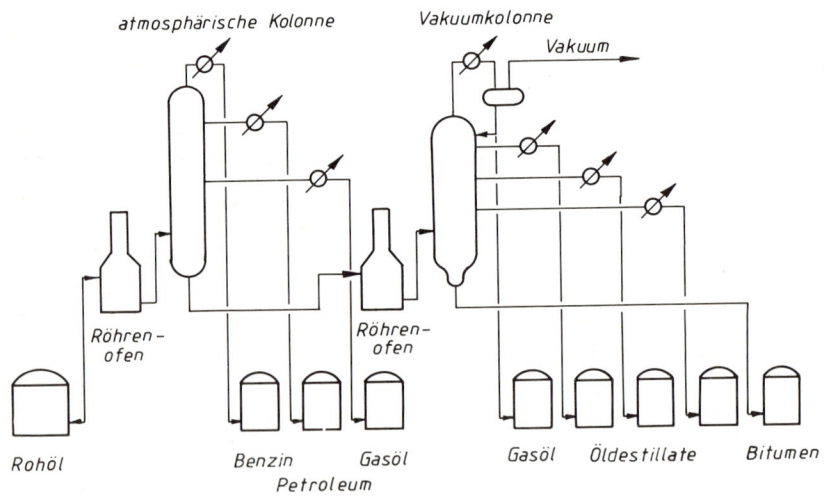

Abb. 10.1   Prinzipschema einer zweistufigen Destillationsanlage

---

[1]) Pascal (Pa) ist die neue SI-Einheit für Druck: 1 Pa = 1 N/m².

10.2.4 Zusammensetzung/10.2.5 Eigenschaften und Prüfung

Für die so beschriebene Bitumenproduktion kann nicht jedes beliebige Erdöl verwendet werden. Es müssen bestimmte Qualitäten gewährleistet sein, die insbesondere Rohöle mit hinreichendem Asphaltengehalt und geringem Paraffingehalt im Vakuumrückstand aufweisen.

Außerdem sollte die Ausbeute an Bitumen aus einem Rohöl einen Mindestwert nicht unterschreiten, damit das Produktionsverfahren wirtschaftlich betrieben werden kann. Solche Qualitätsunterschiede hängen von der Herkunft (Provenienz) der Rohöle ab. Zu Beginn der Bitumenproduktion in Deutschland wurde hierfür ausschließlich mexikanisches Rohöl importiert. Als Mexiko dann Ende der dreißiger Jahre den Rohölexport einstellte, schaltete man um auf Erdöl aus Venezuela (Maracaibo-See) mit besonders hohem Anteil an Bitumen. Einige mittelamerikanische Sorten enthalten bis zu 60 % Bitumen. Sie sind deshalb sehr zähflüssig und können nicht durch Pipelines verpumpt werden.

10.2.4 Zusammensetzung und Struktur von Bitumen

Bitumen sind kompliziert aufgebaute Naturprodukte. Bisher ist die Zusammensetzung des einzelnen Bitumens aus seinen Komponenten noch nicht bekannt. Das gleiche gilt von der Zahl der Komponenten, die die Bitumen aufbauen.

Bitumen bestehen aus einer sehr großen Anzahl verschiedener *Kohlenwasserstoffe*. Außerdem enthalten sie einen sehr großen Anteil an *Nicht-Kohlenwasserstoffen*. Die Heteroverbindungen[1]) des Ausgangsrohöls sind im Bitumen stark angereichert.

Die Mengenanteile von Kohlenwasserstoffen schwanken je nach Ausgangsrohöl und Herstellungsverfahren an paraffinischen (reihenförmigen) und naphtenischen und aromatischen (ringförmigen) Verbindungen. Die Nicht-Kohlenwasserstoffe setzen sich aus Schwefel-, Sauerstoff- und Stickstoffverbindungen zusammen. An Sauerstoffverbindungen kommen drei Gruppen vor: Phenole, Fettsäuren und in relativ größeren Konzentrationen Naphthensäuren. Über die Stickstoffverbindungen ist sehr wenig bekannt. Außerdem kommen in bemerkenswerten Konzentrationen *Metallverbindungen* vor, z. B. anorganische Salze und Metallseifen.

Obgleich Bitumen sehr unterschiedlich zusammengesetzt sein können, haben sie wegen der großen Anzahl der sie aufbauenden Stoffe nahezu gleiche Gebrauchseigenschaften. Diese variieren viel mehr nach ihrer Struktur als nach ihrer Zusammensetzung.

In bezug auf ihre chemische **Struktur** sind Bitumen **Kolloid-Systeme**. Kolloide sind Lösungen, die in ihrem Zerteilungsgrad zwischen *echten Lösungen* und *Suspensionen* stehen. Bei echten Lösungen hat sich der gelöste Stoff in einzelne Moleküle oder sogar Ionen aufgeteilt, bei den *kolloiden Lösungen* oder *Solen* ist die Aufteilung aber nur bis zu bestimmten Molekülballen gegangen (siehe [10/2]).

Neuere Untersuchungen zur Klärung der Kolloidstruktur der Bitumen, die mit Ultrafiltration bzw. Ultrazentrifugation durchgeführt wurden, haben ergeben, daß Bitumen zwei unterschiedliche, dispergierte[2]) Gruppen kolloidaler Anteile enthalten: die **Asphaltene**, die aus relativ polaren Verbindungen (Ionen-Bindungen) aufgebaut sind, die z. T. Heteroatome enthalten, bis hin zu eingeschlossenen anorganischen Salzen, wie z. B. Natriumchlorid, und die **Erdölharze**, die überwiegend aus naphthenaromatischen Kohlenwasserstoffen und basisch organischen Stickstoffverbindungen bestehen.

Die Asphaltene **und** die Erdöl-Harze sind stabil in einer kohärenten, öligen Phase, den **Maltenen**, die als Dispersionsmittel anzusehen sind, dispergiert.

10.2.5 Eigenschaften und Prüfung von Bitumen

Bitumen haben ganz bestimmte Eigenschaften. Soweit diese für die Anwendung bedeutsam sind, werden sie anhand äußerer Merkmale durch empirisch entwickelte Prüfverfahren quantitativ erfaßt. Merkmale und Prüfverfahren sollen soweit als möglich auf das zu fordernde Verarbeitungs- und Gebrauchsverhalten ausgerichtet sein.

---

[1]) Verbindungen, die außer Kohlenstoff noch andere Elemente in ihrem Strukturgerüst enthalten, z. B. Schwefel.

[2]) Von Dispersion = Sammelbezeichnung für Gemische von festen, flüssigen oder gasförmigen Stoffen.

524 Bitumen, Asphalt, Teerpech (Bituminöse Baustoffe)

Für die Haupteinsatzgebiete der Bitumen im *Asphaltstraßenbau* und der *Abdichtungstechnik* ergeben sich die für die Praxis wichtigsten vier Eigenschaften:
a) die Konsistenz
b) das Fließverhalten bei Verarbeitungs- und Gebrauchstemperatur
c) die Haftungs- bzw. Binde- und Klebeeigenschaften (Adhäsion)
d) die zeitliche Veränderung (die sog. „Alterung")

Die zu diesen Eigenschaften gehörenden Merkmale und Prüfmethoden sollen nachstehend kurz beschrieben werden. Ausführlich werden die Prüfverfahren von Bitumen beschrieben in „Baustoffprüfungen", Werner-Verlag, Düsseldorf [7].

a) Konsistenz

Hauptunterscheidungsmerkmal der Bitumensorten ist ihre unterschiedliche Härte oder Weichheit, ihre Konsistenz. Da die Konsistenz temperaturabhängig ist, ergeben sich zwei grundsätzlich unterschiedliche Möglichkeiten zur Größenangabe von Konsistenzmerkmalen:

Entweder wird bei *vorgegebener Temperatur*, z. B. 25 °C, die zugehörige Zähigkeit bestimmt,
oder für eine *vorgegebene Zähigkeit* wird die zugehörige Temperatur bestimmt.

Die *erste* Variante läßt sich relativ einfach durchführen und wird konventionell durch die sog. „**Nadelpenetration**" bestimmt. Dabei wird die Einsinktiefe in Zehntelmillimetern gemessen, die eine nach genauen Vorgaben geformte und mit 100 g belastete Nadel während der Zeit von 5 Sekunden in Bitumen eindringt, dessen Temperatur mit einem temperierbaren Wasserbad auf 25 °C einstellbar ist. Das dazu benutzte Prüfgerät ist das sog. *Penetrometer*. Dieses Prüfverfahren ist in DIN 52 010 genormt. Der Anwendungsbereich ist auf Bitumen und andere bituminöse Bindemittel mit einer Nadelpenetration bis maximal 350 Zehntelmillimeter beschränkt. Das Meßprinzip ist in Abb. 10.2 dargestellt.

Die *zweite* Möglichkeit wird ebenfalls mit relativ geringem Prüfaufwand als eingeführte Methode in der Weise durchgeführt, daß bei einem vorgegebenem Aufheizprogramm unter Auflast eine bestimmte Verformung eintritt. Das am meisten angewendete und bei Kurzprüfungen wegen seiner sicheren Aussagefähigkeit immer zuerst durchgeführte Verfahren ist das in DIN 52 011 genormte Verfahren der Bestimmung des „**Erweichungspunktes Ring und Kugel**" (abgekürzt EP RuK). Dabei wird eine Stahlkugel von bestimmtem Gewicht auf eine Bindemittelschicht gelegt, die in einem Ring mit vorgeschriebenen Maßen eingefüllt ist. Diese Probe wird in einer Prüfflüssigkeit unter festgelegten Bedingungen erwärmt. Als EP RuK wird die Temperatur gemessen, bei der die Probe durch die Kugel eine bestimmte Verformung erfahren hat. Meßprinzip siehe ebenfalls Abb. 10.2.

Dieses Prüfverfahren ist sowohl anwendbar für Bitumen als auch für Teere, Peche und deren Gemische, die einen EP RuK von mindestens 25 °C haben. Die als EP RuK angegebene Temperatur ist übrigens etwa eine Temperatur gleicher Viskosität (*„Äquiviskositätstemperatur"*), d. h., alle Bitumen haben beim Erweichungspunkt RuK etwa gleiche Zähigkeit, ausgedrückt als kinematische Viskosität, in einer Größe von etwa 10^6 mm^2/s oder eine Nadelpenetration von etwa 800 Zehntelmillimetern.

10.2.5 Eigenschaften und Prüfung von Bitumen

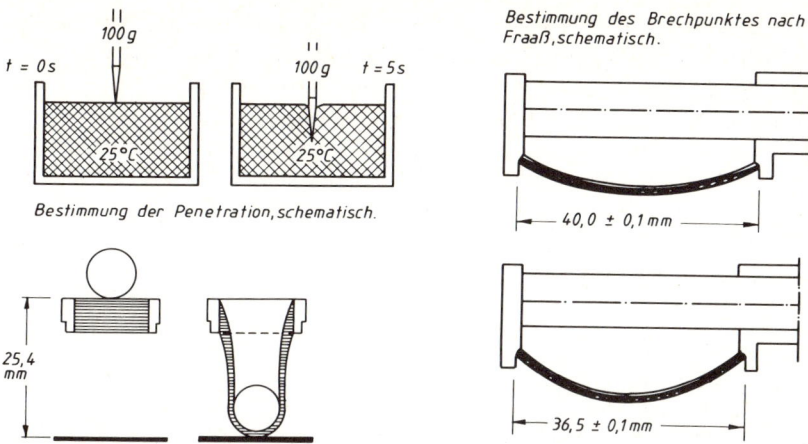

Abb. 10.2 Meßprinzipien für Nadelpenetration, Erweichungspunkt RuK und Brechpunkt nach Fraaß

Als Ergänzung zur Bestimmung von Nadelpenetration und Erweichungspunkt wird häufig als weiteres Bitumen-Merkmal ein vom EP weit entfernter Temperaturpunkt mit ebenfalls *vorgegebener Zähigkeit* auch mit konventioneller Methode gemessen: der sog. „**Brechpunkt nach Fraaß**" (abgekürzt BP Fr) als eine Temperatur, bei der Bitumen so spröde ist, daß es in einer vorgegebenen Filmdicke bei einer festgelegten Durchbiegung reißt. Dieses Prüfverfahren ist in DIN 52012 beschrieben. Dabei wird zur Erzielung der stets gleichen Filmdicke eine festgelegte Prüfmenge des Bitumens auf ein Stahlblech festgelegter Größe aufgeschmolzen bzw. aufgepreßt (letzteres bei Bitumen mit einem EP über 100 °C) und bei vorgeschriebener Abkühlungsgeschwindigkeit wiederholt so lange durch Biegen des Prüfbleches auf Biegung beansprucht, bis sich der erste Riß zeigt. Die dabei abgelesene Temperatur ist der BP Fr. Dieser Punkt gibt also einen Anhalt für das rheologische Verhalten von Bitumen bei niedrigen Temperaturen. Dies Prüfverfahren darf für Bitumen, Teere, Peche und deren Gemische angewendet werden. Das Meßprinzip ist in Abb. 10.2 dargestellt.

Außer den vorgenannten und kurz beschriebenen drei wichtigsten Konsistenzprüfungen für Bitumen, ist als weitere konventionelle Konsistenzprüfung die Bestimmung der **Duktilität** in DIN 52013 genormt. Diese Prüfung wurde bisher jedoch selten durchgeführt, weil sie in ihrer Aussagefähigkeit sehr umstritten war. Bei Kurzprüfungen sind deshalb lt. bisher gültiger Fassung der DIN 1995 „Bituminöse Bindemittel für den Straßenbau, Anforderungen (Dez. 80)" außer der Bestimmung der Asche nach DIN 52005 nur die drei erstgenannten Konsistenzprüfungen vorgesehen. Jedoch kommt der Duktilität neben der Prüfung der Viskosität nach DIN 52007 und des Alterungsverhaltens nach DIN 52016 und DIN 52017 neuerdings größere Bedeutung zu[1]. Das Prüfverfahren zur „Bestimmung der Duktilität" ist in [7] beschrieben. Es dient zur Erfassung des Fadenziehvermögens.

---

[1] Siehe Rundschreiben des Bundesministers für Verkehr, Abt. Straßenbau 26/38.56.05-10, vom 26.8.81 „Haltbarkeit bituminöser Schichten".

b) Plastizitätsspanne und Rißbildung

Brechpunkt und Erweichungspunkt sind Temperaturpunkte, bei denen die Bitumen jeweils etwa vergleichbare Zähigkeit aufweisen. Unterhalb der BP-Temperatur wird das Bitumen zunehmend spröde, oberhalb der EP-Temperatur zunehmend flüssig. Zwischen diesen beiden Übergängen liegt ein Zustandsbereich zähplastischen Verhaltens: der Temperaturabstand Brechpunkt bis Erweichungspunkt wird deshalb oft als *„Plastizitätsspanne"* oder *„Plastizitätsbereich"* bezeichnet. Plastizitätsspanne und Dauergebrauchsspanne sollten möglichst aufeinander liegen.

Der BP Fr ist nur eine konventionell-empirische Größe und keinesfalls gleichbedeutend mit der Temperatur z. B. in einer Asphaltstraßendeckschicht, bei der ein abgekühltes Bitumen spontan bricht. Bei dem Prüfverfahren wird ja eine durch das Biegegerät vorgegebene, jedoch willkürliche Zugdehnung durch eine Durchbiegung mit definiertem Krümmungsradius dem Bitumen aufgezwungen.

Die Frage, wann eine *Rißbildung* des Bitumenfilmes allein durch Zusammenziehen bei Abkühlung eintritt, ist mehrfach untersucht worden. Bei Abkühlungsspannungen um 530 kN/m^2 treten spontane Rißbildungen auf. Die „kritische Temperatur", bei der etwa diese Spannungen im Bitumenfilm eintreten, liegt ungefähr 21 °C unterhalb des Brechpunktes deutscher Destillationsbitumen.

c) Adhäsion und Alterung

Während die Merkmale Konsistenz und Viskosität auf Wechselwirkungen der Bitumenstrukturteilchen *unter*einander zurückzuführen sind (*Ko*häsion), bezieht sich eine weitere gebrauchsrelevante Eigenschaft, die *Adhäsion* oder das Haftverhalten auf die Wechselwirkung von Bitumen mit *anderen* Stoffen. In Asphalten z. B. sind das Gesteinsstoffe mit oft variierender stofflicher Zusammensetzung sowie *Wasser*, bei Bitumenbahnen die Trägereinlagen verschiedenster Art. Strenggenommen ist die Adhäsion damit keine Eigenschaft des „Bindemittels", sondern die Eigenschaft von Stoffpaarungen: Beide Partner tragen einen gewissen „adhäsiven Beitrag" zur Bindungsfestigkeit bei.

Adhäsive Eigenschaften technischer Asphalte machen sich in zweierlei Hinsicht bemerkbar:

1. als Benetzung(sgeschwindigkeit) der Kornoberflächen durch das Bindemittel bei der Asphaltaufbereitung.
2. als Verdrängungswiderstand des Bindemittelfilms von der Kornoberfläche durch Wasser während der Nutzungsdauer von Asphaltschichten.

Im allgemeinen ist der Einfluß des Stoffpartners des Bindemittels Bitumen viel größer als der Einfluß des Bitumens selbst. Deshalb ist es falsch, von guter oder schlechter „Haftfestigkeit" eines Bitumens zu sprechen, wie es immer wieder geschieht. Entscheidend ist immer eine einwandfreie Benetzung, und die ist in der Regel dann gegeben, wenn die zu verbindenden Teile nicht nur staubfrei, sondern auch trocken sind. Möglichst hohe Temperaturen sowohl des Bindemittels − dadurch niedrige Bitumenviskosität − wie auch der Gesteinsoberflächen bei der Vermischung verbessern die Haftung erheblich, dagegen verschlechtert Wasser die bleibende Haftung im Gebrauchszustand. Wasser hat immer eine größere Affinität zum Gestein als Bitumen.

10.2.5 Eigenschaften und Prüfung von Bitumen

Die beste Waffe gegen mögliche Haftschäden ist die Verhinderung von Wasserzutritt, denn im trockenen Zustand ist die Adhäsion immer größer als die Kohäsion. Deshalb ist u. a. im Straßenbau die Entwicklung weg von hohlraumreichen (Makadam-Prinzip) zu den hohlraumfreien Asphaltdeckschichten (Beton-Prinzip der Mineralstoffgemische) gegangen.

Diese vermehrte Verwendung von möglichst dichten Mischungen aus Bitumen und Mineralstoffen wirkt sich ebenfalls günstig auf die Erhaltung der bisher beschriebenen gebrauchsrelevanten Bitumeneigenschaften aus. Die mit *Alterung* bezeichnete zeitliche Veränderung der Eigenschaften wird u.a. durch den Luftsauerstoff mittels Oxidation bewirkt, wobei eine „chemische" Verhärtung eintritt, die allerdings äußerst langsam erfolgt, und zwar im Dunkeln noch langsamer als unter Lichteinwirkung. In diesem Zusammenhang ist interessant, daß vor rund 5000 Jahren errichtete Kaimauern am Euphrat und Tigris heute noch teilweise funktionsfähig sind. Ein „physikalischer" Verhärtungsanteil tritt u.a. durch geringes Verdampfen öliger Anteile bei erhöhten Gebrauchstemperaturen ein.

Bedeutender als diese *Langzeitalterung* scheint aber die durch vermehrte großtechnische Heißaufbereitung von Asphalt verursachte *thermische Alterung* zu sein, die kurzzeitig eintritt. Dabei verringern sich durch destillative und oxidative Wirkung die leichten Malten-Anteile, und gleichzeitig tritt eine oxidative Zunahme der höhermolekularen Anteile der Asphaltene ein, was aus Gründen einer günstigen Adhäsion nicht erwünscht ist.

Für die Praxis sollten im Interesse einer hohen Alterungsbeständigkeit die Asphaltengehalte der Bitumen nicht zu hoch sein. Früher gebräuchliche, hochasphaltenische mexikanische Bitumen zeigen tatsächlich eine stärkere Verhärtungstendenz als die heute üblichen mittelasphaltenischen Straßenbaubitumen.

d) Verhalten gegen Wasser und Chemikalien

Bei Berührung mit Wasser in flüssiger und Dampf-Form werden von Bitumen nur Spuren von Wasser aufgenommen. Die Löslichkeit von Wasser in reinem Bitumen liegt bei 0,001 bis 0,01 %. Ein Salzgehalt im einwirkenden Wasser (z. B. Seewasser beim Asphaltwasserbau) setzt die Wasseraufnahme noch weiter herab, wogegen wasserlösliche Salze im Bitumen die Wasseraufnahme durch Osmose geringfügig erhöhen können. Bitumen ist damit praktisch als wasserunlöslich anzusehen, und das begründet seine Eignung als **Korrosionsschutzstoff**. Die Wasserdurchlässigkeit beträgt, ausgedrückt als Diffusionskonstante, etwa 10^{-8} g/(cm · h · mbar). Sie ist damit kleiner als die anderer bewährter Korrosionsschutzstoffe und vergleichbar z. B. mit derjenigen von Guttapercha und kleiner als für Kautschuk. Zusammen mit der Widerstandsfähigkeit gegenüber Luft macht diese Wasserunlöslichkeit Bitumen zu einem idealen *Abdichtungsmaterial*.

Bitumen ist beständig gegen die Einwirkung von organischen und anorganischen Salzen, aggressiven Wässern, Kohlensäure und anderen schwachen anorganischen Säuren jeder Konzentration sowie gegenüber Alkalien. Gegenüber letzteren jedoch nicht in allen Fällen bei erhöhter Temperatur. Bei Raumtemperatur wird Bitumen auch nicht von starker Salzsäure, verdünnter Schwefelsäure und verdünnter Salpetersäure angegriffen. Je härter das Bitumen, desto härter ist im allgemeinen seine Widerstandsfähigkeit gegen chemische Einflüsse.

Diese wertvolle Eigenschaft wird in der Praxis ausgenutzt, indem man Bitumen außer als Korrosionsschutzstoff z. B. für Fußbodenbeläge in Lagerräumen für Chemikalien verwendet.

Löslich ist Bitumen jedoch in Kohlenwasserstoffen gleicher Herkunft wie z. B. in Benzin und anderen Mineralöldestillaten (deshalb Zerstörung von Asphaltdecken

528 Bitumen, Asphalt, Teerpech (Bituminöse Baustoffe)

durch tropfendes oder auslaufendes Benzin, z. B. auf Flächen von Tankstellen), sowie in bestimmten chemischen Lösemitteln (chlorierte Kohlenwasserstoffe, Benzol, Toluol).

e) Physikalische Kenndaten von Bitumen

Die *Dichte* von Destillationsbitumen nimmt mit steigender Härte zu. Auch die Viskosität spielt eine Rolle. Sie beträgt bei 25 °C: $\varrho_{25} = 1{,}01 \pm 0{,}02$ bis $1{,}07 \pm 0{,}03$ g/cm^3.
Bei Oxidationsbitumen liegt sie in der Regel niedriger.

Der kubische *Wärmeausdehnungskoeffizient* wird vor allem bei der volumetrischen Zugabe des heißen Bitumens bei der Mischgutaufbereitung benötigt. Er beträgt im praktisch interessierenden Bereich zwischen 15 °C und 200 °C nahezu konstant $d_t = 0{,}0006$/K.

Die *spezifische Wärme* wird u. a. zur Bemessung von Aufheizungs- und Wärmeübertragungssystemen von Mischanlagen benötigt. Sie ist von der Sorte unabhängig und beträgt je nach Temperatur bei 0 °C: 1,7 J/(g · K); bei 100 °C: 1,9 J/(g·K); bei 200 °C: 2,1 J/(g · K).

Die *Wärmeleitfähigkeit* ist sehr niedrig und damit Grundlage der guten Isolierwirkung des Bitumens. Die Wärmeleitzahl beträgt im Bereich von 0 °C bis 70 °C $\lambda = 0{,}16$ W/(m · K).

10.2.6 Handelsspezifikationen und Beschaffenheitsvorschriften

Norm
DIN 1995 (Dez. 80) Bituminöse Bindemittel für den Straßenbau, Anforderungen
Technische Lieferbedingungen (TL) für Bindemittel auf Bitumen- und Teerbasis, Ausgabe 1980
als Loseblattsammlung mit folgenden Teilen (einschließlich der TL für Bindemittel auf Teerbasis) aufgestellt und zu beziehen von der FGSV[1]) (Stand April 1985)

TL für hochviskoses Fluxbitumen (FB 500), Ausg. 85
TL für Bitumenemulsionen, Ausg. 80
TL für Kaltbitumen, Ausg. 80
TL für alterungsbeständige Straßenteere (AT), Ausg. 80
TL für hochviskose Straßenteere (HT), Ausg. 80
TL für Teerbitumen, Ausg. 80
TL für Straßenteer mit erhöhtem Bitumengehalt, Ausg. 80

Außerdem:
TL für Trinidad-Asphalt, Ausg. 74
Vorläufiges Merkblatt über die Anwendung von Trinidad-Asphalt im Straßenbau, Ausg. 64
TL für bituminöse Fugenvergußmassen (TL bit Fug), Ausg. 82
AIB Vorschriften für die Abdichtung von Ingenieurbauwerken, Ausg. 82, als Drucksache 835 (DS 835)
  herausgegeben von der Hauptverwaltung der Deutschen Bundesbahn[2])

---

[1]) Forschungsgesellschaft für das Straßen- und Verkehrswesen e. V., Alfred-Schütte-Allee 10, 5000 Köln 21.
[2]) Geschäftsführende Stelle: Bundesbahn-Zentralamt München. Herausgegeben als Loseblattsammlung im DIN-A4-Format und umfaßt 138 Seiten mit 46 Bildern. Zu beziehen ist die DS 835 über das Drucksachenlager der Bundesbahndirektion Hannover, Schwarzer Weg 8, 4950 Minden/Westf.

10.2.6 Handelsspezifikationen und Beschaffenheitsvorschriften

a) Bitumen als Handelsgut

Von allen Mineralölprodukten gehört Bitumen zu den wenigen, welche nicht — wie z. B. Benzin, Diesel- oder Heizöle — der Energieerzeugung durch Verbrennung zugeführt werden, sondern traditionell als Baustoff Verwendung findet.[1]) Insofern wurden bei Bitumen schon am längsten die heutigen Forderungen vorweggenommen, die begrenzten fossilen Ressourcen für höherwertige und langlebige Produkte auszunutzen. Besonders deutlich wird diese Tatsache in der praktisch unbegrenzten Möglichkeit der Wiederverwendung von Asphalt, und damit des Bitumens, aus aufgebrochenen Asphaltschichten bei der Straßenerhaltung, insbesondere der Erneuerung von Fahrbahnen, sowie bei Aus- und Umbaumaßnahmen an Asphaltstraßen. Die Verwendung wiedergewonnenen bituminösen Mischgutes (Recycling) bekommt eine zunehmende Bedeutung (siehe Abschnitt 10.4.1.1).

Der Warencharakter des Bitumens unterscheidet sich neben den Baustoffanforderungen von allen anderen Mineralölprodukten einerseits durch die besonderen Produktionsverfahren, andererseits durch den *heißflüssigen Zustand* bei Vertrieb und Lagerung. Da Bitumen heißflüssig gewonnen und im geschmolzenen Zustand mit Temperaturen zwischen 110 und 160 °C weiterverarbeitet wird, bietet es sich aus Gründen der Wirtschaftlichkeit und der Energieeinsparung an, den bei der Abgabe in der Raffinerie mitgelieferten Wärmeinhalt direkt für die Weiterverarbeitung zu nutzen.

Die üblichen Raffinerieauslieferungstemperaturen betragen je nach Bitumensorte 160 bis 210 °C. Die Auslieferung erfolgt heute zu mehr als 95 % in isolierten Straßentankwagen in Mengen von 20 bis 22 t. Beim Verbraucher erfolgt die Lagerung in beheizbaren Tanks. Zur Vermeidung hoher Heizkosten sind Anlieferungsmengen und Lagerkapazität den jeweiligen Bedarfsmengen anzupassen.

b) Bitumentypen und Bitumensorten

Je nach Art und Anzahl der bei der Bitumenherstellung angewandten Verfahrensschritte werden viskos fließende bis spröde Produkte erhalten. Die Sortenunterscheidung erfolgt nach äußeren Konsistenzdaten. Die Gesamtheit der *handelsüblichen* Bitumen gliedert sich in drei Bitumentypen, nämlich:

1. *Straßenbaubitumen*, genormt in DIN 1995,
   Konsistenz: weich bis hart,
   Kurzbezeichnung: „B..." und eine Zahl, die die mittlere Nadelpenetration angibt.
   Anzahl der Sorten: 7 (von B 300 bis B 15). In der Bundesrepublik werden die besonders weiche Sorte B 300 und die härteste Sorte B 15 z. Z. jedoch nicht mehr hergestellt, zur Verwendung kommen hauptsächlich die mittelharten Sorten B 80, B 65 und B 45.
   Anwendung finden diese Bitumen bei folgenden Straßenbauaufgaben:
   Die weichen Sorten B 200 bei Oberflächenbehandlungen, da sie nach Erhitzen versprizt werden können. Die mittelharten Sorten B 80 und B 65 geben Walzasphalt ausreichende Stabilität; die härteren Sorten wie B 45, B 25 gewährleisten

---

[1]) Im Jahre 1979 waren 3,6 % der Raffinerieproduktion in der Bundesrepublik Deutschland Bitumen. Damit nimmt Bitumen den vierten Platz ein hinter den Heizölen, den Kraftstoffen und den Einsatzprodukten für die Petrochemie. Insgesamt werden, einschließlich Bitumen, 12 % aller Erdölprodukte nicht zur Energiegewinnung verbrannt.

diese auch beim Gußasphalt. Die weichen Sorten werden wegen ihrer guten Benetzungsfähigkeit auch bei der Tränkung von Bitumenpappen und Bitumenpapieren genutzt. Ebenfalls sind die weichen Bitumen Grundstoffe für die Herstellung von Bitumenemulsionen und Bitumenlösungen.

2. *Hochvakuumbitumen*, auch Sprödbitumen genannt, ohne Norm,
Konsistenz: hart und spröde,
Kurzbezeichnung: HVB und zwei Zahlen mit Schrägstrich (HVB../..), die den Bereich der Erweichungspunkte RuK angeben, z. B. HVB 95/105: Hochvakuumbitumen mit einem EP RuK zwischen 95 °C und 105 °C. Die Penetration ist so gering, daß sie kein ausreichendes Unterscheidungsmerkmal bildet (2 bis 11 · 1/10 mm).
Anzahl der Sorten: in der Regel 3 oder mehr.
HVB sind bei Normaltemperaturen hart und bereits spröde. Da ihre Plastizitätsspannen etwa gleiche Größen wie bei Straßenbaubitumen haben, liegen außer ihren Brechpunkten auch ihre Erweichungspunkte relativ hoch.
Entsprechend liegt ihre Anwendung im Bauwesen da, wo ihr Sprödverhalten nicht zur Wirkung kommt und auch bei höheren Temperaturen und langen Belastungszeiten gute Stabilitäten erwartet werden, wie z. B. bei Gußasphaltestrichen in Innenräumen.

3. *Oxidationsbitumen*, auch Geblasenes- und Industriebitumen genannt,
Norm in Vorbereitung,
Konsistenz: hart bis elastisch,
Kurzbezeichnung: Zwei Zahlen (../..), die den Erweichungspunkt RuK und die Nadelpenetration angeben.
Beispiel: Oxidationsbitumen 85/25: Oxidationsbitumen mit einem EP RuK von 85 °C und einer Penetration von 25 · 1/10 mm. Zum Vergleich: Straßenbaubitumen B 25, also mit einer Penetration von 25 · 1/10 mm, erreicht nur einen EP von etwa 63 °C.
Anzahl der Sorten: etwa 10 oder mehr.
Das Einblasen von Luft in heißflüssige, weiche Destillationsbitumen beim Herstellen von Oxidationsbitumen bewirkt durch die innere Umwandlung, bei der die dispergierten Anteile ein zusammenhängendes Gerüst bilden („Gel-Zustand", siehe auch [10/2]), eine wesentliche Erweiterung der Plastizitätsspanne, teilweise auf 100 °C und mehr. Das bedeutet, daß Oxidationsbitumen auch bei hohen Temperaturen nicht erweichen bzw. abfließen und bei tiefen Temperaturen nicht verspröden (gummielastisches Verhalten mit geringen, bleibenden plastischen Verformungen).
Anwendung finden Oxidationsbitumen da, wo extrem hohe und extrem tiefe Temperaturen zu erwarten sind: bei Beschichtungen von Dichtungsbahnen und bei der Verklebung solcher Bahnen. Auch bei Fugenvergußmassen und bei verschiedenen anderen industriellen Produkten: In der Gummi-Industrie als Weichmacher, um den Kautschuk geschmeidiger zu machen, in der Papierindustrie für Kaschiermassen kaschierter Papiere und in der Röhrenindustrie beim Außenschutz von Röhren.
Die Verarbeitung von Oxidationsbitumen ist schwierig, da an den benetzten Flächen durch die Veränderung der Bitumengrundstoffe hohe Spannungen und

10.2.6 Handelsspezifikationen und Beschaffenheitsvorschriften

eine geringere Haftfähigkeit entstehen. Deshalb kommt diesen Bitumen die Verarbeitungssicherheit in Fabriken entgegen.

c) Analysendaten und Anforderungen

Für die ungenormten Bitumensorten bzw. -typen „Hochvakuumbitumen" und „Oxidationsbitumen" bestehen Handelsspezifikationen in Form von Analysendaten der Hersteller, die einander weitgehend entsprechen. Auszugsweise sind die wichtigsten davon in Tafel 10.1 enthalten. Die Oxidationsbitumensorte 135/10 ist entsprechend der Definition der neuen DIN 55 946 als *Hartbitumen* zu bezeichnen. Diese Sorte hat eine Konsistenz wie ein Hochvakuumbitumen, weil ihr EP RuK 135 °C und ihre Penetration nur 3 bis 10 · 1/10 mm beträgt.

Mischbarkeit

Die Anzahl der Sorten der drei vorher behandelten Bitumen-Typen kann im Bedarfsfalle bzw. für spezielle Zwecke dadurch erhöht werden, daß die Straßenbau- oder Destillationsbitumen untereinander oder mit Oxidationsbitumen vermischt werden können. Dadurch vergrößert sich der Bereich der einstellbaren Möglichkeiten. Die Viskosität der Mischung, gekennzeichnet durch den Erweichungspunkt RuK (EP), läßt sich nach folgender linearer Mischregel bestimmen:

$$\text{EP Mischung} = \frac{\text{EP Bit.1} \times \text{Masse-\% Bit. 1} + \text{EP Bit. 2} \times \text{Masse-\% Bit. 2}}{100}$$

Heißbitumen

Wegen der notwendigen Heißflüssigkeit der vorgenannten Bitumensorten und ggf. ihrer Mischungen beim Abfüllen und Verarbeiten werden diese Sorten zusammenfassend auch *Heißbitumen* genannt. Die zweckmäßigen Verarbeitungstemperaturen in °C und die dabei auftretenden kinematischen Viskositäten in mm^2/s sind in Tafel 10.1 angegeben, die eine Übersicht aller Bitumentypen und -sorten mit ihren Kurzbezeichnungen enthält.

Auszugsweise sind auch die *„Anforderungen"* an die Bitumen wiedergegeben, wie sie in der Tabelle 1 der DIN 1995 für Straßenbau- oder Destillationsbitumen enthalten sind (deshalb auch *Normenbitumen* genannt). Die DIN 1995 enthält insgesamt 14 Anforderungen oder Beschaffenheitskriterien und damit weitaus mehr als alle vergleichbaren anderen nationalen Bitumennormen.

Bei Kurzprüfungen sind gemäß DIN 1995 außer der Nadelpenetration, dem Erweichungspunkt RuK und dem Brechpunkt nach *Fraaß*, die in Tafel 10.1 als Auszug der Analysendaten wiedergegeben sind, als vierte Prüfung nur noch die Bestimmung der Asche, der bei der Temperatur von 775 °C erhaltene Glührückstand von Bitumen oder auch Teerpechen, durchzuführen. Darüber hinaus muß die Dichte bei 25 °C bestimmte Werte (siehe Tafel 10.1) erfüllen. Wichtig ist noch das Kriterium des Paraffingehaltes: Unabhängig von der Bitumensorte darf dieser 2 % nicht übersteigen. „Asche" und „Cyclohexan-Unlösliches" sind zusammen auf 1,0 % begrenzt. Diese Stoffe sind keine klebefähigen Bestandteile und deshalb unerwünscht.

Zu den vorgenannten etwa 20 Bitumensorten kommen noch als handelsübliche „Bitumenhaltige Bindemittel" zwei „Verschnittbitumen" – so benannt (siehe Abschnitt 10.1) nach alter Begriffsfestlegung –, nämlich erstens das auch in DIN 1995, Ausgabe 1980, genormte und deshalb „Normenverschnittbitumen" genannte Bindemittel, kurz VB DIN 1995, und das „hochviskose Verschnittbitumen" für das 1985 die bisherigen Technischen Lieferbedingungen (TL) überarbeitet worden sind, wobei in diese Fassung die neue Terminologie nach DIN 55 946 aufgenommen wurde. Sie heißen jetzt TL für hochviskoses Fluxbitumen mit dem Kürzel FB 500. Ferner eine Reihe von „Bitumenemulsionen", d. h. mit Hilfe von Emulgatoren hergestellte feine Verteilungen von Bitumen in Wasser und verschiedene „Kaltbitumen" sowie „Bitumenanstrichmittel". Diese „Bitumenhaltigen Bindemittel" sind alle kalt oder warm zu verarbeiten.

Trotz dieser Sortenvielfalt liegt der Schwerpunkt des Bitumenverbrauchs heute zu etwa 50 % bei nur zwei Sorten, den Straßenbaubitumen „B 80" und „B 65".

10.2.7 Bitumenhaltige Bindemittel

Werden Bitumen der unter Abschnitt 10.2.6b besprochenen verschiedenen Typen und Sorten mit anderen Komponenten vermischt, so entstehen *Bitumenhaltige Bindemittel*. Diese Komponenten sind entweder bestimmte Fluxöle bzw. „Verschnittöle" (Erdöldestilate oder Steinkohlenteeröle) oder Lösemittel (Benzine, Benzole u.a.m.), die sich homogen in das Kolloidsystem Bitumen einbauen lassen. Man spricht dann von „Verschneiden" oder „Fluxen" bzw. „Lösen" des Bitumens. Im ersten Fall erhält man „Verschnittbitumen" oder entsprechend der neuen Begriffsdefinition (siehe Abschnitt 10.1) *Fluxbitumen*, im zweiten Fall erhält man *Kaltbitumen* oder *Bitumenanstrichmittel*. Alle diese drei „Bitumenhaltigen Bindemittel" werden entsprechend der neuen Begriffsnorm unter dem Oberbegriff **Bitumenlösungen**[1]) zusammengefaßt.

Eine dritte Komponente neben Fluxölen und Lösemitteln, mit der aus Bitumen „Bitumenhaltige Bindemittel" entstehen, ist Wasser. Ohne weiteres sind Bitumen und Wasser zwei ineinander nicht lösliche Flüssigkeiten (siehe Abschnitt 10.2.5d). Eine äußerlich homogen erscheinende Vermischung gelingt jedoch durch Emulgierung. Rührt man nämlich heißes Bitumen intensiv in heißes Wasser ein, so verteilt sich das Bitumen tröpfchenförmig innerhalb des Wassers. Man sagt, Bitumen bildet die innere, disperse Phase, Wasser die äußere, geschlossene Phase eines so entstandenen „Bitumenhaltigen Bindemittels", das man *Bitumenemulsion* nennt.

Eine so einfach hergestellte Bitumenemulsion ist jedoch nicht beständig. Bei Beendigung des Mischvorganges würden die Bitumenteilchen sofort wieder zu groben Fladen zusammenfließen, wenn nicht „Emulgatoren" dieser Mischung zugesetzt würden. Das sind grenzflächenaktive Stoffe, die sich in den Grenzflächen Bitumen/Wasser anreichern und das Zusammenfließen der Bitumenteilchen verhindern.

Gemeinsam haben alle „Bitumenhaltigen Bindemittel" mit den Typen Bitumenlösungen und Bitumenemulsionen, daß sie nur leicht erwärmt (Fluxbitumen) oder kalt (Kaltbitumen, Bitumenanstrichmittel und -emulsion) verarbeitet werden können, was eine Arbeitserleichterung und Energieeinsparung bedeutet.

---

[1]) Bisher wurden unter Bitumenlösungen entsprechend der „alten" Begriffsnorm von 1957 nur Lösungen von „Destillierten", „Hochvakuum-" und „Geblasenen" Bitumen in Lösemitteln – vorwiegend für Anstrichzwecke – verstanden, also solche Bindemittel, die nach der neuen Norm „Bitumenanstrichmittel" heißen.

10.2.7 Bitumenhaltige Bindemittel

a) Bitumenlösungen

Die Bitumenlösungen „Fluxbitumen" werden unter Zusatz schwerflüchtiger Fluxöle in Raffinerien neben der Produktion von Bitumen hergestellt, Kaltbitumen und Bitumenanstrichmittel werden ebenso wie die Bitumenemulsionen in besonderen Industrien, der Emulsionsindustrie, die i. d. R. auch Kaltbitumen herstellt, und der Anstrich- und Lackindustrie hergestellt.

Entscheidend für die praktische Einsatzmöglichkeit ist die Mitverwendung geeigneter Haftmittel – in geringer Menge (etwa 1 Masse-%) –, oberflächenaktiver Stoffe, welche die Oberflächenspannung der Bindemittel so ermäßigen, daß auch ein Feuchtigkeitsfilm auf der Gesteinsoberfläche bei der Herstellung von Straßenbaugemischen oder auf den mit Anstrichmitteln zu versehenden Flächen verdrängt werden kann. Denn interessant und wirtschaftlich können diese kalt zu verarbeitenden Bitumenlösungen natürlich nur dann sein, wenn auch die Gesteine bzw. Mineralstoffe im *kalten* Zustand zugemischt werden können. Im kalten Zustand haben Mineralstoffe jedoch i. allg. einen mehr oder weniger großen Feuchtigkeitsgehalt.

Die für die praktische Anwendung an sich negative Eigenschaft von Bitumen, daß sie sich in Kohlenwasserstoffen gleicher Herkunft (Öl, Benzin) sowie in bestimmten chemischen Lösemitteln wie z. B. in allen chlorierten Kohlenwasserstoffen, Benzol, Toluol u. a. auflösen, wird hier bei der Herstellung von Bitumenlösungen positiv genutzt, um die Viskosität zu erniedrigen.

Fluxbitumen (bisher: „Verschnittbitumen")

Unter der bisherigen Benennung „Verschnittbitumen" versteht man Bitumenlösungen, die dadurch hergestellt werden, daß insbesondere weiche Straßenbaubitumen mit bestimmten „Verschnittölen" (Erdöldestillaten und/oder Steinkohlenteerölen[1]) „verschnitten", d. h. vermischt oder fachlich heute richtig „gefluxt" werden, wodurch ihre Viskosität so herabgesetzt wird, daß sie nur leicht angewärmt verarbeitet werden können (Mischtemperaturen etwa bei 100 °C, Einbautemperaturen bei 60 °C).

Auf dem Baustoffmarkt gibt es nur noch 2 Sorten von Verschnittbitumen und auch die nur noch in sehr geringen Mengen:

– *Verschnittbitumen nach DIN 1995,* Ausg. 80, dessen Anforderungen in dieser Norm festgelegt sind und das deshalb auch unter der Bezeichnung *„Normenverschnittbitumen"* mit dem Kürzel „VB DIN 1995" bekannt ist. VB DIN 1995 (siehe Tafel 10.1) haben je nach Höhe des Siedepunktes des Destillates (250, 300, 360 °C) bis zu 2 bzw. 5 bzw. 14 Masse-% Fluxöle und eine „Ausflußzeit im Straßenteer-Ausflußgerät" bei 30 °C und der 10-mm-Düse von 100 bis 150 s (siehe unter Prüfungen Abschnitt 10.3.4). Die Eigenschaften des Destillationsrückstandes nach der Siedeanalyse: EP RuK 25 bis 45 °C, Nadelpenetration 100 · 1/10 mm.

– *Hochviskoses Fluxbitumen* (FB 500), dessen Eigenschaften und Anforderungen in den 1985 neu gefaßten „TL für hochviskoses Fluxbitumen" festgelegt sind. FB 500 enthält danach höchstens 3 Masse-% Destillat-Zugabe mit einem Siedepunkt bis 360 °C und liegt deshalb in seiner Viskosität zwischen dem Normenverschnittbitumen und einem weichen Straßenbaubitumen. Seine Nadelpenetration liegt bei etwa 500 · 1/10 mm. Deshalb das Kürzel FB 500. *Hoch*viskos gilt also nur in Viskositätsrelation zum Normenverschnittbitumen.

Die wichtigsten Anforderungen nach TL für FB 500:
„Ausflußzeit im Straßenteer-Ausflußgerät" (wird wie beim „VB DIN 1995" mit der 10-mm-Düse gemessen, jedoch bei 50 °C): 120 bis 180 s.

---

[1] Als Verschnitt- bzw. Fluxöle verwendet die Bitumenindustrie trotz Zulässigkeit von Steinkohlenteerölen gemäß DIN 1995, Ausg. 80, seit Jahren schon nur noch Erdöldestillate, wodurch eine Gesundheitsgefährdung vermieden wird. (siehe Abschnitt 10.1)

Bitumen, Asphalt, Teerpech (Bituminöse Baustoffe)

Eigenschaften des Destillationsrückstandes: EP RuK 30 bis 45 °C, Nadelpenetration mindestens 100 · 1/10 mm.

Verwendung finden die Fluxbitumen im Straßenbau nur bei hohlraumreichen Decken, die das Verdunsten des Fluxöles zulassen. Da solche Decken nur noch selten gebaut werden, ist die Anwendung von Fluxbitumen entsprechend gering. Außerdem erübrigt sich der mögliche Warmeinbau und der dadurch mögliche längere Transportweg des damit hergestellten Mischgutes, weil Heißmischanlagen in Deutschland inzwischen überall wegen ihres dichten Netzes schnell zu erreichen sind.

Kaltbitumen

Kaltbitumen sind normenartig festgelegt in den „TL für Kaltbitumen". „Viskositätserniedriger" sind gegenüber den relativ hoch siedenden Ölen bei den Fluxbitumen hier Lösemittel, wie z. B. verschiedene Benzine, Benzole u.a. mit relativ niedriger Siedetemperatur.

Die wichtigsten Anforderungen nach den TL für Kaltbitumen: „Ausflußzeit im Straßenteer-Ausflußgerät" (hier mit der nur 4-mm-Düse und bei nur 25 °C gemessen): höchstens 200 s. EP RuK des zurückgewonnenen Bindemittels: höchstens 49 °C, mindestens 27 °C. Gewichtsverlust durch Verdunstung: höchstens 30 Masse-%.

Kaltbitumen-Sorten

Kaltbitumen nach dem TL ist schnellabbindend und dient zur Herstellung von Straßenbaugemischen für den *Soforteinbau*. Etwa 70 bis 80 Masse-% Bitumengehalt. Nur für kleine Flächen und Straßen und Wege untergeordneter Bedeutung.
Kaltbitumen zur Herstellung *lagerfähigen Mischgutes* ist langsam abbindend, etwa 90 Masse-% Bitumen.
Kaltbitumen zum *Vorspritzen* bindet schnell ab, etwa 40 Masse-% mittelhartes Straßenbaubitumen, Rest spezielle Lösemittel.
Kaltbitumen zum *Regenerieren* alter bituminöser Decken ist mittelschnell abbindend, eindringend, aktiviert in der Decke vorhandenes Bindemittel.
Kaltbitumen zur Anwendung in der *Bodenverfestigung,* mittelschnell abbindend, niedrigste Viskosität, um so tief wie möglich auch in feinkörnigen Boden einzudringen.

Kaltbitumen sind robuste Bindemittel. Sie sind im geschlossenen Gebinde unbegrenzt lagerfähig und nicht frostgefährdet. Zur Herstellung von Mischgut kommen sie mit minimalem apparativen Aufwand aus, da die Gesteinsstoffe nicht − wie bei Heißbitumen − vorgetrocknet werden müssen.

> **Vorsichtsmaßregel!**
>
> Infolge ihres hohen Anteiles an leichtflüchtigen Lösemitteln sind **Kaltbitumen feuergefährlich!** Insbesondere entleerte Fässer müssen **vor offener Flamme** geschützt werden. Die in Qualitäsbitumen eingearbeiteten Lösemittel sind physiologisch verträglich, zumal wenn die Verarbeitungsbedingungen nur eine kurzzeitige Einwirkung mit sich bringen.
> Trotzdem empfiehlt es sich, für **gute Belüftung der Arbeitsplätze** zu sorgen.

10.2.7 Bitumenhaltige Bindemittel

Bitumenanstrichmittel

sind Bitumenlösungen und haben Eigenschaften und Anwendungen wie Kaltbitumen.

Unterschied:
1. Herstellung statt aus weichem bis mittelhartem Straßenbaubitumen hier aus hartem Straßenbaubitumen, Hochvakuumbitumen oder Oxidationsbitumen.
2. Anwendung statt im Straßenbau hier vornehmlich in der Bautenschutz- und Abdichtungstechnik für Hoch- und Ingenieurbauwerke.

Wegen ihres glänzenden Aussehens nach der Verarbeitung und nach dem Abbinden sowie der Konsistenz (harte Bitumen) wird Bitumenanstrichmittel gelegentlich auch *Bitumenlack* genannt. Bitumenanstrichmittel werden — wie der Name sagt — vor allem als Anstrichmittel und zwar i. d. R. als *Vor*anstrichmittel für nachfolgende Abdichtungsschichten verwendet.

Eine DIN-Norm mit Anforderungen besteht noch nicht. Anstelle davon kann hier die „Vorschrift für die Abdichtung von Ingenierbauwerken" (AIB) der Deutschen Bundesbahn für die Anforderungen an Bitumen*auf*strichmittel — wie die AIB diese Stoffe nennt — herangezogen werden.

Im Anhang II der AIB „Abdichtungsstoffe, Bitumen-Aufstrichmittel, Anforderungen und Prüfungen" werden als wichtigste Anforderungen an Zusammensetzung und Eigenschaften von kalt verarbeitbaren Voranstrich- (V) und kalt verarbeitbaren Deckaufstrichmitteln (D) gestellt:

Bitumenanteil: 30 bis 45 Masse-% (bei V) bzw. 50 bis 80 Masse-% (bei D), Rest Lösemittel.
EP RuK des Bitumens: 55 bis 70 °C (bei V) bzw. 60 bis 85 °C (bei D).
Beschaffenheit: dünnflüssig (bei V), dickflüssig (bei D), in beiden Fällen ohne Bodensatz und Klumpen.
Trockenzeit bis zur Staubtrockenheit: weniger als 3 Stunden (bei V) und 3 Stunden (bei D).

Als organische Lösemittel werden vorzugsweise Benzole, Test- und Spezialbenzine sowie chlorierte Kohlenwasserstoffe verwendet. Die Menge des zugemischten Lösemittels beeinflußt im wesentlichen den Flüssigkeitsgrad der Lösung bzw. des Aufstrichmittels: dickflüssig oder dünnflüssig.

Vorsichtsmaßregel![1]**):**

> Kalt-Bitumenan- bzw. aufstrichmittel sollen nur dort verwendet werden, wo eine **einwandfreie Verdunstung** des Lösemittels möglich ist. Eine Verwendung in geschlossenen Räumen setzt **unbedingt eine ausreichende Belüftung** voraus.
>
> Die verdunstenden organischen Lösemittel sind für den Menschen **giftig**. Im Vordergrund steht dabei die Gefahr des Einatmens der Dämpfe **(Atemstillstands-**

---

[1]) Näheres siehe „Merkblatt über den Umgang mit Lösemitteln" der Berufsgenossenschaft der chemischen Industrie, zu beziehen vom „Verlag Chemie, Weinheim/Bergstraße", sowie „Merkblätter über Berufskrankheiten", herausgegeben vom Bundesminister für Arbeit und Sozialordnung.

gift!) und der Einwirkung auf die Haut mit der Möglichkeit von Augenschädigungen. Die Dämpfe der Lösemittel sind schwerer als Luft, sie sinken deshalb stets zum Boden (Vorsicht bei Innenanstrich von Behältern!).

Außerdem sind die Lösemittel **leicht brennbar** mit teilweise niedriger Zündtemperatur.[1]) Die Verbrennung verläuft besonders heftig wegen des Dampfzustandes mit großer Tröpfchenoberfläche (Raumexplosion). Äußerste Vorsicht mit Feuer und heißen Geräten ist notwendig!

b) Bitumenemulsionen

Bitumen dispergiert in heißem Wasser, wenn es durch Rührwerke oder Kolloidmühlen in Tropfenform zerteilt wird und ein „Emulgator" zugesetzt wird, der verhindert, daß die Bitumenteilchen wieder miteinander verkleben. Die Oberfläche der Tropfen überzieht sich dabei mit einer seifenartigen, alkalischen oder auch mit einer sauren, trennenden Substanz. Es liegen die frei schwebenden Bitumenkügelchen als innere Phase in der geschlossenen äußeren Phase Wasser vor, wobei diese Kügelchen durch entgegengesetzte elektrische Ladung und dadurch bewirkte Abstoßung im Schwebezustand gehalten werden.

Beim Vermischen mit Mineralstoffen erfolgt das sog. „Brechen" (Zerfallen) der Emulsion durch Berührung mit den Gesteinsoberflächen unter Abscheiden des Wassers, das danach verdunsten oder versickern muß (das sog. „Abbinden"), während das frei gewordene Bitumen die Mineralkörner verklebend umhüllt. Beim „Brechen" werden die oben genannten elektrischen Spannungen durch Berühren mit einem festen Stoff (z. B. Gestein) gelöst oder durch zu langes Lagern verbraucht.

Als Bitumen werden i. d. R. weiche Destillationsbitumen (B 80/B 200) verwendet. Bitumengehalt etwa 55 bis 65 Masse-%. Je nach Art des verwendeten Emulgators werden anionische Bitumenemulsionen, kationische und nichtionische Bitumenemulsionen unterschieden.

Anionische Emulsionen

Emulsionen mit alkalischem Emulgator geben den Oberflächen der Bitumenteilchen eine negative elektrische Ladung, die zunächst eine günstige Abstoßung der gleichgeladenen Tröpfchen in der Emulsion bewirken. Solche Emulsionen werden anionisch genannt, weil ihre Teilchen beim Anlegen einer Gleichspannung (Elektrophorese) zur Anode wandern. Den finden sie in den Oberflächen von basischem Gestein (z. B. Kalkstein). Deshalb sind anionische Emulsionen nur bei basischem Gestein geeignet, weil sie bei Berührung damit nach dem Brechen wirksam haften.

Kationische Emulsionen

Diese Emulsionen haben durch die Art ihres Emulgators positiv geladene Oberflächen der Bitumenteilchen, die zum Ladungsausgleich bei der Elektrophorese die Kathode gebrauchen. Die finden sie in den Gesteinsoberflächen saurer Gesteine (z. B. Quarz, Kies u. a.), so daß hier die Haftung gut ist. Darüber hinaus haften jedoch kationische Emulsionen auch auf allen anderen Gesteinen. Ebenfalls tritt eine

---

[1]) Die mit Abstand niedrigste Zündtemperatur hat Schwefelkohlenstoff mit 102 °C.

10.2.7 Bitumenhaltige Bindemittel

Tafel 10.1 Bitumen und bitumenhaltige Bindemittel

Bitumensorte		(B 300)	B 200	Destillationsbitumen Straßenbaubitumen DIN 1995 B 80	B 65	B 45	B 25	(B 15)	Oxidationsbitumen Hartbitumen 135/10	Hochvakuumbitumen HVB 85/95	HVB 95/105	HVB 130/140
Nadel-Penetration (25 °C)	[¹/₁₀ mm]	250-230	160-210	70-100	50-75	35-50	20-30	10-20	3-10	3-11	2-7	1-3
Erweichungspunkt RuK	[°C]	27-37	37-44	44-49	49-54	54-59	59-67	67-72	130-140	85-95	95-105	130-140
Brechpunkt *Fraaß* max.	[°C]	−20	−15	−10	−8	−6	−2	+3				
Asche max.	[Masse-%]	0,5	0,5	0,5	0,5	0,5	0,5	0,5	0,5	0,5	0,5	0,5
Dichte 25/25	i.M. [g/cm³]	1,01	1,02	1,03	1,03	1,04	1,04	1,04	1,04	1,05	1,06	1,08
Verarbeitungstemperaturen:												
Zum Abfüllen (1500 mm²/s)	[°C]	96	101	112	117	123	134	146		173	183	218
Zum Mischen (200 mm²/s)	[°C]	130	136	148	155	161	172	185	223	211	222	(258)
Zum Spritzen (50 mm²/s)	[°C]	167	173	186	193	200	213	226	(260)	(252)	–	–

Bitumensorte		75/30	85/25	85/40	100/25	100/40	115/15
Nadel-Penetration (25 °C)	[¹/₁₀ mm]	25-35	20-30	35-45	20-33	35-45	10-20
Erweichungspunkt RuK	[°C]	70-80	80-90	80-90	95-110	95-110	110-120
Brechpunkt *Fraaß* max.	[°C]	−12	−10	−20	−20	−20	−10
Asche max.	[Masse-%]	0,5	0,5	0,5	0,5	0,5	0,5
Dichte 25/25	i.M. [g/m³]	1,03	1,03	1,03	1,03	1,03	1,03
Verarbeitungstemperaturen:							
Zum Abfüllen (1500 mm²/s)	[°C]	155	167	162	180	175	200
Zum Mischen (200 mm²/s)	[°C]	195	206	201	223	218	240

Bitumenhaltige Bindemittel

Sorte		(VB DIN 1995)	FB 500	Bitumenlösungen Kaltbitumen	Bitumenanstrichmittel		
Ausflußzeit	[s]	100-150, 30° 10-mm-Düse	120-180, 50° 10-mm-Düse	max. 200, 25° 4-mm-Düse	–	–	–
Verschnittmittel bis 360°	[%]	max. 14	max. 3	max. 30	30-45	min. 50	50-80
EP RuK, Rückstand	[°C]	25-45	30-45	30-45	54-72	min. 60	60-85
Verarbeitungstemperaturen:							
Zum Abfüllen (1500 mm²/s)	[°C]	64	85	(max. 28)	nach Einstellung dünnflüssig		
Zum Mischen (200 mm²/s)	[°C]	96	120	nach Einstellung			
Zum Spritzen (50 mm²/s)	[°C]	112	136				

Sorte	U 60	U 70	Bitumenemulsionen U 60 K	U 70 K	M 65 K	B 65 K	Haftkleber
Bitumenanteil	60	68	60	68	65	65	< 40
Typ	anionisch		kationisch				mit Lösemittel

unmittelbare Haftung unter Verdrängung der beim Brechen dazwischenliegenden Wasserschicht ein. Entsprechend haften kationische Emulsionen auf feuchtem Gestein, so daß sie auch bei ungünstigen Witterungsverhältnissen, die das Verdunsten von Wasser behindern, geeignet sind. Man nimmt an, daß die hier verwendeten Emulgatoren Gesteinsoberflächen hydrophob (wasserfeindlich) und bitumenfreundlich machen (regenfeste Verbindung).

Wichtig: Aus dem vorher Gesagten folgt, daß anionische und kationische Bitumenemulsionen nie miteinander vermischt werden dürfen, da das sofort zum Zerfall und zur Agglomeration (Verklumpung) der Emulsionen führt. Bei Geräten, z. B. Spritzmaschinen, in denen beide Emulsionstypen verarbeitet werden sollen, muß das beachtet werden (Verstopfungsgefahr).

Nichtionische Emulsionen sind Bitumenemulsionen, die mineralische o. ä. Emulgatoren haben, die einen rein mechanischen Schutzhülleneffekt ergeben. Dadurch sind sie nichtionisch. Ihre Anwendung ist selten.

Ein zweites Unterscheidungsmerkmal bei den Bitumenemulsionen ist die Dauer ihres *Brechverhaltens*.

Unstabile Emulsionen — mit Kürzel U gekennzeichnet — brechen sofort bei Berührung mit Gestein. Sie können nur versprizt oder vergossen werden.

Halbstabile Emulsionen — Kürzel H — brechen mittelschnell und eignen sich nur zum Vermischen mit füllerlosen Mineralstoffen (Splitt), weil Mineralstoffgemische mit großem Feinkornanteil und daraus resultierender großer Mineralstoffoberfläche diese Emulsionen aus dem Gleichgewicht bringen. Das Material muß alsbald verarbeitet werden.

Aus den genannten Eigenschaften — unmittelbare Haftung am Gestein — der kationischen Bitumenemulsionen folgt, daß diese nur als unstabile Emulsionen hergestellt werden können.

Als drittes Unterscheidungsmerkmal wird für die vollständige Kennzeichnung einer Bitumenemulsion die Größe der *Bindemittelkonzentration* angegeben. Emulsionen mit höherer Konzentration als 70 % lassen sich nicht herstellen. In der Regel werden im Straßenbau Emulsionen mit 55 bis 65 % Bindemittel hergestellt.

Kationische Bitumenemulsionen bekommen bei der Bezeichnungsweise den Buchstaben K, anionische bekommen keine Kurzbezeichnung.

Beispiele:
U 60: Unstabil, 60 % Bitumen, anionisch
M 65 K: zum Mischen, 65 % Bitumen, kationisch

Unter der Bezeichnung U 70 und U 70 K werden Bitumenemulsionen mit einem Bindemittelgehalt geliefert, der über die übliche Grenze von 60 Masse-% bei den anionischen und 65 Masse-% bei den kationischen hinausgeht. Diese Emulsionen mit erhöhtem Bitumengehalt sind dann allerdings nur im erwärmten Zustand verspritzbar.

Die Bezeichnung „Kaltasphalt" für Bitumenemulsionen ist unrichtig, da sie ja keine Mineralstoffe enthalten.

10.2.7 Bitumenhaltige Bindemittel/10.2.8 Polymermodifizierte Bitumen

Wegen des Wasseranteils sind Bitumenemulsionen grundsätzlich frostgefährdet. Sie werden beim Einfrieren zerstört und lassen sich nicht wiederherstellen, d. h. beide Phasen, Bitumen und Wasser, trennen sich vollständig und sind nicht wieder miteinander dispergierbar.

Die Bitumenemulsionssorten, unterschieden nach Typen und Bitumenanteil, sind in Tafel 10.1 enthalten.[1])

Weitere Spezialprodukte:

Bitumen-Haftkleber: anionische oder kationische Emulsion auf der Basis eines mit leichtflüchtigen Lösemitteln stark gefluxten Bitumens. Der verhältnismäßig geringe Bindemittelanteil verhindert Überfettung beim Verkleben bituminöser Schichten.

Wird im Straßenbau häufig verwendet (bei längerer Einbau-Unterbrechung aufeinanderfolgender Schichten).

Fertigschlämmen und *Porenfüllmassen*: Aus Bitumenemulsionen mit feinen Mineralstoffen gemischte Produkte, die zum Versiegeln offener oder ausgemagerter Asphaltoberflächen im Rahmen der Straßenunterhaltung dienen.

Generell finden Bitumenemulsionen häufig Anwendung, wo andere Bindemittel versagen, da sie auch bei Anwesenheit von Feuchtigkeit wegen ihrer hohen Benetzungsfähigkeit verarbeitet werden können. Ihr besonderer Vorzug ist ihre Dünnflüssigkeit, so daß sie vor der Verarbeitung nicht erwärmt zu werden brauchen. Sie sind unbrennbar und geruchlos.

Die Anforderungen bzw. Beschaffenheitsvorschriften für Bitumenemulsionen sind seit 1980 nicht mehr in der DIN 1995 enthalten, weil sie z. T. technisch überholt sind. Stattdessen sind von der FGSV wie für die anderen Bitumenhaltigen Bindemittel „Technische Lieferbedingungen" (TL) aufgestellt worden, auf deren Basis eine neue Normung vorbereitet wird. Die TL enthalten Anforderungen an:
Unstabile anionische Bitumenemulsionen,
Unstabile kationische Bitumenemulsionen und
Lösemittelhaltige Bitumenemulsionen (Haftkleber).

Die wichtigsten Anforderungsprüfungen sind für alle drei genannten Typen:

Bestimmung der Ladungsart der Bitumenteilchen durch Elektrophorese (Prüfung, ob die Teilchen beim Anlegen einer Gleichspannung an der Anode oder Kathode abgeschieden werden), die Prüfung der äußeren Beschaffenheit, wie z. B. der Farbe (Bitumenemulsionen aus schwarzem Bitumen haben eine braune bis schwarzbraune Farbe; je feiner die Aufteilung des Bitumens, um so heller der Braunton);
die Bestimmung des maximalen Wassergehaltes (U 60 bzw. U 60 K: 42 Masse-%, U 70 bzw. U 70 K: 32 Masse-%, Haftkleber: 60 Masse-%);
die Bestimmung des Brechverhaltens (Mengenbestimmung von Quarzmehl bei kationischer bzw. Prüfung auf vollständiges Brechen an einem Basaltgemisch bei unstabiler anionischer Emulsion);
die Bestimmung der Auslaufzeit mit dem Straßenteer-Ausflußgerät (bei allen 3 Typen mit der 4-mm-Düse und bei 20 °C: bei U 70 und U 70 K: 60 s).

Näheres über diese Prüfungen in [7].

10.2.8 Polymermodifizierte Bitumen

Polymermodifizierte oder kurz *Polymerbitumen* sind rein physikalische Gemische oder Reaktionsprodukte zwischen Bitumen und Polymeren oder deren Vorprodukten.

Neben Naturkautschuk werden synthetische Polymere eingesetzt, vorzugsweise Thermoplaste (Polyethylen, Polypropylen, Polyvinylchlorid), die sich in ihrem Verhalten dem des Bindemittels anpassen und sich homogen einarbeiten lassen. Mit Duropla-

---

[1]) Auskünfte über Bitumenemulsionen und Bitumenlösungen sowie deren Verwendung erteilt der Fachverband der Kaltasphaltindustrie e. V., Richtweg 23, 2000 Norderstedt.

sten wird in Form von Epoxid-Bitumen-Gemischen sowie Polyurethan gearbeitet (siehe unter „Kunststoffe", Abschnitt 14.4).

Die Zugabe polymerer Werkstoffe beeinflußt vor allem das Temperatur-Viskositäts-Verhalten von Bitumen. Sie werden gezielt eingesetzt, um die Plastizitätsspanne zu erweitern, die Verarbeitung zu erleichtern, aber auch, um die elastischen Eigenschaften der viskosen Bitumen zu steigern oder z. B. die Beständigkeit gegenüber chemischen Angriffen zu verbessern. Man hat mit diesen Stoffen zusätzliche Möglichkeiten in der Hand, die Bindemittel extremen Beanspruchungen und zum Teil gegensätzlichen Anforderungen anzupassen.

Die genannten Stoffkombinationen befinden sich im Stadium erster praktischer Anwendung. Für die durchweg patentierten Gemische existieren keine generellen Beschaffenheitsvorschriften. Ihre Prüfung geschieht unter Anpassung an den jeweiligen Zweck in Anlehnung an die für Bitumen üblichen Verfahren.

10.2.9 Asphalte
Sind oder werden Bitumen oder Bitumenhaltige Bindemittel mit Gesteins- oder Mineralstoffen vermischt, so nennt man diese Gemische Asphalte.

a) Naturasphalte

Naturasphalte sind in der Natur vorkommende Mischungen von Bitumen und feinkörnigen Mineralstoffen mit sehr unterschiedlicher Zusammensetzung. Sie haben heute bei der vergleichsweise wirtschaftlichen, großtechnischen Herstellungsmöglichkeit von Bitumen und Asphalt kaum noch Bedeutung als Baustoff.

Das in Deutschland bekannteste Vorkommen ist der „*Vorwohler Asphaltkalkstein*", der bei Eschershausen, südlich von Hannover, mit einem Bitumenanteil von 4 bis 6 Masse-% vorkommt. Aus Wirtschaftlichkeitsgründen ist seine Gewinnung, die bergmännisch erfolgte, eingestellt worden. Solche Naturasphalte mit hohem Mineralstoffanteil nennt man *Asphaltgestein*.

Der Trinidad-Asphalt wird in aufbereiteter Form als „*Trinidad-Epuré*" als einziger Naturasphalt heute noch eingesetzt. Vorwiegend als Zusatz zu Gußasphalt, weil er durch das harte Bitumen und den feinen Füller, den er enthält, versteifend auf damit hergestellten Bitumen-Steinmehl-Mörtel wirkt.

Der Trinidad-Asphalt kommt auf der mittelamerikanischen Insel Trinidad in einem „Asphaltsee" vor und enthält über 50 % Bitumengehalt in feinkörniger vulkanischer Asche (Asphaltit, Abschnitt 10.2.2c$_1$).

Beschaffenheitsvorschriften und Anwendungshinweise finden sich in den „Technischen Lieferbedingungen für Trinidad-Asphalt" sowie im „Merkblatt für die Verwendung von Naturasphalt im Straßenbau", herausgegeben von der FGSV.

b) Technische Asphalte
Durch Mischen von körnigen Mineralstoffen mit Bitumen werden technische Asphalte hergestellt. Dabei gehen die beiden Stoffe eine grenzflächenaktive Verbindung miteinander ein. Diese beruht auf der Benetzung des Bitumens im flüssigen Zustand mit anschließender dauerhafter Bindung an den Gesteinsflächen.

Je nach Anteil und Auswahl seiner Komponenten läßt sich Asphalt mit unterschiedlichen Eigenschaften herstellen. Zur Aufstellung zweckmäßiger Mischrezepte ist deshalb nicht nur die Kenntnis der zahlreichen Bitumen, sondern auch die der in Frage kommenden Mineralstoffe nötig. Das um so mehr, weil bei den gebräuchlichen technischen Asphalten, von denen der größte Teil in den Oberbauschichten von

10.2.9 Asphalte

Straßen verwendet wird, die Mineralstoffe den wesentlich größeren Anteil stellen als das Bitumen (etwa 85 % des Volumens bzw. 95 % des Gewichtes).

Mineralstoffe

TL Min-StB 83:	Technische Lieferbedingungen für Mineralstoffe im Straßenbau, Ausgabe 1983
RG Min-StB 83:	Richtlinien für die Güteüberwachung von Mineralstoffen im Straßenbau, Ausgabe 1983
TP Min-StB 82:	Technische Prüfvorschriften für Mineralstoffe im Straßenbau, Ausgabe 1982.

Merkblatt über die Verwendung von industriellen Nebenprodukten im Straßenbau mit den Teilen: Schmelzkammergranulat, Nebengestein der Steinkohle, Wiederverwendung von Baustoffen, Steinkohlenflugasche, Müllverbrennungsasche.

Die Mineralstoffe, die als Zuschlag im Asphalt verwendet werden, sind entweder *natürliche Mineralstoffe* in Form von Felsgestein, das in Steinbrüchen durch Brechen und Sieben zu Korngemischen aufbereitet wird, oder in Form von Kies und Sand, oder es handelt sich um *künstliche Mineralstoffe,* die industriell als Nebenprodukte entstanden sind, wie z. B. Hochofenschlacke oder Müllverbrennungsasche.

Ungebrochene Mineralstoffe (Rundkorn) sind Kies und Natursand. *Gebrochene Mineralstoffe* (Brechkorn) sind Schotter, Splitt und Brechsand sowie Edelsplitt, Edelbrechsand und Füller.

Diese Korngemische oder Gemenge von Körnern werden *Körnung* genannt. Um die Körnungen in bestimmte und zweckmäßige Gruppen von Körnern zusammenzufassen, sind bestimmte *Korngrößen* festgelegt worden, von denen jeweils eine obere und eine untere *Prüfkorngröße* eine *Kornklasse* bilden. Korngröße ist die Nennweite der Prüfsieböffnung, durch die das der Größe nach zu prüfende Korn eben noch hindurchgeht. Prüfkorngrößen sind die für die Prüfsiebung der Kornklassen festgelegten Korngrößen, wie sie in Tafel 10.2 aufgelistet sind (aus TL Min-StB 83).

Unter- und Überkorn sind Kornanteile einer Lieferkörnung, die bei der Prüfsiebung durch das untere die Lieferkörnung kennzeichnende Prüfsieb hindurchfallen, bzw. auf dem oberen liegenbleiben. *Lieferkörnung* ist der Begriff für eine Körnung einschl. Über- und Unterkornanteilen, die betriebsbedingt bei der Herstellung nicht zu vermeiden sind. Angestrebt werden möglichst geringe Anteile davon. Edelsplitte und Edelbrechsand haben als höheres Qualitätsmerkmal verschärfte Anforderungen hinsichtlich Unter- und Überkorn im Vergleich zu Splitten und Brechsand. Außerdem sind die Anforderungen an Korngröße, Kornform, Frostbeständigkeit und Raumbeständigkeit bei Edelsplitten höher.

Mit *Füller* werden Gesteinsmehle oder andere feinkörnige Mineralstoffe der Kornklasse 0/0,09 mm ohne Überkorn bezeichnet. Die Lieferkörnung Füller kann einen Überkornanteil über 0,09 mm enthalten. Füller verbessert die Kornabstufung im Feinkornbereich der Mineralmischung und verringert ihren Hohlraumgehalt (Füller „füllt"). Im Asphaltgemisch hat Füller eine zweite Aufgabe. Er versteift das Bindemittel Bitumen und steigert die Viskosität der flüssigen Phase bei höheren Temperaturen (Füller versteift).

Die Qualitätsmerkmale der Mineralstoffe folgen aus den unterschiedlichen Beanspruchungen, denen die Stoffe bei Herstellung, Einbau und unter dem Einfluß von Witterung und Verkehr ausgesetzt sind. Beim Erhitzen vor dem Mischen werden die

Zuschlagstoffe auf Temperaturen bis zu 400 °C gebracht. Beim Einbau beanspruchen die Bandagen der schweren Glattmantelwalzen die Körner auf Druck und die

Tafel 10.2 Lieferkörnungen

Benennung und Bezeichnung der Lieferkörnungen	zulässige Höchstwerte für	
	Unterkorn Masse-%	Überkorn Masse-%
1	2	3
Natursand 0/2 (DIN 4226)	–	10 bis 4 mm
Natursand 0/2	–	25 bis 8 mm
Kies 2/4	15	10 bis 8 mm
Kies 4/8	15	10 bis 16 mm
Kies 8/16	15	10 bis 31,5 mm
Kies 16/32	15	10 bis 63 mm
Kies 32/63	15	10 bis 90 mm
Brechsand – Splitt 0/5	–	20 bis 8 mm
Splitt 5/11	20	10 bis 22,4 mm
Splitt 11/22	20	10 bis 31,5 mm
Splitt 22/32	20	10 bis 45 mm
Schotter 32/45	20	10 bis 56 mm
Schotter 45/56	20	10 bis 63 mm
Füller 0/0,09	–	20 bis 2 mm
Edelbrechsand 0/2	–	15 bis 5 mm
Edelsplitt 2/5	10	10 bis 8 mm
Edelsplitt 5/8	15 jedoch höchstens 5% < 2 mm	10 bis 11,2 mm
Edelsplitt 8/11	15 jedoch höchstens 5% < 5 mm	10 bis 16 mm
Edelsplitt 11/16	15 jedoch höchstens 5% < 8 mm	10 bis 22,4 mm
Edelsplitt 16/22	15 jedoch höchstens 5% < 11,2 mm	10 bis 31,5 mm

Vibrationswalzen auf Schlag. Im Straßenoberbau wirken Wasser und Frost auf die Gesteine ein. Dabei dürfen die Körner weder zerstört werden noch sich vom Bindemittel trennen. Der Verkehr erzeugt ähnliche Schlagbelastungen wie die Vibrationswalze in ständiger Wiederholung, gleichzeitig wirkt er schleifend und schiebend.

Daraus folgt, daß die Mineralstoffe in jedem Falle witterungs- und frostbeständig sein müssen, außerdem schlagfest, druckfest, bei Heißeinbau hitzebeständig und an der Oberfläche der Befestigung (Verschleißschicht) sollen sie ausreichenden Widerstand gegen Polieren und Abrieb haben. Dazu soll eine gute Haftung zwischen Gestein und Bitumen entstehen und bestehen bleiben. Damit die Reinheit der Mineralstoffe gewährleistet ist, muß die Aufbereitung der Gesteine entsprechend sorgfältig arbeiten. Es dürfen keine quellfähigen Bestandteile (organische, mergelige oder tonige) in das Mischgut geraten. Beim Brechvorgang kann die *Kornform* des Einzelkornes beeinfluß werden. Erwünscht ist gedrungenes Korn, weniger spießiges und möglichst kein plattiges. Körnungen aus gedrungenen Körnern lassen sich nämlich gut verdichten und unterliegen bei mechanischen Beanspruchungen nur geringer Kornzerkleinerung. Plattige Körner behindern den Verdichtungsvorgang und zerbrechen leicht. Als Grenze für gedrungenes Korn wird das Verhältnis Länge zu Dicke wie 3 : 1 herangezogen. Die TL Min StB fordern deshalb, daß der Anteil der Körner, die nicht als gedrungen bezeichnet werden können, höchstens 50 Masse-% bei Kies und Splitt und 20 Masse-% bei Edelsplitt betragen darf.

Herstellung des Asphaltmischgutes
Die Herstellung von Asphalt im Heißeinbau erfolgt in mobilen oder stationären Mischanlagen. Mobile Anlagen sind wirtschaftlich nur bei Großbaustellen einsetzbar. Außerdem beschränken die Auflagen zum Immissionsschutz die Aufstellmöglichkeiten. Deshalb ist heute die Herstellung in stationären Mischanlagen die Norm. Diese stehen an günstigen Verkehrsanbindungen oder unmittelbar an den Gewinnungsstätten der Mineralstoffe und sind gleichmäßig über das Land verteilt.

Die einzelnen Anlagen können sich weitgehend unterscheiden, die Arbeitsgänge bei der Aufbereitung sind jedoch immer folgende: Vordosieren der Mineralstoffe, Trocknen und Erhitzen, Sieben und Verwiegen des heißen Gesteins, Dosieren und Zugabe des Bitumens, Mischen, ggf. Zwischenlagern, Verladen (siehe Abb. 10.3).

Beim *Vordosieren* werden die Mineralstoffe − das Gesteinsmehl ausgenommen − mit Radladern aus den Vorratsboxen in die Vordoseure gebracht, Vorratsbunker von etwa 3 m^3 Inhalt, die mittels Klappenöffnung und Rüttelrinne die erforderlichen Mengen auf ein gemeinsames Förderband geben, welches das wegen der Lagerung im Freien feuchte Mineralgemisch zum Einlauftrichter der Trockentrommel transportiert.

Trocknen und *Erhitzen* der Mineralstoffe auf die zum Mischen erforderliche Temperatur erfolgt in der Trockentrommel. Diese arbeiten fast ausschließlich nach dem Gegenstromprinzip. Rieselbleche oder Wurfschaufeln fördern das Material gegen die Flamme eines Öl- oder Gasbrenners. Die Leistung der Trockentrommel wird stark von der Feuchtigkeit der Mineralstoffe beeinflußt. Wird der Trommel zuviel nasses Material zugeführt, kann dieses nicht mehr ausreichend getrocknet werden. Die im Gestein verbleibende Restfeuchte bringt dann beim Mischen das Bindemittel zum Schäumen, wodurch ein zu hoher Bindemittelgehalt vorgetäuscht wird. Eine unvollständige Trocknung kann auch eine mangelhafte Umhüllung der groben Gesteinskörner verursachen. Zu hohe Gesteinstemperaturen können sich ergeben, wenn sehr splittreiche Gemische wie z. B. Splitt-Mastix-Asphalt, hergestellt werden oder die Mineralstoffe sehr trocken sind. Neben der Energieverschwendung besteht bei zu hohen Gesteinstemperaturen die Gefahr einer unzulässigen Bindemittelnachhärtung schon beim Mischen, aber mehr noch bei der anschließenden Silierung, der Zwischenlagerung im Silo.

Die Abgase, die mit Gesteinsstaub angereichert sind, werden von einem Exhaustor abgesaugt und in einer nachgeschalteten Entstaubungsanlage gereinigt. Der Brenner, die Trockentrommel mit ihren Einbauten, der Exhaustor und die Entstaubungsanlage

544 Bitumen, Asphalt, Teerpech (Bituminöse Baustoffe)

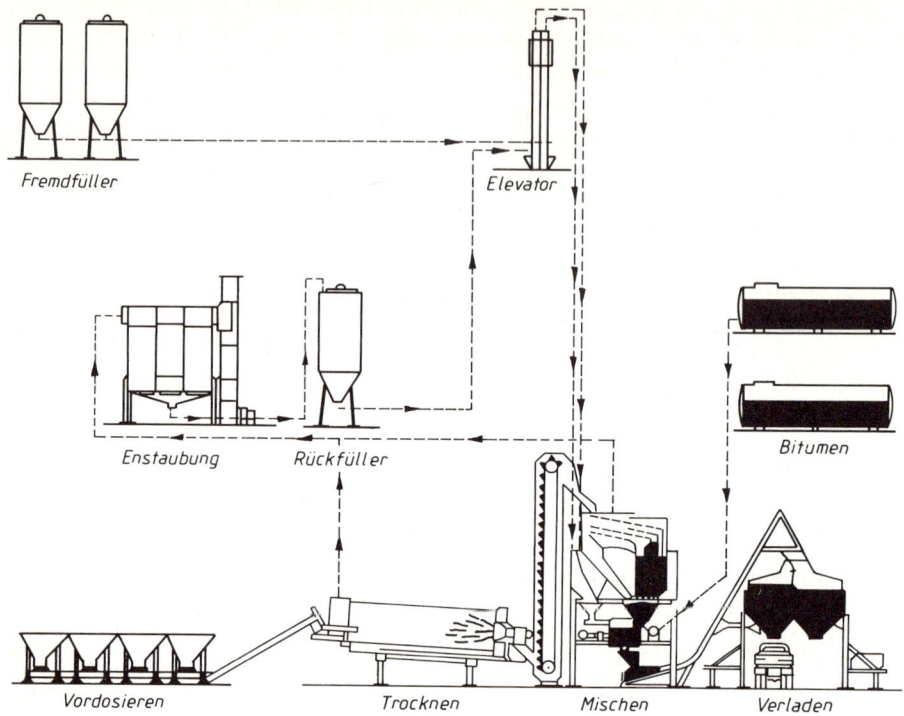

Abb. 10.3 Arbeitsschema einer Asphaltmischanlage

müssen ein abgestimmtes System darstellen. Nur so ist es möglich, die strengen Bestimmungen des Umweltschutzes zu erfüllen und gleichzeitig einen günstigen Wirkungsgrad der Trockentrommel zu erzielen.

In der *Heißabsiebung*, die der Trockentrommel nachgeschaltet ist, erfolgt die Aufteilung der Mineralstoffe in mehrere Korngruppen. Die Heißabsiebung vermag zwar gewisse Schwankungen im Materialzulauf auszugleichen, eine genaue Einstellung und Überwachung der Vordoseure ist aber trotzdem unbedingt notwendig. Wie in der Eignungsprüfung ermittelt, werden die abgesiebten Korngruppen abgewogen und chargenweise dem Mischer zugeführt. Das Gesteinsmehl wird in Silos gelagert und meist über ein getrenntes System verwogen. Es wird in der Regel kalt zugegeben. Nur für die Aufbereitung von Gußasphalt mit seinen großen Füllermengen und hohen Mischtemperaturen wärmt man das Gesteinsmehl bis zu Temperaturen von 150 °C vor.

Der in der Entstaubungsanlage zurückgewonnene Gesteinsstaub kann als Rückgewinnungsfüller *(Eigenfüller)* dem Mischprozeß zugeführt werden. Es darf jedoch nur Gesteinsstaub zugesetzt werden, der aus der Produktion der betreffenden Mischgutsorte stammt.

Die Bindemitteldosierung wird entweder volumetrisch mittels Durchlaufmesser,

10.2.9 Asphalte

Ovalradzähler, selten mit Meßzylinder vorgenommen, indem das Bitumen aus den beheizten Vorratstanks abgepumpt, von der Lager- auf die Mischtemperatur erhitzt und mit hohem Druck in das bewegte Mineral eingesprüht wird.

Das *Mischen* muß mindestens so lange dauern wie die Einspritzzeit für das Bindemittel. Die Mischdauer richtet sich ferner nach der Art des Mischers (Knet-, Wirbel- oder Wälzmischer) und des Mischgutes. Je höher der Feinkornanteil ist, desto länger muß gemischt werden, um das Bindemittel gleichmäßig zu verteilen und die Mineralkörner einwandfrei zu umhüllen.

Zwischenlagern des fertigen Mischgutes vor dem Abtransport zur Baustelle kann in wärmeisolierten Mischgutsilos erfolgen. Man erreicht dadurch eine bessere Ausnutzung der Mischanlage, und es kann ein häufiges Umstellen auf andere Mischgutsorten vermieden werden. Um die Verhärtung des Bindemittels bei längerer Silolagerung in Grenzen zu halten, sollten für mehrstündige Lagerung (5 bis 12 Stunden) die Mischguttemperaturen so niedrig wie möglich gehalten werden.

Asphalteigenschaften
Die Eigenschaften des Asphaltes lassen sich sowohl durch Härte und Menge des Bitumens als auch durch Art und Zusammensetzung der Mineralstoffe beeinflussen. Zu unterscheiden sind Eigenschaften des Mischgutes beim Einbau und Eigenschaften des fertig eingebauten Asphaltes.
Die wichtigste Eigenschaft des einzubauenden Mischgutes ist die Verarbeitbarkeit und beim Walzasphalt die Verdichtbarkeit. Der gebrauchsfertige Asphalt muß gute Standfestigkeit und Rißsicherheit haben. Herausragende Bedeutung hat beim Walzasphalt dazu der richtige Hohlraumgehalt. Zusätzlich wird für die oberste Schicht, die direkt dem Verkehr und der Witterung ausgesetzt ist, Dichtigkeit, Verschleißfestigkeit sowie Griffigkeit und Helligkeit verlangt.

Die *Verarbeitbarkeit* ist eine Mischguteigenschaft, die besagt, daß sich das Mischgut bei der jeweiligen Einbaudicke und der Art des Maschinen- bzw. Handeinbaus einwandfrei verteilen und verdichten (Walzasphalt) oder verstreichen (Gußasphalt) läßt. Sie ist von der Mischgutzusammensetzung und der Temperatur abhängig. Die

Verarbeitungsfrist ist der Zeitraum, in dem das Mischgut von der Herstellungstemperatur bis auf die Temperatur abkühlt, bei der eine einwandfreie Verarbeitung gerade noch möglich ist. Sie ist abhängig von der Witterung, der Bitumensorte und der Einbaudicke. Je kühler die Witterung, je höher die notwendige Verarbeitungstemperatur wegen entsprechend hartem Bitumen und je geringer die Einbaudicke, desto kürzer ist die Verarbeitungsfrist.

Die *Verdichtungswilligkeit* ist eine Eigenschaft des Walzasphaltes. Sie ist erkennbar an der zunehmenden Dichte bei steigender Verdichtungsarbeit. Verdichtungswillig sind Mischungen mit geringer innerer Reibung und/oder weichem Bitumen. Sie werden dort bevorzugt, wo z. B. trotz geringer Einbaudicke eine hohe Dichtigkeit erzielt werden soll und wegen des geringen Verkehrs auf eine hohe Standfestigkeit verzichtet werden kann. Verdichtungsunwillige Mischungen entstehen durch hohe innere Reibung und härteres Bitumen. Sie brauchen eine intensivere Verdichtungsarbeit durch entsprechend ausgerüstete Walzen und eine längere Verdichtungszeit. Sie erreichen dadurch im fertigen Zustand höhere Standfestigkeit und werden deshalb auf Straßen mit starkem Verkehr angewendet.

Die *Standfestigkeit* ist für den praktischen Gebrauch die wichtigste Eigenschaft. Man versteht darunter den Verformungswiderstand, den der Asphalt dem Einwirken äußerer Kräfte entgegensetzt. Besonders für die Erhaltung der Ebenheit der Fahrbahnoberfläche ist eine hohe Standfestigkeit nötig. Es sollen keine Spurrinnen und keine Wellen entstehen.

Zwischen der Standfestigkeit und der Verdichtbarkeit eines Mischgutes besteht also ein enger Zusammenhang. Asphalt, der eine hohe Standfestigkeit erreichen soll, muß beim Einbau mehr verdichtet werden und umgekehrt. Diese Tatsache kann dazu verführen, ein Mischgut verdichtungswilliger herzustellen, als es wegen geforderter hoher Standfestigkeit sein dürfte. Anlaß dafür können Einbauschwierigkeiten durch dünne Schichtdicken und kühle Witterung in ungünstiger Jahreszeit sein. Selbstverständlich ist diese Verfahrensweise grob falsch. Grundsätzlich muß gelten, daß die Eigenschaften der fertigen Asphaltschicht Vorrang haben vor leichter Verarbeitbarkeit des Mischgutes. Schwierigkeiten beim Einbau ist nur dadurch zu begegnen, daß für günstigere Einbaubedingungen, wie z. B. größere Einbaudicke und Einbau in wärmerer Jahreszeit, gesorgt wird.

Die Standfestigkeit ist die Folge der Verzahnung des Korngerüstes der Mineralstoffe sowie der Adhäsion und Steifigkeit des Bitumens. Eine hohe Standfestigkeit wird erreicht durch gebrochenes Korn aus kantenfestem Gestein mit rauher Oberfläche, durch möglichst großes Größtkorn in bezug auf die Schichtdicke wegen der daraus resultierenden Stützwirkung, durch hohe Lagerungsdichte als Folge intensiver Verdichtung, durch hartes bzw. durch Füller versteiftes Bitumen und durch sparsame Bitumendosierung zur Erzielung eines günstigen Hohlraumgehaltes.

Die *Rißsicherheit* ist vor allem in der kalten Jahreszeit wichtig, wenn Zugspannungen im Asphalt durch Volumenverkleinerungen infolge Temperaturabfall auftreten. Da Asphalt keine Dehnungsfugen hat, müssen solche Spannungen durch das Material selbst abgebaut werden. Das geschieht in höheren Temperaturbereichen durch Relaxation, weil die viskosen Eigenschaften des Bitumens wirksam werden. Mit Relaxation bezeichnet man die Fähigkeit des Asphaltes, die durch aufgezwungene Verformung infolge Belastungen aufgetretenen Spannungen durch innere Fließvorgänge allmählich abzubauen. Bei Temperaturen unter dem Gefrierpunkt reicht die Viskosität – je nach Härte des Bitumens früher oder später – nicht mehr aus, so daß im Asphalt so große Zugspannungen erzeugt werden, daß diese allein oder durch Überlagerung mit den Zugspannungen aus der Verkehrsbelastung zum Reißen des Asphaltes führen können. Durch die Wahl weicherer Bitumen und durch dicke Bindemittelfilme kann die Rißsicherheit erhöht werden.

Der *Hohlraumgehalt* bzw. dessen richtige Größe hat besonders für den Walzasphalt herausragende Bedeutung. Grundsätzlich soll Asphalt so dicht wie möglich sein, um das Eindringen von Wasser, Schmutz und Luftsauerstoff zu verhindern. Diese Eigenschaft ist bei Gußasphalt und Asphaltmastix gegeben. Sie sind hohlraumfrei und deshalb wasserdicht. Walzasphalt muß jedoch einen Resthohlraumgehalt haben, damit das Korngerüst bei dichtester Lagerung noch ausreichend innere Reibung behält und sich das Bitumen bei Erwärmung in diese Hohlräume ausdehnen kann.

10.2.9 Asphalte

Dadurch bleibt die Standfestigkeit erhalten. Der günstige Bereich für den Resthohlraumgehalt liegt bei 3 bis 5 Vol.-%, mindestens 2 Vol.-% je nach Mischgutsorte.

Die Wasserundurchlässigkeit ist erfahrungsgemäß bei einem Hohlraum kleiner als 3 Vol.-% gegeben, bei 3 bis 5 Vol.-% gilt Asphalt als praktisch dicht.

Die *Dichtigkeit* wird insbesondere von der obersten Schicht, der Deckschicht, verlangt. Sie muß vor allen Dingen ein hohes Maß an Wasserdichtigkeit haben. Wasser in der Deckschicht kann bei häufigen Frost-Tau-Wechseln durch seine Sprengwirkung beim Gefrieren zur Vergrößerung der Hohlräume und Zerstörung des Verbundes führen. Der Luftsauerstoff kann bei zu großen Hohlräumen zum Verhärten dünner Bitumenfilme beitragen (Alterung). In die Deckschicht eingedrungener Schmutz, insbesondere quellfähige Feinstmineralien, führen durch ihren Bindemittelanspruch zu innerer Ausmagerung. Deshalb ist ein niedriger Hohlraumgehalt auch günstiger für die Witterungsbeständigkeit, Verschleißfestigkeit und den Erhalt der Flexibilität. Dichte Asphaltschichten haben eine lange Haltbarkeit.

Unter *Verschleißfestigkeit* versteht man den Widerstand gegen Substanzverlust infolge der Verkehrsbeanspruchungen. In früheren Jahren erreichte dieser Verlust pro Jahr Größenordnungen von bis zu 5 mm, weil die Fahrbahnen mit Spikes befahren wurden. Nach dem Verbot dieser Reifen beträgt der Abrieb nur noch kaum meßbare Werte von etwa 1 mm. Selbstverständlich bleibt die Verschleißfestigkeit eine wichtige Eigenschaft der Deckschichten. Hohe Verschleißfestigkeit erreicht man durch schlagfestes, witterungs- und frostbeständiges Gestein mit viel Grobkorn von gedrungener Kornform, das in möglichst steifem, dichtem Mörtel verankert ist.

Die *Griffigkeit* ist der von der Deckschicht herrührende Beitrag zum Kraftschluß zwischen Reifen und Fahrbahn. Diese Eigenschaft beeinflußt in hohem Maße die Verkehrssicherheit und muß deshalb stets vorhanden sein. Griffig sind Asphaltschichten, bei denen scharfkantige Splittkörner deutlich aus dem Mörtelbett herausragen. Bewährt haben sich Splittkörner 5/8 oder 8/11. Feinere Körnungen bilden zu wenig Rauhtiefen zwischen den Einzelkörnern, die bei regennassen Fahrbahnen die Verdrängung des Wassers zwischen Reifen und Decke ermöglichen. Rauhtiefen sind vor allem für hohe Fahrgeschwindigkeiten wichtig.

Die *Helligkeit* einer Fahrbahnoberfläche entspricht der Leuchtdichte des reflektierenden Lichtes und hängt zusammen mit der Rauhtiefe und der Gesteinsart. Rauhe Oberflächen aus hellen Splitten ergeben helle Decken. Dunkle Hindernisse auf der Fahrbahn sind auf hellen Decken besonders bei Nacht besser zu erkennen. Allerdings muß in Kauf genommen werden, daß sich die ebenfalls hellen Fahrbahnmarkierungen schlechter abheben.

Helle Decken reflektieren auch die Wärmestrahlen der Sonne stärker und nehmen deshalb weniger Wärme auf als dunkle Decken. Helle Decken bleiben daher wegen der geringeren Aufheizung im Sommer standfester, werden aber im Winter aus dem leichen Grunde nicht so schnell eisfrei wie dunkle Decken.

Die *Einflußfaktoren* der Mischguteigenschaften sind im wesentlichen bei der Behandlung der Eigenschaften selbst genannt. Der hier vorgegebene Rahmen erlaubt keine eingehendere Darstellung. Bei weitergehenden Fragen sei auf die Fachliteratur, z. B. [10/4] verwiesen. Dasselbe gilt auch für das Thema *Prüfen* von Asphalt. Außer Literatur [10/4] wird auf [7] verwiesen.

Walzasphalt ist ein technischer Asphalt nach dem Betonprinzip, der nach Zugabe einer solchen Menge Bitumen entsteht, daß er seine endgültige Festigkeit und Dichtigkeit erst dadurch erreicht, daß er mechanisch durch Walzen verdichtet wird. Dabei verbleibt ein „Resthohlraumgehalt". Walzasphalt ist gewissermaßen ein Dreiphasensystem aus Bindemittel, Mineralstoffen und Luft. Durch die Abstützung des Korngerüstes (die sog. „innere Reibung") anderseits und durch die Kohäsion und Adhäsion des Bitumens anderseits ist er ein Baustoff mit hoher, durch die Zusammensetzung steuerbarer Festigkeit. Der Resthohlraumgehalt soll eine Festigkeitsverminderung durch Bitumenaustritt an die Oberfläche bei Belastungen durch Verkehr und klimabedingter Wärmeausdehnung verhindern.

Asphaltmakadam war in der Frühzeit des bituminösen Straßenbaus der am häufigsten angewendete Baustoff für Straßendecken. Im Zuge der Mechanisierung des Bauprozesses ist die Makadambauweise heute bis auf Restanwendungen bei kleinen Reparaturflächen (geringer Maschinenbedarf und zeitunabhängige Arbeitsweise) durch Asphaltbauweisen nach dem Betonprinzip verdrängt.

Unter Asphaltmakadam versteht man ein Material, das aus einzelnen Korngruppen so zusammengesetzt ist, daß keine stetig verlaufende Sieblinie (Ausfallkörnungen) entsteht (Makadamprinzip). Das jeweils feinere Korn verkeilt die gröbere Körnung. So aufgebaute Asphaltschichten sind mit einfachen Geräten einzubauen und leicht zu verdichten. Sie neigen entsprechend zur Nachverdichtung unter Verkehr und sind den heutigen großen Verkehrsbelastungen nicht mehr gewachsen.

Asphaltbeton ist heute der am häufigsten angewendete Walzasphalt für Straßendecken. Dabei ist die Mineralkornzusammensetzung so aufgebaut, daß die einzelnen Korngruppen in solchen Verhältnissen vorhanden sind, daß eine feinere Korngruppe die Hohlräume der nächst gröberen Korngruppe im verdichteten Zustand optimal ausfüllt. Es entstehen Korngemische mit günstiger Verdichtbarkeit und geringstem Hohlraumgehalt.

Gußasphalt ist ein technischer Asphalt, dessen Mineralkornzusammensetzung ebenfalls nach dem Betonprinzip aufgebaut ist. Es wird jedoch eine so große Bitumenmenge zugegeben, daß keine Hohlräume mehr in dem Mischgut verbleiben, vielmehr durch einen geringen Bitumenüberschuß eine gießfähige Masse entsteht (Zweiphasensystem).

Seine Festigkeit erlangt dieser hochwertige, absolut dichte Asphalt durch harte Bitumensorten und die Art der Bindemittel-Gesteinsmehl-Mischung des Mörtels.

Asphaltmastix ist ebenfalls ein gießfähiger technischer Asphalt, der aus nur feinkörnigen Mineralstoffen im Füller- und Sandbereich (0 bis 2 mm) und hohem Bitumengehalt besteht. Er ist leicht verteilbar, absolut dicht und hat nur geringe Festigkeit.

Schlämmen sind Gemische aus Bitumenemulsionen und feinkörnigen, füllerreichen Mineralstoffen, die von Hand als Oberflächenschutzschichten von Straßendecken eingebaut werden.

Vergußmassen und *Klebemassen* sind technische Asphalte, die durch Zusätze und/ oder Mineralstoffe praktisch versteifte Bindemittel darstellen.

10.2.10 Bitumenbahnen

Bitumenbahnen sind im Grundsatz so aufgebaut, daß sie eine Trägerbahn haben, die in der Regel mit Bitumen getränkt und auf beiden Seiten bitumenbeschichtet ist. Trägerbahn bedeutet eine Bahn aus einem Stoff, der Bitumen „trägt", d. h. aufnimmt. Nichtbeschichtete Bahnen finden nur in der Form der bekannten sogenannten „nackten" Bahnen (früher nackte Pappen) Anwendung. Die Notwendigkeit, für Bitumenbahnen Trägereinlagen einsetzen zu müssen, wird vielfach als Nachteil ausgelegt. Diese Ansicht ist aber nicht richtig. Vielmehr beruht gerade auf der wechselseitigen Anordnung von Trägereinlagen und Bitumenschichten sowie deren Zusammenwirken die außerordentliche Bewährung der Bauwerksabdichtung mit Bitumenbahnen. Die Trägereinlagen wirken gewissermaßen als Bewehrung in der Bitumenmasse, was dann wichtig wird, wenn z. B. bei kurzzeitig höherer Temperatureinwirkung das Bitumen beginnt, weicher zu werden, zu „fließen". Dann übernimmt die Trägereinlage bis zum Wiedererhärten die Festigkeit gegen Reißen und Abfließen dieses „Verbundsystems" Bitumenbahn.
Je nach Beschichtung, Anwendungsgebiet bzw. Art der Verlegung werden vier Hauptgruppen bei den Bitumenbahnen unterschieden:
 Nackte Bitumenbahnen
 Bitumen-Dachbahnen und -Dachdichtungsbahnen
 Bitumen-Dichtungsbahnen
 Bitumen-Schweißbahnen
Bitumenbahnen werden in Industriewerken vollmechanisiert auf Bahnenmaschinen hergestellt, die eine Vielzahl von Aggregaten umfassen. Diese fabrikmäßige Herstellung gewährleistet gleichmäßige und hohe Qualifikation. Die meisten Betriebe sind dem „Industrieverband bituminöse Dach- und Dichtungsbahnen e. V.", Karlstr. 21, in 6000 Frankfurt (VDD) angeschlossen, der auch Auskünfte über die Bahnen, deren Verwendung und Verarbeitung erteilt.
Die z. Z. in Anwendung befindlichen Bitumenbahnen sind alle in Werkstoffnormen beschrieben. Die Normen DIN 52 121, DIN 52 126 und DIN 52 140, die Bahnen beschreiben, bei denen als Tränk- bzw. als Tränk- und Deckmasse Gemische bzw. gemeinschaftlich Bitumen und/oder Naturasphalt mit Steinkohlenteererzeugnissen oder nur Steinkohlenteererzeugnisse verwendet werden, sind 1980 zurückgezogen worden. Dagegen haben sich inzwischen die 4 bis 5 mm dicken Bitumenschweißbahnen mit Trägereinlagen aus Jute- oder Glasgewebe oder Glasvlies sehr gut bewährt, die nur durch Erhitzen ohne zusätzliche Klebemasse mit der Unterlage verbunden werden.
Seit kurzem auch in Werkstoffnormen beschrieben sind 2 Sorten von Bitumenbahnen, die erst in den letzten Jahren entwickelt worden sind: die Polymer-Bitumendachbahnen und die Polymer-Bitumenschweißbahnen. Wie der Name sagt, werden Polymer-Bitumen für Tränk- und Deckmassen verwendet. Durch die größere Plastizitätsspanne der Polymer-Bitumen werden die Eigenschaften der Bahnen verbessert, wie z. B. das Kaltbiegeverhalten und die Wärmestandfestigkeit der Bahnen. Da außerdem neben den üblichen Trägereinlagen Jute- oder Glasgewebe auch Bahnen mit

Bitumen, Asphalt, Teerpech (Bituminöse Baustoffe)

Tafel 10.3 Bitumenbahnen

Bezeichnung	DIN	Kurzbezeichnung[1]	Höchstzugkraft in N längs	quer	Dehnung [%] längs	quer
Nackte Bitumenbahnen	52 129	R 500 N, R 333 N	280, 240	180, 140	2; 2	2; 2
Bitumendachbahnen						
Bitumendachbahnen mit Rohfilzeinlage	52 128	R 500, R 333	300, 250	200, 140	2; 2	2; 2
Bitumen-Dachdichtungsbahnen	52 130	J 300 DD, G 200 DD, PV 200 DD	600, 1000, 800	500, 1000, 800	3,5; 2; 40	5; 2; 40
Glasvliesbitumendachbahnen	52 143	V 11, V 13	400	300	2	2
Bitumendichtungsbahnen						
mit Rohfilzeinlage	18 190 T 1	R 500 D	300	250	2	2
mit Jutegewebeeinlage	18 190 T 2	J 300 D	600	500	5	5
mit Glasgewebeeinlage	18 190 T 3	G 220 D	800 (700)	800 (700)	2	2
mit Metallbandeinlage	18 190 T 4	Cu 0,1 D, Al 0,2 D	500, 500	500, 500	5; 5	5; 5
mit Polyethylenterephthalat-Folieneinlage	18 190 T 5	PETP 0,03 D	250 (200)	250 (200)	15 (10)	15 (10)
Bitumenschweißbahnen						
mit Einlage aus Jutegewebe 4 oder 5 mm dick	52 131	J 300 S4, J 300 S5	600, 600	500, 500	3,5	5
mit Einlage aus Glasgewebe 4 oder 5 mm dick	52 131	G 200 S4, G 200 S5	700, 700	700, 700	2	2
mit Einlage aus Glasvlies 4 mm dick	52 131	V 60 S4	400	300	2	2
mit Einlage aus Polyestervlies 5 mm dick	52 131	PV 200	800	800	40	40
Polymer-Bitumen-dachdichtungsbahnen	52 132					
mit Einlage aus Jutegewebe		J 300 PY DD	600	500	40	40
mit Einlage aus Glasgewebe		G 200 PY DD	700	700	40	40
mit Einlage aus Polyestervlies		PV 200 PY DD	800	800	40	40
Polymer-Bitumen-schweißbahnen	52 133					
mit Einlage aus Jutegewebe		J 300 PY S5	600	600	40	40
mit Einlage aus Glasgewebe		G 200 PY S5	700	700	40	40
mit Einlage aus Polyestervlies		PV 200 PY S5	800	800	40	40

[1]) Die Kurzbezeichnung setzt sich aus einem Buchstaben für die verwendete Einlage, einer Zahl, die Flächengewicht oder Dicke der Einlage angibt, sowie ggf. einer Kennzeichnung des Bahnentyps zusammen:

R	Rohfilz	500	= 500 g/m²	N	Nackte Bitumenbahn
V	Glasvlies	11	= 1100 g/m²	DD	Dach- und Dichtungsbahn
J	Jute	0,1	= 0,1 mm	D	Dichtungsbahn
G	Glasgewebe	4	= 4 mm	S	Schweißbahn
Cu	Kupfer			PY	Polymer-Bitumen
Al	Aluminium				
PETP	Polyethylen-terephthalatfolie				
PV	Polyestervlies				

10.3 Steinkohlenteerpeche und Zubereitungen aus Spezialpechen

Polyesterfaservlies hergestellt werden, wird auch die Zugfestigkeit vergrößert und der Prozentwert der Dehnung bei Höchstzugkraft bei der entsprechenden Prüfung nach DIN 52123 wesentlich erhöht.

Eine Übersicht aller genormten Bitumenbahnen zeigt Tafel 10.3.

10.3 Steinkohlenteerpeche und Zubereitungen aus Steinkohlenteer-Spezialpechen

Steinkohlenteerpeche sind nach der *neuen* DIN 55946 Teil 2 (Dez. 83) „…die bei Raumtemperatur plastischen bis festen Rückstände der Destillation von Steinkohlenteeren"; mit dem Zusatz: „Steinkohlenteerpech findet als solches keine technische Anwendung." Es folgt die Definition von

Steinkohlenteer-Spezialpechen als
„Steinkohlenteerpeche, deren physikalische und chemische Eigenschaften durch spezielle Verfahren (z. B. Polymerisation[1]) verändert worden sind".

Aus den Steinkohlenteer-Spezialpechen werden lt. neuer Begriffsnorm sodann die **Zubereitungen aus Steinkohlenteer-Spezialpechen** hergestellt. Deren Definition lautet:

„Steinkohlenteer-Spezialpeche mit anderen, für den jeweiligen Anwendungszweck geeigneten Komponenten, z. B. Lösemitteln und/oder Wasser, ggf. unter Zugabe geeigneter Emulgatoren, anderen organischen Komponenten sowie ggf. weiteren Zuschlägen und/oder Zusätzen."

Wie die „neue" Begriffsnorm zeigt, sind neuerdings Teere gar nicht mehr definiert und von den Pechen nur das Steinkohlenteerpech, jedoch mit dem wichtigen Hinweis, daß Steinkohlenteerpech als solches keine technische Anwendung mehr hat.[2] Vielmehr werden aus dem Steinkohlenteerpech durch chemische und physikalische Veränderung sogenannte Steinkohlenteer-Spezialpeche hergestellt.

Aus den Steinkohlenteer-Spezialpechen werden dann die eigentlichen Erzeugnisse für die Anwendung im Bauwesen u. a. Bereichen hergestellt, die sogenannten Zubereitungen aus Steinkohlenteer-Spezialpechen, die in Zukunft zunehmende Bedeutung gewinnen werden.

10.3.1 Übersicht der Begriffe

Entsprechend der neuen Begriffsnorm, Teil 2, werden folgende Arten von Zubereitungen aus Steinkohlenteer-Spezialpechen in sechs Hauptgruppen mit Untergruppen unterschieden:

---

[1] Durch Polymerisation werden – meist unter Druck bei Erwärmung – zahlreiche gleichartige Moleküle zu langen Fadenmolekülen linear, ohne Ausscheiden von Nebenprodukten, aneinandergereiht.

[2] Allerdings mußte zur Definition des Steinkohlenteerpeches der Begriff „Steinkohlenteer" verwendet werden.

Bitumen, Asphalt, Teerpech (Bituminöse Baustoffe)

Zubereitungen aus Steinkohlenteer-Spezialpechen

a) **Straßenpeche**
Kaltpechlösungen
Alterungsbeständige Straßenpeche
Pechbitumen
Bitumenpech
b) **Steinkohlenteer-Bindepeche**
c) **Steinkohlenteer-Imprägnierpeche**
d) **Präparierte Peche**
Hochviskose Straßenpeche
Pechemulsionen
Polymermodifizierte Steinkohlenteer-Spezialpeche
e) **Pechsuspensionen**
f) **Steinkohlenteer-Spezialpech mit Mineralstoffen**

10.3.2 Definitionen der Begriffe

a) Straßenpeche (bisher: Straßenteere)

Lösungen von Steinkohlenteer-Spezialpechen, die vorzugsweise im Straßenbau verwendet werden und deren Anforderungen in DIN 1995 festgelegt sind.

Kaltpechlösungen (bisher: Kaltteere)

Lösungen von Straßenpechen in *leichtflüchtigen* Lösemitteln. Hierdurch wird die Viskosität so herabgesetzt, daß sie kalt verarbeitbar sind. Kaltpechlösungen werden vorwiegend für Straßenbauzwecke verwendet.

Alterungsbeständige Straßenpeche (bisher: Alterungsbeständige Straßenteere)

Niedrig- bis mittelviskose Straßenpeche, die durch ihre Zusammensetzung besonders widerstandsfähig gegen Witterungseinflüsse sind. Ihre Anforderungen sind in den Technischen Lieferbedingungen für alterungsbeständige Straßenteere (AT), Ausgabe 1980[1]), festgelegt.

Pechbitumen (bisher: Teerbitumen)

Mischungen aus *überwiegend Straßenbaubitumen* mit Straßenpechen. Sie werden vorzugsweise als Straßenbaubindemittel verwendet, deren Anforderungen in den Technischen Lieferbedingungen für Teerbitumen (TB), Ausgabe 1980[1]), festgelegt sind.

Bitumenpeche (bisher: Straßenteere mit Bitumen bzw. Straßenteere mit erhöhtem Bitumengehalt)

Mischungen aus *überwiegend Straßenpechen* mit Straßenbaubitumen. Sie werden überwiegend bei der *Oberflächenbehandlung* von Straßen verwendet. Ihre Anforderungen sind in den Technischen Lieferbedingungen für Straßenteer mit erhöhtem Bitumengehalt (VT), Ausgabe 1980[1]), festgelegt.

b) Steinkohlenteer-Bindepeche

Steinkohlenteer-Spezialpeche oder deren Lösungen, die aufgrund ihrer Eigenschaften *zum Binden kohlenstoffhaltiger und/oder mineralischer, feinkörniger Stoffe* für die Herstellung von Formkörpern oder Stampfmassen, z. B. für die Elektrodenherstellung sowie in der Eisenindustrie, geeignet sind.

c) Steinkohlenteer-Imprägnierpeche

Steinkohlenteer-Spezialpeche oder deren Lösungen, die zum *Füllen der Hohlräume poröser Stoffe*, z. B. in der Feuerfestindustrie, geeignet sind.

d) Präparierte Peche (bisher: Präparierte Teere)

Lösungen von Steinkohlenteer-Spezialpechen in niedrig- und/oder höhersiedenden Lösemitteln, die mineralöl- und/oder steinkohlenteerstämmig sein können, ggf. auch mit anorganischen Füllstoffen vermischt. Sie werden vorzugsweise für Anstrich- und Tränkmittel, Klebe- und Spachtelmassen verwendet.

10.3.3 Herstellung und Zusammensetzung von Straßenpech

Hochviskose Straßenpeche (bisher: Hochviskose Straßenteere)

Präparierte Peche, die durch einen niedrigen Gehalt an Fluxölen und rasches Abbindevermögen gekennzeichnet sind; ihre Anforderungen sind in den Technischen Lieferbedingungen für hochviskose Straßenteere (HT), Ausgabe 1980[1]), festgelegt.

Pechemulsionen (bisher: Teeremulsionen)

Emulsionen *aus präparierten Pechen* mit Wasser, die mit Hilfe von Emulgatoren und ggf. Stabilisatoren hergestellt sind. Sie werden vorwiegend als *kalt zu verarbeitende Anstrich- und Beschichtungsmittel* verwendet.

Polymermodifizierte Steinkohlenteer-Spezialpeche

Zubereitungen aus präparierten Pechen durch Mischen mit Polymersystemen. Es sind rein physikalische Mischungen und/oder Reaktionsprodukte dieser Komponenten. Die Polymersysteme verändern die thermoplastischen und/oder elastischen Eigenschaften der Steinkohlenteer-Spezialpeche. Sie werden vorwiegend als spezielle Anstrich-, Beschichtungs- und Bindemittel verwendet.

e) **Pechsuspensionen** (bisher: Pechemulsionen)

Suspensionen *aus Steinkohlenteer-Spezialpechen* mit Wasser, die mit Hilfe von Emulgatoren und ggf. Stabilisatoren hergestellt sind. Sie werden vorwiegend als *kalt zu verarbeitende Anstrich- und Beschichtungsmittel* verwendet.

f) **Steinkohlenteer-Spezialpeche mit Mineralstoffen**

Technisch hergestellte Gemische aus Straßenpechen, Pechbitumen, Bitumenpechen oder polymermodifizierten Steinkohlenteer-Spezialpechen und verschiedenen Mineralstoffkörnungen sowie ggf. weiteren Zuschlägen und/oder Zusätzen.

Wortzusammensetzungen (wie z. B. Teerbeton, Teerasphaltbeton, Teerasphaltbinderschicht) sind üblich, je nach Art des verwendeten Bindemittels, nach der Kornabstufung, nach der Funktion usw.

10.3.3 Herstellung und Zusammensetzung von Straßenpech (Straßenteer)

Von größerer Bedeutung im Bauwesen, und dort eigentlich nur im Hauptanwendungsgebiet Straßenbau, sind von den sechs unter Abschnitt 10.3.1 bzw. 10.3.2 aufgezählten und definierten Zubereitungen aus Steinkohlenteer-Spezialpechen z. Z. praktisch nur die Straßenpeche. So genannt in der neuen Begriffsnorm, jedoch im gesamten Technischen Regelwerk des Straßenbaus – wie erläutert – noch unter dem Begriff „Straßenteere" behandelt.

Nur geringere Bedeutung im Bauwesen haben dagegen die anderen Zubereitungen, die präparierten Peche und Pechsuspensionen, die im Bautenschutz Verwendung finden. Binde- und Imprägnierpeche haben ihre Anwendung außerhalb des Bauwesens wie unter Abschnitt 10.3.2 genannt.

Steinkohlenteer-Spezialpeche mit Mineralstoffen sind die Mischungen aus Spezialpechen mit Mineralstoffen, die auf der pech- oder *carbostämmigen* Seite dem Asphalt auf der bitumen- oder *petrostämmigen* Seite entsprechen.

Wegen der insgesamt im Vergleich zur Anwendungsbedeutung von Bitumen geringen Bedeutung carbostämmiger Binde-, Kleb-, Tränk- und Anstrichmittel sollen in den folgenden Abschnitten diese Erzeugnisse nur kurz und repräsentativ für alle, wegen der hervorragenden Bedeutung der Straßenpeche bzw. Straßenteere diese analog zu Bitumen (siehe Abschnitt 10.2) besprochen werden.

Straßenpech wird aus Steinkohlenteerpech hergestellt.

---

[1]) Zu beziehen von der Forschungsgesellschaft für das Straßen- und Verkehrswesen e. V. (FGSV), Alfred-Schütte-Allee 10, 5000 Köln 21.

554 Bitumen, Asphalt, Teerpech (Bituminöse Baustoffe)

Steinkohlenteerpech wird von dem bei der Verkokung (thermische Zersetzung bei Temperaturen von etwa 1000 °C ohne Luftzutritt) der Steinkohlen anfallenden Wasser und bestimmten Leichtölen befreit und dann einer fraktionierten Destillation unterworfen, wodurch es in verschiedene Teerölfraktionen (Steinkohlenteeröle) und in Pech zerlegt wird. Ähnlich wie bei der Erdölaufarbeitung geschieht diese Destillation in modernen Teerdestillationsanlagen kontinuierlich unter Vakuum. Durch Mischen von Steinkohlenteerpech mit bestimmten, für diesen Zweck besonders vorbereiteten, Teerölen wird das Straßenpech hergestellt.

Die Teeröle entstammen im wesentlichen den Fraktionen Mittelöl (Siedebereich 170 bis 270 °C), Schweröl (Siedebereich 270 bis 300 °C) und Anthracenöl (Siedebereich über 300 °C). Sie müssen zueinander und in ihrer Gesamtheit zum Pech in einem bestimmten Mengenverhältnis stehen.

Die Eigenschaften der Straßenteere werden somit durch die Menge und Zusammensetzung des Ölanteils beeinflußt und charakterisiert. Der Pechgehalt deutscher Straßenteere liegt zwischen 59 und 78 Masse-%, der Rest besteht aus annähernd gleichen Anteilen der drei Öl-Fraktionen.

Aus dem hohen Pech-Anteil des Straßenteers folgt, daß der Teer eigentlich immer schon Pech heißen mußte. Insofern nimmt die neue Begriffsnorm bei der Änderung des Begriffes Straßenteer in Straßenpech eine längst fällige Korrektur vor. Außerdem stellt „Pech" das eigentlich bindende Element dar, das für die Anwendung das wichtigste ist. Die Vermischung von Pech mit Ölen verursacht übrigens viele Verwandtschaften mit den Eigenschaften von Flux- bzw. „Verschnitt"-Bitumen, das ja auch ein mit Ölen vermischtes Bindemittel ist.

10.3.4 Eigenschaften und Prüfungen von Straßenpech

Herkunft und Art der Inhaltsstoffe sowie das Pech-Öl-Verhältnis bestimmen die chemisch-physikalischen Eigenschaften der Straßenteere und ihr Verhalten als Bindemittel im Straßenbau.

a) Konsistenz und Viskosität
Die Konsistenz der verschiedenen Straßenpeche der neuen Begriffsnorm (siehe Abschnitt 10.3.2) reicht von niedrig- (z. B. Kaltpechlösung) über mittel- (z. B. alterungsbeständiges Straßenpech) bis hochviskos (z. B. Pechbitumen), je nach Art und Menge der Öle bzw. Öle und Lösemittel.
Die Viskosität wird wie beim Bitumen mit einem konventionellen Meßverfahren bestimmt: Die Ausflußzeit mit dem Straßenteer-Ausflußgerät nach DIN 52 023 Teil 1 ist ein Anhalt für die Größe der Viskosität. Dieses Prüfverfahren wird auch beim „Verschnitt"- bzw. Fluxbitumen angewendet. Zusätzlich wird in den Beschaffenheitsvorschriften für alle Teere bzw. Peche die Temperatur gleicher Ausflußzeit (TGA bzw. international EVT) nach DIN 52 023 Teil 2 vorgegeben und geprüft. Die zulässige Spanne der Ausflußzeiten dient bei den Straßenteeren zur Kurzbezeichnung der Sorten. Näheres über die Prüfungen siehe [7].
Der Erweichungspunkt wird bei den Straßenteeren bzw. -pechen traditionell nicht nach dem Ring- und Kugel-Verfahren wie bei den Bitumen, sondern nach dem Verfahren nach **Krämer/Sarnow** (DIN 52 025) bestimmt. Beim Erweichungspunkt nach **Krämer/Sarnow** (EP KS) werden „Bartaröhrchen" von 5 mm Höhe und 6 mm innerem Durchmesser mit Bindemittel gefüllt und durch 0,05 N Quecksilber belastet. Die Erwärmung mit 1 °C je Minute erfolgt in einem doppelten Wasserbad. Die Temperatur wird abgelesen, wenn das Quecksilber den Bindemittelpfropfen durchbricht. Näheres siehe [7].

b) Adhäsion, Abbinden und Alterung
Die im Straßenteer enthaltenen polaren Inhaltsstoffe (hochsiedende Phenole, Teerbasen u. dgl.), die natürliche Netz- bzw. aktive Haftmittel darstellen, bedingen sein gutes Benetzungs- und Haftvermögen auch an ungünstigen Gesteinen. Eine relativ gute *Adhäsion* (siehe Adhäsion bei Bitumen unter Abschnitt 10.2.5d) ist allen Straßenteeren bzw. -pechen eigen.
Straßenteere werden mit Ausnahme von Kaltteer und Teeremulsion in heißflüssigem Zustand verarbeitet, und zwar durch Verspritzen bei Oberflächenbehandlungen und Tränkungen sowie durch Vermischen mit Gesteinsstoffen bei Teerverfestigungen und bei der Herstellung von Teermischgut. Sie gewinnen ihre endgültige Klebe- und Bindekraft im wesentlichen durch Abkühlung, z. T. aber auch durch Verdunstung der leichter siedenden Teerölanteile. Die letztgenannte Erscheinung nennt man *Abbinden*. Da beim „Abbinden" erfahrungsgemäß das Mittelöl vollständig und das Schweröl etwa zur Hälfte verdunstet, verbleibt als endgültiges Bindemittel ein weiches Pech, das hauptsächlich durch das Verhältnis Pech zu Anthracenöl charakterisiert ist. Dies beträgt gewöhnlich 3,5 : 1.
Durch Erhöhen des Anteils an Anthracenöl II (über 350 °C siedend) gegenüber dem Anteil an Anthracenöl I (bis 350 °C siedend) können *„Straßenteere mit erhöhter Alterungsbeständigkeit"* hergestellt werden, weil das höher siedende Anthracenöl der Neigung des in der Straße als eigentliches Bindemittel verbleibenden weichen

Pechs, durch Verdunstung von Ölen weiter zu verhärten, entgegenwirkt. Nach diesem Prinzip sind auch die *hochviskosen Straßenteere HT 49 bis 55* für Teermischgut zusammengesetzt. Sie sind daher auch weniger empfindlich gegen Überhitzung durch zu heißes Gestein in der Mischanlage.
Unter dem Einfluß von Sauerstoff und Licht neigt der Straßenteer aufgrund seines Gehalts an ungesättigten Kohlenwasserstoffen dazu, durch Oxidation und Polymerisation zu verharzen, d. h. stärker zu verhärten, zu *altern*, als es dem Verlust an flüchtigen Teerölen (bei niedrig- bis mittelviskosen Straßenteeren) entspräche.
Das kann die Griffigkeit von Fahrbahndecken begünstigen, weil überfettete Stellen und etwaiger Mörtelüberschuß, die beide die Reibung zwischen den Mineralstoffen an der Fahrbahnoberfläche und den Fahrzeugreifen bei Nässe herabsetzen, durch diese Verharzung verhältnismäßig rasch abgefahren werden. Im Innern der Straßendecke, wo Luft und Licht fehlen, bleibt der Teer geschmeidig.

c) Verhalten gegenüber Mineralölen und Pflanzen
Steinkohlenteere und -peche sind in *Mineralölen* und Treibstoffen *wenig* löslich. Teergebundene Mineralgemische und Teerschlämme eignen sich deshalb besonders für die Befestigung bzw. Absiegelung von Flächen, die mit Mineralölen und Treibstoffen in Berührung kommen und dadurch der Gefahr der Aufweichung und Auflösung unterliegen (Parkplätze, Omnibusbahnhöfe, Wartungsplätze an Tankstellen und auf Flughäfen).
Die Teeröle und gewisse Bestandteile des Pechs haben ausgesprochen *wachstumshemmende Wirkung* gegenüber tierischen und pflanzlichen Organismen. Durch die Vielzahl der im einzelnen auch spezifisch wirkenden Verbindungen besteht ein breiter Wirkungsbereich. Beläge mit Straßenteer als Bindemittel sind daher widerstandsfähig gegen Bodenbakterien, gegen das Ein- und Durchwachsen von Pflanzen, beispielsweise im Forst- und Wirtschaftswegebau oder bei bituminös befestigten Randstreifen u. dgl., ja sogar gegen Muscheln und Algen, etwa bei Seedämmen.

d) Verhalten gegenüber Wasser und Chemikalien
Wie Bitumen sind Straßen- und andere Teere bzw. Peche praktisch wasserundurchlässig.
Auch gegenüber Chemikalien verhalten sich Teere bzw. Peche ganz ähnlich wie die Bitumen (siehe Abschnitt 10.2.5e). Also Unempfindlichkeit z. B. gegenüber Lösungen von organischen und anorganischen Salzen, Zerstörung durch z. B. organische Säuren und Basen.

e) Physikalische Kenndaten
Die *Dichte* der Straßenteere bzw. -peche erlaubt Hinweise auf ihre Zusammensetzung. Die verschiedenen Stoffgruppen des Kolloids Straßenteer haben verschiedene Dichten, und zwar steigt die Dichte von etwa 1,2 g/cm^3 bei den Pechölen bis auf etwa 1,6 bei den Pechharzen. Die Zunahme der Dichte mit Vergrößerung der Viskosität erklärt sich daraus. So haben Straßenteere Dichten bei 25 °C von etwa 1,2 bis 1,21, hochviskose Straßenteere 25- °C-Dichten von 1,22 bis 1,24 g/cm^3.
Der kubische *Wärmeausdehnungskoeffizient* wird wie bei Bitumen bei der Heißmischgutaufbereitung von Mischungen aus – nach neuer DIN – „Steinkohlenteer-Spezialpech mit Mineralstoffen" benötigt. Er ist im praktisch interessierenden Temperaturbereich von etwa 15 bis 200 °C nahezu konstant mit einer Größe von 0,0007/K (Bitumen: 0,0006/K).
Die *Plastizitätsspanne* des Steinkohlenteerpechs in den Zubereitungen aus Steinkohlenteer-Spezialpech wie den Straßenpechen bzw. Straßenteeren u. a. im Vergleich zum Bitumen ist beachtenswert. Das Teerpech hat selbstverständlich auch einen meßbaren Brechpunkt nach *Fraaß* und Bitumen einen meßbaren Erweichungspunkt nach *Krämer/Sarnow*. Die Temperaturspanne zwischen diesen beiden Punkten, die Plastizitätsspanne, liegt bei einem „normalen" Teerpech zwischen 25 bis 35 °C, bei den Destillationsbitumen zwischen 47 und 69 °C. Daraus wird der größere Plastizitätsbereich von Bitumen deutlich. Das macht Bitumen u. a. besonders im Hauptanwendungsgebiet Straßenbau dem Teerpech überlegen.

10.3.5 Gemische aus Teer und Bitumen

Von großer Bedeutung ist die Bitumenmischbarkeit von Teerpech. Um die Vorzüge der beiden Baustoffe Bitumen und Teerpech zu vereinen, hat man schon frühzeitig versucht, sie miteinander zu vermischen.
Ein so hergestellter Baustoff müßte durch den Einfluß des Teers das Gestein gut benetzen, bei Erhitzung schnell dünnflüssig sein, ziemlich schnell abbinden und durch den Einfluß des Bitumens eine größere Plastizitätsspanne haben, unempfindlicher gegen Temperatureinflüsse sein und kaum altern.
Leider mußten bei dem Vermischen der beiden bituminösen Stoffe Ölabscheidungen in Tropfenform bis zu starken Ölabsonderungen festgestellt werden. Diese Entmischungserscheinungen können bei einem Bitumengehalt von über 20 % zu einem grießig aussehenden, nicht klebefähigen Stoff führen.
Aufgrund dieser Tatsache läßt die DIN 1995 auch nur Gemische aus 85 % Teer und 15 % Bitumen zu, die sogenannten *Straßenteere mit Bitumen* (Bitumenpeche, abgekürzt BP).

556 Bitumen, Asphalt, Teerpech (Bituminöse Baustoffe)

Erst später gelang es, Teer-Bitumen-Mischungen mit Bitumenanteilen von 30 bis 40 % herzustellen, ohne daß sich Entmischungserscheinungen gezeigt hätten. Diese bemerkenswerte Entwicklung ist zweifellos nur möglich gewesen aufgrund der vertieften Kenntnisse über die Kolloidsysteme Teer und Bitumen. Diese *Straßenteere mit erhöhtem Bitumengehalt* sind nur dadurch möglich, daß die gute Bitumenmischbarkeit durch bestimmte Stoffe bewirkt wird, die als Lösungsvermittler wirken.

Gemische von Bitumen mit geringem Teergehalt (20 bis 30 Masse-%), auch als *„Teerbitumen"* (TB) bezeichnet, werden im wesentlichen mit den Penetrationen 65 und 80 wie Bitumen der Sorte B 65 oder B 80 für Binder- und Deckschichten im Heißeinbau herangezogen (Teerasphaltbinder und Teerasphaltbeton). Der Zusatz von Straßenteer bzw. Teerpech zum Bitumen erniedrigt, ähnlich wie das Teeröl im Verschnittbitumen, die Verarbeitungstemperaturen des Ausgangsbitumens, in diesem Falle jedoch nicht durch eine allgemeine Herabsetzung der Konsistenz des Bindemittels (z. B. Erweichungspunkt und Penetration), sondern durch den steileren Verlauf der Temperatur-Viskositäts-Kurve. Außerdem soll dem Gesamtbindemittel durch die polaren Inhaltsstoffe des Teerpechs eine verbesserte Benetzungs- und Haftfähigkeit am Gestein verliehen werden.

Die Anforderungen an diese Bindemittel sind aus dem TL für Teerbitumen zu entnehmen.

10.3.6 Sorten und Beschaffenheitsvorschriften

Die dieses Thema betreffenden gültigen Normen, insbesondere die DIN 1995, sowie die Technischen Lieferbedingungen für die Teere, sind zusammen mit denjenigen für Bitumen unter der entsprechenden Überschrift (siehe Abschnitt 10.2.6) aufgeführt.

Die Anforderungen an die Beschaffenheit der verschiedenen im Straßenbau verwendeten Teere sind in *DIN 1995* festgelegt. Das sind die unter 3.2 der DIN 1995 mit ihren Anforderungen beschriebenen Straßenteere, unter 3.3 Straßenteere mit Bitumen (in Zukunft Bitumenpeche) und unter 3.6 Kaltteer (künftig: Kaltpechlösungen).

Weitere Straßenteersorten sind in den *„TL für Bindemittel auf Bitumen- und Teerbasis"*, Ausgabe 1980, der FGSV beschrieben. Es sind dies die Alterungsbeständigen (AT) und die Hochviskosen Straßenteere (HT) sowie die Teerbitumen (TB) und die Straßenteere mit erhöhtem Bitumengehalt (künftig: Alterungsbeständiges Straßenpech, Hochviskoses Straßenpech, Pechbitumen und Bitumenpech).

Zur Bezeichnung und Unterscheidung der Straßenteersorten dienen Viskositätskennwerte, die entweder als Auslaufzeit im Straßenteer-Ausflußgerät (Sekunden) oder als Temperatur gleicher Ausflußzeit (TGA) mit demselben Gerät bestimmt und angegeben werden. Für alle Straßenteere werden neuerdings (seit 1980) zur Kennzeichnung der Viskosität die Auslaufzeiten in Sekunden **und** die TGA in °C benutzt. Nur bei dem äußerst dünnflüssigen Kaltteer wird nur die Ausflußzeit gefordert, und zwar mit der 4-mm-Düse bei nur 25 °C.

Außerdem sind in den Beschaffenheitsvorschriften für die verschiedenen Teersorten Grenzwerte für die Ölanteile und für den Pechgehalt, für den Erweichungspunkt des Pechanteils, für das Toluol-Unlösliche, die Dichte, für die in Natronlauge löslichen Phenole und für den Gehalt an Naphthalin und Rohanthracen festgelegt.

Eine Übersicht über alle auf dem Markt angebotenen Teere bzw. Zubereitungen aus Steinkohlenteer-Spezialpechen zeigt Tafel 10.4, die wie die Übersicht über Bitumen (Tafel 10.1) der Literatur [10/4] entnommen ist.

Zur näheren Erläuterung der Tafel 10.3 folgende Hinweise:

Wie bei den Bitumen werden als Typen bei den Bindemitteln auf Teer- bzw. Steinkohlenteer-Spezialpech-Basis (carbostämmig) die *heiß* (alle außer Kaltteer und Teeremulsion) und die *kalt* verarbeitbaren Bindemittel unterschieden.

Die Bezeichnung der „Teere" bzw. „Zubereitungen aus Steinkohlenteer-Spezialpech" erfolgt nach ihrer Viskosität bei der *Anlieferung:*

Die Straßenteere erhalten das Kurzzeichen T und dazu zwei Zahlen, die die zulässige Spanne im Straßenteer-Ausflußgerät angeben. Vier Sorten von T 40/70 bis T 250/500 (große Zahlen bedeuten hohe Viskosität) sind genormt.

Die „Hochviskosen Straßenteere" erhalten das Kurzzeichen HT und die Spanne der „Temperatur gleicher Ausflußzeit" (TGA). Drei Sorten von HT 49/51 bis HT 53/55 sind in den TL beschrieben. Bei ihnen ist das Verhältnis von Anthracenöl II : Anthracenöl I mit mindestens 1,3 vorgeschrieben.

Die „Alterungsbeständigen Straßenteere" erhalten das Kurzzeichen AT und dazu wie bei den Straßenteeren zwei Zahlen, die die zulässige Spanne der Ausflußzeit im Straßenteer-Ausflußgerät angeben. Drei Sorten von AT 80/125 bis AT 250/500 sind in den TL beschrieben. Bei ihnen ist wie bei den HT das Verhältnis Anthracenöl II : Anthracenöl I vorgeschrieben. Es ist hier mindestens 1,5.

10.3.6 Sorten und Beschaffenheitsvorschriften

Tafel 10.4 Zubereitungen aus Steinkohlenteer-Spezialpech

Teersorte		T 40/70	Straßenteere DIN 1995 T 80/125	T 140/240	T 250/500	Hochviskose Straßenteere HT 49/51	HT 51/53	HT 53/55	Alterungsbeständige Straßenteere AT 80/125	AT 140/240	AT 250/500
Ausflußzeit, 10-mm-Düse	[s]	40-70, 30°	80-125, 30°	25-40, 40°	45-100, 40°	40-60, 50°	60-90, 50°	90-125, 50°	80-125, 30°	25-40, 40°	45-100, 40°
Äquiviskositätstemperatur (TGA)	[°C]	28,7-31,6	32,3-34,4	35,5-38,6	39,1-43,3	49-51	51-53	53-55	32,3-34,4	35,5-38,6	39,1-43,4
EP KS Pechrückstand max.	[°C]	70	70	70	70	60	60	58	35-45	35-45	35-45
Dichte bei 25 °C max.	[g/cm³]	1,23	1,23	1,24	1,25	1,20-1,24	1,20-1,24	1,22-1,26	1,19-1,23	1,19-1,23	1,19-1,23
Verarbeitungstemperaturen:											
Zum Abfüllen (1300 mm²/3) ca.	[°C]	50	54	57	60	70	72	75	54	57	60
Zum Mischen (200 mm²/3) ca.	[°C]	70	73	76	78	90	93	95	73	76	78
Zum Spritzen (50 mm²/3) ca.	[°C]	90	94	97	100	112	114	117	94	97	100

Sorte		Kaltteer DIN 1995	Teerpechlösungen		Teer- emulsion	Teerpechemulsion	Weichpeche	Teersonderpeche
Ausflußzeit, 4-mm-Düse	[s]	max. 30, 25°	–	–	35-50, 20°	–	–	–
Teeranteil/Pechanteil	[%]	52 bis 62	30-45	min. 50	60	min. 20	100	100
Dichte	[g/cm³]	–	–	–	1,05-1,15	–	1,25	1,25
EP Ring u. Kugel Pech	[°C]	–	50-70	min. 50	–	min. 40	25-55, gestuft	35-90, gestuft

Sorte		Straßenteere mit Bitumen DIN 1995 BT 40/70	BT 80/125	BT 140/240	BT 250/500	Straßenteere mit erhöhtem Bitumengehalt VT 80/125	VT 250/500	Teerbitumen TB 65	TB 80
Ausflußzeit, 10-mm-Düse	[s]	40-70, 30°	80-125, 30°	25-40, 40°	45-100, 40°	80-125, 30°	45-100, 40°		
Äquiviskositätstemperatur (TGA)	[°C]	28,7-31,6	32,3-34,4	35,5-38,6	39,1-43,3	32,3-34,4	39,1-43,3	50-70	70-100
Bitumenanteil	[%]	15	15	15	15	35-45	35-45	70-85	70-85
Dichte bei 25 °C max.	[g/cm³]	1,18	1,19	1,19	1,21	1,12-1,16	1,13-1,17	1,0	1,0
Verarbeitungstemperaturen:									
Zum Abfüllen (1300 mm²/3) ca.	[°C]	50	54	57	60	57	65	110	100
Zum Mischen (200 mm²/3) ca.	[°C]	70	73	76	78	81	90	140	130
Zum Spritzen (50 mm²/3) ca.	[°C]	90	94	97	100	107	115	170	160

558 Bitumen, Asphalt, Teerpech (Bituminöse Baustoffe)

„Kaltteer" ist mit nur einer Sorte in der DIN 1995 genormt. Er wird ohne Kurzbezeichnung mit Kaltteer bezeichnet.
Wichtig ist bei Kaltteer der **Hinweis auf die Leichtentzündlichkeit**, der deutlich auf den Liefergefäßen angebracht sein muß.

„Straßenteere mit Bitumen" sind mit vier Sorten in DIN 1995 genormt. Sie haben das Kurzzeichen BT mit zwei Zahlen, die die Ausflußzeitspanne angeben. Ihr Bitumenanteil besteht aus 15 % Straßenbaubitumen B 45. „Straßenteere mit erhöhtem Bitumengehalt" tragen das Kurzzeichen VT. Es gibt nur noch zwei Sorten, die in den TL beschrieben sind: der VT 80/125 und der VT 250/500. Die Zahlen geben die Ausflußzeit-Spannen an.

„Teerbitumen" ist ein Bindemittel, das wegen des hohen Anteils an Bitumen (mindestens 70 %, höchstens 85 %) eigentlich den „Bitumenhaltigen Bindemitteln" zugerechnet werden müßte. Konsequenterweise ist die Zahl in der Kurzbezeichnung neben den Buchstaben TB die mittlere Nadelpenetration in Zehntelmillimetern. Es werden die zwei Sorten TB 65 und TB 80 hergestellt, die in der TL beschrieben sind. Teerbitumen ist zur Herstellung von heißverarbeitbarem Straßenbau-Mischgut bestimmt.

Für die weiteren in der Tafel aufgeführten carbostämmigen Bindemittelsorten sind Normen oder Technische Lieferbedingungen nicht aufgestellt. Ihre Anwendung und damit Bedeutung ist sehr gering.

„Teerpechlösungen" werden bzw. wurden in der Dichtungstechnik als Aufstrichmittel verwendet. Ihre niedrige Viskosität wird allein durch Lösemittel bewirkt, die leichten Teeröle werden herausdestilliert. Sie sind also den Bitumenanstrichmitteln ähnlich.

„Teeremulsionen": Für die Bodenverfestigung gibt es eine stabile Teeremulsion S 60, die weiche Teere wie z. B. T 80/125 enthält. Sie wird eingesetzt, wenn der Straßenteer allein Verarbeitungsschwierigkeiten ergibt.

„Teerpech-Emulsionen": Emulsionen mit geringem Teerpechgehalt für Dichtungsvoranstriche auf nassen Flächen.

„Teersonderpeche" sind die den Oxidationsbitumen analogen Stoffe im carbostämmigen Bereich. Auch beim Steinkohlenteerpech läßt sich durch Einblasen von Luft die Plastizitätsspanne auf etwa 100 °C erweitern, Anwendung finden die Teersonderpeche als Beschichtungsstoffe für Teersonderpappen und als Kleb- und Aufstrichmassen bei Abdichtungen.

„Polymermodifizierte Steinkohlenteer-Spezialpeche" sind in der Tafel nicht aufgeführt. Sie befinden sich noch in der Entwicklung und im Stadium erster praktischer Anwendung ähnlich wie bei den Polymer-Bitumen.

Als Zusatz zu Teeren bzw. Steinkohlenteer-Spezialpech werden besonders Polyvinylchlorid (PVC) und Epoxide eingesetzt (Kunststoffteer „KT").

10.4 Anwendung

Bitumen und Zubereitungen aus Bitumen sowie – wenn auch in wesentlich geringerem Umfang – Zubereitungen aus Steinkohlenteer-Spezialpech, kurz – nach bisheriger Benennung – bituminöse Baustoffe, werden in fast allen Bereichen des Bauwesens und in anderen Industriezweigen verwendet.

Mit etwa 75 % aller in der Bundesrepublik Deutschland verbrauchten bituminösen Bindemittel ist der Straßenbau Hauptanwendungsgebiet, weitere 20 % gehen in den Wasserbau, die Abdichtungstechnik und den Bautenschutz, der Rest verteilt sich auf verschiedene industrielle Verwendungen, wie z. B. in der Elektroindustrie für Isolier- und Kabelvergußmassen, in der Papierindustrie zum Imprägnieren, Beschichten und Verleimen von Packpapieren, im Schiffbau für Anstriche und Schutzüberzüge sowie für den Korrosionsschutz von Metallen, Rohren (innen und außen) und unterirdischen Lagerbehältern, für den Säureschutz und Strahlenschutz.

Der Verbrauch an Bindemitteln auf Bitumenbasis ist in den Jahren nach dem Zweiten Weltkrieg sprunghaft angestiegen. Lag der Verbrauch 1950 bei 0,4 und 1960 bei etwa 1,3 Mio. Tonnen, so stieg er bis Mitte der siebziger Jahre auf etwa 4,5 Mio. Tonnen pro Jahr. Bedingt durch Erdölkrise und rückläufiges Straßen-Neubauvolumen sowie durch zunehmende Wiederverwendung von Ausbauasphalt im Straßenbau, ist der Verbrauch in den letzten Jahren auf eine Durchschnittsmenge von etwa 2,7 Mio. Tonnen zurückgegangen. Im Vergleich dazu ist der Verbrauch an

Bindemitteln auf Teer- bzw. Steinkohlenteerpech-Basis schon seit 1950 ständig rückläufig gewesen. Er betrug in der Bundesrepublik in den letzten Jahren etwa 20 000 Tonnen pro Jahr.

10.4.1 Befestigung von Verkehrsflächen (Straßen, Wege, Plätze)
Normen
Normen, Vorschriften, Richtlinien und Merkblätter

DIN 1996 T 1 bis 20, Ausgaben ab 1966: „Prüfung bituminöser Massen für den Straßenbau",
ab 1984 wegen neuer Begriffsnorm DIN 55 946: „Prüfung von Asphalt"
DIN 18 317 (Okt. 79): VOB „Straßenbauarbeiten; Oberbauschichten mit bituminösen Bindemitteln"

Zusätzliche Technische Vorschriften, Richtlinien und Merkblätter der Forschungsgesellschaft für Straßen- und Verkehrswesen (FGSV), Alfred-Schütte-Allee 10, 5000 Köln 21, veröffentlicht und eingeführt vom Bundesminister für Verkehr (BMV) u. a.:

ZTV bit – StB 84: „Zusätzliche Technische Vorschriften und Richtlinien für den Bau bituminöser Fahrbahndecken"
ZTV – LW 87: Zusätzliche Technische Vorschriften und Richtlinien für die Befestigung ländlicher Wege"
ZTVT – StB 86: „Zusätzliche Technische Vorschriften und Richtlinien für Tragschichten im Straßenbau"
RStO 86: „Richtlinien für die Standardisierung des Oberbaues von Verkehrsflächen"
TL Min – StB 83: „Technische Lieferbedingungen für Mineralstoffe im Straßenbau"
ZTVV 81: „Zusätzliche Technische Vorschriften und Richtlinien für die Ausführung von Bodenverfestigungen und Bodenverbesserungen im Straßenbau"

a) **Begriffsfestlegungen im Straßenbau**

Der Aufbau der Fahrbahnbefestigung einer Straße besteht aus einzelnen Schichten, die verschiedene Anforderungen zu erfüllen haben und deshalb aus unterschiedlichen Baustoffen hergestellt werden.

Für die bituminöse Bauweise – 95 % des klassifizierten Straßennetzes der Bundesrepublik haben eine bituminöse Befestigung – sind lt. Richtlinien des BMV folgende Begriffe einheitlich festgelegt:

Der *Oberbau* ist die eigentliche Fahrbahnbefestigung, die aus mehreren Schichten mit unterschiedlichen Anforderungen und entsprechend unterschiedlich zusammengesetzten ungebundenen oder bituminös gebundenen Baustoffen (bituminöses Mischgut bzw. Technischer Asphalt) besteht. Vom Grundsatz her lassen sich diese Schichten einteilen in zwei Gruppen: die Tragschichten (früher Unterbau genannt) und die Decke, die aus der Deckschicht und – falls je nach Bauklasse vorhanden – einer zwischen Tragschichten und Deckschicht liegenden Binderschicht besteht.

Die Tragschichten haben die Aufgabe, die Verkehrskräfte möglichst gleichmäßig auf den Untergrund („gewachsener" Boden) bzw. Unterbau (aufgeschütteter Boden) zu verteilen (lastverteilende Plattenwirkung). Sie müssen deshalb besonders hohen Festigkeitseigenschaften genügen. Je nach Größe der Belastung wird die Tragschicht verschieden dick hergestellt bzw. werden eine oder mehrere Tragschichten angeordnet.

Die Binderschicht liegt im Bereich der größten Schubspannungen aus Brems- und Anfahrkräften der Fahrzeuge (6 bis 10 cm unter Fahrbahnoberfläche). Sie muß deshalb standfest und verformungsstabil ausgebildet und mit der Deckschicht schubfest verbunden sein (Verklebung).

Die Deckschicht schließt die Befestigung nach oben ab und muß deshalb möglichst dauerhaft eben, griffig und verschleißfest sein. Eine möglichst große Dichtigkeit erhöht die Lebensdauer dieser Schicht. Wichtige Materialeigenschaften des zu verwendenden Mischgutes sind deshalb hohe Verformungsbeständigkeit und Verschleiß- bzw. Abriebfestigkeit.

b) **Asphalt für den Straßen-Oberbau**
Wesentliches Unterscheidungsmerkmal, nach dem sich die zahlreichen im Straßenbau gebräuchlichen Mischgutsorten einteilen lassen, ist der Hohlraumgehalt der fertig eingebauten Schicht. Wir unterscheiden Asphalt mit verschieden großem Hohlraum (hohlraumarm, hohlraumreich) und Asphaltmischgut ganz ohne Hohlraum. Außerdem ist die Temperatur bei der Verarbeitung (heiß – warm – kalt) ein Unterscheidungsmerkmal.

b_1) **Mischgut mit Hohlräumen (Walzasphalt)**
ist ein – meist kornabgestuftes – Mineralgemisch, dessen Hohlräume mit Bindemittel so weit ausgefüllt werden, daß bei höchstmöglicher Lagerungsdichte – also bei fest verkeiltem und verspanntem Korngerüst – noch ein mit Luft ausgefüllter Resthohlraumgehalt verbleibt. Das Mischgut verläßt die Mischanlage relativ locker und muß nach dem Einbau bis auf den Resthohlraumgehalt verdichtet werden. Da bis auf geringe Mengen an Pechbitumen (TB) für diese Mischguttypen Straßenbaubitumen als Bindemittel verwendet wird, werden sie zusammengefaßt unter dem Sammelbegriff *Walzasphalt* im Heißeinbau.

Vom Aufbau her stellt dieses Mischgut ein mit *Mörtel* verklebtes Korngerüst dar. Der Mörtel ist das Füller-Bindemittel-Gemisch im Mischgut. Er hat die Aufgaben, zunächst im heißen Einbauzustand gewissermaßen als Schmiermittel die Verdichtung durch Überwindung der inneren Reibung des Korngerüstes zu erleichtern, im erkalteten Gebrauchszustand soll er das Korngerüst dauerhaft verkleben. Das Mengenverhältnis Füller : Bindemittel liegt i.d.R. bei 1,5 bis 1,8. Da die verwendeten Bindemittel von weicher bis mittelharter Konsistenz sind (Bitumen B 200 oder B 80, B 65 sowie Pechbitumen TB 80), ist die Steifigkeit des Mörtels relativ gering. Deshalb erhalten diese Mischguttypen ihre *Standfestigkeit* vorwiegend aus der *inneren Reibung* des Mineralgerüstes und zusätzlich durch die *Kohäsion* des Bindemittels.

Die *Einbautemperaturen* liegen bei 120 bis 160 °C. Dadurch sind die temperaturabhängigen Verarbeitungsfristen im Vergleich zu Gußasphalt, der mit über 200 °C eingebaut wird, länger. Beim Transport mit LKW von der Mischanlage zur Einbaustelle genügt häufig – in Abhängigkeit von Jahreszeit und Außentemperatur – das Abdecken mit Planen zur Warmhaltung, besser und die Regel sind wärmeisolierte Behälter *(Thermoswagen)*. Eingebaut wird das Mischgut mit sog. „Straßenfertigern", die auf einem Raupen- oder Radfahrwerk laufen, wobei die glättende, beheizte Einbaubohle auf dem Mischgut aufliegt („schwimmende" Bohle) und durch zusätzliche Vibration einen Teil der Verdichtung (Vorverdichtung) vornimmt. Die Endverdichtung bis auf die im Labor in einer Eignungsprüfung ermittelte Raumdichte mit dem jeweiligen Hohlraumgehalt erfolgt anschließend mit *Walzen* (statische Glattmantel-, Gummirad- und/oder Vibrationswalzen). Nach Auskühlen mindestens bis auf etwa 18 °C des eingebauten Mischgutes

10.4.1 Befestigung von Verkehrsflächen

ist die hergestellte Schicht voll belastbar. Thermisches Schrumpfen ist dabei unerheblich, da die Wärmeausdehnung des Bitumens in die Hohlräume erfolgt.

Zur Gruppe der Walzasphalte gehören:

Asphalt- und Teerasphaltbeton, Asphalt- und Teerasphaltbinder, Splittmastixasphalt, ferner das Mischgut für Tragschichten und für einige Sonderdeckschichten.

b_2) **Mischgut ohne Hohlräume (Gußasphalt und Asphaltmastix)**
Bei diesen Mischguttypen handelt es sich immer um korngestufte Mineralgemische, deren Hohlräume vollständig mit Bindemittel — hier kommt nur Straßenbaubitumen in Betracht — ausgefüllt sind und die darüber hinaus noch einen geringen Bitumenüberschuß besitzen. Durch den hohen Bitumengehalt stellt das Mischgut eine mit Mineralstoffen versteifte Flüssigkeit dar und wird deshalb mit dem Sammelbegriff *Gußasphalt* bezeichnet. Das Mischgut ist von Anfang an hohlraumfrei und bedarf keiner Verdichtung. Zur Herstellung der daraus zu bauenden Schichten wird es lediglich von Hand verstrichen oder maschinell mit einer Bohle glatt abgezogen.

Die Aufgaben des *Mörtels* bestehen bei diesen Mischguttypen darin, das Verstreichen im heißen Zustand zu ermöglichen. Im abgekühlten und erhärteten Zustand soll der Mörtel die Splittkörner voll einbetten und schützen. Die Splittkörner haben nur wenige Berührungspunkte miteinander. Sie schwimmen im Mörtel und leisten deshalb einen nur geringen Anteil zu der Standfestigkeit der eingebauten Schicht. Das eigentliche, tragende Element ist der Mörtel, der deshalb eine hohe *Steifigkeit* hat. Verwendet werden die harten Straßenbaubitumen B 45 und B 25, und das Füller-Bitumen-Verhältnis liegt bei 3,0 bis 3,5. Das heißt, daß trotz des hohen Bitumengehaltes ein etwa dreifach so hoher Füllergehalt verwendet wird.

Ein derart steifer Mörtel erfordert wesentlich höhere *Einbautemperaturen* als Walzasphalt, nämlich 220 bis 240 °C. Die Verarbeitungsfristen müssen deshalb kurz gehalten werden, bzw. der Transport zur Einbaustelle muß unter ständiger Wärmezufuhr erfolgen. Um der Absetzneigung der Splittkörner entgegenzuwirken, muß das Mischgut außerdem ständig gerührt werden. Deshalb übernehmen auf LKW aufsetzbare Behälter mit thermostatgesteuerter Heizung und Rührwerk oder fahrbare *Gußasphaltkocher* den Transport.

Eingebaut wird diese Masse mit einer auf seitlichen Schienen laufenden *beheizbaren Bohle*. Der dabei unvermeidlich entstehende „*Mörtelspiegel*" wird zur Erreichung einer Anfangsgriffigkeit mit Hilfe von nachgestreutem, feinkörnigem Splitt aufgerauht. Nach dem Auskühlen ist auch der eingebaute Gußasphalt voll belastbar. Das Verformungsverhalten des Gußasphaltes bei Gebrauchstemperaturen läßt sich weitgehend über die Steifigkeit des Mörtels und den Splittgehalt beeinflussen, hängt letztlich aber von Temperatur und Belastungszeit ab.

Asphaltmastix gehört ebenfalls zur Gruppe der Mischguttypen ohne Hohlräume. Er ist eine im heißen Zustand gießfähige Masse aus Bitumen und feinkörnigen Mineralstoffen im Kornbereich 0/2 mm. Vom Gußasphalt unterscheidet sich der Mastix durch seine *extrem feine Körnung* und den hohen Gehalt (i.allg. 14 bis 18 Masse-%) an relativ weichem Bitumen (B 200, B 80, B 65). Die Konsistenz läßt sich weitgehend über die Bitumensorte und den Bitumengehalt steuern: Je härter die Bitumensorte und je geringer der Bitumengehalt, desto steifer ist der Mastix.

Zum Herstellen und Transportieren werden die gleichen Kocher wie beim Gußasphalt benutzt. Der Einbau erfolgt durch Ausgießen und Verteilen mit *Gummischiebern*. Für dünne Brückenisolierungen auf Dampfdruckentspannungsschichten, wie z. B. Glasvlies, wird der Mastix in etwa 8 mm Dicke verwendet. Für Straßendeckschichten muß zur Erhöhung der Standfestigkeit und Griffigkeit nachträglich Splitt gestreut und eingewalzt werden.

c) Mischgutarten und Anforderungen

Die oben besprochenen Mischguttypen werden je nach Art und Zusammensetzung der Mineralstoffe und Art des Bindemittels als verschiedene Mischgutarten für die Oberbauschichten eingesetzt. Die heute verwendeten Arten und deren Anzahl sind das Ergebnis der Forschung und Entwicklung und mehr noch der praktischen Erfahrung der mehr als drei Jahrzehnte „Bituminöser Straßenbau" seit dem letzten Weltkrieg.

Die Arten und ihre Anforderungen sind festgeschrieben in den „Zusätzlichen Technischen Vorschriften und Richtlinien" des BMV bzw. der FGSV, besonders den „ZTVT — StB 86, Abschnitt 4: „Tragschichten mit bituminösen Bindemitteln" und den ZTV bit — StB 84, dessen für die Anwendung wichtigste Kapitel die Kapitel 3 bis 5 sind. Kapitel 3 behandelt Asphalt- und Teerasphaltbeton (Heißeinbau), Kapitel 4 den erstmalig wegen der guten Bewährung für Deckschichten von Straßen mit hohen Beanspruchungen in die Vorschrift aufgenommenen *Splittmastixasphalt* und Kapitel 5 den Gußasphalt. Die jüngste Zeit ist geprägt durch die Verknappung der öffentlichen Mittel und deshalb im Straßenbau trotz Zunahme des Kraftfahrzeugbestandes durch die Notwendigkeit, statt Neu- und Ausbau verstärkt die Erhaltung der vorhandenen Straßen zu betreiben. Entsprechend nimmt vermehrt das Kap. 9 der ZTV bit — StB 84 „Oberflächenschutzschichten" an Bedeutung zu.

Im Laufe der Entwicklung haben die Mischgutarten mit petrostämmigen Bindemitteln die „Technischen Asphalte", die Mischgutarten mit carbostämmigen Bindemitteln, die „Steinkohlenteer-Spezialpeche mit Mineralstoffen" fast völlig verdrängt. Die Ursachen dafür sind vielfältig, sowohl technischer und wirtschaftlicher Art wie auch aus Gründen des Umweltschutzes (Gesundheitsgefährdung). Vor allem die größere Plastizitätsspanne des Straßenbaubitumens gegenüber dem Straßenpech verschafft dem Bitumen Vorteile bei den vielfältigsten Anwendungen, Anforderungen und Ansprüchen bei Straßen-, Wege- und Platzbefestigungen. Durch den sprunghaft sich entwickelnden Kraftfahrzeugverkehr ist der Bedarf an Treibstoff-Benzinen ebenso gewachsen, die durch Destillation von Rohöl produziert werden. Wenn auch nicht jedes Rohöl nach Abzug der Benzine und weiterer leichter Destillate Bitumen als Rückstand in einer Menge enthält, deren Aufarbeitung wirtschaftlich und den Qualitätsanforderungen entsprechend zu vertreten ist, so hat auch dieser produktionstechnische Gesichtspunkt dem Bitumen als „Koppelprodukt" der Benzine Vorteile für eine größere Anwendungsbreite gebracht.

10.4.1 Befestigung von Verkehrsflächen

Anwendung finden im Straßenbau von den carbostämmigen Bindemitteln eigentlich nur noch die Teer- bzw. Pechbitumen TB 80 und TB 65, die die günstigen Eigenschaften des Bitumens (große Plastizitätsspanne) mit denen des Straßenteeres bzw. -peches vereinigen (u. a. gute Haftfähigkeit am Gestein) und die hochviskosen Straßenteere HT 51/53 und HT 53/55, vor allem beim Bau bituminöser Tragschichten, wenn auch für die Walzasphalte Asphaltbinder und Asphaltbeton die Teerbitumen TB ebenfalls zugelassen sind. Außerdem finden Straßenpeche bei der „Bodenverfestigung mit bituminösen Bindemitteln" nach ZTVV 81 Anwendung, weil ihre geringe Viskosität die möglichst feine Verdüsung des Bindemittels beim Mischen mit dem zu verfestigenden Boden in der Mischkammer der Mischmaschine begünstigt.

Die Tafel 10.5 zeigt eine Zusammenstellung der Anforderungen an das Mischgut für die verschiedenen bituminösen Oberschichten, in der u. a. die zugelassenen Bindemittel enthalten sind.

Tafel 10.5 Anforderungen an Mischgutarten für den Straßen-Oberbau Asphalttragschichten nach ZTVT

Anforderungen an Mineralstoffgemische und Mischgut für bituminöse Tragschichten						
Mischgut		AO	A	B	C	CS
Körnung	mm	0/2 bis 0/32	0,2 bis 0/32	0/22 0/32 0/16*)	0/22 0/32 0/16*)	0,22 0,32 0/16*)
Kornanteil über 2 mm	Masse-%	0 bis 80	0 bis 35	über 35 bis 80	über 60 bis 80	über 60 bis 80
Kornanteil unter 0,09 mm	Masse-%	2 bis 20	4 bis 20	3 bis 12	3 bis 10	3 bis 10
Überkorn max.	Masse-%	20	10	10	10	10
Bitumengehalt f. d. Regelfall mind.	Masse-%	3,3	4,3	3,9	3,6	3,6
Marshall-Stabilität bei 60 °C mind.	kN	2,0	3,0	4,0	5,0	8,0
Marshall-Fließwert	mm	1,5 bis 4,0	1,5 bis 4,0	1,5 bis 4,0	1,5 bis 4,0	1,5 bis 5,0
Hohlraumgehalt**) (ber.) d. Marshall-Körpers	Vol.-%	4,0 bis 20,0	4,0 bis 14,0	4,0 bis 12,0	4,0 bis 10,0	5,0 bis 10,0

*) Nur für Ausgleichsschichten
**) Werden mehr als 20 Masse-% Hochofenstück- oder Metallhüttenschlacke im Mineralstoffgemisch verwendet, gelten die o. a. Werte für die Wasseraufnahme nach DIN 1996, Teil 8.

564 Bitumen, Asphalt, Teerpech (Bituminöse Baustoffe)

Asphaltbinder nach ZTV bit (Fortsetzung Tafel 10.5)

Asphaltbinder		0/22	0/16	0/11
1. Mineralstoffe		\multicolumn{3}{c}{Edelsplitt, Edelbrechsand und/oder Natursand, Gesteinsmehl}		
Körnung	mm	0/22	0/16	0/11
Kornanteil < 0,09 mm	Masse-%	3 bis 9	3 bis 9	3 bis 9
Kornanteil > 2 mm	Masse-%	65 bis 80	60 bis 75	50 bis 70
Kornanteil > 8 mm	Masse-%	–	–	$\geq$ 20
Kornanteil >11,2 mm	Masse-%	–	$\geq$ 20	$\leq$ 10
Kornanteil >16 mm	Masse-%	$\geq$ 20	$\leq$ 10	–
Kornanteil >22,4 mm	Masse-%	$\leq$ 10	–	–
Brechsand-Natursand-Verhältnis		$\geq$ 1 : 1	$\geq$ 1 : 1	$\geq$ 1 : 1
2. Bindemittel				
Bindemittelsorte		B 65, (B 45, B 80)[1])	B 65 B 80	B 65 B 80
Bindemittelgehalt	Masse-%	3,8 bis 5,5	4,0 bis 6,0	4,5 bis 6,5
3. Mischgut				
Hohlraumgehalt[2]) am Marshall-Probekörper	Vol.-%	4,0 bis 8,0	3,0 bis 7,0	3,0 bis 7,0
4. Schicht				
Einbaudicke	cm	7,0 bis 10,0	4,0 bis 7,0	nur zum Profilausgleich, nicht für Bauklassen I – III und Straßen mit besonderen Beanspruchungen
oder Einbaugewicht	kg/m²	170 bis 250	95 bis 175	
Verdichtungsgrad	%	$\geq$ 97	$\geq$ 97	$\geq$ 96 bis Dicken $\geq$ 3 cm

[1]) Nur in besonderen Fällen.
[2]) Bei > 20 Masse-% Hochofen- oder Metallhüttenschlacke im Mineralstoffgemisch ist statt der Berechnung des Hohlraumgehaltes die Bestimmung der Wasseraufnahme durchzuführen. Es gelten dieselben Grenzwerte.

d) Befestigungen und Bauweisen

Tragschichten haben die Aufgabe der gleichmäßigen Verteilung der Lasten des fließenden oder stehenden Verkehrs. Die Ansprüche an ihre Baustoffe sind im Vergleich zu den darüber liegenden Schichten der Decke gering. Die Anforderungen sowohl an die Mineralstoffe als auch an die Bindemittel sind entsprechend geringer. Für die Mineralstoffe können zur Kostenminderung örtlich vorhandene Gesteinsstoffe verwendet werden, wenn sie auch nicht so hochwertig sein sollten. Bindemitteleinsparungen können durch Wiederverwendung erreicht werden, indem im Zuge von Um- oder Ausbaumaßnahmen ausgebaute oder ausgefräste Asphaltstoffe in bestimmten Prozentsätzen den Mineralstoffen zugemischt werden (Recycling, siehe Abschnitt 10.4.1.1). Die Mineralstoffzusammensetzung für Tragschichten soll möglichst nach dem Betonprinzip hohlraumarm aufgebaut

10.4.1 Befestigung von Verkehrsflächen

Asphaltbeton (Heißeinbau) nach ZTV bit (Fortsetzung Tafel 10.5)

Asphaltbeton (H)	0/16 S	0/11 S	0/11	0/8	0,5
1. Mineralstoffe	\multicolumn{5}{c}{Edelsplitt, Edelbrechsand und/oder Natursand, Gesteinsmehl}				
Körnung mm	0/16	0/11	0/11	0/8	0,5
Kornanteil < 0,09 mm Masse-%	6 bis 10	6 bis 10	7 bis 13	7 bis 13	8 bis 15
Kornanteil > 2 mm Masse-%	55 bis 65	50 bis 60	40 bis 60	35 bis 60	30 bis 50
Kornanteil > 5 mm Masse-%	–	–	–	$\geq$ 15	$\leq$ 10
Kornanteil > 8 mm Masse-%	25 bis 40	15 bis 30	$\geq$ 15	$\leq$ 10	–
Kornanteil > 11,2 mm Masse-%	$\geq$ 15	$\leq$ 10	$\leq$ 10	–	–
Kornanteil > 16 mm Masse-%	$\leq$ 10	–	–	–	–
Brechsand-Natursand-Verhältnis	$\geq$ 1 : 1	$\geq$ 1 : 1	$\geq$ 1 : 1[3]	$\geq$ 1 : 1[3]	–
2. Bindemittel					
Bindemittelsorte	B 65 (B 80)[1]	B 65 (B 80)[1]	B 80 (B 65)[1]	B 80 (B 65)	B 80 B 200)[1]
Bindemittelgehalt Masse-%	5,2 bis 6,5	5,9 bis 7,2	6,2 bis 7,5	6,4 bis 7,7	6,8 bis 8,0
3. Mischgut					
Hohlraumgehalt[2] am Marshall-Probekörper[2] Vol.-%					
a) Baukl. I, II, III S u. StSLW	3,0 bis 5,0	3,0 bis 5,0			
b) Baukl. III u. IV			2,0 bis 4,0	2,0 bis 4,0	
c) Baukl. V, VI, StLLW u. Wege			1,0 bis 3,0	1,0 bis 3,0	1,0 bis 3,0
4. Schicht					
Einbaudicke cm	5,0 bis 6,0	4,0 bis 5,0	3,5 bis 4,5	3,0 bis 4,0	2,0 bis 3,0
oder Einbaugewicht kg/m²	120 bis 150	95 bis 125	85 bis 115	75 bis 100	45 bis 75
Verdichtungsgrad %	$\geq$ 97	$\geq$ 97	$\geq$ 97	$\geq$ 97	$\geq$ 96
Hohlraumgehalt Vol.-%	$\leq$ 7,0	$\leq$ 7,0	$\leq$ 6,0	$\leq$ 6,0	$\leq$ 6,0

[1] Nur in besonderen Fällen.
[2] Bei > 20 Masse-% Hochofen- oder Metallhüttenschlacke ist statt der Berechnung des Hohlraumgehaltes die Bestimmung der Wasseraufnahme durchzuführen. Es gelten dieselben Grenzwerte.
[3] Nur bei Bauklasse III.

Splittmastixasphalt nach ZTV bit (Fortsetzung Tafel 10.5)

Splittmastixasphalt	0/11 S	0/8 S	0/8	0/5
1. Mineralstoffe	\multicolumn{4}{c}{Edelsplitt, Edelbrechsand und/oder Natursand, Gesteinsmehl}			
Körnung mm	0/11	0/8		0/5
Kornanteil < 0,09 mm Masse-%	8 bis 13	8 bis 13		8 bis 13
Kornanteil > 2 mm Masse-%	70 bis 80	70 bis 80		60 bis 70
Kornanteil > 5 mm Masse-%	50 bis 70	45 bis 70		$\leq$ 10
Kornanteil > 8 mm Masse-%	$\geq$ 25	$\leq$ 10		–
Kornanteil > 11,2 mm Masse-%	$\leq$ 10	–		–
Brechsand-Natursand-Verhältnis		$\geq$ 1 : 1		

Splittmastixasphalt nach ZTV bit (Fortsetzung Tafel 10.5)

Splittmastixasphalt	0/11 S	0/8 S	0/8	0/5
2. Bindemittel				
Bindemittelsorte	B 65	B 65	B 80	B 80 (B 200)[2]
Bindemittelgehalt Masse-%	6,0 bis 7,5			6,0 bis 7,5
3. Stabilisierende Zusätze				
Gehalt im Mischgut Masse-%	0,3 bis 1,5			
4. Mischgut				
Marshall-Probekörper				
Verdichtungstemperatur °C	$1{,}35 \pm 5^{1)}$			
Hohlraumgehalt Vol.-%	2,0 bis 4,0			
5. Schicht				
Einbaudicke cm	2,5 bis 5,0	2,0 bis 4,0		1,5 bis 3,0
Einbaugewicht kg/cm²	60 bis 125	45 bis 100		35 bis 75
Verdichtungsgrad %	≥ 97			
Hohlraumgehalt Vol.-%	$\leq 6{,}0$			

[1] Höhere Verdichtungstemperaturen für die Probekörperherstellung bei der Eignungsprüfung sind anzugeben.
[2] Nur in besonderen Fällen.

Gußasphalt nach ZTV bit (Fortsetzung Tafel 10.5)

Gußasphalt	0/11 S	0/11	0/8	0/5
1. Mineralstoffe	Edelsplitt, Edelbrechsand und/oder Natursand, Gesteinsmehl			
Körnung mm	0/11		0/8	0,5
Kornanteil < 0,09 mm Masse-%	20 bis 30		22 bis 32	25 bis 34
Kornanteil > 2 mm Masse-%	45 bis 55		40 bis 50	35 bis 45
Kornanteil > 5 mm Masse-%	–		> 15	≤ 10
Kornanteil > 8 mm Masse-%	≥ 15		≤ 10	–
Kornanteil > 11,2 mm Masse-%	≤ 10		–	–
Brechsand-Natursand-Verhältnis	$\geq 1:2$		–	–
2. Bindemittel				
Bindemittelsorte	B 45 (B 25)[1]		B 45 (B 65)[1]	
Bindemittelgehalt Masse-%	6,5 bis 8,0		6,8 bis 8,0	7,0 bis 8,5
Erweichungspunkt RuK nach der Extraktion °C	$\leq 70^{2)}$	≤ 70	≤ 70	≤ 70
3. Mischgut				
Eindringtiefe 5 cm² bei 40 °C am Probewürfel nach 30 min. mm	1,0 bis 3,5	1,0 bis 5,0	1,0 bis 5,0	1,0 bis 5,0[3]
Zunahme in weiteren 30 min. mm	$\leq 0{,}4$	$\leq 0{,}6$	$\leq 0{,}6$	$\leq 0{,}6$

10.4.1 Befestigung von Verkehrsflächen

Gußasphalt nach ZTV bit (Fortsetzung Tafel 10.5)

Gußasphalt		0/11 S	0/11	0/8	0/5
4. Schicht Einbaudicke (einschl. Abstreumaterial) oder Einbaugewicht (einschl. Abstreumaterial)	cm kg/m²	3,5 bis 4,0 80 bis 100		2,5 bis 3,5 65 bis 85	2,0 bis 3,0 45 bis 75
5. Abstreumaterial/-menge nach Abschnitt 5.5.1 nach Abschnitt 5.5.2 nach Abschnitt 5.5.3		Edelsplitt 2/5 mm Edelsplitt 2/5 u./od. 5/8 mm Edelbrechsand od. Natursand		5 bis 8kg/m² 15 bis 18 kg/m² 2 bis 3 kg/m²	

[1]) Nur in besonderen Fällen.
[2]) Bei Verwendung von B 25 EP $\leq$ 75 °C.
[3]) Bei Rad- und Gehwegen $\leq$ 10 mm.

sein. Je höher die Verkehrsbelastung der zu bauenden Straße und je höher damit die Bauklasse nach RStO (Bauklasse I für sehr starken bis Bauklasse VI für sehr schwachen Verkehr), desto größer soll der Splittanteil (Kornanteil größer als 2 mm) sein. So haben die Mischgutarten AO, A, B, C und CS unterschiedlich große Splittgehalte von Null bis 80 Masse-%. Erstmalig werden in den ZTVT 86 auch gebrauchte Baustoffe (Ausbauasphalt) und industrielle Nebenprodukte (z. B. Schlacken, Aschen) für bituminöse Tragschichten zugelassen. Die Benennung der bituminösen Tragschicht erfolgt durch Angabe der verwendeten Mineralstoffkörnung, z. B. bituminöse Tragschicht A 0/22 oder z. B. C 0/32. Bituminöse Tragschichten werden im Heißeinbau hergestellt. Die Einbautemperaturen sollen mindestens 120 °C bei Verwendung von Bitumen B 65 oder B 80 und 90 °C bei Teerbitumen TB 80 betragen.

Die Binderschicht über den Tragschichten bildet zusammen mit der Deckschicht die Decke. Sie wird wegen der in ihrem Bereich besonders großen Scherspannungen entsprechend stabil aufgebaut. Der Hohlraumgehalt des Asphalt- bzw. Teerasphaltbinders ist u. a. deshalb größer als beim Deckschicht-Mischgut. Wegen der Verwendungsmöglichkeit relativ grober Mineralstoffe und eines geringeren Bindemittelgehaltes kann mittels der Binderschichten ein kostengünstigerer Teil der Decke gebaut werden. Benennung wie bei Tragschichten, z. B. Asphaltbinder 0/16 oder 0/22. Bindermischgut wird im Heißeinbau mit Mindesteinbautemperaturen von 120 °C bei B 80 oder B 65 und 90 °C bei TB 80 oder TB 65 eingebaut.

Die Deckschicht besteht entweder aus Walzasphalt oder aus Gußasphalt bzw. Asphaltmastix. Als Walzasphalt werden vorwiegend Asphaltbetone im Heiß- oder Warmeinbau, Splittmastixasphalte oder Gußasphalte, alle nach ZTV bit-StB 84 verwendet.

Gußasphalt genügt höchsten Beanspruchungen aus sehr starkem Verkehr, z. B. für militärischen Schwerstverkehr, für Stadtstraßen mit den für diese typischen hohen Beanspruchungen aus z. B. Standverkehr und kanalisiert fließendem Verkehr mit hohen Achslasten, Bushaltestellen und Kreuzungsbereichen mit ihren stark belasteten Brems-, Halte- und Anfahrbereichen sowie für Autobahnen, die heute zu etwa 50 % Gußasphaltdecken haben. Neben der früher üblichen Bauweise für Gußasphalt, bei der in die heiße Masse hinter der maschinellen Abzieh- bzw. Einbaubohle leicht mit Bindemittel umhüllter Edelsplitt der Lieferkörnung 2/5 in einer geringen Menge von etwa 5 kg/m^2 zum Aufrauhen aufgestreut und mit einem mit Nocken profilierten Walzkörper leicht eingedrückt wurde, hat sich in den letzten Jahren der sogenannte *gewalzte Gußasphalt* bewährt, bei dem eine Gummirad- oder Glattmantelwalze nach Aufstreuen des Splittes in die heiße Masse fährt, zunächst unter Bildung von Spurrinnen den Abstreusplitt in den Gußasphalt eindrückt, wobei allmählich auch die notwendige Ebenheit der Deckschicht erreicht wird. Durch dieses Einwalzen des Splittes erhält der Gußasphalt ein noch steiferes Mineralgerüst zur Aufnahme hoher Lasten. Der konventionelle Nockenwalzkörper läuft dagegen auf seitlichen Schienen, auf denen auch die Einbaubohle läuft, und drückt den Splitt nur oberflächlich an, so daß ein großer Teil davon nach Freigabe der Deckschicht gelockert wird und eine gewisse Gefährdung der Verkehrsteilnehmer bzw. der Fahrzeuge durch hochgeschleuderten Splitt der Vorausfahrenden bilden kann, es sei denn, nicht haftender Splitt ist ordnungsgemäß und restlos vor Verkehrsfreigabe entfernt. Gußasphalt wird im Heißeinbau mit Mindesteinbautemperaturen von 200 bis 250 °C je nach Verarbeitbarkeit des Mischgutes eingebaut.

Asphaltmastix-Deckschichten bestehen aus Asphaltmastix und aufgestreutem Splitt. Als Splitt wird leicht mit Bindemittel umhüllter Edelsplitt 8/11 oder 11/16 in einer Menge von etwa 20 kg/m^2 verwendet, der gleichmäßig aufgebracht und unmittelbar danach mit ausreichend schwerer Walze eingedrückt wird. Asphaltmastix ist eine dichte, gießfähige Masse aus Sand, Füller und Straßenbaubitumen, dem, wie auch beim Gußasphalt, ein geringer Prozentsatz Naturasphalt zwecks Versteifung und Stabilisierung zugegeben werden kann. Wenn beim Gußasphalt die harten Straßenbaubitumen B 25, meistens jedoch B 45, aber auch noch B 65 verwendet werden, so werden beim Asphaltmastix die mittelharten bis weichen Bitumen B 65, meistens B 80, aber auch noch B 200 in einer Menge von etwa 15 Masse-% verwendet. Eingebaut bzw. verteilt wird die aus Herstell- bzw. Transportkochern ausgegossene Masse mit Schiebern oder Verteilerrahmen von Hand. Die Mindesteinbautemperaturen liegen zwischen 180 und 220 °C. Anwendung finden diese Deckschichten vor allem im Stadtstraßenbau für mittlere Beanspruchungen. Der Abstreusplitt verleiht ihnen Standfestigkeit und Griffigkeit.

Die weitaus meisten Deckschichten von Straßen jeder Art, von Plätzen zum Parken, Busverkehrsflächen von Flughäfen und von Sport- und Freizeitanlagen sowie von Rad-, Geh- und ländlichen Wegen mit bituminösen Deckschichten bestehen entweder aus splittreichem Asphaltbeton[1]) 0/8, 0/11 oder 0/16 oder aus splittarmem Asphaltbeton 0/5 oder 0/8 im Heißeinbau, ausnahmsweise auch aus Sandasphalt 0/2, falls besonders dünne Deckschichten bei gleichzeitig geringer Beanspruchung an Verformungsstabilität und Griffigkeit eingebaut werden müssen. (Die Unterscheidung in die Bauweisen splittreich und splittarm aus der

---

[1]) In Ostdeutschland „Bitumenbeton" genannt.

10.4.1 Befestigung von Verkehrsflächen

„alten" TVbit 72 ist in der neuen ZTV bit – StB 84 beim Asphaltbeton entfallen, ebenfalls die Bauweise Sonderasphalt 0/2.) Neben diesen beiden Anforderungen müssen Deckschichten verschleißfest und dicht gegen eindringendes Wasser und Tausalz sein. Zu den Belastungen aus den verschiedenen Verkehrsarten, die außer den genannten besonders große Beanspruchungen durch langsam fließenden Verkehr mit hohen Achslasten erzeugen, kommen Beanspruchungen klimatischer Art, die dann besonders groß sind, wenn z. B. hohe Durchschnittstemperaturen, intensive Sonneneinstrahlung oder extrem hohe Sommertemperaturen auftreten. Die örtliche Lage kann Straßen dementsprechend durch die Lage an einem Südhang zusätzlich beanspruchen.

Für Straßen mit so schwerer Beanspruchung sind Deckschichtbauweisen aus Asphaltbeton mit dem Zusatzbuchstaben S hinter der Körnungsangabe sowie aus Splittmastixasphalt mit und ohne Zusatz S in die ZTV bit – StB 84 aufgenommen (AB 0/16 S, 0/11 S und SM 0/11 S, 0/8 S).

Parkflächen sind gekennzeichnet durch hohe statische Lasten der parkenden Fahrzeuge bei geringen Beanspruchungen aus rollendem Verkehr. Für ihre bituminösen Deckschichten ist außer hoher Stabilität der unteren Schichten eine hohe Standfestigkeit bei großem Widerstand gegen Eindrückungen, besonders bei hoher Temperatur nötig: Asphaltbeton 0/11 S und 0/16 S mit harten bzw. hochviskosen Bindemitteln (B 65 und TB 65) kommt hier in Frage.

Rad- und Gehwege haben eine geringe Belastung. Für ihre bituminösen Deckschichten kommt Asphaltbeton 0/5 zur Anwendung, der von vornherein ohne Nachverdichtung dicht und durch entsprechende Wahl eines weichen Bindemittels genügend flexibel ist, da die Unterlage aus Kostenersparnisgründen meistens nicht sehr dick und standfest ausgebildet wird.

Sportplatzflächen sind in letzter Zeit immer mehr mit bituminösen Befestigungen versehen worden. Tennisplätze, Leichtathletikbahnen, Pferderennbahnen, Rollschuh- und Kegelbahnen sowie Turnhallenböden sind Anwendungen für Asphalt- und Gußasphaltbauweisen. Durch Zusätze zum Bindemittel werden hier die gefragten Eigenschaften wie Dämpfung und besonders große Elastizität, und durch Pigmentzugabe farbige Asphalte erzielt.

Flugplätze haben Start- und Landebahnen, Rollbahnen und Abstellflächen. Alle Betriebsflächen lassen sich mit dicken und besonders schubfesten Asphaltbauweisen des Straßenbaues befestigen. Für den Bereich von Start- und Landebahnen sind wegen der hohen Einzelradlasten nur Decken vorzusehen, die außer der Deckschicht auch eine Binderschicht haben. Die Deckschicht ist aus Asphaltbeton und Silittmastixasphalt mit möglichst großem Größtkorn (0/11 oder 0/16) herzustellen. Auf eine ausreichende Griffigkeit und Oberflächenentwässerung ist besonders zu achten. Zusatzstoffe wie Elastomere, Kunststoffe, mineralische Fasern erhöhen die Standfestigkeit.

Landwirtschaftliche Wege sind schon seit Jahrzehnten mit den Bauweisen des klassischen Straßenbaus befestigt worden. Auf relativ dünnen bituminösen Tragschichten wurden dichte feinkörnige und ebenfalls dünne Deckschichten gebaut. Die speziellen Beanspruchungen ländlicher Wege sind hohe Achslasten bei geringer Verkehrsmenge. In Anpassung daran wurden die sogenannten Tragdeckschichten entwickelt.

Tragdeckschichten kombinieren die Eigenschaften von Tragschichten und Deckschichten so gut wie möglich. Sie werden bei entsprechend geringer Beanspruchung statt in mehreren in nur einer Lage eingebaut und vermindern dadurch die Baukosten. Ihre gegenüber allen anderen Deckschichtdicken von 4 cm größere Dicke von 5 bis 6 cm wirkt sich günstig auf die Verdichtung durch geringeren Wärmeverlust, vor allem in der kühleren Jahreszeit, beim Walzen aus. Bei standfester Unterlage genügen sie allen Beanspruchungen aus ländlichem und Radverkehr (leichte Bauweise). Ihre Zusammensetzung und Anforderungen sind in den ZTV – LW 87 beschrieben: Mineralstoffgemisch 0/16, Kornanteil über 2 mm 50 bis 70 Masse-%, Bindemittel B 80, B 200 oder TB 80.

Warmeinbauweisen für Deckschichten nach ZTV bit – StB 84 werden nur noch selten bei Straßen-, Unterhaltungs- und Instandsetzungsarbeiten bei kleinen Ausmaßen der zu befestigenden Flächen angewendet. Die Vorschrift unterscheidet als Bauweisen Asphalt- und Teerasphaltbeton mit niedrigviskosen („Verschnitt"- bzw. Fluxbitumen) und hochviskosen Bindemitteln (TB 80) sowie Teerbeton (mit z.B. T 40/70 oder T 140/240) und Asphaltteerbeton (mit z. B. BT 40/70 oder BT 80/125). Die Mineralstoffgemische bestehen zwar aus abgestuften Lieferkörnungen, die so hergestellten Deckschichten sind aber nach dem Einbau noch nicht dicht, sie werden während des Abbindens der Bindemittel unter dem Verkehr nachverdichtet und ergeben erst dann hohlraumarme Decken. Die Bindemittel werden je nach Art auf 90 bis 140 °C höchstens vor dem Mischen erwärmt, die niedrigsten Einbautemperaturen sind entsprechend 30 bis 60 °C. Die Anwendung ist angezeigt, wenn Heißmischanlagen nicht vorhanden oder zu weit entfernt sind, oder Heißmischgut wegen der geringen Bedarfsmenge zu schnell auskühlen würde. Die Anwendung für nur leichte Beanspruchungen erlaubt i. d. R. geringere Deckschichtdicken, die ein schnelleres Abbinden begünstigen.

Kaltbauweisen mit kalteinbaufähigem Mischgut werden nur für sehr spezielle Deckschichtarbeiten angewendet, wie z. B. für das Ausbessern von Schlaglöchern sowie zur Profilverbesserung bei der Unterhaltung untergeordneter Straßen bzw. Wege, eventuell zur Herstellung dünnschichtiger Decken kleineren Ausmaßes (Schulhöfe, Hauszufahrten, Gehwege).

Kaltmischgut für den Soforteinbau wird aus Edelsplitt, Sand und Kaltbitumen im Zwangsmischer ohne Erwärmen der einzelnen Komponenten hergestellt. Durch die Wahl geeigneter Lösemittel im Kaltbitumen kann die Verweilzeit für Transport und Einbau in Grenzen gesteuert werden.

Falls möglich, sollte das Mischgut nach dem Einbau zwecks Verdunstung der Lösemittel einige Zeit offenbleiben, bevor es wie üblich verdichtet wird. Nach der Verdichtung sollen die Verkehrsflächen 1 bis 2 Tage gesperrt bleiben.

Lagerfähiges Kaltmischgut wird entweder mit einem Spezial-Kaltbitumen ebenfalls in Zwangsmischern hergestellt, dessen Fluxmittel schwer flüchtig sind, oder mit einem Zwei-Komponenten-Bindemittel auf Teer- bzw. Bitumenbasis in Emulsionsform in speziellen Mischanlagen, das unter dem Handelsnamen *Compomac* in der Bundesrepublik bekannt ist. Dieses Mischgut ist etwa ein Jahr

10.4.1 Befestigung von Verkehrsflächen

lagerfähig und kann bei Regen und Kälte eingebaut werden. Die Anwendungen sind dieselben wie bei Kaltmischgut für den Soforteinbau.

Oberflächenschutzschichten sind dünne bituminöse Schichten auf Straßen, vorwiegend mit schwachem bis, leichtem Verkehr, auf Wegen und Plätzen sowie in Ortsdurchfahrten. Sie dienen dem Erhalt bzw. der Wiederherstellung der Oberflächeneigenschaften wie Dichtigkeit, Griffigkeit und Licht-Reflektionsvermögen. Sie werden ausgeführt als „Oberflächenbehandlungen" und „Bituminöse Schlämmen".

Oberflächenbehandlungen werden dadurch hergestellt, daß Bitumenemulsionen, Fluxbitumen, Teerbitumen oder Bitumenteer auf die zu schützende Fläche heiß mit 130 bis 160 °C aufgespritzt, mit Splitt abgestreut und gewalzt wird. Meistens erfolgt dieser Vorgang zweimal (doppelte OB). Einbau zwecks gleichmäßiger Dosierung maschinell mit Rampenspritzgerät, nur bei kleinen Flächen mit handgeführter Spritzdüse.

Bituminöse Schlämmen sind Gemische aus Bitumenemulsionen und feinkörnigen, füllerreichen Mineralstoffen. Für den Handeinbau (Ausnahme) verwendet man anionische Schlämmen, die nur durch Verdunsten des Emulsionswassers abbinden. Aktuell sind wegen der Notwendigkeit großflächiger Substanzerhaltungsmaßnahmen auf zahlreichen Straßen der Bundesrepublik die maschinelle und damit gleichmäßige Aufbringung von meist kationischen Schlämmen unter Verwendung kationischer Emulsionen. Sie werden mit Hilfe kombinierter Misch- und Verteilergeräte eingebaut und ergeben nicht nur einen Poren- oder Risseschluß wie die Oberflächenbehandlung, sondern insbesondere die doppelte bituminöse Schlämme ergibt eine Beschichtung und damit eine dauerhafte Versiegelung.

Öl- und kraftstoffresistente Schlämmen sind Sondergemische, meistens mit Teeremulsionen für spezielle Anwendung, z. B. für Parkplätze an Tankstellen und Kraftfahrzeugreparatur-Werkstätten, wo mit auslaufendem Öl und Benzin gerechnet werden muß.

e) Bituminöse Brückenbeläge

„Merkblatt für bituminöse Brückenbeläge auf Beton" der FGSV (1976)
„Merkblatt für bituminöse Brückenbeläge auf Stahl" der FGSV (1978)

Die Gebrauchseigenschaften der Fahrbahnoberfläche im Bereich von Brücken, die Bestandteil einer Straße sind, sollen u. a. aus Verkehrssicherheitsgründen gleich denen der anschließenden Straßenflächen sein. Die Deckschicht der Straße muß also über die Brücken hinweggeführt werden. Gleichzeitig muß die aus Beton oder Stahl bestehende Brücke selbst gegen die schädlichen Wirkungen von Oberflächenwasser abgedichtet werden, das z. B. auch aggressives Tausalz enthalten kann und durch eine stets in Betracht zu ziehende gewisse Wasserdurchlässigkeit der Deckschicht bzw. deren Randfugen auf den Brückenüberbau gelangen kann, wodurch Betonzerstörungen bzw. Stahlkorrosion eintreten können. Diese Aufgabe übernimmt die Dichtungsschicht, die vor den mechanischen Belastungen aus dem Verkehr und vor Witterungseinflüssen durch eine zwischen Deckschicht und Dichtungsschicht einzubauende Schutzschicht und zusätzlich durch die Deckschicht geschützt wird.

Zur Vermeidung von wachsenden Blasen, die bei vollflächiger Verklebung hohl-

Bitumen, Asphalt, Teerpech (Bituminöse Baustoffe)

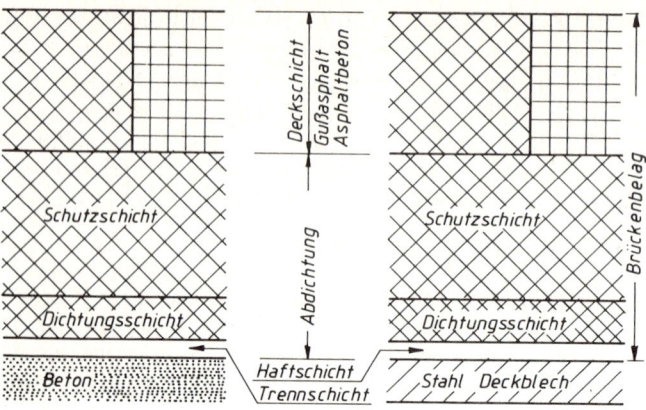

Abb. 10.4 Regelbauweisen für Brückenbeläge auf Beton- und Stahlbrücken

raumfreier Dichtungsschichten aus Asphaltmastix oder Klebemasse mit Metallriffelband auftreten können, sind Trennschichten als Dampfdruckentspannungsschichten aus z. B. Lochglasvlies-Bitumenbahnen zwischen Beton- und Dichtungsschicht anzuordnen und bis unter die Randkappen durchzuführen. Bei Brücken mit orthotroper stählerner oder Stahlblech-Fahrbahnplatte wird zwischen Stahlplatte und Dichtungsschicht eine Haftschicht aus bituminösen Bindemitteln mit hochpolymeren oder mineralischen Zusätzen oder aus Kunstharz zur Verbesserung der Verbundwirkung zwischen Belag und Stahlplatte und als Korrosionsschutz aufgebracht.

Den Aufbau des bituminösen Brückenbelages auf Beton und Stahl zeigt Abb. 10.4 als Prinzipskizze. Bituminöse Brückenbeläge sind wegen der zu beschränkenden Eigenlast der Brückenüberbauten dünner als übliche Straßenbefestigungen. Da sie außerdem besonders starken Beanspruchungen durch Temperaturschwankungen und Schwingungen ausgesetzt sind, sind sie besonders sorgfältig und nur von Fachleuten mit Erfahrung auszuführen. Richtwert für die Dicken von Schutzschicht und Deckschicht ist 3,5 cm. Schutzschichten bestehen i. d. R. aus Gußasphalt, Deckschichten aus Gußasphalt oder Asphaltbeton. Die Dichtungsschichten werden üblicherweise aus Asphaltmastix in einer Dicke von 8 bis 10 mm hergestellt.

Beim Bau bituminöser Brückenbeläge liegt also eine Anwendung bituminöser Baustoffe vor, die eine Kombination der Anwendungsgebiete Straßenbau und Bauwerksabdichtung (siehe Abschnitt 10.4.3) darstellt.

f) Neu entwickelte Deckschichten

Zur Verbesserung der Gebrauchseigenschaften von bituminösen Baustoffen für Straßenbauschichten wurden in den letzten Jahren besonders für Deckschichten Bauweisen entwickelt und erprobt, die sich durch Zusatzstoffe oder durch Änderung der Bauverfahren von den eingeführten unterscheiden. Sie sind nicht in die Technischen Vorschriften und Richtlinien aufgenommen, lassen aber teilweise deutliche Qualitätsverbesserungen erkennen. Sie sollen nachfolgend ohne Anspruch auf Vollständigkeit kurz vorgestellt werden.

10.4.1 Befestigung von Verkehrsflächen

Elastomermodifizierte Decken sind bituminöse Decken mit Kautschuk- oder Gummizusatz. Sie zeigen eine Verbesserung der Haftung und des Dehnverhaltens bei Kälte oder höhere Standfestigkeit bei Wärme. Besondere Verarbeitungsbedingungen sind nach den Angaben der Hersteller der Zusätze zu beachten. Als Zusätze werden nichtvulkanisierter Naturkautschuk in Form von Kautschukpulver, Neukautschuk (Latex) oder Gummimehle aus Alt- oder Neugummischliff verwendet in Mengen von etwa 2 bis 4 Masse-%, bezogen auf die Menge des Bindemittels.

Polymermodifizierte Decken bestehen aus Asphaltbeton und/oder Asphaltbinder im Heißeinbau unter Verwendung eines polymermodifizierten Bitumens (siehe Abschnitt 10.2.2). Das Haftvermögen, die Standfestigkeit und die Elastizität werden verbessert. Unter dem Begriff *Mikrobeton 0/5* ist ein Asphaltbeton zur Instandsetzung vorhandener und in der Substanz gefährdeter Deckschichten seit einigen Jahren im Einsatz, der in einer Dicke von nur ca. 1,5 cm eingebaut werden kann und damit für den städtischen Straßenbau geeignet ist, wo wegen seitlicher Entwässerungsrinnen eine nur beschränkte Einbaudicke zur Verfügung steht.

Splittmastix-Deckschichten bestehen aus einem Mineralstoffgemisch 0/5 bis 0/11 mit Ausfallkörnung im Feinsplittbereich. Der Splittanteil liegt bei etwa 70 bis 80 Masse-%, 8 bis 12 Masse-% Füller, Rest Brechsand und Natursand mit überwiegendem Brechsandanteil. Es wird Bitumen B 65 oder B 80 mit stabilisierenden Zusätzen verwendet. Splittmastix-Beläge können 1,5 bis 5 cm dick gebaut werden. Sie haben eine hohe Verformungsbeständigkeit. Diese Bauweise zählte seit ca. 15 Jahren zu den „Sonderbelägen". Wegen ihrer hervorragenden Bewährung ist sie seit 1984 in die ZTV bit 84 übernommen und wird entsprechend häufig bei hochbelasteten Straßen angewendet.

Vibroasphalt ist ein verformungsstabiles Asphaltmischgut für Deckschichten, dessen Benennung auf die Art der Herstellung hinweist. Zusammengesetzt ähnlich wie Asphaltbeton mit erhöhtem Füllergehalt (Mineralstoffe: etwa 60 Masse-% Splitt, etwa 18 Masse-% Füller, Rest Brech- und Natursand im Verhältnis 1 : 1, Bindemittel: etwa 6,5 Masse-% B 45) wird es bei Temperaturen ähnlich dem Gußasphalt (etwa 230 °C) gemischt und in isolierten LKW transportiert. Durch Vibration der Straßenfertigerbohle erfolgt eine Verflüssigung und vollständige Verdichtung. Wie bei Gußasphalt entsteht eine hochglänzende Oberfläche, auf die Splitt 2/5 aufgestreut und angewalzt wird.

Halbstarre Beläge sind Deckschichten, die die Flexibilität des Asphaltes mit der Standfestigkeit des Betons kombinieren. In Dicken von 4 bis 6 cm wird zunächst ein hohlraumreiches asphaltmakadamartiges Mischgut eingebaut, dessen Hohlräume anschließend mit einer kunststoffhaltigen Zementschlämme vergossen werden, die nach dem Erhärten hohe Festigkeit, Dichtigkeit und Haftfähigkeit am bituminösen Material besitzt. Diese Decken werden vor allem im Flugplatzbau angewendet. Sie werden dann resistent gegen Kraftstoffe, Enteisungsmittel und Hitzeeinwirkung durch Düsenantriebswerke hergestellt.

Dränasphalt ist ein besonders hohlraum- und splittreiches Deckschichtmaterial, das unter Verwendung von besonders beständigem Bindemittel-Füller-Mörtel auf einer sehr dichten Unterlage eingebaut wird. Die verbleibenden Hohlräume erleichtern die Oberflächenentwässerung unter den Fahrzeugreifen, so daß es nicht so leicht zu „Aquaplaning" kommt. Im Winter besteht allerdings erhöhte Gefahr der Vereisung.

Als Nebeneffekt hat Dränasphalt ein für Asphalt typisches, durch den großen Hohlraumgehalt jedoch besonders hervorragendes Lärmschluckvermögen und vermindert damit den Verkehslärm durch die Kraftfahrzeug-Rollgeräusche (Lärmmindernde Decken aus *„Flüsterasphalt"*).

Eishemmende Deckschichten sind in der Schweiz entwickelt worden. Dem asphaltbetonähnlichen Mischgut werden etwa 5 Masse-% vorbehandelte Auftausalze anstelle von entsprechender Menge Sand beigemischt. Beim Abfahren der oberen Mörtelschicht durch den Verkehr wird das Salz freigelegt, wodurch Schnee und Eis weniger an der Decke haften und Glättebildung vermieden wird. Versuchsweise sind in den letzten Jahren mehrere Teilstrecken, besonders als Brückenbeläge, ausgeführt worden.

Bituminöse Feinkornschichten im Kalteinbau werden aus besonders ausgewählten Mineralstoffen und kationischen Bitumenemulsionen mit Latexzusatz in Wandermischern hergestellt und mit angehängtem Gerät verteilt. Die Schichten können grobkörniger und dicker als Schlämmen nach ZTV bit hergestellt werden und sind deshalb widerstandsfähiger.

Deckschichten mit besonderer Aufhellung werden durch Zugabe von Splitt aus sehr hellem Naturstein, wie z. B. Labradorit oder Luxovit, einem gesinterten Flintstein, oder aus Synopal, einem synthetischen weißen Gesteinsmaterial, hergestellt. Diese Mineralstoffe werden in den üblichen Körnungen 0/2, 2/5 oder 5/8 hergestellt und den Mineralstoffen in bestimmten Prozentsätzen – 10 bis 25 % –, je nach Grad der gewünschten Aufhellung, zugemischt oder ausgestreut und eingewalzt.

Farbige Deckschichten aus Asphalt werden hergestellt, indem der Asphalt mittels chemischer Erzeugnisse wie Eisenoxid- oder Chromoxid-Pigmente eingefärbt wird. Auch Roter Liparit, ein jüngeres Ergußgestein, verleiht dem Asphalt eine rötliche Färbung. Damit kann Asphalt architektonische Gestaltungsmöglichkeiten für Platzanlagen, Rad- und Gehwege übernehmen.

10.4.1.1 Wiederverwendung von Asphalt

„Merkblatt für die Erhaltung von Asphaltstraßen" der FGSV
1. „Allgemeine Ausführungen" (1983)
2. „Bauliche Maßnahmen" mit 9 Teilen (bis 1989): wie z. B. Rückformen der Fahrbahnoberfläche, Unterhaltung, Oberflächenbehandlungen, Wiederverwenden von Asphalt, Profilverbesserungen u. a.

Die Verknappung und Verteuerung der bewährten Straßenbaumaterialien Bitumen und Mineralstoffe haben in den letzten Jahren dazu geführt, daß bei der Erhaltung, Instandsetzung und Erneuerung von Straßen vermehrt ausgebautes Asphaltmaterial in verschiedener Weise wiederverwendet wird. Außerdem wird der Abbau der vorhandenen Mineralstoffvorräte in Steinbruchbetrieben durch Forderungen des Umweltschutzes erheblich erschwert, und die Ablagerung von Bauabfallstoffen, zu denen bei Straßenum- und -ausbaumaßnahmen anfallender Asphalt bisher gerechnet wurde, ist aufgrund gesetzlicher Bestimmungen sehr kostspielig.

10.4.1.1 Wiederverwendung von Asphalt

Diese Zwänge haben die Wiederverwendung (Recycling) von „Altasphalt" sehr gefördert. Dabei ist zu beachten, daß im Asphalt die Komponenten Bitumen und Mineralstoffe nur eine Mischung bilden und chemisch nicht verändert werden. Durch Maschinen, die mit Infrarotstrahlern oder anderen indirekt wirkenden Heizgeräten die durch Spurrinnen verformte oder in anderer Weise zerstörte bzw. rissige Deckschicht erwärmen, kann der Asphalt ohne Kornzertrümmerung aufgelockert und sofort anschließend in eine neue, gleichmäßig dicke Deckschicht eingebaut werden *(Rückformen)*. Dabei werden drei Verfahren unterschieden: Unter *„Reshape"* versteht man das Rückformen der Fahrbahnoberfläche *ohne* Materialzugabe, unter *„Repave"* das Rückformen *mit* gleichzeitiger Zugabe von neu hergestelltem Material *ohne* Mischen und unter *„Remix"* das Rückformen unter Materialzugabe *mit* Mischen der beiden Anteile (siehe Abb. 10.5). Bei allen Verfahren wird das profilgerecht eingebaute Material mit herkömmlichen Walzen verdichtet. Das Remix-Verfahren wird wegen der erreichbaren höheren Qualität am meisten angewendet.

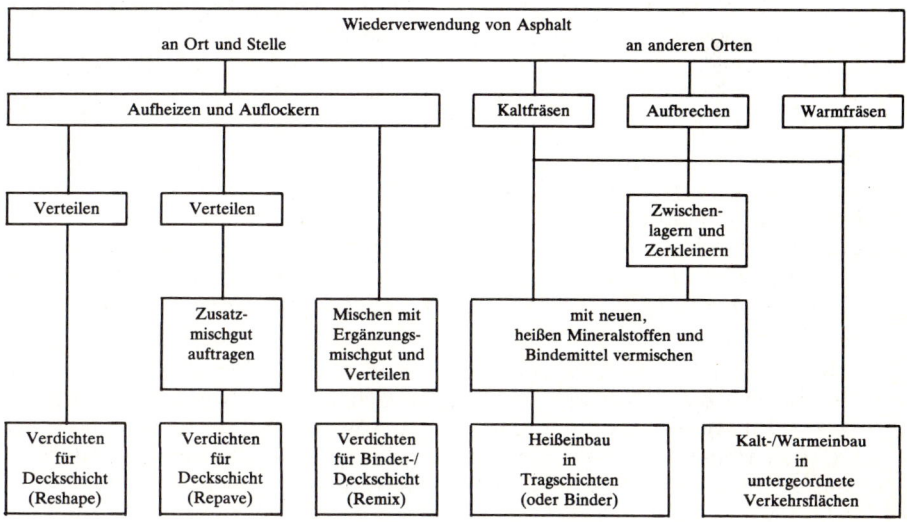

Abb. 10.5   Übersicht der Verfahren für die Wiederverwendung von Asphalt

Die anderen in Abb. 10.5 zusammengestellten Verfahren unterscheiden die Wiederverwendung von Asphalt an anderen als den Gewinnungsstellen. Durch Fräsen mit oder ohne vorheriges Aufwärmen oder durch anderes maschinelles Aufbrechen gewonnenes Asphaltmaterial kann mit oder ohne Aufbereiten wiederverwendet werden. Ohne besondere Aufbereitung in Form einer Zerkleinerung kann Aufbruchmaterial i. d. R. in Frostschutz- oder Tragschichten sowie zur mechanischen Bodenverbesserung, Material mit gröberen Stücken in Schüttungen von Lärmschutzwällen oder Dämmen verwendet werden.

Inzwischen werden spezielle Asphalt-Recycling-Materialaufbereitungsanlagen von der Baumaschinenindustrie hergestellt, mit denen Altasphalt bis auf jede gewünschte

Größe zerkleinert werden kann. Nach Zugabe von Bitumen und Mineralstoffen in Chargen- oder Zwangsmischern kann Material für Trag- oder Binderschichten hergestellt werden, das schon auf zahlreichen Baustrecken etwa seit 1978 mit Erfolg eingesetzt worden ist. Dabei werden grundsätzlich dieselben Anforderungen an das Mischgut und die fertige Schicht gestellt wie bei Schichten ohne Zugabe von ausgebautem Asphalt. Entsprechend sind die Eigenschaften des Altasphaltes zu berücksichtigen und dessen Menge zu dosieren, was mittels einer Eignungsprüfung zu kontrollieren bzw. nachzuweisen ist. Die Zugabemengen liegen z. Z. bei bis zu 30 % Altasphalt in Zwangsmischern und bei bis zu 70 % in Trommelmischern. Versuchsweise ist auch auf untergeordneten Straßen Altasphalt in geringen Mengen dem Asphaltbeton für Deckschichten zugegeben worden.

Wenn ausreichende Erfahrungen vorliegen, ist in naher Zukunft je nach Wirtschaftlichkeit eine Wiederverwendung von mehreren Mio. Tonnen pro Jahr möglich. Geht man von der Gesamtfläche der mit Asphalt befestigten Straßen und einer auf Erfahrung basierenden Nutzungsdauer der Befestigung aus, so läßt sich die zukünftig anfallende Menge Altasphalt je Jahr in der Bundesrepublik Deutschland berechnen. Addiert man zu der Gesamtlänge aller überörtlichen Straßen von ca. 173 000 km die Gesamtlänge aller Gemeindestraßen von insgesamt rd. 312 000 km, so ergibt sich die Länge des Gesamtstraßennetzes mit 485 000 km. Das entspricht einer Gesamtstraßenfläche von 3200 km^2 oder etwa 1,3 % der Gesamtfläche der Bundesrepublik Deutschland. Etwa 70 % der Gemeindestraßen und 94 % der überörtlichen Straßen sind bituminös befestigt. Daraus ergibt sich die Gesamtfläche der mit Asphalt befestigten Straßenfläche zu etwa 2500 km^2. Geht man nun von einer durchschnittlichen Nutzungsdauer nur der Deckschichten von 15 Jahren aus, so müßten jährlich etwa 170 Mio. m^2 Asphaltdeckschichten erneuert werden. Einer Dicke von 4 cm entspricht bei einer Dichte von 2,5 g/cm^3 eine Menge von 100 kg/m^2. Das ergibt die Gesamtmenge von jährlich 17 Mio. t Altasphalt allein aus der Notwendigkeit der Erneuerung der Asphaltdecken im Abstand von etwa 15 Jahren. Diese relativ kurze Nutzungsdauer ist bei der heutigen Verkehrsstärke durchaus realistisch und muß bei sehr stark befahrenen Straßen noch verkürzt werden. Berücksichtigt man ferner die noch zu erwartende Zunahme des Kraftfahrzeugbestandes in den nächsten Jahren, so ist die Schätzung von 20 Mio. t Altasphalt je Jahr berechtigt. Dabei wird allerdings davon ausgegangen, daß die öffentlichen Straßenbaulastträger in die Lage versetzt werden, die Erneuerung und Instandsetzung der Straßen entsprechend dem Verschleiß und zum Ausgleich des Substanzverlustes auch vornehmen zu können.

Bei einem durchschnittlichen Bitumengehalt von 5 Masse-% könnten auf der Basis von 20 Mio. t Altasphalt 1 Mio. t Bitumen und 19 Mio. t Mineralstoffe bei der Herstellung von Mischgut für neue Straßen, vornehmlich für Trag- und Binderschichten, eingespart werden. Legt man die Kosten pro Tonne auf der Preisbasis von 1986 zugrunde (1 t Bitumen kostet etwa 500 DM, 1 t Mineralstoffe etwa 20 DM), so bedeutet das eine mögliche Einsparung von 500 Mio. DM für Bitumen und 380 Mio. DM für Mineralstoffe. Die Bedeutung der einzusparenden Menge an Bitumen von 1 Mio. t wird deutlich, wenn man sie mit dem Gesamtverbrauch an Bitumen für den Straßenbau in den letzten Jahren von etwa 2,5 Mio. t vergleicht. Die Wiederverwendung der denkbaren 19 Mio. t Mineralstoffe bedeuten eine Schonung von bis zu 200 000 m^2 Steinbruchabbaufläche und eine entsprechende Entlastung der Abfallstoffdeponien und damit einen bedeutsamen Beitrag zum Schutz von Umwelt und Landschaft.

Diese kurzen Überlegungen machen deutlich, welche besondere Bedeutung der Wiederverwendung von Altasphalt in den kommenden Jahren zukommen wird und muß, um volkswirtschaftliche Nachteile zu vermeiden. Die vorhandenen Straßenbefestigungen sind als „Baustofflagerstätte" neuer Straßenbefestigungen anzusehen. Der Begriff „Altasphalt" für diesen „neu entdeckten" Straßenbaustoff hat sich zwar schon in der Fachsprache eingebürgert, sollte aber zur Vermeidung des Eindrucks minderwertiger Eigenschaften abgewandelt werden in den Begriff „ausgebauter Asphalt".

10.4.2 Wasserbau

„Empfehlungen für die Ausführung von Asphaltarbeiten im Wasserbau" (1983) der Deutschen Gesellschaft für Erd- und Grundbau, Essen

Bitumen und Asphalt sind schon im Altertum im Bereich des Wasserbaues eingesetzt worden. Die ältesten Zeugnisse sind die vor rund 5000 Jahren errichteten Kaimauern an Euphrat und Tigris, die heute noch teilweise funktionsfähig sind — ein Beweis für die Widerstandsfähigkeit von Bitumen gegen Verwitterung, also gegen Luft und Wasser.

Vor etwa 50 Jahren hat man die Eignung von Bitumen und Asphalt für vielfältige Aufgaben bei Bauwerken des Wasserbaus „wiederentdeckt", angefangen mit Seedeichbefestigungen für den Küstenschutz, Böschungs- und Sohlbefestigungen im Fluß- und Kanalbau, Außen- und Kerndichtungen von Dämmen im Speicherbecken- und Talsperrenbau.

Da Bitumen und damit Asphalt keine wasserlöslichen und giftigen Stoffe enthalten, ist Asphalt auch geeignet für alle Aufgaben der Befestigung und Dichtung von Bauteilen der Trinkwasserversorgung und Bewässerung, wie z. B. Reinigungs- und Speicherbecken, Grabenbefestigungen und Rohrleitungen. Bindemittel, die giftige Phenole enthalten, wie verschiedene Teerpeche und die früher in Deutschland mit Teerölen hergestellten „Verschnitt"-Bitumen, können und werden nicht für Aufgaben des Wasserbaues eingesetzt, da sie das Grundwasser und ggf. Trinkwasser verunreinigen. Andererseits wachsen wegen der nicht vorhandenen keimtötenden Wirkung Schilf, Reet und Schachtelhalme durch Asphaltdecken hindurch. Allerdings wird dichter Asphaltbeton mit einem Hohlraumgehalt von weniger als 3 Vol.-% und ausreichender Dicke (10 bis 15 cm) nicht durchgewachsen. Will man Pflanzendurchwuchs verhindern, wie z. B. für Asphalt mit Dichtungsaufgaben, so muß der Boden mit Pflanzenvernichtungsmitteln gegen mehrjährige Unkräuter vorbehandelt werden. Andererseits ist es heute immer mehr zum Schutz der Landschaft und aus optischen Gründen erwünscht, wenn Pflanzen den Asphalt am Fluß-, Kanal-, Becken- oder Seeufer begrünen. Besonders geeignet sind dann *Asphalteingußdecken*. Das sind ein- oder mehrlagige Schotterschichten, deren Hohlräume mit Asphaltmastix voll verfüllt werden. Den Asphaltmastix durchstoßen die Pflanzen leicht, ohne den Zusammenhang des Schottergerüstes und der Decke zu zerstören.

578 Bitumen, Asphalt, Teerpech (Bituminöse Baustoffe)

Bei der Anwendung von Asphalt für Klär- und Belebungsbecken in Kläranlagen zur Aufnahme von häuslichen und industriellen Abwässern ist die chemische Resistenz gegen hohe Konzentrationen von Laugen und Säuren zu beachten (siehe Abschnitt 10.2.5e). Dabei müssen auch säurefeste Mineralstoffe verwendet werden. Die Eignung des Asphaltes für den Wasserbau beruht aber in erster Linie auf seinen physikalischen Eigenschaften. Bauwerke am und im Wasser müssen flexibel sein, da Untergrundbewegungun aus Nachverdichtungen und Volumenänderungen des Erdkörpers durch Wasseraufnahme und -entzug immer gegeben sind. Großflächige, starre Bauwerke sind in viele Einzelelemente aufzuteilen, um diesen Bewegungen folgen zu können, während Asphalt in beliebiger Flächen- und Volumengröße fugenlos infolge seiner Wasserdichtigkeit abdichten oder gegen Erosion schützen, sowie auftretende Spannungen wegen seiner Plastizität wieder abbauen und langsamen Setzungen folgen kann. Der Asphaltwasserbau ist ein Anwendungsgebiet, das auf der einen Seite mit seinen dicken Deckwerken auf Deichen und Dämmen den Anwendungen des Straßenbaues ähnelt und auf der anderen Seite mit seinen dünnen Dichtungsbelägen, meist aus Asphaltmastix, die i. d. R. einer Trägereinlage aus z. B. Glasvlies und einer Schutzschicht gegen mechanische Zerstörungen aus z. B. steinfreiem Boden bedürfen, den Anwendungen der Abdichtungstechnik ähnlich ist.

Schutzschicht gegen mechanische Zerstörungen aus z. B. steinfreiem Boden bedürfen, den Anwendungen der Abdichtungstechnik ähnlich ist.

Als *Technische Asphalte für den Wasserbau* — auch Bauweisen genannt — hat sich im Laufe der Entwicklung vor allem *Asphaltbeton* für alle Dichtungsaufgaben wie auch für schwere Befestigungen und als Erosionsschutz durchgesetzt. Er kann maschinell hergestellt und eingebaut werden und ist deshalb für großflächige Ausführungen auch wirtschaftlich. Der hohlraumfreie *Gußasphalt* und der hohlraumarme *Sandasphalt* sind auch bewährte Bauweisen, haben aber aus Wirtschaftlichkeitsgründen nur noch geringe Bedeutung. Asphaltmastix wird als sogenannter *Asphaltverguß* zum Vergießen von Fugen (*Fugenverguß*) und zum Vergießen von Steinen, die entweder als große Steine von Hand für den Wellenauflauf bremsende Rauhdeckwerke versetzt werden (*Setzsteinverguß*) oder als Grobgesteinslagen zwecks Einsparung von Handarbeit geschüttet werden (*Schüttsteinverguß*). Mit Asphaltmastix ist auch *Unterwasserverguß* von groben Schüttungen für Buhnen, Böschungs-, Sohl- und Flußbefestigungen möglich, ohne daß die heiße Masse vorzeitig abschreckt. *Offene Beläge* werden eingebaut, wenn hinter einem Deckwerk auftretende Grundwasser- oder Porenwasserüberdrücke abgebaut werden sollen. Sie werden aus grobkörnigem Gesteinsmaterial ohne Feinkorn hergestellt.

Die Zusammensetzung der genannten Mischgutarten entspricht weitgehend den Asphalten für den Straßenbau. Wegen der generell notwendigen *größeren Dichtigkeit* und der leichteren Verarbeitbarkeit haben die Mischungen laut den „Empfehlungen" der Deutschen Gesellschaft für Erd- und Grundbau einen feineren Kornaufbau mit höherem Füller und Bindemittelanteilen. Bevor Asphaltmassen eingebaut werden, ist eine Eignungsprüfung durchzuführen. Dabei wird auch die Wasserdurchlässigkeit am Probekörper ermittelt. Erfahrungsgemäß sind Asphaltmassen mit einem berechneten Hohlraum von weniger als 3 Vol.-% vollkommen, bei weniger als 5 Vol.-% praktisch dicht. Ist der Hohlraum größer als 8 Vol.-%, gilt der Asphalt als durchlässig bzw. durchsickernd.

10.4.3 Abdichtungstechnik

DIN 18 195	Bauwerksabdichtungen
T 1 1983	Allgemeines, Begriffe
T 2 1983	Stoffe
T 3 1983	Verarbeitung der Stoffe
T 4 1983	Abdichtungen gegen Bodenfeuchtigkeit, Ausführung und Bemessung
T 5 1983	Abdichtungen gegen nichtdrückendes Wasser, Ausführung und Bemessung
T 6 1983	Abdichtungen gegen von außen drückendes Wasser, Ausführung und Bemessung
T 7 (in Vorber.)	Abdichtungen gegen von innen drückendes Wasser, Ausführung und Bemessung
T 8 1983	Abdichtungen über Bewegungsfugen
T 9 1983	Durchdringungen, Übergänge, Abschlüsse
T 10 1983	Schutzschichten und Schutzmaßnahmen

AIB (Jan. 82) „Vorschrift für die Abdichtung von Ingenieurbauwerken" der Deutschen Bundesbahn, Drucksache 835 (DS 835), zu beziehen vom Drucksachenlager der Bundesbahndirektion Hannover, Schwarzer Weg, 4950 Minden

Richtlinien für die Planung und Ausführung von Dächern mit Abdichtungen (Flachdachrichtlinien), herausgeben vom Zentralverband des Deutschen Dachdeckerhandwerks und Hauptverband der Deutschen Bauindustrie, Bundesfachabteilung Bauwerksabdichtung, zu beziehen vom Fachverlag Helmut Gros, Berlin 21

abc der Bitumen-Bahnen, Technische Regeln, 1985, herausgegeben vom „Industrieverband bituminöse Dach- und Dichtungsbahnen e. V., Karlsstraße 21, Frankfurt/Main 1

Technische Regeln für die Planung und Ausführung von dehnfähigen Bauwerksabdichtungen und Technische Regeln für die Planung und Ausführung von Dachabdichtungen, beide herausgegeben vom Hauptverband der Deutschen Bauindustrie, Bundesfachabteilung Bauwerksabdichtung, Abraham-Lincoln-Straße, Wiesbaden

Die Abdichtung von Bauwerken soll verhindern, daß Wasser der unterschiedlichsten Art und Herkunft die Baustoffe und Teile eines Bauwerkes angreift oder schädigt, wobei der Angriff bis zur Zerstörung führen kann. Wasser kann oberirdisch in Form von Niederschlag (Oberflächenwasser) oder nach dem Eindringen in den Baugrund als Bodenfeuchtigkeit, Sickerwasser oder Grundwasser seinen schädigenden Einfluß auf die erdberührten Teile des Bauwerkes ausüben. Mit dem Bodenwasser können auch Chemikalien an das Bauwerk gelangen, vor deren Angriff die Abdichtung ebenfalls schützen soll.

Außerdem beansprucht Gebrauchswasser Bauwerke von innen, wie z. B. die Wand- und Fußbodenflächen von Naßräumen, wie Duschen und Waschkeller, oder von Speicher- bzw. Behälterbauwerken oder von Schwimmbecken. Auch dagegen werden zum Schutz Abdichtungen eingebaut.

Deshalb kommt der Abdichtung aller Bauwerke und ihrer fachgerechten Ausführung eine besonders große Bedeutung zu, die im krassen Gegensatz zu ihrem relativ geringen Kostenaufwand steht. Das ist mit Ursache dafür, daß häufig diese Bedeutung von Planern, Architekten und Bauausführenden unterschätzt wird. Erst im Schadenfall mit den üblicherweise mehrfach höheren Kosten für die Freilegung zur notwendigen Sanierung der Abdichtung wird den Betroffenen die Wichtigkeit einer funktionierenden Abdichtung und oft erst überhaupt das Vorhandensein bzw. die Notwendigkeit einer Abdichtung bewußt.

Die Abdichtungstechnik unterscheidet zwischen der *Bauwerksabdichtung* und der *Dachabdichtung*. Wesentliches Unterscheidungsmerkmal ist, daß alle Dachabdichtungen frei liegen und deshalb regelmäßig unterhalten werden können. Dagegen gehören zur Bauwerksabdichtung solche Abdichtungen, die ständig von massiven Bauteilen oder Boden bedeckt sind. Eine ständige Beobachtung und Unterhaltung ist also nicht möglich, bzw. es müssen wie z. B. bei der Beseitigung von Schäden mehr oder weniger umfangreiche Vorarbeiten zum Freilegen der Abdichtung durchgeführt werden.

Die bisher neben der Bezeichnung Abdichtung außerdem verwendeten Begriffe „Dichtung" und „Sperrschicht" sind seit einiger Zeit im Technischen Regelwerk zusammengefaßt unter dem Sammelbegriff „Abdichtung". Vermieden werden muß auch der immer wieder für Abdichtung gegen Wasser auftauchende Begriff „Isolierung". Er hat seine Bedeutung im Wärme- und Schallschutz sowie in der Elektrotechnik.

Bauwerksabdichtungen

Abdichtungsarten

Nach der Art des Wasserangriffs sind drei Abdichtungsarten grundsätzlich voneinander zu unterscheiden:

1. *Abdichtungen gegen Bodenfeuchtigkeit*

   Sie sind bei allen unterirdischen Bauteilen als Mindestsicherung vorzusehen, weil in unseren Klimazonen Wasser im Boden immer vorhanden ist. Dabei kann man lediglich von Feuchtigkeit bei nichtbindigen Bodenarten sprechen. Bei bindigen Böden ist grundsätzlich bis zur Geländeoberfläche von Wasser in tropfbar-flüssiger Form auszugehen, so daß mindestens Abdichtungen gegen nicht drückendes Wasser vorzusehen sind. Die Abdichtung muß die Poren der Bauteile schließen bzw. die Kapillarität unterbrechen, um das Eindringen bzw. Aufsteigen von Feuchtigkeit zu verhindern.

   In der Reihenfolge ihrer Bedeutung unterscheidet man waagerechte Wandabdichtungen, senkrechte Wandabdichtungen und Fußbodenabdichtungen.

2. *Abdichtungen gegen nichtdrückendes Wasser*

   Sie müssen drucklos fließendes Wasser (Sicker- und Oberflächenwasser) ableiten, wobei eine zuverlässige Abflußmöglichkeit des Wassers gegeben sein muß. Abdichtungen gegen Sickerwasser sind in erster Linie bei unterirdischen Deckenbauteilen nötig, z. B. bei U-Bahndecken, die wegen der Fortleitung des Wassers mit Gefälle hergestellt werden müssen, und bei unterirdischen Wandbauteilen, bei denen das Wasser in Dränagen abgeleitet werden muß.

   Abdichtungen gegen Oberflächenwasser sind bei oberirdischen Bauteilen vorzusehen, wie bei begehbaren Dachterrassen und Brückenfahrbahnen sowie im Bauwerksinneren bei Decken unter Naßräumen.

3. *Abdichtungen gegen von außen drückendes Wasser*

   Diese Abdichtungen müssen unter der Einwirkung des Wasserdrucks infolge Eintauchens in das Grundwasser dauerhaft dicht und beständig sein. Wegen der vielen Vorzüge stellen sie als wasserdruckhaltende Außenabdichtung bei Neubauten den Regelfall dar. Aus konstruktiven Gründen oder bei späterem Einbau kann eine wasserdruckhaltende Innenabdichtung hergestellt werden.

   Wird letztere gegen von innen drückendes Gebrauchswasser eingebaut, so wird sie „Behälterabdichtung" genannt.

Für diese drei Abdichtungsarten galten jahrzehntelang die technischen Normen DIN 4117, DIN 4122 und DIN 4031, die zugleich ETB-Vorschriften waren, d. h. einheitliche technische Baubestimmungen. Alle drei ETB-Normen wurden 1983 durch **eine Norm**, die „Abdichtungsnorm" DIN 18 195 ersetzt, die in 10 Teilen erscheinen wird. Bis auf Teil 7 liegen alle Teile vor (siehe oben). Für die Abdichtungstechnik genauso bedeutsam ist die als Standardwerk bewährte „AIB" der Deutschen Bundesbahn, die auch für die Abdichtung von Ingenieurbauwerken des Bundes, der Länder und der Kommunen Vorschrift ist. Die 3. Ausgabe der AIB (Anweisung für die Abdichtung von Ingenieurbauwerken) von 1969 ist in Abstimmung mit den Entwürfen der neuen DIN 18 195 völlig überarbeitet und besonders bei den Stoffen der Entwicklung der Abdichtungstechnik angepaßt worden. Mit geändertem Titel – statt „Anweisung für..." heißt sie nun „Vorschrift für die Abdichtung von Ingenieurbauwerken" (AIB) – ist sie ab 1. 1. 82 als 4. Ausgabe eingeführt.

Für die drei Abdichtungsarten werden verschiedene *Abdichtungsverfahren* angewendet, die sich voneinander durch die verwendeten Stoffe und die Ausführung der Abdichtung unterscheiden. Neben den seit mehr als 80 Jahren bewährten und heute immer noch in der Mehrzahl aller Fälle angewendeten Abdichtungen mit bituminösen

10.4.3 Abdichtungstechnik

Stoffen gibt es die Abdichtungsverfahren mit Kunststoffen, mit wasserundurchlässigem Beton (veralteter Begriff: Sperrbeton), mit Sperrputz, Sperrestrich, Sperrmörtel, mit Dichtungsschlämmen und die reinen Metallabdichtungen aus Stahlblech, Kupfer, Zink, Aluminium und Edelstahl.

Kunststoffabdichtungen sind Abdichtungen aus Bahnen oder Beschichtungen, die im letzten Jahrzehnt entwickelt wurden. Sie nehmen bisher nur einen geringen Anteil bei den Bauwerksabdichtungen ein, weil die Erfahrungen noch nicht ausreichend sind (siehe Abschnitt 14.11.1). Außerdem können Abdichtungen aus Kunststoffbahnen nach dem derzeitigen Stand der Technik nur einlagig hergestellt werden, was gegenüber den grundsätzlich mehrlagig hergestellten bituminösen Abdichtungen ein erhöhtes Risiko für den Anwender bedeutet. Werden zum Einkleben der Kunststoffbahnen Bitumenklebemassen oder Bitumenbahnen verwendet, so muß man der Art nach von bituminösen Abdichtungen sprechen, ähnlich wie Dichtungsbahnen mit Kunststoff-Einlagen (PEPT-Einlagen) nach DIN 18 190 Teil 5 (siehe Abschnitt 10.2.10 und Tafel 10.2) zu den Bitumenbahnen rechnen. Bei dieser Stoffkombination Bitumen/Kunststoffe wird die Verträglichkeit von Bitumen mit Kunststoffen deutlich, was bei Steinkohlenteerpech mit den meisten Kunststoffen nicht der Fall ist.

Wasserundurchlässiger Beton (siehe Abschnitt 6.10.2) und Sperrmörtel, Sperrputze und Sperrestriche entstehen durch bestimmte Mischungsmethoden unter Verwendung abdichtender Zusatzmittel. So entstehen starre Dichtungsschichten, die nur angewendet werden können, wenn die Gefahr der Rißbildung gering ist und die Dichtungsschicht in ihrer ganzen Ausdehnung zwecks Unterhaltung und ggf. nachträglicher Aufbringung einer bituminösen Abdichtung zugänglich ist. Dasselbe gilt für die seit einigen Jahren immer häufiger angebotenen Dichtungsschlämme aus Zement, feinem Sand und verschiedenen Zusätzen, die die Dichtigkeit und Haft- sowie Zugfestigkeit erhöhen sollen, mit denen Risseüberbrückungen jedoch nicht bzw. nur bedingt erreicht werden können.

Metallabdichtungen werden heute wegen der Entwicklung der kostengünstigeren bituminösen Abdichtungen nur noch selten angewendet. Mit geschweißten Stahlblechtrögen z. B. sind bei sehr hoher mechanischer oder bei hoher Wärmebeanspruchung gute Abdichtungserfolge erzielt worden. Interessant ist hier, daß wie bei den Kunststoffen die Entwicklung zur Kombination mit Bitumen geführt hat, indem geriffelte Metallbänder aus Kupfer oder Aluminium als Trägereinlagen bei Dichtungsbahnen nach DIN 18 190 Teil 4 (siehe Tafel 10.3) verwendet werden bzw. solche Metallbänder zwischen Bitumen zur Erhöhung der Widerstandsfähigkeit gegen mechanische Beanspruchungen eingeklebt werden.

Bei den bituminösen Stoffen hat Bitumen das Steinkohlenteerpech schon seit etwa 50 Jahren immer mehr verdrängt, so daß es heute für Abdichtungszwecke hauptsächlich wegen seines Phenolgehaltes und damit wegen seines antibiologischen Verhaltens bis auf einige Sonderfälle überhaupt nicht mehr angewendet wird. Die neue AIB läßt nur noch Steinkohlenteerweichpeche für die eventuelle Sanierung alter Teerabdichtungen zu, da die gleichzeitige Verwendung von Steinkohlenteerpechen und Bitumen in einer Abdichtung zu vermeiden ist; denn Teeröle erweichen Bitumen und setzen seine Klebefähigkeit herab, andererseits verspröden Steinkohlenteerpeche durch Entzug der Öle. Die antibiologischen Eigenschaften von Steinkohlenteerpech haben andererseits den Vorteil, daß sie nicht von Pflanzen und Wurzeln durchwachsen werden. Für solche Fälle, bei denen das von Bedeutung ist, sind Bitumen mit Zumischung toxischer Stoffe entwickelt worden, die unter dem Handelsnamen „wurzelfestes Bitumen" bekannt sind. Die größeren Plastizitätsspannen von Destillationsbitumen (60 bis 70 K) und Oxidationsbitumen (bis zu 100 K – siehe Abschnitt 10.2.6) gegenüber der von Steinkohlenteerpech (40 bis 50 K) haben ebenfalls zu der bevorzugten Verwendung von Bitumen und Zubereitungen daraus beigetragen, obwohl Steinkohlenteer-Sonderpeche entwickelt wurden, die ähnlich große Plastizitätsspannen wie die Oxidationsbitumen haben.

Abdichtungsstoffe

Folgende Stoffe sind im Teil 2 der neuen DIN 18 195 mit den an sie zu stellenden Anforderungen aufgeführt, die grundsätzlich zum Herstellen von Bauwerksabdichtungen zugelassen sind:

582 Bitumen, Asphalt, Teerpech (Bituminöse Baustoffe)

Bituminöse Voranstrichmittel sind Bitumenlösungen bzw. Bitumenanstrichmittel, Bitumenemulsionen (siehe Abschnitt 10.2.7) oder Steinkohlenteerpechlösungen bzw. präparierte Peche (siehe Abschnitt 10.3.2). Sie werden i. d. R. vor jeder bituminösen Abdichtung dünnflüssig und kalt verarbeitbar auf den Mauerwerksputz oder Beton der abzudichtenden Bauwerksteile aufgestrichen, um durch ein möglichst tiefes Eindringen in die Poren der Putz- oder Betonflächen ein festes Haften der folgenden bituminösen Abdichtung zu erreichen. Der dünne Anstrichfilm hat keinerlei abdichtende Wirkung. Wird jedoch ein nachfolgender Aufstrich aus heißflüssiger bituminöser Masse aufgebracht, so wird der Voranstrichfilm aufgeweicht und geht mit der heißen Masse eine innige Verbindung ein, wodurch eine wesentlich besser haftende Klebeabdichtung als ohne Voranstrich entsteht. Bitumenemulsionen dringen zwar nicht so tief ein, weil die Bitumenteilchen im Emulsionswasser nicht so fein verteilt sind wie in den Bitumenlösungen. Dafür haben sie den Vorteil, daß sie auch auf feuchtem Baukörper haften, bringen durch ihren Wasseranteil allerdings auch zusätzliche Feuchtigkeit in die zu dichtende Fläche, die anschließend erst austrocknen muß. Außerdem sind die Emulsionen umweltfreundlicher, weil sie keine gesundheitsgefährdenden und leichtentzündbaren Lösemittel enthalten. Sie sind vor allem da angebracht, wo egen fehlender Belüftung Bitumenlösungen zu gefährlich sind, z. B. im Stollen- und Tunnelbau.

Voranstrichmittel aus Steinkohlenteerpechlösungen bzw. präparierte Peche dürfen grundsätzlich aus den oben dargelegten Gründen nicht mit nachfolgenden Abdichtungsschichten auf Bitumenbasis und umgekehrt zusammen in eine Abdichtung eingebaut werden. Ein Grund mehr, weshalb Voranstriche auf Teerpechbasis wie alle anderen Steinkohlenteerpech-Zubereitungen in der Abdichtungstechnik kaum eine Rolle mehr spielen.

Die DIN 18 195 enthält Anforderungen an die Beschaffenheit von Voranstrichmitteln:

Voranstriche auf Lösemittelbasis müssen 30 bis 50 Masse-% Bindemittel enthalten, Bitumenemulsionen mindestens 30 Masse-%. Außerdem sind u. a. Werte für den Flüssigkeitsgrad, die Trockenzeit und den Erweichungspunkt und Aschegehalt des Bindesmittels vorgeschrieben.

Verarbeitet werden die Voranstriche durch Verstreichen, Rollen oder Verspritzen.

Deckaufstrichmittel werden unterteilt in heiß (Heißaufstriche) und kalt zu verarbeitende (Kaltaufstriche) sowie in gefüllte und ungefüllte Deckaufstriche.

Heißaufstriche bestehen aus Destillations- oder Oxidationsbitumen ohne oder mit Füllstoffen. Als Füllstoffe werden stabilisierend wirkende Stoffe wie feingemahlene Gesteinsmehle aus Quarz oder Schiefer oder aus Asbestmehl bzw. -fasern mit einem Anteil von höchstens 50 Masse-% verwendet.

Die Füllstoffe können die Witterungsbeständigkeit und die Schlagfestigkeit verbessern sowie die Abfließneigung des Bitumens bei höheren Temperaturen verringern. Bei Füllstoffen aus **Asbest** müssen die „Unfallverhütungsvorschriften zum Schutz gegen **gesundheitsgefährlichen mineralischen Staub**" beachtet werden, die vorschreiben, daß asbesthaltige Erzeugnisse nicht aufgesprüht oder aufgespritzt werden dürfen.

Die Anforderungen an heiß zu verarbeitende Deckaufstrichmittel: Destillationsbitumen mit einem EP RuK von 54 bis 80 °C, d. h. alle harten Sorten von B 45 bis B 15 oder alle marktüblichen Oxidationsbitumen mit einem EP RuK von 80 bis 125 °C.

10.4.3 Abdichtungstechnik

Steinkohlenteerpech muß einen EP RuK von 50 bis 90 gradC haben. Füllstoffe dürfen bei Bitumen maximal 50, bei Steinkohlenteerpech 40 Masse-% enthalten.

Verarbeitet werden die Heißaufstriche, indem sie bis zur Gießfähigkeit erhitzt (Destillationsbitumen auf etwa 150 °C, Oxidationsbitumen auf etwa 200 °C) und dann verstrichen werden.

Kaltaufstriche sind ungefüllte oder mit 25 bis 40 Masse-% Gesteinsmehlen gefüllte Deckaufstriche aus Bitumen- oder Steinkohlenteerpechlösungen oder mit höchstens 20 Masse-% Mineralstoffen gefüllte stabile Bitumenemulsionen. Werte für den Flüssigkeitsgrad, den Flammpunkt, den Gehalt und Erweichungspunkt des Bindemittels sind vorgeschrieben. Verarbeitet werden die Kaltaufstriche wie Voranstriche durch Verstreichen, Rollen oder Verspritzen.

Klebemassen entsprechen in Zusammensetzung und Anforderungen den heiß zu verarbeitenden Deckaufstrichmitteln. Sie dienen zum Verkleben von Dichtungsbahnen untereinander und mit dem Bauwerk. Verarbeitet werden sie wie Heißaufstriche durch Verstreichen oder Vergießen.

Spachtelmassen werden ebenfalls in heiß und kalt zu verarbeitende Massen unterteilt. Sie haben einen hohen Anteil an mineralischen Füllstoffen. Dadurch sind sie mit Spachtel, Kelle oder Schieber durch Streichen zu verarbeiten.

Heiß zu verarbeitende Spachtelmassen entsprechen dem unter Abschnitt 10.4.1b_2 beschriebenem Asphaltmastix, wobei solcher mit 18 bis 22 Masse-% Bitumen für die eigentliche Abdichtungsschicht und solcher mit 13 bis 16 Masse-% für darüber einzubauende Schutzschichten unterschieden wird. Die Mineralstoffe sollen zu 25 Masse-% aus Füller und zu 75 Masse-% aus kornabgestuftem Sand 0,09/2 mm bestehen. Als Bindemittel können alle Destillationsbitumen verwendet werden.

Kalt zu verarbeitende Spachtelmassen werden aus Bitumen- oder Steinkohlenteerpechlösungen mit bis zu 65 Masse-% Füllstoffen und 25 bis 70 Masse-% an Bindemitteln oder aus Bitumen- bzw. Steinkohlenteerpechemulsion mit höchstens 40 Masse-% Füllstoffen und bis zu 35 Masse-% Bindemittel hergestellt.

Bituminöse Bautenschutzmittel ist die Sammelbezeichnung für alle bisher besprochenen Stoffe, also die bituminösen Voranstriche, Deckaufstriche, Klebemassen und Spachtelmassen.

Abdichtungsbahnen sind in die neue DIN 18 195, Teil 2, in fünf Gruppen aufgenommen. Neben den Kunststoff-Dichtungsbahnen sind alle vier Gruppen der unter Abschnitt 10.2.10 besprochen und in Tafel 10.3 zusammengestellten Bitumenbahnen aufgeführt, ausgenommen die leichten Bahnen R 333 N und R 333.

Die *Bitumenbahnen* sind nach einem der nachfolgend beschriebenen fünf Verfahren auf den abzudichtenden und mit einem Voranstrich versehenen Baukörper aufzukleben und bei i. d. R. notwendiger Mehrlagigkeit miteinander zu verkleben. Die Verfahrensregeln sind genau einzuhalten, weil nur das eine einwandfreie und dauerhaft funktionierende Abdichtung gewährleistet.

Beim *Bürstenstreichverfahren* sind die aufgerollten Bahnen in die in Bürstenbreite auf den waagerechten oder schwach geneigten Untergrund aufgestrichene Klebemasse zügig einzurollen und vollflächig und möglichst hohlraumfrei zu verkleben. Auf senkrechten Flächen sind höchstens 2,50 m lange Bahnen mit zwei vollflächigen Aufstrichen aus Klebemasse zu verkleben, indem auch die Unterseite der aufzuklebenden Bahn einen Aufstrich erhält.

Beim *Gießverfahren* werden die Bahnen so in die aus einem Gießgefäß unmittelbar vor die Rolle ausgegossene, stets ungefüllte Klebemasse satt eingerollt, daß sich immer ein Klebemassenwulst bildet.

Beim *Gieß- und Einwalzverfahren* wird wie beim Gießverfahren gearbeitet, jedoch werden die straff auf einem Kern aufgerollten Bahnen zusätzlich unter festem Druck in die Klebemasse eingewalzt. Hierfür darf nur gefüllte Klebemasse verwendet werden. Für senkrechte Flächen sind maschinelle Verfahren entwickelt worden.

Beim *Flämmverfahren* wird die festaufgerollte Bahn in die einige Zeit vorher auf den Untergrund aufgebrachte und durch z. B. Propangasflammen wieder aufgeweichte Klebemasse ausgerollt und angedrückt.

Beim *Schweißverfahren* ist die Bitumen-Deckmasse auf der Unterseite der fest aufgerollten Schweißbahn zu erhitzen und so weit aufzuschmelzen, daß die Bahn in einen Bitumenwulst in ganzer Breite der Bahn eingerollt werden kann.

Das Schweißverfahren darf nur für Schweißbahnen angewendet werden. Die anderen vier Verfahrensweisen können für alle anderen Bitumenbahnen angewendet werden, das Flämmverfahren darf jedoch nicht bei nackten Bitumenbahnen Verwendung finden. Für den Einbau von Metallriffelbändern darf grundsätzlich nur das Gieß- und Einwalzverfahren angewendet werden.

Abdichtungsverfahren

1. Abdichtungen gegen Bodenfeuchtigkeit

Dafür können alle unter Abschnitt 10.4.3 besprochenen Abdichtungsstoffe verwendet werden, d. h. außer Voranstrichen kalt und heiß zu verarbeitende Deckaufstrichmittel und Spachtelmassen sowie alle Bitumenbahnen und auch Kunststoff-Dichtungsbahnen.

Für die *waagerechte Abdichtung in Wänden* gegen das kapillare Emporsteigen der Erdfeuchtigkeit werden aus guter Erfahrung Bitumendachbahnen verwendet, die beim Hochziehen der Außenwände 10 cm über Kellerfußboden und 30 cm über Gelände mit 20 cm Stoßüberlappung lose ohne Verkleben auf völlig ebene Mörteloberflächen verlegt werden. Zur Sicherheit gegen seitliches Verrutschen darüber zu errichtender Wände sollen die Bahnen ausreichend rauh und deshalb besandet sein. Zur Sicherheit gegen kapillares Durchdringen von Wasser an den nur 20 cm breiten Überlappungen werden in altbewährter Weise jeweils 2 besandete Bitumendachbahnstreifen mit 1 m Versatz lose aufeinandergelegt, zumal ein Feuchtigkeitsschaden infolge Undichtigkeit dieser waagerechten Wandabdichtungen kaum saniert werden kann oder durch nachträgliches Einziehen einer neuen Abdichtung unverhältnismäßig teuer würde. Merkwürdigerweise läßt die neue Norm in ihrem Teil 4 für diese Abdichtung nur eine Lage zu. Das bedeutet Sparen an der falschen Stelle. Andererseits läßt sie neben den Bitumendachbahnen die teureren Bitumendichtungsbahnen zu, die zusätzlich den Nachteil haben, daß sie durch ihre dicken Bitumenschichten nahezu reibungslos wirken.

Für die *senkrechten Wandabdichtungen* werden von der neuen Norm alle Abdichtungsverfahren zugelassen, also Dichtungsaufstriche, Spachtelungen und Bahnenabdichtungen. Letztere sind jedoch i. d. R. für diese nur mäßig beanspruchten Abdichtungen nicht nötig. Wird ein solches Verfahren gewählt, genügt eine Lage. Bei Verwendung von nackten Bitumenbahnen muß ein Deckaufstrich folgen. Üblicherweise werden nach einem Voranstrich drei kalt oder zwei heiß herzustellende Aufstriche oder zwei kalt herzustellende Spachtelungen aufgebracht.

Kellerfußböden brauchen gegen Bodenfeuchtigkeit nur abgedichtet zu werden, wenn sie Wohnzwecken dienen sollen oder aus anderen Gründen völlig trocken sein müssen. Dafür werden Abdichtungen aus einer mindestens 7 mm dicken, heißflüssigen Spachtelmasse (Asphaltmastix) oder aus einlagigen Bitumenbahnen, gleich welcher Art, eingebaut. Als Unterlage ist eine mindestens 7 cm dicke Betonschicht nötig. Eine Schutzschicht aus z. B. Estrich schließt den Aufbau ab.

2. Abdichtungen gegen nicht drückendes Wasser
Für diese Abdichtungen sind ebenfalls alle Stoffe außer den kalt zu verarbeitenden Deckaufstrichen und den kalt zu verarbeitenden Spachtelmassen zugelassen. Je nach Größe der auf die Abdichtung wirkenden Beanspruchungen durch Wasser, Verkehrslasten und Temperaturschwankungen werden im Teil 5 der neuen Norm *mäßig* und *hoch* beanspruchte Abdichtungen unterschieden. Die Begriffe dafür werden genau festgelegt.

Für mäßige Beanspruchungen sind mindestens 2 Lagen aus nackten Bitumenbahnen und/oder Bitumendachbahnen und einem abschließenden Deckaufstrich aus ungefülltem Bitumen mit einer Mindesteinbaumenge von 1,5 kg/m^2 vorzusehen. Bei Verwendung von Schweißbahnen und Dichtungsbahnen mit Glasvlies- oder Metallbandeinlage genügt eine Lage. Die Verarbeitungsverfahren der Bahnen (siehe Abschnitt 10.4.3) sind jeweils vorgeschrieben.

Für hohe Beanspruchungen sind dieselben Bahnen mit jeweils einer Lage mehr zu verwenden.

3. Abdichtungen gegen von außen drückendes Wasser
Diese Abdichtungen werden laut „alter" DIN 4031 „wasserdruckhaltende bituminöse Abdichtungen für Bauwerke" genannt, wobei allerdings immer schon „Abdichtungen gegen von *außen* drückendes Wasser" gemeint waren. So nennt die neue DIN 18 195 in ihrem Teil 6 diese Abdichtungen zwecks Unterscheidung von den wasserdruckhaltenden „Abdichtungen gegen von *innen* drückendes Wasser", die erst später notwendig geworden sind.

Die Abdichtungen müssen das Bauwerk wannenartig bis 30 cm über dem Bemessungswasserstand (bei nichtbindigem Boden gleich dem langjährig beobachteten höchsten Grundwasserstand, bei bindigem Boden gleich geplanter Geländeoberfläche) umschließen. Sie müssen ferner Bewegungen des Bauwerks durch Schwinden, Temperaturänderungen und Setzungen und daraus ggf. resultierende Spannungsrisse bis höchstens 5 mm schadlos überbrücken. Breitere Risse sind durch konstruktive Maßnahmen zu verhindern.

Als Abdichtungsstoffe ließ die alte Norm ausschließlich nackte bituminöse Bahnen zu, deren Lagen jeweils mit 1,5 kg/m^2 Klebemasse (entspricht 1,3 mm Dicke) innig verklebt werden und mit einem gleich dicken Aufstrich abgedeckt werden müssen. Zusätzlich war nur noch das Zwischenkleben von 0,1 mm dicken Kupferbändern bei Druckluftgründungen zulässig. Eine äußere Schutzschicht aus Beton, mind. 5 cm dick, oder Mauerwerk, mind. 12 cm dick, mußte die Abdichtung vor Beschädigungen schützen und einen bestimmten Einpreßdruck erzeugen. Die Anzahl der Bahnen betrug laut alter Norm in Abhängigkeit von der Eintauchtiefe und/oder der Größe des Einpreßdruckes 3 bis 6 Lagen.

Die neue Norm legt die Anzahl der Lagen für 500er nackte bituminöse Bahnen nicht mehr in Abhängigkeit vom Einpreßdruck, sondern von der Eintauchtiefe und dem Verarbeitungsverfahren fest. Mindestens 3 bei einer Eintauchtiefe bis 4 m und höchstens 5 bei über 9 m Tiefe werden bei Einbau mit dem Bürstenstreich- oder Gießverfahren vorgeschrieben. Die Höchstzahl von 5 Lagen kann um eine auf 4 vermindert werden, wenn nach dem Gieß- und Einwalzverfahren eingebaut wird. Ein Mindest-Einpreßdruck von 10 kN/m^2 muß dabei grundsätzlich gewährleistet sein.

Somit hat die neue Abdichtungsnorm das in Deutschland schon klassisch zu nennende Abdichtungsverfahren mit nackten Bitumenbahnen, wenn auch mit geringfügig geänderten Regeln, übernommen. Nackte Bitumenbahnen eignen sich eben besonders gut für eine innige mehrlagige Verklebung mit den heißen Klebemassen zu einer hochwertigen Abdichtungshaut von 8 bis 18 mm Dicke, je nach Lagenanzahl. Dabei sind die Bahnen selbst nicht wasserdicht. Sie sind Träger der Klebemasse und geben der Abdichtung die erforderliche Festigkeit. Die Wasserdichtigkeit gewährleisten die Klebemassen, die der Abdichtung auch ihre plastische Verformbarkeit verleihen; wichtigster Vorteil der bituminösen Klebeabdichtungen gegenüber allen anderen Abdichtungsverfahren, wobei die Bahnen als zugfeste Einlagen wirken. Dadurch können diese Abdichtungen Risse, die sich in den angrenzenden Massivbauteilen bilden, dauernd überbrücken, selbst wenn sie unter hydrostatischem Druck stehen. Das ist der Grund, weshalb sich die bituminösen Klebeabdichtungen zu den meistangewandten Abdichtungsverfahren bei uns und auch im Ausland entwickelt haben.

Werden zwischen die nackten bituminösen Bahnen ein oder zwei Metallbandlagen aus z. B. Kupfer-Riffelband eingeklebt, so ist laut neuer Norm die Mindesteinpressung von 10 kN/m^2 nicht erforderlich, und es erhöht sich die zulässige Druckbelastung von 0,6 MN/m^2 ohne Metallband auf 1,0 bei einem eingeklebten und auf 1,5 MN/m^2 bei zwei eingeklebten Metallbändern.

Außerdem läßt die neue Norm Klebeabdichtungen zu mit bituminösen Dichtungsbahnen und Bitumen-Schweißbahnen (jeweils mind. 2, höchstens 3 Lagen, je nach Einbautiefe) sowie aus einer Lage PIB- oder PVC-Kunststoffdichtungsbahnen (siehe Abschnitt 14.11.1), die zwischen 2 Lagen nackter Bitumenbahnen eingeklebt werden müssen. Die Kunststoffbahnen müssen bei Eintauchtiefen bis 4 m mind. 1,5 mm, über 4 m mind. 2 mm dick sein. Bei diesen drei letztgenannten Verfahren ist die Einpressung der Abdichtung nicht erforderlich.

4. Abdichtungen gegen von innen drückendes Wasser
Diese Abdichtungen werden im Teil 7 der neuen DIN 18 195 genormt, der einzige der 10 Teile, der z. Z. noch nicht im Entwurf erschienen ist. Wenn sie üblicherweise auch „Behälterabdichtungen" genannt werden, so werden sie nicht nur für Speicherbauwerke, sondern auch für Flutkanäle für die Zu- und Ableitung von Wasser im Industriebau, Druckstollen und dgl. verwendet.

Im Prinzip ähneln sie den innen angebrachten Abdichtungen gegen von außen drückendes Wasser mit einer stabilen Auskleidung, die verhindern muß, daß die Abdichtung z. B. beim Entleeren des Bauwerks auf Zug beansprucht wird und an ihr Hohlräume entstehen. Bewährt haben sich auch hier Klebeabdichtungen mit nackten Bitumenbahnen mit eingeklebten Kupferbändern, die den Druck des Wassers aktivieren und so eine Einpressung bewirken. Quellverschweißte Kunststoff- und Bitumen-Schweißbahnen sind mit Erfolg auch schon ohne Auskleidung verwendet worden.

Dachabdichtungen
Dachabdichtungen aus Bitumenbahnen werden vorwiegend auf flachen und schwach geneigten Dächern verwendet, sind aber auch mit Erfolg auf steileren Dächern eingesetzt worden.

Die seit 1962 als anerkanntes technisches Regelwerk vom Zentralverband des Deutschen Dachdeckerhandwerks, Köln, herausgegebenen „Richtlinien für die Ausführung von Flachdächern" – kurz „Flachdachrichtlinien" – sind im Januar 1982 mit dem Titel „Richtlinien für die Planung und Ausführung von Dächern mit Abdichtungen" unter Anpassung an die bautechnische Entwicklung im Bereich der Dachabdichtung völlig überarbeitet neu herausgegeben worden. Es werden nicht Flach- und Steildächer unterschieden, sondern die Dächer werden nach ihrer Neigung in die Dachneigungsgruppen I (Neigung bis 3°), II (3 bis 5°), III (5 bis 20°) und IV (über 20°) eingeteilt. Nach der Konstruktion des Dachaufbaues werden nicht belüftete (einschalige) und belüftete (zweischalige) Dächer unterschieden (siehe Abb. 10.6).

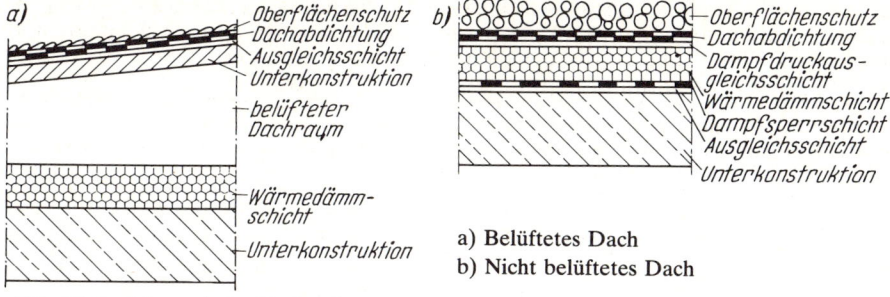

a) Belüftetes Dach
b) Nicht belüftetes Dach

Abb. 10.6 *Schematische Dachaufbauten*

Ebenso seit Jahrzehnten bekannt und als technisches Regelwerk anerkannt ist das vom Industrieverband bituminöse Dach- und Dichtungsbahnen (VDD), Frankfurt, verfaßte „abc der Bitumenbahnen – Technische Regeln", das 1985 neu herausgegeben worden ist. Darin sind alle Bitumenbahnen auf dem neuesten Stand der Normung einschließlich der neu entwickelten Polymer-Bitumenbahnen behandelt und ihre Verarbeitung in Dachaufbauten eingehend besprochen.

Die *Ausgleichsschicht* des nicht belüfteten Daches unmittelbar über der Unterkonstruktion kann u. a. aus Lochglasvlies-Bitumendachbahnen oder einseitig bestreuten Glasvlies-Bitumendachbahnen hergestellt werden. Für die anschließende *Dampfsperrschicht* werden Bitumendachdichtungsbahnen, Glasvlies-Bitumendachbahnen und Bitumen-Schweißbahnen mit Einlagen aus Glasgewebe, Glasvlies oder Jutegewebe verwendet (siehe Tafel 10.3).

Die eigentliche *Dachabdichtung* wird drei- oder zweilagig aus Bitumendach- und -dichtungsbahnen oder Schweißbahnen hergestellt. Für die Dachneigungsgruppen I und II sollen die Abdichtungen aus mindestens 3 Lagen bestehen, wenn Glasvlies-Bahnen in Kombination mit Bahnen verwendet werden, die Trägereinlagen aus Glasgewebe, Jutegewebe oder Polyestervlies haben. Wenn keine Bahnen mit Glasvlieseinlage verwendet werden, genügen zwei Lagen. Für die Dachneigungsgruppen III und IV soll die Dachabdichtung mindestens zweilagig hergestellt werden. Dabei muß eine Bahn eine Trägereinlage aus Gewebe oder Polyestervlies haben.

Die einzelnen Lagen der Dachabdichtung sind untereinander vollflächig zu verkleben. Die Verklebung erfolgt mit heißflüssigen Bitumenklebemassen mit den unter Abschnitt 10.4.3 beschriebenen Verfahren, vorzugsweise im Gießverfahren. Die Standfestigkeit der Klebemasse ist auf die Dachneigung abzustimmen.

Bitumen-Dachschindeln können für Dachdeckungen von Steildächern mit einer Dachneigung von mindestens 10° verwendet werden. Sie werden auf eine Holzschalung oder Gasbetondielen aufgenagelt. Eine Lage aus z. B. Glasvliesbitumen-Dachbahnen unter den Schindeln als Vordeckung ist zu empfehlen.

10.4.4 Asphalt-Bodenbeläge

Norm
DIN 18354 (Okt. 79)   „Allgemeine Technische Vorschriften für Asphaltbelagarbeiten"

Gußasphaltestriche
Als Unterboden für Nutzbeläge wie z. B. Parkett oder Teppichbeläge oder als direkt

begehbarer bzw. befahrbarer Fußbodenbelag hat Gußasphalt ein vielfältiges Anwendungsfeld im Hoch- und Industriebau mit gleichem Umfang wie im Straßen- und Brückenbau.

Gußasphalt für schwimmende oder nicht schwimmende Estriche im Wohnungsbau, im öffentlichen und gewerblichen Hochbau sowie für Industriefußböden, z. B. in Werk- und Lagerhallen, läßt sich über die Zusammensetzung nahezu allen mechanischen, thermischen und chemischen Beanspruchungen anpassen. Er wird wie *Straßenbaugußasphalt* (siehe Abschnitt 10.4.1) aus Steinmehl, Sand, Splitt und etwa 7 bis 10 Masse-% Bitumen mit einem geringen Bindemittelüberschuß in stationären Mischanlagen gemischt, in beheizbaren Kochern mit Rührwerk transportiert und durch Verstreichen von Hand in Dicken von 2 bis 3 cm eingebaut. Werden die Beläge befahren, z. B. in Lagerhallen oder auf Parkdecks, so sind sie 4 cm dick herzustellen und mit Feinsplitt abzustreuen. Normalerweise wird die Oberfläche mit Sand abgerieben, kann zusätzlich aber auch geglättet, gewachst oder mit Kunststoffarben beschichtet werden. Um eine gute Verarbeitungswilligkeit für den Handeinbau zu erzielen, wird der Splittgehalt mit 25 bis 35 Masse-% und einem Größtkorn von 5 mm für Estriche relativ gering eingestellt. Für Industriebeläge werden bis zu 40, bei Fahrverkehr bis zu 45 und bei Gabelstaplerverkehr bis zu 50 Masse-% Splitt zur Erzielung einer höheren Stabilität gewählt. Dabei ist das Größtkorn 8 oder sogar 11 mm, je nach Einbaudicke. Als Bitumensorte werden die besonders harten Hochvakuumbitumen, besonders HVB 85/95, für Beläge in beheizten Räumen und Hallen, in unbeheizten Hallen und im Freien werden die harten Destillationsbitumen B 25 und B 15 verwendet.

Die harten Bitumensorten sollen die Sicherheit gegen Eindrückungen durch punktförmige Lasten wie Möbelfüße oder Warenstapel verbessern. Für schwimmende Estriche werden höchstens 1 mm, für Industriebeläge 1,5 mm, für solche mit Fahrverkehr und für Außenbeläge auf Balkonen, Terrassen usw. höchstens 3 mm Eindrucktiefe zugelassen. Die Prüfung der Eindrucktiefe erfolgt nach DIN 1996 Teil 13. Dabei wird ein Probewürfel 5 Stunden lang über einen kreisförmigen Stempel von 1 cm^2 Grundfläche mit 525 N belastet. Gußasphaltbeläge lassen sich demnach für die üblichen Belastungen ausreichend standfest herstellen.

Folgende weitere Eigenschaften sind für die Verwendung als Estrich oder Industrieböden von Bedeutung:

Gußasphalt hat eine ausgezeichnete Schalldämpfung und eine relativ hohe Wärmedämmung. Bei schwimmenden Estrichen kann deshalb die Dicke der einzubauenden Dämmstoffe vermindert und guter Trittschallschutz erreicht werden. Da Gußasphalt absolut wasserfrei ist, bringt er keine zusätzliche Feuchtigkeit in den Bau, vielmehr trägt er durch seine hohe Einbautemperatur von 200 bis 240 °C zur Austrocknung bei und kann ohne Rücksicht auf Temperatur und Luftfeuchtigkeit und auch bei Frost verlegt werden (Trockenestrich). Seine kurze Erhärtungszeit durch Abkühlung erlaubt schon nach etwa zwei bis vier Stunden die volle Nutzung. Das kann besonders für Beläge interessant sein, bei denen es auf kurze Bauzeiten ankommt, z. B. in Kaufhäusern oder für Reparaturarbeiten an vorhandenen Estrichen. Gußasphalt ist wasserdicht und damit unempfindlich gegen kapillaraufsteigende Feuchtigkeit. Er nimmt auch kein Wasser auf und ist deshalb in Naßräumen mit großem Wasseranfall geeignet, z. B. in Waschräumen, Brauereien, Markthallen oder Viehställen. Gegen die meisten Laugen und Salze ist Gußasphalt wie Bitumen beständig. Durch Verwendung von säurefesten Mineralstoffen (kein Kalkstein) wird er auch beständig gegen die meisten Säuren und kann Verwendung finden als Fußboden, z. B. in Laboratorien, chemischen und galvanischen Betrieben, Färbereien und Gerbereien. Gegen Öle, Fette und Fettsäuren ist Gußasphalt besonders bei höheren Temperaturen nicht beständig. Durch entsprechende Beschichtungen kann diese Widerstandsfähigkeit erreicht werden. Wegen seines hohen elektrischen Ableitwiderstandes wird er in Räumen von Hochspannungsanlagen und Umspannwerken, wegen seiner Geschmack- und Geruchlosigkeit auch in Lagerräumen für hochwertige Lebens- und Genußmittel angewendet. Eine Neuentwicklung ist ein 40 mm dicker Spezial-Gußasphalt für Warmwasser-Fußbodenheizungen, bei denen die Rohrleitungen allseitig umhüllt sind und Vorlauftemperaturen bis 45 °C gefahren werden können. Die gesamte Bodenfläche dient als Heizelement.

Asphaltplattenbeläge
Unter Druck gepreßte Asphaltplatten aus Naturasphaltrohmehl oder technischem Asphalt werden für gewerblich genutzte Räume als Fußbodenbelag hergestellt. Bei Vermeidung des Heißeinbaus von Gußasphaltestrich werden dessen Vorzüge und Anwendungen durch diese Platten möglich. Ihr Bindemittelgehalt liegt zwischen 8 und 10 Masse-%, die Eindrucktiefe nach DIN 1996 Teil 13 bei 1,5 mm. Die Dicke der Platten beträgt je nach Beanspruchung 2 cm (Fußgängerverkehr), 3 cm (leichter bis mittelschwerer Fahrverkehr) oder 4 cm (schwerer Fahrverkehr). Die Platten werden in einem Mörtelbett ohne Kalkzusätze verlegt. Mineralölfeste Platten werden mit Steinkohlenteer-Spezialpech als Bindemittel hergestellt.

Auskünfte über Asphalt-Bodenbeläge erteilt die Beratungsstelle für Asphaltverwendung e. V., Dottendorfer Str. 86, 5300 Bonn.

10.4.5 Bituminöse Fugenvergußmassen

Technische Lieferbedingungen für bituminöse Fugenvergußmassen, Ausgabe 1982 – TL bit Fug 82
Merkblatt für die Fugenfüllung in Verkehrsflächen aus Beton, Ausgabe 1982

Bituminöse Vergußmassen dienen zum Schließen von Fugen in Betondecken, in Pflasterdecken, für Fugen zwischen Schiene und Fahrbahnbelag, für Fugen in Brückenbelägen sowie für den Verguß von Rohrmuffen in Abwasserleitungen. An ihre Dehnbarkeit bei tiefen Temperaturen und ihre Formbeständigkeit in der Wärme werden hohe Anforderungen gestellt. Der Brechpunkt muß unter −10 °C und der Erweichungspunkt Ring und Kugel über 85 °C liegen. Außerdem muß die Vergießbarkeit bei etwa höchstens 180 °C (je nach Herstellerangaben) einwandfrei sein. Von großer Bedeutung ist das gute Haftvermögen an den Fugenflanken, das durch Voranstrichmittel verbessert werden kann. Voranstrich und Fugenverguß müssen vom Hersteller aufeinander abgestimmt sein, sie bilden ein geschlossenes System.

Um diese Forderungen zu erfüllen, werden Destillationsbitumen oder Oxidationsbitumen verwendet, denen Zusätze von Kunststoffen, Kautschuk oder Gummi sowie mineralische Füllstoffe zugegeben werden. Die Fugenvergußmassen werden heiß vergossen, wobei der sachgemäßen Verarbeitung besonders große Aufmerksamkeit geschenkt werden muß. Kraftstoffresistente Vergußmassen, z. B. für Tankstellenbereiche, werden auf Steinkohlenteerpechbasis hergestellt. Sind beim Rohrverguß wurzelfeste Massen erforderlich, so müssen dem Bitumen Wurzelgifte zugesetzt werden.

10.4.6 Sonstige Anwendungen

Einige Anwendungen von Bitumen und Steinkohlenteerpech sollen wegen ihres geringen Einsatzes nur kurze Erwähnung finden.

Im **Erdbau** werden *Planumsversiegelungen* und *Böschungssicherungen* gegen Erosion durch Aufspritzen kationischer Bitumenemulsionen vorgenommen. *Bodenverfestigungen* im Straßenuntergrund können bei nichtbindigen Bodenarten auch mit dünnflüssigen Pech- und Bitumenemulsionen vorgenommen werden. *Bituminöse Gleitschichten* können bei Pfahlgründungen zur Verminderung der negativen Mantelreibung, im Schachtbau und bei Brückenwiderlagern eingesetzt werden. Im **Eisenbahnbau** sind schon bituminöse Tragschichten unter dem Schienenrost eingebaut worden, die gleichzeitig das Planum absiegeln.

Weitere **Anwendungen außerhalb des Bauwesens** werden abschließend wie folgt kurz erläutert:

Die *Papierindustrie* erhöht die Feuchtigkeitsbeständigkeit, Dichtheit und Festigkeit von Papiersäcken und Packpapier durch Imprägnierung mit weichen Bitumen, Beschichtung mit Hochvakuumbitumen oder Verklebung mehrerer Schichten aus Papier mit oder ohne Gewebe (Kaschierung), wozu Oxidationsbitumen verwendet werden. Die *Elektroindustrie* benötigt Bitumen für die Herstellung von Isolierlacken, z. B. im Motorenbau und für Vergußmassen in Batterien, Kondensatoren und anderen Geräten.

In der *Kabelindustrie* wird Bitumen als Korrosionsschutz von Land- und Seekabeln, als Isoliermasse und in Kabelvergußmassen verwendet. Die *Röhrenindustrie* verwendet Oxidationsbitumen als Rohrschutzmassen, die als Außenschutz zusammen mit einem Trägerband aus z. B. Glasfasergewebe und als Innenauskleidung unter Zusatz von Füllstoffen im Schleuderverfahren aufgebracht werden. Die *Gummiindustrie* macht Kautschuk mit Bitumen geschmeidiger und abriebfester. Die *Lackindustrie* stellt Korrosionsschutzlacke auf Bitumenbasis her, die als Schutzanstriche für Stahl, Eisen und andere Metalle und als Unterwasseranstriche von Schiffen verwendet werden, die sich besonders im Bereich der kritischen Wasserwechselzone bewährt haben. Der *Strahlenschutz* mit Bitumen hat in den letzten Jahren an Bedeutung gewonnen, weil Bitumen gegenüber relativ hoher radioaktiver Strahlung beständig ist und Gammastrahlung − besonders nach Zusatz von Schwerspat − absorbiert. Dieses modifizierte „Schwerbitumen" dient als Abschirmmaterial und zur Auskleidung von Behältern, in denen radioaktive Abfälle langfristig gelagert werden müssen.

11 Beschichtungen, Anstriche

Hinweis: Beschichtungen zum Zweck des Korrosionsschutzes siehe Abschnitt 8.2.12

Normen

DIN 6164 T 1 (Febr. 80):	DIN-Farbenkarte; System der DIN-Farbenkarte für den 2°-Normalbeobachter
DIN 6164 T 2 (Febr. 80):	-dito-; Festlegung der Farbmuster
DIN 6164 T 3 (Juli 81):	-dito-; System der DIN-Farbenkarte für den 10°-Normalbeobachter
DIN 6164 Bbl. 50 (Juli 1981):	DIN-Farbenkarte; Farbmaßzahlen für Normlichtart C
DIN 18 356 (Sept. 88):	VOB, Teil C; Allgemeine Technische Vorschriften für Bauleistungen, Parkettarbeiten
DIN 18 363 (Sept. 88):	-dito-; Maler- und Lackiererarbeiten
DIN 18 364 (Sept. 88):	-dito-; Korrosionsschutzarbeiten an Stahl- und Aluminiumbauten
DIN 53 220 (April 78):	Anstrichstoffe und ähnliche Beschichtungsstoffe; Verbrauch zum Beschichten einer Fläche, Begriffe, Einflußfaktoren
DIN 55 901 (März 88):	Trockenstoffe für Lacke und Anstrichstoffe; ISO 4619–1980 modifiziert
DIN 55 945 (Dez. 88):	Beschichtungsstoffe (Lacke, Anstrichstoffe und ähnliche Stoffe); Begriffe
DIN 68 800 T 1 (Mai 74):	Holzschutz im Hochbau; Allgemeines
DIN 68 800 T 2–T 5:	-dito- (siehe Abschnitt 17)

Normen über Korrosion und Korrosionsschutz siehe Abschnitt 8.2.12

11.1 Begriffe

Beschichtung ist ein Sammelbegriff für eine oder mehrere in sich zusammenhängende, aus *Beschichtungsstoffen* hergestellte Schichten auf dem Untergrund. Sie haftet je nach Verwendungszweck mehr oder weniger auf dem Untergrund.

Beschichtungsstoff im Sinne von DIN 55 945 ist ein nichtgeformter Stoff, dessen Bindemittel meist organischer Natur ist und der eine Beschichtung ergibt. Pulverförmige Beschichtungsstoffe werden Beschichtungspulver genannt.

Nach VOB, Teil C, DIN 18 363, gilt als *Anstrich, Lackierung* oder *Beschichtung* der von Hand oder maschinell ausgeführte Überzug aus Anstrichstoffen. Als Beschichtung gilt auch der Überzug aus metallischen Stoffen.

Anstrich ist eine aus *Anstrichstoffen* hergestellte Beschichtung auf einem Untergrund. Der Anstrich kann mehr oder weniger in den Untergrund eingedrungen sein.

Anstrichstoff, auch Anstrichmittel genannt, ist ein flüssiger bis pastöser oder pulverförmiger Beschichtungsstoff. *Anstrichfilm* ist eine zusammenhängende Schicht des Anstrichstoffes.

Imprägnierungen dringen ohne Filmbildung tief in einen porösen Untergrund ein, schützen bzw. konservieren ihn dadurch (z. B. Holz vor Fäulnis) oder machen ihn wasserabweisend (z. B. Hydrophobierung von Putz).

Versiegelungen stellen eine Abdichtung der Oberfläche dar, die auch tief in die Poren eindringen und sie verstopfen, ohne einen nennenswerten Film zu bilden. Der Begriff wird hauptsächlich für das Versiegeln von Parkett (DIN 18 356) und im Bautenschutz für Estrichversiegelungen verwendet.

Damit die Beschichtungen nach dem Trocknen gut haften, kann eine Untergrundvorbehandlung des Streichgrundes notwendig sein. Zur Reinigung von anstrichfeindlichen Substanzen dienen Abbeizmittel, Entfettungsstoffe, Stoffe zum Entfernen von Schalölen oder Spezialreinigungsmittel für Metalloberflächen. Zur Untergrundverbesserung verwendet man als „Grundierung" *Absperrmittel,* um Einwirkungen von Stoffen aus dem Untergrund auf den Anstrich zu verhindern. Haftgrundmittel („Wash Primer") sind haftungsvermittelnde und passivierende Mittel zur Metallvorbehandlung für den Anstrich. Dünnflüssige Grundiermittel nennt man *Einlaßmittel,* z. B. zur Festigung stark saugender Untergründe. Bei Holz gehört in vielen Fällen zur Vorbereitung des Untergrundes die Tränkung mit einem Imprägniermittel (DIN 68 800).

Bei mehrschichtigen Anstrichen spricht man von einem *Anstrichaufbau* (Anstrichsystem) und unterscheidet zwischen Grund-, Zwischen- und Schlußanstrichen. Dabei ist zu beachten, daß die äußeren Schichten fetter als die darunterliegenden sein müssen, um Anstrichschäden infolge Spannungen zwischen den Schichten zu vermeiden. Für Außenanstriche sind i. allg. mehr Anstrichschichten erforderlich als für Innenanstriche.

Der *Grundanstrich* wird aus ein oder zwei Anstrichschichten gebildet. Metalle erhalten nach dem Entrosten einen Korrosionsschutz-Grundanstrich mit passivierender Wirkung (siehe Abschnitt 8.2.12 und [2]). Entrostete Stahlbauteile versieht man nach DIN 18 364 bzw. DIN 55 928 Teil 6 in der Regel mit *2 Bleimennige-*Grundanstrichen auf Ölgrundlage, eventuell nach Vorbehandlung mit einem metallreaktiven Haftgrundmittel (Primer, Washprimer, Rostumwandler siehe Abschnitt 8.2.12). Im Brückenbau sind jedoch Grundanstriche auf der Basis von Bleimennige nicht mehr zulässig.

Deckanstriche bestehen aus einer Schicht oder mehreren Schichten je nach Deckvermögen (Deckfähigkeit), nach Anstrich- bzw. Untergrundart oder den Qualitätsansprüchen. Die Deckanstriche werden in Form von einem oder mehreren *Zwischenanstrichen* und/oder einem *Schlußanstrich* aufgetragen (vgl. VOB, Teil C, DIN 18 363). Mehrere dünne Anstriche sind zwar aufwendiger, ergeben aber gleichmäßigere Filme, die gut austrocknen können.

Das Auftragen der Anstrichstoffe bzw. der Beschichtungsstoffe erfolgt durch Streichen mit Pinsel, Quast bzw. Streichbürste, durch Walzen mit der Rolle, durch Spritzen mit der Spritzpistole oder durch Tauchen, Fluten und andere Verfahren, z. B. elektrostatische Techniken.

Anstriche dienen dem Schutz vor Wertverlust durch Korrosion, Abrieb usw., der Verschönerung und gelegentlich der Kennzeichnung. Man unterscheidet nach der Lichtdurchlässigkeit zwischen deckenden, durchsichtigen und lasierenden (durchscheinenden) Anstrichen (Lasuren).

Der Anstrich- bzw. Beschichtungsstoff muß für das Auftragen in mehr oder weniger flüssiger Form vorliegen. Dabei kann die Flüssigkeit selbst das Anstrichmittel (den Anstrichstoff) darstellen, oder sie dient in vorübergehend flüssiger, später aushärtender Form (Phase) eines Mehrstoffsystems als das *Bindemittel* für die *Pigmente* (Farbmittel oder Farbstoffe).

Gegebenenfalls werden dem Bindemittel weitere Stoffe zugesetzt, z. B. Trocknungsstoffe (Trockenstoffe oder *Sikkative* DIN 55 901) zur Abkürzung der Trocknungszeit oder *Füllstoffe* zur Füllung bzw. Streckung oder *Stabilisatoren* zur Verhinderung der Entmischung bzw. Koagulation von Dispersionsfarben. Auch bei pigmentfreien Farben und Lacken wird die flüssige Phase oft Bindemittel genannt.

Ein großer Teil der Anstrichstoffe oder Beschichtungsstoffe wird heute *streichfähig* geliefert. Wandfarben bezieht man z. B. in der Regel weiß, die dann i. allg. nur noch mit *Abtönfarben* in Form von Pigmentpasten (Tubenfarben) auf den gewünschten Farbton abgetönt werden.

Das *RAL-Farbtonregister* RAL 840 HR, herausgegeben vom „Ausschuß für Lieferbedingungen und Gütesicherung (RAL)", enthält in Form von *Farbkarten* etwa 130 in der Wirtschaft gebräuchliche Farbtöne. Die Numerierung dieser Farbtöne ermöglicht es, bei Auftragserteilungen einen bestimmten Farbton genau festzulegen (z. B. RAL 1005: Postgelb). Außerdem gibt es „DIN-*Farbenkarten*" (DIN 6164 Beiblatt 1 bis 125). Sie erlauben eine *Bezeichnung der Farbe* nach dem

Farbton (T) oder der Buntheit in 24 Farbtonfolgen, nach der

Sättigungsstufe (S), dem Grad der Buntheit in 7 Stufen, und der

Dunkelstufe (D) als Maß für die Helligkeit, je nach Grautönung in bis zu 8 Stufen.

(Die Bezeichnung für ein bestimmtes Rot ist z. B. $T:S:D = 7:2:4$.) Die Farbe kann auch „farblos" sein.

Außerdem läßt sich der

Glanzgrad beschreiben (z. B. hochglänzend, seidenmatt).

Das RAL-Farbtonregister RAL 840 HR ist zu beziehen durch Beuth Verlag GmbH, Köln, und Muster-Schmidt KG, Göttingen.

11.2 Farbmittel (Pigmente und Farbstoffe)

Normen:

DIN 55 943 (Sept. 84):	Farbmittel; Begriffe
DIN 55 944 E (Jan. 88):	– dito –; Einteilung nach koloristischen und chemischen Gesichtspunkten; Begriffe
DIN 55 945 (Dez. 88):	Beschichtungsstoffe (Lacke, Anstrichstoffe und ähnliche Stoffe); Begriffe
DIN 55 949 (Jan. 86):	Farbmittel; Begriffe nach technologischen Gesichtspunkten
DIN 55 950 (April 78):	Anstrichstoffe und ähnliche Beschichtungsstoffe; Kurzzeichen für die Bindemittelgrundlage

Farbmittel ist ein Sammelname für alle farbgebenden Stoffe. Man unterscheidet zunächst zwischen unlöslichen *Pigmenten*, die im trockenen Zustand pulverförmig sind, früher auch Körperfarben oder Farbkörper genannt, und löslichen *Farbstoffen*.

Die Pigmente sind die Bestandteile eines Anstrichstoffes, die das farbliche Aussehen des Anstrichs bestimmen. Man unterscheidet zwischen *inerten*, chemisch nicht reagierenden, und *reaktiven* Pigmenten, wie z. B. Rostschutzpigmenten (siehe auch Abschnitt 8.2.12 d_2), die auch chemisch mit dem Untergrund reagieren und eine passivierende Wirkung auf den metallischen Anstrichgrund ausüben. Die Pigmente sind keineswegs für alle Arten von Bindemitteln und Anstrichen oder Beschichtungen geeignet.

Bezüglich der *Anforderungen* an Pigmente kommt es daher an auf *Echtheit* (Widerstandsfähigkeit) gegen Kalk und Zement (kalkechte oder zementechte Pigmente), Verträglichkeit mit Lösemitteln, Wasser, Laugen, auf *Lichtechtheit* (lichtechte Pigmente), insbesondere gegen UV-Licht, auf *Wetterbeständigkeit* und auf das *Deckvermögen*, das mit der Mahlfeinheit zunimmt.

Die *löslichen organischen Farbstoffe* besitzen keine oder nur geringe Deckfähigkeit (Lasurfarben). Sie werden zwar hauptsächlich zum Färben von Textilien, Kerzenwachs usw. benutzt, jedoch in verschiedenen Verarbeitungsformen auch in Anstrichmitteln, so als durch Synthese direkt erzeugte organische Pigmente oder als

Farblacke; das sind mit Teerfarbstoffen eingefärbte pulverförmige Substanzen, die Pigmentcharakter haben und im Anstrich deckend wirken. Sie haben mit den Begriffen „Lack" und „Lackfarbe" nichts zu tun (Beispiele: Azurblau, Kalkgelb, d. h. für Kalkanstrich geeignetes Gelb).

11.2.1 Anorganische Pigmente (Mineralfarben)

a) **Natürliche Erdpigmente** („Erdfarben")
Sie werden durch mechanische Behandlung, wie Mahlen, Schlämmen, Trocknen oder Glühen, der betreffenden mineralischen Stoffe erzeugt.
Weißpigmente: Kreide (Schlämmkreide), Kalk (Weißkalk), Zement (Weißzement).
Buntpigmente: Ocker (eisenoxidreicher Ton), Bolus (weißlichgrauer bis rötlicher Ton), Umbra (durch Manganoxid braungefärbter Ton), Grünerde (verwitterte Hornblende).

b) **Synthetische Pigmente** (Mineralpigmente)
Sie werden durch chemische oder physikalische Umwandlung von anorganischen Grundstoffen (Metallverbindungen) erzeugt.
Weißpigmente: TiO_2 (Titandioxid) *Titanweiß* (TiO_2 + Verschnittmittel), *Zinkweiß* (ZnO), *Lithopone* (ZnS + $BaSO_4$), für Innenanstriche mit unterschiedlicher Deckkraft je nach ZnS-Gehalt, der durch Farbsiegel wie folgt kenntlich gemacht wird:

Siegelart	ZnS-Gehalt	Verwendung
Gelbsiegel	mit 15 % ZnS	für Emulsions-, Leim-, Kalk- und Kaseinanstriche
Rotsiegel	mit 30 % ZnS	
Lilasiegel	mit 35 % ZnS	für heute nur noch seltene Ölfarben
Grünsiegel	mit 40 % ZnS	
Goldsiegel	mit 50 % ZnS	für Lackfarben
Silbersiegel	mit 60 % ZnS	

Lithoblanc (Bayer) mit 90 % ZnS wurde als weiteres Weißpigment entwickelt.

Titanweiß gibt es auf der Basis verschiedener Kristallformen, in Rutilform (teurer, für Außenanstriche) oder in Anatasform (leichter, billiger, für Innenanstriche).

Bleiweiß [2 $PbCO_3$ · Pb $(OH)_2$], auch mit 20 bis 60 % Schwerspat ($BaSO_4$) verschnitten. Bleiweiß ist giftig und daher für Innenanstriche nicht zugelassen. Es wird auch heute kaum noch für Außenanstriche (für Korrosionsschutzanstriche) verwendet.
Buntpigmente:

Rostschutz: *Mennige* (Pb_3O_4) von roter Farbe, Bleicyanamid $PbCN_2$, Zinkstaub (nach DIN 55 969), Bleisilicochromat
Gelb: Zinkgelb (chromsaures Zn), Chromgelb (chromsaures Pb)
Rot: Eisenoxidrot (gebranntes Fe_2O_3), Zinnober (HgS)
Blau: Ultramarin (Na-Al-Silicat + Natriumsulfid)
Kobaltblau (Co-Aluminat), Berliner Blau (Fe-Cyanid)
Grün: Chromgrün, Zinkgrün

11.2.2 Organische Pigmente u. Farbstoffe/11.2.3 Metallische Pigmente

Schwarz: Eisenoxidschwarz
Braun: Manganbraun u. a. m.

Kohlenstoffpigmente

Ruß (Acetylen-, Flamm- oder Gasruß). Er ist wegen seiner geringen Dichte im Bindemittel nicht immer leicht anreibbar (vermischbar). Trotzdem wird er wegen seiner intensiven Farbwirkung geschätzt.

11.2.2 Organische Pigmente und Farbstoffe

Natürliche Tier- und Pflanzenfarbstoffe wie Sepia oder Indigo sind wegen der fehlenden Lichtbeständigkeit und der Konkurrenz durch die synthetischen Farbstoffe heute für Anstrichzwecke bedeutungslos. *Synthetische Farbstoffe* sind die *Teerfarben* aus Holz- oder Steinkohlenteer einschließlich der aus dem Teerprodukt „Anilin" gewonnenen *Anilinfarben*.

11.2.3 Metallische Pigmente

Norm:

DIN 55 969 (Sept. 77): Pigmente; Zinkstaub-Pigmente, Technische Lieferbedingungen

Es handelt sich um pulverisierte Metalle oder Metallegierungen, die mit Firnis oder Lack angesetzt werden („Bronzepulver"): *Goldbronze* (Kupfer-Zink-Legierung: Messing). Aluminiumpulver *(Aluminiumbronze)* ist wetterbeständig und ersetzt die empfindliche Silberbronze. (Metallische Pigmente für Grundbeschichtungen im Korrosionsschutz: siehe Abschnitt 8.2.12 d_2)

11.2.4 Leuchtpigmente

Norm:

DIN 5043 T 1 (Dez. 73): Radioaktive Leuchtpigmente und Leuchtfarben; Meßbedingungen für die Leuchtdichte und Bezeichnung der Pigmente
DIN 5043 T 2 (Nov. 78): -dito-... und Bezeichnung der Leuchtfarben
DIN 67 510 (Nov. 74): Langnachleuchtende Leuchtpigmente

Unter Leuchtpigmenten versteht man phosphoreszierende Pigmente aus Zink- oder Erdalkalisulfiden, die im Dunkeln nach vorheriger Beleuchtung nachleuchten oder mit Spuren radioaktiver Elemente selbst leuchten. Auch fluoreszierende Pigmente, meist aus Zinkkadmiumsulfiden oder organischen Verbindungen, werden als *Leuchtfarben* verwendet. Sie verwandeln Tageslicht oder UV-Strahlen in längere Lichtwellen größerer Leuchtkraft.

11.2.5 Kalk- bzw. Zementechtheit

Norm:

DIN 53 237 (Febr. 77): Pigmente; Pigmente zum Einfärben von zement- und kalkgebundenen Baustoffen

Im Bauwesen ist die Verträglichkeit der Pigmente mit Kalk oder Zement von besonderem Interesse. „Kalkecht", d. h. gegen Basen widerstandsfähig, sind nur Pigmente, die sich, in Kalkmilch oder Kalkwasser Ca(OH)$_2$ erhitzt (im Vergleich zu einer Probe in kaltem Leitungswasser), nicht verändern. Als kalkecht gelten: Neapelgelb, Barytgelb, Terra di Siena natur, alle reinen Ockerfarben, Eisenoxidgelb,

Kadmiumgelb; Chromorange, Kadmiumorange; Eisenoxidrot, Caput mortuum, Ocker gebrannt, Terra di Siena gebrannt, Bolusrot, Ultramarinrot, Chromrot, Kadmiumrot; Umbra natur und gebrannt, Grüne Erde gebrannt; Bremerblau, Kobaltblau, Manganblau, Ultramarinblau, Grüne Erde, Chromoxidgrün, Chromoxidhydratgrün, Kobaltgrün, Ultramaringrün; Schiefergrau; Ultramarinviolett; Eisenoxidschwarz, Elfenbeinschwarz, Rebschwarz, Schieferschwarz, Ruß. – Hinzu kommen für Innenanstriche als „Kalkfarben" bezeichnete Teerfarben (siehe Abschnitt 11.4.2. Schluß) wie Kalkblau, Kalkgrün, Kalkgelb, Kalkrot, Kalkorange, Kalkviolett.

Kalkechte Pigmente sind nur dann „*zementecht"*, wenn sie nicht mit Kreide oder vor allem mit Gips verschnitten oder mit Teer-(Anilin-)Farben geschönt sind. Sie müssen nicht nur gegen Basen, sondern darüber hinaus auch gegenüber Schwefelverbindungen widerstandsfähig sein, weil alle Zemente vom Brande her aus dem Brennstoff, Hüttenzemente außerdem aus dem Hüttensand, Sulfide enthalten; auch wird allen Zementen zur Regelung der Erstarrungszeit Rohgips $CaSO_4 \cdot 2H_2O$ zugemahlen.

Als *„Zementfarben"* gelten: Eisenoxidschwarz, Mangan-Schwarz, besonders präparierter sog. „Zementruß"; Eisenoxid-Rot, -Braun und -Gelb; Umbra, Ocker, Terra di Siena, Neapelgelb; Chromoxid-Grün, Chromoxidhydrat-Grün; Titan-Weiß R (nach der Kristallform des Rutil; die daneben gelieferte Anatasform ist nur für Innenanstriche). Ultramarin-Blau (Na-Al-Silicat) ist in der Verwendung umstritten, weil es infolge seines Gehaltes an reaktionsfähigem SiO_2 und Al_2O_3 (ähnlich Traß, siehe Abschnitt 4.5.2) mit dem freien Kalk $Ca(OH)_2$ des Zements reagiert, wodurch Verblassung eintreten kann. Bei Sichtbetonteilen ist dies jedoch kaum zu befürchten, weil hier durch Aufnahme von Luftkohlensäure an der Oberfläche die Karbonatisierung des freien Kalkes (siehe Abschnitt 4.6.1) der genannten Reaktion zuvorkommt. – Gebräuchlich ist auch Mangan-Blau.

Zur Kontrolle der Zementechtheit fertigt man (siehe Abschnitt 4.6.4) auf einer Glasplatte je 2 Zementkuchen ohne und mit Pigmentzusatz an. Nach 1 Tag werden je 1 gefärbter und ungefärbter Kuchen in Wasser gelegt und nach 6 Tagen lufttrocknet. Dann darf der gefärbte Kuchen gegenüber dem gewässerten keine Farbänderung aufweisen. Zeigen nur die gefärbten Kuchen oder einer von ihnen Ausblühungen, so ist anzunehmen, daß diese von dem Pigment herrühren. Blühen dagegen auch die ungefärbten Kuchen aus, so ist der Zement dafür verantwortlich.

11.2.6 Beständigkeit gegen Sulfide

Sulfide verfärben viele Pigmente (vorzüglich Blei- und Kupferfarben). – Putz aus *Hütten-* und *Schmelzzementen* enthält Sulfide. Auch Gummi dünstet Sulfide aus und vergilbt Anstriche (z. B. neben Gummidichtungen in Fenster- und Türfalzen).

11.2.7 Lichtechtheit

ist gewährleistet, wenn ein im Dunkeln aufgetrockneter und zur Hälfte undurchlässig abgedeckter Probeanstrich bei längerer Belichtung durch Sonnenlicht sich dem abgedeckten Teil gegenüber nicht verändert.

11.2.8 Farbkraft

kann man durch Vergleichsanstriche beurteilen, indem man bei Buntfarben puren

Anstrichen solche, die mit Weiß im Verhältnis 1:10 gemischt sind, gegenübergestellt. – Die *Deckkraft* ergibt sich durch Vergleich von Aufstrichen auf einem schwarz-weiß gestreiften Untergrund.

Farbkraft darf nicht mit Deckkraft verwechselt werden. Farben mit starkem Färbevermögen können durchaus nur lasieren, also wenig Deckkraft besitzen. Das gilt z. B. für Beizen und reine Anilinfarben ohne Körperzusatz, d. h. ohne unlösliches Farbpigment.

11.3 Bindemittel

Die Bindemittel haben die Aufgabe, die Pigmente durch Kohäsion untereinander und durch Adhäsion mit dem Untergrund filmbildend zu verbinden. Hinzu können weitere Forderungen kommen wie Wisch- und Waschbeständigkeit, Scheuer- und Wetterbeständigkeit.

Als Bindemittel wird der *nichtflüchtige Anteil* eines Anstrichstoffes bzw. Beschichtungsstoffes (ohne Pigment, aber einschließlich Weichmacher, Trockenstoffe und anderer nichtflüchtiger Hilfsstoffe) verstanden.

In pigmentfreien Anstrichstoffen (Beschichtungsstoffen) umfaßt das Bindemittel die nichtflüchtigen Bestandteile. Das Bindemittel macht den Anstrichstoff als flüssigen Bestandteil verarbeitungsfähig, und man nennt es in diesem Zusammenhang *„Bindemittel im Anstrichstoff"*.

Das Bindemittel verändert sich nach dem Auftragen physikalisch und/oder chemisch. Es heißt dann
„Bindemittel im trockenen Anstrich".

Der Übergang des Bindemittels vom flüssigen in den festen Zustand erfolgt physikalisch durch *Verdunsten* z. B. des Lösemittels oder Emulsionswassers oder durch *chemische Reaktion* z. B. mit dem Luftsauerstoff bei der historischen Anstrichtechnik mit Leinölfirnis oder durch Reaktion von 2 Komponenten, die vor dem Anstrichauftrag miteinander vermischt werden (DD-Lacke). Oft laufen physikalische und chemische *Trocknung* nebeneinander her, wenn z. B. Lösemittel verdunsten und trocknende Ölanteile durch Sauerstoffaufnahme verharzen.

11.3.1 Einteilung der Bindemittel

Außer der im vorigen Kapitel erwähnten Unterscheidung der Bindemittel nach der *Erhärtungsart* (physikalisch und/oder chemisch) gibt es eine Einteilung der Bindemittel nach ihrer stofflichen Natur in *anorganische* und *organische* Bindemittel oder eine andere Einteilung in *wässerige, ölige* und *Lackbindemittel*. Man kann auch Bindemittel für *einfache* und *höhere Anforderungen* (letzteres sind die Ölfarben und Lackbindemittel) unterscheiden.

Einen Überblick über die Einteilung der Bindemittel und ihre Verwendbarkeit auf verschiedenen Untergründen jeweils für Außen- oder Innenanstriche gibt die Tafel 11.1 auf Seite 600 und 601.

11.4 Anstriche (Beschichtungen)

Normen:

DIN 53 778 T 1 (Aug. 83): Kunststoffdispersionsfarben für innen; Mindestanforderungen
T 2 (Aug. 83): -dito-; Beurteilung der Reinigungsfähigkeit und der Wasch- und Scheuerbeständigkeit von Anstrichen
T 3 (Aug. 83): Kunststoffdispersionsfarben; Bestimmung von Kontrastverhältnis und Helligkeit von Anstrichen
T 4 (Aug. 83): -dito-; Prüfung auf Überstreichbarkeit nach festgelegter Trocknungszeit
DIN 55 932 (April 71): Anstrichstoffe; Leinölfirnis, Technische Lieferbedingungen

11.4.1 Begriffe und Anforderungen

Ein Anstrich ist eine aus Anstrichstoffen (Anstrichmitteln) hergestellte Beschichtung. Ein Anstrichstoff (Beschichtungsstoff) besteht aus Bindemitteln sowie gegebenenfalls aus Pigmenten und anderen Farbmitteln, Füllstoffen, Lösemitteln und sonstigen Zusätzen. Folgende Anstrichstoffe werden nach VOB, Teil C, DIN 18 363 (Sept. 88) unterschieden:

a) **Wasserverdünnbare Anstrichstoffe**
(Grund-, Zwischen- und Schlußanstrichstoffe) für Putzflächen und andere mineralische Untergründe: Kalkfarben, Kalk-Weißzementfarben, Leimfarben, Wasserglas, Silicatfarben, Dispersionssilicatfarben, Kunststoffdispersionen, Kunststoffdispersionsfarben, Lasurdispersionsfarben

b) **Lösemittelverdünnbare Anstrichstoffe**
Grundanstrichstoffe für Putzflächen, Holz- bzw. Holzwerkstoffflächen, Stahlflächen, Flächen aus Zink bzw. verzinktem Stahl und für Kunststoffflächen

Zwischen- und Schlußanstrichstoffe:

Ölfarben, Öl-Lackfarben, Lacke und Lackfarben, schichtbildende Kunstharz-Lacklasurfarben und dünnschichtbildende Lasuranstrichstoffe (mit erhöhter Wasserdampfdurchlässigkeit).

Nicht aufgeführt sind in DIN 18 363 Bitumenanstrichmittel (siehe Tafel 10.1, Seite 537) und bituminöse Bautenschutzmittel (siehe Seite 583).

Anforderungen

Anstriche auf mineralischen Untergründen sind nach der geforderten Beanspruchung auszuführen. Dabei gibt es folgende Unterscheidungen (vgl. VOB, Teil C, DIN 18 363):

a) *Waschbeständig* ist ein Anstrich, wenn er nach der dem Anstrichstoff entsprechenden Trocknungs- und Abbindezeit mit Schwamm und Wasser unter Zusatz eines neutralen Feinwaschmittels gewaschen werden kann, ohne daß sich das Reinigungswasser färbt. Dafür verwendbare Anstrich- und Beschichtungsstoffe sind Dispersionsfarben, Ölfarben, Öl-Lackfarben, Lacke und Lackfarben.

b) *Scheuerbeständig* ist ein Anstrich, wenn er nach der dem Anstrichstoff entsprechenden Trocknungs- und Abbindezeit mit einer Waschbürste aus Naturborsten und Wasser unter Zusatz eines neutralen Feinwaschmittels gescheuert werden kann, ohne daß der Anstrich beschädigt wird oder das Reinigungswasser sich färbt. Dafür verwendbare Anstrich- und Beschichtungsstoffe sind Dispersionsfarben, Lacke und Lackfarben.

c) *Wetterbeständig* ist ein Anstrich, wenn er unter Witterungseinflüssen, mit denen normalerweise gerechnet werden muß, noch nach 2 Jahren in zweckentsprechendem Zustand ist. Dafür verwendbare Anstrich- und Beschichtungsstoffe sind Kalk-, Kalk-Weißzement-, Silikatfarben, Dispersionssilikatfarben, Dispersionsfarben, Ölfarben, Öl-Lackfarben, Lacke und Lackfarben.

Von allen Anstrichen, Lackierungen und Beschichtungen wird gefordert, daß sie *fest haften* und als gleichmäßige Fläche ohne Ansätze und Streifen erscheinen. Nadelhölzer erhalten gegebenenfalls eine *Holzschutzimprägnierung* und einen Bläueschutz-Grundanstrich auf Kunstharzbasis. Metallflächen sind, sofern erforderlich, zu entfetten, zu entrosten und mit einem *Korrosionsschutz-Grundanstrich* zu versehen. Näheres über *Rostschutzanstriche* siehe Abschnitt 8.2.12 und [2].

11.4.2 Kalkfarbanstrich

Das *Bindemittel* ist mit Wasser verdünnter gelöschter *Weißkalk* $Ca(OH)_2$.

Weißkalk wurde früher und wird – in Zentraleuropa nur noch selten – ohne Bunt-Pigmente zum Weißen (Weißeln, Tünchen) von einfachen Räumen wie Kellern, Garagen und Ställen benutzt. Wegen seines hohen pH-Wertes kann er gleichzeitig desinfizieren. Eine Einfärbung für helle Farbtöne mit bis zu 5 % kalkechten *Bunt-Pigmenten* (siehe Abschnitt 11.2.5) ist möglich. Bei Innenanstrichen erhöht ein *Zusatz* bis zu 2 % Glutolinleim aus Methylzellulose die Streichfähigkeit.

Die Wetterbeständigkeit kann durch *hydraulische Zusätze* (siehe Abschnitt 4.4.2) erhöht werden. Sie sind meist in dem vom Hersteller gelieferten Kalkfarbenpulver schon enthalten. Im Gegensatz etwa zu den Mittelmeerländern werden hierzulande jedoch kaum noch Kalkfarbanstriche auf Außenflächen verwendet. *Andere Zusätze* zur Erhöhung der Wetterbeständigkeit sind Leinöl (10 bis 30 g/l Kalktünche), das mit $Ca(OH)_2$ wasserunlösliche Kalkseife bildet, oder Kaliwasserglas K_2SiO_3, welches den Kalk in wasser- und säurefestes Ca-Silicat $CaSiO_3$ verwandelt (1 Rtl. Wasserglas auf 10 bis 12 Rtl. Kalkmilch).

Für Kalkanstriche dürfen nur „*kalkechte*" Farben verwendet werden. Auch gewisse Teerfarben sind als „Kalkfarben" im Handel; sie sind aber oft nicht ganz lichtecht (siehe Abschnitt 11.2.5). Kalkanstriche müssen dünnflüssig aufgetragen werden, sonst neigen sie zum Abblättern.

11.4.3 Zementfarbanstrich

Zementschlämmen bestehen aus einer dünnflüssigen *Zementmilch,* also einer Aufschlämmung eines Zementes im Wasser. Sie haben ein ähnliches Anwendungsgebiet wie Kalkfarbanstriche bei guter Wasserfestigkeit und Wetterbeständigkeit. Sie eignen sich für Unterwasseranstriche, für Feucht-, Naß- und Kühlräume.

11.4.4 Wasserglasfarbanstrich

Bei fabrikmäßigen Erzeugnissen wird dieser Anstrich auch als *Silicat-* oder *Mineralfarbanstrich* bezeichnet.

Das Bindemittel ist *Kaliwasserglas* K_2SiO_3 mit einer Dichte von $\varrho_0 = 1{,}28$ g/cm^3 (22 °Bé) in wässeriger Lösung. Bei der Erhärtung setzt sich Wasserglas mit dem Kalkhydrat zu Calciumsilicat um. Das Wasserglas bildet keinen Film, sondern bewirkt eine Versteinerung oder Verkieselung des Untergrundes.
Infolge der Alkalität wirken Wasserglasanstriche keimtötend.

Tafel 11.1 Anstrich-Bindemittel und ihre Verwendbarkeit auf verschiedenen Untergründen[1])

Lfd. Nr.	Art des Bindemittels Untergrund:	Putze		Schalungsbeton *)		Sichtbeton *)		Mauerziegel (gebr.)		Mauersteine (ungebr.)		Asbestzement *)		Europ. Hölzer		Trop. Hölzer		Stahl, Eisen		Alulegierung		Zink	
	A = Außen I = Innen ▶	A	I	A	I	A	I	A	I	A	I	A	I	A	I	A	I	A	I	A	I	A	I
	I. Wässerige Bindemittel																						
1	Kalk	**)	+	+	+	−	+	+	+	+	+	−	−	−	−	−	−	−	−	−	−	−	−
2	Weißzement in Mischung mit 1, 13 und 14	+	+	+	+	+	+	+	+	+	+	+	+	−	−	−	−	−	−	−	−	−	+
3	Farbenwasserglas	+	+	+	+	+	+	+	+	+	+	+	+	−	~	−	−	−	−	−	−	−	+
	Leime																						
4	Haut- und Knochenleime	−	+	−	+	−	+	−	+	−	+	−	−	−	−	−	−	−	−	−	−	−	−
5	Alginate (Isländisch Moos)	−	+	−	+	+	+	−	+	+	+	+	+	−	~	~	~	−	−	−	−	−	−
6	Methylzellulose MC	−	+	−	+	+	+	−	+	+	+	+	+	−	~	~	~	−	−	−	−	−	−
7	Zellulose-Glykolate	−	+	−	+	+	+	−	+	+	+	+	+	−	~	~	~	−	−	−	−	−	−
8	Kasein-Leim (allein für sich oder in Mischung mit 1,2)	−	+	−	+	−	+	−	+	−	+	−	−	−	~	~	−	−	−	−	−	−	−
9	Kasein-Kalk-Aufschluß	+	+	+	+	+	+	+	+	+	+	−	−	−	~	~	−	−	−	−	−	−	−
	Emulsionen und Dispersionen																						
10	Kasein-Öl-Emulsionen	+	+	+	+	+	+	+	+	+	+	+	+	+	+	−	~	−	−	+	+	+	+
11	Alkyd-Emulsionen (OW-Typ)	+	+	+	+	+	+	+	+	+	+	+	+	+	+	−	~	−	+	+	+	+	+
12	Acrylharz-Copolymerisate	+	+	+	+	+	+	+	+	+	+	+	+	+	+	~	~	−	−	+	+	+	+
13	Polyvinylacetat-Dispersionen	+	+	+	+	+	+	+	+	+	+	+	+	+	+	~	~	−	−	+	+	+	+
14	PVA-Copolymerisat-Dispersionen	+	+	+	+	+	+	+	+	+	+	+	+	+	+	~	~	−	−	+	+	+	+
15	Polystyrol-Dispersionen o. ä.	+	+	+	+	+	+	+	+	+	+	+	+	+	~	~	~	−	−	+	~	+	~
16	Polyvinylpropionat-Dispersionen	+	+	+	+	+	+	+	+	+	+	+	+	+	+	~	~	−	+	−	+	−	+
17	Kunstkautschuk-Latex	+	+	+	+	+	+	+	+	+	+	+	+	+	+	~	+	−	−	~	−	+	−
	II. Ölige und Lackbindemittel																						
18	Leinölfirnis	+	+	+	+	+	+	+	+	+	+	+	+	+	+	~	~	+	+	+	+	+	+
19	Leinöl- und Holzöl-Standöl	+	+	+	+	+	+	+	+	+	+	+	+	+	+	~	~	+	+	+	+	+	+

11.4.4 Wasserglasfarbanstrich

Nr.	Anstrichmittel												
	Öllacke												
20	Standöl-Emaille-Lacke	+	++	+	++	+	+	++	– –	++	+++	–	+
21	Ölharzlacke, farblos oder pigmentiert	+	++	+	++ –	+	+	– – + –	++	+++	–	+
22	Aufgefettete Alkydharzlacke	+	++	+	+++	+	+	+++–	++	+++	–	+
23	Alkydharzlacke, schnelltrocknend	+	++	+	++ –	+	+	– – + –	++	+++	–	+
	Zweikomponentenlacke												
24	D/D-Lacke (PUR)	+	++	+	+++	+	+	+++–	++	+++	++	
25	Aminhärtende Epoxidharzlacke	+	++	+	++ –	+	+	– – + –	++	+++	++	
26	Säurehärtende Reaktionslacke	– –	– +	+	+++	–	–	++++	+ –	– –	+ –	
	Einbrennlacke												
27	Alkydharz-Aminoharzkombination als 80 °C-Lacke für Autolackierung	– –	– +	+	++ –	–	–	– – + –	– –	– –	– –	
28	Wie 27, als reine Industrielacke ab 120 °C	+	++	+	+++	–	–	+++–	+ –	– –	+ –	
	Ölfreie Lacke												
29	Spritlacke (aus Schellack u. a. spritlöslichen Harzen)	+	++	+	++ –	–	+	– – – –	– –	– –	– –	
30	Nitro-Zaponlacke	+	++	+	+++	–	+	+++–	++	+++	++	
31	Nitro-Kombilacke, pigmentiert	+	++	+	+++	–	+	– – – –	+ –	– –	– –	
32	Nitro-Mattinen	+	++	+	+++	–	–	+++–	+ –	+++	++	
33	Vinylharz-Copolymerisat-Harzlacke	+	++	+	+++	–	–	– – – –	+ –	+++	++	
34	Washprimer auf Acetalharz-Basis	+	++	+	+++	–	+	+++–	++	+++	++	
	Kautschuk-Abkömmlinge												
35	Chlorkautschuklacke	+	++	+	+++	–	+	+++–	++	+++	++	
36	Cyclokautschuklacke	++	++	+	+++	+	+	+++–	++	+++	++	
37	Polychloropren	++	++	+	+++	+	+	+++–	++	+++	++	
	Sondergruppe												
38	Ungesättigte Polyesterlacke	– /	– /	+	+++	–	–	– – – –	– /	– –	+	–
39	Chlorsulfoniertes Polyethylen	– /	– /	+	+++	–	–	– – – –	– /	– –	+	–

[1]) Nach Sponsel/Wallenfang/Waldau, Lexikon der Anstrichtechnik 1, München 1976.
*) Ölhaltige Anstrichmittel nur verwendbar, wenn Flächen chemisch neutral sind.
**) Es bedeutet: + geeignet / bedingt geeignet – nicht geeignet.

Zur Abtönung sind nur kalkechte Pigmente brauchbar; sie müssen frei von Sulfaten (Anhydrit, Gips) sein. Als sogenannte *„Silicatfarben"* sind ausgewählte Mineralfarben im Handel mit Zusätzen [meist Kalkhydrat $Ca(OH)_2$], die die Verkieselung bzw. die Verbindung des Anstrichs mit Bestandteilen des Streichgrundes fördern.

Der *Grundanstrich* erfolgt mit verdünntem Wasserglas. Wasserglasfarben werden als zweifache Anstriche aufgetragen. Fensterscheiben und Fliesen sind – ähnlich wie bei Silikon-Anstrichen – vor Spritzern zu schützen, um Ätzflecken zu vermeiden. Wasserglasfarbanstriche werden heute nur noch selten angewandt.

11.4.5 Leimfarbanstrich

Als *Bindemittel* dient eine *Leimlösung,* früher aus Tischlerleim (Knochen-, Haut-, Lederleim), heute i. d. R. aus pflanzlichem Stärkeleim (z. B. Henkel-Leim, Sichel-Leim u. a.), der als Naßleim in pastöser, als Trockenleim in gekörnter Form verwendet wird, oder als Zelluloseleim (z. B. Glutolin-Leim, Henkel-Zell-Leim u. a.), der als Trockenleim gekörnt (wie Grieß), faserig oder plättchenförmig erhältlich ist. Da Leim i. allg. chemisch nicht reagiert, sind fast alle *Pigmente mit guter Deckkraft* verwendbar.

Leim kann als organischer Stoff Nährboden für Bakterien sein. Daher kommt er nur auf trockenem Untergrund und in trockenen Räumen in Frage. Leimfarbanstriche werden heutzutage durch das Vordringen der Kunststoffdispersionsfarben nur noch selten ausgeführt. Zelluloseleime werden zwar durch Feuchtigkeit nicht zersetzt; da sie aber wasserlöslich sind, scheiden sie für Außenanstriche und Feuchträume aus.

Bei zu geringem Leimzusatz wird der Anstrich nicht wischbeständig. Zu reichlicher Leimzusatz führt bei Stärkeleim zu Spannungsrissen und Abblätterungen. „Überleimung" mit Zelluloseleimen hat keine nachteiligen Folgen.

Der *Streichgrund* ist vor der Erneuerung erst abzuwaschen. Zimmerdecken brauchen nur wenig Leimanteil, weil sie nicht scheuerbeständig sein müssen. Auf Ölfarbe und Holz haftet Leimfarbe schlecht, auf festsitzenden Tapeten gut. Saugender Putzgrund ist mit Leim- oder Alaunlösung (Doppelsulfate z. B. $K \cdot Al(SO_4)_2$) vorzustreichen, damit die Poren verschlossen werden, auch um eine glattere Oberfläche zu erzielen. Gipsputz wird zweckmäßig erst mit Alaunlösung, darauf mit Seifenwasser vorbehandelt. Basisch wirkende Seifenlösung neutralisiert etwaige Säurereste (Ausfällung von $Al(OH)_3$ bzw. Bildung von wasserlöslichen Al-Seifen). Alaun wirkt keimtötend und härtend. Der Deckanstrich erfolgt in die noch nasse Fläche.

Ein *Zusatz von Faserstoffen* (aus Holzzellulose) ergibt bessere Haftfestigkeit. Bei reichlichem Zusatz, wie er jedoch nur bei Verwendung von Zelluloseleim möglich ist, sind plastische Anstriche, gepatscht, mit gestupften oder gekämmten Mustern möglich.

11.4.6 Kaseinleimanstrich

Kasein ist *Milcheiweiß.* Das gelbliche Pulver wird für Anstrichzwecke durch Ammoniak NH_3, Borax $Na_2B_4O_7 \cdot 10\,H_2O$ oder Kalk (Kalkkasein) alkalisch zu einem wasserlöslichen Leim aufgeschlossen. Die Kaseinleime werden in der Regel als fertige wasserverdünnbare Leime in Form gallertartiger Flüssigkeiten, selten in Pulverform bezogen. Wird das an sich wasserunlösliche Kasein mit Kalkhydrat in Wasser verrührt, so wird es alkalisch aufgeschlossen, d. h. wasserlöslich. Kalkkaseine sind stark, Alkalikaseine schwach alkalisch. Kalkkaseine sind daher nur mit *kalkechten Pigmenten* (siehe Abschnitt 11.2.5), Alkalikaseine auch mit sonstigen Pigmenten mischbar. Pigmente, die mit Lenzin (Rohgips) verschnitten sind, werden in Kaseinleim grießig.

Die Erhärtung der Kaseinleimanstriche beruht auf der Trocknung, zum Teil auch in einer Reaktion mit dem Kalk des Untergrundes. Bei Kalkkaseinen verbindet sich das Kasein mit dem Kalkhydrat zu wasserbeständigem *Kalkalbuminat*. Alkalikaseine bleiben wasserlöslich, wenn auch nicht in dem Maße wie gewöhnliche Leimfarben. Sie ergeben wetterbeständige Außenanstriche nur auf frischem Kalkputz, weil sich hier ebenfalls wasserbeständiges Kalkalbuminat bildet. Sie eignen sich daher mehr für Innenanstriche.

11.4.7 Kunststoffdispersionsfarben

Dispersionsfarben werden auch als *Binderfarben* bezeichnet. Sie enthalten in Wasser *dispergierte Polymerisationsharze* als Bindemittel. Sie werden je nach Erfordernissen mit Weichmachern, Pigmenten und/oder Füllstoffen versetzt (DIN 53 778 T 1 bis T 3, Aug. 83).

Als wasserverdünnbare Anstrichmittel, die sich wie Leimfarben verarbeiten lassen, deren Filme aber höhere Festigkeit und Wetterbeständigkeit erreichen, nehmen sie eine Übergangsstellung zu lösemittelverdünnbaren Anstrichstoffen wie Ölfarben oder Lacken ein.

Wegen ihrer Eignung für fast alle Untergründe im Innen- und Außenbereich und der vielfältigen Oberflächenwirkung vom stumpfmatten über seidenmatten bis zum hochglänzenden Aussehen haben sie heute eine beherrschende Stellung auf dem Anstrichsektor. Nur auf Stahl ist eine Vorbehandlung durch einen Passivierungsanstrich (Rostschutzanstrich) erforderlich. Die Dispersionsfarben lassen sich auch gut zu strukturierter Oberflächengestaltung (z. B. Stupfen) oder mit mineralischen Zuschlägen zu dünnschichtigen *Dispersionskunststoffputzen* (siehe Abschnitt 14.6.2) verarbeiten (siehe Abschnitt 11.4.7e).

Die verwendeten *Bindemittel* sind Polymere wie z. B. Polyvinylazetate (Mowilith [11.1]), Polyvinylpropionate, Polyacrylate (siehe Abschnitt 14.6.2) u. a. m. in vielfältiger Einstellung und Zusammensetzung.

Wenn das Bindemittel Styrol-Butadien SB (siehe Abschnitt 14.6.2) ist, nannte man den Anstrichstoff früher „Kunstkautschuk-Latex-Farbe". In den angelsächsischen Ländern hingegen werden die Dispersionen von PVAC, PVP usw. als Latexprodukte bezeichnet. So ist es zu verstehen, daß der Begriff „Latexfarbe" ebenfalls bei uns für hochwertige Innen- und Außenfarben, insbesondere mit seidenglänzender Oberfläche, auch für Anstriche auf anderer Basis, angewendet wird (Chlorkautschukfarbe siehe Abschnitt 11.4.8). „Latex" ist eigentlich der Name für den „Milchsaft" des Gummibaumes. Die Latexfarben bilden meistens einen schwach glänzenden Film.

Alle genannten Binder-Anstrichstoffe haben im gebrauchsfertigen Zustand (d. h. in Wasser dispergiert bzw. gelöst) nur begrenzte *Lagerfähigkeit*. Sie sind frostempfindlich und neigen bei Kälte zum „*Brechen*", d. h. Trennung in wässerige Phase und Bindemittel (die dispergierten Teilchen fließen wieder zusammen). *Die Erhärtung* des Dispersionsanstriches erfolgt je nach Art des dispergierten bzw. emulgierten Stoffes und der Zusammensetzung durch Austrocknung der Dispersion nach dem Auftragen bzw. durch Verdunsten des Wassers und unter Umständen auch von Anteilen leicht flüchtigen Lösemittels und fast immer in Verbindung mit einer Nachpolymerisation. Es bildet sich ein zusammenhängender Beschichtungsfilm. Die Temperatur, bei der eine Dispersion gerade nicht mehr zu einem homogenen Film, sondern zu einer kreidigweißen Schicht austrocknet, nennt man den „*Weißpunkt*". Durch Zusätze (Weichmacher, Lösemittel, Pigmente, Füllstoffe) kann der Weißpunkt gesenkt werden. Die Weißpunkte der Dispersionsbinder liegen zwischen 18 °C und etwa 0 °C.

Als *Pigmente,* die vor der Zugabe in Wasser angeteigt werden, kommen i. allg. nur kalk- und zementechte Erd- und Mineralfarben (siehe Abschnitt 11.2.5) in Frage. Farbstoffe, die wasserlösliche Salze enthalten (z. B. farbige Zinkoxide) oder mit Gips (löslich) verschnitten sind, dürfen nicht verwendet werden. Nichtpigmentierte Dispersionsfarben werden heutzutage meistens mit Dispersionsvollton- und *Abtönfarben* in Form von Pigmentpasten (Tubenfarben) auf den beabsichtigten Farbton abgetönt. Das sind mit säure- und alkalibeständigen Pigmenten versetzte Dispersionsfarben für Innen- und Außenanwendung. Sie sind zum Abtönen aller wässerigen Anstrichstoffe geeignet. Sie lassen sich untereinander und mit Weiß in beliebigem Verhältnis mischen.

Lieferformen der wasserverdünnbaren Dispersionsanstrichstoffe (Dispersionsfarben)

Kunststoffdispersionsfarben (KD-Farben) für Außenanwendungen

KD-Farben, wetterbeständig (ohne spezielle Füllstoffe)

Dies sind matt bis seidenglänzend auftrocknende *Fassadenfarben* mit hohem Deckvermögen, ausreichender Wasserdampf-, aber geringer Kohlendioxidgas-Durchlässigkeit, so daß kalkhaltiger Putzuntergrund vor Anstrichbeginn weitgehend erhärtet sein muß.

KD-Farben, wetterbeständig, mit Füllstoffen bis 0,2 mm Korndurchmesser (Fassadenfüllfarben)

Sie ergeben etwas fülligere Schichten pro Anstrich. Wegen des Füllstoffgehaltes können die Anstriche für Wasserdampf und Kohlendioxid durchlässiger sein.

KD-Farben, wetterbeständig, mit Füllstoffen von 0,2 bis 1 mm Korndurchmesser (Kunststoffspritzputze oder -Streichputze)

Sie ergeben eine matte, feinputzähnliche Oberfläche.

KD-Farben, wetterbeständig, mit Füllstoffen über 1 mm Korndurchmesser (Kunststoffspachtelputze)

Sie werden für Kunstharzputze (DIN 18 558, Jan. 85) als Streich-, Reibe- oder Spritzputze im Dünnschichtverfahren angewendet. Mit Zuschlägen (Füllstoffen) aus Rundkorn oder Splitten oder Kunststoffgranulaten ähnlicher Wirkung lassen sich Waschputzeffekte oder mannigfaltige Wirkungen erzielen.

Einschichtfarben auf KD-Basis für außen

Sie trocknen durch ihren Füllstoffgehalt matt bis seidenmatt auf und ergeben Trockenfilmdicken von 200 bis 300 μm, bei wenig saugfähigem Untergrund auch ohne Grundanstrich.

Armierungsfarben auf KD-Basis

Mit eingebetteten Glasfasern oder Kunststoffasern armiert, werden sie zur Überbrückung von Rissen eingesetzt. In einem „Armierungssystem" auf einem wenig haftenden Grundanstrich lassen sich auch geringe Bewegungen der Rißflanken auffangen.

11.4.7 Kunststoffdispersionsfarben

Lasuranstrichstoffe auf KD-Basis

Die vielfach fungizid eingestellten Holzanstriche ergeben einen matten bis seidenglänzenden Film, der nicht abblättert.

Kunststoffdispersionsfarben für Holzflächen

Diese Anstrichstoffe werden auf solchen (Außen-) Holzflächen eingesetzt, die wegen ihrer Auswitterung für Alkydharzlackfarben ungeeignet sind.

Kunststoffdispersionsfarben (KD-Farben) für Innenanwendungen

KD-Farben, waschbeständig

Die viel verwendeten Wand- und Deckenfarben für innen trocknen im allgemeinen matt auf und decken gut ab.

KD-Farben, scheuerbeständig

Der Anstrichfilm ist strapazierfähiger (vgl. Abschnitt 11.4.1) mit jedoch nur geringem Aufnahmevermögen für Wasserdampf.

KD-Farben, pastös, waschbeständig oder scheuerbeständig

Durch die größere Filmdicke ergibt sich ein besonders strapazierfähiger „Plastik-Anstrich" in waschbeständiger oder scheuerbeständiger Einstellung.

Kunststoffdispersionen für farblose Schlußanstriche

Sie dienen zum Überstreichen von matten Oberflächen, zur Erzielung von Seidenglanz oder leichterer Reinigungsfähigkeit.

Kunststoffdispersionsfarben für innen mit Füllstoffen bis 3 mm Korndurchmesser

Sie werden für Kunstharzputze (DIN 18 558, Jan. 85) verwendet – ähnlich wie die analog gefüllten, wetterbeständigen KD-Farben für außen (siehe oben).

Einschichtfarben auf KD-Basis für innen

Sie ergeben einen matten bis seidenglänzenden Film. Sie werden für Anstriche mit Rauhfasereffekt oder in Armierungssystemen verwendet.

Mehrfarbeneffektanstrichstoffe auf KD-Basis

Der Effekt kommt zustande durch die Verwendung von Farbpartikeln, die nicht zusammenfließen. Der Auftrag erfolgt im Spritzverfahren. Sie eignen sich gut für strapazierfähige Wandflächen, da der „Bunteffekt" gut deckt.

Lasuranstriche auf KD-Basis

Sie bilden einen matten bis seidenglänzenden Film.

Kunststoffdispersionsfarben, heizölbeständig

Sie müssen das Prüfzeichen des Institutes für gewässersichernde Gegenstände aufweisen. Im allgemeinen ergeben 3 Schichten eine heizölbeständige, seidenmatte bis seidenglänzende Oberfläche.

Beschichtungen, Anstriche

Kunststoffdispersionen, unpigmentiert

Sie werden nur in kleinem Umfang verdünnt als Grundanstriche und als Zusatz zu Leim- oder Kalkfarben eingesetzt.

Grundanstrichstoffe auf KD-Basis

Diese feindispersen Anstrichstoffe eignen sich für saugende oder leicht absandende mineralische Untergründe.

11.4.8 Öl- und Lackfarbanstriche

Anstrichstoffe für höhere Anforderungen müssen einen ausreichend dicken geschlossenen Film bilden, der entsprechende Haltbarkeit aufweist. Insbesondere müssen Stahlbauteile vor Korrosion und Holz vor Fäulnis geschützt werden, wobei auch den ästhetischen Anforderungen entsprochen werden muß. Für diese Zwecke wurden früher Ölfarbanstriche verwendet, die jedoch heute durch Alkydharzlacke weitgehend verdrängt worden sind.

Ölfarbanstriche

Als Bindemittel wird *Leinölfirnis* = Leinöl + Bleiglätte PbO miteinander verkocht (DIN 55 932, April 71) verwendet. Leinöl wird durch Auspressen von Samen der Leinpflanze (Flachs) gewonnen. Durch die Bleiglätte entsteht beim Firniskochen eine Bleiseife, die als Katalysator bei der Verharzung des Leinöls wirkt: Das nur langsam trocknende Leinöl wird dadurch zu einem trocknenden Öl, das durch Sauerstoffaufnahme aus der Luft verharzen kann und daher als Bindemittel verwendbar ist. Durch Oxidation des ungesättigten Öls bildet sich zähfestes *Linoxid* als zusammenhängender Bindemittelfilm.

Ohne Sauerstoff, d. h. ohne Luftzutritt, kann Ölfarbe nicht erhärten. Daher kleben oft zu früh geschlossene Tür- und Fensterfalze. Eine Beschleunigung der Trocknens läßt sich durch Zusatz von *Sikkativen* erreichen. Das sind Lösungen von Leinölseifen (Linoleate) oder Harzseifen (Resinate) in Terpentinöl (Destillat von Fichtenharz) bzw. in Terpentinölersatz (Lack- oder Testbenzin aus der Destillation von Teeröl oder Rohöl).

Die Trocknung des Ölanstrichs kann bei zu großem Sikkativzusatz (über 3 %) zu einer vorzeitigen Zersetzung (Kleben und Reißen) des Anstrichs führen. Bei Außenanstrichen soll ohne Sikkativ gearbeitet werden. Besser ist die Verwendung von *geblasenem Leinöl,* das in erhitztem Zustand durch Durchblasen von Luft mit Sauerstoff stark angereichert und zum Teil zu Linoxid umgesetzt ist. Die Wetterbeständigkeit kann durch Zusatz von bis zu 10 % *Standöl* zum Leinöl verbessert werden. Standöl ist eine durch Erhitzen eingedickte, polymerisierte Form des Leinöls („Standöl", weil früher durch langes Stehenlassen hergestellt). Es läßt sich schwer verstreichen, ergibt einen dichten Film, nimmt weniger Wasser auf, macht den Anstrich härter und glänzender.

Leinölfirnis bildet *mit Bleimennige* unlösliche Bleiseifen und wird als dichter passivierender *Korrosionsschutzanstrich* verwendet (siehe Abschnitt 18.2.12 und [2]).

Für einen Ölfarbanstrich muß der *Untergrund* relativ trocken sein, da sich Öl nicht gut mit Wasser mischt und andererseits der Ölfarbfilm die Feuchtigkeit nicht zur

11.4.8 Öl- und Lackfarbanstriche

Verdunstung durchläßt (Blasenbildung, Verstocken von Holz). Der Feuchtigkeitsgehalt des Holzes, an mehreren Stellen in mindestens 5 mm Tiefe gemessen, darf bei Nadelhölzern 15 %, bei Laubhölzern 12 % nicht überschreiten. Außenanstriche auf Holzflächen mit Ölfarben werden mit einem Bläueschutz-Grundanstrichstoff auf Kunstharzbasis begonnen. Nadelhölzer können vorher mit Holzschutzmittel imprägniert worden sein (siehe Abschnitt 17.10.2).

Ein *Putzuntergrund* darf für Ölfarbanstriche nicht frisch aufgezogen sein. Kalkzementputz der Mörtelgruppe II und Zementputz der Mörtelgruppe III muß ausreichend erhärtet sein, sonst besteht die Gefahr, wie insbesondere bei frischem Kalkputz, daß der Ätzkalk das Leinöl verseift. Die wasserlöslichen Seifen und das Glyzerin lassen den Anstrich klebrig werden oder sirupartig zerfließen. Abhilfemöglichkeiten wären ein Anstrich mit Kalkfarbe oder ggf. eine Vorbehandlung mit Silicofluoriden (Fluaten) u. a. m. oder ein leinölfreier Anstrich.

Zinkblech muß längere Zeit angewittert sein oder mit Sandpapier angerauht bzw. mit einem Primer grundiert werden, bevor ein Ölfarbanstrich oder anderer Anstrich (siehe Abschnitt 9.3.4) aufgetragen wird. Zuvor sind Fettreste (auf frischen Blechen eingewalzte Schmiermittel oder Einwachsung) mit einem organischen Lösemittel zu entfernen.

Auf *Teer- oder Bitumengrund* (z. B. gußeisernen Rohren) reißt Ölfarbe; auch schlagen Teer und Bitumen durch. Daher empfiehlt sich ein Abdeckanstrich mit Aluminiumbronze auf der Basis von Leinölfirnis in nicht anlösender Einstellung.

| Bei *mehrschichtigen Anstrichen* ist zu beachten, daß der Grundanstrich mager, jeder folgende Anstrich jeweils fetter als der vorhergehende sein muß, damit er genügend elastisch wird, um dem Nachtrocknen des darunterliegenden Anstrichs nachgeben zu können. Mehrere und dünnere Anstriche sind besser als ein dicker.

Öllackanstriche

Öllacke sind eine Kombination von Ölfarben und Lacken. Als wichtigsten filmbildenden Bestandteil enthalten sie *trocknende Öle* (z. B. Standöl, siehe Abschnitt 11.4.8), die durch Verkochen mit Harzen eingedickt worden sind. Sie lassen sich mit leichtflüssigen Lösemitteln verdünnen (siehe Abschnitt 11.10.2) und trocknen langsamer als die eigentlichen Lackanstriche (24 bis 36 Stunden). Mit höherem Ölanteil ist der Öllack „fetter" (3 bis 5 Gtl. Öl auf 1 Gtl. Harz) und für Außenanstriche besser geeignet, wenn auch mit schnellerem Nachlassen des Glanzes. Magere Sorten nimmt man für Fußbodenlacke. Als Harz werden Naturharze (z. B. Kopal, Kolophonium, Dammarharz) und Kunstharze (Alkydharze) verwendet. Die Erhärtung erfolgt durch Oxidation, Verdunstung und Polymerisation. Die klassischen Öllacke wurden früher gern bei Holzanstrichen für den Schlußanstrich eingesetzt; heutzutage werden sie durch Alkydlacke und Acryllacke mehr und mehr verdrängt wegen der besseren Glanzhaltung und Wetterbeständigkeit.

Alkydlackanstriche

Alkydharze*) (siehe auch [2]) sind Polyester aus Dicarbonsäuren (Phthalsäure,

---

*) Alkyd (Kunstwort): Alkyd = **Alk**ohol + ac**id**um (Säure), ähnliche Kunstwortbildung wie Aldehyd = Alkohol **dehyd**rogenatus.

Adipinsäure, Maleinsäure, Bernsteinsäure u. a.) und mehrwertigen Alkoholen (Polyolen wie Butylenglykol, Glyzerin, Hexantriol u. a.) unter Zusatz von trocknenden und nichttrocknenden Ölen (Leinöl, Holzöl, Sojaöl, Erdnußöl u. a) mit beigemischten Fettsäuren. Die Alkydharzlacke weisen einen Ölgehalt von etwa 20 bis 70 % auf. Sie trocknen innerhalb 8 bis 10 Stunden. Ihre Erhärtung erfolgt an der Luft im wesentlichen durch Oxidation und Polymerisation. Durch Erwärmung wird sie beschleunigt. Ofentrocknende Alkydharze dienen als Einbrennlacke für Metallakkierungen.

Im Bauwesen sind die Alkydharzlacke die meistverwendeten Lackfarben und die vorherrschende Bindemittelbasis streichfertiger Lacke, die als Imprägnier- und Grundiermittel, Spachtel- und Vorlackfarben, Klar-, Weiß- und Buntlacke zur Verfügung stehen.

Sie sind i. allg. nach wenigen Stunden staubtrocken, nach 1/4 bis 1/2 Tag griffest und nach 12 bis 24 Stunden durchgetrocknet.

Spirituslacke

Diese Lacke heißen auch Spritlacke und sind nach den Lösemitteln (meist Ethylalkohol, auch Benzin, Benzol) benannt, also nicht nach dem Bindemittel, wie es sonst bei Lacken üblich ist. Es sind Klarlacke gelöster Naturharze (Schellack, siehe Abschnitt 11.8.1, Kopal) oder spirituslöslicher Kunstharze. Sie erhärten schnell durch Verdunsten des Lösemittels und werden verwendet als Absperrlacke (Grundierungen) auf sonst durchschlagenden Untergründen, für Holzpolituren u. a. m.

Nitro- oder Zelluloselacke

Sie werden auch Nitrolackfarben genannt. Sie bestehen aus Nitrozellulose (siehe Abschnitt 14.8.1) in leichtflüchtigen Lösemitteln (Butylazetat oder dgl.) und Weichmachern (z. B. Rizinusöl, Phthalsäureester). Sie trocknen innerhalb weniger Stunden durch Verdunstung des Lösemittels. Die Dämpfe sind ungesund. Sie werden vorwiegend für Lackierungen mit Spritzverfahren verwendet (siehe Abschnitt 11.8.3). Es gibt aber auch fabrikseitig streichfähig gemachte Nitro-Streichlacke mit Zusatz langsam trocknender Lösemittel.

Nitrokombinationslacke mit Zusatz von Alkydharzen u. a. zeichnen sich durch Fülle, Elastizität und Wetterbeständigkeit aus. Es gibt sie klar und pigmentiert für Metall und Holz. Farblose Nitrolacke werden auch als Mattinen (Mattierungen) meist für grobporige Hölzer (Möbel, Innentüren) verwendet. Oft sind den Mattinen Mattierungsmittel (z. B. fettsaure Salze der Palmitin- oder Stearinsäure des Aluminiums) beigefügt, um ein mattes Auftrocknen des Anstrichs zu bewirken.

Zaponlack

ist ein dünner Nitrozelluloselack in leichtflüchtigem Lösemittel, der in Sekunden trocknet. Es ist ein durchsichtiger Lack, der gegen die meisten Säuren und Schwefelwasserstoff beständig ist, aber durch heißes Wasser erweicht. Er wird gern als Überzug von Metallteilen verwendet, um Anlaufen zu verhindern.

11.4.8 Öl- und Lackfarbanstriche

Reaktionslacke (Zweikomponentenanstrichstoffe)

Unter dieser Gruppe sind Lacke zu nennen, die nach dem Zusammenmischen chemisch miteinander reagierender Bestandteile aushärten. Die einzelnen Bestandteile werden auch als *Komponenten* bezeichnet. Es sind Harz und Härter bei *2-Komponentenlacken*. Hinzu kommen manchmal Katalysatoren (Anreger) und Beschleuniger als weitere Komponenten.

Polyurethanlacke oder DD-Lacke (Desmodur + Desmophen, siehe Abschnitt 14.6.5), (PUR-Lacke) als 1- oder 2-Komponentenlacke. Sie sind säure- und kondenswasserbeständig, lösemittel- und fettbeständig.

Epoxidharzlacke (EP-Lacke, siehe Abschnitt 14.6.3) als 2-Komponentenlacke. Sie sind beständig gegen Lösemittel, Alkalien und Wasser, außerdem kratz- und schlagfest und werden verwendet für Beschichtungen auf stark beanspruchten Bauteilen.

Ungesättigte Polyesterlacke (UP-Lacke, siehe Abschnitt 14.6.2). Sie werden als 2-Komponentenlacke zur Oberflächenbehandlung von Holz und Holzwerkstoffen im Innern benutzt.

Säurehärtende Lacke (SH-Lacke) werden mit Härtern (stets sauer reagierend) verarbeitet, welche die Erhärtungsreaktion der Lackkomponente als Anreger auslösen. Verwendung für Holzlackierungen und für hochbeanspruchte Teile.

Siliconharzlacke (siehe Abschnitt 14.7)

Sie sind besonders hitzeunempfindlich und dienen vor allem als Elektroisolierlacke. Mit Metallpulver als Pigment wird die Hitze- und Wetterbeständigkeit noch gesteigert.

Chlorkautschuklackfarbe

Hergestellt wurde dieser Lack früher aus dem Milchsaft (Latex) des Gummibaumes (hevea brasiliensis) durch Chlorieren. In Anlehnung daran werden aus *Kunstkautschuk*, z. B. Styrol-Butadien (SB, siehe Abschnitt 14.5.2), hergestellte wäßrige Anstrichdispersionen als *Latexanstriche* bezeichnet. Sie dürfen nicht mit den Dispersionsfarben (Binderfarben) verwechselt werden (siehe Abschnitt 11.4.7).

Die Chlorkautschuklackanstriche sind gegen Wasser, Laugen und Säuren sowie gegen Fette und organische Lösemittel weitestgehend indifferent. Nach 8- bis 10tägiger Durchhärtung sind sie wasch- und scheuerbeständig, schimmelfest und sehr dicht; daher von hoher Sperrwirkung. Sie werden verwendet für mechanisch und chemisch beanspruchte Innenanstriche, Anstriche in Feuchträumen sowie als sperrende Anstriche auf Putz, Mauerwerk, Beton, Faserplatten und Holz.

Speziallacke

Heizkörperlackfarben wurden früher aus hellen Kopalharzen und werden heute aus Alkydharzen hergestellt. Sie müssen wärmeunempfindlich und verbildungsbeständig bis 120 °C sein. Sie erfordern hitzebeständige Pigmente. Ungeeignet sind geglühte oder geröstete eisenhaltige Farben.

Bitumen- und Teerpechlacke

Dies sind Lösungen von Bitumen oder Teerpech, die nach dem Verdunsten des Lösemittels einen lackartig glänzenden Überzug ergeben. Sie werden als Korrosionsschutzanstriche auf Stahl- und Gußeisen-Rohren bzw. -Formteilen und im Bautenschutz z. B. für die Abdichtung gegen nichtdrückendes Wasser verwendet.

Weitere Lacke

Mehrfarbeneffekt-Lackfarben, Kunstharz-Lacklasurfarben, schichtbildend

Lasuranstrichstoffe, dünnschichtbildend mit erhöhter Wasserdampfdurchlässigkeit

Tafellacke, rauh durch Zusatz von Schiefermehl

Wachsmattlacke, mit Wachszusatz eingestellte Mattlacke

Hartmattlacke, ohne Wachs durch höhere Pigmentierung oder Mattierungspräparate auf Matteffekt eingestellt. Sie eignen sich nicht für Außenanstriche.

Schleiflack: Bei echtem Schleiflack wird eingedickte, harttrocknende Ölfarbe (Holzöl-, Standöl oder Harttrockenöl, ein Gemisch aus Nußkernöl des chinesischen Tungbaumes mit Harzen und Sikkativ) in mehreren Lagen aufgespachtelt und mit immer feiner werdenden Schleifmitteln abgeschliffen.

Heute versteht man unter *Schleiflackierung* eine Lackierung, die sich durch eine besonders gleichmäßige Oberfläche und sorgfältige Vorbehandlung von Untergrund, Zwischenanstrichen und Schlußanstrich von einfachen Lackierungen unterscheidet. Schleiflackierungen werden überwiegend an Türen, Wandtäfelungen und Möbeln (meistens in Weiß) ausgeführt.

Emaillelack ist die Bezeichnung für jeden streichbaren, lufttrocknen Lack auf Ölharz- oder Alkydharzbasis, mit dem ein hochglänzender (emailähnlicher), gut verlaufender Lackfilm erzeugt werden kann.

11.5 Entfernung alter Anstriche

Die Entfernung alter Anstriche (Beschichtungen) kann durch *Abbrennen* mit der Lötlampe (siehe Abschnitt 9.8.2) oder elektrischen Abbrennapparaten und Abschaben der erweichten Farbe mit dem Spachtel erfolgen. Das ist jedoch wegen zurückbleibender Brandflecken nur möglich, wenn nachfolgend ein Deckanstrich aufgetragen wird. Im Innern verbietet es sich wegen des Geruchs und bei Zelluloselackierungen wegen der Bildung explosiver Gase, mit Abbrennverfahren zu arbeiten. Eine andere Methode ist das *Abbeizen* mit *Abbeizmitteln* in Form alkalischer Ablaugmittel oder ablösender (neutraler) *Abbeizfluide.* Abbeizmittel werden flüssig, pastenförmig oder als Pulver geliefert.

Die Ablaugmittel verseifen den Anstrich, machen ihn also wasserlöslich. Spezielle *Abbeizfluide* sind Gemische stark lösender organischer Flüssigkeiten, die zwecks Verhinderung zu schnellen Verdunstens eingedickt sind. Sie müssen mit *Nitroverdünner* oder *Testbenzin* nachgewaschen werden.

11.6 Anstrichschäden

Anstriche (Beschichtungen) sind nicht unbegrenzt haltbar. Insbesondere die Umwelt- (saurer Regen) und klimatischen Einflüsse, auch das Innenraumklima, bewirken eine Beschränkung der Nutzungsdauer, die in weiten Grenzen, zwischen 1 und 20 Jahren, schwanken kann und die auch von der Art des Anstrichs abhängt.

Mattwerden kann auftreten, wenn der Grund zu stark saugend oder der Voranstrich zu mager war. Es kann auch an einer ungenügenden Benetzung der Pigmente oder Fehlern der Zusammensetzung des Anstrichs liegen.

Schlechtes Trocknen oder Kleben von Ölfarbanstrich wird beobachtet, wenn statt Firnis schlecht trocknende Öle verwendet werden oder Fette und Harze oder bituminöse Stoffe im Grund vorhanden sind. Kiefern- und Lärchenholz sollte ggf. mit spiritushaltigen Lösemitteln entharzt werden. Die Erscheinung tritt auch auf, wenn ätzende Alkalien von Abbeiz- bzw. Reinigungsmitteln im Grund verblieben sind oder wenn der Putz noch nicht genügend karbonatisiert ist (vgl. auch Abschnitt 11.4.8, Ölfarbanstriche).

Netzrißbildung tritt auf, wenn der Grundanstrich fetter als der Deckanstrich war oder der Deckanstrich auf nicht getrocknetem Untergrund aufgebracht wurde (siehe Abschnitt 11.4.8, Ölfarbanstriche). Schwindrisse von Putzuntergründen zeigen sich im Anstrich, wenn er im Rißbereich überdehnt wird. Statische Risse mit nicht netzförmigem, sondern langgezogenem oder abgetrepptem Verlauf, die im Untergrund auftreten, lassen sich von Anstrichschäden deutlich unterscheiden und sind keine Anstrichfehler. Bei zuviel Sikkativzusatz neigen Ölfarbanstriche zum Kleben und Reißen (siehe Abschnitt 11.4.8, Ölfarbanstriche).

Ablösungen (Abblättern, Abschälen, Abschuppen, Abplatzen) sind Zeichen ungenügender Adhäsion am Untergrund. Sie können auftreten bei zu hohem Feuchtigkeitsgehalt des Grundes. Zunächst erfolgt durch Wasserdampf eine weiche *Blasenbildung*. Bei starkem Frost oder Hitze (oft verbunden mit spröder Blasenbildung) können Ablösungen ebenso auftreten wie auf wachshaltigem Grund und auf Zinkblech, das nicht angewittert oder mit Sandpapier aufgerauht wurde (siehe Abschnitt 11.4.8, Ölfarbanstriche).

Durchschlagen (Durchbluten) ist bei Untergründen möglich, die Bitumen, Teer oder lösliche Farbstoffe enthalten.

Abkreiden kann bei Zusatz von Kreide oder auf stark saugenden Untergründen auftreten, die keine entsprechende Einlaßgrundierung erhalten haben.

Narbenbildung (Runzelbildung) ist am bekanntesten als Folge einer zu schnellen Oberflächentrocknung, insbesondere bei zu dickem Auftrag und bei Lacken mit hohem Holzölgehalt.

11.7 Beizen (Holzbeizen)

Beizen sind Stoffe, die den Farbton des Holzes unter Betonung der Holzmaserung verändern.

11.7.1 Farbstoffbeizen

Dies sind Farblösungen in Wasser oder Spiritus, meistens auf Teerfarbstoffbasis. Sie ergeben ein *Negativbeizbild* des Holzes, indem das Frühholz innerhalb der Jahresringe mehr Lösung aufsaugt und damit dunkler wirkt als das Spätholz. Spiritusbeizen haben oft nur geringe Lichtbeständigkeit und sind daher allenfalls für Innenräume geeignet. *Wachsbeizen* enthalten emulgiertes Wachs. Sie ergeben nach dem Trocknen durch Bürsten einen matten Glanz.

11.7.2 Chemische Holzbeizen

Die chemischen Holzbeizen ergeben ein *Positivbeizbild,* bei dem das Spätholz der Jahresringe wie im ungebeizten Holz dunkler als das Frühholz aussieht. Meistens geschieht dies durch Einwirkung von Salmiakgeist auf das gerbsäurereiche Spätholz (z. B. von Eiche oder Lärche). Dabei entstehen gerbsaure Salze. Die Farbe wird durch beigemischte Metallsalzlösungen bestimmt. Beim *Doppelbeizverfahren* erfolgt ein *Vorbeizen* mit wässerigen, gerbstoffsauren Lösungen und ein *Nachbeizen* mit wässerigen Lösungen von Kupfersulfat, Kaliumbichromat, Eisenchlorid u. dgl. Hierbei entwickelt sich der Farbton (*Entwicklerbeizen*). Bei Außenholzwerk muß noch eine Nachbehandlung zur wetterfesten Fixierung mit entsprechenden Anstrichen erfolgen.

Wenn die Einwirkung der Base auf die Säure nach dem Beizen noch durch Salmiakdämpfe in Kammern verstärkt wird, entstehen *Räucherbeizen*.

Chemische Beizen werden in flüssiger oder pulveriger Form gehandelt. Das Pulver wird mit Wasser, Spiritus oder Terpentin angesetzt (*Wasser-, Spiritus-, Terpentinbeize*). Chemische Beizen dürfen nicht mit Farbstoffbeizen vermischt werden.

11.8 Holzpolituren

11.8.1 Schellack-Politur

Schellack ist ein wasserhaltiges Naturharz aus Indien, das in hochprozentigem Spiritus gelöst wird. Der Auftrag erfolgt mit einem Polierballen, einem reinen Leinenlappen über einem weichen Wollballen, in mehreren dünnen Schichten. Anschließendes Blankreiben ergibt den typischen Glanz der Politur.

11.8.2 Nitrozellulose-Politur

Alkohollösliche Zellulose wird wie Schellack-Politur verarbeitet. Sie ist widerstandsfähiger gegen Wasser und Hitze. Gemische von Schellack- und Zelluloselösungen sind als Mischpolitur im Handel (siehe auch Abschnitt 11.4.8, Nitro- oder Zelluloselacke).

11.8.3 Spritzpolitur

Dies ist die Bezeichnung für Polituren, die mit einer Spritzpistole aufgebracht werden. Verwendbar sind Nitrozelluloselacke oder gut fließende Kunstharzlacke (siehe Abschnitt 11.4.8). Um eine gleichmäßige Politur zu erzielen, müssen auch Spritzpolituren mit dem Polierballen oder einer Schwabbelscheibe nachpoliert werden.

Polituren decken nicht, sondern lassen den Untergrund durchscheinen. Gute Polituren sind farblos.

11.9 Blattmetalle

Blattgold, Blattsilber, Schlagmetall („unechtes" Blattgold aus einer Kupfer-Zink-Zinn-Legierung) und Blattaluminium in Form hauchdünner Blättchen werden mit besonderen Anschießpinseln auf einen mit „Anlegeöl" (langsam trocknendem Firnis) aufgestrichenen Klebegrund aufgedrückt. Blattsilber und Schlagmetall werden unter Lufteinwirkung schwarz und sind daher mit einem Klarlack gegen Oxidation zu schützen. Blattgold und Blattaluminium laufen nicht an. Für Außenvergoldungen wird „Doppelgold", das doppelt so dick ist wie das gewöhnliche Blattgold (Einfachgold = etwa 1/9000 mm dick), verwendet, wobei wegen der Haltbarkeit meist gering legierte Echtgoldfolien von 23 bis 23 3/4 Karat (Dukatengold) benutzt werden. (Der Goldanteil in der Gold-Silber-Kupfer-Legierung wird in Karat angegeben: 24 Karat entsprechen 100 % Goldanteilen.) Die Reinheit des Blattgoldes reicht vom Grüngold (16 Karat) in 6 Stufen bis zum Ewig-Gold (24 Karat) mit unterschiedlichen Farbtönen.

11.10 Hilfsstoffe für Anstriche

Hilfsstoffe sind einerseits Rohstoffe, die zur Verbesserung der Eigenschaften und der Haltbarkeit eines Anstrichstoffes dienen – bei industriell hergestellten Lackrohstoffen sind es bis zu 30 Bestandteile –, z. B. Antiabsetzmittel, Hautverhütungsmittel, Trockenstoffe (Sikkative), Verlaufmittel, Verdünnungsmittel, Weichmacher, Stabilisatoren, Anstricharmierungen usw., und andererseits Stoffe, welche zur Vorbereitung der Streichuntergründe dienen, wie Abbeizmittel, Spachtelmassen u. dgl.

11.10.1 Abbeizmittel (siehe Abschnitt 11.5)

11.10.2 Verdünnungsmittel

Sie werden zur leichteren Verstreichbarkeit der Anstrichstoffe zugesetzt. Mit Terpentin, Nitroverdünner oder Universalverdünner lassen sich ölige Bindemittel verdünnen, Ölfarben auch mit Leinölfirnis. Für ölfreie Lacke gibt es Speziallöse- bzw. Verdünnungsmittel, die von den Herstellerfirmen entsprechend der Lackart bezogen werden können.

11.10.3 Anstrichfungizide

(pilzwidrige Anstriche). Schimmelpilze können auf feuchten Anstrichschichten mit organischen Bestandteilen einen Nährboden finden. Ein Sekundärbefall kann auch auf anorganischen Flächen in Nährstoffablagerungen (Staub, Fettdünste, Schwaden) auftreten. Von den vielen Schimmelpilzarten sind Penicillium- und Aspergillusarten am häufigsten anzutreffen, oft in Form schwarzer, auch andersfarbiger Beläge. Anstrichmittel mit alkalischer Reaktion wie Kalk- und Silicatfarben wirken fungizid. Im übrigen verwendet man als Pilzgifte chlorierte Phenole oder Kresole, Kupfersalze, Quecksilbersalze, Zinnsalze und organische Natriumsalze (über Alaun siehe Abschnitt 11.4.5, über Holzschutzmittel siehe Abschnitt 17.10.2).

11.10.4 Anstricharmierungen

Für die Beseitigung von Putzrissen werden je nach Art und Umfang der Schäden neben anderen Methoden (Verkleidung, Noppentapete u. dgl.) auch mit Fasern gefüllte Anstriche eingesetzt. Man verwendet Glasfasern (siehe Abschnitt 14.6.4) in Form von Glasfaservliesen oder Glasfasergeweben. Auch Chemiefasergewebe auf Polyesterbasis (z. B. Trevira) kommen zum Einsatz. Sie werden meistens in Kunststoffdispersionsfarben eingebettet und mit entsprechenden Dispersionsanstrichen überstrichen. Es gibt auch mit kurz geschnittenen Fasern gefüllte Farbpasten, die i. d. R. auf Kunststoffdispersionsbasis hergestellt werden (siehe Abschnitt 11.4.7).

11.10.5 Spachtelmassen (siehe Abschnitt 15)

12 Tapeten und tapetenähnliche Stoffe, Wand- und Deckenbeläge, Spannstoffe, Klebstoffe

Es werden hier die in DIN 18 366 (Sept. 88), VOB, Teil C, Tapezierarbeiten, genannten Materialien dargestellt, soweit sie Tapeten sind, ähnlich wie Tapeten zu verarbeiten sind bzw. als Rollen oder Bahnenware geliefert werden.

Es handelt sich um meist industrielle Fertigprodukte, die weder Baustoffe[1]) noch Bauteile sind. Sie werden am Bau entweder fest mit Wänden oder Decken verbunden oder auf ihnen verspannt. Auf Herstellungsmethode und zu verarbeitende Rohstoffe hat der Planer normalerweise keinen Einfluß. Er wählt lediglich aus, muß sich aber auch ggf. genauestens über die vom Hersteller vorgeschriebene Verarbeitungsweise orientieren, falls die Verarbeitung dieses Produkts außerhalb der üblicherweise zu erwartenden normalen Erfahrungen des Handwerks liegt.

Tapeten, tapetenähnliche Stoffe, Wand- und Deckenbeläge und Spannstoffe werden im Innenausbau zur Oberflächengestaltung von Wänden und Decken verwandt. Sie sind in erster Linie Gestaltungsmittel. Bauphysikalische Aufgaben haben sie nur in geringem Maße zu erfüllen. Auch werden bauphysikalische und bauchemische Anforderungen nur in begrenztem Umfange gestellt.

12.1 Übersicht über die üblichen Anwendungen von Unterlagsstoffen
(siehe Tafel 12.1)

12.1.1 Tapeten und tapetenähnliche Stoffe

12.1.1.1 Naturelltapeten. Leichtes holzhaltiges Papier, naturfarben oder gefärbt, zum Teil bedruckt.

12.1.1.2 Fondtapeten, glatt und gaufriert[2]). Leichtes, mittelschweres oder schweres holzhaltiges Papier mit Grundfarbe oder leichtes, mittelschweres oder schweres holzfreies Papier mit oder ohne Grundfarbe, mit Muster bedruckt, glatt oder gaufriert.

12.1.1.3 Fondtapeten als Tapetenwechselgrund. Mittelschweres holzfreies Papier mit Grundfarbe oder mittelschweres holzfreies Papier mit oder ohne Grundfarbe, mit Muster bedruckt und so zusätzlich ausgerüstet, daß diese Fondtapeten für die nachfolgende Tapezierung als Tapetenwechselgrund verwendet werden können.

12.1.1.4 Relieftapeten (bedruckt). Mittelschweres, festes holzhaltiges Papier, mit pastöser Farbe bedruckt.

12.1.1.5 Prägetapeten, duplex standfest (dupliert), bedruckt. Schweres, festes, mehrschichtiges Papier, Vlies aus Baumwollfasern oder anderen Stoffen; Oberfläche bedruckt und durch Prägung strukturiert.

---

[1]) Im Sinne der DIN 4102 – Brandverhalten von Baustoffen und Bauteilen – rechnen Tapeten, tapetenähnliche Stoffe, Wand- und Deckenbeläge sowie Spannstoffe jedoch zu den Baustoffen, sind also nach DIN 4102 Teil 1 zu klassifizieren.

[2]) gaufriert = geprägt oder gerillt, oder auf glatte Gewebe werden erhabene Muster aufgeklebt.

Tapeten und tapetenähnliche Stoffe

Tafel 12.1 Übersicht über die üblichen Anwendungen von Unterlagsstoffen (aus: Technische Richtlinien für Tapezierarbeiten [12.1])

Tapeten und tapeten-ähnliche Stoffe	Putze der MG I, II III, IV	Tapezier- u. Sichtbeton	Asbest-zementplatten	Gips-zwischenwand-platten	Gipskarton-platten	Span- und Tischler-platten	Unterlagsstoffe Hartschaum	Pappober-fläche
1. Naturell-tapeten	K/M/WF	K HB/WF	K HB/WP	K T/WF*)	K/T/WF	T/WF	HB/WP	WF/WP
2. Fondtapeten, leichte Qualität	K/M/WFK	K HB/WF	K HB/WP	K T/WF*)	K/T/WF	K/T/WF	HB/WP	WF/WP
3. Fondtapeten, mittlere Qualität	K/M/WF	K HB/WF	K HB/WP	K T/WF*)	T/WF	T/WF	HB/WP	WF/WP
4. Fondtapeten, schwere Qualität	K/H/R WF/WP	K/HB/R WF/WP	K HB/WP	T/R*) WF/WP	K/T WF/WP	T WF/WP	HB/R WP	WF/WP
5. Fondtapeten, als Wechsel-grund	K/M/H	K/HB	K/HB	K/M	K/X	T	HB	X
6. Relieftapeten (bedruckt)	K/M/WF	K HB/WF	K HB/WP	K/T/WF	K/T/WF	T/WF	HB/WP	WF/WP
7. Prägetapeten (duplex standfest)	K/H/R WF/WP	K/HB/R WF/WP	K/HB/R WP	K/T/R*) WF/WP	K/T WF/WP	T/R WF	HB/R WF	WF/WP
8. Velour-tapeten XX	K/H/R	K/HB/R	K/HB/R	K/T/R*)	K/T	T/R	HB/R	X
9. Textiltapeten	K/T/H R	K/HB/R	K/HB/R	K/T*)	K/T/R	T/R	HB/R	X
10. Kunststoff-Tapeten (PVC)	K/H/T	K/HB	K/HB/R	K/T*)	K/T	T/R	HB/R	X

12.1 Anwendungen von Unterlagsstoffen

11. Metalltapeten XX	T/H	T/H	–	T*)	T	T/R	–	–
12. Naturwerkstofftapeten XX	K/T/H R	K/HB/R	K/HB/R	K/T/R*)	K/T	T/R	HB/R	X
13. Wandbildtapeten (Fotodruck)	K/T/H R	K/T/HB R	HB/R	T/R*)	K/T	T/R	HB/R	R
14. Fotopapier	T/H R	T/H R	HB/R	T/R*)	T	T/R	–	–
15. Fotoleinen	T/H	T/H	T	T*)	T	T	–	–
16. Rauhfaser	K/M/WF	K/HB/WF	K/HB	K/WF	K/T/WF	T	HB/R	WF
17. Prägetapeten unbedruckt	H/R WF/WP	HB/R WF/WP	HB/R WP	K/T/R*) WF/WP	K/T WF/WP	T/R WF/WP	HB/R WP	WF/WP
18. Strukturpapier	K/M/WF	K HB/WF	K/HB	K/WF	K/T/WF	T	HB/R	WF

Zeichenerklärung:
K = Kleister
M = Feinmakulatur
T = Tiefgrund (lösungsmittelverdünnbarer Grundanstrichstoff)*)
H = Hydraulisch abbindende Spachtelmasse
HB = Haftbrücke
R = Rollenmakulatur aus Rohpapier
WF = Wechselgrund (flüssig)
WP = Wechselgrund (Papier)
X = Keine besonderen Vorarbeiten
XX = Alkaliempfindlich (auch Bronzedrucktapeten)
– = Als Untergrund nicht geeignet

*) Gegebenenfalls auch wasserverdünnbarer Grundanstrichstoff.

618   Tapeten und tapetenähnliche Stoffe

12.1.1.6 Velourtapeten. Schweres, festes Papier, das mit oder ohne Muster beflockt wird. Das Aufbringen der Perlonflocken erfolgt durch Elektrostatik. (Bei antiken Velourtapeten wurden Wolle- und Seidenflocken im Klopfverfahren aufgetragen.)

12.1.1.7 Textiltapeten. Sie bestehen aus einer Trägerschicht, auf die textile oder andere Stoffe aufgetragen werden. Muster können auf die Trägerschicht oder die Oberfläche gedruckt werden.

Trägermaterialien:
    einschichtiges Papier
    mehrschichtiges Papier (spaltbar)
    Kreppapier (einschichtig)
    Styropor
    Synthetik-Vlies
Deckmaterialien: Jede Art von Geweben und Gewirken aus Natur- oder Kunststoffasern

12.1.1.8 Kunststofftapeten. Doppelschichtige Tapeten, z. B. PVC-Tapeten (Vinyl-Tapeten), deren Unterschicht aus einem Papierträger und deren Oberfläche aus ganzflächiger Kunststoffschicht besteht, bedruckt, glatt, oberflächenverformt oder geschäumt.

12.1.1.9 Metalltapeten. Auf Trägerpapier kaschierte Metallfolie oder metallisierte Kunststoffolie, gemustert, glatt oder gaufriert.

12.1.1.10 Naturwerkstofftapeten. Auf Trägermaterialien (siehe Abschnitt 12.1.1.7) werden Naturwerkstoffe kaschiert: Leder, Kork, Holz, Gras, Blätter, Glasfaserstoffe, Malimo, Kettfäden u. a.

12.1.1.11 Wandbildtapeten, z. B. Fotodruck, Fotopapier. Leichtes bis schweres, festes Papier, schwarzweiß oder farbig bedruckt oder Fotopapier. Fotoleinen siehe Beläge.

12.1.1.12 Rauhfaser (fein, mittel oder grob). Mittelschweres, festes holzhaltiges Papier; Oberfläche durch Zusätze von Holzfasern fein, mittel oder grob strukturiert.

12.1.1.13 Relieftapeten, unbedruckt (Reliefpapier). Mittelschweres, festes holzhaltiges Papier; mit plastischer Masse strukturiert.

12.1.1.14 Prägetapeten, duplex standfest, unbedruckt. Schweres, festes, mehrschichtiges Papier, Vlies aus Baumwollfasern oder anderen Stoffen; Oberfläche durch Prägung strukturiert.

12.1.1.15 Strukturpapier (unbedruckt). Mittelschweres, festes holzhaltiges Papier; Oberfläche strukturiert.

12.1.2 Beläge

(Ohne Platten aus Kunststoffen, Holzwerkstoffen oder Keramik)

12.1.2.1 Glasseidengewebe. Gewebe aus mineralischen Fasern.

12.1.2.2 Jutegewebe. Gewebe aus Jutegarn.

12.1.2.3 Rupfen. Grobes Leinengewebe (Rupfenleinwand).

12.1.2.4 Kunststoff-Folien mit Unterlagen. Kunststoff-Folien, mit Unterlagsstoffen durch Nähte oder in anderer, mindestens gleichwertiger Weise verbunden.

12.1.2.5 Kunststoffbeschichtete Träger.
Träger (außer Papier) aus Geweben, Gewirken, Vliesen, Schaumstoffen oder anderen Stoffen mit einer Kunststoffschicht fest verbunden (z. B. Kunststoff-Folien oder Schaumstoff, mit Geweberückseite oder ähnlichem).

12.1.2.6 Kunststoff-Verbundfolien.
Zwei oder mehrere Kunststoff-Folien, ganzflächig miteinander fest verbunden.

12.1.2.7 Kunststoff-Schaumbeläge.
Kunststoff-Schaum mit oder ohne rückseitigen Träger (außer Papier)

12.1.2.8 Textile Wandbeläge.
Getuftete, gelegte, genadelte, gewirkte oder gewebte Textil- oder Synthetikfasern mit oder ohne rückseitiger Beschichtung.

12.1.2.9 Fotoleinen.
Gewebe mit fotografischer Emulsion beschichtet.

12.1.3 Spannstoffe

Unter Spannstoffen sind textile Stoffe und Kunststoffe zu verstehen, die sich an Decken und Wände durch Spannen dauerhaft anbringen lassen.

12.1.3.1 Textile Spannstoffe.
Faserarten: z. B. Bast, Rupfen, Baumwolle, Leinen Seide, Kunstseide, sonstige Chemiefasern. Gewebearten: z. B. Satin, Rips, Chintz, Velours, Filz, Molton.

12.1.3.2 Spannstoffe aus Kunststoff,
z. B. Kunststoff-Folien, Kunststoff-Verbundfolien.

12.1.4 Leisten aus Holz, Kunststoff, Metall

12.1.5 Kordeln aus natürlichen oder synthetischen Fasern

12.1.6 Borten aus Papier, textilen und anderen Stoffen
entsprechend den Tapeten

12.1.7 Unterlags- und Grundanstrichstoffe

Unterlagsstoffe für Tapezierarbeiten sind flüssig oder in Form von Bahnen aus Papier, Polystyrolhartschaum, Wollfilzpappe, Textil, Metallfolien und dergleichen. Sie dienen als Zwischenschicht zum Ausgleichen, Egalisieren und ggf. zum Dämmen und um Spannungsdifferenzen zwischen Untergrund und Tapeten oder Belägen auszugleichen.

12.1.7.1 Flüssige Unterlagsstoffe

12.1.7.1.1 Tapetenunterlagsmasse (Feinmakulatur). Pulver für Tapetenunterlage aus Faserstoffen, Klebstoffen und Füllstoffen.

Flüssige Feinmakulatur ist nur bei Tapeten leichter bis mittlerer Papierqualität empfehlenswert. Bei Gipswandbauplatten kann die flüssige Makulatur nicht als Ersatz für einen Grundanstrichstoff gelten.

12.1.7.1.2 Tapetenwechselgrund. Er ist dann vorzuschreiben und anzuwenden, wenn die Tapezierung auf festem Untergrund später trocken und mühelos von der Fläche wieder abgezogen werden soll, ohne dabei den Untergrund zu beschädigen. Dieser Untergrund eignet sich für alle Tapeten, die den Untergrund vollständig decken, wobei der Untergrund nicht durch die Tapete scheint.

12.1.7.1.3 Wasserverdünnbare Grundanstrichstoffe. Sie sind geeignet für saubere, feste, lufttrockene mineralische Putze, Beton, Asbestzement, Wandbauplatten aus Gips, Sichtmauerwerk und gut haftende Dispersionsanstriche. Nicht geeignet für sandende Putze. Je nach Saugfähigkeit sind sie mit Wasser zu verdünnen. Mit ihnen ist die ungleichmäßige Saugfähigkeit auszugleichen.

12.1.7.1.4 Lösungsmittelverdünnbare Grundanstrichstoffe. Sie werden auch als **Tiefgrund** oder **Imprägnierung** bezeichnet. Es sind in den Untergrund eindringende, wasserabweisende, unverseifbare, vollständig in Lösemittel gelöste Kunststoffe, die zur Grundierung saugender, vorwiegend mineralischer Untergründe zur Schaffung eines wasserabstoßenden gefestigten Untergrundes verwendet werden. Geeignet für: Sichtbeton, Asbestzement, Alt- und Neuputze, Wandbauplatten aus Gips (insbesondere mit feinen Haarrissen), alte Dispersionsanstriche, alte noch festhaftende Kalk- und Mineralfarbenanstriche, ggf. mürben Gipsputz, Gipskartonplatten (nicht teerstoffhaltig).

12.1.7.1.5 Spachtelmassen. Bei Flächenverspachtelungen sind hydraulische Spachtelmassen nur für mineralische Untergründe geeignet, die noch keinen Grundanstrich erhalten haben. Für gipshaltige Untergründe sind zementhaltige hydraulische Spachtelmassen nicht geeignet. Auf grundierten Flächen sind Dispersionsspachtelmassen zu verwenden (jedoch nicht unter Vinyl- und Metalltapeten).

12.1.7.2 Unterlagsstoffe in Bahnen

12.1.7.2.1 Makulaturpapier (Rohpapier/Rollenmakulatur). Geeignet als Untergrund von schweren Tapeten und Tapeten, die beim Trocknen größere Spannungen verursachen, sowie wegen ihres hellen Tones als Untergrund von durchscheinenden Tapeten wie dünnen Gras- und Seidentapeten.

12.1.7.2.2 Unterlagsstoffe mit Abzieheffekt (Tapetenwechselgrund). Sie bestehen aus Rohpapier (Rollenmakulatur) mit spezieller Kunststoffbeschichtung. Tapetenwechselgrund ist angebracht, wenn z. B. auf Dämmstoffen tapeziert werden soll und die Tapezierung später ohne Beschädigung der Unterlage abgezogen werden soll.

12.1.7.2.3 Polystyrolhartschaum. Bahnen dieses Materials werden zur Verbesserung der Wärmedämmung und zur Überbrückung kleinerer Risse verwandt.

12.1.7.2.4 Extrudierter Polystyrolhartschaum

12.1.7.2.5 Polystyrolhartschaum mit Filzpappenoberfläche. Sie werden mit oder ohne Abzieheffekt geliefert. Druckempfindlichkeit des Polystyrols wird durch aufkaschierten Karton gemindert. Für auf Stoß zu klebende Tapeten ohne Makulaturpapier als Untergrund zu verwenden.

12.1.7.2.6 Polyurethanschaum

12.1.8 Klebstoffe für Tapezierarbeiten/12.2 Beurteilungskriterien

12.1.7.2.7 **Wollfilzpappe, genoppt und ungenoppt.** Genoppte Wollfilzpappen werden mit der Noppenseite auf den Untergrund geklebt. Sie eignen sich zur Überbrückung noch arbeitender Risse (Punktverklebung) und verbessern Wärmeschutz (Luftpolster) und Schallabsorption.

12.1.7.2.8 **Gewebte oder vliesartige Unterlagsstoffe** (Nessel/Molton u. a.). Ihre Verwendung ist angezeigt bei der Tapezierung von Holzuntergründen. Der einheitliche Untergrund eignet sich für spannungsreiche Tapeten. Gegebenenfalls ist auf diesen Untergrund noch Rollenmakulatur zu kleben.

12.1.7.2.9 **Glasfaservlies**

12.1.7.2.10 **Metallfolien. Aluminiumfolien** zur Wärmereflexion.
Bleifolien als Strahlenschutz.
Zinnfolien als Strahlenschutz.
Metallfolien sind auf glatte Untergründe in Spezialkleber einzuwalzen.

12.1.7.2.11 **Absperrfolien,** z. B. als kaschierte Folien, als Dampfsperre.

12.1.7.2.12 **Schaumstoff** wird als Unterlage bei Spannarbeiten verwendet.

12.1.8 **Klebstoffe für Tapezierarbeiten**

12.1.8.1 **Zellulosekleister aus reiner Methylzellulose (MC)**

12.1.8.2 **Spezialkleister aus reiner Methylzellulose (MC) und einem redispergierbaren Kunstharzpulver**

12.1.8.3 **Dispersionsklebstoff,** transparent auftrocknend zum Kleben von PVC-Decken- und Wandbelägen, dickeren Gewebetapeten und Metalltapeten.

12.1.8.4 **Dispersionsklebstoff mit geringer Quarzfüllung,** streich- und spachtelfähig, lösungsmittelfrei zum Kleben von Hartschaum, Wollfilzpappe.

12.1.8.5 **Klebstoff zum Kleben von Hartschaum**

12.1.8.6 **Kontaktkleber,** lösungsmittelhaltig zum Kleben von Weich- oder Hart-PVC.

12.1.8.7 **Holzleim auf Dispersionsbasis,** transparent auftrocknend.

12.2 Beurteilungskriterien und Anforderungen an Tapeten, tapetenähnliche Stoffe, Beläge, Spannstoffe und Klebstoffe

12.2.1 Tapeten, Allgemeine Anforderungen

Tapeten einer Fertigung müssen von gleichbleibender Beschaffenheit und Farbtongleichheit sein und am Anfang und möglichst zusätzlich am Ende jeder Tapete dieselbe Anfertigungskennzeichnung tragen (Abb. 12.1).

Die Anfertigungskennzeichnung hat der Reihenfolge nach folgende Angaben zu enthalten:

a) Anfertigungsnummer
b) Hersteller
c) Qualitätsgruppe
d) Rapport und Art des Ansatzes
e) Musterrichtung (gestürztes Kleben)

Tapeten, die Besonderheiten in der Verarbeitung aufweisen bzw. die vor oder bei der Verarbeitung besonders behandelt werden müssen, sind mit einem entsprechenden Hinweis zu versehen.

Kleisterbeschichtete Tapeten. Kleisterbeschichtete Tapeten haben rückseitig eine trockene Kleisterschicht. Diese muß durch Benetzung mit Wasser reaktivierbar sein.

Tapeten mit abziehbarer Oberschicht. Spaltbare Tapeten sind doppelschichtig. Sie werden trocken abgezogen und müssen an der Wand eine dünne Papierschicht zurücklassen, die als Tapeziergrund für die nächste Tapezierung verwendet werden kann, wenn sie noch einwandfrei haftet.

Vollständig abziehbare Tapeten. Vollständig abziehbare Tapeten müssen sich trokken, ohne Papierrückstände, vollständig von der Wand abziehen lassen.

Grundsätzlich sind bei der Auswahl der Materialien und ihrer Verarbeitung Wasserdampfdiffusionsvorgänge zu beachten. Dies betrifft sowohl aus dem Raum durch die Wand als auch aus der Wand in den Raum diffundierenden Wasserdampf.

12.2.1.1 Naturelltapeten. Naturelltapeten sind in der Regel nicht lichtbeständig. Kategorie C.

12.2.1.2 Fondtapeten, leichte Qualität. Kategorie C.

12.2.1.3 Fondtapeten, mittlere Qualität. Kategorie B.

12.2.1.4 Fondtapeten, schwere Qualität. Kategorie A oder B; lichtbeständig.

12.2.1.5 Fondtapeten als Wechselgrund (Tapeten nach Abschnitt 12.1.1.3 mit zusätzlich ausgerüsteter Oberfläche). Kategorie B; lichtbeständig.

12.2.1.6 Relieftapeten (bedruckt). Relieftapeten (bedruckt) sind in der Regel lichtbeständig. Kategorie C.

12.2.1.7 Prägetapeten, duplex standfest (dupliert), bedruckt. Die Prägung muß so ausgerüstet sein, daß sie trotz späterer Durchfeuchtung beim Tapezieren standfest bleiben. Kategorie B oder C; lichtbeständig.

12.2.1.8 Velourtapeten. Kategorie A, B oder C; lichtbeständig, können trocken abziehbar sein.

12.2.1.9 Textiltapeten. Kategorie A, können trocken abziehbar sein. Darüber hinaus werden allgemeine Anforderungen nicht gestellt. Aus der Fülle der Materialkombinationen ergeben sich allerdings eine Vielzahl von besonderen Eigenschaften, die zu berücksichtigen sind.

Schwerentflammbarkeit ist durch spezielle Ausrüstung zu erreichen. Bei vielen Flammschutzmitteln ist allerdings keine Abwaschbarkeit mehr gegeben. Waschbeständiger Flammschutz läßt sich durch Einlagern von basischen Metalloxiden oder

12.2.1.9 Textiltapeten

(1) Kategorie A (100 % waschbar/scheuerbeständig)
gemäß DIN...Teil 3 ¹)
Kennzeichen:
Drei übereinanderliegende Doppelwellenlinien

(2) Kategorie B (waschbeständig)
gemäß DIN...Teil 3 ¹)
Kennzeichen:
Zwei übereinanderliegende Doppelwellenlinien

(3) Kategorie C (wasserfest)
gemäß DIN...Teil 3 ¹)
Kennzeichen:
Eine Doppelwellenlinie

(4) Gerader Ansatz des Musters
Kennzeichen:
Zwei Pfeile, deren Spitzen sich auf der senkrechten Tapetennaht in gleicher Höhe treffen.

(5) Versetzter Ansatz des Musters
Kennzeichen:
Zwei Pfeile, die rechts und links auf die Tapetennaht in unterschiedlicher Höhe auftreffen.

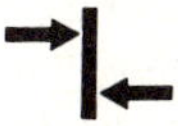

(6) Ansatzfrei
Kennzeichen:
Links der Tapetennaht auf sie auftreffender Pfeil, rechts der Tapetennaht eine Null.

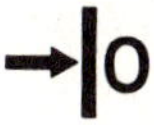

(7) Musterhöhe in Zentimeter, gerader Ansatz in Verbindung mit Zeichen nach Abschnitt (4)
Kennzeichen: Zahl der Zentimeter ohne Einheit
Beispiel: Musterhöhe 80 cm, gerader Ansatz

(8) In Pfeilrichtung tapezieren
Kennzeichen:
Pfeil mit Spitze nach oben

(9) Gestürzt kleben
Kennzeichen:
Zwei senkrechte Pfeile mit umgekehrter Richtung

(10) Voll abziehbare Tapete
Kennzeichen:
Eine senkrechte Schicht auf der Wand, die in Pfeilrichtung das Abziehen symbolisiert.

(11) Tapete mit abziehbarer Oberschicht (Papierträger bleibt auf der Wand)
Kennzeichen:
Zwei senkrechte Schichten auf der Wand, von denen die rechte Schicht in Pfeilrichtung abweicht, symbolisiert das Abziehen.

(12) Kleisterbeschichtete Tapete, braucht nicht mehr mit Kleister eingestrichen zu werden
Kennzeichen:
Durch Querstriche am Griff ausgestrichene Bürste.

Weitere, nicht unbedingt erforderliche Zeichen, meist in Musterbüchern verwendet:

(13) Lichtbeständig
Kennzeichen:
Halbes Sonnensymbol

(14) Passender Dekorationsstoff lieferbar
Kennzeichen:
Stoffmuster mit Gleichheitszeichen in der Stofffläche

Abb. 12.1   Tapeten. Kennzeichen für besondere Anfertigungs- und Verarbeitungsmerkmale.

¹) Die vorgesehene DIN steht noch aus.

Imprägnierung mit Harnstoff- oder Melamin-Phosphorsäureverbindungen und anschließender Kondensation (Pyrovatex-Verfahren) erreichen.

Lichtechtheit ist abhängig von den verwendeten Materialien. Sie kann durch zusätzliche **Indanthrenfärbung** verbessert werden. Für Textiltapeten sind Lichtechtheitsnoten von 4 bis 7 je nach Material auf dem Lichtechtheitsmaßstab (Note 1 bis 8) der DIN 54003 (Nov. 63) — Prüfung der Farbechtheit von Textilien; Bestimmung der Lichtechtheit von Färbungen und Drucken im Tageslicht — zu erreichen.

Wasch- und Scheuerbeständigkeit wird ggf. durch zusätzliche Imprägnierung erreicht (Indanthrenfärbung).

Schimmelwiderstand ist nur bei Textiltapeten gegeben, bei denen das Gewebe mittels **Schmelzträger** (Granulat) auf dem Papierträger aufgebracht wurde. **Dispersionskaschierung** bietet keinen Schimmelwiderstand.

Diffusionsdurchlässigkeit ist nur bei **Dispersionskaschierung** gegeben. **Schmelzkleberkaschierung** hat einen hohen Wasserdampfdiffusionswiderstand. Die Art und Vorbehandlung des Untergrundes und die Auswahl der Tapete nach Material und Kaschierungsart sind für spätere Mängelfreiheit entscheidend. Herstellerhinweise müssen unbedingt beachtet werden. Grundsätzlich sollte auf einem hydrophobierten Untergrund (Tiefgrund) nicht gearbeitet werden, da wegen der fehlenden Saugfähigkeit der Austrocknungsprozeß nur durch die Tapete hindurch sich vollziehen kann. Empfehlenswert sind wegen ihres geringen Wasseranteils Dispersionskleber. Krumpfung[1]) des Gewebes kann somit verhindert werden.

12.2.1.10 Kunststofftapeten. Kategorie A; lichtbeständig und trocken abziehbar.

12.2.1.11 Metalltapeten. Kategorie A oder B; Metall- Tapeten müssen durch ausreichende Schutzschichten geschützt sein (Oxidation, Alkalität, galvanischer Strom). Sie können trocken abziehbar sein.

12.2.1.12 Naturwerkstofftapeten. Kategorie B oder C. Können trocken abziehbar sein. Grundsätzlich gelten die Hinweise des Abschnitts 12.2.1.9.

12.2.1.13 Wandbildtapeten. Lichtbeständig.

12.2.1.14 Rauhfasertapeten. Rauhfaser muß überstreichbar sein und darf nur mit wasch- und scheuerbeständigen Dispersionsfarben gemäß DIN 53778 überstrichen werden.

12.2.1.15 Relieftapeten, unbedruckt (Reliefpapier). Relieftapete, unbedruckt, muß überstreichbar sein. Sie darf nur mit wasch- oder scheuerbeständigen Anstrichstoffen überstrichen werden.

12.2.1.16 Prägetapeten, duplex standfest (dupliert), unbedruckt. Prägetapeten, duplex standfest, unbedruckt, müssen überstreichbar sein, die Prägung muß beim Überstreichen standfest bleiben. Sie dürfen nur mit wasch- und scheuerbeständigen Anstrichstoffen überstrichen werden.

---

[1]) Krumpfung bedeutet: Einlaufen und ggf. wellenförmige Veränderung einer Gewebeoberfläche. Es besteht sprachliche Verwandschaft zu „schrumpfen" und „krumm".

12.2.2–12.2.6 Beläge/Spannstoffe/Leisten/Kordeln/Borten

12.2.1.17 Strukturpapier. Strukturpapier muß überstreichbar, die Struktur beim Überstreichen standfest sein. Es darf nur mit wasch- oder scheuerbeständigen Anstrichstoffen überstrichen werden.

12.2.1.18 Lieferformen
Tapeten und tapetenähnliche Stoffe
0,53 m × 10,05 m
Diese Maße verstehen sich ohne Selfkante. Eine Rolle mit diesen Abmessungen wird als Europarolle bezeichnet. Abweichungen von diesen Maßen müssen deutlich sichtbar und dauerhaft auf der Verpackung und in den Musterbüchern aufgebracht sein.
Rauhfaser: 0,56 m × 33,50 m und
  0,75 m × 125,00 m

12.2.2 Beläge, Anforderungen und Lieferformen

Beläge einer Fertigung müssen von gleichbleibender Beschaffenheit sein, d. h. eine einheitliche Schichtdicke, Muster-, Farbtongleichheit und einheitliche Stoffqualität besitzen.
Beläge müssen lichtbeständig sein.
Glasseidengewebe und Jutegewebe müssen überstreichbar sein.
Beläge dürfen nicht zu Geruchsbelästigungen führen; sie müssen nach der Verarbeitung geruchlos sein.
Beläge werden in Bahnen nach Meter (m) in unterschiedlichen Breiten geliefert.

12.2.3 Spannstoffe, Anforderungen und Lieferformen
Zu spannende Stoffe müssen lichtbeständig sein.
Zu spannende textile Stoffe und zu spannende Kunststoffe müssen so beschaffen sein, daß sie beim Spannen dem erforderlichen Zug standhalten und sich glatt spannen lassen.
Zu spannende textile Stoffe sollen einen möglichst geringen Zellwollanteil besitzen, damit sie sich bei zunehmender Luftfeuchtigkeit nicht übermäßig dehnen und dadurch die Spannung übermäßig beeinträchtigt wird.

Lieferung der Spannstoffe. Spannstoffe einer Lieferung sollen, wenn sie nicht aus einer Anfertigung zusammengestellt werden können, qualitäts-, farbton- und mustergleich sein. Spannstoffe aus mehreren Anfertigungen sind nach Fertigungsnummern zu sortieren, zu verpacken und zu kennzeichnen.

12.2.4 Leisten
Leisten müssen in Farbtönung, Oberflächenprofil, Oberflächenmodellierung und Querschnitt gleichmäßig sein. Sie dürfen nicht reißen, sich nicht werfen und nicht verziehen.

12.2.5 Kordeln
Kordeln müssen so beschaffen sein, daß sie sich auch durch Einwirkung von Luftfeuchtigkeit oder Wärme nicht verändern.

12.2.6 Borten
Borten müssen die gleichen Eigenschaften haben wie die entsprechenden Tapeten oder tapetenähnlichen Stoffe.

12.2.7 Unterlagsstoffe

Unterlagsstoffe müssen gleichmäßig dick und unbenutzt sein. Sie dürfen nicht zu Geruchsbelästigungen führen und müssen nach der Verarbeitung geruchlos sein. Unterlagsstoffe mit Abzieheffekt müssen das Abziehen der darauf geklebten Tapeten in trockenem Zustand ermöglichen.

a) **Rohpapier (Makulaturpapier).** Rohpapier als Papier für Tapetenunterlage muß unbedruckt und saugfähig sein.

b) **Rohpapier mit Abzieheffekt (Stripmakulatur).** Rohpapier mit vorderseitiger Beschichtung, die ein trockenes Abziehen der darübergeklebten Tapete ermöglicht.

c) **Gewebte oder vliesartige Unterlagsstoffe.** Gewebte oder vliesartige Unterlagsstoffe müssen gleichmäßig fest sein. Werden sie gespannt, müssen sie dem erforderlichen Zug standhalten.

d) **Lieferformen.** Rohpapier für Tapetenunterlage (Makulaturpapier)
0,56 m × 33,50 m
Rohpapier mit Abzieheffekt 0,53 m × 33,50 m

Unterlagsstoffe aus Hartschaum in unterschiedlichen Abmessungen und Dicken, in Rollen und Platten, kaschiert und unkaschiert, mit oder ohne Abzieheffekt.
Wollfilzpappe (genoppt oder ungenoppt) in unterschiedlichen Abmessungen.
Aluminiumfolie, kaschiert oder unkaschiert in unterschiedlichen Abmessungen und Dicken.
Bleifolie in unterschiedlichen Abmessungen und Dicken nach kg/netto.
Zinnfolie in unterschiedlichen Abmessungen und Dicken nach kg/netto.
Glasfaservlies 1,00 m × 50,00 m (und in unterschiedlichen Breiten).
Kunststoffvlies 1,00 m × 50,00 m (und in unterschiedlichen Breiten).

12.2.8 Klebstoffe

a) **Zellulosekleister** aus Methylzellulose und Spezialkleister aus Methylzellulose und einem redispergierbaren Kunstharzpulver müssen nach dem Trocknen durch Wasser quellbar und wieder löslich sein.

b) **Lösungsmittelhaltige Klebstoffe** müssen den gesetzlichen Bestimmungen entsprechend gekennzeichnet sein.

c) **Klebstoffe** dürfen nach dem Auftrocknen keine Geruchsbelästigung hervorrufen.

d) **Lieferformen:** Tapetenkleister werden pulverförmig, Klebstoffe pulverförmig, flüssig oder pastös geliefert.

13 Bodenbeläge[1])

Bodenbeläge grenzen den Raum nach unten ab. Sie sind mechanischen, thermischen und chemischen Belastungen ausgesetzt. In Räumen zum Aufenthalt von Menschen sind sie ein wesentlicher Bestandteil ihrer Umwelt mit Wirksamkeit für sinnliche Wahrnehmung und somit für Wohlbefinden (Tafel 13.1). Farben und Materialstrukturen werden visuell, die Wirkung auf die Raumakustik und den Trittschall akustisch und Oberflächenstruktur und Materialhärte durch die Tastsensoren der Fußsohlen wahrgenommen [13/2]. Elektrostatische Auflage bestimmter Bodenbeläge kann durch schlagartige Entladung vom Menschen als sehr unangenehm empfunden werden. Relative Luftfeuchtigkeit in Räumen und elektrostatische Auflage von Bodenbelägen stehen oft in Abhängigkeit. Insbesondere für Räume, die dem dauernden Aufenthalt von Menschen dienen, müssen Bodenbeläge unter Berücksichtigung von Nutzungsart, Bewegungsverhalten und Wahrnehmungsverhalten der Nutzer nicht nur nach ihren meßbaren Merkmalen, sondern auch nach den für die sinnliche Wahrnehmung wirksamen Eigenschaften ausgewählt werden.

Bodenbeläge sind industrielle Fertigprodukte, die am Bau lose auf den Unterboden verlegt, verspannt oder verklebt werden. Auf Herstellungsmethode und zu verarbeitende Rohstoffe hat der Planer normalerweise keinen Einfluß. Er wählt lediglich aus und vergleicht die verfügbaren Produktdaten, die in der Regel durch Prüfbescheid staatlich anerkannter Prüfstellen belegbar sind.

Es gibt für Bodenbeläge den Nachweis durch **RAL-Testate.** RAL-Testate werden produktbezogen vergeben. Sie enthalten innerhalb eines einheitlichen Rahmens die kennzeichnenden Eigenschaften des Produkts, zu deren Einhaltung sich der Hersteller durch Testat-Vertrag verpflichten muß. Gegenüber den Prüfbescheiden mit begrenzter Gültigkeitsdauer für die überprüfte Produktprobe ist das RAL-Testat Gewähr für Qualitätskonstanz. Das RAL-Testat wird nur vergeben, wenn die vertraglich vereinbarten kennzeichnenden Eigenschaften mindestens erreicht werden. Damit ist Planern und den Nutzern der Produkte die Sicherheit gegeben, wirklich die ausgewiesene Produktqualität zu erhalten.

Die auf dem Markt angebotenen Bodenbeläge besitzen wegen unterschiedlicher Materialkomponenten, Dicken, Gewichte und Herstellungsverfahren sehr unterschiedliche Eigenschaften. Diese Produktdaten ändern sich ständig.

Allgemeine technische Vorschriften für Bodenbelagarbeiten enthält DIN 18 365 (VOB). Besondere technische Vorschriften oder Empfehlungen für die Ausführung von Bodenbelagarbeiten und für die Reinigung von Belägen liefern die Hersteller.

13.1 Bodenbeläge in Bahnen und Platten aus Linoleum, Kunststoff[2]) und Gummi (elastische Bodenbeläge)

13.1.1 Flexplatten (DIN 16 950, Anforderungen, Prüfung)

---

[1]) Keramische Spaltplatten siehe Abschn. 2.7.3, Parkett siehe Abschn. 17.7.6
[2]) Siehe auch Abschnitt 14 bzw. 14.11.2

13.1.2 PVC-Beläge ohne Träger (DIN 16 951, Anforderungen und Prüfung)

13.1.3 PVC-Beläge mit Träger

a) **PVC-Beläge mit Träger, PVC-Beläge mit genadeltem Jutefilz als Träger** (DIN 16 952 Teil 1, Anforderungen und Prüfung)

b) **PVC-Beläge mit Träger, PVC-Beläge mit Korkment als Träger** (DIN 16 952 Teil 2, Anforderungen und Prüfung)

c) **PVC-Beläge mit Träger, PVC-Beläge mit Unterschicht aus PVC-Schaumstoff** (DIN 16 952 Teil 3, Anforderungen und Prüfung)

d) **PVC-Beläge mit Träger, PVC-Beläge mit Synthesefaser-Vlies als Träger** (DIN 16 952 Teil 4, Anforderungen und Prüfung)

e) **PVC-Schaumbeläge mit strukturierter Oberfläche und heterogenem Aufbau** (DIN 16 952 Teil 5, Anforderungen und Prüfung)

13.1.4 Linoleum

a) **Linoleum** (DIN 18 171, Anforderungen und Prüfung)

b) **Linoleum-Verbundbelag** (DIN 18 173, Anforderungen und Prüfung)

13.1.5 Synthese-Kautschuk-Belag

a) **Homogene und heterogene Elastomer-Beläge** (DIN 16 850)

b) **Elastomer-Beläge mit Unterschicht aus Schaumstoff** (DIN 16 851)

c) **Elastomer-Beläge mit profilierter Oberfläche** (DIN 16 852)

13.2 Textile Bodenbeläge

Nach DIN 61 151 (Begriffe, Einteilung, kennzeichnende Merkmale) werden textile Bodenbeläge eingeteilt nach: Maßen, Herstellungstechnik, struktureller Gestaltung der Oberseite, farblicher Gestaltung, Beschaffenheit der Unterseite, Werkstoff. Dies sind dann auch die zur Kennzeichnung eines textilen Bodenbelages erforderlichen Merkmale.

Werkstoffe: Für die Einteilung von textilen Bodenbelägen nach dem Werkstoff sind ausschließlich die für die Oberseite (Nutzfläche) verwendeten Faserstoffe maßgebend. Sie ist nach DIN 60 001 Teil 1, Textile Faserstoffe, Faserarten, vorzunehmen.

Allgemeine Begriffe:

Pol: Ein Fadensystem, das die Oberseite des textilen Bodenbelages bildet und das senkrecht zur Ebene des Trägergewebes steht.

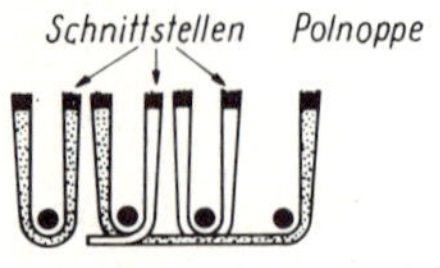

Abb. 13.1 Schnittpol

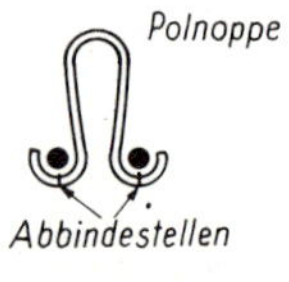

Abb. 13.2 Schlingenpol

13.2 Textile Bodenbeläge/13.2.1 Webteppiche

Schnittpol: Pol, bei dem die Fäden an der Oberseite aufgeschnitten sind (Abb. 13.1).

Schlingenpol: Pol, bei dem die Fäden an der Oberseite in Schlingenform liegen (Abb. 13.2).

Schlingen-Schnittpol: Pol, bei dem die Fäden durch Wechsel von Zug- und Schnittruten[1]) teilweise in Schlingenform liegen und teilweise aufgeschnitten sind.

Polnoppe: (Webteppiche und Tuftingteppiche) Teil des Polfadens zwischen den Abbindestellen bei Schlingenpol bzw. den Schnittstellen an der Oberseite bei Schnittpol (Klebpolteppiche). Teil der Fadenschar oder eines Fadenbündels zwischen den Klebstellen auf dem Träger und den Schnittstellen an der Oberseite beim Schnittpol bzw. zwischen den Klebstellen beim Schlingenpol. Die Polnoppen sind, vereinfacht ausgedrückt, alle Fasern einer Teppichoberseite.

Chor: Die in einer Noppenlängsreihe (in Kettrichtung bei gewebten Teppichen) liegenden Polkettfäden. Je nachdem, wieviel verschiedene Polkettfäden in einer Noppenlängsreihe zur Polbildung herangezogen werden, wird der Teppich als ein-, zwei- usw. -choriger Teppich bezeichnet.

Nach DIN 66 095 Teil 1 (Produktbeschreibung, Merkmale für die Produktbeschreibung) gehören zur vollständigen Beschreibung eines textilen Bodenbelags folgende kennzeichnende Merkmale: der **Artikelname**, die **Herstellungsart** (z. B. Webteppich, Tuftingteppich usw.), die **Lieferart** (z. B. Rollenware usw.), die **Oberseitengestaltung** (z. B. Schlinge, Velours usw.), die **Farbgestaltung** (z. B. einfarbig, jaquardgemustert usw.), das **Nutzschichtmaterial** (Angabe nach dem Textilkennzeichnungsgesetz, z. B. reine Schurwolle, 100 % Polyamid usw.), **Träger- oder Grundmaterial** (z. B. PP-Vlies), die **Rückenausrüstung** (z. B. synthetischer Kunststoffrücken usw.). Weitere Angaben sind danach erforderlich über das **Flächengewicht** (DIN 53 854), die **Gesamtdicke** des Belags (DIN 53 855, Teil 3) einschließlich Rückenbeschichtung, das **Polschichtgewicht** (DIN 54 325), die **Polschichtdicke** (DIN 54 325), die **Polrohdichte** (DIN 54 325) als Quotient aus Polgewicht in kg/m^2 durch Poldicke in mm und die **Noppenanzahl** pro m^2.

13.2.1 Webteppiche

a) **Flachteppiche.** Webteppiche aus Kett- und Schußfäden ohne polbildendes Fadensystem (Pol).

b) **Polteppiche.** Webteppiche aus einem Grundgewebe und einem Pol; Grundgewebe und Polschicht sind in einem Arbeitsgang hergestellt.

  1. **Rutenteppiche.** Gewebte Polteppiche, deren Polschicht mittels Ruten gebildet ist. Rutenteppiche können mit Zugruten (gebräuchliche Bezeichnung derartiger Bodenbeläge: Bouclé, Brüssel), mit Schnittruten (gebräuchliche Bezeichnungen: Velours, Velvet, Tournay, Wilton) oder im Wechsel von Zug- und Schnittruten hergestellt sein.

---

[1]) Ruten sind Drähte oder Stahlbänder, die als Zug- oder Schnittruten dazu dienen, die Polfäden in Schlingen oder geschnittene Polnoppen über dem Grundgewebe bis zum festen Einbinden zu halten.

2. **Axminsterteppiche.** Gewebte Schnittpolteppiche (ohne tote Chore)[1].
3. **Doppelteppiche.** Gewebte Schnittpolteppiche, die als Ober- und Unterware durch Aufschneiden einer in einem Arbeitsvorgang hergestellten „Doppelware" (gebräuchliche Bezeichnung: Doppeltournay) entstanden sind.
4. **Knüpfteppiche.** Teppiche, bei denen zwischen den Schußfäden kurze Polfadenabschnitte in Form eines Perserknotens (Senneh, Abb. 13.3) oder eines türkischen Knotens (Ghiordes, Smyrna, Abb. 13.4) um zwei oder mehr Kettfäden geschlungen (geknüpft) sind. Knüpfteppiche mit manuell gebildeten Knoten werden „Handknüpfteppiche", mit maschinell gebildeten Knoten „maschinengeknüpfte Teppiche" genannt.

13.2.2 Wirkteppiche und Strickteppiche (Gewirkte und Gestrickte)

a) **Flachteppiche.** Auf Wirk- und Strickmaschinen hergestellte Teppiche ohne polbildendes Fadensystem.

b) **Polteppiche.** Auf Wirk- und Strickmaschinen in einem Arbeitsgang hergestellte Teppiche, die aus einem Grundgewirk oder -gestrick und einem Pol bestehen.

13.2.3 Tuftingteppiche (Nadelflortextilien) (Abb. 13.5).

Tuftingteppiche bestehen aus einem textilen Flächengebilde als Träger, in das der Pol mit einer oder mehreren Nadeln eingearbeitet ist. Die Polfäden können beim Tuften in Schlingen belassen (Schlingenpol) (Abb. 13.6) und/oder aufgeschnitten sein (Schnittpol bzw. Schlingen-Schnittpol) (Abb. 13.7). Die Rückseite von Tuftingteppichen weist in der Regel eine Rückenbeschichtung auf, die in verschiedener Art ausgeführt sein kann.

13.2.4 Nadelvlies-Bodenbeläge (Vliesstoffe)

Textile Bodenbeläge, die aus einem mechanisch durch Nadeln und zusätzlich adhäsiv verfestigten Faservlies bestehen.

Es gibt Nadelvlies-Bodenbeläge mit nicht polartiger Oberseite oder mit polartigem Aufbau (auch Pol-Vlies-Bodenbeläge genannt).

Nadelvlies-Bodenbeläge mit polartigem Aufbau können eine schlingenartige Oberseite, eine veloursartige Oberseite oder eine schlingenveloursartige Oberseite aufweisen.

a) **Einschichtige Nadelvlies-Bodenbeläge.** Das den Belag bildende Faservlies ist nach Faserart, Farbe und Beschaffenheit über die Dicke des Belags einheitlich.

b) **Mehrschichtige Nadelvlies-Bodenbeläge.** Das den Belag bildende Faservlies besteht aus mehreren in Faserart oder Farbe und/oder Beschaffenheit verschiedenen Schichten.

13.2.5 Klebpolteppiche (Klebnoppentextilien). Auf einem vorgefertigten Träger sind Schichten aus Blöcken gebündelter Fasern oder Fäden (Schnittpol) (Abb. 13.8)

---
[1]) Tote Chore = der Teil der Polkettfäden, der keine Noppe bildet.

13.2.6 Flockteppich/13.2.7 Nähwirkteppiche/13.2.8 Vlieswirkteppiche

oder eine vorgefaltete Fadenschar bzw. ein vorgefaltetes Faservlies (Schlingenpol) (Abb. 13.9) aufgebracht und mit dem Träger adhäsiv verbunden.

Die vorgefaltete Fadenschar oder das vorgefaltete Faservlies kann auch wechselnd mit zwei parallel geführten Träger-Bahnen adhäsiv verbunden sein und die so gebildete Kleb-Doppelware aufgeschnitten sein (Schnittpol).

13.2.6 Flockteppich (Flocktextilien). Mit einem vorgefertigten Träger ist eine Schicht von Flockenfasern, die auf elektrostatischem Wege orientiert und aufgebracht sind, adhäsiv verbunden. Flockteppiche haben immer eine veloursartige Oberseite.

13.2.7 Nähwirkteppiche (Nähwirkstoffe). Nähwirkteppiche sind Polfaden-Nähwirkstoffe (siehe DIN 61 211). Die Polfäden sind, zu Polhenkeln oder in Schlaufen geformt, in ein Grundmaterial eingebunden.

13.2.8 Vlieswirkteppiche (Vlieswirkstoffe). Vlieswirkteppiche sind Pol-Vlies-Wirkstoffe nach DIN 61 211. Sie bestehen aus einem Grundmaterial und einem zusätzlichen Faservlies, wobei die zu Polhenkeln geformten Fasern des Vlieses in das Grundmaterial eingebunden sind.

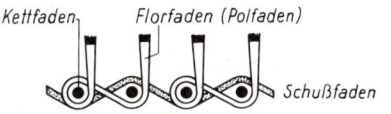

Abb. 13.3   Perserknoten über zwei Kettfäden beim Knüpfteppich

Abb. 13.4   Türkischer Knoten über zwei Kettfäden beim Knüpfteppich

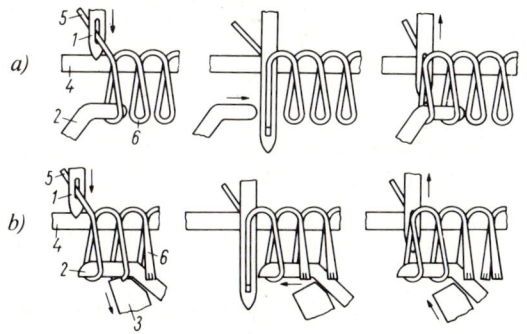

a) Schlingenflor, b) Schnittflor
1 Nadel, 2 Greifer, 3 Messer, 4 Grundgewebe, 5 Polgarn, 6 Schlaufen- bzw. Schnittflor

Abb. 13.5   Florherstellung beim Tuftingteppich

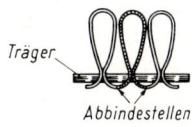

Abb. 13.6   Schlingenpol beim Tuftingteppich

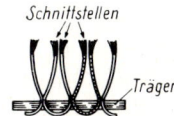

Abb. 13.7   Schnittpol beim Tuftingteppich

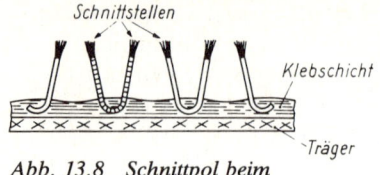

Abb. 13.8 Schnittpol beim Klebpolteppich

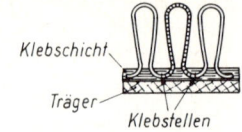

Abb. 13.9 Schlingenpol beim Klebpolteppich

13.3 Beurteilungskriterien

Für elastische Bodenbeläge sind Güteanforderungen in Tafel 13.5 zusammengestellt. Die kennzeichnenden Merkmale bzw. Beurteilungskriterien (Tafel 13.1) und die zur Bestimmung der Merkmale angewandten Prüfmethoden bedürfen allerdings kurzer Erläuterungen [13/3], [13/4].

13.3.1 Rutschsicherheit ist bei strukturierten und profilierten Bodenbelägen im allgemeinen größer als bei Fußbodenbelägen mit glatter Oberfläche.

13.3.2 Blendsicherheit ist bei Bodenbelägen mit strukturierter und profilierter Oberfläche in der Regel größer als bei solchen mit glatter Oberfläche.

Tafel 13.1 Beurteilungskriterien für Bodenbeläge

	Farbe Oberflächenstruktur Rutscheigenschaft Blendeigenschaft Brandverhalten Wärmeableitung Wärmedurchlaßwiderstand (Eignung für Fußbodenheizung) Schallabsorptionsgrad (bei textilen Belägen) Trittschallverbesserungsmaß subjektive Verschmutzungs- empfindlichkeit	Sicherung menschlicher Lebensbedingungen (sinnliche Wahrnehmung, Behaglichkeit, Hygiene, Unfallsicherheit, Brandschutz)
Wirtschaftlichkeit (Lebensdauer, Anschaffungskosten, Unterhaltungs- und Pflegekosten, Reinigung)	objektive Verschmutzungs- empfindlichkeit	
	Desinfizierbarkeit elektrostatisches Verhalten/ Leitfähigkeit	

	Verschleißfestigkeit (Lebensdauer)
	   dynamische Beanspruchung
	   statische Beanspruchung
	   Scheuerwirkung
	Feuchtigkeitsempfindlichkeit
	chemische Resistenz
		**Besondere Anforderungen,
		z. B.
		in Fabrikationsräumen, explo-
		sionsgefährdeten Räumen u. a.**

	Reinigungseigenschaft	
	Lichtechtheit/Farbechtheit	
	Flächengewicht	**Statik**

13.3.3 Brandverhalten/13.3.4 Brennverhalten

13.3.3 Brandverhalten von Baustoffen und Bauteilen wird nach DIN 4102 eingestuft. DIN 4102 ist mit den Rechtsvorschriften der Landesbauordnungen im Zusammenhang anzuwenden. Nach DIN 4102 Teil 1 (Mai 81) gelten platten- und bahnenförmige Materialien als Baustoffe. Für Bodenbeläge gelten also die für Baustoffe in der Norm dargestellten Klassifizierungen und Anforderungen. Die Einstufung von Bodenbelägen in Baustoffklassen wird in DIN 4102 Teil 1 und Teil 4 geregelt.

Bodenbeläge werden entsprechend DIN 4102 Teil 14 geprüft. Sie gehören in die Baustoffklasse B 1 (schwerentflammbar), wenn die Anforderungen bei der Prüfung nach dem *Radiant-Panel-Test* und dem *Kleinbrenner-Test* erfüllt sind.

Radiant-Panel-Test: Eine Probe wird unter 30° zu einem gasbeheizten Strahler mit Zündbrenner angeordnet. Im Versuch wird festgestellt, bei welcher Strahlungsenergie, die wegen der Neigung der Probe über deren Länge abnimmt, die Flammen verlöschen. Außerdem wird die Rauchdichte beurteilt. Dazu wird die Minderung der Lichtdurchlässigkeit im Abgasschacht gemessen und zeitabhängig als Diagramm aufgezeichnet. Aus dem Diagramm wird das Ergebnis ermittelt.

Kleinbrenner-Test: Proben werden kurzzeitig beflammt. Dabei wird das Brennverhalten der auf den Proben angebrachten Baumwollfäden beurteilt.

Für in die Baustoffklasse B 1 einzustufende Baustoffe, die zu kennzeichnen sind, muß aufgrund der Prüfbescheide ein Überwachungsvertrag abgeschlossen werden, der das überwachende Institut zur jährlichen Entnahme einer Probe der entsprechenden Qualität aus der laufenden Produktion berechtigt.

Ohne besonderen Nachweis und ohne die oben genannte Überwachungspflicht werden nach DIN 4102 Teil 4
PVC-Bodenbeläge ohne Träger (DIN 16 951) und
Flexplatten (DIN 16 950)
in die Baustoffklasse B 1 (schwer entflammbar) eingestuft, wenn sie auf mineralischem Untergrund verklebt werden.

Alle **elastischen Bodenbeläge,** die die Anforderungen der Baustoffklasse B 1 nicht erfüllen, sind nach DIN 4102 in die Klasse B 2 (normal entflammbar) einzustufen.

Textile Bodenbeläge können in die Baustoffklasse B 2 eingestuft werden, wenn sie die Anforderungen der DIN 66 090 erfüllen oder mindestens in die Brennklasse T – b nach DIN 66 081 eingestuft werden können.

13.3.4 Brennverhalten von Bodenbelägen wird neben der Klassifizierung nach DIN 4102 noch nach anderen Normen beurteilt.

Elastische Bodenbeläge werden nach DIN 51 961 geprüft: Brandtiefe und -ausdehnung bei der Einwirkung glimmender Tabakwaren.

Textile Bodenbeläge werden nach DIN 66 080, Kennwerte für das Brennverhalten textiler Erzeugnisse; Grundsätze – und nach DIN 66 081 – Kennwerte für das Brennverhalten textiler Erzeugnisse; textile Bodenbeläge – in Brennklassen eingestuft. Die Prüfung erfolgt nach DIN 54 332 – Prüfung von Textilien. Bestimmung des Brennverhaltens von textilen Fußbodenbelägen. – Hierbei wird das Brennverhalten bei Beflammung mittels Kleinbrenner in bezug auf die Auswirkungen auf einen über die Probe gespannten Baumwollfaden untersucht.

Brennklasse T – a: Beflammungszeit: 15 s. Baumwollfaden darf nicht durchbrennen. Proben dürfen nicht länger als 5 s nach Entfernen der Zündquelle weiterbrennen oder -glimmen.

Brennklasse T – b: Beflammungszeit: 15 s. Baumwollfaden darf nicht oder frühestens 25 s nach Beginn der Beflammung durchbrennen. Alternative: 5 Proben werden 5 s lang beflammt. Baumwollfaden darf frühestens 30 s nach Beflammungsbeginn durchbrennen.

Brennklasse T – c: Beflammungszeit: 5 s. Baumwollfaden darf nicht eher als 10 s nach Beflammungsbeginn durchbrennen.

13.3.5 Wärmeableitung von elastischen und textilen Fußbodenbelägen wird nach DIN 52 614 – Wärmeschutztechnische Prüfungen; Bestimmung der Wärmeableitung von Fußböden – geprüft.

13.3.6 Wärmedurchlaßwiderstand wird nach DIN 52 612, insbesondere Teil 3 – Wärmeschutztechnische Prüfungen...; Wärmedurchlaßwiderstand geschichteter Materialien für die Anwendung im Bauwesen – ermittelt. Seine Größe bestimmt u. a. die Verwendbarkeit des Bodenbelages auf Unterböden mit Fußbodenheizung (max. $1/\Lambda = 0{,}17\ m^2 \cdot K/W$).

13.3.7 Schallabsorption wird nach DIN 52 212 – Bauakustische Prüfungen; Ermittlung des Schallabsorptionsgrades im Hallraum – bestimmt.

13.3.8 Trittschallverbesserungsmaß wird nach DIN 52 210, insbesondere Teil 3 – Bauakustische Prüfungen – ermittelt. Mindestwerte für den Trittschallschutz enthält Tabelle 13.5 Elastische Bodenbeläge, normative Anforderungen.

13.3.9 Elektrostatisches Verhalten wird mit einer Reihe von Daten beschrieben:

a) **Oberflächenwiderstand** R_{OT} (Ohm)

b) **Durchgangswiderstand** (textile Beläge) R_{DT} (Ohm)[1]
Ableitwiderstand (elastische Beläge) R_A (Ohm)

c) **Auflagung im Begehversuch** (Volt)

Die Ermittlung der o. a. Daten erfolgt nach folgenden Normen:
DIN 51 953: Prüfung von organischen Bodenbelägen; Prüfung der Ableitfähigkeit für elektrostatische Ladungen für Bodenbeläge in explosionsgefährdeten Räumen.
DIN 54 345 T 1: Prüfung von Textilien; Beurteilung des elektrostatischen Verhaltens, Bestimmung elektrischer Widerstandsgrößen
DIN 54 345 T 2: Prüfung von Textilien, Beurteilung des elektrostatischen Verhaltens, Prüfung textiler Fußbodenbeläge im Begehversuch
DIN 54 345 T 3: Prüfung von Textilien. Elektrostatisches Verhalten. Apparative Bestimmung der Auflagung textiler Fußbodenbeläge

---

[1] R_A = Ableitwiderstand, gemessen am unverlegten elastischen Bodenbelag zwischen Oberfläche und Unterseite.

13.3.9 Elektrostatisches Verhalten

Tafel 13.2 Bodenbeläge. Empfehlungen
Empfehlungen von Computer-Herstellern für Rechenzentren

Hersteller	elastische Bodenbeläge	Nachweis nach	textile Bodenbeläge	Nachweis nach	relative Luftfeuchtigkeit
ATM Computer GmbH	$R_E\ 10^5 - 10^9\ \Omega$	DIN 51 953	$R_{ET}\ 10^7 - 10^9\ \Omega$	DIN 54 345	50 – 60 %
BULL Aktiengesellschaft	$U \leq 2$ kV $R_E \leq 10^7\ \Omega$	DIN 54 345 T2 DIN 51 953	$U \leq 2$ kV $R_{ET} \leq 10^8\ \Omega$	DIN 54 345 T2 DIN 54 345 T1	50 – 65 %
digital	$R_E\ 10^5 - 10^7\ \Omega$ oder $U \leq 1,3$ kV	DIN 51 953 DIN 54 345 T2	$R_{ET}\ 10^9 - 10^{10}\ \Omega$ oder $U \leq 1,3$ kV	DIN 54 345 T1 DIN 54 345 T2	50 – 65 %
IBM	$R_E\ 1,5 \cdot 10^5 - 2 \cdot 10^{10}\ \Omega$	DIN 51 953	$R_{ET}\ 1,5 \cdot 10^5 - 2 \cdot 10^{10}\ \Omega$	DIN 54 345 T1	50 – 65 %
Mannesmann Kienzle	$R_A \leq 10^9\ \Omega$	DIN 51 953	$U \leq 2$ kV	DIN 54 345 T2	45 – 80 %
NCR	$R_E \leq 10^7\ \Omega$	DIN 51 953	$R_{ET} \leq 10^8\ \Omega$	DIN 54 345 T1	40 – 60 %
Nixdorf Computer	$R_E\ 10^6 - 10^9\ \Omega$ oder $U \leq 1,5$ kV	DIN 51 953 DIN 54 345 T2	$R_{ET}\ 10^6 - 10^9\ \Omega$ oder $U \leq 1,5$ kV	DIN 54 345 T1	40 – 70 %
Olivetti	$R_E\ 10^6 - 10^8\ \Omega$	DIN 51 953	$U \leq 1$ kV	DIN 54 345 T2	> 60 %
Philips Kommunikations-Industrie AG	$R_E \leq 10^9\ \Omega$	DIN 51 953	$R_{ET} \leq 10^9\ \Omega$ $U \leq 1,5$ kV	DIN 54 345 T1 DIN 54 345 T2	45 – 60 %
Siemens	$R_A \leq 10^9\ \Omega$	DIN 51 953	$U \leq 2$ kV	DIN 54 345 T3	40 – 65 %
Sperry-Univac	$R_E \leq 10^9\ \Omega$	DIN 51 953	$R_{ET} \leq 10^9\ \Omega$ $U \leq 1$ kV	DIN 54 345 T1 DIN 54 345 T3	50 – 70 %
Triumph-Adler AG	$U \leq 1$ kV oder $R_E \leq 10^8\ \Omega$	DIN 54 345 T2 DIN 51 953	$U \leq 1$ kV oder $R_{ET} \leq 10^8\ \Omega$	DIN 54 345 T1	50 – 60 %

636   Bodenbeläge

Das elektrostatische Verhalten von Bodenbelägen muß in bezug auf die Wirkung auf Menschen, auf empfindliche elektronische Geräte und auf explosive Luftgemische unterschiedlich bewertet werden. Die für den Menschen spürbaren Entladungen beginnen bei 2000 bis 3000 V (**antistatische** Beläge erforderlich). Für Räume mit elektronischen Geräten werden von den Geräteherstellern meistens Höchstwerte für den **Erdableitwiderstand** und Mindestwerte für die **relative Luftfeuchte** angegeben (ableitfähige Beläge erforderlich) (siehe Tafel 13.2). Niedrige Luftfeuchte begünstigt elektrische Auflagung von Bodenbelägen. Für Bereiche, in denen wegen der Existenz explosiver Luftgemische Explosionsgefahr besteht (Operationsräume, Laboratorien u. q.) fordern die zuständigen Berufsgenossenschaften grundsätzlich leitfähige Bodenbeläge (Ableitwiderstand R_E[1]) höchstens 10^8 Ohm).

Antistatische Ausrüstung ist nicht erforderlich bei Belägen aus folgenden Materialien:

a) Elastische Bodenbeläge: Linoleum. Flexplatten
b) Textile Bodenbeläge mit Nutzschicht aus Jute, Hanf, Sisal oder Kokosfaser.

Elastische Bodenbeläge werden durch Beimischung von **kristallinem Kohlenstoff** oder von **chemischen Zusätzen** ableitfähig ausgerüstet. Für textile Bodenbeläge werden drei Methoden der antistatischen bzw. ableitfähigen Ausrüstung verwandt:

1. Sehr gute elektrostatische Eigenschaften sind durch **Metallfaserbeimischung** in Verbindung mit **leitfähigem Rückenstrich** bei Tufting-Belägen oder **leitfähigen Kleberschichten** bei Nadelvlies-Belägen zu erreichen. Aufladungen können so über eine größere Fläche verteilt oder bei leitender Verlegung abgeleitet werden.
2. Die Leitfähigkeit durch **leitfähiges Polyamid** geht auch bei starker Beanspruchung nicht verloren. Volle Wirksamkeit ist nur in Verbindung mit **leitfähigem Rückenstrich** zu erreichen.
3. **Chemische Ausrüstung** (nur noch selten angewandt) durch Auftrag eines Antistatikums bzw. bei Nadelvlies-Belägen Beimischung eines Antistatikums zur Imprägnierung. Bei Tufting-Belägen muß mit Verschleiß der chemischen Inprägnierung gerechnet werden.

Ableitfähige Verlegung wird durch Kupferbänder (10 mm × 0,08 mm) (bei textilen Belägen mit $a = 1,0$ m quer zur Bahn und bei elastischen Belägen unter jeder Plattenreihe) mittels leitfähigem Kleber oder durch leitfähigen Vorstrich bewirkt. Die Bänder sollen im Abstand von etwa 0,25 m von den Wänden gitterartig verbunden werden. Der Anschluß an das **Potentialausgleichsnetz** muß entsprechend den VDE-Richtlinien VDE 0100 und 0107 vom Elektro-Fachmann ausgeführt werden.

13.3.10 Verschleißverhalten

a) **Verschleißverhalten von elastischen Bodenbelägen** wird nach DIN 51 963, Prüfung von organischen Bodenbelägen (außer textilen Belägen); Verschleißprüfung (20-Zyklen-Verfahren), bestimmt. Dabei wird der Dickenverlust in mm aus dem

---

[1] R_E = Ableitwiderstand, gemessen am verlegten Bodenbelag zwischen Oberfläche und Erdpotential

13.3.10 Verschleißverhalten

Gewichtsverlust und der Rohdichte der Nutzschicht unter Annahme einer kreisförmigen Verschleißfläche von 150 cm² errechnet.

Der Quotient aus Nutzungsschichtdicke und Dickenverlust bei der Verschleißprüfung nach DIN 51 963 ist der sog. **relative Verschleißwiderstand** rV. Er ist um so höher, je größer die Nutzungsschichtdicke und je geringer der Dickenverlust ist.[1])

Die Angabe des relativen Verschleißwiderstandes ist in DIN 51 963 nicht vorgesehen.

Anforderungen an das Verschleißverhalten werden gestellt in den Normen für **Flexplatten, PVC-** und **Elastomerbeläge:** Die Nutzschichtdicke darf nach 20 Zyklen nicht abgetragen sein.

Linoleumbeläge:

DIN 18 171 (Linoleum): rV mind.: bei 2,0 mm Dicke 1.5
bei 2,5 mm Dicke 2.0
bei 3,2 mm Dicke 3.0
bei 4,0 mm Dicke 6.0

DIN 18 173 (Linoleum-Verbundbelag): rV mind. 3

Eignungsbereiche

Ähnlich wie schon seit längerer Zeit für textile Bodenbeläge gibt es für elastische Bodenbeläge jetzt die Möglichkeit der sicheren Einstufung in bestimmte Eignungsbereiche.

Der Prüfumfang für die technische Beschreibung der einzelnen Belagsarten ist in technischen Grundlagen für RAL-Testate festgelegt. Das produktbezogen vergebene RAL-Testat enthält die Einstufung in bestimmte Eignungsbereiche sowie Zusatzeignungen.

Technische Grundlagen:

RAL-AGt 8 BA	Flexplatten (DIN 16 950)
RAL-AGt 8 BB	PVC-Beläge ohne Träger (DIN 16 951)
RAL-AGt 8 BC	PVC-Verbundbeläge (DIN 16 952 T 1-4)
RAL-AGt 8 BD	PVC-Schaumbeläge mit strukturierter Oberseite (DIN 16 952 T 5)
RAL-AGt 8 BE	Linoleum-Beläge (DIN 18 171)
RAL-AGt 8 BF	Linoleum-Verbundbeläge (DIN 18 173)
RAL-AGt 8 BH	Elastomer-Beläge ohne Unterschicht
RAL-AGt 8 BJ	Elastomer-Beläge mit Unterschicht
RAL-AGt 8 BK	Elastomer-Beläge mit profilierter Unterschicht

In die *„Technischen Grundlagen"* sind die Mindestanforderungen der vorhandenen Gütenormen und zusätzliche Anforderungen für Eignungsbereich und Zusatzeignungen eingegangen.

---

[1]) Nach RAL-AGt 8 BB gilt für homogene Träger: $rV = \dfrac{\text{Nutzschichtdicke} - 0{,}3 \text{ mm}}{\text{Dickenverlust}}$

Tafel 13.3 Elastische Bodenbeläge. Anforderungen für die Einstufung

		E·	E··	E···	E····
AGt 8 BA – 8 BJ	Verschleißindex	≥ 2	≥ 4	≥ 6	≥ 10
AGt 8 BC	zusätzliche Anforderungen an die Nutzschichtdicke bei den einzelnen technischen Grundlagen	–	≥ 0,25 mm	≥ 0,5 mm	≥ 1,5 mm
AGt 8 BD		≥ 0,15 mm	≥ 0,25 mm	≥ 0,35 mm	entfällt
AGt 8 BE		–	≥ 1,0 mm	≥ 2,0 mm	≥ 3,3 mm
AGt 8 BF		–	≥ 1,0 mm	≥ 2,0 mm	≥ 3,3 mm
	Bereiche mit	leichter Beanspruchung	mittlerer Beanspruchung	starker Beanspruchung	höchster Beanspruchung
	Einsatzbeispiele	Wohnraum, Diele, Aufenthaltsraum, Hotelzimmer	Ausstellungs-, Konferenzraum, Boutique, Altenheim, Kindergarten, Hotelflur, Küche im Wohnbereich	Krankenhaus, Schul- u. Lehrraum, Sporthalle, Großraumbüro, Fachgeschäft, Restaurant, Theater	Schalter-, Fabrikhalle, Kaufhaus, Schulflur, Tanzfläche, Kaserne
AGt 8 BK	Gesamtdicke	≥ 3,0 mm	≥ 3,5 mm	≥ 4,0 mm	≥ 5,0 mm
	Nutzschichtdicke	–	–	≥ 0,5 mm	≥ 0,5 mm
	Abrieb DIN 53 516	≤ 200 mm³	≤ 150 mm³	≤ 150 mm³	≤ 130 mm³
	Bereiche mit	leichter Beanspruchung	mittlerer Beanspruchung	starker Beanspruchung	höchster Beanspruchung
	Einsatzbeispiele	Ausstellungsraum, Boutique, Altenheim, Kindergarten, Hotelflur, Arztpraxis, Büro	Sanatorium, Besuchertribüne in Sporthalle, Wartehalle, Großraumbüro, Fachgeschäft, Restaurant	Schalterhalle, Kaufhaus, Schul- und Krankenhausflur, Kaserne	Flughafen, U-Bahnhof, Bahnhofshalle, Werkstätte, Eingangsbereich von Supermärkten, Autoausstellungsraum, Lagerhalle, Aufzug

13.3.10 Verschleißverhalten

Zusatzeigenschaften:

stuhlrollengeeignet

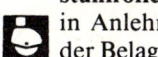
in Anlehnung an DIN 54 324 (Stuhlrollenversuch bei Teppichböden) wird der Belag mit Rollen nach DIN 68 131, Typ W geprüft. Der Belag ist stuhlrollengeeignet, wenn er nach 30 000 Umdrehungen keine erkennbare Schädigung zeigt.

antistatisch

Der Belag zeigt bei der Prüfung in Anlehnung an DIN 54 345, Teil 2, im Begehtest eine Personenaufladung von max. 2,0 kV oder der Ableitwiderstand nach DIN 51 953 ist maximal $10^9\,\Omega$.

ableitfähig

Ableitfähig sind Beläge, wenn der Ableitwiderstand nach DIN 51 953 max. $10^9\,\Omega$ beträgt. (Siehe „Elektrisches Verhalten elastischer und textiler Bodenbeläge" RAL-RG 725/3).

für Fußbodenheizung geeignet

Der Belag besitzt eine normgerechte Maßbeständigkeit. PVC-Beläge müssen verschweißt werden. Der Wärmedurchlaßwiderstand beträgt maximal 0,15 m² K/W.

zigarettenglutbeständig

Der Belag ist gegen Zigarettenglut beständig, wenn bei der Prüfung nach DIN 51 961 keine bleibende, d. h. nicht entfernbare Schädigung auftritt.

gegen Mineralöl und Fett beständig

Der Belag zeigt bei 24 Stunden Einwirkungsdauer nach DIN 51 958 von Schmieröl ASTM Nr. 2 und Markenbutter keine sichtbare Veränderung und max. 25 % Änderung des Resteindrucks.

Bei PVC-Belägen nach RAL-AGt 8 BA, BB und BH entscheidet nur der Verschleißindex über die Einstufung in den Eignungsbereich. Für die anderen Belagsarten gelten zusätzlich die in nachstehender Tabelle aufgeführten zusätzlichen Mindestanforderungen an die Nutzschichtdicke (siehe Tafel 13.3).

b) **Verschleißverhalten von textilen Bodenbelägen** wird durch eine Reihe von Prüfverfahren festgestellt:
1. DIN 54 316 Prüfung von Textilien; Bestimmung der Zusammendrückbarkeit bei konstanter Belastung und der Wiederholung von textilen Fußbodenbelägen.
2. DIN 54 322 Prüfung von Textilien; Bestimmung der Abnutzung textiler Fußbodenbeläge; Tretradversuch nach *Lisson*.
3. DIN 54 323, Prüfung von Textilien; Bestimmung der Abnutzung textiler Fußbodenbeläge; Trommelversuch.

Auf der Basis der Prüfergebnisse der Verfahren nach 1 bis 3 wird eine Einstufungskennziffer ermittelt, durch die in Verbindung mit weiteren Kriterien die Eignung für bestimmte Verwendungsbereiche als **Strapazierwert** festgestellt wird.

Die Eignung von textilen Bodenbelägen wird darüber hinaus durch den **Komfortwert** bestimmt.

Bodenbeläge

Die Anforderungen für den Strapazierwert sind in folgenden Prüfgrundlagen festgelegt:

Polteppiche:	DIN 66 095 Teil 2 bzw. RAL TG 2 T
Nadelvliese:	DIN 66 095 Teil 3 bzw. RAL TG 2 TA

Strapazierwert und Komfortwert werden in Form eines Balkendiagramms angegeben:

Strapazierwert gering
für wenig begangene Räume, z. B. Schlaf-, Gästezimmer

Strapazierwert normal
für normal beanspruchte Räume, z. B. Wohnzimmer, Jugendzimmer

Strapazierwert stark
für stark beanspruchte Wohn- und Aufenthaltsräume, z. B. Dielen, Kinder-Spielzimmer, Büroräume

Strapazierwert extrem
für den Objektbereich mit starkem Publikumsverkehr und extremen Belastungen, z. B. Kaufhäuser, Schalterhallen, Hotelhallen, Schulen, Großraumbüros

Objektbeläge im hohen Bereich innerhalb des Strapazierwertes „extrem" nach DIN 66 095 für Anwendungsgebiete, die dauerndem, erheblichem Publikumsverkehr sowie stärksten Dreh- und Rollbewegungen, z. B. im Verwaltungshochbau, ausgesetzt sind, können im RAL-Testat zusätzlich wie folgt gekennzeichnet werden:

Komfortwert einfach
bei geringem Anspruch an Ausstattung und geringem Repräsentationsbedarf

Komfortwert gut
bei durchschnittlichem Komfortanspruch, bei dem aber doch Wert auf Behaglichkeit gelegt wird

Strapazierwert			Komfortwert		
extrem	stark	normal	gering	einfach	gut	hoch	luxuriös

Komfortwert hoch
bei hohem Anspruch an Komfort und Gemütlichkeit

Strapazierwert			Komfortwert		
extrem	stark	normal	gering	einfach	gut	hoch	luxuriös

Komfortwert luxuriös
bei besonderen, exklusiven Komfortansprüchen

Strapazierwert			Komfortwert		
extrem	stark	normal	gering	einfach	gut	hoch	luxuriös

Zusatzeignungen:

Stuhlrollengeeignet. Beläge mit diesem Symbol sind stuhlrollengeeignet. Bürorollstühle müssen für den Einsatz auf textilen DLW-Bodenbelägen mit Rollen nach DIN 68 131 Typ H ausgestattet sein, d. h. mit harten, reibungsarmen Rollen in den genormten Abmessungen (etwa 50 mm $\varnothing$, etwa 20 mm Laufflächenbreite, etwa 100 mm Krümmungsradius der Lauffläche).

Feuchtraumgeeignet z. B. für Badezimmer, Duschraum

Treppengeeignet. Beläge mit diesem Symbol können ohne Verwendung von Treppenkantenprofilen auf Treppenstufen verlegt werden. In Verbindung mit PVC-Treppenkanten können auch Beläge ohne dieses Symbol auf Treppen verlegt werden. Der Einsatzbereich des Belages muß dann der zu erwartenden Beanspruchung entsprechen.

Antistatisch. Beläge sind antistatisch, wenn der Aufladungswert beim Begehtest oder der apparativen Aufladungsmessung 2 kV nicht überschreitet.

Fußbodenheizungsgeeignet. Teppichbeläge sind für elektrische Speicherheizungen geeignet, wenn der Wärmedurchlaßwiderstand den Wert von 0,17 $m^2 \cdot K/W$ nicht überschreitet und wenn der Pol aus synthetischem Fasermaterial besteht.

13.3.11 Feuchtraumeignung textiler Bodenbeläge wird u. a. nach DIN 54 318, Prüfung von Textilien; Bestimmung der Maßänderung von textilen Fußbodenbelägen bei wechselnder Einwirkung von Wasser und Wärme, geprüft.

13.3.12 Lichtechtheit

a) **Lichtechtheit von elastischen Bodenbelägen** wird nach DIN V 53 388, Prüfung von Kunststoffen; Prüfung der Lichtbeständigkeit im Naturversuch (Global-

Tafel 13.4 Elastische Bodenbeläge. Normative Anforderungen

		DIN 16 951 (PVC-Beläge ohne Träger)	DIN 16 950 Entwurf (Flex-Platten)	DIN 18 171 (Linoleum)	DIN 18 173 (Linoleum-Verbundbelag)	DIN 16 852 (Gummibeläge mit profilierter Oberfläche)
1.1	Abmessungen, zulässige Abweichungen vom Nennmaß	Bahnen: min. Nennmaß Fliesen: ± 0,15 %	± 0,1 % mm	–	–	± 0,15%
1.2	Gesamtdicke, zulässige Abweichung von der Nenndicke	± 0,15 mm als Mittelwert oder ± 0,2 mm als Einzelwert	± 0,1 mm Einzelwerte ± 0,15 mm Mindestnenndicke 1,6 mm	± 0,15 mm Einzelwerte ± 0,2 mm	± 0,2 mm Einzelwerte ± 0,25 mm	± 0,2 mm Mindestnenndicke 4,0 mm
1.3	Nutzschichtdicke DIN 51 964	= Gesamtdicke bei heterogenen Belägen min. 0,3 mm	= Gesamtdicke		min. 1,5 mm	min. 0,5 mm (Profilhöhe)
1.4	Flächengewicht					
1.5	Eindruckverhalten DIN 51 955 Resteindrucktiefe	max. 0,07 mm	max. 0,1 mm	bis 3,2 mm Dicke: max. 0,2 mm bis 4,0 mm Dicke max. 0,25 mm	max. 0,4 mm	max. 0,35 mm
1.6	Maßänderung Platten Maßänderung Bahnen quer Maßänderung Bahnen längs	max. ± 0,5 mm max. ± 0,5 mm max. ± 0,8 mm	max. ± 0,5 mm			max. ± 0,6 mm
1.7	Brandverhalten DIN 4102	–		–	–	mind. B 2
1.8	Lichtechtheitszahl DIN 53 388/53 389	min. 6	min. 5	min. 5	min. 5	min. 6
1.9	Verbesserungsmaß der Trittschalldämmung (VM) DIN 52 210	–	–	–	min. 14 dB	min. 12 dB
1.10	Verschleißverhalten DIN 51 963 (Prüfnorm) rel. Verschleißwiderstand rV	Nutzschichtdicke darf nach 20 Zyklen nicht abgetragen sein	Nutzschichtdicke darf nach 20 Zyklen nicht abgetragen sein	Dicke: 2,0 mm: min. 1,5 2,5 mm: min. 2,0 3,2 mm: min. 3,0 4,0 mm: min. 6,0	min. 3,0	Nutzschichtdicke darf nach 20 Zyklen nicht abgetragen sein
1.11	Abriebverhalten DIN 53 516, 5 N	–	–	–	–	max. 150 mm^3

13.3.12 Lichtechtheit

Elastische Bodenbeläge. Normative Anforderungen

		DIN 16 952/1 (PVC-Filz-Beläge)	DIN 16 952/2 (PVC-Beläge mit Korkment als Träger)	DIN 16 952/3 (PVC-Beläge mit Unterschicht aus PVC-Schaum)	DIN 16 952/4 (PVC-Beläge auf Synthese-faservliesstoff)	DIN 16 952/5 (PVC-Schaumbeläge mit strukturierter Oberfläche)
1.1	Abmessungen, zulässige Abweichung vom Nennmaß	min. Nennmaß	min. Nennmaß	min. Nennmaß	min. Nennmaß	min. Nennmaß
1.2	Gesamtdicke, zulässige Abweichung von der Nenndicke oder vom Mittelwert	± 10 %	± 10 %	± 10 %	± 10 %	± 10 %
	Mindestdicke der PVC-Schicht	0,8 mm	1,0 mm	0,8 mm	0,8 mm	0,8 mm
1.3	Nutzschichtdicke DIN 51 964	min. 0,15 mm	min. 0,3 mm	min. 0,15 mm	min. 0,15 mm	min. 0,15 mm
1.4	Flächengewicht zulässige Abweichung vom Nenngewicht oder vom Mittelwert	± 10 %	± 10 %	–	± 10 %	± 10 %
1.5	Eindruckverhalten DIN 51 955 Resteindrucktiefe	max. 0,8 mm	bei Nenndicke bis 3 mm: max. 0,25 mm bei Nenndicke über 3 mm: max. 0,4 mm	max. 0,4 mm	max. 0,6 mm	max. 0,6 mm
1.6	Maßänderung Platten Maßänderung Bahnen quer Maßänderung Bahnen längs	– max. ± 0,6 mm max. ± 0,6 mm	– max. ± 0,6 mm max. ± 0,6 mm	– max. ± 0,6 mm max. ± 0,6 mm	– max. ± 0,6 mm max. ± 0,6 mm	– max. ± 0,5 mm max. ± 0,5 mm
1.7	Brandverhalten DIN 4102	–	–	–	–	B 2
1.8	Lichtechtheitszahl DIN 53 388/53 389/ DIN 54 001	min. 6	min. 6	min. 6	min. 6	min. 7
1.9	Verbesserungsmaß der Trittschalldämmung (VM) DIN 52 210	min. 13 dB	min. 16 dB	min. 16 dB	min. 13 dB	–
1.10	Verschleißverhalten DIN 51 963 (Prüfnorm)	Nutzschichtdicke darf nach 20 Zyklen nicht abgetragen sein	Nutzschichtdicke darf nach 20 Zyklen nicht abgetragen sein	Nutzschichtdicke darf nach 20 Zyklen nicht abgetragen sein	Nutzschichtdicke darf nach 20 Zyklen nicht abgetragen sein	Nutzschichtdicke darf nach 20 Zyklen nicht abgetragen sein

strahlung hinter Fensterglas), und nach DIN V 53 389, Prüfung von Kunststoffen; Kurzprüfung der Lichtbeständigkeit (Simulation von Globalstrahlung hinter Fensterglas durch gefilterte Xenonbogenstrahlung), geprüft. Es werden Echtheitszahlen von 1 bis 8 (Höchstnote) erteilt. (Mindestanforderungen siehe Tafel 13.4)

b) **Lichtechtheit für textile Fußbodenbeläge** wird nach DIN 54 004, Prüfung der Farbechtheit von Textilien; Bestimmung der Lichtechtheit von Färbungen und Drucken mit künstlichem Tageslicht (gefiltertes Xenonbogenlicht), geprüft. Es werden Echtheitszahlen von 1 bis 8 (Höchstnote) erteilt. Mindestanforderung nach DIN 66 095 ist 5.

13.3.13 Reibechtheit

von textilen Bodenbelägen wird nach DIN 54 021, Prüfung der Farbechtheit von Textilien; Bestimmung der Reibechtheit von Färbungen und Drucken, geprüft. Es werden Echtheitszahlen von 1 bis 5 (Höchstnote) erteilt. Mindestanforderung nach DIN 66 095 ist 3 – 4 (trocken) bzw. 3 (naß).

13.3.14 Wasserechtheit wird nach DIN 54 006, Prüfung der Farbechtheit von Textilien; Bestimmung der Wasserechtheit von Färbungen und Drucken (schwere Beanspruchung) – geprüft. Die Mindestanforderung nach DIN 66 095 ist 4.

Die Mindestwerte für Licht-, Reib- und Wasserechtheit sind Grundanforderungen für die Einstufung von textilen Bodenbelägen. Sie brauchen daher bei Produktbeschreibungen mit Strapazier- und Komforteinstufung nach DIN 66 095 nicht besonders aufgeführt zu werden.

Produktdaten für Bodenbeläge sind nur dann für den Planer als verbindliche Größe verwertbar, wenn die von ihm ausgewählten Produkte in einen bestimmten Eignungsbereich nachweislich eingestuft sind. Diese damit definierte Qualität umfaßt eine Reihe von einzelnen Mindestkennwerten. Bei Produkten, die nicht durch Einstufung in einen Eignungsbereich ausgezeichnet sind (z. B. durch RAL-Testat), ist die Gewähr für eine bestimmte Qualität allenfalls dadurch zu erreichen, daß beim Abschluß von Lieferverträgen oder Werkverträgen bestimmte Prüfzeugnisse Vertragsbestandteil werden.

Allgemeine Güteanforderungen für elastische Bodenbeläge sind in Tafel 13.4 zusammengestellt.

14 Kunststoffe

14.1 Kurzzeichen für Kunststoffe

Normen
DIN 7728 T 1 (Jan. 88): Kunststoffe; Kennbuchstaben und Kurzzeichen für Polymere und ihre besonderen Eigenschaften
DIN 7728 T 2 (März 80): Kunststoffe; Kurzzeichen für verstärkte Kunststoffe

Durch DIN 7728 genormte Kurzzeichen der wichtigsten Kunststoffe, soweit sie bautechnisch verwendet werden, sind fett gedruckt. Bei Copolymeren werden die Kurzzeichen aus den Angaben der monomeren Komponenten, von links nach rechts in der Reihenfolge abnehmender Massenanteile, getrennt durch einen Schrägstrich, aufgebaut. Der Schrägstrich darf entfallen, wenn allgemein ein Kurzzeichen ohne Schrägstrich verwendet wird, wie z. B. bei ABS und SAN. Durch zusätzliche Kennbuchstaben hinter dem Kurzzeichen des Polymers, getrennt durch einen Mittelstrich, können bis zu vier wesentliche Eigenschaften gekennzeichnet werden, z. B. – C = chloriert, – HI = hoch schlagzäh, – P = weichmacherhaltig, – U = weichmacherfrei, – X = vernetzt.

ABS	Acrylnitril-Butadien-Styrol	**EP-GF**	glasfaserverstärktes Epoxidharz
A/MMA	Acrylnitril/Methylmethacrylat	EPS	expandiertes Polystyrol
		E-PVC	Emulsions-PVC
		E/VA	Ethylen-Vinylacetat
APT	(= EPDM) Ethylen-Propylen-Dien	GF-EP	glasfaserverstärktes Epoxidharz
ASA	Acrylnitril-Styrol-Acrylester	**GFK**	glasfaserverstärkte Kunststoffe
BR	Cis-1, 4-Polybutadien	GR-I	Butylkautschuk
CA	Celluloseacetat	GR-N	Nitrilkautschuk
CAB	Celluloseacetobutyrat	GR-S	Styrol-Butadien-Kautschuk
CAP	Celluloseacetopropionat	GF-UP	glasfaserverstärkte Polyesterharze
CF	Kresolformaldehydharz		
CN	Cellulosenitrat	**HDPE**	Polyethylen hoher Dichte (= PE hart)
Cop.	allgemein: Copolymere		
CP	Cellulosepropionat	HMWPE	hochmolekulares Polyethylen (hoher Dichte)
CPVC	chloriertes Polyvinylchlorid		
		IIR	Butylkautschuk
CR	Chloropren-Kautschuk = Polychloropren	IR	Cis-1, 4-Polyisopren-Kautschuk
CSF	Casein-Formaldehyd	**LDPE**	Polyethylen niedriger Dichte (= PE weich = PE-HD)
CSM	chlorsulfoniertes Polyethylen		
ECB	Ethylen-Cop.-Bitumen	MC	Methylcellulose
EP	Epoxidharz	MDPE	Polyethylen mittlerer Dichte (= PE hart = PE-ND)
EPDM	Ethylen-Propylen-Dien		
EPE	Epoxidharzester		

MF	Melaminformaldehydharz	PVCA	Vinylchlorid-Vinylacetat
MP	ältere Bezeichnung für Copolymere	**PVC-C**	chloriertes Polyvinylchlorid
M-PVC	Masse-PVC	PVC hart	Polyvinylchlorid ohne Weichmacher
NBR	Nitrilkautschuk		
NC	Nitrocellulose	**PVC-U**	Hart-PVC-Formmassen
NK	Naturkautschuk	PVC weich/	
PA	Polyamid	(PVC-P)	Polyvinylchlorid mit Weichmacher
PAN	Polyacrylnitril		
PB	Polybuten-1	PVCS	Vinylchlorid-Styrol-Cop.
PBT	Polybutylenterephthalat	**PVCD**	Polyvinylidenchlorid
PC	Polycarbonat	**PVDF**	Polyvinylidenfluorid
PCTFE	Polychlortrifluorethylen	**PVF**	Polyvinylfluorid
PE	Polyethylen	PVP	Polyvinylpropionat[1])
PE-C	chloriertes Polyethylen	RF	Resorcin-Formaldehydharz
PE-HD	Hochdruckpolyethylen		
PE-ND	Niederdruckpolyethylen	**SAN**	Styrol-Acrylnitril
PET	Polyethylenterephthalat	**S/B**	Styrol-Butadien
PE-X	vernetztes Polyethylen	SBR	Styrol-Butadien-Kautschuk
PF	Phenol-Formaldehyd		
PIB	Polyisobutylen	Si	Siliconkautschuk
PMMA	Polymethylmethacrylat	**SI**	Silicon (– Polymer)
POM	Polyoximethylen, Polyformaldehyd (Polyacetal)	S-PVC	Suspensions-PVC
		SR	Polysulfid-Kautschuk
		UF	Harnstoff-Formaldehyd-Harz
PP	Polypropylen		
PPOX	Polypropylenoxid	**UP**	ungesättigte Polyester
PS	Polystyrol	**UP-GF**	glasfaserverstärkter ungesättigter Polyester
PTFE	Polytetrafluorethylen		
PUR	Polyurethan	VAC	Vinylacetat
PVAC	Polyvinylacetat	VC	Vinylchlorid
PVAL	Polyvinylalkohol	**VC/E**	Vinylchlorid/Ethylen
PVB	Polyvinylbutyral	VF, Vf	Vulkanfiber
PVC	Polyvinylchlorid	VPE	vernetztes Polyethylen
		VC/VAC	Vinylchlorid/Vinylacetat

14.2 Begriffe und Einführung

Kunststoffe waren ursprünglich künstlich hergestellte Ersatzstoffe für Naturprodukte wie Horn, Naturgummi, Elfenbein oder Pflanzenharze. Der Makel minderwertiger Ersatzstoffe haftete ihnen teilweise lange an. Heute konkurrieren sie gleichwertig mit anderen Werkstoffen und können ihnen in ihren technischen Eigenschaften oder ihrer Wirtschaftlichkeit auch überlegen sein, so daß sie sogar auf manchen Anwendungsgebieten vorherrschen. Die mengenmäßige Erzeugung von Kunststoffen ist zwar wesentlich geringer als die Produktion mineralischer Baustoffe, immerhin jedoch dem Volumen nach schon etwa so groß wie der Verbrauch von Eisen und

---

[1]) Das Kurzzeichen PVP ist nach DIN 7728 T 1 für das bautechnisch nicht verwendete Polyvinylpyrrolidon reserviert.

14.2 Begriffe und Einführung / 14.3 Gemeinsame Merkmale der Kunststoffe

NE-Metallen zusammen. Etwa 1/4 des Gesamtverbrauchs an Kunststoffen geht in der Bundesrepublik Deutschland in das Bauwesen.

Die meisten Kunststoffe sind entweder plastisch erweichbar oder bei ihrer Herstellung bzw. als Zwischenprodukte plastisch fließbar gewesen; sie werden deshalb auch als *Plaste* (DDR) oder *Plastik* (Hart- und Weichplastik) bezeichnet (engl.: plastics, französ.: matière plastique, russ.: plastmassa).

Der Ausdruck *Chemiewerkstoff* als wertfreier Name für Kunststoff und als Hinweis auf ein Produkt der Großchemie hat sich (bisher) nicht allgemein durchgesetzt. Polymerwerkstoff ist eine neue Wortprägung, welche den Begriff Kunststoff umfassend beinhaltet. Für harzähnliche Kunststoffe werden die Ausdrücke *Kunstharze, Reaktionsharze, Gießharze* oder *Laminierharze*, aus denen man dünnwandige, blattartige Laminate herstellt, verwendet. Reaktionsharze sind Kunstharze, die durch chemische Reaktion mit zwei oder mehr Komponenten, z. B. Harz, Härter und Beschleuniger, zu einem harzähnlichen Kunststoff aushärten. Kunststoffe sind durch chemische Umsetzungen hergestellte künstliche Werkstoffe, und zwar vorwiegend makromolekulare organische Stoffe.

Die *Herstellung* der Kunststoffe erfolgt:

entweder *vollsynthetisch* durch Verbindung kleiner Moleküle (Monomere) zu Makromolekülen (Polymere), z. B. bei PVC, Polyester,

oder durch *Abwandlung* makromolekularer Naturstoffe „*halbsynthetisch*", z. B. Zelluloid.

Am **Aufbau** der Kunststoffe sind vorwiegend die Elemente C, H und O beteiligt; manche enthalten Cl (PVC), N (Polyamide), F („Teflon"), S (Polysulfide), Si („Silicone") u. a. m.

Die *Ausgangsstoffe* für die vollsynthetischen Kunststoffe sind hauptsächlich Erdöl, daneben auch Kohle und Erdgas sowie Kalk, Kochsalz, Wasser u. a. Kohlenwasserstoffe der Olefinreihe (auch Olefine oder Alkene genannt) spielen als Ausgangsstoffe eine wesentliche Rolle (siehe Abschnitt 14.4.1).

14.3 Gemeinsame Merkmale der Kunststoffe (siehe Tafel 14.1)

Kunststoffe haben oft sehr unterschiedliche Eigenschaften. Gemeinsame Merkmale sind: geringe Rohdichte (0,9 bis 1,5, einige bis 2,1 g/cm^3, mit Füllstoffen auch höher, aufgeschäumt > 0,01 g/cm^3), niedrige Wärmeleitfähigkeit [λ = 0,15 bis 0,40 W/(m · K)], als Schaumstoff: λ = etwa 0,03 bis 0,04 W/(m · K), großer Wärmeausdehnungskoeffizient ($\alpha_T \leq 200 \cdot 10^{-6}$/K, d. h. bis zu 20mal so groß wie bei Beton oder Stahl), relativ hohe Zugfestigkeit, große Bruchdehnung, niedriger Elastizitätsmodul (E = etwa 100 bis 10 000 N/mm^2), gutes elektrisches Isoliervermögen, große Beständigkeit gegen Wasser und aggressive Stoffe, leichte Verarbeitbarkeit, gute Einfärbbarkeit, Versprödungsgefahr bei tiefen Temperaturen. Bei höheren Temperaturen (i. allg. etwa zwischen 60 °C und 200 °C, je nach Kunststoffart) sind sie nicht beständig (vgl. Tafel 14.2). Sie sind oft harzähnlich, mit dichter Oberfläche und oberflächenglatt. Sie kommen nicht in gasförmigem Zustand vor. Im allgemeinen sind sie wirtschaftlich und preislich günstig. Sie sind mehrheitlich brennbar, teils jedoch schwer entflammbar. Ihre Zeitstandfestigkeit ist temperaturabhängig

Kunststoffe

Tafel 14.1 Richtwerte physikalischer Eigenschaften ausgewählter Kunststoffe

Kunststoff	Kurzzeichen	Rohdichte g/cm³	Zugfestigkeit N/mm²	Reißdehnung %	Zug-E-Modul N/mm²	Kugeldruckhärte (10-s-Wert) N/mm²	Schlagzähigkeit kJ/m²	Wärmedehnzahl $\alpha_T \cdot 10^{-6}/K$	Wärmeleitfähigkeit W/(m·K)	Wärmeformbeständigkeit nach *Vicat* VST/B °C
Polyethylen, weich	PE weich	0,91–0,93	8–23	300–1000	200–500	13–20	ohne Bruch	ca. 200	0,32	40
Polyethylen, hart	PE hart	0,94–0,96	18–35	100–1000	700–1400	40–65	o. Br.	150–180	0,4	ca. 65
Polypropylen	PP	0,90–0,91	21–37	20–800	1100–1300	36–70	o. Br.	110–170	0,22	80–90
Polybuten 1	PB	0,91–0,92	30–38	250–280	250–350	30–38	o. Br.	120–130	0,20	70
Polyisobutylen	PIB	0,91–0,93	12–61	> 1000	–	–	o. Br.	120	0,12–0,20	–
Polyvinylchlorid, hart	PVC hart	1,38–1,55	50–75	10–50	1000–3500	75–155	o. Br.	70–80	0,16	70–80
Polyvinylchlorid, weich	PVC weich	1,16–1,35	10–25	170–400	–	–	o. Br.	150–210	0,15	40
Polystyrol	PS	1,05	45–65	3–4	3200	120–130	5–20	70	0,16	88
ABS-Pfropfpolymerisat	ABS	1,04–1,06	32–45	15–30	1900–2700	80–120	70–o. Br.	80–90	0,18	90–100
Polyacetal	POM	1,41–1,42	62–70	25–70	2800–3200	150–170	100	100	0,25–0,30	160–170
Polymethylmethacrylat	PMMA	1,17–1,20	50–77	2–10	2700–3200	180–200	12–18	70–80	0,18	125
Polytetrafluorethylen	PTFE	2,15–2,20	25–36	350–550	410	27–35	o. Br.	100–200	0,23	110
Polyamid 6	PA 6	1,13	70–85	200–300	1400	75	o. Br.	70–120	0,29	> 200
Polyamid 11	PA 11	1,04	56	500	1000	75	o. Br.	100–120	0,23	175
Polycarbonat	PC	1,20	56–67	100–130	2100–2400	110	o. Br.	60–70	0,21	150
Polyethylenterephthalat	PETP	1,37	47	50–300	3100	200	o. Br.	70	0,24	188
Phenolformaldehydharz	PF	1,40	25	0,4–0,8	5600–12000	250–320	3,5–12	30–50	0,35	
Harnstoffformaldehydharz	UF	1,50	30	0,5–1	7000–10500	260–350	> 6,5	40–50	0,40	
Melaminformaldehydharz	MF	1,50	30	0,6–0,9	4900–9100	260–410	> 7	10–30	0,35	
Epoxidharz	EP	1,90	30–40	4	21500	–	> 6	20	0,23	
Polyurethangießharz	PUR	1,05	70–80	3–6	4000	–	–	10–20	0,58	
Unges. Polyesterharz	UP	2,00	30	0,6–1,2	14000–20000	240	> 4	60–150	0,6	
Vulkanfiber	VF	1,10–1,45	85–100	–	–	80–140	20–120	20–100		
Zellulosepropionat	CP	1,19–1,23	14–55	30–100	420–1500	47–79	o. Br.	110–130	0,21	100

und manchmal nicht sehr hoch; plastische Verformungsanteile (Kriechen und Relaxation) können dementsprechend groß sein.

14.4 Einteilung der Kunststoffe

14.4.1 Einteilung nach der Molekularstruktur

Die Kunststoffe besitzen entweder *lineare,* fadenförmige Makromoleküle oder dreidimensional *vernetzte* Makromolekül-Knäuel. Bei den linearen Molekülketten der *Thermoplaste* kommen auch verzweigte Ketten vor. Man unterscheidet *amorphe, glasklare Thermoplaste* (z. B. PVC) und *teilkristalline Thermoplaste* (z. B. PE) mit teilweise zu Bündeln geordneten Fadenmolekülen zwischen quasi gelenkwirksamen erweichten Bereichen. Teilkristalline Thermoplaste sind zäh-fest und können durch Recken auf eine höhere Zugfestigkeit verstreckt werden. Bei den Thermoplasten können die *Monomere* als Bausteine der Makromoleküle bzw. als Kettenglieder untereinander gleich sein (*Homopolymerisate*), oder die Ketten sind aus 2 oder 3 verschiedenen Arten von Ausgangsmonomeren (*Co- und Terpolymerisate* oder *Mischpolymerisate*) zusammengesetzt.

Bei den Kunststoffen aus vernetzten Makromolekülen sind zu unterscheiden:

Duroplaste (Duromere) als engvernetzte, ausgehärtete Kunststoffe,

Elastomere als weitmaschig vernetzte hochpolymere Werkstoffe, die bei 20 °C oder einer tieferen Temperatur bis zur Zersetzungstemperatur gummi-elastisch sind,

Thermoelaste als weitmaschig vernetzte hochpolymere Werkstoffe, die von 20 °C oder einer höheren Temperatur bis zur Zersetzungstemperatur gummi-elastisch sind (z. B. gegossenes Acrylglas oder weitmaschig vernetztes Polyethylen).

Auf diesen verschiedenen Molekülformen beruhen die unterschiedlichen physikalischen Eigenschaften der genannten Kunststoffgruppen, insbesondere auch ihr thermisches Verhalten (siehe auch Abschnitt 14.4.3).

14.4.2 Einteilung nach der Bildungsweise

Hier sind zwei Hauptarten zu unterscheiden:

Halbsynthetische Kunststoffe (z. B. CN), entstanden durch Umwandlung von tierischen und pflanzlichen Stoffen.

Vollsynthetische Kunststoffe (z. B. PVC), hergestellt aus niedermolekularen Grundstoffen, wie Erdöl, Erdgas usw. Je nach der chemischen Bildungsreaktion werden die vollsynthetischen Kunststoffe eingeteilt in *Polymerisate* (z. B. PVC, PE), entstanden durch Polymerisation, *Polykondensate* (z. B. PF), entstanden durch Polykondensation, *Polyaddukte* (z. B. PUR), entstanden durch Polyaddition [14.9].

14.4.3 Einteilung nach ihrem mechanisch-thermischen Verhalten

Normen

DIN 7708 T 1 (Dez. 80):	Kunststoff-Formmassen, Kunststofferzeugnisse; Begriffe
DIN 7708 T 2 (Okt. 75):	Kunststoff-Formmassentypen; Phenoplast-Formmassen
DIN 7708 T 3 (Okt. 75):	–dito–; Aminoplast-Formmassen, Aminoplast/Phenoplast-Formmassen
DIN 7708 T 4 (Jan. 83):	–dito–; Kaltpreßmassen

650 Kunststoffe

DIN 7724 (Febr. 72): Gruppierung hochpolymerer Werkstoffe aufgrund der Temperaturabhängigkeit ihres mechanischen Verhaltens; Grundlagen, Gruppierung, Begriffe

DIN 7724 Bbl. (Febr. 72): –dito– Vereinfachte Zusammenfassung

a) Thermoplaste (Plastomere)

Thermoplaste sind warmbildsame und warmverformbare Kunststoffe mit fadenförmigen, linearen, manchmal auch verzweigten Makromolekülen. Das Formänderungsverhalten der Thermoplaste ist stark temperaturabhängig. Während man bei mineralischen Werkstoffen 3 Aggregatzustände („fest", „flüssig" und „gasförmig") kennt, unterscheidet man bei Thermoplasten die

3 *Zustandsformen:* „fest", „weich-elastisch" und „teigig-zäh bis flüssig".

Mit steigenden Temperaturen durchlaufen Thermoplaste die

3 *Zustandsbereiche:* „hart", „thermoelastisch" und „thermoplastisch".

Bei weiterer Temperaturerhöhung zersetzen sie sich. Der zur Kennzeichnung der Zustandsbereiche verwendete Schubmodul G liegt im thermoelastischen (energieelastischen) Zustand bei $G > 100$ N/mm^2 und sinkt im thermoplastischen Zustand auf kaum meßbare Werte $G < 0,1$ N/mm^2 ab.

Zwischen den Zustandsbereichen herrschen keine scharfen Übergänge bei bestimmten Temperaturen, etwa den Schmelz- und Siedepunkten anderer Werkstoffe entsprechend, sondern *Temperaturübergangsbereiche*. Dabei unterscheidet man (siehe Abb. 14.1) zwischen dem *Erweichungstemperaturbereich* ET (auch Glasübergangstemperatur genannt, siehe Tafel 14.3), dem *Fließtemperaturbereich* FT und dem Bereich beginnender *Zersetzung* Z. Hierbei ist zu beach-

Tafel 14.2 Grenztemperaturbereiche der Kunststoffe (Gebrauchstemperaturen bei kurz- und langzeitiger Belastung) in °C

Polyethylen, weich	PE weich	90– 75
Polyethylen, hart	PE hart	110 – 95
Polyoxymethylen	POM	80 – 60
Polypropylen	PP	140 – 100
Polybuten 1	PB	100 – 90
Polyvinylchlorid	PVC	90 – 60
Polystyrol	PS	≤ 80 – ≤ 70
ABS-Propfpolymer	ABS	≤ 100 – ≤ 85
Acrylglas	PMMA	100 – 90
Polytetrafluorethylen	PTFE	200 – 150
Polyamid 6	PA 6	≤ 180
Polyamid 12	PA 12	80
Polycarbonat	PC	160 – 135
Phenolharz	PF	120/160 – 80/140
Melaminharz	MF	120 – 80
Harnstoffharz	UF	100 – 70
Epoxidharz	EP	130 – 80
Polyurethanharz (PUR) vernetzt	PUR	130 – 100
Polyesterharze	UP	110 – 80
Siliconharze	SI	200 – 140
Zelluloseacetat	CA	80 – 70
Zelluloseacetobutyrat	CAB	100 – 90

14.4.3 Einteilung nach ihrem mechanisch-thermischen Verhalten 651

Tafel 14.3 Einfriertemperatur (Glasübergangstemperatur) ausgewählter Kunststoffe in °C

Polyethylen	PE	− 70 bis − 100
Polypropylen	PP	− 10 bis − 32
Polyisobutylen	PIB	− 60 bis − 74
Polybuten	PB	− 24
Polyvinylchlorid, hart	PVC	65 bis 75
Polyvinylchlorid, weich	PVC weich	− 10 bis − 100
Acrylglas	PMMA	90 bis 110
Polytetrafluorethylen	PTFE	− 20
Polyamid 6	PA 6	+ 40
Polyamid 66	PA 66	+ 50
Zelluloseacetat	CA	55 bis 85
Zellulosepropionat	CP	55 bis 105
Polycarbonat	PC	150
Polystyrol	PS	80 bis 100

ten, daß eine niedrigere, aber lange Temperatureinwirkung den gleichen Effekt hat wie eine höhere, aber kurze Einwirkung. Sowohl die Höhe der Temperatur als auch die Dauer der Wärmeeinwirkung sind von Bedeutung.

Teilkristalline Thermoplaste, die zwischen amorphen (gestaltlosen) Bereichen der verknäuelten Moleküle auch kristalline (geordnete) Bereiche parallel verlaufender Molekülketten besitzen, weisen in ihrem Formänderungsverhalten eine zusätzliche Eigenart auf, nämlich den *Kristallitschmelzbereich* KSB (siehe Abb. 14.3). Oberhalb des Einfrierungstemperaturbereiches ET bis zum KSB werden die amorphen Anteile zunehmend thermoelastisch, während die kristallinen Anteile noch hart sind. Erreichen die Temperaturen den KSB, schmelzen die kristallinen Anteile, so daß der Thermoplast zunehmend thermoelastisch und bei weiterer Temperaturerhöhung im Fließtemperaturbereich FT thermoplastisch wird.

Mit den verschiedenen Zustandsbereichen stehen die *Formungstechnik* und die *Verarbeitungsverfahren* der Thermoplaste in einem engen Zusammenhang.

Im *thermoplastischen* Zustand lassen sie sich *urformen* (gießen, extrudieren, kalandrieren usw.) und *schweißen* (siehe Abschnitt 14.10.2),

im *thermoelastischen* Zustandsbereich kann man sie *umformen* (z. B. durch Tiefziehen, Streckziehen, Biegen, Abkanten), und

im *festen Zustand* sind die üblichen Formungstechniken möglich, nämlich *Trennen* (wie Bohren, Fräsen, Drehen, Feilen, Hobeln, Sägen, Schleifen) und *Fügen* (wie Kleben, mechanisch Verbinden, z. B. Nieten, Verschrauben).

Wie ist das thermoplastische (warmbildsame) Verhalten der Plastomere zu erklären?

Die Makromoleküle bestehen aus vielen Einzelmolekülen, den Monomeren, die durch starke *chemische Bindungskräfte* zusammengehalten werden. Die Molekülfäden andererseits werden durch Sekundärbindungen, d. h. physikalische Anziehungskräfte, untereinander gehalten, und sie bilden eine Art Filz, Knäuel oder Wattebausch.

Diese *zwischenmolekularen Kräfte* sind im allgemeinen viel geringer als die chemischen Bindungskräfte, und sie sind stark temperaturabhängig.

Kunststoffe

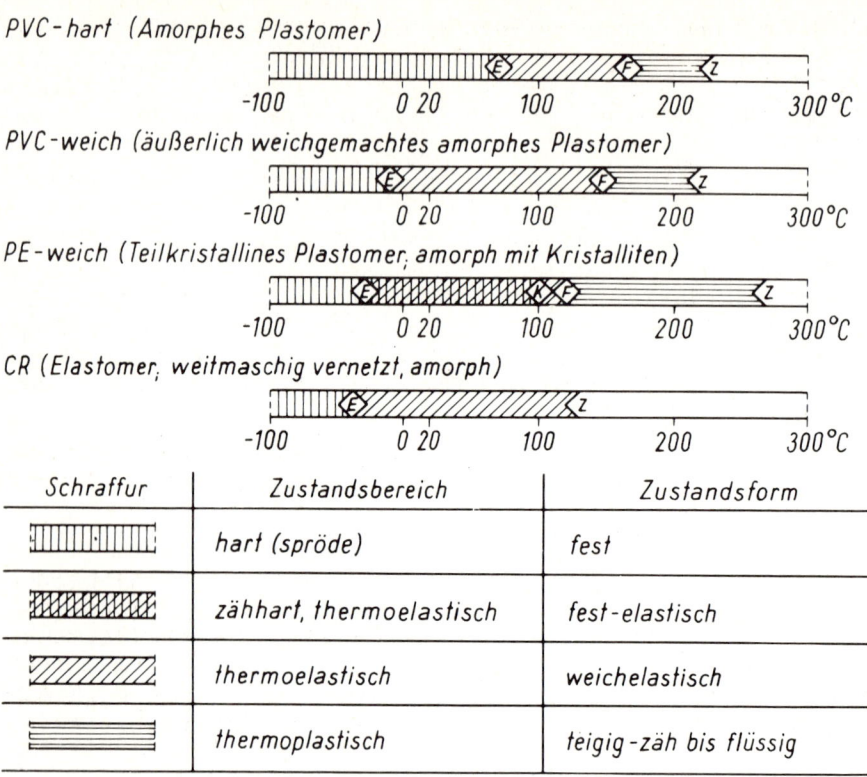

Abb. 14.1 Zustandsbereiche

Temperaturerhöhungen bewirken in den Einzelfäden und in den Fadenstücken des räumlich verfilzten Netzes eine Zunahme der *thermischen Molekularbewegungen*. Die zwischenmolekularen Kräfte nehmen dabei ab. Wechselnde Molekülgröße und schwankender Ordnungsgrad der Sekundärbindungen bedingen den *plastischen Übergangsbereich* zwischen dem festen und flüssigen Zustand der Thermoplaste.

14.4.3 Einteilung nach ihrem mechanisch-thermischen Verhalten

Je stärker die thermische Bewegung der Molekülfäden ist, desto lockerer wird die Verfilzung, und desto mehr verlieren sie den Zusammenhalt, bis die Molekülfäden sogar aneinander vorbeigleiten, ohne zu zerreißen, also ohne Zerstörung der chemischen Bindungskräfte. So geht der Thermoplast im allgemeinen vom harten zunächst in den *thermoelastischen* und dann in den *thermoplastischen* Zustand über. Erst bei sehr starker Erhitzung lösen sich die chemischen Bindungskräfte, d. h., der Kunststoff zersetzt sich.

Unterhalb der *Zersetzungstemperatur* werden Thermoplaste durch Abkühlung wieder hart. Sie können wiederholt warm verformt werden. Beim *Warmformen* der Thermoplaste im thermoelastischen Zustandsbereich muß das *Rückstellbestreben* beachtet werden, d. h., die Umformkräfte müssen bis zum Erkalten wirksam bleiben, damit die Spannungen des Molekülfilzes „eingefroren" werden können. Bei erneuter Erwärmung gehen die unter Spannung stehenden Fadenmoleküle wieder in ihre Urform zurück.

Anders ist es beim *Urformen* im thermoplastischen Bereich (z. B. beim Extrudieren): Dabei verlieren die zwischenmolekularen Kräfte praktisch ihre Wirkung, und innere, eingefrorene Spannungen treten nicht auf.

Die *Thermoplaste* sind strukturbedingt grundsätzlich in spezifischen Lösemitteln *löslich*. Darauf beruht z. B. das kalte *Quellschweißen*. Dabei werden durch Aufstreichen eines Quellmittels die Überlappungen so weit angelöst (plastifiziert), daß sie unter Druck (ohne Erwärmung) verbunden werden können. Nach Verflüchtigung des Lösemittels (z. B. Tetrahydrofuran für PVC) entsteht eine homogene Verbindung durch Verfilzung der Molekülfäden (Abschnitt 14.10.4).

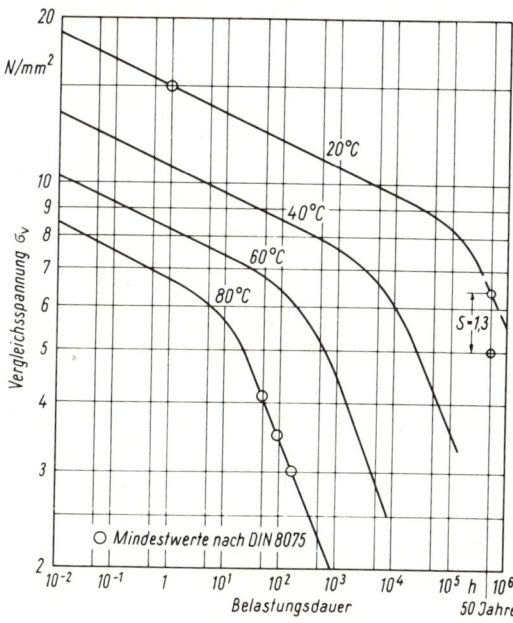

Abb. 14.2
Zeitstandfestigkeit von Rohren aus PE hart

Kunststoffe

Die verschiedenen Plastomere können bei normaler Raumtemperatur (20 °C) glasighart (PVC), weich-elastisch (wie Weich-PE) oder auch ölig-flüssig sein (*Fluidoplaste*), weil die einzelnen Zustandsbereiche bei unterschiedlichen Temperaturen von ihnen durchlaufen werden. Bei Raumtemperaturen harte Thermoplaste (z. B. PVC) können durch Zusatz nicht flüchtiger Lösemittel – durch sogenannte *Weichmacher* – weichgemacht werden. Sie befinden sich dann bei Raumtemperaturen im thermoelastischen Zustand, sind also weich und schmiegsam.

Die *äußere Weichmachung* erfolgt, indem man zunächst den pulverisierten Kunststoff mit *Weichmacher* (z. B. schwerflüchtiger Ester der Phthalsäure oder Adipinsäure) vermischt und dann erhitzt. Dadurch löst sich der Kunststoff in dem Weichmacher, er geliert und erstarrt nach Abkühlung zu einem festen Gel. Die Wirkungsweise des Weichmachers läßt sich so erklären, daß sich die Weichmachermoleküle zwischen die Molekülketten des Plastomers schieben; dadurch wird der Abstand der Molekülketten vergrößert, und die zwischenmolekularen Kräfte werden verringert; die Molekülketten werden beweglicher, und der Kunststoff wird weicher. Dadurch verlagert sich der thermoelastische Zustandsbereich zu den tieferen Temperaturen. Bei äußerlich weichgemachten Kunststoffen besteht unter Umständen, z. B. bei erhöhter Temperatur oder Berührung mit nicht weichgemachten Plastomeren, die Gefahr des *Weichmacherverlustes* (der Weichmacherwanderung).

Eine andere Methode, weiche Thermoplaste herzustellen, ist die *innere Weichmachung*. Hierbei werden lineare Makromoleküle mit kurzen Seitenketten verwendet, z. B. bei Weich-PE, welche den Abstand der Makromoleküle vergrößern, die zwischenmolekularen Kräfte verringern und dadurch schon bei der Synthese durch Verwendung einiger „trifunktioneller" Monomere den Thermoplasten innerlich weichmachen. Er befindet sich dann bei normalen Gebrauchstemperaturen im thermoelastischen Zustandsbereich. Das kann z. B. durch *Copolymerisation* (ältere Bezeichnung: *Mischpolymerisation*) geschehen.

Die Eigenschaften der Thermoplaste können auch durch Mischen verschiedener Plastomere im thermoplastischen Zustand ähnlich wie Metallegierungen verändert werden. Solche Kunststoffe werden als *Polyblends* (Polymergemische) bezeichnet.

b) Duroplaste (Duromere)

Duroplaste bestehen aus engmaschig vernetzten Makromolekülen. Mit Hilfe von Wärme können sie praktisch nicht erweicht, also auch nicht verschweißt werden. Sie sind unlöslich, nur schwach quellbar und chemisch sehr widerstandsfähig.

Die Ausgangsmaterialien der Duroplaste sind entweder feste, vorgeformte *Preßmassen* (DIN 7708 T 1 bis T 4) aus Harzen mit Zusatzstoffen (Füllstoffen, Farben, Gleitmitteln, Stabilisatoren) oder flüssige, meist zähflüssige *Reaktionsharze* (z. B. *Gießharze, Laminierharze* oder Binder der 2-Komponenten-Klebstoffe).

Unter Druck und Hitze erfolgt bei den Preßmassen die räumliche Vernetzung der Moleküle: Der Kunststoff härtet aus. Die Aushärtung ist irreversibel, d. h. nicht umkehrbar.

Die Reaktionsharze (z. B. Polyester- oder EP-Harze) können drucklos bei Raumtemperatur aushärten. Dazu wird ihnen ein *Härter* (je nach Art z. B. ein Peroxid) zugegeben. Die Vernetzungszeit kann durch weitere Zumischung eines *Beschleunigers* (z. B. Kobaltnaphthenat bei Polyestern) und/oder durch Erwärmung verkürzt werden.

Um die mechanischen Eigenschaften zu verbessern, z. B. die Sprödigkeit zu mindern, insbesondere um die Festigkeit und den *E*-Modul zu erhöhen, werden die Duroplaste mit Füll- oder Verstärkungsstoffen verarbeitet. Ihr Anteil liegt meist zwischen 40 und 80 %. Als *Füllstoffe* werden verwendet: Kreide, Glimmer, Asbest, Sand, Holzmehl, Textilfasern, Papier, Glasfasern in Form von Strängen (Rovings), Gewebe, Vlies oder Schnitzeln u. a.

Duroplaste sind bei niedrigen Temperaturen glasig-hart (energie-elastisch) und auch bei hohen Temperaturen nicht viskos-flüssig, sondern zwischen 50 °C oder einer höheren Temperatur und der Zersetzungstemperatur bei sehr begrenzter Deformierbarkeit elastisch. Der Schubmodul G beträgt bei jeder Gebrauchstemperatur $G \geq 10$ N/mm². Die Duromere können im allgemeinen durch spanende Formgebung (z. B. Bohren, Sägen mit ungeschränkten Spezialblättern, sonst Splittergefahr) verarbeitet werden. Bei hohen Temperaturen werden sie zersetzt, für Untertemperaturen bestehen im allgemeinen keine Grenzen.

c) **Elastomere und Thermoelaste**

Elastomere bestehen aus weitmaschig vernetzten Makromolekülen. Kennzeichnend für das gummielastische Verhalten der Elastomere ist die große Dehnfähigkeit mit Bruchdehnungen über 200 % bis zu etwa 1 000 %. Sie verhalten sich ähnlich wie Thermoplaste im thermoelastischen Bereich. Bei sehr niedrigen Temperaturen unterhalb der Erweichungstemperatur ET (Glasübergangstemperatur) werden sie hart und fest (energie-elastisch), bei zunehmender Erhitzung durchlaufen sie keinen thermoplastischen Bereich, sondern sie zersetzen sich, ohne vorher viskos-flüssig zu werden (siehe Abb. 14.1). Von 20 °C oder einer tieferen Temperatur bis zur Zersetzungstemperatur sind sie gummielastisch. Dieser Zustand der Gummielastizität ist durch weitgehend temperaturabhängige Schubmodulwerte etwa zwischen 0,1 bis 100 N/mm² und große reversible Verformbarkeit gekennzeichnet. Elastomere sind also nicht schmelzbar oder schweißbar, kaum löslich, aber quellbar.

Es gibt neben dem *Naturkautschuk* (siehe Abschnitt 14.8.3), der durch Schwefel zu Weichgummi *vulkanisiert*, d. h. vernetzt wird, auch *vollsynthetische Elastomere* („Buna" u. a., siehe Abschnitt 14.9.1).

Thermoelaste sind weitmaschig bis zur Zersetzungstemperatur vernetzte hochpolymere Werkstoffe, die sich bei niedrigen Temperaturen energie-elastisch verhalten und die auch bei hohen Temperaturen nicht viskos fließen, sondern von 20 °C oder einer höheren Temperatur bis zur Zersetzungstemperatur gummielastisch sind. Die Schubmodulwerte liegen wie bei den Elastomeren zwischen etwa 0,1 und 100 N/mm².

14.5 Einzelne bautechnisch wichtige Plastomere

14.5.1 Polyolefine und ähnliche Polymere

Als Polyolefine werden Polymerisate bestimmter Olefine zusammengefaßt. Die

656 Kunststoffe

Olefine oder Alkene sind kettenförmig gebaute Kohlenwasserstoffe, Aliphate, mit der Summenformel $C_n \cdot H_{2n}$ [2]. Sie enthalten eine Doppelbindung zwischen 2 Kohlenstoffatomen, die dazu neigt, sich aufzuspalten. Dann kann das Molekül im angeregten Zustand mit anderen gleichartigen (oder anderen) Molekülen Makromoleküle bilden.

Als *Ausgangsstoffe* für Polyolefine finden Verwendung: Ethylen (Ethen C_2H_4), Propylen (Propen C_3H_6), Butylen (Buten C_4H_8) und Methylen (Methen CH_2) in Form von CH_2O.

a) Polyethylen, PE $(C_2H_4)_n$

Normen

DIN 8072 (Juli 72):	Rohre aus PE weich; Maße
DIN 8073 (März 76):	Rohre aus PE weich; Allgemeine Güteanforderungen, Prüfung
DIN 8074 E (Juni 85):	Rohre aus Polyethylen hoher Dichte (PE-HD); Maße
DIN 8074 (Sept. 87):	Rohre aus Polyethylen hart (PE-HD); Maße
DIN 8075 (Mai 87):	Rohre aus Polyethylen hoher Dichte (PE-HD); Allgemeine Anforderungen, Prüfung
DIN 8075 BBl. 1 (Febr. 84):	–dito–; Chemische Widerstandsfähigkeit von Rohren und Rohrleitungsteilen

Ausgangsstoff zur Herstellung von Polyethylen (neue Bezeichnung: Polyethen) ist Ethylengas, das aus Erdgas (Methan) oder durch Spaltung beim Krackprozeß in Erdölraffinerien gewonnen wird.

Die Polymerisation [2] erfolgt entweder nach dem *Hochdruckverfahren* (bei 1500 bis 2000 bar und 200 °C) mit Sauerstoff als Katalysator (Anreger), durch Gaspolymerisation in einem Rohrsystem ohne Lösemittel (erstmals in England 1937) oder nach dem *Niederdruckverfahren* (bei 20 bis 70 °C) nach *Ziegler* als Fällungspolymerisation mit Dieselöl als Lösemittel und Katalysatoren. In den USA werden auch *Mitteldruckverfahren* (30 bis 100 bar und 150 bis 250 °C) angewandt.

Je nach Herstellungsverfahren entstehen die teilkristallinen PE-Sorten, die sich nach Kristallinität, Verzweigungsgrad und Molekulargewicht unterscheiden.

Eigenschaften: PE ist transparent bis milchig durchscheinend (opak), einfärbbar und von wachsartiger Oberflächenbeschaffenheit. PE brennt nach dem Entzünden mit leuchtender Flamme (blauer Kern) weiter und tropft brennend ab (Paraffingeruch).

PE weich (PE-HD, Hochdruck-PE, LDPE[1]) – Low density Polyethylene) hat verzweigte Ketten, niedrige Dichte ϱ = etwa 0,92 g/cm^3 und geringe Kristallinität. Die Druck- und Zugfestigkeiten liegen bei 10 bis 17 N/mm^2, die E-Moduln bei 150 bis 250 N/mm^2, die Bruchdehnungen bei 200 bis 600 %.

PE hart (PE-ND, Niederdruck-PE, MDPE[1]) – Middle density Polyethylene, HMWPE – High-Molecular Weight Polyethylene) hat höhere Dichten: ϱ = 0,94 bis 0,97 g/cm^3, Zugfestigkeit 18 bis 25 N/mm^2, E-Modul 500 bis 1 000 N/mm^2, Bruchdehnung von 300 bis 800 %.

Der Wärmeausdehnungskoeffizient ist bei PE sehr groß: α_T = etwa $150 \cdot 10^{-6}$ bis $200 \cdot 10^{-6}$/K. PE ist beständig gegen Alkalien und gegen wässerige Lösungen von

---

[1]) Die angelsächsischen und deutschen Bezeichnungen bzw. Abkürzungen decken sich nicht vollständig, s. [14.5].

14.5.1 Polyolefine und ähnliche Polymere

Salzen und Säuren sowie gegen Lösemittel. Es ist auch resistent gegen Pilze und Mikroorganismen. PE ist weichmacherfrei. Bei PE kann daher durch Verflüchtigung oder Auswanderung eines Weichmachers kein Schwinden oder Versprōden eintreten wie bei äußerlich weichgemachten Thermoplasten. Dagegen altert Polyethylen unter Einwirkung ultravioletter Strahlung (UV-Licht). Durch Einarbeitung von 2 bis 3 % Ruß als UV-Stabilisator kann die Lebensdauer, bezogen auf unpigmentiertes Material, 10- bis 15fach erhöht werden. Bei farblosen Stabilisatoren ist der Verlängerungsfaktor 2 bis 4. Die Zeitstandfestigkeit von PE hart ist abhängig von der Temperatur und Belastungszeit. Abb. 14.2 zeigt das Zeitstandverhalten von Rohren aus PE hart in Abhängigkeit von Temperaturen und Belastungsdauer. Bei niedrigen Temperaturen sind die Kurven für große Belastungsdauer extrapoliert worden (siehe auch Abb. 14.2). PE kann mit Peroxiden chemisch oder durch Strahlen zu einem Thermoelasten (siehe Abschnitt 14.4.1) vernetzt werden und ist dann temperaturbeständiger (VPE, PE-X).

Verwendung: Folien, Behälter (Eimer, Wannen, Kanister, Flaschen, Mörtelkübel, Öltanks), Tafeln, Rohre (DIN 8072, 8073, 8074, 8075, siehe Abschnitt 14.11.8) für Druckwasserleitungen, Trinkwasser-, Abwasser-, Gasleitungen, Rohrzubehör, Fittings pp., Profile, Beschichtungen anderer Werkstoffe u. a.

Handelsnamen: Hostalen (Hoechst), Trolen (Dynamit Nobel Troisdorf), Lupolen (BASF Ludwigshafen), Vestolen (CW Marl-Hüls).

b) **Polypropylen, PP $(C_3H_6)_n$**

Normen

DIN 8077 (Jan. 89):	Rohre aus Polypropylen (PP); Maße
DIN 8078 (April 84):	–dito–; Allgemeine Güteanforderungen; Prüfung
DIN 8078 Bbl. 1 (Febr. 82):	–dito–; Chemische Widerstandsfähigkeit von Rohren und Rohrleitungsteilen
DIN 19 560 (März 80):	Rohre und Formstücke aus Polypropylen (PP) mit Steckmuffe für heißwasserbeständige Abwasserleitungen (HT) innerhalb von Gebäuden; Maße, Technische Lieferungsbedingungen
DIN 18 329 (Dez. 84):	Polypropylen-Seile; Sorte 1
DIN 83 332 (Dez. 84):	Polypropylen-Seile; Sorte 2
DIN 18 334 (Jan. 87):	Polypropylen-Seile; Sorte 3

Ausgangsstoff ist Propylengas, das durch Spaltung von Erdölbestandteilen gewonnen wird (neue Bezeichnung von Propylen ist Propen). Die Polymerisation erfolgt nach mehreren Verfahren, wobei die Produkte je nach Anordnung der CH_3-Gruppen verschiedene Eigenschaften erhalten.

Von Bedeutung ist insbesondere PP mit isotaktischer Struktur (mit regelmäßigen Atomgruppierungen im Molekül), das nach dem Eingasverfahren nach *Ziegler* und *Natta* ähnlich dem Niederdruckverfahren für PE hergestellt wird. APP ist PP mit ataktischer Struktur.

Eigenschaften: PP erweicht bei etwa 165 °C. Es hat eine geringe Dichte ϱ = etwa 0,90 g/cm^3 und ist durchsichtig bis opak. Es läßt sich zum Unterschied von PE mit dem Fingernagel nicht ritzen. PP ist beständig gegen schwache Säuren und Laugen, bedingt beständig gegen einige Lösemittel. Es brennt wie PE nach dem Entzünden mit leuchtender Flamme (blauer Kern) weiter, tropft brennend ab und erzeugt dabei einen Paraffingeruch.

658 Kunststoffe

Die Versprödungsgefahr unter 0 °C kann durch Modifizieren (z. B. Copolymerisation mit Ethylen) verringert werden.

Die Zugfestigkeiten liegen zwischen 21 und 37 N/mm². PP ist temperaturstandfester, jedoch weniger kältefest als PE. Der Wärmeausdehnungskoeffizient beträgt $\alpha_T =$ etwa $110 \cdot 10^{-6}$/K. Die Oberfläche ist nicht paraffinartig wie bei PE, sondern glänzend wie bei Polyamiden (PA).

Verwendung: Rohre (DIN 8077, 8078, DIN 19 560), Sanitärarmaturen, Beschläge, Akku-Kästen, Tafeln, Formteile, Folien, Seile (DIN 18 329, 83 332, 18 334), Behälter (Müll, Heizöl, Bierkästen), Teppichgrundgewebe, textile Fasern.

Handelsnamen: Hostalen PP, Vestolen P, Novolen (BASF).

c) **Polybuten-1 [PB $(C_4H_8)_n$ = Polybutylen]**

Normen

DIN 16 968 (März 85): Rohre aus Polybuten (PB); Allgemeine Güteanforderungen, Prüfung
DIN 16 969 E (Mai 85): –dito–; Maße

Aufbau und Eigenschaften. Das nach dem *Ziegler*-Verfahren polymerisierte PB mit einer Dichte $\varrho = 0{,}915$ g/cm³ ähnelt dem PP auch in anderen Eigenschaften, besitzt aber hohe Zeitstandfestigkeit auch bei höheren Temperaturen und gute Spannungsrißbeständigkeit. PB ist gut schweißbar.

$$\text{Strukturformel} \quad \begin{bmatrix} -CH_2 - CH - \\ | \\ CH_2 \\ | \\ CH_3 \end{bmatrix}_n$$

Verwendung: Rohre (DIN 16 968 und DIN 16 969) für Heißwasserleitungen und den Großrohrsektor, Schweißfittings.

Handelsnamen: Vestolen BT (CW Marl-Hüls).

d) **Polyisobutylen, PIB $(C_4H_8)_n$**

Normen

DIN 16 731 (Dez. 86): Kunststoff-Dachbahnen aus Polyisobutylen (PIB), einseitig kaschiert, Anforderungen
DIN 16 935 (Dez. 86): Kunststoff-Dichtungsbahnen aus Polyisobutylen (PIB); Anforderungen

Ausgangsstoff ist Isobutylengas, das durch Spaltung von Erdölbestandteilen (Isobutan) gewonnen werden kann. Isobutylen ist ein Isomer des Butylens; bei gleicher Summenformel ist die Strukturformel eine andere als bei Butylen.

$$\begin{bmatrix} H & CH_3 \\ | & | \\ -C - C - \\ | & | \\ H & CH_3 \end{bmatrix}_n$$

14.5.1 Polyolefine und ähnliche Polymere

Eigenschaften: PIB ist ölig bis gummiartig je nach Polymerisationsgrad. Die als Folien verwendeten Sorten haben hohes Molekulargewicht (etwa 200 000) und sind bei Raumtemperatur im thermoelastischen Zustand, d. h. gummielastisch, mit Reißfestigkeiten von 2 bis 6 N/mm² bei Reißdehnungen über 350 %. Die Dichte beträgt ϱ = 0,92 g/cm³. Von −50 °C bis fast + 100 °C ändert PIB seine Eigenschaften wenig; kurzfristig sind Temperaturen über 100 °C möglich. Es zersetzt sich ab + 380 °C. Die Verformungstemperatur liegt bei 180 bis 200 °C. Über 50 °C gehen Festigkeit und Reißdehnung zurück. Durch Zusatz von Füllstoffen, wie Ruß, Talkum, Tonerde, werden Festigkeit und Härte erhöht, aber Reißdehnung und Kriechneigung (kalter Fluß) vermindert. PIB ist beständig gegen die meisten Säuren, Laugen, Salzlösungen und Bitumen, aber nicht dauerbeständig gegen Mineralöle und Treibstoff. Es ist ungiftig, verrottungsfest und alterungsbeständig. Löslich ist es in Benzin oder Tetrachlorkohlenstoff. Es ist weichmacherfrei, so daß Schwindungen oder Versprödungen durch Verflüchtigung bzw. Auswanderung eines Weichmachers nicht zu befürchten sind. Es brennt mit leuchtender Flamme, Geruch nach verbranntem Gummi.

Verwendung: Niedermolekulares PIB wird u. a. für Klebstoffe oder Fugenmassen verwendet, hochmolekulares PIB als Folien und Dichtungsbahnen für Bautenabdichtungen (DIN 16 935, Dez. 86) und Dachbahnen (DIN 16 731, Dez. 86) in Dicken von 1,5 und 2 mm mit Füllstoffen (Ruß). Seine Dichte beträgt ϱ = 1,6 bis 1,7 g/cm³. Die Verlegung kann lose oder durch Verkleben mit Heißbitumen (B25, B45, 85/25) oder kalt mit Lösemittelklebern erfolgen. Die Überlappungsnähte können mit Selbstklebebändern, durch Quellverschweißen, bei Auskleidungen auch mit Warmluftschweißverfahren gedichtet werden.

Handelsnamen der Rohstoffe: Oppanol B3, B15, B50, B100, B200 (mit steigendem Molekulargewicht). Bahnen: Rhepanol.

e) **Polyoxymethylen, POM $(CH_2O)_n$**

Normen

DIN 16 977 (Mai 80): Tafeln aus Polyacetal (POM); Maße
DIN 16 979 (Sept. 77): Halbzeug aus Polyacetal (POM) (Homo- und Copolymere); Technische Lieferbedingungen

Ausgangsstoff ist Formaldehyd; daher wird POM auch als *Polyformaldehyd* bezeichnet. Andere Namen sind Polymethylenoxid oder *Polyacetalharz*. Das Methylenradikal CH_2 ist im hochkristallinen Polymerisat durch Sauerstoffbrücken verkettet. Der Polymerisationsgrad *n* liegt bei 1 000.

Eigenschaften: Dichte ϱ = etwa 1,4 g/cm³, Kristallit-Schmelztemperatur 175 °C, von 40 °C bis (unter Belastung) 100 °C formbeständig. Zugfestigkeit (bei 25 °C) etwa 70 N/mm² (bei 70 °C etwa 50 N/mm²), Reißdehnung 15 bis 35 %, E-Modul E = etwa 3 000 N/mm², Wärmeausdehnungskoeffizient α_T = etwa $80 \cdot 10^{-6}$ bis $130 \cdot 10^{-6}$/K, niedriger Reibungsbeiwert. POM ist gegen Laugen, Lösemittel, Treibstoffe und Öle gut, gegen Säuren bedingt beständig. Es gibt auch Co-Polymerisate und mit Glasfasern verstärkte Sorten (ϱ = 1,6 bis 1,7 g/cm³).

660 Kunststoffe

Verwendung: Beschläge, Zahnräder, Wasserarmaturen, Formteile (Gehäuse, Pumpen, Lüfter), Folien, Gleitlager u. a. m.

Handelsnamen: Delrin (USA), Hostaform (Hoechst), Ultraform (BASF).

14.5.2 Polyvinyle und ähnliche Polymere

Polyvinyle sind Polymere, deren Monomere aus Vinylradikalen bestehen. Die Verbindung C_2H_3R mit beliebigem Radikal R enthält eine Doppelbindung, die durch geeignete Katalysatoren (Anreger) zur Kettenbildung angeregt werden kann, ähnlich wie das monomere Ethylen [2].

$$\begin{array}{c} H \\ | \\ C \\ | \\ H \end{array} = \begin{array}{c} H \\ | \\ C \\ | \\ R \end{array} \xrightarrow{Anreger} \left[\begin{array}{cc} H & H \\ | & | \\ -C - C - \\ | & | \\ H & R \end{array} \right]_n$$

Die freie Valenz des Vinylradikals kann mit verschiedenen Atomen, z. B. Cl beim PVC, oder mit anderen Molekülresten (Radikalen, mit R bezeichnet) besetzt sein, z. B. mit einem Phenylrest C_6H_5- beim Polystyrol. Im erweiterten Sinne spricht man von einer Vinylgruppe auch dann noch, wenn die Seitenvalenzen der C-Atome mit verschiedenen Radikalen, R_1, R_2, R_3, besetzt sind: $R_1HC = CR_2R_3$. Dieser Monomerenaufbau ist das gemeinsame Charakteristikum der Polyvinyle (einschließlich der Polyolefine).

a) Polyvinylchlorid, PVC

Normen:

DIN 6660 (April 87):	Rohrpost; Fahrrohre aus weichmacherfreiem Polyvinylchlorid (PVC-U)
DIN 6662 (Sept. 88):	Rohrpost; Bauteile für Rohrpostleitungen aus weichmacherfreiem Polyvinylchlorid (PVC-U); Technische Lieferbedingungen
DIN 7723 (Dez. 87):	Kunststoffe; Weichmacher; Kennbuchstaben und Kurzzeichen
DIN 7748 T 1 (Sept. 85):	Kunststoff-Formmassen; weichmacherhaltige Polyvinylchlorid (PVC-U)-Formmassen; Einteilung und Bezeichnung
T 2 (Sept. 88):	–dito–; Herstellung von Probekörpern und Bestimmung von Eigenschaften
DIN 8061 (April 84):	Rohre aus weichmacherfreiem Polyvinylchlorid (PVC hart); Allgemeine Güteanforderungen, Prüfung
DIN 8062 (Nov. 88):	Rohre aus weichmacherfreiem Polyvinylchlorid (PVC-U, PVC-HI); Maße
DIN 16 927 (Dez. 88):	Tafeln aus weichmacherfreiem Polyvinylchlorid; Technische Lieferbedingungen
DIN 16 928 (April 79):	Rohrleitungen aus thermoplastischen Kunststoffen; Rohrverbindungen, Rohrleitungsteile, Verlegungen, Allgemeine Richtlinien
DIN 16937 (Dez. 86):	Kunststoff-Dichtungsbahnen aus weichmacherhaltigem Polyvinylchlorid (PVC-P), bitumenverträglich; Anforderungen
DIN 16 938 (Dez. 86):	Kunststoff-Dichtungsbahnen aus weichmacherhaltigem Polyvinylchlorid (PVC-P), nicht bitumenverträglich; Anforderungen
DIN 16 940 (Juli 64):	Stranggepreßte Schläuche aus PVC weich; zulässige Abweichungen für Maße ohne Toleranzangaben
DIN 16 941 (Mai 86):	Extrudierte Profile aus thermoplastischen Kunststoffen; Allgemeintoleranzen für Maße, Form und Lage
DIN 16 942 (Nov. 66):	Wasserschläuche aus PVC weich; Maße

14.5.2 Polyvinyle und ähnliche Polymere

DIN 16 957 (Juni 85):	Gegossene Tafeln aus Polymethylmethacrylat (PMMA); Technische Lieferbedingungen
DIN 19 531 (Nov. 87):	Rohre und Formstücke aus weichmacherfreiem Polyvinylchlorid (PVC-U), mit Steckmuffe, für Abwasserleitungen innerhalb von Gebäuden; Maße, Technische Lieferbedingungen
DIN 19 532 (Juli 79):	Rohrleitungen aus weichmacherfreiem Polyvinylchlorid (PVC hart, PVC-U) für die Trinkwasserversorgung; Rohre, Rohrverbindungen, Rohrleitungsteile, Technische Regel des DVGW
DIN 19 534 T 1 (Mai 79):	Rohre und Formstücke aus weichmacherfreiem Polyvinylchlorid (PVC hart), mit Steckmuffe, für Abwasserkanäle und -leitungen; Maße
DIN 19 534 T 2 (Nov. 87):	–dito–; Technische Lieferbedingungen

Ausgangsstoffe zur Herstellung von PVC (neue Bezeichnung: Polychlorethen) sind Azetylen C_2H_2 und Salzsäure HCl. Azetylen (Ethin) wird aus Kalziumkarbid CaC_2, dieses aus Branntkalk CaO und Kohle gewonnen. Auch dem aus Erdöl oder Erdgas entzogenen Ethylen kann Chlor angelagert werden. Das Gas Vinylchlorid (Chlorethen) hat nachstehende Strukturformel:

$$\begin{array}{c} H \quad H \\ | \quad\; | \\ C = C \\ | \quad\; | \\ H \quad Cl \end{array}$$

Bei der *Emulsionspolymerisation* fällt *E-PVC* als Pulver an, welches noch Emulgatorrückstände enthält und daher Neigung zu erhöhter Wasseraufnahme und gute Eignung zur Weichmacheraufnahme besitzt.

Bei der *Suspensionspolymerisation* fällt *S-PVC* in Form feiner Perlen an. Es ist daher rieselfähig, was für einige Verarbeitungsverfahren ohne Aufbereitung interessiert. Es hat keine störenden Zusätze und besitzt daher bessere mechanische und elektrische Eigenschaften. Besonders rein, ohne mineralische Beimengungen fällt *M-PVC* bei der ähnlichen *Massepolymerisation* an.

Eigenschaften von PVC hart (Hart-PVC, PVC-U)

Das nicht weichgemachte PVC hart hat eine Rohdichte $\varrho = 1{,}38$ bis $1{,}40$ g/cm³ (ohne Weichmacher). PVC ist bei 20 °C hart, erweicht bei 74 bis 79 °C in den plastoelastischen Zustand, Fließtemperatur 170 °C, Zersetzungstemperatur 230 °C. Es läßt sich gut schweißen, einfärben, in der Wärme leicht verformen; auch spanende Bearbeitung ist möglich. Unter Last erweicht es schon bei 50 bis 60 °C. Die Zugfestigkeit beträgt 50 bis 60 N/mm², die Bruchdehnung 10 bis 50 %, der *E*-Modul 2 000 bis 3 000 N/mm², die *Shore*-Härte *D* etwa 83 bis 84, der lineare Wärmeausdehnungskoeffizient $\alpha_T = 70 \cdot 10^{-6}$ bis $80 \cdot 10^{-6}$/K. PVC hart ist gegen Säuren in mittlerer Konzentration, gegen Laugen, Salze, niedere Alkohole, Benzin und Öle beständig. Benzol, Treibstoffgemische und viele Lösemittel wirken quellend. PVC ist schwer entflammbar, brennt aber in der Flamme, erlischt außerhalb infolge seines hohen Chlorgehaltes (56 %, nachchloriertes CPVC [PVC-C]: 64 %). Im Brandfalle wird Chlorwasserstoff frei, der mit Wasser Salzsäure bildet. Dadurch kann es zu Folgeschäden, z. B. Korrosion an Bauteilen, kommen.

Verwendung: Rohre und Formstücke für Wasserversorgung und Entwässerung, Gasversorgung, Dränrohre (DIN 8061, DIN 8062, DIN 16 928, DIN 19 531, DIN 19 532, DIN 19 534 T 1 u. T 2), Rohrpostleitungen (DIN 6660, DIN 6662),

Tafeln (DIN 16 927), Fliesen, Profile, Fassadenverkleidungen, Folien, Behälter, Apparate (Pumpen, Ventilatoren), Dachrinnen u. a. m.

Handelsnamen von PVC: Hostalit (Hoechst), Vinnol (Wacker), Vinoflex (BASF), Solvic (Solvay), Lonza-PVC (Lonza), Vestolit (CW Marl-Hüls), Trosiplast (Dynamit Nobel).

Eigenschaften von PVC weich (Weich-PVC; PVC-P)

Durch Weichmacher (z. B. hochsiedende Ester mehrbasischer Säuren mit einwertigen Alkoholen oder Glycolen, siehe [2]) und Extender (relativ billige Sekundärweichmacher) kann PVC weich eingestellt werden, so daß es sich bei Gebrauchstemperaturen im thermoelastischen Zustand befindet (z. B. Einfrierungstemperatur −10 °C, Fließtemperatur 150 °C). Je nach Art und Menge des Weichmachers besitzt PVC weich verschiedene Eigenschaften. Die üblichen Weichmachergehalte liegen zwischen 10 und 60 %, meist zwischen 20 und 40 %. Je nach Weichmachergehalt fällt die *Shore*-Härte *A* von 98 auf unter 50, von halbhart über lederartig bis mittel- oder weichgummiartig. Die Reißfestigkeit liegt dementsprechend zwischen 35 und 10 N/mm^2; die Reißdehnung zwischen 150 und 500 %. PVC weich kriecht mehr als vergleichbarer Weichgummi; es dämpft Schwingungen stärker, und die Rückstellung (Rückfederung) dauert länger.

Die Dichte beträgt (mit etwa 30 bis 40 % Dioctylphthalat) etwa 1,3 g/cm^3, der lineare Wärmeausdehnungskoeffizient $\alpha_T = 200 \cdot 10^{-6}$/K (vergleichsweise hoch), der *E*-Modul E = etwa 20 bis 40 N/mm^2. Die höchste Gebrauchstemperatur liegt zwischen 40 °C und 60 °C (belastet) und bei 80 °C (unbelastet). Weich-PVC ist chemisch weniger beständig als Hart-PVC (Verseifung des Weichmachers), auch stärker quellbar und leichter löslich. Nachteilig kann bei großem Weichmachergehalt die Gefahr der allmählichen Verflüchtigung oder Auswanderung (*Weichmacherwanderung,* siehe Abschnitt 14.4.3a) sein. Auch durch Lösemittel kann der Weichmacher herausgelöst werden, was zur Versprödung führt. Berührungsflächen anderer Thermoplaste können klebrig werden. Weich-PVC brennt nach Entzündung weiter, kann aber schwer entflammbar gemacht werden.

Verwendung: Schläuche (DIN 16 940, 16 942), Folien, speziell Wasserbeckenfolien, Abdichtungsbahnen (DIN 16 937, DIN 16 938), Dachbelagsbahnen (siehe Abschnitt 14.11.1b), Profile (DIN 16 941), z. B. für Handläufe oder Treppenkanten, Tafeln, Dichtungsprofile (Fugenbänder), Drahtisolierung, Isolierband, weiche Stecker, Kunstleder, Duschkabinenvorhänge („Acella"), Blechbeschichtung („Platalbleche"), Fußbodenbeläge (siehe Abschnitte 13.1.2 und 13.1.3), Weichschaumstoff u. a. m.

Handelsnamen für Weich-PVC: Trocal (Dynamit AG), Delifol (DLW), Rhenofol (Braas), Leschuplast, Vinnol u. a.

b) **PVC-Copolymerisate**

Durch die Copolymerisation mit anderen Vinylverbindungen kann eine *„innere Weichmachung"* (siehe Abschnitt 14.4.3a) erreicht werden, jedoch ist eine stetige Abstufung der Härte wie mit Weichmachern schwieriger. PVCA aus Vi-

14.5.2 Polyvinyle und ähnliche Polymere

nylchlorid mit 2 bis 15 % Vinylacetat wird für Folien und als Lackrohstoff (Korrosionsschutz) verwendet. PVCS aus Vinylchlorid mit 30 % Styrol wird als Bindemittel für Asbestfasern und für gefüllte Fußbodenbeläge und Fliesen verwendet.

PVCS = noch nicht nach DIN 7728 T 1 genormte Abkürzung

c) **Modifiziertes PVC**

1. **Nachchloriertes PVC ("PeCe")**, abgekürzt PVC-C, mit erhöhtem Chlorgehalt (von 57 auf 64 %) hat eine höhere Temperaturstandfestigkeit und wird u. a. für Rohre, Lacke, Klebstoffe verwendet.

2. **PVC, erhöht schlagzäh, PVC-I, PVC, hoch schlagzäh, PVC-HI**
   Handelsnamen: Hostalit Z (Hoechst), Vestolit V (CW Marl-Hüls) wird als Polyblend (Polymergemisch, siehe Abschnitt 14.4.3a) legierungsähnlich durch Einmischen von chloriertem Polyethylen erhalten. Es findet bautechnisch Verwendung für Fenster- und Türprofile, Dachrinnen und Fallrohre, Jalousien und Rolläden, Wellplatten, Wandplatten, Folien, Rohre, Profile u. a. m.

d) **Polyvinylidenchlorid, PVDC (CH_2CCl_2)$_n$**

   Handelsname: Diofan (BASF). Vorwiegend werden Copolymerisate mit Vinylchlorid (5 bis 20 %) hergestellt.

   Durch den symmetrischen Molekülaufbau ist die Kristallinität hoch. Es ergeben sich hochschmelzende, sehr harte, abriebfeste und chemikalienbeständige Produkte, die u. a. als Fäden, Folien und Dispersionen für Anstrichzwecke ("Diofan D") verwendet werden.

e) **Polystyrol, PS**

   Ausgangsstoff zur Herstellung von Polystyrol (neue Bezeichnung: Polyphenylethen) ist Styrol (Vinylbenzol, Phenylethen), das aus Benzol und Ethylen hergestellt wird:

$$\begin{array}{c} H \quad\ H \\ | \quad\ | \\ C = C \\ | \quad\ | \\ H \quad\ C_6H_5 \end{array}$$

Eigenschaften

PS ist glasklar mit Oberflächenglanz, relativ hart, aber nicht kratzfest, spröde und hellklingend. Die Dichte beträgt $\varrho = 1{,}05$ g/cm^3. Es beginnt bei 80 bis 90 °C zu erweichen. Es läßt sich beliebig einfärben, bedrucken, kleben, polieren und spanabhebend bearbeiten. UV-Strahlen (Sonnenlicht, Leuchtstoffröhren) bewirken eine allmähliche fortschreitende Vergilbung, Festigkeitsabnahme und ein Mattwerden der Oberfläche. Die Zugfestigkeit liegt bei 45 bis 55 N/mm^2, der E-Modul bei $E = 2200$ bis 2500 N/mm^2, die lineare Wärmedehnzahl bei $\alpha_T = 60$ bis $80 \cdot 10^{-6}$/K. Die Schlagzähigkeit ist gering. PS ist beständig gegen verdünnte

Kunststoffe

Säuren, Laugen, Alkohole und pflanzliche Öle; bedingt beständig gegen Benzin, Benzol, Dieselöl und Terpentinöl. Nach dem Entzünden brennt es mit leuchtender, stark rußender Flamme weiter und erzeugt dabei einen typischen, süßlichen Styrolgeruch, wie er auch bei der Verarbeitung ungesättigter Polyesterharze UP (die in Monostyrol gelöst sind) auftritt. Polystyrol ist ein sehr preisgünstiger Kunststoff.

Verwendung: PS wird vorwiegend auf Spritzgußmaschinen und Extrudern (Strangpressen) verarbeitet. Produkte sind Massenartikel (Schachteln, Dosen, Behälter, Wegwerfgeschirr), Profile, Beschläge. PS läßt sich mit Treibmittel gut zu *PS-Schaum* aufschäumen (siehe unten).

Handelsnamen: Vestyron (CW Marl-Hüls), Hostyren (Hoechst), Trolitul (Dynamit AG).

Polystyrol-Hartschaum

Normen

DIN 18 164 T 1 (Juni 79): Schaumkunststoffe als Dämmstoffe für das Bauwesen; Dämmstoffe für die Wärmedämmung
DIN 18 164 T 2 (Juni 79): –dito–; Dämmstoffe für die Trittschalldämmung

Das treibmittelhaltige Granulat wird zunächst vorgeschäumt und in einer zweiten Stufe unter Dampfeinwirkung in Formen oberflächlich erweicht und weiter aufgebläht, so daß ein zusammenhängender Schaumstoff mit geschlossener Zellstruktur entsteht. Die Rohdichten liegen bei $\varrho = 15$ kg/m^3 bis 40 kg/m^3 (siehe Abschnitt 16.1.2). Die Verwendung erfolgt als Dämmstoffe für die Wärmedämmung (DIN 18 164 T 1) und für die Trittschalldämmung (DIN 18 164 T 2) bei schwimmenden Estrichen (siehe Abschnitt 16.1.2), für Drainplatten, ferner als Verpackungsmaterial, zur Herstellung und für Aussparungen in Betonbauteilen, für Verbundplatten u. a. m.

Handelsnamen: Styropor (BASF), Styrodur (Grünzweig u. H.), Styrofoam (Dow Chem.), Roofmate (Dow Chem.).

Speziell für Zwecke der Bodenauflockerung gibt es Hartschaumflocken unter dem Handelsnamen Styromull (BASF).

f) **Styrol-Copolymerisate (Cop.)**

Durch Copolymerisation des Styrols mit anderen Monomeren können die mechanischen und thermischen Eigenschaften gegenüber dem Homopolymerisat PS verbessert werden.

1. **SAN = Styrol-Acrylnitril-Cop.**

   Mit etwa 30 % Acrylnitril (siehe Abschnitt 14.9.1) besitzt SAN eine höhere Wärmeformbeständigkeit, neigt weniger zu Rißbildung, insbesondere bei Temperaturwechsel, ist schlagzäher, öl- und benzinfest sowie bedingt beständig gegen ätherische Öle.

   Handelsnamen: Luran (BASF), Vestoran (CW Marl-Hüls).

14.5.2 Polyvinyle und ähnliche Polymere

2. **S/B = Styrol-Butadien-Cop.** (vgl. Abschnitt 14.9)

   Mit 10 bis 15 % kautschukartigem Butadien wird S/B schlagzäh, jedoch ist es weniger alterungsbeständig und empfindlich gegen Licht- und Wärmeeinwirkung mit Versprödungsgefahr.

   Handelsnamen: Polystyrol Reihe 400 (BASF), Vestyron Reihe 500 (CW Marl-Hüls), Hostyren (Hoechst).

3. **ABS = Acrylnitril-Butadien-Styrol-Pfropfpolymerisat**

   Dieses Terpolymer („Ter" bedeutet hier Copolymer aus 3 Monomerarten) ist besonders schlagfest und besitzt eine höhere Wärmeformbeständigkeit, Alterungsbeständigkeit, Festigkeit und chemische Beständigkeit als PS. Seine Oberfläche glänzt und ist antistatisch, zieht also den Staub nicht an. *ABS* kann galvanisch mit Metallüberzügen versehen werden. *ABS* wird verwendet für Rohre, Geräteteile, Gehäuse (Telefon-Apparate), Schutzhelme, Möbel u. a. m.

   Handelsnamen: Novodur (Bayer), Terluran (BASF), Vestodur (CW Marl-Hüls).

4. **ASA = Acrylnitril-Styrol-Acrylester-Copolymerisat**

   Das Terpolymer *ASA* zeichnet sich ebenfalls durch hohe Schlagzähigkeit, Wärmeform- und Alterungsbeständigkeit aus. Es wird im Bauwesen insbesondere für Rohre, Verkehrsampeln und Straßenschilder verwendet.

   Handelsname: Luran S (BASF).

g) **Acrylharze**

1. **PMMA (Acrylglas) Polymethylmethacrylester (Polymethylmethacrylat)**

   Methacrylsäure läßt sich u. a. aus Aceton $(CH_3)_2CO$ und Blausäure HCN herstellen. Strukturformel von *PMMA:*

$$\left[\begin{array}{cc} H & CH_3 \\ | & | \\ -C-C- \\ | & | \\ H & COOCH_3 \end{array} \right]_n$$

   Eigenschaften: Die Dichte beträgt $\varrho = 1{,}18$ g/cm^3 (halb so schwer wie Fensterglas!). Acrylglas ist glasklar, hochglänzend und ziemlich hart (*Mohs*-Härte 2 bis 3), aber nicht kratzfest wie Mineralglas mit *Mohs*-Härte etwa 6 bis 7. Es altert nicht; seine Zugfestigkeit liegt bei 70 bis 80 N/mm^2, die Bruchdehnung bei 4 %, der E-Modul bei 3000 N/mm^2, die Schlagzähigkeit bei 20 bis 25 kJ/m^2. Es erweicht bei etwa 120 bis 140 °C. Die Wärmeformbeständigkeit liegt bei 70 bis 95 °C. Der lineare Wärmeausdehnungskoeffizient ist mit $\alpha_T = 70 \cdot 10^{-6}$/K wesentlich größer als bei Mineralglas. Es läßt sich sägen, bohren, drehen, fräsen, polieren, kleben, schweißen und bei 150 bis 180 °C thermoelastisch, z. B. durch Biegen, Ziehen, Tiefziehen, verarbeiten. Es ist beständig gegen wässerige Säuren, Laugen, Salzlösungen, Benzin, Mineralöl, tierische und pflanzliche Öle und Fette, verdünnten Ethylalkohol (bis 30 %); unbeständig ist es gegen Benzol, Äther, konzentrierten Ethylalkohol und viele (polare) Lösemittel. Nach dem Entzünden brennt es mit leuchtender, nicht rußender Flamme weiter und erzeugt einen scharfen, fruchtartigen Geruch. Gegossenes Acrylharz (monomer in Plattenformen gegossen und polymerisiert) mit einem Molekulargewicht von etwa 1 000 000 gehört zu der Zwischengruppe der Thermoelaste, die unterhalb der Zersetzungstemperatur nicht thermoplastisch fließbar werden. Seine Eigenschaften sind besser als bei dem billigeren, extrudierten (gezogenen) Material (Molekulargewicht von etwa 100 000), das durch schwache Ziehstreifen von der Presse her kenntlich ist.

Verwendung: Lichtdurchlässige, auch farbige Platten, Stegdoppelplatten, Blöcke, Stäbe, Rohre, Profile, Wellplatten, splittersichere Scheiben (auch schußsichere Scheiben werden hergestellt), Lichtkuppeln, Badewannen, Waschbecken, Modellbau, Reaktionsharzbeton und -mörtel (siehe Abschnitt 6.23.2) u. a. m.

Handelsnamen: Plexiglas (Röhm), Resarit (Resart), Deglas, Degalan (Degussa).

2. **Copolymerisat A/MMA**

   Durch Copolymerisation mit Acrylnitril (siehe Abschnitt 14.9.1) kann die Festigkeit auf Kosten der Lichtdurchlässigkeit erhöht werden.

   Handelsname: Plexidur (Röhm).

3. **Polyacrylester** (Acrylharze, Methacrylharze, Methacrylsäureester, Polyacrylate)

   Ester der Acrylsäure mit Methyl-, Ethyl- oder Butylalkohol lassen sich zu Emulsionen polymerisieren.

$$\begin{bmatrix} & H & H & \\ & | & | & \\ -C & - & C & - \\ & | & | & \\ & H & COOR & \end{bmatrix}_n$$

Eigenschaften: Die Produkte sind oft relativ weich, durchsichtig, dehnbar und unter Umständen klebrig. Beim Eintrocknen entstehen Filme. Es gibt auch hartelastisch aushärtende Zwei-Komponenten-Materialien.

Verwendung: Emulsionen bzw. Dispersionen für Beschichtungen, Anstriche, Imprägnierungen, Grundierungen (siehe Abschnitt 11.4.7); Betonzusätze (siehe Abschnitt 6.23.1), Klebstoff („Tesafilm" siehe Abschnitt 15.1.6), Kabelumhüllungen („Stabol"), Zwischenschicht in Sicherheitsgläsern („Sigla"). Zwei-Komponenten-Systeme von Methacrylaten aus Polymerpulver mit mineralischen Füllstoffen werden verwendet für Estrichbeschichtungen, schnell härtenden Reparaturmörtel, Flickbeton, Kunstharzbeton und Straßenmarkierungen.

Handelsname: Acronal (BASF).

4. **Copolymere**

   von Acrylsäureester mit Acrylnitril, Styrol, Vinylacetat oder Vinylchlorid besitzen verbesserte Eigenschaften für Beschichtungen: Die Filme sind nicht klebrig. Elastoplastische Copolymere sind Grundstoffe der Fugendichtungs-

14.5.2 Polyvinyle und ähnliche Polymere

massen (siehe Abschnitt 15.4.1). Andere werden für Beschichtungen als Dispersionsbindemittel (siehe Abschnitt 11.4.7) oder als Lackharze (siehe Abschnitt 11.4.8) verwendet.

h) **Polyvinylacetat, PVAC**

Ausgangsstoff ist Vinylacetat. Hierbei ist die freie Valenz des Vinylradikals mit einem Essigsäurerest verbunden. Acetate sind Salze der Essigsäure. Durch verschiedene Polymerisationsverfahren, insbesondere Emulsionspolymerisation, werden PVAC-Sorten mit unterschiedlichen Molekulargewichten hergestellt.

Strukturformel des monomeren Vinylacetates:

$$\begin{array}{cc} H & H \\ | & | \\ C & = C \\ | & | \\ H & O-C-CH_3 \\ & \| \\ & O \end{array}$$

Eigenschaften: PVAC ist farblos und lichtbeständig. Emulgiert wirkt es milchigweiß. Die Rohdichte liegt bei $\varrho = 1{,}17$ g/cm³. Es erweicht je nach Polymerisationsgrad bei 30 bis 180 °C, ist weich bis hart, unlöslich in Wasser, Benzin und Pflanzenölen, aber löslich in vielen organischen Lösemitteln. Bei chemischer Beanspruchung kann Verseifung eintreten. Das Klebevermögen auf Oberflächen und die Bindekraft von Füllstoffen können durch Weichmacher noch vergrößert werden, die im übrigen die Plastizität und Dehnbarkeit erhöhen sowie den „Weißpunkt" erniedrigen (siehe Abschnitt 11.4.7).

Verwendung: Infolge des stark ausgeprägten thermoplastischen Verhaltens und der dadurch bedingten mangelhaften Temperatur-Standfestigkeit der aus PVAC hergestellten Formkörper ist die Verarbeitung als Spritz- oder Preßmasse nicht möglich.

Es findet Verwendung als Bindemittel für Anstriche und Beschichtungen (Dispersionsfarben, Binderfarben, siehe Abschnitt 11.4.7), zur Herstellung von Lacken, Klebstoffen und Spachtelmassen (siehe Abschnitt 15.2), als Haft- und Kontaktmittel für Haftbrücken zur Verbesserung des Haftens von Flickmörtel bzw. neuem Beton an altem, z. B. bei Behebungen von Oberflächenschäden (Estrich, Putz, Bruchkanten an Betonteilen).

Handelsnamen: Mowilith (Hoechst), Acronal D (BASF), Vinnapas (Wacker); Klebstoffe, Leime: Mowicoll (Hoechst), Ponal (Henkel). Copolymere mit anderen Vinylestern: Mowilith DM (Hoechst).

Copolymere: Es gibt zahlreiche Möglichkeiten, durch die Copolymerisation das mechanische Verhalten von PVAC zur weicheren und härteren Seite zu verschieben.

E/VA, Ethylen/Vinylacetat: wird u. a. verwendet für Dichtungsbahnen, die bitumenfest sind und durch Quell- oder Warmverschweißung verbunden werden können.

Handelsname: Alwitra.

i) Polyvinylpropionat, PVP[1])

Ausgangsstoff ist Vinylpropionat, ein Vinylester mit einem Propionsäurerest C_2H_5COO-. Die Herstellung erfolgt nach dem Emulsionspolymerisationsverfahren.

Eigenschaften: PVP ist filmbildend, sehr weich und elastisch mit niedriger Filmbildungstemperatur. Es erfordert keinen Weichmacher; daher besteht keine Versprödungsgefahr. Es besitzt eine sehr hohe Pigment- und Füllstoffverträglichkeit, gute Verseifungsresistenz; daher ist es auch auf alkalischem Untergrund geeignet. Die Filme sind alterungs-, witterungs-, licht- und feuchtigkeitsbeständig. Die Eigenschaften können durch Copolymerisieren vielfältig variiert werden.

Verwendung: Für feste Formteile ist PVP nicht geeignet. Es wird als Bindemittel für Klebstoffe, Anstriche und Beschichtungen (Dispersionsfarben, siehe Abschnitt 11.4.7) sowie als Haft- und Zusatzmittel für Mörtel und Beton (ähnlich wie PVAC) verwendet.

Handelsname: Propiofan (BASF); Haftemulsionen: PCI (Polychemie), Compakta (Baustoff-Chemie).

k) Polyvinylalkohol, PVAL

PVAL wird durch Verseifung (Umesterung) von PVAC hergestellt.
Seine Strukturformel lautet:

$$\begin{bmatrix} & H & H & \\ - & | & | & - \\ & C - C & \\ - & | & | & - \\ & H & OH & \end{bmatrix}_n$$

Eigenschaften: Das weißgelbliche Pulver liefert je nach Konzentration und Polymerisationsgrad schwach- bis zähviskose Lösungen mit Wasser, ist aber in allen gebräuchlichen Lösemitteln unlöslich.

Verwendung: findet PVAL für Folien, insbesondere Trennfolien (z. B. bei der Verarbeitung von ungesättigten Polyestergießharzen, um das Anhaften an der Form zu verhindern), Dichtungen, Klebstoff, benzinfeste Schläuche, Schutzkolloid (zur Verringerung der Wasserempfindlichkeit) und Verdickungsmittel bei Dispersionsanstrichen.

Handelsnamen: Mowiol (Hoechst), Polyviol (Wacker).

l) Polyvinylbutyral, PVB

PVB entsteht durch Umsetzung von Polyvinylalkohol mit Butyraldehyd. Es ist ein wasserunlösliches Pulver und kann zähe, relativ feste Filme bilden. PVB wird in der Lack- und Klebetechnik verwendet sowie zu Dichtungen und als Zwischenschichten in Sicherheitsglasscheiben verarbeitet. Haftzusätze für Mörtel und Beton gibt es auch auf der Basis Polyvinylbutyral.

Handelsnamen: Mowital F (Hoechst), Pioloform (Wacker).

---

[1]) Zum Kurzzeichen PVP: siehe Fußnote Seite 646.

14.5.3 Polyfluorcarbone = Fluorpolymerisate

m) **Polyvinylether** (ohne Abkürzung)

sind Polymerisationsprodukte von Vinylethern (Methyl-, Ethyl-, Propylether u. a.), die je nach Polymerisationsgrad klebrig, zäh-weich bis rohgummiartig sind. Sie werden verwendet als Klebstoffe (Klebschicht auf Klebebändern und Isolierbändern), als Weichharz für Nitrolacke und Chlorkautschuklacke (siehe Abschnitt 11.4.8).

Handelsnamen: Lutonal (BASF), Oppanol C (BASF).

14.5.3 Polyfluorcarbone = Fluorpolymerisate

Die CF-Bindung führt zu hoher chemischer Widerstandsfähigkeit und thermischer Beanspruchbarkeit bei freilich hohen Materialkosten.

a) **Polytetrafluorethylen, PTFE*)**

Ausgangsstoffe sind Trichlormethan (Chloroform) und Fluorwasserstoff:

$$2\ CHCl_3 + 4\ HF \rightarrow 2\ CHClF_2 + 4\ HCl$$
$$2\ CHClF_2 \rightarrow F_2C=CF_2 + 2\ HCl$$

Das Tetrafluorethylen wird unter hohem Druck mit Peroxiden in Wasser polymerisiert:

$$\begin{array}{c} F\ \ \ F \\ |\ \ \ | \\ C = C \\ |\ \ \ | \\ F\ \ \ F \end{array} \longrightarrow \left[\begin{array}{c} F\ \ \ F \\ |\ \ \ | \\ -C-C- \\ |\ \ \ | \\ F\ \ \ F \end{array} \right]_n$$

Eigenschaften: Die Rohdichte beträgt $\varrho = 2,2$ g/cm^3. Der Kristallitschmelzpunkt liegt bei 327 °C. Oberhalb 300 °C wird PTFE etwas klebrig; erst oberhalb 400 °C beginnt es sich zu zersetzen, brennt aber nicht. Das hydrophobe (wasserabweisende) PTFE widersteht allen Chemikalien mit Ausnahme von geschmolzenen Alkalimetallen und heißem Fluor. Es ist sehr witterungsbeständig. Im übrigen bleiben die mechanischen und chemischen Eigenschaften zwischen −90 °C und +250 °C nahezu unverändert. Der Einsatz ist sogar zwischen −200 °C und +300 °C möglich. PTFE hat eine geringe Härte und einen niedrigen Reibungskoeffizienten (tan $\varrho = \mu \leq 0,01$).

Es besitzt nur geringe Affinität zu klebrigen Stoffen (Trennmittel).

Verwendung: PTFE wird verwendet für Brückenlager, Gleitfolienlager, Folien, Platten, Dichtungen, Bratpfannenbeschichtungen, Trennmittel beim Kunststoffverschweißen mit Heizelementen u. a. m. Es gibt auch glasfaserverstärktes PTFE.

Handelsnamen: Teflon (Du Pont), Hostaflon (Hoechst), Fluon (ICI).

---

*) Tetra (griech.) = vier: 4 Fluoratome sind im Monomer an Kohlenstoff gebunden; für Ethylen gibt es die neuere Bezeichnung Ethen.

b) Polychlortrifluorethylen PCTFE

Es besitzt ähnliche Eigenschaften wie PTFE mit ebenfalls hoher Chemikalienbeständigkeit, ist aber billiger. Die obere Anwendungstemperatur liegt jedoch niedriger: bei 150 °C.

$$\left[\begin{array}{cc} F & F \\ | & | \\ -C-C- \\ | & | \\ F & Cl \end{array} \right]_n$$

Handelsname: Hostaflon C2 (Hoechst). **Verwendung** findet es unter anderem für Beschichtungen.

c) Polyvinylfluorid PVF

PVF ist besonders beständig gegen Chemikalien- und Witterungseinwirkung. Es wird zu wetterfesten Folien, in speziellen Lösemitteln auch zu Gießfolien, verarbeitet und findet Verwendung zum Oberflächenschutz von Außenbauteilen in Form dünner Folien oder Beschichtungen, Straßenschildern, zu Trennfolien u. a. m.

$$\left[\begin{array}{cc} H & H \\ | & | \\ -C-C- \\ | & | \\ H & F \end{array} \right]_n$$

Handelsname: Tedlar (Du Pont).

14.5.4 Polyamide, PA

Normen

DIN 83 330 (Dez. 84):	Polyamid-Seile
DIN 16 982 (Sept. 74):	Rohre aus Polyamid (PA); Maße
DIN 16 984 (Mai 80):	Tafeln aus Polyamid (PA); Maße
DIN 16 986 (Mai 87):	Flachstäbe aus thermoplastischen Kunststoffen; Maße

PA sind stickstoffhaltige Thermoplaste, die durch Polykondensation (siehe [2]) von Diaminen mit Dicarbonsäuren oder aus Aminosäuren, z. B. Caprolactam, hergestellt werden. Die kettenförmigen Makromoleküle der Polyamide sind so gebaut, daß jeweils eine bestimmte Anzahl von Methylengruppen CH_2 durch Säureamid-Gruppen NH · CO („NH und Companie!") verbunden sind. Die einzelnen Polyamidsorten werden nach der Anzahl der Kohlenstoffatome ihrer Monomere bezeichnet, z. B.

PA 6 (Perlon) $[(CH_2)_5 \cdot NH \cdot CO]_n$
                          mit 6 C-Gruppen

PA 66 (Nylon) $[(CH_2)_6 \cdot NH \cdot CO (CH_2)_4 \cdot NH \cdot CO]_n$
                          mit 6 + 6 = 12 C-Gruppen

PA 11 (Rilsan) $[(CH_2)_{10} \cdot NH \cdot CO]_n$
                          mit 10 + 1 = 11 C-Gruppen

PA 12 (Vestamid) $[(CH_2)_{11} \cdot NH \cdot CO]_n$
                          mit 11 + 1 = 12 C-Gruppen.

14.5.4 Polyamide, PA/14.5.5 Lineare Polyester

Eigenschaften: Die PA-Sorten haben Rohdichten von $\varrho = 1{,}02$ bis $1{,}15$ g/cm^3. Sie sind teilkristallin mit einem schmalen Erweichungsbereich bzw. einer scharf ausgeprägten Schmelztemperatur je nach Sorte bei 185 bis 255 °C. Die Gebrauchstemperaturen liegen über 90 °C (bei PA 12 bei 60 bis 90 °C). Polyamide sind hornartige Stoffe von milchigweißer Eigenfarbe, in dünnen Schichten z. T. auch glasklar, mit glänzender Oberfläche. Sie sind ziemlich hart, sehr zäh und abriebfest. Sie lassen sich spanend bearbeiten, kleben, schweißen und gut einfärben. Durch längere Einwirkung von UV-Strahlen wird die Oberfläche geschädigt. Sie nehmen in Abhängigkeit von der Luftfeuchtigkeit und bei Wasserlagerung je nach Sorte Wasser auf. Die Polyamide sind gegen Säuren und stärkere Laugen empfindlich, jedoch beständig gegen die meisten organischen Lösemittel, Treibstoffe, Öle und Fette. Sie brennen mit blauer, gelbgeränderter Flamme und Selleriegeruch, tropfen dabei und ziehen Fäden wie Siegellack. Außerhalb der Flamme erlöschen sie z. T. von selbst. Die Zugfestigkeiten liegen zwischen 40 und 70 N/mm^2. Durch Recken können sie etwa auf das Fünffache gesteigert werden, wobei die Bruchdehnungen von etwa 150 bis 500 % auf etwa 20 bis 40 % zurückgehen. Der E-Modul liegt je nach Sorte etwa bei 1000 bis 1500 N/mm^2, bei Guß-Polyamid auch höher. Die Wärmedehnzahl beträgt $\alpha_T =$ etwa $80 \cdot 10^{-6}$/K bis $150 \cdot 10^{-6}$/K.

Verwendung: Neben der aus dem Alltagsleben bekannten Verwendung für Fäden und Gewebe (Nylon, Perlon) werden Polyamide eingesetzt für Folien, Platten, Profile, Seile (DIN 83 330), Ketten, Zahnräder, Schrauben, Dübel, Beschläge (Tür- und Fenstergriffe u. a.), Kleiderhaken, Duschknöpfe, Mischbatterien, Schutzhelme (DIN 4840), Dichtungen u. a. m.

Handelsnamen: Ultramid (BASF), Vestamid (CW Marl-Hüls), Trogamid (Dynamit), Zytel (Du Pont), Perlon (Bayer). Es sind auch Mischpolymerisate und mit 15 bis 50 % glasfaserverstärkte Produkte im Handel.

14.5.5 Lineare Polyester

a) Polycarbonate PC

Normen

DIN 16 801 (Juli 83):   Tafeln aus Polycarbonat (PC); Maße

Polycarbonate sind lineare Polyester der Kohlensäure, die aus Phosgen und Alkoholen (Dian) gewonnen werden.

Strukturformel von PC

$$\left[-O-\underset{}{\bigcirc}-\underset{CH_3}{\overset{CH_3}{C}}-\underset{}{\bigcirc}-\underset{O}{\overset{}{OC}}- \right]_n$$

Eigenschaften: PC hat eine Rohdichte $\varrho = 1{,}2$ g/cm^3, ist glasklar bis schwach gelblich transparent: 85 % lichtdurchlässig bei 6 mm, 89 % bei 1 mm, schlagzäh bis -100 °C. Die obere Anwendungsgrenze liegt bei 90 bis 135 °C. Es ist hart-elastisch und läßt sich auf Hochglanz polieren, spanend bearbeiten, kleben und schweißen. Die Zugfestigkeit liegt über 60 N/mm^2, die Bruchdehnung über 80 %, der E-Modul bei 2200 N/mm^2, die lineare Wärmedehnzahl bei $\alpha_T = 60 \cdot 10^{-6}$/K bis $70 \cdot 10^{-6}$/K.

PC ist recht witterungsbeständig und beständig gegen leichte Säuren, Fette und Öle, wird aber durch Alkalien zerstört. Es ist in manchen Lösemitteln löslich. Benzol und Tetrachlorkohlenstoff quellen es an. Es ist schwer entflammbar, brennt in der Flamme leuchtend, rußend und verkohlt blasig mit leichtem Phenolgeruch.

Verwendung: Platten (Tafeln DIN 16 801), Flachstäbe, lichtdurchlässige Platten, Verglasungen (z. B. bei Sportstätten), Licht- und Lampenkuppeln, Jalousien, Duschkabinenwände, Akkugehäuse, Folien, Schutzhelme, durchsichtige Abdeckungen für Strom- und Wasserzähler oder Verkehrsampeln u. a. m.

Handelsnamen: Makrolon (Bayer), Makrofol-Folie (Bayer). Auch glasfaserverstärkte Sorten sind im Handel: Makrolon 30 GV (Bayer).

b) **Polyethylenterephthalat, PET**

Normen

DIN 16 810 (Mai 80): Tafeln aus Polyethylenterephthalat (PET) und Polybutylenterephthalat (PBT); Maße

PET entsteht aus Polykondensation (siehe [2]) von Terephthalsäure (Benzoldicarbonsäure) und Ethylenglycol $C_2H_4(OH)_2$.

Eigenschaften: Die Rohdichte beträgt ϱ = etwa 1,32 g/cm^3. Der Schmelzpunkt liegt bei etwa 250 °C. Es ist zähfest von -60 °C bis $+130$ °C. PET ist äußerst widerstandsfähig gegen Licht und Wärme; es nimmt kein Wasser auf, ist beständig gegen verdünnte Säuren, fast alle Lösemittel und Oxidationsmittel. Es brennt nach dem Entzünden mit gelber Flamme weiter und erzeugt dabei einen süßlichen Geruch. Es gibt amorphe PET-Formmassen und teilkristalline Sorten. Die Streckspannungen liegen dementsprechend zwischen 57 und 80 N/mm^2, die Bruchdehnungen über 200 % bzw. 20 bis über 30 %, die E-Moduln bei etwa 2200 bzw. 2700 N/mm^2. Durch Recken wird die Reißfestigkeit von Fäden erhöht. Es gibt auch glasfaserverstärkte Sorten.

Verwendung: PET wird zu klaren, äußerst reißfesten, hoch kälte- und wärmebeständigen Folien (auch Schrumpffolien) und zu Dichtungsbahnen für Bauwerksabdichtungen (DIN 18 190 T 5) und Textilfasern (Diolen, Trevira) verarbeitet. Erhältlich auch in Form von Tafeln (DIN 16 810) und Flachstäben. Ein ähnlicher Stoff ist Polybutylenterephthalat PBT.

Handelsnamen: Folie: Hostaphan (Kalle), Formmassen: Hostadur (Hoechst), Arnite (akzo), für PBT: Crastin (Ciba-Geigy), Pocan (Bayer).

14.6 Einzelne bautechnisch wichtige, duroplastische, vollsynthetische Kunststoffe

Normen

DIN 7708 T 1 (Dez. 80):   Kunststoff-Formmassen, Kunststofferzeugnisse; Begriffe
DIN 7708 T 2 (Okt. 75):   Kunststoff-Formmassetypen; Phenoplast-Formmassen
DIN 7708 T 3 (Okt. 75):   –dito–; Aminoplast-Formmassen
DIN 7708 T 4 (Jan. 83):   –dito–; Kaltpreßmassen
DIN 7708 Bbl. (Okt. 68): –dito–; Eigenschaften von Norm-Probekörpern aus Phenoplast-, Aminoplast- und Aminoplast/Phenoplast-Preßmassen

14.6.1 Formaldehydharze

Diese Harze entstehen durch Polykondensation des Formaldehyds (sprich: Form-Aldehyds) mit einer 2. Komponente (z. B. Phenol oder Resorcin) zu Phenoplasten (Phenolharzen) oder z. B. mit Harnstoff oder Melamin zu Aminoplasten (Harnstoffharzen).

Das Formaldehyd CH_2O gibt bei der Polykondensation den Sauerstoff ab, welcher mit Wasserstoffatomen der 2. Komponente zu dem Nebenprodukt H_2O kondensiert. Gleichzeitig werden die Methylengruppen CH_2 aus dem Formaldehyd quasi als Brücken zwischen die verbleibenden Molekülreste (Radikale) der 2. Komponente eingebaut, so daß ein vernetztes Makromolekül entsteht.

Die Herstellung der Harze erfolgt in zwei Stufen: Zunächst werden niedermolekulare Vorkondensate in Form löslicher, schmelzbarer Harze hergestellt und in den Handel gebracht. Die Vorkondensate werden mit Füllstoffen oder in reiner Form verarbeitet und während oder nach der Formgebung ausgehärtet. Dabei werden die Moleküle durch weitere Polykondensation zu unschmelzbaren, unlöslichen Duroplasten (Resiten) vernetzt.

a) Phenolformaldehydharze (Phenoplaste), PF

Herstellung: Phenolharze PF entstehen durch Polykondensation von Phenol (Hydroxibenzol) C_6H_5OH oder ähnlichen zyklischen Verbindungen wie Kresol $C_6H_4(CH_3)OH$ oder Xylenol $C_6H_3(CH_3)_2OH$ mit Formaldehyd unter Abspaltung von Wasser [2]. Mit Kresol wird das *Kresolformaldehydharz* CF hergestellt.

Prinzipielle Reaktionsgleichung

(nicht dargestellt: die räumliche Vernetzung der Makromoleküle)

Phenol + Formaldehyd → **Phenolharz** + Wasser

Zwischenprodukte (Vorkondensate) sind Novolake, Resole und Resitole. Das bei saurer Kondensation entstehende Vorkondensat bezeichnet man als *Novolak*. Bei Verwendung von alkalischen Katalysatoren bildet sich *Resol*. Die Vorprodukte sind feste, pulverförmige oder zähflüssige Harze, die durch Wärmeeinwirkung oder mit bestimmten Katalysatoren kalt ausgehärtet werden können. Resole werden zunächst in schwachvernetzte *Resitole* übergeführt. Durch Druck und Hitze (150 °C) entsteht hieraus während oder nach der Formgebung das Endprodukt, welches als *Resit* bezeichnet wird.

Eigenschaften: Die Rohdichte beträgt $\varrho = 1{,}25$ g/cm³, mit Füllstoffen $\varrho = 1{,}4$ bis 1,9 g/cm³. Die Harze sind gelbbraun bis dunkelbraun, ziemlich hart (*Mohs*härte 3), beständig gegen die meisten Chemikalien, u. a. gegen Alkohol, Benzin, Mineralöle, tierische und pflanzliche Öle und Fette, mittelstarke Säuren (z. B. 50 %ige Schwefelsäure) und verdünnte Alkalien, aber unbeständig gegen starke Säuren und Laugen. Die Wasseraufnahme ist gering. Die Harze verkohlen bei Erhitzung; Preßmassen blähen sich dann auf oder werden rissig; es entsteht dabei Phenolgeruch.

Verwendung: Ohne Füllstoffe werden die Harze als „Edelkunstharze" in Formen zu Blöcken, Platten und Stäben gegossen. Hieraus werden durch Fräsen oder

Drehen Beschläge oder ähnliches hergestellt. Mit Füllstoffen, teils aus Formmassen, erfolgt die Herstellung von Isolatoren, Schaltern, Steckdosen, Beschlägen, Schichtpreßstoffen, Preßschichtholz, Holzfaserplatten, Holzspanplatten, Mineralwolleplatten u. a. Resole lassen sich auch kalt durch Zusatz von Säuren als Härter in Resite überführen. Sie werden als Lackrohstoffe zur Herstellung von Phenolharzleimen bzw. Klebstoffen und von Schaumstoffen verwendet.

Handelsnamen: Bakelite (Bakelite GmbH), Atephen (Hoechst).

b) **Harnstoff-Formaldehydharze (Aminoplaste), UF**

Herstellung: Harnstoffharze entstehen durch Polykondensation von Harnstoff $CO(NH_2)_2$, der aus Kohlendioxid und Ammoniak gewonnen wird, mit Formaldehyd [2] unter Abspaltung von Wasser. Die Zwischenprodukte (Vorkondensate) entsprechen denen der Phenolharze.

Eigenschaften: Die Rohdichte beträgt $\varrho = 1{,}25$ g/cm^3, diejenige der Formmassen $\varrho =$ etwa $1{,}5$ g/cm^3. Die Harze sind glasklar, farblos, aber anfärbbar. Gegenüber den Phenolharzen zeichnen sie sich durch Beständigkeit gegen Sonnenlicht aus, d. h., sie verfärben sich weder bei Sonnenlicht noch bei Hitze. Dennoch sind sie hitze- und feuchtigkeitsempfindlich. Ihre Wasseraufnahme ist etwas größer als bei den Phenolharzen. Sie neigen zu größerer Spannungskorrosion und sind etwas spröder. Beim Brenntest macht sich stechender Formalingeruch bemerkbar. Im übrigen gleichen die physikalischen Eigenschaften und die chemische Beständigkeit denen der Phenolharze.

Verwendung: Die Harze werden verwendet als Bindemittel von Preßmassen, z. B. für sanitäre Anlagen oder Teile der Elektroinstallation, als Bindemittel für Holzwerkstoffe, als feucht- bis wasserfeste Holzleime, als Schaumstoffe und als Lackharze.

Handelsnamen: für Leime: Kaurit (BASF), Urecoll (BASF); für Schaumstoffe: Iso-Schaum (Bauer), Iporka (BASF); für Lackharze: Beckaminol (Reichhold), für Formmasse: Pollopas (Dynamit Nobel).

c) **Melaminharze (Aminoplaste), MF**

Herstellung: MF entsteht durch Polykondensation von Melamin $C_3H_6N_6$, das in mehrstufiger Synthese aus Kalkstickstoff gewonnen wird, mit Formaldehyd unter Abspaltung von Wasser [2].

Eigenschaften: Melaminharz ist glasklar, anfärbbar und beständig gegen Sonnenlicht. Seine Wasseraufnahme ist geringer und die Wärmebeständigkeit höher als bei Harnstoffharzen. Im Gegensatz zu Produkten aus Phenol- und Harnstoffharzen können Gegenstände aus Melaminharzen unbedenklich mit Lebensmitteln in Berührung kommen, z. B. bei Schichtpreßstoffen in Küchen. Im übrigen gleichen die Zwischenprodukte, die physikalischen Eigenschaften und die chemische Beständigkeit weitgehend denen der Harnstoffharze.

Verwendung: MF wird verwendet für Leime und Klebstoffe, als Lackrohstoff sowie als Bindemittel und Beschichtungsstoff für Preßmassen, Dekorationsplatten, Deckfurniere und Holzwerkstoffe.

Handelsnamen: Resopal (Römmler), Ultrapas (Dynamit), Getalit, Getadur (Westag), Hornitex, Horniflex, Hornedur (Künnemeyer), Pressalleim (Henkel).

d) **Resorcinformaldehydharz, RF**

Herstellung: RF ist ein Polykondensat von Formaldehyd und Resorcin (Dihydroxibenzol), einem zweiwertigen Phenol (Benzolring mit 2 OH-Gruppen).

Eigenschaften: Im Vergleich zu anderen Formaldehydharzen weist RF eine höhere Beständigkeit gegen Chemikalien, heißes Wasser und Wärme auf.

Verwendung: RF wird als Holzleim verwendet, auch im Gemisch mit PF.

Handelsname: Kauresinleim (BASF).

14.6.2 Vernetzte Polyester

a) **Ungesättigte Polyesterharze, UP**

Herstellung: Bei der Synthese dieser Harze wird das Verfahren der Polykondensation mit dem der Polymerisation [2] kombiniert. Zunächst werden durch Polykondensation von Dicarbonsäuren, z. B. Maleinsäure, und zweiwertigen Alkoholen, z. B. Ethylenglykol (bekannt als Frostschutzmittel für Autokühler), ungesättigte Polyester als feste, glasig-amorphe (strukturlose) Stoffe gewonnen. Sie werden dann in einem polymerisationsfähigen, zähflüssigen Lösemittel echt gelöst. Dazu benutzt man meistens monomeres Styrol, welches einen charakteristischen süßlichen Geruch hat und dessen Dämpfe auf Haut, Augen und Atemwege schmerzhaft-reizend wirken können.

Die Lösungen ungesättigter Polyester in Styrol (Phenylethen) werden als *Gießharze* oder *Laminierharze* oder *Reaktionsharze* bezeichnet und kommen als helle, schwach gelb oder bläulich gefärbte, transparente Flüssigkeiten unterschiedlicher Viskosität in den Handel. Der Styrolgehalt liegt bei 34 bis 40 %. Die Polymerisation zum Endprodukt erfolgt beim Verarbeiten durch Zugabe eines *Härters* (organische Peroxide – stark ätzend!) und Erwärmung auf 80 bis 160 °C. Bei Temperaturen unter 80 °C müssen noch Beschleuniger (organische Metallsalze) zugesetzt werden. Manche kalt aushärtende UP-Gießharze enthalten schon vom Hersteller zugesetzte Beschleuniger (siehe Abschnitt 14.4.3b). Bei der Aushärtung entstehen duroplastische Makromoleküle aus den Polyestern und dem Lösemittel (z. B. Styrol) ohne Abspaltung von Wasser oder anderen Stoffen, jedoch unter Volumenverringerung von 5 bis 8 %. Diese Schrumpfung kann durch Zusatz mineralischer Füllstoffe erheblich verringert werden.

Eigenschaften: Die mechanischen und thermischen Eigenschaften sowie die chemische Beständigkeit hängen – außer von den Füllstoffen – weitgehend von der Auswahl der verschiedenen Ausgangsmaterialien ab. Neben den sogenannten *Standardharzen* werden u. a. flexible, alkalibeständige und lichtstabilisierte Typen von *Gießharzen* geliefert. *Thixotrope* (nach vorübergehender Verflüssigung wieder durch Rühren, Schütteln, Druck- und Ultraschall-Einwirkung in den ursprünglichen Gelzustand übergehende) Typen von Harzen können an senkrechten Wänden und überkopf in großer Schichtdicke aufgetragen werden, ohne abzusacken oder abzutropfen. Die Lagerfähigkeit beträgt etwa 6 Monate.

Die ausgehärteten *Standardharze* sind glasklar, hart und im allgemeinen spröde. Sie lassen sich färben, leicht spanend bearbeiten, polieren und kleben. Die Rohdichte beträgt $\varrho = 1{,}2$ bis $1{,}3$ g/cm^3. Die Harze sind beständig gegen Wasser, Salzlösungen, Mineralsäure, tierische und pflanzliche Öle und Fette, bedingt beständig gegen verdünnte Laugen und Benzol, unbeständig gegen konzentrierte Säuren, starke Laugen, Oxidationsmittel und viele Lösemittel. – Sie brennen mit leuchtender, rußender Flamme und süßlichem Geruch. Die mechanischen Eigenschaften können durch *Glasfaserverstärkung* (GFK) verbessert werden (siehe Abschnitt 14.6.4). Bei unverstärktem UP betragen die Biegefestigkeit mindestens 65 N/mm^2, die Zugfestigkeit mindestens 30 N/mm^2, der E-Modul $E =$ etwa 3500 N/mm^2 und die Wärmedehnzahl $\alpha_T = 60 \cdot 10^{-6}$/K bis $80 \cdot 10^{-6}$/K.

Verwendung: UP wird verwendet als Klebstoff (2-Komponenten-Kleber), als schnellhärtender Lack, als Bindemittel teils in Form von Prepregs (siehe Abschnitt 14.10.1) für Preßmassen, Schichtpreßstoffe, Kunstharz-Beton, glasfaserverstärkte Kunststoffe (GFK) bzw. glasfaserverstärkte, ungesättigte Polyester (früher GF-UP, jetzt UP-GF) und daraus hergestellte Formteile sowie für Beschichtungen und anderes.

Handelsnamen: Leguval (Bayer), Palatal (BASF), Vestopal (CW Marl-Hüls).

b) **Alkydharze** („Alkyd" gebildet aus Alkohol und Acid)

Herstellung: Sie werden aus Dicarbonsäuren (z. B. Maleinsäure, Adipinsäure, Phthalsäure) und mehrwertigen Alkoholen (z. B. Ethylenglykol, Ethenglykol oder Glycerin) hergestellt [2].

Bei Verwendung von Alkoholen mit drei oder mehr OH-Gruppen lassen sich vernetzte Makromoleküle synthetisieren. Es gibt zahlreiche, auch mit trockenen Ölsäuren modifizierte Alkydharze, zum Teil in Styrol (Phenylethen) gelöst, wodurch Makromoleküle, die durch Styrolbrücken vernetzt sind, entstehen können, ähnlich wie bei der Aushärtung von UP (siehe Abschnitt 14.6.2a).

Eigenschaften und Verwendung: Alkydharze bilden elastische, wetter- und wasserfeste, lichtechte Filme und werden als Lackharze verwendet (siehe Abschnitt 11.4.8).

Handelsnamen: Alkydal (Bayer), Alftalat (Reichhold), Lioptal (Sichel).

14.6.3 Epoxidharze, EP

Herstellung: Sie werden aus Polyphenolen (z. B. Bisphenol) und Epichlorhydrin als flüssige bis feste Stoffe hergestellt [2]. Zur Verarbeitung der festen Harze sind Lösemittel erforderlich. Als reaktionsfähige Gruppen enthalten die Epoxidharze je Molekül mindestens zwei charakteristische Epoxidringe, bei denen das Sauerstoffatom mit zwei Kohlenstoffatomen verbunden ist (epi [griech.] = auf, über, darüber).

$$H-\underset{\underset{H}{|}}{C}-\overset{\overset{O}{\diagdown}}{\underset{\underset{H}{|}}{C}}-$$

14.6.3 Epoxidharze, EP/14.6.4 Glasfaserverstärkte Kunststoffe, GFK

Die Härtung erfolgt beim Verarbeiten durch Polyaddition mit Aminoverbindungen (alkalisch-ätzend) ohne Druck bei Raumtemperatur (Kalthärtung) oder bei 100 °C bis 150 °C mit Säureanhydriden (Heißhärtung). Sie dauert bei Kalthärtung und 20 °C etwa 24 bis 48 Stunden, bei niedrigen Temperaturen wesentlich länger (Mindesttemperatur + 10 °C), bei Heißhärtung 30 Minuten bis 48 Stunden. Die heißgehärteten Produkte weisen höhere Wärmestandfestigkeit und bessere elektrische Eigenschaften auf. Die Volumenverringerung beim Erhärten ist, im Gegensatz zu den UP-Harzen, sehr gering (vgl. auch Abschnitt 14.4.3b).

Eigenschaften: Die mechanischen und thermischen Eigenschaften und die Chemikalienbeständigkeit hängen von der Auswahl der Ausgangsmaterialien und den meist mineralischen Füllstoffen ab. Die Chemikalienbeständigkeit ist im allgemeinen besser als bei UP-Harzen; auch Laugen, Benzol und Treibstoffe greifen EP-Harze nicht an. Die Rohdichte der ausgehärteten reinen Harze liegt bei $\varrho = 1{,}1$ bis $1{,}4$ g/cm^3. Die Biegefestigkeit liegt bei 100 N/mm^2, die Zugfestigkeit bei 70 N/mm^2, der E-Modul bei 3500 N/mm^2, die Wärmedehnzahl bei α_T = etwa $90 \cdot 10^{-6}$/K.

EP-Harze haben relativ große Härte und Abriebfestigkeit. Sie haften gut auf fast allen Untergründen. Ihre Brennbarkeit ist gering, ihre Glutfestigkeit hoch. Sie brennen mit leuchtender, rußender Flamme und Phenolgeruch. Nachteilig ist ihr relativ hoher Preis.

Verwendung: EP-Harze werden verwendet als Lack- und Gießharze, als EP-Emulsionen und EP-Emulsionslacke, als Injektionsharz für Abdichtungen, als hochwertige 2-Komponenten-Klebstoffe sowie als Bindemittel zur Beschichtung, z. B. zur Beschichtung von Industriefußböden, oder Herstellung von Kunstharzbeton und Kunstharzmörtel. Auch glasfaserverstärktes Epoxidharz EP-GF wird verwendet (siehe Abschnitt 14.6.4). Bei Sanierungarbeiten an geschädigten Betonteilen erfüllt ECC-Epoxid-Cement-Concrete die hohen Anforderungen an den Haftverbund (Alt-Neubeton). ECC wird auch als Verbundestrich und für Spritzbeton eingesetzt.

Handelsnamen: Lekutherm (Bayer), Epoxin (BASF), Araldit (Ciba-Geigy), Epikote (Shell); Klebstoff: Uhu-Plus (Uhu-Werk); Injektionsharze: Krylon VI (Caramba), Eurolan-FK Injekt (Deitermann).

14.6.4 Glasfaserverstärkte Kunststoffe, GFK

Durch die Einbettung von Glasfasern lassen sich die mechanischen Eigenschaften von Kunststoffen verbessern, insbesondere die Festigkeit steigern. Von bautechnischem Interesse und großer wirtschaftlicher Bedeutung ist Glasfaserverstärkung von *Polyesterharzen* (UP-GF), daneben auch von *Epoxidharzen* (EP-GF). Es sind aber noch andere Kunststoffe mit Glasfaserverstärkung im Handel (PS, PA, PC, POM, PF, MF). Ebenso gibt es mit anderen Fasern (z. B. Asbest- oder Carbonfasern) verstärkte Kunststoffe. Die Glasfasern werden in Form von Glasseidensträngen (*Roving*-Bündeln von 100 bis 200 Einzelfäden zu 5 bis 13 μm Dicke), *Glasseidengeweben* (Roving-Geweben), *Glasseidenwirrmatten* (Vliese), Glasstapelfasergeweben verwendet. Der Anteil der Glasfasern beträgt 20 bis 75 Masse-%. Die Kunstharze für sich allein werden i. d. R. von Chemikalien weniger angegriffen als die Bindung zwischen Harz und Glasfasern. GFK-Teile werden daher zum Schutz gegen Chemikalieneinwirkung, auch zum Witterungsschutz, mit einer Feinschicht (*Gelcoat-Schicht*) versehen, die auch aus anderen Kunststoffen (z. B. Melaminharzen), bestehen kann.

Zur Formgebung von GFK-Formteilen gibt es mehrere Verfahren:

Das Handauflegeverfahren (Handlaminieren)*): Auflegen der Glasmatte oder Glasgewebe von Hand auf die Formen aus Blech, Holz, Gips, Kunststoff u. a., die mit Trennmitteln vorbehandelt sein müssen (z. B. Heißwachs oder mit Lösemittel gelöstes Wachs). Auftragen und Verteilen des Laminierharzes mit Hilfe von Pinsel und Rolle.

Das Faserspritzverfahren: Gleichzeitiges Aufspritzen von Harz und geschnittenen Glasfasern auf einteilige Formen, die mit Trennmitteln vorbehandelt sein müssen, damit das GFK-Formteil nach dem Erhärten von der Form gelöst werden kann.

Das Wickelverfahren: Lagenweises Aufwickeln von mit Harz getränkten Faststrängen oder Gewebebändern auf einen zylindrischen Kern zum Herstellen von Rohren.

Das Schleuderverfahren: Ein Hohlzylinder wird nach Einlegen einer Glasfasermatte in Rotation versetzt. Danach wird durch ein Rohr eingebrachtes Reaktionsharz zentrifugal an die Zylinderwand gedrückt; dabei durchtränkt es die Glasfasermatte.

Das kontinuierliche Laminierverfahren: Ebene und gewellte Platten werden auch kontinuierlich hergestellt.

Die Richtwerte (siehe Tafel 14.4) für glasfaserverstärkte Polyester (UP-GF) hängen vorwiegend von der Verstärkungsart und dem Glasfaseranteil ab.

Verwendung von GFK: Platten, ebene und gewellte Tafeln (z. B. für Fassadenbekleidungen); Lichtkuppeln, Dächer, Vordächer, Wartehallen, Betonverkleidungen; Profile, Rohre; Schwimmbad-Bauelemente und Schwimmbecken; Behälter, Öltanks; Formschalungen; Fenster, Türen, Garagentore; Möbel, Verkehrsschilder u. a. m.

Tafel 14.4 Richtwerte für GF-UP

Verstärkungsart		Matten		Gewebe
Glasfaseranteil	Masse-%	30 %	40 %	60 %
Rohdichte	g/cm^3	1,4	1,5	1,7
Zugfestigkeit	N/mm^2	90	130	320
E-Modul	N/mm^2	7000	9000	19000
Biegefestigkeit	N/mm^2	160	220	4100
Wärmedehnzahl α_T	1/K	$50 \cdot 10^{-6}$	$70 \cdot 10^{-6}$	$110 \cdot 10^{-6}$

14.6.5 Vernetzte Polyurethane, PUR

Die vernetzten Polyurethane werden durch Polyaddition von Di- oder Triisocyanaten (*Desmodur* = Kohlenwasserstoffe mit –N=C=O-Gruppen) und OH-Gruppen

---
*) Lamina (lat.) = Blatt

enthaltenden Molekülen (*Desmophen*) synthetisiert [2]. Aus aliphatischen Diisocyanaten und Dialkoholen gewinnt man auch lineare thermoplastische Polyurethane. Ihre Eigenschaften sind denen der Polyamide sehr ähnlich. Aus aromatischen Di- oder Triisocyanaten und Polyestern oder Polyethern als Reaktionsmittel werden bei weitmaschiger Vernetzung elastische, bei enger Vernetzung duroplastische Kunststoffe hergestellt. Bei Gegenwart von Wasser wird CO_2 abgespalten, so daß Schaumstoffe entstehen. PUR-Schäume werden in weichelastischer Einstellung als gummiartiger Weichschaum oder in harter, eng vernetzter Einstellung als Hartschaum hergestellt (siehe Abschnitt 16.1.2).

Eigenschaften: Die Rohdichten der linearen Polyurethane liegen bei $\varrho = 1,21$ g/cm^3, der vernetzten Polyurethane bei $\varrho = 1,26$ g/cm^3. Die vernetzten Polyurethane besitzen ein im einzelnen unterschiedliches Verhalten, das aber über größere Temperaturbereiche wenig verändert bleibt. Sie haften gut auf verschiedenartigen Untergründen. Sie sind alterungsbeständig und weitgehend beständig gegen verdünnte Säuren und Laugen, Benzin, Benzol, Öle und Fette, unbeständig gegen konzentrierte Säuren und starke Laugen. Sie zeigen geringe Wasserquellung und werden u. U. durch heißes Wasser, Wasserdampf und schwache Laugen zerstört. Sie brennen mit leuchtender Flamme und stechendem Geruch.

Verwendung: Polyurethane finden Verwendung als Gießharze, Streich- und Spachtelmassen, als Hart- und Weichschaumstoffe, z. B. Moltopren (Bayer), auch als Strukturformteile, DD-Lacke (Desmodur-Desmophen-Lacke, 2-Komponenten-Lacke, siehe Abschnitt 11.4.8), 1-Komponenten-Lacke (die mit der Luftfeuchtigkeit als der 2. Komponente aushärten), Klebstoffe, Beschichtungsmassen für Estriche, Beton-Heizölbehälterauskleidung, Fugenvergußmassen. Gummielastische PUR-Sorten, Typ Vulkollan (Bayer), werden für Faltenbälge, Dichtungen u. a. verwendet.

14.7 Silikone, SI (auch Silicon-Polymere, Silicone oder Siloxane [2])

Silikone sind kettenförmige, zum Teil vulkanisierbare Makromoleküle, die durch fortlaufende Verbindung von Silizium und Sauerstoffatomen gebildet werden. Strukturformel:

$$\left[\begin{array}{c} R \\ | \\ -Si-O- \\ | \\ R \end{array} \right]_n$$

Die Seitenvalenzen des Siliziums sind mit organischen Resten (R) besetzt. Das wie Kohlenstoff 4wertige Silizium-Atom läßt sich nur über Sauerstoffbrücken polymerisieren, ähnlich wie POM (vgl. Abschnitt 14.5.1e). Je nach Art der Ausgangsstoffe, der Besetzung der Seitenvalenzen (z. B. mit Methyl CH_3 oder Phenyl C_6H_5) und dem Polymerisationsgrad, ggf. auch dem Vernetzungsgrad, können ölige (hydrophobe = wasserabweisende *Silikone*), pastenartige, harzartige oder kautschukartige Silikone (SI = Silikonkautschuk) hergestellt werden. Trotz vieler Unterschiede ist ihnen gemeinsam die Unveränderlichkeit ihrer Eigenschaften über einen großen Temperaturbereich (− 50 bis + 180 °C, in Sonderfällen − 100 bis + 300 °C), ihr hydrophobes (wasserabweisendes) Verhalten, eine gute chemische Beständigkeit und

680 Kunststoffe

Korrosionsunempfindlichkeit. Nachteilig kann die geringe mechanische Festigkeit von SI sein. Sie reagieren neutral, sind unbrennbar und nicht leitend. Silikonkautschuk besitzt geringe Reibungsbeiwerte und große Wärmebeständigkeit.

Verwendung: Silikonharze für Imprägniermittel, Schutzanstriche, Schichtstoffe. Als Silikon-Bautenschutzmittel für wasserabweisende Imprägnierungen (Hydrophobierungsmittel) von Außenbauteilen stehen neben Dispersionen hauptsächlich in organischen Lösemitteln gelöste Produkte zur Verfügung. Diese Imprägniermittel gibt es als **Silikonharzlösung** von Alkylpolysiloxanen oder als monomere **Silane** (Alkylalkoxysilane), die erst bei gleichzeitiger Verdunstung des Lösemittels durch Reaktion mit Feuchtigkeit zum imprägnierenden Silikonharz (Polysiloxan) polykondensieren. Ferner benutzt man kurzkettige, **oligomere Siloxane** und langkettige, **polymere Siloxane** in Form von Alkyloxysiloxanen, die mit Feuchtigkeit zu den Makromolekülen des Silikonharzes (des Polysiloxans) nachpolykondensieren und nach Verdunsten des Lösemittels die Silikonharz-Imprägnierung (Hydrophobierung) bilden. Die Wirksamkeit und Alkalibeständigkeit aller Silikon-Bautenschutzmittel hängen im wesentlichen von der Länge der Alkylgruppen (R) am Siliziumatom ab.

Silikonöle für temperaturunabhängige Schmiermittel (Ganzjahresöle) mit geringer Änderung der Viskosität von – 60 bis + 300 °C.

Silikonkautschuk SI für Dichtungen, Transportbänder, Elektroisolation u. a. m.; für Fugenmassen pastös in Kartuschen (siehe Abschnitt 15.4.2).

Handelsnamen: Baysilon (Bayer), Silikone (Wacker), Silopren (Silikongummi; Bayer), Palesit (SI-Fugenmasse; Lechler).

14.8 Abgewandelte Naturstoffe (halbsynthetische Kunststoffe)

Halbsynthetische Kunststoffe werden aus makromolekularen Naturstoffen wie Zellulose, Naturkautschuk, Eiweiß durch entsprechende Aufbereitung bzw. Abwandlung hergestellt.

Sie haben zwar im Vergleich zu den vollsynthetischen Kunststoffen an Bedeutung verloren, andererseits weist das absolute Herstellungsvolumen noch Zuwachs auf.

14.8.1 Zelluloseabkömmlinge

Norm

DIN 7742 T 1 (Jan. 88):   Kunststoff-Formmassen; Celluloseester(CA, CP, CAB)-Formmassen; Einteilung und Bezeichnung

Ausgangsstoff. Die in den Pflanzen als Gerüstbaustoff vorhandene Zellulose $(C_6H_{10}O_5)_n$ wird vorwiegend aus Holz gewonnen, indem Lignin und andere Stoffe herausgelöst werden.

a) **Zellglas**

Durch Einwirkung von Natronlauge und Schwefelkohlenstoff CS_2 auf die Zellulose erhält man *Viskose,* die im Fällbad *Zellglas* (Zellulosehydrat) abscheidet oder durch Düsen ins Fällbad gedrückt zu Fäden verstreckt wird: gekräuselt und versponnen ist das Produkt als Zellwolle bekannt.

14.8.1 Zelluloseabkömmlinge

Die Folien (Zellulosehydratfolien) sind als *Cellophan* (Kalle) im Handel.

b) **Vulkanfiber, VF**

Norm

DIN 7737 (Sept. 59): Schichtpreßstoff-Erzeugnisse; Vulkanfiber, Typen

Durch Aufquellen von Zellstoff oder Papierbahnen mittels Schwefelsäure oder Zinkchloridlösung und Aufeinanderpressen zu Platten oder Bahnen wird VF hergestellt: ein zäher Schichtpreßstoff hoher Festigkeit.

Verwendet wird er u. a. für Kofferplatten, Schleifscheiben, Dichtungsscheiben.

c) **Zellulosenitrat, CN**

Durch Behandlung von Zellulose mit einem Salpeter-Schwefelsäure-Gemisch erhält man Zellulosenitrat. Daraus stellt man mehrere Produkte her:

Nitrozellulose (Schießbaumwolle). Sie ist höher nitriert und dient als Sprengstoff.

Celluloid (Zellhorn) ist eine Mischung von CN mit 25 % *Kampfer* als Weichmacher. Es ist zähfest, glasklar, beliebig einfärbbar, spanabhebend und thermoplastisch verarbeitbar, aber leicht entzündlich. Seine Rohdichte liegt bei $\varrho = 1,38$ g/cm^3. Es wird verwendet für Griffe, Türschoner, Klarsichtverpackungen, Fotofilme, Schilder u. a. m.

Nitrolacke sind in organischen polaren Lösemitteln gelöstes CN (siehe Abschnitt 11.4.8) mit Weichmachern und ggf. Pigmenten, die als Anstrichstoffe mit guter Haftfestigkeit und als Klebstoff (Uhu) verwendet werden können.

d) **Zellulose-Azetat, CA (Acetylzellulose)**

Durch Veresterung der Zellulose mit Essigsäure entsteht CA, welches mit synthetischen Weichmachern verwendet wird. Seine Rohdichte liegt bei $\varrho = 1,27$ bis 1,30 g/cm^3. CA ist glasklar, von mittlerer Härte, hornartig, mit hoher Schlagzähigkeit und schwer entflammbar. CA brennt mit gelber, grüngesäumter Flamme und Essiggeruch und tropft dabei ab. Verwendung findet CA für Fasern (Azetatseide), Bau- und Möbelbeschläge, Lampenkuppeln, Sicherheitsfilme, Lacke, Klebstoffe u. a. m.

Handelsname: Cellidor (Bayer).

e) **Zelluloseacetobutyrat, CAB**

Durch Behandlung von Zellulose mit Gemischen von Essigsäure und Buttersäure entsteht CAB. Rohdichte $\varrho = 1,2$ g/cm^3. CAB hat höhere mechanische Festigkeiten als CA, gute Wetterbeständigkeit und hohen Oberflächenglanz. Es brennt wie CA mit Geruch nach Essig, verbranntem Papier und ranziger Butter. Verwendung findet CAB für Bau- und Möbelbeschläge, Rohre, Lichtwände und Beschichtung von Metallen nach dem Wirbelsinterverfahren.

Handelsname: Cellidor B (Bayer).

f) **Zellulosepropionat, CP**

Hergestellt durch Behandlung von Zellulose mit Propionsäure, stellt CP ein alterungsbeständiges und wasserfestes, gut weichmacherverträgliches Plastomer dar.

Handelsname: Cellidor CP (Bayer).

g) **Zellkleister, Methylzellulose, MC**

Durch Behandlung der Zellulose mit Methanol (Methylalkohol) wird ein wasserlöslicher Anstrichleim (siehe Abschnitt 11.4.5) und Tapetenkleister gewonnen (Henkelkleber, Sichelleim, siehe Abschnitt 15.1).

14.8.2 Eiweißabkömmlinge, CSF

Auf der Basis von **Kasein** (CS, Milcheiweiß u. a.) werden Kunsthornpreßmassen hergestellt.

Handelsname: Galalith R (Phoenix).

14.8.3 Kautschukabkömmlinge

Norm

DIN 53 501 (Nov. 80):   Kautschuk und Elastomere; Begriffe

a) **Naturkautschuk, NK, und Gummi**

Aus dem Milchsaft (Latex) des Kautschukbaumes (Hevea brasiliensis) und anderer Pflanzen wird durch Koagulation der *Naturkautschuk* (NK oder NR abgekürzt) gwonnen. Der Rohkautschuk besteht im wesentlichen aus *Polyisopren,* IR $(C_5H_8)_n$ (Methylbutadien). Er ist schwach durchsichtig, von gelber bis dunkelbrauner Farbe, weich, sehr elastisch, besitzt aber nur in einem engen Temperaturbereich gewisse Festigkeiten. Er wird mit organischen Lösemitteln zu *Klebstoffen* verarbeitet. Er läßt sich mit Schwefel *vulkanisieren* [2], d. h. vernetzen. Dabei werden Füllstoffe, wie Ruß, Kreide, Weichmacher, zugegeben. Je nach Schwefelzugabe entstehen mehr oder weniger vernetzte Sorten: **Weichgummi** als Elastomer mit 1 bis 5 % S, **Hartgummi** als Duromer mit 15 bis 30 % S. Der Weichgummi ist weich, hochelastisch, wasserfest und wird verwendet für Fahrzeugreifen, Schläuche, Transportbänder, Dichtungen u. a. m. Der Hartgummi ist hartelastisch, elektrisch isolierend und korrosionsfest. Verwendung als Isolator.

b) **Chlorkautschuk**

Chlorkautschuk wird durch Chloranlagerung an Naturkautschuk hergestellt; als Ausgangsprodukte dienen aber seit langem auch Polyisobutylen (siehe Abschnitt 14.5.1d) und andere Polyolefine (siehe Abschnitt 14.5.1). Er ist ein Lackrohstoff, der in polaren Lösemitteln gelöst für chemikalien- und wetterfeste Anstriche bzw. Beschichtungen verwendet wird (siehe Abschnitt 11.4.8).

Handelsname: Pergut (Bayer).

c) Cyclokautschuk

Durch Behandlung des Kautschuks mit Schwefelsäure entsteht ein gut löslicher Lackrohstoff.

Handelsnamen: Alpex (Albert), Cyclosit (Bayer).

14.9 Elastomere (Elaste)

Normen

DIN 53 501 (Nov. 80):   Kautschuk und Elastomere; Begriffe
DIN ISO 1629 (Okt. 81):   Kautschuke und Latices; Einteilung, Kurzzeichen

Elastomere als weitmaschig vernetzte Makromoleküle können durch Abwandlung des Naturkautschuks oder synthetisch hergestellt werden (siehe Abschnitt 14.8.3). Den Kautschukabkömmlingen liegt das *Isopren* C_5H_8 als Baustein zugrunde (Methylbutadien).

Synthetischer Kautschuk läßt sich unter anderem auf der Basis eines ähnlichen Bausteins, dem *Butadien* (Di-Vinyl) C_4H_6, herstellen, wobei auch vernetzbare Mischpolymerisate (z. B. Copolymere mit Styrol beim SBR) verwendet werden oder ein chloriertes Butadien (Di-Vinyl) C_4H_6 benutzt wird (beim CR). Sie werden auch als *Dien-Elastomere* zusammengefaßt, wobei Diene (sprich: „Di-ene") Verbindungen mit 2 konjugierten Doppelbindungen sind [2]. Zu den synthetischen Kautschuken gehören auch einige Vinylelastomere und die an anderen Stellen behandelten Polymere: Silikonkautschuk (Abschnitt 14.7), Polyurethankautschuk (Vulkollan, siehe Abschnitt 14.6.5) und das bei normalen Gebrauchstemperaturen thermoelastische, gummiartige PIB (siehe Abschnitt 14.5.1d, Oppanol B 150, B 200).

14.9.1 Dien-Elastomere (sprich getrennt Di-en ...)

a) **Zahlenbuna:** Buna ist ein Kunstwort, das aus **Bu**tadien und **Na**trium zusammengezogen wurde. Butadien kann unter Zusatz von Natrium als Katalysator polymerisiert werden. Heute ist nur noch *Buna* 32 als Weichmacher für Kautschuk von Interesse. Die Zahl gibt den K-Wert an, eine Kenngröße für die mittlere Polymerisationsstufe (Polymerisationsgrad).

b) **Styrol-Butadien-Kautschuk, SBR**

(Buna S, ein „Buchstabenbuna" im Gegensatz zum „Zahlenbuna")

Styrol-**B**utadien-Kautschuk, SBR; R von engl. rubber = Gummi

SBR ist ein Copolymer aus Butadien mit normal 25 bis 30 % Styrol. Es ähnelt dem Naturkautschuk und ist mit ihm verträglich. Mit aktiven Füllstoffen hat SBR hohe Abriebfestigkeit und Hitzebeständigkeit. Verwendung für Autoreifen, Förderbänder, Puffer u. a. m. Rohstoffname: Buna-Hüls.

c) **Nitrilkautschuk, NBR**

NBR ist ein Copolymer von Butadien mit 20 bis 40 % Anteil von Acrylnitril $H_2C=CH-C \equiv N$ (Vinylcyan), welches auch für die Copolymere SAN und ABS (siehe Abschnitt 14.5.2f) verwendet wird und als Homopolymerisat PAN *(Polyacrylnitril)* für Textilien (Acrylwolle, Dralon) wirtschaftliche Bedeutung hat.

NBR ist besonders mineralölfest und benzinfest sowie mit viel aktivem Füllstoff hitzebeständig. Verwendung findet es für Benzinschläuche, Dichtungen u. ä.

Handelsname: Perbunan N (Bayer).

d) **Chloroprenkautschuk, (Polychloropren) CR**

Ausgangsstoff ist Chlorbutadien gleich Chloropren $H_2C=C\cdot Cl-CH-CH_2$. Die Vulkanisation erfolgt ohne Schwefel. Eine vernetzende Wirkung geht von den Füllstoffen ZnO und MgO aus. CR ist wärme- und chemikalienbeständig, öl- und wetterfest; es besitzt eine hohe Oxidations- und Alterungsbeständigkeit. Es ist kerbzäh und schwer entflammbar. Verwendung findet es z. B. für Bauteil- und Brückenauflager, Dichtungsfolien, Profile, Fugenbänder, Kabelummantelungen, Transportbänder.

Handelsnamen: Neoprene (USA), Perbunan C, Baypren (Bayer).

In nichtvulkanisierter Form wird CR auch als gummiartiger *Lösemittelklebstoff* verwendet.

Handelsname: Pattex (Henkel).

e) **Butylkautschuk, IIR (Isopren-Isobutylen-Rubber)**

Das Copolymer des Isobutylens mit 2 bis 5 % Isopren ist, anders als PIB, vulkanisierbar; dadurch wird der „kalte Fluß" unterbunden und eine hohe Chemikalien- und Wärmebeständigkeit sowie Gasundurchlässigkeit erreicht. Verwendung findet IIR für Schläuche, Kabelisolierungen, Dichtungsbahnen, Fugendichtungsmassen u. a. m.

14.9.2 Polysulfidkautschuk, SR

(Thioplaste = Alkylenpolysulfide)

Die Polysulfide sind schwefelhaltige Polymere $(R-S_4)_n$. Sie besitzen hohe Benzin-, Öl- und Ozonfestigkeit, aber nur schwache mechanische Eigenschaften. Sie werden als fertige Elastomere, bautechnisch aber besonders als härtbare 2-Komponenten-Dichtungsmassen, und für Beschichtungen (z. B. Behälterauskleidungen) verwendet.

Handelsnamen: Thiokol (USA), Perduren GH (Hoechst).

14.10 Herstellungs- und Verarbeitungsverfahren der Kunststoffe

14.10.1 Begriffe

Halbzeug (Platten, Stäbe, Rohre usw.) und Fertigteile (Formteile) aus Kunststoffen werden nach verschiedenen Verfahren aus Vorprodukten (Pulver, Granulaten, Pasten, Formmassen, Prepregs [getränkte Bahnen] oder Flüssigkeiten) hergestellt. Das Grundverarbeitungsverfahren ist das *Urformen*. Bei Plastomeren ist auch ein warmes *Urformen* möglich. Weiterverarbeitungsverfahren sind das *Trennen* als spanende Formgebung und das *Fügen* als Verbindung durch Kleben und Schweißen.

14.10.2 Formgebung der Thermoplaste

Extrudieren mit Extrudern (Strangpressen mit einer Schneckenpresse). Der Rohstoff wird im plastischen Zustand durch eine Düse (Vorsatz-Werkzeug) gepreßt und tritt kontinuierlich als beliebig geformtes Profil, als Endlosstrang, aus dem Extruder aus.

Blasen

Extrudierte Rohre werden noch heiß mit Druckluft zu Hohlkörpern aufgeblasen. Folien lassen sich aus geblasenen, länglichen Ballons herausschneiden, die von einer Ringschlitzdüse senkrecht hängend aufgeblasen werden.

Kalandrieren mit dem Kalander

Kalander sind gegenläufig rotierende, erhitzte Walzenanlagen mit enger werdenden Schlitzen zur kontinuierlichen Herstellung von Folien und Bahnen durch eine Breitschlitzdüse.

Spritzgießen

Hierbei wird das Material mit einer Spritzgußmaschine unter Wärme und Druck verflüssigt bzw. plastifiziert und in eine gekühlte zweiteilige Form (Werkzeug) gedrückt, die sich in einem Arbeitstakt öffnet und das fertige Spritzgußformteil auswirft.

Vakuum-Tiefziehen

Bei diesem Umform-Verfahren werden erhitzte Platten im plastoelastischen Zustand in Formen gesaugt und durch Abkühlung in ihrer neuen Form „eingefroren".

Streckformen

Beim Streckformen werden Platten zwischen Erweichungs- und Fließtemperatur mit Luftüberdruck geformt und durch Abkühlung „eingefroren" (z. B. Lichtkuppeln).

Flammspritzverfahren

Hierbei wird Kunststoffpulver auf Gegenstände aus Metall mittels eines Druckgases durch eine Brenngasflamme aufgeblasen. Der Kunststoff schmilzt auf der vorerwärmten Unterlage zu einer einheitlichen Schicht zusammen. Danach kann der Oberflächenschutz noch durch eine offene Flamme verbessert werden.

Wirbelsintern

Das Wirbelsintern dient zum Überziehen von Gegenständen mit einer Kunststoffschicht. Dazu wird das erhitzte Formteil in eine aufgewirbelte Kunststoffstaubwolke eingetaucht.

14.10.3 Herstellung duroplastischer Teile

Sowohl Halbzeug als auch Formteile werden in Hochdruckpressen unter Hitzeeinwirkung geformt und ausgehärtet.

Reaktionsharze können warm oder kalt drucklos aushärten (siehe auch Abschnitt 14.6.4).

14.10.4 Schweißen von Plastomeren

Normen

DIN 1910 T 3 (Sept. 77):   Schweißen; Schweißen von Kunststoffen, Verfahren

686 Kunststoffe

DIN 16 960 T 1 (Febr. 74): Schweißen von thermoplastischen Kunststoffen; Grundsätze
DIN 16 970 (Dez. 70):   Klebstoffe zum Verbinden von Rohren und Rohrleitungen aus PVC hart; Allgemeine Güteanforderungen und Prüfungen

Plastomere lassen sich besonders dann, wenn sie einen breiten thermoplastischen Bereich aufweisen, gut schweißen. Es werden verschiedene Verfahren angewandt:

a) **Warmgasschweißen**

Die zu verbindenden Teile werden durch eine V- oder X-förmige Schweißnaht durch Auftrag einer Schweißraupe mittels Schweißstab miteinander verbunden. Dazu wird ein elektrisch beheiztes Warmgasschweißgerät benutzt, welches Raumluft ansaugt und den Schweißdraht sowie die Fugenflanken auf die erforderliche Schweißtemperatur von etwa 250 bis 350 °C erhitzt.

b) **Heizelementschweißen**

Hierbei werden die Ränder der zu verbindenden Teile an einer elektrisch beheizten Metallplatte (Spiegel) erweicht und aneinandergedrückt, bis sie erkaltet sind. Das Verfahren dient u. a. zum Stumpfverschweißen von Rohrenden und Tür- bzw. Fensterprofilen mit exakt arbeitenden Spiegelschweißmaschinen.

c) **Überlappschweißen**

Mittels eines flachen Heizkolbens, der einem elektrischen Lötkolben ähnelt, werden Folien, Dach- und Dichtungsbahnen überlappend verschweißt.

d) **Quellverschweißung** (siehe auch Abschnitt 14.4.3a)

Bei diesem Verfahren werden die zu verbindenden Flächen mit einem Lösemittel angelöst (angequollen) und so lange aneinandergedrückt, bis das Lösemittel verdunstet ist. Mit dieser kalten Verschweißung werden u. a. Folien überlappend verbunden (z. B. Weich-PVC-Folien mit Tetrahydrofuran).

e) **Extrusionsschweißen**

Das Verfahren dient hauptsächlich zur Verschweißung dickerer PE-Dichtungsbahnen; ein Extrusionsstreifen von erweichtem PE-Granulat aus einer Breitschlitzdüse verbindet die überlappenden Bahnenränder, die gleichzeitig mittels Warmgas plastifiziert werden.

f) **Weitere Schweißverfahren**

Weitere Verfahren zum Verschweißen von Kunststoffen sind das Reibschweißen, Hochfrequenz-(HF-)Schweißen, Ultraschallschweißen und Wärmeimpulsschweißen, die aber bautechnisch kaum verwendet werden.

14.11 Verwendung von Kunststoffen im Bauwesen

Kunststoffe und Kunststoffprodukte haben heute schon einen Anteil von über 10 % an den Baustoffkosten bei mengenmäßigem Anteil von freilich kaum 1 %. Sie haben sich – bei richtiger Anwendung – seit vielen Jahren bewährt, und es kommen immer wieder neue Einsatzmöglichkeiten hinzu. Die nachstehend behandelte Verwendung

14.11 Verwendung von Kunststoffen im Bauwesen

der Kunststoffe im Bauwesen gibt daher nur einen Überblick, kann manches nur knapp ansprechen und ist zwangsläufig unvollständig. Weiterführende Literatur ist im Literaturverzeichnis unter Abschnitt 14 zu finden.

14.11.1 Folien (siehe Tafel 14.5), Dachbahnen, Abdichtungsbahnen, Dampfbrems- und Unterspannbahnen

Heutiger Oberbegriff: Hochpolymere Kunststoff- und Elastomer-Bahnen

a) **Bautenschutzfolien** werden transparent oder klar, im allgemeinen in Dicken von 0,02 bis 0,4 mm und Breiten bis 6 m, aus PVC oder PE hergestellt (siehe Abschnitt 14.10.2). PE-Folien bleiben auch bei Frost flexibel. Sie sind jedoch empfindlich gegen UV-Strahlen. Die Alterungsempfindlichkeit ist bei schwarz eingefärbten Folien vermindert.

Handelsnamen für PVC-Folien: z. B. Este, Guttagena, Howelon; oder für PE-Folien: z. B. Owolen, Alkoron, Helioflex, Suprathen.

b) **Dachbelagsbahnen**

Normen

DIN 16 730 (Dez. 86): Kunststoff-Dachbahnen; Dachbahnen aus weichmacherhaltigem Polyvinylchlorid (PVC-P), nicht bitumenverträglich; Anforderungen
DIN 16 731 (Dez. 86): Kunststoff-Dachbahnen aus Polyisobutylen (PIB), einseitig kaschiert; Anforderungen
DIN 18 338 (Sept. 88): VOB, Teil C; Dachdeckungs- und Dachabdichtungsarbeiten

Bisher genormte Kunststoff-Dachbahnen sind solche aus PVC weich, PIB sowie aus Ethylencopolymerisat-Bitumen ECB (Polymer-Bitumen-Dachdichtungsbahnen und Polymer-Bitumen-Schweißbahnen siehe Tafel 10.2) und chlorsulfoniertem Polyethylen (CSM), in nichtkaschierten oder einseitig kaschierten For-

Tafel 14.5 Eigenschaften von Folien

Folienart	Zugfestigkeit N/mm^2	Bruchdehnung %	Maximale Gebrauchstemperatur °C	Wasseraufnahme nach 24 Stunden %
Polyamid 66	40 – 80	100 – 150	80	2 – 6
Polyethylen, hart	18 – 28	500	110	0,01
Polyethylen, weich	8 – 10	800	70	0,01
Polyisobutylen	2 – 5	1000	65 – 80	2 – 3
PVC, ungereckt	30 – 40	100 – 200	50 – 60	0,2
PVC, gereckt	40 – 50	40 – 80	50 – 60	0,2
PVC mit 25 % Weichmacher	10 – 18	170 – 250	40 – 50	0,3
PVC mit 40 % Weichmacher	10 – 15	300 – 400	40 – 50	0,5
Polytetrafluorethylen	12,5	100 – 300	200	< 0,01
Polyterephthalsäureglykolester	120 – 180	140 – 150	130 – 150	0,3 – 0,4

men. Außerdem werden auch Bahnen aus Butylkautschuk IIR, Polychloropren CR und Ethylen-Propylen-Terpolymer EPDM verwendet. Die Dachbelagsbahnen werden mit Heißbitumen oder mit Lösemittelspezialklebstoffen auf dem Untergrund verklebt,[1]) eventuell auch lose verlegt, wenn durch eine Bekiesung oder Plattierung ein Abheben bei Windsog verhindert wird. Die Überlappungsnaht- und die Stoßverbindungen erfolgen je nach Eignung des Materials durch Quell- bzw. Heißschweißen oder durch Verkleben mit Spezialklebebändern, Schmelzklebebändern oder Spezialklebstoffen. Die Bahnendicke liegt i. allg. zwischen 1 und 2 mm.

c) **Abdichtungsbahnen**

Normen

DIN 16 935 (Dez. 86):	Kunststoff-Dichtungsbahnen aus Polyisobutylen (PIB); Anforderungen
DIN 16 937 (Dez. 86):	Kunststoff-Dichtungsbahnen aus weichmacherhaltigem Polyvinylchlorid (PVC-P), bitumenverträglich; Anforderungen
DIN 16 938 (Dez. 86):	–dito–; nicht bitumenverträglich; Anforderungen
DIN 18 190 T 5 (Juli 75):	Dichtungsbahnen für Bauwerksabdichtungen; Dichtungsbahnen mit Polyethylenterephthalat-Folien-Einlage, Begriff, Bezeichnung, Anforderungen
DIN 18 195 T 2 (Aug. 83):	Bauwerksabdichtungen, Stoffe
DIN 18 336 (Sept. 88):	VOB, Teil C; Allgemeine Technische Vorschriften für Bauleistungen, Abdichtungsarbeiten
DIN 18 338 (Sept. 88):	–dito–; Dachdeckungs- und Dachabdichtungsarbeiten
DIN 18 531 V (Febr. 87):	Dachabdichtungen; Begriffe, Anforderungen, Planungsgrundsätze

Richtlinien für die Planung und Ausführung von Dächern mit Abdichtungen – Flachdachrichtlinien – (Jan. 82); Fachschrift des Dachdeckerhandwerks

Bisher genormt sind Bahnen für Bautenabdichtungen aus PIB, PVC weich und bituminöse Dichtungsbahnen mit Polyethylenterephthalat-(PET)-Einlage. Im übrigen werden auch Bahnen aus ECB, CSM, CR, IIR und EPDM (vgl. Dachbelagsbahnen) verwendet, sofern sie den Güteanforderungen der Normen genügen. Sie müssen wasserundurchlässig, feuchtigkeitsbeständig, quellbeständig gegen Wasser, alterungsbeständig und verrottungsfest sein und bei Dauertemperaturen von $-20\,°C$ bis $+70\,°C$ ihre wesentlichen Eigenschaften beibehalten, weiterhin auch gegen Grund- und Sickerwasser sowie gegen normale chemische Einflüsse der angrenzenden Bauteile unempfindlich sein.

Sie werden mit Heißbitumen-Klebmassen oder Lösemittel-Spezialklebstoffen auf den Untergrund verklebt. Die Bahnen werden im allgemeinen an den Stößen durch Heiß- oder Quellschweißung, durch Dichtungsbänder oder Spezialklebstoffe verbunden.[1]) Die Dichtungsunterlage muß standfest und oberflächenglatt (sauber abgerieben) sein; lose Verlegung auf waagerechte Flächen kommt nur in Frage, wenn die Verkehrsbelastung gering ist und die Schutzschicht bzw. der Belag in sich standfest ist.

Handelsnamen: z. B. Rhepanol, Trocal; PET-Folien: z. B. Hostaphan, Kebu, Mogaplan (bituminiert).

d) **Wickelfolien**

Sie werden als Korrosionsschutz für Rohre verwendet.

---

[1]) Verarbeitung: siehe „Werkstoffblätter", Hrsg. TAKK (Techn. Arbeitsgruppe Kunststoff- und Kautschukbahnen), Osannstr. 37, 6100 Darmstadt.

Handelsnamen für PVC: z. B. Coroplast, Denso, Wilkoplast (selbstklebend); für PE: z. B. Corothene, Denso; für PIB: z. B. Rhenapol RO.

e) **Dekorations- und Polsterfolien**

Sie werden aus PVC weich hergestellt. Es gibt sie transparent, farbig, gemustert oder geprägt, bis 0,8 mm dick, 20 bis 1 500 mm breit für Vorhänge, Wand- und Möbelbespannung.

Handelsnamen: z. B. Acella, Adretta, Alkor, Atiflex, Delifol, Gekafol; selbstklebend: z. B. Con-Tac, d-c-fix.

f) **Dampfbremsbahnen, Unterspannbahnen**

Zur Verhinderung von Kondenswasserbildung in Bauteilen werden Kunststoffbahnen als Dampfbremsen verwendet, da sie einen hohen Diffusionswiderstand für Wasserdampf aufweisen. Unterspannbahnen sind mit Kunststoff-Fäden (PA) verstärkte bituminöse Bahnen oder faserverstärkte Kunststoff-Folien zum Schutz des Dachraums gegen Flugschnee, Niederschläge und Wind unter den Dachpfannen.

Handelsname: Tegula (VEDAG).

14.11.2 Fußbodenbelagstoffe

PVC-Bodenbeläge aus Bahnen oder Platten (siehe Abschnitt 13.1.2), Spachtelbeläge, Kunstharzestriche und Kunstharzbeschichtungen.

14.11.3 Wandbeläge

Wandbeläge aus Kunststoff mit glatter Oberfläche bestehen aus PVC und werden in Bahnen geliefert, z. T. mit Schaumstoffunterlage.

Handelsnamen: z. B. IF-Folie, Lamin mit Thermopete, Tapion 99, Somvyl, Weschulin. Textile Wandbeläge aus Kunstfasern (PA, PAN, PP, PET) werden als Textiltapeten (siehe Abschnitt 12.1.2.8) oder als Teppichwandbeläge ähnlich wie Teppichbodenbeläge (siehe Abschnitt 13.2) verwendet.

14.11.4 Wandfliesen

Sie werden als Vinyl-Asbestplatten aus PVC oder anderen Vinylharzen und Füllstoffen wie Asbestfasern hergestellt und als quadratische oder rechteckige Platten in Dicken von 1,3 bis 2,5 mm geliefert. Sie können auf Putz, Holz und Metall geklebt und nachträglich gefugt werden.

Handelsnamen: z. B. Colovinyl, Dasaflex, Floorflex.

14.11.5 Bau- und Möbelplatten

a) **Dekorative Schichtpreßstoffplatten**

Norm

DIN 16 926 (Okt. 87): Dekorative Hochdruck-Schichtpreßstoffplatten (HPL); Einteilung, Anforderungen und Prüfung

Die dekorativen Schichtpreßstoffplatten bestehen aus heiß verpreßten, i. allg. phenolharzgetränkten Zellulosebahnen als Kernlagen und beliebig gefärbten oder gemusterten, mit durchsichtigem Melaminharz getränkten Deckschichten. Die Oberflächen können hochglänzend, seidenmatt oder strichmattiert sein, die Rückseiten sind für die Verklebung präpariert oder aufgerauht.

Die Platten sind unempfindlich gegen Wasser, Alkohol, Benzin, Benzol, Tetrachlorkohlenstoff, Trichlorethylen, Azeton, Ester, Ketone und Fette. Sie werden jedoch angegriffen von Mineralsäuren, Laugen, chlorhaltigen Bleilaugen, Wasserstoffperoxid, Silbernitratlösung, Natriumbisulfat, Jod- und anderen stark färbenden Tinkturen. Sie sind kratzfest, glatt, mit Wasser leicht zu reinigen, hygienisch einwandfrei und daher für Küchenmöbel, Ladentheken, Friseureinrichtungen u. a. m. geeignet. Sie lassen sich als Verkleidungsplatten im Innenausbau in großen Flächen anbringen.

Die Bearbeitung erfolgt mit einer feingezahnten, ungeschränkten Säge. Zum Furnieren ist möglichst ein plastifizierter Kunstharzleim zu verwenden. Bei stumpfen Stößen sind die Kanten von unten abgeschrägt zu schleifen. Den Leimbestrich läßt man kurz vor der Kante enden, um das Herausquetschen zu vermeiden. Auch ein Aufkleben der Platten auf Putz ist möglich.

Handelsnamen: z. B. Dekodur, Duropal, Formica, Resopal, Ultrapas.

b) **Kunststoffbeschichtete Spanplatten und Holzfaserplatten**

Normen

DIN 68 751 (Nov. 87): Kunststoffbeschichtete dekorative Holzfaserplatten; Begriffe, Anforderungen
DIN 68 765 (Nov. 87): Spanplatten; kunststoffbeschichtete, dekorative Flachpreßplatten; Begriff, Anforderungen

Spanplatten (siehe Abschnitt 17.9.2) werden auch als kunststoffbeschichtete dekorative Flachpreßplatten hergestellt (DIN 68 765). Ebenso sind kunststoffbeschichtete dekorative Holzfaserplatten erhältlich (DIN 68 751). Sie werden mit melaminharzgetränkten, uni- oder mehrfarbig, gemustert oder ungemustert bedruckten Dekorpapieren beschichtet. Es gibt auch Dekorpapiere, die mit Holzmaserung bedruckt sind, so daß die Furnierimitation von Originalfurnieren nur schwer zu unterscheiden ist. Als oberste Schicht wird ein transparent ausgehärtetes „Overlay"-Papier benutzt. Ebenso werden auch Formteile, wie Fensterbänke, Profilbretter für Balkongeländer, Wandbekleidungen usw., oder kassettenartige Elemente hergestellt.

Handelsnamen: Werzalit u. a.

c) **Kunstharzpreßholz**

Normen

DIN 7707 T 1 (Jan. 79): Kunstharz-Preßholz und Isolier-Vollholz; Prüfverfahren
DIN 7707 T 2 (Jan. 79): –dito–; Typen
DIN 40 603 (März 77): Schichtpreßstoff-Erzeugnisse; Tafeln und Streifen aus Kunstharz-Preßholz

Kunstharzpreßholz und Isoliervollholz werden meist mit Phenolharz getränkt und unter Druck und Hitze zu Tafeln großer Dichte ($\varrho \geq 0{,}90$, oft $> 1{,}35$ g/cm^3) und hoher Festigkeit (Biegefestigkeit > 100 N/mm^2) ausgehärtet (siehe Abschnitt 17.7.7).

Handelsname: z. B. PAG-Holz

14.11.6 Kunststoffbeschichtete Metalle

Plastik-Überzüge auf Blechen, Rohren und Drähten bestehen meist aus PE oder PVC.

Handelsnamen für Bleche: z.B. Platal, Tektal; für Drähte: z.B. Filoplast, Silicor u.a.

14.11.7 Bauprofile

Bauprofile werden aus verschiedenen Kunststoffen, insbesondere aus PVC, in beliebigen Farben, oft schwarz eingefärbt, für vielerlei Zwecke hergestellt.

a) **Fugenprofile** (vgl. Abb. 14.6)

Normen

DIN 7863 (April 83):	Nichtzellige Elastomer-Dichtprofile im Fenster- und Fassadenbau; Technische Lieferbedingungen
DIN 7865 T 1 (Febr. 82):	Elastomer-Fugenbänder zur Abdichtung von Fugen in Beton; Form und Maße
DIN 7865 T 2 (Febr. 82):	–dito–; Werkstoffanforderungen und Prüfung

Für das Eindichten bzw. Abdecken von Fugen stehen vielfältige Fugenprofilarten vor allem aus Weich-PVC, Chloropren (CR) und Kautschukarten zur Verfügung. Neben Klemm- und Einputzprofilen gibt es Fugenbänder für Bewegungs- und Arbeitsfugen, deren Flügel (Laschen) einbetoniert werden. Bei den Fensterprofilen werden hauptsächlich Band-, U- und Klemmprofile unterschieden. Im Straßenbau werden CR-Raumfugen und Scheinfugenprofile für Betonfahrbahnen verwendet. Bei starkem Temperaturwechsel wird – statt PVC weich – elastomer vernetzter Polychloroprenkautschuk (CR) oder EPDM-Kautschuk angewandt.

Im Beton- und Stahlbetonbau unterscheidet man zwischen Fugendichtungsprofilen und Fugendichtungsbändern.

Fugendichtungsprofile werden nach dem Erhärten des Betons in die Fugen eingelegt. Es sind Schnüre oder Bänder aus Schaumstoffen, wie z.B. PUR-Weichschaum, die mit Bitumen oder Synthesekautschuk imprägniert sind, oder Schläuche aus dichten Elastomeren bzw. Thermoplasten. Bei hinreichend gleichbleibenden Temperaturen findet PVC weich Anwendung, bei größeren Temperaturschwankungen und/oder starker Witterungsbeanspruchung werden Polychloropren (CR) oder Ethylen-Propylen-Dien (EPDM) verwendet. PVC-Profile

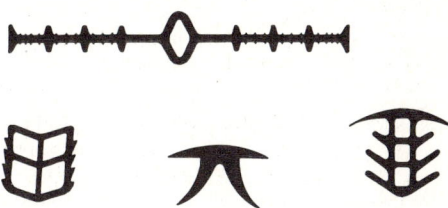

Abb. 14.3 Fugendichtungsbänder und Fugendichtungsprofile

können stumpf geschweißt werden. CR-Profile lassen sich durch Vulkanisieren verbinden. CR-Schläuche können mit einer Handpumpe evakuiert, eingelegt und anschließend wieder mit Luft gefüllt werden, so daß sie sich fest an die Flanken anlegen.

Fugendichtungsbänder nach DIN 7865 werden vor dem Erhärten des Betons eingelegt und dienen zur Dichtung von Arbeits- und Bewegungsfugen. Sie besitzen in der Mitte einen schlauchförmigen Hohlkörper, der die Fugenbewegungen mitmachen kann. Die Bänder bestehen häufig aus PVC weich oder SBR, schwere Ausführungen aus CR, gegebenenfalls mit einvulkanisierten Stahleinlagen.

Handelsnamen: Deflex-, Lugato-, Plastiment-, Rehau-, Sika-, Tricosal-, Wey-Fugenband; Abdeckprofile: Deflex, Bolta, Fixal, Migua, Plastikant u. a.

b) **Handlaufprofile**

Handlaufprofile werden aus PVC weich in verschiedenen Farben als Klemmprofile hergestellt und im erwärmten Zustand aufgezogen. Handelsübliche Abmessungen 50 mm × 8 mm bis 30 mm × 8 mm.

Handelsnamen: z. B. Bolta, Conti, Gealan, Mipolam, Wehalit u. a.

c) **Sockelleistenprofile**

Sockelleistenprofile werden aus PVC weich und PVC hart hergestellt. Es gibt auch harte Einputz-Sockelleisten und andere mit Hartfaserkern.

Handelsnamen: z. B. Bolta, Conti, Dölkoplast, Dunloplan, Gealan, Pfalzplastik u. a.

d) **Treppenkantenprofile**

Hergestellt aus PVC weich, werden sie verschiedenfarbig angeboten.

Handelsnamen: z. B. Bolta, Kö, Marley, Mipolam, Plastikant.

e) **Sonstige Bauprofile**

Vorwiegend aus PVC hergestellte Profile werden verwendet für Umleimer, Vorhangschienen, Regenschutzschienen, Möbelprofile u. a.

14.11.8 Kunststoffrohre und Formstücke

Normen

DIN 1187 (Nov. 82):	Dränrohre aus weichmacherfreiem Polyvinylchlorid (PVC hart); Maße, Anforderungen, Prüfung
DIN 6660 (April 87):	Rohrpost; Fahrrohre aus weichmacherfreiem Polyvinylchlorid (PVC-U)
DIN 6661 bis 6667:	Rohrpost (Muffen, Bauteile u. a.)
DIN 8061 (April 84):	Rohre aus weichmacherfreiem Polyvinylchlorid; Allgemeine Güteanforderungen, Prüfung
DIN 8061 Bbl. 1 (Febr. 84):	–dito–; Chemische Widerstandsfähigkeit von Rohren und Rohrleitungsteilen aus PVC-U
DIN 8062 (Nov. 88):	Rohre aus weichmacherfreiem Polyvinylchlorid (PVC-U, PVC-HI); Maße
DIN 8063 T 1 (Dez. 86):	Rohrverbindungen und Rohrleitungsteile für Druckrohrleitungen aus weichmacherfreiem Polyvinylchlorid (PVC-U); Muffen- und Doppelmuffenbogen; Maße
DIN 8063 T 2 (Juli 80):	–dito–; Bogen aus Spritzguß für Klebung, Maße

14.11.8 Kunststoffrohre und Formstücke

DIN 8063 T 3 (Juli 80):	–dito–; Rohrverschraubungen, Maße
DIN 8063 T 4 (Sept. 83):	–dito–; Bunde, Flansche, Dichtungen, Maße
DIN 8063 T 5 E (April 88):	–dito–; Allgemeine Güteanforderungen, Prüfungen
DIN 8063 T 6 (Juli 80):	–dito–; Winkel aus Spritzguß für Klebung, Maße
DIN 8063 T 7 (Juli 80):	–dito–; T-Stücke und Abzweige aus Spritzguß für Klebung, Maße
DIN 8063 T 8 (Juli 80):	–dito–; Muffen, Kappen und Nippel aus Spritzguß für Klebung, Maße
DIN 8063 T 9 (Aug. 80):	–dito–; Reduzierstücke aus Spritzguß für Klebung, Maße
DIN 8063 T 10 (Aug. 80):	–dito–; Wandscheiben, Maße
DIN 8063 T 11 (Juli 80):	–dito–; Muffen mit Grundkörper aus Kupfer-Zink-Legierung (Messing) für Klebung, Maße
DIN 8072 (Juli 72):	Rohre aus PE weich; Maße
DIN 8073 (März 76):	–dito–; Allgemeine Güteanforderungen, Prüfung
DIN 8074 (Sept. 87):	Rohre aus Polyethylen hoher Dichte (PE-HD); Maße
DIN 8075 (Mai 87):	Rohre aus Polyethylen hoher Dichte (PE-HD); Allgemeine Anforderungen
DIN 8075 Bbl. 1 (Febr. 84):	Rohre aus Polyethylen hoher Dichte (HDPE); Chemische Widerstandsfähigkeit von Rohren und Rohrleitungsteilen
DIN 8076 (Juli 69):	Klemmverbinder aus Metall für Rohre aus PE, für Wasserleitungsanlagen; Technische Lieferbedingungen
DIN 8076 T 1 (März 84):	Druckrohrleitungen aus thermoplastischen Kunststoffen; Klemmverbinder aus Metall für Rohre aus Polyethylen (PE); Allgemeine Güteanforderungen, Prüfung
DIN 8077 (Jan. 89):	Rohre aus Polypropylen (PP); Maße
DIN 8078 (April 84):	–dito–; Typ 1 und Typ 2; Allgemeine Güteanforderungen, Prüfung
DIN 8078 Bbl. 1 (Febr. 82):	–dito–; Chemische Widerstandsfähigkeit von Rohren und Rohrleitungsteilen
DIN 8079 E (März 89):	Rohre aus chloriertem Polyvinylchlorid (PVC-C); Maße
DIN 8080 E (März 89):	–dito–; Allgemeine Qualitätsanforderungen, Prüfung
DIN 16 928 (April 79):	Rohrleitungen aus thermoplastischen Kunststoffen; Rohrverbindungen, Rohrleitungsteile, Verlegung, Allgemeine Richtlinien
DIN 16 961 T 1 E (Mai 87):	Rohre und Formstücke aus thermoplastischen Kunststoffen mit profilierter Wandung und glatter Rohrinnenfläche; Maße
DIN 16 961 T 2 E (Mai 87):	–dito–; Technische Lieferbedingungen
DIN 16 968 (März 85):	Rohre aus Polybuten (PB); Allgemeine Güteanforderungen, Prüfung
DIN 16 969 (Nov. 88):	–dito–; Maße
DIN 16 970 (Dez. 70):	Klebstoffe zum Verbinden von Rohren und Rohrleitungsteilen aus PVC hart; Allgemeine Güteanforderungen und Prüfung
DIN 19 532 (Juli 79):	Rohrleitungen aus weichmacherfreiem Polyvinylchlorid (PVC hart, PVC-U) für die Trinkwasserversorgung; Rohre, Rohrverbindungen, Rohrleitungsteile, Technische Regeln des DVGW
DIN 19 533 (März 76):	Rohrleitungen aus PE hart und PE weich für die Trinkwasserversorgung; Rohre, Rohrverbindungen, Rohrleitungsteile
DIN 19 534 T 1 (Mai 79):	Rohre und Formstücke aus weichmacherfreiem Polyvinylchlorid (PVC hart) mit Steckmuffe für Abwasserkanäle und -leitungen; Maße
DIN 19 534 T 2 (Nov. 87):	–dito–; Technische Lieferbedingungen
DIN 19 560 (März 80):	Rohre und Formstücke aus Polypropylen (PP) mit Steckmuffe für heißwasserbeständige Abwasserleitungen (HT) innerhalb von Gebäuden; Maße, Technische Lieferbedingungen
DIN 19 561 (März 80):	Rohre und Formstücke aus Acrylnitril-Butadien-Styrol (ABS) oder Acrylester-Styrol-Acrylnitril (ASA) mit Steckmuffe für heißwasserbeständige Abwasserleitungen (HT) innerhalb von Gebäuden; Maße, Technische Lieferbedingungen

Kunststoffe, die für Rohre verwendet werden, sind hauptsächlich PVC und – schon erheblich weniger – PE, daneben auch modifiziertes PVC in Form erhöht schlagzäher und nachchlorierter Sorten, ferner Polypropylen PP, Polybuten-1 (PB), schlagzähes Polystyrolpolymer ABS oder ASA und glasfaserverstärkte ungesättigte Polyester UP-GF (vgl. Tafel 14.4) und Epoxidharze EP-GF sowie für Kunstharzbetonrohre UP und EP.

Kunststoffe

Anwendungsgebiete sind Trinkwasserleitungen, Entwässerungsleitungen, Dränagen, Regenfallrohre, Gasleitungen, Rohrpostleitungen, elektr. Installations- und Kabelschutzrohre, Be- und Entlüftungsanlagen, Druckluftleitungen, Transportleitungen für flüssige Nahrungsmittel und Chemikalien u. a.

Kunststoffrohre besitzen folgende Vorteile: Sie sind schnell und leicht verlegbar, und korrosionsbeständig. PE-Rohre lassen sich in großen Längen von einer Rohrtrommel aus verlegen. Die verhältnismäßig große Wärmedehnung der Kunststoffrohre muß bei Installationsleitungen entsprechend berücksichtigt werden (siehe Tafel 14.7).

Tafel 14.6 Kunststoffrohre, Abmessungen und Nenndruck PN der DIN-Rohrreihen

Rohrwerkstoff	Maßnorm DIN	PN [bar] min d_a [mm] max d_a [mm]	Rohrreihe				
			1	2	3	4	5
PE hart Typ 1	8074	PN	2,5	3,2	4	6	10
PE hart Typ 2	8074	min d_a	75	63	40	25	10
		max d_a	1000	1000	1000	800	450
PE weich	8072	PN	2,5	6	10		
		min d_a	25	16	10		
		max d_a	160	125	125		
PVC hart PVC-C	8062	PN	2,5	4	6	10	16
		min d_a	110	75	40	25	10
		max d_a	1000	1000	1000	600	400
PP	8077	PN	2,5	4	6	10	16
		min d_a	50	40	20	10	
		max d_a	1000	1000	710	450	
PB	16 969	PN	4	6	10	16	
		min d_a	63	40	20	10	
		max d_a	1000	1000	900	560	

Tafel 14.7 Kennwerte von Kunststoffrohren für die praktische Anwendung

Rohrwerkstoff	Dichte [g/cm³]	Vergleichsspannung zul σ [N/mm²]	E-Modul [N/mm²]	Wärmedehnzahl bei 20 °C α_T [1/K]	Grenztemperaturen	
					Erweichung über °C	Kaltsprödigkeit unter °C
PE hart	0,95	5	900	$20 \cdot 10^{-5}$	50	−20
PE weich	0,92	2,5	120	$20 \cdot 10^{-5}$	[1])	−40
PVC hart[2])	1,38	10	3000	$8 \cdot 10^{-5}$	60	0
PVC-C	1,54	10	> 3000	$7 \cdot 10^{-5}$	95	0
PP	0,91	5	1300	$15 \cdot 10^{-5}$	100	0
PB	0,92	(9)	> 500	$12 \cdot 10^{-5}$	100	−30

[1]) bei höheren Temperaturen zu weich
[2]) gültig für Rohrtyp 100

14.11.8 Kunststoffrohre und Formstücke

Bei erdverlegten Freispiegelleitungen stellt sich bei fachgerechter Verdichtung ein Membranzustand mit Gewölbewirkung ein, in dem die Spannungen im Rohr weit unter den normgemäß zulässigen Beanspruchungen für 50 Jahre Betriebszeit bleiben (vgl. Abb. 14.4).

Zur statischen Berechnung innendruckbeanspruchter Rohre wird die *Barlow*sche Formel $s = \dfrac{p \cdot d}{2\sigma + p}$ angewandt.

- s Wanddicke in mm
- d Außendurchmesser in mm
- σ Vergleichsspannung in N/mm^2
- p Innendruck in N/mm^2

Die zulässigen Vergleichsspannungen sind in den DIN-Normen aufgrund der Zeitstandfestigkeit bei 20 °C für die einzelnen Rohrwerkstoffe festgelegt worden. Niedrigere Wassertemperaturen erhöhen den Sicherheitsgrad noch.

Für die hydraulische Berechnung der Kunststoffrohre stehen Tabellen nach *Prandtl/Colebrook* zur Verfügung, welche die geringen Reibungsverluste an den glatten Wänden berücksichtigen.

Für die Rohrverbindungen gibt es Steckmuffen, Klebmuffen, Überschiebmuffen, Fittings; auch Elektroschweiß-, Flansch- und Schraubverbindungen werden angewandt. Zu den Rohren gibt es Rohrleitungsteile, wie Bogen, T-Stücke, Abzweige, Reduzierstücke u. a. m.

Kunststoffrohre sind mit Außendurchmessern bis 1000 mm und für Innendrücke PN (früher ND) bis 10 bzw. 16 bar genormt:

Rohre aus PE hart

DIN 8074, DIN 8075.

4 Rohrreihen mit d = 10 bis 1000 mm, Nenndrücke PN = 2,5 bis 10 bar, Lieferlängen 6 bis 12 m.

Rohre aus PE weich

DIN 8072, DIN 8073.

3 Rohrreihen mit d = 10 bis 160 mm, Nenndrücke PN = 2,5 bis 10 bar, Ringbunde bis 300 m Länge.

Handelsnamen für PE-Rohre (Kennfarbe schwarz): z. B. Brandalen, Drakatileen, Dynalen, Egelen, Gabolen, Hagulen, K-M-T, Mannesmann PE-Druckrohre, Nicolen, Omniplast, Rehau, Rogalen, Supralen, Toschilen, Wawin u. a.

Handelsnamen für PE-Abflußrohre: Aktherm, Hagulen, Vulkathene u. a.

Rohre aus PVC hart

DIN 8061, DIN 8062; Rohre aus PVC-C (chloriertes Polyvinylchlorid).

5 Rohrreihen mit $d = 5$ bis 710 mm drucklos und für Nenndrücke PN = 4 bis 16 bar.

Handelsnamen für PVC-Trinkwasserrohre (Baulängen 6 bis 12 m, Kennfarbe dunkelgrau): Acodor, Beroplast, Dynadur, FK-Druckrohre, Gabodur, Nicodur, Nordrohr, Rehau, Supradur, Wavin u. a.

Handelsnamen für PVC-Abflußrohre (Kennfarbe rotbraun, bis $d = 500$ mm in 1,5 m Baulänge): Awadukt, Dynadur, Etardur, FK, Gabodur KA, Gebr. Anger HT, Nicodur, Nordrohr, Omniplast, Rehau, Wawin u. a.

Rohre aus Polypropylen PP

DIN 8077, DIN 8078.

4 Reihen mit $d = 10$ bis 1000 mm,[1]) Nenndrücke PN = 2,5 bis 10 bar.

Rohre aus Polybuten-1 PB

DIN 16 968, DIN 16 969 (vgl. 14.5.1c).

4 Rohrreihen mit $d = 10$ bis 1000 mm, PN = 2,5 bis 10 bar.[2]) PB-Rohre sind heißwasserbeständig.

Trinkwasserrohrleitungen aus PVC hart

DIN 19 532 (Juli 79), Reihe 4 nach DIN 8062, DN = 10 bis 400 mm, PN = 10 bar, Kennfarbe dunkelgrau, Rohrverbindungen: DIN 8063 T 1 bis T 11.

Trinkwasserrohrleitungen aus PE hart und weich

Norm

DIN 19 533 (März 76):   Rohrleitungen aus PE hart und PE weich für die Trinkwasserversorgung; Rohre, Rohrverbindungen, Rohrleitungsteile

Rohre DN = 15 bis 150 mm,[3]) PN = 10 bar, Kennfarbe schwarz, Rohrverbindungen mit Klemmverbindern aus Metall: DIN 8076 (Juli 69).

Rohre und Formstücke für Entwässerungskanäle und -leitungen aus PVC hart:

DIN 19 534 T 1, T 2.

Rohre und Formstücke für Grundleitungen, Kanalanschluß- und Kanalleitungen gibt es in 3 auf Erddruck berechneten Spezialreihen bis DN 500, Baulängen 1,5 m, mit Muffen und Gummiringdichtungen. Kennfarbe rotbraun.

Rohre und Formstücke für Abwasserleitungen innerhalb von Gebäuden

aus PE hart: DIN 19 533; aus PP für heißwasserbeständige Abwasserleitungen: DIN 19 560; aus ABS oder ASA: DIN 19 561.

---

[1]) Die Nennweite DN stimmt bei Kunststoffen nicht immer mit dem Innendurchmesser überein, weil die ISO-Normung den Außendurchmesser zugrunde legt.
[2]) Die Druckstufen wurden früher ND (Nenndruck) abgekürzt, jetzt PN.
[3]) Die Nennweite DN (Diameter normal) wurde früher NW abgekürzt.

Gasleitungen

Rohre aus PVC hart, Kennfarbe gelb der Reihen 4 und 5 nach DIN 8062, 6 und 12 m lang, bis DN 200 und 1 bar Gasdruck, mit Klebmuffen, und

Rohre aus PE hart, Kennfarbe schwarz, der Reihe 6 nach DIN 8074, bis DN 150 und bis 4 bar Gasdruck, mit Schweißmuffen, sind nach DVGW-Vorschriften zugelassen.

Rohrpostleitungen

DIN 6660 bis 6667.

Rohre aus PVC hart, DN 55 bis 100, werden mit Klebmuffenverbindungen verwendet.

Kabelschutzleitungen

Nach Postnormen werden Kabelkanalrohre aus PVC hart eingesetzt.

PE- und PVC-Rohre dienen auch als Leerrohre für elektrische Leitungen innerhalb von Gebäuden.

Geschlitzte Dränrohre

DIN 1187 (Nov. 82).

Rohre aus PVC hart sind in Ringbunden großer Länge lieferbar. Kennfarbe gelb, entsprechende Sickerrohre im Straßenbau auch blau.

14.11.9 Dachrinnen

Norm

DIN 18 469 (Mai 88):   Hängedachrinnen aus weichmacherfreiem Polyvinylchlorid; Anforderungen, Prüfung

Sie werden aus erhöht schlagzähem PVC hart mit zugehörigen Formstücken in hellgrauen Farbtönen hergestellt.

Handelsnamen: Gebr. Anger, Aspekt, FK-Rinnen, Inefa, Marley, Nicoll, Nordrohr, Plastmo, Rehau-Dachrinnen, S-Lon, Trocal u. a.

14.11.10 Profilplatten, Tafeln und Flachstäbe

Normen

DIN 16 801 (Juli 83):   Tafeln aus Polycarbonat (PC); Maße
DIN 16 810 (Mai 80):   Tafeln aus Polyethylenterephthalat (PETP) und Polybutylenterephthalat (PBTP); Maße
DIN 16 927 (Dez. 88):   Tafeln aus weichmacherfreiem Polyvinylchlorid; Technische Lieferbedingungen
DIN 16 955 (Dez. 76):   Tafeln aus Styrol-Butadien (SB)-Formmassen (schlagzähes Polystyrol); Technische Lieferbedingungen
DIN 16 956 (Dez. 76):   Tafeln aus schlagzäh-modifizierten Styrol-Acrylnitril-Copolymerisaten (ABS oder ASA); Technische Lieferbedingungen
DIN 16 957 (Juni 85):   Gegossene Tafeln aus Polymethylmethacrylat (PMMA); Technische Lieferbedingungen

698 Kunststoffe

DIN 16 977 (Mai 80): Tafeln aus Polyacetal (POM); Maße
DIN 16 984 (Mai 80): Tafeln aus Polyamid (PA); Maße
DIN 16 986 (Mai 87): Flachstäbe aus thermoplastischen Kunststoffen; Maße

Profilplatten, Tafeln und Flachstäbe gibt es hauptsächlich aus PMMA, PC, PVC und UP-GF, aber auch aus PET, ABS, ASA, PA, POM und aus SB-Formmassen. Sie werden zum Teil farblos, transparent oder eingefärbt, eben oder gewellt geliefert. Sie sind leicht mit Bohrer oder Säge zu bearbeiten. Die Befestigung kann z. B. mit Holz- oder Hakenschrauben erfolgen. *Wellplatten* sind längsgewellt. Quergewellte Produkte heißen *Wellbahnen*, besitzen nur kleine Wellen und werden i. allg. aufgerollt geliefert. *Standardprofile* sind Asbestzementwellen 177/51 und 130/30 und Wellblechwellen 76/18. Außerdem gibt es Spundwand- und Trapezprofile sowie zahlreiche Sonderprofile, z. B. Klemmprofile, Stufenprofile u. a. Für Fassadenbekleidungen werden auch Stegprofile aus 1 bis 2 mm dickem, erhöht schlagzähem PVC, i. d. R. 6 m lang, mit Hakenfalzen oder Hohlkammerprofilen mit Nut- und Federverbindungen an den Längsseiten verwendet.

Daneben gibt es räumlich geformte Bekleidungselemente aus UP-GF oder PVC in Form von Kassetten, Schindeln usw.

Profilplatten werden allgemein verwendet für Dächer, Vordächer, Lichtwände, Lichtbänder, Balkonbrüstungen, Gewächshäuser, Wartehallen, Fassadenbekleidungen u. a.

Handelsnamen: PMMA: Paraglas, Perspex, Plexiglas, Resartglas u. a. PVC: Astradur, Atlan, Elekristal, Lumenator, Organit, Rhenoplast, Trocal u. a. UP-GF (auch in sog. SL-Qualität = selbstlöschend bzw. F-Qualität = flugfeuersicher): Acoplan, Acowell, Eterplast, Filon (mit Nylonfadeneinlage), Flugoplast, Grillowell, Leipolyt, Lamilux, Owellan, Pecolit, Polydet, Scobalit, Spimalit, Toschiplast u. a.

14.11.11 Lichtkuppeln und Lichtschalen

Lichtkuppeln gibt es mit rundem, quadratischem oder rechteckigem Grundriß, ein- oder mehrschalig, direkt in die Dachhaut einklebbar oder mit Aufsatzkranz, fest oder beweglich zum Lüften, glasklar oder opak. Für die eigentliche, lichtdurchlässige Kuppel wird hauptsächlich PMMA verwendet, daneben auch CAB und UP-GF.

Lichtschalen in Form von Oberlichtbändern beliebiger Länge lassen sich aus doppelwandigen UP-GF-Lichtschalenelementen zusammenbauen.

Handelsnamen für Lichtkuppeln

Aus **CAB** (Standardgrößen bis ⌀ 120 cm, quadratisch bis 150 cm × 150 cm, rechteckig bis 150 cm × 240 cm): Detalux u. a.

Aus **PMMA** (Standardgrößen bis ⌀ 160 cm, quadratisch 160 cm × 160 cm, rechteckig bis 160 cm × 250 cm): Air-Lux, Eurolight, Helux, Klimalux, Leuchtkäfer, Matador, Multilux, Nordlicht, Steeb, WFB-Lichtkuppeln u. a.

Aus **UP-GF** (Standardgrößen bis ⌀ 150 cm, quadratisch bis 150 cm × 150 cm, rechteckig bis 180 cm × 270 cm): Essmann, Lamilux, Matador, OW-Lichtkuppeln, Poly-Esser-Kuppeln, Rhenus, Scobalit, WFB-Lichtkuppeln u. a.

14.11.12 Fenster und Fenstertüren

Handelsnamen für Lichtschalen aus UP-GF

Polydet-Lichtschalen, Grillo-Oberlichte, Grillo-Shed, Scobalit-Gigant u. a.

14.11.12 Fenster und Fenstertüren

Fenster aus Kunststoff sind in der Anschaffung teurer als vergleichbare Holzfenster; sie benötigen aber keinen Unterhalt durch Anstriche und bilden keine Wärmebrücken wie Metallfenster. Den Hauptanteil am Kunststoffenstermarkt haben extrudierte Profile aus schlagzähem weichmacherfreiem PVC. Sie werden an den Stoßstellen, z. B. den Gehrungen der Rahmenecken, durch Spiegelschweißmaschinen (vgl. Abschnitt 14.10.4b) zu Fensterrahmen verschweißt.

Für größere Abmessungen, z. B. Fenstertüren, lassen sich manche Hohlprofile durch Einziehen von Vierkantstahlprofilen verstärken, oder es werden Verbundfenster mit Metallkern und PVC hart-Profilmantel verwendet. Es gibt aber auch Kunststoff-Metallfenster mit PVC weich-Profilmantel, dem keine tragende Funktion zukommt. Dachfenster für Steildächer gibt es mit Einsatzrahmen für verschiedene Eindeckungsarten aus PVC-, PE-Profilen oder UP-GF-Rahmen mit Fenstern aus CAB oder PMMA.

Hauptsächlich verwendete Kunststoffensterarten und Handelsnamen:

Aus PVC-ummanteltem Holzkern: Metra-Plast, Monza-Plast u. a.

Aus Holz mit aufgesetztem PVC-Rahmen: Hebratherm, Stemmer, Xyloplast u. a.

Mit PVC-ummanteltem Stahlkern: Meaplast, Meteor, Mipolam-Elastic u. a.

Aus PUR mit Metallprofileinlage und Acrylaußenhaut: Isogarant (Berit) auf Basis BaydurM (Bayer).

Mit PVC-ummanteltem Aluminiumkern: Ferroplast u. a.

Aus Vollkunststoff mit PVC-Profilen: Awedo, AVA, Dogro, Durette, Trocal u. a.

14.11.13 Fensterzubehör

Kunststoffrolläden benötigen keinen Unterhalt durch Anstriche und sind leichter als vergleichbare Rolläden aus Holz oder Metall. Sie werden aus PVC-Einschiebehohlprofilen, selten noch aus Kettenprofilen hergestellt.

Rolladenkästen werden auch als Fertigteile aus PUR bzw. PS-Hartschaum oder UP-Harz-Leichtbeton hergestellt. Weiteres Fensterzubehör sind

Rolladenschienen aus PVC-U-Profilen, **Außenfensterbänke** aus PVC hart-Hohlkammerprofilen, **Beschläge**, wie Fensteroliven, Türdrücker, für welche PVC, PA oder POM, zum Teil mit Metallkern, verwendet werden. **Jalousien** werden aus PVC hart, erhöht schlagzäh, hergestellt. Mit verstellbaren farbigen Lamellen werden sie innenliegend in Doppelfenstern oder als Außen- bzw. Innenjalousetten verwendet. **Markisen** aus Polyesterfasergewebe mit PVC weich-Beschichtungen dienen dem Sonnenschutz der Gebäude.

14.11.14 Tragwerke aus und mit Kunststoffen

Stabförmige, auf Biegung beanspruchte **Tragglieder** aus Kunststoffen sind wegen ihres geringen E-Moduls und der damit verbundenen starken Verformung (Durchbiegung) nur begrenzt realisierbar. Hingegen bieten sich insbesondere glasfaserverstärkte Kunststoffe für **Kuppeln** und **Schalen** wegen ihrer beliebigen Formbarkeit an und werden z. B. für Hallen- und Tribünendächer verwendet. Auch PMMA kann für große Lichtkuppeln aus Einzelelementen nach Art der Apfelsinenscheiben zusammengefügt werden. **PUR-Hartschaum-Iglus** haben sich für Notunterkünfte, die an Ort und Stelle geschäumt werden, in Erdbebengebieten bewährt. **Membran-Tragwerke** können mit Kunststoff-Folien oder -Geweben erstellt werden. Für **Tragflufthallen** bietet sich Kunststoff als Hüllenmaterial an. Als sonstige Konstruktionen seien genannt: **Behälter** (für Mineralöl) und **Schwimmbecken**.

Bei Auflagern sind nach der Funktion Gleit- und Verformungslager zu unterscheiden.

Gleitlagerelemente werden z. B. aus bronze- oder korundgefüllten Platten aus Polytetrafluorethylen (PTFE) hergestellt. Mit Silikon-Dauerschmierung ergibt sich gegen polierten Stahl eine Reibung von 0,03 %.

Für unbewehrte oder mit mehreren Stahlblechen bewehrte Elastomer-**Verformungslager** ist in der Bundesrepublik Deutschland nur Polychloropren-(CR-)Kautschuk zugelassen.

14.11.15 Weitere Verwendungsgebiete

In anderen Abvschnitten des vorliegenden Buches sind die nachstehend aufgeführten Kunststoffverwendungen behandelt worden:
Schaumstoffe als Dämmstoffe für den Wärme- und Schallschutz: siehe Abschnitt 16
Beschichtungen und Anstriche: siehe Abschnitt 11
Kunststoffe als Zusatz zu zementgebundenem Beton und Mörtel bzw. Estrich: siehe Abschnitt 6.23.1
Kunstharze als Bindemittel (KH-Beton, KH-Mörtel, KH-Estrich): siehe Abschnitt 6.23.2 und 6.23.3
Schaumstoff-Beton: siehe Abschnitt 6.21.4
Kunststoffe als Fugenmasse (siehe Tafel 15.1): Abschnitt 15.4
Kunststoffe als Klebstoffe und Spachtelmassen: siehe Abschnitt 15.1 und 15.2

15 Klebstoffe, Spachtelmassen, Kitte und Fugendichtungsmassen

15.1 Klebstoffe

Normen

DIN 281 E (Juni 88):	Parkettklebstoffe; Anforderungen, Prüfung
DIN 16 920 (Juni 81):	Klebstoffe; Klebstoffverarbeitung; Begriffe
DIN 16 970 (Dez. 70):	Klebstoffe zum Verbinden von Rohren und Rohrleitungsteilen aus PVC hart; Allgemeine Güteanforderungen und Prüfungen
DIN 18 156 Teil 3 (Juli 80):	Stoffe für keramische Bekleidungen im Dünnbettverfahren; Dispersionsklebstoffe

15.1.1 Begriff und Einführung

Die Klebstoffe aus Kunststoffen haben andere Klebstoffe, insbesondere die organischen Leime auf Eiweißbasis (Knochen-, Kaseinleim usw.) oder Kohlehydratbasis (Stärkeleim, Methylzellulose-Leim), merklich zurückgedrängt und andererseits den Klebeverbindungen neue Anwendungsgebiete erschlossen (Metallkleben u. a.). Klebstoffe verbinden die Fügeflächen durch Oberflächenhaftung (Adhäsion) und innere Eigenfestigkeit (Kohäsion). Die Vorteile der Kunststoffkleber für statisch beanspruchte Verbindungen liegen besonders in ihrer größeren Haftfestigkeit und Beständigkeit. Voraussetzung dabei sind richtige Auswahl und Verarbeitung des Klebstoffs, konstruktive Gestaltung der Verbindung, Oberflächenvorbehandlung u. a.

Die Einteilung der Klebstoffe kann nach verschiedenen Gesichtspunkten erfolgen: z. B. Art des Stoffes, Konsistenz im Verarbeitungszustand, Art des eventuellen Lösemittels, Art des Aushärtens, oder nach dem Verwendungszweck, z. B. Parkettklebstoffe (DIN 281), Klebstoffe zum Verbinden von Rohren (DIN 16 970), Holzleim, Metallkleber u. a.

15.1.2 Leim, Leimlösungen

Leim ist wasserlöslicher Klebstoff auf organischer Basis mit Ausnahme von Wasserglasleim. Die Leimlösung härtet physikalisch durch Verdunsten oder Abwandern des Wassers aus. *Leime auf Eiweißbasis* sind Glutinleim (Knochenleim, Hautleim), Kaseinleim u. a. *Leime auf Kohlehydratbasis* sind Stärkeleim, Dextrinleim, Methylzelluloseleim (siehe Abschnitt 14.8.1g), Sulfitablaugeleim (Malerleim).

15.1.3 Dispersionsklebstoffe

Es handelt sich hauptsächlich um Plastomere, auch um Copolymere, die in Wasser dispergiert (fein verteilt) sind. Sie werden vorwiegend für das Verkleben etwas saugfähiger Stoffe verwendet. Sie härten physikalisch durch Verdunsten oder Abwandern des Dispersionswassers, zum Teil auch chemisch aus. Beispiel: PVAC, PIB, Polyacrylsäureester, Polyvinylether, synthetischer Kautschuk; Bitumen-Dispersionen bzw. Emulsionen werden zum kalten Verkleben verwendet.

Pulverförmige Baukleber aus hydraulischen Bindemitteln und dispergierten Kunststoffen, z. B. PVAC, PVP, erreichen durch das langsam erhärtende hydraulische

Bindemittel größere Festigkeiten und haften gut auf saugfähigen Baustoffen, wenn mindestens eine Kontaktfläche so porös ist, daß das Dispersionswasser eindringen und verdunsten kann. Durch den Kunststoff verliert die Klebschicht ihre Sprödigkeit.

Unter Umständen sind jedoch solche Kleber je nach Kunststoffart und -prozentsatz etwas wasserempfindlich.

Handelsname: z. B. Ponal (Henkel) u. a.

15.1.4 Lösemittelklebstoffe (Kleblacke)

Hierbei sind Klebstoffe in organischen Lösemitteln (Aceton, Tetrachlorkohlenstoff, Methylenchlorid u. a.) gelöst, die sich beim Erhärten verflüchtigen. Damit kann auch eine chemische Härtung des Klebelacks verbunden sein. Beispiel: Gelöster Nitrolack (Zellulosenitrat CN, Handelsname z. B. Uhu) oder Zelluloseazetat CA.

Manche dieser Kleblacke werden in Lösemitteln gelöst, die gleichzeitig die Fügeflächen anlösen oder anquellen. Auf diese Weise läßt sich eine besonders feste Verbindung zwischen den Fügeteilen und dem stofflich ähnlichen Klebefilm erzielen. Das Verfahren wird z. B. bei PVC-Muffenrohren mit anlösendem Tetrahydrofuran-Klebstoff (DIN 16 970, siehe Abschnitt 14.11.8) angewandt. Solche Rohrkleber werden auch in Form plastischer Klebstoffe aus hochgefüllten zähflüssigen Lösungen verwendet (Klebkitte).

Beim Quellverschweißen werden die Überlappungsflächen von PIB-Dichtungs- oder -Dachbahnen mit einem anlösenden Lösemittel eingestrichen. Der dabei gelöste Grundstoff der Bahnen bildet den Klebefilm. Unter leichtem Druck entsteht beim Verdunsten des Lösemittels eine homogene Klebeverbindung ohne Verwendung eines fremden Klebstoffs im Lösemittel.

15.1.5 Kontaktklebstoffe

sind Lösemittelklebstoffe mit kautschukartigen Feststoffen, z. B. Polychloropren CP, Polyisobutylen PIB. Sie werden auf beide Klebeflächen aufgetragen und nach dem Verdunsten (Abdampfen) des Lösemittels, wenn es nach einigen Minuten keine Fäden mehr zieht, kurzzeitig zusammengedrückt (Stahlandrückrollen). Der Klebefilm bleibt gummielastisch. Für thermisch oder durch Feuchtigkeit beanspruchte Klebfugen können den Kontaktklebstoffen Vernetzungsmittel (Härter) zugegeben werden. Die Kontaktklebstoffe werden im Bauwesen für Bodenbeläge, Schichtstoffplatten u. a. verwendet.

Handelsname: Pattex (Henkel) u. a.

15.1.6 Haftklebstoffe

Dies sind Klebstoffe, die nach dem Verdunsten des Lösemittels eine haftende Verbindung herstellen, aber klebrig bleiben. Sie lassen sich wieder lösen (abschälen) und werden verwendet für Isolierbänder, Klebestreifen, Haftetiketten u. a. Als Bindemittel enthalten sind Polyvinylether oder Polyisobutylen geringen Molekulargewichts (Beispiel: Klebebänder, Handelsname Tesafilm u. a.).

15.1.7 Reaktionsharzklebstoffe

Unter dieser Klebstoffgruppe werden Klebstoffe zusammengefaßt, die durch chemische Reaktion erhärten. Sie werden auch als Reaktionskleber oder Reaktionskleblacke bezeichnet. Da auch bei manchen zuvor besprochenen Klebstoffen neben der physikalischen Erhärtung durch Abwandern und/oder Verdunsten des Löse- bzw. Dispergiermittels chemische Härtungsreaktionen ablaufen, ist die Einteilung nicht scharf abgegrenzt. Eine Gruppe der Reaktionsklebstoffe bilden die Polykondensationsharze auf Formaldehydbasis PF, RF, UF und MF.

Phenol-Formaldehydharze PF werden in der Resolstufe (siehe Abschnitt 14.6.1a) als Pulver oder in Wasser gelöst auf die Fügeflächen aufgebracht und unter Druck und Hitze ausgehärtet.

Resorcin-Formaldehydharze RF werden als Vorprodukte mit Formaldehyd-Defizit erst kurz vor der Verwendung durch Zugabe weiteren Formaldehyds zur Aushärtungsreaktion gebracht.

Harnstoff-Formaldehydharze UF sind als Vorprodukte wasserlösliche Leimharze, die für Holzverleimung und als Zusatz zu Leimlösungen (siehe Abschnitt 15.1) verwendet werden, um deren Wasserfestigkeit zu erhöhen.

Melamin-Formaldehydharze MF sind den UF-Harzen ähnlich, besitzen aber höhere Wasser- und Temperaturbeständigkeit.

Handelsnamen für Formaldehydharze: z.B. Kauramin, Kauresin, Kauritleim (BASF).

Reaktionsharze werden *Zweikomponentenkleber* genannt, wenn ihnen vor Gebrauch ein Härter zugesetzt werden muß. Die 1. Komponente wird dabei auch als Binder bezeichnet. Nach Vermischung der Bestandteile ist der Klebstoff innerhalb der Topfzeit noch verarbeitbar (1/2 bis mehrere Stunden, auch temperaturabhängig).

In Sonderfällen sind weitere Komponenten im Kleber enthalten oder werden vor der Verarbeitung zugegeben: wie Beschleuniger, Stabilisierungsmittel, Füllstoffe.

Bei *Einkomponentenklebern* kann eine 2. Reaktionskomponente enthalten sein, die erst bei höheren Temperaturen oder nach Verdunsten eines Lösemittels eine chemische Härtungsreaktion auslöst.

Als Zweikomponentenkleber werden für Stein-, Beton- und Metallverklebungen *Polyurethane* PUR (Desmodur und Desmophen, siehe Abschnitt 14.6.5), *Acrylharze* (siehe Abschnitt 14.5.2g), *ungesättigte Polyesterharze* UP (siehe Abschnitt 14.6.2a) und *Epoxidharze* EP (siehe Abschnitt 14.6.3) verwendet. UP-Harze ergeben bei niedrigem Preis hohe Klebfestigkeiten; sie sind aber gegen feuchte Klebeflächen empfindlich. Expoxidharze schrumpfen weniger, haften besser als UP-Harze und sind gegen Feuchtigkeitseinflüsse bei der Erhärtung unempfindlicher. Die Schrumpfneigung kann durch Füllstoffe verringert werden. Für Steinverklebungen kommen stark gefüllte Klebepasten in Frage, die auf porigen Klebeflächen noch genügend haften; dagegen sind für Metallverklebungen dünnflüssige Klebstoffe günstiger. Die höchsten Bindefestigkeiten von Metallkleberverbindungen werden bei relativ dünnen Klebstoffschichten von 0,1 bis 0,3 mm erreicht.

Handelsnamen: z. B. Agomet (Degussa), Araldit (Ciba), Uhu-plus (Uhu), Epple (Epple u. Co.), Vestopal LT (CW Marl-Hüls) u. a.

15.1.8 Feste Klebstoffe (Schmelzklebstoffe)

Es handelt sich um feste oder bei Raumtemperatur pastöse Klebstoffe, die geschmolzen werden müssen, damit sie ihre Klebkraft entwickeln. Sie werden auch in Form von Klebefolien verwendet.

Nichthärtende Schmelzkleber gibt es auch auf Bitumenbasis oder aus Polyvinylbutyral PVB, Polyvinylacetat PVAC, Polyisobutylen PIB.

Härtende Schmelzkleber, d. h. solche, die chemisch und nicht physikalisch härten, werden aus Epoxidharzen (EP), Melaminharzen (MF) oder Phenolharzen (PF) hergestellt.

15.2 Spachtelmassen

15.2.1 Begriff und Einführung

Spachtelmassen oder Spachtelkitte, kurz auch Spachtel genannt, sind zähplastische, oft gefüllte und/oder pigmentierte Beschichtungsstoffe zum Ausgleichen von Unebenheiten des Untergrundes für Beschichtungen. Der Name geht auf das Auftragen mit einem Spachtel bzw. Spachtelmesser zurück; es gibt aber auch spritzbar eingestellte Spachtelmassen. Je nach Anwendung spricht man auch von Ausgleichs-, Füll- und Nivelliermassen. Als Bindemittel werden für Spachtelmassen verwendet: Alkydharze, Epoxid- oder Polyesterharze, Polyurethan, Kunststoffdispersionen, trocknende Öle, Leim, Gips und Zement. Die Spachtelmassen enthalten außerdem Füllstoffe, wie Kreide, Schiefermehl, Feinstsande, und gegebenenfalls auch Pigmente.

15.2.2 Spachtelputz, Kunstharzputz

Spachtelputz oder Kunstharzputz ist eine Dünnputzbeschichtung aus Spachtelkitten, die sich aus Kunstharzdispersionen (Binder) mit Füllstoffen, wie Pigmenten, Feinstsand oder gröberem Sand (z. B. mit Waschputzeffekt), zusammensetzen. Der Dispersionsgehalt liegt i. allg. bei etwa 25 % entsprechend einer Pigmentvolumenkonzentration (PVK) von etwa 75 %. Beim Streichputz liegt der Verbrauch etwa bei 1000 g/m^2 für etwa 2 mm Schichtdicke. Dickere Beschichtungen mit gröberem Sand oder Splittbestandteilen werden mit etwa 4000 bis 7000 g/m^2 ausgeführt.

15.2.3 Spachtelmakulatur

besteht aus Füll- und Faserstoffen mit einem Bindemittel in Form eines Leims (z. B. Methylzellulose) oder einer Kunststoffdispersion (z. B. PVAC). Sie dient zur Glättung oder gestupft zur Belebung von Beschichtungsflächen oder als Grundierung für eine nachfolgende Tapezierung.

Handelsnamen: Moltofill, Dufix u. a.

15.2.4 Bezeichnung der Spachtelmassen

Die Bezeichnung der Spachtelmassen kann nach dem Untergrund erfolgen, für den eine Spachtelmasse geeignet ist: Metallspachtel, Holzspachtel, Unterbodenspachtel oder nach stofflichen Gesichtspunkten.

15.2.5 Arten von Spachtelmassen

a) **Leimspachtel** aus gefüllten Leimen auf Eiweiß- oder Kohlehydratbasis.
b) **Nitrozellulosespachtel** auf CN-Basis,
c) **Emulsions- und Dispersionsspachtel** aus PVAC (Handelsname Mowilith u. a.), Copolymeren des VAC (Handelsname z. B. Mowithon), Methacrylat-Co- und Terpolymeren (Handelsnamen z. B. Acronal, Plextol) oder ähnlichen Plastomeren und Füllstoffen, eventuell kombiniert mit hydraulischen Bindemitteln, welche die Klebkraft und Härte im Endzustand erhöhen.
d) **Ölspachtel** aus trockenen Ölen, wie Leinölfirnis u. a. (siehe Abschnitt 11.4.8) und Füllstoffen (trocknet langsam).
e) **Öllackspachtel** aus gefüllten Ölharzgemischen (z. B. ölhaltigen synthetischen Alkydharzen oder natürlichen Kopalharzen).
f) **Kunstharzspachtel** aus gefüllten Kunstharzen wie z. B. Alkydharzen.
g) **Lackspachtel** aus Leinölfirnis oder Kunstharzlacken mit Füllstoffen.
h) **Polyesterspachtel (Kitte)** aus ungesättigten Polyestern (UP) in Form von 2-Komponenten-Spachteln mit Füllstoffen und Pigmenten. Er kann auch den Lack- oder Kunstharzspachteln zugerechnet werden und wird als Zieh- oder Spritzspachtel verwendet.

15.2.6 Verwendung von Spachtelmassen

Spachtelmassen sollen gut haften und die Unebenheiten ohne Schrumpfung und Rißbildung ausfüllen. Nur starre Untergründe dürfen mit Spachtel überzogen werden. Je nach Wasserempfindlichkeit des Bindemittels eignen sich die Spachtelmassen für Innen- oder Außenanwendung. So kann man den Leim- und Dispersionsspachtel z. B. für Innenputzflächen, Öl-, Lack- und Polyesterspachtel auf Außenflächen verwenden. Polyesterspachtel können auch in dickeren Schichten aufgetragen werden, ohne Rißbildung befürchten zu müssen. Als Unterbodenspachtelmassen haben sich die pulverförmigen Haft- und Planierzement-Mehrzweckspachtelmassen bewährt.

Sie werden nur mit Wasser angerührt und erhärten nach dem Spachteln innerhalb etwa einer Stunde zu einer wasserfesten, fast spannungsfreien Schicht. Die Spachtelmassen sollen dabei nicht zu dünn, sondern pastös bis dickpastös angerührt werden. Zu dünnes Anrühren führt häufig zum Reißen, Abplatzen oder Absanden der Schicht. Auch darf der Masse das Anmachwasser nicht durch übermäßige Wärme, poröse Untergründe oder durch Zugluft zu rasch entzogen werden. Bei sehr saugfähigen und porösen Unterböden, z. B. Anhydrit-, Gips- oder Porenbetonestrichen, ist ein Voranstrich mit 1 : 5 verdünnter Kunstharzemulsion, bei Holz, Magnesiaestrichen und glattem Untergrund, z. B. Terrazzo, Fliesen u. a., ein Voranstrich mit 1 : 1 verdünntem Chloropren-Kautschuk-Kleber empfehlenswert; geölte und gewachste Böden sind zuvor mit Lösemittel abzuwaschen oder abzuschleifen. Zur Vermeidung von Spannungsrissen sollte beim Ausgleich von Löchern, Rissen und großflächigen Unebenheiten über etwa 6 mm Dicke die Spachtelmasse im Verhältnis von 1 : 1 Raumteilen mit trockenem Feinsplitt oder Sand gestreckt werden.

Handelsnamen: z. B. Ardit Z8, Ardurex 681, Disbon, Helmiplan, Icosit K 250 (auf EP-Basis), Kossak-Planiermasse, Mastol 757, Rakoll, Tivopal 8122 und 9018, Tomot u. a.

15.3 Kitte

Norm

DIN 4062 (Sept. 78) Kalt verarbeitbare plastische Dichtstoffe für Abwasserkanäle und -leitungen; Dichtstoffe für Bauteile aus Beton, Anforderungen, Prüfungen und Verarbeitung

15.3.1 Begriffe und Einführung

Kitte sind plastische Gemische aus trocknenden Ölen, Bitumen oder Kunststoffen und Füllstoffen, die nach einiger Zeit meist zu festen, mehr oder weniger elastischen Massen erhärten oder eine gewisse Plastizität beibehalten. Eine spezielle Definition gilt im Tiefbau: Kitte im Sinne von DIN 4062 (Sept. 78) sind knetbare Dichtstoffe für Abwasserkanäle, die kalt verarbeitbar sind und dauernd plastisch bleiben. Im Glaserhandwerk werden Kitte nur noch für einfache Verglasungen ohne Bewegungen im Kittbett verwendet.

Klebekitte sind plastische Klebstoffe aus hochgefüllten zähflüssigen Lösungen.

Die Kitte besitzen gutes Haftvermögen. Sie sind zunächst plastisch und gehen je nach Zusammensetzung allmählich in einen festen, hartelastischen oder bei Kautschukkitt in einen gummielastischen Zustand über.

15.3.2 Leinölkitte

Sie erhärten durch Linoxidbildung und Verharzung (siehe Abschnitt 11.4.8).

a) **Glaserkitt**

Er besteht aus 15 Masse-% Leinöl und Leinölfirnis und 85 Masse-% Schlämmkreide. Er wird für Glas und Holz verwendet; das Holz soll vorgeölt werden.

Ein Wiederaufweichen ist mit Kalilauge und Schmierseife möglich. – Für Glasdächer, Oberlichte und Fenster mit eisernem Rahmen oder Sprossen werden noch 2 Masse-% Mennige als Rostschutzmittel zugesetzt.

Für die Verkittung von Verbundgläsern dürfen nur Verbundglaskitte verwendet werden, die keine schädliche Wirkung auf die Kunststoff-Zwischenschicht (meist Polyvinylbutyral PVB) haben.

b) **Mennigekitt**

Er besteht aus Bleimennige Pb_3O_4 und Leinöl oder Leinölfirnis. Er wird sehr hart und ist für Verkittung von Metall auf Glas oder Metall verwendbar, z. B. für das Einkitten von Wasch- und Abortbecken, Dichten von hanfumwickelten Gewinden von Gas- und Wasserrohren.

c) **Mangankitt**

Er wird aus Mangan und Leinöl zusammengesetzt. Verwendung findet er als schwarzer Glasereinsatzkitt (Handelsname z. B. Teroson-Plastic) oder für Dichtungen von Gas-, Wasser- und Heizungsleitungen (Handelsname z. B. Fermit-Spezial u. a.).

15.3.3 Glycerinkitt

Er setzt sich zusammen aus 1 Masseteil Glycerin und 10 Masseteilen Bleiglätte PbO und etwas Wasser. Verwendung findet er für Kittverbindungen von Glas, Stein und Stahl, z. B. zum Kitten von Marmorplatten, Einsetzen von Stahlgittern und Geländern. Er ist unempfindlich gegen Säuren, Benzin und Öl, temperaturbeständig bis 250 °C.

15.3.4 Wasserglaskitt

Glas und Steingut kann mit reinem Wasserglas gekittet werden. Die Verbindung ist jedoch nicht wasserbeständig. Als Steinkitt dient eine Mischung von Wasserglas mit Schlämmkreide, Ziegelmehl, Zement (Zementkitt) oder Kieselgur. Ein säurebeständiger Steinkitt wird aus Wasserglas und gebrannter Magnesia erhalten (Handelsname: z. B. Keralith).

Als Metallkitt dient ein Gemisch aus Wasserglas, Kreide und Zinkstaub. Als Pflasterfugenkitt wird Wasserglas mit feinem Quarzsand oder Klinkermehl vermischt.

Diese Kitte sind schnellhärtend und wasserfest. – Die Verkittungsflächen sind mit Wasserglas vorzustreichen.

15.3.5 Eiweißkitt

Er wird mit Kasein und Kalkhydratpulver als Bindemittel mit Zusatz von Hartholzmehl als „Knetholz" zum Ausbessern von Holzrissen und Holzlöchern verwendet. Als Steinkitt wird ein Gemisch aus Kaseinkalkleim, Schlämmkreide und Zinkweiß verwendet.

15.3.6 Leimkitt

Leimkitt besteht aus Leder- oder Knochenleim mit Sägemehl und Schlämmkreide im Mischungsverhältnis 1 : 1 : 1 Masseteilen und dient zum Ausbessern von Holz.

15.3.7 Sulfitablaugekitt

Aus der beim Sulfitaufschluß von Holz anfallenden Ablauge, die ligninsulfosaures Kalzium enthält, wird neben Leim (siehe Abschnitt 15.1.2) auch ein Sulfitablaugekitt für die Linoleumverlegung hergestellt.

15.3.8 Phenoplastkitt

Er besteht aus Aldehyd-Kondensationsprodukten und Füllstoffen und wird als säurefester Kitt verwendet.

Handelsnamen: z. B. Havegit, Kera u. a.

15.3.9 Kautschukkitt

Er stellt ein Gemisch dar aus Naturkautschuk oder synthetischem Kautschuk mit Bitumen und/oder trocknenden Ölen, Harzen mit oder auch ohne Füllstoff. Er besitzt durch das Bitumen thermoplastische und durch den Kautschuk gummielastische Komponenten.

15.3.10 Bitumenkitt

Es handelt sich um zähviskose Lösungen von Bitumen ohne oder mit Füllstoff. Sie werden im Gegensatz zu bituminösen Fugenvergußmassen (siehe Abschnitt 10.4.5) kalt verarbeitet und für Rohr-, Muffen-, Dach-, Bauwerks- und Pflasterfugen verwendet.

Handelsnamen: z. B. Asbestumen, Baugubit, Dursit 120, Igas, Prodorit, Plombex, Stoko, Weybit u. a.

15.3.11 Rostkitt, Eisenkitt

Es handelt sich um ein Gemisch aus Eisenpulver mit Schwefel und Reagenzien wie Ammoniumchlorid. Der Kitt härtet mit Wasser oder verdünnten Säuren aus und wird für starre Gußrohrmuffenverbindungen oder das Vergießen von Gußeisenlöchern verwendet.

15.4 Fugendichtungsmassen, Fugendichtstoffe

Normen

DIN 18 540 (Okt. 88):	Abdichten von Außenwandfugen im Hochbau mit Fugendichtstoffen
DIN 18 545 Teil 1 (Aug. 82):	Abdichten von Verglasungen mit Dichtstoffen; Anforderungen an Glasfalze
DIN 18 545 Teil 2 (Mai 85):	–dito–; Dichtstoffe; Bezeichnung, Anforderungen, Prüfung
DIN 18 545 Teil 3 (Okt. 83):	–dito–; Verglasungssysteme

15.4.1 Fugendichtungsmassen, Fugendichtstoffe: Einführung

Bei Fugendichtungsmassen (siehe Tafel 15.1), Fugenmassen oder Fugendichtstoffen unterscheidet man zwischen härtenden, plastisch bleibenden und elastisch bleibenden Sorten. Ferner werden mit dem Kurzzeichen F frühbeständige und mit dem Kurzzeichen NF nicht frühbeständige Fugendichtstoffe bezeichnet. Härtende Dichtungsmassen werden *hart-elastische,* plastisch bleibende werden auch *dauerplastische,* elastisch bleibende auch *dauerelastische oder elastische Fugenmassen* genannt. Die Dehnfähigkeit der Fugenmassen nimmt mit fallender Temperatur und mit steigendem Alter (Alterung) ab. Dauerplastische Fugenmassen besitzen keine Rückstellfähigkeit. Elastisch bleibende oder dauerelastische Fugenmassen sind gummielastisch mit Rückstellfähigkeit, wobei die Gummielastizität durch hohe Verformbarkeit (große Bruchdehnung und kleinen E-Modul) gekennzeichnet ist. Dazwischen gibt es Übergangsformen: *plasto-elastische* Massen, die überwiegend plastisch und etwas elastisch sind, sowie die recht häufigen *elastoplastischen Massen* mit überwiegend gummielastischen Eigenschaften bei geringen bleibenden Verformungsanteilen.

Nach der zurückgezogenen ISO-Norm ISO/DIS 6927, Bauwesen-Fugendichtstoffe-Begriffe (E. 11.79), wird nur zwischen elastischen Fugendichtstoffen und plastischen Fugenmassen unterschieden, wobei die elastischen Dichtstoffe *überwiegend* elastisches Verhalten aufweisen. Für das Abdichten von Außenwandfugen im Hochbau mit Fugendichtstoffen gilt DIN 18 540. Die Fugenflanken müssen vor dem Einbringen der Fugendichtungsmasse aus der Spritzpistole gesäubert, ggf. aufgerauht, entstaubt, mit Lösemittel entfettet und i. d. R. zur Haftverbesserung mit einem Voranstrich (Primer) versehen werden.

Versiegelungsmassen sind im Glaserhandwerk elastisch bleibende, an Glas und Rahmen ausreichend haftende Dichtstoffe. Eine Versiegelung erfolgt bei einer Glasabdichtung auf eine bereits durchgeführte Abdichtung. Die Versiegelung kann dabei auch Teil einer Glasabdichtung sein, wenn sie den Glasfalz über einem Bandprofil abdichtet.

Die *Fugendichtungsmassen* gibt es als Ein- oder Zweikomponentenmassen. Dabei haben Siliconmassen den größten Marktanteil. Es folgen Fugenmassen auf Basis von Polysulfid (SR), Acryl, Polyurethan (PUR), Butyl (IIR), Polyisobutylen (PIB) und einige andere. Ein hoher Prozentsatz wird im Glasbau und für Baufugen verwendet.

15.4.2 Silicon-Dichtungsmassen

Kaltvernetzende pastenförmige Vorprodukte von Siliconkautschuk gibt es als *Zweikomponentenmassen* mit speziellen Vernetzern, aber überwiegend als *Einkomponentenmassen,* die durch Lufteinfluß vernetzen, indem eine in der Paste enthaltene, vernetzend wirkende Komponente beim Kontakt mit Luftfeuchtigkeit aktiviert wird. Die Paste ist in der Kartusche bei Luftabschluß etwa 1 Jahr lagerfähig. Je nach Vernetzungscharakter lassen sich 3 Hauptgruppen unterscheiden, nämlich das alkalisch reagierende *Amin-System,* das sauer reagierende *Acetat-System* und neutral reagierende Systeme, z. B. *Benzamid.*

Beim *Amin-System* erfolgt die Vernetzung bei 20 °C und 60 % rel. Luftfeuchtigkeit i. d. R. innerhalb 8 Tagen. Diese Fugenmassen sind weich einstellbar und mit nahezu 100 %igen elastischen Anteilen für Dehnungsfugen mit 25 % Fugenbewegung geeignet. Sie können auch auf Metallen, galvanisierten Oberflächen und alkalisch reagierenden Untergründen eingesetzt werden. Ihre Chemikalienbeständigkeit ist hoch. Sie werden transparent oder in verschiedenen Farben geliefert.

Beim *Acetat-System* bildet sich zunächst eine feste Oberflächenhaut, bei manchen Typen bereits nach 1 Minute (bei 60 % rel. Luftfeuchtigkeit). Die volle Vernetzung dauert z. B. bei 10 mm Dicke etwa 4 Tage.

Diese Massen sind wegen ihrer hervorragenden Hafteigenschaften auf Glas, Emaille, Keramik und Aluminium und ihrer möglichen fungiziden (pilzwidrigen) Einstellung besonders zur Abdichtung im Glaserhandwerk, Fenster- und Sanitärbau geeignet. Die Acetat-Systeme sind transparent oder transluzent lieferbar.

Siliconfugenmassen auf Basis des neutral reagierenden Systems, z. B. *Benzamid,* zeichnen sich durch besonders hohe Dehnfähigkeit aus, benötigen aber etwas längere Vernetzungszeiten. Sie besitzen ausreichende Hafteigenschaften auf nahezu allen Untergründen bei hoher chemischer und physikalischer Belastbarkeit. Die Massen können nicht transparent eingestellt werden.

Anstriche haften auf Siliconfugenmassen nicht. Hohlkehlen sind wie bei allen Fugenmassen für das Dehnverhalten günstig.

Tafel 15.1 Fugendichtungsmassen (Fugenmassen, Fugendichtstoffe, Kitte)

Werkstoff	Dehnverhalten Härte	Anwendungshinweise
Bituminöse Massen	plastisch	Heißvergußmassen für starre Fugen im Straßen- und Tiefbau
Mit Elastomeren vergütete bituminöse Massen	plastisch	Heißvergußmassen für starre Fugen im Straßen- und Tiefbau
Ölkitte	plastisch verhärtend	Für Glas- bzw. Fensterabdichtungen
Öl-Kautschuk-Kitte	plasto-elastisch	Für Glas- bzw. Fensterabdichtungen
Acrylmassen	plastisch bis elastoplastisch, weich	Für starre Fugen mit geringer Dehnung
Acrylgummipasten	plasto-elastisch mittelweich bis stramm	Für Abdichtungen im Hochbau
Butylkautschuk	plasto-elastisch	Für Abdichtungen im Hochbau mit geringer Dehnung
Polyisobutylenmastix	plasto-elastisch	Für Abdichtungen im Hochbau mit geringer Dehnung
Polyurethanmassen	elastisch weich bis mittelhart, stramm	Ein- und Zweikomponentenmassen für Abdichtungen mit größeren Dehnungen im Hoch- und Tiefbau
Polysulfidmassen (z. B. Thiokol)	elastisch mittelhart bis weich	Ein- und Zweikomponentenmassen für Abdichtungen mit größeren Dehnungen im Hoch- und Tiefbau
Siliconkautschukmassen	elastisch bis elastoplastisch weich bis sehr weich	Einkomponentenmassen für Abdichtungen mit größeren Dehnungen im Hochbau, auch im Tiefbau; Anschlußfugen im Sanitärbereich, Versiegelungen bei Verglasungen

Handelsnamen

Domosil (Baden-Chemie), Durasil (Ara), Ceresit SKM, FD-plast S (Compakta), Bostik 3052, Disboflex 204 (Disbon), Heinoxan 4000 (Durol) u. a.

15.4.3 Polysulfid-Dichtungsmassen

Für Baufugen werden meistens *Zweikomponentenmassen* und im Glas- und Fensterbau *Einkomponentenmassen* eingesetzt. Die beiden Komponenten sind nach dem Vermischen während der Topfzeit von meist 1 bis 2 Stunden verarbeitbar und härten in 24 bis 30 Stunden durch. Die Einkomponentenmassen härten durch Aufnahme von Luftfeuchtigkeit. Die Härtungsreaktion dauert länger; das ist jedoch bei den schmalen Fugen im Fensterbau kaum nachteilig.

Die Polysulfid-Dichtungsmassen gibt es mit guter Widerstandsfähigkeit gegen mechanische Beanspruchung und Chemikalienbeständigkeit. Die Shore-Härte A liegt zwischen 15 und 50, die Dichte bei 1,5 bis 1,7 g/cm^3 und die praktische Dehnfähigkeit bei 15 bis 25 %. Die Lebensdauer ist bei den Polysulfiden größer als bei den Silikonfugenmassen.

Handelsnamen für SR-Fugenmassen:

Adiflex (Baden-Chemie), Bostik 3110, Compakta PS-2K, Heinoxan 3100 (Durol), EGO PS 50, Hannokitt P1 (Hanno), Helmiflex (Helmitin) u. a.

15.4.4 Acryl-Dichtungsmassen (siehe Abschnitt 14.5.2g)

Die Acryl-Dichtungsmassen sind plastisch bleibende, modifizierte Polyacrylsäureester, die Zusätze von Füllstoffen, Viskositätskorrigentien, Weichmacher, Haftmittel usw. enthalten und als Einkomponentenmassen verarbeitet werden. Es gibt lösemittelhaltige Sorten und plasto-elastische Dispersionstypen mit höherem Molekulargewicht und höheren elastischen Anteilen. Sie härten im wesentlichen physikalisch durch Trocknung aus und geben dabei Lösemittel, Wasser oder Monomere ab. Bei manchen Produkten ist damit eine gewisse Nachvernetzung verbunden. Der Trocknungsschwund beträgt 10 bis 20 %. Sie sind alterungs- und witterungsbeständig. Sie können nur begrenzt Bewegungen aufnehmen, aber sie haften gut, auch ohne Voranstrich, und ein Überstreichen ist möglich. Problematisch kann sich bei den Dispersionsdichtstoffen Regeneinfluß auswirken, bevor Hautbildung eingetreten ist (bis zu 10 Stunden). Der Dispersionstyp wird vorwiegend verwendet für Fugen und Risse ohne nennenswerte Bewegung und für Anschlußfugen im Innenbereich.

Handelsnamen

Alseccoflex (Alseco, Wildeck), Aracryl (Ara), Domosol-PE (Baden-Chemie), Bayosan-Fugendicht (Bayosan, Nürnberg), Bostik 3510 u. a.

15.4.5 Polyurethan-Dichtungsmassen, PUR (siehe Abschnitt 14.6.5)

Es gibt *Zweikomponentenmassen* (2 K), bei denen Isocyanate und Polyole nach Vermischung miteinander reagieren (bei 20 °C etwa 6 Std., bei 5 °C 2 bis 3 Tage nach 1 Std. Topfzeit), und *Einkomponentenmassen* (1 K), die durch Aufnahme von Luftfeuchtigkeit aushärten (1 Tag 2 mm, 1 Woche 3 mm nach 5 Std. Topfzeit). Sie enthalten je nach Typ Zusätze von Füllstoffen, Weichmachern, Pigmenten usw. Das Rückstellvermögen liegt bei PUR 1 K zwischen 90 und 100 % sowie bei PUR 2 K bei fast 100 %. Die Dichte liegt bei 1,35 bis 1,45 g/cm^3, die Shorehärte A zwischen 20 und 35 und die praktische Dehnfähigkeit bei 15 % (PUR 1 K) und 25 % (PUR 2 K). Die Volumenänderung beträgt etwa ± 1 % bei 2 K und − 3 % bei 1 K. Vorteilhaft sind hohe Ölresistenz und Abriebfestigkeit. Nachteilig sind die sehr starke Oberflächenverwitterung durch UV-Strahlen und die starke Verschlechterung der Haftfestigkeit durch Wasser in Verbindung mit Lufteinwirkung, was durch Primer verbessert werden kann. Die Anwendung beschränkt sich bei insgesamt geringem Marktanteil auf Bodenfugen, Dehnungs- und Anschlußfugen.

Handelsnamen

Sicoflex (Baden-Chemie), Bostik 2638, Ceresit-PU, Compaktal PU u. a.

15.4.6 Butylkautschuk- und Polyisobutylen-Dichtungsmassen
(IIR siehe Abschnitt 14.8.3a und PIB siehe Abschnitt 14.5.1d)

Die Fugendichtungsmassen werden aus IIR und PIB allein oder im Gemisch mit Weichmachern, Haftverbesserern, Füllstoffen, Pigmenten usw., ggf. auch Lösemitteln, zusammengesetzt und bevorzugt zur Abdichtung von Anschlußfugen verwendet.

Handelsnamen

IIR: Butyl 37, Butylast (Simson), Secoflex (Westeur. Hd.-Cie), Bostik 4705, Kwikstik u. a.

PIB: Bostik 4700, Heinoxan 2000 (Durol), Helmiplast (Helmitin), o.c.-plast 52 u. a.

PIB/IIR: Kwikstik DGR 75 u. a.

16 Dämmstoffe

In diesem Kapitel sollen zunächst Zusammensetzung und Lieferformen der wichtigsten Dämmstoffe angegeben und anschließend ihr Einsatz im Wärmeschutz, Schallschutz und Brandschutz behandelt werden. Dabei werden wichtige Stoffkennwerte (Wärmeleit- und Diffusionswiderstandszahlen, Brennbarkeit) für *alle* in diesem Buch behandelten Baustoffe wiedergegeben.

16.1 Dämmstoffarten

16.1.1 Faserdämmstoffe

DIN 18 165   Faserdämmstoffe für das Bauwesen
    Teil 1 (März 87)   Dämmstoffe für die Wärmedämmung
    Teil 2 (März 87)   Dämmstoffe für die Trittschalldämmung

Stoffarten

Pflanzliche Faserdämmstoffe (Pfl): Kokosfasern, Torffasern sowie gerissene und chemisch, z. B. durch Natronlauge, aufbereitete Holzfasern.
Mineralfaser-Dämmstoffe (Min): aus der Glas-, Gesteins- oder Schlackenschmelze gewonnene Fasern.

Tafel 16.1 Lieferformen nach DIN 18 165 Teil 1 und Teil 2

Lieferform	Faserverbindung	Beschichtung oder Trägermaterial[1])	Verbindung von Beschichtung oder Trägermaterial mit den Fasern	Lieferart
Matten (M)	keine oder durch Bindemittel	mit oder ohne Trägermaterial[2])	versteppt oder vernadelt	gerollt (ggf. mit Zwischenlaufpapier)
Filze (F)	durch Bindemittel oder Verschmelzen	mit oder ohne Beschichtung[3])	verklebt	
Platten (P)				eben

[1]) Beschichtungen und Trägermaterialien können von wesentlichem Einfluß auf die Eigenschaften der Erzeugnisse sein (z. B. auf das Brandverhalten, siehe Abschn. 16.4).
[2]) Z. B. Drahtgeflecht, Wellpappe, Vlies.
[3]) Z. B. Papier, Aluminiumfolie, Kunststoffolie.

Außerdem wird Mineralwolle lose für Stopfisolierungen, in Form von Zöpfen zur Abdichtung von Hohlräumen in Leitungsschlitzen oder von Tür- und Fensterlaibungen sowie in Form fertiger Schalen zur Ummantelung von Rohrleitungen geliefert.

Nenndicken nach DIN 18 165 Teil 2
Dicken unter Belastung d_B = 10 (nur für Typ TK), 15, 20, 25, 30 mm; Lieferdicken $d_L \leq d_B + 5$ mm (Typ T) bzw. $\leq d_B + 3$ mm (Typ TK). Das Verhältnis d_L/d_B ist in der Bezeichnung anzugeben.

Dämmstoffe

Tafel 16.2 Anwendungstypen und Kurzzeichen nach DIN 18 165 Teil 1 und Teil 2

Kurz-zeichen	Verwendung im Bauwerk
W	Wärmedämmstoffe, nicht druckbeansprucht, z. B. in Wänden und belüfteten Dächern.
WL	Wärmedämmstoffe, nicht druckbeansprucht, z. B. zwischen Sparren- und Balkenlagen (größere Grenzabweichungen von der Nenndicke als bei Typ W zulässig.
WD	Wärmedämmstoffe, druckbeansprucht, z. B. unter druckverteilenden Böden ohne Trittschallanforderungen und in unbelüfteten Dächern unter der Dachhaut.
WV	Wärmedämmstoffe mit Beanspruchung auf Abreiß- und Scherfestigkeit, z. B. für angesetzte Vorsatzschalen ohne Unterkonstruktion.
WV-s	Wärmedämmstoffe wie vor, die auch für angesetzte schalldämmende Vorsatzschalen (siehe Abschnitt 16.3.1) verwendet werden können. Die dynamische Steifigkeit s' muß angegeben werden.
-w	Zusätzliche Verwendung der vorgenannten Typen zur Hohlraumdämpfung in zweischaligen Trennwänden (siehe Abschnitt 16.3.1) oder für Vorsatzschalen mit Unterkonstruktion.
T	Trittschalldämmstoffe, druckbeansprucht, z. B. unter schwimmenden Estrichen nach DIN 18 560 Teil 2.
TK	Trittschalldämmstoffe mit geringer Zusammendrückbarkeit, z. B. unter Fertigteilestrichen.

Weitere Maße werden in der Neuausgabe der DIN 18 165 nicht mehr festgelegt.

Wärmeleitfähigkeit

Faserdämmstoffe müssen aufgrund von wärmeschutztechnischen Prüfungen mit dem Plattengerät nach DIN 52 612 Teil 1 und Teil 2 in die Wärmeleitfähigkeitsgruppen 035, 040, 045 oder 050 eingeordnet und entsprechend gekennzeichnet werden.

Dynamische Steifigkeit

Trittschalldämmstoffe werden nach ihrem Federungsvermögen in die Steifigkeitsgruppen 90, 70, 50, 40, 30, 20, 15, 10 eingeteilt und sind entsprechend zu kennzeichnen. Die Zahlenwerte entsprechen dem Mittelwert der dynamischen Steifigkeit s' in MN/m^3 (siehe S. 741).

Brandverhalten

Faserdämmstoffe nach DIN 18 165 müssen einschließlich etwaig vorhandener Beschichtungen oder Trägermaterialien mindestens der Baustoffklasse B2 nach DIN 4102 (normalentflammbar, siehe Abschnitt 16.4.1) entsprechen.

Bezeichnung (Beispiel): DIN 18 165 – Min P – T20 – 040 – B1 – 20/15

Mineralfaserplatte für Trittschalldämmung, Steifigkeitsgruppe 20, Wärmeleitfähigkeitsgruppe 040, schwerentflammbarer Baustoff nach DIN 4102 Teil 1 (siehe Abschnitt 16.4.1), $d_L = 20$ mm, $d_B = 15$ mm.

Güteüberwachung

Die Einhaltung der in DIN 18 165 Teil 1 und Teil 2 enthaltenen Anforderungen muß durch Eigen- und Fremdüberwachung überprüft werden.

16.1.2 Schaumkunststoffe

DIN 7 726 (Mai 82) Schaumstoffe; Begriffe und Einteilung
DIN 18 159 Schaumkunststoffe als Ortschäume im Bauwesen
    Teil 1 (Juni 78) Polyurethan-Ortschaum für die Wärme- und Kältedämmung; Anwendung, Eigenschaften, Ausführung, Prüfung
    Teil 2 (Juni 78) Harnstoff-Formaldehydharz-Ortschaum für die Wärmedämmung; Anwendung, Eigenschaften, Ausführung, Prüfung
DIN 18 164 Schaumkunststoffe als Dämmstoffe für das Bauwesen
    Teil 1 (Juni 79) Dämmstoffe für die Wärmedämmung
    Teil 2 (Juni 79) Dämmstoffe für die Trittschalldämmung (Norm-Entwurf Mai 89)

Als Dämmstoffe werden vorwiegend die folgenden Schaumkunststoffe verwendet:

Harte, überwiegend geschlossenzellige Schaumkunststoffe, die bei relativ hohem Verformungswiderstand geringe elastische Verformbarkeit zeigen. Sie werden als Platten und Bahnen für den Wärme- und teilweise für den Trittschallschutz[1] gemäß DIN 18 164 Teil 1 und Teil 2 geliefert oder als Polyurethan-Ortschaum für den Wärme- und Kälteschutz gemäß DIN 18 159 Teil 1 an der Anwendungsstelle hergestellt.

Weich-elastische, gemischt- bis offenzellige Schaumkunststoffe, die bei relativ geringem Verformungswiderstand hohe elastische Verformbarkeit zeigen. Insbesondere wird dafür Polyurethan-Weichschaum auf Polyester- oder Polyetherbasis sowie Harnstoff-Formaldehydharz- oder UF-Weichschaum verwandt. Letzterer wird auch als Ortschaum gemäß DIN 18 159 Teil 2 zum Ausschäumen von Hohlräumen, z. B. Rohrleitungsschlitzen, angewendet.

Stoffarten für harte Schaumkunststoffe nach DIN 18 164 Teil 1 und Teil 2

Phenolharz- oder *PF-Hartschaum,* überwiegend geschlossenzellig, spröd-hart, hergestellt aus Phenolharzen durch Zugabe eines Treibmittels und eines Härters.

Polystyrol- oder *PS-Hartschaum,* überwiegend geschlossenzellig, zäh-hart, hergestellt aus Polystyrol oder Mischpolymerisaten mit überwiegendem Polystyrolanteil. DIN 18 164 unterscheidet zwischen „Partikelschaum" aus verschweißtem, geblähtem Polystyrolgranulat (sog. „Styropor"-Verfahren) und „Extruderschaum" (sog. „Styrofoam"-Verfahren)[1].

Polyurethan- oder *PUR-Hartschaum,* überwiegend geschlossenzellig, hergestellt durch chemische Reaktion von Polyisocyanaten mit aciden Wasserstoff enthaltenden Verbindungen[2] oder durch Trimerisierung von Polyisocyanaten unter Mitwirkung von Halogenkohlenwasserstoff als Treibmittel.

Lieferformen nach DIN 18 164 Teile 1 und 2

Platten und Bahnen, aus Blöcken in Lieferdicke geschnitten (Blockware) oder unmittelbar in Lieferdicke gefertigt (Band- und Automatenware). Ein- oder zweiseitige Beschichtung aus Papier, Pappe, Besandung, Kunststoff- oder Metallfolien sowie Kanten- und Oberflächenprofilierung sind möglich.

---

[1] Für den Trittschallschutz kommt nach DIN 18 164 Teil 2 nur Polystyrol-Hartschaum als „Partikelschaum" in Frage, weil er die dafür erforderliche hohe Belastbarkeit mit einer geringen dynamischen Steifigkeit verbindet (siehe Abschnitt 16.3.2).
[2] Das heißt Säuren oder sauer reagierende Salze.

Dämmstoffe

Brandverhalten: Mindestanforderungen wie bei Faserdämmstoffen (siehe Abschnitt 16.1.1).

Vorzugsmaße nach DIN 18 164 Teile 1 und 2

Längen und Breiten 1000 mm × 500 mm bei Platten, 5000 mm × 1000 mm bei Bahnen.

Dicken (einschl. evtl. Beschichtungen) bei Wärmedämmplatten d = 20 bis 100 mm, bei Trittschalldämmplatten Dicken unter Belastung d_B = 15 bis 40 mm, Differenz zwischen Lieferdicke d_L und d_B bei Typ T $\leq$ 4 mm, bei Typ TK $\leq$ 3 mm. Das Verhältnis d_L/d_B ist bei der Kennzeichnung anzugeben.

Wärmeleitfähigkeit

Wärmedämmstoffe müssen durch Prüfungen (siehe bei Faserdämmstoffen) in die Wärmeleitfähigkeitsgruppen 020, 025, 030, 035 oder 040, PF-Hartschaum auch in die Gruppe 045 eingeordnet und entsprechend gekennzeichnet werden.

Trittschalldämmstoffe sind in die Wärmeleitfähigkeitsgruppen 040 und 045 einzuordnen. Wegen der Abhängigkeit zwischen d_B, Steifigkeit und Wärmedämmwert sind nicht alle Kombinationen möglich. In der Kennzeichnung ist deshalb der *Wärmedurchlaßwiderstand* $1/\Lambda$ (siehe S. 730) anzugeben.

Dynamische Steifigkeit

Trittschalldämmstoffe werden in die Steifigkeitsgruppen 30, 20, 15 und 10 eingeteilt (siehe dazu Abschnitt 16.1.1).

Bezeichnung (Beispiele): DIN 18 164 – PS P – WD – 030 – B2 – 50
                                              DIN 18 164 – PS P – T15 – 0,66 – B2 – 34/30

PS-Platte, Typ WD (T mit Steifigkeit 15), Wärmeleitfähigkeitsgruppe 030 ($1/\Lambda$ = 0,66), normalentflammbar (siehe Abschnitt 16.4.1), d = 50 mm (d_L/d_B = 34/30 mm).

Tafel 16.3 Anwendungstypen, Kurzzeichen und Rohdichten von Hartschaum nach DIN 18 164 Teil 1 und Teil 2

Kurz-zeichen	Verwendung im Bauwerk	Rohdichte [kg/m³] in trockenem Zustand		
		PF	PS[1])	PUR
W	Wärmedämmstoffe, nicht druckbelastet, z. B. in Wänden und belüfteten Dächern	30	15	
WD	Wärmedämmstoffe, druckbelastet, z. B. unter druckverteilenden Böden ohne Trittschallanforderung und in unbelüfteten Dächern unter der Dachhaut	35	20 / 25	30
WS	Wärmedämmstoffe, druckbelastet, mit besonderer Formbeständigkeit, für Sondereinsatzgebiete, z. B. für Parkdecks		30	30
T TK	Trittschalldämmstoffe unter Estrichen (analog Tafel 16.2)	nur als PS-Partikelschaum, keine Anforderungen an Rohdichte		

[1]) linke Spalte: Partikelschaum, rechte Spalte: Extruderschaum

Güteüberwachung

Die in DIN 18 164 Teil 1 und Teil 2 geforderte Fremdüberwachung wird durch die Güteschutzgemeinschaft Hartschaum e. V., Mannheimer Straße 97, 6000 Frankfurt 1, durchgeführt, die das nebenstehende Gütezeichen als Gütenachweis verleiht und laufend Gütezeichen-Inhaberverzeichnisse herausgibt.

16.1.3 Mineralische Schaumstoffe

Perlite wird aus vulkanischem Rohperlit hergestellt. Bei hohen Temperaturen bläht das im Gestein eingeschlossene Wasser den gebrochenen Rohstoff zu rundlichen Körnern von 0 bis 6 mm Durchmesser auf.

Lieferformen und Anwendungen

Für *lose Schüttungen* unter Estrichen und, mit wasserabweisender Umhüllung der Körner, als Kerndämmung in zweischaligem Mauerwerk, Schüttdichte ϱ = 80 bis 100 kg/m^3, oder bituminiert, für gefällegebende Dämmschichten auf Flachdächern, ϱ = 200 bis 300 kg/m^3.

Mit Faserstoffen und Bindemitteln verarbeitet als *Dämmplatten* in Dicken von 20 bis 80 mm, ϱ = 150 bis 200 kg/m^3.

Mit hydraulischen Bindemitteln verarbeitet als *Trockenmörtel* zum Mauern und Putzen, insbesondere zur Erhöhung der Feuerwiderstandsdauer von Bauteilen, ϱ = 500 bis 800 kg/m^3.

Vermiculite entsteht durch Blähen von Rohglimmer, das im Prinzip wie bei Perlite vor sich geht. Das entstehende Granulat ist aber grobkörniger als Perlite und zeigt noch die plättchenförmige Struktur des Rohmaterials, Korngrößen 0 bis 15 mm.

Lieferformen und Anwendung

Für *lose Schüttungen* und als *Trockenmörtel* wie Perlite. Schüttdichte je nach Korngröße ϱ = 60 bis 170 kg/m^3.

Schaumglas (Herstellung und Eigenschaften siehe Abschnitt 3.9)

DIN 18 174 (Jan. 81) Schaumglas als Dämmstoff für das Bauwesen; Dämmstoffe für die Wärmedämmung

Lieferformen und Rohdichte

Platten ohne oder mit ein- oder zweiseitigen Beschichtungen aus Papier, Pappe, Dach- und Dichtungsbahnen, Kunststoff- oder Metallfolien. Die Rohdichte liegt zwischen 100 und 150 kg/m^3.

Wärmeleitfähigkeit

Gruppen 045, 050, 055 und 060 (siehe dazu bei Faserdämmstoffen).

Brandverhalten

Unbeschichtete Schaumglasplatten gehören der Baustoffklasse A1 an, beschichtete

Platten müssen mindestens der Baustoffklasse B2 angehören (siehe Abschnitt 16.4.1).

Bezeichnung (Beispiel): DIN 18 174 – WDS – 055 – 100 – A1
Wärmedämmplatte aus Schaumglas, Typ WDS, Wärmeleitfähigkeitsgruppe 055, 100 mm dick, nicht brennbar. Beschichtungen sind zusätzlich anzugeben.

Güteüberwachung

Eigen- und Fremdüberwachung nach DIN 18 174.

Tafel 16.4 Anwendungstypen, Kurzzeichen, Druckfestigkeiten und Vorzugsmaße nach DIN 18 174

Kurz-zeichen	Verwendung im Bauwerk	Druck-festigkeit	$l \times b$ in mm	Dicken[1]) in mm
WDS	Wärmedämmstoff, druckbelastet (entsprechend WD und WS nach Tafel 16.3)	mind. 0,50 N/mm^2	500 × 500 500 × 250 300 × 450 600 × 450	40 50 . .
WDH	Wärmedämmstoff mit erhöhter Druckbelastbarkeit, z. B. unter Parkdecks für LKW	mind. 0,70 N/mm^2		120 130
[1]) Schaumglas ohne evtl. Beschichtungen				

16.1.4 Leichtbauplatten

DIN 1101 (Nov. 89) Holzwolle-Leichtbauplatten und Mehrschicht-Leichtbauplatten als Dämmstoffe für das Bauwesen; Anforderungen, Prüfung
DIN 1102 (Nov. 89) Leichtbauplatten nach DIN 1101; Verwendung, Verarbeitung

Holzwolle-Leichtbauplatten (HWL-Platten) bestehen aus langfaseriger Holzwolle, die mit Magnesiabinder, Zement oder Baugips gebunden ist. Sie werden bei hoher Temperatur gepreßt und anschließend getrocknet. Die Holzwolle wird gegen Schädlingsangriff vorbehandelt (siehe Abschnitt 4.3.2).

Mehrschicht-Leichtbauplatten (ML-Platten) bestehen aus einer Schicht Hartschaum gemäß DIN 18 164 Teil 1 (HS-ML) oder Mineralfasern gemäß DIN 18 165 Teil 1 (Min-ML) und ein- oder beidseitiger, mindestens 5 cm dicker Holzwolleschicht.

Wärmeleitfähigkeit

HWL- und ML-Platten müssen hinsichtlich ihrer Verwendbarkeit als Wärmedämmstoffe den Anwendungstypen W, WD und WV gemäß Tafel 16.2, HWL-Platten außerdem noch dem Typ WS gemäß Tafel 16.3 *gleichzeitig* entsprechen. Rechenwerte der Wärmeleitfähigkeit siehe Tafel 16.10.

16.1.4 Leichtbauplatten/16.1.5 Spanplatten als Schallschluckplatten

Tafel 16.5 Kurzzeichen, Maße, flächenbezogene Massen und Rohdichten

Vorzugsbreite 500 mm; Vorzugslänge 1000 mm; andere Maße können vereinbart werden

Holzwolle-Leichtbauplatten							
Kurz-zeichen	Dicke[1] mm	Masse[3] kg/m²	ϱ^3 kg/m³	Kurz-zeichen	Dicke[1] mm	Masse[3] kg/m²	ϱ^3 kg/m³
HWL 15	15	8,5	570	HWL 50	50	19,5	390
HWL 25	25	11,5	460	HWL 75	75	28	375
HWL 35	35	14,5	415	HWL 100	100	36	360
Mehrschicht-Leichtbauplatten							
Kurz-zeichen	Vorzugsdicken mm	Masse[3][4] kg/m²		Kurz-zeichen	Vorzugsdicken[2] mm	Masse[3][4] kg/m²	
ML 15/2	5 + 10 = 15	4,2 / –		ML 25/3	5 + 15 + 5 = 25	8,2 / –	
ML 25/2	5 + 20 = 25	4,3 / –		ML 35/3	5 + 25 + 5 = 35	8,4 / –	
ML 35/2	5 + 30 = 35	4,5 / –		ML 50/3	5 + 40 + 5 = 50	8,6 / 15	
ML 50/2	5 + 45 = 50	4,7 / 12		ML 75/3	5 + 65 + 5 = 75	9,0 / 18	
ML 75/2	5 + 70 = 75	5,1 / 15		ML 100/3	5 + 90 + 5 = 100	9,4 / 21	
ML 100/2	5 + 95 = 100	5,4 / 18		ML 125/3	5 + 115 + 5 = 125	9,7 / –	

Brandverhalten

Mindestanforderungen siehe Tafel 16.14 in Abschnitt 16.4.1; Einstufung in höhere als die dort genannten Baustoffklassen nur mit Prüfzeichen des Instituts für Bautechnik.

Bezeichnung (Beispiele): DIN 1101 – HWL 50 – B1
DIN 1101 – HS-ML 50/3 – 5/40/5 – 040 – B2

Wärmeleitfähigkeitsgruppe 040; Baustoffklassen B1/B2 gemäß Abschnitt 16.4.1.

Güteüberwachung

Die Einhaltung der in DIN 1101 enthaltenen Anforderungen muß durch Eigen- und Fremdüberwachung überprüft werden.

16.1.5 Spanplatten als Schallschluckplatten

DIN 68 762 (März 82)   Spanplatten für Sonderzwecke im Bauwesen; Begriffe, Anforderungen, Prüfung Spanplatten nach DIN 68 763 und 68 764 sowie Holzfaserplatten siehe Abschnitte 17.9.2 und 17.9.3.

Lieferformen

Als quadratische Platten mit Kantenlängen bis 625 mm, als Meterware mit Längen bis etwa 3000 mm.

---

[1] Vorzugsdicken; andere Dicken können vereinbart werden.
[2] Die Dicken gelten für HS-ML; dreischichtige Min-ML haben eine um 5 cm dünnere Dämmschicht und Holzwolleschichten von 5 + 10 oder 2 × 7,5 cm Dicke.
[3] Zulässige Mittelwerte, die im Einzelfall um höchstens 15 %, bei Platten mit Oberflächen-Beschichtung um bis zu 20 kg/m², mit Dampfsperren um bis zu 2 kg/m² überschritten werden dürfen.
[4] Erste Spalte gilt für HS-ML, zweite für Min-ML (soweit als Min-ML genormt).

720 Dämmstoffe

Tafel 16.6 Typen, Kurzzeichen und Rohdichten von Spanplatten für Sonderzwecke im Bauwesen

Kurz-zeichen	Plattentypen	ϱ kg/m³
LF	Leichte Flachpreßplatten mit höherer Schallabsorption ohne oder mit Beschichtung oder Beplankung	250 bis 500
LRD	Strangpreß-Röhrenplatten (beidseitig beschichtet oder beplankt) mit durchbrochener Oberfläche und höherer Schallabsorption	300 bis 600
LMD	Strangpreß-Vollplatten (beidseitig beschichtet oder beplankt) mit durchbrochener Oberfläche und höherer Schallabsorption	550 bis 850
LR	Strangpreß-Röhrenplatten (beidseitig beschichtet oder beplankt) mit geschlossener Oberfläche	kein Wert

Schallabsorptionsgrade siehe Abschnitt 16.3.4

Brandverhalten

Spanplatten nach DIN 68 762 müssen mindestens der Baustoffklasse B2 entsprechen. Rohplatten (ohne Beschichtung oder Beplankung) nach dieser Norm gelten ohne besonderen Nachweis als Baustoff der Klasse B2 (siehe Abschnitt 16.4.1).

Formaldehydabgabe

Spanplatten nach DIN 68 762 und 68 765 sowie nach allgemeiner bauaufsichtlicher Zulassung müssen hinsichtlich der Formaldehydabgabe in die Emissionsklassen E1 bis E3 eingeordnet werden (siehe Abschnitt 18.5).

Bezeichnung (Beispiel): DIN 68 762 – LF 18 x 1250 x 2500 – H – B1

Die Stoffart wird mit H (für Holzspäne) oder F (für Flachsschäben) gekennzeichnet. B1 bedeutet schwerentflammbar (siehe Abschnitt 16.4.1).

Roh-Spanplatten müssen auf der Verpackung und auf dem Lieferschein mit E1, E2 oder E3, werksmäßig beschichtete Spanplatten mit E2-1 oder E3-1, erst nach der werksmäßigen Beschichtung klassifizierte Spanplatten mit E1b gekennzeichnet sein.

Güteüberwachung

Die sich aus den Bauordnungen der Länder ergebende Notwendigkeit der Fremdüberwachung von Dämmstoffen für den Schall- und Wärmeschutz wird für poröse und harte Holzfaserplatten durch die Gütegemeinschaft Hartfaserplatten e. V. durchgeführt, die Güteüberwachung für Spanplatten liegt bei der Gütegemeinschaft Spanplatten e. V., beide Wilhelmstraße 25, 6300 Gießen 1 (siehe nebenstehende Gütezeichen).

16.1.6 Gips-Deckenplatten und Gipskarton-Verbundplatten

DIN 18 169 (Dez. 62) Deckenplatten aus Gips; Platten mit rückseitigem Randwulst[1])
DIN 18 184 (Dez. 87) Gipskarton-Verbundplatten mit Polystyrol- oder Polyurethan-Hartschaum als Dämmstoff (Entwurfsfasssung)
Gips-Wandbauplatten nach DIN 18 163 und Gipskartonplatten nach DIN 18 180 siehe Abschnitt 4.

Deckenplatten aus Gips mit rückseitigem Randwulst nach DIN 18 169 sind trocken verlegbare Platten aus Stuckgips mit oder ohne Zuschlag- und Zusatzstoffe, Kantenlängen 625, 600 oder 500 mm, Dicke des umlaufenden Randwulstes $s = 28$ mm.

Tafel 16.7 Typen, Kurzzeichen und Randausbildungen nach DIN 18 169 (E Okt. 79)[1])

Kurz-zeichen	Plattentypen	
D	Dekorplatten mit glatter oder unregelmäßiger, geschlossener oder durchbrochener Sichtfläche	
S	Schallschluckplatten mit durchgehenden Öffnungen in der Gipsschale, in die Vertiefung eingelegten Dämmstoff und Rieselschutz	
L	Lüftungsplatten mit durchgehenden Öffnungen	
H	Deckenheizplatten mit geschlossener oder durchbrochener Sichtfläche und eingebauten Verbindungsteilen für eine Strahlenheizung	
DF3 SF3	Feuerschutzplatten Typ 3 mit geschlossener Sichtfläche und eingegossenem Glasgittergewebe. Im Falle SF3 muß der Dämmstoff aus Mineralfasern mit $\varrho \geqq 50$ kg/m³ bestehen.	
DF9 SF9	Feuerschutzplatten Typ 9, zusätzlich zu Typ 3 mit einer Einlage aus Mineralfaserdämmstoff der Klasse A (siehe Abschn. 16.4.1) mit $\varrho \geqq 100$ kg/m³ und $d = 15$ mm sowie rückseitiger Abdeckung aus Aluminiumfolie	
NFK SK VGK UGK	Nut- und Federkante stumpfe Kante versetzt gefalzte Kante umlaufend gefalzte Kante	Befestigungsarten: 1 mit Schrauben befestigt 2 in Tragprofile eingeschoben 3 in Tragprofile eingelegt

Bezeichnung (Beispiel): Deckenplatte DIN 18 169 – D – 625 NFK 2
625 ist die Kantenlänge in mm. Übrige Kurzzeichen gemäß Tafel 16.7.

Gipskarton-Verbundplatten nach DIN 18 184 bestehen aus Gipskarton-Bauplatten nach DIN 18 180 und damit werksmäßig verbundenen Dämmstoffplatten aus Polystyrol- oder Polyurethan-Hartschaum nach DIN 18 164 Teil 1 oder 2. Sie gelten ohne Nachweis als normalentflammbar (Baustoffklasse B2, siehe Abschnitt 16.4.1). Zwischen Gipskarton-Bauplatten und Dämmstoffplatten können dampfsperrende Schichten angeordnet werden. Zur Erzielung dichter Fugenstöße weist die Dämmschicht allseitig, zumindest aber an zwei benachbarten Seiten, einen Überstand auf.

---

[1]) Der Norm-Entwurf vom Okt. 79 wurde zurückgezogen. Da die Norm vom Dez. 62 technisch teilweise veraltet ist, wurde die folgende Tabelle aus dem Entwurf hier belassen.

Dämmstoffe

Tafel 16.8 Typen, Kurzzeichen und Regelmaße nach DIN 18 184

Kurz-zeichen	Plattentypen	Dicke s_1 mm[1])	Dicke s_2 mm[2])	Breite mm	Länge mm
VBPS	Verbundplatte, bestehend aus Gipskarton-Bauplatte und PSD-Hartschaumplatte bzw.	9,5	20–30	1250	2500
VBPUR	PUR-Hartschaumplatte	12,5	20–60		

[1]) Dicke der Gipskartonplatte [2]) Dicke der Dämmplatte

Bezeichnung (Beispiel): DIN 18 184 – VBPS – 12,5 – 30 – B1
s_1 = 12,5 mm; s_2 = 30 mm; B1 = schwerentflammbar nach DIN 4102 Teil 1 (siehe Abschnitt 16.4.1).

Güteüberwachung

Die in den vorgenannten Normen geforderte Fremdüberwachung wird durch die Güteschutzgemeinschaft für Gips und Gipsbauelemente e. V., Birkenweg 13, 6100 Darmstadt, durchgeführt, die das nebenstehende Gütezeichen als Gütenachweis verleiht.

16.1.7 Dämmstoffe aus Kork

DIN 18 161 Teil 1 (Dez. 76) Korkerzeugnisse als Dämmstoffe für das Bauwesen; Dämmstoffe für die Wärmedämmung

Der Rohstoff Kork stammt aus der Rinde der vor allem entlang des westlichen Mittelmeeres gedeihenden Korkeiche. Als Dämmstoffe finden überwiegend die folgenden Korkwerkstoffe Verwendung:

Naturkork wird wegen seiner guten Federung vor allem zur Dämmung gegen Erschütterungen unter Maschinenfundamenten verwandt; Rohdichte 120 bis 200 kg/m³; Platten aus einzelnen Naturkorkstreifen; Dicken von 40 bis 100 mm.

Blähkork (expandierter Kork) wird aus zu Korkschrot mit Korndurchmessern von 2 bis 30 mm gemahlenem Naturkork gewonnen. Der Schrot wird unter Luftabschluß auf 300 bis 400 °C erhitzt und dabei expandiert, wobei die Rohdichte erheblich vermindert und die Wärmedämmfähigkeit durch Austreiben aller leichtflüssigen Bestandteile erhöht wird. Backkork (BK) ist mit korkeigenen Harzen, imprägnierter Kork (IK) mit Bindemitteln, z. B. Bitumen, gebunden.

Lieferformen für Blähkork

Platten zur Wärmedämmung, mit oder ohne ein- oder zweiseitige Beschichtungen aus Papier, Pappe oder Metallfolie. Sie müssen DIN 18 161 Teil 1 entsprechen.

Matten zur Trittschalldämmung aus expandiertem Korkschrot auf bituminiertem Natronkraftpapier, Rollenbreite 1 m, Dicken unter Belastung d_B = 5 bis 15 mm. Eine Norm dafür ist noch nicht erschienen.

Expandierter *Korkschrot* für lose Schüttungen.

16.1.7 Dämmstoffe aus Kork/16.2 Wärmeschutz

Tafel 16.9 Anwendungstypen, Kurzzeichen, Rohdichten und Vorzugsmaße für Platten zur Wärmedämmung nach DIN 18 161 Teil 1

Kurz-zeichen[1])	Verwendung im Bauwerk	ϱ [kg/m³][2])		Breite und Länge [mm]	Nenn-dicke [mm]
		BK	IK		
WD	Wärmedämmstoffe, auch druck-belastet, in Wänden und Dächern	80	120	500 × 1000	30 40
WDS	Wärmedämmstoffe, druckbelastet, für Sondereinsatzgebiete, z. B. Industrieböden	120	200		50 60 80

[1]) Kurzzeichen für das Brandverhalten siehe Abschnitt 16.4.1.
[2]) Mindestwerte für den Mittelwert der Rohdichte in trockenem Zustand. Einzelwerte dürfen um höchstens 10 % nach unten abweichen.

Wärmeleitfähigkeit

Korkdämmplatten nach DIN 18 161 Teil 1 müssen auf Grund von wärmeschutztechnischen Prüfungen mit dem Plattengerät nach DIN 52 612 Teile 1 und 2 in die Wärmeleitfähigkeitsgruppen 045, 050 oder 055 eingeordnet werden. Näheres siehe Abschnitt 16.2.1

Bezeichnung (Beispiel): IK – WD – B2 – 045 – 30 DIN 18 161

Baustoffklasse B2 gemäß Abschnitt 16.4.1, Dicke 30 mm.

Güteüberwachung als Eigen- und Fremdüberwachung nach DIN 18 161 Teil 1.

16.2 Wärmeschutz

Im folgenden werden Grundlagen des Wärmeschutzes sowie stoffabhängige Größen (Stoffkennwerte) vermittelt. Bei der Aufstellung von Wärmschutznachweisen sind darüber hinaus die folgenden Normen und Verordnungen zu beachten:

- DIN 4108 Teil 1 (8.81) Größen und Einheiten
- DIN 4108 Teil 2 (8.81) Wärmedämmung und Wärmespeicherung; Anforderungen und Hinweise für die Planung und Ausführung
- DIN 4108 Teil 3 (8.81) Klimabedingter Feuchteschutz; Anforderungen und Hinweise für Planung und Ausführung
- DIN 4108 Teil 4 (12.85) Wärme- und feuchteschutztechnische Rechenwerte
- DIN 4108 Teil 5 (8.81) Berechnungsverfahren
- Verordnung über einen energiesparenden Wärmeschutz bei Gebäuden (WärmeschutzV) vom 24. Febr. 1982.
- Gültige Rechenwerte für die Berechnung des Wärmeschutzes nach der WärmeschutzV als Ergänzung zu DIN 4108, Teil 4, Stand April 1989, veröffentlicht im Bundesanzeiger Nr. 171a vom 12. Sept. 1989.
- Laufende Ergänzungen dazu, veröffentlicht im Bundesanzeiger.

Diese Vorschriften und Verordnungen sind auszugsweise in [3] abgedruckt.

(Fortsetzung des Textes Seite 730.)

724 Dämmstoffe

Tafel 16.10 Rechenwerte der Wärmeleitfähigkeit und Richtwerte der Wasserdampfdiffusionswiderstandszahlen nach DIN 4108 Teil 4

Die μ-Werte unterliegen erheblichen Schwankungen; es ist daher jeweils der für den Nachweis ungünstigere Wert einzusetzen (siehe dazu auch S. 730).

Zeile	Stoffe	ϱ_0 in kg/m³	λ_R in W/(m · K)	μ
1 Putze, Estriche und andere Mörtelschichten				
1.1	Kalkmörtel, Kalkzementmörtel, Mörtel aus hydraulischem Kalk	(1800)	0,87	15/35
1.2	Zementmörtel	(2000)	1,4	15/35
1.3	Kalkgipsmörtel, Gipsmörtel, Anhydritmörtel, Kalkanhydritmörtel	(1400)	0,70	10
1.4	Gipsputz ohne Zuschlag	(1200)	0,35	10
1.5	Anhydritestrich	(2100)	1,2	
1.6	Zementestrich	(2000)	1,4	15/35
1.7	Magnesiaestrich nach DIN 272			
1.7.1	Unterböden und Unterschichten von zweilagigen Böden	(1400)	0,47	
1.7.2	Industrieböden und Gehschicht	(2300)	0,70	
1.8	Gußasphalt, Dicke ≥ 15 mm	(2300)	0,90	[1])
2 Großformatige Bauteile				
2.1	Normalbeton nach DIN 1045 (Kies- oder Splittbeton mit geschlossenem Gefüge, auch bewehrt)	(2400)	2,1	70/150
2.2	Leichtbeton und Stahlleichtbeton mit geschlossenem Gefüge nach DIN 4219, Teil 1 und Teil 2, hergestellt unter Verwendung von Zuschlägen mit porigem Gefüge nach DIN 4226 Teil 2 ohne Quarzsandzusatz[2])	800 900 1000 1100 1200 1300 1400 1500 1600 1800 2000	0,39 0,44 0,49 0,55 0,62 0,70 0,79 0,89 1,0 1,3 1,6	70/150
2.3	Dampfgehärteter Gasbeton nach DIN 4223 (z. Z. noch Entwurf)	400 500 600 700 800	0,14 0,16 0,19 0,21 0,23	5/10
2.4	Leichtbeton mit haufwerksporigem Gefüge, z. B. nach DIN 4232			
2.4.1	mit nichtporigen Zuschlägen nach DIN 4226 Teil 1, z. B. Kies	1600 1800 2000	0,81 1,1 1,4	3/10 5/10
Fußnoten siehe Seite 729.				

16.2 Wärmeschutz

Tafel 16.10 (Fortsetzung)

Zeile	Stoffe	ϱ_0 in kg/m³	λ_R in W/(m·K)	μ
2.4.2	mit porigen Zuschlägen nach DIN 4226 Teil 2, ohne Quarzsandzusatz[2])	600	0,22	
		700	0,26	
		800	0,28	
		1000	0,36	
		1200	0,46	5/15
		1400	0,57	
		1600	0,75	
		1800	0,92	
		2000	1,2	
2.4.2.1	ausschließlich unter Verwendung von Naturbims	500	0,15	
		600	0,18	
		700	0,20	
		800	0,24	5/15
		900	0,27	
		1000	0,32	
		1200	0,44	
2.4.2.2	ausschließlich unter Verwendung von Blähton	500	0,18	
		600	0,20	
		700	0,23	
		800	0,26	5/15
		900	0,30	
		1000	0,35	
		1200	0,46	
3 Bauplatten				
3.1	Asbestzementplatten nach DIN 274 Teil 1 bis Teil 4	(2000)	0,58	20/50
3.2	Gasbeton-Bauplatten, unbewehrt, nach DIN 4166			
3.2.1	mit normaler Fugendicke und Mauermörtel nach DIN 103 Teil 1 vorgelegt	500	0,22	
		600	0,24	5/10
		700	0,27	
		800	0,29	
3.2.2	dünnfugig verlegt	500	0,19	
		600	0,22	5/10
		700	0,24	
		800	0,27	
3.3	Wandbauplatten aus Leichtbeton nach DIN 18162	800	0,29	
		900	0,32	
		1000	0,37	5/10
		1200	0,47	
		1400	0,58	
3.4	Wandbauplatten aus Gips nach DIN 18163, auch mit Poren, Hohlräumen, Füllstoffen oder Zuschlägen	600	0,29	5/10
		750	0,35	
		900	0,41	
		1000	0,47	5/10
		1200	0,58	
3.5	Gipskartonplatten nach DIN 18180	(900)	0,21	8
Fußnoten siehe Seite 729.				

Tafel 16.10 (Fortsetzung)

Zeile	Stoffe	ϱ_0 in kg/m^3	λ_R in W/(m · K)	μ
4	**Mauerwerk einschließlich Mörtelfugen**[3]) siehe S. 114f.			
5	**Wärmedämmstoffe**			
5.1	Leichtbauplatten nach DIN 1101			
5.1.1	Holzwolle-Leichtbauplatten Plattendicke $\geq$ 25 mm	(360–480)	0,090	2/5
	= 15 mm[4])	(570)	0,15	
5.1.2	Mehrschicht-Leichtbauplatten Holzwolle je Einzelschicht bei			
	Dicken von $\geq$ 10 bis $<$ 25 mm[4])	(460–650)	0,15	2/5
	$\geq$ 25 mm	(360–460)	0,090	
	Hartschaum- und Mineralfaserschichten je nach Wärmeleitfähigkeitsgruppe gemäß DIN 18 164 Teil 1 und DIN 18 165 Teil 1 (siehe unten)			
5.2	nicht besetzt			
5.3	Schaumkunststoffe nach DIN 18 159 Teil 1 und Teil 2, an der Baustelle hergestellt			
5.3.1	Polyurethan-(PUR-)Ortschaum nach DIN 18 159 Teil 1	($\geq$ 37)	0,030	30/100
5.3.2	Harnstoff-Formaldehydharz-(UF-)Ortschaum nach DIN 18 159 Teil 2	($\geq$ 10)	0,041	1/3
5.4	Korkdämmstoffe Korkplatten nach DIN 18 161 Teil 1	(80–500)		
	Wärmeleitfähigkeitsgruppe 045		0,045	
	050		0,050	5/10
	055		0,055	
5.5	Schaumkunststoffe nach DIN 18 164 Teil 1[5])			
5.5.1	Polystyrol-(PS-)Hartschaum			
	Wärmeleitfähigkeitsgruppe 025		0,025	
	030		0,030	
	035		0,035	
	040		0,040	
	Polystyrol-Partikelschaum	($\geq$ 15)		20/ 50
		($\geq$ 20)		30/ 70
		($\geq$ 30)		40/100
	Polystyrol-Extruderschaum	($\geq$ 25)		80/250
5.5.2	Polyurethan-(PUR-)Hartschaum			
	Wärmeleitfähigkeitsgruppe 020		0,020	
	025	($\geq$ 30)	0,025	30/100
	030	($\geq$ 30)	0,030	30/100
	035		0,035	

Fußnoten siehe Seite 729

Tafel 16.10 (Fortsetzung)

Zeile	Stoffe	ϱ_0 in kg/m³	λ_R in W/(m·K)	μ
5.5.3	Phenolharz-(PF-)Hartschaum			
	Wärmeleitfähigkeitsgruppe 030		0,030	
	035	($\geq$ 30)	0,035	30/50
	040		0,040	
	045		0,045	
5.6	Mineralische und pflanzliche Faserdämmstoffe nach DIN 18 165 Teil 1[5])			
	Wärmeleitfähigkeitsgruppe 035		0,035	
	040	(8-500)	0,040	1
	045		0,045	
	050		0,050	
5.7	Schaumglas nach DIN 18 174			
	Wärmeleitfähigkeitsgruppe 045		0,045	
	050	(100-150)	0,050	[1])
	055		0,055	
	060		0,060	
6 Holz und Holzwerkstoffe[6])				
6.1	Holz			
6.1.1	Fichte, Kiefer, Tanne	(600)	0,13	40
6.1.2	Buche, Eiche	(800)	0,20	
6.2	Holzwerkstoffe			
6.2.1	Sperrholz nach DIN 68 705 Teile 2, 3 und 4	(800)	0,15	50/400
6.2.2	Spanplatten			
6.2.2.1	Flachpreßplatten nach DIN 68 761 und DIN 68 763	(700)	0,13	50/100
6.2.2.2	Strangpreßplatten nach DIN 68 764 Teil 1 (Vollplatten ohne Beplankung)	(700)	0,17	20
6.2.3	Holzfaserplatten			
6.2.3.1	Harte Holzfaserplatten nach DIN 68 750 und DIN 68 754 Teil 1	(1000)	0,17	70
6.2.3.2	Poröse Holzfaserplatten nach DIN 68 750 und Bitumen-Holzfaserplatten nach DIN 68 752	$\leq$ 200 / $\leq$ 300	0,045 / 0,056	5
7 Beläge, Abdichtstoffe und Abdichtungsbahnen				
7,1	Fußbodenbeläge			
7.1.1	Linoleum nach DIN 18 171	(1000)	0,17	
7.1.2	Korklinoleum	(700)	0,081	
7.1.3	Linoleum-Verbundbeläge nach DIN 18 173	(100)	0,12	
7.1.4	Kunststoffbeläge, z. B. auch PVC	(1500)	0,23	
7.2	Abdichtstoffe, Abdichtungsbahnen			
7.2.1	Asphaltmastix, Dicke $\geq$ 7 mm	(2000)	0,70	[1])
7.2.2	Bitumen	(1100)	0,17	

Fußnoten siehe Seite 729.

Dämmstoffe

Tafel 16.10 (Fortsetzung)

Zeile	Stoffe	ϱ_0 in kg/m³	λ_R in W/(m·K)	μ
7.2.3	Dachbahnen, Dachdichtungsbahnen[10])			
7.2.3.1	Bitumendachbahnen nach DIN 52128	(1200)	0,17	10 000/ 80 000
7.2.3.2	nackte Bitumenbahnen nach DIN 52129	(1200)	0,17	2 000/ 20 000
7.2.3.3	Glasvlies-Bitumendachbahnen nach DIN 52143			20 000/ 60 000
8 Sonstige gebräuchliche Stoffe[7])				
8.1	Lose Schüttungen[8]), abgedeckt			
8.1.1	aus porigen Stoffen:			
	Blähperlit	($\leq$ 100)	0,060	
	Blähglimmer	($\leq$ 100)	0,070	
	Korkschrot, expandiert	($\leq$ 200)	0,050	
	Hüttenbims	($\leq$ 600)	0,13	
	Blähton, Blähschiefer	($\leq$ 400)	0,16	
	Bimskies	($\leq$ 1000)	0,19	
	Schaumlava	$\leq$ 1200	0,22	
		$\leq$ 1500	0,27	
8.1.2	aus Polystyrolschaumstoff-Partikeln	(15)	0,045	
8.1.3	aus Sand, Kies, Splitt (trocken)	(1800)	0,70	
8.2	Fliesen	(2000)	1,0	
8.3	Glas	(2500)	0,80	
8.4	Natursteine			
8.4.1	Kristalline metamorphe Gesteine (Granit, Basalt, Marmor)	(2800)	3,5	
8.4.2	Sedimentsteine (Sandstein, Muschelkalk, Nagelfluh)	(2600)	2,3	
8.4.3	Vulkanische porige Natursteine	(1600)	0,55	
8.5	Böden (naturfeucht)			
8.5.1	Sand, Kiessand		1,4	
8.5.2	Bindige Böden		2,1	
8.6	Mosaik aus Glas und Keramik	(2000)	1,2	100/300
8.7	Wärmedämmender Putz	(600)	0,20	5/20
8.8	Kunstharzputz	(1100)	0,70	50/200
8.9	Metalle			
8.9.1	Stahl		60	
8.9.2	Kupfer		380	
8.9.3	Aluminium		200	
8.10	Gummi (kompakt)	(1000)	0,20	
Fußnoten siehe Seite 729.				

Tafel 16.10 (Fortsetzung)

Bescheid Nr.	Stoffe	ϱ_0 in kg/m^3	λ_R in W/(m · K)
Rechenwerte auf Grund bauaufsichtlicher Bescheide[9])			
	Schüttungen[8]) aus		
W 04/79	ISOPERL-DUSTEX	–	0,055
W 10/81	Superlite-Staubex und Estroperl	–	0,050
W 03/82	Bituperl	–	0,060
W 23/82	Thermoperl	–	0,070
W 02/83	Hyperdämm-Mineralkörnung	–	0,045
W 26/83	Isoself	–	0,050
W 01/85	Liapor	300	0,100
		400	0,120
W 01/87	MEHABIT	–	0,060
W 06/89	Fermacell-Ausgleichsschüttung	–	0,090
W 19/89	Raab-Trockenschüttung	–	0,080
W 20/89	Hyperlite S	–	0,050

[1]) Praktisch dampfdicht.
[2]) Bei Quarzsandzusatz erhöhen sich die Rechenwerte λ_R um 20 %.
[3]) Für Mauerwerk nach DIN 1053 aus genormten Mauersteinen dürfen bei Verwendung von werksmäßig hergestelltem Leichtmauermörtel aus Zuschlägen mit porigem Gefüge nach DIN 4226 Teil 2 ohne Quarzsandzusatz und einer Trockenrohdichte des erhärteten Mörtels von $\leq$ 1000 kg/m^3 die Rechenwerte λ_R um den Wert $\Delta\lambda = 0,06$ W/(m · K) abgemindert werden; bei Mauerwerk aus Gasbeton-Blocksteinen, Bimsbeton- oder Blähton-Vollblöcken S-W darf nur auf die Werte für entsprechende großformatige Bauteile abgemindert werden (siehe Zeilen 2.3, 2.4.2.1 und 2.4.2.2).
[4]) Holzwolle-Leichtbauplatten nach DIN 1101 unter 15 mm Dicke sowie Holzwolleschichten von Mehrschicht-Leichtbauplatten nach DIN 1101 unter 10 mm Dicke dürfen wärmeschutztechnisch nicht berücksichtigt werden.
[5]) Bei Trittschalldämmplatten aus Schaumkunststoffen oder aus Faserdämmstoffen wird bei sämtlichen Erzeugnissen der Wärmedurchlaßwiderstand 1/Λ auf der Verpackung angegeben (siehe DIN 18 164 Teil 2 und DIN 18 165 Teil 2).
[6]) Die angegebenen Rechenwerte der Wärmeleitfähigkeit λ_R gelten für Holz quer zur Faser, für Holzwerkstoffe senkrecht zur Plattenebene. Für Holz in Faserrichtung sowie für Holzwerkstoffe in Plattenebene ist näherungsweise der 2,2fache Wert einzusetzen, wenn kein genauer Nachweis erfolgt.
[7]) Diese Stoffe sind hinsichtlich ihrer wärmeschutztechnischen Eigenschaften nicht genormt. Die angegebenen Wärmeleitfähigkeitswerte stellen obere Grenzwerte dar.
[8]) Die Dichte wird bei losen Schüttungen als Schüttdichte angegeben.
[9]) Stand Aug. 1990 gemäß 53. Ergänzung im Bundesanzeiger 161/1990. Die Rechenwerte für Wandbauarten sind inzwischen so umfangreich geworden, daß sie hier nicht mehr wiedergegeben werden können. Der Bundesanzeiger 171a/1989 (siehe S. 723) enthält eine eigene Zusammenstellung.
[10]) Bei Kunststoff-Dachbahnen liegen die Richtwerte für μ zwischen 10 000 und 100 000, lediglich für Bahnen aus PIB nach DIN 16 731 zwischen 400 000 und 1 750 000, für PVC-Folien $\geq$ 0,1 mm zwischen 20 000 und 50 000, für PE-Folien $\geq$ 0,1 mm bei 100 000; Alu-Folien $\geq$ 0,05 mm und andere Metallfolien $\geq$ 0,1 mm sind praktisch dampfdicht.

730 Dämmstoffe

16.2.1 Wärmeleitfähigkeit, Dampfdiffusionswiderstand

Die **Wärmeleitfähigkeit** eines Stoffes ist charakterisiert durch die Wärmeleitzahl (den Wärmeleitfähigkeitskoeffizienten) λ. Sie gibt an, welche Wärmemenge im Beharrungszustand stündlich durch 1 m² einer Schicht des Stoffes strömt, wenn das Temperaturgefälle in Richtung des Wärmestromes 1 K/m beträgt. Die Einheit für die Wärmeleitzahl lautet seit dem 1. 1. 78 [W/(m · K)] (Watt/Meter · Kelvin).

Die Wärmeleitzahl λ hängt unter anderem von der Rohdichte des Stoffes ab. Dichtere Stoffe haben in der Regel eine größere Wärmeleitfähigkeit. Sie wird aber auch von der Durchfeuchtung wesentlich beeinflußt. Ein Ansteigen der Eigenfeuchte bewirkt ebenfalls ein Ansteigen der Wärmeleitfähigkeit (und damit ein Absinken des Wärmeleitwiderstandes oder Wärmedämmwertes, siehe Abschnitt 16.2.2). Eine Durchfeuchtung der Wärmedämmung im Gebrauchszustand muß also vermieden werden.

Beim winterlichen Wärmeschutz besteht in den raumabschließenden Bauteilen von beheizten Räumen ein Dampfdruckgefälle (und damit die Neigung zur Dampfdiffusion) von innen nach außen. Der Widerstand, den ein Baustoff dieser Diffusionsneigung entgegensetzt, wird durch eine weitere Stoffkennzahl, die **Diffusionswiderstandszahl** μ, ausgedrückt. Sie ist dimensionslos und gibt an, um wievielmal größer der Diffusionswiderstand einer Stoffschicht gegenüber einer gleich dicken Luftschicht unter sonst gleichen Bedingungen ist. Poröse Baustoffe haben niedrigere Diffusionswiderstandszahlen (siehe Zusammenstellung Tafel 16.10).

Der durch die raumabschließenden Bauteile diffundierende Wasserdampf kann im äußeren kälteren Bereich zu Wasser kondensieren und dadurch die Baustoffe im Außenbereich durchfeuchten (sog. innere Kondensation). Dem ist dadurch zu begegnen, daß man innerhalb der Wärmedämmung eine Dampfsperre (wasserdampfundurchlässige Schicht, z. B. eine Metallfolie) anordnet oder dafür sorgt, daß die meist nur in Perioden strenger Kälte entstehende Kondensationsfeuchte nicht bis nach innen durchdringt, was insbesondere bei Dachdecken zu Tropfwasser führen kann, sondern in wärmeren Perioden wieder austrocknet. Dazu sind neben einer ausreichenden Dimensionierung der Wärmedämmung gegebenenfalls Lüftungsschichten oder -öffnungen erforderlich.

16.2.2 Anforderungen an den winterlichen Wärmeschutz

a) Nach DIN 4108 Teil 2 dürfen Wände und Decken, die Aufenthaltsräume gegen die Außenluft, gegen Erdreich, gegenüber Kellern, Garagen, nicht ausgebauten Dachgeschossen sowie gegenüber fremden Wohn- und Arbeitsräumen abgrenzen, bestimmte Wärmedämmwerte nicht unterschreiten (Mindestwärmeschutz). Die für die verschiedenen Wärmedämmgebiete erforderlichen Mindestwerte sind in [1] und [3] abgedruckt. Der **Wärmedämmwert** (Wärmeleitwiderstand, Wärmedurchlaßwiderstand) eines Bauteils wird berechnet zu

$$\frac{1}{\Lambda} = \frac{d_1}{\lambda_1} + \frac{d_2}{\lambda_2} + \ldots \frac{d_n}{\lambda_n} \quad \text{in } m^2 \cdot K/W;$$

d_n Dicke in mm und
λ_n Wärmeleitzahl der einzelnen Stoffschichten des Bauteils (Rechenwerte siehe Tafel 16.10).

16.2.2 Anforderungen an den winterlichen Wärmeschutz

b) Nach der WärmeschutzV darf der **mittlere Wärmedurchgangskoeffizient** k_m der gesamten Außenhaut eines Gebäudes (also einschl. Dachdecke und Gebäudegrundfläche) bestimmte Höchstwerte nicht überschreiten. Diese sind abhängig vom Quotienten Umfassungsfläche/Bauwerksvolumen und von der Gebäudenutzung (Nachweisverfahren 1, siehe [1] und [3]). Der Wärmedurchgangskoeffizient k eines Bauteils ergibt sich aus dem Ansatz

$$\frac{1}{k} = \frac{1}{a_i} + \frac{1}{\Lambda} + \frac{1}{a_a} \quad \text{in } m^2 \cdot K/W;$$

dabei kann der Wärmeübergangswiderstand an der Innenseite zu $1/a_i = 0{,}13$, der an der Außenseite zu $1/a_a = 0{,}04$ m$^2 \cdot$ K/W angenommen werden. Ausgenommen sind Bauteile, die an Erdreich angrenzen, für die $1/a_a = 0$ wird.

c) Für Wohn- und Aufenthaltsräume sowie auf mindestens 19 °C beheizte Betriebsräume gelten die Anforderungen der WärmeschutzV als erfüllt, wenn ihre Außenbauteile die Höchstwerte der Tafel 16.11 nicht überschreiten (Nachweisverfahren 2). Ermittlung der Werte k_W, k_D und k_G nach obigem Ansatz, k_F nach Tafel 16.13. Der mittlere Wärmedurchgangskoeffizient $k_{m,W+F}$ ergibt sich zu

$$k_{m,W+F} = \frac{k_W \cdot A_W + k_F \cdot A_F}{A_W + A_F};$$

mit A_W = Fläche der Außenwände, gemessen an der Gebäudeaußenseite
und A_F = Fensterfläche, ermittelt aus den lichten Rohbaumaßen.

Tafel 16.11 Zulässige Höchstwerte k für einzelne Außenbauteile nach WärmeschutzV

Zeile	Bauteile		W/(m² · K)
1	Außenwände einschl. Fenster und Fenstertüren		
1.1	Gebäude, deren Grundriß ein Quadrat von 15 m Seitenlänge nicht umschreibt (Abb. a und b)	$k_{m,W+F}$	≦ 1,20
1.2	Gebäude, deren Grundriß ein Quadrat von 15 m Seitenlänge umschreibt (Abb. c)	$k_{m,W+F}$	≦ 1,50
2	Decken, die nach oben oder unten gegen Außenluft abgrenzen (auch unter nicht ausgebauten Dachräumen)	k_D	≦ 0,30
3	Kellerdecken sowie Wände und Decken gegen unbeheizte Räume und Decken und Wände, die an das Erdreich grenzen	k_G	≦ 0,55

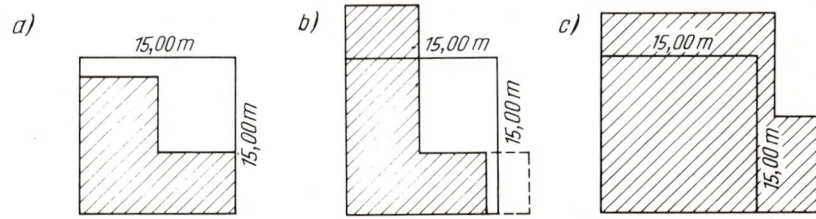

Tafel 16.12 Rechenwerte der Wärmedurchlaßwiderstände von Luftschichten[1])

Lage der Luftschicht	Dicke der Luftschicht mm	Wärmedurchlaßwiderstand $1/\Lambda$ in $m^2 \cdot K/W$
lotrecht	10 bis 20	0,14
	über 20 bis 500	0,17
waagerecht	10 bis 500	0,17

[1]) Die Werte gelten für Luftschichten, die nicht mit der Außenluft in Verbindung stehen, und für Luftschichten bei mehrschaligem Mauerwerk nach DIN 1053 Teil 1. Bei anderen belüfteten Bauteilen ist der Wärmedurchlaßwiderstand der Luftschicht sowie der Außenschale nicht in Ansatz zu bringen.

16.2.3 Einsatz von Dämmstoffen zum winterlichen Wärmeschutz

Einschalige Außenwände können nach den derzeitigen Vorschriften nur noch dann einen ausreichenden Beitrag zum Gesamtwärmeschutz leisten, wenn sie aus leichten Materialien (z. B. Leichtbeton, Leichtziegel) in entsprechender Dicke bestehen. Bei Neubauten werden heute mehrschalige Wandkonstruktionen bevorzugt.

Mehrschalige Außenwände ohne Luftschichten bestehen bei der sogenannten Massivbauweise aus einer tragenden Schale, einer vollflächig damit verbundenen Dämmschicht und einer vollflächig darübergezogenen Schutzschicht. Als Dämmschichten werden vorwiegend Faser- oder Schaumkunststoff-Dämmplatten auf die tragende Wand aufgeklebt oder mit Mörtel angesetzt. Bei Ortbetonkonstruktionen kann man Leichtbauplatten gemäß DIN 1101 und DIN 1102 in die Schalung einlegen. Die Schutzschicht kann in diesen Fällen aus Putz (gegebenenfalls mit Glasfaserarmierung), Schindeln, Fliesen, Klinkerriemchen oder auch aus Beton bestehen, letzteres z. B. bei vorgefertigten sogenannten Stahlbeton-Sandwichtafeln. Die Schutzschicht sollte möglichst dampfdurchlässig sein, damit eventuell anfallendes Kondenswasser aus der Dämmschicht herausdiffundieren kann. Deshalb sind außenliegende Dämmschichten für den winterlichen Wärmeschutz günstiger als innenliegende. Im Innern angebrachte Dämmschichten müssen unbedingt zum Innenraum hin mit einer Dampfsperre versehen werden, damit kein Wasserdampf hineindiffundieren und an der Nahtstelle zwischen Dämmschicht und Tragschicht gefrieren kann.

Zu den mehrschaligen Wänden ohne Luftschichten müssen auch werkmäßig hergestellte Wandelemente aus zwei außenliegenden Tragschalen und dazwischenliegender Wärmedämmung gerechnet werden. Das sind insbesondere die im Fertighausbau verwandten Elemente aus Span-, Furnier- oder Gipskartonplatten mit dazwischenliegender Füllung aus Faserdämmstoffmatten oder loser Mineralwolle sowie die vor allem im Industriebau eingesetzten Stahlblech-Sandwichelemente, bei denen Kunststoffhartschaum werkmäßig zwischen die tragenden Stahlbleche eingeschäumt wird (weitere Beispiele siehe [16/2]).

Mehrschalige hinterlüftete Außenwände haben ebenfalls eine Tragschicht mit außenseitig vollflächig aufgebrachter Wärmedämmung. Zwischen Dämmung und Schutzschicht befindet sich aber eine Luftschicht. Die Schutzschicht besteht in diesem Fall aus leichten Verkleidungen, die auf einer Unterkonstruktion im Abstand montiert werden, aus frei stehenden Mauerwerks-Verblendschalen oder aus

16.2.3 Einsatz von Dämmstoffen zum winterlichen Wärmeschutz

Tafel 16.13 Rechenwerte der Wärmedurchgangskoeffizienten k_V für Verglasungen und k_F für Fenster und Fenstertüren einschl. Rahmen in $W/(m^2 \cdot K)$

Die Werte der Ziffern 1.1 bis 1.10 entstammen DIN 4108 Teil 4, die Werte unter Ziffer 2 sind im Bundesanzeiger veröffentlichte Festlegungen von Rechenwerten für Sonderglasfabrikate

Hersteller bzw. Ziffer	Glassorte	Verglasung [1]	Fenster und Fenstertüren der Rahmenmaterialgruppe[2]				
			1	2.1	2.2	2.3	3
1	Normalglas						
1.1	Einfachverglasung[3]	5,8	5,2				
	Isolierverglasung mit Luftzwischenraum von:						
1.2	≥ 6 bis ≤ 8 mm	3,4	2,9	3,2	3,3	3,6	4,1
1.3	> 8 bis ≤ 10 mm	3,2	2,8	3,0	3,2	3,4	4,0
1.4	> 10 bis ≤ 16 mm	3,0	2,6	2,9	3,1	3,3	3,8
1.5	zweimal ≥ 6 bis ≤ 8 mm	2,4	2,2	2,5	2,6	2,9	3,4
1.6	zweimal > 8 bis ≤ 10 mm	2,2	2,1	2,3	2,5	2,7	3,3
1.7	zweimal > 10 bis ≤ 16 mm	2,1	2,0	2,3	2,4	2,7	3,2
1.8	Doppelverglasung mit 20 bis 100 mm Scheibenabstand	2,8	2,5	2,7	2,9	3,2	3,7
1.9	dto., aber aus Einfachglas und Isolierglas gemäß 1.4	2,0	1,9	2,2	2,4	2,6	3,1
1.10	dto., aber aus 2 Isolierglaseinheiten gemäß 1.4	1,4	1,5	1,8	1,9	2,2	2,7

[1] Bei Fenstern mit einem Rahmenanteil von nicht mehr als 5 % (z. B. Schaufensteranlagen) kann anstelle des Koeffizienten k_F der Koeffizient k_V der Verglasung angesetzt werden.

[2] Die Fensterrahmen sind wie folgt in die Rahmenmaterialgruppen einzustufen:
In Gruppe 1 Fenster mit Rahmen aus Holz, Holzkombinationen (z. B. Holzrahmen mit Aluminiumbekleidung) oder Kunststoff (sofern die Profilausbildung vom Kunststoff bestimmt wird und eventuell vorhandene Metalleinlagen nur der Aussteifung dienen) ohne besonderen Nachweis; weiterhin Fenster mit Rahmen aus beliebigen Profilen, wenn $k_R \leq 2{,}0 \ W/(m^2 \cdot K)$ durch Prüfzeugnisse nachgewiesen wird.
In Gruppe 2 Fenster mit Rahmen aus wärmegedämmten Metall- oder Betonprofilen, wenn $k_R \leq 4{,}5 \ W/(m^2 \cdot K)$ durch Prüfzeugnisse nachgewiesen wird, und zwar in
Gruppe 2.1 für $2{,}0 < k_R \leq 2{,}8 \ W/(m^2 \cdot K)$
Gruppe 2.2 für $2{,}8 < k_R \leq 3{,}5 \ W/(m^2 \cdot K)$
Gruppe 2.3 für $3{,}5 < k_R \leq 4{,}5 \ W/(m^2 \cdot K)$
In Gruppe 3 Fenster mit Rahmen aus Beton, Stahl, Aluminium sowie wärmegedämmten Metallprofilen, die nicht in Gruppe 2 eingestuft werden können, ohne besonderen Nachweis. Bei Verglasungen mit einem Rahmenanteil ≤ 15 % dürfen die k_F-Werte der Gruppe 3 um 0,5 $W/(m^2 \cdot K)$ herabgesetzt werden.
Eine zusammenfassende Einstufung von Profilen und Profilsystemen in die Rahmengruppen auf Grund von Bescheiden mit Stand Mai 86 ist im Bundesanzeiger Nr. 222 a vom 29. 11. 86 veröffentlicht.

[3] Für Räume, die auf mindestens 19 °C beheizt werden, nicht zugelassen. Ausnahmen sind bei großflächigen Verglasungen (außer bei Hallenbädern) möglich.

Fortsetzung der Tafel siehe folgende Seite!

734 Dämmstoffe

Tafel 16.13 (Fortsetzung)

Hersteller bzw. Ziffer	Glassorte	Verglasung [1]	Fenster und Fenstertüren der Rahmenmaterialgruppe[2])				
			1	2.1	2.2	2.3	3
2	Sonderglas						
Flachglas AG	Thermoplus 1,6	2,2	2,1	2,3	2,5	2,7	3,3
	Thermoplus 1,4 Infrastop Neutral 51/39	2,1	2,0	2,3	2,4	2,7	3,2
	Thermoplus 1,6/16 u. Neutral /12 Infrastop Auresin 50/36	2,0	1,9	2,2	2,4	2,6	3,1
	Thermoplus 1,4/16 u. Neutral /14 Infrastop Auresin 66/44 u. 39/28 Infrastop Gold 40/26 u. 30/23 Infrastop Bronze 36/26	1,8	1,8	2,0	2,2	2,5	3,0
	Infrastop Bronze 49/33 Infrastop Silber 51/33 u. 48/48	1,9	1,8	2,1	2,3	2,5	3,1
	Infrastop Silber 50/35 u. 36/22 Thermoplus Neutral /16	1,7	1,7	2,0	2,2	2,4	2,9
Vereinigte Glaswerke	Climaplus GLS 1,6 Eliotherm Grün 50/38	2,1	2,0	2,3	2,4	2,7	3,2
	Climaplus GLS 1,4 und N 12 mm Eliotherm Silber 50/45 und Neutral	2,0	1,9	2,2	2,4	2,6	3,1
	Eliotherm Gold 50/34 und Azur Cosmos 66/45	1,9	1,8	2,1	2,3	2,5	3,1
	Eliotherm Gold 47/29 u. Azur 63/44 Eliotherm Rubin 55/50, Saphir und Bronze 55/34, Climasol 12	1,8	1,8	2,0	2,2	2,5	3,0
	Eliotherm Platin und Gold 32/19 Eliotherm Silber 35/29, Bronze 35/20 Climaplus N 15 mm	1,7	1,7	2,0	2,2	2,4	2,9
	Climasol 15	1,6	1,6	1,9	2,1	2,3	2,9
INTERPANE	iplus Gold 1,4	1,8	1,8	2,0	2,2	2,5	3,0
	Calorex AO/iplus neutral iplus neutral 16 LZR	1,7	1,7	2,0	2,2	2,4	2,9
	ipasol neutral R 51/43	1,6	1,6	1,9	2,1	2,3	2,9
OKALUX	Okalux 5/12/5	2,5	2,3	2,5	2,7	3,0	3,5
	lichtstreuendes 5/16/5	2,2	2,1	2,3	2,5	2,7	3,2
	Isolierglas 5/24/5	1,7	1,7	2,0	2,2	2,4	2,9

Fußnoten siehe Seite 733.

profilierten Baustoffen, die Lufträume lassen, wie Trapezbleche oder Wellasbestzement. Wegen möglicher „Kaminwirkung" in der Luftschicht dürfen ihre Verbindungen mit der Außenluft nicht zu groß dimensioniert werden (siehe z. B. DIN 1053 T. 1, Abschnitt 5.2.1h). Als Dämmstoffe kommen die im vorhergehenden Absatz bereits genannten in Frage, jetzt allerdings auch stärker saugende Filze und Matten aus Faserdämmstoffen, da die Oberflächen nicht eben zu sein brauchen und die Feuchtigkeit über die Luftschicht abgeführt werden kann. Der Zwischenraum in zweischaligem Mauerwerk kann auch mit wasserabweisendem Perlite lose verfüllt werden. Dabei bleiben Hohlräume zur Belüftung zwischen dem nur leicht verdichteten Schüttgut (siehe z. B. bauaufsichtliche Zulassung für Hyperlite KD vom 15. 12. 1980, außerdem [16/2]).

Decken, die Aufenthaltsräume gegen Außenluft oder unbeheizte Räume abgrenzen, können nur in Ausnahmefällen einschalig ausgeführt werden. Normalerweise muß eine Dämmschicht an der Ober- oder Unterseite angebracht werden, analog zu den Außenwänden bauphysikalisch günstiger an der kalten Deckenseite. Dafür kommen grundsätzlich alle Wärmedämmstoffe mehr oder weniger in Frage. Als Auflage unter begehbaren Böden oder Dachflächen müssen allerdings entsprechend belastbare Materialien wie Dämmplatten aus Faser- oder Schaumkunststoffen Typ WD, Holzwolle-Leichtbauplatten, Holzfaser-Dämmplatten, Korkplatten sowie Trockenschüttungen aus Perlite oder Vermiculite verwandt werden.

Bei *unbelüfteten* Dachdecken (Warmdächern) über Räumen mit erhöhter Luftfeuchtigkeit muß nach DIN 4108 eine Dampfsperre unterhalb der Wärmedämmung angeordnet werden. Für unbelüftete *massive* Dachdecken wird in DIN 18 530 (3.87) grundsätzlich eine Dampfsperre mit einem Dampfsperrwert von $\mu \cdot s \geq 100$ m (s = Dicke der Dampfsperre in m) gefordert. Weitere Einzelheiten dazu sind der Norm selbst sowie dem zugehörigen Einführungserlaß zu entnehmen.

16.2.4 Sommerlicher Wärmeschutz

In Teil 2 der DIN 4108 werden erstmalig auch konkrete Empfehlungen für den Wärmeschutz im Sommer bei Gebäuden *ohne* raumlufttechnische Anlagen gegeben. Es werden Höchstwerte für das Produkt $g_F \cdot f$ in Abhängigkeit von den natürlichen Lüftungsmöglichkeiten und der Innenbauart empfohlen, wobei g_F der Gesamtenergiedurchlaßgrad in Abhängigkeit vom Energiedurchlaß der Verglasung und den vorhandenen Sonnenschutzeinrichtungen, f der Fensterflächenanteil der Außenwand ist. Der ursprünglich vorgesehene Nachweis des Temperaturamplituden-Verhältnisses (TAV) wurde nicht in die Norm aufgenommen.

In der WärmeschutzV vom 24. 2. 82 werden für Gebäude *mit* raumlufttechnischen Anlagen zur Kühlung maximale Werte für das Produkt $g_F \cdot f$ vorgeschrieben.

16.3 Schallschutz

Ein Teil der in Abschnitt 16.1 vorgestellten Dämmstoffe wird – ausschließlich oder zusätzlich zur Verwendung als Wärmedämmung – für Schallschutzmaßnahmen verwandt. Die Grundlagen des Schallschutzes sollen daher unter der bereits zu Beginn des Abschnittes 16.2 gemachten Einschränkung ebenfalls behandelt werden.

Als Schall bezeichnet man mechanische Schwingungen und Wellen eines elastischen Mediums, insbesondere im Frequenzbereich des menschlichen Hörens. Durch einen Ton oder ein Geräusch erzeugter Schall breitet sich in der Luft als **Luftschall** aus. Er kann raumbegrenzende Bauteile in Schwingungen versetzen. Diese können die Luftteilchen des Nachbarraumes zu Schwingungen anregen. Auf diese Weise entsteht Luftschallübertragung. Wird ein Bauteil direkt, z. B. eine Decke durch

Begehen, zu Schwingungen angeregt, die wiederum in benachbarte Räume übertragen werden können, so spricht man von Körperschall, im Fall der begangenen Decke von **Trittschall**. Maßnahmen zur Verminderung der Luft- und Trittschallübertragung dienen der *Schalldämmung*.

Beim Auftreffen der von einer Schallquelle erzeugten Welle auf raumbegrenzende Flächen wird ein Teil der Wellen in den Raum reflektiert und verstärkt den von der Schallquelle ausgehenden Direktschall. Man bezeichnet diese Erscheinung als **Raumschall** oder Nachhall. Der nicht reflektierte Teil der Schallenergie wird in Wärme umgewandelt. Diese *Schallschluckung* oder Schallabsorption ist von der Schalldämmung zu unterscheiden. Erstere vermindert den Schallpegel vorwiegend (siehe Abschnitt 16.3.4) im Raum der Schallerzeugung, letztere in angrenzenden Räumen.

In der neuen DIN 4109 sind alle **Anforderungen** an den Schallschutz gegenüber fremden Wohn- und Arbeitsbereichen sowie gegen Außenlärm enthalten. Die Ausgabe Nov. 89 besteht aus folgenden Teilen:

DIN 4109 Schallschutz im Hochbau; Anforderungen und Nachweise
Beiblatt 1 Ausführungsbeispiele und Rechenverfahren
Beiblatt 2 Hinweise für Planung und Ausführung; Vorschläge für einen erhöhten Schallschutz; Empfehlungen für den Schallschutz im eigenen Wohn- und Arbeitsbereich.

Gegenüber den bisherigen Bestimmungen sind die Nachweisverfahren teilweise aufwendiger geworden. Dafür wurde aber auch die Anzahl der Beispiele mit vorgegebenen Schalldämmwerten erhöht (siehe dazu [1] und [3]).

16.3.1 Bewertung der Schalldämmung

Die Schalldämmung von raumabschließenden Bauteilen ist in der Regel bei verschiedenen Schwingungsfrequenzen der erzeugten Schallwellen von verschiedener Qualität. Eine Beurteilung über einen mittleren Schalldämmwert ist daher unzweckmäßig. Aus diesem Grund hat man zur Beurteilung der Luft- und Trittschalldämmung sogenannte *Soll-* oder *Bezugskurven* eingeführt, die einerseits die Frequenzverteilung üblicher Geräusche, andererseits die von der Frequenz abhängige Empfindlichkeit des menschlichen Gehörs im Bereich zwischen 100 und 3200 Hz berücksichtigen. In der folgenden Abbildung sind die Bezugskurven für das Schalldämm-Maß R bzw. R' und den Normtrittschallpegel L_n bzw. L_n' nach DIN 52 210 wiedergegeben. R und L_n gelten für Wände und Decken auf Prüfständen ohne Nebenwege; R' und L_n' berücksichtigen die bei Bauwerken immer vorhandene Schallübertragung auf Nebenwegen.

DIN 52 210	Bauakustische Prüfungen; Luft- und Trittschalldämmung
Teil 1 (Aug. 84)	Meßverfahren
Teil 2 (Aug. 84)	Prüfstände für Schalldämm-Messungen an Bauteilen
Teil 3 (Febr. 87)	Prüfung von Bauteilen in Prüfständen und zwischen Räumen am Bau
Teil 4 (Aug. 84)	Ermittlung von Einzahl-Angaben
Teil 5 (Juli 85)	Messung der Luftschalldämmung von Außenbauteilen am Bau
Teil 6 (Mai 89)	Bestimmung der Schachtpegeldifferenz
Teil 7 (Mai 89)	Bestimmung des Schall-Längsdämm-Maßes

Schalldämm-Maß und Normtrittschallpegel können durch bauakustische Messungen nach DIN 52 210 Teil 1 ermittelt werden. Die Meßwerte stellen Verhältnisgrö-

16.3.1 Bewertung der Schalldämmung/16.3.2 Luftschalldämmung

ßen dar und werden durch Dezibel (dB) gekennzeichnet. (Bel bzw. Dezibel ist keine Einheit nach DIN 1301.)

Die **Luftschalldämmung** eines Bauteils wird durch das *Luftschallschutzmaß LSM* oder das *bewertete Schalldämm-Maß* R_w bzw. R'_w angegeben. Sie werden ermittelt, indem man die Bezugskurve gegenüber der Meßkurve in Ordinatenrichtung um ganze dB parallel so weit verschiebt, daß die mittlere Unterschreitung der Bezugskurve durch die Meßkurve so groß wie möglich wird, jedoch nicht mehr als 2,0 dB beträgt. Die mittlere Unterschreitung wird dadurch bestimmt, daß man die einzelnen Unterschreitungen der (verschobenen) Bezugskurve bei den jeweiligen Meßfrequenzen summiert und durch die Anzahl der Meßfrequenzen dividiert. Überschreitungen der Bezugskurve werden nicht berücksichtigt, der Divisor beträgt aber bei Messung in Terzabständen immer 15, bei Messung in Oktavabständen immer 5. Der Betrag, um den die Bezugskurve verschoben wird, ist das Luftschallschutzmaß *LSM*. Der Ordinatenwert der verschobenen Bezugskurve bei 500 Hz ist das bewertete Schalldämm-Maß R_w bzw. bewertete Bauschalldämm-Maß R'_w. Gemäß Abbildung 16.1 gilt demnach

$$R_w \text{ bzw. } R'_w = LSM + 52 \text{ dB}.$$

Die **Trittschalldämmung** eines Bauteils wird durch das *Trittschallschutzmaß TSM* oder den *bewerteten Normtrittschallpegel* $L_{n,w}$ bzw. $L'_{n,w}$ angegeben, die in gleicher Weise ermittelt werden. Dabei muß die Bezugskurve gegenüber der Meßkurve so verschoben werden, daß die mittlere *Über*schreitung der Bezugskurve möglichst groß, aber nicht größer als 2 dB ist. Beim Aufsummieren bleiben jetzt die Unterschreitungen unberücksichtigt. Es gilt

$$L_{n,w} \text{ bzw. } L'_{n,w} = 63 \text{ dB} - TSM[1]).$$

16.3.2 Luftschalldämmung

Das Schalldämm-Maß einer Wand- oder Deckenkonstruktion hängt nicht – wie bei der Wärmedämmung – in erster Linie von den dabei verwandten Stoffen und ihren entsprechenden Kennwerten ab, sondern mehr vom Aufbau der Konstruktion, d. h. vom schalltechnischen Zusammenwirken der verschiedenen Bauteilschichten. Außerdem wird es durch das Schall-Längsdämm-Maß $R_{L,w}$ der angrenzenden Wände und Decken, der sogenannten flankierenden Bauteile, beeinflußt. Auch dieses Längsdämm-Maß der flankierenden Bauteile hängt vor allem von deren Aufbau ab. Daneben kommt es auf die Ausbildung der Stoßstellen zwischen den trennenden und flankierenden Bauteilen an.

Bei **einschaligen,** homogenen und dichten Wänden oder Decken wird allerdings das Luftschallschutzmaß bzw. das Schalldämm-Maß vor allem durch die flächenbezogene Masse und damit – bei gleicher Dicke der betrachteten Konstruktionen – von der Rohdichte der verwendeten Baustoffe bestimmt (siehe Abb. 16.2). Da der Wärmedämmwert (siehe Abschnitt 16.2.2) mit steigender Rohdichte abnimmt, ergibt sich daraus, daß mit einem einschaligen Raumabschluß nicht gleichzeitig eine gute Wärme- und Schalldämmung erreicht werden kann.

---
[1]) 63 statt 60 dB wegen Absenkung der bisherigen Bezugskurve um 3 dB zwecks Anpassung an ISO 717 Teil 2.

738 Dämmstoffe

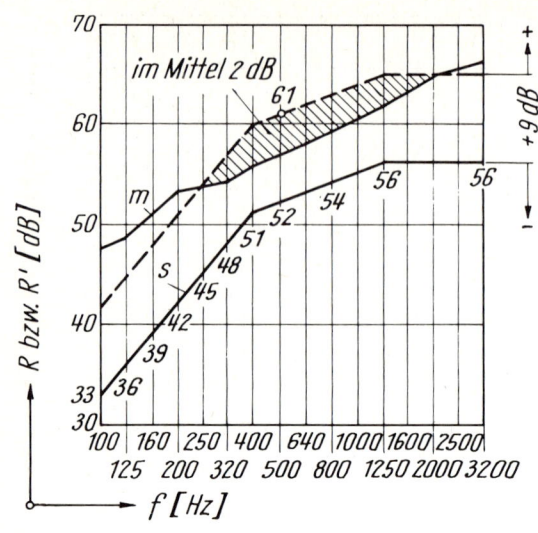

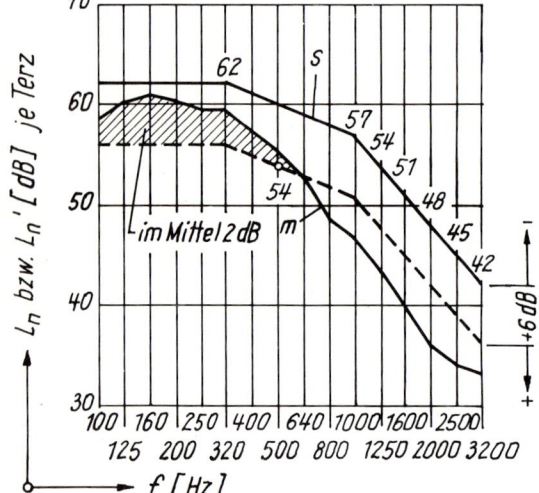

Abb. 16.1 Ermittlung von R_w (bzw. LSM) und $L_{n,w}$ (bzw. TSM) aus bauakustischen Messungen

Die in der Abbildung dargestellte Abhängigkeit der Luftschalldämmung von der flächenbezogenen Masse kann nur bei *ausreichend biegesteifen* Bauteilen als gegeben angesehen werden. Das sind Bauteile, deren Grenzfrequenz f_g kleiner als 200 Hz ist. Bei der sogenannten Grenzfrequenz tritt nämlich zwischen den Schwingungen der Luft und den dadurch angeregten freien Biegeschwingungen der Wand

16.3.2 Luftschalldämmung

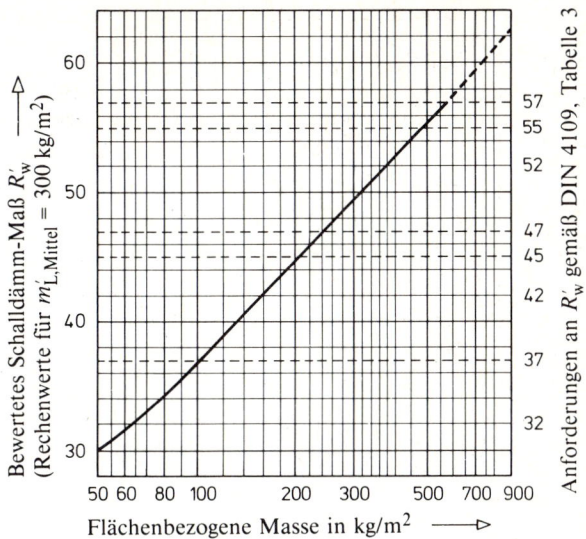

Abb. 16.2 Abhängigkeit der Luftschalldämmung einschaliger homogener Wände und Decken von ihrer flächenbezogenen Masse nach DIN 4109

Resonanz ein, wodurch sich normalerweise eine besonders ungünstige Schalldämmung ergibt. Es müßte daher eigentlich f_g < 100 Hz gefordert werden.

$$f_g \approx \frac{60}{d} \cdot \sqrt{\frac{\varrho}{E_{dyn}}} \leqq 200 \text{ Hz} \tag{2.1}$$

mit d Wand- bzw. Deckendicke in m
ϱ Rohdichte des Bauteils in kg/m³ (entspricht Eigenlast nach DIN 1055 Teil 1)
E_{dyn} dynamischer Elastizitätsmodul in MN/m²

Der Stoffkennwert E_{dyn} für ausgewählte Dämmstoffe ist in Tafel 16.14 angegeben. Für andere Baustoffe kann er annähernd gleich dem statischen Elastizitätsmodul gesetzt werden. Damit errechnet sich die erforderliche Mindestdicke für ausreichend biegesteife Bauteile zu

$$d \text{ [m]} \geqq 0{,}3 \cdot \sqrt{\frac{\varrho}{E_{dyn}}} \tag{2.2}$$

Bauteile aus Beton oder Mauerwerk mit Putz können als einschalige Bauteile behandelt werden, da sich die miteinander verbundenen Stoffe schalltechnisch ähnlich verhalten. In diesem Fall müßte ein mittleres ϱ in die obigen Gleichungen eingesetzt werden. Beispiele für die Ausführung einschaliger Wände aus Mauerwerk oder Beton siehe DIN 4109 Beiblatt 1 sowie in [1] und [16/1].

Tafel 16.14 Dynamische Elastizitätsmoduln in MN/m² für verschiedene Dämmstoffe nach [16/1] und Angaben der Hersteller[1])

Faserdämmstoffe			*Hartschaumstoffe*	
Kokosfaser	-Matten	0,25	PS-Partikelschaum	1,20
	-Rollfilz	0,35	dto., durch Walzen bearbeitet	0,20
Torffaser	-Platten	2,10	PUR-Hartschaum	0,35
Textilfaser	-Platten	1,90	*Mineral. Schaumstoffe*	
Glasfaser	-Matten	0,15	Vermiculite-Schüttung	2,60
	-Rollfilz	0,18	*Sonstige Dämmstoffe*	
	-Platten	0,20	HWL-Platten	5,25
Steinwolle	-Matten	0,18	HFD-Platten	1,95
	-Rollfilz	0,23	Blähkork-Platten	6,50
	-Platten	0,20	Korkschrot-Matten	1,00
Schlackenwolle	-Matten	0,40	-Schüttung	1,60
	-Platten	0,95		

[1]) In einigen Fällen mittlere Werte als Anhalt.

Zweischalige Wände und Decken können auf zweierlei Weise entstehen:

a) Auf eine biegesteife Wand oder Deckenplatte wird zur Erhöhung der Schalldämmung eine Dämmstoffschicht mit biegeweicher Vorsatzschale als Schutzschicht aufgebracht. Schalltechnisch kommt es dabei noch darauf an, ob die beiden Außenschalen über die Dämmschicht fest miteinander verbunden sind, wie z. B. ein schwimmender Estrich auf einer Deckenplatte, oder ob die Vorsatzschale frei steht und der Zwischenraum nur mit Luft oder mit einem Dämmstoff ausgefüllt ist, dessen Steifigkeit gegenüber der Luftsteifigkeit vernachlässigbar oder der nicht vollflächig mit den Schalen verbunden ist (Hohlraumdämpfung, siehe Abschnitt 16.3.4).

b) Es wird eine Doppelwand aus zwei gleich schweren Schalen mit dazwischenliegender Dämmschicht angeordnet. Neben den beiden unter a) erwähnten schalltechnischen Varianten kommt es jetzt noch darauf an, ob es sich um zwei schwere biegesteife oder um zwei leichte biegeweiche Schalen handelt. Erstere werden als Wohnungstrennwände oder als Haustrennwände in Doppelhäusern verwandt. Sie sind schalltechnisch nur günstig, wenn sie (ohne Putz) mindestens je 100 mm dick sind und der Zwischenraum über die ganze Wandtiefe und -höhe durchgeht.

Ob eine Vorsatzschale oder die Schale einer Doppelwand *ausreichend biegeweich* ist, wird wiederum über die Grenzfrequenz f_g festgestellt. Im Unterschied zu den biegesteifen Bauteilen hat man dazu festgelegt:

$$f_g \approx \frac{60}{d} \cdot \sqrt{\frac{\varrho}{E_{dyn}}} \geq 2000 \text{ Hz} \qquad (3.1)$$

$$\rightarrow d \text{ [m]} \leq 0,03 \cdot \sqrt{\frac{\varrho}{E_{dyn}}}. \qquad (3.2)$$

Einheiten wie bei den biegesteifen Bauteilen (siehe 2.1).

16.3.2 Luftschalldämmung

Alle zweischaligen Wände stellen Schwingungssysteme dar. Die beiden Schalen sind über die als Feder wirkende Zwischenschicht miteinander verbunden und besitzen eine *Eigenfrequenz* (Resonanzfrequenz) f_0. Da solche Wände erst oberhalb der Eigenfrequenz günstige Dämmwerte haben, muß dafür gesorgt werden, daß f_0 unterhalb des interessierenden Frequenzbereiches liegt. Man setzt deshalb

$$f_0 = 160 \cdot \sqrt{s' \cdot \left(\frac{1}{m_1'} + \frac{1}{m_2'}\right)} = 85 \text{ Hz} \qquad (4)$$

Dabei bedeuten m_1' und m_2' die flächenbezogenen Massen der Schalen in kg/m² und s' die sogenannte dynamische Steifigkeit der Zwischenschicht in MN/m³. Sie ergibt sich aus dem dynamischen Elastizitätsmodul E_{dyn} (siehe oben) und dem lichten Abstand der Schalen a zu

$$s' \text{ [MN/m}^3\text{]} = \frac{E_{dyn} \text{ [MN/m}^2\text{]}}{a \text{ [m]}} \qquad (5)$$

Setzt man im Fall einer leichten Vorsatzschale deren Masse $m_1' = m'$ und vernachlässigt $1/m_2'$, im Fall einer leichten Doppelwand $m_1' = m_2' = m'$, so ergibt sich

für die schwere Wand mit Vorsatzschale　　　　für die leichte Doppelwand

$$\frac{s' \text{ [MN/m}^3\text{]}}{m' \text{ [kg/m}^2\text{]}} \leq 0{,}28 \qquad (4.1) \qquad\qquad \frac{s' \text{ [MN/m}^3\text{]}}{m' \text{ [kg/m}^2\text{]}} \leq 0{,}14 \qquad (4.2)$$

Besteht die Zwischenschicht aus Luft oder aus einem Dämmstoff, der mit den Schalen nicht vollflächig verklebt oder dessen Steifigkeit vernachlässigbar ist, so ergibt sich mit E_{dyn} für Luft = 0,14 MN/m² und Gleichung (5)

für die schwere Wand mit Vorsatzschale　　　　für die leichte Doppelwand
$m' \cdot a \text{ [m]} \geq 0{,}5 \qquad (4.3) \qquad\qquad m' \cdot a \text{ [m]} \geq 1{,}0 \qquad (4.4)$

Das bedeutet, daß die Eigenfrequenz um so niedriger liegt, je größer die flächenbezogene Masse der biegeweichen Schalen und je niedriger die dynamische Steifigkeit der Zwischenschicht bzw., bei Luftschichten oder weichfedernden Einlagen, je größer der Schalenabstand ist. Es ist allerdings nicht gesagt, daß eine zweischalige Wand oder Decke, die den vorgenannten Kriterien genügt, damit automatisch ein ausreichendes Luftschallschutzmaß aufweist. Dieses ist vielmehr nicht so einfach wie bei einschaligen biegesteifen Bauteilen zu berechnen und wird daher in der Regel durch Schallmessungen ermittelt, sofern nicht entsprechend den Ausführungsbeispielen in DIN 4109 Beiblatt 1 (abgedruckt in [1] und [3]) geplant wird.

Als *Hohlraumfüllung* hinter Schalen in Ständerbauart sehen diese Beispiele ausschließlich Faserdämmstoffe nach DIN 18 165 Teil 1 Typ W-w bzw. WL-w in Dicken von 40 bis 80 mm vor, hinter Vorsatzschalen aus Gipskartonplatten, die an Massivwände „angesetzt" werden, Faserdämmplatten des Typs WV-s in einer Dicke von mindestens 40 mm. Außerdem werden Vorsatzschalen aus HWL-Platten an Ständern mit $d \geq 25$ mm oder frei stehend mit $d = 50$ mm vorgeschlagen.

16.3.3 Trittschalldämmung

Der Trittschallschutz einer fertigen Geschoßdecke ist noch schwieriger exakt vorauszuberechnen als der Luftschallschutz, weil einschalige Deckenkonstruktionen bei entsprechender flächenbezogener Masse (siehe Abb. 16.2) zwar durchaus eine ausreichende Luftschalldämmung aufweisen können, ihre Trittschalldämmung aber immer ungenügend ist. Sie benötigen daher *Deckenauflagen* als sogenannte schwimmende Estriche (Estriche auf Dämmschichten) oder mindestens als weichfedernde Gehbeläge, gegebenenfalls zusammen mit einer *Unterdecke*. Fertige Geschoßdecken mit ausreichender Trittschalldämmung sind immer *mehrschalig*.

Für **schwimmende Estriche** gelten hinsichtlich der Eigenfrequenz die Ausführungen in Abschnitt 16.3.2, wobei der Estrich als Vorsatzschale wirkt, die über die Dämmschicht vollflächig mit der Rohdecke verbunden ist. Es gilt also

$$\frac{s' \ [MN/m^3]}{m' \ [kg/m^2]} \leqq 0{,}28 \tag{4.1}$$

wobei für m' die Masse des Estrichs einzusetzen ist. s' kann mit Hilfe von Gleichung (5) ermittelt werden.

Die Trittschallminderung ΔL durch schwimmende Estriche nimmt oberhalb der Eigenfrequenz f_0 sehr stark mit der Frequenz zu. Es gilt:

$$\Delta L = 40 \cdot lg \ f/f_0 \ [dB]; \tag{6}$$

wobei sich f_0 aus Gleichung (4) mit $m'_1 = m'$ und $1/m'_2 = 0$ ergibt zu

$$f_0 = 160 \sqrt{\frac{s'}{m'}} \ [Hz]. \tag{7}$$

Das bedeutet, daß ein schwimmender Estrich mit möglichst niedriger Eigenfrequenz die höchste Trittschallminderung ergibt oder, da die Masse m' des Estrichs nicht beliebig gesteigert werden kann, daß eine möglichst geringe dynamische Steifigkeit s' der Dämmschicht anzustreben ist. Dämmstoffe zur Trittschalldämmung müssen daher durch Prüfzeugnis in eine Steifigkeitsgruppe eingeordnet und entsprechend gekennzeichnet werden. Dabei bedeutet z. B. Einordnung in Gruppe 30, daß $s' \leqq 30 \ MN/m^3$ sein muß. Die dynamische Steifigkeit nimmt normalerweise mit zunehmender Dicke d_B ab.

Die **Berechnung** des Normtrittschallpegels L_{n1} einer fertigen Decke mit schwimmendem Estrich läßt sich mit Hilfe der Beziehung

$$L_{n1} = L_{n0} - \Delta L \tag{8}$$

durchführen, wenn der Frequenzverlauf des Norm-Trittschallpegels L_{n0} der Rohdecke bekannt ist und man davon die nach Gleichung (6) für jede Frequenz errechnete Trittschallminderung ΔL abzieht.

Da dieses Verfahren zum einen aufwendig ist, zum anderen der Verlauf von L_{n0} für die Rohdecke oft nicht bekannt ist, arbeitet man in der Praxis mit dem *äquivalenten Trittschallpegel $L_{n,w,eq}$* und dem *Verbesserungsmaß ΔL_w*. Das erstere berücksichtigt die Tatsache, daß verschiedene Rohdecken mit gleichem L_{n0} nicht in gleicher Weise verbesserungsfähig sind. Daher ist der Norm-Trittschallpegel einer Rohdecke kein

16.3.3 Trittschalldämmung

zuverlässiges Charakteristikum für den zu erwartende Norm-Trittschallpegel der fertigen Decke. Die „Verbesserungsfähigkeit" einer Rohdecke durch eine bestimmte Deckenauflage wird durch den äquivalenten Norm-Trittschallpegel und das darauf bezogene Verbesserungsmaß der Deckenauflage bestimmt. Es gilt:

$$L'_{n1,w} = L_{n,w,eq} - \Delta L_w \tag{9}$$

Unterdecken können bis zu einem gewissen Grad eine Verbesserung der Luft- und Trittschalldämmung von Geschoßdecken bewirken. Wegen der damit nicht auszuschaltenden Flankenübertragung (über Rohdecke und Wand an der Unterdecke vorbei) ergibt die Unterdecke allein normalerweise keine ausreichende Trittschalldämmung. Voraussetzung ist außerdem, daß die Unterdecke biegeweich, dicht und nicht starr mit der Rohdecke verbunden ist. Als zu starr ist z. B. auch eine unmittelbare Befestigung an in die Schalung von Rippendecken eingelegten Holzleisten anzusehen. In diesem Fall sollte besser eine zusätzliche längs- oder querverlaufende Lattung vorgesehen oder die Decke abgehängt werden. Als schalltechnisch geeignete Materialien für Unterdecken kommen neben abgehängten Putzträgerdecken vor allem 25 mm dicke Holzwolle-Leichtbauplatten sowie Gipskartonplatten mit Dämmstoffauflage in Frage (siehe dazu Tafel 16.15).

Die folgenden Tafeln enthalten Rechenwerte für ausgewählte Massivdecken und schwimmende Estriche auf Massivdecken gemäß DIN 4109 Beiblatt 1 (weitere Rechenwerte sind in [1] und [3] wiedergegeben).

Tafel 16.15 Rechenwerte des äquivalenten Norm-Trittschallpegels $L_{n,w,eq}$ von **Massivdecken**

Deckenarten[1])	m' [2])	ohne Unterdecke	mit Unterdecke[3])
Stahlbeton-Vollplatten aus Normal- oder Leichtbeton, Gasbeton- Deckenplatten	kg/m²	dB	dB
	135	86	75
	160	85	74
	190	84	74
	225	82	73
	270	79	73
	320	77	72
	380	74	71
	450	71	69
	530	69	67

[1]) Gilt auch für folgende Massivdecken: Plattenbalken- und Rippendecken mit Rippenabstand ≥ 50 cm nach DIN 1045, Ziff. 21, Stahlsteindecken nach DIN 1045, Ziff. 20.2, Decken aus vorgefertigten Balken nach DIN 1045, Ziff. 19.7.7, Stahlbeton-Hohldielen nach DIN 1045, Ziff. 19.7.9, und Stahlbetondielen aus Leichtbeton nach DIN 4028.
[2]) Flächenbezogene Masse einschl. eines etwaigen Verbundestrichs oder Estrichs auf Trennlage oder eines unmittelbar aufgebrachten Putzes, bei Plattenbalken- und Rippendecken ohne Zwischenbauteile, aber *ohne* Berücksichtigung der Stege bzw. Rippen.
[3]) Biegeweiche Unterdecken zum Beispiel Putz auf Rohrgewebe oder Gipskartonplatten nach DIN 18 180, Dicke 12,5 oder 15 mm; Abstand der Traglattung ≥ 400 mm.
[4]) Zum Beispiel Faserdämm-Matten nach DIN 18 165 Teil 1, Typ WL-w oder W-w, Nenndicke 40 mm, längenbezogener Strömungswiderstand $\Xi \geq 5$ kN · s/m⁴.

Tafel 16.16 Rechenwerte des Verbesserungsmaßes ΔL_w für Estriche nach DIN 18 560 Teil 2 auf Dämmstoffplatten nach DIN 18 164 Teil 2 und DIN 18 165 Teil 2

Dämmstoffe mit $s \leq$	50	40	30	20	15	10	MN/m³
Gußasphaltestriche mit $m' \geq 45$ kg/m²	20	22	24	26	27	29	dB
Estriche mit $m' \geq 70$ kg/m²	22	24	26	28	29	30	dB

16.3.4 Schallschluckung

Hinsichtlich der Raumschallminderung durch Schallschluckung werden in den derzeit gültigen DIN-Normen keine Anforderungen gestellt. Schallschluckung dient (in erster Linie, siehe unten) der Schallregulierung im Raum selbst und nicht dem Schutz benachbarter Räume. Trotzdem ist sie für bestimmte Räume wie Hörsäle, Konzertsäle, Kirchenräume usw. von entscheidender Bedeutung für eine zweckentsprechende Raumnutzung. Wichtigster Kennwert für die Raumschallregulierung ist der *Schallschluckgrad* (Schallabsorptionsgrad) a. Er ist definiert als Verhältnis der nicht reflektierten zur auftreffenden Schallenergie, d. h., $a = 0$ bedeutet vollständige Reflexion, $a = 1$ vollständige Absorption. Der Schallschluckgrad ist frequenzabhängig. Er ist kein reiner Stoffkennwert, da er durch Anordnung und Kombination von Absorbern beeinflußt wird. Schallschluckende Materialien unterscheidet man nach porösen Schallabsorbern und Resonanzabsorbern (Plattenschwingern).

Poröse Schallabsorber benötigen zur Schallschluckung eine ausreichende *Porosität* ($\sigma = V_{\text{Luft}}/V_{\text{ges}} \geq 80\%$), wobei die Poren untereinander verbunden und nach außen geöffnet sein müssen. Das trifft für Mineral-, Glas- und Holzfaserplatten zu, außerdem für offenporige Kunststoffschäume, z. B. Polyurethan-Weichschaum. Neben der Porosität ist vor allem noch der *längenbezogene Strömungswiderstand* Ξ für den Schallschluckgrad poröser Stoffe von Bedeutung. Er wird gemessen in kN·s/m⁴ und ist eine Kenngröße für den Widerstand, den der poröse Stoff dem Schalldurchgang entgegensetzt: Bei gleicher Porosität ist der Strömungswiderstand vieler enger „Porenkanäle" größer als der weniger und entsprechend weiterer Kanäle. Ein optimaler Schallschluckgrad ergibt sich für einen mittleren Strömungswiderstand, d. i. bei einer angenommenen Porosität von $\sigma = 0{,}80$ etwa der Bereich

$$1 \left[\frac{\text{kN} \cdot s}{\text{m}^3} \right] \leq \Xi \cdot d \leq 3 \left[\frac{\text{kN} \cdot s}{\text{m}^3} \right]$$

wobei d = Dicke des porösen Stoffes in m ist.

Wird eine poröse Dämmschicht auf eine nichtporöse Platte aufgebracht, so läßt sich damit auch eine Verbesserung der *Luftschalldämmung* in den mittleren und hohen Frequenzen erzielen. Als Maß für die erreichbare Verbesserung dient vor allem das Produkt $\Xi \cdot d$, das möglichst groß sein soll. Man macht von dieser Möglichkeit der Luftschalldämmung in Form der sogenannten Hohlraumdämpfung in zweischaligen Wänden und Türen Gebrauch (siehe auch unter zweischaligen Wänden in Abschnitt 16.3.2). So werden im Beiblatt 1 zur DIN 4109[1]) Ausführungsbeispiele

---
[1]) Siehe Anmerkung auf Seite 736

16.3.4 Schallschluckung

für Außenwände und Dächer in Holzbauweise angegeben (abgedruckt in [1] und [3]), in denen der Hohlraum zwischen den beiden Beplankungen zum Teil mit einem mineralischen Faserdämmstoff ausgefüllt ist. Für das Produkt $\Xi \cdot d$ wird dabei ein Wert von mindestens 0,3 kN · s/m^3 gefordert.

Als **Resonanzabsorber** oder Plattenschwinger wirken dünne, dichte oder gelochte Platten, z. B. 3,5 mm dicke harte Holzfaserplatten, 4 mm Sperrholzplatten, 8 bis 19 mm dicke Spanplatten sowie 9,5 und 12,5 mm dicke Gipskartonplatten. Die Platten müssen auf Lattung montiert werden. Der zwischen Unterkonstruktion und Absorber eingeschlossene Luftraum wirkt als Feder. Das Maximum der Schallabsorption weist der Plattenschwinger im Bereich seiner Resonanzfrequenz f_0 auf. Diese kann durch Wahl des Wandabstandes a und des Flächengewichtes m' der schwingenden Platte nach Gleichung (7) (siehe Abschnitt 16.3.3) beeinflußt werden. Trotzdem ist eine Raumschallregulierung mit Resonanzabsorbern nur für tiefe bis mittlere Frequenzen möglich, da für die hohen Frequenzen so geringe Gewichte m' notwendig wären, wie sie aus Festigkeitsgründen praktisch nicht zu realisieren sind.

Praktische Ausführungen von Schallabsorbern stellen meist eine Kombination aus porösem Absorber und Resonanzabsorber dar. Denn einmal verlangen poröse Stoffe aus Gründen der mechanischen Beanspruchung sowie der Optik vielfach nach einer Verkleidung. Eine solche Verkleidung aus Holzfaser-, Span-, Gips- und Gipskartonplatten beeinflußt den Schallschluckgrad des dahinterliegenden porösen Absorbers nicht, wenn der Loch- oder Schlitzanteil der Verkleidung ausreichend groß ist. Ordnet man Verkleidung und poröse Einlage im Abstand an (auf Lattung oder – bei Decken – abgehängt), so ergibt sich normalerweise ein höherer Schallschluckgrad bei tieferen Frequenzen, weil erstens der poröse Absorber jetzt für Schallwellen dieses Frequenzbereiches in ein Gebiet „maximaler Schnelle" (Abstand von einer schallharten Fläche = 1/4 Wellenlänge), gerät, zum zweiten die Verkleidung in gewissem Umfang als Resonanzabsorber mitwirkt. Das Problem liegt darin, den Lochanteil der Verkleidung so groß zu halten, daß der Schallschluckgrad des porösen Absorbers in den hohen Frequenzbereichen nicht wesentlich beeinträchtigt wird, ihn andererseits aber so klein zu wählen, daß noch Resonanzabsorption zustande kommt. Eine optimale Absorption in allen Bereichen kann durch sogenannte kombinierte Schallabsorber erreicht werden, bei denen der Lochanteil der Verkleidung groß ist und ein zusätzlicher Plattenschwinger hinter dem porösen Absorber angeordnet wird (siehe Abb. 16.3).

1 Wandabstand
2 Absorberabdeckung
 = Plattenschwinger
3 Dämmstoff
4 Rieselschutz
5 Lochplatte

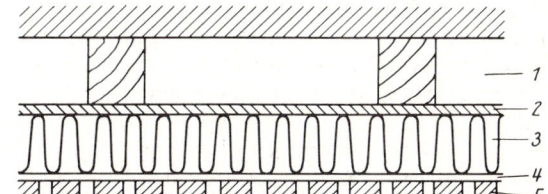

Abb. 16.3 Prinzipieller Aufbau eines kombinierten Schallabsorbers

746 Dämmstoffe

Für die in den Abschnitten 16.1.5 und 16.1.6 aufgeführten Schallschluckplatten, das sind:
- Spanplatten LF, LRD und LMD nach DIN 68 762,
- Deckenplatten aus Gips S und SF nach DIN 18 169,
- Gipskartonplatten GKS nach DIN 18 180,

wird in den genannten Normblättern der Nachweis bestimmter Schallschluckgrade für verschiedene Frequenzbereiche in Abhängigkeit vom Wand- bzw. Deckenabstand durch eine Prüfung nach DIN 52 212 verlangt.

DIN 52 212 (Jan. 61) Bauakustische Prüfungen; Bestimmung des Schallabsorptionsgrades im Hallraum.

16.4 Brandschutz

Bei der Betrachtung des Komplexes „Brandschutz" genügt es nicht, nur auf das einschlägige Normenwerk DIN 4102 abzustellen, da dieses keine **Anforderungen** an den vorbeugenden baulichen Brandschutz in Abhängigkeit von Gebäudeart und -nutzung enthält. Für den Bereich des allgemeinen *Hochbaues* sind solche Anforderungen vielmehr in den Landesbauordnungen sowie verschiedenen ergänzenden Verordnungen und Richtlinien dazu niedergelegt. Im Detail weichen deshalb die bauaufsichtlichen Anforderungen an den baulichen Brandschutz leider von Bundesland zu Bundesland etwas voneinander ab. Eine Übersicht über die wichtigsten Anforderungen nach der Bauordnung von Nordrhein-Westfalen ist in [1] und [16/3] enthalten. Für den Bereich des *Industriebaues* ist die Planungsnorm DIN 18 230 erschienen sowie das Muster einer Industriebauverordnung in Vorbereitung. Die Norm enthält die Grundlagen eines Berechnungsverfahrens, mit dem die erforderliche Feuerwiderstandsdauer für die Bauteile eines Brandabschnittes in Abhängigkeit von der zu erwartenden Brandbelastung sowie verschiedener Bewertungs- und Sicherheitsfaktoren ermittelt werden kann. Näheres dazu siehe [16/3].

DIN 4102	Brandverhalten von Baustoffen und Bauteilen
Teil 1 (Mai 81)	Baustoffe; Begriffe, Anforderungen und Prüfungen
Teil 2 (Sept. 77)	Bauteile; Begriffe, Anforderungen und Prüfungen
Teil 3 (Sept. 77)	Brandwände und nichttragende Außenwände; Begriffe, Anforderungen und Prüfungen
Teil 4 (März 81)	Zusammenstellung und Anwendung klassifizierter Baustoffe, Bauteile und Sonderbauteile
Teil 5 (Sept. 77) (E Sept. 89)	Feuerschutzabschlüsse, Abschlüsse in Fahrschachtwänden und feuerwiderstandsfähige Verglasungen; Begriffe, Anforderungen und Prüfungen
Teil 6 (Sept. 77)	Lüftungsleitungen; Begriffe, Anforderungen und Prüfungen
Teil 7 (März 87)	Bedachungen; Begriffe, Anforderungen und Prüfungen
Teil 9 (Mai 90)	Kabelabschottungen; Begriffe, Anforderungen und Prüfungen
Teil 11 (Dez. 85)	Rohrummantelungen, Rohrabschottungen, Installationsschächte und -kanäle sowie Abschlüsse ihrer Revisionsöffnungen; Begriffe, Anforderungen und Prüfungen
Teil 13 (Mai 90)	Brandschutzverglasungen; Begriffe, Anforderungen und Prüfungen
DIN 18 230	Baulicher Brandschutz im Industriebau
Teil 1 u. Teil 2	(Vornorm bzw. Norm Sept. 87) und Beiblatt 1 (Vornorm Nov. 89)

16.4 Brandschutz/16.4.1 Brandverhalten von Baustoffen

Mit Hilfe der DIN 4102 kann das **Brandverhalten** von Baustoffen und Bauteilen bestimmt werden. Neben Begriffsdefinitionen werden Anforderungen definiert, die an Baustoffe zu stellen sind, um sie in eine bestimmte Baustoffklasse einordnen zu können, sowie an Bauteile und Sonderbauteile, um sie in eine bestimmte Feuerwiderstandsklasse einordnen zu können. Für die praktische Bauplanung ist Teil 4 der Norm von besonderer Bedeutung. Er enthält klassifizierte, d. h. ohne weiteren Nachweis des Brandverhaltens zu verwendende Baustoffe und Bauteile. Bei allen dort nicht aufgeführten Baustoffen und Bauteilen muß das Brandverhalten nach DIN 4102 entweder im Rahmen der in der einschlägigen Baustoffnorm vorgeschriebenen Güteüberwachung oder einer allgemeinen bauaufsichtlichen Zulassung durch das Prüfzeugnis einer anerkannten Prüfstelle (siehe [3]) nachgewiesen werden. Baustoffe, die in die Klasse A (nichtbrennbar) eingeordnet werden sollen, obwohl sie brennbare Bestandteile haben, sowie generell alle Baustoffe, die in die Klasse B1 (schwerentflammbar) eingeordnet werden sollen, bedürfen nach den Prüfzeichenverordnungen der Länder eines Prüfzeichens durch das Institut für Bautechnik in Berlin.

16.4.1 Brandverhalten von Baustoffen

Die Baustoffe werden nach DIN 4102 Teil 1 in folgende **Baustoffklassen** eingeteilt:

Baustoffklasse	bauaufsichtliche Benennung
A A1 A2	nichtbrennbare Baustoffe
B B1 B2 B3	brennbare Baustoffe schwerentflammbare Baustoffe normalentflammbare Baustoffe leichtentflammbare Baustoffe

Alle Baustoffe, die im Anlieferungszustand auf die Baustelle nach DIN 4102 Teil 1 geprüft werden können, müssen ihrem Brandverhalten entsprechend **gekennzeichnet** werden (siehe Tafel 16.17). Prüfzeichenpflichtige Baustoffe müssen außerdem mit dem Prüfzeichen der Gruppe 3 (PA-III-Nr.) gekennzeichnet sein. Die Kennzeichnung ist auf den Baustoffen selbst oder, wenn dies nicht möglich ist, an der Verpackung deutlich lesbar und dauerhaft anzubringen. Von der Kennzeichnungspflicht ausgenommen sind:
– Baustoffe der Klasse A1, die in DIN 4102 Teil 4 aufgeführt sind
– Holz und Holzwerkstoffplatten mit $\varrho > 400$ kg/m³ und $d > 2$ mm als Baustoffe der Klasse B2.

In Tafel 16.17 werden die Baustoffe in die Baustoffklassen nach DIN 4102 Teil 1 eingeordnet und die erforderlichen Nachweise sowie die Kennzeichnungspflicht (siehe Abschnitt 16.1) angegeben. Soweit Baustoffe nach DIN 4102 Teil 4 oder der einschlägigen Baustoffnorm ohne weiteren Nachweis in eine Baustoffklasse eingereiht werden können, sind sie als „klassifizierte Baustoffe" (kl. B.) bezeichnet.

Tafel 16.17 Brennbarkeit von Baustoffen

Baustoffe	Klasse	Nachweis[1])	Kennzeichnungspflicht
Sand, Kies, Lehm, Ton, natürliche Steine, Mineralien, Erden, Lavaschlacke, Naturbims	A1	kl. B.	nein
Mineralfasern ohne organische Zusätze	A1	kl. B.	nein
Mineralfaserplatten, -filze, -schalen	A1/2	Pzchn	ja
	B1	Pzchn	ja
	B2	Pzeug	ja
Palusol-Brandschutzplatten 100 und 210	A2	Pzchn	ja
Zement, Kalk, Anhydrit, Schlacken- und Hüttenbims, Blähton, -schiefer, -perlite, -vermiculite	A1	kl. B.	nein
Mörtel, Beton, Stahl- und Spannbeton, Steine und Bauplatten aus mineralischen Bestandteilen	A1	kl. B.	nein
Styropor- und Hostaporbeton	A2	Pzchn	ja
Ziegel, Steinzeug, keramische Platten	A1	kl. B.	nein
Glas, Schaumglas	A1	kl. B.	nein
Glasfaserplatten, -,filze, -watte	A1/2	Pzchn	ja
	B1	Pzchn	ja
	B2	Pzeug	ja
Plexiglas	B1	Pzchn	ja
Gips-Wandbau- und Deckenplatten[2])	A1	kl. B.	nein
Gipskartonplatten m. geschl. Oberfl. n. DIN 18 180	A2	kl. B.	ja
Gipskarton-Lochplatten nach DIN 18 180[3])	B1	kl. B.	ja
Gipskarton-Verbundplatten nach DIN 18 184	B1	Pzchn	ja
	B2	kl. B.	ja
Asbestzement ohne organische Zusätze	A1	kl. B.	nein
beschichtete Asbestzementplatten und Asbestzement-Zellulose-Platten	A2	Pzchn	ja
Asbestpappe und -papier nach DIN 3752	B1	kl. B.	ja
Metalle und Legierungen in nicht fein verteilter Form wie Gußeisen, Stahl und Aluminium, ausgenommen Alkali- und Erdalkalimetalle	A1	kl. B.	nein
beschichtetes verzinktes Stahlblech	A2	Pzchn	ja
	B1	Pzchn	ja
HLW- und Min-ML-Platten nach DIN 1101	B1	kl. B.	ja
HS-ML-Platten nach DIN 1101	B2	kl. B.	ja
Platten mit nicht mineralischen Beschichtungen	B2	Pzeug	ja
Holz und genormte Holzwerkstoffe allg. mit $d > 2$ mm und $\varrho \geq 400$ kg/m³ oder mit $d > 5$ mm und $\varrho \geq 230$ kg/m³ oder mit $d > 2$ mm und vollflächig aufgebrachten Holzfurnieren oder Schichtpreßstoffplatten nach DIN 16 926, kunststoffbeschichtete Holzfaserplatten nach DIN 68751 mit $d \geq 3$ mm, kunststoffbeschichtete Spanplatten nach DIN 68 765 mit $d \geq 4$ mm	B2	kl. B.	ja[4])
beschichtete und unbeschichtete Spanplatten,	A1	Pzchn	ja
Furnierplatten	B1	Pzchn	ja

16.4.1 Brandverhalten von Baustoffen

Tafel 16.17 (Fortsetzung)

Baustoffe	Klasse	Nachweis[1])	Kennzeichnungspflicht
Schichtpreßstoffplatten nach DIN 16 926, Kunststofftafeln aus PVC hart nach DIN 16 927 sowie aus gegossenem PMMA nach DIN 16 957, letztere nur mit $d \geq 2$ mm Kunststoff-Formmassen, ungeschäumt, aus PS nach DIN 7741 T 1 mit $d \geq 2$ mm, PP-B-M nach DIN 16 774 T 1 mit $d \geq 1,4$ mm,			
PE nach DIN 16 776 T 1 mit $d \geq 1,4$ mm, UP nach DIN 16 946 T 2 mit $d \geq 1,6$ mm	B2	kl. B.	ja
sonstige Kunststofftafeln	B2	Pzeug	ja
Kunststofftafeln aller Art	B1	Pzchn	ja
Kunststoffrohre und -formstücke			
aus PVC hart, Wanddicke 3,2 mm	B1	kl. B.	ja
aus PVC hart, PP, PE hart, ABS und ASA	B2	kl. B.	ja
sonstige Kunststoffrohre	B2	Pzeug	ja
Kunststoffrohre aller Art	B1	Pzchn	ja
Fugendichtungsmassen nach DIN 52 460 auf PUR-, SR-, SI- oder Acrylatbasis, eingebaut zwischen Baustoffen mind. der Klasse B2	B2	kl. B.	ja
Kunststoff-Folien und -Gewebe, kunststoffbesch.	B2	Pzeug	ja
Baumwollgewebe, Kunststoff-Fassadenputze	B1	Pzchn	ja
Schaumkunststoffe nach DIN 18 164 u. 18 159, pflanzliche Faserdämmstoffe nach DIN 18 165,	B2	Pzeug	ja
Korkerzeugnisse	B1	Pzchn	ja
PVC-Fußbodenbeläge nach DIN 16 951 und DIN 16 952 in verklebtem Zustand, Vinyl-Asbestplatten nach DIN 16 950	B2	kl. B.	ja
wie vor, aber auf massivem mineralischem Untergrund aufgeklebt	B1	kl. B.	ja
Linoleumbeläge nach DIN 18 171 u. 18 173, Textilbeläge nach DIN 66 090, Asphalt	B2	kl. B.	ja
Eichen-Parkett nach DIN 280 T 1–3	B1	kl. B.	ja
sonstige Fußbodenbeläge	B2	Pzeug	ja
Dachpappen- und Dichtungsbahnen nach DIN 18 190, 52 128, 52 130, 52 131 und 52 143[5])	B2	kl. B.	ja

[1]) Pzeug: Prüfzeugnis nach DIN 4102 T 1; Pzchn: Prüfzeichen nach Prüfzeichenverordnung; kl. B.: klassifizierter Baustoff nach DIN 4102 T 4.
[2]) Schallschluckende Einlagen müssen ebenfalls nichtbrennbar sein.
[3]) Rückseitige Beschichtungen auf Gipskarton-Lochplatten müssen ebenfalls schwerentflammbar sein.
[4]) Holz und Holzwerkstoffplatten mit $\varrho > 400$ kg/m^3 und $d > 2$ mm sind von der Kennzeichnungspflicht ausgenommen.
[5]) Die aufgeführten Dachpappen und Dichtungsbahnen gelten als „brennend abfallend" (siehe Richtlinien für die Verwendung brennbarer Baustoffe im Hochbau - RbBH).

750 Dämmstoffe

16.4.2 Beeinflussung des Feuerwiderstandes durch Dämmstoffe

Das Brandverhalten von Bauteilen wird durch die Feuerwiderstandsdauer, während derer im einzelnen festgelegte Bauteilfunktionen (z. B. tragende oder raumabschließende) nicht verlorengehen dürfen, gekennzeichnet. Die Bauteile werden entsprechend dieser Feuerwiderstandsdauer in folgende Feuerwiderstandsklassen eingestuft:

Tafel 16.18 Feuerwiderstandsklassen nach DIN 4102 Teil 2 und Teil 3

Feuerwiderstands- dauer in min	Bauteile allgemein	nichttragende Außenwände	bauaufsichtliche Benennung[1]
$\geq$ 30	F 30	W 30	feuerhemmend
$\geq$ 60	F 60	W 60	
$\geq$ 90	F 90	W 90	feuerbeständig
$\geq$ 120	F 120	W 120	
$\geq$ 180	F 180	W 180	(hochfeuerbeständig)

[1] Die genaue bauaufsichtliche Benennung spricht neben der Feuerwiderstandsklasse auch noch die Brennbarkeit der verwendeten Baustoffe an, z. B.
– feuerhemmend (ohne zusätzliche Anforderungen an die verwendeten Baustoffe) = F 30 – B
– feuerhemmend und in den tragenden Bauteilen aus nichtbrennbaren Baustoffen = F 30 – AB
– feuerhemmend und aus nichtbrennbaren Baustoffen = F 30 – A

An Bauteile der Feuerwiderstandsklasse W werden gegenüber solchen der Klassen F abweichende Anforderungen gestellt. Grundsätzlich können jedoch auch nichttragende Außenwände in die F-Klassen eingeordnet werden, wenn sie die dort verlangten Anforderungen erfüllen. Für Verglasungen gibt es analog die Feuerwiderstandsklasse G und F (siehe dazu Abschnitt 3.5).

Die in Abschnitt 16.1 behandelten Dämmstoffe können in Form von Putzen, Verkleidungen, Beplankungen oder Zwischenschichten am Aufbau klassifizierter Bauteile beteiligt sein. Die folgende Übersicht verzichtet auf Einzelheiten. Diese sind direkt dem Normblatt oder den Auszügen in [3] zu entnehmen.

Faserdämmstoffe zur Verwendung im baulichen Brandschutz müssen DIN 18 165 entsprechen, eine Rohdichte von $\varrho \geq 30$ kg/m^3 aufweisen, aus Mineralfasern mit einem Schmelzpunkt über 1000 °C – z. B. aus Schlacken- oder Steinfasern – bestehen und Baustoffe der Klasse A, bei Dämmschichten unter Estrichen und Kiesschüttungen mindestens der Klasse B1 sein. Sie sind brandschutztechnisch notwendig als Einlagen unterschiedlicher Dicke in zweischaligen Leichtbauwänden aus Holzwerkstoffen (siehe Abschnitt 17.9.1g), Holzwolle-Leichtbau- oder Gipskartonplatten. Als Dämmschichten unter nichtbrennbaren Estrichen können sie die Feuerwiderstandsdauer von Decken erhöhen bzw. zu einer Verringerung der Deckendicke bei gleichem Feuerwiderstand führen.

Putze erhöhen generell die Feuerwiderstandsdauer von Wänden, Decken, Balken und Stützen, wenn sie gemäß DIN 4102 Teil 4 ausgeführt werden. Perlite- und Vermiculiteputze auf nichtbrennbaren Putzträgern wie Drahtgewebe oder Streckmetall sind dabei brandschutztechnisch noch wirksamer als normale Putze nach

16.4.2 Beeinflussung des Feuerwiderstandes durch Dämmstoffe

DIN 18 550. So können an die Stelle von 1 cm Normalbeton bei den Mindestabmessungen oder der Mindestüberdeckung der Stahleinlagen ersatzweise folgende Putzdicken treten:

15 mm Putz der MG II oder IVc nach DIN 18 550 ohne Putzträger,
10 mm Putz der MG IVa oder b nach DIN 18 550 ohne Putzträger,
 8 mm Putz nach DIN 18 550 auf nichtbrennbaren Putzträgern,
 4 mm Perlite- oder Vermiculiteputz auf nichtbrennbaren Putzträgern.

Maximal anrechenbare Putzdicken (gegebenenfalls über Putzträger gemessen) sind bei Normalputzen 25 mm, bei Perlite- oder Vermiculiteputz 30 mm. Auch zur Verkleidung von Stahlbauteilen kann Perlite- oder Vermiculiteputz in vielen Fällen dünner aufgetragen werden als Putze nach DIN 18 550 bzw. ergeben sich bei gleicher Putzdicke längere Feuerwiderstandsdauern.

Holzwolle-Leichtbauplatten nach DIN 1101 haben als schwerentflammbare Baustoffe gute brandschutztechnische Eigenschaften. Als nichttragende zweischalige Wände können sie mit 40 mm Mineralfasereinlage und beidseitigem Putz auf Putzträger je nach Art und Dicke des verwendeten Putzes in die Klassen F30-B bis F180-B eingeordnet werden. Außerdem können sie als notwendige Dämmschicht in zweischaligen raumabschließenden Wänden aus Holzwerkstoffen verwendet werden. Als dichtgestoßene verlorene Schalung unter Normalbetondecken erlauben sie in fast allen Fällen eine Verminderung der Betondicke bzw. der Überdeckung der unteren Stahleinlagen. Unterdecken aus Holzwolle-Leichtbauplatten unter Rippen- und Balkendecken aus Normalbeton, unter Decken mit freiliegenden Stahlträgern sowie unter Holzbalkendecken lassen, unter Verzicht auf andere Maßnahmen, eine Einreihung in die Klassen F30-AB bis F60-AB (bei Holzbalkendecken F30-B bis F60-B) zu.

Holzfaser- und **Spanplatten** sind nur bedingt für den baulichen Brandschutz verwendbar. Ausschließlich mit solchen Platten beplankte Leichtbauwände sind, wenn sie entsprechend dicke Dämmschichteinlagen haben, als raumabschließende Wände bis F90-B klassifiziert, bei beidseitiger Brandbeanspruchung nur bis F30-B. Spanplatten nach DIN 68 763 mit $\varrho \geq 600$ kg/m³ haben auch als obere oder untere Bekleidung von Holzbalkendecken brandschutztechnische Bedeutung.

Gips-Wandbauplatten und -Deckenplatten nach DIN 18 163 und DIN 18 169, als Baustoffe unbrennbar,[1]) können als zweischalige Wände, als Ummantelungen von Stahlträgern und -stützen oder als Unterdecken unter Massiv-, Stahlträger- oder Holzbalkendecken bei entsprechender Konstruktion bis zur Feuerwiderstandsklasse F180 führen.

Gipskartonplatten nach DIN 18 180, wie Holzwolle-Leichtbauplatten ebenfalls schwer entflammbar, sind infolge ihrer guten Verarbeitbarkeit als Verkleidung aller Art der beliebteste Feuerschutzbaustoff, insbesondere in Form der Feuerschutzplatten GKF. Nichttragende zweischalige Wände aus GKF-Platten mit geschlossener Oberfläche und einer Mineralfasereinlage können bis F180-B konstruiert werden, wenn sie raumabschließend sind. Ebenso können Leichtbauwände aus Holzwerk-

---

[1]) Siehe Fußnote 2) auf Seite 749.

stoffen durch zusätzliche Beplankung mit GKF-Platten brandschutztechnisch verbessert bzw. die Mindestdicke der Holzwerkstoffe verringert werden. Unterdecken aus GKP- oder GKF-Platten sind wie solche aus Holzwolle-Leichtbauplatten einsetzbar und in Verbindung mit verschiedenen Deckenbauarten klassifiziert. Unterdecken aus zwei Lagen GKF-Platten mit verspachtelten Fugen können bei Brandbeanspruchung von unten auch allein, d. h. ohne Berücksichtigung der darüberliegenden tragenden Decke, den Klassen F30-B oder F60-B angehören. Als Ummantelung für frei liegende Träger oder Stützen aus Stahl oder Holz sind neben Bekleidungen aus Mauerwerk, Wandbauplatten und Putz nur noch solche aus Gipskartonplatten, vorwiegend des Typs GKF, klassifiziert.

17 Holz und Holzbaustoffe

17.1 Holzwirtschaftliche Bedeutung des Waldes

Der Wald hat in den Wechselbeziehungen zwischen den Lebewesen und ihrer Umwelt, d. h. der Ökologie, vor allem Bedeutung als Wasserspeicher, Windschutz, Schutz vor Bodenerosion, Staubfilter, Luftfeuchteregulator, Schalldämpfer für die Umgebung und als Erholungsgebiet für den Menschen.

Der Wald ist einer der größten Sauerstofferzeuger, bezogen auf die Landflächeneinheit, und in den Kulturlandschaften letzter Lebensraum für viele Pflanzen und Tiere.

Von den Menschen wird vor allem das heranwachsende Holz des Waldes genutzt, deshalb die künstliche Anlage von Nutzwäldern. Für das ehemalige Bundesgebiet gelten etwa folgende Zahlen (1988):

30 % Waldfläche, bestanden mit 1/3 Laubholz, davon 2/3 Buche und 1/3 Eiche
(und andere Laubholzarten)
und 2/3 Nadelholz.

Dem Mischwald wird heute wieder mehr Aufmerksamkeit gewidmet.

Holzeinschlag 30,6 Mio. m^3/Jahr (Durchschnitt der letzten 10 Jahre), dazu wird etwa die Hälfte bis zwei Drittel der Eigenerzeugung eingeführt, berechnet in Rohholzäquivalenten, u. zwar als Holz und Holzhalbfabrikate aller Art, einschließlich Papier.

Holzverbrauch: etwa 1/3 für die Bauwirtschaft (ohne Innenausbau),
etwa 1/3 Papierherstellung und chemische Industrie,
Rest: sonstige (Innenausbau, Möbel, Grubenholz, Verpackung, Brennholz usw.).

Holz wird als Rohstoff für die chemische Industrie bis zum Ende unseres Jahrhunderts immer wichtiger werden.

17.1.1 Chemischer Aufbau des Holzes

Die chemische Analyse des Holzes fast aller Holzarten ergibt folgende Werte:

C	H	O	N	Asche (Mineralsubstanzen)	
etwa 50	5 bis 6	44	0,1	0,6	Masse-%

Weit mehr Aufschluß über die *chemische Struktur des Holzes* geben die darin vorkommenden *Verbindungen:*

Zellulose	*Holzpolyosen (Hemizellulose)*	*Lignin*	
40 bis 50	15 bis 35	20 bis 35	Masse-%
Gerüstsubstanz	teils Gerüstsubstanz,	Kittsubstanz	
„Armierung"	überwiegend amorph, leicht von Schädlingen angreifbar	„Bindemittel"	

Zusätzlich sind im Holz noch enthalten: *Reservestoffe, Farb-, Gerb- und Imprägnierstoffe* (Wachse und Harze) mit 2 bis 7 Masse-%, die vor allem für die Beständigkeit des Holzes bedeutsam sind.

754 Holz und Holzbaustoffe

Zellulose: Aus fadenförmigen Makromolekülen aufgebaut, Grundbaustein: β-d-Glucose. Grundbausteine verknüpft zu langen Ketten, die ihrerseits wieder mit benachbarten Ketten in den sogenannten teilkristallinen Bereichen durch Wasserstoffbrückenbindungen miteinander verknüpft sind (siehe auch [2]). Dadurch entstehen die hohe Zugfestigkeit des Zellulosefadens und seine relativ hohe chemische Beständigkeit.

Lignin: Benzolderivat, dessen chemischer Bau nahezu aufgeklärt ist. Seine gegenüber der Zellulose höhere Dichte erklärt sich aus dem höheren C-Gehalt (etwa 65 %). Die Lignineinlagerung erfolgt gegen Ende des Zellwachstums und bewirkt eine Versteifung des Zellulosegerüstes. Alle genannten Holzbestandteile sind vorwiegend durch biologische Zersetzung (pflanzliche und tierische Holzzerstörer) abbaubar (siehe Abschnitt 17.10).

17.1.2 Biologisch-physikalischer Aufbau

Der junge oberirdische Pflanzensproß eines Baumes bildet dicht unterhalb der Wuchsspitze (Vegetationskegel) das *Mark* (Leitungs- und Speichergewebe), konzentrisch umgeben von Holzzellen, Kambium und Bast.

Kambium: Das Bildungsgewebe, es teilt sich während der Vegetationszeit fortlaufend in Holzzellen (nach innen gerichtet) und in Bastzellen (nach außen gerichtet). Das **Mark** hat beim älteren Stamm i. allg. 1 bis 2 mm Durchmesser, es ist holztechnisch bedeutungslos. Die **Bastzellen** sind der lebende Teil der **Rinde**, sie müssen ständig neu gebildet werden. Durch den fortlaufenden Dickenzuwachs des Holzes reißt die Rinde je nach Holzart mehr oder weniger auf, die losgesprungenen Schichten sterben ab und bilden die **Borke** (Schutz vor Austrocknung und mechanischer Beschädigung).

17.1.3 Makroskopischer Bau des Holzes

Mit bloßem Auge lassen sich auf einem Stammquerschnitt erkennen: Markröhre – Holzteil – Rinde (lebend: Bast, abgestorben: Borke).

m Markröhre
k Kambiumring (Zuwachsschicht)
r Bast und Rinde
b Borke
h Harzkanäle
ms Markstrahlen
f Frühholz ⎫
s Spätholz ⎭ Jahrring

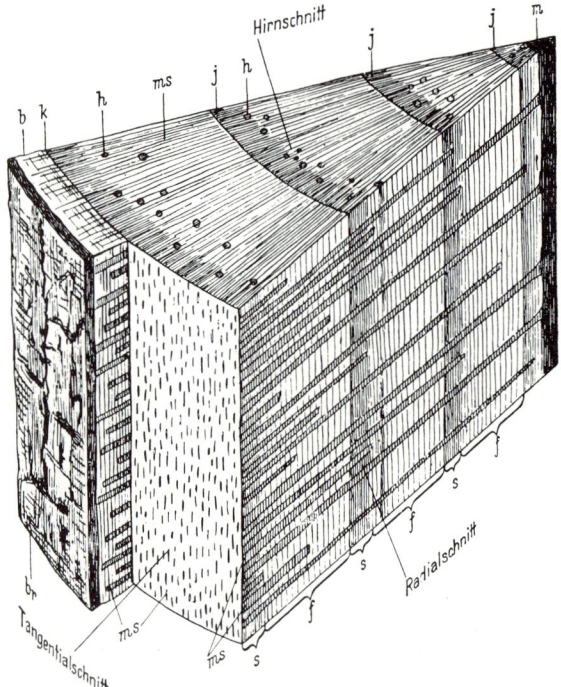

Abb. 17.1
Hirn- und Radialschnitt
einer vierjährigen Kiefer [17/1]

17.1.3 Makroskopischer Bau des Holzes

Die unterschiedlichen *Aufgaben des Holzes* im lebenden Baum werden von verschiedenen Zellverbänden wahrgenommen: dem Leit-, dem Festigungs- und dem Speichergewebe.

Das **Leitgewebe** wird zuerst gebildet, es transportiert Wasser und Nährsalze im Holzteil nach oben, die gebildeten Nährstoffe wandern in der Rinde in Stamm und Wurzeln. Das **Festigungsgewebe** wird in der 2. Hälfte der Vegetationsperiode gebildet. Das **Speichergewebe** dient der Einlagerung der Reservestoffe.

Das äußere Bild des Holzes wird von den drei Schnittrichtungen am Stamm geprägt (siehe Abb. 17.1): der senkrecht zur Stammlängsachse liegende *Quer-* oder *Hirnschnitt* mit mehr oder weniger kreisrunder Form (Jahresringe konzentrisch) und den parallel zur gleichen Achse verlaufenden *Tangential-* und *Radialschnitten*.

Die Tangential- (Sehnen-) oder *Fladernschnittfläche*, für den Holzverbraucher am wichtigsten, zeigt die Jahresringe in elliptischer oder parabelförmiger Zeichnung. Die Markstrahlen sind rechtwinklig durchgeschnitten, von länglicher, spindelförmiger Gestalt und unterschiedlicher Höhe. Ihre Länge beträgt bei Eiche bis 20 mm, bei Rotbuche bis 6 mm, bei Ahorn bis 1 mm, bei Nadelhölzern ist sie noch kleiner.

Der *Radial-* oder *Spiegelschnitt* ist für die Holzartenbestimmung am wichtigsten. Die Jahresringe erscheinen hier als parallele Streifen. Die Markröhre ist nur bei genauem Schnitt durch das Zentrum sichtbar („Kernbretter"), je nach Durchmesser kann sie die Festigkeitseigenschaften beeinflussen. Radial verlaufend hell und oft glänzend sind die *„Spiegel"*: es sind die Markstrahlen, sie gehen stets bis zum Bastteil. Deutlich sichtbar bei Eiche, Hainbuche und Rotbuche, noch erkennbar bei Ahorn, Linde, Robinie und Rüster.

Die längs aufgeschnittenen großen Gefäße nennt man *„Nadelrisse"*; **grobporig** sind Eiche, Esche, Ulme, Nußbaum; **feinporig** sind Buche, Ahorn, Linde.

Jahresringe werden nur von den Bäumen der gemäßigten Klimazone gebildet, und zwar durch den schroffen Übergang vom dickwandigen, englumigen (d. h. mit kleinem Zellhohlraum) Spätholz zum dünnwandigen, weitlumigen Frühholz des folgenden Jahresringes. Innerhalb eines Jahresringes ist das hellere Frühholz vom dunkleren Spätholz bei Nadelholz gut erkennbar, bei Laubhölzern teils gut erkennbar.

Nach der Verteilung der Saftleitungsbahnen innerhalb der Jahresringe unterscheidet man:

Ringporige Hölzer (große Poren vor allem im Frühholz): Eiche, Esche, Edelkastanie, Robinie und Rüster, teils weniger gut erkennbar: *zerstreutporige* Hölzer, d. h. Poren in Früh- und Spätholz annähernd gleich verteilt: Ahorn, Birke, Birnbaum, Erle, Hainbuche, Linde, Pappel, Platane, Roßkastanie, Rotbuche und Weide. Die Ausbildung der Jahresringe läßt auf die jeweiligen Lebensbedingungen des Baumes schließen. Bei tropischen Hölzern verteilt sich der Holzzuwachs über das ganze Jahr, die Zuwachszonen sind nur verschwommen oder gar nicht erkennbar.

Bei einer Reihe von Holzarten unterscheidet man deutlich das dunklere Kernholz vom lebenden hellen Splintholz. Der Grund: Mit fortschreitendem Alter wird innenliegendes Holzgewebe des Baumes für die Saftleitung entbehrlich und daher stillgelegt. Bisherige Leitbahnen werden gegen Wasserdurchfluß blockiert durch *Tüpfelverschluß* bzw. *Thyllenbildung*, d. h. blasenartige Ausstülpungen wachsen in die Porenhohlräume. Dies ist der Endzustand der **Reifholzbäume**: Fichte, Tanne, Feldahorn, Birnbaum, Linde, Rotbuche. Bei Beschädigung des umgebenden Splintholzes kann vom Reifholz die Saftleitung erneut übernommen werden, meist erfolgt jedoch eine Infektion durch Pilzsporen.

Werden aber zusätzlich in die lebenden Zellen des inneren Holzteils noch Holzinhaltsstoffe (+ Reservestoffe) eingelagert, wie Harze, Wachse, Fette, Holzgummi, Alkaloide, Gerb- und Farbstoffe, so entsteht *Kernholz*. Dieses ist nunmehr dunkler, trockener, fester, härter, dichter, widerstandsfähiger gegen Holzzerstörer und dauerhafter als Splintholz. Es erfüllt nur noch statische Aufgaben.

Kernholzbäume mit schmalem Splint: Edelkastanie, Eibe, Eiche, Lärche, Robinie,

und mit breitem Splint: Kiefer und viele andere Laubholzarten.

Holzarten, die sowohl Kern- als auch Reifholz bilden können, heißen Kernreifholzbäume: Rüster.

Als **Splintholzbäume** bezeichnet man die Holzarten, bei denen im Holzteil weder Farb- noch Feuchtigkeitsunterschiede auftreten: Birke, Erle, Pappel u. a.

17.1.4 Mikroskopischer Bau des Holzes

a) Das **Nadelholzgefüge** wird von der erdgeschichtlich ältesten Holzartengruppen gebildet, es ist dementsprechend einfach gebaut. Es besteht überwiegend aus einer Zellart, den *Tracheiden*. Diese übernehmen im wesentlichen zwei Aufgaben:

Für die **Saftleitung** werden die Frühjahrstracheiden, 3 bis 10 mm lange Schläuche, und für die **Festigung** werden die englumigen, dickwandigen Spätholztracheiden gebildet. Die Tracheiden sind untereinander verbunden durch ventilähnliche Poren, die *Tüpfel*. Die Tüpfel besitzen eine doppelte Zellwand mit runder Öffnung, den „Porus".

Dazwischen hängt an dünnen Fasern eine Scheibe, der „Torus". Durch die Öffnung von 0,02 bis 0,1 mm erfolgt der Flüssigkeitsdurchtritt, wobei die beweglich aufgehängte Scheibe als Rückschlagventil wirkt. Zusätzlich sind noch Parenchymzellen als Vorratsgewebe in den Markstrahlen und in den Harzgängen, die längs und quer verlaufen, vorhanden.

b) Im **Laubholzgefüge** sind die Aufgaben auf mehrere Zellarten aufgeteilt:

Für die **Saftleitung** besitzt es Tracheen, tonnen- bis schlauchförmige Gefäße, die mehrere Zentimeter und bis 1 m lang sind.

Das **Stützgewebe**, die Hauptmasse des Laubholzes, wird von dickwandigen Sklerenchymzellen (Libriformzellen) gebildet. Ihre Länge schwankt von 0,5 bis 1,5 mm.

Das **Speichergewebe** besteht ebenfalls aus Parenchymzellen, und schließlich sind noch Markstrahlenzellen in Querrichtung vorhanden.

Von den Baumpflanzen der Erde, den Nadelhölzern (Koniferen), den Laubhölzern (Dikotyle H. = Zweikeimblättrige H.) und den Palmen und Baumgräsern (Monokotyle H. = Einkeimblättrige H.) sind nur die beiden ersten Gruppen wichtig.

17.1.5 Fehler des Bauholzes

a) **Risse**

a_1) Man unterscheidet: **Trocknungs- oder Schwindrisse** (Holz schwindet in Richtung der Sehne bis zu 10 %, etwa doppelt so stark wie in Richtung des Radius): Sie klaffen nach außen und mindern die Holzfestigkeit kaum, begünstigen aber das Eindringen von Wasser und Schädlingen.

a_2) **Kern- oder Sternrisse** klaffen nach innen. Sie entstehen bald nach dem Fällen am Stammende und mindern die Tragfähigkeit. Sie sind ungünstig für Schnittware.

a_3) **Ringklüfte oder Schälrisse:** Hierunter versteht man die umlaufende oder teilweise Trennung von Jahresringen vor allem durch ungleichmäßig breite Jahresringausbildung. Die Folge ist ein erheblicher Festigkeitsverlust. Ringklüfte und Schälrisse sind die Ursache von Ring- und Wundfäule, das Holz ist für Bauschnittholz aller Sortierklassen ungeeignet. Diese Holzfehler werden verursacht durch stark unterschiedliche Licht- und Wasserangebote im Laufe eines Baumlebens.

a_4) **Blitzrisse und Frostrisse** entstehen durch Blitzschlag bzw. starke Abkühlung und Zusammenziehen der äußeren Schichten bei Frost. Der Rißverlauf geht von der Rinde aus radial ins Innere. Der Baum überwallt diese Risse oft und bildet sog. Frostleisten. Sie machen das Holz für Bauzwecke unbrauchbar. Blitz- und Frostrisse werden leicht zum Einfallstor für Pilz- und Tierschädlinge, ähnlich wie bei Wildfraß. Das Holz ist oft nur noch als Brennholz verwendbar.

b) **Äste**

setzen die Festigkeit herab, und zwar wird die Zug- und Biegezugfestigkeit meist stärker herabgesetzt. Wichtig für die Einstufung des Holzes in die Güteklasse sind die Größe des Einzelastdurchmessers und die Summe der Astdurchmesser auf eine bestimmte Länge (siehe Abschnitt 17.7.2). Holz mit losen Ästen ist für Tischlerzwecke, mit faulen Ästen auch für Bauzwecke unbrauchbar.

17.1.5 Fehler des Bauholzes/17.1.6 Schlagreife/17.2 Bauholzarten

c) **Harzgallen**
entstehen am lebenden Baum als Folge großer Durchbiegungen bei Wind. Das Harz ergießt sich dabei örtlich unter das abgehobene Kambium. Der Harzfluß erfolgt besonders in der Wärme, Anstriche haften auf Harzgallen schlecht.

d) **Wuchsfehler**

d_1) **Abholzigkeit,** hervorgerufen durch starken Winddruck, ist die stärkere Abweichung von der Zylinderform des Stammes, sie darf normal nicht mehr als 1 cm/m Stammlänge betragen.

d_2) **Einseitiger Wuchs (Krümmungen)** entsteht meist durch Windbeanspruchung (die Jahresringe sind an der Wetterseite unterentwickelt), auch am Waldrand (Feldkieker), vor Steilhängen und Mauern. Vielleicht sind auch Schwerkraftreize bei schrägstehenden Bäumen und Ästen die Ursache. Solches Holz besitzt ein ungleichmäßiges Verziehen und Schwinden. Abhilfe: Bei Balkenholz die engen Jahresringe auf die Zugseite legen. Als Meßgröße gilt die *Pfeilhöhe,* sie darf bei Bauschnittholz der Sortierklassen S7 bzw. MS7 15 mm/2 m, bei den Sortierklassen S10 bzw. MS10 8 mm/2 m betragen (auf 2 m Meßlänge der größten Krümmung gemessen).

d_3) **Drehwuchs:** Der Faserverlauf verläuft schraubenförmig um die Stammachse. Die Ursache ist noch ungeklärt. Äußerlich erkennbar an Trocknungs- oder Schwindrissen mit schraubenförmigem Verlauf (beim Rundholz) oder schräglaufend (beim Kantholz). Die zulässige Abweichung a der Faser auf 1 m Länge ist für **alle Sortierklassen** des Bauschnittholzes festgelegt.

d_4) **Verfärbungen:** Rot- und Braunstreifigkeit, verursacht durch Pilzbefall, sind in begrenztem Umfang zulässig, je nach Sortierklasse bestehen Unterschiede, da sie Zeichen beginnenden Stockens sind, Blaufärbungen kommen besonders beim Splintholz der Kiefer vor, die „Bläue" ist statisch unbedenklich, sie erfordert jedoch einen deckenden Anstrich.

d_5) **Druckholz** wird im lebenden Baum als Reaktion auf äußere Beanspruchungen (z. B. bei schiefem Wuchs) gebildet und besitzt eine vom normalen Holz abweichende Struktur. In mäßigem Umfang ist Druckholz ohne wesentlichen Einfluß auf die Festigkeitseigenschaften. Es besitzt jedoch ein ausgeprägtes Längsschwindverhalten und kann dadurch eine erhebliche Krümmung des Schnittholzes verursachen.

d_6) **Mistelbefall:** Die Mistel (Viscum album) ist eine auf Bäumen wachsende Halbschmarotzerpflanze, deren Senkerwurzeln im Holz des Wirtsbaumes Löcher hinterlassen. Die Senkerlöcher von etwa 5 mm ⌀ liegen im betroffenen Holz meist dicht beisammen und verursachen damit eine enge Durchlöcherung.

e) **Fehler durch Insekten**
Insektenfraßgänge setzen die Festigkeit herab und begünstigen das Eindringen von Feuchtigkeit. Reine Oberflächengänge sind unschädlich [siehe Abschnitte 17.10.1b_2) und b_3)].

17.1.6 Schlagreife

Das ist der Zeitpunkt, von dem an der jährliche Holzzuwachs der erwachsenen Bäume geringer als derjenige des gleichen, frischgepflanzten Waldbestandes ist. Die Schlagreife beträgt für Kiefer 60 bis 100 Jahre, für Fichte und Buche etwa 120 Jahre und für Eiche etwa 200 Jahre. Das Fällen beendet das Leben des Baumes, der liegende Stamm läßt sich bereits als „Holz" bezeichnen. Genauer: Holz sind die von Rinde befreiten Stämme, Wurzeln und Äste der Bäume und Sträucher.

In den gemäßigten Zonen erfolgt der Holzeinschlag noch vorzugsweise in den Wintermonaten, damit besteht nur geringe Gefahr des Schädlingsbefalls am geschlagenen Holz. Für die in den Tropen gefällten Stämme ist dagegen in kürzester Zeit ein Holzschutz erforderlich.

17.2 Bauholzarten

Auskunft erteilt: Arbeitsgemeinschaft Holz, Füllenbachstr. 6, 4000 Düsseldorf 30.

Tafel 17.1 Kennwerte wichtiger Bauholzarten, geordnet in alphabetischer Reihenfolge, nach DIN 68 364 (Nov. 79)

1		2	3	4	5	6	7	8	9	10	11	12	13	14	15	16
				mitt. Bruchfestigkeiten in N/mm²					mittlere elastische Eigenschaftswerte[4])							
Nr.	Holzart Benennung	Kurz-zeichen nach DIN 4076 Teil 1	Roh-dich-te[1]) g/cm³	Zug β_Z long.	Druck β_D long.	Bie-gung β_B	Schub[2]) τ_a	Propor-tiona-litäts-gren-ze[3]) σ_{DP} in N/mm²	Elastizitätsmoduln E in N/mm² long. $\frac{1}{s_{22}}$	tang. $\frac{1}{s_{11}}$	rad. $\frac{1}{s_{33}}$	Schubmoduln G in N/mm² long. $\frac{1}{s_{44}}$	long. tang. $\frac{1}{s_{66}}$	Quer-kontraktion 10^{-5} in mm²/N $\frac{1}{s_{12}}$	$\frac{1}{s_{32}}$	Resi-stenz[5]) Klasse
1	**Nadelholz**	NH														
1.1	Douglasie (Oregon pine) *Pseudotsuga menziesii Franco*	DGA	0,54	100	50	80	9,5	7	12000	700	900	800	900	3,8	2,2	3
1.2	Fichte *Picea abies Karst.*	FI	0,47	80	40	68	7,5		10000	450	800	600	650	3,3	2,7	4
1.3	Kiefer *Pinus sylvestris L.*	KI	0,52	100	45	80	10		11000	500	1000		680	2,7	2,8	3 bis 4
1.4	Lärche, Europäische *Larix decidua Mill.*	LA	0,59	105	48	93	9	7	12000							3
1.5	Redcedar, Western *Thuja plicata Donn.*	RCW	0,37	60	35	54	6	6,8	8000							2
1.6	Tanne *Abies alba Mill.*	TA	0,47	80	40	68	7,5		10000	450						4
2	**Laubholz**	LH														
2.1	Afrormosia *Pericopsis elata van Meeuven*	AFR	0,69	130	70	125	13		13000							2
2.2	Afzelia (Doussie) *Afzelia spp.*	AFZ	0,79	120	70	115	12,5		13500							1
2.3	Agba (Tola branca) *Gossweilerodendron balsamiferum Harms*	AGB	0,50	52	40	65	7,5		7000							2 bis 3
2.4	Angelique (Basralocus) *Dicorynia guanensis Amsh., D. paraensis Benth.*	AGQ	0,76	130	70	120	12		14000							1
2.5	Azobé (Bongossi) *Lophira alata Banks ex Gaertn.*	AZO	1,06	180	95	180	14		17000							1
2.6	Buche *Fagus sylvatica L.*	BU	0,69	135	60	120	10		14000	1160	2280	1640	1080	3,7	3,2	5
2.7	Eiche *Quercus robur L.*	EI	0,67	110	52	95	11,5	8,5	13000	1000		1150	800			2

Fußnoten siehe Seite 720

17.2 Bauholzarten

Tafel 17.1 (Fortsetzung)

1		2	3	4	5	6	7	8	9	10	11	12	13	14	15	16
				mitt. Bruchfestigkeiten in N/mm^2					mittlere elastische Eigenschaftswerte[4])							
Nr.	Holzart Benennung	Kurzzeichen nach DIN 4076 Teil 1	Rohdichte[1]) g/cm^3	Zug β_Z long.	Druck β_D long.	Biegung β_B	Schub[2]) τ_a	Proportionalitätsgrenze[3]) σ_{DP} in N/mm^2	Elastizitätsmoduln E in N/mm^2			Schubmoduln G in N/mm^2		Querkontraktion in 10^{-5} mm^2/N		Resistenz[5]) Klasse
									long. $\frac{1}{s_{22}}$	tang. $\frac{1}{s_{11}}$	rad. $\frac{1}{s_{33}}$	long. $\frac{1}{s_{44}}$	long. tang. $\frac{1}{s_{66}}$	$\frac{1}{s_{12}}$	$\frac{1}{s_{32}}$	
2.8	Greenheart *Ocotea rodjej Mez*	GRE	1,00	220	100	180	14		22000							1
2.9	Iroko (Kambala) *Chlorophora excelsa Benth. & Hook, C. regia A. Chev.*	IRO	0,63	79	55	95	10	5,8	13000	900	1450	1080	980	4,5	2,6	1 bis 2
2.10	Kotibe (Danta) *Nesogordinia papaverifera Capuron, N. spp.*	KOB	0,74	140	65	130	8		11000							2
2.11	Mahagoni, Amerikanisches *Swietenia macrophylla King*	MAE	0,54	100	45	80	11		9500	570	990	770	590	4,6	2,6	2
2.12	Mahagoni, Khaya- (Afrika, Mahagoni) *Khaya ivorensis A. Chev. Kaya authotheca C. DC.*	MAA	0,50	62	43	75	9,5		9500	420	1040	830	560	6,2	2,9	3
2.13	Mahagoni, Kosipo- *Entandrophragma candollei Harms*	MAK	0,70	78	59	96	13	5,1	11500	780	1330					2 bis 3
2.14	Mahagoni, Sipo-(Utile) *Entandrophragma utile Sprague*	MAU	0,59	110	58	100	9,5	3,4	11000	950	1300	1140	940	4,8	3,1	2
2.15	Makoré *Tieghemella heckelii Pierre (Mimusops heckelii)*	MAC	0,66	85	53	103	9	5,3	11000	820	1390	1160	830	3,8	2,7	1 bis 2
2.16	Meranti, Rotes[6]) *Shorea curtisii Dyer King, S. pauciflora King, S. spp.*	MER	0,71	146	63	119	9,2	3,6	14500	670	1810					2 bis 3
2.17	Merbau (Kwila) *Intsia bijuga O. Ktze., I. spp.*	MEB	0,80	140	70	130	15		16000							1 bis 2
2.18	Niangon *Tarrietia utilis Spraque (Heritiera utilis) T. densiflora Aubrev. & Normand*	NIA	0,69	130	53	110	9		11000							2 bis 3
2.19	Teak *Tectona grandis L. f.*	TEK	0,69	115	58	100	10		13000							1

[1]) Rohdichte im normalklimatisierten Zustand (allgemein durch Umrechnung der Werte nach DIN 4076 T 1 ermittelt).
[2]) Schubbeanspruchung in einer Ebene parallel zur Faserrichtung (siehe auch Erläuterungen).
[3]) Bei Druckbeanspruchung quer zur Faserrichtung (siehe Erläuterungen).
[4]) Kurzzeichen s gemäß Fachpublikationen, z. B. Keylwerth, R.: Die anisotrope Elastizität des Holzes und der Lagerhölzer, VDI-Forschungsheft 430. 1951.
[5]) Das Splintholz aller Holzarten ist den Klassen 4 und 5 zuzuordnen.
[6]) Rotes Meranti: Das für Fenster geeignete „Dark Red Meranti", im Gegensatz zu Rotem Meranti mit einer Rohdichte von 0,59.

Holz und Holzbaustoffe

Normen

DIN 4076 T 1 (Okt. 85): Benennung und Kurzzeichen auf dem Holzgebiet, Holzarten
DIN 68 364 (Nov. 79): Festigkeits- und Elastizitätswerte von Holz

Nadelhölzer (NH) und Laubhölzer (LH), alle Kurzbezeichnungen nach DIN 4076.

Allgemeine Eigenschaften des Holzes: Es besitzt bei geringer Eigenlast gute Festigkeitseigenschaften, geringe Schwind- und Quellmaße, und es ist mit Maschinen und Werkzeugen leicht bearbeitbar.

Im Ingenieurholzbau sind nur die Hölzer zu verwenden, die für statische Beanspruchungen geeignet sind und bei denen eine Standsicherheit des Bauwerkes gewährleistet ist. Im wesentlichen sind dies die europäischen Nadelholzarten: Fichte, Tanne, Lärche, Kiefer und Douglasie (eine untergeordnete Rolle spielen: Hemlocktanne und Pitchpine, von den Laubhölzern Eiche und Buche).

Laubhölzer (LH) sind dagegen meist von höherer Eigenlast und nicht immer so gleichmäßig gewachsen. Die dadurch bedingte schwankende statische Beanspruchbarkeit verbunden mit dem höheren Preis machen sie für den Ingenieurholzbau weitgehend ungeeignet.

Die für den Bauingenieur und Architekten wichtigen Eigenschaften der am häufigsten verwendeten Bauholzarten sind in den Tafeln 17.1 und 17.2 zusammengestellt.

Tafel 17.2 Hölzer für bestimmte Anwendungsbereiche [17/5]

Hölzer, welche bei Kontakt mit feuchtem Boden ohne chemischen Schutz länger als ~ 25 Jahre gesund bleiben (nur Kernholz)	Agba Afrormosia Bilinga Azobé Courbaril Afzelia	u. U. Eiche Greenheart Iroko Makoré Mansonia Muhuhu	Muninga Padouk Palisander Pockholz Teak Wenge
Hölzer, welche bei Kontakt mit feuchtem Boden ~15 bis 25 Jahre lang halten; Hölzer, welche wegen guter Imprägnierbarkeit ähnlich lange gesund bleiben (nur Kernholz)	Alerce (mit Imprägnierung) Bosse Cedro Edelkastanie Eiche Framire	Mahagoni Khaya Lärche (mit Imprägnierung) Movingui Niangon Redwood (mit Imprägnierung)	Robinie Sipo Redcedar W. (mit Imprägnierung) Tchitola
Für den Außenbau bei stärkerer Durchfeuchtung ohne chemischen Schutz nicht geeignete, mit einer Imprägnierung nur sehr begrenzt haltbare Hölzer; auch solche Hölzer, welche ziemlich anfällig und praktisch nicht imprägnierbar sind	Abachi Abura Ahorn Antiaris Avodire Balsa Birke	Ceiba Esche u. U. Fichte*) Hainbuche Hickory Ilomba Limba	Linde Pappel Rotbuche (wenn rotkernig) Virola

*) Einsetzbar, wenn Fichte nicht über längere Zeit durchfeuchtet wird.

17.2 Bauholzarten

Tafel 17.2 (Fortsetzung)

Harte und feste Hölzer für hohe Beanspruchung	Afrormosia Bilinga Azobé Courbaril Afzelia Eiche Esche Greenheart	Hainbuche Hickory Mecrusse Muhuhu Mutenye Padouk (nicht alle Arten) Pockholz	Robinie Rotbuche Sucupira Wenge Yang
Leichte und wenig feste Hölzer für nur geringe Beanspruchung	Abachi Alerce Cedro Caiba	Ilomba Pappel Redwood Redcedar (Western)	Virola Weymouthkiefer

Mit steigender Rohdichte der Hölzer nehmen neben Härte, Abnutzwiderstand und Wärmeleitfähigkeit zugleich deren Festigkeiten und elastomechanische Eigenschaften zu.

Aus diesem Grunde unterteilt man die Rohdichtespanne (im darrtrockenen Zustand) in 3 Gewichtsgruppen.

Die im folgenden angegebenen Grenzen wurden empirisch gewonnen.

Die Unterteilung ermöglicht eine erste Einordnung der jeweiligen Holzart für ganz bestimmte Verwendungszwecke.

Kurzzeichen	Rohdichte $\left[\frac{g}{cm^3}\right]$	Benennung	Verwendung
L	bis 0,5	leichte Hölzer	für überwiegend „flächigen" Einsatz, z. B. Verbretterungen
M	0,5 bis 0,8	mittelschwere Hölzer	leichter Bereich: für Verbretterungen; schwerer Bereich: für stark belastete Teile, z. B. Pfosten und Pfähle; gesamter Bereich: für mäßig belastete Konstruktionen, z. B. Fensterbau
S	über 0,8	schwere Hölzer	für stark belastete Teile, z. B. Pfosten und Pfähle

Hölzer, die im Außenbau Verwendung finden sollen, werden zusätzlich nach ihrem Stehvermögen, ihrer natürlichen Pilzresistenz und dem Verhalten ihrer Oberfläche ausgesucht. Hinweise dazu geben die Tafeln 17.1 sowie 17.2

17.3 Feuchtetechnische Eigenschaften des Bauholzes

17.3.1 Holzfeuchtegleichgewicht
(Sorptionsgleichgewicht = hygroskopisches Gleichgewicht)

DIN 4074, Sept. 90 „Bauholzgütebedingungen" unterscheidet zwischen
frischem Bauholz   Holzfeuchte > 30 Masse-%
halbtrockenem Bauholz   Holzfeuchte 20 bis 30 Masse-%
und trockenem Bauholz   Holzfeuchte $\leq$ 20 Masse-%[1])

Tischlerholz nach DIN 18 355, Sept. 88, soll, fertig zusammengebaut, für Innenausbauteile 6 bis 10 Masse-%, für Bauteile, die ständig mit der Außenluft in Verbindung stehen, 10 bis 15 Masse-% Holzfeuchte haben.

Nach DIN 1052 T 1, April 88, Abschnitt 3.2 gelten folgende
Normalwerte für Holzbauwerke:

Bei allseitig geschlossenen Bauwerken mit Heizung	(9 ± 3) Masse-% Holzfeuchte,
bei allseitig geschlossenen Bauwerken ohne Heizung	(12 ± 3) Masse-% Holzfeuchte,
und bei überdeckten offenen Bauwerken	(15 ± 3) Masse-% Holzfeuchte.

Holz ist demnach der Baustoff mit der größten Gleichgewichtsfeuchte. Das *Diagramm* Abb. 17.2 stellt die Holzfeuchte näherungsweise in Abhängigkeit von der *Temperatur* und der jeweiligen Luftfeuchte dar; es gestattet, die Wasserdampfaufnahmefähigkeit der Luft bei Erwärmung und die im Gleichgewicht dazu stehende Holzfeuchte abzulesen.

Das Diagramm ist u. a. von Bedeutung im Winter, wenn sehr trockene Außenluft in den Wohnungen ohne nennenswerte Feuchtezufuhr aufgeheizt und das Holzfeuchtegleichgewicht damit stark herabgesetzt ist. Gleichfalls wichtig bei Neubauten: Bei ansteigender Luftfeuchte (aus angrenzenden Bauteilen gespeist) nimmt künstlich getrocknetes Holz (für Parkett, Möbel, Türen usw. mit 10 bis 15 % Holzfeuchte) aus der umgebenden Luft Feuchte auf. (Die Bestimmung der Holzfeuchte erfolgt nach DIN 52 183, Nov. 77!)

Als *Faustregel* gilt: Die *Holzfeuchte* beträgt *etwa 1/4 bis 1/5 der relativen Luftfeuchte.*

Beispiel: Bei einer Temperatur von 20 °C und 65 % relativer Luftfeuchte hat Holz im Gleichgewichtszustand mit der Umgebung einen Feuchtegehalt von etwa 12 % seines Darrgewichtes. In 1 kg (trocken gedachter) Luft sind dann etwa 10 g Wasserdampf enthalten. Bei Erwärmung der Luft ohne weitere Feuchtezufuhr von 20 auf 40 °C sinkt die relative Luftfeuchte von 65 auf etwa 20 % herab. Holz in dieser Atmosphäre nimmt eine Gleichgewichtsfeuchte von 4 % an.

Feuchtegesättigte Luft von etwa −4 °C enthält etwa 3 g Wasserdampf je kg Luft. Wird diese Luft z. B. im Winter in beheizten Räumen erwärmt, so sinkt die relative Luftfeuchte auf etwa 18 %, und das in den Räumen befindliche Holz nimmt die Gleichgewichtsfeuchte von etwa 4 % an.

---

[1]) Über die Bedeutung dieser Feuchtigkeitsgrenze für den Pilzbefall des Holzes siehe Abschnitt 17.10.1.

17.3.2 Holztrocknung

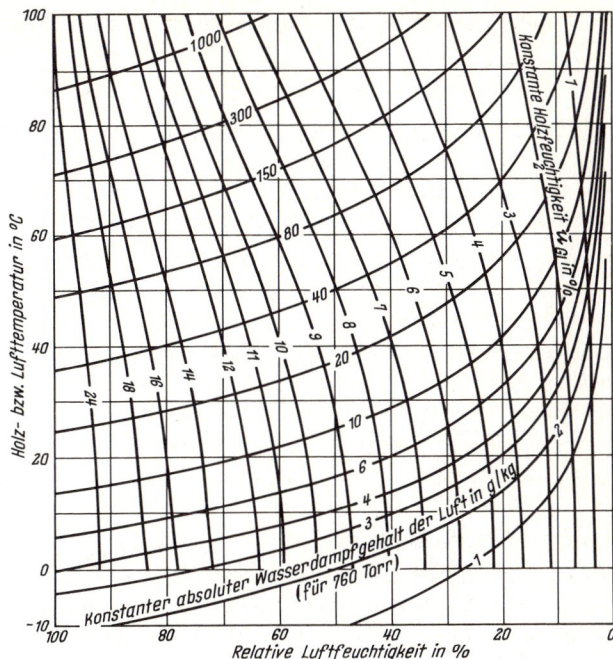

Abb. 17.2 *Sorptionsgleichgewicht von Holz [17/2]*

17.3.2 Holztrocknung

Bei der Freilufttrocknung von Holz ist zu beachen: Luft kann nur bis zur jeweiligen Wasserdampfsättigung Feuchtigkeit aufnehmen. Durch den gleichzeitigen Entzug von Verdampfungswärme kühlt sich die Luft dabei ab, sie wird schwer und sinkt nach unten.

Wichtig ist deshalb für die Holztrocknung, daß ausreichend vertikale Schächte geschaffen werden und für genügend Luftabzug unter dem Stapel gesorgt wird (besonders wichtig bei ruhender Luft). Im anderen Falle können Trocknungsfehler sowohl bei Freiluft- als auch bei künstlicher Trocknung auftreten: Risse, Formänderungen und Fleckenbildungen.

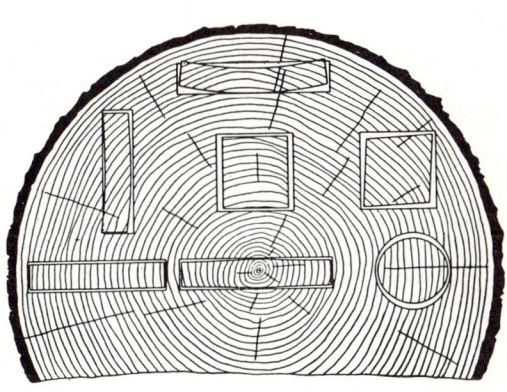

Abb. 17.3
Verzerrung von Holzquerschnitten infolge Schwindung [17/1]

Insbesondere sind Trocknungsspannungen gefährlich, die sowohl durch das Feuchtegefälle als auch durch unterschiedliche Schwindmaße im Holz zu Verkrümmungen, Windschiefwerden und Verwerfungen führen können (Abb. 17.3).

17.3.3 Verhalten des Holzes gegenüber Feuchte

Holz nimmt in feuchter Luft Wasserdampf auf und lagert ihn an, es ist hygroskopisch. Man unterscheidet dabei die *Chemosorption,* eine Wechselwirkung zwischen den OH-Gruppen der Zellulose und den Wasserdipolen (bei etwa 8 Masse-% H_2O abgeschlossen), daran anschließend eine *Adsorption* von H_2O-Molekülen auf der Faseroberfläche durch Wasserstoffbrückenbindungen. Bei einer inneren Holzoberfläche von etwa 200 m^2/g lassen sich damit etwa weitere 7 Masse-% H_2O adsorbieren.

Darüber hinaus findet nur noch *Kapillarkondensation* (zwischen den Zellulosefasern der Zellwände) statt, die bis zum Fasersättigungspunkt geht (je nach Holzart zwischen 20 und 35 Masse-% H_2O).

Quellen und Schwinden, das „Arbeiten des Holzes", vollziehen sich nur bei Aufnahme bzw. Abgabe des bis zum Fasersättigungspunkt „gebundenen Wassers". Quellen und Schwinden sind in den drei Raumrichtungen unterschiedlich und bewegen sich etwa in folgenden Verhältnissen:

axial:	radial:	tangential:	volumenmäßig:
1	10	20	30

Der dabei auftretende erhebliche Quellungsdruck kann zum Lösen von Anschlüssen, zu Querschnittsverwölbungen und zu unzulässigen Zwängungsspannungen führen. Wichtig ist beim Einbau die Beachtung des Faserverlaufes im Holz. Es soll im allgemeinen mit der Kernseite nach oben eingebaut werden. Die Vorschriften für Anschlüsse in DIN 1052 und DIN 1072 sind zu beachten.

Bauholz sollte zweckmäßig mit einer mittleren Holzfeuchte eingebaut werden.

Als Beispiel: Der Quellungsdruck bei Buche geht in wassergesättigter Luft bis 5 N/mm^2, Eiche und Kiefernsplint haben einen etwa halb so hohen Druck. Buchenholzkeile wurden in früheren Zeiten zum Sprengen von Felsen (Bergbau, Steinbruch) verwendet.

Über die Berechnung des Schwind- und Quellverhaltens siehe Tabellenwerke und Abb. 17.4.

Der Einfluß der Holzfeuchte auf das Festigkeitsverhalten ist durch die Wirkung des gebundenen Wassers erklärbar: Die Wasserstoffbrückenbindungen zwischen den einzelnen Zellulosemolekülen werden gelockert, dadurch erfolgt eine Abnahme der Holzfestigkeit, und zwar zwischen 10 und 20 % Holzfeuchte bedeutet 1 % Feuchtezunahme ein Absinken der Längsdruckfestigkeit um etwa 4 % (siehe Abb. 17.5).

Bei Bauteilen, die ungeschützt der Feuchte ausgesetzt sind, sind die zulässigen Spannungen zu ermäßigen (DIN 1052, April 88, Holzbauwerke).

17.4 Bauphysikalische und chemische Eigenschaften

Normen

DIN 52 180 T 1 (Nov. 77): Prüfung von Holz; Probenahme, Grundlagen
DIN 52 181 (Aug. 75): Bestimmung der Wuchseigenschaften von Nadelschnittholz
DIN 52 182 (Sept. 76): Prüfung von Holz; Bestimmung der Rohdichte
DIN 52 183 (Nov. 77): Prüfung von Holz; Bestimmung des Feuchtigkeitsgehaltes
DIN 52 184 (Mai 79): Prüfung von Holz; Bestimmung der Quellung und Schwindung
DIN 52 185 (Sept. 76): Prüfung von Holz; Bestimmung der Druckfestigkeit parallel zur Faser

17.4 Bauphysikalische und chemische Eigenschaften

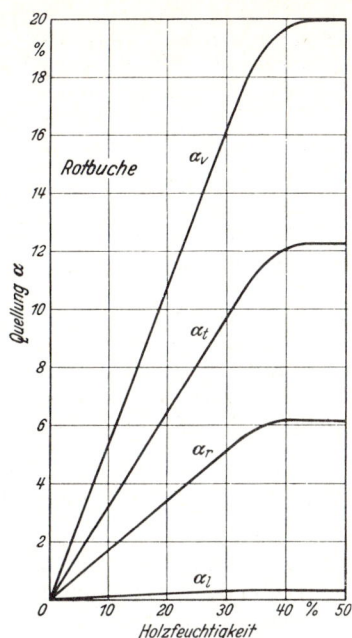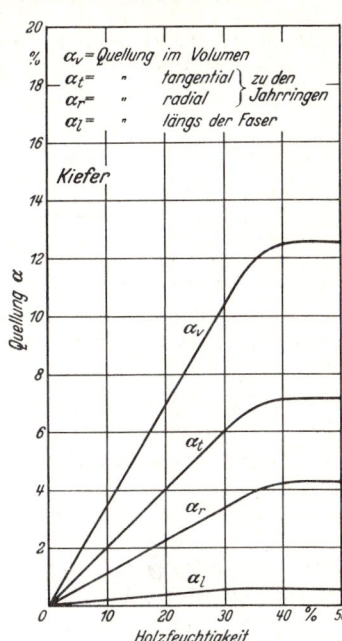

Abb. 17.4 *Quellungskurven für Rotbuchen- und Kiefernholz [17/1]*

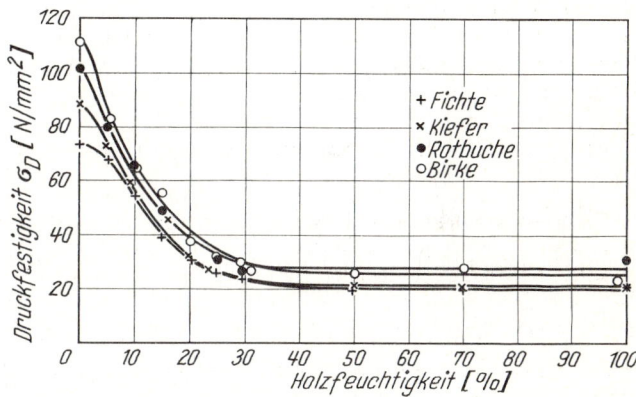

Abb. 17.5 *Abhängigkeit der Druckfestigkeit verschiedener Hölzer von der Holzfeuchtigkeit (nach Kollmann) [17/1]*

DIN 52 186 (Juni 78):	Prüfung von Holz; Biegeversuch
DIN 52 187 (Mai 79):	Prüfung von Holz; Scherversuch in Faserrichtung
DIN 52 188 (Mai 79):	Prüfung von Holz; Bestimmung der Zugfestigkeit parallel zur Faser
DIN 52 189 T 1 (Dez. 81):	Prüfung von Holz; Schlagbiegeversuch
DIN 52 192 (Mai 79):	Prüfung von Holz; Druckversuch quer zur Faserrichtung
DIN 4102 T 1 (Mai 81);	
T 2, T 3, T 5, T 6 (Sept. 77)	

766 Holz und Holzbaustoffe

T 7 (März 87);
T 4 (März 81);
T 8 (Mai 86);
T 11 (Dez. 85): Prüfung von Holz; Brandverhalten von Baustoffen und Bauteilen

Die technologischen Eigenschaften des Holzes werden nach DIN 52 180 bis 52 192 an kleinen und fehlerfreien Proben geprüft, um die Holzart, die Einflüsse auf das Holzwachstum, die Tränkung usw. zu beurteilen. Die Prüfungen erfolgen u. a. bei 12 Masse-% Holzfeuchte (Grenzwerte 8 bis 15 Masse-%). Zur Beurteilung der Gebrauchseigenschaften sind dagegen bauübliche Größen notwendig. Über Einzelheiten der Holzprüfung siehe „Werner, Baustoffprüfungen".

17.4.1 Holzdichte

a) **Die Dichte** ist die Masse des Holzkörpers ohne Zellhohlräume. Sie liegt für alle Holzarten zwischen 1,50 bis 1,56 kg/dm³. Als Rechenwert ist 1,50 kg/dm³ brauchbar. Die unterschiedlichen Werte ergeben sich u. a. aus den Einlagerungen im Kernholz gegenüber dem Splintholz.

b) **Die Rohdichte** (DIN 52 182), d. h. die Holzmasse einschließlich aller Zellhohlräume, ist dagegen stark unterschiedlich.

Sie beträgt für Balsaholz: $r_{12} = 0{,}05$ bis $0{,}03$ kg/dm³
und für Pockholz: $r_{12} = 1{,}25$ bis $1{,}50$ kg/dm³

Die Rohdichte berücksichtigt dabei immer die jeweilige Holzfeuchte. Sie wird als Index dahintergesetzt, d. h. $r_{12} = 12\%$ Holzfeuchte, $r_0 = 0\%$ Holzfeuchte, darrtrocken.

17.4.2 Verhalten des Holzes gegenüber Wärme

Besonders wichtig sind:
a) die Wärmeleitung des Holzes
b) die Wärmekapazität
c) die Maßänderungen bei Temperaturschwankungen
d) das Brandverhalten

Zu a) Die Wärmeleitung ist wichtig für die Frage der Wärmebrückenbildung einer Konstruktion, u. a. für die Bemessung von Holzfensterrahmen, zur Ermittlung des k-Wertes einer Konstruktion usw.

Die Wärmeleitzahl $\perp$ Faser beträgt bei 16 bis 18 % Holzfeuchte $\lambda = 0{,}103$ bis $0{,}1548$ W/(m · K) (es bedeutet: $\perp$ senkrecht zur Faser, $\parallel$ parallel zur Faser).

Zu b) Die spezifische Wärme c, die für den sommerlichen und winterlichen Wärmeschutz bedeutsam ist, hängt stark von der jeweiligen Holzfeuchte ab. Sie beträgt bei etwa 15 % Holzfeuchte $c_{Holz} = 0{,}362$ W · h/(kg · K).

Zu c) Die Maßänderungen bei Temperaturschwankungen:
Fichtenholz z. B. besitzt folgende Wärmeausdehnungskoeffizienten:
$\alpha_T \perp$ (Fichte) $= 34{,}1 \cdot 10^{-6}$ K^{-1}
$\alpha_T \parallel$ (Fichte) $= 5{,}41 \cdot 10^{-6}$ K^{-1}
Beide Werte verhalten sich wie 1 : 6.

Praktisch bedeutsam ist nur die Maßänderung des Holzes bei Abkühlung unter 0 °C, da dann eine Oberflächenrißbildung möglich ist.

Zu d) Das Brandverhalten: Alle ungeschützten Hölzer sind brennbar und deshalb nur für Bauteile mit Feuerwiderstandsklassen F 30 B, F 60 B und in Ausnahmefällen durch entsprechende Konstruktionen als F 90 B nach DIN 4102 geeignet (siehe Abschnitt 16.4.2).

Holz ist zwar normal entflammbar, Klasse B 2 nach DIN 4102, seine Abbrandgeschwindigkeit ist jedoch gering wegen der geringen Wärmeleitfähigkeit und der Bildung einer oberflächlichen Holzkohleschicht, die als Wärmedämmung wirkt.

(Die Abbrandgeschwindigkeit wird von verschiedenen Faktoren beeinflußt, u. a. vom Verhältnis Oberfläche/Volumen, siehe Abschnitt 16.4.)

17.4.3 Wasserdampfdiffusion

Die Wasserdampfdiffusionswiderstandszahlen von Holz sind abhängig von der Holzfeuchte, und zwar fallen sie mit steigender Holzfeuchte stark ab. Für trockenes Vollholz und trockene Holzwerkstoffe liegen sie u. a. oberhalb der entsprechenden Werte anorganischer Baustoffe (siehe Abschnitt 16.2.1).

17.4.4 Akustische Eigenschaften

Holz besitzt gegenüber anorganischen Baustoffen infolge seiner geringeren Eigenlast eine geringere Schalldämmung (wichtig bei Holzdecken und Holzfußböden, siehe auch DIN 4109 Schallschutz im Hochbau). Bei Holzkonstruktionen läßt sich dieser Nachteil kompensieren durch Mehrschaligkeit (Schallenergieverlust) und durch Vermeidung von Schallbrücken. Dagegen eignet sich Holz sehr gut zur Schallminderung (Entdröhnung) in Verbindung mit anderen Stoffen innerhalb des Raumes, da der Schall z. T. absorbiert und nur teilweise reflektiert wird. Verwendung von Holzverkleidungen in Sälen, Versammlungsräumen usw.

17.4.5 Verhalten des Holzes gegenüber elektrischem Strom

Holz wirkt im darrtrockenen Zustand als reiner Isolator mit 10^{14} $\Omega \cdot$ cm. Die elektrische Leitfähigkeit nimmt aber bis zum Fasersättigungspunkt stetig zu, und zwar fällt der log des spezifischen Widerstandes nahezu linear mit steigender Holzfeuchte bis auf 10^5 $\Omega \cdot$ cm. Bei weiterer Aufnahme von freiem Wasser steigt die elektrische Leitfähigkeit wesentlich langsamer an.

Die elektrische Leitfähigkeit von Holz ist ∥ zur Faserrichtung etwa doppelt so hoch wie ⊥ dazu. Mit steigender Temperatur oder durch Salzimprägnierung nimmt der Widerstand des Holzes ab.

17.4.6 Korrosionseigenschaften des Holzes (siehe auch [2])

Gemeinsam mit den anderen organischen Baustoffen ist Holz empfindlich gegen UV-Strahlung, die in Kombination mit Sauerstoff und Regen oder Feuchte, d. h. bei Bewitterung, noch verstärkt wird.

Holz und Holzbaustoffe

Durch die oberflächliche Abwitterung wird eine Pilzansiedlung begünstigt, die zum Vergrauen des Holzes führt. Dagegen ist Holz fast unbegrenzt haltbar bei ständig trockener Lagerung oder ständiger Lagerung unter Wasser.

Wechselnde Feuchtegehalte im Holz sind dann gefährlich, wenn das Holz nicht rasch wieder austrocknen kann. Holzzerstörung ist möglich. Holz ist beständig gegen Salze (Verwendung in der Düngemittelindustrie) und beachtlich widerstandsfähig gegen verdünnte Säuren (2%ige HCl) bei Normaltemperatur. Dagegen ist die chemische Beständigkeit gegen verdünnte Alkalien (2%ige NaOH) weniger gut (Hemizellulosen werden chemisch verändert). In beiden Fällen sind Nadelhölzer beständiger als Laubhölzer.

17.4.7 Resistenzklassen (DIN 68 364)

Gemeint ist damit **die Beständigkeit chemisch unbehandelten Kernholzes** gegen Pilzbefall bei ungünstigen Bedingungen, z. B. hohem Feuchtegehalt, Erdkontakt u. a.

Es gilt folgende Einteilung:

Resistenzklasse	Zeitdauer (Jahre)	Resistenz des ungeschützten Kernholzes bei langanhaltend hoher Holzfeuchtigkeit oder bei Erdkontakt	Holzarten
1	≥ 25	sehr resistent	Teak, Robinie, Angelique, Bilinga, Afzelia, Greenheart, Azobé
1 bis 2	20 bis 25	sehr resistent bis resistent	Iroko, Makoré, Merbau
2	≥ 20	resistent	Redcedar Western, Cedro, Freijo, Amerikanisches Mahagoni, Mahagoni Sipo-, Eiche, Afrormosia, Kotibe, Ovenkol
2 bis 3	15 bis 20	resistent bis mäßig resistent	Agba, Niangon, Mahagoni Kosipo-, Meranti Dark Red
3	≥ 15	mäßig resistent	Douglasie, Lärche, Mahagoni Khaya-, Keruing
3 bis 4	10 bis 15	mäßig resistent bis wenig resistent	Kiefer, Meranti Light Red
4	≥ 10	wenig resistent	Fichte, Tanne, Hickory
5	≥ 5	nicht resistent	Ahorn, Birke, Buche, Esche, Hainbuche

Diese Einstufung gilt jedoch nur für die oben genannten Bedingungen und ist nicht geeignet für eine Holzbeurteilung bei abweichenden Verhältnissen im oder am Bauwerk.

Das Splintholz aller Holzarten entspricht in seiner Resistenz etwa den Klassen 4 bis 5.

17.4.8 Folgerungen aus den physikalischen und chemischen Holzeigenschaften für Entwurf und Konstruktion

a) Auswahl der geeigneten Holzart:

Beispiel: engringige Gebirgsfichte für Holzfenster geeignet (Süddeutschland). Fichte anderer Herkunft völlig ungeeignet.

a_1) Wahl von Holz oder Holzwerkstoffen mit der *richtigen Verleimungsart* bzw. vorherigen Kunststoffimprägnierung (PAG-Holz). Dieses Polymerholz (Verwendung praktisch nur für Parkett, Werkzeugstiele usw.) wird nach Tränkung mit Monomeren zum fertigen Kunststoff ausgehärtet, wobei die mechanischen Eigenschaften und die Witterungsbeständigkeit der Holzfaser durch den eingelagerten Kunststoff verbessert und verstärkt werden.

b) Schutz vor Nässe von oben: Überdachung; **von unten:** Spritzwasser – genügend Bodenabstand – Auflager und Sockel zurückspringend – kein Nässestau

c) Quell- und Schwindvorgänge des Holzes **berücksichtigen** durch geeignete Wahl der Holzkonstruktion: Auflösen größerer Flächen in Einzelelemente (Profilbretter), Wahl von Holzwerkstoffen, bei denen durch Überkreuzverleimen (Sperrplatten, Spanplatten usw.) die Schwindvorgänge kompensiert sind.

d) Holzbau ist **stets mit ausreichendem Holzschutz** (baulich und chemisch, siehe Abschnitt 17.10.2) zu koppeln.

17.5 Elastomechanische Eigenschaften

Das *Spannungs-Dehnungsdiagramm* von Holz verläuft bis zum Bruch nahezu als Gerade. Ebenso wie bei Stahl existiert aber kein genauer Proportionalitätsbereich. Die bleibenden Verformungen sind jedoch bei niedrigen Spannungen so gering, daß *unterhalb der zulässigen Spannungen* mit dem *Hooke*schen Gesetz gerechnet werden kann. Dasselbe gilt für Druckbeanspruchungen, wo der *E*-Modul bis zu 0,4 % Dehnung und bis zu 80 % der Bruchfestigkeit nahezu gleich bleibt.

Dieses Verhalten ist je nach Holzart und Holzfeuchte sehr verschieden. *Feuchtes Holz* hat *wesentlich stärkere bleibende Formänderungen.*

Ebenso wie die Festigkeiten ist der *E*-Modul abhängig von folgenden Faktoren: der Rohdichte, dem Faser-Lastwinkel, der Feuchte, den Holzfehlern und der Temperatur.

Er steigt mit zunehmender Rohdichte an und fällt ab bei zunehmender Feuchte (ab 20 % Holzfeuchte bleibt der *E*-Modul nahezu konstant), ebenso fällt er ab mit der Zunahme der Holzfehler und mit steigender Temperatur. Ähnlich wie bei der Festigkeit steigt der *E*-Modul unterhalb + 20 °C nicht weiter an. Tafel 17.1 zeigt einige Zahlenwerte für *E*-Modul und Holzfestigkeiten.

Je nach Holzart stellt man bereits bei geringen Spannungen ein meßbares *Kriechen* fest. Nach anfänglich steiler Zunahme nähert sich die Kurve nach etwa 1 Jahr dem Grenzwert. Der Kurvenverlauf ist je nach Belastungszeit (Druck, Biegung, dynamische Beanspruchung) unterschiedlich. Bis zu 50 % der Festigkeit ist das Kriechmaß der aufgebrachten Spannung proportional, allerdings ist es im Verhältnis zu Schwinden und Quellen gering und wird nur selten berücksichtigt.

770 Holz und Holzbaustoffe

Die *Dauerstandfestigkeit* des Holzes ist relativ gering, sie beträgt bei Vollholz und bei Lagenholz nur etwa das 0,6fache der Kurzzeitfestigkeit (Abb. 17.6).

Dagegen zeigt Holz eine echte *Dauerschwingfestigkeit,* denn die *Wöhler*kurven bei Dauerschwingbeanspruchung gehen nach 10^5 bis 10^6 Lastspielen in die horizontale Asymptote über (Abb. 17.7).

Die *Wechselbiegefestigkeit* des Holzes beträgt etwa ein Viertel bis ein Halbes der Kurzzeitfestigkeit.

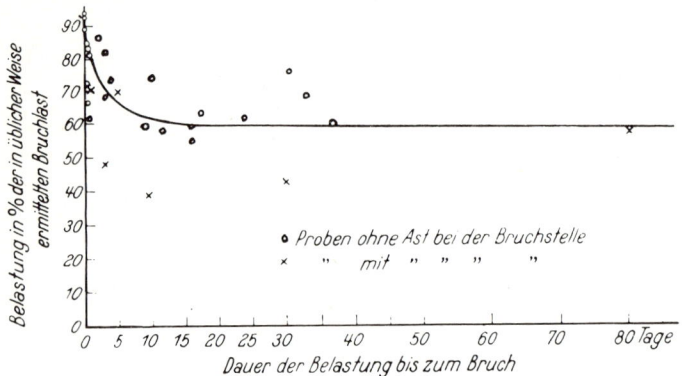

Abb. 17.6 Biegefestigkeit von Tannenholzbalken bei Dauerstandsbelastung [17/1]

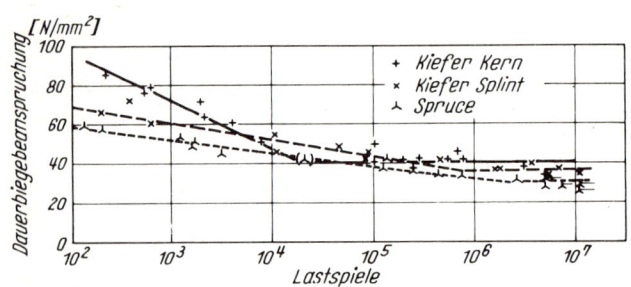

Abb. 17.7 Wöhlerkurven von Nadel- und Laubhölzern bei Wechselbiegebeanspruchung [17/1]

17.5.1 Festigkeiten

Holz ist durch seine Struktur vorherrschend zugfest. Die für einzelne Holzfasern gemessene *Zugfestigkeit* von 3 bis 6 · 10^2 N/mm^2 wird von Holz durch seinen Porenraum usw. bei weitem unterschritten. Rohdichte und Festigkeiten zeigen einen ähnlichen Zusammenhang wie bei anderen Baustoffen.

Geringe *Abweichungen der Lastrichtung von der Faserrichtung* führen zu starken Abfällen für Zug-, Biegezug- und Druckfestigkeiten (Abb. 17.8) sowie für die *E*-Moduln.

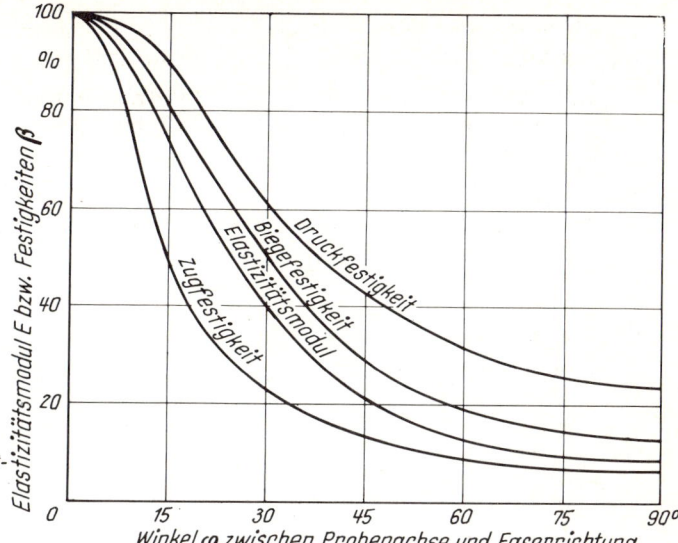

Abb. 17.8
Abhängigkeit der Biege-, Zug- und Druckfestigkeit sowie des E-Moduls vom Winkel zwischen Last- und Faserrichtung des Holzes (nach Ghelmeziu 1938)

17.5.2 Härte des Holzes

Die *Brinell-* und *Janka-*Härte liefert für Holz nur Vergleichswerte. Praxisgerecht läßt sie sich als Widerstand auffassen, den das Holz dem Eindringen von Werkzeugen entgegensetzt. Annähernd vergleichbar ist dieser Widerstand mit der Druckfestigkeitsprüfung quer zur Faserrichtung $\perp$, wobei die Stauchgrenze oder die erweiterte Proportionalitätsgrenze ermittelt werden. Danach ergibt sich folgende zweckmäßige Einteilung:

sehr weich: Espe, Linde, Pappel, Weide.
weich: Erle, Fichte, Tanne, Weymouthkiefer.
mittelhart: Birke, Birne, Eberesche, Edelkastanie, Eiche, Rotbuche, Nußbaum, Kiefer.
hart: Esche, Hartriegel, Kornelkirsche, Platane, Robinie, Rüster, Weißbuche, Weißdorn.

(Über den Einfluß der Holzfeuchte auf die Festigkeit siehe Abschnitt 17.3.3.)

17.5.3 Einfluß der Holzfehler

Äste übernehmen lediglich Druckkräfte, Zugkräfte werden von ihnen fast nicht übernommen.

Die Prüfproben müssen deshalb stets astfrei sein.

Da die Holzquerschnitte der Bauteilabmessungen immer geringere Festigkeiten besitzen, müssen die Sicherheitswerte entsprechend groß angesetzt werden.

17.5.4 Einfluß der Temperatur

Mit steigender Temperatur nimmt die Holzfestigkeit fast linear ab bis zur Zersetzungstemperatur bei etwa 160 °C. Als Ursache der Festigkeitsabnahme ist die mit der Temperatur sich verstärkende *Brown*sche Bewegung der Moleküle anzusehen.

17.5.5 Festigkeitsprüfungen (siehe auch [7])

Alle Prüfungen sollen nach DIN 52 180 an mindestens 10 Proben vorgenommen werden.

a) Druckfestigkeit parallel zur Faser

Die Prüfung erfolgt an prismatischen Prüfkörpern mit quadratischer Grundfläche von 20 bis 50 mm Kantenlänge und der 1,5- bis 3fachen Höhe einer Grundkante.

Die Zerstörung erfolgt durch seitliches Ausknicken oder Splittern.

b) Druckversuch quer zur Faserrichtung

Er wird nach DIN 52 192 bestimmt an prismatischen Proben, und zwar in Radial- und in Tangentialrichtung.

Ermittelt werden die Stauchgrenze als Grenzspannung bei einer bestimmten überproportionalen Stauchung (z. B. 2 %), die erweiterte Proportionalitätsgrenze und der Druck-Elastizitätsmodul.

c) Zugfestigkeit

(Längszugfestigkeit). Sie erfolgt an Flachstäben mit Einspannköpfen (nach DIN 52 188). Angegeben wird die Kraft, bezogen auf den Ausgangsquerschnitt, die bis zum Auseinanderreißen der Holzfasern aufgenommen wird:

$$\beta_z = \frac{F}{A_0} \ [N/mm^2]$$

d) Biegefestigkeit

Sie ist als Funktion von Zug- und Druckfestigkeit höher als die Druckfestigkeit. Die Prüfung wird an geradfasrigen Stäben mit quadratischem Querschnitt unter meist mittiger Belastung vorgenommen (DIN 52 186).

$$\sigma_B = \frac{\text{Biegemoment}}{\text{Widerstandsmoment}} = \frac{3\,F \cdot L_s}{2 \cdot b \cdot h^2}$$

L_s Stützlänge = $15 \cdot a$

e) Scherfestigkeit

(DIN 52 187). Die Scherkraft wird in Faserrichtung auf eine würfelförmige Probe aufgebracht. Gemessen wird die Spannung τ beim Abscheren der Holzfasern (bezogen auf den Ausgangsquerschnitt).

17.5.5 Festigkeitsprüfungen

Tafel 17.3 Gütebedingungen für Baurundholz gemäß DIN 4074 Teil 2 (Dez. 58) [17/4]

1	2	3
	Einzeläste Durchmesser des Astes im Verhältnis zum Durchmesser des Rundholzes	*Astansammlungen* Summe der Astdurchmesser auf einer Fläche von 150 mm Länge und der Breite entsprechend einem Viertel des Umfanges im Verhältnis zum Durchmesser des Rundholzes, jeweils an der ungünstigsten Stelle gemessen
Gütekl. I Baurundholz mit besonders hoher Tragfähigkeit	Verhältniszahl $\frac{a}{d}$ Verhältniszahl des zulässigen Einzelastes $\leq 1/6$	Verhältniszahl: $\frac{a_1 + a_2 + a_3}{d}$ Verhältniszahl der zulässigen Summe der Äste auf einer Fläche von 150 mm Länge und einer Breite von einem Viertel des Umfanges $\leq 1/3$
Gütekl. II Baurundholz mit gewöhnlicher Tragfähigkeit	Verhältniszahl $\frac{a}{d}$ Verhältniszahl des zulässigen Einzelastes $\leq 1/4$	Verhältniszahl: $\frac{a_1 + a_2 + a_3}{d}$ Verhältniszahl der zulässigen Summe der Äste auf einer Fläche von 150 mm Länge und einer Breite von einem Viertel des Umfanges $\leq 1/2$
Gütekl. III Baurundholz mit geringer Tragfähigkeit	Verhältniszahl $\frac{a}{d}$ Verhältniszahl des zulässigen Einzelastes $\leq 2/5$	Verhältniszahl: $\frac{a_1 + a_2 + a_3}{d}$ Verhältniszahl der zulässigen Summe der Äste auf einer Fläche von 150 mm Länge und einer Breite von einem Viertel des Umfanges $\leq 3/5$
Beispiele	$a = 35\,mm \quad d = 180\,mm$ $\frac{a}{d} = \frac{35}{180} = 0{,}19 \; < 1/4 \;(0{,}25)$ $\qquad\qquad\qquad > 1/6 \;(0{,}17)$ also Güteklasse II	$a_1 = 20\,mm \quad a_3 = 30\,mm$ $a_2 = 25\,mm \quad d = 180\,mm$ $\frac{a_1 + a_2 + a_3}{d} = \frac{20 + 25 + 30}{180} = \frac{75}{180} = 0{,}42 \; < 1/2 \;(0{,}5)$ $\qquad\qquad\qquad\qquad\qquad\qquad > 1/3 \;(0{,}33)$ also Güteklasse II
		Zusammengestellt vom Otto-Graf-Institut, Stuttgart. Herausgegeben im Auftrage des Bundesministeriums für Wohnungsbau

$$\tau = \frac{F}{A_0} = \frac{F}{a \cdot b}$$

f) Schlagbiegeversuch

(DIN 52 189). Es wird die Bruchschlagarbeit w bestimmt. Sie ist die auf den Anfangsquerschnitt A der Probe bezogene Arbeit W, die zum Durchschlagen eines quadratischen Probestabes erforderlich ist. Geprüft wird mit einem Pendelschlagwerk (siehe Stahlprüfung).

$$w = \frac{1000 \cdot W}{A} = \frac{1000 \cdot W}{b \cdot h} \; [\text{kJ/m}^2]$$

17.6 Baurundholz

Als solches bezeichnet man entästete und entrindete Stämme, sie werden meist ohne Bearbeitung verwendet. Die Verwendung erfolgt hauptsächlich für Gerüste, im landwirtschaftlichen Bauwesen, als Träger und Stützen für Behelfsbrücken, als Rammpfähle im Grundbau sowie als Palisaden im Landschaftsbau.

17.6.1 Halbrundholz

Es wird benötigt für Verstrebungen, Verbandstäbe im Gerüstbau und Holme von Gerüstleitern.

17.6.2 Gütebedingungen

Die Beurteilung erfolgt nach DIN 4074 T 2. Man unterscheidet drei Güteklassen.

Die Qualitätsanforderungen in bezug auf Beschaffenheit, Ästigkeit und Krümmung sind ähnlich Bauschnittholz (Tafel 17.3).

17.7 Bauschnittholz

Normen

DIN 1052, T 1, T 2, T 3 (April 88):	Holzbauwerke, Bemessung und Ausführung
DIN 4074, T 1 (Sept. 89):	Sortierung von Nadelholz nach der Tragfähigkeit; Nadelschnittholz
DIN 4074 T 2 (Dez. 58):	Bauholz für Holzbauteile; Gütebedingungen für Baurundholz (Neuentwurf für 1990 zu erwarten)
DIN 18 334 (Sept. 88):	VOB/C – Zimmer- und Holzbauarbeiten
DIN 18 355 (Sept. 88):	VOB/C – Tischlerarbeiten
DIN 68 360 T 1 u. T 2 (Mai 81):	Holz für Tischlerarbeiten; Gütebedingungen
DIN 68 365 (Nov. 57):	Bauholz für Zimmerarbeiten; Gütebedingungen
DIN 4073 T 1 (April 77):	Gehobelte Bretter und Bohlen aus Nadelholz, Maße
DIN 4072 (Aug. 77):	Gespundete Bretter aus Nadelholz
DIN 68 122 (Aug. 77):	Fasebretter aus Nadelholz
DIN 68 123 (Aug. 77):	Stülpschalungsbretter aus Nadelholz
DIN 68 126 T 1 (Juli 83):	Profilbretter mit Schattennut, Maße
DIN 68 128 (April 77):	Balkonbretter

17.7 Bauschnittholz

Tafel 17.4: Sortierkriterien für Nadelschnittholz bei der visuellen Sortierung (für Kanthölzer gelten die Sortiermerkmale 1 ... 10; für Bohlen, Bretter und Latten gelten die Sortiermerkmale 1 ... 12[1])

Sortiermerkmale	Sortierklassen		
	S 7[2]	S 10	S 13
1. Baumkante	alle vier Seiten müssen durchlaufend vom Schneidwerkzeug gestreift sein	bis $1/3$, in jedem Querschnitt muß mindestens $1/3$ jeder Querschnittsseite von Baumkante frei sein	bis $1/8$, in jedem Querschnitt muß mindestens $2/3$ jeder Querschnittsseite von Baumkante frei sein
2. Äste			
2.1 Einzelast	bis $1/2$	bis $1/3$	bis $1/5$
2.2 Astansammlung	bis $2/3$	Kantenflächenäste nach DIN 68 256, die sich über $1/3$ der Breite erstrecken, sind nicht zulässig	
		bis $1/2$	bis $1/3$
3. Jahrringbreite			
im allgemeinen	–	bis 6 mm	bis 4 mm
bei Douglasie	–	bis 8 mm	bis 6 mm
4. Faserneigung	bis 200 mm/m	bis 120 mm/m	bis 70 mm/m
5. Risse			
radiale Schwindrisse (=Trockenrisse)	zulässig	zulässig	zulässig
Blitzrisse, Frostrisse	nicht zulässig	nicht zulässig	nicht zulässig
Ringschäle	nicht zulässig	nicht zulässig	nicht zulässig
6. Verfärbungen			
Bläue, nagelfeste braune und rote Streifen	zulässig; bis zu $3/5$ des Querschnitts oder der Oberfläche zulässig	zulässig; bis zu $2/5$ des Querschnitts oder der Oberfläche zulässig	zulässig; bis zu $1/5$ des Querschnitts oder der Oberfläche zulässig
Rotfäule, Weißfäule	nicht zulässig	nicht zulässig	nicht zulässig
7. Druckholz	bis zu $3/5$ des Querschnitts oder der Oberfläche zulässig	bis zu $2/5$ des Querschnitts oder der Oberfläche zulässig	bis zu $1/5$ des Querschnitts oder der Oberfläche zulässig
8. Insektenfraß	Fraßgänge bis 2 mm Durchmesser von Frischholzinsekten zulässig		
9. Mistelbefall	nicht zulässig	nicht zulässig	nicht zulässig
10. Längskrümmung, Verdrehung	bis 15 mm/2 m	bis 8 mm/2 m	bis 5 mm/2 m
11. Querkrümmung	bis $1/20$	bis $1/30$	bis $1/50$
12. Markröhre	zulässig	zulässig	nicht zulässig

[1]) Vorwiegend hochkant biegebeanspruchte Bretter und Bohlen sind wie Kantholz zu sortieren.
[2]) Die Sortierklassen S 7, S 10 und S 13 gelten bei visueller Sortierung, die Sortierklassen MS 7, MS 10, MS 13 und MS 17 bei maschineller Sortierung von Nadelschnittholz.

Fortsetzung Tafel 17.4:

Krümmung

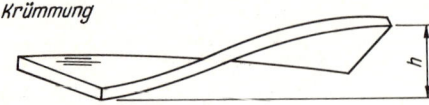

Verdrehung von Schnittholz

Krümmung in Richtung der Dicke

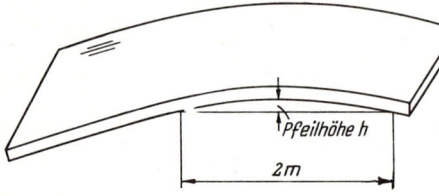

Krümmung in Richtung der Breite

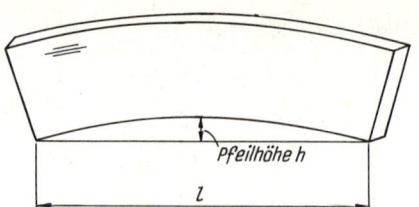

Längskrümmung von Schnittholz

Verdrehung und Längskrümmung werden berechnet als Pfeilhöhe h an der Stelle der größten Verformung, bezogen auf 2 m Meßlänge.

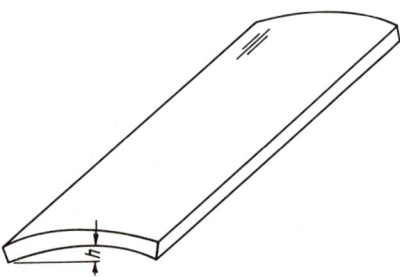

Querkrümmung (Schüsselung) von Schnittholz

Querkrümmung wird berechnet als Pfeilhöhe h bezogen auf die Breite des Schnittholzes.

Baumkante

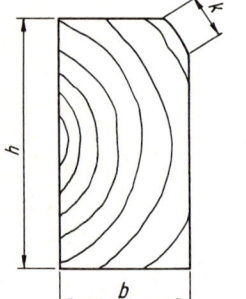

$$K = \frac{k}{h}$$

Messung und Berechnung der Baumkante

Äste in Brettern, Bohlen und Latten

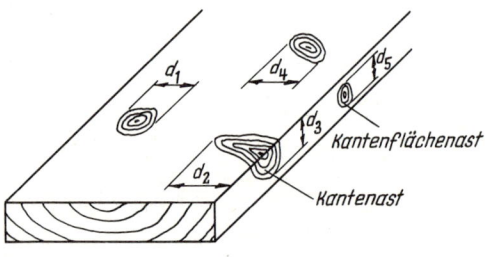

Messung der Äste in Brettern, Bohlen und Latten

Äste in Kanthölzern

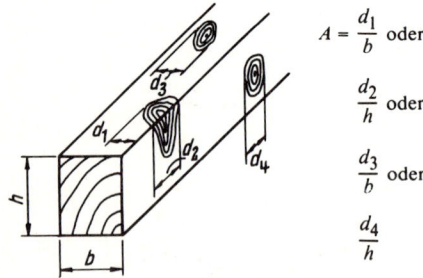

$$A = \frac{d_1}{b} \text{ oder}$$

$$\frac{d_2}{h} \text{ oder}$$

$$\frac{d_3}{b} \text{ oder}$$

$$\frac{d_4}{h}$$

Messung und Berechnung der Ästigkeit in Kanthölzern

17.7 Bauschnittholz

Fortsetzung Tafel 17.4:

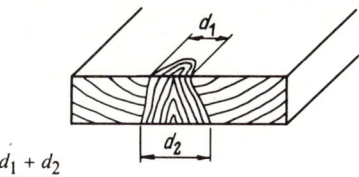

$$A = \frac{d_1 + d_2}{2b}$$

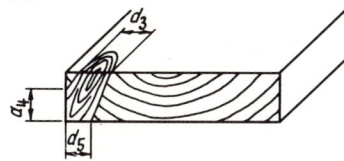

$$A = \frac{d_3 + d_4 + d_5}{2b}$$

$$A = \frac{d_6}{2b}$$

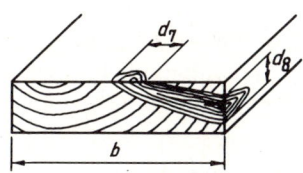

$$A = \frac{d_7 + d_8}{2b}$$

Berechnung der Ästigkeit A beim Einzelast

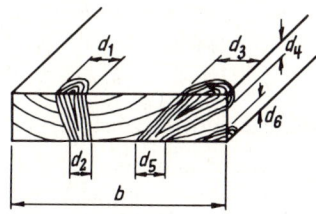

$$A = \frac{d_1 + d_2 + d_3 + d_4 + d_5 + d_6}{2b}$$

Berechnung der Ästigkeit A bei Astansammlung

Jahrringbreite

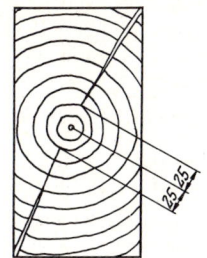

Maßgebender Bereich für die Bestimmung der Jahrringbreite

Bei Schnitthölzern, die Mark enthalten, bleibt ein Bereich von 25 mm beidseits der Markröhre außer Betracht.

Faserneigung

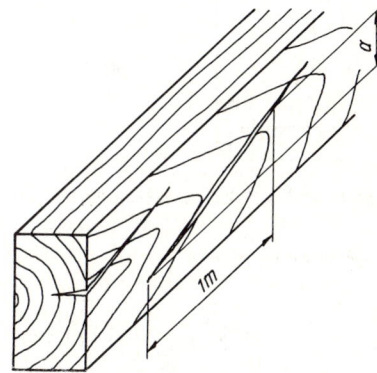

Bestimmung der Faserneigung

Risse

Frostriß

778 Holz und Holzbaustoffe

Bauschnittholz wird aus dem entrindeten Stamm im Sägewerk mit verschiedenen Abmessungen gesägt. Der Rundholzstamm ist wegen der Abholzigkeit kegelstumpfartig. Für besseren Ausnutzungsgrad: Rundholzlänge so kurz wie möglich wählen, da der kleinste Stamm-$\varnothing$ (Zopfende) den höchstens einschneidbaren Kantholzquerschnitt bestimmt. Der Ausnutzungsgrad wird normalerweise erhöht durch Ausnützen der zulässigen Baumkante und durch den gleichzeitigen Einschnitt von Brettern und Latten.

17.7.1 Bezeichnung nach den Holzquerschnitten:

Latte (Leiste): Schnittholz bis 32 cm^2 Querschnittfläche, Breite bis 80 mm.
Bei Dachlatten: 1 Fehlkante zulässig, diese muß zur Traufe zeigen.

Brett: Dicke von 8 bis 40 mm, Breite mindestens 80 mm.

Bohle: besäumt und unbesäumt, Dicke > 40 mm, Breite mehr als dreifache Dicke. Häufig Qualität II bis III, als Gerüstbohle und als Kanaldiele im Verbau verwendet. Bevorzugt 60 mm-Bohle im Kanal-, Straßen- und Brückenbau (Fichte/Tanne).

Kantholz: Querschnitt quadratisch bis rechteckig, größtes Seitenverhältnis 1 : 3, Mindestseitenlänge 40 mm.

Hierzu zählen **Rahmen:** Vierkanthölzer, > 32 cm^2 Querschnitt, mindestens 4 Stück aus einem Rundholz gesägt, Güteklasse I und II.

Als Kantholz wird nach der neuen DIN 4074 auch bezeichnet der **Balken:** seine kleinste Seite beträgt mind. 100 mm, seine größte Seite beträgt mind. 200 mm.

Ein Sägewerk stellt im allgemeinen *Vorratskantholz* her, das ergibt eine bessere Rundholzausnutzung und damit günstigere Verkaufspreise (abweichende Querschnitte als *Dimensions- und Listenware*, werden *erst auf Bestellung* nach Holzliste eingeschnitten).

Größte Querschnittsabmessungen: 260 mm, über 300 mm im allgemeinen nicht lieferbar. Der Sollquerschnitt bezieht sich auf eine mittlere Holzfeuchte von 30 %. Nachträgliche Schwindverkürzungen sind deshalb möglich.

Einzellängen über 8 m bedingen Preiszuschläge des Sägewerkes.

Einzellängen über 10 m ergeben Transportprobleme und sind im Sägewerk meist nicht vorrätig.

Für Zimmererarbeiten ist mind. Sortierklasse S 10 bzw. MS 10 notwendig, soweit nichts anderes gefordert. Die Baumkanten müssen frei sein von Rinde und Bast. Die Tragfähigkeit im Rahmen der zulässigen Spannungen ist noch voll ausreichend. Im Anschlußbereich sind Fehlkanten nicht zulässig, da der gesamte Querschnittsbereich zur Unterbringung der Verbindungsmittel benötigt wird.

17.7.2 Anforderungen (Sortierkriterien) für Nadelschnittholz

Nadelschnittholz läßt sich nach seinen Eigenschaften sowohl visuell als auch mit Hilfe von Sortiermaschinen sortieren. Dabei werden folgende Klassen unterschieden:

bei visueller Sortierung (siehe Tafel 17.4):

– Klasse S 7: Schnittholz mit geringer Tragfähigkeit

– Klasse S 10: Schnittholz mit üblicher Tragfähigkeit

– Klasse S 13: Schnittholz mit überdurchschnittlicher Tragfähigkeit

17.7.3 Kennzeichnung, Maßhaltigkeit/Toleranzen

bei maschineller Sortierung (siehe Tafel 17.5):
- Klasse MS 7: Schnittholz mit geringer Tragfähigkeit
- Klasse MS 10: Schnittholz mit üblicher Tragfähigkeit
- Klasse MS 13: Schnittholz mit überdurchschnittlicher Tragfähigkeit
- Klasse MS 17: Schnittholz mit besonders hoher Tragfähigkeit

Die erforderlichen Merkmale für die einzelnen Klassen werden in den beiden Tafeln aufgeführt.

17.7.3 Kennzeichnung, Maßhaltigkeit/Toleranzen

a) Kennzeichnung

Vom visuell sortierten Schnittholz wird die Sortierklasse S 13 wie folgt gekennzeichnet:
- Sortierklasse
- Name des Betriebes, in dem sortiert wurde
- Name des ausführenden Sortierers

Alle vier Klassen des maschinell sortierten Schnittholzes bekommen folgende Kennzeichnung:
- Sortierklasse
- Name des Betriebes, in dem sortiert wurde
- Typ der Maschine, mit der sortiert wurde
- Name des ausführenden Sortierers.

Jede dieser Kennzeichnungen muß dauerhaft, eindeutig und deutlich sein.

b) Maßhaltigkeit/Toleranzen

Da das Holz im allg. mit 30 % Holzfeuchte geschnitten wird, gelten die Querschnittsmaße für diese Holzfeuchte.
Visuell sortiertes Holz darf folgende Abweichungen nach unten aufweisen:
    bis zu 3 % bei 10 % der Menge
    und bei nachträglicher Inspektion: bis zu 10 % bei 10 % der Menge.

Für maschinell sortiertes Holz betragen die zulässigen Abweichungen nach unten:
    bis zu 1,5 % in den Klassen MS 17 und MS 13,
    bis zu 3 % bei 10 % der Menge in den Klassen MS 10 und MS 7

und bei nachträglicher Inspektion ebenfalls bis zu 10 % bei 10 % der Menge. Als mittleres Schwind-/Quellmaß für die Querschnittsabmessungen ist ein Rechenwert von 0,24 % je 1 % Holzfeuchteänderung anzunehmen.

17.7.4 Bretter und Bohlen aus Nadelholz

Gehobelte Bretter und Bohlen: Sie sind einseitig gehobelt und rückseitig auf gleiche Dicke bearbeitet. Die Kantenflächen sind sägerauh. Zweiseitig gehobelte Bretter dürfen 1 mm dünner sein.

Gespundete Bretter:
Gehobelte Bretter mit Nut und angehobelter Feder, **Profilmaß b:** Brettbreite einschließlich Feder. **Deckmaß:** Breite ohne Feder. Die Maße gelten auch für Rauhspund. Fasebretter gehobelt: Längen wie gespundete Bretter. Stülpschalungsbretter gehobelt, Länge wie gespundete Bretter. Profilbretter mit Schattennut, Länge wie gespundete Bretter (vorwiegend zum Verkleiden von Decken und Wänden), Balkonbretter vierseitig gehobelt, Kanten rechtwinklig oder gefast oder abgeschrägt.

Tafel 17.5 Zusätzliche Sortierkriterien für Schnittholz bei der maschinellen Sortierung

Sortiermerkmale	Sortierklassen			
	MS 7	MS 10	MS 13	MS 17
1. Baumkante	alle vier Seiten müssen durchlaufend vom Schneidwerkzeug gestreift sein	bis 1/3, in jedem Querschnitt muß mindestens 1/3 jeder Querschnittsseite von Baumkante frei sein	bis 1/8, in jedem Querschnitt muß mindestens 2/3 jeder Querschnittsseite von Baumkante frei sein	bis 1/8, in jedem Querschnitt muß mindestens 2/3 jeder Querschnittsseite von Baumkante frei sein
5. Risse radiale Schwindrisse (= Trockenrisse)	zulässig	zulässig	zulässig	zulässig
Blitzrisse Frostrisse	nicht zulässig	nicht zulässig	nicht zulässig	nicht zulässig
Ringschäle	nicht zulässig	nicht zulässig	nicht zulässig	nicht zulässig
6. Verfärbungen Bläue	zulässig	zulässig	zulässig	zulässig
nagelfeste braune und rote Streifen	bis 60 % des Querschnitts oder der Oberfläche	bis 40 % des Querschnitts oder der Oberfläche	bis 20 % des Querschnitts oder der Oberfläche	bis 20 % des Querschnitts oder der Oberfläche
Rotfäule Weißfäule	nicht zulässig	nicht zulässig	nicht zulässig	nicht zulässig
8. Insektenfraß	Fraßgänge bis 2 mm Durchmesser von Frischholzinsekten zulässig			
9. Mistelbefall	nicht zulässig	nicht zulässig	nicht zulässig	nicht zulässig
10. Krümmung Längskrümmung, Verdrehung	bis 15 mm/2 m	bis 8 mm/2 m	bis 5 mm/2m	bis 5 mm/2 m

17.7.4 Bretter und Bohlen aus Nadelholz

Tafel 17.6 Wichtigste Abmessungen von Bauschnittholz

„Vorratskantholz" nach DIN 4070 (Jan. 1958 und Okt. 1963)					
Kantholz in cm:				Balken in cm:	
6/6	6/8	6/12		10/20	10/22
8/8	8/10	8/12	8/16	12/20	12/24
10/10	10/12			16/20	
12/12	12/14	12/16		18/22	
14/14	14/16			20/20	20/24
16/16	16/18				
Maße gelten für „halbtrockenes" Bauholz in rauhem Zustand (siehe Abschnitt 17.3.1)					
Dachlatten: 24/48, 30/50, 40/60 mm Maße gelten für „halbtrockenes" Bauholz (siehe Abschnitt 17.3.1)					
Rauhe Bretter und Bohlen nach DIN 4071 (April 1977) Maße gelten für „trockenes" Bauholz (siehe Abschnitt 17.3.1)					
Dicken: Bohlen: 44, 48, 50, 63, 70, 75 mm, besäumt und unbesäumt. Bretter: 16, 18, 22, 24, 28, 38 mm in rauhem Zustand, besäumt und unbesäumt Für Zoll-Abmessungen (z. B. nordisches Holz) gilt: Bohlen: 38,1 (⅜″), 44,5 (¼″), 50,8 (2″), 63,5 (2½″), 76,2 (3″), 101,6 (4″) mm Bretter: 12,7 (½″), 15,9 (⅝″), 19,1 (¾″), 22,2 (⅞″), 25,4 (1″), 31,8 (⅝″) mm					

Je nach Stapelart werden Bretter und Bohlen als Blockstapel (unbesäumt) oder Kastenstapel (besäumt) hergestellt, gemessen und gehandelt. Blockstapel ist eher bei hochwertigem Nadelholz und bei Laubholz gängig.

Weitere wichtige Bauhölzer im Handel sind:

Rohbauhölzer und Schalung

Schalbretter: Nach geltender Nadel-Schnittholzsortierung möglich. Allgemein schlechter als MS7 (große Baumkante). Schmale Schnittseite mit bestimmtem Deckmaß kann vereinbart werden. Güte je nach Verwendungszweck (ggf. Sortierklasse MS7). Als Schalung hauptsächlich Spundbretter 20, 24 und 30 mm, besäumte Bretter meist 15 bis 24 mm dick für Decken, Dach, Betonschalung u. ä.; Breiten von 8 bis 20 cm.

Rohhobler. Bretter, zur Herstellung von Hobeldielen geeignet. Keine Durchfalläste, Breite 10 bis 16 cm; hauptsächlich gefragt 10, 12 und 14 cm; maßhaltig in halbtrockenem Zustand.

Bauschwellen. Vielfach im Krangleisbau verwendet; hierfür meist Eichenholz, da sehr der Witterung und feuchtem Baugrund ausgesetzt. Lieferung nach Bestellung; Stärken 14 cm × 25 cm, oft nur zweiseitig besäumt.

Rauhware. Sägerauhes Schnittholz (Bretter und Bohlen) ohne glättende oder sonstige Bearbeitung der Oberflächen.

Rauhspund. Schnittware mit bestimmten Sortiermerkmalen, parallel besäumt, nur an den Kanten bearbeitet, und zwar in der Regel mit Nut und Feder (bisweilen auch mit Wechselfalz). In der Dicke ist Rauhspund meist egalisiert. Holzarten: überwiegend Fichte/Tanne (meist 24 mm stark); Kiefer, seltener Lärche und Douglasie. Verwendung: vielfach als Dachhaut unter Schiefer- und Schindeldächern, bei Flachdächern mit minimalem Gefälle.

782 Holz und Holzbaustoffe

Rammpfähle und Wasserbaurundhölzer. Nadelholzstämme, gesund und gerade; in Längen meist 8 bis 20 m und darüber; Mittendurchmesser 25 bis 45 cm, aber auch schwächer.

Hobelware und Platten

Hobelbretter/Leisten. Tanne/Fichte, Qualität 0 bis 3, bei Leisten I; Verwendung z. B. für Sichtbetonarbeiten, horizontale oder vertikale Verarbeitung.

Hobeldielen. Ein- oder zweiseitig gehobelte, mit Nut und Feder (Spund), bisweilen auch mit Wechselfalz versehene oder glattkantig bearbeitete Bretter. Werden Hobeldielen auch noch mit einem Profil (Stab oder Fase) versehen, dann spricht man von Stab- bzw. Fasebrettern. Die Bezeichnung „Diele" auch für Dicken unter 35 mm. Bei rauher Ware von 35 mm aufwärts werden auch Bretter als „Diele" bezeichnet, Berechnung von Hobeldielen nach Profilmaß.

Holzschalungsträger. Vorwiegend sortierte Fichte; für alle Schalarten; auch für große Wandelemente und hohen Betondruck; Längen meist 2,40 bis 4,35 m; Verbindung teils längenverstellbar. Auch Kombinationen aus Stahl und Holz erhältlich.

Spundbohlen aus Holz. Wasserdichte Wände (Spundwände). Dicke 8 bis 16 bzw. 20 cm, Breite 20 bis 30 cm. Zu beachten: Bei Spundbohlen muß die Feder etwas länger sein als die Nuttiefe, um einen unbedingt dichten Zusammenschluß von Nut und Spund zu gewährleisten (Gegensatz zu gespundeten Brettern). Verwendet für Tiefbauarbeiten, für Futtersilos (Gärfutterbehälter), Getreidesilos aus Holz usw. Verwendete Holzarten: Nadelhölzer (vor allem Kiefer, gelegentlich auch Fichte).

Schalungstafeln. Vorwiegend 50 cm × 150 cm, auch 50 cm × 75 cm und 50 cm × 200 cm; Tanne/Fichte verleimt; für Wand- und Deckenschalung, für Bauzäune und Absperrungen. Wasserabstoßend und nicht werfend. Brettdicke 22 bis 28 mm. Breitenverbindung der Bretter durch stumpfe fugenlose Leimung. Kantenprofile mit verschieden ausgeprägter Eisenarmierung, teils besonderer Eckenschutz. Oberflächen mit Schalöl, Kunstharz u. a. imprägniert. Schaltafeln gibt es auch aus Spezialsperrholz mit imprägnierter bzw. beharzter Oberfläche, Kanten- und Eckenschutz, filmbeschichtet usw.

17.7.5 Oberflächenbeschaffenheit von Bauschnittholz

Es wird grundsätzlich sägerauh geliefert. Gehobelte Bauteile (für unbekleidete Konstruktionen) müssen entsprechend ausgeschrieben werden.

Bretter und Bohlen nach DIN 4073 sind einseitig glatt gehobelt und auf der Rückseite auf gleiche Dicke gearbeitet.

Die Kantenbearbeitung erfolgt nur auf besonderes Verlangen. Sichtbar bleibende Schalungen oder Verkleidungen werden nach VOB aus gleichlaufend besäumten, gefalzten oder gespundeten Brettern, gehobelt an den Sichtflächen, Güteklasse II hergestellt, oder Brettprofil und Ausführung müssen gesondert vorgeschrieben sein (sägerauh, gesandstrahlt usw.).

Für Dachschalungen:

allgemein ungehobelte Bretter der Güteklasse III. Schwarten für Einschubböden müssen frei sein von Rinde und Bast.

17.7.6 Gesägte Spezialhölzer

Normen

DIN 280 T1, T2, T5 April 90, T3 Dez. 70, T4 Juni 73:	Parkett
DIN 18 356 (Sept. 88):	Parkettarbeiten
DIN 281 (Dez. 73):	Parkettklebstoffe, kalt streichbar, Anforderungen, Prüfung
DIN 7707 T1 u. T2 (Jan. 79):	Kunstharz-Preßholz und Isolier-Vollholz

17.7.6 Gesägte Spezialhölzer

DIN 18 367 (Sept. 88): VOB; Holzpflasterarbeiten
DIN 18 907 T2 (Okt. 70): Fußböden für Stallanlagen
DIN 40 603 (März 77): Schichtpreßstofferzeugnisse; Tafeln und Streifen aus Kunstharz-Preßholz
DIN 68 701 (Feb. 89): Holzpflaster GE für gewerbliche Zwecke
DIN 68 702 (Juni 87): Holzpflaster RE für Räume in Schulen, Verwaltungsgebäuden, Versammlungsstätten u. ähnl.
AGI-Blatt A 70: Rechteckiges Holzpflaster in Innenräumen

AGI-Blätter sind zu beziehen durch Curt R. Vincentz Verlag, Postfach 6247, 3000 Hannover.

a) **Parkett** (DIN 280). Parkett ist ein Holzfußboden aus gewachsenem Holz (Vollholz). Er besteht aus folgenden Parketthölzern, geordnet nach Form und Verlegeweise:

a_1) **Parkettstäbe** (DIN 280 Teil 1) sind ringsum genutete Parkettstäbe, die beim Verlegen durch Hirnholzfedern, und zwar Querholzfedern, verbunden werden.

Abmessungen: Dicke 22 mm, Breiten 45 bis 80 mm, Längen: Längenstufung von 50 zu 50 mm (ab 600 mm Länge).
Kurzstäbe von 250 bis 560 mm, *Langstäbe* von 600 bis 1000 mm. Bei der *Verlegung* werden sie mit 3 mm dicken Hirnholzfedern aus Weichholz zu Stabparkett miteinander verbunden (Langstäbe: im Verbund [Schiffsboden], Kurzstäbe: Gräten- und Würfelmuster).

Bezeichnungsbeispiel: Parkettstab 80 × 1000, DIN 280 – EI – S*).

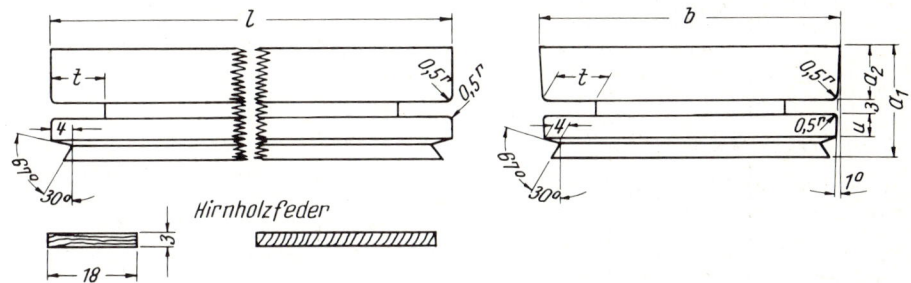

Abb. 17.9 Stabparkett nach DIN 280 Teil 1 [17/4]

a_2) **Parkettriemen** (DIN 280 Teil 3): Abmessungen wie oben, besitzen an einer Längskantenfläche eine angehobelte Feder, an der anderen eine Nut. Die eine Hirnholzkantenfläche hat entweder eine Nut und die andere eine angehobelte Feder, oder beide Hirnholzkantenflächen sind genutet.

a_3) **Tafelparkett:** besonders hochwertiges Parkett, bestehend aus Parketttafeln (nach DIN 280). Parketttafeln sind Verlegeeinheiten, sie werden aus verschiedenen Holzarten nach Muster oder Zeichnung zusammengesetzt. Die Hölzer sind entweder massiv oder furniert (mind. 5 mm dicke, ausgesuchte, fehlerfreie Messerfurniere). Die Tafeln sind entweder ringsum genutet oder besitzen eine eingefräste Nut und angehobelte Feder.

a_4) **Mosaikparkettlamellen** (DIN 280 Teil 2) sind kleine Parketthölzer, deren Kanten glatt bearbeitet sind.

---

*) Eiche Standard

784 Holz und Holzbaustoffe

Abmessungen: Dicke 8 mm, Breiten bis 25 mm, Längen bis 165 mm. Sie werden fabrikmäßig zusammengesetzt zu schachbrettartig gemusterten Verlegeeinheiten (*Tafeln*), zusammengehalten durch ablösbare Oberflächenverklebungen (Folien usw.) oder unterseitige Bewehrung mit Kunststoffnetz. Vorteil: Durch rechtwinklige Lage der Quadrate ergeben sie ein sehr gutes „Liegen" des Parketts, d. h. sehr geringe Schwind- und Quellvorgänge.

Zur Senkung der Verlegekosten werden auch fabrikmäßig zusammengesetzte größere Verlegeeinheiten aus Parkettstäben bzw. -lamellen verwendet:

a_5) **Nicht fertig oberflächenbehandelte Verlegeeinheiten** (DIN 280 Teil 4)

Parkettdielen sind aus Parketthölzern zusammengesetzt. Ihre Länge und Breite sind auf Dielenform abgestimmt (bis 240 mm Breite und > 1200 mm Länge). Ihre Längsseiten besitzen stets eine angehobelte Feder und Nut. Die Hirnenden sind mit Nut, mit Nut und Feder oder glattkantig ausgebildet. Parkettdielen sind entweder einschichtig (Massiv[V]-Parkettdielen) oder haben einen mehrschichtigen Aufbau (Mehrschichten [M]-Parkettdielen) wie bei Parkettplatten.

Mehrschichten (M)-Parkettplatten sind Verlegeeinheiten in Plattenform. Ihre Parketthölzer sind auf eine Unterlage aufgeklebt. Sie sind entweder ringsum genutet oder an zwei Seiten mit angehobelter Feder, an den zwei gegenüberliegenden Seiten mit Nut versehen. Dicken: 13 bis 26 mm, Seitenlängen 200 bis 650 mm.

a_6) **Fertigparkett-Elemente** (DIN 280 Teil 5)

Um das Schleifen und Versiegeln in die Fabrik zu verlegen und ein fix und fertiges, möglichst großformatiges Element schnell verlegbar und wenig arbeitend zu erhalten, entstanden abgesperrte Parkettelemente. Abmessungen: Dicke 7 bis 26 mm, Länge bis 3000 mm, Form: Diele oder Tafel. Dicke der begehbaren Schicht $\geq$ 2 mm. Die Verbindung erfolgt mit Nut und Feder oder mit Hirnholz (rundum genutet). Die aufgebrachte Lackmenge beträgt 180 g/m^2. Der Verschnitt bei Montage liegt bei etwa 1 %.

a_7) **Verlegung** (VOB/C DIN 18 356)

Die Holzfeuchte inländischer Hölzer darf (9 ± 2) Masse-% bei Verlegung betragen (künstliche Trocknung!) Die Verlegung erfolgt durch Verklebung auf ebenem Untergrund, bei Neubauten auf Estrich, bei Altbauten auf Dielenfußboden, in der Regel ebenfalls durch Verklebung.

Die Verklebung wird vollflächig vorgenommen mit kaltstreichbaren, meist schubfesten Parkettklebstoffen (DIN 281), auf Natur- und Kunstharzbasis, die gelöst oder emulgiert bzw. dispergiert sind und erst beim Austrocknen endgültig erhärten. Je nach Unterlage ist auch eine schwimmende Verlegung möglich. Parkett und Holzpflaster sind stets so zu verlegen, daß an Wänden, Pfeilern, Schienen u. dergl. Dehnungs- und Arbeitsfugen bleiben.

Parkettböden, mit Ausnahme der Fertigparkettelemente, werden nach dem Verlegen maschinell geschliffen, abgezogen und anschließend oberflächenbehandelt.

Diese „Versiegelung" besteht aus einer transparenten Lackierung, entweder porenfüllend (Öl-Kunstharz) oder filmbildend (DD-Lack).

a_8) **Holzarten:**

Eiche (EI), Rotbuche (BU), Kiefer (KI), Lärche (LA), Rüster (RU), Esche (ES), Robinie (AK), Nußbaum (NB) und eine Reihe Hölzer aus Übersee (Abkürzungen der Holzarten siehe DIN 4076 Teil 1 und Tafel 17.1).

a_9) **Güteanforderungen** (DIN 280)

Sortierung nach Aussehen und Güte (z. B. Äste, Splintholz, Risse).

Für Parkettstäbe und Riemen:
Exquisit (E) – Standard (S) – Rustikal (R), d. h. mit lebhafter Struktur (nur Eiche)

Für Mosaikparkettlamellen:
Natur (N) – Gestreift (G) – Rustikal (R) (nur Eiche)

17.7.6 Gesägte Spezialhölzer

Neben werkseigenen zugelassenen Sortierungskennzeichen gelten nach Norm folgende Bezeichnungen (Beispiele):
Parkettstab 40 × 250 DIN 280 – EI-S
Lamelle   24 × 120 DIN 280 – EI-R

b) Holzpflaster (relativ selten)
besteht aus Holzklötzen, scharfkantig geschnitten und so verlegt, daß die Lauffläche von der Hirnfläche gebildet wird.

b_1) **Holzarten**

Kiefer, Lärche, engringige Gebirgsfichte, Eiche und für besondere Beanspruchung tropische Harthölzer.

Gegen Fäulnis und Insektenbefall werden die Klötze (Holzpflaster GE) mit Steinkohlen-Teeröl (vorübergehend Geruchsbildung) oder geruchslosen Schutzsalzlösungen bzw. geruchsschwachen öligen Holzschutzmitteln (Holzpflaster GE sowie Holzpflaster RE-W) getränkt, und zwar im Tauch- bzw. Kesseldruckverfahren (Tiefschutz).

Unterteilung nach der Verwendungsart:

Man unterscheidet:

„Holzpflaster GE für industrielle und gewerbliche Zwecke", DIN 68 701, zur Verwendung in der Industrie: Metallverarbeitung, Werkstätten, Lagerhaltung, Landwirtschaft.

„Holzpflaster RE für Innenräume" und zwar
Holzpflaster RE-V für Verwaltungsgebäude und Versammlungsstätten, Gemeinde- und Freizeitzentren, Hobbyräume und im Wohnbereich,
Holzpflaster RE-W für Werkräume im Ausbildungsbereich und ähnl. (DIN 68 702 E).

b_2) **Vorzüge des Holzpflasters:**

Es ist fußwarm und hat eine verbesserte Wärmedämmung (bei nicht unterkellerten Räumen), eine verbesserte Schalldämpfung, ist abriebfest gegen höchste gewerbliche Belastung und ergibt keine Oberflächenverformung von schweren, mechanisch bearbeiteten Werkstücken beim Aufsetzen auf den Fußboden. Weitere Vorzüge: natürliche Rauhigkeit und Staubbindung, Abrieb gering, leichte Auswechselbarkeit, Brandgefahr gering, da nur oberflächliches Verkohlen.

b_3) **Abmessungen** (in mm)

	GE	RE
Höhen	50, 60, 80, 100	22*), 25*), 30, 40, 50, 60
Breiten	80	40 bis 80
Längen	80 bis 160	40 bis 120 (bei RE-W 40 bis 140)

b_4) **Verlegung** (VOB/C, DIN 18 367 „Holzpflasterarbeiten")

Die Güte des Holzpflasterbodens ist vornehmlich vom Unterboden abhängig und besitzt bei sachgemäßer Herstellung eine nahezu unbegrenzte Lebensdauer. Die Unterlage muß völlig eben und trocken sein.

Dehnungs- und Arbeitsfugen an Wänden, Pfeilern und Schienen usw. sind in jedem Falle erforderlich.

---

*) nur bei RE-V

786   Holz und Holzbaustoffe

b_5) Holzpflaster GE

Die Verlegung erfolgt mit einem Heißkleber (bituminös), bei aufsteigender Feuchte ist eine Sperrschicht erforderlich, z. B. heißverklebte stumpfgestoßene bituminierte nackte Pappe (siehe auch AGI-Blatt A 70).

Man unterscheidet zwei Verlegeverfahren:

Das Preßverlegen: Auf den Untergrundvoranstrich werden die unterseitig in Klebemasse getauchten Klötze preßgestoßen aneinander gelegt und vollflächig mit dem Untergrund verklebt. Der fertige Boden wird mit trockenem oder bituminiertem Sand abgekehrt.

Das Verlegen mit Längsfugenleisten (Lättchenverlegung) geschieht in gleicher Weise: Jedoch werden lediglich die Querfugen preßgestoßen, in die Längsfugen werden etwa 5 mm dicke Holzplättchen von 1/3 bis 2/3 Klotzhöhe eingelegt. Die Längsfugen werden mit heißer Vergußmasse ausgegossen.

Holzpflaster in Stallungen wird nach DIN 18 907 Teil 2 verlegt.

b_6) Holzpflaster RE

Die Verlegung erfolgt ausschließlich als Preßverlegung in hartplastischem (schubfestem) Klebstoff nach DIN 281. Der Klebstoff wird vollflächig mit Spachtel auf den Untergrund aufgetragen.

Nach dem Verlegen wird die Oberfläche gleichmäßig abgeschliffen und versiegelt (siehe Parkett).

17.7.7 Vergütetes Holz

wird durch Pressen senkrecht zur Faserrichtung oder Stauchen in Faserrichtung oder Tränken hergestellt. Verbesserte Eigenschaften für Spezialzwecke.

a) Kunstharz-Preßholz (KP) (DIN 7707 T 2, Jan. 79)

Kunstharz-Preßholz wird aus Rotbuchenfurnieren (mind. 5 Lagen je cm Erzeugnisdicke) und hauptsächlich Phenol-Formaldehydharz hergestellt. Es wird durch Heißpressen senkrecht zur Faser verdichtet, damit Erhöhung der Rohdichte.

Verwendung für Sitzmöbel, nicht wassersaugende Betonschalungen usw.

b) Formvollholz (Biegeholz)

Besonders geeignet: Buche, Esche, Eiche. Die zugeschnittenen und bearbeiteten Holzstücke werden gedämpft, so daß die Holzzellen erweichen, danach maschinell gebogen (in Faserrichtung gestaucht) und anschließend künstlich getrocknet. – Verwendung: Sitzmöbel, Tischzargen, ebenso Flugzeug- und Fahrzeugbau.

c) Isoliervollholz (IVH) (DIN 7707 Teil 2)

Holz wird vergütet durch Tränken, Imprägnieren, Verdichten und Oberflächenbehandlung. Eigenschaften ähnlich Kunstharzpreßholz (siehe auch Abschnitt 17.4.8).

17.8 Brettschichtholz

Aufbau und Herstellung:

Besteht aus mind. 3 Einzelbrettern, in der bautechnischen Praxis meist wesentlich mehr (stets gehobelt), werden mit ihren Breitseiten übereinander verleimt. Die Brettdicke beträgt normal höchstens 30 mm, bei geraden Bauteilen bis auf 40 mm erhöht, wenn die Trocknung und Holzauswahl besonders sorgfältig erfolgen und die Bauteile nicht extrem klimatisch beansprucht werden.

17.8 Brettschichtholz

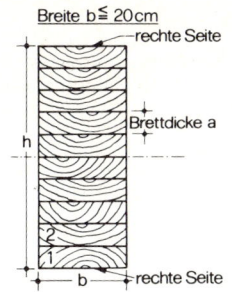 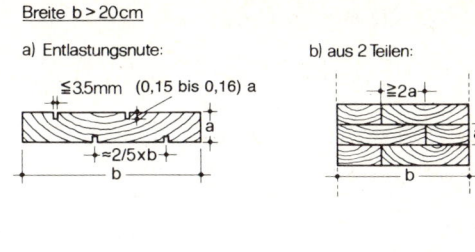

Abb. 17.10 Aufbau von Brettschichtholz [17/3]

Normal ist eine Brettbreite bis 20 cm, es werden jeweils nur „linke" und „rechte" Seiten *miteinander verleimt.* Dabei liegen an den *Außenseiten stets die „rechten Seiten.* Dies ist sehr wichtig, da die Querzugbeanspruchungen in den Leimfugen und im Holz bei Änderungen des umgebenden Klimas so klein wie möglich bleiben sollen (Abb. 17.10).

Binderbreiten über 20 cm erfordern zwei nebeneinanderliegende Bretter, die in den aufeinander folgenden Brettlagen um mindestens zwei Brettdicken versetzt angeordnet werden.

Bei *Einzelbrettern über 20 cm Breite* sind je Brettseite zwei durchlaufende Entlastungsnuten notwendig. Brettschichtholz ist in Länge und Höhe beliebig herstellbar, die Länge ist lediglich begrenzt durch Werkhallen, Preßbett und Transportmöglichkeiten. Die Höhe ist meist begrenzt durch die Arbeitsbreite der Dickenhobelmaschine. Regellängen bis 35 m und Höhen bis 2,20 m sind möglich.

Einzelbrettverbindungen sind fast immer gezinkt, zulässig ist auch geschäftet, im Innern u. U. auch stumpf gestoßen. Stumpfstöße müssen mind. um 50 cm versetzt sein.

Bei Biegebeanspruchung müssen nur die Bretter der Zugzone im Bereich von 15 % der Trägerhöhe der für die Bemessung maßgebenden Sortierklasse entsprechen.

Die Herstellung erfolgt fast ausschließlich aus Fichtenholz.

Verwendete Leime: je nach Klimabeanspruchung: Kunstharzleime auf Harnstoff- oder Resorcinharzbasis.

Der Preßdruck ist bis zur Leimaushärtung erforderlich. Anschließend werden die Rohlinge behobelt und weiter bearbeitet (Anbringen von Bohrungen, Dübellöchern usw.).

Wichtig: Die Holzfeuchte bei der Verleimung muß etwa derjenigen im fertigen Bauwerk entsprechen. Bei Lagerung und Transport sollen deshalb die Feuchteänderungen im verleimten Brettschichtholz so gering wie möglich bleiben. Dies ist notwendig wegen der Beständigkeit und Rissefreiheit!

Querschnitt: normal Rechteckquerschnitt, Verhältnis Höhe : Breite für Biegeträger meist 8 : 3 (möglichst nicht über 10).

17.9 Holzwerkstoffe, Herstellung und Eigenschaften

Verband der Deutschen Holzwerkstoffindustrie e. V., Wilhelmstr. 25, 6300 Gießen

Normen

DIN 68 705 T 2 (Juli 81):	Sperrholz, Sperrholz für allgemeine Zwecke
DIN 68 705 T 3 (Dez. 81):	Sperrholz; Bau-Furniersperrholz
DIN 68 705 T 4 (Dez. 81):	Sperrholz; Bau-Stabsperrholz, Bau-Stäbchensperrholz
DIN 68 705 T 5 (Okt. 80):	Sperrholz, Bau-Furniersperrholz aus Buche
DIN 68 706 T 1 (Jan. 80):	Sperrtüren, Begriffe, Vorzugsmaße, Konstruktionsmerkmale für Innentüren
DIN 68 750 (April 58):	Holzfaserplatten; poröse und harte Holzfaserplatten, Gütebedingungen
DIN 68 751 (Nov. 87):	Kunststoffbeschichtete dekorative Holzfaserplatten, Begriffe, Anforderungen
DIN 68 752 (Dez. 74):	Bitumen-Holzfaserplatten, Gütebedingungen
DIN 68 754 T 1 (Febr. 76):	Harte und mittelharte Holzfaserplatten für das Bauwesen, Holzwerkstoffklasse 20
DIN 68 761 T 1 (Nov. 86):	Spanplatten, Flachpreßplatten FPY, für allgemeine Zwecke
DIN 68 761 T 4 (Feb. 82):	Spanplatten, Flachpreßplatten für allgemeine Zwecke, FPO-Platte
DIN 68 762 (März 82):	Spanplatten für Sonderzwecke im Bauwesen
DIN 68 763 (Juli 80) und DIN 68 763 E (Okt. 88):	Spanplatten, Flachpreßplatten für das Bauwesen Spanplatten, Strangpreßplatten für das Bauwesen
DIN 68 764 T 1 (Sept. 73):	Spanplatten, Strangpreßplatten für das Bauwesen
DIN 68 764 T 2 (Sept. 74):	Spanplatten, Strangpreßplatten für das Bauwesen, beplankte Strangpreßplatten für die Tafelbauart
DIN 68 765 (Nov. 87):	Spanplatten, kunststoffbeschichtete dekorative Flachpreßplatten für allgemeine Zwecke
DIN 68 771 (Sept. 73):	Unterböden aus Holzspanplatten
DIN 68 791 (März 79):	Großflächen-Schalungsplatten aus Sperrholz, für Beton- und Stahlbeton

Zu den
Holzwerkstoffen zählen Sperrholz, Spanplatten und Faserplatten.

Sie sind plattenförmige Halbzeuge und unterscheiden sich sowohl in der Herstellung als auch in den technologischen und bauphysikalischen Eigenschaften.

Die Nachteile des Vollholzes liegen in den beschränkten Querschnittsabmessungen infolge der geringen Stammdurchmesser und in den unterschiedlichen elastomechanischen und Quelleigenschaften quer und längs zur Faser.

Durch Verleimen kleinerer Holzstücke mit gekreuzter Faserrichtung erzielt man einen Absperreffekt. Damit wird die Anisotropie des Holzes – seine unterschiedlichen Eigenschaften längs und quer zur Faser – ausgeglichen.

Bei der technischen Herstellung werden die Einzelstücke bzw. -schichten durch Verkleben schubfest miteinander verbunden. Die Holzwerkstoffe sind deshalb – mechanisch gesehen – Verbundsysteme. Ihr Vollholzanteil beträgt zwischen 80 und 98 Masse-%. Je nach der Art und dem Grad der Zerkleinerung unterscheidet man zwischen:

Sperrholz   **Spanplatten**   **Holzfaserplatten**

Diese Holzwerkstoffarten lassen sich noch weiter unterteilen:

Sperrholz in Furniersperrholz (Furnierplatten) und Stabsperrholz bzw. Stäbchensperrholz (Tischlerplatten),

Spanplatten in Flach- und Strangpreßplatten,

Holzfaserplatten je nach Rohdichte in
harte Platten, mittelharte Platten und Weichfaser- bzw. Dämmplatten.

Die *Anwendung der Platten* ist je nach Aufbau und Herstellungsbedingungen unterschiedlich:

tragend, aussteifend bzw. nichttragend oder nur vorwiegend für den Wärme- und Schallschutz.

Bezüglich der Witterungs- und Feuchteauswirkungen siehe DIN 68 800 T 2.

17.9.1 Sperrholz (DIN 68 705)

Besteht aus mindestens drei aufeinander geleimten Holzlagen, deren Faserrichtungen im allgemeinen um 90° gegeneinander versetzt sind.

- a) **Herstellung.** Dünne Holzblätter, Furniere, werden von vorher gedämpften Stämmen oder Blöcken abgetrennt, und zwar vornehmlich durch Schälen. Die Furnierdicke liegt zwischen 0,5 und 8 mm. Die Sperrholzfurniere werden meist als endloses Band abgeschält, und zwar getrennt für Deck- und Mittellagen. Anschließend werden sie auf 6 bis 10 Masse-% Holzfeuchtigkeit getrocknet, zugeschnitten und die Fehlstellen ausgebessert. Die Furniere werden dann maschinell beleimt, auf einem Unterlagsblech mit entsprechender Versetzung übereinander geschichtet und in beheizten Pressen bei etwa 170 °C verpreßt und ausgehärtet. Die Art der Verleimung ist für die Qualität der Platten entscheidend. Die außenliegenden Deckfurniere haben einen parallelen Faserverlauf, die Zahl der Furnierlagen ist im allgemeinen ungerade. Unterschiedliche Furnierdicken ordnet man symmetrisch zur Mittellage an.

- b) **Sperrholzarten**
- b_1) **Bau-Furniersperrholz (BFU) DIN 68 705 Teil 3 und Bau-Furniersperrholz aus Buche (BFU-BU), DIN 68 705 Teil 5**

    Bei Furniersperrholz bestehen alle Lagen aus Furnieren, die parallel zur Plattenebene aufeinandergeleimt sind.

    Für die Anwendungen im Bauwesen werden Furniersperrhölzer mit besonderen Gütebedingungen in den Plattentypen BFU 20[1]), BFU 100 und BFU 100 G hergestellt. Sie sind besonders für tragende Konstruktionen im Holzbau und für Dachschalungen geeignet. Im Vergleich zu den Holzwerkstoffplatten besitzen sie die höchsten *E*-Moduln und Festigkeiten und damit die höchsten zulässigen Spannungen.

    Bei Furniersperrhölzern aus mindestens 5 aufeinandergeleimten Furnierlagen können diese so aufeinandergeschichtet werden, daß die Faserrichtungen aufeinanderliegender Furniere sich unter 45° und kleiner kreuzen. Derartige Furniersperrhölzer werden als Sternholz (SN) bezeichnet.

- b_2) **Bau-Stabsperrholz (BST)[2]) und Bau-Stäbchensperrholz (BSTAE)[2]) DIN 68 705 Teil 4**

    Diese Sperrholzarten bestehen mindestens aus zwei Deckfurnieren und einer Mittellage nebeneinanderliegender Holzleisten. Die Faserrichtung jeder Lage ist wie bei Furnierplatten um 90° versetzt angeordnet.

    Nach der Art der Mittellage unterscheidet man:

Fußnote siehe S. 790

790 Holz und Holzbaustoffe

1. **Stäbchen-Mittellage** (STAE). Sie besteht aus plattenförmig aneinandergeleimten Holzstäbchen aus Rundschälfurnieren bis 8 mm Dicke. Sie stehen hochkant (mit stehenden Jahresringen) zur Plattenebene (Abb. 17.11).
2. **Stab-Mittellage** (ST). Sie besteht aus aneinandergeleimten Holzleisten von etwa 24 bis höchstens 30 mm Breite (Abb. 17.11). Beide genannten Mittellagenarten werden durch Aufeinanderleimen von Furnieren bzw. Brettern zu Blöcken hergestellt. Diese Blöcke werden anschließend auf Mittellagendicke gesägt.
3. **Streifen-Mittellage** (SR). Sie besteht aus Holzleisten von 24 bis 30 mm Breite, die jedoch nicht aneinandergeleimt sind. Streifenplatten sind nicht nach DIN 68 705 genormt, d. h. **DIN 68 705 Teil 4** gilt nur für Bausperrholz mit Stab- und Stäbchenmittellage.

Die Faserrichtung der Mittelschicht ist als Haupttragrichtung anzusehen. Die Beanspruchbarkeit auf Biegung einer dreilagigen Platte liegt demnach quer zur Faserrichtung der Deckfurniere.

Tafel 17.7 Zuordnung der Plattentypen zu den Holzwerkstoffklassen (in Anlehnung an DIN 68 800 Teil 2)

Holzwerkstoffplatte	Stoffnorm	Plattentypen für Holzwerkstoffklasse		
		20	100	100 G
Bau-Furniersperrholz	DIN 68 705 Teil 3	BFU 20	BFU 100	BFU 100 G
Bau-Furniersperrholz aus Buche	DIN 68 705 Teil 5	–	BFU-BU 100	BFU-BU 100 G
Bau-Stabsperrholz	DIN 68 705 Teil 4	BST 20	BST 100	BST 100 G
Bau-Stäbchensperrholz	DIN 68 705 Teil 4	BSTAE 20	BSTAE 100	BSTAE 100 G
Flachpreßplatte Beplankte Strangpreßplatte	DIN 68 763	V 20	V 100	V 100 G
Vollplatte	DIN 68 764 Teil 1	SV 1	SV 2	–
Röhrenplatte	DIN 68 764 Teil 1	SR 1	SR 2	–
für Tafelbauart	DIN 68 764 Teil 2	TSV 1	TSV 2	–
Harte Holzfaserplatte	DIN 68 754 Teil 1 DIN 68 754 Teil-2*)	HFH 20 –	– HFH 100	– –
Mittelharte Holzfaserplatte	DIN 68 754 Teil 1 DIN 68 754 Teil-2*)	HFM 20 –	– HFM 100	– –

*) in Vorbereitung

c) Verleimungsart – Holzwerkstoffklassen

Der Einsatz des Sperrholzes ist vor allem von der Verleimung abhängig. Folgende Holzwerkstoffklassen werden unterschieden (siehe Tafel 17.7):

20   Innensperrholz
100   Außensperrholz, Verleimung wetterbeständig
100 G Verleimung wetterbeständig und gegen holzzerstörende Pilze geschützt
Früher zulässig:
67   Innensperrholz für Räume mit erhöhter Luftfeuchtigkeit

Die Verleimungsarten der entsprechenden Plattentypen werden wie folgt charakterisiert:

IF 20: Beständig gegen im allgemeinen niedrige Luftfeuchte (Verleimung: Harnstoffharz). Prüfbeanspruchung: 24 Stunden Wasserlagerung bei 20 °C.
AW 100: Witterungsbeständige Phenolharz-Verleimung. Die Prüfung erfolgt im Wechsel mit kochendem Wasser und Heißluft.

[1]) Entspricht den Verleimungsarten IF 20, AW 100 und AW 100 G.
[2]) Frühere Bezeichnung: Tischlerplatten.

AW 100 G: Die Charakterisierung entspricht AW 100.
Nicht genormt:
IW 67: Verleimung beständig bei erhöhter Luftfeuchtigkeit und gegen gelegentliche Berührung mit Wasser bis zu etwa 67 °C. Nicht wetterbeständig.

d) **Die Güteklassen der Sperrhölzer**

richten sich nach der Beschaffenheit der Deckfurniere in Abhängigkeit von der verwendeten Holzart. Eine Kombination verschiedener Güteklassen ergibt die jeweilige Sperrholzsorte, z. B. 1-2, 1-3 oder 2-3. (Die erste Ziffer bedeutet stets die Güteklasse des Deckfurniers der Vorderseite.)

e) **Güteanforderungen**

Nur bestimmte Holzarten sind zugelassen[1]).
Sie umfassen die Beschaffenheit und maximale Dicke der Furniere, die Anzahl der Furniere zur Plattendicke, die Biegefestigkeit, den Mindestfeuchtigkeitsgehalt des Holzes und die Bindefestigkeit der Verleimung. Es können auch Baufurniersperrhölzer, die eine bauaufsichtliche Zulassung besitzen, eingesetzt werden. Dabei sind aber die angegebenen Bemessungsgrößen zu beachten.

Bau-Furniersperrhölzer und Bau-Stab- bzw. Stächensperrholz müssen güteüberwacht werden durch die Gütegemeinschaft Sperrholz e. V. Für die Prüfung von Sperrholz gelten DIN 52 371 (Mai 68) und DIN 52 372 (Sept. 77).

f) **Maße**

Sperrholz wird in den nachstehenden Vorzugsmaßen (nach DIN 4078) gefertigt (in mm):

	Furniersperrholz	Stab- und Stäbchensperrholz
Dicke:	4, 5, 6, 8, 10, 12, 15, 18, 20, 22, 25, 30, 35, 40, 50	13, 16, 19, 22, 25, 28, 30, 38
Länge:	1220, 1250, 1500, 1530, 1830, 2050, 2200, 2440, 2500, 3050	1220, 1530, 1830, 2050, 2500, 4100
Breite:	1220, 1250, 1500, 1530, 1700, 1830, 2050, 2440, 2500, 3050	2440, 2500, 3500, 5100, 5200, 5400

Die Länge wird stets in Faserrichtung der Deckfurniere gemessen.

g) **Brandverhalten**

Folgende Konstruktionen von Wänden usw. gelten bereits als feuerhemmend F 30 B: Beide Seiten dieses Bauteils müssen mit fugendichten Sperrholztafeln von wenigstens 8 mm Dicke verkleidet sein, und eine Mineralwolledämmschicht von wenigstens 60 mm Dicke muß dazwischengelegt sein. Diese ist außerdem gegen vorzeitiges Herausfallen zu sichern.

---

[1]) Für alle Bausperrhölzer, die aus den Verleimungsarten IF 20 und AW 100 zusammengesetzt sind, sind helle tropische Holzarten, wie Limba und Abachi, ausgeschlossen.
Alle Bausperrhölzer der Verleimungsart AW 100 G sind entweder aus splintfreien Holzarten, die mindestens die Resistenzklasse 2 besitzen, herzustellen, oder es muß bei der Herstellung der Platten ein Holzschutzmittel gegen holzzerstörende Pilze der Leimflotte, d. h. der Leimlösung, beigegeben werden.

Holz und Holzbaustoffe

h) Verwendung

Bau-Stabsperrholz und Bau-Stäbchensperrholz werden in der Holztafelbauweise als Stege und als Beplankung bei tragenden Elementen verwendet.

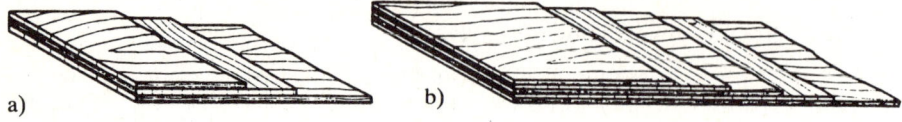

Furnier-Sperrhölzer. a) Dreifach verleimt; b) Fünffach verleimt

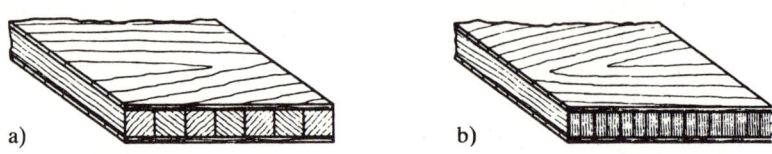

Stab- und Stäbchensperrholz. a) Mittellagen aus Brettern (Stabplatten bzw. Streifenplatten); b) Mittellagen aus Furnieren (Stäbchenplatten).

Abb. 17.11 Aufbau von Sperrholz

17.9.2 Spanplatten (DIN 68 760 / 68 764)

Spanplatten werden aus kleinen Holzteilen und/oder anderen holzartigen Faserstoffen (z. B. Flachsschäben, Hanfschäben) hergestellt, indem diese mit einem Bindemittel verpreßt werden. Als Bindemittel kommen sowohl härtbare Kunstharzleime als auch Zement oder Magnesiabinder in Frage.

Als **Holzspanplatten** bezeichnet man solche Platten, deren Späne nur aus Holz bestehen.

a) **Herstellung.** Nach der Herstellung unterscheidet man Flachpreßplatten und Strangpreßplatten.

a_1) **Flachpreßplatten** (DIN 68 761 und 68 763)

Die mit Bindemittel vermischten Späne werden in flacher Schicht zu Formlingen eingestreut. Sie lagern sich dabei parallel zur späteren Plattenebene. Gleichzeitig ist ein mehrschichtiger Aufbau möglich, wenn Späne verschiedener Größe oder verschiedener Qualität und/oder mit verschiedener Bindemittelmenge eingestreut werden. Das Verpressen und Aushärten erfolgen i. allg. in Mehretagenpressen unter Druck und Hitze.

Für **tragende Bauteile** werden vor allem mehrschichtige Flachpreßplatten benötigt. Ein besonders gutes Stehvermögen besitzen fünfschichtige Platten größerer Dicke.

a_2) **Strangpreßplatten** (DIN 68 764)

Hierbei werden die mit Bindemittel (Kunstharzleim) vermischten Späne von einem Kolben in den Pressenschacht oder Formkanal gedrückt. Dieser Formkanal besitzt den Querschnitt der

17.9.2 Spanplatten

fertigen Platte. Die Herstellung erfolgt kontinuierlich, da Heizung und Vorschubgeschwindigkeit auf die Aushärtezeit abgestimmt werden.

Die Späne lagern sich rechtwinklig zur Plattenebene an. Die Platten sind nur einschichtig aufgebaut, und die Biegefestigkeit der Platten ist infolge der Spananordnung geringer. Strangpreßplatten sind nur als Kernlagen für Verbundplatten geeignet, z. B. werden beplankte Röhrenplatten mit hoher Wärmedämmfähigkeit für Wandelemente usw. benötigt.

b) Verleimungsart – Holzwerkstoffklassen

Bei Spanplatten mit Kunstharzverleimung sind die Bindemittelart und der Holzschutzmittelzusatz für die Feuchtigkeits- und Wetterbeständigkeit entscheidend.

Entsprechend den Sperrhölzern erfolgt auch hier eine Einteilung in die Holzwerkstoffklassen 20, 100 und 100 G mit folgender Charakterisierung (siehe Tafel 17.7).

Holzwerkstoffkl. 20: Verwendung in Räumen mit allg. niedriger Luftfeuchtigkeit (nicht wetterbeständige Verleimung). Bindemittel: Aminoplaste.
Holzwerkstoffkl. 100: Verleimung beständig gegen hohe Luftfeuchtigkeit (begrenzt wetterbeständige Verleimung). Bindemittel: alkal. härtende Phenoplaste, Phenolresorcinharze.
Holzwerkstoffkl. 100 G: Charakterisierung wie vor mit dem Zusatz: zusätzl. mit einem Holzschutzmittel gegen Pilzbewuchs geschützt.
Einen Überblick über die einzelnen Plattentypen gibt Tafel 17.7.

c) Güteanforderungen

Gefordert werden für alle Plattenarten: gleichmäßige Dicke, gerade und scharfe Schnittkanten und ein rechtwinkliges Format. Die Biegefestigkeit hängt ab von der Plattendicke. Bei Flachpreßplatten wird die Querzugfestigkeit geprüft, bei Strangpreßplatten die Zugfestigkeit in Herstellungsrichtung. Die Mindestfeuchtigkeit der Platten soll (9 ± 4) Masse-% betragen. Weiterhin werden geprüft: die Verleimungsart, ggf. die fungiziden Eigenschaften und das Brandverhalten (Baustoffklasse B 2).

d) Maße und Nenndicken

Für Spanplatten gelten folgende Vorzugsmaße:
Nenndicken: 6, 8, 10, 13, 16, 19, 22, 25, 28, 32, 36, 40, 45, 50, 60, 70 mm
Breite: 1250 bis 2000 mm
Länge: 2250 bis 8400 mm, vorzugsweise 3800 bis 5110 mm

e) Flachpreßplatten für das Bauwesen (DIN 68 763)

Die Platten besitzen nahezu gleiche Festigkeiten in allen Richtungen der Plattenebene.

Sie werden verwendet als mittragende Beplankung für Dach- und Deckentafeln (Beanspruchung auf Biegung), Wandelemente (Beanspruchung auf Druck), Dachschalen (vertikale Belastung von Dachhaut, Schnee- und Mannlast) und als Scheibe (zur Aussteifung von Konstruktionen).

f) Beplankte Strangpreßplatten für die Tafelbauart (DIN 68 764 Teil 2)

Sie werden als Vollplatten und Röhrenplatten, mit und ohne Beplankung, und zwar nur mit Buche-Furnieren oder harten Holzfaserplatten, hergestellt. Als tragende Richtung einer mit Furnier beplankten Platte gilt die Faserrichtung des Furniers. Bei einer Röhrenplatte liegt diese in der Richtung der Röhren, und bei Beplankung mit Holzfaserplatten haben alle Richtungen eine annähernd gleiche Biegefestigkeit. Die Mindestdicke der jeweiligen Beplankung ist festgelegt.

Die Einteilung in die einzelnen Holzwerkstoffklassen (siehe Tafel 17.7) erfolgt nach der Verleimungsart zwischen Rohplatte und Beplankung. (Zur Bezeichnung: SV = Vollplatte, SR = Röhrenplatte.)

Bei den Normtypen SV 2 und SR 2 sind an allen Rändern mind. 15 mm breite Vollholzeinleimer oder ein gleichwertiger Feuchtigkeitsschutz anzubringen.

Strangpreßplatten, die der DIN 68 764 Teil 2 entsprechen, werden als TSV 1 oder TSV 2 gekennzeichnet (d. h. für die Tafelbauart).

Spanplatten für Sonderzwecke im Bauwesen nach DIN 68 762, sogenannte leichte Spanplatten, siehe Abschnitt 16.1.5.

Weitere Anwendung von Holzspanplatten:
Im Innenausbau als kunststoffbeschichtete dekorative Flachpreßplatte (bis 32 mm Dicke) und als Unterboden für Fußböden. Über die Einteilung in Emissionsklassen siehe Abschnitt 16.1.5. Zur Formaldehydabgabe von Spanplatten siehe Abschnitt 18.*)

g) **Mineralisch gebundene Spanplatten** (bauaufsichtlich zugelassen) werden entweder mit Zement oder Magnesiabinder als Bindemittel im Flachpreßverfahren hergestellt.

Die Plattenrohdichte beträgt etwa 1200 kg/m³, die Platten sind relativ gut schalldämmend.

Abmessungen in mm: *Längen* 2800 und 3200, *Breite:* 1250, *Dicken:* 8, 10, 12, 16, 18, 20, 24, 28.

Der Feuchtigkeitsgehalt (nach Klimatisierung) beträgt: (9 ± 3) Masse-%.

Beständigkeit ist gegeben gegen: Wasser, Witterung, Fäulnis, Pilz- und Insektenbefall, schwer entflammbar (Baustoffklasse B 1, DIN 4102).

Die Dickenquellung nach 28 Tagen Wasserlagerung beträgt bis 2 %, je 1 % Feuchtigkeitsaufnahme wird etwa 0,03 % Längendehnung bewirkt.

Weitere Stoffkennwerte:
Wärmeausdehnung: $\alpha_T = 10 \cdot 10^{-6}\ K^{-1}$
Wärmeleitzahl: $\lambda = 0{,}255\ W/(m \cdot K)$
Festigkeiten: Biegezug: $\geq 9\ N/mm^2$
Zug: $\geq 5\ N/mm^2$ (in Tafelebene)

Wasserdampfdiffusionswiderstandsfaktor: 22,6.

Für die Verarbeitung gilt: Die Platten lassen sich wie Holz sägen und bohren, sie sind schraub-, nagel- und klebbar (mit alkaliverträglichem Kleber).

Verwendung:

Innen: Wand- und Deckenverkleidungen von Stallungen und Wirtschaftsgebäuden.

---

*) Inzwischen auf dem Markt: formaldehydfreie Holzspanplatten; „Novopan F-Null".

17.9.3 Holzfaserplatten

Außen: Wetterbeständige Fassadenverkleidungen von Wirtschaftsgebäuden, Frühbeeten, Wegeeinfassungen usw.

<small>Holzwolleleichtbauplatten nach DIN 1101 und Mehrschicht-Leichtbauplatten nach DIN 1104, siehe Abschnitt 16.1.4.</small>

17.9.3 Holzfaserplatten (DIN 68 750/68 752 und DIN 68 754)

Für die Herstellung von Holzfaserplatten werden die Holzspäne zusätzlich in einem „Defibrator" genannten Reaktionsbehälter mit Dampf aufgeschlossen und anschließend durch Mahlscheiben mechanisch zerfasert. Die Platten werden entweder im Naß- oder im Trockenverfahren aus den verholzten Fasern hergestellt. Bei den im Naßverfahren produzierten Platten beruht der Zusammenhalt weitgehend auf der natürlichen Faserbindung. Dagegen sind die Bindemittelgehalte der im Trockenverfahren hergestellten Platten höher.

Nach der Rohdichte lassen sich unterscheiden:
- poröse Faserplatten (Rohdichte unter 350 kg/m^3)
- mittelharte Faserplatten (Rohdichte 350 bis 800 kg/m^3)
- harte Faserplatten (Rohdichte über 800 kg/m^3)

Über die Einteilung der Holzfaserplatten in Holzwerkstoffklassen siehe Tafel 17.7.

Die Herstellungsverfahren laufen – in groben Umrissen – wie folgt ab:

Naßverfahren: Dem Faserbrei werden Bindemittel je nach gewünschter Plattenqualität und Holzwerkstoffklasse und ggf. Holzschutzmittel beigemischt, anschließend wird der Faserbrei auf Langsiebmaschinen zu einem flachen Vlies ausgebreitet und durch Unterdruck entwässert.

Danach erfolgt die endgültige Formgebung:
poröse Faserplatten werden lediglich getrocknet.
Platten mit höherer Verdichtung werden in Heizpressen gleichzeitig verdichtet und ausgehärtet. Auf der Plattenrückseite ermöglicht ein Drahtsieb die notwendige Entwässerung, die Plattenvorderseite erhält eine preßblanke Oberfläche durch die aufliegende und beheizte Stahlplatte.

Trockenverfahren: Das Beleimen und Vermischen der Fasern erfolgt im Luftstrom. Die zu Formlingen aufgestreuten Fasern lassen sich anschließend zu Platten verpressen und aushärten, die entweder mehrschichtig aufgebaut sind oder auch zwei glatte Oberflächen besitzen können.

Die *Einteilung* der Holzfaserplatten richtet sich *nach* dem *Härtegrad und* der *Oberflächenbeschaffenheit.*

a) Harte und mittelharte Holzfaserplatten für das Bauwesen (DIN 68 754)

besitzen in allen Richtungen der Plattenebene dieselben elastomechanischen Eigenschaften. Sie werden deshalb als mittragende Beplankung tragender und aussteifender Elemente verwendet, beispielsweise:

im Trägerbau als Stege, bei Schalenkonstruktionen, als Dachschalung, bei ölgehärteten Platten auch ohne zusätzliche Folie oder Bitumenpappe, für Ausfachungswände, als schwimmende Fußböden, für Innenausbau und Fassadenverkleidung.

Über die Normtypen siehe Tafel 17.7.
(Zur Bezeichnungsweise: HFH = harte Holzfaserplatten, mit einer Rohdichte über 800 kg/m^3, HFM = mittelharte Holzfaserplatten mit einer Rohdichte von 350 bis 800 kg/m^3, ein schwedisches Produkt ist als HFM-Platte für alle Holzwerkstoffklassen bauaufsichtlich zugelassen, HFE = Extrahartplatten, nach be-

sonderem Verfahren hergestellt, mit ölgehärteter Oberfläche für Türen, Tore usw.)

Poröse Holzfaserplatten (auch Dämmplatten oder Isolierplatten genannt) siehe 16.1.5.

b) Güteanforderungen

Gefordert werden für alle Plattenarten: scharfe und gerade Schnittkanten, Rechtwinkligkeit und Parallelität, festgelegte Abmessungstoleranzen und ein Feuchtigkeitsgehalt von (5 ± 3) Masse-%. Die Dickenquellung bei Wasserlagerung ist nach oben begrenzt, Biegefestigkeit und Querzugfestigkeit dürfen Mindestwerte nicht unterschreiten.

Gängige Maße:

HFH *Dicke* in mm: 2, 2,5, 3,2, 4, 5, 6, 7, 8, 10, 12, 15
   Dicken über 8 mm erhält man meist durch Verleimung zweier Platten.
HFM *Dicke* in mm: 5 bis 16, hauptsächlich 9 bis 12
   Breite: 1220 bis 2030 mm
   Länge: 2500 bis 5200 mm

c) Anforderungen, Kennzeichnung und Bezeichnung

Die Anforderungen an Holzfaserplatten, die tragende Funktionen im Bauwerk oder Bauteil haben, sind in Normen festgelegt. Eine laufende Eigen- und Fremdüberwachung ist vorgeschrieben.

(Kunststoffbeschichtete dekorative Holzfaserplatten werden zusätzlich geprüft auf: Widerstand gegen Abrieb, Verhalten gegen Zigarettenglut, Topfböden, Wasserdampf, Lichtechtheit, Fleckenempfindlichkeit.)

Holzfaserplatten sind an geeigneter Stelle wie folgt zu kennzeichnen:

Herstellwerk und Werkstyp (evtl. verschlüsselt), Dicke (mm), Normtyp, DIN- oder Zulassungs-Nr., fremdüberwachende Stelle.

Für Holzfaserplatten sind im Leistungsverzeichnis, auf Plänen, bei Bestellungen usw. folgende Angaben erforderlich:

Art (Baufurniersperrholz, Baustab- oder Baustäbchensperrholz, Flachpreßplatte usw.)
Dicke, Länge und Breite in mm
Normtyp oder Zulassungsbezeichnung
DIN- oder Zulassungs-Nr.
ggf. weitere Sondereigenschaften (schwerentflammbar, Klasse B 1 usw.)

17.10 Holzzerstörung und Holzschutz

Normen

DIN 52 175 (Jan. 75):	Holzschutz, Begriffe, Grundlagen
DIN 68 800 T 1 (Mai 74); T 2 (Jan. 84); T 3 (April 90); T 4 E (Juli 86); T 5 (Mai 78) und T 5 E (Jan. 90):	Holzschutz
DIN 52 161 T 1 (März 67); T 3 (Aug. 79); T 4 (Juli 79);	

17.10 Holzzerstörung und Holzschutz/17.10.1 Holzzerstörung

T 6 (Juli 79); T 7 (Sept. 85):   Prüfung von Holzschutzmitteln
Merkblatt für den Umgang mit Holzschutzmitteln (Industrieverband Bauchemie und Holzschutzmittel e. V.).

Der *Holzschutz* umfaßt alle Maßnahmen, die Holz und Holzwerkstoffe schützen vor der *Zerstörung durch pflanzliche* (vor allem Pilze) *und tierische Schädlinge* (vor allem Insekten) und die dem *vorbeugenden Schutz gegen Feuer* dienen.

Alle genannten Schutzmaßnahmen für Holzkonstruktionen im Hochbau und Ingenieurbau sind dem Korrosionsschutz bei Metallen gleichzusetzen. *Der Holzschutz ist deshalb in die Planung und Ausschreibung einzubeziehen.*

Die dazu erforderlichen *Richtlinien* sind niedergelegt in DIN 68 800 T 1 bis 5 „Holzschutz im Hochbau" und in DIN 52 175 (Jan. 75) „Holzschutz, Begriffe, Grundlagen".

17.10.1 Holzzerstörung

Die Zerstörung des Holzes durch UV-Strahlung (siehe auch [2]) tritt in ihrer Bedeutung weit hinter die durch lebende Holzzerstörer zurück. Im Kreis der Natur haben alle holzzerstörenden Organismen die Aufgabe, Holz- und Pflanzenreste wieder in Humus umzusetzen. Diese Organismen unterscheiden jedoch nicht zwischen Holzabfall und verwertetem Holz.

Deshalb ist die Kenntnis der wichtigsten Holzzerstörer und ihrer Lebensbedingungen notwendige Voraussetzung für einen sachgemäßen Holzschutz.

a) Pflanzliche Schädlinge
a_1) Bakterien und Pilze

Bakterien: Als Holzzerstörer sind sie bedeutsamer als früher angenommen. Sie greifen nur sehr nasses Holz an, z. B. Einbauten von Kühltürmen, sowie frei verbautes Holz (Maste, Schwellen) und geflößtes Holz. Bei geflößtem Holz erfolgt eine Zerstörung der Tüpfel, dadurch wird die Wegsamkeit im Holz größer. Die Folge ist eine erhöhte Schutzmittelaufnahme. Bei ständig nassem Holz (Kühlturmeinbauten) können Bakterien auch die Holzfaser angreifen.

Wichtige pflanzliche Holzzerstörer: Pilze

In völlig trockenem und in wassergesättigtem Holz haben Pilze keine Lebensbedingungen. Bei > 20 Masse-% Holzfeuchte entwickeln sich aus den Pilzsporen Zellfäden (Hyphen), sie durchwachsen verzweigt den Holzkörper und werden in ihrer Gesamtheit als Myzel bezeichnet. Mehrere Hyphen aneinandergelagert werden als Stränge bezeichnet.

Aufschluß des Holzes: Die Hyphenspitzen scheiden Enzyme ab und nehmen die Holzabbauprodukte als Nahrung auf. Mit fortschreitendem Wachstum der Pilzfäden wird in gleichem Maße das Holz weiter zerstört (Ausnahme: Bläuepilze, leben nur vom Zellsaft).

Wachstumsvoraussetzungen: Pilze benötigen vor allem Feuchte, Wärme und geringe Luftbewegung. Das Pilzwachstum erfolgt etwa zwischen + 3 °C und + 39 °C. Die Pilze vermögen durch die sogenannte Kälte- bzw. Trockenstarre Kälte und trockene Hitze lange Zeit zu überstehen, *gegen feuchte Hitze sind sie dagegen sehr empfindlich.*

a₂) Unterscheidung der Pilze nach der Myzelausbildung

Substratpilze: verursachen *Lagerfäulen*. Das Myzel wächst im Holzinnern (Innenfäule). Das Holz zeigt eine innere Vermorschung bei äußerer Unversehrtheit. Nur gelegentlich im fortgeschrittenen Stadium entwickeln sich auf der Holzoberfläche vielgestaltige Fruchtkörper (Leisten, Scheiben, Konsolen, Hüte, bei Lichtmangel horn- oder geweihartige Formen).

Oberflächenpilze: Sie verursachen *Hausfäulen*. Das Myzel wächst auf der lichtabgewandten Holzoberfläche, von der aus Myzelfäden in das Holz hineinwachsen. Das Myzel kann ohne weiteres auf benachbarte Hölzer übergreifen, es wächst über den ursprünglichen Nährboden hinaus. Es überwuchert bzw. durchwächst dabei auch Stoffe, die keinen Nährboden bilden (Steine, Mauerwerk usw.).

a₃) Unterscheidung der Pilze nach der hervorgerufenen Zerfallserscheinung

Destruktions- oder Braunfäule. Sie wird durch Pilze verursacht, die vorzugsweise Zellulose abbauen. Das Holz färbt sich dunkel und reißt würfelartig auf. Im fortgeschrittenen Befallsstadium wird das Holz pulvrig zerreibbar. Braunfäule vornehmlich an Nadelhölzern. Wichtigster Vertreter: echter Hausschwamm.

Weißfäule: Sie wird durch Pilze verursacht, die etwa gleich viel Zellulose wie Lignin abbauen. Da das Holz aber mehr Zellulose als Lignin enthält, bleibt ein Teil des Zellulosestützgerüstes erhalten. Das Holz wird jedoch heller und leichter, im Endstadium „schwammig", meist mit marmorartigen Streifen. Weißfäule meist bei Laubholz. Wichtigster Vertreter: Schmetterlingsporling. Eine Sonderform der Weißfäule ist die **Korrosionsfäule:** Dabei färbt sich die Holzoberfläche nur punkt- bzw. narbenförmig weiß, das Aussehen entspricht der Korrosionserscheinung auf Metalloberflächen.

Trotz des eingetretenen Festigkeitsabfalls ist solches Holz unter Umständen noch für bestimmte Zwecke einsetzbar.

Durch **Moderfäule** wird der äußere Holzbereich weich und in feuchtem Zustand „schmierig", nach Austrocknen fein rissig. Moderfäuleerreger bevorzugen Holz in Erdkontakt. Vertreter: Ascomyceten und Fungi imperfecti.

a₄) Unterscheidung der Pilze nach dem Vorkommen

Stammfäulen am lebenden Stamm. Die Pilze sterben beim Austrocknen des gefällten Stammes ab. Hervorgerufen wird diese Fäule z. B. vom *Wurzelschwamm:* Er befällt bei überständigen Nadelbäumen, von der Wurzel eindringend, den Kern des unteren Stammendes (Kern- oder Wurzelfäule). Häufig sind Wunden oder abgebrochene Äste das Einfallstor für Fäulniserreger, dann spricht man von Wundfäule bzw. Astfäule (Baumschwamm, Hallimasch u. a.). Nur bei Holz, das im Innern länger feucht bleibt, zeigt sich dort eine auffallende Holzzerstörung, mit „Ringfäule", wenn auf einzelne Jahresringe beschränkt, oder *„Kernfäule", „Herzfäule"* u. a. bezeichnet.

Auch mit feuchtem Erdreich in Verbindung stehendes Nutzholz kann rotfaul werden (oft Weiterentwicklung von Rotstreifigkeit). Die Rot- oder Graustreifigkeit bei Nadelholz (Anfangsstadium einer Fäule) mindern die Haltbarkeit im Witterungswechsel. *Rot- bzw. graustreifiges Holz ist nur im Trockenen brauchbar. Die Festigkeit wird herabgesetzt, das Holz ist nicht für Zugglieder einsetzbar.*

Lagerfäulen befallen Nutzholz nach der Fällung, aber auch nach Verbau im Freien oder an feuchten Stellen. Hierzu zählt auch das Verstocken des Splints bei Lagerung saftfrischen Holzes in der Rinde oder bei ungenügendem Luftzutritt (Buche wird weißlichbraun, Nadelholz grünlichblau, Eiche braun). Lagerfäulen machen das Holz minderwertig.

Hausfäulen treten auf am unter Dach verbauten Holz. Sie werden *von Oberflächenpilzen verursacht.* Der Befall erfolgt durch von Fruchtkörpern ausgestreute Sporen, besonders, wenn das Holz auf Wald- oder Humusboden gelagert wird. Ferner erfolgt der Befall durch verseuchten Bauschutt oder schwammkrankes Brennholz oder auch durch Windübertragung! Jedoch können die Sporen auf trockenem Holz sich nicht entwickeln. Deshalb ist die Bezeichnung „Trockenfäule" für einen im ausgetrockneten Zustand angetroffenen alten Fäulnisschaden irreführend! Beim Austrocknen des Holzes sterben alle Schwämme ab, **Ausnahme:** der sog. *„echte" Hausschwamm. Diesem ist nur die Lebensvoraussetzung zu entziehen durch vollständige Trockenlegung des gesamten Gebäudes, etwa durch Einziehen einer horizontalen Sperrschicht über alle Mauerquerschnitte im Keller- bzw. Fundamentteil. Danach stirbt auch der echte Hausschwamm ab.*

a_5) **Die wichtigsten bauholzzerstörenden Pilze**

1. Hausfäulen (Oberflächenpilze)

Echter Hausschwamm: Er greift hauptsächlich Nadelhölzer an, auch Laubhölzer, außer Eiche (da Myzel empfindlich gegen Gerbsäure). *Die Sporen benötigen zum Keimen Feuchte.* Nach der Entwicklung des Pilzes ist er durch Austrocknen des Holzes allein nicht mehr zu bekämpfen, weil sein *gut organisiertes Myzel (bis Bleistiftdicke)* Mauerwerk zu durchwachsen und dabei eine Geschoßhöhe mit Sicherheit zu überspringen vermag (ohne darin Nahrung aufzunehmen). Auf diese Weise erlangt er die zum Wachstum notwendige Feuchte und kann selbst lange Trockenzeiten überdauern. Sein Myzel kann Mauerwerk durchwachsen und aus dem Nachbarhaus einwandern. *Günstige Lebensbedingungen findet der echte Hausschwamm bei 20 bis 30 Masse-% Holzfeuchte.*

Braunes, längs- und querrissiges Holz und Pilzgeruch, watteartiges, weißes Anfangs- und Luftmyzel, graue, löschpapierähnliche, vom Holz ablösbare Häute mit strahlenförmigem Bau sowie wurzelartige strangförmige, graue Bildungen sind typisch für den Hausschwamm (Abb. 17.12). *Sicheres Erkennungsmal (außer mikroskopischer Untersuchung) ist nur der junge Fruchtkörper:* er besteht aus fleischigen Platten und Konsolen (pfannkuchenartig) (Abb. 17.13), sie sind im Anfangsstadium an der Oberfläche rostbraun, in der Reife durch Sporen braun gefärbt (wie mit Zimt bestreut), an waagerechten Flächen findet man sie mit runzeliger (Runzelreusch), an senkrechten Flächen mit zäpfchen- bzw. stalaktitenförmiger Oberflächenausbildung. Ihr Rand ist weiß. Fruchtkörper finden sich nicht immer. Sie brauchen etwas Licht, wachsen meist gegenüber Fenstern und in Fensterlaibungen, hinter Fußleisten und Bekleidungen hervor o. ä.

Weißer Porenhausschwamm: Die Fruchtkörper sind mit zahllosen, senkrecht nach unten gerichteten Poren bedeckt, ihre Farbe ist weißlich, samtartig schimmernd, auf waagerechten Flächen auch bienenwabenartig. An senkrechten Flächen werden die dann ebenfalls nach unten gerichteten Röhrchen unregelmäßig lang und wirken stalaktitenartig. Myzel und Stränge sind weiß (Abb. 17.14). *Günstigste Lebensbedingungen findet der Pilz bei etwa 40 Masse-% Holzfeuchte.* Er verträgt eine vorübergehende Austrocknung und durchwächst, wie der echte Hausschwamm, Füllstoffe und Mauerwerk.

Kellerschwamm (brauner Warzenschwamm): An der Oberfläche des flach anliegenden, krustigen Fruchtkörpers mit gelblichem Rand entwickeln

Abb. 17.12 Befallsbild des echten Hausschwammes

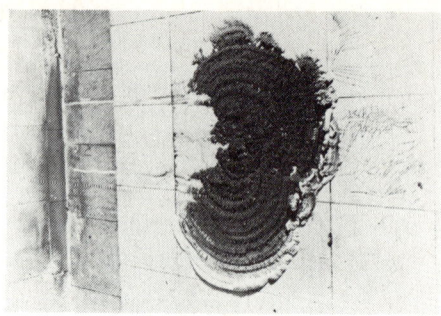

Abb. 17.13 Fruchtkörper des echten Hausschwammes

Abb. 17.14 Myzel des weißen Porenhausschwammes

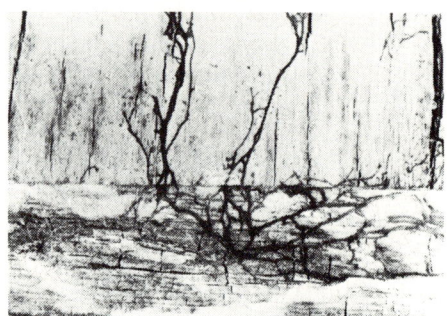

Abb. 17.15 Myzel des Kellerschwammes

sich hell- bis dunkelbraune halbkugelige Warzen von 5 mm Durchmesser. Diese faulen nicht, wie die fleischigen Hausschwammfruchtkörper, sondern trocknen ein und fallen ab. *Das spärliche Oberflächenmyzel* (Abb. 17.15) ist frisch gelblich, später braun und bildet zarte, beinahe spinnwebartige Stränge.

Der Kellerschwamm tritt *nur an sehr feuchten Stellen* auf *(50 bis 60 Masse-% Holzfeuchte)* und stirbt bei Austrocknung ab. Der Pilz säuert Holz an, er wird damit zum Wegbereiter für den echten Hausschwamm.

2. **Lagerfäulen (Substratpilze)**

Blättlinge: Sie sind die gefährlichsten Holzzerstörer des im Freien verbauten Nadelholzes und verursachen bald erhebliche Festigkeitsverluste. Sie befallen aber auch Laubholz, neben Buche und Eiche auch tropische Hölzer (Petulina).

Die Pilze treten auf an Leitungsmasten und Zäunen, an Rundholz, sie werden auf Lagerplätzen eingeschleppt und finden sich *in feuchten Gebäuden (undichte Dächer, Fachwerk), in Bergwerken sowie an vermorschendem Fensterholz.*

17.10.1 Holzzerstörung

Das Holz wird von innen heraus befallen. Die Sporen fliegen in die Holzrisse, wo sich die Holzfeuchte länger hält.

Sie bilden einzelne, braun gefärbte Fäulnisnester und verursachen *Innenfäule.* Das Holz wird auch weit oberhalb des Erdbodens befallen in sonniger Lage. Bei zu hohen Temperaturen bzw. bei zu großer Trockenheit verfällt der Pilz in eine *Trockenstarre.* Er vermag damit lange Trockenperioden zu überbrücken. Bei Eintreten günstiger Lebensbedingungen lebt er wieder auf. Dies gilt für Myzel, Fruchtkörper und Sporen. Das *Pilzwachstum* geht z. T. noch bis 44 °C. *Blättlinge* sind nicht sehr schnellwüchsig, dafür aber *energische Holzzerstörer.* Die äußeren Holzschichten bleiben lange Zeit intakt, während *im Innern* bereits weitgehend das Holz *vermorscht* ist. Leitungsmaste deshalb vor dem Besteigen anklopfen, der Klang zeigt, ob das Holz gesund ist.

Die *Fruchtkörper,* die aus den Holzspalten hervorbrechen, sind je nach Pilzart unterschiedlich: Der Zaunblättling bildet abstehende Konsolen, außen und innen gelbrot, mit fuchsiggelber Zuwachszone im jungen Zustand. Der Tannenblättling bildet Leisten, außen braun mit hellrosa Zuwachszone im jungen Alter.

Der Zähling befällt im Freien verbautes Nadelholz, kommt *auch in Bergwerken und feuchten Häusern* vor. *Er ist resistent gegen Steinkohlenteeröl,* d. h., unter einer intakten Imprägnierzone kann der nicht imprägnierte Holzteil erheblich zerstört werden, das äußerlich gesunde Holz bricht erst bei Belastung zusammen.

Die Lebensweise entspricht fast vollständig *derjenigen der Blättlinge.* Die Sporen keimen in den Holzrissen und bewirken eine Braunfäule vor allem der inneren Holzteile. Der Pilz besitzt ebenfalls die Fähigkeit, ungünstige Trockenzeiten und hohe Temperaturen durch eine Trockenstarre zu überbrücken. Das Pilzwachstum erfolgt zwischen + 8 °C und + 38 °C, der Pilz gehört zu den verhältnismäßig langsam wachsenden Holzpilzen.

Die aus den Holzspalten bei weit fortgeschrittener Zerstörung heranwachsenden *Fruchtkörper* besitzen einen zentralen oder seitlich angeordneten Stiel mit Hut (siehe Speisepilze). Dieser ist 5 bis 10 cm breit, bräunlich und oben mit dunklen Schuppen bedeckt, auf der Unterseite finden sich Blätter oder Lamellen, an den Schneiden charakteristisch gesägt. Die Konsistenz des Fruchtkörpers ist ledrig-zäh (Zähling) und biegsam.

Bläuepilze:

verursachen ein Anblauen des Holzes, z. B. des Kiefernsplintes. Das Myzel durchwächst die Holzzellen entweder unmittelbar nach der Fällung oder nach der Befeuchtung des verbauten Holzes. Die *Festigkeitseigenschaften werden nicht beeinflußt,* da der Pilz nur von den Zellinhaltsstoffen lebt. Von *Bläue befallenes Holz* muß allerdings *mit einem deckenden Anstrich* versehen werden.

b) **Holzzerstörende Tiere**
   b_1) **Zerstörung des Holzes durch Tiere**

Als holzzerstörende Tiere kommen *Insekten* sowie *im Meerwasser Muscheln und Asseln* vor.
Am wichtigsten: *Insekten.*

Die wichtigsten in Mitteleuropa vorkommenden holzzerstörenden Insekten haben eine vollkommene Entwicklung, im Gegensatz zu den Insekten mit unvollkommener Entwicklung (z. B. Termiten).

Vollinsekten sorgen in der Regel nur durch Eiablage im Holz für ihre Vermehrung, der *eigentliche Holzzerstörer ist die Larve.*

Man unterscheidet vier Entwicklungsstadien beim Insekt mit vollkommener Entwicklung:
Ei – Larve – Puppe – Vollinsekt.

Bei Hölzern, die einen Kern ausbilden (z. B. Eiche, Kiefer u. a.): Das *Kernholz* wird *erst angegriffen, nachdem es von Pilzen angegriffen* wurde. In einer groben Unterteilung nach dem Vorkommen kann man unterscheiden:

b_2) **Frischholzzerstörer**

Befallen den lebenden kränkelnden Baum bzw. frisch gefälltes Holz (mit > 20 Masse-% Holzfeuchte).

Borkenkäfer: (nur Forstschädlinge, hauptsächlich im Nadel-, weniger im Laubwald). Larvenfraß erfolgt in der Bast- und Kambiumschicht rings um den Stamm, er unterbricht die Saftleitungsbahn. Der Baum stirbt dadurch ab.

Nach Naturkatastrophen oder durch Massenbefall von blatt- bzw. nadelfressenden Insekten sind ausreichend gute Lebensbedingungen vorhanden, so daß manche Arten sich dann massenhaft vermehren und ganze Waldbestände vernichten.

Zur Eiablage minieren die weiblichen Käfer „Muttergänge" in Rinde oder Bastschicht. An diese schließen sich in den meisten Fällen später die Larvengänge an und ergeben ein für die einzelne Art typisches „Fraßbild".

Dagegen: **Holzbrütende Borkenkäfer** fressen sich in das Holz ein und erzeugen Fraßgänge, in denen sie einen Pilz züchten. Mit Trocknung des Holzes stirbt Befall aus, die Fraßgänge bleiben im Holz schwarz umrandet zurück als „schwarzer Wurm". Abgesehen von einer Wertminderung des Holzes und Einschränkung seiner Verwendung (kein Schreinerholz) entsteht kein weiterer Schaden.

Holzwespen (befallen nur Nadelholz). Die Lebensdauer der Larven beträgt ein bis zwei, nach anderen Angaben drei bis sechs Jahre. Sie bohren, wenn mit dem befallenen Holz in den Bau eingeschleppt, später Ausfluglöcher (kreisrund, ⌀ 3 bis 6 mm). *Aufliegende Stoffe, wie Dachfolien, Linoleum, Teppiche, Parkett, selbst Putz und Bleiverkleidungen (Bleikabel, Kabeltrommeln) werden ebenfalls durchbohrt.* Dann erfolgt kein weiterer Befall, da die Eiablage nur am lebenden saftfrischen oder frisch geschälten Stamm erfolgreich ist.

Holzameisen: Die Roßameise (camponotus) und einige andere Ameisenrassen der Gattung Lasius erlangen örtliche Bedeutung, häufig in Zusammenhang mit pilzbefallenem Holz. In den nördlichen Ländern und in den rauhen Mittelgebirgen tritt die Roßameise gelegentlich als Stamm- und Bauholzzerstörer auf.

b_3) **Trockenholzzerstörer**

Wichtig sind vor allem die Arten, die in Gebäuden Schäden hervorrufen können (Holzbefall nur bei < 20 Masse-% Feuchtigkeitsgehalt).

Hausbock: Als tierischer Gebäudeschädling hat er größte Bedeutung. *Er befällt nur Nadelholz,* und zwar die splintholzreichen Randzonen bevorzugt, bei Fichte und Tanne auch das Reifholz. Im Laubholz vermag er sich nicht zu entwickeln, da es für die Larven giftige Stoffe enthält. Die **Larven** sind 1,5 bis 30 mm lang und haben eine 3- bis 6jährige Entwicklungsdauer. *Der männliche Käfer* mißt 8 bis 16 mm, der *weibliche* 12 bis 25 mm (Abb. 17.16). *Die stets glänzenden Käfer sind vereinzelt hellbraun, meist jedoch dunkelbraun bis schwarz gefärbt. Die Käfer besitzen einen stark behaarten Halsschild mit zwei glänzenden Höckern und nur schwach behaarte Flügeldecken.* Darauf *befindet sich hinter dem ersten Drittel* eine aus zwei fast spiegelbildlich angeordneten γ-förmigen Flecken bestehende stark behaarte Querbinde. Die Flugzeit ist Juli/August.* Angelockt durch den typischen Nadelholzgeruch, legt das Weibchen mit seiner bis auf 3 cm ausfahrbaren Legeröhre die Eier (meist etwa 200, vereinzelt bis etwa 500 Stück), länglich,

17.10.1 Holzzerstörung

Abb. 17.16 Weiblicher Hausbockkäfer (etwa 20 mm)

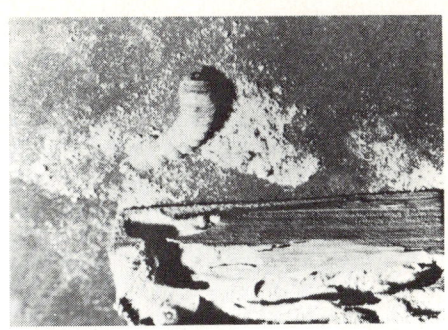

Abb. 17.17 Larve des Hausbocks und Befallsbild

Abb. 17.18 Lyctus — Brauner Splintholzkäfer (etwa 5 mm)

Abb. 17.19 Lyctus — Befall einer Holzwerkstoff-Platte

Abb. 17.20 Anobium — Pochkäfer (etwa 5 mm)

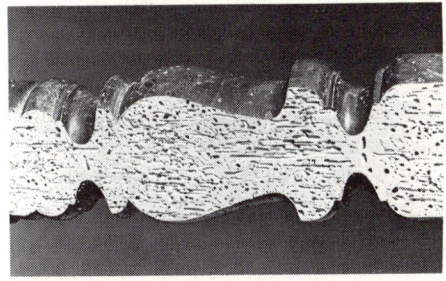

Abb. 17.21 Von Pochkäfer befallenes Möbelholz

glasig, bis 2 mm lang, in Spalten und Trocknungsrisse von etwa 0,3 bis 0,6 mm Breite in 3 bis 7 Gelegen ab (60 bis 70 Eier je Gelege). *Sägerauhes Holz wird bevorzugt, ebenso Holz, das im Sommer sich stärker erwärmt und im Winter stärker abkühlt.* Deshalb sind Dachlatten mindestens ebenso bevorzugt wie der übrige Dachstuhl.

Gefährdet sind Dachstühle, Balkendecken unter Dachgeschossen, in seltenen Fällen auch im Freien stehende Masten oder ähnliches.

Die Larven fressen Fichte und Tanne über den ganzen Querschnitt, auch im Reifholz. *Kiefer und Lärche werden* dagegen unter weitgehender Meidung des Kernholzes *vorwiegend im Splint* zerstört. *Laubholz ist hausbocksicher, da für die Larven giftig.* Das Holz wird völlig ausgehöhlt, *nur eine papierdünne Oberflächenhülle bleibt erhalten. Äußere Anzeichen sind Nagegeräusche* der fressenden Larven (i. allg. nur in der wärmeren Jahreszeit hörbar bei Anlegen des Ohres mittels Horchgerätes), *ferner 7 bis 9 mm lange und 3,5 bis 4 mm breite Ausfluglöcher.* Durch Anreißen mit Haken oder Messer über eine Holzkante werden die unter der Holzoberfläche liegenden Fraßgänge freigelegt, die mit hellem Holzmehl ausgestopft sind (Abb. 17.17).

Bei Befall besteht behördliche Meldepflicht. **Schutzmaßnahmen** werden für die Holzkonstruktionen aller Gebäude im Umkreis von 300 m zur Auflage gemacht. *Das befallene Objekt* muß zumeist statisch überprüft und in jedem Falle umfassend imprägniert werden. In Deutschland gibt es nur noch wenige Kreise, die lediglich einen geringen Hausbockbefall aufweisen: Im wesentlichen ein schmaler Streifen entlang der Nordseeküste, die Mittelgebirge oberhalb 600 m und südlich der Mainlinie: die Alpen und Mittelgebirgskämme oberhalb 1000 m Höhe. In allen genannten Gebieten herrschen während der Schlupfperiode meist Temperaturen unter 25 bis 29 °C, so daß eine Hausbockverbreitung auf dem Flugweg weitgehend unterbleibt. Verschleppungen mit befallenem Holz sind jedoch auch hier möglich.

Der blaue Scheibenbock befällt vorwiegend Kiefer, gelegentlich auch Laubholz. Das durch die Scheibenbocklarven hervorgerufene Fraßbild wurde in der Vergangenheit häufig mit dem des Hausbocks verwechselt. Die Larvenentwicklung erfolgt nur am berindeten Holz im Bastteil zwischen Rinde und Splint. Nur zur Verpuppung werden 2 bis 3 cm lange Hakengänge in das Splintholz gebohrt. Die Scheibenbocklarven stopfen ihre Gänge mit Fraßmehl zu, im Gegensatz zu dem der Hausbocklarven ist dies nicht hell, sondern wie Pfeffer und Salz gesprenkelt (aus Borke und Holz bestehend). **Wichtigste Gegenmaßnahmen:** Alles Holz entrinden. An Laubholz findet man den *veränderlichen Scheibenbock*. Mit dem berindeten Kaminholz (Buche) gelangt er in die Wohnungen und Gebäude.

Splintholzkäfer (Arten der Gattung Lyctus) (Abb. 17.18)

Vor allem der *braune Splintholzkäfer und der afrikanische Splintholzkäfer* wurden durch tropische Hölzer nach Deutschland eingeschleppt. *Sie befallen bevorzugt Hölzer, die reichhaltig Stärke und Eiweiß enthalten.* Neben *zahlreichen Importhölzern:* Abachi, Afzelia, Agba, Antaria, Eukalyptus, Hickory, Ilomba, Koto, Lauan, Limba, Niangon, Ramin, Sem, Sipo, Tchitola, Virola und Bambusarten sind dies an *einheimischen Holzarten:* Eiche, Esche, Nußbaum, Rüster, Kastanie und seltener: Ahorn, Kirsche, Pappel, Robinie.

Es wird niemals der Kern befallen. Europäische Nadelhölzer und Rotbuche werden nicht befallen (Abb. 17.19).

Larve und Befallsbild sind nur auf den ersten Blick mit dem des Pochkäfers ähnlich. Die Fraßgänge der Larven wachsen allmählich bis auf 2 mm

Durchmesser an und verlaufen überwiegend in Faserrichtung. Die Gänge sind mit puderfeinem Holzmehl fest verstopft. *Ein wichtiger Unterschied besteht ebenfalls in den Lebensbedingungen:* Lyctusarten gedeihen auch noch im trockenen Holz unter trockenen und warmen Bedingungen (neue Häuser mit Zentralheizung). Er ist in Parketthölzern, Holzverkleidungen, Möbeln, Türfuttern usw. anzutreffen. (Länge der Käfer: 2,5 bis 7 mm, meist 3 bis 6 mm.)

Nagekäfer (Anobien) (Abb. 17.20)

„**Kleiner Holzwurm**", findet sich fast ausschließlich im Gebäudeinnern. – Die Larven zerfressen das Holz (Nadel- und Laubholz) unter Schonung der Oberfläche völlig.

Die ausschlüpfenden Käfer sind tabakbraun, 3 bis 5 mm lang, sie durchbrechen die Oberfläche fast siebartig (Löcher etwa 1,5 mm $\varnothing$) (Abb. 17.21). Aus den Schlupflöchern rieselt kurz vor der Schlupfzeit Holzmehl. Anobien benötigen feuchte, kühle Orte: feuchte Keller, Kirchen, Museen, in den Rückwänden und Füßen alter Möbel usw. Günstig ist Holz, dessen Umgebung 70 bis 100 % relative Luftfeuchte aufweist.

Termiten sind staatenbildende Insekten, ähnlich den Ameisen, mit diesen jedoch nicht verwandt. Die auf ihre helle Färbung bezogene Bezeichnung „weiße Ameisen" ist daher unrichtig. Sie zerstören nicht nur Holz restlos, sondern auch Papier, Leder usw. Heimat: tropische Zonen der Welt. Auch in südeuropäischen Ländern (Portugal, Spanien, Süditalien, Südfrankreich) treten bestimmte Arten schädlich auf. Eine Termitenart wurde nach Hamburg eingeschleppt. Sie hat von Fernheizungskanälen her Gebäude befallen. Von solchen Sonderfällen abgesehen lassen die klimatischen Bedingungen in Deutschland eine Termitenentwicklung nicht zu. Termiten leben bevorzugt im Erdreich in Holznähe oder im Holz selbst. Sie sind lichtscheu. Die Holzoberfläche bleibt unberührt, das Ausmaß der Holzzerstörung ist äußerlich nicht wahrnehmbar.

17.10.2 Holzschutz

Holz, dessen Feuchtigkeit ständig unter 20 Masse-% bleibt oder das stets vollkommen in Wasser eingetaucht bleibt, wird durch Fäulnispilze nicht angegriffen.

Die Dauerhaftigkeit des Holzes ist deshalb von zahlreichen, teilweise sehr alten Bauwerken, deren Holz nicht imprägniert wurde, bewiesen. Veränderte Bauweisen und die Erweiterung der Holzanwendung machen jedoch einen Holzschutz, d. h. einen Schutz vor Zerstörung durch Pilze und Insekten, notwendig. Über Art, Umfang und Durchführung der Schutzmaßnahmen siehe DIN 68 800 Teile 1 bis 5.

Zum Holzschutz gehört außerdem die Verhütung zerstörender Einflüsse durch Feuer.

a) Planung von Holzschutzmaßnahmen

Holz und Holzwerkstoffe lassen sich bereits vorbeugend gegen die Zerstörung durch Pilze, Insekten und Feuer schützen. Ein Pilz- und Insektenbefall von Holz läßt sich durch Abtötung dieser Pflanzen und Tiere wirksam bekämpfen.

Alle Holzschutzmaßnahmen sind sorgfältig und rechtzeitig zu planen. Bei einem Befall muß die Schadensbekämpfung auf die baulichen Gegebenheiten abgestimmt werden. Am besten sind die vorbeugenden Maßnahmen.

Bei den **vorbeugenden Holzschutzmaßnahmen** unterscheidet man solche **baulicher und chemischer Art**. Bei der Bauplanung sind diese auszuwählen und der Zeitpunkt ihrer Anwendung im Rahmen des Baufortschrittes festzulegen.

Dabei sind besonders zu berücksichtigen:
- die Art und der Grad der Gefährdung des Bauwerks bzw. des Bauteils, etwa durch Feuchtigkeitseinflüsse oder ein erhöhtes Brandrisiko;
- die Auswahl der geeigneten Holzart;
- die vollständige Entfernung von Rinde und Bast vor dem Einbau;
- die Holzfeuchtigkeit beim Einbau, die derjenigen im Gebrauchszustand entsprechen soll;
- der Zustand etwaiger Vorbehandlungen, z. B. von Anstrichen.
- Sollen chemische Mittel eingesetzt werden, so sollten folgende Schadensmöglichkeiten bedacht werden:
Kalkverträglichkeit, Verträglichkeit mit Leimen und späteren Anstrichen und hygienische Gesichtspunkte.

Zum Zeitpunkt der Schutzmittelanwendung ist zu berücksichtigen:
Rücksicht nehmen auf den Baufortschritt, d. h. auch keine gegenseitige Behinderung, rechtzeitiger Abbund (von Verleimungen), Verhinderung von Trockenrissen und anderes mehr einschließlich Überprüfung der geforderten Maßnahmen.

Es werden zunächst die vorbeugenden baulichen Maßnahmen, danach erst der chemische Holzschutz beschrieben.

b) **Vorbeugende bauliche Maßnahmen**

Mit dem baulichen Holzschutz soll vor allem der Befall des Holzes von Pilzen wirksam verhindert werden. Das Eindringen von Insekten läßt sich nur bei Holzwerkstoffkonstruktionen, deren Anschlußstellen sorgfältig ausgebildet sind, verhindern.

Der bauliche Holzschutz wird oftmals unterbewertet. Dabei läßt sich mit ihm allein der Einfluß der Feuchtigkeit auf Holzkonstruktionen verringern. Zugleich ist er die Voraussetzung für einen sinnvollen chemischen Holzschutz.

Auf die Holzkonstruktionen wirken folgende Feuchtigkeitseinflüsse:

Die Bauwerksfeuchtigkeit in Neubauten:
Beton, Mauerwerk und Putz geben während ihrer Austrocknung Wasser ab.

Nachträglich können zur Durchfeuchtung beitragen:
Niederschlagswasser, Spritzwasser durch Gebäudenutzung, Rohrleitungsschäden, kapillare Wasserleitung aus angrenzenden feuchten Stoffen und mittelbare Kondenswasserbildung.

Neben Schwind- und Quellverformungen sowie Rissebildungen ist ab 20 Masse-% Holzfeuchte die Entwicklung von Pilzen möglich, wobei pilzbesiedeltes Holz von Insekten bevorzugt wird.

Als vorbeugende bauliche Maßnahme gegen Insektenbefall empfiehlt sich:
Der Einbau von Insektengittern in Dachräumen; Bodenräume bei guter Durchlüftung von Juni bis August absperren: Käferflugzeiten!

17.10.2 Holzschutz

Besonders zu beachten:

Folgende Grundregel ist zu beachten: Während keiner Bauphase, d. h. weder bei Transport noch bei Lagerung oder Einbau, darf eine Erhöhung der Holzfeuchtigkeit eintreten.

Mit einer Lagerung des Holzes auf Unterlagen unter einer Abdeckung sowie durch rasche Eindeckung bzw. provisorische Abdeckung des Baues ist dies zu erreichen. Bei Holz in luftundurchlässiger Folienumhüllung ist nach 8 bis 12 Tagen eine Schimmelpilz- und Bakterienansiedlung möglich (Unterbringung durch spezielle Anstriche).

Bei den baulichen Holzschutzmaßnahmen sind folgende Gesichtspunkte zu beachten:

– die Auswahl geeigneter Holzarten (siehe Tafeln 17.1 und 17.2) und Hilfsstoffe, z. B. sollen die Holzverbindungsmittel von Außenbauteilen aus nichtrostendem Stahl bestehen, mindestens aber verzinkt sein,
– die Klebstoffe, Dichtstoffe und Beschichtungsstoffe sollen entsprechend geeignet sein,
– der Einbau von ausreichend trockenem Holz, frei von Rinde und Bast,
– Verhinderung einer Wiederbefeuchtung im Bauwerk.

Nachstehend werden folgende weitere Gesichtspunkte genannt:

1. Einbau

Bei tragenden Konstruktionen soll der Einbau mit der bei Nutzung zu erwartenden Holzfeuchte erfolgen (DIN 1052). Bei allseitig geschlossenen Bauteilen sind dies also 12 bis 15 Masse-% Holzfeuchte. – Wichtig ist der Schutz vor Niederschlägen! Ebenso vertragen Holzbauteile keine übergroße, länger dauernde Baufeuchte in Neubauten. *VOB Teil C* schreibt vor, daß Hölzer im Hochbau trocken einzubauen sind, wobei Kanthölzer, Balken, Latten und Baurundholz auch halbfeucht eingebaut werden dürfen. Wichtig ist dann aber eine ausreichende Lüftung, um die erhöhte Feuchtigkeit abzuführen. *Kontrolle:* durch elektrische Feuchtemessung oder durch Entnahme und Prüfung von Darrproben.

2. Außenanwendung von Holz

Für die Außenanwendung von Holz kommt in der Regel eine Kombination mit chemischen Schutzmaßnahmen in Frage. Bauliche Maßnahmen (besonders wichtig an Westseiten) sind z. B.: ausreichend große Dachüberstände – hinter die Fassade zurückspringende Einbauten – einwandfreie Dachentwässerung – Vermeidung von Spritzwasser durch mindestens 30 cm Abstand zwischen Oberkante Erdboden und Unterkante Holzteil. – Wenn Holzteile dem Niederschlagswasser ausgesetzt werden, so sind sie zusammen mit ihren Verbindungen und Anschlüssen so auszubilden und anzuordnen, daß das Wasser abgeleitet wird. Die dahinterliegenden und angrenzenden Konstruktionen müssen trocken bleiben. Zusätzlich sind Verbindungen dann abzudecken, wenn bei ihnen die Gefahr von Feuchtigkeitsansammlungen besteht.

Für die Formgebung, insbesondere von Außenbauteilen, sind weiter zu beachten:
- die Wahl wasserabweisender Querschnitte, z. B. sollten horizontale Flächen abgeschrägt werden;
- durch die Abrundung von Kanten wird die Haltbarkeit von Oberflächenanstrichen erhöht;
- Ausbildung von Tropfkanten;
- die Anisotropie des Holzes läßt sich bei besonders beanspruchten Konstruktionen berücksichtigen, z. B. durch Riftschnitt (stehende Jahresringe);
- Beachtung von Jahresringverlauf und Wechseldrehwuchs beim Holzeinschnitt; dies gilt vor allem für Anschlüsse;
- geeignete Dimensionierung der einzelnen Bauglieder;
- die voraussichtlichen Abmessungsänderungen, denen das Holz während der Verwendung unterliegt, müssen überschlägig errechnet und konstruktiv berücksichtigt werden, z. B. durch Ausbildung von Fugen;
- einen besonders sorgfältigen Schutz gegen eine zu schnelle Feuchtigkeitsaufnahme (Gefahr der Durchfeuchtung) und der Feuchtigkeitsabgabe (Gefahr der Rißbildung) benötigen die Hirnflächen des Vollholzes und die Schnittflächen von Holzwerkstoffen im Außenbau.

3. Einbauregeln für alle Holzbauteile

Wichtig sind eine ausreichende Hinterlüftung und eine zusätzliche Konservierung (Unterkonstruktion mit Tiefschutz) – für Holzverkleidungen verwendet man Hölzer mit gutem Stehvermögen. – Die Lufträume zwischen Erdboden und Balkenlage benötigen eine gute Querentlüftung und Feuchtigkeitssperre! Die Zu- und Abluftöffnungen sollen mind. 1/500 der Bodenfläche betragen.

4. Feuchteübertragung aus angrenzenden Baustoffen

Um diese wirksam zu unterbinden, sind Sperrschichten unter dem Auflager von Holzbalken, Balkenköpfen, Schwellen, Stielen usw., ebenso zwischen massiver Rohdecke und Holzfußboden anzuordnen. Bei nicht unterkellerten Räumen werden die Bauteile gegen aufsteigende Bodenfeuchtigkeit abgesperrt. Balkenköpfe legt man auf eine Sperrschicht und vermauert sie trocken mit 1-2 cm Luftschicht seitlich und hinten. Außen zusätzliche Wärmedämmung!

5. Tauwasserbildung

Eine Tauwasserbildung ist möglich
- bei ungenügendem Wärmeschutz an der Oberfläche,
- im Innern, wenn der Diffusionswiderstand der einzelnen Schichten sich in Richtung des Dampfdruckgefälles nicht ausreichend verringert.

Insbesondere bei Außenbauteilen ist die Schichtenfolge in Wänden so zu wählen, daß der Diffusionswiderstand in Richtung des Dampfdruckgefälles abnimmt. Die Kondenswasserbereiche und die kondensierten Wasserdampfmengen müssen zuvor rechnerisch abgeschätzt werden. Tauwassergefährdete Konstruktionen lassen sich verbessern durch
- Anordnung einer Dampfsperre nahe der Rauminnenseite,

17.10.2 Holzschutz

— Ausbildung eines belüfteten Hohlraumes. Weitgehend dampfdichte Außenhäute (Bitumenpappe usw.) sind grundsätzlich wirksam zu hinterlüften.

Bei Wärmebrücken ist der Wärmeschutz an diesen Stellen zu vergrößern.

c) **Anwendungsbereiche der Holzwerkstoffe**

Nach der Verleimungsart gibt es die drei Holzwerkstoffklassen: 20, 100 u. 100 G. Die Zahlenangaben bedeuten die Lagerungstemperatur in Wasser zur Prüfung der Verleimungsfestigkeit, G bedeutet: ein geprüftes Holzschutzmittel gegen Pilze ist zusätzlich der Leimflotte, d. h. der Leimlösung, zugemischt worden. Sperrholz der Holzwerkstoffklasse 100 G kann auch aus splintfreien Furnieren eines Holzes, das mindestens der Resistenzklasse 2 genügt, hergestellt werden ohne zusätzliches Pilzschutzmittel (siehe Abschnitt 17.9.1b).

Tafel 17.8 Erforderliche Holzwerkstoffklassen für einen sinnvollen baulichen Holzschutz (nach DIN 68 800 Teil 2)

Anwendungsbereich	Holzwerkstoffklasse
Raumseitige Beplankung von Wänden, Decken und Dächern	
In Wohngebäuden sowie in Gebäuden mit vergleichbarer Nutzung[1])	
Allgemein, außer in den nachfolgend genannten Fällen	20
Obere Beplankung von nicht belüfteten[2]) Decken unter nicht ausgebauten Dachgeschossen	
ohne ausreichende Dämmschichtauflage	100 G
mit ausreichender Dämmschichtauflage ($1/\Lambda \geq 0{,}75$ m^2 K/W)[4])	20
In Bereichen mit starker direkter Feuchtebeanspruchung der Oberfläche (z. B. in Duschen)	100 G
In Neubauten mit sehr hoher Baufeuchte (z. B. Massivbau mit sehr hoher Feuchteabgabe)	100 G[3])
In Räumen mit langfristig sehr hoher relativer Luftfeuchte (z. B. Ställe)	100 G
Außenbeplankung von Außenwänden	
Hohlraum zwischen Außenbeplankung und Wetterschutz	
ausreichend belüftet[2])	100
nicht oder nicht ausreichend belüftet[2])	100 G
nicht vorhanden	100 G
Obere Beplankung von Dächern, tragende oder aussteifende Dachschalungen	100 G

[1]) Dazu zählen auch nicht ausgebaute Dachräume von Wohngebäuden. Für obere Beplankungen von Dächern sowie für tragende oder aussteifende Dachschalungen ist – auch wenn sie mit der Raumluft in Verbindung stehen – die Anforderung nach Zeile 3 maßgebend.

[2]) Hohlräume gelten im Sinne dieser Norm als ausreichend belüftet, wenn die Größe der Zu- und Abluftöffnungen mindestens je 2 ‰ der zu belüftenden Fläche, bei Decken unter nicht ausgebauten Dachgeschossen mindestens jedoch 200 cm^2 je m Deckenbreite beträgt.

[3]) Bei Bau-Furniersperrholz ist auch die Holzwerkstoffklasse 100 zulässig.

[4]) Wärmedurchlaßwiderstand $1/\Lambda$

810 Holz und Holzbaustoffe

Aus der Feuchtebeanspruchung und der Gefahr des Pilzbefalls ergeben sich die Anwendungsmöglichkeiten für die einzelnen Holzwerkstoffklassen (siehe auch Tafel 17.8).

1. **Holzwerkstoffklasse 20**

   Diese Holzwerkstoffe vertragen keine direkte oder indirekte Befeuchtung. Eine kurzfristig erhöhte Holzfeuchte auf höchstens 15 Masse-% hält die Verleimung noch aus. Eine ungehinderte Feuchteabgabe muß möglich sein.

   Gilt für alle Wohninnenräume, einschließlich Küche, Bad und WC, jedoch nicht im Spritzwasserbereich. Wichtig: auch Schutz vor Feuchte während der Montage (sonst Klasse 100).

2. **Holzwerkstoffklasse 100**

   Die Verleimung ist auch gegen höhere Luftfeuchte beständig, eine kurzfristig auf 18 Masse-% erhöhte Holzfeuchte wird vertragen, wenn die eingedrungene Feuchte wieder entweichen kann. Anwendungsmöglichkeiten: Außenbeplankung von Wandelementen, die durch einen ausreichend belüfteten Hohlraum von der Außenhaut getrennt sind. Als obere Beplankung von unbelüfteten Deckenelementen, wenn darüber ein nicht ausgebautes Dachgeschoß liegt.

3. **Holzwerkstoffklasse 100 G**

   Diese Holzwerkstoffe sind zusätzlich gegen holzzerstörende Pilze geschützt. Sie können auch bei länger andauernder höherer Holzfeuchte, die nur über einen längeren Zeitraum wieder entweichen kann, verwendet werden. Wichtig ist auch hier ein baulicher Holzschutz, besonders eine Beschränkung der Tauwasserbildung, damit die elastomechanischen Eigenschaften erhalten und die Kriechverformungen möglichst klein bleiben.

   Anwendung der Klasse 100 G: in belüfteten Hohlräumen über dem Erdboden (ausreichend große Zu- und Abluftöffnungen). Abluftöffnungen besser 50 % größer machen als die Zuluftöffnungen – als Außenbeplankung nicht ausreichend belüfteter oder unbelüfteter Wandkonstruktionen (mit zusätzlichem Wetterschutz!), als obere Beplankung von Dachdeckenelementen oder als Dachschalung. Die Tauwassermenge in jedem Fall vorher berechnen.

   Als obere Beplankung unbelüfteter Deckenelemente, wenn darüber ausgebaute Dachgeschoßräume liegen (Ausnahme: Decke über Wohn- und Schlafräumen).

   Ein zusätzlicher Schutz außenliegender Holzwerkstoffplatten ist durch eine wasserundurchlässige Außenhaut erforderlich, z. B. durch Dacheindeckungen, vorgesetzte Schalen aus Klinker, Putz oder Asbestzement oder ein wasser- und dampfdichtes Anstrichsystem. Für Unterböden aus Holzwerkstoffen verwendet man i. allg. Klasse 100, nur wenn keine Erhöhung der Holzfeuchte zu erwarten ist, darf Klasse 20 eingebaut werden. In Feuchträumen ist u. U. Klasse 100 G erforderlich.

d) Chemischer Holzschutz

Zusätzlich zum baulichen Holzschutz wird ein chemischer Holzschutz dann erforderlich, wenn die Gefahr von Bauschäden durch Insekten bzw. durch Pilze besteht.

Dabei ist wesentlich: der Erfolg und die Wirkungsdauer der gewählten Holzschutzmittelart, die eingebrachte Menge und ihre Verteilung im Holz bzw. auf dessen Oberfläche und der Gefährdungsgrad.

Wichtig: Nur Fachfirmen beauftragen, da letztlich das Holz für Organismen vergiftet und die Anwendung auch für den Menschen nicht ungefährlich ist. (Schutzkleidung, Schutzbrille, Schutzhandschuhe; in geschlossenen Räumen Atemschutzmaske!)

Die Holzschutzbehandlung ist an sichtbar bleibender Stelle des Bauwerkes zu kennzeichnen, und zwar sind anzugeben (nach DIN 68 800, Teil 1): Name des Betriebs, verwendete Holzschutzmittel, eingebrachte Menge, Datum.

Die Empfehlung des Bundesgesundheitsamtes in Berlin lautet deshalb:

17.10.2 Holzschutz

"Holzschutzmittel, insbesondere in Wohnräumen, sparsam, sachgerecht und nur dort, wo sie wirklich erforderlich sind, anzuwenden" (siehe auch Abschnitt 18).

In Übereinstimmung mit dieser Empfehlung unterscheidet DIN 68 800, Teil 3, Gefährdungsklassen (siehe Tafel 17.9). Die Zuordnung der einzelnen Holzbauteile zu den Gefährdungsklassen ist aus Tafel 17.10 zu ersehen.

Über die Gefahr eines möglichen Insektenbefalls siehe Fußnote 1 der Tafel 17.9. Holzzerstörende Pilze können sich dann ansiedeln, wenn die Holzfeuchte 20 Masse-% langfristig übersteigt. Eingebaute Holzteile, die Niederschlägen oder anderen Feuchteeinwirkungen ausgesetzt sind, lassen sich durch Oberflächenanstriche (Beschichtungen) nicht dauerhaft gegen eine höhere Wasseraufnahme schützen. Bei dampfsperrenden Anstrichen: Vorsicht vor Feuchteanreicherungen im Holz. Holz wird durch Niederschläge, Spritzwasser, aber auch durch Tauwasser und Reif ausgewaschen.

Holz ist allgemein gegen Moderfäule gefährdet bei
- ständigem Erd- bzw. Wasserkontakt
- Außenbauteilen, wo sich größere Schmutzmengen in Rissen und Fugen ablagern können.

Soll von den Zuordnungen der Tafel 17.10 abgewichen werden, so ist ein gesonderter Nachweis erforderlich. Allgemein gilt für Holzbauteile, die mehreren Gefährdungsklassen zuzuordnen sind: stets die höchste von ihnen ist maßgebend.

Holzschutzmaßnahmen müssen rechtzeitig und sorgfältig geplant werden. Das gilt sowohl für die Wahl dieser Maßnahmen als auch für die zeitliche Abstimmung im Rahmen des Baufortschritts.

Bei **Holzwerkstoffen** erfolgt die Holzschutzmittelbehandlung im Werk. *Ausnahme:* Schaumschichtbildende Feuerschutzmittel und vorbeugende Insektenschutzmittel können auf der Baustelle aufgebracht werden. Für den *Nachweis von Holzschutzmitteln im Holz* sind maßgebend *DIN 52 161 und DIN 52 162*.

Eine qualitative Beurteilung der Holzschutzmittelart und der Eindringtiefe kann mit Reagenzien der Lieferfirma erfolgen, zu erkennen durch entsprechende Verfärbung der angeschnittenen Flächen an einem Kontrollabschnitt oder einer Bohrkernprobe.

Wesentlich ist hierbei, daß Trockenrisse und konstruktive Gefahrenpunkte miterfaßt werden.

Eine quantitative Holzschutzmittelbestimmung kann nur im Laboratorium erfolgen. Zuständig dafür ist eine sachkundige Prüfstelle (anzufragen beim Verband Deutscher Materialprüfanstalten bzw. beim Normenausschuß Holz und Möbel, Kamekestr. 8, 5000 Köln 1).

Prüfprädikate der Holzschutzmittel

Wichtige Eigenschaften der Holzschutzmittel werden durch „Prüfprädikate" charakterisiert (siehe Tafel 17.11). Diese bedeuten:

Im Hinblick auf die Wirksamkeit:

- P wirksam gegen Pilze (Fäulnisschutz),
- Iv gegen Insekten vorbeugend wirksam,
- W auch für Holz, das der Witterung ausgesetzt ist (jedoch nicht in Erdkontakt und nicht in ständigem Kontakt mit Wasser),
- E auch für Holz, das extremer Beanspruchung ausgesetzt ist (Erdkontakt und in ständigem Kontakt mit Wasser).

Im Hinblick auf die Anwendung:
S   zum Streichen, Spritzen (Sprühen) und Tauchen von Bauholz geeignet,
St   zum Streichen und Tauchen von Bauholz geeignet sowie zum Spritzen in stationären Anlagen.

Im Hinblick auf die Nebenwirkungen:
K_1 behandeltes Holz führt bei Chromnickelstählen nicht zur Lochkorrosion.

Die Wirkung der Flammschutzmittel wird im Prüfzeichen nicht durch einen entsprechenden Kennbuchstaben charakterisiert.

Prüfprädikate und Holzschutzmittel siehe Tafel 17.11.

Zur **Bescheinigung der ausgeführten Holzschutzbehandlung** hat der Auftragnehmer in den Begleitpapieren anzugeben, gegebenenfalls getrennt für Grundschutz und Nachbehandlung:

Name und Anschrift des ausführenden Betriebes, Bezug auf DIN 68 800, Teil 3 und Angabe, ob die Erfüllung der Anforderungen für tragendes oder für nichttragendes Holz erfolgte, angewendete Holzschutzmittel mit Prüfzeichen und Prüfprädikaten sowie Produktbeschreibung des Herstellers, Wirkstoffe, angewendetes Einbringverfahren, bei wasserlöslichen Holzschutzmitteln die angewendete Lösungskonzentration, berücksichtigte Gefährdungsklasse, erzielte Einbringmenge – ohne Schutzmittelverluste – in g/m^2, ml/m^2 bzw. kg/m^3, Jahr und Monat der Behandlung.

Kennzeichnung: Für schutzbehandeltes verbautes Holz ist durch den Auftragnehmer an mindestens einer, möglichst sichtbar bleibenden Stelle des behandelten Bereiches in dauerhafter Form anzugeben:

Name und Anschrift des ausführenden Betriebes, Name und Prüfzeichen des angewendeten Holzschutzmittels, Prüfprädikate, Wirkstoffe, erzielte Einbringmenge, ohne Schutzmittelverluste in g/m^2, ml/m^2 bzw. kg/m^3, Jahr und Monat der Behandlung.

Die zur Beurteilung einer durchgeführten Arbeit erforderlichen **Unterlagen,** z. B. Tränkdiagramme, sind dem Auftraggeber nach vorheriger Vereinbarung auszuhändigen.

Holzschutzmittel

werden vor ihrer Zulassung nach einem umfangreichen Anforderungs-Katalog des Bundesgesundheitsamtes geprüft, der auch eine Bewertung des gesundheitlichen Risikos enthält. Erst nachdem die gesundheitliche Unbedenklichkeit bei bestimmungsgemäßer Anwendung bewertet bzw. festgestellt worden ist, kann ein Prüf- bzw. Gütezeichen erteilt werden.*) (Nur derartige Mittel sollten verwendet werden.)

Diese Kennzeichnung unterscheidet zwischen

- Holzschutzmitteln für tragende Bauteile – zur Anwendung durch professionelle Verarbeiter. Amtlicher Prüfbescheid = Zulassung erteilt das Institut für Bautechnik, Berlin (siehe Abb. 17.22a).
- Holzschutzmitteln für nichttragende Bauteile – zur Anwendung auch durch Heimwerker. Das Gütezeichen RAL-Holzschutzmittel verleiht die Gütegemeinschaft Holzschutzmittel e. V., Frankfurt (siehe Abb. 17.22b).

---

*) Seit dem 1. 1. 1986 stellt das Institut für Bautechnik in Berlin ein amtliches Prüfzeichen nur noch denjenigen Holzschutzmitteln aus, die kein Pentachlorphenol mehr enthalten.

17.10.2 Holzschutz

Tafel 17.9 Gefährdungsklassen und Anforderungen an anzuwendende Holzschutzmittel

Gefähr-dungs-klasse	Beanspruchung	Gefährdung durch				Anforderungen an das Holzschutzmittel	erforderliche Prüfprädikate für tragende Bauteile[3]
		Insekten	Pilze	Auswaschung	Moderfäule		
0	Innen verbautes Holz, ständig trocken	nein[1]	nein	nein	nein	keine Holzschutzmittel erforderlich	
1	Holz, das weder dem Erdkontakt noch direkt der Witterung oder Auswaschung ausgesetzt ist, vorübergehende Befeuchtung möglich	ja	nein	nein	nein	insektenvorbeugend	Iv
2	Holz der Witterung oder Kondensation ausgesetzt, aber nicht in Erdkontakt	ja	ja	nein	nein	insektenvorbeugend pilzwidrig	Iv, P
3	Holz in dauerndem Erdkontakt oder ständiger starker Befeuchtung ausgesetzt[2]	ja	ja	ja	nein	insektenvorbeugend pilzwidrig witterungsbeständig	Iv, P, W.
4		ja	ja	ja	ja	insektenvorbeugend pilzwidrig witterungsbeständig moderfäulewidrig	Iv, P, W, E[4]

[1] Chemische Holzschutzmaßnahmen sind nicht erforderlich im Bereich der **Gefährdungsklasse 0**. Die **Gefährdungsklasse 0** liegt vor, wenn
  im Bereich der **Gefährdungsklasse 1** Farbkernhölzer verwendet werden, die einen Splintholzanteil unter 10 % aufweisen, oder
  Holz in Räumen mit üblichem Wohnklima oder vergleichbaren Räumen verbaut ist und
  a) gegen Insektenbefall allseitig durch eine geschlossene Bekleidung abgedeckt ist oder
  b) Holz zum Raum hin so offen angeordnet ist, daß es kontrollierbar bleibt
  im Bereich der **Gefährdungsklasse 2** splintfreie Farbkernhölzer der Resistenzklassen 1, 2 oder 3 verwendet werden.
  im Bereich der **Gefährdungsklasse 3** splintfreie Farbkernhölzer der Resistenzklassen 1 oder 2 verwendet werden.
  im Bereich der **Gefährdungsklasse 4** splintfreie Farbkernhölzer der Resistenzklasse 1 verwendet werden.

[2] Besondere Bedingungen gelten für Kühltürme sowie für Holz im Meerwasser.

[3] Die Wahl des Einbringverfahrens ist in den **Gefährdungsklassen 1, 2, 3** freigestellt, soweit der Prüfbescheid des jeweiligen Schutzmittels nichts anderes bestimmt (siehe auch Tafel 17.12 und Abschnitt 17.10.2g).

[4] Für **Gefährdungsklasse 4**: Steinkohlenteer-Imprägnieröl ist verwendbar, wenn es der Bundespost-Vorschrift oder den Spezifikationen A bzw. B des Westeuropäischen Instituts für Holzimprägnierung entspricht.
  Das Kesseldruckverfahren ist allein anzuwenden bei
  a) Rund- und Schnitthölzern bis zu 30 % Holzfeuchte und zwar
    – Volltränkung bei wassergelösten Holzschutzmitteln oder
    – ein Sparverfahren bei Steinkohlenteer-Imprägnieröl;
  b) Rundholz mit über 80 % Splintholzfeuchte mit wassergelösten Holzschutzmitteln.

Holz und Holzbaustoffe

Tafel 17.10 Zuordnung von Holzbauteilen zu den Gefährdungsklassen

Gefährdungsklasse	Anwendungbereiche
\multicolumn{2}{Holzteile, die durch Niederschläge, Spritzwasser oder dergleichen nicht beansprucht werden}	
0	Wie Gefährdungsklasse 1 unter Berücksichtigung der Fußnote 1 in Tafel 17.9
1[1])	Innenbauteile bei einer mittleren relativen Luftfeuchte bis 70 % und gleichartig beanspruchte Bauteile
2	Innenbauteile bei einer mittleren relativen Luftfeuchte über 70 % und gleichartig beanspruchte Bauteile
2	Innenbauteile in Naßbereichen, Holzteile wasserabweisend abgedeckt
2	Außenbauteile ohne unmittelbare Wetterbeanspruchung
\multicolumn{2}{Holzteile, die durch Niederschläge, Spritzwasser und dergleichen beansprucht werden}	
3	Außenbauteile mit Wetterbeanspruchung ohne ständigen Erd- und/oder Wasserkontakt
3	Innenbauteile in Naßräumen
4	Holzteile mit ständigem Erd- und/oder Süßwasserkontakt[2]), auch bei Ummantelung

[1]) Holzfeuchte u < 20 % gewährleistet.
[2]) Besondere Bedingungen gelten für Kühltürme sowie für Holz im Meerwasser.

Abb. 17.22a

Abb. 17.22b

Abb. 17.23

(Siehe auch Holzschutzmittelverzeichnis im Verlag E. Schmidt, Berlin, Bielefeld, München.) Zur Kennzeichnung von Holzschutzmitteln dienen außer den bereits genannten Prüfprädikaten weitere Hinweise der Gefahrstoffverordnung bzw. der freiwilligen sicherheitstechnischen Informationen.

Schadstoffarme Lacke sind durch Vergabe des Umweltzeichens „Blauer Engel" gekennzeichnet (durch den RAL = Deutsches Institut für Gütesicherung und Kennzeichnung e. V., Bonn – siehe Abb.: 17.23).

Holzschutzmittel enthalten biozide Wirkstoffe zum Schutz des Holzes gegen tierische und pflanzliche Schädlinge. Sie sind nur dort zu verwenden, wo der Schutz des Holzes erforderlich ist. Die Warnhinweise und Sicherheitsratschläge auf den Gebinden, in den technischen Merkblättern des Herstellers, sowie die einschlägigen Vorschriften der Gefahrstoffverordnung und evtl. des Prüfbescheides und ähnliche (z. B. Anwendbarkeit in Aufenthaltsräumen) sind zusätzlich zu beachten.

Siehe ferner „Merkblatt für den Umgang mit Holzschutzmitteln" des Industrieverbandes Bauchemie und Holzschutzmittel e. V., Karlstraße 21, 6000 Frankfurt.

Wenn geschützte Holzteile nachträglich einen Anstrich erhalten sollen, muß das Anstrichmittel mit dem Holzschutzmittel verträglich sein und darf dessen Wirksamkeit nicht beeinträchtigen.

Sollen geschützte Holzteile nachträglich verleimt werden, muß die Leimverträglichkeit des Holzschutzmittels im Prüfbescheid angegeben sein.

17.10.2 Holzschutz

Nach Zusammensetzung und Eigenschaften lassen sich drei Grundtypen von Holzschutzmitteln unterscheiden:
- wasserlösliche Präparate,
- Teerölpräparate und
- lösemittelhaltige Präparate.

Dazu kommen noch einige Präparate für besondere Anwendungsgebiete.

1. Wasserlösliche Schutzmittel

auf Salzbasis werden durch Lösen in Wasser gebrauchsfähig. Sie sind vorwiegend für frisches und halbtrockenes Holz geeignet. Sie dringen durch Diffusion entsprechend tief ins Holz ein.

Wichtig: Bei frischem Holz arbeitet man mit höherer Salzkonzentration (mind. 10 %, zukünftig 15 %), da sonst die Schutzmittelmenge zu stark verdünnt und unwirksam wird. Bei halbtrockenem Holz wendet man schwächere Lösungen an, da das Holz der Lösung Wasser entzieht und bei zu hohen Salzkonzentrationen die Diffusion zum Stillstand kommen kann. Eventuelle Holzverfärbungen geben keinen Anhalt für die Wirksamkeit des Mittels. Die Entflammbarkeit der Hölzer wird nicht erhöht. Deckende und transparente Anstriche sind möglich. Über die Art der Salze siehe Tafel 17.11.

2. Teerölpräparate

Steinkohlenteeröl wird seit über 100 Jahren als Holzschutzmittel angewandt und hat heute noch große Bedeutung für den Schutz von Eisenbahnschwellen, z. T. auch von Leitungsmasten (besondere Qualitätsanforderungen von Bundespost und Bundesbahn).

„Karbolineum" ist kein warenrechtlich geschützter Begriff und stellt keine Gütegewähr dar. Teerölpräparate riechen intensiv, sie sind nur für den Außenbau geeignet, auch für Holz im Erdkontakt. Teerölpräparate sind nicht überstreichbar. Sie dürfen nur unverdünnt verarbeitet werden.

3. Lösemittelhaltige Präparate

werden für trockenes und halbtrockenes Holz verwendet, sie dringen durch die Holzporen (Kapillaren) ein. Nasses Holz muß vorher abtrocknen. Flüssige Präparate mit mäßigem bis starkem Eigengeruch (Atemschutzmaske) sind auswaschbeständig, deshalb auch für Holz im Freien geeignet, jedoch nicht für ständigen Erdkontakt. Einzelne Präparate beeinträchtigen nicht die Verleimbarkeit des behandelten Holzes. Sie können für Brettschichtholz vor der Verleimung angewandt werden. Pentachlorphenolhaltige Mittel sind für Aufenthaltsräume von Menschen nicht geeignet. Über die Art der Schutzmittel siehe Tafel 17.11.

e) Vorbedingungen für die Schutzbehandlung

Bearbeitung des Holzes: Rinde und Bast vorher vollständig entfernen, Holzschutzmittel erst nach der letzten Holzbearbeitung anwenden. Bei späterer Bearbeitung die bearbeiteten Flächen nachbehandeln.

Tafel 17.11 Übersicht über die wichtigsten Holzschutzmittelgruppen nach [17/8]

Charakterisierung	Typenbezeichnung	Hauptbestandteile	Prüfprädikate[1])	Umweltverhalten[2])	Anwendungsbereich
1 Holzschutzmittel für halbtrockenes und trockenes Holz					
1.1 auswaschbare Salze	SF	Silikofluoride	P, Iv, S	mindergiftig	Innenbau
	HF	Hydrogenfluoride	P, Iv, S	giftig, ätzen Glas	
	B	anorganische Borverbindungen	P, Iv, S	mindergiftig	
	Sammelgruppe	verschieden	P, Iv, F	giftig	
1.2 nicht auswaschbare Salze	CF	Alkalifluoride Alkalichromate	P, Iv, W P, Iv, St, W	giftig	Innen- u. Außenbau ohne Erdkontakt
	CFA	wie vor + Arsenate	P, Iv, W	giftig[5])	Außenbau ohne Erdkontakt
	CK	Kupfersalze, Alkalichromate	P, Iv, W, E	giftig	Kühlturmbau
	CKA	wie vor + Arsenate	P, Iv, W, E	giftig[6])	Innen- und Außenbau, auch mit Erdkontakt
	CKB/CKF	Kupfersalze, Alkalichromate, Borate bzw. Fluoride	P, Iv, S, W, E	giftig	
	CFB	Borfluoride Alkalichromate	P, Iv, S, W	giftig	Innen- und Außenbau ohne Erdkontakt
	Sammelgruppe	verschieden	P, Iv, S, W	giftig	
2 Ölige Holzschutzmittel (besonders für trockenes Holz)					
2.1 Abkömmlinge des Steinkohlenteeröls	DB-Öl[3]) Post-Öl[1]) Carbolineen	ausgewählte Fraktionen des Steinkohlenteeröls[3])	P, Iv, S, W, E	Geruchsbelästigung[5]), Wasserbelastung giftig	Außenbau, auch mit Erdkontakt

[1]) Siehe Hinweise im Text.
[2]) Die Hinweise auf die Giftigkeit verwenden die jetzt gültigen Bezeichnungen.

17.10.2 Holzschutz

Tafel 17.11 (Fortsetzung)

Charakterisierung	Typenbezeichnung	Hauptbestandteile	Prüfprädikate[1])	Umweltverhalten[2])	Anwendungsbereich
2 Ölige Holzschutzmittel (besonders für trockenes Holz)					
2.2 Lösemittelhaltige Präparate	bindemittelfrei	Fungizide, Insektizide in org. Lösemitteln	P, Iv, S, W	giftig bis mindergiftig	Innen-[4]) und Außenbau ohne Erdkontakt
	bindemittelhaltig, pigmentfrei (Grundiermittel	wie vor + Bindemittel	P, Iv, S, W		
	farbig pigmentiert (Lasuranstrichstoffe)	wie vor + Pigmente	P, Iv, S, W		
	Sonderpräparate für Anwendung in Anlagen	Insektizide Fungizide in org. Lösemitteln, meist auch Bindemittel	P, Iv, W P, Iv, St, W		
	Insektenbekämpfungsmittel	Insektizide in org. Lösemitteln	Iv, S, W		
3 Präparate für besondere Anwendungen					
3.1		Öl-Salz-Gemische (Pasten)	P, Iv, W	giftig	Masten, Pfähle oder zum Nachschutz verbauten Holzes
3.2		chlorierte Phenole[4]), Pasten	P, Iv, S		Bekämpfung von Schwamm im Mauerwerk
3.3		Fungizide	P	mindergiftig	für Holzwerkstoffe (nur der Leimflotte, d. h. der Leimlösung, zugemischt)
3.4		organische Insektizide in organischen Lösemitteln	Iv		Innenbau, eventuelle Anwendungsbeschreibungen[5])

[3]) Steinkohlenteer-Imprägnieröl nach Bundesbahn- (schwerer Typ) bzw. Bundespostvorschrift (leichterer Typ), nur bei höheren Temperaturen anwendbar; unterliegen nicht dem Zulassungsverfahren durch das Institut für Bautechnik; daher auch keine Prüfprädikate erteilt, die Wirksamkeit entspricht den Prädikaten P, E, W.
[4]) Soweit die Präparate Pentachlorphenol enthalten, Anwendung in Wohnräumen nicht zugelassen.
[5]) Nicht für Holz in geschlossenen Räumen, die zum Aufenthalt von Menschen oder Tieren oder zum Lagern von Lebensmitteln bestimmt sind.
[6]) CKA-Salze sind wegen ihrer hohen Unlöslichkeit für Aufenthaltsräume zugelassen.

Tafel 17.11 (Fortsetzung)

4	Flammschutzmittel		
	(Nur verwendbar für Holz, das unter Dach verbaut worden ist)		
	2 Hauptgruppen: 1. Salze, enthalten Phosphate als Hauptbestandteil		
	2. Schaumschichtbildende Mittel		
Verhalten im Feuer		Flammschutzwirkung	Chemikalien
1. Salze: Verdampfen Schmelzen		Wärmeentzug durch Freiwerden von Wasser, Schmelzvorgänge	kristallwasserhaltige und leicht flüchtige Salze
Chemische Zerfallsprodukte		Löschgase: CO_2, SO_2, NH_3 Förderung der Holzkohlebildung, Isolierung. Schutzschicht aus dem Holz	Ammoniumverbindungen, Hydrogenkarbonate und -sulfate Ammoniumphosphate Alkalisalze, Borate
2. Schaumschichtbildende Mittel: Bildung von Schaumschichten		Schutzschicht aus dem Mittel	organische (stickstoffhaltige) Verbindungen, z. B. Harnstoffe oder Dicyandiamid, stets in Kombination mit Kohlehydraten und Phosphaten

An Stelle der alten Kennzeichnung nach Giftabteilungen müssen nunmehr die Giftstoffe die in Abb. 17.22 gezeigten Gefahrensymbole und Gefahrenbezeichnungen tragen. Dabei bedeuten die verwendeten Kennbuchstaben:
T giftige Stoffe (T = toxisch)
C ätzende Stoffe
Xn mindergiftige Stoffe } Die beiden letztgenannten Symbole sind stets zusammen mit den Kennbuchstaben Xn bzw. Xi oder mit den Gefahrenbezeichnun-
Xi reizende Stoffe gen „Gesundheitsschädlich" bzw. „Reizend" zu verwenden.

Die Verordnung gilt auch für „Zubereitungen", die gesundheitsschädliche Stoffe enthalten. Sie sind in gleicher Weise zu kennzeichnen. Die alte Kennzeichnung sah wie folgt aus:
Giftabteilung I: Besonders starke Gifte. Kennzeichnung: „Gift" in weißer Schrift auf schwarzem Grund mit weißem Totenkopf (z. B. Arsen- und Quecksilberverbindungen)
Giftabteilung II: Starke Gifte. „Gift" in roter Schrift auf weißem Grund, roter Totenkopf (z. B. fluorhaltige Verbindungen)
Giftabteilung III: Weniger starke Gifte. In roter Schrift „Vorsicht" (chromsaure Salze usw.).

Die Holzfeuchte ist maßgebend für das **einsetzbare Schutzmittel:**

- ölige Schutzmittel bei trockenem und halbtrockenem Holz
- wassergelöste Schutzmittel für trockenes und halbtrockenes Holz geeignet. Mit geeigneten Einbringverfahren und Anwendungskonzentrationen auch bei höherer Holzfeuchte einsetzbar.

Mechanische Vorbehandlung: schwer imprägnierbare Holzarten (Fichte, Douglasie u. a.), aber auch Kern- und Reifholzoberflächen ergeben bei mechanischer Vorbehandlung (Perforation) eine größere Schutzmittelaufnahme und Eindringtiefe (siehe auch Tafel 17.14). Bei Perforationen über 3 mm Tiefe: die Tragfähigkeit des Holzes muß gewährleistet bleiben.

17.10.2 Holzschutz

T	C	Xn	Xi

Giftig	Ätzend	Gesundheitsschädlich	Reizend

Abb. 17.24 Kennzeichnung von Holzschutzmitteln, Gefahrensymbole gemäß Gefahrstoff-Verordnung

f) Einbringverfahren

Holzschutzmittel dürfen nur angewendet werden, wenn ausreichende Kenntnisse über biozide Wirkstoffe, sowie Erfahrung mit dem Baustoff Holz, den bestehenden Schadensmöglichkeiten und den einzusetzenden Mitteln und Verfahren vorhanden sind. Je nach Gefährdungsklasse, nach Holzfeuchte und nach dem vorgesehenen Holzschutzmittel ist das Einbringverfahren auszuwählen. Dabei ist das geeignete Verfahren mit der geringeren Umweltbelastung auszuwählen. Spritzen ist außerhalb stationärer Anlagen nicht erlaubt. Ausnahmen nur zulässig bei nachträglichen Schutzmaßnahmen, wo ein Streichen nicht möglich ist (bestehende Dachkonstruktionen) sowie beim bekämpfenden Holzschutz.

Beim Streichen, Fluten, ggf. Spritzen sind im allg. 2 Arbeitsgänge erforderlich. Dazwischen ausreichende Wartezeiten einhalten, damit das Holz erneut aufnahmefähig wird. Dem Tiefschutz ist vor dem Randschutz der Vorzug zu geben.

Die Einbringverfahren werden nach der Holzschutzmittelverteilung im Holz gemäß DIN 52 175 (Jan. 75) wie folgt unterschieden:

Oberflächenschutz: Eindringtiefe nicht angestrebt.
Randschutz: Eindringtiefe in der Größenordnung von Millimetern.
Tiefschutz: Eindringtiefe in der Größenordnung von Zentimetern (nicht unter 1 cm). Bei Farbkernhölzern mit einer Splintholzbreite unter 10 mm mindestens Durchsetzung des Splintholzes.
Teilschutz: auf die gefährdeten Stellen beschränkter Tiefschutz.

Nebenwirkungen auf Holzteile, Verbindungsmittel und andere Werkstoffe sind möglich und oft unerwünscht.

Deshalb ist an kleinen Flächen stets vorher zu prüfen:

Die Verträglichkeit mit Leimen. – Die Korrosion von Metallen, und zwar sowohl der Verbindungsmittel und Beschläge der Holzteile als auch der Behälter und Verarbeitungsgeräte. – Fluoride ätzen Glas, besonders die HF-Salze. –

Gummi, Kunststoffe und Isoliermaterial können in ihrer Widerstandsfähigkeit negativ beeinflußt werden. – Putz und Mauerwerk: Holzschutzmittel können durchschlagen und Ausblühungen verursachen. – Das gilt auch für die Verträglichkeit mit voraufgegangenen Anstrichen, Holzschutzbehandlungen sowie mit Kalk- und Zementmörtel und für die Verträglichkeit mit nachfolgenden Anstrichen. –

Holzfestigkeit und Brennbarkeit des Holzes werden praktisch nicht beeinflußt, jedoch ist eine Änderung des Sorptionsverhaltens möglich.

Einbringverfahren

Das Schutzmittel soll möglichst tief eindringen, sich gleichmäßig verteilen, und die eingebrachte Menge soll meßbar sein. Fichte, Tanne sowie der Kern von Kiefer und Lärche nehmen schwer auf. Hölzer mit außenliegendem Kern (z. B. Kreuzhölzer) weisen kaum die angegebene Eindringtiefe auf, wobei Kernholz widerstandsfähiger als Splintholz ist. Eine höhere Schutzmittelaufnahme ergibt sich bei rauhen Oberflächen, in Schnittflächen quer zur Faser, in Bohrungen, auf Nuten usw. sowie beim Streichen oder Sprühen waagerechter Flächen.

1. **Kurztauchen** (*mind. 10 Min.*): *Streichen und Sprühen (mind. zweimal satt)* ermöglicht nur *Randschutz*. Die eingebrachte Menge ist nur bedingt meßbar (Streichverluste). Das Holz muß trocken oder halbtrocken sein. Das Verfahren ist nicht zulässig für Holz, das der Erdfeuchte ausgesetzt ist. Bei Holz, das Niederschlägen ausgesetzt ist, darf Kurztauchen nur bis 4 cm Holzstärke oder als Nachbehandlung nicht überdeckter Bauwerke angewandt werden. Für frisches Holz ist das Verfahren nur zulässig, wenn oberflächentrocken, der Einbau unter Dach erfolgt und mind. 20%ige wässerige Schutzmittellösungen verwendet werden.

2. **Tauchen:** Tauchzeit mind. 30 Min. Die eingebrachte Schutzmittelmenge ist bedingt meßbar (durch Abnahme des Flüssigkeitsspiegels in der Tauchwanne). Das Verfahren gewährt *nur Randschutz*, Einschränkungen siehe oben.

3. **Trog- und Einstelltränkung** (4 bis 6 Tage):
   Ein Tiefschutz ist möglich. Eingebrachte Menge ist während des Tränkvorganges zu messen. Ölige Schutzmittel sind nur für trockenes bzw. halbtrockenes Holz, wasserlösliche auch für frisches Holz geeignet. Bei Kiefer, Lärche und Eiche soll Splintholzanteil durchtränkt sein. DIN 52 175 unterscheidet zwischen Trogtränkung ohne Erwärmen und Trogtränkung, unterstützt durch Erwärmen.

4. **Saftverdrängungsverfahren** (Boucherieverfahren).
   Vollschutz: Frische, ungeschälte gefällte Stämme werden zur Beschleunigung des Saftflusses zum Zopfende geneigt gelagert und am Stammende durch abgedichtete Kappen an einen Hochbehälter mit Schutzsalzlösung angeschlossen. Solange die Zellen noch nicht verschlossen sind, drängt die Lösung den Saft vor sich her (etwa 1 m je 24 Std.) bis zum Austritt am Zopf. Dauer 2 bis 3 Wochen.

5. **Trogsaugverfahren:** Die grünen, geschälten Stämme werden an beiden Enden mit Saugkappen versehen und in Bottiche mit Salzlösung gelegt. Durch Schlauchanschlüsse werden Luft und Zellsaft abgesaugt. Der Unterdruck im Stamm saugt die Imprägnierlösung an. Das Verfahren läßt sich durch *Wechseldrucktränkung* beschleunigen: rasch wechselnder Unter- und Überdruck im Druckkessel.

6. **Kesseldrucktränkung:** Das Schutzmittel dringt hierbei tief und gleichmäßig ein. Die eingebrachte Menge muß während des Tränkvorganges gemessen werden. Das Holz muß in jedem Falle trocken bis halbtrocken und entrindet sein. Splintholz muß vollständig durchtränkt sein, bei Fichte und Tanne wenigstens 1 cm Eindringtiefe.

   Man unterscheidet bei der Kesseldrucktränkung:

7. **Volltränkung:** Durch Vakuum wird zunächst Luft aus den Poren gesogen. Anschließend wird Schutzmittel in den Kessel eingefüllt. Die Holzporen saugen sich voll und werden durch den

17.10.2 Holzschutz

nachfolgenden Überdruck voll gesättigt (Überdruck vor allem erforderlich bei Fichte und Tanne, da deren Holz schwerwegsam ist). Die Volltränkung erfolgt stets bei Salzlösungen.

8. Mit Teerölen: **Sparttränkung** (nach *Rüping*). Luft wird in den Poren mit 4 bar zusammengepreßt, anschließend wird mit 8 bar das Teeröl eingebracht. Nach Entspannung drückt die in den Poren komprimierte Luft das Öl wieder heraus. Nur die Zellwandungen werden imprägniert (Eisenbahnschwellen).

9. **Osmoseverfahren** (Osmose = Austausch durch Diffusion, hier von Zellsaft und Salzlösung durch die Zellwände): Frisch geschlagenes und entrindetes Rundholz wird mit Salzpaste bestrichen und mit Ölpapier abgedeckt. Gute Tiefenwirkung: Dauer etwa 3 Monate. Pasten-, Binden-, Bohrlochbehandlung. Eingebaute Maste in der Erd-Luft-Zone freilegen und mit Salzwickel bandagieren (Nachschutz). Zopfenden mit Salzkissen abdecken. – Zwischen frisch geschnittene, saftreiche Bretter im Stapel Imprägniersalze streuen.

Ausnahmsweise können Schutzsalze auch trocken im Streuverfahren vorsorglich angewandt werden, z. B. auf Holzflächen unter Sperrschichten. Bei unvorhergesehenem Feuchteeintritt gehen die Salze in Lösung und imprägnieren die betroffenen überstreuten Holzteile.

Zu den anwendbaren Einbringverfahren in Gefährdungsklasse 3 siehe Tafel 17.12 (sowie Fußnoten 3 und 4 der Tafel 17.10).

g) Erforderliche Einbringmengen

Sie sind dem Prüfbescheid zu entnehmen (Angaben beziehen sich stets auf das unverdünnte bzw. das ungelöste Mittel). Die Mengen richten sich nach der Gefährdungsklasse, dem Einbringverfahren, der Holzschutzmittelart und dem Holzquerschnittes (siehe Tafel 17.13).

Die geforderten Einbringmengen sind stets zu beziehen

– bei Vakuum- und Kesseldrucktränkung auf das vorhandene Holzvolumen in kg/m^3

– beim Trogtränk- und Tauchverfahren auf die vorhandene Holzoberfläche in g/m^2 bzw. in ml/m^2.

Hölzer im Streich-, Spritz- oder Flutverfahren: Farbkernhölzer müssen im Splintbereich die erforderlichen Einbringmengen erreichen.

Wasserlösliche Mittel sind in mind. 10 %iger (künftig 15 %iger) Konzentration anzuwenden (Kontrolle mit Aräometer). Beim Kurztauchen, Streichen und Sprühen sind zu den Mindestmengen Zuschläge für Streich- und Sprühverluste zu machen: beim Streichen von waagerechter bis senkrechter Lage 10 bis 30 %, beim Sprühen mind. 30 %. Streichen und Sprühen erfordern bis zum satten Ablaufen mind. 2 Arbeitsgänge. Der zweite Arbeitsgang erfolgt erst, wenn die Holzoberfläche vollständig trocken ist.

h) Schutzbehandlung bei Rund- und Schnittholz

Rundholz

In der Erd-(Wasser-)Luft-Zone (50 cm unterhalb bis 40 cm oberhalb der Erdgleiche bzw. des Wasserspiegels): vorzugsweise Rundholz verwenden. Bei leicht tränkbaren Holzarten (z. B. Kiefer) Splintbreite mind. 20 mm. Der Splint ist vollständig zu durchtränken.

Schwer tränkbare Holzarten (z. B. Fichte, Douglasie) vorher perforieren. Mindesteindringtiefe beträgt 30 mm. Splintbreite bzw. Mindesteindringtiefe sind unbedingt einzuhalten.

Schnittholz

Gleiche Anforderungen bezüglich der Mindesteindringtiefe wie bei Rundholz. Bei schwer tränkbaren Hölzern ist die Oberfläche vorher zu perforieren (siehe Tafel 17.14).

822   Holz und Holzbaustoffe

Nach erfolgter Schutzbehandlung: Wurden **nicht fixierende Holzschutzsalze** (ohne Prüfprädikat W) verwendet, so ist eine regengeschützte Lagerung und Verarbeitung notwendig. Bei zwischenzeitlich ausgewaschenen Hölzern ist eine Nachbehandlung erforderlich.

Bei **fixierenden Salzen** (mit Prüfprädikat W): Holz beim Imprägnierer so lange regengeschützt lagern, bis Oberfläche abgetrocknet und die Fixierung weitgehend abgeschlossen ist (kurzzeitige Beregnung unschädlich). Hölzer der Gefährdungsklassen 3 und 4 dürfen erst nach abgeschlossener Fixierung des Salzes ausgeliefert werden.

Nachträglich auftretende Trockenrisse sind nachzubehandeln, ebenfalls neue Bearbeitungsflächen bei nachträglicher Bearbeitung. Zur Nachbehandlung müssen ebenfalls ausreichende Mengen des Schutzmittels eingebracht werden. Dieses muß mit dem Schutzmittel der Erstbehandlung verträglich sein.

i) Prüfung der Schutzbehandlung

Vor Beginn sind festzustellen: Holzart, Oberflächenbeschaffenheit, Holzfeuchte bei Beginn der Schutzbehandlung, gesamte Oberfläche (m^2) bzw. Holzvolumen (m^3), Gefährdungsklasse, Einbringverfahren, das zu verwendende Holzschutzmittel. Bei Holzschutzsalzen: angewandte Lösungskonzentration, Dichte und Lösungstemperatur angeben.

Beim Tauch-, Trog-, Vakuum-, Kesseldruck- und Wechseldruckverfahren: Schutzsalzlösungen auf ihre wirksame Konzentration prüfen, die Zusammensetzung gegebenenfalls korrigieren.

Die Einbringmengen sind durch den Imprägnierer festzustellen, je nach Verfahren durch den Schutzmittelverbrauch oder durch Verwiegen des Holzes (siehe Tafel 17.15).

j) Schutz von nichttragendem, nicht maßhaltigem Holz ohne statische Funktion

Im Einzelfall ist zu vereinbaren, ob chemische Schutzmaßnahmen erfolgen sollen. Maßgebend hierfür sind im wesentlichen

– das Ausmaß der Gefährdung
– der Wert oder die Bedeutung der Holzbauteile und deren Werterhaltung
– gesundheitliche bzw. umweltbezogene Gesichtspunkte der Maßnahmen, die der Auftraggeber zu berücksichtigen hat.
(Über die Zuordnung des Holzes bzw. der Holzbauteile zu den Gefährdungsklassen siehe Abschnitt 17.10.2 d und Tafeln 17.9 und 19.10.)

Bevor Holzschutzmittel angewendet werden sollen, ist zu prüfen, ob dies durch konstruktive Maßnahmen vermeidbar ist. Im Innenbau sollte auf eine großflächige Anwendung von Holzschutzmitteln (Verhältnis Fläche : Raum > 0,2) grundsätzlich verzichtet werden. In Räumen mit üblichem Wohnklima oder vergleichbaren Räumen ist nur für stärkereiche Laubhölzer (z. B. Limba, Abachi, Eichensplint) eine Gefahr durch Lyctusbefall gegeben. Dazu insektizides Mittel verwenden. Alle anderen Holzarten bedürfen keines chemischen Holzschutzes.

Wurde ein chemischer Holzschutz vereinbart, so gelten die gleichen Bedingungen wie für den chemischen Holzschutz tragender Bauteile.

Wichtig: nur Holzschutzmittel verwenden, deren Wirksamkeit und deren gesundheitliche Unbedenklichkeit bei bestimmungsgerechter Anwendung vom Bundesgesundheitsamt festgestellt wurde. Holzschutzmittel sind für den Menschen giftig!

k) Schutz von nichttragendem maßhaltigem Holz (Fenster und Außentüren)

Außenfenster und Außentüren gehören der *Gefährdungsklasse 3* an. Wenn nachträglich ein dauerhaft wirksamer Oberflächenschutz, z. B. durch rechtzeitigen

17.10.2 Holzschutz

und regelmäßigen Anstrich gewährleistet ist, gilt für diese Bauteile Gefährdungsklasse 2. Auswaschbare Präparate verbieten sich von selbst. Fenster und Außentüren sind durch Insekten im allg. nicht gefährdet. Auf Insektizide kann deshalb verzichtet werden.

Erforderlich ist ein Schutz gegen Bläue und holzzerstörende Pilze; nicht erforderlich bei Kernholz der Resistenzklassen 1 und 2 (siehe Abschnitt 17.4.7). Soll bei Splintholz sowie bei Kernholz der Resistenzklassen 3 bis 5 auf einen chemischen Holzschutz verzichtet werden, so ist dies schriftlich zu vereinbaren.

Nur Holzschutzmittel verwenden, deren Wirksamkeit und deren gesundheitliche Unbedenklichkeit bei bestimmungsgemäßer Anwendung festgestellt ist. Das Einbringverfahren ist freigestellt.

Die Bauteile sind allseitig zu behandeln. Vor dem Einbau müssen die Fenster und Außentüren zusätzlich zu der Schutzbehandlung mindestens einen Grundanstrich und einen Zwischenanstrich erhalten.

Die durchgeführten Holzschutzarbeiten müssen bescheinigt werden.

l) Bekämpfende bauliche und chemische Schutzmaßnahmen

1. Gegen Pilzbefall (Schwammschäden)

Die Ursache der Durchfeuchtung ist zu beseitigen. Alle Schwammgebilde sind zu vernichten! Durchwachsene Schüttung und befallene Holzteile werden entfernt, bei Hausschwamm bis 1 m über die Befallsstelle hinaus (in

Tafel 17.12 Anwendbare Einbringverfahren in Gefährdungsklasse 3, soweit auch im Prüfbescheid angegeben

Holz	Holzfeuchte (%) zu Beginn der Schutzbehandlung		
	bis 30	über 30 bis 50	über 80 im Splint
Brettschichtholz[1]	Kesseldrucktränkung Vakuumtränkung	–	–
Schnittholz[2]	Trogtränkung	Trogtränkung[3]	–
Rundholz	Kesseldrucktränkung Vakuumtränkung	–	Wechseldruckverfahren

[1]) Für verleimte Bauteile (z. B. Brettschichtholz) sind auch Streich- und Sprühtunnelverfahren sowie Tauchen zulässig, wenn die frei bewitterten Bauteile kontrolliert und die Oberflächen einschließlich der nachträglich gebildeten Schwindrisse nachgeschützt werden.

Der erste Nachschutz von Schwindrissen ist im ersten Spätsommer durchzuführen, weitere Kontrollen und hiernach erforderliche Nachschutzmaßnahmen sind in Abständen von rund zwei Jahren vorzunehmen.

[2]) Für den Grundschutz sollen Kesseldruck- und Vakuumverfahren angewendet werden.

Tauchen ist nur zulässig, wenn das Holz mehrere Stunden untergetaucht gehalten wird und die Anwendbarkeit des Präparates hierfür ausgewiesen ist. Bei ein- und zweigeschossigen Wohnhäusern und vergleichbaren Gebäuden gelten für die Behandlung von Einzelteilen aus Schnittholz (z. B. Balken, Stützen) mit einer Querschnittfläche von höchstens 300 cm^2 und einer Einbaufeuchte von höchstens 20 % gleiche Bedingungen wie für verleimte Bauteile.

[3]) Wenn die Anwendbarkeit im Prüfbescheid ausgewiesen ist; das Holz ist mehrere Tage untergetaucht zu halten.

Tafel 17.13 Multiplikatoren für die Einbringmengen nach Prüfbescheid in kg/m³ Holzvolumen bei Anwendung durch Druckverfahren in den Gefährdungsklassen 1 bis 4

Schnittholzdicke (cm)	Rundholzdurchmesser (cm)	Multiplikator
< 4	< 7	1,50
4 bis 8	7 bis 10	1,25
> 8	> 10	1,00

Tafel 17.14 Perforationstiefe zur mechanischen Vorbehandlung

Holzdicke bzw. -breite (mm)	Perforationstiefe*) (mm)
bis 25	5
über 25 bis 30	8
über 30	10

*) Die Tragfähigkeit perforierter Hölzer muß gewährleistet bleiben. In der Erd-(Wasser-)-Luft-Zone: Freiliegendes Kernholz nur mit mechanischer Perforation verwenden.

Tafel 17.15 Nachzuweisende Einbringmengen in Abhängigkeit vom Kern- bzw. Reifholzanteil

Kern-/Reifholzanteil	Einbringmenge*)
60 %	100 %
70 %	80 %
80 %	60 %
90 %	40 %
100 %	20 %

*) Allgemein sind Unterschreitungen bis 20 % zulässig. Im Oberflächenbereich müssen mind. 50 % der geforderten Einbringmenge nachgewiesen werden.

Längsrichtung). Putz, Mauerwerk und Fugen auf Durchwachsungen untersuchen. Alle locker gewordenen Baustoffe entfernen. Entfernte Teile dürfen nicht zum Ausgangspunkt eines neuen Befalls werden. Das Holz ist deshalb sofort zu verbrennen, es darf nicht als Brennholz gelagert werden! Ausgebaute Mauersteine sind vor erneuter Verwendung mit einem geeigneten Mittel zu behandeln.

Vor Anwendung von Schutzlösungen ist schwammverdächtiges Mauerwerk zweckmäßig mit Lötlampe abzusengen oder – wegen besserer Tiefenwirkung – mit Spiritus abzusprühen und anschließend mit Schweißbrenner abzubrennen. Neuerdings erfolgt die Behandlung auch mit Infrarotstrahlen, da Sporen bereits bei 70 °C absterben.

Befallenes Mauerwerk, besonders im Bereich neu einzubauender Holzteile, muß mit Pilzschutzmittel behandelt werden. Im Bereich des größten Befalls

(Balkenköpfe!) erfolgt Bohrlochtränkung, anschließend mit dichtem Zementputz das Mauerwerk verschließen.

Sicherstes Vorbeugungsmittel: Keine neuen Holzbauteile einbauen! Soll wieder Holz eingebaut werden, sind bauliche Schutzmaßnahmen (siehe Abschnitt 17.10.2c) anzuwenden. Für Austrocknung der Bauteile sorgen! Kann die Baufeuchte nicht in hinreichend kurzer Zeit beseitigt werden, so muß neu einzubauendes Holz im Kesseldruck- oder Trogtränkungsverfahren oder mit Pasten, Binden oder Bohrlochbehandlung chemisch geschützt werden. Ist schnelle Austrocknung sichergestellt, genügt notfalls Anwendung des Tauch-, Kurztauch-, Anstrich- oder Sprühverfahrens. Mindestmengen siehe Tafel 17.10. Schwammsanierungsarbeiten sollen möglichst im Sommer erfolgen!

2. Gegen Insektenbefall

Bei Pochkäfer- und Splintholzkäferbefall öliges Holzschutzmittel (mit Gasphase) mit Spritzflasche mehrmals im Abstand von einigen Tagen in die Fluglöcher spritzen. In hartnäckigen Fällen Bohrlochbehandlung. Anschließend werden die Löcher mit Wachs gedichtet (oder mit flüssigem Holz).

Bei Hausbockbefall: Das gesamte Bauholz ist chemisch zu behandeln. Von den befallenen Hölzern werden zuvor die zerstörten Teile abgebeilt, sofern statisch noch zulässig, andernfalls durch neue Bauglieder ersetzt. Ausgebautes Holz ist sofort zu verbrennen. Die angeschnittenen Fraßgänge werden kräftig ausgebürstet und anschließend erfolgt eine Schutzmittelbehandlung auch der neu eingebauten Hölzer. Der Schutzerfolg ist in den nächsten Sommern nachzuprüfen, dabei ist die Schutzbehandlung bei den neu eingebauten Hölzern zu wiederholen. Mittel mit dem Kennzeichen IvS verwenden. Bei bereits früher behandelten Hölzern sind die Verträglichkeit und Wirksamkeit zu prüfen.

Einzubringende Mengen (je nach Befallsstärke und Holzabmessungen): 300 bis 500 g/m² Holz in mind. 2 Arbeitsgängen bei öligen Mitteln, 100 g/m² Holz in mind. 3 Arbeitsgängen bei wasserlöslichen Mitteln (HF-Salze, 20 %ig). Zur Bekämpfung werden mit Erfolg auch Heißluft- und Durchgasungsverfahren mit anschließender chemischer Behandlung angewandt.

m) Brandverhalten von Holz und Holzwerkstoffen

Bei direkter oder indirekter Brandeinwirkung (starke Wärmestrahlung) wird Holz chemisch zersetzt in Holzkohle und brennbare Gase. Die Zeit bis zur Entzündung der Gase ist von verschiedenen Faktoren abhängig, z. B. von O_2-Zufuhr, Holzfeuchte, Holzrohdichte und thermischer Beanspruchung. Die Entzündungstemperaturen schwanken deshalb zwischen etwa 120 und 330 °C. Nach der Entzündung steigert der hohe Heizwert der Gase zunächst die Brandintensität, später wird die Abbrandgeschwindigkeit geringer. Die Holzzersetzung im Innern ist rascher als der Kohleabbrand, es bildet sich deshalb ein stationäres Gleichgewicht. Die Temperatur in der Vollbrandphase beträgt im Brandraum 500 bis 1100 °C, die Abbrandgeschwindigkeit wird mit höherer Holzfeuchte und steigender Rohdichte geringer.

Abbrandgeschwindigkeit: Sie beträgt für Nadelholz etwa 0,6 bis 0,8 mm und für Eiche etwa 0,4 mm/min jeweils senkrecht zur Faser. Parallel zur Faser sind die Abbrandgeschwindigkeiten etwa doppelt so hoch. Weiterhin ist wichtig die äußere Form des Bauteils. Je größer die Oberfläche im Verhältnis zum Volumen, desto geringer die Feuerwiderstandsfähigkeit. Ebenso wirken größere Schwindrisse (bei Vollholzteilen). Die Feuerwiderstandsdauer ist bei Brettschichtholz günstiger und leichter vorausbestimmbar.

Holzwerkstoffplatten sind i. allg. brennbar, da auch die Bindemittel brennbar sind (außer bei anorganischen Bindemitteln). Unbehandelte Holzwerkstoffplatten sind normal entflammbar (Baustoffklasse B). Bei beplankten Bauteilen ist die Feuerwiderstandsdauer im wesentlichen abhängig von der Plattendicke.

Spanplatten sind i. allg. günstiger, da sich im Brandfalle bei Furnierplatten ganze Furnierlagen lösen und damit besonders große Oberflächen bilden.

Bei schwer entflammbaren Holzwerkstoffplatten werden die Feuerschutzmittel bereits während der Herstellung der Leimflotte, d. h. der Leimlösung, zugegeben oder nachträglich aufgetragen als Schaumschichtbildner. Sehr wesentlich ist die Ausbildung der Plattenstöße und Fugen, sie sollen ein Durchschlagen der Flammen verhindern.

n) Chemische Feuerschutzmittel

Sie sind im allgemeinen wasserlöslich, deshalb können sie nur bei unter Dach verbautem Holz verwendet werden. Sie setzen die Feuerwiderstandsdauer nur geringfügig herauf. Wirkungsweise und Zusammensetzung siehe Tafel 17.11.

In jedem Fall muß ihre chemische Verträglichkeit mit anderen Holzschutzmitteln und nachfolgenden Deckanstrichen gewährleistet werden.

Die Bedeutung der Salze ist mit der Entwicklung der Schaumschichtbildner zurückgegangen. Salzartige Feuerschutzmittel wirken gleichzeitig pilz- und insektenwidrig. Sie werden also sog. „Dreifachmittel" angeboten, wobei für den Tiefschutz die erforderlichen Einbringmengen nur mit dem Kesseldruckverfahren vom Holz aufgenommen werden (Anwendung auch bei Spanplatten, wenn die Späne vor der Verleimung imprägniert worden sind).

Die Feuerwiderstandsdauer von Holzbauteilen ist im wesentlichen von den gewählten Konstruktionen und der Bemessung abhängig. Bei entsprechender Dimensionierung sind die Feuerwiderstandsklassen F 30-B und F 60-B mit Holzbauteilen erreichbar (siehe Abschnitte 17.4.2d und 17.10.2h).

o) Holzkonservierende, dekorative Beschichtungen (Anstriche)

Sie erhöhen die natürliche Dauerhaftigkeit des Holzes. Als Grundiermittel und Lasurbeschichtungsstoffe können sie mit fungiziden und vorbeugend gegen Insekten wirksamen Zusätzen versehen sein. Beschichtungsstoffe mit derartigen Zusätzen können dem Holz höchstens einen Randschutz gewähren. (Einzelheiten über Beschichtungen siehe Abschnitte 11.4.1 und 11.4.8.)

p) **Biologischer Holzschutz**

Der biologische Holzschutz – als Alternative zum chemischen Holzschutz – umfaßt den Einsatz von
- Feinden der Schädlinge
- Wirkstoffen, die aus Mikrooganismen und resistenten Holzarten extrahiert wurden
- Stoffen, die unmittelbar in der Natur vorhanden sind

Feinde der Schädlinge sind entweder spezielle Raubholzinsekten bzw. parasitierende Schlupfwespen oder Schimmelpilze, Bakterien bzw. Viren. Untersuchungen mit diesen Organismen haben ergeben, daß bei der ersten Gruppe keinesfalls ein Befall vermieden oder die holzzerstörenden Insekten weitgehend vernichtet werden könnten. Bei den letzteren ist ebenso eine ausreichende Schutzwirkung nicht nachweisbar.

Der Einsatz von Duftstoffen oder Sexuallockstoffen ergab bisher bei Verwendung unter Dach weder eine ausreichende Köderwirkung noch einen ausreichenden Schutz. Gewisse **extrahierte Wirkstoffe** – aus einigen Schimmelpilzen bzw. resistenten Holzarten stammend – besitzen gegenüber Holzschädlingen eine sehr stark toxische Wirkung. Bevor sie eingesetzt werden können, müssen jedoch ihre Umweltverträglichkeit und ihre Dauerwirkung untersucht werden. Eine Abgrenzung zu den chemischen Holzschutzmitteln wäre bei ihrem Einsatz dann kaum mehr möglich.

Die letztgenannte Gruppe – **Stoffe, die unmittelbar in der Natur vorkommen** – umfaßt Bienenwachs, Leinöl, Boraxlösung, natürliche Harze und ätherische Öle. Von diesen besitzt lediglich Borax nachweislich eine ausreichende Wirksamkeit gegen Holzschädlinge.

Alle Borverbindungen sind wasserlöslich. Sie lassen sich im Holz nicht fixieren und scheiden deshalb für eine Außenanwendung aus. Da Borax nur eine geringe Löslichkeit bei Raumtemperatur besitzt, ist der Arbeitsaufwand für das Einbringen ausreichender Schutzmittelmengen relativ hoch. Borhaltige Holzschutzmittel enthalten deshalb leichter lösliche Verbindungen dieses Elementes.

Leider bleibt festzuhalten, daß der biologische Holzschutz gegenwärtig den chemischen Holzschutz nicht ersetzen kann.

17.11 Holzverbindungsmittel

Sie werden im folgenden Abschnitt nur gestreift, wobei die weitergehenden Fragen dem Ingenieur-Holzbau (siehe WIT 48) vorbehalten werden sollen.

Traditionelle handwerkliche Verbindungen beruhen auf jahrhundertealten Erfahrungen mit dem Baustoff Holz. Die wichtigsten davon sind:

17.11.1 Handwerkliche Holzverbindungsmittel

a) **Der Versatz** ist eine wichtige Anschlußmöglichkeit für schräge Druckanschlüsse. Rechnerisch einigermaßen zuverlässig erfaßbar.

b) **Die Verblattung** ist die konstruktive Verbindung von Hölzern in einer Ebene.

c) **Zapfen** dienen zur Sicherung der gegenseitigen Lage zweier Hölzer, z. B. zur seitlichen Fixierung von Druckgliedern (Stützen, Streben usw.).

d) **Dübel** werden vorwiegend auf Druck und Abscheren beansprucht, entweder werden sie als Einlaßdübel (rechteckig, rund) in vorbereitete passende Holzvertiefungen eingesetzt oder als Einpaßdübel mit Stift- oder zackenförmigen Krallen in das Holz eingepreßt.

17.11.2 Stabförmige Verbindungsmittel

a) **Bolzen,** vor allem Schraubbolzen, die rechtwinklig zur Scherfläche durch die zu verbindenden Hölzer gehen, werden überwiegend auf Biegung beansprucht, während im Holz Lochleibungs- und Scherspannungen auftreten.

b) **Stabdübel** sind zylindrische Stahlstifte, in der Regel ohne Mutter und Gewinde, sie werden in vorgebohrte Löcher mit 0,2 bis 0,5 mm kleinerem Durchmesser eingepreßt. Damit sind keine zusätzlichen Verformungen aus dem Lochspiel und keine Schwindauswirkungen zu erwarten.

c) **Nägel** sind zuverlässige Verbindungen bei Scherbeanspruchung, sie sind auch gegen Zug beanspruchbar, doch ist Vorsicht geboten bei ständig wirkenden Ausziehkräften, z. B. abgehängten Decken – glattschaftige Nägel sind nicht geeignet. – Hirnholznagelung ist nicht tragend.

d) **Holzschrauben** sind ab 4 mm $\varnothing$ als tragendes Verbindungsmittel verwendbar. Die Holzschraube besitzt die doppelte Haftkraft des Drahtnagels, sofern die Löcher vorgebohrt sind. Die Haftkraft ist bei eingeschlagenen Schrauben erheblich vermindert. Sie entspricht etwa derjenigen des Drahtnagels. Holzschrauben im Hirnholz sind nicht auf Herausziehen beanspruchbar.

e) **Sondernägel** (Schraubennägel, Rillennägel). Ihre Schaftform weicht vom runden Drahtnagel ab. Die Haftung im Holz ist dementsprechend wesentlich höher, sie sind auf Herausziehen beanspruchbar.

f) **Klammern,** ursprünglich in der Verpackungsindustrie verwendet, können heute auch als tragende Holzverbindungsmittel eingesetzt werden. Die weitere Entwicklung hat zu

17.11.3 Nagelplatten und Blechformteilen (Balkenschuhen) geführt.

Über alle Einzelheiten siehe Ingenieur-Holzbau.

17.11.4 Klebstoffe (Holzleime)

a) **Glutinleime:** Hierzu zählen Fisch-, Haut-, Leder- und Knochenleime; sie werden gehandelt in Tafeln, Körnern, Perlen oder Flocken. Zur Verarbeitung weicht man sie in Wasser ein und erwärmt diese Lösung (Warmleim). Der Leimfilm ist weder feucht- noch naßfest! Dies gilt auch für die „gehärteten" Glutinleime, deren Wasserlöslichkeit, nicht aber deren Quellfähigkeit beseitigt ist. Vorteil: **Glutinleim** erhärtet auch in der Wärme und nicht erst bei Abkühlung.

b) **Kasein- und Blutalbuminleime** (sog. „Kaltleime", da mit kaltem Wasser ansetzbar) gewinnt man aus Milch- bzw. Bluteiweiß + Löschkalkpulver; sie sind be-

17.11.4 Klebstoffe

achtlich feuchtfest, aber nicht absolut wasserfest (vgl. Kaseinfarben und Milchkalkmörtel). Nachteile: Sie neigen zu starker Holzverfärbung und binden langsam. Früher in der Sperrholzverleimung verwendet, sind sie dort von den Kunstharzleimen völlig verdrängt worden.

c) **Stärkeleime** auf Kohlehydratbasis sind in Deutschland nur als Streckmittel für Leimflotten[1]) gebräuchlich, in Amerika haben sie eine gewisse Bedeutung in der Sperrholzplattenfertigung erlangt.

d) **Polyvinylazetatleime:** Sind im Handel als wässerige Dispersionen, „weißer Leim". Sie sind thermoplastisch, nicht wasserlöslich, aber quellfähig; infolge sehr großer Adhäsion entstehen dadurch jedoch meist keine Schäden. Kein Härter erforderlich. Verwendung: Montageverleimung, Möbelbau. Inzwischen auch wasserfeste Leime dieser Art im Handel: 2-Komponenten-Holzleime, die aus einer speziellen Polyvinylacetatdispersion bestehen. Bei Zugabe von sauren Metallsalzlösungen (z. B. Chromnitrat) vernetzt die Dispersion.

e) **Kunstharzschmelzleime:** Dazu eignen sich Polymerisate, die durch Erhitzen schmelzen und bei Abkühlung abbinden (durch Erstarrung). Die Abbindezeit beträgt 5 bis 7 s, die offene Zeit (Zeit vom Leimauftrag bis zum Zusammenfügen) 3 bis 5 s. Verwendung für Kanten- und Rahmenverleimungen.

f) **Vorkondensierte Kunstharzleime** siehe auch Abschnitt 15.1.7: Harnstoffharz-, Phenolharz- einschließlich Resorcinharz- und Melaminharzleime.

Vorkondensierte Produkte werden durch Härter (Säure oder saures Salz) zu Ende kondensiert. Für ihre Anwendung ist zu beachten: Niemals Metallgefäße zur Aufbewahrung, nur Glas, Steingut usw. verwenden; Pinsel soll nicht drahtgebunden sein. – Leim und Härter in getrennten Gefäßen ansetzen! Den Härter-Pinsel nie in den Leim tauchen! Dies führt zur vorzeitigen Aushärtung!

f_1) **Harnstoffharze:** Sie sind genügend naßfest, aber nicht kochfest. Sie neigen zum Versprödern, daher ist die Verleimung fugenempfindlich und der Werkzeugverschleiß höher. Verwendung: für Sperrholz-, Spanplatten-, Möbelfertigung, Fahrzeug- und Waggonbau.

f_2) **Melaminharzleime:** Bei ihnen ist nur eine Härterzugabe bei Kaltverleimung erforderlich. Reine Melaminharze sind kochfest, ergeben aber spröde Leimfugen und einen höheren Werkzeugverschleiß. Verwendung: für Lagenholzverleimung.

f_3) **Phenolharzleime (hierzu gehören Resorcinharzleime):** Sie benötigen für die Reaktion in der Kälte einen Härterzusatz. Sie haben folgende Eigenschaften: hohe Festigkeit, koch- und tropenfest, geringe Fugenempfindlichkeit. Verwendung: für Holzkonstruktionen, im Waggon-, Flugzeug- und Schiffbau.

g) **Füllspachtel:** Zur Verwendung kommen u. a. „Knetholz" oder „flüssiges Holz" (Holzmehl + Nitrozelluloselack).

---

[1]) Leimflotte ist die Leimlösung bzw. bei hochmolekularen Klebstoffen die Leimemulsion oder Leim-Suspension.

18 Vorkommen gesundheitsschädlicher Stoffe in Baustoffen
18.1 Vorwort

Seit reichlich 20 Jahren gibt es eine „Baubiologie". Dieser Begriff ist nicht definierbar, er wird außerdem für absurde, naturwissenschaftlich entweder nicht beweisbare oder widerlegte Theorien verwendet.

Am ehesten läßt sich unter „Baubiologie" noch verstehen das Streben nach

- Bauweisen, die gesundheitsschädliche Stoffe aus allen Baumaterialien fernhalten
- Bauweisen, die darauf gerichtet sind, möglichst mit Rohstoffen auszukommen, deren Erzeugung weniger Energie kostet als vergleichbare Materialien

und inzwischen auch

- Bauweisen, die durch gezielte Wärmeeinsparmöglichkeiten den Energieverbrauch der Bewohner für Heizung, Warmwasserbereitung usw. soweit wie möglich absenken.

Der letzte Punkt wird großenteils durch die DIN 4108 qualifiziert erfüllt. Besonders unter dem ersten Gesichtspunkt wurden und werden konventionelle und neue Bauweisen verdächtigt, gesundheitsschädliche Auswirkungen auf die darin lebenden Menschen zu haben. So wurden Baustoffe für „baubiologisch besonders wertvoll" erklärt oder mit entsprechend negativen Prädikaten bedacht, obgleich diese Einstufung bisher im allg. nicht nachprüfbar ist.

Zur Frage des Energieaufwandes, der zur Erzeugung einiger Baustoffe erforderlich ist, sei die folgende Zusammenstellung als Antwort gegeben:

Energieverbrauch zur Herstellung einiger Baustoffe in kWh/kg nach [18/16]

Aluminium	50	Kunststoffe	30
Stahlblech	15	Glas	5
Beton	3	Ziegel	1
Mauersteine	0,5	Holz	0,1

(Zum Vergleich: Der Energiebedarf eines sehr gut wärmegedämmten Reiheneinfamilienhauses läßt sich mit etwa 10 000 kWh/Jahr für die Raumheizung ansetzen.)

Die Wortführer in diesem Streit, die sich als Baubiologen bezeichnen, erhielten durch das gesteigerte Umweltbewußtsein der Öffentlichkeit große Aufmerksamkeit. Ihre Forderung nach alternativen Bauweisen und mit Baustoffen, wie sie die Natur anbietet, erschien der logische Ausweg zur Lösung der gesundheitlichen Risiken.

Begünstigt wurde diese Auseinandersetzung durch die in den letzten beiden Dekaden mehr und mehr verwendeten neuartigen Bau- und Dämmaterialien, die zum Zwecke einer möglichst großen Energieeinsparung eingesetzt wurden. Etwa parallel dazu steigerten die Erzeuger von bauchemischen Produkten und Holzschutzmitteln ihren Absatz von Jahr zu Jahr. Damit konnten teilweise gesundheitsschädliche und geruchsintensive Stoffe gasförmiger Natur in Innenräume gelangen. Zu ihnen zählen (in alphabetischer Reihenfolge geordnet und ohne Gewichtung nach Häufigkeit und Schädlichkeit):

- Benzol, Lösemittel aus Klebern, Anstrichen und Harzen
- Formaldehyd aus Harzen in Möbeln, Spanplatten, Tapeten, Mineralwollen, Schäumen
- Glutardialdehyd aus Klebern und Anstrichen
- Isocyanat aus Klebern und Harzen
- Pentachlorphenol (und andere chlorierte Kohlenwasserstoffe) aus Holzschutz- und Imprägnierungsmitteln
- Phenol aus Harzen und Klebern
- Schwermetalle (nicht flüchtig) aus Farbanstrichen an Metallen und Hölzern

18.2 Strahlenbelastung aus der Natur und aus Baustoffen

- Styrol aus Schaumstoffen und Klebern
- Toluol aus Anstrichen und Klebern
- Vinylchlorid aus Schäumen, evtl. aus Fußböden bei Einwirkung anderer Stoffe.

Welche dieser Stoffe sind besonders gefährlich? Ist die Kritik der Baubiologen in jedem Falle berechtigt? Stellen unsere Baustoffe tatsächlich eine gesundheitliche Gefahr dar?

In diesem Kapitel soll diesen Fragen nachgegangen werden. Dabei werden die Autoren der einzelnen Baustoffkapitel versuchen, den bisherigen Stand des nachprüfbaren Wissens über eine mögliche Gesundheitsgefährdung durch den jeweiligen Baustoff in Kurzform wiederzugeben. Erfaßt werden kann dabei nur der augenblickliche Wissensstand. Die auch in Zukunft zu erwartende Einführung neuer Produkte, Materialien und Wirkstoffe für den Innenraum wird der Frage nach dem vorbeugenden Schutz der Innenraumluft zusätzlich Bedeutung verleihen.

18.2 Strahlenbelastung des menschlichen Organismus aus der Natur und aus Baustoffen

Der menschliche Körper ist auf der Erdoberfläche im wesentlichen folgenden Strahlenbelastungen ausgesetzt:

a) der radioaktiven Strahlung
b) elektromagnetischen Schwingungen von Radiowellen bis zur Röntgenstrahlung
c) dem elektrostatischen Feld der Erde
d) der Zufuhr elektrischer Ladung aus der Luft in Ionenform
e) elektrischen Wechselfeldern, im wesentlichen hervorgerufen von der Hausinstallation

a) Radioaktivität von Baustoffen

Der Mensch ist ständig einer natürlichen ionisierenden kosmischen und terrestrischen Strahlung ausgesetzt. Die kosmische Strahlung beträgt in unseren Breiten in Seehöhe etwa $9{,}03 \cdot 10^{-10}$ C/kg $\cdot$ h ($\widehat{=}$ $7{,}9 \cdot 10^{-6}$ C/kg $\cdot$ a) und in 1000 m Höhe etwa $12{,}13 \cdot 10^{-10}$ C/kg $\cdot$ h ($\widehat{=}$ $10{,}62 \cdot 10^{-6}$ C/kg $\cdot$ a). 1 R = 1 Röntgen $\widehat{=}$ Strahlendosis, die in 1 cm^3 trockener Luft unter Normalbedingungen $2{,}08 \cdot 10^9$ Ionenpaare erzeugt (heute durch C/kg ersetzt).[1]

Die terrestrische Strahlung stammt vorwiegend von den Radionukliden Kalium 40, Radium 226 und Thorium 232 und ihren Folgeprodukten und ist im wesentlichen eine γ-Strahlung. Ihre Dosisleistung hängt im Freien von der Art des geologischen Untergrundes und in Gebäuden zusätzlich von der Art der verwendeten Baustoffe ab. In der Bundesrepublik Deutschland wurden nach [6/43] im Freien mittlere Werte bis $20{,}38 \cdot 10^{-10}$ C/kg $\cdot$ h ($\widehat{=}$ $17{,}85 \cdot 10^{-6}$ C/kg $\cdot$ a) und in Wohnungen bis $31{,}22 \cdot 10^{-10}$ C/kg $\cdot$ h ($\widehat{=}$ $27{,}35 \cdot 10^{-6}$ C/kg $\cdot$ a) gemessen.

Nach [6/42] werden als absolut tödlich beim Menschen $1{,}5 \cdot 10^{-1}$ C/kg bis $1{,}8 \cdot 10^{-1}$ C/kg bei einmaliger Ganzkörperbestrahlung angenommen. Als sogenannte kritische

---

[1] Die Einheit der Ionendosis I wird heute angegeben in C/kg = As/kg. Die alte Einheit Röntgen = R beträgt danach 1 R = $2{,}58 \cdot 10^{-4}$ C/kg.

Dosis werden $2{,}60 \cdot 10^{-2}$ C/kg angesehen, da bei dieser Dosis vereinzelt Todesfälle auftreten. Dosen von $0{,}51 \cdot 10^{-2}$ bis $1 \cdot 10^{-2}$ C/kg führen nicht zu wesentlichen nachweisbaren Schäden. Bei Personen, die in geschlossenen Räumen direkt mit radioaktiven Stoffen arbeiten, wird bei einer Arbeitszeit von 40 Stunden je Woche mit einer möglichen Dosisaufnahme von $3{,}87 \cdot 10^{-4}$ C/kg gerechnet.

Die von Baustoffen ausgehende radioaktive Strahlung wird in Bequerel = Bq[1]) angegeben. Sie beträgt bei den üblichen Baustoffen infolge Kalium 40 etwa $3{,}7 \cdot 10^1$ Bq/kg bis $12{,}95 \cdot 10^1$ Bq/kg, infolge Radium 226 etwa $1{,}9 \cdot 10^1$ Bq/kg bis $70{,}3 \cdot 10^1$ Bq/kg und infolge Thorium 232 etwa $1{,}9 \cdot 10^1$ bis $22{,}2 \cdot 10^1$ Bq/kg. Der Zusammenhang zwischen der spezifischen Zerfallsaktivität von Baustoffen in C/kg $\cdot$ h und der in Wohnungen gemessenen erhöhten Dosisleistungen in Bq/kg ist exakt *nicht* geklärt. Nach [6/43] spielen dabei Wanddicke, Größe der Wohnräume und der Fenster- und Türöffnungen, Art und Kombination der verwendeten Baustoffe sowie die Abschirmung der Gebäude gegenüber der aus dem geologischen Untergrund stammenden terrestrischen Strahlung eine Rolle. In [6/43] werden jedoch Näherungsverfahren beschrieben.

b) Die Strahlung aus dem Weltraum – extraterrestrische Strahlung

Folgende Strahlen gelangen aus dem Weltall auf die Erdoberfläche:

Kosmische Ultrastrahlung	< 10 XE	< 10^{-12}	m
Röntgenstrahlung	10XE .... 1000 AE	10^{-12}	10^{-7} m
Ultraviolettstrahlung	100 μm .... 380 μm	$1 \cdot 10^{-7}$	$3{,}8 \cdot 10^{-7}$ m
sichtbares Licht	380 μm .... 780 μm	$3{,}8 \cdot 10^{-7}$	$7{,}8 \cdot 10^{-7}$ m
Infrarotstrahlung	0,78 μm .... 1000 μm	$0{,}78 \cdot 10^{-6}$	$1 \cdot 10^{-3}$ m
Hochfrequenzstrahlung	1 mm .... 1000 km	$1 \cdot 10^{-3}$	10^6 m

Auf die Erdoberfläche gelangt nur ein Bruchteil dieser hauptsächlich von der Sonne ausgehenden Energien, da die Lufthülle der Erde wie ein Absorptionsfilter wirkt. Nur durch zwei „Fenster" wird Strahlung ganz bestimmter Wellenlänge durchgelassen, sie werden nach der Art der hindurchgehenden Strahlung als „optisches Fenster" und als „Radiofenster" benannt.

Da mit steigender Höhe über NN die absorbierende Schicht abnimmt, wächst die Intensität der kosmischen Strahlung. Außerdem besteht im Bereich von 0° bis 55° geographischer Breite infolge des Erdmagnetfeldes eine deutliche Abhängigkeit der Strahlungsintensität von der geomagnetischen Breite.

c) Beeinflussung des Organismus durch das elektrostatische Feld der Erde

Für die Behaglichkeit in Wohnräumen – wichtig für die Gesundheit und Leistungsfähigkeit des Menschen – ist eine Reihe von Faktoren ausschlaggebend (siehe Abb. 18.1):

---

[1]) 1 Bq = 1 Zerfall je Sekunde ist ein Maß für die Zerfallsaktivität A einer radioaktiven Substanz. Die alte Einheit Curie = Ci beträgt danach 1 Ci = $3{,}7 \cdot 10^{10}$ Bq.

18.2 Strahlenbelastung aus der Natur und aus Baustoffen

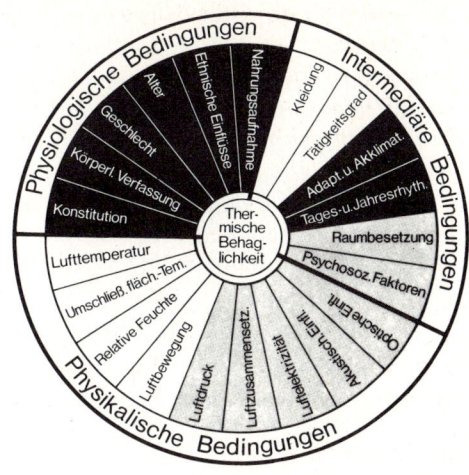

Abb. 18.1: *Faktoren, die für die Behaglichkeit in Wohnräumen von Bedeutung sind, nach [18/14]*

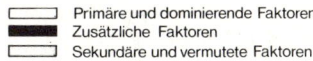
☐ Primäre und dominierende Faktoren
■ Zusätzliche Faktoren
☐ Sekundäre und vermutete Faktoren

Danach spielen luftelektrische Phänomene höchstens eine untergeordnete Rolle. Ihre Einwirkungsmöglichkeit auf den Menschen ist nach dem heutigen Stand der Technik und Forschung nicht zu beantworten.

Außerdem wird **das statische luftelektrische Feld** von allen in der Natur vorkommenden festen und flüssigen Stoffen vollkommen abgeschirmt, da deren elektrische Leitfähigkeit im Vergleich zu der der Luft immer um Zehnerpotenzen größer ist (spezifischer Widerstand der Luft etwa 10^{15} $\Omega \cdot$ cm, von trockenem Erdreich und Baumaterial etwa 10^5 $\Omega \cdot$ cm). Hauswände sind gegenüber dem hochisolierenden Feldraum der Luft praktisch Leiter, da ein in der Luft bestehendes Feld an ihnen völlig zusammenbricht. Ebenso wird der im Luftraum fließende Vertikalstrom von ihnen abgeleitet, ohne ins Gebäudeinnere einzudringen. Metallische Armierungen (im Stahlbeton) bzw. Stahlkonstruktionen erhöhen höchstens die Abschirmwirkung.

Eine bioklimatische Wirkung des elektrostatischen Feldes muß ebenfalls ausgeschlossen werden, da das Feld nicht in den menschlichen Körper eindringen kann.

Außerdem entsteht bei der Berührung des menschlichen Körpers mit Kunststoffen Reibungselektrizität von etwa 10 000 V/m bis zu 500 000 V/m, deren Feldstärke in Sekundenbruchteilen über weite Bereiche variieren kann. Das kann unter Umständen – bei dauernder körperlicher Bewegung – über viele Stunden am Tage anhalten.

d) Beeinflussung des Organismus durch Zufuhr elektrischer Ladung aus der Luft in Ionenform

Die Konzentration von Kleinionen wird in geschlossenen Räumen bei Zutritt von Frischluft verändert, und zwar reduziert sie die Ionenkonzentration in unbenutzten Räumen und erhöht sie in benutzten Räumen.

Bei Verwendung von konventionellem Baumaterial (Holz, Ziegel und Beton aus einem Material mit durchschnittlicher Radioaktivität) werden in geschlossenen Räumen Konzentrationen von positiven und negativen Kleinionen gemessen, die etwa der Größenordnung in der freien Natur entsprechen:

bei Schönwetter (mit geringer Luftverunreinigung und ohne Nebel)	500 .. 1000 Ionen/cm³
bei Nebel	50 .. 100 Ionen/cm³

Baumaterial mit hoher natürlicher Radioaktivität ergibt in geschlossenen Räumen wesentlich höhere Ionenkonzentrationen, nämlich 1000 ... 5000 Ionen/cm³ und je Vorzeichen.

e) Beeinflussung des Organismus durch elektrische Wechselfelder von Hausinstallationen

In geschlossenen Räumen erzeugen Installationen der Stark- und Schwachstromtechnik eine Vielzahl elektrischer Wechselfelder von 50 Hz bis mindestens 1000 Hz. Die Feldstärken reichen von nahe Null bis zu 200 V/m mit im allgemeinen engbegrenzten Wellenbereichen des jeweiligen Verursachers. Für die Frage der biologischen Wirkung derartiger Wechselfelder ist dabei zu unterscheiden zwischen elektrischen Feldern und magnetischen Feldern.

Wirkungen elektrischer Felder auf den Menschen [18/19], [18/20]

Aus den bisher vorliegenden Untersuchungen kann auf keine gesundheitliche Beeinträchtigung des Menschen geschlossen werden. Dies gilt für die direkte Exposition durch elektrische Felder mit Feldstärken, wie sie an Arbeitsplätzen oder in der Umwelt der Allgemeinbevölkerung auftreten.

Wirkungen magnetischer Felder auf den Menschen

Nach den bisher vorliegenden Untersuchungen können Magnetfelder im Niederfrequenzbereich (50 bis 60 Hz) den menschlichen Organismus schädigen. Dies gilt jedoch **nur** für entsprechend starke Magnetfelder, wie sie von elektrischen Haushaltsgeräten bzw. -installationen niemals erreicht werden können.

Dazu einige Zahlenwerte zum Vergleich (nach [18/17], [18/18], [18/22])

Haushaltgeräte (-installationen)	0,03 ... 30 μT[1]) (in 30 cm Entf.)
Magnetfeld der Erde etwa (Frequenz unterschiedlich, meist noch geringer als 50 Hz)	50 μT

---

[1]) 1 T = 1 Tesla = 1 Vs/m²

18.2 Strahlenbelastung aus der Natur und aus Baustoffen

Magnetische Flußdichte, die auf einen aufrecht stehenden Menschen unter einer 380 kV Hochspannungsleitung einwirkt 11 ... 15 µT
Angestrebte Effektivwerte der magnetischen Flußdichte (Werte noch in der Diskussion) < 50 ... 200 µT
Nachweisbare Reaktionen auf den Organismus 5 ... 50 mT
Akute Gesundheitsgefahren > 50 mT

Im Bereich abseits von elektrischen Geräten sind Felder mit einer Quelle außerhalb der Wohnung vorherrschend. Dabei ergeben sich für derartige Hintergrundfelder in Wohnungen magnetische Flußdichten < 100 nT und bei Wohnungen in der Nähe von Freileitungen bzw. in Gegenden mit hoher Energieverbrauchsdichte von 200 nT.

Die bisherigen Untersuchungen lassen folgende Schlüsse zu:

1. Die Anwendung der sogenannten „Elektroklimatisation" erscheint im Augenblick ohne überzeugenden Wert.

2. Die Konstruktion der Gebäude und die Auswahl des Baumaterials haben im Hinblick auf die Frage „Beeinflussung des Menschen durch elektrische Umweltfaktoren" keine Bedeutung.

3. Auswirkungen der Elektroinstallationen auf den Menschen lassen sich zwar nicht mit vollständiger Sicherheit ausschließen, bisher sind aber alle Versuche, dies nachzuweisen, negativ zu bewerten.

f) Beeinflussung des menschlichen Organismus durch Hochfrequenzfelder ([18/22])

Ein wichtiger Teil des elektromagnetischen Spektrums ist die Hochfrequenzstrahlung (Frequenzbereich 1 kHz ... 1000 GHz).

Als wichtigster Verursacher von Hochfrequenz- und Mikrowellenstrahlung ist die Nachrichtentechnik anzusehen (Rundfunk, Fernsehen, Telekommunikation, auch über Satelliten, Radar). Im Haushalt nimmt die Zahl der Hochfrequenzquellen ebenfalls ständig zu (Mikrowellenherd, induktives Kochen, Überwachungs- und Diebstahlsicherungssysteme, mobile Telefone usw.).

Zur Beurteilung möglicher Gefahren ist die Kenntnis des Strahlenpegels einzelner starker Quellen (Sender, Radaranlagen) sowie der gesamte Hochfrequenzstrahlenpegel aus allen Frequenzbereichen wichtig. Grenzwerte der Strahlenbelastung sind entweder erlassen oder in der Diskussion. Subjektiv ist für den einzelnen ein Schutz zunächst möglich durch Beachtung eines entsprechend großen Abstandes von der Strahlenquelle bzw. eine möglichst kurze Einwirkungsdauer.

18.3 Gesundheitsrisiken bei Fußbodenbelägen

1 Die Frage nach gesundheitsbelastenden bzw. gesundheitsschädigende Wirkungen von Fußbodenbelägen (hier: elastische Fußbodenbeläge und Teppichbeläge) ist zu differenzieren in mehrere voneinander relativ unabhängige Problembereiche:

a) Wirkungen durch Bestandteile des Bodenbelags.

b) Wirkungen durch Oberflächenstruktur und Benutzung des Bodenbelags.
c) Wirkungen durch Ausdünstungen der Klebstoffe zur Befestigung der Fußbodenbeläge auf dem Untergrund.
d) Entsorgung von Fußbodenbelägen (z. B. nach Reklamationen und bei Renovierungen), die nicht schadstofffrei zu beseitigen sind.

2.1 Verunreinigungen der Raumluft können durch gasförmige Stoffe, die die Bodenbeläge oder die bei der Verarbeitung verwendeten Stoffe (z. B. Kleber) freigeben, verursacht werden. Dabei ist zu unterscheiden in geruchsneutrale und geruchsansprechende Stoffe. Gesundheitsbelastende oder -gefährdende geruchsneutrale Stoffe sind besonders gefährlich, weil sie ohne Warnung wirken. Die Geruchsempfindlichkeit ist individuell unterschiedlich ausgeprägt, so daß manche Stoffe von einigen Personen als besonders unangenehm und von anderen kaum wahrgenommen werden.

In der Regel ist aber die Geruchssensibilität sehr hoch und signalisiert vor allem Stoffe mit üblen Gerüchen wesentlich eher, als dies mit analytischen Nachweisverfahren möglich wäre.

Hierbei wird zunächst nicht unterschieden in Stoffe mit gesundheitsbelastenden bzw. -gefährdenden Wirkungen und in ungefährliche Stoffe. Auch ungefährliche Naturprodukte (z. B. Naturharze) können bisweilen intensive Geruchsbelästigungen verursachen.

2.2 Bei elastischen Bodenbelägen sind Verunreinigungen der Raumluft durch die Materialien selbst als auch durch Kleber festgestellt worden. Schadensfälle bei PVC-Belägen, die aus spezifischen Baustellen- und Verarbeitungsbedingungen herrühren können und nicht zu verallgemeinern sind, haben zu erheblichen Belästigungen (z. B. Kopfschmerzen) der Nutzer und anschließender gewerbeaufsichtlicher Sperrung der betroffenen Räume geführt. Es wird empfohlen, lösemittelhaltige Kleber, die besonders geruchsintensiv sind, gut auslüften zu lassen. Selbst das ausschließlich aus Naturprodukten hergestellte Linoleum hat einen produktspezifischen Eigengeruch, den manche Personen als aufdringlich empfinden.

2.3 Die Fasermaterialien (Pol- und Trägermaterialien) werden allgemein als geruchsneutral eingestuft. Geruchsbelästigungen können von Rückenbeschichtungen und Klebstoffen ausgehen. Schadstoffbelastungen der Luft durch synthetische Fasermaterialien sind nicht bekannt. Bei Naturfasern (Wolle, Baumwolle) sind sie auszuschließen.

2.4 Bei Benutzung von Bodenbelägen entsteht Materialabrieb, der als feiner Staub in die Luft gewirbelt und inhaliert werden kann. Art und Grad der Belastung sind abhängig vom Stoff selbst, seiner Abriebfestigkeit, der Benutzungsart und -intensität und der Reinigungsart und -häufigkeit. Vinyl-Asbest-Beläge sind aus diesem Grunde als problematisch einzustufen.

3.1 Elastische Bodenbeläge sollen, so die allgemeine Annahme, aufgrund ihrer glatten Oberfläche hygienischer sein als Teppichbeläge. Untersuchungen zum Luftkeimgehalt über Bodenbelägen haben im Vergleich zwischen elastischen und textilen Belägen z. T. widersprüchliche Aussagen ergeben.

18.3 Gesundheitsrisiken bei Fußbodenbelägen

3.2 Wie auch bei elastischen Belägen ist bei textilen Belägen der Luftkeimgehalt in entsprechenden Räumen sehr stark von Benutzungsart und -intensität und von der Art und Intensität der Reinigung abhängig. Es stehen sich bei den Untersuchungen zwei gegensätzliche Denkansätze gegenüber:

a) Teppichboden dient als Sammler für Staub und Keime und erhöht dadurch die Luftverunreinigung
b) Teppichboden hält Staub und Keime bis zur nächsten Reinigung mehr oder weniger intensiv fest und vermindert den Luftkeimgehalt.

Durch spezielle chemische Ausrüstungen können textile Beläge antimikrobielle Eigenschaften erhalten.

4 Klare Aussagen sind dagegen hinsichtlich der Auswirkungen verbrennender oder verschwelender Fußbodenbeläge im Brandfalle zu machen. Zunächst erlaubt die Einordnung der Beläge in Baustoffklassen (Brandverhalten nach DIN 4102) und Brennklassen Aussagen, ob und ggf. wann und in welcher Form eine Veränderung der Stoffe bei Brand- und Hitzeeinwirkung auftritt. Der vorbeugende bauliche Brandschutz (Fluchtwege, Rauchklappen usw.) muß ggf. darauf eingestellt werden [18/7].

Die Reaktion von Fußbodenbelägen auf Brandeinwirkung ist abhängig von der Art des Brandes (offener Brand oder Schwelbrand). Bei den bisher bekannt gewordenen Prüfungen sind die toxikologischen Wirkungen freiwerdender Gase und die metallkorrodierenden Wirkungen untersucht worden.

Es kann folgende Tendenz beschrieben werden:

– Bei offenem Brand setzen Bodenbeläge aus natürlichen Stoffen (Linoleum/Naturfasern) im wesentlichen Kohlendioxyd und Wasserdampf frei und sind damit toxikologisch und hinsichtlich der Korrosion unbedenklich. Bei Linoleumprodukten reagiert das Kondensat aus der Verbrennung des Produkts neutral (pH 6 bis 7).

– Chlorhaltige Kunststoffbodenbeläge geben unabhängig von der Art der Verbrennung immer toxikologisch gefährliche und korrosionsaggressive Salzsäuredämpfe frei (Kondensat pH = 0).

– Bei Schwelbränden reagieren organische Stoffe bisweilen mit der Abgabe giftigen Kohlenmonoxyds. Untersuchungen an einem Linoleumprodukt in eingebautem Zustand auf internem Untergrund haben bei Schweltemperaturen von 300 °C und 400 °C weder besondere toxikologische noch andere Bedenken hinsichtlich der Korrosionsaggressivität ergeben.

5 Textile Bodenbeläge können tatsächlich aufgrund ihrer großen Oberfläche zum „Sekundäremittenten" werden, wenn Luftverunreinigungen anderer Herkunft (z. B. Tabakrauch, Küchen- und Brandgeruch, Formaldehydgase aus anderen Baustoffen) vorhanden sind, insofern, als sie diese „speichern" und verzögert wieder abgeben können.

6 Lösungsmittelhaltige Kleber zur Verklebung der Bodenbeläge mit dem Untergrund sind vor allem wegen der bei der Verarbeitung freiwerdenden Schadstoffe problematisch [18/16]. Darüber hinaus werden bei leicht verderblichen

bzw. für Pilzbefall empfindlichen Inhaltsstoffen gefährliche Konservierungsmittel (z. B. Formalin) in oft allerdings geringen Dosierungen eingesetzt. Die Verwendung gefährlicher Klebstoffe (die gefährdenden Inhaltsstoffe müssen deklariert werden!) ist nicht mehr zwingend notwendig. Die Industrie bietet inzwischen schadstofffreie Kleber, die im wesentlichen aus Naturprodukten hergestellt werden, an (z. B.: „Naturalan" Fa. Wulff, 4531 Lotte).

7   Vor allem aufgrund von Wärmeschutz- und Energieeinsparungsverordnungen haben sich mit geändertem Nutzverhalten (Fensterlüftung) und höheren Anforderungen an die Dichtigkeit der Bauteile (Fenster und Außentüren) die Raumlüftungsraten allgemein verringert [18/4] [18/5] [18/9] und damit zwangsläufig auch Schadstoffkonzentrationen [18/8] in den Räumen erhöht. Lüftung schafft kurzfristig Abhilfe, vorausgesetzt, die Außenluft ist „sauber". Da letzteres jedoch nicht mehr die Regel ist, kann ausreichendes Lüften auch nicht als Ausweg angeboten werden. Nur ein entschiedener Verzicht auf Stoffe mit toxischen Emissionen und Vorsicht bei der Anwendung von Stoffen mit vermuteter toxischer Wirkung können Leitgedanken der Planung sein. Die Musterbauordnung und die Landesbauordnungen verpflichten den Planer zur vorbeugenden Gefahrenabwehr und zur Vermeidung von Belästigungen. Bei der Auswahl von Baustoffen trägt er somit eine entsprechende Verantwortung [18/7].

8   Rezeptionsorgane für Luftschadstoffimmissionen aus Baustoffen sind in erster Linie die Atmungsorgane (Bronchien, Lungenbläschen) und die Schleimhäute (Augenbindehaut, Atemtrakt). Diese Organe antworten in der Regel sichtbar als erste mit Reizungsreaktionen [18/6].

18.4 Ökologische und gesundheitliche Aspekte bei der Verwendung von Kunststoffen

Wegen des geschärften Umweltbewußtseins und der Begrenztheit der Ressourcen ist die ökologische Seite der Verwendung von Kunststoffen und deren eventuelle Wiederverwendung von Bedeutung. Kunststoffabfälle können zum Teil wieder verwertet werden. Thermoplastische Abfälle wie Spritzgußangüsse werden ggf. als Anteil von 10 bis 20 % dem frischen Rohstoff bei der Produktion zugesetzt. Ein Recycling von Kunststoffmüll (60 % PE, 20 % PS, 15 % PVC und 5 % sonstige) wird mit Hilfe von homogenisierenden Spezialextrudern (Remaker) betrieben und die Schmelze zu Randsteinen, Bauplatten u. a. verarbeitet. Zerkleinerte Gummireifen lassen sich als Baumaterial verwenden. In Mülldeponien oder im Boden verrotten Kunststoffabfälle i. allg. sehr langsam. Abbaubare Kunststoffe sind entwickelt worden. Höhere Materialkosten und ökologische Gesichtspunkte der Umweltbelastung in Fällen biologisch bedenklicher Abbauprodukte setzen einer allgemeinen Anwendung Grenzen. Außerdem steht das Bedürfnis mancher Bauaufgaben nach Kunststoffen mit hoher Witterungsbeständigkeit und chemischer Widerstandsfähigkeit dem Wunsch nach leichter, umweltfreundlicher Abbaubarkeit der Abfälle entgegen. Das Problem der Umweltbelastung durch Kunststoffabfälle stellt sich im übrigen mehr auf dem Gebiet der Kunststoffverpackung und Verbrauchsgüter aus Kunststoff (Wegwerfartikel) als auf dem Bausektor.

Die Kunststoffe sind als fertige Baustoffe i. allg. physiologisch unbedenklich. Die

18.4.1 Gesundheitliche Gefahren

hochmolekularen Verbindungen selbst sind sehr beständig. Sie können jedoch bei der Herstellung oder Verarbeitung mit Fremdstoffen wie Weichmachern, Stabilisatoren, Füllstoffen, Gleitmitteln, Härtern in Berührung kommen, welche die gesundheitliche Unbedenklichkeit in Frage stellen. Hier sind die von der „Kunststoffkommission des Bundesgesundheitsamtes" ausgearbeiteten Empfehlungen besonders zu beachten. Die beim PVC vorkommenden Reste monomeren Vinylchlorids bleiben unter der Schädlichkeitsgrenze. Die großtechnische Produktion von PVC wird so eingerichtet, daß die Beschäftigten nicht mit dem giftigen Monomer in Berührung kommen. Bei Überhitzung können halogenhaltige Kunststoffe wie PVC, PTFE toxische Dämpfe abgeben, was tunlichst zu vermeiden ist. Für die Verarbeitung von Flüssigkunststoffen wie Gießharzen, Klebstoffen, Lackharzen gibt es einschlägige Vorschriften der Berufsgenossenschaften. Wenn man davon ausgeht, daß solche Vorschriften beachtet werden, sind Kunststoffe beim richtigen Umgang nicht gefährlicher als andere Baustoffe [18/15].

Gesundheitliche Gefahren von Blei

In früher verwendeten Trinkwasserleitungen aus Blei kann weiches Wasser unter 8 °dH gesundheitsschädliches Bleihydroxid Pb $(OH)_2$ lösen. Bei hartem Wasser bildet sich jedoch eine Schutzschicht aus Blei-Kalzium-Karbonat.

18.4.1 Gesundheitliche Gefahren von Kunststoffen, Anstrichstoffen und Klebern

Bei der Verarbeitung von ungesättigten Polyesterharzen verflüchtigt sich Monostyrol, das gesundheitliche Beschwerden hervorrufen kann. Daher bei der Verarbeitung von Polyestergießharzen gut lüften!

Aus Polystyrolschaumstoffen können später noch Reste von Monostyrol entweichen. Die Konzentrationen sind jedoch gering.

Aus Spanplatten, die mit Formaldehydleimen gebunden sind, kann im Einbauzustand Formaldehyd in geringen Restmengen entweichen. Wenn als Kleber Phenolformaldehydharze verwendet werden, kann bei Phenolüberschuß auch Phenol frei werden.

Roh-Spanplatten dürfen nur unbeschichtet oder unbekleidet verwendet werden, wenn sie der Emissionsklasse E1 angehören. Roh-Spanplatten der Emissionsklassen E2 und E3 müssen zur Minderung der Formaldehydabgabe entweder werksmäßig beschichtet sein oder sind an der Verwendungsstelle zu beschichten oder zu bekleiden. Die Beschichtungen und Bekleidungen bedürfen eines Prüfzeugnisses des Fraunhofer-Instituts für Holzforschung WKI, Bienroder Weg 54 E, 3300 Braunschweig, das auf Wunsch eine Liste der geprüften Beschichtungen und Bekleidungen übersendet.

Aus Klebern und Anstrichen kann auch Glutardialdehyd austreten.

Kleber und Harze aus Polyurethan (PUR) bzw. DD-Lacken können eventuell Isocyanat abgeben.

Phenolformaldehydharzschaum, der z. B. als Schüttelschaum verwendet wird, kann je nach Einstellung Phenol und/oder Formaldehyd abspalten.

Unter Umständen kommt es zu einer Konzentration von Schadstoffen bis über die Wahrnehmungsgrenze hinaus. Allergiker können schon unterhalb der Wahrnehmungsgrenze betroffen sein.

Kunststoffdispersionen als Anstrichstoffe enthalten im frischen Zustand immer einen gewissen Anteil an noch nicht umgesetzten Monomeren. Man kann aber den Monomeranteil bei der Berechnung der Raumbelastung aus aufgetrockneten Dispersionen mit gutem Gewissen vernachlässigen. Der Lösemittelanteil verringert sich durch Verdunstung innerhalb der ersten 24 Stunden wenigstens um etwa 80 %. Die Restlösemittelmenge ergibt Werte, die sich an der MAK-Werte-Grenze von Octan (Benzinkohlenwasserstoff) bewegen. Der MAK-Wert gibt die zulässige Raumbelastung an einem Arbeitsplatz bei 8stündiger Arbeit an. Das bedeutet, daß durch die Verarbeitung von Dispersionsfarben Lösemittelmengen in so geringer Menge austreten, daß keine gesundheitlichen Schäden beim Menschen zu erwarten sind. Eine gute Belüftung frisch gestrichener Räume sollte sichergestellt werden. Nach 24 Stunden ist die Lösemittelverdunstung so weit abgeklungen, daß keine Beeinträchtigungen mehr zu erwarten sind, wenn die Räume ausreichend gelüftet werden.

Bei lösemittelhaltigen Klebern kann man in der Regel davon ausgehen, daß bei geringer Exposition keine gesundheitlichen Gefahren bestehen. Es ist aber zu beachten, daß derartige Klebstoffe gesundheitsschädliche Dämpfe abgeben, die Müdigkeit, Kopfschmerzen und Übelkeit als vorzeitige Vergiftungssymptome hervorrufen können. Daher sollte man nach schwedischen Empfehlungen nicht mehr als 20 Minuten hintereinander mit derartigen lösemittelhaltigen Kleberstoffen arbeiten, häufig und kräftig lüften oder für einen ständigen Luftabzug sorgen.

Im Umgang mit Polyesterharzen, die als Mehrkomponentenkleber oder Mehrkomponenten-Gießharze verwendet werden, ist Vorsicht im Umgang mit den Härtern geboten, die Hautätzungen hervorrufen können und nicht in die Augen gelangen dürfen. Die Beschleuniger darf man keineswegs außerhalb des Harzes mit den Härtern zusammenbringen (Explosionsgefahr). Die reaktiven Verdünner können Hautirritationen oder Sensibilisierungen hervorrufen.

Über die Epichlorhydrinreste im fertigen Produkt von Epoxidharzen ist wenig bekannt.

Im Umgang mit Polyester- und Epoxidharzen ist das Merkblatt der Berufsgenossenschaft der chemischen Industrie (Bestell-Nr. A 6) zu beachten: „Merkblatt für die Verarbeitung von Polyester- und Epoxidharzen".

18.5 Emissionen von organischen Substanzen aus Spanplatten – hauptsächlich Formaldehydemissionen

18.5.1 Ursachen und Umfang der Emissionen

Zur Herstellung von Holzwerkstoffen werden hauptsächlich folgende Klebstoffe[1] verwendet:

---

[1] Bei der Isocyanatverleimung treten während der Fertigung an einigen Stellen geringe Emissionen auf. An fertigen Platten ließen sich bislang keine Schadstoffaustritte feststellen.

18.5.1 Ursachen und Umfang der Emissionen

Phenol-Formaldehydharze (PF) sowie die Aminoplaste
Melamin-Formaldehydharz (MF) und Harnstoff-Formaldehydharz (UF)

Die häufigsten in Innenräumen verwendeten Holzwerkstoffe sind Spanplatten. Davon wurden im Bundesgebiet 1982 6,5 Mio. m^3 verbraucht. Spanplatten für Innenräume werden bisher hauptsächlich mit UF-Harzen verleimt (90 % der bundesdeutschen Produktion).

Bei Phenolharzverleimungen treten Formaldehydemissionen nicht auf (mögliche Geruchsbelästigungen sind anderer chemischer Natur), sie werden nur bei Aminoplastverleimungen beobachtet. Im folgenden sollen die möglichen Emissionen aus aminoplastverleimten Spanplatten, wie sie nach ihrer Herstellung, d. h. im verbauten Zustand, auftreten können, kurz gestreift werden. Von erheblicher Bedeutung für die Formaldehydabgabe (während der Verpressung und auch danach) aus den fertig verpreßten Platten ist das Molverhältnis Harnstoff : Formaldehyd. Es ist inzwischen gesenkt worden auf 1 : 1,3. Der Formaldehydüberschuß ist erforderlich, um eine ausreichende Bindefestigkeit des Klebstoffes zu erhalten. Aus diesem Molverhältnis folgt jedoch, daß bei UF-Verleimungen bisher stets mit einer nachträglichen Formaldehydabgabe zu rechnen ist. Sie wird von folgenden Parametern beeinflußt:

- Lagerbedingungen
- Lagerzeit
- Langzeitwirkung und
- Beschichtung

a) Lagerbedingungen (Temperatur und Feuchte)

Die Abdunstung erhöht sich mit wachsender Temperatur bei Temperaturerhöhung von 50 °C auf 80 °C um das Zehnfache. Eine Zunahme der relativen Luftfeuchte von 35 % auf 80 % steigert die Abdunstung um nahezu 50 %. Die Plattenfeuchte selbst ist abhängig von der Temperatur und der Luftfeuchte.

b) Lagerzeit

Die Erkenntnisse darüber sind von den jeweiligen Versuchsbedingungen abhängig und deshalb nicht ganz widerspruchsfrei:

Nach etwa 8 Tagen halbiert sich der Wert der Abdunstungsrate. Andererseits ist die Formaldehydabspaltung sehr hartnäckig. Bei Lagerung der Platten in Boxen – etwa vergleichbar den eingebauten Spanplatten in Innenräumen – verringerte sich der Formaldehydpegel nach 7 Wochen Lagerung im Raumklima (25 °C, 45 % rel. Luftfeuchte) um weniger als 10 %. Bekannt ist, daß die Formaldehydabspaltung bei entsprechenden Bedingungen (Temperatur und Feuchte) über ein Jahr und länger andauern kann. Wahrscheinlich senkt sich aber nach 8 Monaten Lagerzeit das Formaldehydniveau deutlich.

c) Beschichtung

Beschichtungen auf Spanplatten senken die Formaldehydabgabe infolge ihres höheren Wasserdampfdiffusionswiderstandes. Ähnlich gute Ergebnisse wurden u. a. an folgenden Werkstoffen beobachtet:

- Lackierungen aus ungesättigtem Polyester, Polyurethan, Alkydharz und Alkydharz-Öl-Kombination,
- Folien aus Hart- und Halbhart-PVC,
- Melamin-Formaldehyd-Preßbeschichtungen mit Papiereinlage sowie Formaldehydbindende Dispersionsbeschichtungen.

d) Zur Zeit geltende Formaldehyd-Emissionsbegrenzungen

Das Bundesgesundheitsamt hat als Grenzwert für die gesundheitliche Unbedenklichkeit 0,1 ppm Formaldehyd, d. h. 0,1 ml Formaldehydgas in 1 m³ Luft festgelegt. Aufgrund dieser Empfehlung hat das Institut für Bautechnik im April 1980 „Richtlinien über die Klassifizierung von Spanplatten bezüglich der Formaldehydabgabe" erlassen, die inzwischen allgemein geltendes Baurecht geworden sind.

Tafel 18.1 Emissionsklassen und Klassifizierungsgrundlagen für die Formaldehydabgabe bei Spanplatten nach IfBt Berlin (1981)

Emissionsklasse	Formaldehydabgabe	
	Emission (ppm)	Perforatorwert (mg HCHO/100 g atro Platte)[1]
E 1	< 0,1	< 10
E 2	> 0,1 bis 1,0	> 10 bis 30
E 3	> 1,0 bis 2,3	> 30 bis 60

[1]) Analysenverfahren, bei dem Formaldehyd mit siedendem Toluol extrahiert wird.

Alle Spanplattenhersteller haben nunmehr ihre Produkte klassifizieren zu lassen. Platten mit Formaldehydabgaben, die über den oberen Grenzwert der Klasse E 3 hinausgehen, dürfen im Bundesgebiet im Bauwesen nicht mehr eingesetzt werden. Diese Festlegungen gelten selbstredend auch für Importprodukte. Zu verweisen ist auf die Festlegung, daß alle Platten bei ihrem Einsatz den Anforderungen der Klasse E 1 entsprechen müssen, d. h., Platten der Klasse E 2 müssen durch Beschichtungen der Oberflächen – oder Platten der Klasse E 3 durch Beschichtungen von Oberflächen und Schmalseiten – wie vorstehend beschrieben – so weit verbessert werden, daß von ihnen keine Belästigungen mehr ausgehen können. Neben der Klassifizierung der Produkte besteht für die Hersteller eine Kennzeichnungs- und Überwachungspflicht.

Die Absenkung der Raumluftbeladung mit Formaldehydgas bei den einzelnen Emissionsklassen zeigt die folgende Abbildung. Sie veranschaulicht das Ausmaß der inzwischen geleisteten technischen Entwicklungsarbeit.

Inzwischen ist ein Verfahren entwickelt worden, das den Formaldehydrest in den fertigen Spanplatten beseitigt. Deren Emission dürfte damit bei 0 ppm Formaldehydgas anzusetzen sein.

18.5.1 Ursachen und Umfang der Emissionen

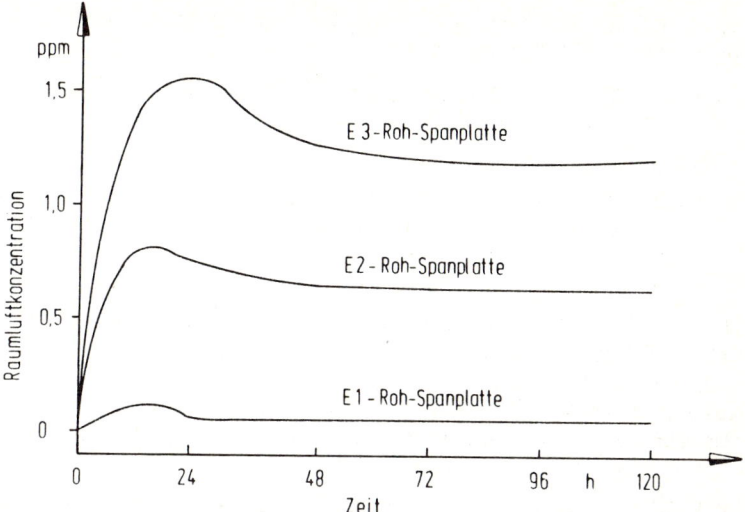

Abb. 18.2: Konzentrationsverlauf an Formaldehyd in einem Prüfraum unter definierten Bedingungen bei unbeschichteten Holzspanplatten verschiedener Emissionsklassen [nach WKI-Braunschweig (1980)]

e) Gesundheitliche Risiken

Formaldehyd ist ein Gas, das sich bei entsprechender Konzentration unangenehm bemerkbar macht. Die Wahrnehmbarkeitsgrenze ist bekanntlich personenabhängig. Sie liegt etwa bei 0,15 bis 0,30 mg/m^3.

Aus der nachstehenden Übersicht lassen sich die Wirkungen auf den Menschen ablesen.

Mögliche Mutagenität[1]), Teratogenität[2]) und andere Langzeitwirkungen einschließlich Kanzerogenität[3]) sind für Formaldehyd bisher noch nicht sicher bewiesen.

Wirkungen von Formaldehyd beim Menschen nach kurzfristiger Exposition [18/24]

ppm	Erscheinungen
0,05 – 1,0	Geruchsschwelle
0,01 – 1,6	Schwelle für Reizung der Augen
0,08 – 1,6	Augen und Nase gereizt
0,5	Schwelle für Reizung der Kehle
2 – 3	Stechen in Nase, Augen und hinterem Pharynx
4 – 5	für 30 Minuten erträglich, zunehmend Unbehagen und Tränenfluß
10 – 20	nach wenigen Minuten starker Tränenfluß, bis 1 Std. nach Exposition anhaltend, sofort Dyspnoe, Husten, Brennen in Nase, Kehle
30	Lebensgefahr, toxisches Lungenödem, Pneumonie
(nach Henschler, 1983; aus dem Formaldehyd-Bericht)	

---

[1]) Mutagenität: Befähigung zur Veränderung von Erbanlagen
[2]) Teratogenität: Befähigung zur Bildung von Mißbildungen
[3]) Kanzerogenität: Befähigung zur Krebsbildung

Zum Umfang der Untersuchungen und zur Gültigkeit der jeweiligen Versuchsergebnisse muß auf das medizinische Schrifttum verwiesen werden.

18.6 Wirkstoffe von Holzschutzmitteln im häuslichen Bereich

Etwa 15 organische Biozide, die zum überwiegenden Teil aus dem Pflanzenschutz bekannt sind, werden im Holzschutz eingesetzt. Dabei stehen die öllöslichen Biozide aufgrund ihrer durchschnittlich höheren Flüchtigkeit gegenüber den Imprägniersalzen im Vordergrund der Betrachtung. (Vorsorglich muß darauf hingewiesen werden, daß die organischen Insektizide und Fungizide nicht durch Salze substituierbar sind, da die Anwendung der Imprägnieröle und Imprägniersalze eine jeweils unterschiedliche Holzfeuchte voraussetzt.) Ihre mögliche Langzeitwirkung auf die menschliche Gesundheit wird zur Zeit noch untersucht. Deshalb kann augenblicklich noch keine gesicherte Aussage darüber gemacht werden.

Die im Wohnbereich seit vielen Jahren eingesetzten öligen Holzschutzmittel enthielten bis 1977 überwiegend Formulierungen mit dem Insektizid Lindan und dem Fungizid Pentachlorphenol (PCP). Die Bewohner von Häusern und Wohnungen, in denen derartige Holzschutzmittel verarbeitet worden waren, klagten seitdem teilweise über massive gesundheitliche Beschwerden. Deshalb wurden diese beiden Stoffe bevorzugt untersucht. Einige Einzelheiten dieses Untersuchungsberichtes sollen im folgenden erwähnt werden:

18.6.1 Art und Menge der in Wohnungen eingebrachten Holzschutzmittel

In 217 der 1978/1979 untersuchten Haushalte wurden nach Angaben der Bewohner zwischen 1 l und 400 l Holzschutzmittel im Wohnbereich verarbeitet (direkte Befragung vor Ort und Fragebögen). 93 % der von diesem Personenkreis verwendeten Holzschutzmittel enthielten als Lösemittel Mineralöl, als Insektizid Lindan zu etwa 0,5 %[1]) und als Fungizid Pentachlorphenol – im folgenden PCP genannt – zu etwa 5 %. In absoluten Mengen ausgedrückt sind somit in einem Liter Holzschutzmittel 5 g Lindan bzw. 50 g PCP und in 200 Litern Holzschutzmittel etwa 1 kg Lindan bzw. 10 kg PCP enthalten. Nach Angaben der Hersteller war zum damaligen Zeitpunkt das PCP bis zu 15 % vor allem mit Tetrachlorphenol verunreinigt und zu einem kleinen Teil auch mit Chlordibenzodioxinen und Chlordibenzofuranen, wovon das Hexachlordibenzodioxin wiederum den Hauptteil ausmacht. Es wurden besonders große Mengen – nämlich im kg-Bereich – von PCP in die Wohnungen eingebracht, wie sich aus der Auswertung der Befragungen ergab.

Dieser Tatbestand, die Toxizität des PCP und der geäußerte Verdacht der gesundheitsschädigenden Wirkung aufgrund der PCP-Exposition in diesen Räumen waren der Anlaß zu intensiven Untersuchungen über den weiteren Verbleib des PCP im Wohnraum.

---

[1]) Der gelegentlich geäußerte Verdacht einer krebserzeugenden Wirkung und einer Schädigung blutbildender Organe (aplastische Anämie) als Folge des Umgangs mit Lindan ist nach dem Stand der Wissenschaft nicht begründet. Andere schwere Gesundheitsschäden durch Lindan sind jedoch möglich. Hauptsächlicher Einsatzbereich des Lindans im Holzschutz ist die Bekämpfung des Hausbocks.

18.6.2 Verteilung und Niederschlag der Wirkstoffe (Beispiel PCP) im gesamten Wohnbereich

Der Wirkstoff wird an sich im Holz vermutet. Das ist aber nicht so. In den ersten Monaten nach dem Anstrich verdampfen, je nach den äußeren Bedingungen, etwa 50 % des PCP und verteilen sich über den gesamten Wohnbereich.

Bei 104 Wohnungen wurden PCP-Gehalte bis zu 25 μg PCP/m^3 Raumluft (Mittelwert 5 μg/m^3) gemessen. Kontrollwohnungen – ohne Holzschutzmittelverarbeitung – enthielten in der Raumluft < 0,1 μg PCP/m^3.

Der Gehalt an PCP in der Raumluft nach Anwendung von Holzschutzmitteln wird von verschiedenen Faktoren beeinflußt: Holzart, Lösemittel, Alter und Menge des Holzschutzmittelanstrichs, Temperatur, Luftwechsel, Luftfeuchte und Luftdruck. PCP verteilt sich über die Luft auf Gardinen, Möbel, Teppiche, Kleidung usw. und auch in geringem Maße auf Lebensmittelproben. Vor allem aber ist der Hausstaub stark PCP-kontaminiert. Dessen PCP-Gehalt lag bei den „Holzschützern" etwa 100mal höher als der entsprechende PCP-Gehalt in den Kontrollwohnungen.

18.6.3 Holzschutzmittel in Eisenbahnschwellen

Das Bundesgesundheitsamt empfiehlt, bei der Anlage von Kinderspielplätzen und Gartenanlagen künftig nicht mehr imprägnierte alte Eisenbahnschwellen aus Holz zu verwenden. Bei derartigen Einrichtungen, die bereits solche eingebauten Schwellen besitzen, erscheint ein allmählicher Ersatz sinnvoll oder eine Abdeckung mit einem Bretterbelag.

Dies ist lediglich als Vorsorgemaßnahme zu sehen, da ein sehr gering einzuschätzendes Krebsrisiko nach Hautkontakt mit diesen Schwellen besteht (bisher weder bei spielenden Kindern noch bei Arbeitern, die diese Schwellen einbauten, beobachtet).

Personen, die beruflich langjährig den in den Schwellen enthaltenen Stoffen ausgesetzt waren (Steinkohlenteeröle und den darin enthaltenen polycyclischen aromatischen Kohlenwasserstoffen) bekamen sog. Teerwarzen und chronisch-ekzematöse Hautveränderungen an den betreffenden Hautstellen. Mögliche Spätfolge: bösartige Hauttumore.

Die genannten Stoffe sind aus den Schwellen auch nach jahrzehntelanger Lagerung nicht vollständig ausgewaschen oder abgedunstet, sondern können unter starker Sonneneinwirkung immer wieder, zum Teil sogar sichtbar, austreten. (Sie sind außer in Teeröl auch sonst in der Umwelt verbreitet. Sie können insbesondere bei der Verbrennung organischer Materials entstehen, wenn die Sauerstoffzufuhr nicht ausreicht, so z. B. in Autoabgasen, in Hausfeuerungsanlagen oder beim Grillen.)

Unerwünschte Fernwirkungen der in den Eisenbahnschwellen enthaltenen Stoffe auf anderem Wege, z. B. durch Einatmen von Ausdünstungen, sind nicht bekannt. Eine Verunreinigung von Boden, Grundwasser oder Pflanzen durch imprägnierte Altschwellen ist nach gegenwärtigem Wissen nicht zu erwarten. Teeröle werden im Boden in Abhängigkeit von der Bodenart nur langsam abgebaut, sie sind im Boden relativ fest gebunden.

18.6.4 Allgemeine Risikoeinschätzung der Holzschutzmittelverwendung

Das Bundesgesundheitsamt steht auf dem Standpunkt, jede unnötige Einwirkung von Chemikalien auf den Menschen sei gerade im Wohnbereich unbedingt zu vermeiden. Deshalb wurde mit dem Institut für Bautechnik vereinbart, in jeden Prüfbescheid eine allgemeine Ausschlußformulierung mit folgendem Wortlaut aufzunehmen: „Holzschutzmittel enthalten biozide Wirkstoffe zum Schutz gegen Pilz- und/oder Insektenbefall. Sie sind daher nur anzuwenden, wenn ein Schutz des Holzes vorgeschrieben oder im Einzelfall erforderlich ist."

Ferner ist anzunehmen, daß die Hauptbelastung der menschlichen Gesundheit und der Umwelt mit hoher Wahrscheinlichkeit in dem Imprägniervorgang selbst besteht. Unvermeidbare Verluste beim Spritzen, beim Abtropfen, infolge Leckbildung bei Transport oder in den Imprägnieranlagen selbst sowie der unkontrollierte Verbleib von Holzschutzmittelresten lassen zwei Tendenzen in der Holzschutztechnik besonders wünschbar und unterstützenswert erscheinen:

1. Die Konzentration von Holzschutzmaßnahmen auf stationäre, überwachbare Imprägnieranlagen, sofern es sich um den Schutz von Holz vor der Verbauung handelt.

2. Die Entwicklung von Holzschutzmitteln mit lang anhaltender Wirksamkeit, um die Anwendungshäufigkeit insgesamt zu verringern bzw. die Notwendigkeit der Nachbehandlung von bereits verbautem Holz möglichst weit hinauszuschieben.

Literaturverzeichnis

Allgemeines

[1] Schneider, K.-J. (Hrsg.), Bautabellen mit Berechnungshinweisen und Beispielen, 9. Auflage, WIT 40, Werner-Verlag, Düsseldorf, 1990
[2] Knoblauch/Schneider, Bauchemie, 2. Auflage, Werner-Verlag, Düsseldorf, 1987
[3] Frommhold, H./Hasenjäger, S., Wohnungsbau-Normen – Normen, Verordnungen, Richtlinien, völlig neu bearbeitete Ausgabe von Fleischmann/Schneider/Wormuth, 18. Auflage, Werner-Verlag, Düsseldorf, 1987
[4] Velske, S., Baustofflehre – Bituminöse Baustoffe, WIT 25, 2. Auflage, Werner-Verlag, Düsseldorf, 1976
[5] Schneider, K.-J. (Hrsg.), Baukalender, Werner-Verlag, Düsseldorf 1991
[6] Scholz, W., Baustoffkenntnis, 8. Auflage, Werner-Verlag, Düsseldorf, 1972
[7] Hiese, W./Knoblauch, H., Baustoffprüfungen, Werner-Verlag, Düsseldorf

Kap. 1 Natursteine

[1/1] Schumann, W., Steine – Mineralien, BLV Verlagsges., München, 1972
[1/2] Volley/Bishop/Hamilton, Der Kosmos-Steinführer, Franckh, Stuttgart, 1975
[1/3] Villwock, R., Industriegesteinskunde, Stein-Verlag, Offenbach (Main), 1966
[1/4] Die Entwicklungsgeschichte der Erde, VEB F. A. Brockhaus-Verlag, Leipzig, 1959
[1/5] „Naturstein – bewährter Baustoff", Bundesverband Natursteinindustrie e. V., Bonn
[1/6] Gebäudeschäden durch Luftverschmutzung, Schriftenreihe des Bundesministers für Raumordnung, Bauwesen und Städtebau

Kap. 2 Keramisch und mineralisch gebundene Baustoffe

[2/1] Brand, J., Betonfertigteile, Herstellung und Anwendung, Verlagsges. R. Müller, Köln-Braunsfeld, 1982
[2/2] Karsten, R., Bauchemie, 7. Auflage, Dr. Lüdecke Verlagsges. m.b.H., Heidelberg, 1983
[2/3] de Quervain, F., Technische Gesteinskunde, 2. Auflage, Birkhäuserverlag, Basel/Stuttgart, 1967
[2/4] Volhard, F., Leichtlehmbau: alter Baustoff – neue Technik, Verlag C. F. Müller, Karlsruhe, 1983
[2/5] Petzold, A./Hinz, W., Silikatchemie, Einführung in die Grundlagen, Ferdinand-Enke-Verlag, Stuttgart, 1979
[2/6] Mauerwerk-Kalender, Verlag Wilhelm Ernst & Sohn, Berlin, verschiedene Jahrgänge
[2/7] Bundesverband der Deutschen Ziegelindustrie, Bonn, Technische Informationsreihe: Ziegel-Bauberatung, Loseblattsammlung
[2/8] Fachverband Steinzeugindustrie e. V. (Hrsg.), Frechen, verschiedene Informationsschriften
[2/10] Kalksandstein Information GmbH + Co KG (Hrsg.); Kalksandstein: Planung, Konstruktion, Ausführung, 2. Aufl., Beton-Verlag, Düsseldorf, 1989
[2/11] Beton- und Fertigteiljahrbuch, Bauverlag GmbH, Wiesbaden/Berlin, verschiedene Jahrgänge
[2/12] Bundesverband Deutsche Beton- und Fertigteilindustrie e. V. (Hrsg.), Handbuch für Rohre aus Beton, Stahlbeton und Spannbeton, Bauverlag GmbH, Wiesbaden/Berlin, 1978
[2/13] Gleicher Hrsg., Betonwerksteinhandbuch, Beton-Verlag, Düsseldorf, 1977
[2/14] Wesche, K., Baustoffe für tragende Bauteile, Bd. 2, Beton Mauerwerk, 1974, Bauverlag GmbH, Wiesbaden/Berlin, 3. Aufl. in Vorbereitung

[2/15] Gösele, K./Schüle, W., Schall, Wärme, Feuchte, 9. Aufl., Bauverlag GmbH, Wiesbaden/Berlin, 1989
[2/16] Queisser, H., Baustoffkunde für den Praktiker, Verlag Gert Wohlfahrth GmbH, Duisburg, 1988

Kap. 3 Bauglas

[3/1] Pfaender, H. G./Schröder, H., Schott-Glaslexikon, Moderne Verlags GmbH, München, 1980
[3/2] Hinz, W., Silikate, Grundlagen der Silikatwissenschaft und Silikattechnik, Bd. 1 und 2, VEB Verlag für Bauwesen, Berlin, 1971
[3/3] Klindt, L./Klein, W., Glas als Baustoff, Verlagsges. Rudolf Müller, Köln, 1977
[3/4] Glas im Bau. Ein technischer Leitfaden, hrsg. von der Glasindustrie, 5. Aufl., 1976
[3/5] Spiekermann, H., Gußglas im Hochbau, K. Hoffmann, Schondorf, 1966
[3/6] Der Gußglas-Musterkatalog '80, Gußglaswerbung, Köln, 1980
[3/7] Das Glashandbuch 1982, Flachglas AG, Gelsenkirchen
[3/8] Spiegelglas, Technische Information, Vereinigte Glaswerke GmbH, Aachen
[3/9] Glasstein, Glassteinarchitektur – Technisches Handbuch, hrsg. vom IDG-Informationsdienst
[3/10] Interpane-Gruppe (Hrsg.), Gestalten mit GLAS, 1989

Kap. 4 Anorganische Bindemittel

[4/1] Volkart, K., Bauen mit Gips, 11. Auflage, herausgegeben vom Bundesverband der Gips- und Gipsbauplattenindustrie e. V., Darmstadt, 1986
[4/2] Lessing, E., Lehrversuche mit Gips, Darmstadt
[4/3] Weber, H., Ausbauhandbuch, Krämer-Verlag, Stuttgart, 1976
[4/4] Heimberger, W., Steinholz, Bauverlag, Wiesbaden
[4/5] Perowne/Stuart, „Hadrian", S. 100, Verlag C. H. Beck, München
[4/6] Zement Taschenbuch 1984, Bauverlag, Wiesbaden
[4/7] Heuters, H., „Weißer Portlandzement für Betonfertigteile" in Betonwerk – Fertigteil-Technik, Heft 6/75, Bauverlag, Wiesbaden
[4/8] Huber, H., „Die Verwendung von Flugasche bei der Betonherstellung im Kraftwerks- u. Tunnelbau", Vortragsreferat, in: Betonwerk + Fertigteil-Technik, Heft 12/78, S. 754, Bauverlag, Wiesbaden
[4/9] Vorläufiges Merkblatt für Zementeinpressungen im Bergbau, Fassung 1969, vom Verein Deutscher Zementwerke, Düsseldorf
[4/10] Bonzel, J./Dahms, J., „Über den Einfluß des Zements und der Eigenschaften der Zementsuspensionen auf die Injizierbarkeit in Lockergesteinsböden", Betontechnische Berichte, 1972, S. 51-101, Beton-Verlag, Düsseldorf
[4/11] „Dämmer-Mitteilungen" der Dyckerhoff Zementwerke AG, Wiesbaden
[4/12] Bayer, E., „Ferrocement im Bootsbau", in: Beton, Heft 12/1978, S. 445-449, Beton-Verlag, Düsseldorf
[4/13] Merkblatt für Bodenverbesserung und Bodenverfestigung mit Kalken, Ausgabe 1979, Herausgeber: Forschungsgesellschaft für das Straßenwesen, 5000 Köln 1
[4/14] Hochofenzement mit hohem Sulfatwiderstand, Betontechnische Berichte 1980/81, Seite 91-100, Beton-Verlag, Düsseldorf
[4/15] Technische Regeln, Arbeitsblatt W 342: Werkseitig hergestellte Zementmörtelauskleidungen für Guß- und Stahlrohre – Anforderungen und Prüfungen, Einsatzbereiche, DVGW Deutscher Verein des Gas- und Wasserfaches e. V., 6236 Eschborn 1
[4/16] Voth, B., Boden, Baugrund und Baustoff, Bauverlag GmbH, Wiesbaden, 1978

[4/17]   Herfurth, E., Microsilica-Stäube als Betonzusatzstoff, in: „Beton- und Stahlbetonbau" 1988, Heft 6

Kap. 5 Zuschläge für Mörtel und Beton

[5/1]   DIN 1100 Hartstoffe für zementgebundene Hartstoffestriche
[5/2]   Hummel, A., Das Beton-ABC, Verlag W. Ernst & Sohn, Berlin
[5/3]   Zement Taschenbuch 1984, Bauverlag GmbH, Wiesbaden
[5/4]   Bauen mit Splitterbeton, herausgegeben vom Bundesverband Naturstein-Industrie e. V., Buschstr. 22, 5300 Bonn 1

Kap. 6 Beton

[6/1]   Bayer, E., u. a., Beton-Praxis – Ein Leitfaden für die Baustelle. Schriftenreihe der Bauberatung Zement; Beton-Verlag, Düsseldorf, 1986, 3. Auflage 1989
[6/2]   Betontechnische Daten, 9. Auflage, 1988, Readymix Transportbeton GmbH, 4030 Ratingen
[6/3]   Koch, K., und Würth, E., Wasseranspruchs- und Stoffraumrechnung für Beton, in: „beton" 1971, Heft 8, Seite 324 bis 327
Würth, E., Zielsichere Betonherstellung – Vergleiche zwischen den einzelnen Betonzuschlagkennwerten, in: Betonwerk + Fertigteil-Technik 1973, Heft 6 (Seite 401 bis 406) und Heft 7 (Seite 496 bis 502)
[6/4]   Deutscher Beton-Verein e. V., Beton-Handbuch, Bauverlag GmbH, Wiesbaden/Berlin, 2. Auflage, 1984
[6/5]   Walz, K., Herstellung von Beton nach DIN 1045, Beton-Verlag, Düsseldorf, 1972
[6/6]   Wesche, K., Baustoffe für tragende Bauteile (Bd. 2: Nichtmetallisch-anorganische Stoffe – Beton, Mauerwerk), Bauverlag, Wiesbaden/Berlin, 1974; 2. Aufl. 1981
[6/7]   Weber, R., u. a., Guter Beton – Ratschläge für die richtige Betonherstellung, Beton-Verlag, Düsseldorf, 1975; 15. Auflage, 1984
[6/8]   Verein Deutscher Zementwerke, Zement-Taschenbuch 1974/75, Bauverlag, Wiesbaden/Berlin, 1974
[6/9]   Wie 6/8, Zement-Taschenbuch 1976/77
[6/10] Nekrassow, K. D., Hitzebeständiger Beton, Bauverlag, Wiesbaden/Berlin, 1961
[6/11] Hallauer, O., Zusammensetzung und Eigenschaften von Beton im Feuerungsbau, „Betontechnische Berichte 1969", Beton-Verlag, Düsseldorf, 1970
[6/12] Kavel, K./Scheer, O., Statistische Auswertung von Prüfergebnissen im Beton- und Stahlbetonbau, Beton-Verlag, Düsseldorf, 1973
[6/13] Basalla, A., Baupraktische Betontechnologie, Bauverlag GmbH, Wiesbaden/Berlin, 1972; 4. Auflage 1980
[6/14] Schriftenreihe der Bauberatung Zement, Straßenbau heute – Betondecken, Beton-Verlag, Düsseldorf, 1976
[6/15] Reinhardt, H.-W., Ingenieurbaustoffe; Verlag von Wilhelm Ernst & Sohn, Berlin/München/Düsseldorf, 1973
[6/16] Wischers, G., und Manns, W., in: Leichtbeton im Hoch- und Ingenieurbau, Hrsg. Cembureau, Paris, 1974
[6/17] Aurich, H., Kleine Leichtbetonkunde, Bauverlag GmbH, Wiesbaden/Berlin, 1971
[6/18] Werse, H.-P., Kennzeichnung der Betonkonsistenz durch eine Auslaufzeit, in: „beton" 1972, Heft 10, Seite 437 ff.
[6/19] Saechtling, H., Bauen mit Kunststoffen, Carl-Hanser-Verlag, München, 1973
[6/20] Saechtling, H., Baustofflehre Kunststoffe für Bauingenieure und Architekten, Carl-Hanser-Verlag, München/Wien, 1975
[6/21] Wierig, H.-J., Die Warmbehandlung von Beton, Zement-Taschenbuch 1970/71 (S. 6/8)

[6/22]	Lohmeyer, G., Betonböden im Industriebau 1978; 3. Auflage 1988, Beton-Verlag, Düsseldorf
[6/23]	Lohmeyer, G., Rollschuh- und Kunsteisbahnen aus Beton, „beton" 1976, Heft 11
[6/24]	Leonhardt, F., Vorlesungen über Massivbau, 1. Teil (Grundlagen zur Bemessung im Stahlbetonbau); Springer-Verlag, Berlin/Heidelberg/New York, 1973; 3. Auflage 1984
[6/25]	F. D. Balkowski/G. Knappke, Reaktionsharzmörtel und -beton – Querschnittsbericht über die Verwendung von Reaktionsharzen bei Neubau- und Reparaturarbeiten (Stand Nov. 1981), Institut für das Bauen mit Kunststoffen e. V. (IBK), Osannstraße 37, 6100 Darmstadt
[6/26]	Rehm, G., Glasfaser-Harz-Verbundstäbe als Bewehrung, Vorträge Betontag 1973, Deutscher Beton-Verein
[6/27]	Meyer, A., Glasfaserbeton; Vorträge Betontag 1973, Deutscher Beton-Verein
[6/28]	Ruffert, G., Stahlfaserspritzbeton – seine Technologie und Anwendung; Information 9/77 des Verbandes Deutscher Betoningenieure, Hubertusstr. 9, 4100 Duisburg 74
[6/29]	Zerna, W., Stahlfaserbeton und stahlfaserverstärkter Stahlbeton; Berichte aus dem Institut für Konstruktiven Ingenieurbau der Ruhruniversität Bochum, Heft 37, Vulkan-Verlag, Essen, 1981
[6/30]	Rehm, G., Forschungsvorhaben Faserbeton, T 549; Informationsverbundzentrum Raum und Bau der Fraunhofer-Gesellschaft, Pfaffenwaldring 4, 7000 Stuttgart 80, 1979
[6/31]	Wischers, G., Faserbewehrter Beton, Zeitschrift „beton" 24 (1974), Hefte 3 und 4
[6/32]	Pilny, F., Risse und Fugen in Bauwerken, Springer-Verlag, Wien/Heidelberg/New York, 1981
[6/33]	Czernin, W., Zementchemie für Bauingenieure, Bauverlag GmbH, Wiesbaden/Berlin, 1977
[6/34]	Schmincke, P., Gestaltete Sichtbetonflächen aus Beton, in: Zement-Taschenbuch 1979/80, Seite 479 bis 563, Bauverlag GmbH, Wiesbaden/Berlin, 1979
[6/35]	Manns, W., Formänderungen von Beton, in: Zement-Taschenbuch 1984, Seite 307 bis 333, Bauverlag GmbH, Wiesbaden/Berlin, 1984
[6/36]	Bonzel, J., Über die Spaltzugfestigkeit des Betons, in: „Betontechnische Berichte 1964", Hrsg. K. Walz, Beton-Verlag, Düsseldorf, 1965
[6/37]	Dillmann, R., Splittbeton beim Bau der Maintalbrücke Veitshöchheim, in: „Die Naturstein-Industrie" 1986, Heft 3, Seite 8 bis 10
[6/38]	Leonhardt, F., Vorlesungen über Massivbau, 5. Teil (Spannbeton), Springer-Verlag, Berlin/Heidelberg/New York, 1980
[6/39]	Baum, G., Styropor-Beton – Technologie, Eigenschaften, Anwendung, in: „Beton-Informationen" 5/1974; Hrsg. Montzement Marketing GmbH, Berliner Allee 17, 4000 Düsseldorf 1
[6/40]	Hohwiller, F., Die Entwicklung von Betonen und Mörteln mit leichten Zuschlägen aus aufgeschäumtem Polystyrol (EPS); Diplomarbeit an der FH in Kaiserslautern, Fachbereich Architektur, Juni 1984
[6/41]	Heufers, H., Leichtbeton, in: Zement-Taschenbuch 1984, Seite 335 bis 369, Bauverlag GmbH, Wiesbaden/Berlin, 1984
[6/42]	Pschyrembel, W., Klinisches Wörterbuch, Walter-de-Gruyter-Verlag, Berlin/New York, 1977
[6/43]	Der Bundesminister des Innern, Die Strahlenexposition von außen in der Bundesrepublik Deutschland durch natürliche radioaktive Stoffe im Freien und in Wohnungen unter Berücksichtigung des Einflusses von Baustoffen, 1977
[6/44]	Dorn, Physik, Oberstufe Ausgabe A, Schroedel-Verlag, Hannover, 1970
[6/45]	Schmidt, M.: Stahlfaserspritzbeton, Eigenschaften, Herstellung, Prüfung, in: Zeitschrift „beton" 9/83 (S. 333 bis 337)

Literaturverzeichnis

[6/46] Dahms, J., Herstellung und Eigenschaften von Faserbeton, in: Zeitschrift „beton" 4/79 (S. 139 bis 143)

[6/47] D. Freese u. a., Bauen unter Wasser – ein neues Verfahren für die Anwendung zementgebundener Baustoffe, in: Zeitschr. „Tiefbau – Ingenieurbau – Straßenbau" 4/79, S. 304 ff.

[6/48] Lewandowski, R., Fließfähiger Porenleichtbeton, in: Zeitschrift VDB-Information 19/80 (Verband Deutscher Betoningenieure e. V.)

[6/49] DBV-Merkblätter – Merkblätter, Sachstandsberichte, Richtlinien; Herausgeber Deutscher Beton-Verein, Eigenverlag, 2. Ausgabe April 1987

[6/50] Grube, H., Unterwasserbeton, in: Zement-Taschenbuch 1979/80, Bauverlag GmbH, Wiesbaden/Berlin, 1979

[6/51] Tegelaar, A., Unterwasserbeton – Einbauverfahren und Anwendung, in: Beton-Informationen 4/85, Hrsg. Montanzement Marketing GmbH, Berliner Allee 17, 4000 Düsseldorf 1

[6/52] Dahms, J., Spritzbeton – Anforderungen, Zusammensetzung, Überwachung, in: Betontechnische Berichte 1973, Beton-Verlag, Düsseldorf, 1974, sowie Brux, G., u. a., Spritzbeton – Spritzputz – Spritzmörtel, Verlagsgesellschaft Rudolf Müller, Köln-Braunsfeld, 1981

[6/53] Locher, W., und Wischers, G., Aufbau und Eigenschaften des Zementsteins; in Zement-Taschenbuch 1984, Bauverlag GmbH, Wiesbaden/Berlin, 1984

[6/54] Bonzel, J., Beton bestimmter Festigkeit, in: Zement-Taschenbuch 1984, Bauverlag GmbH, Wiesbaden/Berlin, 1984

[6/55] Wierig, H.-J., Verfahren zur Prüfung der Konsistenz von Frischmörtel und Frischbeton, Beton-Verlag, Düsseldorf, 1984

[6/56] Lamprecht, H.-O., u. a., Betonoberflächen – Gestaltung und Herstellung, Expert-Verlag, Grafenau (Württ.), 1984

[6/57] Heufers, H., Neuartige Oberflächengestaltung mit farbigen Zuschlägen, in: „Betonwerk + Fertigteil-Technik" 1980, Heft 9

[6/58] Manns, W., Zuschlag für Strahlenschutzbeton (Schwerzuschlag), in: Zement-Taschenbuch 1974/75, Seite 172 bis 181, Bauverlag GmbH, Wiesbaden/Berlin, 1974

[6/59] Rieche, G., Instandsetzung von Stahlbeton bei Schäden infolge Korrosion der Bewehrung; Deutsche Bauzeitung (DBZ) 1982, Heft 7, Seite 1011 bis 1017

[6/60] Luley, H., u. a., Instandsetzen von Stahlbetonoberflächen – Ein Leitfaden für Auftraggeber (Schriftenreihe der Bauberatung Zement); Beton-Verlag, Düsseldorf, 4. Aufl. 1989

[6/61] Knöfel, D., Depke, F., und Engelfried, R., Betonschutz – Betonsanierung; Lehrgangsunterlagen der Technischen Akademie Wuppertal, 1986

[6/62] Klopfer, H., Imprägnierungen, Anstriche und Beschichtungen für Beton, in: Zement-Taschenbuch 1984, Bauverlag GmbH, Wiesbaden/Berlin, 1984

[6/63] Technische Merkblätter zur Betoninstandsetzung und Bauwerksabdichtung; Hrsg. Heidelberger Zement AG, Produktbereich Sealcrete, 6900 Heidelberg,
und
Schröder, M., Instandsetzung von Sichtbeton mit Reaktionsharz- und kunststoffvergüteten Zementmörteln, in: „Kunststoffe im Bau" 1984, Heft 3

[6/64] MC-Report Nr. 5, 11 und 13 zum Thema „Erhalten und Instandsetzen von Betonbauwerken"; Hrsg. Firma MC-Bauchemie, 4250 Bottrop, Am Kruppwald,
und
PCI-Bericht „Beton instandsetzen und schützen"; Hrsg. Firma PCI-Polychemie GmbH, 8900 Augsburg 1, Piccardstraße 10

[6/65] Gösele/Schüle, Schall – Wärme – Feuchte; Bauverlag GmbH, Wiesbaden/Berlin, 1980; 8. Auflage 1985

[6/66] Rieche, G., Rißüberbrückende Kunststoffbeschichtungen für mineralische Baustoffe, in: „farbe und lack" 1979 (85), Seite 824 bis 831
[6/67] Neisecke, J., und Landwehrs, K., Prüfung und Beurteilung bei Reparatur und Schutz von Betonoberflächen; Lehrgangsunterlagen des Hauses der Technik, 4300 Essen 1, Hollestraße 1, 1986
[6/68] Härig, S., u. a., Bauen mit Splittbeton; Hrsg. Bundesverband Naturstein-Industrie e. V., Buschstraße 22, 5300 Bonn 1
[6/69] Der Bundesminister für Verkehr, Allgemeines Rundschreiben Straßenbau Nr. 18/1983

Kap. 7 Mauer- und Putzmörtel, Estriche

[7/1] Lipinski, in: Fehler in der Ziegelherstellung und ihre Beseitigung, von K. Spingler, Verlag W. Knapp, Halle (Saale)
[7/2] Ausführung von Mauerwerk in Skelettbauten, herausgegeben von der Deutschen Gesellschaft für Mauerwerksbau, Essen
[7/3] Piepenburg, Mörtel Mauerwerk Putz, Bauverlag GmbH, Wiesbaden/Berlin
[7/4] AGI Arbeitsblatt A 12 T 1 Industrieböden; zementgebundener Hartstoffestrich, Okt. 86
[7/5] AGI Arbeitsblatt A 12 T 2 Industrieböden; Anhydritestrich, März 88
[7/6] AGI Arbeitsblatt A 50, Magnesiagebundene Beläge, Jan. 68
[7/7] AGI Arbeitsblatt A 61, Gußasphalt als Nutzboden, Febr. 71
[7/8] AGI Arbeitsblatt A 80, Industrieböden aus Kunstharz, Jan. 81 (Arbeitsgemeinschaft Industriebau e. V., Ebertplatz 1, 5000 Köln 1)

Kap. 8 Eisen und Stahl

[8/1] Daeves, Zustandsschaubild der unlegierten Stähle, Verlag Stahleisen, Düsseldorf, 1960
[8/2] Daeves, Werkstoff-Handbuch Stahl- u. Eisen, Verlag Stahleisen, Düsseldorf, 1965
[8/3] Walczok, K., Lexikon der Begriffe und Bezeichnungen in der Eisen- und Stahlindustrie mit Definitionen und Erläuterungen, 2. Aufl., Beratungsstelle für Stahlverwendung, 1974
[8/4] Verein deutscher Eisenhüttenleute, Gießen und Erstarren von Stahl, Verlag Stahleisen, Düsseldorf, 1967
[8/5] Hougardy, H., Die Umwandlung der Stähle, Teil 1, Verlag Stahleisen, Düsseldorf, 1975
[8/6] Stahl im Hochbau, 13. Aufl., Verein deutscher Eisenhüttenleute, Verlag Stahleisen, Düsseldorf, 1967
[8/7] Weißbach, W., Werkstoffkunde und Werkstoffprüfung, 2. Aufl., Verlag F. Vieweg & Sohn, Braunschweig, 1970
[8/8] Gladischefski, H., Kleine Stahlkunde für das Bauwesen, VDI-Verlag, Düsseldorf, 1974
[8/9] Hornbogen, E., Werkstoffe – Aufbau und Eigenschaften, Springer-Verlag, Berlin/Heidelberg/New York, 1973
[8/10] Schneider-Bürger, M., Stahlbau-Profile, 16. Auflage, Verlag Stahleisen, Düsseldorf, 1985
[8/11] Piltz/Härig/Schultz, Technologie der Baustoffe, 5. Aufl., Dr.-Lüdecke-Verlagsges. mbH., Heidelberg, 1977
[8/12] Beton-Kalender, Band 1, Verlag W. Ernst & Sohn, Berlin/München/Düsseldorf, 1977
[8/13] Stahlbau-Kalender, 1985, Stahlbau-Verlags-GmbH., Köln
[8/14] Rüsch, Stahlbeton – Spannbeton, Band 1, Werner-Verlag, Düsseldorf

Literaturverzeichnis 853

[8/15] Wesche, Baustoffe für tragende Bauteile, Band 3, Bauverlag GmbH, Wiesbaden/Berlin, 1973
[8/16] Technische Mitteilungen Krupp, Werksberichte, 1973
[8/17] Stahl und Eisen 101 (1981), S. 639
[8/18] Technische Unterlagen der Firma Allspann, 1987
[8/19] Johnen, H., Zink für Stahl, Zinkberatung e. V., Düsseldorf, 1984
[8/20] Jehmlick, G., Anwendung und Überwachung von Drahtseilen, VEB Verlag Technik, Berlin, 1985

Kap. 9 Nichteisenmetalle

[9/1] Schreiber/Radtke, Werkstoffe, Nichteisenmetalle, G.-Westermann-Verlag, Braunschweig, 1967
[9/2] Slade, E., Metalle, Gewinnung und Verarbeitung, König-Verlag, München, 1973
[9/3] Greven, E., Werkstoffkunde und Werkstoffprüfung für technische Berufe, Verlag Handwerk und Technik GmbH, Hamburg, 1974

Kap. 10 Bitumen, Asphalt, Teerpech (bituminöse Baustoffe)

[10/1] Fuhrmann, W. (Hrsg.); Bitumen- und Asphalt-Taschenbuch, 5. Aufl., Bauverlag GmbH, Wiesbaden/Berlin, 1976
[10/2] ABC des Teerstraßenbaus, Beratungsstelle der Verkaufsvereinigung für Teererzeugnisse AG, Essen, 1970
[10/3] Straßenbau mit Bitumenemulsion, Fachverband der Kaltasphaltindustrie e. V., Hamburg, 1983
[10/4] Wehner, B., u. a., Handbuch des Straßenbaus, Band 2, Baustoffe, Bauweisen, Baudurchführung, Springer-Verlag, Berlin, 1977
[10/5] Der Elsner, Handbuch für Straßen- und Verkehrswesen, jährlich neu bei Otto Elsner Verlagsgesellschaft, Darmstadt
[10/6] Neumann, H.-J., u. a., Bitumen und seine Anwendung, Expert-Verlag, Grafenau (Württ.), 1981
[10/7] Straßenbau mit Shellbitumen, 6. Aufl., Deutsche Shell AG, Hamburg, 1982
[10/8] Velske, S.: Straßenbautechnik, WIT 54, 2. Aufl., Werner-Verlag, Düsseldorf, 1985
[10/9] Dübner, R.: Asphaltstraßenbau – Technologie und Konstruktion, Heft 45 der ARBIT-Schriftenreihe „Bitumen", Arbeitsgemeinschaft der Bitumen-Industrie (ARBIT), Hamburg, 1983
aus derselben Schriftenreihe:
Ländlicher Wegebau mit Asphalt-Bauausführung, Heft 42, 1980; Asphaltstraßenbau – Deck- und Binderschichten, Heft 43, 1981; Asphaltstraßenbau – Tragschichten, Heft 44, 1981
[10/10] Lufsky, K.: Bauwerksabdichtung, 4. Aufl., Teubner-Verlag, Stuttgart, 1983
[10/11] Abc der Bitumen-Bahnen, Technische Regeln, Industrieverband bituminöse Dach- und Dichtungsbahnen (VDD), Frankfurt, 1980
[10/12] Vorschrift für die Abdichtung von Ingenieurbauwerken (AIB), Deutsche Bundesbahn, Drucksache 835, Bundesbahn-Zentralamt München, 1982
[10/13] Emig, K.-F./Arndt, A.: Abdichtung mit Bitumen – Begriffe, Grundlagen, Konstruktionen, Heft 33 der ARBIT-Schriftenreihe „Bitumen", 2. Aufl., Arbeitsgemeinschaft der Bitumen-Industrie (ARBIT), Hamburg, 1976
[10/14] Empfehlungen für die Ausführung von Asphaltarbeiten im Wasserbau, 2. Ausgabe, Deutsche Gesellschaft für Erd- und Grundbau e. V., Essen, 1977
[10/15] Gußasphalt-Informationen, laufend herausgegeben von der Beratungsstelle für Asphaltverwendung, Braunschweig

854 Literaturverzeichnis

[10/16] Laboratoriumsbuch für den Asphalt-Straßenbau, 4. Aufl., ESSO-AG, Hamburg, 1974
[10/17] Maximale Arbeitsplatzkonzentrationen (MAK-Liste), jährlich herausgegeben von der Deutschen Forschungsgemeinschaft, Bonn

Kap. 11 Beschichtungen, Anstriche

[11/1] Farbwerke Hoechst AG (Hrsg.), Mowilith-Handbuch, Frankfurt a. M., 1969
[11/2] Hähnle, O., Baustoff-Lexikon, DVA, Stuttgart, 1961
[11/3] Sponsel, K./Wallenfang, W. O., Lexikon der Anstrichtechnik, Verlag Georg D. W. Callwey, München, Bd. 1, 1976, Bd. 2, 1975
[11/4] Klopfer, H., Anstrichschäden, Bauverlag GmbH, Wiesbaden/Berlin, 1976
[11/5] Wenzel, F., Malerfibel, Werner-Verlag, Düsseldorf, 1967
[11/6] Wahl, G. P., Handbuch der Bautenschutztechniken, DVA, Stuttgart, 1970
[11/7] Knöfel, D., Stichwort: Baustoffkorrosion, Bauverlag GmbH, Wiesbaden/Berlin, 1975
[11/8] Grunau, E. B./Benninghoff, H., Korrosionsverhalten und Korrosionsschutz von Stahl im Beton, Verlagsges. R. Müller, Köln-Braunsfeld, 1971
[11/9] Saechtling/Zebrowski, Kunststoff-Taschenbuch, Carl-Hanser-Verlag, München, 1979
[11/10] Wesche, K., Baustoffe für tragende Bauteile, Band 3, Bauverlag GmbH, Wiesbaden/Berlin, 1973
[11/11] Karsten, R., Bauchemie, Chemie und Technik, Verlagsges. m.b.H., Heidelberg, 1970
[11/12] Glasurit GmbH. (Hrsg.): Lacke und Farben, Techn. Merkblätter über Glasurit-Werkstoffe (Glasurit GmbH, Münster)

Kap. 12 Tapeten und tapetenähnliche Stoffe, Wand- und Deckenbeläge, Spannstoffe, Klebstoffe

[12/1] Technische Richtlinien für Tapezierarbeiten; Stand: März 1976
Hrsg. Bundesausschuß Farbe und Sachwertschutz, Speyerer Str. 3, 6000 Frankfurt (Main) 1, Fernruf (0 69) 73 14 90

Kap. 13 Bodenbeläge

[13/1] Kükelhaus, Hugo, Organismus und Technik, Walter-Verlag, Olten
[13/2] Kükelhaus, Hugo, Unmenschliche Architektur, Gaia-Verlag, Köln
[13/3] DLW Aktiengesellschaft Technische Informationen, Produkttechnik, Ausgabe, 1989
[13/4] SBL – Studien 19, 1972 (Schulbauinstitut der Länder) – Teppichböden in Schulen – (dort weitere Literaturhinweise)
[13/5] Saechtling, Hansjürgen, Baustofflehre Kunststoffe, Carl-Hanser-Verlag, München, 1975
[13/6] Pro-Bau-Kartei für Raum und Gerät
[13/7] Deutsches Teppich-Forschungsinstitut Aachen, Fernruf 02 41/16 69 07

Kap. 14 Kunststoffe

[14/1] Saechtling (Hrsg.), Bauen mit Kunststoffen, Carl-Hanser-Verlag, München, 1973
[14/2] Saechtling, Baustofflehre Kunststoffe für Bauingenieure und Architekten, Carl-Hanser-Verlag, München/Wien, 1975
[14/3] Saechtling/Zebrowski, Kunststoff-Taschenbuch, Carl-Hanser-Verlag, München, 1989
[14/4] Stoeckhert, Kunststoff-Lexikon, Carl-Hanser-Verlag, München 1973
[14/5] Biederbick, Kunststoffe – Kurz und bündig, Vogel-Verlag, Würzburg, 1970
[14/6] Schulz, Georg, Die Kunststoffe, Carl-Hanser-Verlag, München, 1964

[14/7] Leis, W., Einführung in die Werkstoffkunde der Kunststoffe, Carl-Hanser-Verlag, München, 1972
[14/8] Dominghaus, Lexikon der Kunststoffe, Heyne-Verlag, München, 1978
[14/9] Himmler, K., Kunststoffe im Bauwesen, WIT 62, Werner-Verlag, Düsseldorf, 1981
[14/10] Menges, G., Werkstoffkunde Kunststoffe, Carl-Hanser-Verlag, München, 1990
[14/11] Menges/Thim/Kaufmann, Lernprogramm Technologie der Kunststoffe, Carl-Hanser-Verlag, München, 1981

Kap. 15 Klebstoffe, Spachtelmassen, Kitte und Fugendichtungsmassen

[15/1] Plath, Taschenbuch der Kitte und Klebstoffe, Wissenschaftliche Verlagsgesellschaft, Stuttgart
[15/2] Krist, Th., Metallkleben, kurz und bündig, Vogel-Verlag, Würzburg, 1970
[15/3] Lüttgen, Die Technologie der Klebstoffe, Schiele-Verlag, Berlin
[15/4] Sponsel, K./Wallenfang, W. O., Lexikon der Anstrichtechnik, Verlag G. D. W. Callwey, München, Bd. 1 1976, Bd. 2 1975
[15/5] Schulz, G., Die Kunststoffe, Carl-Hanser-Verlag, München, 1964
[15/6] Saechtling/Zebrowski, Kunststoff-Taschenbuch, Carl-Hanser-Verlag, München, 1989
[15/7] Seidler, P., Kunststoffe auf der Baustelle, Expert-Verlag, Grafenau (Württ.), 1982

Kap. 16 Dämmstoffe

[16/1] Gösele, K./Schüle, W., Schall – Wärme – Feuchte, 9. Auflage, Bauverlag GmbH, Wiesbaden/Berlin, 1985
[16/2] Hebgen, H./Heck, F., Außenwandkonstruktionen mit optimalem Wärmeschutz, 2. Auflage, Vieweg, Braunschweig, 1977
[16/3] Knublauch, E., Einführung in den baulichen Brandschutz, WIT 59, Werner-Verlag, Düsseldorf, 1978

Kap. 17 Holz und Holzbaustoffe

[17/1] Kollmann, F., Technologie des Holzes und der Holzwerkstoffe, 2. Aufl., Springer-Verlag, Berlin/Göttingen/Heidelberg, 1955
[17/2] König, E., Holzlexikon, 2. Aufl., DRW-Verlags-GmbH, Stuttgart, 1972
[17/3] Götz/Hoor/Möhler/Natterer, Holzbau-Atlas, Institut für internationale Architektur-Dokumentation GmbH, 1. Aufl., München, 1978
[17/4] Scholz, Baustoffkenntnis, 8. Aufl., Werner-Verlag, Düsseldorf, 1972
[17/5] Sell, I., Eigenschaften und Kenngrößen von Holzarten, LIGNUM, Zürich, 1968
[17/6] Holz, Fach- und Musterbuch, Rheinisch-Bergische Druckerei- und Verlags-GmbH., Düsseldorf
[17/7] Knodel, H., Holzschutz am Bau, Bruder-Verlag, 2. Aufl., Karlsruhe, 1963
[17/8] Willeitner, H./Schwab, E., Holz – Außenverwendung im Hochbau, Verlagsanstalt Alexander Koch, Stuttgart, 1981
[17/9] Greuel, P., Herstellung und Eigenschaften der Holzwerkstoffe, Verband der deutschen Holzwerkstoffindustrie, Gießen
[17/10] Piltz/Härig/Schulz, Technologie der Baustoffe, 5. Aufl., Dr.-Lüdecke-Verlags-GmbH., Heidelberg, 1977
[17/11] Wesche, Baustoffe für tragende Bauteile, Band 4, 1. Aufl., Bauverlag GmbH., Wiesbaden/Berlin, 1973
[17/12] Bavendamm, W., Der Hausschwamm und andere Bauholzpilze, 1. Aufl., G.-Fischer-Verlag, Stuttgart, 1968
[17/13] Vité, J. P., Die holzzerstörenden Insekten Mitteleuropas, 1. Aufl., „Musterschmidt", Wissenschaftlicher Verlag, Göttingen, 1952

[17/14] Cymorek, S., Über die Klimaabhängigkeit von Verpuppung und Flug des Hausbockkäfers und deren Beziehung zur geographischen Verbreitung, Deutsche Gesellschaft für Holzforschung, Heft 55/1968
[17/15] Rang und Vorkommen holzzerstörender Schädlinge in Gebäuden, Desowag, Bayer, Krefeld, 1976
[17/16] Verzeichnis der Prüfzeichen für Holzschutzmittel (Holzschutzmittelverzeichnis, 42. Auflage), Erich-Schmidt-Verlag, Berlin/Bielefeld/München, 1988
[17/17] Niedersächsische Verordnung über den Handel mit Giften v. 13. 2. 1978, Gesetz- und Verordnungsblatt vom 22. 2. 78, Nr. 122, S. 137
[17/18] Arbeitsgemeinschaft Holz e. V., Füllenbachstr. 6, 4000 Düsseldorf
[17/19] Scheer/Muszala/Kolberg, Der Holzbau, Verl. Anstalt A. Koch GmbH, Stuttgart, 1984
[17/20] Borimer Radović, Chemischer Holzschutz, Vortrag auf dem Holzbauseminar '87, Arbeitsgemeinschaft Holz, Düsseldorf

Kap. 18 Vorkommen gesundheitsschädlicher Stoffe in Baustoffen

[18/1] Fischer, M., Seeber, E., Humanökologie, Schriftenreihe des Vereins für Wasser-, Boden- und Lufthygiene (Nr. 63), G.-Fischer-Verlag, Stuttgart/New York 1985
[18/2] Brand, K., Seifert, B., Wegner, I., Luftqualität in Innenräumen, Schriftenreihe des Vereins f. Wasser-, Boden- und Lufthygiene (Nr. 53), G.-Fischer-Verlag, Stuttgart/New York 1982
[18/3] Meckel, L., Teppichbeläge und Luftverunreinigung, in: siehe [18/1]
[18/4] Einbrodt, H. J., Prof. Dr. med.: Schadstoffimmissionen in Innenräumen aus der Sicht des Hygienikers, in: Innenausbau, Sonderausg. Okt. 1985, Verlag G. Schleunung G.m.b.H. & Co. KG, 8772 Marktheidenfeld
[18/5] Schmidt-Grohe, J.: Baustoffe und Gesundheit (Zusammenfassung einer Tagung der Bayr. Architektenkammer am 1. 3. 1985), in: DAB 5/85
[18/6] Beckert, J., Prof. Dr. med.: Die Physiologie des Menschen und die Eigenschaften der Baustoffe, in: DAB 5/85
[18/7] Meyer, H.-G., Prof. Dr.-Ing.: Baubiologisches Verhalten von Baustoffen – ein neues Beurteilungskriterium, in: Mitteilungen des Inst. f. Bautechnik 3/1982
[18/8] Seifert, B., Prof. Dr.: Vergleich der innerhalb und außerhalb geschlossener Räume auftretenden Konzentrationen anorganischer und organischer Verbindungen, in: siehe [18/1]
[18/9] Wegner, J., Dr., Schlüter, G.: Die Bedeutung des Luftwechsels für die Luftqualität von Wohnräumen, in: siehe [18/1]
[18/10] Deppe, H.-J., Emissionen von organischen Substanzen aus Spanplatten, in: siehe [18/1]
[18/11] Krause, Chr., Wirkstoffe von Holzschutzmitteln im häuslichen Bereich, in: siehe [18/1]
[18/12] Kunde, M., Erfahrungen bei der Bewertung von Holzschutzmitteln, in: siehe [18/1]
[18/13] Danielewski, G., Geschäfte mit der Angst, Beton-Verlag, Düsseldorf, 1981
[18/14] Frank, W., Raumklima und thermische Behaglichkeit, Berichte aus der Bauforschung, H. 104, Verlag Ernst & Sohn, Berlin, 1975
[18/15] Lefoux, R., Chemie und Toxikologie der Kunststoffe, Krausskopf-Verlag, Mainz 1966
[18/16] Plenar – Planung, Energie, Architektur; Verlag A. Niggli, Niederteufen (Schweiz), 1975
[18/17] N. Krause, Elektrische, magnetische, elektromagnetische Felder; der elektromeister + deutsches elektrohandwerk, Heft 9, 17, 18, 19 (1988)
[18/18] J. H. Bernhardt, Wirkungen magnetischer Felder auf den Menschen; Handbuch der Arbeitsmedizin; ecomed, Landberg, München, Zürich

[18/19] J. H. Bernhardt, Elektrische Felder am Arbeitsplatz; Handbuch der Arbeitsmedizin; ecomed, Landsberg, München, Zürich
[18/20] J. H. Bernhardt, Wirkungen elektrischer Felder auf den Menschen; Handbuch d. Arbeitsmedizin; ecomed, Landsberg, München, Zürich
[18/21] J. H. Bernhardt, Magnetfelder am Arbeitsplatz; Handbuch der Arbeitsmedizin; ecomed, Landsberg, München, Zürich
[18/22] Tagungsband nichtionisierende Strahlung; 21. Jahrestagung des Fachverbandes f. Strahlenschutz e. V., Köln 1988

(J. H. Bernhardt, S. 222–225)

(F. Kossel, J. H. Bernhardt, S. 135–137)

(J. H. Bernhardt, S. 116–127)
[18/23] Betrifft: Holzschutzmittel; Mitteilg. des Bundesgesundheitsamtes, Berlin, April 1988.
[18/24] Vom Umgang mit Formaldehyd; Informationsschrift des Bundesgesundheitsamtes, Berlin, 1985.

Verzeichnis

Fachverbände, Beratungsstellen und Gütegemeinschaften der Baustoffe

Abdichtungsstoffe:	**a) Bituminöse Bautenschutzmittel** Fachverband der Kaltasphaltindustrie e.V., Henseweg 23 E, 2000 Hamburg 67, T. (0 40) 6 04 61 51.
	b) Abdichtungsbahnen (Bitumenbahnen) Industrieverband bituminöse Dach- und Dichtungsbahnen e.V. (VDD), 6000 Frankfurt.
Asphalt:	Beratungsstelle für Asphaltverwendung e.V., Dottendorfer Str. 86, 5300 Bonn 1, T. (02 28) 23 98 99, Telefax (02 28) 23 93 99.
	Bundesfachabteilung Gußasphalt im Hauptverband der Deutschen Bauindustrie e.V., Am Hofgarten 9, 5300 Bonn, T. (02 28) 2 67 09-0.
	Deutscher Asphalt-Verband (DAV) e.V., Geleitsstr. 105, 6050 Offenbach (Main), T. (0 69) 88 33 05.
	Deutsches Asphaltinstitut e.V., Geleitsstr. 105, 6050 Offenbach (Main), T. (0 69) 88 33 05.
Beton- und Leichtbetonwaren:	Bundesverband Deutsche Beton- und Fertigteilindustrie e.V., Schloßallee 10, 5300 Bonn 2.
	Verband Rheinischer Bims- und Leichtbetonwerke, Sandkauler Weg 1, 5450 Neuwied 1.
Betonpflaster:	Bundesverband der Deutschen Zementindustrie e.V., Pferdmengesstr. 7, 5000 Köln 51.
	Bundesverband der Deutschen Beton- und Fertigteilindustrie e.V., Schloßallee 10, 5300 Bonn 2.
	Forschungsgesellschaft für das Straßen- und Verkehrswesen, Alfred-Schütte-Allee 10, 5000 Köln 21.
Bitumen: (Straßenbau- und Industriebitumen)	AIB (Jan. 82) „Vorschrift für die Abdichtung von Ingenieurbauwerken" der Deutschen Bundesbahn, Drucksache 835 (DS 835), zu beziehen vom Drucksachenlager der Bundesbahndirektion Hannover, Schwarzer Weg, 4950 Minden.
	Arbeitsgemeinschaft der Bitumen-Industrie e.V., ARBIT, Steindamm 71, 2000 Hamburg 1, T. (0 40) 2 80 29 39.

Forschungsgesellschaft für das Straßen- und Verkehrswesen, Alfred-Schütte-Allee 10, 5000 Köln 21.

Informationen über Gußasphalt, Hrsg. Beratungsstelle für Asphaltverwendung e.V., Adolfstr. 34, 3300 Braunschweig.

Richtlinien für die Planung und Ausführung von Dächern mit Abdichtungen (Flachdachrichtlinien), herausgegeben vom Zentralverband des Deutschen Dachdeckerhandwerks und Hauptverband der Deutschen Bauindustrie, Bundesfachabteilung Bauwerksabdichtung, zu beziehen vom Fachverlag Helmut Gros, 1000 Berlin 21.

VDD Industrieverband bituminöse Dach- und Dichtungsbahnen e.V., Karlstr. 21, 6000 Frankfurt 1.

Dämmstoffe: Fachverband Perlite-Dämmstoffindustrie e.V., Kaiserstr. 21, 4600 Dortmund 1.

Gütegemeinschaft Hartschaum e.V., Mannheimer Str. 97, 6000 Frankfurt 1.

Energie und Umwelt: Bund für Umwelt und Naturschutz (BUND), Mühlbachstr. 2, 7760 Radolfzell-Möggingen.

(dito) Umweltzentrum Stuttgart, Rotebühlstr. 84/1, 7000 Stuttgart 1.

Gesellschaft für rationelle Energieverwendung e.V., Theodor-Heuss-Platz 7, 1000 Berlin 19.

Farbe und Sachwertschutz: Bundesausschuß Farbe und Sachwertschutz, Börsenstr. 1, 6000 Frankfurt (Main), T. (0 69) 73 14 90, in Zusammenarbeit mit folgenden Stellen: Deutscher Beton-Verein e.V., Wiesbaden; Forschungsinstitut für Pigmente und Lacke, ATA, Stuttgart; Bundesverband der Gips- und Gipsbauplattenindustrie e.V., Darmstadt; Verband Deutscher Tapetenfabrikanten e.V., Frankfurt (Main); Verband der deutschen Bodenbelag-, Kunststoff-Folien- und Beschichtungsindustrie e.V., Frankfurt (Main); Verband der deutschen Heimtextilienindustrie e.V., Wuppertal; Fachverband Klebstoffindustrie e.V., Düsseldorf; Fachverband des deutschen Tapetenhandels e.V., Köln; Bundesverband des deutschen Farbengroßhandels e.V., Düsseldorf-Grafenberg; Zentralverband des Raumausstatterhandwerks, Frankfurt (Main); Hauptverband des deutschen

Maler- und Lackiererhandwerks, Frankfurt (Main); Technische Beratungsstellen des Maler- und Lackiererhandwerks, Dortmund, Frankfurt (Main); Köln, Stuttgart.

Farben: Bundesverband des Deutschen Farbengroßhandels e.V., Geibelstr. 46, 4000 Düsseldorf.

Faserzement: Informationsdienst des Wirtschaftsverbandes Asbestzement e.V., Postfach 11 06 20, 1000 Berlin 11.

Fliesen: Fliesenberatungsstelle e.V. (Untersuchungsinstitut), Im Langen Feld 4, 3006 Burgwedel 1.

Gips: „Güteschutz-Gemeinschaft für Gips- und Gipsbauelemente e.V.", Darmstadt, Auskunft und Beratung durch: Bundesverband der Gips- und Gipsplattenindustrie e.V. - Deutscher Gipsverein, Birkenweg 13, 6100 Darmstadt.

Glas: Aktionsgemeinschaft Glas im Bau, Rubensstr. 2, 5000 Köln 1, und Herstellerfirmen.

Institut des Glashandwerks für Verglasungstechnik und Fensterbau, 6253 Hadamar.

Institut für Fenstertechnik e.V., 8200 Rosenheim.

Gußeisen: Fachgemeinschaft Gußeiserne Rohre, Konrad-Adenauer-Ufer 33, 5000 Köln 1.

Holz: Arbeitsgemeinschaft Holz, Füllenbachstr. 6, 4000 Düsseldorf 30.

Bundesforschungsanstalt für Forst- und Holzwirtschaft, Leuschnerstr. 91, 2050 Hamburg 80.

Studiengemeinschaft Holzleimbau e.V., Füllenbachstr. 6, 4000 Düsseldorf 30.

Verband der Deutschen Holzwerkstoffindustrie e.V., Wilhelmstr. 25, 6300 Gießen.

Kalk: BAKT Bundesarbeitskreis Trockenbau, Godesberger Allee 99, 5300 Bonn 2.

Bundesverband der Deutschen Kalkindustrie e.V., Annastr. 67, 5000 Köln 51, T. (02 21) 3 76 92-0.

Kostenlose *Beratung* durch seine bautechnischen Auskunftsstellen betr. Baukalkverarbeitung und -verwendung: Annastr. 67, 5000 Köln 51.

Forschungslaboratorium der Deutschen Kalkindustrie e.V., Annastr. 67, 5000 Köln 51 (Bayenthal); betr. Einsatz von Kalkstein und Kalk im Straßenbau, Annastr. 67, 5000 Köln 51.

Fachverbände, Beratungsstellen, Gütegemeinschaften

Kalksandstein: Bundesverband Kalksandsteinindustrie e.V., Entenfangweg 15, 3000 Hannover 21 (Herrenhausen); dazu regionale Bauberatung.

Kaltasphalt:*) Fachverband der Kaltasphaltindustrie e.V., Henseweg 23 E, 2000 Hamburg 67, T. (0 40) 6 04 61 51.

Gütegemeinschaft AKB für Asphalt-Kaltbauweisen zur Erhaltung von Straßen e.V., Postfach 21 11 28, 6700 Ludwigshafen, T. (06 21) 5 61 83 00, Telefax (06 21) 58 28 85.

Kunststoffe: AKI Arbeitsgemeinschaft Deutsche Kunststoff-Industrie, Karlstr. 21, 6000 Frankfurt 1.

Fachgemeinschaft der Dichtstoffmassenhersteller, Postfach 11 93, 6200 Wiesbaden.

Gütegemeinschaft Flexible Dränrohre, Dyroffstr. 2, 5300 Bonn.

IBK Institut für das Bauen mit Kunststoffen, Osannstr. 37, 6100 Darmstadt.

Qualitätsverband Kunststofferzeugnisse e.V., Valkenierstr. 7, 6380 Bad Homburg.

TAKK (Techn. Arbeitsgruppe Kunststoff- und Kautschukbahnen), Osannstr. 37, 6100 Darmstadt – „Werkstoffblätter" –.

Verband der Chemischen Industrie e.V., Karlstr. 21, 6000 Frankfurt.

Mauerwerk: Deutsche Gesellschaft für Mauerwerksbau DGfM, Schaumburg-Lippe-Str. 4, 5300 Bonn 1, T. (02 28) 22 16 97.

Mineralstoffe:
(Zuschlagstoffe für Asphalte)

a) Naturstein
Bundesverband Naturstein-Industrie e.V., Buschstr. 22, 5300 Bonn, T. (02 28) 21 32 34.

Forschungsgemeinschaft Naturstein-Industrie e.V., Buschstr. 22, 5300 Bonn, T. (02 28) 21 32 34.

Kalk und Kalkstein
Bundesverband der Deutschen Kalkindustrie e.V., Annastr. 67, 5000 Köln 51, T. (02 21) 3 76 92-0.

---

*) (= Bitumenemulsionen und Kaltbitumen)
Kaltasphalt ist die traditionelle und immer noch benutzte Bezeichnung für Bitumenemulsion. Wegen des Wortteiles „-asphalt" ist sie jedoch falsch – Asphalt = Bitumen + Mineralstoffe – und irreführend.

Güteschutz RAL Kalkstein für den Straßenbau, Träger: Bundesverband der Deutschen Kalkindustrie e.V., Annastr. 67, 5000 Köln 51, T. (02 21)3 76 92-0.

b) Hochofenschlacke
Fachverband Hochofenschlacke e.V., Bliersheimer Str. 62, 4100 Duisburg 14,
T. (0 21 35) 4 92 20.

Forschungsgemeinschaft Eisenhüttenschlacken, Bliersheimer Str. 62, 4100 Duisburg 14,
T. (0 21 35) 4 92 20.

Gütegemeinschaft Hochofenschlacke e.V., Bliersheimer Str. 62, 4100 Duisburg 14,
T. (0 21 35) 4 92 20.

c) Industrielle Nebenprodukte
Bundesverband Kraftwerksnebenprodukte e.V., Fischweiher 13, 5100 Aachen,
T. (02 41) 17 26 68.

d) Recycling-Baustoffe
RAL-Gütegemeinschaft Recycling-Baustoffe e.V., Godesberger Allee 99, 5300 Bonn 2,
T. (02 28) 37 31 18.

Verband Deutscher Baustoff-Recycling-Unternehmen e.V., Godesberger Allee 99,
5300 Bonn 2, T. (02 28) 37 31 18.

Natursteine: Bundesverband Naturgestein-Industrie e.V., Buschstr. 22, 5300 Bonn.

Informationsstelle Naturwerkstein, Sanderstr. 4, 8700 Würzburg.

NE-Metalle: Aluminium-Zentrale Düsseldorf, Königsallee 30, 4000 Düsseldorf 1.

Bleiberatung e.V., Tersteegenstr. 28, 4000 Düsseldorf 1.

Deutscher Stahlbau-Verband (DSTV), Ebertplatz 1, 5000 Köln 1.

Deutsches Kupferinstitut, Knesebeckstr. 96, 1000 Berlin 12.

Institut für angewandte Feuerverzinkung, Postfach 301, 4320 Hattingen (Ruhr).

Nickel-Informationsbüro GmbH, Steinstr. 26, 4000 Düsseldorf.

Fachverbände, Beratungsstellen, Gütegemeinschaften 863

Verband Deutscher Feuerverzinkereien (VDF), Hochstr. 113, 5800 Hagen.

Zinkberatung e.V., Friedrich-Ebert-Str. 37/39, 4000 Düsseldorf.

Stahl: DSTV Deutscher Stahlbauverband, Ebertplatz 2, 5000 Köln 1.

Stahlinformationszentrum, Breite Str. 69, 4000 Düsseldorf.

Steinkohlenteerpech: Beratungsstelle der Verkaufsgesellschaft für Teererzeugnisse (VfT) mbH, Varziner Str. 49, 4100 Duisburg 12, T. (02 03) 4 56 03.

Steinzeug: Fachverband Steinzeugindustrie e.V., Max-Planck-Str. 6, 5000 Köln 40 (Marsdorf).

Teppich-Institut: Deutsches Teppich-Forschungsinstitut, Germanusstr. 5, 5100 Aachen, T. (02 41) 16 69 07.

Zement/Beton: Bauberatung Zement
Zentrale: Pferdmengesstr. 7, 5000 Köln 51
Beckum: Annastr. 1, 4720 Beckum
Düsseldorf: Schadowstr. 44, 4000 Düsseldorf 1
Hamburg: Immenhof 2, 2000 Hamburg 76
Hannover: Siegesstr. 1, 3000 Hannover 1
Leonberg: Leonberger Str. 45, 7250 Leonberg 1
München: Fürstenrieder Str. 273,
         8000 München 70
Nürnberg: Bucher Str. 3, 8500 Nürnberg 90
Titisee-Neustadt: Mühlenweg 4, 7820 Titisee-Neustadt
Wiesbaden: Friedrich-Bergius-Str. 7, 6200 Wiesbaden 12

Beton-Informationen, Hrsg. Montanzement Marketing GmbH, Bliersheimer Str. 83, 4100 Duisburg-Rheinhausen, T. (0 21 35) 4 92 20.

Bundesanstalt für Straßenwesen, Brüderstr. 53, 5060 Bergisch Gladbach 1.

Bundesverband der Deutschen Beton- und Fertigteilindustrie e.V., Theaterstr. 18, 5300 Bonn 1.

Bundesverband der Deutschen Zementindustrie e.V., Pferdmengesstr. 7, 5000 Köln 51.

Bundesverband der Leichtbauplattenindustrie e.V., Beethovenstr. 8, 8000 München 2.

Bundesverband der Porenbetonindustrie e.V., Frauenlobstr. 9-11, 6200 Wiesbaden.

Deutscher Beton-Verein e.V., Bahnhofstr. 61, 6200 Wiesbaden 1.

Forschungsgesellschaft für das Straßen- und Verkehrswesen, Alfred-Schütte-Allee 10, 5000 Köln 21.

Forschungsinstitut der Zementindustrie, Tannenstr. 2, 4000 Düsseldorf.

Hauptverband der Deutschen Bauindustrie e.V., Abraham-Lincoln-Str. 30, 6200 Wiesbaden.

Verband Deutscher Betoningenieure e.V., Hubertusstr. 9, 4100 Duisburg 74.

Ziegel: Arbeitsgemeinschaft Ziegeldach e.V., Schaumburg-Lippe-Str. 4, 5300 Bonn 1.

Bundesverband der deutschen Ziegelindustrie, Schaumburg-Lippe-Str. 4, 5300 Bonn 1, T. (02 28) 22 40 51, dazu Beratung der Fachverbände in 2900 Oldenburg, 4300 Essen 13, 6730 Neustadt (Weinstraße), 8000 München 2.

Zuschlag: Bundesverband Kies-, Sand- und Mörtelindustrie e.V., Tonhallenstr. 19, 4100 Duisburg.

Fachverband Hochofenschlacke e.V., Berliner Allee 17, 4000 Düsseldorf 1.

Forschungsinstitut Eisenhüttenschlacken, Bliersheimer Str. 83, 4100 Duisburg-Rheinhausen, T. (0 21 35) 4 92 20.

Informationen und Bauschäden

AFI Arbeitsgemeinschaft Fachinformation e.V., Herriotstr. 5, 6000 Frankfurt 71.

AI Bau - Aachener Institut für Bauschadensforschung und angewandte Bauphysik, Gemeinnützige Gesellschaft mbH, Theresienstr. 19, 5100 Aachen.

Bundesgütegemeinschaft Betonerhaltung e.V., Godesberger Allee 99, 5300 Bonn 2.

Gütegemeinschaft Erhaltung von Bauwerken e.V., Bahnhofstr. 61, 6200 Wiesbaden.

Informationszentrum RAUM und BAU der Fraunhofer-Gesellschaft, Nobelstr. 12, 7000 Stuttgart 80.

Landesinstitut für Bauwesen und angewandte Bauschadensforschung, Theaterplatz 14, 5100 Aachen.

Normen, Prüfzeichen, Zulassungen, AGI-Blätter, Merkblätter

AGI-Blätter der Arbeitsgemeinschaft Industriebau e.V. (AGI), Curt-R.-Vincentz-Verlag, Postfach 62 47, Schiffgraben 43, 3000 Hannover 1.

Berufsgenossenschaft der Chemischen Industrie – Merkblätter, VCH Verlagsgesellschaft mbH (vormals Verlag Chemie GmbH), Postfach 10 11 61, Pappelallee 3, 6940 Weinheim.

Bundesanstalt für Materialprüfung, 1000 Berlin.

Bundesanstalt für Straßenwesen (BASt), Brüderstr. 53, 5060 Bergisch Gladbach 1.

Bundesgesundheitsamt Berlin, Postfach 33 00 13, 1000 Berlin 33.

Bundesministerium für Umwelt, Naturschutz und Reaktorsicherheit, Bernkasteler Str. 8, 5300 Bonn 2.

Bundesverband der Deutschen Zementindustrie (VDZ) – Merkblätter des VDZ, Pferdmengesstr. 7, 5000 Köln 51.

CEN Europäisches Komitee für Normung – European Committee for Standardization – Comité Européen de Coordination des Normes; Zentralsekretariat: 2, rue Bréderode   B-1000 Brüssel.

Der Bundesminister für Raumordnung, Bauwesen und Städtebau, Deichmannsaue, 5300 Bonn 2.

Deutscher Ausschuß für Stahlbeton (DAfStb) – Richtlinien, Beuth Verlag, Burggrafenstr. 4-10, 1000 Berlin 30.

DIN Deutsches Institut für Normung e.V., Kamekestr. 2-8, 5000 Köln 1.

(dito) Burggrafenstr. 4–10, 1000 Berlin 30.

Gütegemeinschaft Holzschutzmittel e.V., Postfach, 6000 Frankfurt.

Institut für Bautechnik, Reichpietschufer 72-76, 1000 Berlin 30.

Normen – Beuth Verlag, Burggrafenstr. 4-10, 1000 Berlin 30.

RAL (Deutsches Institut für Gütesicherung und Kennzeichnung e.V.), Postfach, 5300 Bonn.

Vereinigung zur Förderung des Deutschen Brandschutzes e.V. (VFDB), Buchenallee 18, 4417 Altenberge.

Stichwortverzeichnis

A

Abbeizen 610
Abbeizfluid 610
Abbeizmittel 591, 610, 613
Abbrandgeschwindigkeit 826
Abbrennen 610
Abdichtung von Bauwerken 579
Abdichtungsbahn 583, 662, 687 f.
Abdichtungsstoff 581
Abdichtungstechnik 579
Abdichtungsverfahren 583
Abflamm-Methode (AM-Gerät) 243
Abflußrohr 501
Abholzigkeit 757
Abkreiden 611
Ablaugmittel 610
Ablösung 611
Abmessung 785
Abnutzbarkeit, Schleifverschleiß 417
ABS 665, 683
Absäuern 396 f.
Absäuern von Ziegeln 47
abschlämmbare Bestandteile 213
Absetzversuch 214
Absorption (Glas) 139
Absperrlack 608
Absperrmittel 591
Abstandsfaktor 259
Abtönfarbe 592, 604
Abwasserleitung 696
Abwasserrohr aus Asbestzement 111
– aus Beton 102
– aus Steinzeug 62
Abweichungen der Lastrichtung von der Faserrichtung 770
Acella 662, 689
Acetylcellulose 681
Acronal 666
Acronal D 667
Acryl-Dichtungsmassen 711
Acrylglas 665
Acrylharz 495, 665 f., 703
Acryllack 607
Acrylnitril-Butadien-Styrol-Pfropfpolymerisat 665
Acrylnitril-Styrol-Acrylester-Copolymerisat 665
Acrylsäureester 666
Acrylwolle 683
Adipinsäure 676
Adsorption 764
Akkugehäuse 672
Akustikziegel 50
Alabaster 15
Alarmschleife im Glas 134
Albit 4
Alftalat 676
Aliphate 656
Alkaliempfindlichkeitsklasse 218 f.
Alkalireaktion 189, 217 ff.
Alkalisilicat 495
Alkalitreiben 218
Alkene 647, 656

Alkydal 676
Alkydharz 607, 676
Alkydharzlack 601, 606, 608
Alkydlack 607
Alkydlackanstrich 607
Alkylenpolysulfid 684
Allgemeine Arbeitsregeln für das Schweißen 463
Alpex 683
Altasphalt 575 f.
Aluminium 205, 498, 508
Aluminium im Hochbau 508
Aluminium, Stangen aus 508
Aluminium, Strangpreßprofil aus 508
Aluminium-Knetlegierung 508
Aluminiumbronze 507, 595
Aluminiumfolie 626
Aluminiumlegierung 508 f.
Aluminiumlot 514
Aluminiumpulver 512
Aluminiumwerkstoff 509
Alwitra 667
Amethyst 14
Aminoplaste 673 f.
Aminoplast-Formmassen 672
Aminoverbindungen 677
Amphibole (Hornblenden) 1, 4
Amphibolit 13, 211
Anatas 594
Anatasform 596
Andesit 7, 22 f., 211
Anforderung, Kennzeichnung und Bezeichnung 796
Anforderung nach der ZTV Beton 330
angreifende Böden 300
angreifende Wässer 300
Angriffsgrad von Böden 300
Angriffsgrad von Wässern 300
angriffshemmende Verglasung 133
Angulatensandstein 19
Anhydrit 1, 4, 8, 12, 15, 152, 164 ff., 172, 184, 186, 204, 216
Anhydritbinder 164 ff.
Anhydritestrich 399 ff., 406, 409 ff.
Anhydritkalkmörtel 166, 377
Anhydritmörtel 166, 377
Anilinfarben 595 ff.
Ankerschienen 453
Anlegeöl 613
Anorthit 4
Anreger 165, 660
Ansetzen von Fliesen 72
Ansetzgips 153, 158
Anstrich 591, 598, 666
Anstrich-Bindemittel 600
Anstrichaufbau 592
Anstriche, Bindemittel für 667
Anstriche, Entfernung alter 610
Anstrichfilm 591
Anstrichfungizid 613
Anstrichmittel 592
Anstrichschaden 592, 610
Anstrichstoff 591 ff., 598

Anstrichsystem 592
Anthrazit 11 f.
Antikglas, Guß- 129
–, mundgeblasen 131
Antimon 499
antistatische Ausrüstung (Bodenbelag) 636
Apatit 2, 4
Aplite 7
Aragonit 1, 3
Araldit 677
Arbeitsfuge 283
Arkose 9
Armatur 507
Armierungsfarbe 604
Armierungsgewebe 392
Armierungssystem 604
Arnite 672
Art der Beschichtung, Stahl 487
Art und Menge der in Wohnungen eingebrachten Holzschutzmittel 844
ASA 665
Asbest 14, 209, 655
Asbestzement 104 f.
Asbestzement, Rohre 111
Aschen 6
Asphalt 12, 519 f., 540, 546
Asphalt, technischer 540
Asphalt-Bodenbelag 587
Asphalt-Recycling 575
Asphaltbeton 548, 565
Asphaltbinder nach ZTV bit 564
Asphalteigenschaften 545
Asphaltmakadam 548
Asphaltmastix 548, 561, 568, 572
Asphaltmischgut 543
Asphaltplattenbelag 589
Asphalttragschicht nach ZTVT 563
Ast 756, 771
Ast in Kanthölzern 776
Atephen 674
Auelehm 25
Auflagerplatte 499
Aufschluß des Holzes 797
Augit 1, 4, 7 f., 13 f.
Ausbesserungsmörtel, Materialkennwert 360
Ausblühung 30, 393 f., 397
Ausbreittisch 316
Ausbreitversuch 312
Außenanstrich 592
Außenanwendung von Holz 807
Außenbauteil 251, 254
Außendeckenputz 383, 385
Außenfensterbänke 699
Außenputz 171, 375 f., 391
Außenputz, Innenputz 155
Außenschale 371
Außenwandputz 383, 385
äußere Verkittmachung 654
Ausfallkörnung 226 f., 238, 240
Ausfugen von Fliesen 73
Ausfugen von Mauerwerk 47

Ausgangsquerschnitt 439
Ausgangszustand der vorzubereitenden Oberflächen 487
- bei beschichteten Oberflächen 487
- bei unbeschichteten Oberflächen 487
Ausschalfrist 286, 288
Austenit 427
Auswahl der geeigneten Holzart 769
Auswahl widerstandsfähiger Stähle 484
Auswaschversuch 214
Auswürfling 6
Azetylen 661

B

Badewannen 666
Bakelite 674
Bakterien und Pilze 797
Balken 781
Bänder in Coils 503
Bandstahl 445
Bandverzinken 498
Bankung 5
Barfußbereich (Bodenfliesen) 74
Barlowsche Formel 695
Baryt 211
Barytgelb 595
Basalt 6 f., 13, 21 ff., 28, 207 f., 211 f.
Basaltlava 6, 22 f., 211
Basalttuff 22
Bastzellen 754
Bau- und Möbelbeschlag 681
Bau- und Möbelplatten 689
Bau-Furniersperrholz 789
Bau-Stäbchensperrholz 789
Bau-Stabsperrholz 789
Baugips 5, 152, 158
Bauholz, feuchtetechnische Eigenschaften 762
-, frisch 762
-, halbtrocken 762
-, trocken 762
Bauholzart 757
-, Kennwerte wichtiger 758 f.
-, Bruchfestigkeit 758 f.
-, - Biegung 758 f.
-, - Druck 758 f.
-, - Rohdichte 758 f.
-, - Schub 758 f.
-, - Zug 758 f.
-, elastische Eigenschaftswerte 758 f.
-, - Elastizitätsmodul 758 f.
-, - Proportionalitätsgrenze 758 f.
-, - Querkontraktion 758 f.
-, - Resistenz 758 f.
-, - Schubmodul 758 f.
Baukalk 15, 168, 172 f., 175 f.
Baum, biologisch-physikalischer Aufbau 754
Baumkante 776
Baumpflanze 756
Bauplatten mit mineralischen Bindemitteln 112
-, Hohlwandplatten aus Leichtbeton 96
-, Tonhohlplatten 55
-, Wandbauplatten aus Leichtbeton 97

-, Wandplatten aus Gasbeton 88
Bauprofile 691 f.
Baurundholz 774
Bauschnittholz 774
-, Abmessungen 781
-, Oberflächenbeschaffenheit 782
Bauschwellen 781
Baustähle, hochfeste 445
Baustahlsorten, Eigenschaften 443 f.
Baustellenbeton 280
Baustellenmörtel 367, 373
Bautagebuch 280
Bauteile aus Beton 97
Bautenschutzfolien 687
Bauwerksabdichtung 579, 688
Bauxit 197, 509
Baypren 684
Baysilon 680
Beanspruchungsgruppe 407
Bearbeitung 27
- und Verwendung 459
Beckaminol 674
Beeinflussung des Korrosionsmittels 486
Beeinflussung des menschlichen Organismus 832 ff.
- durch das elektrostatische Feld der Erde 832
- durch elektrische Wechselfelder von Hausinstallationen 834
- durch Hochfrequenzfelder 835
- durch Zufuhr elektrischer Ladung in Ionenform 834
Behälter 700
Beizen (Holzbeizen) 611
belgischer Granit 20
Benennung der Stähle 433
- nach der chemischen Zusammensetzung 435
- nach der Gebrauchseigenschaft 433
Bentonit 20, 25, 264
beplankte Strangpreßplatten für die Tafelbauart 793
Bergkristall 14
Berglehm 25
Bernstein 11 f.
beruhigt vergossener Stahl (R) 425
Beryll 13
Beschichtung 488, 591, 598, 666, 677, 841 f.
- auf Beton 359
- von Gläsern 119, 138, 140
Beschichtungsaufbau 495
Beschichtungserneuerung 496
Beschichtungsmassen 679
Beschichtungsstoff 591 ff., 674
Beschlag 511, 671, 699
Beschleuniger 655
Beschreibung des Mattenaufbaus 476
besonders beruhigt vergossener Stahl 426
Bessemer-Verfahren 423
Beständigkeit gegen Sulfide 596
Bestandteil, abschlämmbar 214, 220, 367, 378
-, organisch 378
-, quellfähig 215, 220
Bestätigungsprüfung 410, 414 ff., 417
Beton 244
Beton B I 245
Beton-B I-Baustelle 278

Beton B II 245
Beton-B II-Baustelle 278
Beton für hohe Gebrauchstemperaturen bis 250 °C 301
- für Kunstbauten nach ZTV-K 80 296
- mit besonderer Eigenschaft 296 f.
- mit Fließmittel 245, 247
- mit hohem Frost-Tausalz-Widerstand 299
- mit hohem Frostwiderstand 299
- mit hohem Verschleißwiderstand 301
- mit hohem Widerstand gegen chemischen Angriff 299
Beton, Befördern 281
-, Bewehrung 286
-, Dauerhaftigkeit 245
-, dichter 261
-, farbiger 326
-, Festigkeitsklasse 245
-, feuerfest und hochfeuerfest 302
-, Fördern 282
-, grüner 245
-, Gütenachweis 303
-, Kriechen 194, 276
-, Kriechverformung 195
-, Nachbehandlung 284
-, Relaxation 276
-, Schwinden 194, 276
-, Verarbeiten 282
-, Verdichten 283
-, wasserundurchlässig 298
Betonalter, wirksames 188
Betondachstein 98
Betondeckung 286 f.
Betondichtungsmittel (DM) 260
Betonfestigkeit am Bauwerk 308
Betonglas 148
Betongruppe 246
Betonieren bei heißer Witterung 291
Betonieren bei kühler Witterung und bei Frost 289
Betonmauerstein 89
Betonpflasterstein 102
Betonpore 354
Betonprüfstelle E 309
Betonprüfstelle F 309
Betonprüfstelle W 309
Betonrippenstahl 464 ff.
- mit aufgewalztem Gewinde 470
Betonrohr 101
Betonstabstahl 464 f.
Betonstahl 463 f.
- aus Trümmern 477
- in Ringen 467
Betonstahlarten 464
Betonstahlmatte 464, 468, 474 f., 477
Betonstraßen, Erhalten von 336
Betonteil im Straßenbau 102
Betonthermometer 289
Betontragschicht 336
Betonverflüssiger (BV) 257
Betonwerkstein 100
Betonzusammensetzung 248, 265
Betonzusatz 255, 666
Betonzusatzmittel 256
Betonzusatzstoff 264
Betonzuschlag 240
-, werkgemischter 219, 239
Bewegungsfuge 278
Bewehrungsdraht 464, 469

Chlorit 869

Bezeichnung der Betonstabstähle 470
Bezeichnung nach Holzquerschnitten 778
– und Bestellung von Betonstahlmatten 476
Bezeichnungsbeispiel 470
bi-Stahl 471 f., 474
Biberschwanz (Dachziegel) 57
Biegefestigkeit 772
Biegesteifigkeit (Schall) 738
Biegezugfestigkeit 270, 321
Bims 22, 207, 211
Bimsstein 6
Bindemittel 152, 495, 592, 597, 600, 603, 674, 676
Bindemittelgehalt, Prüfen des 323
Binderfarbe 603, 609, 667
Binderschicht 559, 567
Bindungskraft, chemische 651
Biotit 4, 7 f., 13
Biotitschiefer 13
Bisphenol 676
Bitumen 10 ff., 516, 518, 521, 523, 528, 537
Bitumen (B) 495
Bitumen, polymermodifiziert 520
Bitumen- und Teerpechlacke 609
Bitumen-Haftkleber 520
Bitumenanstrichmittel 520, 535
Bitumenbahn 413, 521, 549 f.
Bitumenemulsion 520
bitumenhaltige Bindemittel 520, 532
Bitumenkitt 708
Bitumenlack 520, 535
Bitumenlösung 520, 532 f.
Bitumenschiefer 12
Bitumensorten 529
bituminöse Bautenschutzmittel 583
–, Bindemittel 483, 495
bituminöse Brückenbeläge 571
bituminöse Fugenvergußmassen 589
bituminöse Schlämme 571
Blähschiefer 208
Blähton 208
Blaine 191
Blasen 685
Blasenbildung 611
Blasengrad 487
Blasenkupfer 505
Blasstahlverfahren 422 f.
Blattaluminium 509
Blattgold 613
Blättlinge 800
Blattmetall 613
Blattsilber 613
Bläuepilz 801
blauer Scheibenbock 804
Bläueschutz 599
Bläueschutz-Grundanstrichstoff 607
Blech 445
Blechschrauben 460
Blei 156, 205, 499
Blei-Antimon-Legierungen 499
Bleiband 501
Bleibleche 500
Bleicarbonat 500
Bleidraht 501
Bleidruckgußlegierung 500
Bleifolie 500, 621, 626
Bleiglanz 3, 499
Bleiglätte 606
Bleilot 514

Bleimennige 592, 606
Bleiplatte 501
Bleirohr 501 f.
Bleispritzgußartikel 501
Bleiummantelung 501
Bleiweiß 594
Bleiwolle und Riffelblei 501
Blende 3
Blendsicherheit 632
Blitzableiter 506
Blitzrisse und Frostrisse 756
Blockstein aus Gasbeton 83
Blockstein aus Kalksandstein 76, 78, 81
Bluten 187
Boden 11 f.
Bodenbelag 627 ff.
bodenblasende Verfahren 423
Bodenklinkerplatten 71
Bodenstabilisierung 176
Bodenverfestigung 176, 195, 203, 336
Bohle 778, 781
–, rauh 781
Böhme-Scheibe 301
Bohrlochzement 199
Bolus 594
Bolusrot 596
Bolzen 828
bombiertes Glas 131
Borax 514
Bordstein aus Beton 104
Borkenkäfer 802
Borosilicatglas 120, 145
Bossen 27 f.
Bossierhammer 27 f.
Bouclé 629
Brandschutz nach DIN 4102 (Stahl) 482
Brandschutz, Grundlagen 746
Brandschutz, Kennzeichnung 747
Brandschutz, Putze für 750
Brandschutzglas 144
Brandschutzplatte aus Faser-Calcium-Silicat 111
Brandverhalten 791
–, Bodenbelag 633 f.
– von Baustoffen 747
– von Holz 767, 825
– von Holzwerkstoffen 825
Branntkalk 172, 175
Brauneisen 3, 14
Brauneisenstein 8, 11 f., 209
Braunkohle 11 f.
Brechsand 221
Breitflachstahl 445, 449
Brekzien (Breccien) 9, 12, 19
Bremerblau 596
Brenntemperatur keramischer Baustoffe 34
Brennverhalten (textiler Fußbodenbelag) 633 f.
Brett 778, 781
Brett und Bohle 779
Brett, rauh 781
Brettschichtholz, Aufbau, Herstellung 786
Brinell- und Janka-Härte 771
Bruchdehnung 439
Brucheinschnürung 439
Bruchzoll 27
Brückenlager 669
Brüssel (Zugrutenteppich) 629

Buchstabenbuna 683
Buna 655, 683
Buntheit 593
Buntmetall 499, 505
Bunt-Pigmente 594, 599
Buntsandstein 18
Butadien 683
Buten 656
Butylen 656
Butylkautschuk 684, 688

C

CA 681
CAB 681
Calcit (= Kalzit) 14
Calcium (= Kalzium)
Calciumaluminat 181, 197
Calciumaluminatferrit 183
Calciumaluminathydrat, -ferrithydrat 184
Calciumcarbid-Methode (CM-Gerät) 242
Calciumsilicat 181
Calciumsilicathydrat 178 f., 184
Calciumsulfat 29 f.
Calciumsulfid 216
Caprolactam 670
Caput mortuum 596
Carbid (= Karbid) 242
Carbidkalk 170
Carbidkalkhydrat 172, 174 f.
Carbidkalkteig 172, 174
Carbonat (= Karbonat)
Carbonatisierung des Betons 354, 356
Carbonatisierungsbremse 356
Carbonatisierungstiefe 355
Carbonfasern 677
Carborundum 15, 208
Carnallit 12
Cellidor 681
Cellidor B 681
Cellidor CP 682
Cellophan 681
Celluloid 681
Cellulose 681, 753 f.
Cellulose (= Zellulose) 680
Cellulose-Azetat 681
Celluloseabkömmlinge 680
Celluloseacetobutyrat 681
Celluloseester 680
Cellulosehydratfolien 681
Cellulosenitrat 681
Cellulosepropionat 682
Chalzedon 10
Chemiegips 164
Chemiewerkstoff 647
chemische Oberflächenvorbereitung 488
chemische Struktur des Holzes 753
chemischer Aufbau des Holzes 753
chemischer Vorgang 483
chemisches Schwinden 277
Chemosorption 764
Chlor 629
Chlorbutadien 684
Chlorethen 661
Chlorid 216
Chloridausblühung 396
Chlorit 1, 11, 13, 16, 18

Chloritschiefer

Chloritschiefer 11, 13
Chlorkautschuk 495, 682
Chlorkautschukfarbe 603
Chlorkautschuklack 601
Chlorkautschuklackfarbe 609
Chloroform 669
Chloroprenkautschuk 684
Chromgelb 594
Chromgrün 594
Chrom-Nickel-Stahl 508
Chromorange 596
Chromoxidgrün 596
Chromrot 596
CN 681
COMBIRIP 380
Compakta 668
Contractorverfahren 292
Copolymerisat 649
Copolymerisation 654, 658, 662
Coroplast 689
CP 682
CPVC 661
CR 683 f.
Crastin 672
CSF 682
CSM 687
Cyclokautschuk 683
Cyclosit 683

D

D-Wert 229, 234
Dachabdichtung 586 f., 688
Dachbahn 687
Dachbelagsbahn 662, 687
Dachlatte 781
Dachneigung für Dachziegel 61
Dachplatte aus Faserzement 110
– aus Gasbeton 87
Dachrandprofil 512
Dachrinne 502 ff., 663, 697
Dachschalung 782
Dachschiefer 24
Dachstein aus Beton 98
Dachziegel 56
Dammarharz 607
Dämmer 200
Dämmstoff 664
Dampfbrems-, Unterspannbahn 687, 689
Dampfdiffusion 384
Dauerfestigkeit 439
Dauerschwingfestigkeit 770
Dauerstandfestigkeit 770
DD-Lack 597, 609, 679
Deckanstrich 592
Deckaufstrichmittel 582
Deckbeschichtung (DB) 490
Deckenplatte aus Gasbeton 87
Deckenplatte aus Gips 159
Deckenputz 155
Deckenziegel 51 f.
Deckfähigkeit 593
Deckkraft 597
Deckmaß 779
Deckschicht 498, 560, 567
Degalan 666
Deglas 666
Dehnfuge in der Verblendschale 45
Dehngrenze, 0,2% 438

Dehnung 273
Dekorationsfolien 689
Delifol 662
Delrin 660
Dendriten 16
Desmodur 609, 678
Desmophen 609, 679
Desoxidationsart 425
Desoxidationsmittel 425
Destruktions- oder Braunfäule 798
Dextrinleim 701
Diabas 6 f., 22 f., 207, 209, 211
Diagenese 9
Diamant 2 f., 15
Diatomeenerde 10, 12
Dicalciumsilicat 171, 183
Dicarbonsäuren 676
Dichte 766
Dichtigkeit des Zementsteins 298
Dichtstoffe 706, 708
Dichtung für Betonrohre 101
– für Steinzeugrohre 62
Dichtungsbahnen 659, 667, 684
Dichtungsmittel 384
Dichtungsprofile 662
Dichtungsscheiben 681
Dickbettmethode (Fliesen) 72
Dickenquellung 794
Dien-Elastomere 683
Differenzverfahren 235
Diffusionsverfahren 498
Diffusionsverhalten (Tapeten) 622, 624
DIN-Farbenkarte 591, 593
Diofan 663
Diorit 6 f., 13, 21, 23, 211
Dioritgneis 13
Dioritporphyrit 7
Dispersion 600
Dispersionsanstrich 603
Dispersionsanstrichstoff (Dispersionsfarbe) 604
Dispersionsbindemittel 666
Dispersionsbinderanstrich 384
Dispersionsfarbe 592, 603, 609, 667 f.
Dispersionskaschierung 624
Dispersionsklebstoff 701
– (Tapeten) 621
Dispersionskunststoffputz 603
Dispersionsvolltonfarbe 604
Doggersandstein 19
Dolerit 21
Dolomit 1, 3, 9 f., 12 f., 15, 18, 29 f., 170, 211, 512
Dolomitfeinkalk 172, 174
Dolomitkalk 170
Dolomitkalkhydrat 172, 174 f.
Dolomitmarmor 13
Dolomitstein 60
Doppelbeizverfahren 612
Doppelfalzziegel 57
Doppelgold 613
Doppelstehfalzdeckung 503
Doppelteppich 630
Doppeltournay 630
Drahtanker (Mauerwerk) 44
Drahtglas 128, 131, 145
Drahtornamentglas 129, 131, 145
Drahtputzdecke 374, 381
Drahtseile 457 f.
Drahtspiegelglas 127

Drahtziegelgewebe 380
Dralon 683
Dränagen 694
Dränplatten 664
Dränrohre 692
– aus Asbestzement 111
Drehwuchs 757
Druckfestigkeit 270
– am Bauwerk, Prüfen der 319
– parallel zur Faser 772
–, Prüfen der 318
– von Beton 271
Druckholz 757
Druckrohr aus Asbestzement 112
– aus Blei 501
– aus Stahl-/Spannbeton 101
Druckversuch quer zur Faserrichtung 772
Dübel 671
Dukatengold 613
Dunit 7
Dunkelstufe 593
Dünnbettmethode (Fliesen) 73
Dünnbettmörtel 364, 366, 369 ff.
Dünnformat 40
Dünnglas 125
Dünnmörtel 367
durchbruchhemmende Verglasung 133
Durchschlagen bei Untergründen 611
durchschußhemmende Verglasung 133
Durchsichtminderung von Gußglas 129
durchwurfhemmende Verglasung 133
Duroplaste (Duromere) 649, 654, 673
Dyassandstein 18
Dyckerhoff-Dreibi 201
Dyckerhoff-Halliburton-Tiefbohrzement 199
Dyckerhoff-Weiß 194

E

E-Modul 769
E/VA 667
ECB 687
ECC 677
echter Hausschwamm 799
Echtgoldfolie 613
Edelbrechsand 223
Edelkunstharz 673
Edelputz 385
Edelsplitt 223, 228, 543
Edelstahl 431 ff.
Efa-Füller 667
Eigenfeuchte 242
Eigenschaften einzelner Baustahlsorten 443
Eigenüberwachung von Beton 303
Eignungsprüfung 414
– von Beton 305
Einbau 807
Einbauregel für alle Holzbauteile 808
Einbrennlack 601
Einbringen 822
Einbringverfahren 819 f.
Eindruckverhalten 642 f.
Einfachgold 613
Einfluß der Holzfehler 771

Festigkeit 871

Einfluß der Temperatur 772
Einfrier- bzw. Erweichungstemperaturbereich 652
Einfriertemperatur (Glasübergangstemperatur) 651
Einkomponentenbeschichtung 495
Einkomponentenkleber 703
Einkomponentenmasse 709 ff.
Einkornhaufwerk 227
Einlaßmittel 592
Einpreßhilfe (EH) 263
Einpreßmörtel 328
Einputzschiene 381
einschaliges Verblendmauerwerk 44
Einscheiben-Sicherheitsglas (ESG) 131
Einschichtfarbe auf KD-Basis 604 f.
Einschnürbereich 439
einseitiger Wuchs 757
Einsumpfdauer 173
Einteilung der Stähle 431
Einteilung und allgemeine Eigenschaften der Betonstähle 464
Einzelbrettverbindung 787
einzubringende Mengen 825
Eisen 156, 420
Eisen-Kohlenstoff-Diagramm 430 f.
Eisenchlorid 15
Eisenhüttenschlacke 205
Eisenkitt 708
Eisenoolith 12
Eisenoxid 15
Eisenoxidrot 594, 596
Eisenoxidschwarz 595
Eisenportlandzement 178, 181 f., 185 f.
Eisenspat 8
Eisenwerkstoff 431
Eisenzerfall 216
Eiweiß 680
Eiweißabkömmlinge 682
Eiweißkitt 707
Eklogit 11, 13
Elaste 683
elastischer Bereich 438
elastischer Fußbodenbelag 627 f.
Elastizitätsmodul 273 f.
–, dynamischer 740
–, Stahl 439
elastomechanische Eigenschaften 769
Elastomer-Belag 628
Elastomer-Dichtprofil 691
Elastomer-Fugenband 691
Elastomerbahnen 687
Elastomere 649, 655, 682 f.
elektrische Installationsrohre 694
elektrochemische Korrosion 483
elektrochemische Reaktion 483
Elektrokorund 208, 407
elektrolytischer Schutzüberzug 497
Elektrolytkupfer 505
Elektron 513
elektrostatisches Verhalten (Bodenbelag) 634 ff.
Elektroverfahren 425
Elfenbein 646
Elfenbeinschwarz 596
Eloxalqualität 510
Eloxieren 511
Email 120
Emaillelack 610
emaillierter Stahl 498

emailliertes Glas 132, 144
Emission von organischen Substanzen aus Spanplatten
– hauptsächlich Formaldehydemission 840
Emissionsklasse 842
Emulsionspolymerisation 661
Energieverbrauch zur Herstellung einiger Baustoffe 830
Engobe (Dachziegel) 56
Enstatit 4
Entfernen von artfremden Verunreinigungen/Schichten
–, chemisch-physikalisch 490
–, mechanisch 489
–, thermisch 489
Entwässerungskanal 696
Entwässerungsleitung 694
Entwicklerbeize 612
EP 676
EP-Emulsionslack 677
EP-Harz 677
EPDM 688
Epichlorhydrin 676
Epidotschiefer 13
Epikot 677
Epoxid-Cement-Concrete 677
Epoxidharz 676 f., 703
Epoxidharzlack 609
Epoxidharzmörtel 360
Epoxin 677
Erdfarbe 594
Erdgas 656
Erdöl 11 f.
Erdpigment 594
erforderliche Einbringmenge 821
Erguẞgestein 5 ff., 22
Erhärtung 603
Erhärtungsprüfung von Beton 308, 414 f.
Erstarren 425
–, falsches 187
Erstarrungsbeschleuniger (BE) 263
Erstarrungsverzögerer (VZ) 261
Erstarrungszeit 187
Eruption 6
Erweichungstemperatur 655
Erweichungstemperaturbereich 650
Erzzement 201
Estrich 166, 351, 364 f., 398
– auf Dämmschichten 407
– auf Trennschicht 399, 413
– auf Trennschicht, Härteklassen 414
–, hochbeanspruchbar 417
– im Freien 405, 414
–, schwimmender 399, 409 f., 742
Estrichgips 153
Ethen 656
Ethin 661
Ethylen 656
Ethylen (Vinylacetat) 667
Ethylenglykol 676
Ethylsilicat 495
Ettringit 184, 204
Ettringittreiben 185, 189
Ewig-Gold 613
extraterrestrische Strahlung 832
Extruder 685
Extrudieren 685
Extrusionsschweißen 686

F

F-Verglasung 144
Fahrbahndecke aus Beton 329
Fahrzeugreifen 682
Faktoren für die Behaglichkeit in Wohnräumen 833
Fallrohr 663
Farbe keramischer Bauteile 32, 71
farbiger Zuschlag 209
Farbkarte 593
Farbkraft 596 f.
Farblack 594
Farbmittel 592 f.
Farbpigment 212, 264, 367
Farbstoff 592 f., 595, 753
Farbstoffbeize 611
Farbton 593
Färbung von Glas 120, 140
Farbwiedergabe-Index (Glas) 138
Faser-Calcium-Silicat, Brandschutzplatten 110
Faser-Lastwinkel 769
Faserbeton 346
Faserdämmstoff 713
Faserplatte 788
Fasersättigungspunkt 764
Faserspritzverfahren 678
Faserverlauf 764
Faserzement 104, 106
–, Bauplatten 111
–, Dachplatten 110
–, ebene Tafeln 110
–, Fassadenplatten 111
–, Wellplatten 108
Fassadenbekleidung 698
Fassadenbeschichtung für mineralische Baustoffe 361
Fassadenelement aus Glas 144
Fassadenplatte aus Glas 144
Fayalit 4
Fayance 72
Fehler des Bauholzes 756
– durch Insekten 757
Fehlkorn 227
Feinblei 499
Feinheitsmodul 229
Feinheitsziffer 229
Feinkalk 172
Feinkeramik 35, 67
Feinmakulatur 619
Feinsand 221
Feinstsand 221, 238 f.
Feinstein 18
Feinzink 502
Feinzink-Gußlegierungen 502, 504
Feldspat 1, 8, 12 f.
Feldspatvertreter 1
Fenster 699
Fenster- und Türprofile 663
Fensterglas 126
Fenstertür 699
Fensterzubehör 699
Ferrarizement 201
Ferrit 427
Ferrozement 201
Fertigparkettelement 784
Fertigputzgips 153, 158
Fertigteilestrich 400
Festbeton 245, 270
Festgestein 205, 207
Festigkeit 270, 770

872 Festigkeitseigenschaft

Festigkeitseigenschaft 441
Festigkeitsprüfung 415, 772
– von Mörteln 367
Festigungsgewebe 755
Festmörtel 364
Feuchteübertragung aus angrenzenden Baustoffen 808
Feuchtigkeitsdehnung 276
Feuchtigkeitseinfluß 806
Feuchtraumeignung 641
feuerfester Stein 35, 65
Feuerschutzmittel, chemische 826
Feuerschutzplatte 160
Feuerstein 10, 12
Feuerton 75
Feuerverzinken 498, 504
Feuerwiderstand, Erhöhung durch Putze 750
Feuerwiderstandsklassen nach DIN 4102 750
Fittings 422, 507
Flachdachpfanne 57
Flacherzeugniss 445
Flachglas 119, 124 f.
Flächhammer 28
Flachpreßplatte 789, 792
– für das Bauwesen 793
FLACHRIP 381
Flachstab 697
Flachteppich 629
Fladernschnitt 755
Flammschutzmittel 818
Flammspritzverfahren 685
Fleckengneis 13
Fleckschiefer 12 f.
Flexplatte 627, 642
Flickbeton 666
Flickmörtel 667
Fließbeton 245, 247
Fliesen, keramische 66
Fließestrich 405, 409
Fließmittel (FM) 258, 405
Fließtemperaturbereich 650 ff.
Flint 10
–, poröser 189
Flinzplatte 16
Floatglas 122
Flockteppich 631
Flugasche 180, 202, 367, 405
– -Hüttenzement 196
Flugaschenzusatz 179
Flugaschezement 195 f.
Fluidoplaste 654
Fluon 669
Fluorpolymerisat 669
Fluorwasserstoff 669
Flußmittel 513 f.
Flußspat 2 f., 164
Foamglas 151
Folie 669 f., 687
Fondtapete 615, 622
Fondu Lafarge 198
Formaldehyd 659
Formaldehyd-Emissionsbegrenzung 842
Formaldehydharz 673
Formänderung von Mauerwerk 115
Format von Mauersteinen und Ziegeln 40, 44, 79, 92, 94
Formgebung von Außenbauteilen 808
– von GFK 678
Formmassen 674, 684

Formstück für Hausschornsteine 98
– für Steinzeugrohre 62
Formvollholz 786
Formziegel für Dächer 60
Forsterit 4
Fossilie 9, 16
Fotoleinen 619
Fremdüberwachung von Beton 303
Frischbeton 245
Frischbetonrohdichte 247
–, vollkommene 248
Frischholzzerstörer 802
Frischmörtel 364, 366
Frost-Tau-Wechselprüfung nach Löffler 242
Frostbeständigkeit 259
Frostprüfung 241
Frostschutzmittel (BE) 263
Frostwiderstand 220, 241
Fruchtschiefer 12 f.
Frühschwinden 276
Fuge 278, 354
– von Straßenbeton 332
Fugenabstand 279
Fugendichtstoff 708, 710
Fugendichtungsband 691 f.
Fugendichtungsmasse 666, 684, 701, 708 ff.
Fugendichtungsprofil 691
Fugengips 153, 158
Fugenmasse 710
Fugenmörtel 171
– für Fliesen 73
– für Mauerwerk 47
Fugenprofil 691
Fugenvergußmasse 679, 708
Füller 16, 179, 202, 223, 225, 541, 561
Füllspachtel 829
Füllstoff 592, 655
Furnier-Sperrholz 788, 792
Fußbodenbelag 662
Fußbodenbelagstoff 689

G

G-Verglasung 144
Gabbro 6 f., 13, 21, 23, 207, 211
Gabbroporphyrit 7
Galalith R 682
Galmei 502
Ganggestein 5 ff.
gängiges Glas 796
Gangquarz 211
Garbenschiefer 12
Garnierit 507
Gartenblankglas 126
Gartenklarglas 129
Gasbeton 205
–, Bauplatten 85
–, bewehrte Bauteile 87
–, Blockstein 83
–, Planstein 85
–, Steine und Bauteile aus 83, 379
Gasleitung 694, 697
Gaspolymerisation 656
gebrannter Kalk 169
gebräuchlicher Spannstahl mit allgemeiner bauaufsichtlicher Zulassung 481

Gefährdungsklasse 813
geforderte Eigenschaft der Spannstähle 480
Gefrierbeständigkeit 290
– von Beton 289
Gefrierschutz für jungen Beton 263
Gefügeänderung, Stahl 426
Gehängelehm 25
Gehäuse 665
Gehwegplatten aus Beton 103
Geländer 512
Gelcoat-Schicht 678
gelöschter Kalk 169, 175
Gelwasser 185
Gerbstoffe 753
Geröll 9, 12
gesägtes Spezialholz 782
Geschiebelehm 25
geschlitztes Dränrohr 697
geschweißte Betonstahlmatte 474
Gesimsprofil 512
Gestein 211
Gesteinsmehl 367
Gesteinsprüfung 31
gesundheitliche Gefahren 839
–, Anstrichstoff 839
–, Blei 839
–, Kleber 839
–, Kunststoff 839
Gesundheitsrisiko bei Fußbodenbelag 835
getempertes Gesteinsmehl 181
GEWI-Stahl 470, 472
GFK 676 f.
Gießharze 647, 654, 675, 679
Gips 1 f., 4, 8, 10, 12, 30, 152, 154 f., 172, 182 ff., 186, 204, 216
–, Deckenplatte 721, 751
–, Wandbauplatte (Brandschutz) 751
Gipsbauplatte 153, 156
Gipsbaustoff 159
Gipsdiele 164
Gipsfaserplatte 163
Gipskalkmörtel 377
Gipskarton-Putzträgerplatte 381
Gipskarton-Verbundplatte 721
Gipskartonplatte 153, 155, 159 ff.
Gipsmörtel 205, 377
Gipsputz 156
Gipssandmörtel 377
Gipsschlackenzement 196 f.
Gipsspat 14
Gipsstein 15, 152
Gipstreiben 185
Glanze 3
Glanzgrad 593
Glas, Eigenschaften 124
–, Herstellung 121
–, Rohstoff 120
Glasart 120
Glasdachstein 149
Glaserkitt 706
Glasfaser 149
Glasfaserbeton 346 f.
Glasfaserverstärkung 676 f.
Glasfehler 123
Glaskeramik 120, 145
Glasseidengewebe 618, 677
Glasseidenwirrmatte 677
Glasstahlbeton 148
Glasstein 148
Glasstruktur 120

Glasübergangstemperatur 655
Glasur (Fliesen) 69, 71
Glasur, verschleißfeste 72, 75
Glasvlies 150
Glaswolle 150
Glaukonit 1, 16, 18
Gleitfolienlager 669
Gleitlager 700
Gleitlagerelemente 700
Glimmer 1, 4, 7, 14, 18
Glimmerschiefer 11, 13
Glocken 507
Glutinleim 602, 828
Glycerin 607, 676
Glycerinkitt 706
Gneis 11, 13, 23, 211
Goethit 3, 211
Gold 3
Goldbronze 595
Granat 1, 13
Granatamphibolit 13
Granit 6 f., 13 ff., 18, 20, 23, 28, 207, 211f.
Granitgneis 13
Granitporphyr 7
Granodiorit 211 f.
Granulit 211
Graphit 1, 420 f.
graues Gußeisen 421
Grautönung 593
Grauwacke 9, 12, 19 f., 207, 211
Greis 13
Grenzsieblinie 225
Grobkeramik 35
Grobkies 221
Grobsand 221
Großplatte, keramische 70
Grundanstrich 592
Grundbeschichtung 488
Grundierung 591
Grundstahl 432 f.
grüne Erde 594, 596
Grüngold 613
Grünsandstein 19
Grünstandsfestigkeit 245
Grünstein 22
Gummi 682
Gummibelag 627, 642
Gummielastizität 655
Gußasphalt 408 f., 416, 545, 548, 561, 566 f., 588
Gußasphaltestrich 156, 408 f., 411 ff., 587
–, hochbeanspruchbar 418
Gußeisen 420 f.
– mit Kugelgraphit 421
– mit Lamellengraphit 421
Gußglas 128
Gußkupfersorte 505
Gußlegierung 511 f.
Gütebedingung 774
– für Baurundholz 773
Gütegruppe 443
Güteklasse der Sperrhölzer 791
Gütenachweis von Beton 304
Güteprüfung 414 f.
– von Beton 305, 307
Güteschutz für die Betoninstandsetzung 362
Güteschutz, Betonbauteile 104
Güteüberwachung bei Dämmstoffen 714 ff.

– von Beton 303
Güteüberwachungszeichen 304

H

Haft 503
Haftbrücke 382, 411, 667
Haftemulsion 668
Haftetikett 702
Haftgrundmittel 592
Haftklebstoff 702
Haftleisten 503
Haftputzgips 153, 158
Haftscherfestigkeit 364, 369 ff.
Haftzugfestigkeit 158, 364, 367
halbberuhigter Stahl 425
Halbrundholz 774
halbsynthetische Kunststoffe 649, 680
Halbzeug 512
Halogenide 3
Hämatit 1, 3, 18, 209, 211
Handauflegeverfahren 678
Handlaminieren 678
Handlauf 513, 662
Handlaufprofil 692
Handtuchhalter 507
Harnstoff-Formaldehydharz 674, 703
Harnstoff-Formaldehydharz-Ortschaum 715
Harnstoffharz 673, 829
Hartblei 499
Härte 416
harte und mittelharte Holzfaserplatten für das Bauwesen 795
Härten, Stahl 428
Härter 655, 675
Härteskala nach Mohs 2
Hartgestein 5
Hartgummi 682
Hartlot 513 f.
Hartlöten 514
Hartmattlack 610
Hartschaum 679
Hartschaum-Leichtbeton 352
Hartschaumstoff 715
Hartstoff 205, 406 f.
–, keramischer Rohstoff 32
Hartstoffestrich 399, 406 f., 417
–, Schleifverschleiß 408
Hartstoffzuschlag 208
Harz 10, 12
Harzgallen 757
Häufigkeitsverteilung 310
Hausbock 802
Hausbockbefall 825
Hausfäule 798
–, Oberflächenpilze 799
Hausschornstein 98
Hausschwamm, Befallsbild 800
–, Fruchtkörper 800
Hautleim 701
Heißvergußmasse 710
Heißwasserleitung 658
Heizelementeschweißen 686
Heizestrich 399, 409
Heizkörper 512
Heizkörperlackfarbe 609
Hemicellulose 753
Henkel-Zelleim 602
Henkelkleber 682

Herdschmelzfrischverfahren 422, 424
Herstellen von Beton 278
Hilfsstoffe für Anstriche 613
Hirnschnitt 755
Hitzeschutzglas 133
Hobelbretter/Leisten 782
Hobeldiele 782
Hobelware und Platten 782
Hochdruckverfahren 656
hochfeste Schrauben 460
hochfeste Ziegel 36, 43
Hochfrequenzschweißen 686
hochhydraulischer Kalk 171 ff., 178
hochhydraulischer Kalkmörtel 377
Hochlochziegel 36, 43
Hochofenschlacke 171, 177, 185, 196, 207, 216
Hochofenzement 178, 181 f., 185 ff., 202
hochpolymere Kunststoffbahn 687
Hohlblockstein aus Beton 93
– aus Kalksandstein 76, 78, 81
– aus Leichtbeton 93
Hohlpfanne 57
Hohlwandplatte aus Leichtbeton 96
Hohlziegel 55
Holz 753
–, Abbrandgeschwindigkeit 767
–, akustische Eigenschaft 767
–, allgemeine Eigenschaft 760
–, Anisotropie 788
–, Arbeiten 764
–, bauphysikalische Eigenschaft 764
–, bekämpfende bauliche und chemische Schutzmaßnahmen 823
–, Brandverhalten 766 f.
–, chemische Eigenschaft 764
–, Druckkraft 771
–, Härte 771
–, Korrosionseigenschaft 767
–, Kriechen 769
–, leicht 761
–, makroskopischer Bau 754
–, Maßänderung bei Temperaturschwankungen 766
–, mikroskopischer Bau 756
–, mittelschwer 761
–, Quell- und Schwindvorgang 769
–, Quellen 764
–, Resistenzklasse 768
–, ringporig 755
–, Rohdichte 766
–, Schutz vor Nässe von oben 769
–, schwer 761
–, Schwinden 764
–, Seite, linke 787
–, Seite, rechte 787
–, spezifische Wärme 766
–, technologische Eigenschaft 766
–, Vergrauen 768
–, vergütetes 786
–, Wärmekapazität 766
–, Wärmeleitung 766
–, Wasserdampfdiffusion 767
–, zerstreutporig 755
–, Zugkräfte 771
Holz für bestimmte Anwendungsbereiche 760
Holzameisen 802
Holzart 784 f.
Holzbaustoff 753
Holzbauteil, Gefährdungsklassen 814

Holzbauwerk, Feuchte-, Normalwerte 762
Holzbeize 612
holzbrütende Borkenkäfer 802
Holzdichte 766
Holzeinschlag 753, 757
Holzfaserplatte 674, 690, 789, 795
–, Güteanforderungen 796
Holzfeuchte bei der Verleimung 787
Holzfeuchtegleichgewicht 762
Holzfeuchtigkeit, Abhängigkeit der Druckfestigkeit 765
Holzinhaltsstoff 755
holzkonservierende, dekorative Beschichtung (Anstriche) 826
Holzkonstruktion 806
Holzleim 674 f., 701
–, Tapeten 621 f.
Holzpflaster 785
– GE 785 f.
– RE 785 f.
–, Vorzüge 785
Holzpolitur 612
Holzpolyosen 753
Holzschalungsträger 782
Holzschraube 828
Holzschutz 805
–, ausreichender 769
–, biologischer 827
–, chemischer 810
–, sinnvoller baulicher 809
Holzschutzimprägnierung 599
Holzschutzmaßnahme, bauliche 807
Holzschutzmittel 812
–, Anforderung 813
– für halbtrockenes und trockenes Holz 816
– für nichttragende Bauteile 812
– für tragende Bauteile 812
– in Eisenbahnschwellen 845
–, Kennzeichnung 819
–, Präparat für besondere Anwendungen 817
–, Prüfprädikat 811
Holzschutzmittelgruppe, Übersicht 816
Holzspanplatte 674, 792
Holztrocknung 763
Holzverbindungsmittel 827
–, handwerkliche 827
Holzwerkstoff 674, 788
–, Anwendungsbereiche 809
–, Herstellung, Eigenschaften 788
Holzwerkstoffklasse 790, 793, 809 f.
–, Zuordnung der Plattentypen 790
Holzwolle 802
Holzwolle-Leichtbauplatte 168, 205, 379 f., 392, 718
holzzerstörendes Tier 801
Holzzerstörung 797
– und Holzschutz 796
Homopolymerisat 649
Hookesche Gerade 438
Horn 646
Hornblendasbest 209
Hornblende 4, 7 f., 13 f., 209
Hornblendeschiefer 13
Hornfels 12 f.
Hornitex 675
Hostadur 672
Hostaflon 669
Hostaflon C 2 670
Hostaform 660
Hostalen 657
Hostalen PP 658
Hostalit 662
Hostalit Z 663
Hostaphan 672, 688
Hostyren 664 f.
Hourdis 55
Huminstoff 215
Humus 12
Hüttenaluminium 509
Hüttenbims 208
Hüttenblei 499
Hüttenkupfer 505
Hüttenmagnesium 512
Hüttennickel 507 f.
Hüttensand 177 f., 185 f., 189, 195 f., 202, 207
Hüttenstein 83
Hüttenzement 186
Hüttenzink 502
Hydratationswärme 185, 193
– von deutschen Zementen 325
Hydraulefaktoren 171
hydraulische Tragschichtbinder 203
hydraulischer Kalk 171 ff., 178
Hydrocrete 293
hydrophobes Silikon 679
Hydrophobierung 30, 384, 591
Hydrophobierungsmittel 680
Hydroventilverfahren 292

I

IIR 684
Ilmenit 209, 211
Imprägniermittel 592, 680
Imprägnierstoffe 753
Imprägnierung 591, 620
Indanthrenfärbung 624
Indigo 595
Induktionsofenverfahren 423
Industrieboden 399
Industrieestrich 399, 417
Injektion 352
Injektionsgneise 13
Injektionsharz 677
Injektionszement 199
Innendeckenputz 386, 388
Innenputz 171, 376 f., 391
Innenputzmörtel 166
Innenrüttler 284
Innenwandputz 386 f.
innere Weichmachung 654, 662
Insekten 801
Insektenbefall 825
–, vorbeugende bauliche Maßnahmen 806
Iporka 674
IR 682
Irdengut 35, 69
Iso-Schaum 674
Isobutylengas 658
Isolatoren 674
Isolierband 669, 702
Isoliergips 135, 154
Isolierglas 135
Isoliervollholz 786
Isopren 683
Isopren-Isobutylen-Rubber 684

J

Jahresring 755
Jalousie 663, 699
Juramarmor 16
Jutefilz 628
Jutegewebe 618

K

k-Wert 229 f., 232 f., 683
Kabelblei 500
Kabelisolierung 684
Kabelmantel 500
Kabelschutzleitung 697
Kabelschutzrohr 694
Kadmiumgelb 596
Kadmiumorange 596
Kadmiumrot 596
Kalander 685
Kalandrieren 685
Kaldo-Verfahren 423 f.
Kalifeldspat 7
– (Orthoklas) 14
Kaliglimmer (Muskovit) 14
Kalisalz 1
Kaliwasserglas 599
Kalk 18, 29, 170 f., 204
– (Weißkalk) 594
–, hochhydraulischer 171
–, hydraulisch erhärtender 169 f.
–, hydraulischer 171
–, Löschen von 176
Kalkaluminat 603
Kalkausblühung 372
kalkecht 595
kalkechte Pigmente 596
Kalkfarbanstrich 176, 599
Kalkfarbe 596
Kalkgipsmörtel 377
Kalkglimmerschiefer 13
Kalkhydrat 173
Kalkkasein 602
Kalkkonglomerat 211
Kalkmergel 13
Kalkmörtel 205
Kalknatronfeldspat (Plagioklas) 14
Kalkoolith 10, 12
Kalksandstein 76, 379
–, Blocksteine 76, 78, 81
–, Druckfestigkeit 80 f.
–, Formate, Maße 78
–, Hohlblockstein 76, 78, 81
–, Lochstein 76, 78, 81
–, Rohdichte 79, 81
–, Verblender 77, 81
–, Vollstein 76, 78, 81
–, Vormauerstein 76, 81
Kalkschiefer 13
Kalkseife 599
Kalksilicathornfels 13
Kalksinter 10, 12
Kalkspat 2 f., 13 f.
Kalkstein 8 ff., 15 f., 28, 30, 169, 197, 207, 209, 211 f.
Kalksteinmergel 15
Kalkteig 173
Kalktreiben 175
Kalktuff 10, 12, 16, 211
Kalkzementmörtel 204, 377

Kunststoffrohr 875

Kalkzerfall 216
Kaltasphalt 538
Kaltaufstrich 583
Kaltbitumen 520, 534
kaltgeformte Bandstahl-Leichtprofile 452
Kaltverfestigung 431
Kalzit (= Calcit) 14
Kalzium (= Calcium)
Kambium 754
Kampfer 681
Kanalisationsrohr aus Beton 102
– aus Steinzeug 62
Kanalklinker 49
Kanalrohr aus Asbestzement 111
Kantenschutz (KS) 488
Kantholz 778, 781
Kaolin 32
Kaolinit 4, 25
Kapillarkondensation 764
Karbid (= Carbid) 242
Karbonat (= Carbonat)
Karbonatausblühung 394
Karbonatisierungstiefe, Prüfen der 323
Karnallit 512
Kasein 682
Kasein- und Blutalbuminleime 828
Kaseinleimanstrich 602
Kathedralglas 129
Kathode 505
Kauramin 703
Kauresin 703
Kauresinleim 675
Kaurit 674
Kauritleim 703
Kautschuk 683
–, synthetischer 683
Kautschukabkömmlinge 601, 682
Kautschukbaum 682
Kautschukkitt 707
Kellerschwamm 799
–, Myzel 800
Kennzeichnung 469, 779, 812
– des Betonstahls 467 f.
– des Herstellerwerkes 439, 469
–, Maßhaltigkeit/Toleranzen 779
Keramikklinker 36, 43
keramische Fliese und Platte 66
keramischer Baustoff 32
Keratophyr 22 f., 211 f.
Kerbschlagarbeitswert 448
Kern- oder Sternriß 756
Kerndämmung von Mauerwerk 46
Kernfeuchte 242
Kernholz 755
Kernreifholzbaum 756
Kesseldrucktränkung 820
Kesselschlacke 216
Kette 671
Kies 3, 9, 12, 205, 211, 219, 221, 240
Kieselgestein 10
Kieselgur 10, 12
Kieselsäure 8
–, alkalilösliche 213, 218, 220
–, reaktionsfähige 177, 189
Kieselsinter 12
Kieserit 12
Kiessand 219
Kimberlit 7
Kitte 701, 706, 710

Klammern 828
Klarlack 608
Klasseneinteilung der Stähle 434
Klebeband 669, 702
Klebekitt 706
Klebemörtel 351, 374
– für Fliesen 73
Kleben von Ölfarbanstrich 611
Klebepaste 703
Klebestreifen 702
Klebkitt 702
Kleblack 702
Klebpolteppich 630
Klebstoff 666, 669, 674, 676, 679, 681 f., 701
– (Holzleim) 828
– (Tapeten) 616, 626
Kleiderablage 507
kleiner Holzwurm 805
Klinker 35 f., 43
–, hochfeste 36, 43
–, Hochloch- 43
–, Keramik- 36, 43
–, Radial- 48
–, Straßenbau- 50
–, Tunnel- 50
–, Wasserbau- 50
Klöckner-Verfahren 423
Knetlegierung 510, 512
Knetwerkstoff 510
Knochen-, Kaseinleim 701
Knotenschiefer 12 f.
Knüpfteppich 630
Knüppel 28
Kobaltblau 594, 596
Kobaltgrün 596
Kohle 1, 15, 216
Kohlengestein 10
Kohlensandstein 18
Kohlenschlacke 207
Kohlenstoffpigment 595
Kolloidalmörtel 374
Kolophonium 514, 607
Konglomerat 9, 12 f., 19
Konsistenz 246 f., 367
Konsistenzbereich 246
– Frischmörtel 366
Konstruktionsleichtbeton 344
Kontaktgestein 11 ff.
Kontaktkleber (Tapeten) 622
Kontaktklebstoff 702
Kopal 607
Korallenkalk 10, 12
Kordel 619, 625
Korkdämmstoff 722
Korkment 628
Kornaufbau 229, 234
–, stetiger 226, 238
–, unstetiger 226 f., 238
Kornform 220, 228
Kornform-Schieblehre 228
Korngruppe 219, 221, 234, 236, 240, 249
–, Lieferkörnung 222
Kornklasse 219
Kornrohdichte 212
Körnungsziffer 229
Kornzusammensetzung 219 f., 224 f., 227, 229, 249, 378
–, Splittbeton 528
Korrigierbarkeitszeit 364, 370 f.
– von Dünnbettmörtel 367

Korrosion 156, 168, 185, 216, 483
–, äußeres Erscheinungsbild 484
– und Korrosionsschutz 483
Korrosionsfäule 798
Korrosionsmechanismus 483
Korrosionsschutz 198
–, Anstrich 606
–, aktiver 484, 486
– der Bewehrung 254, 354
– Grundanstrich 592, 599
–, kathodischer 486
–, konstruktive Gestaltung 484
–, passiver 484, 486
Korund 2 f., 15, 208
Krackprozeß 656
Kratzputz 385
Kreide 10
–, Schlämmkreide 594
Kresol 673
Kresolformaldehydharz 673
Kriechen 239, 275
Kriechgrenze 439
Kristallform 1 f.
kristalline Schiefer 11, 13 f.
Kristallisationsdruck 30
Kristallitschmelzbereich 651 f.
Kristallklasse 3
Kristallspiegelglas 127
Kristallsystem 3
Kröneleisen 28
Krümmung 757, 776
Kryolith 509
KS-Verfahren 423 f.
Kübelverfahren 293
Kugelschlaghammer 319
Kugelschlagprüfung 320
Kunstharz 677
Kunstharzbeton 666, 677
Kunstharz-Zusatzstoff 419
Kunstharzleim, vorkondensierter 829
Kunstharzmörtel 677
Kunstharzpreßholz 690, 786
Kunstharzschmelzleim 364, 374 ff., 390
Kunstharzschmelzleim 829
Kunsthornpreßmasse 682
Kunstleder 662
Kunststoff 645
–, Ausgangsstoff für vollsynthetischen 647
–, Einteilung des 649
–, glasfaserverstärkter 677
–, Grenztemperaturbereich 650
–, Kurzzeichen für 645
–, Merkmal des 647
–, ökologische und gesundheitliche Aspekte 838
–, Richtwerte 648
Kunststoff-Dachbahn 658, 687
Kunststoff-Dichtungsbahn 658, 660, 688
Kunststoff-Formmasse 649, 660, 672
Kunststoff-Schaumbelag 619
kunststoffbeschichteter Verbundwerkstoff 496
Kunststoffdispersion 390, 606
Kunststoffdispersionsfarbe 598, 603, 605
–, KD-Farben 604 f.
Kunststoffestrich 419
Kunststoffolie 619
Kunststoffrohr 692, 694 f.
–, hydraulische Berechnung 695

Kunststoffrolladen

Kunststoffrolladen 699
Kunststofftapete 618
Kunststoffzusatz zu Beton 349
Kupfer 205, 504
Kupfer-Aluminium-Legierung 507
Kupfer-Gußlegierung 506
Kupfer-Knetlegierung 506
Kupfer-Nickel-Legierung 507
Kupfer-Nickel-Zink-Legierung 507
Kupfer-Zink-Legierung 506
–, Messing 502
Kupfer-Zinn-Legierung 507
Kupferblech 506
Kupferglanz 505
Kupferkies 3, 505
Kupferlegierung 506
Kupferlot 514
Kupferriffelband 506
Kupferrohr 506
Kupfersorte 505
Kupferstein 505
Kuppeln 700
Kurztauchen 820
Kurzzeichen für Stahlprofile 452

L

Lack 591, 593 f., 601, 676
Lack, säurehärtender 609
Lackbindemittel 597
Lackfarbe 594, 608
Lackharz 666, 674, 676
Lackrohstoff 674, 682
Lagerbedingung (Temperatur und Feuchte) 841
Lagerfähigkeit 603
Lagerfäule 798, 800
Lagermatte 475
Lagermetall 500 f.
Lagerung der Bewehrungsstähle 477
Lagerungsbedingung für Mörtelprobekörper 366
Lagerzeit 841
Laminierharz 647, 654, 675
Lampenkuppel 681
Längsdehnungsmodul E 370
Lasur 592
Lasuranstrich 605
Lasuranstrichstoff 605, 610
Lasurfarbe 593
Latex 603, 609, 682
Latexanstrich 609
Latexfarbe 603
Latte 778
Laubholz 753
Laubholzgefüge 756
Lava 5 ff.
Lavaschlacke 211
LDPE 656
legierter Stahl 431 f., 434
Legierung von Aluminium 510
Legierungsmetall Bronze 502
Leguval 676
Lehm 9, 12, 20, 25 f., 205
Lehmbauweise 33
Lehmmörtel 26 f.
Lehmziegel 26
Leichtbau 513
Leichtbauplatten
–, Holzwolle- 718

–, Mehrschicht- 718
Leichtbeton 244, 340
–, Elastizitätsmodul, Rechenwerte 345
–, Festigkeitsklassen 344
–, haufwerkporiger 341
–, hochwärmedämmend 342
–, Hohlblocksteine 93
–, Hohlwandplatten 96
–, Rohdichteklassen 345
–, Vollblocksteine 92
–, Vollsteine 90
–, Wandbauplatten 97
–, Wärmeleitzahlen, Rechenwerte 345
Leichtbetonstein 379
Leichthochlochziegel 36, 43
Leichtlangloch-Ziegelplatten 36, 43
Leichtlanglochziegel 36, 43
Leichtlehm 26, 33
Leichtmauermörtel 372
Leichtmetall 499
Leichtmörtel 367, 370, 372
– im Mauerwerk 86, 117
Leim 600, 674, 701
–, verwendeter 787
Leimfarbanstrich 602
Leimkitt 707
Leimlösung 602, 701
Leinöl 706
Leinölfirnis 495, 598, 606, 706
Leinölkitte 706
Leinölseifen (Linoleate) 606
Leiste 778
Leistendeckung 503
Leitgewebe 755
Lekutherm 677
Lenzin 602
Leuchtfarbe 595
Leuchtpigment 595
Leuzit 4, 8
Liassandstein 19
Licht-, Lampenkuppel 672
Lichtband 698
Lichtbogenschweißen 463, 509
Lichtdurchlässigkeit von Glas 125, 129, 138
Lichtechtheit 593, 596, 624
Lichtkuppel 666, 698
Lichtschale 698 f.
Lichtstreuung von Glas 128
Lichtwand 698
Lieferkörnung 219, 240
Lignin 753 f.
Limonit 1, 18, 211
lineare Polyester 671
Linoleum 628, 642
Linoxid 606
Lioptal 676
Liparit 7, 211
Listenmatte 475
Lithoblanc 594
Lithographenstein 16
Lithopone 594
LM 21 370
LM 36 370
LOCHRIP 380 f.
Lockergestein 205
Lonza-PVC 662
Löschen 169
Lösemittelklebstoff 684, 702

Löß 9
Lößlehm 25
lösungsmittelhaltige Kleber 837
Lot 513 f.
Lötfett 514
Lötkolben 513, 515
Lötlampe 515
Lotlegierung 514
Lotmetall 514
Lötstein aus Salmiak 515
Lötverbindung 514
Lötwasser 514
Lötzinn 514
Luftdurchlässigkeitsprüfer 191
Luftgehalt 364
Luftgehaltsprüfer (LP-Topf) 316
Luftkalk 169 f. 172, 204
Luftkalkmörtel 172, 377
Luftporenbildner (LP) 259, 405
Luftporengehalt 247 f.
– im Frischbeton 260
Luftpyknometer 243
Luftschalldämmung 737
Luftschicht im Mauerwerk 44 f.
Lüftungsleitung aus Betonformstücken 98
– aus Faserzement 111
Luftverschmutzung 30
–, Schäden 29
Lunker 425
Lupolen 657
Luran 664
Luran S 665
Lutonal 669

M

Magma 1, 5, 7, 12 f.
Magmagestein 5, 7, 11, 13, 23, 211
–, Erstarrungs-, Eruptivgestein, Magmatit 4
Magnesia 167
Magnesiabinder 167 f., 204
Magnesiaestrich 167 f., 364, 398, 401 ff., 406, 409 ff., 417
–, hochbeanspruchbar 418
Magnesiaglimmer (Biotit) 14
Magnesiamörtel 167 f., 205
Magnesit 3, 15, 512
Magnesitstein 65, 167
Magnesium 512
Magnesiumlegierung 512 f.
Magnesiumsulfat 30
Magnetit 1, 3, 209, 211
Magnetkies 3
Magnewin 513
Mahlfeinheit 187, 191
Majolika 72
Makrolon 672
Makromolekül 651
–, Polymere 647
Makulatur 620, 626
Maleinsäure 676
Malerleim 701
Manganblau 596
Manganbraun 595
Mangankitt 706
Mansfelder Kupferschlacken-Pflasterstein 505
Mantelrohr 501 f.

Normzement 877

Mantelrohr für Hausschornsteine 98
Marienglas 14
Mark 754
Markasit 24
Markise 699
Markstrahlen 755
Marmor 11 ff., 16, 211 f.
Marmorgips 153
Maschinenputzgips 153, 158
Maß 791
Maße und Nenndicken 793
Maßhaltigkeit/Toleranzen 779
Massenbeton 186, 324
Massivlehm 33
Mastix 562
Mattierung 608
Mattierungsmittel 608
Mattinen 608
Mattwerden 611
Mauermörtel 26, 203, 364, 367, 369 f., 372 f.
Mauersalpeter 393, 396
Mauerwerk 364
–, Ausführung, Gasbetonblocksteine 86
–, Ausführung, Kalksandsteine 81
–, Ausführung und Wandaufbau 43
–, bauphysikalische Rechenwerte 113
–, Brandschutz 118
– nach Eignungsprüfung 372 f.
–, Schallschutz 118
–, Tragfähigkeit 113
–, Verformungskennwert 115
–, Wärmeleitfähigkeit 116
–, zweischaliges 371
Mauerziegel 35 f., 43, 379
–, Druckfestigkeit 41
–, Formate und Maße 37, 39 f.
–, Hochlochziegel 36, 43
–, Leichthochlochziegel 36, 43
–, Vollziegel 36, 43
–, Vormauerziegel 36, 43, 46
MC 682
MDPE 656
mechanische Eigenschaften des Stahls 447
–, Oberflächenvorbereitung 488
Mehlkorn 238, 250
Mehlkorngehalt 239
Mehrfarbeneffekt-Anstrichstoff 605
Mehrfarbeneffekt-Lackfarbe 610
Mehrscheiben-Isolierglas 135
Mehrschichten-(M-)Parkettplatte 784
Melamin-Formaldehydharz 703
Melaminharz 674
Melaminharzleim 829
Melaphyr 7, 22 f., 211
Membrantragwerk 700
Mennige 594
Mennigekitt 706
Mergel 9, 12, 15, 25
Mergelkalkstein 15
Mergelton 15
Merkblatt des DBV 244
Merkblatt des VDZ 244
Messing 504
Metall, kunststoffbeschichtetes 691
Metallhüttenschlacke 205, 207
metallischer Überzug auf Stahl 497
Metallkleber 701
Metallkorrosion 483
Metallputzträger 374

Metalltapete 618, 622
metamorphes Gestein 4, 11, 13 f., 23, 211
–, Umwandlungsgestein 4
Metasomatose 9
Methacrylharz 666
Methacrylsäureester 666
Methan 656
Methylbutadien 682
Methylcellulose 682
Methylcelluloseleim 701
Methylen 656
Methylzellulose 621, 626
Meurin-Spezialbindemittel (TM) 201
MF 674
Microsilica 181
Milcheiweiß 602
Milchquarz 14
Mindesttemperatur von Frischbeton 289
Mindestzementgehalt für Beton B I 249
Mineral 1, 14
Mineralbestand 7
Mineralfarbe 594
Mineralfaserplatte 713
mineralisch gebundene Spanplatte 794
Mineralpigment 594
Mineralwolle 150
Minette-Erze 11
Mischbinder 201
Mischen des Betons 280
Mischen von Bindemitteln 204
Mischgestein 11, 13
Mischkreuzverfahren 236
Mischpolymerisat 649
Mischpolymerisation 654
Mischungsberechnung 266 f.
Mischungsverhältnis 265
–, Prüfen 323
Mischzeit 281
Mistelbefall 757
Mitteldruckverfahren 656
Möbelbeschlag 513
Möbelprofil 692
Modellgips 154
Moderfäule 798
modifiziertes PVC 663
Mohs 2
Mohs-Härte 665
Mohssche Ritzhärte (Glasuren) 72
Molassesandstein 19
Molekularbewegung 652
Molton 621
Moltopren 679
Mönch und Nonne (Dachziegel) 57
Monelmetall 508
Monomere 647, 649
Montmorillonit 4, 25
Mörtel mit hydraulischem Kalk 377
– mit Putz- und Mauerbinder 377
–, Zusatzmittel 668
Mörtelgruppe 371, 384 f., 387 f.
Mörtelinjektionsverfahren 292
Mörtelliegezeit 173
Mosaik (Fliesen) 70
Mosaikparkettlamelle 783
Mowicoll 667
Mowilith 603, 667
Mowiol 668
Mowital F 668

Münze 507
Muschelkalk 10, 12
Muskovit 4, 8, 13

N

Nachbehandlung von Straßenbeton 333
Nachbehandlungsdauer 285 f.
nachchloriertes PVC 663
Nachverdichten 284
Nadelholz 753, 779
Nadelholzgefüge 756
Nadelriß, feinporig 755
–, grobporig 755
Nadelvlies 630
Nagekäfer 805
Nägel 828
Nagelfluh 19
Nagelplatte und Blechformteil 828
Nähwirkteppich 631
Narbenbildung 611
Naßverfahren 795
Naturasphalt 521, 540
Naturelltapete 615
Naturkautschuk 655, 680, 682
Naturstein 1, 5, 27, 29 f.
–, Reinigung 28
–, Schutz 28
–, Versetzen 28
Natursteinarbeiten 28
Natursteinmauerwerk 372
Naturstoff, abgewandelter 680
Naturwerkstofftapete 618, 624
NBR 683
Negativbeizbild 611
Neoprene 684
Nepalgelb 595
Nephelin 4, 8
Nessel 621
Netzrißbildung 611
Neusilber 507
Ni-Resist-Gußeisen 422
Nichteisenmetall 499
nichtmetallisch-anorganische Beschichtung 498
nichtrostender Stahl 431, 485
Nickel 507
Nickelerz 507
Niederdruckverfahren 656 f.
Niete 459
Nitratausblühung 396
Nitrilkautschuk 683
Nitro-, Zellulosealack 608
Nitro-Zaponlack 601
Nitrocellulose 608, 681
Nitrokombinationslack 608
Nitrolack 681
Nitrolackfarbe 608
Nitrozellulosepolitur 612
NK 682
Norm-Reinheitsgrade vorbereiteter Stahloberflächen 491 ff.
Normalbeton 244
Normalformat 40, 79
Normalmörtel 367, 369, 372
Normsand 192
Normtrittschallpegel 737
Normzement 194
–, Festigkeitsklassen 188

Novodur 665
Novolake 673
Novolen 658
NR 682
Nylon 670, 671

O

Oberbau 559
Oberfläche von Betonwerksteinen 101
Oberfläche, spezifische 233 f.
Oberflächenbehandlung 571
Oberflächenfeuchte 242
Oberflächenhärte 404, 417
Oberflächenpilz 798
Oberflächenschicht 337
Oberflächenschutz 819
Oberflächenschutzschicht 571
Obernkirchner Sandstein 19
Oberputz 375, 383 ff., 387 f., 392
Ocker 594, 596
Ockerfarbe 595
Öl- und Alkydharz und epoxidierter Alkydharzbeschichtungsstoff 495
Öl- und Lackfarbanstrich 606
Olefine 647, 655 f.
Ölfarbanstrich 606
– auf Zinkblech 607
Ölfarbe 598
ölfreier Lack 601
ölige Holzschutzmittel (besonders für trockenes Holz) 816 f,
Olivin 4, 7 f., 13 f., 16
Olivinbasalt 7
Olivinfels 13
Olivingabbro 7
Öllack 601
Öllackanstrich 607
Ölschiefer 11, 186 f.
Oolith 11
Opakglas 131
Opal 1, 10
Opalsandstein 189, 218
Oppanol 659, 683
Oppanol C 669
organischer Stoff 367
Ornamentglas 129
Ortbeton 245
Orthogestein 11, 13
Orthoklas 4
Orthophyr 7
Ortstein (Raseneisenerz) 378
Osmoseverfahren 821
Overlay-Papier 690
Oxidationsbitumen 519

P

PA 670 f.
Palatal 676
Palesit 680
Paragestein 11, 13
Parenchymzelle 756
Parkett 783
–, Güteanforderung 784
Parkettdiele 784
Parkettklebstoff 701
Parkettriemen 783

Parkettstab 783
Paßschraube 460
Patina 507
Pattex 684, 702
PB 658
PBT 672
PC 672
PCI 668
PE 656
– hart 656
– weich 656
PE-Folien 687
PE-HD 656
PE-ND 656
PE-X 657
Pech 516
–, präpariertes 552
Pechemulsion 552
Pechsuspension 553
Pectacrete 172, 195
Pegmatit 7
Perbunan C 684
Perbunan N 684
Perduren 684
Pergut 682
Peridotit 7, 13
Perkolatorverfahren 393
Perlit 152, 167, 208, 389, 430, 717
Perlitputz 386, 388, 750
Perlon 670 f.
Perserknoten (Senneh) 631
PET 672
PF 673
PF-Hartschaumplatten 715
pflanzlicher Schädling 797
Pflastermaterial 27
Pflasterstein aus Beton 102
pH-Wert 355
Phenol 673
Phenolformaldehydharz 673, 703
Phenolharz, Hartschaumplatten 715
Phenolharz 673
Phenolharzleim 829
Phenoplast-Formmasse 672
Phenoplaste 673
Phenoplastkitt 707
Phenylethen 663
Phenylrest 660
Phonolith 196, 211
Phonolithzement 196
Phosgen 671
Phthalsäure 676
Phthalsäureester 608
Phyllit 11
PIB 658 f., 683
Pigment 367, 374, 592 ff.
– für Deckbeschichtungen 490
– für Grundbeschichtungen 490
Pigmentpaste 592
Pikrit 7, 13
Pikritbasalt 7
Pilz 797
–, Unterscheidung nach Myzelausbildung 798
–, wichtigster holzzerstörender 799
–, hervorgerufene Zerfallserscheinung 798
–, Vorkommen 798
Pilzbefall 823
Pilzgift 613
Pilzresistenz, natürliche 761
Pioloform 668

Plagioklas 4, 7
Planstein aus Gasbeton 85
Planung von Holzschutzmaßnahmen 805
Plaste 647
Plastik 647
plastischer Bereich 438
plastisches Schwinden 276
Plastizitätsspanne 526, 555
Plastomere 655
Plastomere, Schweißen 685
Platte, harte 789
Platte, keramische 66
Platte, lichtdurchlässige 666
Platte, mittelharte 789
Plattieren 498
Plexidur 666
Plexiglas 666
Plutonite 5
PM-Binder 201
PMMA 661, 665
Pocan 672
Pol 628
Pollopas 674
Polnoppe 629 f.
Polsterfolie 689
Polteppich 629
Polyacetal 659
Polyacetalharz 659
Polyacrylat 603, 666
Polyacrylester 666
Polyacrylnitril 683
Polyaddition 649, 677
Polyaddukte 649
Polyamid 670 f., 687
Polyblend 663
–, Polymergemische 654
Polybuten 1658
Polybutylen 658
Polybutylenterephthalat 672
Polycarbonat PC 671
Polychlorethen 661
Polychloropren 684, 688
Polychlortrifluorethylen PCTFE 670
Polyester 607
–, vernetztes 675
Polyesterharz 677
–, ungesättigtes 675
Polyesterlack 609
Polyethen 656
Polyethylen 656
Polyethylenfolie 413
Polyethylenterephthalat 672
Polyfluorcarbon 669
Polyformaldehyd 659
Polyisobutylen 658, 687
Polyisopren 682
Polykondensat 649
Polykondensation 649
Polymer 655
–, Kurzzeichen 645
Polymergemisch 663
Polymerisate 649
Polymerisatharz 390
Polymerisation 649
Polymerisationsgrad 659, 683
Polymerwerkstoff 647
Polymethylenoxid 659
Polymethylmethacrylat 661, 665
Polymethylmethacrylester 665
Polyolefine 655
Polyoxymethylen 659

Polypropylen, PP 657
Polystrol (Styropor) 209, 389, 660, 663 ff.
Polystyrol, Hartschaumplatten 715
Polystyrol-Hartschaum 664
–, Tapeten 620
Polysulfid-Dichtungsmasse 710 f.
Polysulfidkautschuk 684
Polyterephthalsäureglykolester 687
Polytetrafluorethylen 669, 687
Polyurethan 495, 703
–, Hartschaumplatten 715
–, vernetztes 678
Polyurethan-Dichtungsmasse 711
Polyurethanlack 609
Polyurethanschaum (Tapeten) 620
Polyvinyl 660
Polyvinylazetatleim 829
Polyvinylacetat 667
Polyvinylalkohol 668
Polyvinylbutyral 668
Polyvinylchlorid 660 f.
Polyvinylether 669
Polyvinylfluorid PVF 670
Polyvinylidenchlorid 663
Polyvinylpropionat 603, 667
Polyviol 668
POM 659
Ponal 667, 702
Poren 756
Porenbeton 340
Porenhausschwamm, Myzel 800
–, weißer 799
Porenleichtbeton 260, 340, 342
poröser Flint 218
Porphyr 22, 209, 211
porphyrisch 6 f.
Porphyrit 7, 13, 23, 211 f.
Portlandflugaschezement 202
Portlandhüttenzement 202
Portlandkalksteinzement 202
Portlandkompositzement 202
Portlandölschieferzement 181 f., 186
Portlandpuzzolanzement 202
Portlandzement 178, 181 f., 185, 187, 202
Portlandzementklinker 202
Porus 756
Porzellan 35, 75
Positivbeizbild 612
PP 657
PP mit ataktischer Struktur 657
PP mit isotaktischer Struktur 657
Prägetapete 615, 624
Präparat, lösemittelhaltiges 815
Prepakt- und Colcretebeton (Ausgußbeton) 293
Prepregs 676, 684
Preßdachziegel 56
Preßdruck bis zur Leimaushärtung 787
Preßglas 147
Preßmasse 654, 674
Preßschichtholz 674
Preßschweißen 461
Preßschweißverfahren 462
Preßverlegen 786
Primer 709
Profilbauglas 146
Profilerzeugnis 445
Profilmaß 779
Profilplatte 697

Propen 657
Propiofan 668
Proportionalitätsgrenze, erweiterte 772
Propylen 656, 657
Prüfen der Frischbetonrohdichte 317
Prüfen des Luftporengehalts 317
Prüfung
– der Betonstähle 477
– der Konsistenz 312
– der Schutzbehandlung 822
– des Stahls 440
– von Straßenbeton 333
Prüfverfahren für Festbeton 318
– für Frischbeton 312
Prüfzeichenpflicht 747
PS 663 f.
PS-Hartschaumplatten 715
PS-Schaum 664
PTFE 669
Pumpbeton 239, 283
PUR 678
PUR-Hartschaum-Iglu 700
PUR-Hartschaumplatte 715
PUR-Lack 609
Putz 27, 364, 374, 382 f.
–, Brandschutz 750
– für den Brandschutz 386
Putz- und Mauerbinder 201
Putzbewehrung 392
Putzdicke 385 f., 389
Putzeckleisten 381
Putzgips 152, 158
Putzgrund 378 ff., 382
Putzhaftbrücke 379
Putzhaftung 378, 382
Putzmörtel 203, 364, 374, 376 f., 383
Putzmörtelgruppe 376
Putzschaden 392
Putzträger 370 ff., 388
Putzträgerplatte 160
Puzzolan 177 ff., 202
Puzzolanerde 178
Puzzolanzement 181, 201 f.
PVAC 667
PVAL 668
PVB 668
PVC 660 f., 687
– hart 661
– weich 662
–, erhöht schlagzäh 663
PVC-Belag 628, 642 f.
PVC-C 661
PVC-Copolymerisat 662
PVC-Folie 687
PVC-P 662
PVC-U 661
PVCS 663
PVDC 663
PVP 667 f.
Pyknometerformel 317
Pyknometerverfahren 317
Pyrit 14, 24

Q

Qualitätsstahl 431 ff.
Quarz 1 ff., 7 ff., 13 f., 212
Quarzit 9, 11 ff., 19 f., 207, 211 f.

Quarzphyllit 13
Quarzporphyr 6 f., 13, 22 f., 209, 211 f.
Quellen 275
Quellschweißen 653
Quellungsdruck 764
Quellungskurve 765
Quellverschweißung 686
Quellzement 199
Querdehnungsmodul E 370
Querdehnzahl 274
Querschnitt 755, 787

R

Rabitz 380
Rabitzdecke 374
Rabitzgewebe 380
Rabitzwand 374
Radialklinker, -vollziegel, -vollsteine 48
Radialschnitt 755
Radioaktivität von Baustoffen 831
Radwegplatten aus Beton 103
Raffinadekupfer 505
RAL-Farbtonregister 593
Rammpfahl und Wasserbauhölzer 782
Randschlag 27 f.
Randschutz 379
Rätsandstein 18
Räucherbeizen 612
Rauchgasentschwefelung 164
Rauchquarz 14
Rauhfaser 618 f.
Rauhputz 375
Rauhspund 781
Rauhware 781
Raumbeständigkeit 188, 192
Raumfugen von Straßenbeton 332
Reaktionsharz 647, 654 f., 675
Reaktionsharzbeton und -mörtel 350 f.
Reaktionsharzklebstoff 703
Reaktionsklebelack 703
Reaktionskleber 703
Reaktionslack 609
Recken 671
Recycling 564, 575
Reflexion (Glas) 139
Regelanforderung 219 f.
Regelkonsistenz KR 247
Regenfallrohr 502 ff., 694
Regenschutzscheine 692
Reibechtheit 644
Reibschweißen 686
Reifegrad 288
Reifholz 755
Reinaluminium 509 f.
Reinheit der vorbereiteten Oberfläche 487
Reinigung von Kalksandsteinmauerwerk 82
– von Ziegelmauerwerk 47
Reinnickel 508
Reinstaluminium 509
Relaxation 275
Relieftapete 615, 624
Remix 575
Reparatur von Beton 356, 358

Reparatur von Rissen 337
Reparaturmörtel 350, 666
- für Beton 359
Repave 575
Resarit 666
Reservestoff 753
Reshape 575
Resit 673
Resitole 673
Resol 673
Resopal 675, 690
Resorcin 673
Resorcinformaldehydharz 675, 703
Resorcinharzleim 829
Rezeptmauerwerk 364, 372 f.
RF 675
rheinischer Traß 178
Rhenapol 689
Rhenofol 662
Rhepanol 659, 688
Richtlinie Alkalireaktion im Beton 218
Richtlinien des DAfStb 244
Richtwerte für GF-UP 678
Riemchen, Spalt- 70
-, Ziegel- und Klinker- 36
Rilsan 670
Rinde 754
Ringklüfte oder Schälrisse 756
Rippenlochmetall 380
Rippenstreckmetall 380 f.
Risiko, gesundheitlich 843
Risikoeinschätzung, allgemeine, der Holzschutzmittelverwendung 845
Riß 278, 756
Ritzhärte 2
Rizinusöl 608
Rohbauhölzer und Schalung 781
Rohdichte 761
- von Betonsteinen 90
- von Kalksandsteinen 79
- von Mauerziegeln und Klinkern 40
Rohdichtespanne 761
rohe Schrauben 460
Roheisen 420
Rohglas 128
Rohglasvlies 413
Rohhobler 781
Rohkupfer 505
Rohr 665 f.
- aus Asbestzement 111
- aus Beton 101
- aus PE hart 695
- aus PE weich 693, 695
- aus Polybuten 693
- aus Polybuten-1 PB 696
- aus Polyethylen hoher Dichte 693
- aus Polypropylen 693
- aus Polypropylen PP 696
- aus PVC hart 695
- aus Steinzeug 62
- aus weichmacherfreiem Polyvinylchlorid 692
Rohrblei 499
Rohrgewebe 380
Rohrkleber 702
Rohrpost 660, 692
Rohrpostleitung 694, 697
Rolladen 512, 663
Rolladenkasten 699
Rolladenschiene 699

Romankalk 172
Roofmate 664
Rost 156, 185, 512
Rosten 205
Rostgrad 487
Rostkitt 708
Rostschutzanstrich 599
Rostschutzüberzug 501
Rotguß 507
Rotsandstein 19
Roving-Bündel 677
Rovings 655
Rubin 15
Rückprallhammer 319 f.
Rückprallprüfung 319
Rückstellbestreben 653
Ruhrsandstein 18
Rupfen 618
Ruß 30, 595 f.
Ruten 629
Rutenteppich 629
Rutil 3, 594, 596
Rutschsicherheit 632

S

Saftleitung 756
Saftverdrängungsverfahren 820
SAN 664, 683
Sand 9, 12, 205, 211, 219, 240
Sandstein 9, 11 ff., 17, 20, 28, 30, 211
Sanierputz 391
Sanitärkeramik 75
Santorinerde 178
Saphir 15
Sättigungsstufe 593
Sauerstofftyp 483
Saulsche Regel 288
säurebeständiger Stein 65
Säurefliesnerei 73
SBR 683
Schadensreaktion 30
Schädigungsgrad von Betonoberflächen 357
Schadstoff 30
-, atmosphärischer 29
Schalbretter 781
Schalen 700
Schalenfuge 371
Schalenriß (Oberflächenriß) 278
Schallabsorber 744
Schallabsorption (Bodenbelag) 634
Schalldämmaß 737
Schalldämmung 736
schallschluckende Ziegel 50
Schallschluckung 736, 744
Schallschutz 735
Schallschutzglas 142
Schalung 283, 324
Schalungstafel 782
Schamotte 65, 209
Scharen 503
Scharriereisen 28
Schaumbeton 260, 340
Schaumbildner 260
Schaumglas 150
-, Foamglas 209
Schaumkunststoff 664, 715
Schaumlava 207
Schaumstoff, mineralischer 717

Scheinfugen von Straßenbeton 332
Schellack 608
Schellackpolitur 612
Scherbenrohdichte 40
Scherfestigkeit 772
Scheuer- und Wetterbeständigkeit 597
Scheuerbeständigkeit 598, 624
Schichtpreßstoff 674
Schichtpreßstoffplatte, dekorative 689 f.
Schichtung 9
Schiefergrau 596
Schieferton 9, 12 f., 208
Schieferung 11
Schießbaumwolle 681
Schilfsandstein 15, 18
Schimmelwiderstand 624
Schlackenzement 186
Schlagbiegeversuch 774
Schlageisen 27 f.
Schlaglot 514
Schlagmetall 613
Schlagreife 757
Schlamm 9
Schlämmkreide 706
Schlauch 684
schlechtes Trocknen 611
Schleiflack 610
Schleifscheibe 681
Schleifverschleiß 212, 406
Schleuderverfahren 498, 678
Schlick 9
Schließringbolzen 460
Schlingenpol 629, 631
Schlingenschnittpol 629
Schlitzmörtel 391
Schluff 9
Schlupfkorn 227
Schlußanstrich 592
Schmelzflußelektrolyse 512
Schmelzkleberkaschierung 624
Schmelzschweißen 461
Schmelzschweißverfahren 462
Schmelztauchüberzug 497
Schmelzträger 624
Schneckenpresse 685
Schnellbinder 198
Schnellot 514
Schnellzement 199
-, Wittener 196, 200
Schnittpol 629, 631
Schnittrute 629
Schornsteinziegel 48
Schotter 9, 12, 221
Schottermaterial 27
Schrauben 460, 671
Schreibkreide 12
Schrumpfen 276 f.
Schubmodul 273, 650, 655
Schutt 12
Schüttdichte 212 f.
Schutz von Beton 353
- von nichttragendem maßhaltigem Holz (Fenster und Außentüren) 822
- von nichttragendem, nicht maßhaltigem Holz ohne statische Funktion 822
Schutzbehandlung bei Rund- und Schnittholz 821
Schutzbehandlung, Vorbedingungen 815

Schutzgasschweißen 463
– von Aluminium 509
Schutzhelm 665, 671 f.
Schutzmittel, wasserlösliche 815
Schutzüberzug 354
Schwammschaden 823
schwarzer Temperguß 422
Schwarzkupfer 505
Schwefel 3
Schwefeleisen 24
Schwefelkies 14, 216
Schwefelsäure 29
Schwefelverbindung 220
Schweißbarkeit von Stählen 462
Schweißeignung 478
Schweißen 686
–, Stahl 461
– von Betonstahl 478
Schweißpulver 514
Schweißverfahren 462
Schweißzusatz 513
Schwerbeton 244
–, Strahlenschutzbeton 338
Schwerentflammbarkeit (Tapeten) 622
Schwerspat (Baryt) 4, 209, 216
Schwimmbecken 700
Schwinden 239, 275, 277
Schwindung 763
Schwingfestigkeit 440
Sediment, chemisch 9
–, klastisch 9
–, organisch 9
Sedimentgestein (Schicht-, Absatzgestein) 4, 8 ff., 211
Seigerung 425
Seil 671
Selektivitätskennzahl (Glas) 139
Sendzimirverfahren 497 f.
Sendzimirverzinkung 504
Sepia 595
Serizit 11
Serizitschiefer 11, 13
Serpentin 1, 4, 13 f., 16, 23, 209, 211
Serpentinasbest 209
Serpentinfels 13
Serpentinit 23
Shading coefficient (Glas) 139
Shore-Härte 661 f.
SI 679
Sichelleim 682
Sicherheitglas 131
Sicherheitsfilm 681
Sicherheitsglas 666
Sichtbeton 239, 323
Sichtmauerwerk 44, 46, 81
Sieblinie 225 f., 233
Sieblinienkennwert 229, 234
Siebung 224
Siemens-Martin-Verfahren 422, 425
Sikkativ 592, 606, 613
Silan 30, 680
Silberbleilot 514
Silberbronze 595
Silberlot 514
Silicastaub 181
Silicat (= Silikat)
Silicat-, Mineralfarbanstrich 599
Silicatfarbe 602
Silicium (= Silizium)
Siliciumcarbid 15, 208, 407
Silicofluoride (Fluate) 607

Silicon (= Silikon) 679
Silicon-Polymere 679
Silicondichtungsmasse 709
Siliconfugenmasse 709
Siliconharz 30
Siliconharzlack 609
Siliconmasse 709
Silikastein 66
Silikat (= Silicat)
Silikon (= Silicon) 679
Silikonharze 680
–, SI 495
Silikonharzlösung 680
Silikonkautschuk 680
Silikonöl 680
Silizium (= Silicium)
Silopren 680
Siloxane 679 f.
Sintern 34, 69
Sinterzeug 35
Sockelleistenprofil 692
Sockelputz 376
Solling-Platte 19
Solnhofener Platte 16
Solvic 662
Sondermessing 506
Sondernagel 828
Sonnenbrenner 21
Sonnenbrenner-Basalt 7
Sonnenschutzglas 138
–, undurchsichtiges 141
Sorelzement 167
Sorptionsgleichgewicht 762 f.
Sorteneinteilung und Eigenschaften der Betonstähle 473
– und Zusammensetzung der Stähle 446
Sortierkriterium 780
– für Nadelschnittholz 775, 778
Sortierung, maschinelle 780
Sottflecke 393
Spachtelgips 153, 158
Spachtelmasse 583, 701
Spaltplatte und -riemchen 71
Spaltriß 278
Spaltzugfestigkeit 270
–, Prüfen der 321
Spannbeton 327
Spannbetonrippendecke 51 f., 98
Spannbetonrohr 101
Spannstahl 328, 479, 481
Spannstahllitze 481
Spannstahlsorte und Abmessungsbereich 482
Spannstoff 619, 625
Spannungs-Dehnungs-Diagramm 769
–, Stahl 436 f., 480
Spannungs-Dehnungs-Linie 273
– von Beton 274
Spanplatten 788 f., 792
– für Brandschutz 751
– für Sonderzwecke 719
–, Güteanforderung 793
–, Herstellung 792
–, kunststoffbeschichtete 690
Spartränkung 821
Speichergewebe 756
Sperranstrich 398
Sperrbeton 261
Sperrholz 788 f.
–, Güteanforderung 791

–, Herstellung 789
Sperrholzarten 789
Speziallack 609
spezifische Oberfläche 229
Spiegelglas 127
Spiegelschnitt 755
Spirituslack 608
Splintholz 755, 768
Splintholzbaum 756
Splintholzkäfer 804
Splitt 219, 221
Splittbeton 227, 250
Sprengstoff 681
sprengwirkungshemmende Verglasung 133
Spritlack 608
Spritzbeton 294
Spritzbewurf 375, 378 f., 385, 387 f.
Spritzgießen 685
Spritzgußformteil 685
Spritzmetallüberzug 497
Spritzpolitur 612
Spritzputz 375
Sprossenblei 501
Spundbohlen aus Holz 782
SR 684
Stab- und Stäbchensperrholz 792
Stab-Mittellage 790
Stäbchen-Mittellage 790
Stäbchensperrholz 788
Stabdübel 828
Stabilisatoren 592
Stabilisierer (ST) 263
Stabsperrholz 788
Stahl 156, 205, 422 ff., 470
–, Anlassen 425
–, Glühen 428
–, Herstellung 422
–, Kleber 461
–, mechanische Eigenschaften 447
–, Verformbarkeit 443
–, Verformungsverhalten 436
–, Vergüten 428
Stahlbeton 271
–, Außenbauteile aus 245
Stahlbetonrohr 101
Stahlfaserbeton 348
Stahlfaserspritzbeton 348
Stahlkorrosionsschutz 483 f.
Stahlprofilblech 453
Stahlprofile 449 ff.
Stahlrohr 456
Stahlsteindecke 52
Stahltrapezblech 453, 455
Stalagmiten 10
Stalaktiten 10
Stammfäule am lebenden Stamm 798
Stampflehm 26
Standardharze 675 f.
Standöl 606 f.
Stärkeleim 602, 701, 829
statisches luftelektrisches Feld 833
statistische Maßzahl 310
– Qualitätskontrolle von Beton 309
Staub 30
Stauchgrenze 772
Staußiegelgewebe 380
Stegdoppelplatte 666
Stehvermögen 761
Steifigkeit, dynamische 741
Steinbearbeitungswerkzeug 28
Steingut 35, 68

Steinholz 167, 205, 403
Steinholzestrich 403
Steinkohle 11 f.
Steinkohlenflugasche 179 f., 195 f.
Steinkohlenteer-Spezialpech 557
Steinkohlenteerpech 551
Steinputzen 386
Steinsalz 1, 3, 10, 12
Steinzeug 35, 69
Steinzeugwaren 62
Stempeleindringtiefe 408, 416
Sterndelrabitz 380
Stockhammer 28
Stoffe organischen Ursprungs 220
Stoffe, erhärtungsstörende 220
–, latent-hydraulische 177
–, stahlangreifende (Chloride) 220
Stoffraumgleichung 266
Stoffraumrechnung 233, 266
Strahlenbelastung des menschlichen Organismus aus der Natur und aus Baustoffen 831
Strahlenschutz 501, 621
Strahlung aus dem Weltraum 832
Strangdachziegel 56
Strangfalzziegel 57
Strangguß 426
Strangpreßplatte 789, 792
Strangpressen 685
Straßenbauklinker 50
Straßenbeton 328
– mit Fließmittel 331
Straßenpech 552 ff.
Streckformen 685
Streckgrenze 438
Streckmetall 380 f.
Streichgrund 602
Streifen-Mittellage 790
Strickteppich 630
Stripmakulatur 626
Strohlehm 33
Strömungswiderstand, spezifischer 744
Strukturpapier 618
Stuckgips 152, 158 f.
Stückkalk 172
Stückschlacke 177
Stückverzinken 498
Stufenisolierglas 137
Stupfen 603
Stützgewebe 756
Styrodur 664
Styrofoam 664
Styrol 663
Styrol-Acrylnitril-Copolymerisat 664
Styrol-Butadien-Kautschuk 683
Styrol-Copolymerisat 664
Styromull 664
Styropor 664
Styropor-(EPS-)Beton 352
Styroporbeton 342 f.
Substratpilz 798
Suevit-Traß 178
Sulfat 216
Sulfatausblühung 395
Sulfatbeständigkeit 180
Sulfatgehalt 220
Sulfathüttenzement 196, 204
Sulfattreiben 155, 172, 180, 185
Sulfid 216
Sulfitablaugekitt 707
Sulfitablaugeleim 701

SUPERRIP 380 f.
Superverflüssiger 258
Suspensionspolymerisation 661
Syenit 6 f., 13, 21, 23, 211
Syenitgneis 13
Syenitporphyr 7
Sylvin 3, 12
Synthesekautschuk 628
Synthesefaservlies 628
Systematik der Werkstoffnummern für Stahl und Stahlguß 436

T

Tafellack 610
Tafeln 697
Tafelparkett 783
Talk 1 f., 4, 13 f.
Talkschiefer 11, 13
Tangentialschnitt 755
Tapete 615 ff.
Tapetenkleister 682
Tapetenwechselgrund 615, 619
Tauchbad 504
Tauchen 820
Tauwasserbildung 808
technische Elastizitätsgrenze 438
technischer Asphalt 521
Tectocrete 293
Tedlar 670
Teer und Teerpech 495
Teerbitumen 556
Teerfarbe 595 f., 599
Teerölpräparat 815
Teflon 669
teilkristalline Thermoplaste 651
Teilschutz 819
Telefonapparat 665
Temperatur des Frischbetons 290
Temperaturerhöhung im Beton 324
Temperaturübergangsbereich 650
Temperguß 421
Terluran 665
Terpentinöl 606
Terpentinölersatz 606
Terpolymer 665
Terpolymerisat 649
Terra di Siena 505, 596
Terrament 187
Terrazzo 101
Tesafilm 666, 702
Tetracalciumaluminatferrit 171
Tetrahydrofuran-Klebstoff 702
textiler Fußbodenbelag 628, 639
Textilglas 149
Textiltapete 618, 622
Thaulow 243
Thaulow-Topf 317
Thermit-Schweißung 512
Thermoelaste 649, 655
Thermohaut 391
Thermoplaste 649, 653 f.
–, Formgebung 685
–, Plastomere 650
–, Verarbeitungsverfahren 651
Thiokol 684
Thioplaste 684
Thomas-Verfahren 422 f.
Tiefbohrzement 199
Tiefengestein 5, 7, 14, 21

Tiefgrund 622
Tiefschutz 819
Tischlerholz 762
Tischlerleim 602
Tischlerplatte 788
Titandioxid 594
Titanweiß 594, 596
Titanzink 502 f.
Ton 8 f., 12 f., 15, 17, 20, 25, 32, 205, 208
Tonerdeschmelzzement 197 f., 204
Tonerdezement 197
Tonhohlplatte (Hourdis) 55
Tonmergel 15
Tonmineralien 1
Tonschiefer 9, 11 f.
–, Dachschiefer 211
Topas 2, 4, 12
Torf 11 f.
Torkretbeton 294
Torus 756
Tournay (Schnittrutenteppich) 629
Tracheen 756
Tracheiden 756
Trachyt 6 f., 13, 22, 178, 211
Trachyttuff 7, 22
Traglufthalle 700
Tragschichten mit hydraulischen Bindemitteln 334
–, hydraulisch gebundene 334
Tragwerk aus Kunststoffen 699 f.
Transmission (Glas) 139
Transportband 76
Transportbeton 281
Traß 7, 168, 171, 178 f., 186, 195, 367, 372 f.
Traßhochofenzement 178, 195
Traßkalk 171, 179, 373
Traßzement 179, 181 f., 186
Travertin 10, 12, 16 f., 211
Treiben 189
Treibmittel 205
Trennmittel 669
Trennschicht 413
Treppenkantenprofil 692
Tricalciumaluminat 171, 183
Tricalciumsilicat 183
Trichlormethan 669
Trinkwasserleitung 694
Trinkwasserrohrleitung aus PVC hart 696
– aus PE hart und weich 696
Trittschalldämmung 76
Trittschallschutzmaß 737
–, äquivalentes 742
Trittschallverbesserungsmaß (Bodenbelag) 634, 642 f.
–, Grundlage 742
Trittsicherheit von Fliesen 74
Trocal 662, 688
Trockenbeton 327
Trockenestrich 162
Trockenholzzerstörer 802
Trockenmörtel 372
Trockenputz 391
Trockenstoff 592, 597, 613
Trockenverfahren 795
Trocknung des Ölanstrichs 606
Trocknungs- oder Schwindriß 756
Trog- und Einstelltränkung 820
Trogamid 671
Trogsaugverfahren 820

Trolen 657
Trolitul 664
Tropfstein 12
Trosiplast 662
Trümmersplitt 217
Tubenfarbe 592
Tuff 6, 10, 12, 178, 207
Tuffgestein 9, 211
Tuftingteppich 630
Tunnelklinker 50
Tunnelofen 34
Tüpfel 756
Türkischer Knoten (Ghiórdes) 631
Turmalin 12
Türschoner 681

U

Überfangglas 131
Übergangsbereich 652
Überkorn 222
Überlappschweißen 686
Übersicht über wichtige Baustahlprofile 450 f.
UF 674
UF, Ortschaum 715
Uhu 681, 702
Uhu-Plus 677
Ultraform 660
Ultramarin 594
Ultramarinblau 596
Ultramaringrün 596
Ultramarinrot 596
Ultramid 671
Ultrapas 675, 690
Ultraschallschweißen 686
Umbra 594, 596
Umleimer 692
Umrechnungsfaktor 306
Umschmelzblei 499
Umschmelzzink 502
Umwandlungsgestein 13
unberuhigt vergossener Stahl (U) 425
unlegierte Stähle 431 f., 434
unlegierter Baustahl 441
–, Einteilung 442
Unter-, Überkorn (Leichtzuschlag) 223
Unterdecken (Brandschutz) 743
Unterkorn 222
Unterkornverfahren 236
Unterputz 375, 383 ff., 387 f., 392
Unterspannbahn 689
Unterteilung nach der Verwendungsart 785
Unterwasserbeton 180, 239, 292
UP 675 f.
Urecoll 674
Ursachen der Korrosion 483
– und Umfang der Emissionen 840
UV-Durchlässigkeit von Glas 120, 124

V

Vakuum-Tiefziehen 685
Vakuumbehandlung 425
Vakuumbeton 295
Velours (Schnittrutenteppich) 629

Velourtapete 618, 622
Velvet (Schnittrutenteppich) 629
Verarbeitbarkeitszeit 371
– von Beton 262
– von Dünnbettmörtel 367
Verarbeitung von Ringmaterial 469
Verbindungsmittel, stabförmige 828
–, Stahl 459
Verblattung 827
Verblender, Kalksandstein 77, 81
Verblendmauerwerk 372
Verbund-Sicherheitsglas (VSG) 133
Verbundestrich 399, 407, 410, 412
Verbundfestigkeit 272
Verbundstahlmatte 475
Verbundsystem 788
Verdichtungsmaß 316
Verdichtungsversuch 312
Verdünnungsmittel 613
Verfahren mit Sauerstofflanze 423
Verfärbung 757
Verfestigungsbereich 439
Verformungskenngröße 364
Verformungslager 700
verfügbarer Betonstahl 472
Vergießungsarten 425
Verglasung 135
Vergleich der Norm-Reinheitsgrade mit anderen Reinheitsgraden 494
Verhalten der Oberfläche 761
Verhalten des Holzes
– gegenüber elektrischem Strom 767
– gegenüber Feuchte 764
– gegenüber Wärme 766
Verkehrsfläche 559
Verkleidungsplatte 690
Verlaufmittel 613
Verlegeeinheit, nicht fertig oberflächenbehandelte 784
Verlegen mit Längsfugenleisten 786
– von Fliesen und Platten 72
Verlegung 784 f.
Verleimungsart 790, 793
–, richtige 769
Vermiculite 152, 167, 209, 389, 717
Vermiculiteputz 386, 388, 750
Versatz 827
Verschleißbeständigkeit von Glasuren 72, 75
Verschleißgruppe (Bodenfliesen) 75
Verschleißindex (elastische Bodenbeläge) 638
Verschleißprüfung 399
Verschleißverhalten 636, 642
Verschleißwiderstand 404, 406
–, Prüfen 322
Verschnittbitumen 516
Versiegelung 591
Versiegelungsmasse 709
Versteifungsbeginn 157 f.
Verteilung und Niederschlag der Wirkstoffe im gesamten Wohnbereich 845
Verunreinigung der Raumluft durch gasförmige Stoffe 836
–, organische, humusartige 215
Verwendung 792, 794
Verwitterung 1, 8 f., 205
Verzinken 497
Verzinkung 504
Verzinnung 501
Vestamid 670 f.

Vestodur 665
Vestolen 657
Vestolen BT 658
Vestolen P 658
Vestolit 662
Vestolit V 663
Vestopal 676
Vestoran 664
Vestyron 664 f.
VF 681
Vibroasphalt 573
Vicatsches Nadelgerät 191
Vinnapas 667
Vinnol 662
Vinoflex 662
Vinylacetat 663, 667
Vinylbenzol 663
Vinylchlorid 661
Vinylpropionat 668
Viskose 680
Vlieswirkteppiche 631
Vollblock, Leichtbeton 90
VOLLRIP 380
vollständige Frischbetonanalyse 318
Vollstein, Kalksandstein 76, 78, 81
Vollstein, Leichtbeton 90
vollsynthetischer Kunststoff 649
Volltränkung 820
Vollziegel 36, 43
Vorbereitung der Metalloberfläche 486
vorbeugende bauliche Maßnahme 806
vorgespanntes Glas (= ESG) 131
Vorhalten der Oberfläche
Vorhaltemaß bei Eignungsprüfung von Beton 306, 312
Vorhangschiene 692
Vorkommen gesundheitsschädlicher Stoffe in Baustoffen 830
Vormauerstein, Kalksandstein 76, 81
Vormauerziegel 36, 43
Vorratskantholz 781
Vorsatzbeton 100
Vorspannung mit Spanngliedern
–, Art der Verbundwirkung 479
–, ohne Verbund 479
–, sofortiger Verbund 479
–, Spannbettvorspannung 479
–, Vorspanngrad 479
–, Zeitpunkt des Vorspannens 479
VPE 657
Vulkanfiber 681
Vulkanisieren 682
vulkanisiert 655
Vulkanite 5
Vulkanzement 196

W

w/z-Wert 250
–, wirksamer 255
Wabenträger 454, 456
Wachsbeize 612
Wachsmattlack 610
Wachstumsvoraussetzung 797
Wald, holzwirtschaftliche Bedeutung 753
Waldfläche, 30% 753
Walzblei 500
Walzzeichen 469
Wandbauplatte aus Gips 159, 163

Wandbauplatte aus Leichtbeton 97
Wandbelag 689
Wandfliese 689
Wandtafel aus Gasbeton 88
- aus Ziegeln (vorgefertigt) 54
Wandziegel 54
Wärmeableitung (Bodenbelag) 634
Wärmebehandlung 291
- des Stahls 431
Wärmedämmputz 389 f.
Wärmedämmputzsysteme 364, 374
Wärmedämmung 664
Wärmedämmwert, Begriff 730
Wärmedehnung 277
Wärmedehnzahl 277
Wärmedurchgangskoeffizient 139
-, Begriff 731
-, Rechenwerte für Fenster 733
Wärmedurchlaßwiderstand (Bodenbelag) 634
Wärmefunktionsglas 138
Wärmeimpulsschweißen 686
Wärmeleitfähigkeit 370
-, Begriff 730
-, Dämmstoffe 713 ff.
-, Mauerwerk 116
-, Rechenwerte (DIN 4108) 724
Wärmereflexion (Tapeten) 621
Wärmeschutz, Grundlagen 730
Wärmeschutzglas 137, 734
Wärmeübergangswiderstand 731
Warmformen 653
Warmgasschweißen 686
Waschbeständigkeit 598, 624
Waschbeton 100, 324
Waschputzen 386
Wash Primer 592
wasserabweisender Putz 384
Wasseranspruch 239, 252 f.
Wasseranspruchsrechnung 270
Wasseranspruchszahl 229, 233 f.
Wasseraufnahme, Prüfen 322
Wasseraufnahmefähigkeit von Fliesen 67
Wasseraufsaugefähigkeit, Prüfen 322
Wasserbauklinker 50
Wasserbeckenfolien 662
Wasserbedarf 185, 251
Wasserdampfdiffusion
-, Holz 767
-, Mauerwerk 46, 118
-, Tapeten 622, 624
-, Widerstandszahlen 724
Wasserdurchlässigkeit von Zementstein 298
Wasserechtheit 644
Wasserfeinkalk 172, 174
Wassergehalt 251
Wasser-Gips-Verhältnis 156
Wasserglas 120
Wasserglasfarbanstrich 599
Wasserglaskitt 707
wasserhemmender Putz 384
Wasserkalk 171 ff.
Wasserkalkhydrat 172 ff.
Wasserkalkmörtel 377
Wasserrückhaltevermögen 364, 367
Wassersaugfähigkeit von Mauerziegeln 43
Wasserschlauch aus PVC weich 660
Wasserstoffbrückenbindung 764
Wasserstoffkrankheit 505

Wasserstofftyp 483
Wasserundurchlässigkeit, Prüfen 322
Wasserzementgesetz von Walz 254
Wasserzementwert 253
-, Prüfen 318
Webteppich 629
Wechselbiegefestigkeit 770
Wechselgrund 619
Weichfaser- bzw. Dämmplatten 789
Weichgestein 5
Weichgummi 682
Weichlot 500 f., 513 f.
Weichlöten 514
Weichmacher 654
Weichmachergehalt 662
Weichmacherverlust 654
Weichmacherwanderung 654, 662
Weichschaum 679
Weißblech 501
weißer Temperguß 422
weißer Zement 194
weißes Gußeisen 421
Weißfäule 798
Weißfeinkalk 172 ff.
Weißkalk 170, 599
Weißkalkhydrat 172, 174 f.
Weißkalkteig 172, 174
Weißpigment 594
Weißpunkt 603
Weißstückkalk 172, 174
Weißzement 599
Weiterverarbeitung des Rohstahls 445
Wellbahn 698
Welldrahtglas 129
Wellplatte 698
- aus Faserzement 108
Werk-Frischmörtel 365
Werk-Trockenmörtel 365
Werk-Vormörtel 365 f., 372
Werkblei 499
Werkmörtel 364 ff., 373 f.
Werkstein 5, 27 f.
Werkstoffnummer 436
Werzalit 690
wetterbeständig 599
Wetterbeständigkeit 593, 599, 607
wetterfeste Baustähle 431, 444, 484
-, Anwendungsvoraussetzung 485
-, geeignete Werkstoffe für Kombinationen 485
Wickelfolie 688
Wickelverfahren 678
Wicu-Rohr 506
Widerstandspunktschweißung 478
Wilton (Schnittrutenteppich) 631
Winkel zwischen Last- und Faserrichtung 771
Wirbelsintern 685
Wirkstoff von Holzschutzmitteln im häuslichen Bereich 844
Wirkteppich 631
Wirkung elektrischer Felder auf den Menschen 834
- magnetischer Felder auf den Menschen 834
- von Formaldehyd 843
Wisch- und Waschbeständigkeit 597
Wittener Schnellzement 196, 200
Wollfilzpappe 621, 626
Wuchsfehler 757

Z

Zahlenbuna 683
Zähling 801
Zahneisen 27 f.
Zahnrad 671
Zaponlack 608
Zeichnungsmatte 475
Zeitpunkt der Schutzmittelanwendung 806
Zeitstandfestigkeit 695
Zellglas 680
Zellhorn 681
Zellkleister 682
Zelluloid (= Celluloid) 647
Zellulose (= Cellulose) 680
Zellulosekleister 621, 626
Zelluloseleim 602
Zellwolle 680
Zement 172, 181
-, Erhärten 183
-, Erstarren 183, 191
-, hydrophobierter 195
-, Schwinden 188
- mit hohem Sulfatwiderstand 189
- mit niedrigem, wirksamem Alkaligehalt 189
- mit niedriger Hydratationswärme 189
Zementbazillus 155, 185
zementecht 596
Zementechtheit 595
Zementestrich 404, 406, 410 ff.
Zementfarbanstrich 599
Zementfarbe 386, 596
Zementgehalt 250
-, Prüfen 318
Zementgel 183
Zementit 420, 427, 430
Zementklinker 182 ff.
Zementleim 244
Zementleimmethode 269
Zementmilch 599
Zementmörtel 205, 244, 377
- mit Zusatz von Luftkalk 377
Zementmörtelauskleidung 198
Zementschlämmen 599
Zementstein 183
Zersetzungstemperatur 653
Zersetzungstemperaturbereich 652
zerstörende Prüfung 319
Zerstörung des Holzes durch Tiere 801
zerstörungsfreie Betonprüfverfahren 320
Ziegelmehl 181
Ziegelrabitz 380
Ziegelsplitt 207
Ziegelsplittbeton 342
Zink 205, 502
Zink-Aluminium-Legierung Zamak 502
Zinkblech 503, 607
Zinkblende 3, 502
Zinkcarbonat 502 f.
Zinkfarbe 504
Zinkgelb 594
Zinkgrün 594
Zinklegierung 504
Zinklot 514
Zinkspat 502
Zinkweiß 594

Zinn 205, 501
Zinnbronze 507
Zinnfolie 621, 626
Zinngeschrei 501
Zinnober 594
Zinnpest 501
Zinnrohr 502
Zinnstein 501
ZTV-K 80 244
Zugabewasser 251
Zugfestigkeit 270, 770, 772
–, Prüfen 321

– von Stahl 439
Zugrute 629
Zusatzmittel 255, 367
Zusatzstoff 177, 212, 256, 367
Zuschlag 205
–, alkaliempfindlicher 189
–, Anforderungen 220
Zustandsbereich 650, 652
Zustandsform 650, 652
Zweikomponenten-Anstrichstoff 609
Zweikomponenten-Beschichtungsstoff 495

Zweikomponentenkleber 703
Zweikomponentenlack 601
Zweikomponentenmasse 709 ff.
zweilagiger Putz 392
zweischaliges Mauerwerk 44
Zweispitz 28
Zwischenanstrich 592
Zwischenbauteil aus Beton 98
zwischenmolekulare Kraft 651
Zytel 671

9. Auflage 1990

Schneider (Hrsg.)

Bautabellen

mit Berechnungshinweisen und Beispielen

NEU

Mit Beiträgen der Professoren
Rudolf Bertig · Helmut Bode · Erich Cziesielski · Bernhard Falter
Hans Dieter Fleischmann · Rolf Gelhaus · Eduard Kahlmeyer
Helmut Kirchner · Erwin Knublauch · Hellmut Losert · Klaus Müller · Otto Oberegge
Wolfgang Pietzsch · Gerhard Richter · Klaus-Jürgen Schneider · Wolfgang Schröder
Karlheinz Tripler · Robert Weber · Gerhard Werner · Rüdiger Wormuth

Werner-Ingenieur-Texte Bd. 40. 9., neubearbeitete und erweiterte Auflage 1990.
820 Seiten 14,8 x 21 cm, Daumenregister, gebunden DM 58,–
Bestell-Nr. 03412

Dieses von der Baupraxis und den Studenten der Architektur und des Bauingenieurwesens in den vergangenen Jahren so gut aufgenommene Tabellenwerk ist auch in seiner neuen Bearbeitung weiter aktualisiert und fortentwickelt worden: Ergänzungen, Erweiterungen, Anpassung an neue Normen und Einbeziehung von neuen bautechnischen Entwicklungen.
Beispielhaft seien hier genannt:
DIN 1053 Teil 1 (Ausgabe Februar 1990): Rezeptmauerwerk · Berechnung und Ausführung; **DIN 1053 Teil 3 (Ausgabe Februar 1990):** Bewehrtes Mauerwerk · Berechnung und Ausführung; **DIN 4109 (Ausgabe November 1989):** Schallschutz im Hochbau · Anforderungen und Nachweise; **DIN 18800 Teil 1 (neu):** Stahlbauten · Bemessung und Konstruktion; **DIN 18800 Teil 2 (neu):** Stahlbauten · Stabilitätsfälle · Knicken von Stäben und Stabwerken; **Schutz von Bäumen, Pflanzenbeständen und Vegetationsflächen bei Baumaßnahmen (DIN 18920):** Abdichten von Hochbauten im Erdreich; Neue Baunutzungsverordnung (Ausgabe Januar 1990); Bauzeichnen; Verallgemeinertes Weggrößenverfahren; Nichtrostende Stähle im Bauwesen; Bauinformatik: Befehle des Ansitreibers · Grundbefehle von MS-DOS.
Die „Benutzerfreundlichkeit" wurde in der 9. Auflage weiter verbessert. Standardprobleme sind so aufbereitet und der Text ist so angeordnet, daß kaum „geblättert" werden muß. Die erforderlichen Tafelwerke für normale Bemessungsaufgaben des konstruktiven Ingenieurbaus sind in einer Einlage „Statische Tafeln" jeweils für die einzelnen Baustoffe auf zwei gegenüberliegenden Seiten angeordnet, so daß zeitraubendes Suchen entfällt.

Inhalt: Allgemeines · Öffentliches Baurecht · Mathematik · Datenverarbeitung · Lastannahmen · Statik und Festigkeitslehre · Beton- und Stahlbetonbau · Spannbetonbau · Mauerwerksbau · Stahlbau/Verbundbau · Holzbau · Bauphysik · Erd- und Grundbau · Straßenbau · Eisenbahnbau · Wasserbau · Siedlungswasserwirtschaft · Bauvermessung · Bauzeichnen.

Interessenten: Studenten der Fachrichtungen Architektur, Bauingenieurwesen und Landesplanung, Architektur- und Ingenieurbüros, Bauindustrie, Bauämter, Bauaufsichtsbehörden.

Erhältlich im Buchhandel!

Werner-Verlag

Postfach 85 29 · 4000 Düsseldorf 1

WERNER-INGENIEUR-TEXTE

Die Schriftenreihe für Studium und Praxis • Erhältlich im Buchhandel! • Werner-Verlag · Düsseldorf

Becker, G.: **Tragkonstruktionen des Hochbaues – Planen – Entwerfen – Berechnen – Teil 1: Konstruktionsgrundlagen.** WIT Bd. 75. 1983. 324 S., kart. DM 46,80. **Teil 2: Tragwerkselemente und Tragwerksformen.** WIT Bd. 84. 1987. 336 S., kart. DM 46,80

Berthold, A.: **Grundlagen der Bauvergabe.** WIT Bd. 74. 1983. 132 S., kart. DM 16,80

Falter, B.: **Statikprogramme für Mikrocomputer.** WIT Bd. 58. 4. Aufl. 1991. Etwa 500 S., kart. etwa DM 56,-

Fiedler, J.: **Grundlagen der Bahntechnik – Eisenbahnen, S-, U- und Straßenbahnen.** WIT Bd. 38. 3. Aufl. 1991. In Vorbereitung.

Fleischmann, H. D.: **Bauorganisation.** WIT Bd. 77. 1983. 144 S., kart. DM 26,80

Friemann, H.: **Schub und Torsion in geraden Stäben.** WIT Bd. 78. 1983. 156 S., kart. DM 28,80

Gelhaus, R./Ehlebracht, H./Gelhaus, K.: **Kleine Ingenieurmathematik – Teil 1:** WIT Bd. 29. 2. Aufl. 1985. 228 S., kart. DM 29,80. **Teil 2:** WIT Bd. 30. 2. Aufl. 1984. 216 S., kart. DM 29,80. **Teil 3:** WIT Bd. 31. 1977. 252 S., kart. DM 24,80

Habeck-Tropfke, H.-H.: **Abwasserbiologie.** WIT Bd. 60. 2. Auflage 1991. In Vorbereitung.

Herz, R./Schlichter, H. G./Siegener, W.: **Angewandte Statistik für Verkehrs- und Regionalplaner.** WIT Bd. 42. 2. Aufl. 1991. In Vorbereitung.

Himmler, K.: **Kunststoffe im Bauwesen.** WIT Bd. 62. 1981. 300 S., kart. DM 40,80

Kirchner, H.: **Spannbeton – Teil 1:** Bauteile aus Normalbeton und Leichtbeton mit beschränkter und voller Vorspannung. WIT Bd. 14. 3. Aufl. 1988. 228 S., kart. DM 42,-. **Teil 3:** Berechnungsbeispiele. WIT Bd. 43. 2. Aufl. 1985. 228 S., kart. DM 38,80

Knublauch, E.: **Einführung in den baulichen Brandschutz.** WIT Bd. 59. 1978. 204 S., kart. DM 28,80

Knublauch, E.: **Einführung in den Schallschutz im Hochbau.** WIT Bd. 64. 1981. 168 S., kart. DM 36,80

Lewenton, G./Werner, E./Hollmann, P.: **Einführung in den Stahlhochbau.** WIT Bd. 13. 5. Aufl. 1988. 268 S., kart. DM 36,80

Lohse, G.: **Beispiele für Stabilitätsberechnungen im Stahlbetonbau.** WIT Bd. 66. 2. Aufl. 1987. 216 S., kart. DM 40,-

Lohse, G.: **Einführung in das Knicken und Kippen mit praktischen Berechnungsbeispielen.** WIT Bd. 76. 1983. 180 S., kart. DM 38,80

Mantscheff, J.: **Einführung in die Baubetriebslehre – Teil 1: Bauvertrags- und Verdingungswesen.** WIT Bd. 23. 4. Aufl. 1990. 320 S., kart., ca. DM 42,- **Teil 2: Baumarkt – Bewertungen – Preisermittlung.** WIT Bd. 24. 3. Aufl. 1986. 288 S., kart. DM 38,80

Martz, G.: **Einführung in den ökologischen Umweltschutz.** WIT Bd. 47. 2. Aufl. 1991. In Vorbereitung.

Martz, G.: **Siedlungswasserbau – Teil 1: Wasserversorgung.** WIT Bd. 17. 3. Aufl. 1985. 276 S., kart. DM 36,80. **Teil 2: Kanalisation.** WIT Bd. 18. 3. Aufl. 1987. 252 S., kart. DM 38,80. **Teil 3: Klärtechnik.** WIT Bd. 19. 3. Aufl. 1990. 348 S., kart. DM 42,- **Teil 4: Aufgabensammlung zur Wasserversorgung.** WIT Bd. 72. 1985. 144 S., kart. DM 29,80. **Teil 5: Aufgabensammlung zur Kanalisation und Klärtechnik.** WIT Bd. 73. 1988. 144 S., kart. DM 36,80

Mausbach, H.: **Einführung in die städtebauliche Planung.** WIT Bd. 5. 4. Aufl. 1981. 132 S., kart. DM 17,80

Mensebach, W.: **Straßenverkehrstechnik.** WIT Bd. 45. 2. Aufl. 1983. 312 S., kart. DM 44,80

Muth, W.: **Wasserbau – Landwirtschaftlicher Wasserbau.** WIT Bd. 35. 2. Aufl. 1990. 288 S., kart. ca. DM 42,-

Pietzsch, W./Rosenheinrich, G.: **Erdbau.** WIT Bd. 79. 1983. 256 S., kart. DM 40,-

Pietzsch, W.: **Straßenplanung.** WIT Bd. 37. 5. Aufl. 1989. 396 S., kart. DM 42,-

Pohl, R./Keil, W./Schumann, U.: **Rechts- und Versicherungsfragen im Baubetrieb.** WIT Bd. 9. 2. Aufl. 1985. 204 S., kart. DM 34,80

Reeker, J./Kraneburg, P.: **Haustechnik – Heizung, Raumlufttechnik.** WIT Bd. 57. 2. Aufl. 1984. 300 S., kart. DM 38,80

Rübener, R. H./Stiegler, W.: **Einführung in Theorie und Praxis der Grundbautechnik – Teil 1:** WIT Bd. 49. 1978. 252 S., kart. DM 30,80. **Teil 2:** WIT Bd. 50. 1981. 336 S., kart. DM 40,80. **Teil 3:** WIT Bd. 67. 1982. 276 S., kart. DM 37,80

Sánchez, J./Scholz, N.: **Baustatik mit Multiplan.** WIT Bd. 82. 1987. 252 S., kart. DM 36,80

Schmitt, O. M.: **Einführung in die Schaltechnik des Betonbaues.** WIT Bd. 65. 2. Aufl. 1991. In Vorbereitung.

Schneider, K.-J. (Hrsg.): **Bautabellen.** WIT Bd. 40. 9. Aufl. 1990. 820 S., geb. DM 58,-

Schneider, K.-J.: **Baustatik – Statisch unbestimmte Systeme.** WIT Bd. 3. 1988. 240 S., kart. DM 36,80

Schneider, K.-J./Schweda, E.: **Statisch bestimmte ebene Stabwerke – Teil 1:** WIT Bd. 1. 3. Aufl. 1985. 180 S., kart. DM 32,80. **Teil 2:** WIT Bd. 2. 3. Aufl. 1985. 132 S., kart. DM 26,80

Schröder, W./Euler, G./Schneider, F.: **Grundlagen des Wasserbaus.** WIT Bd. 70. 2. Aufl. 1988. 316 S., kart. DM 40,80

Schulz, K.: **Sanitäre Haustechnik.** WIT Bd. 61. 2. Aufl. 1986. 324 S., kart. DM 40,80

Schweda, E.: **Baustatik – Festigkeitslehre.** WIT Bd. 4. 2. Aufl. 1987. 252 S., kart. DM 36,80

Spaethe, K.: **Das internationale Einheitensystem im Meßwesen.** WIT Bd. 44. 2. Aufl. 1979. 60 S., kart. DM 11,80

Stiegler, W.: **Baugrundlehre für Ingenieure.** WIT Bd. 12. 5. Aufl. 1979. 228 S., kart. DM 28,80

Stiegler, W.: **Erddrucklehre.** WIT Bd. 46. 2. Aufl. 1984. 204 S., kart. DM 46,80

Velske, S.: **Straßenbautechnik.** WIT Bd. 54. 2. Aufl. 1985. 312 S., kart. DM 38,80

Weidemann, H.: **Balkenförmige Stahlbeton- und Spannbetonbrücken – Teil 1:** WIT Bd. 10. 2. Aufl. 1984. 204 S., kart. DM 38,-. **Teil 2:** WIT Bd. 81. 2. Aufl. 1984. 192 S., kart. DM 38,-

Werner, E.: **Tragwerkslehre – Baustatik für Architekten – Teil 1:** WIT Bd. 7. 4. Aufl. 1985. 156 S., kart. DM 26,80. **Teil 2:** WIT Bd. 8. 3. Aufl. 1983. 120 S., kart. DM 19,80

Werner, G.: **Holzbau – Teil 1: Grundlagen.** WIT Bd. 48. 3. Aufl. 1984. 294 S., kart. DM 36,80. **Teil 2: Dach- und Hallentragwerke.** WIT Bd. 53. 3. Aufl. 1987. 408 S., kart. DM 38,80

Wommelsdorff, O.: **Stahlbetonbau – Teil 1: Biegebeanspruchte Bauteile.** WIT Bd. 15. 6. Aufl. 1989. 360 S., kart. DM 38,80 **Teil 2: Stützen und Sondergebiete des Stahlbetonbaus.** WIT Bd. 16. 4. Aufl. 1986. 392 S., kart. DM 38,80

Xander, K./Enders, H.: **Regelungstechnik mit elektronischen Bauelementen.** WIT Bd. 6. 4. Aufl. 1987. 288 S., kart. DM 42,-